Lambacher Schweizer 11/12

Mathematik für Gymnasien

Gesamtband Oberstufe

Niedersachsen

bearbeitet von

Hans Freudigmann

Manfred Baum
Dieter Brandt
Dieter Greulich
Wolfgang Riemer
Rüdiger Sandmann
Manfred Zinser

unter Beratung von
Dr. Dorothee Göckel

Ernst Klett Verlag
Stuttgart · Leipzig

Begleitmaterial:
Zu diesem Buch gibt es ergänzend:
– Lösungsheft (ISBN: 978-3-12-735503-1)

1. Auflage 1 7 6 5 4 3 | 2015 14 13 12 11

Alle Drucke dieser Auflage sind unverändert und können im Unterricht nebeneinander verwendet werden.
Die letzte Zahl bezeichnet das Jahr des Druckes.

Das Werk und seine Teile sind urheberrechtlich geschützt. Jede Nutzung in anderen als den gesetzlich zugelassenen Fällen bedarf der vorherigen schriftlichen Einwilligung des Verlages. Hinweis § 52 a UrhG: Weder das Werk noch seine Teile dürfen ohne eine solche Einwilligung eingescannt und in ein Netzwerk eingestellt werden. Dies gilt auch für Intranets von Schulen und sonstigen Bildungseinrichtungen. Fotomechanische oder andere Wiedergabeverfahren nur mit Genehmigung des Verlages.

Auf verschiedenen Seiten dieses Bandes befinden sich Verweise (Links) auf Internet-Adressen. Haftungshinweis: Trotz sorgfältiger inhaltlicher Kontrolle wird die Haftung für die Inhalte der externen Seiten ausgeschlossen. Für den Inhalt dieser externen Seiten sind ausschließlich die Betreiber verantwortlich. Sollten Sie daher auf kostenpflichtige, illegale oder anstößige Inhalte treffen, so bedauern wir dies ausdrücklich und bitten Sie, uns umgehend per E-Mail davon in Kenntnis zu setzen, damit beim Nachdruck der Verweis gelöscht wird.

© Ernst Klett Verlag GmbH, Stuttgart 2009. Alle Rechte vorbehalten. www.klett.de

Autorinnen und Autoren des Gesamtwerkes: Manfred Baum, Martin Bellstedt, Dr. Dieter Brandt, Heidi Buck, Prof. Rolf Dürr, Hans Freudigmann, Dieter Greulich, Dr. Frieder Haug, Dr. Wolfgang Riemer, Rüdiger Sandmann, Reinhard Schmitt-Hartmann, Dr. Peter Zimmermann, Prof. Manfred Zinser

Redaktion: Dr. Marielle Cremer, Dagmar Faller, Claudia Hofmeister

Umschlaggestaltung: SoldanKommunikation, Stuttgart
Umschlagfotos: Wasserstrudel: Getty Images (amana Images/Takeshi Daigo), München;
Wendeltreppe: Getty Images (Image Bank/Joao Paulo), München
Illustrationen: Uwe Alfer, Waldbreitbach
Satz: Imprint, Zusmarshausen; topset Computersatz, Nürtingen
Reproduktion: Meyle & Müller, Medienmanagement, Pforzheim
Druck: Druckhaus Götz GmbH, Ludwigsburg

Printed in Germany
ISBN 978-3-12-735501-7

Inhaltsverzeichnis

Lernen mit dem Lambacher Schweizer … 8
Mathematikunterricht in der Oberstufe mit dem Lambacher Schweizer … 10

I Schlüsselkonzept: Ableitung … 12

1 **Wiederholung:** Ableitung und Ableitungsfunktion … 14
2 **Wiederholung:** Ableitungsregeln und höhere Ableitungen … 18
3 Die Bedeutung der zweiten Ableitung … 21
4 Kriterien für Extremstellen … 24
5 Kriterien für Wendestellen … 28
6 Probleme lösen im Umfeld der Tangente … 32
7 Mathematische Fachbegriffe in Sachzusammenhängen … 35
8 Extremwertprobleme mit Nebenbedingungen … 39
9 Stetigkeit und Differenzierbarkeit von Funktionen … 43
Wiederholen – Vertiefen – Vernetzen … 45
Exkursion „Licht läuft optimal" … 47
Exkursion in die Theorie Monotonie, Extrem- und Wendestellen … 49
Rückblick … 51
Prüfungsvorbereitung ohne Hilfsmittel … 52
Prüfungsvorbereitung mit Hilfsmitteln … 53

II Lineare Gleichungssysteme … 54

1 Das Gauß-Verfahren … 56
2 Lösungsmengen linearer Gleichungssysteme … 60
3 Bestimmung ganzrationaler Funktionen … 63
4 Trassierungen … 66
Wiederholen – Vertiefen – Vernetzen … 69
Exkursion in die Theorie Kubische Splines … 71
Rückblick … 73
Prüfungsvorbereitung ohne Hilfsmittel … 74
Prüfungsvorbereitung mit Hilfsmitteln … 75

☐ Zum selbst Erarbeiten geeignet   * Inhalte für das erhöhte Anforderungsniveau

Inhaltsverzeichnis

III Alte und neue Funktionen und ihre Ableitungen — 76

1 Neue Funktionen aus alten Funktionen: Produkt, Quotient, Verkettung — 78
2 Kettenregel — 81
3 Produktregel — 84
4 Quotientenregel — 86
5 Die natürliche Exponentialfunktion und ihre Ableitung — 88
6 Exponentialgleichungen und natürlicher Logarithmus — 91
*7 Funktionenscharen — 94

Wiederholen – Vertiefen – Vernetzen — 98
Exkursion Parameterdarstellung von Kurven — 101
Exkursion in die Theorie Logarithmusfunktion und Umkehrfunktionen — 103
Rückblick — 105
Prüfungsvorbereitung ohne Hilfsmittel — 106
Prüfungsvorbereitung mit Hilfsmitteln — 107

IV Schlüsselkonzept: Integral — 108

1 Rekonstruieren einer Größe — 110
2 Das Integral — 113
3 Der Hauptsatz der Differenzial- und Integralrechnung — 117
4 Bestimmung von Stammfunktionen — 121
5 Integralfunktionen — 125
6 Integral und Flächeninhalt — 129
*7 Unbegrenzte Flächen — 133
*8 Integral und Rauminhalt — 135

Wahlthema Mittelwerte von Funktionen — 138
Wahlthema Länge eines Kurvenstücks — 140
Wiederholen – Vertiefen – Vernetzen — 142
Exkursion in die Theorie Analyse: Integral — 145
Rückblick — 147
Prüfungsvorbereitung ohne Hilfsmittel — 148
Prüfungsvorbereitung mit Hilfsmitteln — 149

V Graphen und Funktionen analysieren — 150

1 Achsen- und Punktsymmetrie bei Graphen — 152
2 Polstellen – Senkrechte Asymptoten — 154
3 Verhalten für x → ±∞ – Waagerechte Asymptote — 157
☐4 Nullstellen, Extremstellen und Wendestellen — 161
5 Funktionsanalyse: Nachweis von Eigenschaften — 164
*6 Funktionen mit Parametern — 168
*7 Eigenschaften von trigonometrischen Funktionen — 172
*8 Funktionsanpassung bei trigonometrischen Funktionen — 175
Wahlthema Symmetrie von Graphen — 178
Wiederholen – Vertiefen – Vernetzen — 180
Exkursion Geschichte der Analysis — 183
Rückblick — 185
Prüfungsvorbereitung ohne Hilfsmittel — 186
Prüfungsvorbereitung mit Hilfsmitteln — 187

VI Wachstum modellieren — 188

1 Exponentielles Wachstum modellieren — 190
2 Begrenztes Wachstum — 194
3 Differenzialgleichungen bei Wachstum — 197
4 Logistisches Wachstum — 201
5 Datensätze modellieren – Regression — 205
Wahlthema Veränderungen mit Folgen beschreiben — 209
Wiederholen – Vertiefen – Vernetzen — 211
Exkursion in die Theorie Differenzialgleichungen — 214
Rückblick — 217
Prüfungsvorbereitung ohne Hilfsmittel — 218
Prüfungsvorbereitung mit Hilfsmitteln — 219

☐ zum selbst Erarbeiten geeignet   * Inhalte für das erhöhte Anforderungsniveau

Inhaltsverzeichnis

VII Schlüsselkonzept: Vektoren — 220

1. Punkte im Raum — 222
2. Vektoren — 225
3. Rechnen mit Vektoren — 229
4. Lineare Abhängigkeit und Unabhängigkeit von Vektoren — 233
5. Geraden — 236
6. Gegenseitige Lage von Geraden — 241
7. Längen messen – Einheitsvektoren — 245

Wiederholen – Vertiefen – Vernetzen — 250
Exkursion Vektoren in anderen Zusammenhängen — 253
Rückblick — 255
Prüfungsvorbereitung ohne Hilfsmittel — 256
Prüfungsvorbereitung mit Hilfsmitteln — 257

VIII Geometrische Probleme lösen — 258

1. Ebenen im Raum — 260
2. Lagen von Ebenen erkennen und Ebenen zeichnen — 264
3. Zueinander orthogonale Vektoren – Skalarprodukt — 267
4. Gegenseitige Lage von Ebenen und Geraden — 271
5. Winkel zwischen Vektoren – Skalarprodukt — 274
6. Schnittwinkel — 276
*7. Gegenseitige Lage von Ebenen — 279
*8. Abstand eines Punktes von einer Geraden bzw. einer Ebene — 282

Wahlthema Normalengleichung und Koordinatengleichung einer Ebene — 287
Wiederholen – Vertiefen – Vernetzen — 290
Exkursion in die Theorie Abstand windschiefer Geraden — 293
Exkursion Vektoris 3D — 296
Rückblick — 299
Prüfungsvorbereitung ohne Hilfsmittel — 300
Prüfungsvorbereitung mit Hilfsmitteln — 301

IX Matrizen — 302

1. Beschreibung von einstufigen Prozessen durch Matrizen — 304
2. Rechnen mit Matrizen — 307
3. Zweistufige Prozesse – Matrizenmultiplikation — 310
4. Inverse Matrizen — 313
5. Stochastische Prozesse — 316
*6. Populationsentwicklungen – Zyklisches Verhalten — 322

Wahlthema Das Leontief-Modell — 325
Wiederholen – Vertiefen – Vernetzen — 330
Rückblick — 333
Prüfungsvorbereitung ohne Hilfsmittel — 334
Prüfungsvorbereitung mit Hilfsmitteln — 335

X Diskrete Wahrscheinlichkeitsverteilung — 336

  1 **Wiederholung:** Wahrscheinlichkeiten — 338
  2 Daten darstellen und auswerten — 341
  3 Erwartungswert und Standardabweichung bei Zufallsgrößen — 346
  4 Bernoulli-Experimente und Binomialverteilung — 350
  5 Praxis der Binomialverteilung — 354
  6 Problemlösen mit der Binomialverteilung — 358
  7 Binomialverteilung – Erwartungswert und Standardabweichung — 361
  8 Wahrscheinlichkeiten schätzen – Vertrauensintervalle — 365
  Wahlthema Testen — 369
  Wiederholen – Vertiefen – Vernetzen — 372
  Rückblick — 375
  Prüfungsvorbereitung ohne Hilfsmittel — 376
  Prüfungsvorbereitung mit Hilfsmitteln — 377

XI Stetige Zufallsgrößen — 378

  1 Stetige Zufallsgröße: Integrale besuchen die Stochastik — 380
  2 Die Analysis der Gauß'schen Glockenfunktion — 386
  3 Die Normalverteilung — 389
  4 Wahrscheinlichkeiten schätzen: Vertrauensintervalle — 393
  Wahlthema Die Exponentialgleichung — 397
  Wiederholen – Vertiefen – Vernetzen — 399
  Exkursion Die Exponentialverteilung im Schwimmbad — 401
  Rückblick — 403
  Prüfungsvorbereitung ohne Hilfsmittel — 404
  Prüfungsvorbereitung mit Hilfsmitteln — 405

Sachthema GPS – Dem Navi auf der Spur — 406
Abituraufgaben ohne Hilfsmittel — 418
Abituraufgaben mit Hilfsmitteln — 422
Lösungen der Abituraufgaben — 426
Lösungen der Aufgaben in Zeit zu überprüfen, Zeit zu wiederholen,
  der Aufgaben zur Prüfungsvorbereitung ohne Hilfsmittel/mit Hilfsmitteln — 431

Register — 474
Mathematische Begriffe — 477

☐ Zum selbst Erarbeiten geeignet   * Inhalte für das erhöhte Anforderungsniveau

Lernen mit dem Lambacher Schweizer

Liebe Schülerinnen und Schüler,

der Lambacher Schweizer 11/12 wird Sie in Mathematik die letzten zwei Jahre bis zum Abitur begleiten. Die Kapitel sind immer gleich aufgebaut, damit Sie sich gut zurechtfinden können. Jedes Kapitel umfasst die Auftaktseite, mehrere Unterkapitel, sogenannte Lerneinheiten, die Wiederholen-Vertiefen-Vernetzen-Aufgaben, Exkursionen, den Rückblick und die Prüfungsvorbereitung.
Auf der **Auftaktseite** sehen Sie, worum es in diesem Kapitel geht und welche Vorkenntnisse Sie dafür haben müssen.

Damit alle Inhalte, die im Abitur geprüft werden, in diesem Band enthalten sind, starten die Themengebiete Analysis und Stochastik mit einer **Wiederholung** des Stoffes der 10. Klasse, der für das Abitur relevant ist. Lerneinheiten oder Aufgaben, die für das erhöhte Anforderungsniveau gedacht sind, sind mit * gekennzeichnet

Die **Lerneinheiten** beginnen mit einem offenen Einstieg, bevor im Lehrtext die neuen Inhalte erläutert werden. Der zentrale Lerninhalt ist im **Merkkasten** zusammengefasst. Anschließend folgen **Beispielaufgaben**. Wird hierfür ein **GTR** eingesetzt, dann sind die zugehörigen Screenshots abgebildet. Welche Eingaben Sie für die Verwendung des GTR machen müssen, finden Sie für die gängigsten GTR unter einem **Online-Link**, der auf der entsprechenden Buchseite angegeben ist. Bei den anschließenden Aufgaben bedeuten die **orangefarbenen Aufgabenziffern**, dass kein GTR verwendet werden soll.

Auf der dem Schülerbuch beiliegenden **CD-ROM** finden Sie zusätzlich Aufgaben, die explizit für **CAS** geeignet sind, und deren ausführliche Lösung. Auf die Aufgaben wird an passenden Stellen im Buch verwiesen.
In der Analytischen Geometrie gibt es die Möglichkeit, mit dem auf der CD-ROM befindlichen **3D-Geometrie-Programm Vektoris3D** die geometrischen Sachverhalte zu veranschaulichen bzw. entsprechende Aufgaben mit Vektoris zu lösen. Auch hierzu finden Sie an passenden Stellen im Buch Verweise auf Vektoris-Dateien auf der CD-Rom. In der Stochastik wird außerdem auf passende **Excel-Dateien** auf der CD-ROM verwiesen.
In jeder Lerneinheit gibt es eine Aufgabenrubrik **Zeit zu**

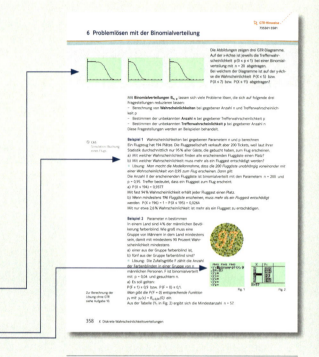

Symbolerklärungen	
GTR-Hinweise 735501-XXXX	Unter www.klett.de geben Sie die Nummer der GTR-Hinweise in das Suchfeld ein und finden die ergänzenden Inhalte (auch als Download).
3	Aufgaben mit orangefarbenen Aufgabenziffern sollen ohne GTR bearbeitet werden.
***10**	Aufgaben mit Sternchen vor der Augabenziffer sind für das erhöhte Anforderungsniveau.
CAS	Aufgaben für den Einsatz eines CAS.
Vektoris3D	Passende Dateien, die der Veranschaulichung dienen.
♀♀	Aufgaben für Partnerarbeit
♀♀♀	Aufgaben für Gruppenarbeit

überprüfen. Hiermit können Sie selbst testen, ob Sie das Gelernte verstanden haben und die grundlegenden Aufgaben zu dem neu gelernten Stoff lösen können. Die Lösungen dazu finden Sie im Anhang des Buches.

Auch die grundlegenden Inhalte aus vorausgegangenen Kapiteln und früheren Jahrgangsstufen können selbstkontrolliert getestet werden. Hierzu finden Sie die Aufgabenrubrik **Zeit zu wiederholen**. Die Lösungen dazu befinden sich ebenfalls im Anhang des Buches.

Auf den **Wiederholen-Vertiefen-Vernetzen**-Seiten finden Sie Aufgaben, die den Lernstoff der Lerneinheiten zum Pflichtstoff und wenn es sich anbietet auch der Kapitel miteinander verbinden.

Auf der **Rückblick**-Seite sind alle zentralen Inhalte des Kapitels zusammengefasst und an Beispielen veranschaulicht.

Am Ende des Kapitels können Sie eigenverantwortlich für die nächste Klausur oder schon fürs Abitur üben. Um zwischen den stärker verständnisorientierten und den rechenintensiveren Aufgaben zu unterscheiden, gibt es hier auf blau unterlegten Seiten: **Prüfungsvorbereitung ohne Hilfsmittel** bzw. **Prüfungsvorbereitung mit Hilfsmitteln**.

Wenn Sie sich erfolgreich durch das Buch gearbeitet haben, können Sie sich am Ende an **Abituraufgaben**, d.h. Aufgaben, wie sie auch im Abitur gestellt werden – **mit und ohne Hilfsmittel** – noch einmal abschließend selbst testen.

Neben dieser konsequenten Vorbereitung auf das Abitur bietet Ihnen das Buch zahlreiche Möglichkeiten, sich ein noch breiteres mathematisches Wissen anzueignen. Die **Wahlthemen** und die **Exkursionen** bieten Material für eigenständige Lernleistungen. Aus dem gleichen Grund werden im Buch zudem Verweise auf mögliche **Referatsthemen** und weitere Exkursionsthemen mit Online-Link gegeben.

Möchten Sie die Mathematik der Oberstufe einmal ganz experimentell erarbeiten, können Sie dies mit dem Sachthema: **Lernzirkel zum GPS – dem Navi auf der Spur** im Anschluss an die Kapitel tun.

Wir wünschen Ihnen viele interessante Mathematikstunden mit dem Lambacher Schweizer 11/12 und vor allem:
Viel Erfolg beim Abitur!

Ihre Redaktion und das Autorenteam

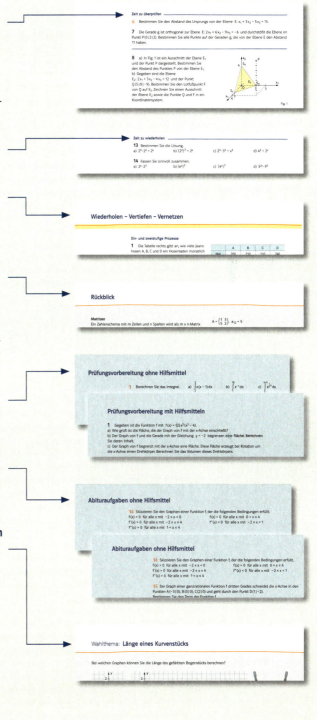

Mathematikunterricht in der Oberstufe mit dem Lambacher Schweizer

Mathematik – auf dem Weg zum Abitur

Der Lambacher Schweizer 11/12 enthält **alle abiturrelevanten Inhalte** aus Analysis, Analytischer Geometrie und Stochastik. Die für das Abitur relevanten Themen aus Analysis und Stochstik aus der 10. Klasse werden deshalb wiederholt.

Dem ersten Kapitel, das noch einmal sehr verständnisorientiert die Ableitung und ihre Bedeutung aufarbeitet, folgt das Kapitel II zu Linearen Gleichungssystemen mit einem Schwerpunkt auf dem Anwendungsbezug bei Trassierungen. Daran schließen drei weitere Analysis-Kapitel an, auf die das Kapitel zum Wachstum aufbaut. Dann folgen drei Kapitel zur Analytischen Geometrie und zwei zur Stochastik. Der Durchgang durch den **Lehrgang** ist nach Kapitel II aber **variabel**. So kann man nach Kapitel II auch in das Kapitel VII der Analytischen Geometrie einsteigen und danach zu Kapitel III der Analysis zurückkehren. Für die Stochastik muss die Integralrechnung bekannt sein, sie kann deshalb auch schon nach Kapitel IV unterrichtet werden. Zur Veranschaulichung dient die Grafik:

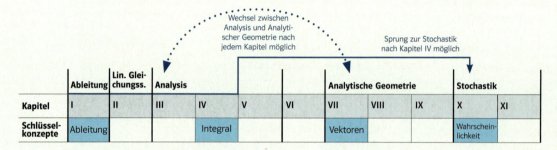

Das begriffliche Fundament der Mathematik in der Oberstufe fußt auf den mathematischen Ideen zur **Ableitung**, zum **Integral**, zu **Vektoren** und zur **Wahrscheinlichkeit**, weshalb die zugehörigen Kapitel I, IV, VII und X mit **Schlüsselkonzept** bezeichnet wurden.

Alle elf Kapitel enthalten stets über den Pflichtstoff hinaus ein vielseitiges optionales Angebot, sodass unterrichtliche Schwerpunkte selbst gewählt werden können.

Das achtjährige Gymnasium

Der Bildungsplan des G8 erfordert an einigen Stellen eine Umorientierung oder Reduzierung des bisherigen Lehrstoffs der Oberstufe. Trotz der Reduzierung ist stets auf fachlich korrekte Begriffsbildung und auf ausreichendes Übungsmaterial geachtet worden.

In der **Analysis** wurde der Gedanke der Ableitung bereits in Klasse 10 eingeführt. Sie wird wiederholt und verständnisorientiert vertieft. Es werden weitere Funktionstypen eingeführt, wobei der Schwerpunkt nicht auf der Klassifizierung der Funktionen liegt, sondern auf der sinnvollen Analyse ihrer Eigenschaften sowohl anschaulich am Graphen als auch algebraisch am Funktionsterm. Die in der Vergangenheit übliche Diskussion von Funktionen tritt zugunsten einer problemorientierten bzw. kontextorientierten Erörterung deutlich in den Hintergrund.

Das Kapitel zur Integralrechnung führt zügig auf den Hauptsatz, wobei über den Zusammenhang von momentaner Änderungsrate und Gesamtänderung der Hauptsatz inhaltlich gut nachvollzogen werden kann.

Im Kapitel zum Wachstum steht der Modellierungsgedanke auch mithilfe von Regressionsverfahren im Vordergrund.

In der **Analytischen Geometrie** steht nach der Einführung der Vektoren vor allem das Problemlösen mit Vektoren im Vordergrund. Neben den traditionellen Aufgaben zur Bestimmung von Geraden, Ebenen, Schnittgebilden und Winkeln wurde besonderes Gewicht auf neuartige Anwendungsaufgaben gelegt.

Die **Stochastik** wurde in je ein Kapitel zum grundständigen Anforderungsniveau (Kapitel X) und zum erhöhten Anforderungsniveau (Kapitel XI) aufgeteilt. Ganz wesentlich baut sie auf dem Gedanken der Binomialverteilung auf, die ausführlich unter verschiedenen Aspekten und mit starkem Praxisbezug behandelt wird. Die Lerneinheit 1 von Kapitel XI ist der Hinführung zur stetigen Verteilung und ihren Eigenschaften gewidmet. Dadurch wird ermöglicht, grundlegende Problemstellungen unabhängig von der Art der stetigen Verteilungen zu bearbeiten. Es ist auch möglich, über den Leitgedanken der Konturkurve von der Binomialverteilung direkt zu den Eigenschaften der Normalverteilung, d.h. in Lerneinheit 2 von Kapitel XI, als einem Beispiel stetiger Verteilungen zu springen. Vertrauensintervalle werden in Kapitel X nur zu konkreten Vertrauensniveaus bestimmt und in Kapitel XI auf beliebige Niveaus ausgedehnt.

Ausdifferenzieren des Unterrichts – inhaltlich und methodisch

Jedes Kapitel bietet über die Pflichtthemen des Lehrplans hinaus ein vielseitiges Angebot zur Differenzierung des Unterrichts, sowohl inhaltlich als auch methodisch. In den Lerneinheiten *Wahlthema* sind Themen aufbereitet, die nicht zum Pflichtstoff gehören, aber traditionell zu den Oberstufeninhalten zählten. In den *Exkursionen* werden weiterführende Themen aufbereitet, die zur Erarbeitung **eigenständiger Lernleistungen** vergeben werden können. Die *Exkursionen in die Theorie* arbeiten den theoretischen Hintergrund einschlägiger Themen auf und sind deshalb insbesondere auch zur **Binnendifferenzierung** geeignet.

Zur Themenvergabe für eigenständige Lernleistungen bieten sich ebenso die Online-Links im Buch auf weitere *Exkursionen* und *Referatsvorschläge* an.

Themen aus dem Pflichtkanon, die für Schülerinnen und Schüler zum selbst Erarbeiten geeignete sind, sind im Inhaltsverzeichnis gekennzeichnet.

Mit dem **Lernzirkel** *GPS – Dem Navi auf der Spur* am Ende des Buches kann die Mathematik der Oberstufe mit einem Navigationsgerät auch experimentell erarbeitet werden. Der Besitz eines Navigationsgerätes ist nicht Voraussetzung für diesen Unterrichtsgang, da zahlreiche realistische Daten, die mit einem GPS aufgezeichnet wurden, im Buch und auf der CD-ROM zur Verfügung stehen.

Medieneinsatz

Der Lambacher Schweizer 11/12 verfolgt den Leitsatz, einen umfassenden und vielseitigen, aber stets auch sinnvollen Medieneinsatz anzuregen.

Der Einsatz des **GTR** wird durch Screenshots im Buch abgebildet. Ins Einzelne gehende Eingaben wurden aus Gründen der Übersichtlichkeit nicht im Buch abgebildet. Sie werden stattdessen für die gängigsten Rechner online angeboten.

Material zu den gängigsten **CAS**-Rechnern sowie für **Excel** befindet sich auf der dem Buch beiliegenden **CD-ROM**.

Für den anschaulichen Unterricht in der Analytischen Geometrie wurde das besonders schülerfreundliche **3D-Geometrie-Programm Vektoris** entwickelt. Im Buch wird an zahlreichen Stellen auf passgenaue Vektoris-Dateien verwiesen. Das Programm kann deshalb sowohl im Unterricht als auch zum selbstständigen Arbeiten der Schülerinnen und Schüler eingesetzt werden.

Schlüsselkonzept: Ableitung

Verschiedene Problemstellungen lassen sich mithilfe eines funktionalen Zusammenhangs mathematisieren – zum Beispiel anhand des Funktionsgraphen. An zentraler Stelle steht dabei das mathematische Konzept der Ableitung.

Heißluftballon: Wann hat er seine größte Höhe erreicht?

Absatzzahlen: Wann ist der „Break-Even" erreicht?

Skisprungschanze: Welche Steigung herrscht am Absprungpunkt?

Das kennen Sie schon
- Differenzieren, ableiten
- Ableitungsregeln
- Grundzüge einer Funktionsuntersuchung

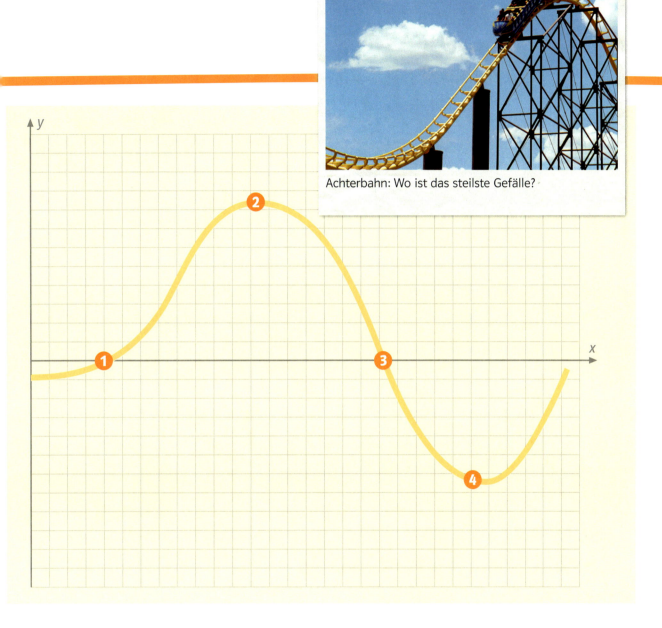

Achterbahn: Wo ist das steilste Gefälle?

 Algorithmus

 Daten und Zufall

 Beziehung und Änderung

 Messen

 Raum und Struktur

In diesem Kapitel

- werden die Ableitung und das Bestimmen von Extremwerten wiederholt und vertieft.
- werden Wendepunkte erklärt.
- wird die allgemeine Tangentengleichung bestimmt und damit gerechnet.
- werden mathematische Inhalte in Anwendungssituationen interpretiert.
- wird der Begriff der Stetigkeit veranschaulicht.

1 Wiederholung: Ableitung und Ableitungsfunktion

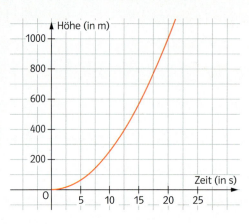

Der nebenstehende Graph zeigt die Höhe h einer Rakete über dem Erdboden in Abhängigkeit von der Zeit t seit dem Start.

a) Bestimmen Sie die mittlere Geschwindigkeit der Rakete in verschiedenen Zeitintervallen.

b) Erläutern Sie, wie Sie die momentane Geschwindigkeit zu einem vorgegebenen Zeitpunkt bestimmen könnten.

c) Wodurch unterscheiden sich mittlere und momentane Geschwindigkeit?

Die Bezeichnung x_0 steht für einen beliebig wählbaren, aber festen Wert.

Die Abhängigkeit einer Größe von einer anderen Größe kann oft mithilfe einer Funktion beschrieben werden. Dabei versteht man unter einer Funktion f eine Zuordnung, die jeder reellen Zahl x aus einer Definitionsmenge D_f genau eine reelle Zahl f(x) zuordnet. Das Änderungsverhalten von f auf dem Intervall $[x_0; x_0 + h]$ wird durch die **mittlere Änderungsrate** $\frac{f(x_0 + h) - f(x_0)}{h}$ beschrieben. Dieser Term heißt auch **Differenzenquotient**.

Für $h < 0$ ist $I = [x_0 + h; x_0]$

$\lim\limits_{h \to 0} \frac{f(x_0 + h) - f(x_0)}{h} = f'(x_0)$.
Sprich: Limes für h gegen null von …
Limes (lat.): die Grenze

Geometrisch bedeutet der Differenzenquotient im Intervall $I = [x_0; x_0 + h]$ für $h > 0$ die Steigung der Geraden durch die beiden Punkte $P(x_0|f(x_0))$ und $Q(x_0 + h|f(x_0 + h))$. Strebt der Differenzenquotient an der Stelle x_0 für $h \to 0$ gegen einen Grenzwert, so wird dieser als **Ableitung** von f an der Stelle x_0 bezeichnet. In Anwendungskontexten spricht man von der **momentanen Änderungsrate**.
Man schreibt $f'(x_0) = \lim\limits_{h \to 0} \frac{f(x_0 + h) - f(x_0)}{h}$. f heißt dann an der Stelle x_0 **differenzierbar**.
Die **Ableitungsfunktion** f' ordnet jeder Stelle x_0, an der f differenzierbar ist, $f'(x_0)$ zu.

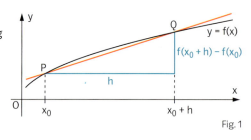

Fig. 1

Die Steigung der Tangente im Punkt P kann man näherungsweise bestimmen, indem man eine Gerade so durch den Punkt P zeichnet, dass diese sich möglichst gut an den Graphen von f schmiegt.

Die Gerade durch den Punkt $P(x_0|f(x_0))$ mit der Steigung $f'(x_0)$ wird **Tangente** an den Graphen von f im Punkt P genannt.
Man sagt, der Graph von f hat bei x_0 die Steigung $f'(x_0)$.

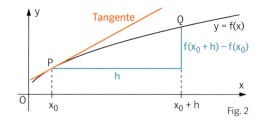

Fig. 2

> Die Funktion f sei auf dem Intervall I definiert. Wenn der Differenzenquotient an der Stelle x_0 für $h \to 0$ gegen einen Grenzwert strebt, so ist f an der Stelle x_0 differenzierbar. Dieser Grenzwert heißt Ableitung $f'(x_0)$.
>
> Es gilt: $f'(x_0) = \lim\limits_{h \to 0} \frac{f(x_0 + h) - f(x_0)}{h}$.
>
> Ist f für alle $x \in I$ differenzierbar, so heißt die Funktion, die jeder Stelle aus I die Ableitung $f'(x)$ zuordnet, die Ableitungsfunktion von f.

Beispiel 1 Grafisches Ableiten, Graph von f' und Tangente mit dem GTR

a) Zeichnen Sie ohne Hilfe des GTR den Graphen der Funktion f mit $f(x) = x^3$ und die Tangente an f an der Stelle $x_0 = 1$. Bestimmen Sie grafisch $f'(1)$.

b) Ermitteln Sie die Steigung in weiteren Punkten des Graphen von f aus a) und skizzieren Sie damit den Graphen der Ableitungsfunktion f'.

c) Zeichnen Sie mit dem GTR die Graphen von f, von f' und die Tangente an f an der Stelle $x_0 = 1$. Wie lautet die Gleichung der Tangente an f im Punkt $P(1|f(1))$?

■ Lösung: a) Der Graph von f ist in Fig. 2 rot eingezeichnet. Als Steigung der Tangente (schwarz gezeichnet) in $P(1|1)$ liest man $m \approx 3$ ab. Somit ist $f'(1) \approx 3$.

b) *Weist der Graph von f eine waagerechte Tangente auf, so schneidet oder berührt an diesen Stellen der Graph von f' die x-Achse. In Intervallen mit negativer Steigung liegt der Graph von f' unterhalb der x-Achse, in Intervallen mit positiver Steigung oberhalb der x-Achse.*

Durch Einzeichnen der Tangenten und dem Ermitteln ihrer Steigungen in einigen Punkten kann der Graph von f' (in Blau) skizziert werden (Fig. 3).

c) Der GTR kann sowohl den Graphen von f, f' als auch die Tangente in $P(1|1)$ zeichnen (vgl. Fig. 1 und 4). Die Gleichung der Tangente im Punkt $P(1|1)$ lautet: $y = 3x - 2$.

◎ CAS
Änderungsraten bestimmen

Die Angaben des GTR sind im Allgemeinen Näherungswerte.

Fig. 1

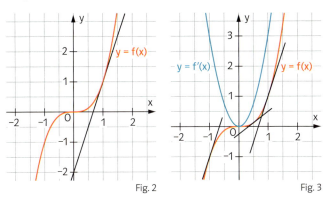
Fig. 2   Fig. 3

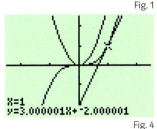
Fig. 4

Beispiel 2 Interpretation einer Ableitung

Ein Unternehmenschef möchte wissen, wie die Herstellungskosten f (in €) von der Anzahl x der produzierten Geräte (in Verkaufseinheiten) abhängen.

a) Bestimmen Sie mithilfe des Graphen (Fig. 5) $\frac{f(4) - f(1)}{4 - 1}$; $f'(1)$.

b) Interpretieren Sie die Aussage $f(4) = 3{,}8$ und $f'(4) \approx 0{,}35$ und benennen Sie die zugehörigen Einheiten.

■ Lösung: a) Am Graphen kann man ablesen: $f(1) \approx 2{,}4$; $f(4) \approx 3{,}8$.

Somit ist $\frac{f(4) - f(1)}{4 - 1} \approx 0{,}5$.

f'(1) kann man durch Anlegen einer Tangente an f näherungsweise bestimmen: $f'(1) \approx 0{,}7$.

b) Die Aussage $f(4) \approx 3{,}8$ bedeutet, dass die Kosten zur Herstellung von vier Einheiten ungefähr 3,80 € betragen. Die Aussage $f'(4) \approx 0{,}35$ besagt, dass wenn die Kosten pro Einheit weiterhin so groß sind wie bei $x = 4$, dann nehmen die Kosten für eine weitere Einheit um 0,35 € zu.

Die Einheit von f(x) ist €, die von f'(x) ist $\frac{€}{\text{Verkaufseinheit}}$.

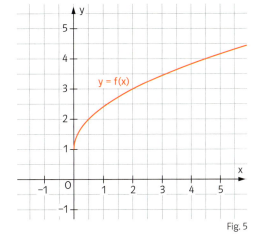
Fig. 5

Einheiten gibt es nur bei Größen. Mittlere und momentane Änderungsrate haben dann dieselbe Einheit.

Aufgaben

1 Bestimmen Sie mithilfe des Graphen von f (Fig. 1) folgende Zahlen. Erläutern Sie die geometrische Bedeutung.
a) f(5) und f(3)
b) f(5) – f(3)
c) $\frac{f(5) - f(3)}{5 - 3}$
d) f′(5)

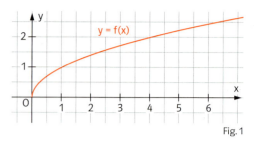

Fig. 1

2 a) f(t) (t in Jahren, f(t) in Millionen) beschreibt die Zahl der Einwohner in Deutschland seit dem Jahr 1995.
Interpretieren Sie f(5) = 82,0 und $\frac{f(6) - f(5,5)}{6 - 5,5} \approx -0,1$. Geben Sie jeweils die Einheit an.

b) v(t) (t in Sekunden, v(t) in Metern pro Sekunde) beschreibt die Geschwindigkeit eines Körpers ab dem Startzeitpunkt t = 0.
Interpretieren Sie v(5) = 25 und v′(8) = 16. Geben Sie jeweils die Einheit an.
Was bedeutet v′(t)?

3 Skizzieren Sie ohne Rechnung die Graphen der Funktion f und der Ableitungsfunktion f′.
a) f(x) = x^2
b) f(x) = $x^3 + 1$
c) f(x) = sin(x)
d) f(x) = $\sqrt{x}$; x > 0

4 Eine Badewanne wird mit Wasser gefüllt. Nach dem Baden wird der Stöpsel gezogen und die Wanne läuft leer.
Skizzieren Sie für die Wassermenge in der Wanne in Abhängigkeit von der Zeit einen möglichen Graphen. Was lässt sich über die Ableitung der zugehörigen Funktion aussagen?

5 Ordnen Sie jedem Funktionsgraphen den Graphen der zugehörigen Ableitungsfunktion zu.

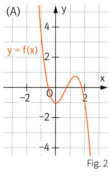

Fig. 2

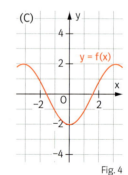

Fig. 3 ... Fig. 4

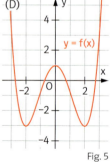

Fig. 5

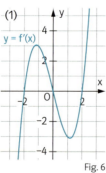

Fig. 6

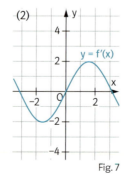

Fig. 7

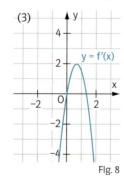

Fig. 8

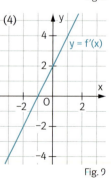

Fig. 9

6 Für welchen der in Fig. 1 markierten x-Werte gilt:
a) f(x) ist am größten?
b) f(x) ist am kleinsten?
c) f'(x) ist am größten?
d) f'(x) ist am kleinsten?

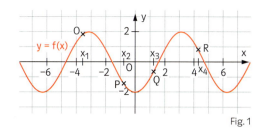
Fig. 1

Zeit zu überprüfen

7 Ein Herd wird zum Backen vorgeheizt, bis er eine vorgesehene Endtemperatur erreicht hat. Die Temperatur im Herd (in °C) in Abhängigkeit von der Zeit t (in Minuten) kann durch eine Funktion T beschrieben werden.
a) Skizzieren Sie einen möglichen Graphen von T.
b) Welches Vorzeichen hat T'?
c) Interpretieren Sie die Aussagen T(5) = 80 und T'(10) = 2.

Die Temperatur nimmt beim Vorheizen zu, aber immer langsamer.

8 Bestimmen Sie grafisch die Ableitung der Funktion f, indem Sie die jeweilige Steigung der Tangente an den Graphen in sinnvollen Punkten ermitteln. Führen Sie dies durch
a) für die Funktion f, deren Graph in Fig. 2 gegeben ist,
b) für f mit f(x) = sin(x).

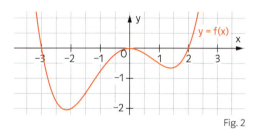
Fig. 2

9 Geben Sie den Term einer Funktion f an, für den gilt:
a) Der Graph von f hat überall eine positive Steigung.
b) Die Ableitung von f wird an genau einer Stelle 0.

10 Die Funktion f beschreibt, wie sich der Preis p eines Geräts auf die Absatzzahl f(p) auswirkt. Was bedeutet:
a) f(200) = 3000?
b) f(220) − f(200) = −1000?
c) $\frac{f(205) - f(200)}{205 - 200} \approx -50$?

11 Die Temperatur T (in °C) von Lebensmitteln, welche in einen kühlen Lagerraum gestellt werden, wird durch die Funktion T mit $T(t) = \frac{720}{t^2 + 2t + 25}$; t ≥ 0 (t in Stunden) modelliert.
a) Bestimmen Sie die mittlere Änderungsrate während der ersten beiden Stunden. Interpretieren Sie Ihr Ergebnis.
b) Wie groß ist die momentane Änderungsrate zum Zeitpunkt t = 2? Interpretieren Sie auch dieses Ergebnis.

12 Bläst man einen kugelförmigen Luftballon mit konstantem Luftstrom auf, so wächst der Radius des Ballons zu Beginn schneller als am Ende. Die Funktion r(V) gibt ungefähr die Abhängigkeit des Radius (in Metern) vom Volumen (in Litern) an: $r(V) = \sqrt[3]{\frac{3V}{4}}$.

$V_{Kugel} = \frac{4}{3}\pi r^3$

a) Zeichnen Sie die Graphen von r und r' mithilfe des GTR.
b) Bestimmen Sie die mittlere Änderungsrate für r im Intervall [0,5; 1] und [1; 1,5]. Interpretieren Sie das Ergebnis.
c) Skizzieren Sie mithilfe des GTR die Tangente an der Stelle $V_0 = 1$ und lesen Sie daraus die momentane Änderungsrate an dieser Stelle ab.

2 Wiederholung: Ableitungsregeln und höhere Ableitungen

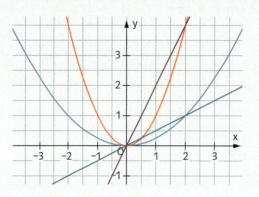

In der Abbildung sehen Sie die Graphen der Funktionen f und g mit $f(x) = x^2$ und $g(x) = \frac{1}{4}x^2$ sowie die Graphen der Ableitungsfunktionen f' und g'. Ordnen Sie zu und begründen Sie.
Notieren Sie zwei beliebige Potenzfunktionen u und v.
Untersuchen Sie mithilfe des GTR die Ableitungen f' der Funktion $f = u + v$. Gibt es einen Zusammenhang zwischen f', u' und v'?

Die Bestimmung einer Ableitung $f'(x_0)$ mithilfe der Definition ist aufwendig. Einfacher geht es mit Ableitungsregeln, die man mithilfe der Definition herleiten kann.
Ist die Ableitungsfunktion f' einer Funktion f auch differenzierbar, so erhält man aus f' durch Ableiten die zweite Ableitung f'', aus dieser gegebenenfalls f''', $f^{(4)}$ usw. Man sagt, f ist zweimal, dreimal … differenzierbar und spricht von **höheren Ableitungen**.

Ableitungen der wichtigsten Funktionen:

f	f'
$c; c \in \mathbb{R}$	0
x^n	$n \cdot x^{n-1}$
$\sqrt{x} = x^{\frac{1}{2}}$	$\frac{1}{2\sqrt{x}} = \frac{1}{2}x^{-\frac{1}{2}}$
$\frac{1}{x} = x^{-1}$	$-\frac{1}{x^2} = -x^{-2}$
$\sin(x)$	$\cos(x)$
$\cos(x)$	$-\sin(x)$

Diese finden Sie auch in Ihrer Formelsammlung.

Potenzregel
Für eine Funktion f mit $f(x) = x^r$ und $r \in \mathbb{R}$ gilt: $f'(x) = r \cdot x^{r-1}$.

Faktorregel
Für eine Funktion f mit $f(x) = r \cdot g(x)$; $r \in \mathbb{R}$, gilt: $f'(x) = r \cdot g'(x)$.

Summenregel
Für eine Funktion f mit $f(x) = k(x) + h(x)$ gilt: $f'(x) = k'(x) + h'(x)$.

Höhere Ableitungen
Ist f' wieder differenzierbar, so erhält man durch Ableiten von f' die zweite Ableitungsfunktion f'', durch Ableiten daraus die dritte f''' usw.

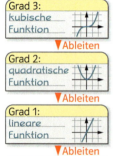

Fig. 1

Summen und Differenzen von Potenzfunktionen der Form $f(x) = a \cdot x^n$; $n \in \mathbb{N}$; $a \in \mathbb{R}$ heißen **ganzrationale Funktionen**, z.B. ist $f(x) = -3x^7 + 2x^5 + 1$ eine ganzrationale Funktion vom Grad sieben, weil sieben die höchste im Funktionsterm vorkommende Hochzahl der Variablen x ist.
Jede ganzrationale Funktion ist differenzierbar. Die Ableitungsfunktion ist wieder eine ganzrationale Funktion, deren Grad um eins kleiner ist als der Grad der Funktion. Hat die Funktion den Grad null, so hat auch die Ableitungsfunktion den Grad null.

Beispiel 1 Summen- und Faktorregel
Bestimmen Sie die erste Ableitung. Welche der Funktionen sind ganzrational?
a) $f(x) = -3x^2 + 5x^4 - 7x + 1$ b) $g(x) = -x^{-1} - x^{\frac{5}{4}} - 2x^2$ c) $h(x) = 3x^2 + \sin(x)$

■ Lösung: a) $f'(x) = 20x^3 - 6x - 7$; f ist eine ganzrationale Funktion vom Grad vier.
b) $g'(x) = x^{-2} - \frac{5}{4}x^{\frac{1}{4}} - 4x$; g ist keine ganzrationale Funktion, da negative und gebrochene Exponenten vorkommen.
c) $h'(x) = 6x + \cos(x)$; h ist keine ganzrationale Funktion, da die Sinusfunktion vorkommt.

18 | Schlüsselkonzept: Ableitung

Beispiel 2 Berechnung von Ableitungen
Bestimmen Sie die ersten beiden Ableitungen.

a) $f(x) = -\frac{2}{x^2} + \frac{1}{\sqrt{x}}$
b) $h(x) = \frac{x^4 - 2x^3 + 1}{x^2}$
c) $f_t(x) = 2tx^2 + 4t;\ t \in \mathbb{R}$

■ *Lösung: In dieser Form kann man die Funktionsterme in a) und b) mit den vorhandenen Regeln nicht ableiten, diese werden zunächst umgeformt:*

a) $f(x) = -\frac{2}{x^2} + \frac{1}{\sqrt{x}} = -2x^{-2} + x^{-\frac{1}{2}};\ f'(x) = 4x^{-3} - \frac{1}{2}x^{-\frac{3}{2}};\ f''(x) = -12x^{-4} + \frac{3}{4}x^{-\frac{5}{2}}$

b) $h(x) = \frac{x^4 - 2x^3 + 1}{x^2} = x^2 - 2x + x^{-2};\ h'(x) = 2x - 2 - 2x^{-3};\ h''(x) = 2 + 6x^{-4}$

c) $f_t'(x) = 4tx;\ f_t''(x) = 4t$

Beispiel 3 Gleiche Steigung zweier Graphen
An welchen Stellen haben die Graphen von f und g mit $f(x) = x^2 + 6x$ und $g(x) = x^3 + 2{,}5x^2$ die gleiche Steigung? Zeichnen Sie die Graphen und die Tangenten an den berechneten Stellen.
■ *Lösung: Die Graphen haben an den Stellen mit gleicher erster Ableitung die gleiche Steigung:*
$f'(x) = 2x + 6$ und $g'(x) = 3x^2 + 5x$. Aus $f'(x) = g'(x)$ folgt:
$2x + 6 = 3x^2 + 5x$, also $0 = 3x^2 + 3x - 6$. Die Gleichung hat die Lösungen $x_1 = -2$ und $x_2 = 1$.
Die Graphen haben an den Stellen $x_1 = -2$ und $x_2 = 1$ die gleiche Steigung (Fig. 1).

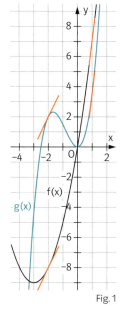

Fig. 1

Aufgaben

1 Bestimmen Sie die ersten beiden Ableitungen.
a) $f(x) = 4x^2 + 2x + 1$
b) $f(x) = x^3 - \cos(x)$
c) $f(x) = 2x + 1$
d) $f(x) = -x^{-2} + 2x$
e) $f(x) = 5$
f) $f_k(x) = k$

2 a) $f(x) = 3x^4 - 12x^3 + 2x - 1$
b) $f(x) = (3x + 2)^2$
c) $f(t) = t^4 + \frac{2}{t^3} - \frac{3}{2t^5}$
d) $g(x) = 2\cos(x) + x^{-3}$
e) $h(a) = \left(\frac{1}{a} + a\right)\cdot(a^2 + 1)$
f) $i(x) = \frac{6x^3 + 2x^2 + 4x}{2x}$

3 Leiten Sie ab und skizzieren Sie die Graphen der Funktion f, der ersten Ableitung f' und der zweiten Ableitung f". Kontrollieren Sie Ihr Ergebnis mit dem GTR.
a) $f(x) = x^2 + 1$
b) $f(x) = \cos(x) - 1$
c) $f(x) = \frac{1}{x}$
d) $f(x) = \frac{1}{x^2}$

4 In welchen Punkten hat der Graph der Funktion f mit $f(x) = 2x^2 + 2$
a) die Steigung $m = 4$, b) dieselbe Steigung wie der Graph von g mit $g(x) = x^3 - 4x - 1$?

Zeit zu überprüfen

5 Bilden Sie die ersten beiden Ableitungen.
a) $f(x) = x^3 + 3x^2 - 17x + 1$
b) $f_t(x) = tx^3 + 3tx^2 - 17x + t$
c) $f(x) = x^{\frac{1}{4}} + 2$
d) $f(x) = \frac{2}{x} + 1$
e) $f(x) = \frac{x^2 + 1}{x^2}$
f) $f(x) = x^{\frac{1}{3}} + 2\sin(x)$

6 In welchen Punkten hat der Graph der Funktion f die Steigung m?
a) $f(x) = x^3 - 2x - 1;\ m = 1$
b) $f(x) = \cos(x);\ 0 < x < 2\pi;\ m = -1$

7 Gegeben ist die Funktion f mit $f(x) = \frac{1}{3}x^3 - 3x^2 + 8x + 1$.
a) Bestimmen Sie $f'(4)$.
b) Bestimmen Sie die Punkte, in welchen der Graph von f die Steigung $m = 3$ hat.
c) Geben Sie alle x an, für die der Graph von f eine positive Steigung hat.

Probieren Sie zunächst an Beispielen!

8 Die Funktionen f und g mit $g(x) = f(x) + c;\ c \in \mathbb{R}$ haben die gleiche Ableitung. Wie liegen die Graphen der beiden Funktionen zueinander?

9 Sind folgende Aussagen richtig oder falsch? Begründen Sie.
a) Die Ableitung der Funktion f mit $f(x) = x^3 \cdot x^2$ ist $f'(x) = 3x^2 \cdot 2x$.
b) Der Graph der Ableitungsfunktion f' hat immer einen Schnittpunkt mit der x-Achse weniger als der Graph der Funktion f.
c) Die Potenzregel gilt auch für Funktionen f wie $f(x) = x^{-\frac{1}{3}}$.
d) Die Potenzregel gilt auch für Funktionen f wie $f(x) = 2^x$.
e) Zwei verschiedene Funktionen können nicht dieselbe Ableitungsfunktion haben.

10 Der schwarz gezeichnete Graph ist vorgegeben. Der rote Graph soll den Graphen der ersten Ableitung, der blaue Graph den der zweiten Ableitung darstellen. Untersuchen Sie, wo dies zutrifft bzw. nicht zutrifft.

a)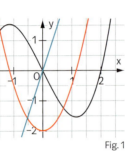
b)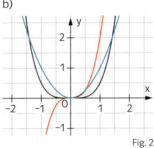
c)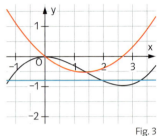

Fig. 1   Fig. 2   Fig. 3

11 Ordnen Sie der Funktion f jeweils den Graphen der Ableitungsfunktion zu.
a) $f(x) = 2\sin(x) + 1$ b) $f(x) = \cos(x) - 1$ c) $f(x) = \cos(x) - \sin(x)$

Hier können Sie Ihr Ergebnis mit dem GTR überprüfen.

(A)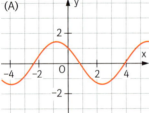
(B)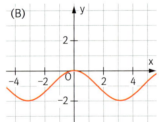
(C)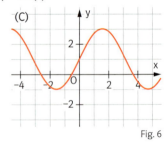

Fig. 4   Fig. 5   Fig. 6

12 Bestimmen Sie die erste und zweite Ableitung. Welche anschauliche Bedeutung haben die angegebenen Funktionen? Geben Sie, wenn es möglich ist, eine inhaltliche Interpretation der ersten Ableitung an.

a) $A(r) = \pi \cdot r^2$ b) $U(a) = 2 \cdot (a+b)$ c) $O(h) = 2\pi r^2 + 2\pi r h$ d) $V(r) = \frac{4}{3}\pi \cdot r^3$
e) $V(h) = \frac{1}{3}\pi \cdot r^2 h$ f) $O(r) = 2\pi r^2 + 2\pi r h$ g) $A(a) = \frac{1}{2}a^2$ h) $O(r) = \pi r(s + r)$

Zeit zu wiederholen

13 a) Welches der Zahlenpaare $(0|1), (1|1), (-1,5|0), (4|1), (-4|-1)$ ist eine Lösung der Gleichung $2x - 5y + 3 = 0$?
b) Bestimmen Sie a, b und c so, dass $(-1|2)$ eine Lösung von $ax + by + c = 0$ ist.

14 Stellen Sie in einem Koordinatensystem alle Punkte $P(x|y)$ dar, welche die Gleichung erfüllen. Bestimmen Sie die fehlenden Koordinaten der Punkte $A(0|p), B(-2|q), C(u|0)$ und $D(v|2)$.

a) $4x - 2y = 6$ b) $3x + 4y = 0$ c) $2x + 3y = 5$ d) $\frac{1}{2}x - \frac{3}{4}y = 1$

3 Die Bedeutung der zweiten Ableitung

Die Grafik stellt die Umsatzzahlen eines Unternehmens in zwei verschiedenen Regionen dar. Obwohl der Umsatz in beiden Gebieten gesteigert werden konnte, ist die Konzernleitung nur mit einer der beiden Umsatzkurven zufrieden. Schreiben Sie einen kurzen Brief an die beiden Regionalleiter.

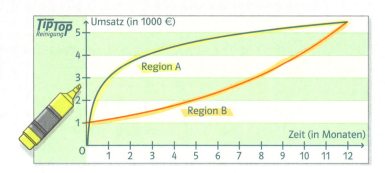

Die erste Ableitung lässt sich als momentane Änderungsrate oder geometrisch als Steigung interpretieren. Gibt es solche Interpretationen auch bei der zweiten Ableitung?

Streng monoton wachsende Funktionen können unterschiedliche Zunahmen aufweisen: gleichmäßige Zunahme, der Graph verläuft linear; immer stärkere Zunahme, der Graph von f ist eine **Linkskurve** (Fig. 1); oder immer schwächere Zunahme, der Graph von f ist eine **Rechtskurve** (Fig. 2). Sowohl Fig. 1 als auch Fig. 2 zeigen jeweils einen streng monoton wachsenden Graphen.

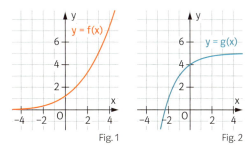
Fig. 1   Fig. 2

Vergleicht man die Graphen der zugehörigen Ableitungsfunktionen, so sind diese streng monoton wachsend (Fig. 3) oder streng monoton fallend (Fig. 4). Anhand dieser Eigenschaft kann man die Begriffe Links- und Rechtskurve definieren.

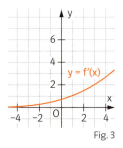 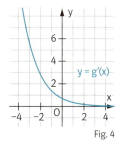
Fig. 3   Fig. 4

> **Definition:** Die Funktion f sei auf einem Intervall I definiert und differenzierbar.
> Wenn f' auf I streng monoton wachsend ist, dann ist der Graph von f in I eine **Linkskurve**;
> wenn f' auf I streng monoton fallend ist, dann ist der Graph von f in I eine **Rechtskurve**.

Fig. 5
Krümmungsverhalten meint: Ist der Graph eine Links- oder eine Rechtskurve?

Nach dem Monotoniesatz gilt wiederum: Wenn $(f')'(x) = f''(x) > 0$ in einem Intervall I ist, dann ist f' streng monoton wachsend auf I. Mithilfe des Monotoniesatzes lässt sich das Krümmungsverhalten eines Graphen deshalb mit der zweiten Ableitung f'' bestimmen.

> **Satz:** Die Funktion f sei auf einem Intervall I definiert und zweimal differenzierbar.
> Wenn $f''(x) > 0$ auf I ist, dann ist der Graph von f in I eine Linkskurve.
> Wenn $f''(x) < 0$ auf I ist, dann ist der Graph von f in I eine Rechtskurve.

Die Umkehrung des Satzes gilt nicht, wie das Gegenbeispiel zeigt:
Der Graph der Funktion $f(x) = x^4$ ist eine Linkskurve, da $f'(x) = 4x^3$ streng monoton wachsend ist, aber für $f''(x) = 12x^2$ gilt: $f''(0) = 0$.

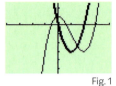

Fig. 1

Beispiel Intervalle mit Links- und Rechtskurve
Bestimmen Sie die Intervalle, auf welchen der Graph der Funktion f mit $f(x) = x^3 - 3x^2 + 1$ eine Links- bzw. Rechtskurve ist.
a) Entscheiden Sie mithilfe des GTR.   b) Entscheiden Sie rechnerisch ohne GTR.
■ Lösung: a) In Fig. 1 sieht man am Graphen von f bzw. f' (fett gedruckt):
f' fällt streng monoton bis zur Stelle $x = 1$; der Graph von f ist eine Rechtskurve für $x \le 1$;
f' wächst streng monoton ab der Stelle $x = 1$; der Graph von f ist eine Linkskurve für $x \ge 1$.
b) $f'(x) = 3x^2 - 6x$ und $f''(x) = 6x - 6 = 6(x - 1)$.
Es gilt: $f''(x) < 0$ für $x < 1$; der Graph von f ist eine Rechtskurve für $x \le 1$;
$f''(x) > 0$ für $x > 1$; der Graph von f ist eine Linkskurve für $x \ge 1$.

Da sich die Monotonie nicht auf einen Punkt bezieht, kann man den Rand jeweils zum Intervall hinzunehmen.

Aufgaben

1 Zeigen Sie mithilfe der zweiten Ableitung,
a) dass der Graph von f mit $f(x) = x^2$ eine Linkskurve ist,
b) dass der Graph von g mit $g(x) = -4x^2$ eine Rechtskurve ist,
c) dass der Graph von h mit $h(x) = x^3 + 3x^2 + 1$ eine Linkskurve für $x > 1$ ist.

2 Fig. 2 zeigt den Graphen einer Funktion f.
a) Geben Sie mithilfe der Stellen x_1 bis x_7 die Intervalle an, in denen der Graph eine Links- bzw. eine Rechtskurve ist.
b) Es ist $f(x) = \frac{1}{12}x^4 - \frac{9}{8}x^2$. Überprüfen Sie Ihre Aussagen rechnerisch.

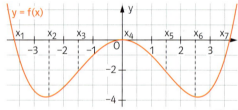

Fig. 2

3 Zeichnen Sie den Graphen einer Funktion f, für den gilt:
a) der Graph von f ist eine Linkskurve und f ist streng monoton wachsend,
b) der Graph von f ist eine Rechtskurve und f ist streng monoton wachsend.

4 Gegeben ist der Graph einer Funktion f. Notieren Sie, ob $f(x)$, $f'(x)$ und $f''(x)$ in den markierten Punkten positiv, negativ oder null ist.

a)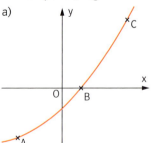
Fig. 4

b)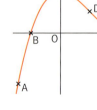
Fig. 5

c)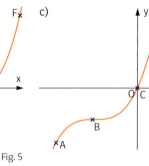
Fig. 6

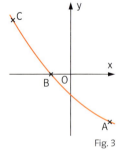
Fig. 3

Obwohl f' streng monoton wachsend ist, kann f trotzdem streng monoton fallen! Können Sie andere Funktionsgraphen mit dieser Eigenschaft skizzieren?

5 Geben Sie mithilfe der zweiten Ableitung jeweils die Intervalle an, in denen der Graph der Funktion f eine Links- bzw. Rechtskurve ist. Kontrollieren Sie Ihre Ergebnisse mit dem GTR.
a) $f(x) = \frac{1}{4}x^4 + 3x^2 - 2$ b) $f(x) = x^3 - 3x^2 - 9x - 5$ c) $f(x) = 2\sin(x)$ für $0 \le x \le \pi$

6 a) Skizzieren Sie die Graphen der Funktionen f und g mit $f(x) = (x + 1)^3 - 1$ und $g(x) = (x - 1)^4 + 2$. Beschreiben Sie das Krümmungsverhalten von f und g.
b) Gegeben ist der Graph der Funktion f in Fig. 1. Skizzieren Sie den Graphen der Ableitungsfunktion f' sowie der zweiten Ableitungsfunktion f" in Ihr Heft.

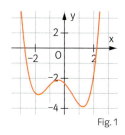
Fig. 1

7 In Fig. 2 ist der Graph der Funktion f gegeben. An welchen der markierten Stellen ist
a) f'(x) am größten bzw. am kleinsten,
b) f"(x) am größten bzw. am kleinsten,
c) f(x) am größten bzw. am kleinsten?

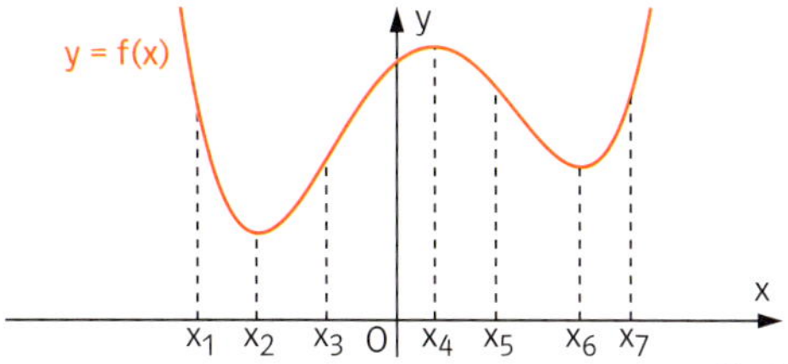

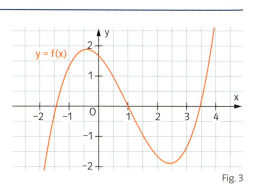
Fig. 2

Zeit zu überprüfen

8 a) In welchen Intervallen ist der Graph in Fig. 3 eine Linkskurve?
b) Es ist $f(x) = \frac{1}{3}x^3 - x^2 - x + 1\frac{2}{3}$. Überprüfen Sie rechnerisch auf Links- bzw. Rechtskurve.

9 In welchem Intervall ist der Graph von f eine Links-, in welchem eine Rechtskurve?
a) $f(x) = x^3$
b) $f(x) = (x - 2)^3 + 1$
c) $f(x) = x^4 - 6x^2 + x - 1$

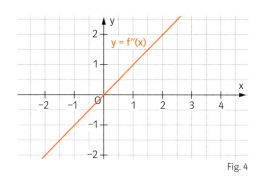
Fig. 3

◎ CAS
Graph und Ableitungsfunktion

10 Skizzieren Sie den Graphen einer Funktion f, sodass für alle x gilt: $f(x) > 0$; $f'(x) < 0$ und $f''(x) > 0$.

◎ CAS
Physikalische Anwendung

11 Gegeben ist der Graph der zweiten Ableitung f" einer Funktion f (Fig. 4). Welche der folgenden Aussagen sind wahr? Begründen Sie Ihre Antwort.
a) f' ist streng monoton wachsend.
b) $f'(x) \geq 0$ für alle x.
c) Der Graph von f ist für $x > 0$ eine Linkskurve.
d) Der Graph von f' ist für $x > 0$ eine Linkskurve.

◎ CAS
Trigonometrische Funktion

Fig. 4

12 Die folgenden Aussagen sind alle falsch. Finden Sie geeignete Gegenbeispiele.
a) Wenn f' streng monoton wachsend ist, dann ist auch f streng monoton wachsend.
b) Wenn der Graph von f eine Rechtskurve auf I ist, dann gilt für alle $x \in I$: $f''(x) < 0$.
c) Wenn $f'(x_0) = 0$ ist, dann gilt: $f''(x_0) > 0$ oder $f''(x_0) < 0$.

13 Eine Funktion f hat die folgenden Eigenschaften: f ist streng monoton wachsend, der Graph von f ist eine Rechtskurve, $f(5) = 2$ und $f'(5) = 0{,}5$.
a) Skizzieren Sie einen möglichen Graphen von f.
b) Wie viele Schnittpunkte mit der x-Achse hat der Graph von f maximal? Begründen Sie.
c) Formulieren Sie eine Aussage zur Anzahl der Minima bzw. Maxima der Funktion f.
d) Kann $f'(1) = 1$ gelten?

4 Kriterien für Extremstellen

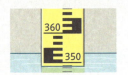

An welchem Tag könnte dieser Wasserstand gewesen sein?

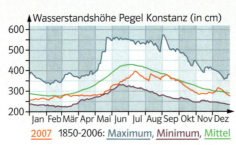

Der Pegel des Bodensees variiert. In Konstanz können der aktuelle Pegelstand und die Kurve des mittleren Wasserstandes (grün) abgelesen werden. Interpretieren Sie die Kurve des mittleren Wasserstandes im Hinblick auf größte und kleinste Werte. Wie hängen Krümmungsverhalten und Extremwerte zusammen?

Die x-Koordinate eines Hoch- oder Tiefpunkts nennt man **Extremstelle**, die y-Koordinate heißt **Extremwert**.

Notwendige Bedingung heißt, diese Bedingung muss immer erfüllt sein.
Hinreichende Bedingung heißt, diese Bedingung reicht aus, um die Extremstelle zu bestimmen, muss aber nicht immer erfüllt sein.

Ein Funktionswert $f(x_0)$ heißt **lokales Maximum**, wenn in einer Umgebung von x_0 nur Funktionswerte vorkommen, die kleiner oder gleich $f(x_0)$ sind. Der Punkt $H(x_0|f(x_0))$ heißt dann **Hochpunkt** des Graphen von f. Entsprechend spricht man von einem **lokalen Minimum** bzw. einem **Tiefpunkt**.
Zur Bestimmung von Extremstellen ist bisher bekannt:
1. Notwendige Bedingung: Wenn f bei x_0 eine Extremstelle hat, dann ist $f'(x_0) = 0$.
2. Erste hinreichende Bedingung: Wenn $f'(x_0) = 0$ ist und f' an der Stelle x_0 einen Vorzeichenwechsel (**VZW**) von Minus nach Plus hat, dann hat f an der Stelle x_0 ein Minimum (Entsprechendes gilt für ein Maximum).

Die Anwendung dieses Kriteriums ist oft umständlich, weil man sich bei der Untersuchung nicht auf die Stelle x_0 beschränken kann. In Fig. 1 erkennt man: Ist $f'(x_0) = 0$ und der Graph von f in der Umgebung von x_0 eine Rechtskurve, so hat f an der Stelle x_0 ein lokales Maximum. Ist der Graph von f eine Linkskurve, so hat f an der Stelle x_2 ein lokales Minimum. Da das Krümmungsverhalten mittels der zweiten Ableitung bestimmt werden kann, hat man ein zweites Kriterium zur Bestimmung von Extremstellen gefunden.

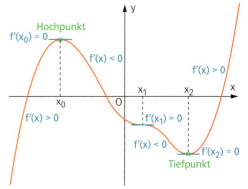

Fig. 1

Satz: Zweite hinreichende Bedingung zur Bestimmung von Extremstellen
Die Funktion f sei auf einem Intervall $I = [a; b]$ beliebig oft differenzierbar und $x_0 \in (a; b)$.
Wenn $f'(x_0) = 0$ und $f''(x_0) < 0$ ist, dann hat f an der Stelle x_0 ein lokales **Maximum** $f(x_0)$.
Wenn $f'(x_0) = 0$ und $f''(x_0) > 0$ ist, dann hat f an der Stelle x_0 ein lokales **Minimum** $f(x_0)$.

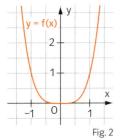

Fig. 2

$f(x) = x^4$
Zweite hinreichende Bedingung ist nicht erfüllt, erste hinreichende Bedingung ist erfüllt.

Bei der Bestimmung lokaler Extremstellen einer Funktion f kann man so vorgehen:
1. Man bestimmt f' und f''.
2. Man untersucht, für welche Stellen x_0 gilt: $f'(x_0) = 0$ gilt.
3. Gilt $f'(x_0) = 0$ und $f''(x_0) < 0$, so hat f an der Stelle x_0 ein lokales Maximum $f(x_0)$.
Gilt $f'(x_0) = 0$ und $f''(x_0) > 0$, so hat f an der Stelle x_0 ein lokales Minimum $f(x_0)$.
Gilt $f'(x_0) = 0$ und $f''(x_0) = 0$, so wendet man die erste hinreichende Bedingung an:
Hat f' in einer Umgebung von x_0 einen VZW von + nach –, so hat f an der Stelle x_0 ein lokales Maximum $f(x_0)$;
hat f' in einer Umgebung von x_0 einen VZW von – nach +, so hat f an der Stelle x_0 ein lokales Minimum $f(x_0)$.

Wenn bei einer Funktion f an einer Stelle x_0 keines der hinreichenden Kriterien erfüllt ist, kann nicht ohne weiteres geschlossen werden, dass keine Extremstelle vorliegt.
Dies zeigt die konstante Funktion f mit $f(x) = 1$ in Fig. 1. Hier ist kein hinreichendes Kriterium erfüllt, obwohl f an jeder Stelle x_0 eine Extremstelle hat.

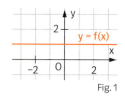

Fig. 1

Wie man im anderen Fall zeigen kann, dass bei einer Funktion bei nicht erfüllten hinreichenden Kriterien auch keine Extremstelle vorliegt, zeigt Fig. 2. Hier ist links und rechts von $x_0 = 4$ die Ableitung $f'(x) < 0$ ($x \neq 4$). Deshalb hat f an der Stelle x_0 keine Extremstelle.
Man sagt, der Punkt $S(x_0 | f(x_0))$ ist ein **Sattelpunkt**.

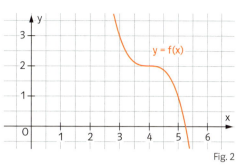

Fig. 2

Beispiel 1 Bestimmen aller Extremwerte
Untersuchen Sie die Funktion f mit $f(x) = -\frac{1}{8}x^4 - \frac{1}{3}x^3 + 1$ auf Extremwerte
a) ohne GTR, b) mithilfe des GTR.

■ Lösung: a) $f'(x) = -\frac{1}{2}x^3 - x^2$; $f''(x) = -\frac{3}{2}x^2 - 2x$. $f'(x) = 0$ liefert $x^2\left(-\frac{1}{2}x - 1\right) = 0$; somit sind $x_1 = -2$ und $x_2 = 0$ mögliche Extremstellen.
Untersuchung für $x_1 = -2$:
Es ist $f''(-2) = -2 < 0$; somit liegt bei $H(-2 | f(-2))$ bzw. $H\left(-2 | 1\frac{2}{3}\right)$ ein lokaler Hochpunkt vor.
Untersuchung für $x_2 = 0$:
Da $f''(0) = 0$ ist, wird f' auf Vorzeichenwechsel an der Stelle $x_2 = 0$ untersucht:
x nahe $x_2 = 0$ und $x < x_2$: x nahe $x_2 = 0$ und $x > x_2$:
$x^2 > 0$; $-\frac{1}{2}x - 1 < 0$; also $x^2 \cdot \left(-\frac{1}{2}x - 1\right) < 0$. $x^2 > 0$; $-\frac{1}{2}x - 1 < 0$; also $x^2 \cdot \left(-\frac{1}{2}x - 1\right) < 0$.
Da $f'(x) < 0$ für $x < x_2$ und $x > x_2$, ist $P(0|f(0))$ bzw. $P(0|1)$ kein Extremwert.

Die Rechnung liefert eine Gleichung für alle möglichen Extremwerte (die aber nicht immer lösbar ist); der GTR liefert nur Ergebnisse im sichtbaren Bereich und nur Näherungswerte.

b) Da die Funktion f vom Grad vier ist, ist f' vom Grad drei und hat somit maximal drei Kandidaten für Extremstellen.
Der GTR zeigt den Graphen von f mit einem lokalen Maximum bei $x_1 = -2$ und einer Stelle $x_2 = 0$ mit waagerechter Tangente (kein Extremwert). Da für $x \to \pm\infty$ die Funktionswerte jeweils gegen $-\infty$ gehen, gibt es keine weiteren Extremstellen. Es gibt nur einen Hochpunkt bei $H(-2|1,67)$.

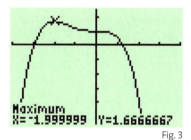

Fig. 3

Nur durch zusätzliche Überlegungen kann man beim GTR-Ergebnis sicher sein. So könnte zum Beispiel im Bereich $-0,2 < x < 0,5$ ein konstanter Abschnitt sein.

Beispiel 2 Eigenschaften von Funktionen
In Fig. 4 sehen Sie den Graphen der Ableitungsfunktion f' einer differenzierbaren Funktion f. Welche der folgenden Aussagen über die Funktion f sind wahr, welche falsch? Begründen Sie Ihre Antwort.
a) Für $-2 < x < 2$ ist f monoton wachsend.
b) Für $-2 < x < 2$ gilt $f''(x) > 0$.
c) Der Graph von f ist symmetrisch zur y-Achse.
d) Der Graph von f hat im abgebildeten Bereich drei Extremstellen.

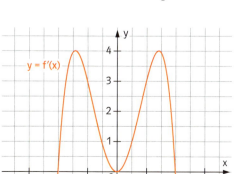

Fig. 4

CAS
Maximum mit dem CAS bestimmen

■ Lösung: a) Wahr: Für $-2 < x < 2$ ist $f' \geq 0$, somit ist f monoton wachsend.
b) Falsch: Im Bereich $-2 < x < 2$ müsste dann der Graph von f' streng monoton wachsen.
c) Falsch: Da der Graph von f im Bereich $-2 < x < 2$ monoton wachsend ist, kann er nicht symmetrisch zur y-Achse sein.
d) Falsch: Nur die Stellen mit $f'(x) = 0$ sind Kandidaten für Extremstellen. An den Stellen $x_1 = -2$ und $x_3 = 2$ wechselt f' das Vorzeichen, es liegen Extremstellen vor. Bei $x_2 = 0$ gilt $f'(x_2) = 0$, links und rechts von x_2 ist f' aber positiv. Es liegt keine Extremstelle, sondern ein Sattelpunkt vor.

Aufgaben

1 Bestimmen Sie die Extremstellen der Funktion f.
a) $f(x) = x^3 - x^2 + 1$
b) $f(x) = \frac{1}{4}x^4$
c) $f(x) = \frac{1}{4}x^4 - 2x^2 - 2$
d) $f(x) = \frac{4}{5}x^5 - 2x^4$
e) $f(x) = \sin(x); \; x \in [0; 2\pi]$
f) $f(x) = \frac{1}{2}\sin(x) + 1; \; x \in [0; 2\pi]$

2 Bestimmen Sie die Hoch- und Tiefpunkte des zugehörigen Graphen von f mit dem GTR. Begründen Sie, dass dies alle Extremstellen der Funktion sind.
a) $f(x) = \frac{1}{3}x^4 - \frac{1}{3}x^3 - x^2$
b) $f(x) = 0{,}02x^5 - 0{,}2x^4$
c) $f(x) = (x-2)^4$
d) $f(x) = \sqrt{3} \cdot x - 3x^2$
e) $f(x) = \frac{x^2}{4} - \frac{1}{x}$
f) $f(x) = \frac{2+x}{x^2+2}$

3 Geben Sie mindestens eine Funktion an, die
a) ganzrational vom Grad zwei ist und genau ein lokales Minimum besitzt,
b) ganzrational vom Grad vier ist und genau ein lokales Maximum aufweist,
c) unendlich viele Minima hat,
d) keine Extremstellen besitzt.

4 Gegeben ist der Graph der Ableitungsfunktion f' einer Funktion f (Fig. 1). Welche der folgenden Aussagen sind wahr, welche falsch? Begründen Sie Ihre Antwort.
a) f hat im Bereich $-4 < x < 3$ zwei lokale Extremwerte.
b) f ist im Bereich $-3 < x < 3$ monoton fallend.
c) Der Graph von f hat an der Stelle $x = 1{,}5$ einen Punkt mit waagerechter Tangente, der weder Hoch- noch Tiefpunkt ist.
d) Der Graph von f ändert an der Stelle $x = 0$ sein Krümmungsverhalten.
e) f'' hat im sichtbaren Bereich genau eine Nullstelle.

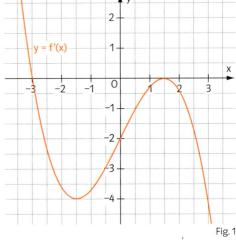

Fig. 1

5 Bestimmen Sie mit dem GTR alle Hoch- und Tiefpunkte des Graphen der Funktion f.
a) $f(x) = 0{,}04x^6 - 0{,}192x^5 - 0{,}18x^4 + 0{,}96x^3 - 0{,}48x^2 + 3{,}84$
b) $f(x) = \sin(x) + \cos(x); \; x \in [0; 2\pi]$

6 Welcher Punkt des Graphen der Funktion f kommt der x-Achse am nächsten?
a) $f(x) = \frac{1}{4}x^4 - x + 1$
b) $f(x) = \frac{1}{3}x^4 + \frac{1}{2}x^3 + 12x^2 + \frac{3}{4}$
c) $f(x) = \cos(x) + 4; \; x \in [0; 2\pi]$

Zeit zu überprüfen

7 Bestimmen Sie die Extremstellen der Funktion f.
a) $f(x) = 2x^3 - 3x^2 + 1$ b) $f(x) = 2x^3 - 9x^2 + 12x - 4$ c) $f(x) = (x-2)^2$

8 Gegeben ist der Graph der Ableitungsfunktion f′ einer Funktion f (Fig. 1).
a) Welche Aussagen können Sie über die Funktion f hinsichtlich Monotonie und Extremstellen machen?
b) Skizzieren Sie den Graphen von f″.

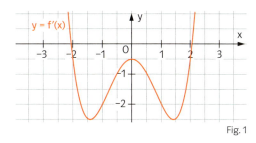

Fig. 1

9 Begründen Sie, dass für jede ganzrationale Funktion f gilt:
a) Ist f vom Grad zwei, so hat f genau eine Extremstelle.
b) Ist der Grad von f gerade, so hat f mindestens eine Extremstelle.
c) Wenn f drei verschiedene Extremstellen hat, so ist der Grad von f mindestens vier.
d) Eine ganzrationale Funktion f vom Grad n hat höchstens n − 1 Extremstellen.

10 Untersuchen Sie den Graphen von f mit $f(x) = 2x^4 - 3x^2 - 4x - 5$ auf Extrempunkte. Welche Aussage können Sie über die Anzahl der Nullstellen von f machen?

11 Begründen oder widerlegen Sie:
a) Der Graph einer konstanten Funktion hat unendlich viele Tiefpunkte.
b) Der Graph einer ganzrationalen Funktion vom Grad drei hat Intervalle mit einer Linkskurve und solche mit einer Rechtskurve.
c) Der Graph einer ganzrationalen Funktion vom Grad fünf hat immer vier Extrempunkte.
d) Der Graph einer Sinusfunktion hat immer unendlich viele Hochpunkte.

12 Die Population P einer Wildtierherde kann nach folgender Vorschrift modelliert werden:
$P(t) = 4000 + 500 \sin\left(2\pi t - \frac{\pi}{2}\right)$; t in Jahren seit 1. Januar.
a) Wie verändert sich die Population im Lauf eines Jahres? Zeichnen Sie einen Graphen.
b) Wann hat die Population ihre Bestandsspitze innerhalb eines Jahres? Wie viele Tiere gibt es dann? Gibt es ein Bestandsminimum?
c) Wann hat die Population ihr größtes Wachstum, wann die größte Abnahme?

13 Die Herstellungskosten einer Produktionseinheit (100 Packungen) eines Arzneimittels pro Tag werden durch die Funktion f mit $f(x) = \frac{1}{10}x^3 - 5x^2 + 200x + 50$ (x in Produktionseinheiten, f(x) in Euro) dargestellt. Eine Packung wird für 19,95 € verkauft.
a) Stellen Sie die Gewinnfunktion pro Tag G(x) auf (x in Produktionseinheiten, G(x) in Euro).
b) Wie viele Produktionseinheiten muss die Firma pro Tag herstellen, um bei vollständigem Verkauf den optimalen Gewinn zu erzielen?
c) Bei welchen Produktionsmengen macht die Firma trotz vollständigen Verkaufs einen Verlust?

14 Geben Sie je ein Beispiel für eine Funktion f an, die ein lokales Maximum $f(x_0)$ an der Stelle $x_0 = 2$ hat, welches man
a) mit dem zweiten Kriterium nachweisen kann,
b) nicht mit dem zweiten Kriterium, aber dem VZW-Kriterium nachweisen kann,
c) weder mit dem zweiten noch dem VZW-Kriterium nachweisen kann.

5 Kriterien für Wendestellen

Fährt man die abgebildete Küstenstraße mit dem Motorrad entlang, so befindet man sich abwechselnd in einer Links- beziehungsweise Rechtskurve. Beschreiben Sie eine Fahrt entlang eines Streckenabschnitts. Kann man anhand des Streckenverlaufs voraussagen, wann das Motorrad nach links bzw. nach rechts oder gar nicht geneigt sein wird?

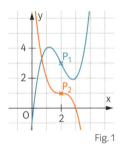

Fig. 1

Außer Null- und Extremstellen haben Funktionen oft weitere charakteristische Stellen, an denen sich z. B. das Krümmungsverhalten des Graphen ändert. Der blaue Graph wechselt bei P_1 von einer Rechts- in eine Linkskurve, der rote Graph bei P_2 von einer Links- in eine Rechtskurve (Fig. 1).

Definition: Die Funktion f sei auf einem Intervall I definiert, differenzierbar und x_0 sei eine innere Stelle im Intervall I.
Eine Stelle x_0, bei der der Graph von f von einer Linkskurve in eine Rechtskurve übergeht oder umgekehrt, heißt **Wendestelle** von f bei x_0.
Der zugehörige Punkt $W(x_0 | f(x_0))$ heißt **Wendepunkt**.

Nicht in allen Fällen kann man von einer Extremstelle von f' auf eine Wendestelle von f schließen – bei den in der Schule untersuchten beliebig oft differenzierbaren Funktionen mit nur endlich vielen Extremstellen aber schon.

Die Graphen in Fig. 2 legen für die Stelle x_0 nahe:
Wendestellen von f entsprechen den Extremstellen von f'. Damit kann man die Kriterien für Extremstellen von f' zum Nachweis von Wendestellen von f nutzen.

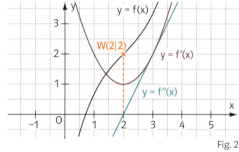

Fig. 2

Satz: Die Funktion f sei auf einem Intervall I beliebig oft differenzierbar und x_0 eine innere Stelle im Intervall I.
1. Wenn $f''(x_0) = 0$ und f'' in der Umgebung von x_0 einen Vorzeichenwechsel hat, dann hat f an der Stelle x_0 eine Wendestelle.
2. Wenn $f''(x_0) = 0$ und $f'''(x_0) \neq 0$ ist, dann hat f an der Stelle x_0 eine Wendestelle.

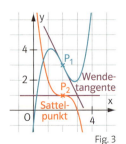

Fig. 3

Ein Wendepunkt mit waagerechter Tangente wie in P_2 (Fig. 3) heißt **Sattelpunkt**. Die Tangente im Wendepunkt wie in P_1 (Fig. 3) heißt **Wendetangente** und durchsetzt den Graphen von f.

GTR-Hinweise
735501-0291

Beispiel 1 Wendepunktbestimmung mit f'''
Gegeben ist die Funktion f mit $f(x) = x^3 + 3x^2 + x$.
a) Bestimmen Sie den Wendepunkt des Graphen von f ohne Verwendung des GTR. Skizzieren Sie den Graphen der Funktion.
b) Zeichnen Sie die Tangente an den Graphen von f im Wendepunkt.

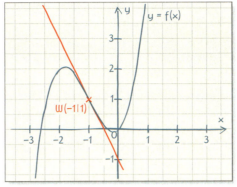

■ Lösung: a) Es ist $f'(x) = 3x^2 + 6x + 1$; $f''(x) = 6x + 6$ und $f'''(x) = 6$.
Die Bedingung $f''(x) = 0$ liefert $x_1 = -1$.
Da $f'''(-1) = 6 \; (\neq 0)$, ist $x_1 = -1$ eine Wendestelle und $W(-1 | f(-1))$ bzw. $W(-1 | 1)$ ein Wendepunkt (Skizze in Fig. 1).
b) Fig. 1: Steigung der Tangente $f'(-1) = -2$.

Fig. 1

Beispiel 2 Der Fall $f''(x_0) = 0$ und $f'''(x_0) = 0$
Untersuchen Sie, ob die Funktion f mit
$f(x) = 3x^5 - 5x^4$ an der Stelle $x_0 = 0$ eine Wendestelle hat.

■ Lösung: Ableitungen: $f'(x) = 15x^4 - 20x^3$; $f''(x) = 60x^3 - 60x^2$ und $f'''(x) = 180x^2 - 120x$.
Da $f''(0) = 0$ und $f'''(0) = 0$, wird $f''(x) = 60x^2(x-1)$ auf Vorzeichenwechsel an der Stelle $x_0 = 0$ untersucht:

x nahe $x_0 = 0$ und $x < x_0$:   x nahe $x_0 = 0$ und $x > x_0$:
$60x^2 > 0$; $x - 1 < 0$; also $60x^2 \cdot (x-1) < 0$. $60x^2 > 0$; $x - 1 < 0$; also $60x^2 \cdot (x-1) < 0$.

Da f'' auf beiden Seiten von $x_0 = 0$ negativ ist, ändert sich das Krümmungsverhalten von f nicht und an der Stelle $x_0 = 0$ liegt keine Wendestelle vor (vgl. Fig. 2).

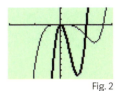

Fig. 2

Bei $x_1 = 1$ hat f eine Wendestelle.

Beispiel 3 Bestimmung von Wendestellen mit dem GTR
Die Menge eines Medikaments im Blut eines Patienten wird durch die Funktion f mit
$f(t) = \frac{2t}{8+t^3}$; $t \geq 0$ (t in Stunden nach der Verabreichung, f(t) in Milliliter) beschrieben.
a) Wie hoch ist die maximale Menge im Blut?
b) Wann findet der stärkste Abbau des Medikaments statt? Wie stark ist dann die momentane Abnahme?

CAS
Nachweis Wendestelle

■ Lösung: a) Der GTR liefert das Maximum an der Stelle $t \approx 1{,}59$. Die maximale Menge beträgt ca. 0,26 ml (Fig. 3).
b) *Gesucht ist eine Stelle, an der die Steigung minimal ist*. Der Graph der ersten Ableitung (Fig. 4, fett) hat ein lokales Minimum an der Stelle $x \approx 2{,}52$. Diese ist gleichzeitig Wendestelle von f.
Der stärkste Abbau des Medikaments findet circa zweieinhalb Stunden nach der Verabreichung statt. Die Abnahmestärke entspricht der Steigung der Tangente im Wendepunkt: $f'(2{,}52) \approx -0{,}08$.
Die momentane Abnahme beträgt dann $0{,}08 \frac{\text{ml}}{\text{h}}$.

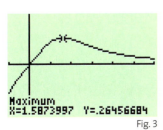
Fig. 3

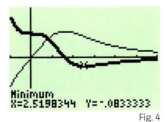
Fig. 4

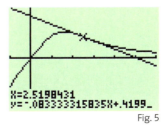
Fig. 5

I Schlüsselkonzept: Ableitung

Aufgaben

Reihenfolge bei der Untersuchung auf Wendestellen:
1. Suchen der Stellen x_0 mit $f''(x_0) = 0$.
2. Gilt darüber hinaus $f'''(x_0) \neq 0$ oder hat f'' an der Stelle x_0 einen VZW, so liegt bei x_0 eine Wendestelle vor.

1 Ermitteln Sie die Wendepunkte und geben Sie die Intervalle an, in denen der Graph von f eine Linkskurve bzw. eine Rechtskurve ist. Kontrollieren Sie Ihr Ergebnis mit dem GTR.
a) $f(x) = x^3 + 2$
b) $f(x) = 4 + 2x - x^2$
c) $f(x) = x^4 - 12x^2$
d) $f(x) = x^5 - x^4 + x^3$
e) $f(x) = \frac{1}{30}x^6 - \frac{1}{2}x^2$
f) $f(x) = x^3(2+x)$

2 Geben Sie mithilfe des GTR die Wendepunkte des Graphen von f an. Bestimmen Sie die Steigung der Tangente im Wendepunkt und entscheiden Sie, ob ein Sattelpunkt vorliegt.
a) $f(x) = x^3 + 3x^2 + 3x$
b) $f(x) = x^4 - 4x^3 + \frac{9}{2}x^2 - 2$
c) $f(x) = \cos(x^2)$; $x \in [0; 2,5]$

3 Im Folgenden sei $x \in [0; 2\pi]$. Ermitteln Sie die Wendepunkte und geben Sie die Intervalle an, in denen der Graph von f eine Linkskurve bzw. eine Rechtskurve ist.
a) $f(x) = \sin(x)$
b) $f(x) = 2\cos(x)$
c) $f(x) = x + \sin(x)$

4 Bestimmen Sie die Wendestellen der Funktion f.
a) $f(x) = x^5$
b) $f(x) = 3x^4 - 4x^3$
c) $f(x) = \frac{1}{60}x^6 - \frac{1}{10}x^5 + \frac{1}{6}x^4$

5 Gegeben ist der Graph der zweiten Ableitungsfunktion f'' einer Funktion f (Fig. 1). Welche der folgenden Aussagen sind wahr, welche falsch? Begründen Sie Ihre Antwort.
a) Der Graph von f ist im Bereich $-0,5 < x < 2$ eine Rechtskurve.
b) Der Graph von f hat an der Stelle $x = 2$ eine Wendestelle.
c) Der Graph von f hat an der Stelle $x = 0$ einen Sattelpunkt.
d) Der Graph von f ändert an der Stelle $x = 0,8$ sein Krümmungsverhalten.

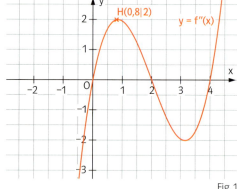

Fig. 1

Zeit zu überprüfen

6 Untersuchen Sie den Graphen der Funktion f auf Wendepunkte und geben Sie die Steigung der Wendetangente(n) an.
a) $f(x) = x^3$
b) $f(x) = -\frac{1}{2}x^4 + 2x^2$
c) $f(x) = x^5 - 3x^3 + x$

7 Gegeben ist der Graph der Ableitungsfunktion f' einer Funktion f (Fig. 2).
a) Welche Aussagen können Sie über die Funktion f hinsichtlich Extremstellen und Wendestellen machen?
b) Es ist $f(0) = -1$. Skizzieren Sie einen möglichen Graphen von f.

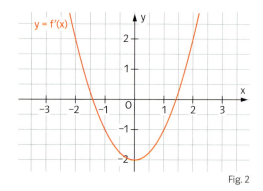

Fig. 2

8 Eine Tierpopulation in einem Reservat wächst häufig wie der Graph von f in Fig. 1.
a) Wann ist die Zunahme der Tierpopulation am größten?
b) Interpretieren Sie die Gerade y = S.
c) Argumentieren Sie mithilfe der zweiten Ableitung, wie sich das Wachstum der Population mit der Zeit verändert.

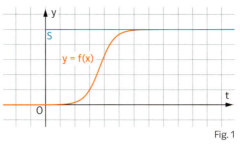
Fig. 1

9 Skizzieren Sie den Graphen einer Funktion f, die die folgenden Bedingungen erfüllt. Geben Sie einen möglichst passenden Funktionsterm an.
a) Der Graph von f ist rechtsgekrümmt und besitzt keinen Wendepunkt.
b) Der Graph von f hat genau einen Wendepunkt auf der x-Achse, links davon ist der Graph eine Rechtskurve, rechts davon eine Linkskurve.
c) Der Graph von f hat einen Wendepunkt im Ursprung und genau einen Hoch- und Tiefpunkt.
d) f' und f'' haben nur negative Funktionswerte.

10 Auf der Hauptversammlung einer Aktiengesellschaft zeigt der Vorstand die Entwicklung des Firmenumsatzes des vergangenen Geschäftsjahres (Fig. 2).
a) Zu welchem Zeitpunkt war die größte Umsatzsteigerung, wann ungefähr der stärkste Umsatzrückgang?
b) Vorausgesetzt, der Graph ändert im Weiteren sein Krümmungsverhalten nicht, was können Sie über die Zukunft des Unternehmens sagen?

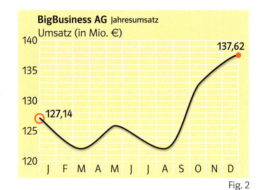
Fig. 2

11 Gegeben ist die Funktion f mit $f(x) = \frac{1}{6}x^3 - \frac{3}{4}x^2 + 2$.
a) Bestimmen Sie die Gleichung der Tangente im Wendepunkt des Graphen.
b) Welchen Flächeninhalt schließt diese Tangente mit den positiven Koordinatenachsen ein?

12 Welche Beziehung muss zwischen den Koeffizienten b und c bestehen, damit der Graph von f mit $f(x) = x^3 + bx^2 + cx + d$ einen Wendepunkt mit waagerechter Tangente hat?

13 Begründen oder widerlegen Sie.
a) Der Graph einer ganzrationalen Funktion zweiten Grades hat nie einen Wendepunkt.
b) Jede ganzrationale Funktion dritten Grades hat genau einen Wendepunkt.
c) Der Graph einer ganzrationalen Funktion n-ten Grades hat höchstens n Wendepunkte.
d) Bei ganzrationalen Funktionen liegt zwischen zwei Wendepunkten immer ein Extrempunkt.

14 Bestimmen Sie die Wendepunkte des Graphen von f_a in Abhängigkeit von a ($a \in \mathbb{R}^+$).
a) $f_a(x) = x^3 - ax^2$
b) $f_a(x) = x^4 - 2ax^2 + 1$

15 Die ankommenden Zuschauer pro Minute, also die momentane Ankunftsrate der Zuschauer, bei einem Regionalligaspiel soll modellhaft durch die Funktion Z mit $Z(t) = \frac{1}{2} t \cdot 3^{-0,1t+2}$ beschrieben werden. Dabei ist t die Zeit in Minuten seit 18:00 Uhr und f(t) die Anzahl der ankommenden Zuschauer pro Minute.
a) Wann kommen die meisten Zuschauer pro Minute an und wie viele sind das?
b) Wann ist die Abnahme der ankommenden Zuschauer am größten?

6 Probleme lösen im Umfeld der Tangente

Bei der Reflexion eines einfallenden Lichtstrahls an einem Spiegel gilt das Reflexionsgesetz, das in der Grafik veranschaulicht ist.
Versuchen Sie das Reflexionsgesetz zu formulieren.
Wie verläuft die Reflexion eines einfallenden Lichtstrahls an einer gekrümmten Spiegelfläche? Skizzieren Sie Ihre Überlegungen.

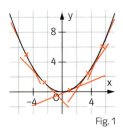

Fig. 1

Die Gleichung der Tangente in einem beliebigen Punkt des Graphen $P(u|f(u))$ einer Funktion f (vgl. Fig. 1) kann allgemein hergeleitet werden. Hiermit lässt sich dann auch die Gleichung der Tangente an den Graphen von einem Punkt Q aus bestimmen, der nicht auf dem Graphen liegt.
Um die Gleichung der Tangente an den Graphen einer Funktion f in einem Punkt $P(u|f(u))$ des Graphen zu bestimmen, setzt man in die Tangentengleichung $t: y = f'(u) \cdot x + c$ die Koordinaten des Punktes P für die Variablen x und y ein. Man erhält $f(u) = f'(u) \cdot u + c$ und hiermit $c = f(u) - f'(u) \cdot u$. Eingesetzt und zusammengefasst erhält man den folgenden Satz.

Satz: Allgemeine Tangentengleichung
Sind die differenzierbare Funktion f und ein Punkt $P(u|f(u))$ mit $u \in D_f$ gegeben, so lautet die Gleichung der Tangente t an den Graphen von f im Punkt P:
$t: y = f'(u) \cdot (x - u) + f(u)$.

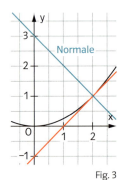

Fig. 3

Eine Herleitung finden Sie in Aufgabe 13.

Diese Tangentengleichung kann auch verwendet werden, wenn von einem Punkt Q, der nicht auf dem Graphen der Funktion f liegt, die Tangente an den Graphen bestimmt werden soll (vgl. Fig. 2). Ist f die Funktion mit $f(x) = \frac{1}{2}x^3$, so ist $y = f'(u) \cdot (x - u) + f(u) = \frac{3}{2}u^2(x - u) + \frac{1}{2}u^3$ die Gleichung der Tangente in $P(u|f(u))$. Setzt man hier für die Variablen x und y die Koordinaten von $Q(0|-1)$ ein, so erhält man $-1 = \frac{3}{2}u^2(0 - u) + \frac{1}{2}u^3$ bzw. $u^3 = 1$. Daraus folgt $u = 1$ und hiermit $t: y = \frac{3}{2}x - 1$ mit dem Berührpunkt $P(1|\frac{1}{2})$.
Die Gerade, die senkrecht zur Tangente in P verläuft, heißt **Normale** und hat die Gleichung
$n: y = -\frac{1}{f'(u)} \cdot (x - u) + f(u)$ mit $f'(u) \neq 0$ (Fig. 3).

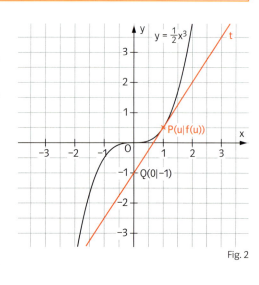

Fig. 2

Beispiel 1 Allgemeine Tangentengleichung und Normale
Gegeben ist die Funktion f mit $f(x) = -\frac{1}{4}x^2 + 4$.
a) Bestimmen Sie die Gleichung von Tangente und Normale im Punkt $R(1|f(1))$.
b) Bestimmen Sie die allgemeine Tangentengleichung an den Graphen von f im Punkt $P(u|f(u))$.
Welche Tangenten an den Graphen von f schneiden die x-Achse im Punkt $Q(5|0)$?

■ Lösung: a) Mit $f'(1) = -\frac{1}{2}$ und $f(1) = 3,75$ erhält man in R als Gleichung der Tangente
$t: y = -\frac{1}{2}(x - 1) + 3,75 = -\frac{1}{2}x + 4,25$.
Steigung der Normalen für $x = 1$: $m_n = -\frac{1}{f'(1)} = 2$. Die Gleichung der Normalen lautet
$n: y = 2 \cdot (x - 1) + 3,75 = 2x + 1,75$.

b) Mit $f'(u) = -\frac{1}{2}u$ erhält man in P die Gleichung der Tangente
$y = -\frac{1}{2}u(x-u) + \left(-\frac{1}{4}u^2 + 4\right) = -\frac{1}{2}ux + \frac{1}{4}u^2 + 4$.
Einsetzen des Punktes Q(5|0) liefert die quadratische Gleichung $\frac{1}{4}u^2 - \frac{5}{2}u + 4 = 0$ mit den
beiden Lösungen $u_1 = 2$ und $u_2 = 8$. Die Gleichungen der gesuchten Tangenten lauten
$t_1: y = -x + 5$ und $t_2: y = -4x + 20$ (vgl. Fig. 1).

Beispiel 2 Tangente im Wendepunkt (GTR)
Die Form einer Bucht kann in einem geeigneten Koordinatensystem durch die Funktion f mit
$f(x) = \frac{2}{3}x^3 + 2x^2 - \frac{1}{3}$ näherungsweise beschrieben werden (Fig. 2). Ein Schiff fährt von West nach
Ost entlang der gezeichneten Geraden. In welchem Punkt kann vom Schiff aus zum ersten Mal
die gesamte Bucht eingesehen werden?

■ *Lösung: Man benötigt die Gleichung der Tangente im Wendepunkt des Graphen von f.*
$f'(x) = 2x^2 + 4x$; $f''(x) = 4x + 4$; $f'''(x) = 4$
$f''(x) = 0$ ergibt $4x + 4 = 0$ mit $x = -1$ und
dem Wendepunkt W(−1|1). Mit $f'(-1) = -2$ hat
die Tangente in W die Gleichung $y = -2x - 1$.
Der Schiffsweg hat die Gleichung $y = 3$. Im
Schnittpunkt des Schiffswegs mit der Wende-
tangente S(−2|3) wird zum ersten Mal die ge-
samte Bucht eingesehen.

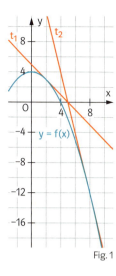

Fig. 1

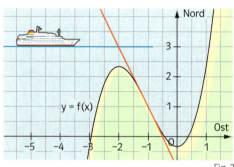

Fig. 2

Aufgaben

1 Bestimmen Sie die Gleichungen der Tangente und der Normalen an den Graphen der Funktion f an der Stelle u.
a) $f(x) = x^2$; $u = 2$
b) $f(x) = \frac{2}{x}$; $u = 4$
c) $f(x) = \sin(x)$; $u = 0$

2 Gegeben ist die Funktion f mit $f(x) = 0{,}5x^2$. Bestimmen Sie die Punkte des Graphen, dessen Tangenten durch den folgenden Punkt verlaufen.
a) A(1|0)
b) B(−1|0)
c) C(0|−2)
d) D(3|2,5)

3 In einem geeigneten Koordinatensystem lässt sich die Form einer Landzunge näherungs-weise durch den Graphen der Funktion f mit $f(x) = x^2$ mit $D_f = [-3; 3]$ darstellen. Welchen Bereich des Ufers kann man von einem Segelboot, das sich in S(3|5) befindet, sehen?

4 Es ist f mit $f(x) = x^3 - 3x$ gegeben. Im Punkt P wird die Tangente an den Graphen von f ge-zeichnet. Berechnen Sie den Punkt S, in dem die Tangente den Graphen ein zweites Mal schneidet.
a) P(1|f(1))
b) P(0,5|f(0,5))
c) P(3|f(3))

Landzunge in der Wismarer Bucht (Ostsee)

Zeit zu überprüfen

5 Bestimmen Sie die Gleichung der Tangente und der Normalen des Graphen von f im Punkt B.
a) $f(x) = x^2 - x$; B(−2|6)
b) $f(x) = \frac{4}{x} + 2$; B(4|3)

6 Gegeben ist die Funktion f mit $f(x) = 2x^2 - 3$. Bestimmen Sie, falls möglich, die Tangenten an den Graphen von f, die durch den Punkt A verlaufen.
a) A(2|−3)
b) $A\left(2\left|-\frac{9}{8}\right.\right)$
c) A(1|1)

Für den Steigungswinkel α der Tangente im Punkt $P(u|f(u))$ gilt: $\tan(\alpha) = f'(u)$.

7 Gegeben ist die Funktion f mit $f(x) = -\frac{1}{2}x^2 + 2x - 2$.
a) Bestimmen Sie den Punkt auf dem Graphen von f, in dem die Tangente parallel zur Geraden mit der Gleichung $y = 2x - 3$ verläuft. Unter welchem Winkel schneidet diese Tangente die x-Achse?
b) Geben Sie die Punkte des Graphen an, deren Tangenten durch den Ursprung verlaufen.
c) Welche Tangenten gehen durch den Punkt $A(0|6)$? Geben Sie die zugehörigen Berührpunkte des Graphen an.

8 Gegeben ist die Funktion f mit $f(x) = -\frac{16}{3x^3} + x$. Bestimmen Sie die Gleichungen der Tangenten in den Punkten des Graphen von f, die parallel zur Geraden mit $y = 2x$ verlaufen.

9 Die Mittellinie der gezeichneten Rennstrecke wird durch $y = 4 - \frac{1}{2}x^2$ beschrieben. Bei spiegelglatter Fahrbahn rutscht ein Fahrzeug und landet im Punkt $Y(0|6)$ in den Strohballen (vgl. Fig. 1). Wo hat das Fahrzeug die Straße verlassen?

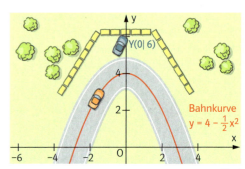
Fig. 1

10 Die Anzahl einer schnell aussterbenden Population wird durch die Funktion f mit $f(x) = \frac{200}{x+1}$ (x in Tagen, f(x) in 1000) näherungsweise modelliert.
a) Ab welchem Zeitpunkt beträgt die Anzahl weniger als 1000?
b) Ab dem 50. Tag soll das Aussterben durch eine lineare Funktion dargestellt werden. Welche lineare Fortsetzung bietet sich an, und wann ist nach dieser Modellierung die Population ausgestorben?

⊚ CAS
Tangente und Normale berechnen

11 Durch den Graphen der Funktion f mit $f(x) = -0{,}002x^4 + 0{,}122x^2 - 1{,}8$ (x in Meter, f(x) in Meter) wird für $-5 \leq x \leq 5$ der Querschnitt eines Kanals dargestellt. Die sich nach beiden Seiten anschließende Landfläche liegt auf der Höhe $y = 0$.
In welchem Abstand vom Kanalrand darf eine aufrecht stehende Person (Augenhöhe 1,60 m) höchstens stehen, damit sie bei leerem Kanal die tiefste Stelle des Kanals sehen kann?

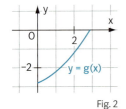
Fig. 2

12 Eine Gasleitung verläuft wie der Graph der Funktion g mit $g(x) = 0{,}2(x+1)^2 - 3$. Der Ort $O(0|0)$ soll an die Gasleitung angeschlossen werden (vgl. Fig. 2).
a) Von einem Punkt $X(x_0|g(x_0))$ aus soll dafür ein geradlinig verlaufendes Anschlussstück nach O verlegt werden. Zeigen Sie, dass die Länge d dieser Leitung $d(x_0) = \sqrt{x_0^2 + (g(x_0))^2}$ ist.
b) Zeichnen Sie den Graphen der Funktion d und bestimmen Sie zeichnerisch oder mithilfe des GTR die Stelle x_0 so, dass die Gasleitung möglichst kurz wird.
c) Bestimmen Sie mithilfe der Normalen im Punkt $X(x_0|g(x_0))$ die kürzeste Gasleitung.

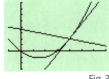
Fig. 3

Der GTR stellt die Tangente und Normale nur orthogonal dar, wenn die x- und y-Achse gleiche Einheiten besitzen.

13 In Fig. 4 sind die beiden zueinander senkrecht stehenden Geraden g_1 und g_2 eingezeichnet.
a) Begründen Sie anhand der Zeichnung, dass für die Steigungen m_1 und m_2 der beiden Geraden die Beziehung $m_1 \cdot m_2 = -1$ gilt.
b) Zeigen Sie, dass die Gleichung der Normalen n in einem Punkt $P(u|f(u))$ an den Graphen einer differenzierbaren Funktion f die Gleichung $n: y = -\frac{1}{f'(u)} \cdot (x - u) + f(u)$, $f'(u) \neq 0$ besitzt.

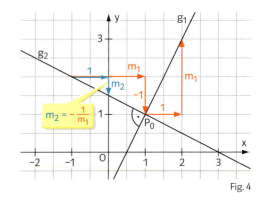
Fig. 4

7 Mathematische Fachbegriffe in Sachzusammenhängen

Der Begriff **Nullwachstum** ist ein gelegentlich in der Wirtschaft verwendeter Euphemismus und bedeutet die Abwesenheit von Wirtschaftswachstum. Das Kunstwort hat sich als modernes Synonym für (wirtschaftliche) Stagnation etabliert.
Negativwachstum ist ebenfalls ein Euphemismus für die noch stärkere Rezession. Es handelt sich somit um das Gegenteil von Wachstum. Es wird z.B. von einem negativen Wirtschaftswachstum gesprochen, was als Schönreden der Abnahme des Bruttoinlandsprodukts gewertet werden kann.
Nennen Sie andere Beispiele, in denen mathematische Begriffe in Anwendungssituationen verwendet werden.

Euphemismus bezeichnet Wörter oder Formulierungen, die einen Sachverhalt beschönigend, verhüllend oder verschleiernd darstellen.

Die sprachliche Schilderung einer Alltagssituation lässt sich in geeigneten Fällen mithilfe der Eigenschaften einer Funktion und ihrer Ableitungen direkt in eine mathematische Beschreibung übertragen. Den Begriffen aus der Alltagssprache müssen dabei die passenden mathematischen Begriffe zugeordnet werden.

Modelliert die zweimal differenzierbare Funktion f die Verkaufszahlen eines Produkts in Abhängigkeit von der Zeit t, so lassen sich unter anderem die folgenden Zusammenhänge herstellen:

Sprachlicher Ausdruck	Eigenschaften der Funktion f	Eigenschaften von f' bzw. f''
Die Verkaufszahlen steigen.	f ist streng monoton wachsend.	$f'(t) > 0$ (nur an einzelnen Stellen kann $f'(t) = 0$ gelten)
Die Verkaufszahlen erreichen ihren höchsten Wert zum Zeitpunkt t_0.	$f(t_0) \geq f(t)$ für alle t	$f'(t_0) = 0$ und $f''(t) < 0$ bzw. f' hat VZW bei t_0 von + nach –
Die Verkaufszahlen stagnieren („Nullwachstum").	$f(t) = k$ mit $k \in \mathbb{N}$	$f'(t) = 0$
Der Anstieg der Verkaufszahlen war zum Zeitpunkt t_0 maximal.	t_0 ist Wendestelle von f und f ist streng monoton steigend.	$f''(t_0) = 0$; f'' hat VZW bei t_0 und $f'(t) > 0$
Der Anstieg der Verkaufszahlen fällt zunehmend niedriger aus.	Der Graph von f ist rechtsgekrümmt und f ist streng monoton steigend.	$f''(t) < 0$ und $f'(t) > 0$

Die Zuordnung zwischen Alltagsbegriffen und den mathematischen Beschreibungen werden nicht immer in der gleichen Weise vorgenommen (vgl. Aufgabe 11).

Ist der Umsatz eines Unternehmens für ein Jahr gegeben, so müssen bei der Bestimmung z.B. des Umsatzhochs bzw. -tiefs neben den lokalen Extremwerten im Inneren auch die Ränder des Definitionsbereichs untersucht werden, um globale Extrema zu ermitteln.

Ist der Umsatz U mit
$U(t) = 0{,}19 t^3 - 4{,}15 t^2 + 25 t + 150$ ($t \in [0; 12]$
in Monaten, U(t) in Millionen Euro) gegeben,
so erhält man mit dem GTR als relatives
Maximum den Wert $U(4{,}25) \approx 195{,}9$ und als
relatives Minimum den Wert $U(10{,}3) \approx 174{,}8$.
Vergleicht man mit den Funktionswerten an
den Rändern des Untersuchungszeitraums
$U(0) \approx 150{,}0$ und $U(12) \approx 180{,}7$, so ist 195,9 auch das globale Maximum und damit das Umsatzhoch. Das globale Minimum ist 150,0 und liegt damit am linken Rand (vgl. Fig. 1).

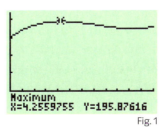

Fig. 1

Die zur Beschreibung einer realen Situation benutzte Funktion ist in einem Teilintervall von ℝ definiert und dort differenzierbar.

I Schlüsselkonzept: Ableitung 35

Beispiel 1 Rohstoffpreis

Der Preis eines Rohstoffs pro Kilogramm betrug an der Börse zu Beginn des Jahres 200 US-$. Danach sank der Preis deutlich und erreichte im März mit 120 US-$ seinen Jahrestiefststand. Nach einer Stagnationsphase begann im Mai der Preis stark anzuziehen. Der Preisanstieg erreichte im September sein Maximum, schwächte sich danach wieder ab, sodass der Jahreshöchstpreis im November mit 350 US-$ erreicht wurde. Am Jahresende notierte man einen Preis von 320 US-$. Skizzieren Sie einen Graphen, der die Preisentwicklung dieses Rohstoffs im Verlauf des Jahres darstellen könnte, und erläutern Sie.

■ Lösung: Einen möglichen Graphen zeigt Fig. 1. Es ist $f(0) = 200$ und $f(12) = 320$. Der Jahrestiefststand entspricht dem lokalen und globalen Minimum mit $f(3) = 120$. Eine Stagnationsphase wird durch weitgehend konstante Funktionswerte beschrieben. Der maximale Preisanstieg entspricht einer Wendestelle der Funktion mit positiver Steigung. Der Jahreshöchststand gibt das lokale und globale Maximum mit $f(11) = 350$ an.

Fig. 1

Die Funktion f lässt sich nicht eindeutig angeben.

Beispiel 2 Maximaler Gewinn, stärkster Anstieg

Bei einer Produktion von x Maschinen entstehen einem Unternehmen die Kosten K (in Euro) mit $K(x) = 0{,}03x^3 - 2x^2 + 50x + 600$ für $x \in [0; 50]$. Jede Maschine wird für 60 € verkauft.
a) Zeichnen Sie den Graphen der Funktion G, die den Gewinn des Unternehmens beschreibt.
b) Beschreiben Sie die Bedeutung der charakteristischen Punkte und berechnen Sie diese.

■ Lösung: a) Für den Gewinn G gilt $G(x) = 60x - K(x) = -0{,}03x^3 + 2x^2 + 10x - 600$ (vgl. Fig. 2).
b) Das globale Maximum gibt den maximalen Gewinn an. Mit dem GTR erhält man $x_1 \approx 46{,}82$ mit $G(x_1) \approx 1173{,}4$ (in Euro). Der Gewinn nimmt an der linken Intervallgrenze $x_2 = 0$ sein globales Minimum mit $G(0) = -600$ an; damit beträgt der maximale Verlust 600 €.
An der Wendestelle steigt der Gewinn am stärksten an. Der Graph der ersten Ableitung G' hat ein lokales Maximum an der Stelle $x_3 \approx 22{,}2$. $W(22{,}2 | 279{,}4)$ ist der Wendepunkt von f.

Fig. 2

Aufgaben

Referat 🗗
Kosten- und Umsatzfunktion
735501-0362

1 Die Funktion f beschreibt die Höhe einer Sonnenblume (in Meter) in Abhängigkeit von der Zeit t (in Wochen). Geben Sie zu den Alltagsbegriffen die mathematischen Beschreibungen an.
a) Nach zwei Wochen ist die Sonnenblume 0,3 m hoch.
b) Nach 20 Wochen wächst die Sonnenblume nicht mehr.
c) In den ersten fünf Wochen wächst die Sonnenblume um 0,6 m.
d) Die Wachstumsgeschwindigkeit ist nach acht Wochen am höchsten.

2 Zur Vorhersage des Wasserstandes eines Flusses misst man sechs Monate lang fortlaufend die Durchflussgeschwindigkeit f des Wassers an einer bestimmten Stelle und erhält hierfür
$f(t) = 0{,}25 t^3 - 3t^2 + 9t$ $\left(0 \le t \le 6;\ \text{t in Monaten};\ f(t) \text{ in } 10^6 \frac{m^3}{\text{Monat}}\right)$.
a) Zeichnen Sie den Graphen von f. Interpretieren Sie die Nullstellen der Funktion f. Warum ist hier $f(t) \ge 0$ sinnvoll?
b) Zu welchen Zeitpunkten ist die Durchflussgeschwindigkeit extremal?
c) Wann nimmt die Durchflussgeschwindigkeit besonders stark ab? Wann besonders stark zu?
d) Wie lässt sich die gesamte in den ersten sechs Monaten durchgeflossene Wassermenge anhand des Graphen von f veranschaulichen? Geben Sie einen Näherungswert an.

3 Die Entwicklung des Preises für eine Unze Gold (in US-Dollar) ist in Fig. 1 von 1990 bis Ende 2006 als Graph einer Funktion f dargestellt. Interpretieren Sie die folgenden Aussagen:
a) f nimmt ein Randextremum an.
b) Für $t \geq 12$ ist f streng monoton wachsend.
c) Für $7 \leq t \leq 10$ fällt f streng monoton.
d) Für $5 \leq t \leq 7$ ist f fast konstant.
e) Die Funktion hat mehrere Wendestellen.
f) $f''(t) > 0$ für $t \geq 12$.

Fig. 1

Das Porträt von Nelson Mandela wurde 2004 zum 10-jährigen Demokratiejubiläum in Südafrika in einer Unze Gold geprägt. (1 Unze = 1 oz ≈ 31,1 g)

4 Nach starken Regenfällen im Gebirge steigt der Wasserspiegel in einem Stausee an. Die in den ersten 24 Stunden nach den Regenfällen festgestellte Zuflussgeschwindigkeit lässt sich näherungsweise durch die Funktion f mit $f(t) = 0{,}25\,t^3 - 12\,t^2 + 144\,t$ $\left(t \text{ in Stunden, } f(t) \text{ in } \frac{m^3}{h}\right)$ beschreiben.
a) Berechnen Sie charakteristische Punkte des Graphen. Erläutern Sie Ihre Ergebnisse im Sachzusammenhang.
b) Bestimmen Sie den Zeitraum, in dem die Zuflussgeschwindigkeit mindestens die Hälfte des Maximalwerts beträgt.
c) Schätzen Sie ab, wie viel Wasser in den ersten 24 Stunden in den Stausee fließt.

Zeit zu überprüfen

5 Die Funktion f beschreibt die Geschwindigkeit eines Autos $\left(\text{in } \frac{m}{s}\right)$ in Abhängigkeit von der Zeit t (in s). Geben Sie jeweils die mathematischen Beschreibungen an.
a) In den ersten zehn Sekunden nimmt die Geschwindigkeit gleichmäßig von 0 auf $20\,\frac{m}{s}$ zu.
b) Nach 30 Sekunden wird für fünf Sekunden abgebremst.
c) Die stärkste Zunahme der Geschwindigkeit ist nach 15 Sekunden. Welche anschauliche Bedeutung hat die Zunahme der Geschwindigkeit, welche Einheit hat sie?

6 An einem Tag im Frühherbst wird die Oberflächentemperatur O eines Sees gemessen. Der Temperaturverlauf kann modelliert werden durch
$O(t) = -\frac{1}{300}(t^3 - 36\,t^2 + 324\,t - 5700);\ t \in [0;\,24]$ in Stunden, O(t) in Grad Celsius (°C).
a) Bestimmen Sie die höchste und tiefste Temperatur an diesem Tag.
b) Welche Bedeutung hat die Steigung der Wendetangente in diesem Zusammenhang?

7 Auszug aus dem Protokoll einer Hauptversammlung
„Nach einem guten Beginn des Jahres mit deutlich steigendem Gewinn wurde die Zunahme des Gewinns immer kleiner und dieser erreichte im März sein Maximum mit 220 Millionen Euro. Anschließend wurde der Gewinn kleiner, blieb aber immer über dem zu Jahresbeginn. Besonders stark war das Abfallen des Gewinns im Juni während der Sommerflaute; gleichzeitig stellte der Juni aber auch eine Trendwende hin zum Besseren dar. In den letzten Monaten des Jahres fiel der Anstieg des Gewinns zunehmend größer aus, sodass wir am Jahresende nicht nur wieder den maximalen Gewinn aus dem Monat März erreichten, sondern dies auch mit deutlich steigender Tendenz."
Skizzieren Sie einen Graphen, der die Entwicklung des Gewinns im Verlauf des Jahres darstellen könnte, und erläutern Sie ihn.

8 Die Wachstumsgeschwindigkeit w (in $\frac{m}{Jahr}$) eines Nadelbaumes kann in Abhängigkeit vom Alter t (in Jahren) durch die Funktion $w(t) = \frac{500}{600 + (t-40)^2}$ mit $0 \le t \le 100$ modelliert werden.
a) Zeichnen Sie mithilfe des GTR den Graphen der Funktion.
b) In welchem Jahr ist die Wachstumsgeschwindigkeit maximal?
c) Wie interpretieren Sie die Symmetrie des Graphen von w?
d) Zu welchem Zeitpunkt hat die Änderung der Wachstumsgeschwindigkeit einen Extrempunkt? Wie interpretieren Sie dies?
e) Ist es möglich, die Höhe des Nadelbaumes nach 80 Jahren zu bestimmen bzw. zu schätzen?

9 Fig. 1 zeigt den Schuldenstand des Bundes, der Länder und der Gemeinden.
S mit $S(t) = -0{,}08t^3 + 3{,}5t^2 + 10{,}6t + 237$
(t in Jahren ab 1980, S(t) in Milliarden Euro) beschreibt näherungsweise die Entwicklung dieser Schulden.
a) Welche Bedeutung hat die Ableitung S'?
b) In welchem Jahr war die Neuverschuldung besonders hoch?

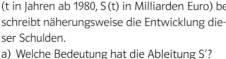
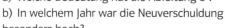

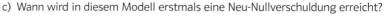

Fig. 1

c) Wann wird in diesem Modell erstmals eine Neu-Nullverschuldung erreicht?
d) Im Flensburger Tagblatt erschien im Jahr 2005 die Meldung: „Die Staatsschulden sinken." Welcher Fehler wurde begangen?

10 Die Gesamtkosten K bei der Produktion von x Bauteilen sind gegeben durch
$K(x) = 0{,}01x^3 - 0{,}6x^2 + 13x$ mit K(x) in Euro. Jedes Bauteil wird zum Preis von 7 € verkauft.
Die Funktion U gibt den Umsatz des Unternehmens beim Verkauf von x Bauteilen an.
a) Zeichnen Sie den Graphen der Gesamtkosten und der Umsatzfunktion in ein gemeinsames Koordinatensystem ein. Lesen Sie den Bereich ab, in dem das Unternehmen Gewinn macht.
b) Bei welcher Produktionszahl ist der Gewinn am höchsten?
c) Durch ein Überangebot können die Bauteile jeweils nur noch für 4 € verkauft werden. Wie verändert sich die Situation des Unternehmens dadurch?

11 In den beiden Artikeln wird jeweils der häufig gebrauchte Begriff der „Trendwende" verwendet.
a) Erläutern Sie, in welcher unterschiedlichen mathematischen Bedeutung der Begriff der Trendwende jeweils verwendet wird.
b) Wie werden im alltäglichen Sprachgebrauch die Begriffe „Wendepunkt im Leben", „Wendemanöver" oder „Wendeplatte" verwendet?

Klimakollaps – Trendwende muss geschafft werden
Nur gigantische Investitionen und ein radikaler Politikwechsel können den Klimakollaps noch abwenden. Bis 2020 muss die Trendwende geschafft sein. Spätestens bis 2020 muss das fossile Zeitalter seinen Zenit überschritten haben – sprich, der Ausstoß von klimabeeinflussenden Gasen dürfte nicht mehr von Jahr zu Jahr steigen, sondern müsste substanziell abnehmen.

Musikindustrie sieht Trendwende
„Wir beginnen, den Boden des Eimers zu sehen. Wenn es gelingt, das Problem der Internetpiraterie weiter in den Griff zu bekommen, könnte es nach sieben harten Jahren 2008 vielleicht eine Trendwende geben", sagte der Vorsitzende des Bundesverbandes Musikindustrie.

12 Aus einem amerikanischen Schulbuch

In April 1991, The Economist carried an article, which said: Suddenly, everywhere, it is not the rate of change of things that matters, it is the rate of change of rates of change. Nobody cares much about inflation; only whether it is going up or down. Or rather, whether it is going up fast or down fast. "Inflation drops by disappointing two points," cries the billboard. Which roughly translated means that prices are still rising, but less than they were, though not quite as much less fast as everybody had hoped.
In the last sentence, there are three statements about prices. Rewrite these as statements about derivatives.

8 Extremwertprobleme mit Nebenbedingungen

Lässt sich der Umfang eines Rechtecks als Funktion einer einzigen Variablen darstellen, wenn
a) die Rechteckseiten im Verhältnis 2:3 stehen,
b) das Rechteck den Flächeninhalt 20 cm² hat,
c) die Diagonalen einen Winkel von 60° bilden,
d) die Rechteckdiagonale 5 cm lang ist?
Geben Sie, wenn möglich, ein Ergebnis an und erläutern Sie Ihr Vorgehen.

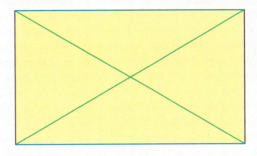

Bei der mathematischen Beschreibung einer Anwendungssituation können mehrere Variablen auftreten. Bei der Untersuchung auf Extremwerte muss man eine Funktion aufstellen, die nur von einer Variablen abhängt. Dies kann mithilfe zusätzlicher Bedingungen erreicht werden.

Aus einem dreieckigen Stück ORQ einer Glasscheibe soll ein rechteckiges Stück mit einem möglichst großen Flächeninhalt wie in Fig. 1 herausgeschnitten werden. Dazu muss derjenige Punkt $P(u|v)$ auf der Strecke $\overline{QR}$ bestimmt werden, für den der Flächeninhalt des eingezeichneten Rechtecks $A = u \cdot v$ am größten ist. A hängt von den Variablen u und v ab, die aber nicht unabhängig voneinander sind, da P auf der Geraden y durch Q und R liegen muss.

Es gilt die sogenannte **Nebenbedingung** $v = -\frac{5}{3}u + 5$ für $0 \leq u \leq 3$.
Setzt man die Nebenbedingung in $A = u \cdot v$ ein, so gilt $A(u) = u \cdot \left(-\frac{5}{3}u + 5\right)$; $0 \leq u \leq 3$.
Die Funktion A mit $A(u) = u \cdot \left(-\frac{5}{3}u + 5\right) = -\frac{5}{3}u^2 + 5u$ für $0 \leq u \leq 3$ nennt man **Zielfunktion**.
Diese Funktion wird in ihrer Definitionsmenge auf Extremwerte untersucht.
Aus $A'(u) = -\frac{10}{3}u + 5 = 0$ erhält man $u = 1,5$ mit $A(1,5) = 3,75$ als relatives Maximum. Da der Graph von A eine nach unten geöffnete Parabel ist, ist dies auch das globale Maximum. Aus diesem Grund erübrigt sich hier die Untersuchung der Ränder.

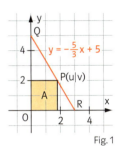

Fig. 1

CAS
Abgebrochene Glasplatte

Strategie für das Lösen von Extremwertproblemen
1. Beschreiben der Größe, die extremal werden soll, durch eine Formel. Diese kann mehrere Variablen enthalten.
2. Aufsuchen von Nebenbedingungen, die Abhängigkeiten zwischen den Variablen enthalten.
3. Bestimmen der Zielfunktion, die nur noch von einer Variablen abhängt. Angeben des Definitionsbereichs der Zielfunktion.
4. Untersuchen der Zielfunktion auf Extremwerte unter Beachtung der Ränder des Definitionsbereichs. Formulieren des Ergebnisses.

Extremwertaufgaben waren bisher häufig nur mit dem GTR lösbar, jetzt sind sie es auch analytisch.

Zur Untersuchung muss die Zielfunktion in Abhängigkeit von einer Variablen dargestellt werden. Welche Variable zweckmäßig ist, zeigt dabei oft erst die Bearbeitung.

Beispiel 1 Rechteck mit maximalem Inhalt
Ein Sportstadion (Fig. 2) mit einer Laufbahn mit 400 m Länge soll so angelegt werden, dass die Fläche A des eingeschlossenen Rechtecks als Fußballfeld möglichst groß wird.

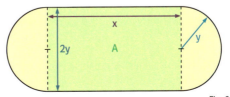

Anmerkung:
Maße eines Fußballfeldes:
Länge: 90 m bis 120 m
Breite: 45 m bis 90 m

Fig. 2

■ Lösung: 1. Sind x und y die Längen (in m), so ist der Inhalt (in m²) des Rechtecks $A = x \cdot 2y$.
2. Die Nebenbedingung lautet $2x + 2\pi y = 400$ bzw. $y = \frac{1}{\pi}(200 - x)$.
3. Einsetzen ergibt die Zielfunktion $A(x) = \frac{1}{\pi}(400x - 2x^2)$.
Damit $A \geq 0$ ist, muss der Definitionsbereich $D_A = [0; 200]$ sein.
4. Es ist $A'(x) = \frac{1}{\pi}(400 - 4x)$ und $A''(x) = -\frac{4}{\pi} < 0$. Da $A'(x) = 0$ nur für $x_0 = 100$ ist und $A''(100) < 0$ ist, liegt bei $x_0 = 100$ ein lokales Maximum von A vor. Dies ist gleichzeitig das globale Maximum, da der Graph von A eine nach unten geöffnete Parabel ist. Aus $x_0 = 100$ erhält man $y = \frac{100}{\pi} \approx 31{,}84$.
Ergebnis: Der Flächeninhalt des Rechtecks innerhalb der 400-m-Bahn ist maximal für $x = 100\,\text{m}$ und $y = 31{,}84\,\text{m}$.

Beispiel 2 Dose mit minimaler Oberfläche (GTR)
Es sollen zylindrische Blechdosen mit Boden und Deckel mit einem Volumen von 1 Liter hergestellt werden. Dabei sollen der Radius und die Höhe der Dose so gewählt werden, dass die Oberfläche möglichst klein wird.
Stellen Sie die Zielfunktion auf und bestimmen Sie den gesuchten Extremwert mit dem GTR. Zeigen Sie, dass dies der einzige Extremwert ist.
■ Lösung: Die Oberfläche setzt sich aus der rechteckigen Mantelfläche M und dem kreisförmigen Boden bzw. Deckel der Dose zusammen.
Ist r (in dm) der Radius und h (in dm) die Höhe der Dose, so gilt für die Oberfläche O (in dm²): $O = 2\pi rh + 2\pi r^2$.
Aus der Nebenbedingung $V = \pi r^2 h = 1$ erhält man $h = \frac{1}{\pi r^2}$.
Einsetzen liefert die Zielfunktion O mit $O(r) = 2\pi r \cdot \frac{1}{\pi r^2} + 2\pi r^2 = \frac{2}{r} + 2\pi r^2$ mit $r > 0$.

Die Untersuchung der Zielfunktion in Abhängigkeit von der Variablen h ist schwieriger. Deshalb wird h eliminiert und die Zielfunktion mit r ausgedrückt.

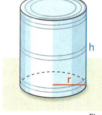

Fig. 1
Die Dose mit minimaler Oberfläche hat als Querschnittsfläche ein Quadrat.

Der GTR liefert für das relative Minimum $r \approx 0{,}54$ (in dm) und für die minimale Oberfläche $O \approx 5{,}536$ (in dm²).
$O'(r) = -\frac{2}{r^2} + 4\pi r = 0$ liefert $r_1 = \sqrt[3]{\frac{1}{2\pi}} \approx 0{,}542$.
Da $O'(r) < 0$ für $0 < r < r_1$ und $O'(r) > 0$ für $r > r_1$, ist aufgrund des Monotoniesatzes die Funktion O für $0 < r < r_1$ streng monoton fallend und für $r > r_1$ streng monoton wachsend. Damit besitzt O genau einen Extremwert.

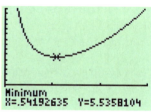

Fig. 2

Aufgaben

1 Gegeben sind die Funktionen f und g durch $f(x) = x^2 + 1$ und $g(x) = -(x - 2)^2 + 2$. Für welchen Wert $x \in [0; 2]$ wird die Differenz der Funktionswerte minimal?

Ⓢ **CAS**
Abstand
Punkt–Kurve

2 Gegeben ist die Funktion f mit $f(x) = \frac{2}{x}$ und der Punkt $Q(u\,|\,f(u))$ auf dem Graphen von f. Bestimmen Sie u so, dass der Abstand von Q zum Ursprung minimal wird.

3 Aus einem Draht der Länge 50 cm soll ein Rechteck gebogen werden, das eine Fläche von maximalem Inhalt umrandet. Wie sind Länge und Breite des Rechtecks zu wählen?

4 Ein rechteckiges Grundstück soll den Flächeninhalt 400 m² erhalten. Wie lang sind die Seiten des Rechtecks zu wählen, damit der Umfang des Rechtecks minimal wird?

5 Wie müssen die Maße eines zylindrischen Wasserspeichers ohne Deckel mit dem Volumen 1000 l gewählt werden, damit der Blechverbrauch minimal ist?

6 Ein nach oben offener Karton mit quadratischer Grundfläche soll bei einer vorgegebenen Oberfläche von 100 cm² ein möglichst großes Volumen besitzen. Wie müssen die Maße des Kartons gewählt werden? Zeigen Sie, dass es keine weiteren Maxima gibt.

7 a) Aus einem rechteckigen Stück Pappe der Länge 16 cm und der Breite 10 cm werden an den Ecken Quadrate der Seitenlänge x ausgeschnitten und die überstehenden Teile zu einer nach oben offenen Schachtel hochgebogen (Fig. 1). Für welchen Wert von x wird das Volumen maximal?
b) Falten Sie aus einem DIN-A4-Blatt eine solche „optimale" Schachtel.

Fig. 1

◉ CAS
Lagerhaltung

8 Der Querschnitt eines Eisenbahntunnels hat die Form eines Rechtecks mit aufgesetztem Halbkreis. Wie müssen die Maße gewählt werden, damit bei einer vorgegebenen Querschnittsfläche von 45 m² der Umfang am kleinsten wird?

9 Einem Viertelkreis mit dem Radius 5 cm wird ein rechtwinkliges Dreieck OPQ wie in Fig. 2 einbeschrieben. Für welchen Winkel α wird der Flächeninhalt des Dreiecks maximal?

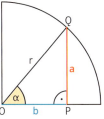
Fig. 2

Zeit zu überprüfen

10 Eine oben offene Kiste mit quadratischer Grundfläche soll so hergestellt werden, dass bei einem Volumen von 40 l die Oberfläche möglichst klein wird. Wie sind die Maße der Kiste zu wählen?

11 Es sollen zylindrische Kochtöpfe einfachster Bauart mit 2 l Volumen hergestellt werden. Wie sind der Durchmesser und die Höhe dieser Töpfe zu wählen, wenn die Länge der gesamten Schweißnaht, die am Bodenrand und längs einer Mantellinie verläuft, möglichst kurz werden soll?

Fig. 3

12 Eine Metallkugel mit dem Radius r = 6 cm soll in einer Dreherei so abgedreht werden, dass ein Zylinder mit einem möglichst großen Volumen entsteht. Wie sind der Radius und die Höhe zu wählen?

◉ CAS
Volumen eines Kegels

13 Die starke Konkurrenz zwingt die Fluggesellschaft Travel Airline zum Handeln. Man entschließt sich zu Preissenkungen auf der Strecke Düsseldorf–Berlin, die zurzeit von 1050 Passagieren bei 15 Flügen täglich genutzt wird und der Fluggesellschaft dabei Tageseinnahmen von 210 000 € einbringt. Marktuntersuchungen ergaben, dass bei einer Preissenkung um je 25 € pro Person voraussichtlich jeweils 20 Passagiere pro Flug zusätzlich mitfliegen werden. Wie soll Travel Airline die Preise senken, um maximale Tageseinnahmen zu erzielen?

◉ CAS
Volumen eines Zeltes

14 Eine Elektronikfirma verkauft monatlich 5000 Stück eines Bauteils zum Stückpreis von 25 €. Die Marktforschungsabteilung dieser Firma stellte fest, dass sich der durchschnittliche monatliche Absatz bei jeder Stückpreissenkung von 1 € um jeweils 300 Stück erhöhen würde. Bei welchem Stückpreis sind die monatlichen Einnahmen am größten?

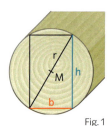

Fig. 1

Zimmermannsregel:
Zeichne auf eine kreisförmige Querschnittsfläche des Baumstammes einen Durchmesser; teile diesen in drei Teile; ziehe in jedem Teilpunkt die Senkrechte zum Durchmesser, so ergibt sich der gesuchte Balkenquerschnitt.

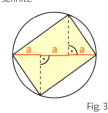

Fig. 3

15 Die Tragfähigkeit von Holzbalken ist proportional zur Balkenbreite b und zum Quadrat der Balkenhöhe h.
a) Aus einem zylindrischen Baumstamm mit dem Radius r = 50 cm soll ein Balken maximaler Tragfähigkeit herausgeschnitten werden. Wie sind Breite und Höhe zu wählen (Fig. 1)?
b) Wie genau ist die Zimmermannsregel (Fig. 3)?

16 Für den Bau einer kegelförmigen Tüte mit möglichst großem Fassungsvermögen wird aus einem quadratischen Karton mit 1 m Seitenlänge ein Kreisausschnitt geschnitten und zum Kegel geformt. Wie würden Sie den Karton ausschneiden? Geben Sie den Mittelpunktswinkel an.

17 Nomaden bauen mithilfe von vier Stäben der Länge 2,40 m ein pyramidenförmiges Zelt mit quadratischem Grundriss auf. Wie entsteht ein Zelt mit größtmöglichem Rauminhalt?

18 Aus zwei 20 cm breiten Brettern soll eine V-förmige Rinne hergestellt werden. Bei welchem Abstand der oberen Bretterkanten ist das Fassungsvermögen der Rinne am größten?

19 Aus drei Brettern der Breite 0,5 m sollen Dachrinnenelemente der Länge 2 m hergestellt werden (vgl. Fig. 2).
a) Bestimmen Sie die Höhe h und die obere Breite a in Abhängigkeit vom Neigungswinkel α.
b) Zeigen Sie, dass sich der Flächeninhalt der Querschnittsfläche durch die Funktion A mit $A(\alpha) = 0{,}25 \cdot (1 + \cos(\alpha)) \cdot \sin(\alpha)$ darstellen lässt.
c) Für welches α hat das Dachrinnenelement maximales Fassungsvermögen?

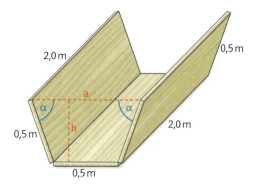

Fig. 2

Zeit zu wiederholen

20 Geben Sie die Winkel im Gradmaß an und bestimmen Sie den zugehörigen Sinuswert.
a) π b) $\frac{1}{2}\pi$ c) $\frac{1}{3}\pi$ d) $\frac{1}{4}\pi$

21 Bestimmen Sie jeweils den Sinus- und Kosinuswert und geben Sie die Winkel im Bogenmaß an.
a) 90°   b) 60°   c) 80°   d) 220°

22 Bestimmen Sie die fehlenden Größen.

a) 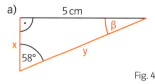 Fig. 4

b) 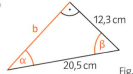 Fig. 5

c) 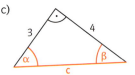 Fig. 6

Fig. 7

23 Auf Verkehrszeichen für die Steigung bzw. für das Gefälle einer Straße werden Prozentangaben aufgedruckt. Zum Beispiel bedeutet eine Angabe von 12 % Steigung, dass pro 100 m in waagerechter Richtung die Höhe um 12 m zunimmt.
a) Unter welchem Winkel gegen die Horizontale steigt eine Straße an, an der ein Schild wie in Fig. 7 steht?
b) Die Straße steigt 2800 m lang gleichmäßig an. Wie groß ist der Höhenunterschied, den sie überwindet?
c) Wie lang ist dieses Straßenstück auf einer Karte im Maßstab 1 : 100 000?

9 Stetigkeit und Differenzierbarkeit von Funktionen

Skizzieren Sie zu jeder Teilaufgabe einen Graphen. Welche Unterschiede sehen Sie?
a) Der Temperaturverlauf eines Sommertags am Bodensee.
b) Diesel-Pkw mit Partikelfilter, die in der Schadstoffklasse Euro 4 sind, bezahlen pro angefangenen 100 cm³ Hubraum jährlich 15,44 € Kfz-Steuer an das Finanzamt.
c) Jeder reellen Zahl x wird die größte ganze Zahl y mit $y \leq x$ zugeordnet.

In der Differenzialrechnung wurden an unterschiedlichen Stellen anschaulich naheliegende Eigenschaften von Funktionen verwendet, die im Folgenden näher beleuchtet werden sollen.

I. Gegeben ist eine Funktion f auf [a; b] mit $f(x_1) < 0$ und $f(x_2) > 0$ für $x_1, x_2 \in [a; b]$ und $x_1 < x_2$.
Anschauliche Vorstellung:

Es gibt mindestens eine Stelle $z \in \,]x_1; x_2[\,$ mit $f(z) = 0$.

Beispiel:
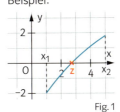
Fig. 1

Gegenbeispiel:
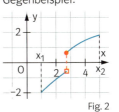
Fig. 2

• und □ bedeuten: Der mit • markierte Punkt gehört zum Graph, der mit □ markierte Punkt gehört nicht zum Graph.

II. Gegeben ist eine Funktion f mit $f(x_1) > 0$ für $x_1 \in D_f$.
Anschauliche Vorstellung:

Es gibt eine Umgebung von x_1, in der alle Funktionswerte ebenfalls positiv sind.

Beispiel:
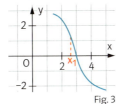
Fig. 3

Gegenbeispiel:
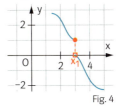
Fig. 4

III. Gegeben ist eine Funktion f, die auf dem abgeschlossenen Intervall [a; b] definiert ist.
Anschauliche Vorstellung:

Die Funktionswerte nehmen auf [a; b] sowohl ein Maximum als auch ein Minimum an.

Beispiel:
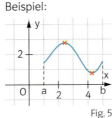
Fig. 5

Gegenbeispiel:
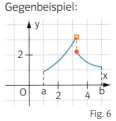
Fig. 6

Der Begriff der Funktion ist so weit gefasst, dass man ihn durch die zusätzliche Bedingung der Stetigkeit einschränken muss, damit die obigen anschaulichen Vorstellungen erfüllt sind.

Eine Funktion ist eine Vorschrift, die jeder reellen Zahl $x \in D$ genau eine reelle Zahl $f(x)$ zuordnet.

> **Definition: Stetigkeit einer Funktion**
> Gegeben ist auf dem Intervall [a; b] eine Funktion f. Die Funktion f ist **stetig** an der Stelle $x_0 \in [a; b]$, wenn der Grenzwert von $f(x)$ für $x \to x_0$ existiert und mit dem Funktionswert $f(x_0)$ übereinstimmt, wenn also gilt: $\lim_{x \to x_0} f(x) = f(x_0)$.

Stetigkeit ist damit eine lokale Eigenschaft einer Funktion, das heißt, sie wird immer an einzelnen Stellen x_0 untersucht. Eine Funktion heißt stetig (auf D_f), wenn sie an jeder Stelle ihres Definitionsbereichs stetig ist.
Man kann zeigen, dass eine stetige Funktion die obigen Eigenschaften I. bis III. erfüllt.

Ist f an einer Stelle nicht definiert, so kann f an dieser Stelle auch nicht auf Stetigkeit untersucht werden.

Untersucht man den Zusammenhang zwischen der Stetigkeit und der Differenzierbarkeit einer Funktion, so erkennt man am Differenzenquotienten $\frac{f(x) - f(x_0)}{x - x_0}$ Folgendes:

Für $x \to x_0$ strebt der Nenner gegen 0. Damit der Quotient trotzdem einen endlichen Grenzwert haben kann, muss notwendigerweise auch der Zähler den Grenzwert 0 besitzen. Dies bedeutet, dass $\lim_{x \to x_0}(f(x) - f(x_0)) = 0$ bzw. $\lim_{x \to x_0} f(x) = f(x_0)$, also folgt:

Satz: Zusammenhang zwischen Stetigkeit und Differenzierbarkeit
Ist eine Funktion f an einer Stelle x_0 differenzierbar, so ist f an der Stelle auch stetig.

Oder auch:
Wenn eine Funktion an einer Stelle x_0 **nicht stetig** ist, so ist sie dort auch **nicht differenzierbar**.

Mit diesem Satz ergibt sich unmittelbar, dass z. B. alle ganzrationalen Funktionen stetig auf $\mathbb{R}$ sind.

Beispiel Stetigkeit und Differenzierbarkeit
Gegeben ist die Funktion f, die aus ganzrationalen Teilfunktionen zusammengesetzt ist. Ihren Graphen zeigt Fig. 1. An welchen Stellen ist die Funktion f stetig, an welchen sogar differenzierbar?

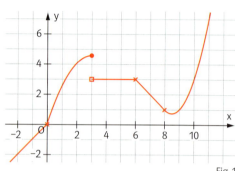

Fig. 1

Für Funktionen, die auf einem Intervall definiert sind, gilt die **grobe Veranschaulichung**:
Stetigkeit
Man kann den Graphen zeichnen, ohne den Zeichenstift abzusetzen.
Differenzierbarkeit
Man kann den Graphen ohne „Knick" zeichnen.

■ Lösung: Die Funktion f muss nur an den Stellen $x = 0$; 3; 6 und 8 untersucht werden. f ist für $x = 0$ und $x = 6$ stetig, aber nicht differenzierbar. An der Stelle $x = 3$ hat der Graph einen Sprung, die Funktion ist damit nicht stetig, also auch nicht differenzierbar. Für $x = 8$ ist f differenzierbar, also auch stetig.

Gegenbeispiele finden Sie in der „Exkursion in die Theorie".

Aufgaben

1 In Fig. 2 und Fig. 3 sind die Graphen von Funktionen gegeben. Geben Sie an, an welchen Stellen die Funktionen stetig sind. An welchen sind sie sogar differenzierbar?

2 Welche der folgenden Aussagen ist richtig, welche falsch? Begründen Sie.
a) Eine Funktion, die an einer Stelle x_0 definiert ist, ist dort auch stetig.
b) Eine in x_0 stetige Funktion kann an dieser Stelle differenzierbar sein, muss es aber nicht.
c) Eine Funktion, die an der Stelle x_0 nicht definiert ist, kann dort stetig sein.
d) Ist eine Funktion in x_0 differenzierbar, so hat der Graph an dieser Stelle keinen Sprung.

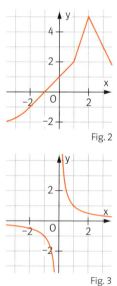

Fig. 2

Fig. 3

3 Begründen Sie: Wenn sich der Temperaturverlauf entlang des Erdäquators stetig ändert, dann gibt es zwei auf dem Äquator gegenüberliegende Punkte mit gleicher Temperatur.
Tipp: Betrachten Sie die Temperaturdifferenz gegenüberliegender Punkte.

4 Am ersten Tag geht ein Bergwanderer morgens um 8 Uhr los und erreicht den Berggipfel um 17 Uhr. Am zweiten Tag läuft er von 8 bis 17 Uhr den Berg auf demselben Weg wieder herunter. Gibt es auf dem Weg eine Stelle, an der er zur selben Tageszeit wie am Vortag wieder vorbeikommt?

5 Aus dem Mathematik-Chat www.matheboard.de: „Der Nullstellensatz sagt doch aus, dass eine Funktion in einem Intervall, die sowohl negative als auch positive Werte annimmt, mindestens eine Nullstelle besitzt. Jetzt ist es doch aber so, dass z.B. die Funktion $y = x^2$ eine doppelte Nullstelle besitzt, obwohl keine negativen y-Werte angenommen werden! Kann man das erklären?"

Wiederholen – Vertiefen – Vernetzen

1 Gegeben ist der Graph einer Funktion f. Skizzieren Sie die Graphen von f' und f''.

a)
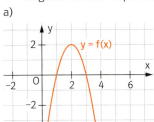
Fig. 1

b)
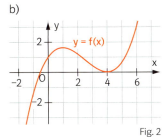
Fig. 2

c)
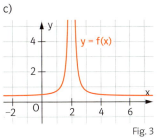
Fig. 3

Charakteristische Eigenschaften im Sachzusammenhang

2 Eine Segelregatta wird oftmals im Dreieckskurs gesegelt. In Fig. 4 ist S der Start- und Zielpunkt, P und Q sind die beiden Wendemarken; gesegelt wird in Pfeilrichtung. Ein Boot segelt von S nach P in einer halben Stunde, von P nach Q und Q nach S in jeweils einer Stunde. Auf diesen Strecken ist es immer mit konstanter Geschwindigkeit unterwegs.
a) Zeichnen Sie ein Weg-Zeit-Diagramm für diese Situation.
b) Welche Bedeutung hat hier die mittlere Änderungsrate? Berechnen Sie diese jeweils.

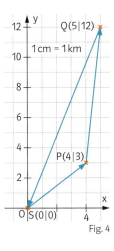
Fig. 4

3 In die Behälter von Fig. 5 fließt Wasser, wobei die Zuflussrate konstant ist.
a) Skizzieren Sie für jeden Behälter einen Graphen, der die Abhängigkeit der Höhe des Wasserspiegels von der Zeit beschreibt.
b) Welche inhaltliche Bedeutung hat in diesem Zusammenhang eine Wendestelle?

Fig. 5

4 Ein Fluss entspringt auf einer Höhe von 400 m über NN (Normalnull) und fließt nach 370 km ins offene Meer. Die Funktion h beschreibt die Höhe (in Metern) des Flussufers über NN in Abhängigkeit von der Entfernung x (in Kilometern) von der Quelle.
a) Skizzieren Sie verschiedene mögliche Graphen von h. Erläutern Sie die Bedeutung von h'.
b) Wie wirkt sich im Graphen ein Stausee, wie ein Wasserfall aus?
c) Was lässt sich über das Vorzeichen von h' aussagen? In welcher Einheit werden Funktionswerte von h' gemessen?

5 In einer Wetterstation wird die Aufzeichnung eines Niederschlagsmessers ausgewertet. Die Niederschlagsmenge, die auf 1 m² fällt, kann modelliert werden durch die Funktion N mit $N(x) = \frac{1}{60}x^3 - \frac{1}{2}x^2 + 7x + 40$ mit $x \in [0; 24]$ in Stunden, $N(x)$ in $\frac{\text{Liter}}{m^2}$.
a) Wann hat es an diesem Tag geregnet? In welchem Zeitraum war der Niederschlag stark, wann schwach? Welche Niederschlagsmenge wurde im Lauf dieses Tages registriert?
b) Bestimmen Sie die Gleichung der Geraden durch den Anfangs- und Endpunkt der Niederschlagskurve und interpretieren Sie ihre Bedeutung in diesem Sachzusammenhang. Vergleichen Sie mit der momentanen Änderungsrate von N.
c) Welche Bedeutung haben die charakteristischen Punkte des Graphen in diesem Zusammenhang?

CAS
Optimaler Weg (1)

CAS
Optimaler Weg (2)

Wiederholen – Vertiefen – Vernetzen

Optimierung

CAS
Optimale Pipeline

6 Gegeben ist die Funktion f mit $f(x) = -\frac{1}{6}x^3 + x^2$ mit $x \in \mathbb{R}$.
a) Bestimmen Sie die charakteristischen Punkte des Graphen und zeichnen Sie ihn. An welcher Stelle hat der Graph die größte Steigung?
b) Bestimmen Sie die Gleichung der Wendetangente an den Graphen von f. Ermitteln Sie die Anzahl der Tangenten an den Graphen von f, die die Wendetangente senkrecht schneiden.
c) Die Parallele zur y-Achse durch den Punkt $Q(q|f(q))$ des Graphen von f schneidet die y-Achse im Punkt P. Für welche Koordinaten von Q wird der Flächeninhalt des Dreiecks OPQ maximal?

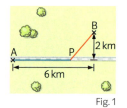
Fig. 1

7 Ein Mountainbiker will von A über P nach B (Fig. 1). Auf der geraden Straße zwischen A und P beträgt seine Geschwindigkeit $v = 30 \frac{km}{h}$, im Gelände von P nach B kann er nur mit der halben Geschwindigkeit fahren. An welcher Stelle P soll der Mountainbiker ins Gelände abbiegen, damit die Fahrzeit minimal wird?

8 Gegeben ist die Funktion f mit $f(x) = 9 - 0{,}25x^2$ für $x \in [0; 6]$ (vgl. Fig. 2). Wählen Sie P so, dass das gleichschenklige Dreieck maximalen Flächeninhalt hat.

Ableitung als Grenzkosten

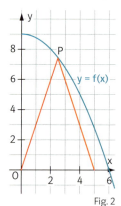
Fig. 2

Hier geben die **Grenzkosten** an, um welchen Betrag sich die Gesamtkosten erhöhen, wenn zusätzlich 1 m³ Holz verkauft wird.

9 Eine Gemeinde nimmt Geld durch den Verkauf von Holz aus dem Gemeindewald ein.
a) Ein Sachverständiger berechnet für die gefällte Holzmenge x (in m³) die Gesamtkosten K mit $K(x) = 0{,}1x^2 + 30x + 5000$ mit $x \in [0; 600]$ in m³, K(x) in €. Bei einem Verkaufspreis von $90 \frac{€}{m^3}$ berechnet er für die Gemeinde den maximalen Gewinn bei einem jährlichen Holzverkauf von 300 m³. Überprüfen Sie dies.
b) In Zukunft soll anhand einer Tabelle, die mithilfe der Funktion K erstellt wird, über den Holzverkauf entschieden werden. Überprüfen Sie die ersten drei Spalten der Tabelle.
c) Begründen Sie, dass die Ableitung der Kostenfunktion die Grenzkosten ergibt.
d) Erläutern Sie mithilfe der Grenzkostenfunktion die Werte in der vierten Tabellenspalte.
e) Begründen Sie, dass der maximale Gewinn sich ergibt, wenn die Grenzkosten gleich dem Verkaufspreis pro Kubikmeter sind.

Holzmenge (in m³)	Gesamtkosten (in €)	Durchschnittliche Kosten (in $\frac{€}{m^3}$)	Grenzkosten (in $\frac{€}{m^3}$)
200	15 000	75	
			80
300	23 000	77	
			100
400	33 000	83	
			120
500	45 000	90	
			140
600	59 000	98	

CAS
Sicherheitsabstand

10 Ein Unternehmen stellt chirurgische Instrumente her. Dabei wird zur Kostenermittlung die Funktion K mit $K(x) = x^3 - 20x^2 + 150x + 200$ ($x \in [0; 25]$, K(x) in Euro) verwendet.
a) Stellen Sie den Graphen der Kostenfunktion in einem geeigneten Koordinatensystem dar.
b) Die Ableitung K' von K nennt man die Grenzkosten. Zeichnen Sie den Graphen von K' in das vorhandene Koordinatensystem. Welche anschauliche Bedeutung haben die Grenzkosten?
c) Geben Sie die Funktion D für die durchschnittlichen Herstellungskosten pro Stück an. Zeigen Sie, dass sich der Graph von D und K' im Tiefpunkt schneiden. Welche Bedeutung hat dies?

Zeit zu wiederholen

11 Bestimmen Sie die Lösung des linearen Gleichungssystems zunächst ohne GTR. Beschreiben Sie, wie man die Lösung mit GTR bestimmen kann.

a) $y = x + 2$
   $y = 2x + 1$

b) $x + y = 4$
   $2x - y = 2$

c) $2x - y - 2$
   $x - 3y = 6$

d) $\frac{1}{2}x + 2y = -\frac{11}{4}$
   $-\frac{5}{4}x + \frac{1}{2}y = 0$

Exkursion

„Licht läuft optimal"

Vermutlich standen Sie in einer fremden Stadt auch schon vor dem Problem, in möglichst kurzer Zeit einen anderen Ort erreichen zu müssen. Falls Sie kein mobiles GPS (Global Positioning System) besitzen, dürfte der folgende Lösungsansatz dem Ihren weitgehend ähnlich gewesen sein. Sie greifen zum Stadtplan (Fig. 1), suchen Start- und Zielpunkt und vergleichen zuerst verschiedene Wegstrecken hinsichtlich ihrer Länge. Berücksichtigen Sie zusätzlich noch „Fortbewegungswiderstände", wie z. B. Verkehrshindernisse, Staus usw., auf verschiedenen Abschnitten, so sind Sie mitten in einer Suche nach einem Extremwert – auf der Suche nach dem Weg mit der kürzesten Fahrzeit.

Fig. 1

Extremwertprobleme in der Natur

Ein Lichtstrahl, der schräg auf eine Wasserfläche fällt, wird in zwei Teile zerlegt. Ein Teil wird von der Oberfläche zurückgeworfen und heißt deshalb „reflektierter Strahl", der andere Teil dringt in das Wasser ein, ändert seine Ausbreitungsrichtung und wird „gebrochener Strahl" genannt (vgl. Fig. 2).
Die Gesetzmäßigkeit, nach der sich die Ausbreitungsrichtung des reflektierten Strahls bestimmen lässt, war bereits Euklid (etwa 300 v. Chr.) bekannt.

Reflexionsgesetz
Der einfallende und der reflektierte Strahl liegen in einer Ebene und der Reflexionswinkel β' ist stets gleich dem Einfallswinkel α (Fig. 2).

Fig. 2

Willebrordus Snellius (1580–1626)

Das Snellius'sche Brechungsgesetz

Es dauerte schließlich bis ins Jahr 1618, als der niederländische Mathematiker und Physiker Willebrordus Snellius das Brechungsgesetz anhand durchgeführter Experimente entdeckte. Beim Übergang des Lichtes von Luft in Wasser maß er für verschiedene Einfallswinkel α den zugehörigen Brechungswinkel β und stellte Folgendes fest: Trägt man in einem Einheitskreis jeweils die Winkel α und β zusammen mit ihren Gegenkatheten a und b ein, so erhält man für das Verhältnis der Gegenkatheten für jeden Einfallswinkel den gleichen Wert (vgl. Fig. 2).
Da die Gegenkatheten im Einheitskreis den Sinuswerten des zugehörigen Winkels entsprechen, erhält man als Ergebnis, dass $\frac{\sin(\alpha)}{\sin(\beta)}$ konstant ist.
Weiterführende Überlegungen zeigen, dass diese Konstante sich mit den Lichtgeschwindigkeiten in den beiden Stoffen berechnen lässt. Ist c_1 die Lichtgeschwindigkeit in der Luft und c_2 die im Wasser, so erhält man das

Brechungsgesetz: $\frac{\sin(\alpha)}{\sin(\beta)} = \frac{c_1}{c_2} = n$. n wird Brechungszahl genannt.

Das Verhältnis vom Sinus des Einfallswinkels zum Sinus des Brechungswinkels ist nur abhängig von den Lichtgeschwindigkeiten in beiden Stoffen, zwischen denen der Übergang stattfindet.

Lichtgeschwindigkeiten:
Vakuum: c_0 = 300 000 $\frac{km}{s}$
Luft: c_1 = 299 911 $\frac{km}{s}$
Wasser: c_2 = 225 000 $\frac{km}{s}$

Brechungszahl n für den Übergang von Luft in

Wasser	1,33
Eis	1,31
Diamant	2,42

Das Brechungsgesetz ist auch verantwortlich für Sinnestäuschungen beim Blick ins Wasser. Der Beobachter sieht in Fig. 3 die Pflanze bei Position b, obwohl sie sich bei Position a befindet. Das Gehirn geht ähnlich wie beim Blick in den Spiegel davon aus, dass sich das Licht geradlinig ausbreitet, und nicht davon, dass das Licht beim Übergang von Luft in Wasser gebrochen wird.

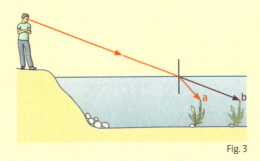

Fig. 3

Exkursion

Pierre de Fermat
(1607–1665)

Auf einem ganz anderen Weg leitete der französische Mathematiker und Jurist Pierre de Fermat das Brechungsgesetz her. Sein Ansatz war rein theoretischer Natur und beinhaltete die Berechnung des Extremwerts einer Funktion.
Er formulierte im Jahr 1657 das nach ihm benannte **Fermat'sche Prinzip**:
„Licht nimmt seinen Weg immer so, dass es ihn in der kürzesten Zeit zurücklegt."

In einem geeigneten Koordinatensystem ist $A(0|a)$ der Ausgangspunkt und $B(d|b)$ der Endpunkt des Lichtstrahls. Die x-Achse verläuft entlang der Wasseroberfläche (vgl. Fig. 1).
Für einen Zusammenhang zwischen der zurückgelegten Strecke und der zugehörigen Laufzeit benötigt man die Lichtgeschwindigkeiten c_1 und c_2 in den beiden Medien.
Die Gesamtlaufzeit $T(x)$, die der Lichtstrahl benötigt, um von A nach B zu gelangen, ergibt sich mithilfe des Satzes des Pythagoras:
$$T(x) = \frac{\overline{AX}}{c_1} + \frac{\overline{XB}}{c_2} = \frac{\sqrt{a^2 + x^2}}{c_1} + \frac{\sqrt{(d-x)^2 + (-b)^2}}{c_2}.$$
Die Minimalstelle dieser Funktion gibt die kürzeste Laufzeit des Lichtstrahls von A nach B an. Zur Berechnung bestimmt man die Ableitung der Funktion T mithilfe der Kettenregel (vgl. Kap. II):
$$T'(x) = \frac{2x}{c_1 \cdot 2\sqrt{a^2 + x^2}} + \frac{-2(d-x)}{c_2 \cdot 2\sqrt{(d-x)^2 + (-b)^2}}.$$
Aus $T'(x) = 0$ erhält man $\frac{x}{c_1 \cdot \overline{AX}} - d - \frac{x}{c_2 \cdot \overline{XB}} = 0$.
Berücksichtigt man, dass $\sin(\alpha_1) = \frac{x}{\overline{AX}}$ und $\sin(\alpha_2) = \frac{d-x}{\overline{XB}}$ ist, so gilt: $\frac{\sin(\alpha_1)}{c_1} = \frac{\sin(\alpha_2)}{c_2}$.
Da α und α_1 sowie β und α_2 jeweils Wechselwinkel an Parallelen sind, erhält man wieder das **Brechungsgesetz**:
$$\frac{\sin(\alpha)}{\sin(\beta)} = \frac{c_1}{c_2}.$$

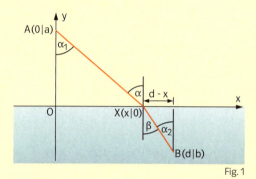

Fig. 1

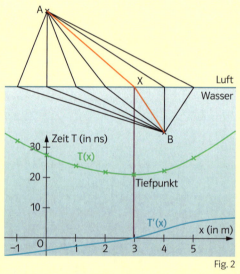

Fig. 2

Dieses Fermat'sche Prinzip kann auch verwendet werden, um das Reflexionsgesetz nachzuweisen oder die Strahlengänge durch optische Linsen zu bestimmen.
Zum ersten Mal wurde hiermit in einer Naturwissenschaft ein Extremalprinzip zur Beschreibung eines physikalischen Phänomens verwendet. Der Erfolg dieser Betrachtungsweise hat in der Folgezeit viele Physiker inspiriert, diese Idee auch auf andere Bereiche zu übertragen. Eine Verallgemeinerung, das „Prinzip der stationären Wirkung", ist eines der fundamentalsten Prinzipien der Natur.

Fermat notierte neben seiner Vermutung: „Ich habe hierfür einen wahrhaft wunderbaren Beweis gefunden, doch ist der Rand hier zu schmal, um ihn zu fassen."

Der berühmteste mathematische Satz von Fermat ist die für mehr als 400 Jahre sogenannte „Fermat'sche Vermutung". Dieser Satz wurde erst im Jahr 1995 von Andrew Wiles und Richard Taylor bewiesen und heißt seither „Fermats letzter Satz" oder auch „Großer Fermat'scher Satz".

Exkursion in die Theorie

Monotonie, Extrem- und Wendestellen

Im Vorgehen zur Bestimmung von Eigenschaften einer differenzierbaren Funktion stand häufig die Anschauung im Vordergrund. Im Folgenden soll an ausgewählten Beispielen – ohne formale Beweise – untersucht werden, inwiefern die so gewonnenen Ergebnisse genaueren mathematischen Analysen standhalten.

Monotonie

Der Monotoniesatz lautet: Gilt für eine differenzierbare Funktion f in einem Intervall I, dass $f'(x) > 0$ für alle $x \in I$, dann ist f streng monoton wachsend in I.
Dieser Satz soll genauer untersucht werden.

1. Kann man auf strenge Monotonie von f schließen, wenn $f'(x) > 0$ für alle $x \in D_f$?

Als Beispiel soll das Monotonieverhalten der Funktion f mit $f(x) = -\frac{1}{x}$; $x \neq 0$ untersucht werden (vgl. Fig. 1). Einerseits zeigt der Graph von f, dass f nicht streng monoton steigend ist, andererseits ist $f'(x) = \frac{1}{x^2} > 0$ für alle $x \in D_f$.
Wie lässt sich dieser Widerspruch lösen?

Betrachtet man Intervalle I, in denen f definiert ist, z. B. $I = [-3; -1]$ oder $I = [1; 4]$, so erfüllt f alle Voraussetzungen des Monotoniesatzes und ist damit streng monoton wachsend in I.

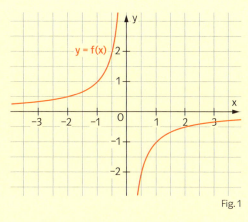

Fig. 1

Betrachtet man hingegen Intervalle, die die 0 enthalten, z. B. $[-2; 1]$, so ist f nicht im gesamten Intervall definiert; eine Voraussetzung des Monotoniesatzes ist also nicht erfüllt und es gilt nicht mehr für beliebige $x_1, x_2 \in [-2; 1]$ mit $x_1 < x_2$, dass immer $f(x_1) < f(x_2)$ ist.
Antwort: Man kann auf **strenge Monotonie** nur dann schließen, **wenn $f'(x) > 0$ ist für alle x aus einem Intervall I**.

2. Kann man auf strenge Monotonie von f schließen, wenn $f'(x_0) > 0$ an einer Stelle $x_0 \in D_f$ ist?

Dies würde bedeuten, dass aus $f'(x_0) > 0$ folgern würde, dass f in einer genügend kleinen Umgebung von x_0 streng monoton wachsend wäre.

Untersucht wird hierzu für $x_0 = 0$ die Funktion f mit $f(x) = \begin{cases} x + 2x^2 \sin\left(\frac{1}{x}\right) & \text{für } x \neq 0. \\ 0 & \text{für } x = 0. \end{cases}$

Den Graphen von f in unterschiedlichen Ausschnitten zeigen die Fig. 2 bis 4.

> Definition:
> Eine Funktion f, die auf einem Intervall I definiert ist, heißt streng monoton wachsend, wenn für alle $x_1, x_2 \in I$ mit $x_1 < x_2$ folgt, dass $f(x_1) < f(x_2)$ ist.

> Offensichtlich ist für alle $x < 0$ und für alle $x > 0$ die Funktion f streng monoton wachsend.

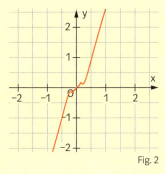
Fig. 2

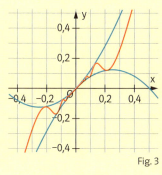
Fig. 3

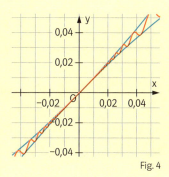
Fig. 4

Exkursion in die Theorie

Die Differenzierbarkeit von f sowie die Tatsache, dass $f'(0) = 1$ ist, wird nicht formal bewiesen.

Fig. 2 auf Seite 49 zeigt, dass $|f(x)| \to \infty$ für $|x| \to \infty$. Betrachtet man die Umgebung des Ursprungs, so verläuft der Graph von f zwischen den Graphen von $y = x + 2x^2$ und $y = x - 2x^2$. Zudem zeigt er aber auch ein Oszillieren vergleichbar einer Sinusfunktion (Fig. 3 auf Seite 49). Dieses Oszillieren erfolgt in immer kleineren Abständen, je mehr man sich dem Ursprung nähert. Schließlich nähert sich der Graph von f oszillierend immer mehr dem Graphen von $y = x$ an (Fig. 4 auf Seite 49). Dies macht plausibel, dass für die Ableitung $f'(0) = 1$ gilt. Trotzdem ist aufgrund des Oszillierens die Funktion f in keiner Umgebung um den Ursprung streng monoton wachsend.

Antwort: Das Vorliegen von $f'(x_0) > 0$ **an einer Stelle x_0 genügt nicht**, dass f in einer **Umgebung von x_0 streng monoton wächst**.

Extremstellen

Beim Nachweis der lokalen Extremstellen einer differenzierbaren Funktion f im Inneren ihres Definitionsbereichs wird auf den Monotoniesatz zurückgegriffen:

1. Kriterium für innere Extremstellen: Ist $f'(x_0) = 0$ und wechselt f' beim Durchgang durch x_0 das Vorzeichen, dann besitzt f an der Stelle x_0 eine lokale Extremstelle.

Dieses Kriterium folgte unmittelbar aus der Anschauung (vgl. Fig. 1).

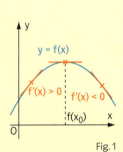

Fig. 1

3. Ist dieses 1. Kriterium notwendig für das Vorliegen einer Extremstelle?

Untersucht wird hierzu für $x_0 = 0$ die Funktion g mit $g(x) = \begin{cases} 2x^2 + x^2 \sin\left(\frac{1}{x}\right) & \text{für } x \neq 0 \\ 0 & \text{für } x = 0 \end{cases}$

Die Differenzierbarkeit von g wird nicht nachgewiesen.

Es gilt: $g'(0) = 0$.

Der Graph von g verläuft parabelförmig zwischen den Graphen von $y = x^2$ und $y = 3x^2$ und oszilliert zwischen diesen Parabeln umso schneller, je mehr man sich dem Ursprung nähert (Fig. 2 und 3). In Fig. 4 ist zusätzlich zu erkennen, dass g an der Stelle $x_0 = 0$ ein lokales Minimum besitzt. Offensichtlich wechselt aber die Steigung und damit g' umso schneller seine Werte von positiv zu negativ, je mehr man sich dem Ursprung nähert. Es gibt also keine Umgebung links oder rechts von $x_0 = 0$, in der g' ein einheitliches Vorzeichen besitzt.

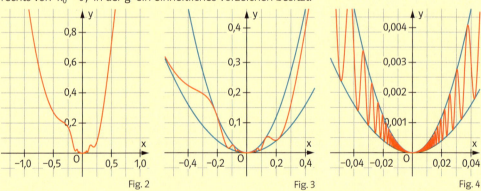

Fig. 2   Fig. 3   Fig. 4

g hat für $x_0 = 0$ ein lokales Minimum, ohne dass g' hier einen Vorzeichenwechsel besitzt.

Antwort: Das **1. Kriterium** für innere Extremstellen **reicht** zwar aus, um das Vorliegen einer **Extremstelle nachzuweisen**, es ist **aber nicht notwendig** für das Vorliegen einer Extremstelle.

Wendestellen

4. Sind Extremstellen der ersten Ableitung immer Wendestellen?

Untersucht man hierzu eine Funktion f, deren Ableitung die Funktion g (siehe oben) ist, also $f' = g$, so kann man nachweisen, dass dies nicht gilt.

Antwort: Jede Wendestelle von f ist lokale Extremstelle von f', aber nicht jede Extremstelle von f' ist auch Wendestelle von f.

Rückblick

Änderungsrate; Ableitung

Differenzenquotient einer Funktion f auf $[x_0; x_0 + h]$: $\frac{f(x_0 + h) - f(x_0)}{h}$.

Ableitung $f'(x_0) = \lim\limits_{h \to 0} \frac{f(x_0 + h) - f(x_0)}{h}$.

In Sachzusammenhängen wird die Ableitung auch als **momentane Änderungsrate** bezeichnet.

Fig. 1

Ableitungsregeln

Potenzregel:	$f(x) = x^r$ und $r \in \mathbb{R}$	$f'(x) = r \cdot x^{r-1}$
Summenregel:	$j(x) = f(x) + g(x)$	$j'(x) = f'(x) + g'(x)$
Faktorregel:	$h(x) = c \cdot f(x)$	$h'(x) = c \cdot f'(x)$

$f(x) = x^5$	$f'(x) = 5x^4$
$f(x) = x^{-3}$	$f'(x) = -3x^{-4}$
$f(x) = x + x^{-1}$	$f'(x) = 1 - x^{-2}$
$f(x) = \sqrt{x}$	$f'(x) = \frac{1}{2\sqrt{x}}$

Lokale und globale Extremstellen

1. f' und f'' werden bestimmt.
2. Es wird untersucht, für welche Stellen $f'(x_0) = 0$ gilt.
3. Gilt $f'(x_0) = 0$ und $f''(x_0) < 0$, so hat f an der Stelle x_0 ein lokales Maximum.
Gilt $f'(x_0) = 0$ und $f''(x_0) > 0$, so hat f an der Stelle x_0 ein lokales Minimum.
Gilt $f'(x_0) = 0$ und $f''(x_0) = 0$, so wendet man das VZW-Kriterium an:
Hat f' in einer Umgebung von x_0 einen VZW von + nach –, so hat f an der Stelle x_0 ein lokales Maximum; hat f' in einer Umgebung von x_0 einen VZW von – nach +, so hat f an der Stelle x_0 ein lokales Minimum.
4. Randstellen werden extra untersucht.

Beispiel $f(x) = x^3 - 3x$
$f'(x) = 3x^2 - 3 = 3(x+1)(x-1)$; $f''(x) = 6x$
Aus $f'(x) = 0$ folgt: $x_1 = -1$; $x_2 = 1$.
$x_1 = -1$: $f''(-1) = -6 < 0$, also lokales Maximum mit $f(-1) = 2$.
$x_2 = 1$: $f''(1) = 6 > 0$, also lokales Minimum mit $f(1) = -2$.
Extrempunkte: $H(-1|2)$; $T(1|-2)$.
Für $x \to \infty$ gilt: $f(x) \to \infty$.
Für $x \to -\infty$ gilt: $f(x) \to -\infty$, es gibt keine weiteren Extremwerte.

Rechts- und Linkskurve

Ist f' streng monoton wachsend auf I, dann heißt der Graph von f auf I **Linkskurve**.
Ist f' streng monoton fallend auf I, dann heißt der Graph von f auf I **Rechtskurve**.
Wenn $f''(x) > 0$ in I ist, dann ist der Graph von f eine Linkskurve.
Wenn $f''(x) < 0$ in I ist, dann ist der Graph von f eine Rechtskurve.

$f'(x) = 3x^2 - 3$. Also ist $f'(x)$ für $x > 0$ streng monoton wachsend. Der Graph von f ist eine Linkskurve.
$f''(x) = 6x < 0$ für $x < 0$; somit ist der Graph von f für $x < 0$ eine Rechtskurve.

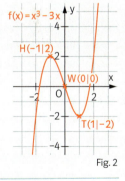

Fig. 2

Wendestellen

1. f', f'' und gegebenenfalls f''' werden bestimmt.
2. Es wird untersucht, für welche Stellen $f''(x_0) = 0$ gilt.
3. Gilt $f''(x_0) = 0$ und $f'''(x_0) \neq 0$.
Oder:
Gilt $f''(x_0) = 0$ und f'' hat in einer Umgebung von x_0 einen VZW, so hat f an der Stelle x_0 eine Wendestelle.

$f''(x) = 0$ liefert $x = 0$. Es ist $f'''(0) = 6 \neq 0$, somit ist $x_3 = 0$ Wendestelle.

Tangente

Die **Tangente** t an den Graphen von f in $P(u|f(u))$ ist die Gerade durch P mit der Steigung $f'(u)$.
Sie kann bestimmt werden durch $y = f'(u) \cdot (x - u) + f(u)$.

$W(0|0)$; $f'(0) = -3$;
t: $y = -3 \cdot (x - 0) + 0 = -3x$.

Prüfungsvorbereitung ohne Hilfsmittel

1 Skizzieren Sie den Graphen von f. Bestimmen Sie die Extrem- und Wendepunkte.
a) $f(x) = x^2 - 1$ b) $f(x) = \frac{1}{x}$ c) $f(x) = 0,5x^3$ d) $f(x) = 2\sin(x)$; $x \in [0; 2\pi]$

2 Bestimmen Sie die ersten beiden Ableitungen der Funktion f.
a) $f(x) = 3x^5 + 4\cos(x)$ b) $f(x) = 2x^4 + \sqrt{x} + 1$ c) $f(x) = \sqrt[3]{x} + 2x^{-1}$

3 Den Graphen der Ableitungsfunktion f' einer Funktion f für $-3 \leq x \leq 6$ zeigt die Fig. 1. Entscheiden Sie in diesem Intervall bei jedem der folgenden Sätze, ob er richtig oder falsch ist, und begründen Sie Ihre Antwort.
a) Der Graph von f hat bei $x = -2$ einen Hochpunkt.
b) Der Graph von f hat für $-3 \leq x \leq 6$ genau zwei Wendepunkte.
c) Für die Funktionswerte an den Stellen 0 und 4 gilt $f(0) < f(4)$.
d) Für $x > 4$ ist der Graph von f streng monoton steigend.

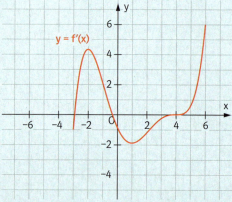

Fig. 1

4 Gegeben ist die Funktion f mit $f(x) = \frac{3}{x} + 3$ ($x \neq 0$).
a) Bestimmen Sie die Gleichung der Tangente im Punkt $P(1|f(1))$.
b) In welchem Punkt S schneidet diese Tangente die x-Achse?

5 a) Zeigen Sie, dass der Graph der Funktion f mit $f(x) = x^4 - 4x^3$ im Ursprung einen Wendepunkt mit waagerechter Tangente besitzt.
b) Gegeben ist die Funktion g mit $g(x) = x^4 - 4x^3 + 2x$. Begründen Sie, dass ihr Graph ebenfalls den Wendepunkt $W(0|0)$ hat. Welche Steigung hat die Wendetangente im Ursprung?

Rechnen Sie in Aufgabe 6 mit $\pi \approx 3$.

6 Ein Tunnel hat die Form eines Rechtecks mit Halbkreis (Fig. 2). Die Querschnittsfläche sollte möglichst groß werden. Wegen der relativ teuren Auskleidung soll der Umfang nur $U = 28\,\text{m}$ betragen. Können Lkw mit einer Höhe von 4,1 m diesen Tunnel durchfahren?

Fig. 2

7 Gegeben ist die Funktion f durch $f(x) = -\frac{1}{2}x^4 + 3x^2$.
a) Berechnen Sie Nullstellen und lokale Extremstellen von f und skizzieren Sie den Graphen.
b) Der Graph von f besitzt genau zwei Wendepunkte. Geben Sie die Gleichungen der Wendetangenten und den Schnittpunkt S der Wendetangenten an.

8 Skizzieren Sie einen möglichen Graphen der Funktion f mit den folgenden Eigenschaften. Welche weiteren charakteristischen Punkte besitzt der Graph von f?
a) f ist ganzrational vom Grad drei mit einem Minimum bei $x = 2$.
b) f ist ganzrational, der Graph ist symmetrisch zur y-Achse und besitzt drei Extrempunkte.

9 Sind die folgenden Aussagen zu einer Funktion f wahr oder falsch? Begründen Sie.
a) Wenn f in einem Intervall I streng monoton wächst, dann gilt $f''(x) > 0$ für alle $x \in I$.
b) Nur an Stellen mit $f'(x) = 0$ kann eine Funktion, die in einem Intervall $I = [a; b]$ differenzierbar ist, lokale Extremstellen besitzen.
c) Bei ganzrationalen Funktionen f mit der maximalen Definitionsmenge $\mathbb{R}$ sind die globalen Extremwerte immer unter den lokalen Extremwerten zu finden.

Prüfungsvorbereitung mit Hilfsmitteln

1 Bestimmen Sie die Gleichungen der Tangenten in den Wendepunkten.
a) $f(x) = x^3 - 6x^2 + 20$
b) $f(x) = \frac{1}{2}x^4 - x^3 + \frac{1}{2}$
c) $f(x) = x^5 - x + 1$

2 Gegeben ist die Funktion f durch $f(x) = x^2 - 2x - 6$. Welcher Punkt des Graphen von f hat den kleinsten Abstand vom Ursprung?

3 Gegeben ist die Funktion f. Wie muss $c \in \mathbb{R}$ gewählt werden, dass f keine, eine oder zwei Extremstellen besitzen kann? Sind immer alle drei Fälle möglich?
a) $f(x) = -x^3 + x^2 + cx$
b) $f(x) = -x^3 + cx^2 + x$
c) $f(x) = cx^3 + x^2 + x$
d) $f(x) = -x^3 + cx^2 + cx$

4 Von einer Glasscheibe der Länge 6 dm und Breite 4 dm ist eine Ecke abgebrochen, deren Rand näherungsweise durch f mit $f(x) = 4 - x^2$ beschrieben werden kann (Fig. 1). Wie würden Sie schneiden, wenn ein möglichst großes Rechteck, dessen eine Ecke auf dem abgebrochenen Rand liegt, aus dem Reststück entstehen soll?

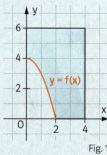
Fig. 1

5 Gegeben ist die Funktion f durch $f(x) = \frac{8x}{4x^2 + 1}$.
a) Zeichnen Sie den Graphen von f.
b) Zeigen Sie, dass es genau zwei Tangenten an den Graphen von f mit der Steigung 1 gibt.
c) Begründen Sie anhand des Graphen, dass es genau drei Tangenten an den Graphen von f gibt, die mit diesem keinen weiteren Punkt gemeinsam haben.

6 Gegeben ist die Funktion f durch $f(x) = \frac{1}{4}x^4$. Bestimmen Sie die Gleichung der Tangenten vom Punkt A(1|0) an den Graphen der Funktion f.

7 Fig. 2 zeigt den Querschnitt eines Kanals. Die y-Achse ist Symmetrieachse des Querschnitts. Eine der Böschungslinien kann durch die Funktion f mit $f(x) = \sqrt{x - 1}$ beschrieben werden. Eine Längeneinheit entspricht 1 m. Der Normalpegel beträgt 1,6 m, der maximale Pegel 2,0 m.

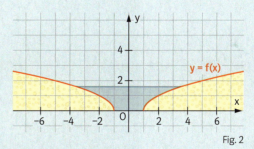
Fig. 2

a) Wie breit ist die Wasseroberfläche bei maximalem Pegel?
b) Von einem Punkt P(10|5) aus soll der Kanal überwacht werden. Untersuchen Sie, ob bei Normalpegel die gesamte Breite der Wasseroberfläche einsehbar ist.
c) Ein kritischer Pegel wird erreicht, wenn der Neigungswinkel der Böschungslinie gegenüber der Wasseroberfläche 165° überschreitet. Ermitteln Sie einen Näherungswert für diesen kritischen Pegel.

8 Ein Unternehmen produziert elektronische Großgeräte. Bei der Produktion von x Einheiten ergeben sich Kosten, die durch die Funktion K mit $K(x) = 2x^3 - 45x^2 + 380x + 70$ mit $x \in [0; 25]$; K(x) in 1000 € beschrieben werden können.
Der Verkaufspreis für eine Mengeneinheit beträgt 150 000 €.
a) Zeigen Sie, dass K keine Extremstellen besitzt, und erläutern Sie, warum dies für eine Kostenfunktion typisch ist. Zeichnen Sie den Graphen der Kosten- und der Umsatzfunktion U in ein gemeinsames Koordinatensystem.
b) Bestimmen Sie anhand der Gewinnfunktion G mit $G(x) = U(x) - K(x)$ die Gewinnzone.
c) Die bisherige Produktion beträgt zehn Mengeneinheiten. Die Geschäftsleitung plant, die Produktion zu erhöhen. Ist dies sinnvoll? Welche Produktionsmenge würden Sie vorschlagen?
d) Wie ändert sich die Situation, wenn der Verkaufspreis auf 120 000 € sinkt?

Lineare Gleichungssysteme

In vielen Bereichen wie, zum Beispiel, den Naturwissenschaften, der Technik, der Medizin und den Wirtschaftswissenschaften gibt es Probleme, die man mithilfe linearer Gleichungssysteme lösen kann.

Diese linearen Gleichungssysteme löst man mit dem Gauß-Verfahren.

$$2x_1 - x_2 + 6x_3 = 8$$
$$3x_1 + 2x_2 + 2x_3 = -2$$
$$x_1 + 3x_2 - 4x_3 = -10$$

Wie sieht eine geeignete Trassierung aus?

Das kennen Sie schon
- Lösen von Gleichungssystemen mit zwei Variablen
- Eigenschaften ganzrationaler Funktionen

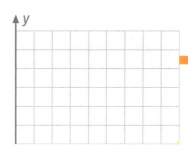

Im Schiffsbau wurden früher glatte Kurven mithilfe eines Kurvenlineals gezeichnet

Kurvenanpassung

Algorithmus

Daten und Zufall

Beziehung und Änderung

Messen

Raum und Struktur

In diesem Kapitel

– wird das Gauß-Verfahren zum Lösen von Gleichungssystemen mit drei Variablen eingeführt.
– werden ganzrationale Funktionen bestimmt.
– werden Trassierungen modelliert.
– werden lineare Gleichungssysteme angewendet.

1 Das Gauß-Verfahren

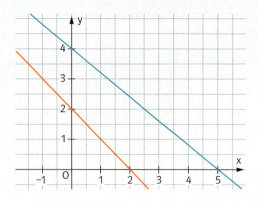

Schneiden sich die beiden Geraden?
Wenn ja, in welchem Punkt?

Mit den bisher bekannten Verfahren lassen sich die Lösungen von linearen Gleichungssystemen (LGS) mit zwei Variablen bestimmen. Im Folgenden wird ein Lösungsverfahren für lineare Gleichungssysteme mit mehr als zwei Variablen betrachtet.

Da das nebenstehende LGS in **Stufenform** vorliegt, kann man die Lösung leicht bestimmen: Aus der dritten Gleichung folgt $x_3 = -2$. Anschließend erhält man durch Einsetzen von $x_3 = -2$ aus der zweiten Gleichung $x_2 = 2$ und durch Einsetzen von $x_3 = -2$ und $x_2 = 2$ aus der ersten Gleichung $x_1 = 0$.

$$2x_1 - 3x_2 + x_3 = -8$$
$$2x_2 + 5x_3 = -6$$
$$-2x_3 = 4$$

Erlaubte Umformungen:

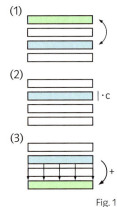

Fig. 1

Jedes LGS lässt sich durch die folgenden Äquivalenzumformungen für lineare Gleichungssysteme in Stufenform umwandeln.

$$x_2 + 3x_3 = 10$$
$$5x_1 - 3x_2 + x_3 = 5$$
$$-2x_2 + 2x_3 = -4$$

(1) Zwei Gleichungen werden miteinander vertauscht.

$$5x_1 - 3x_2 + x_3 = 5$$
$$x_2 + 3x_3 = 10$$
$$-2x_2 + 2x_3 = -4$$

(2) Eine Gleichung wird mit einer Zahl $c \neq 0$ multipliziert.

$$5x_1 - 3x_2 + x_3 = 5$$
$$2x_2 + 6x_3 = 20$$
$$-2x_2 + 2x_3 = -4$$

(3) Eine Gleichung wird durch die Summe von ihr und einer anderen Gleichung ersetzt.
Aus der Stufenform ergibt sich die Lösung
$x_3 = 2$; $x_2 = 4$; $x_1 = 3$.

$$5x_1 - 3x_2 + x_3 = 5$$
$$2x_2 + 6x_3 = 20$$
$$8x_3 = 16$$

Ein 2-Tupel $(x_1; x_2)$ ist ein geordnetes Paar.

Die Lösung gibt man als 3-Tupel in der Form $(x_1; x_2; x_3)$ an: $(3; 4; 2)$.

> **Gauß-Verfahren** zum Lösen linearer Gleichungssysteme mit n Variablen
> 1. Man bringt das lineare Gleichungssystem durch Äquivalenzumformungen auf Stufenform.
> 2. Man löst die Gleichungen der Stufenform schrittweise nach den Variablen $x_n; \ldots x_2; x_1$ auf.

GTR-Hinweise
735501-0571

Um Schreibarbeit zu sparen, kann man ein lineares Gleichungssystem in Kurzform angeben. Man notiert in jeder Zeile nur noch die Koeffizienten und die Zahl auf der rechten Seite. Dieses Zahlenschema, das auch beim GTR verwendet wird, bezeichnet man als **Matrix**.

LGS
$3x_1 + 6x_2 - 2x_3 = -15$
$\phantom{3x_1 + {}}4x_2 - 3x_3 = -17$
$2x_1 + 5x_2 - 5x_3 = -23$

Kurzschreibweise in Matrixform
$\begin{pmatrix} 3 & 6 & -2 & | & -15 \\ 0 & 4 & -3 & | & -17 \\ 2 & 5 & -5 & | & -23 \end{pmatrix}$

Darstellung mit dem GTR

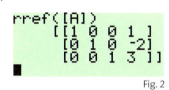
Fig. 1

Kommt eine Variable in einer Gleichung nicht vor, so ist der entsprechende Koeffizient 0.

Der GTR liefert eine Matrix, aus der man die Lösung des LGS ablesen kann.

Hieraus lässt sich die Lösung ablesen:
→ $x_1 + 0\cdot x_2 + 0\cdot x_3 = 1$
→ $0\cdot x_1 + x_2 + 0\cdot x_3 = -2$
→ $0\cdot x_1 + 0\cdot x_2 + x_3 = 3$
Lösung: $(1; -2; 3)$

Fig. 2

Beispiel Lösung eines LGS mit dem Gauß-Verfahren und dem GTR

Lösen Sie das lineare Gleichungssystem
a) mit dem Gauß-Verfahren,
b) mit dem GTR.

$3x_1 + 6x_2 - 2x_3 = -4$
$3x_1 + 2x_2 + x_3 = 0$
$1{,}5x_1 + 5x_2 - 5x_3 = -9$

⊚ CAS
Anleitung zu linearen LGS

■ **Lösung: a)** 1. Schritt: LGS notieren und Gleichungen „nummerieren".

		Umformung
I	$3x_1 + 6x_2 - 2x_3 = -4$	
II	$3x_1 + 2x_2 + x_3 = 0$	
III	$1{,}5x_1 + 5x_2 - 5x_3 = -9$	

2. Schritt: Damit x_1 in der Gleichung II „wegfällt", ersetzt man II durch die Summe von $(-1)\cdot$II und I.

I	$3x_1 + 6x_2 - 2x_3 = -4$	
IIa	$\phantom{3x_1 + {}}4x_2 - 3x_3 = -4$	IIa = $(-1)\cdot$II + I
III	$1{,}5x_1 + 5x_2 - 5x_3 = -9$	

3. Schritt: Damit x_1 in der Gleichung III „wegfällt", ersetzt man III durch die Summe von $(-2)\cdot$III und I.

I	$3x_1 + 6x_2 - 2x_3 = -4$	
IIa	$\phantom{3x_1 + {}}4x_2 - 3x_3 = -4$	
IIIa	$\phantom{3x_1 + {}}-4x_2 + 8x_3 = 14$	IIIa = $(-2)\cdot$III + I

4. Schritt: Damit x_2 in der Gleichung IIIa „wegfällt", ersetzt man IIIa durch die Summe von IIIa und IIa.

I	$3x_1 + 6x_2 - 2x_3 = -4$	
IIa	$\phantom{3x_1 + {}}4x_2 - 3x_3 = -4$	
IIIb	$\phantom{3x_1 + 6x_2 + {}}5x_3 = 10$	IIIb = IIIa + IIa

5. Schritt: Man bestimmt die Lösung aus der Stufenform.

$x_3 = 2;\ x_2 = 0{,}5;\ x_1 = -1$
Lösung: $(-1;\ 0{,}5;\ 2)$

b)
LGS
$3x_1 + 6x_2 - 2x_3 = -4$
$3x_1 + 2x_2 + x_3 = 0$
$1{,}5x_1 + 5x_2 - 5x_3 = -9$

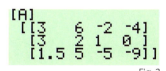
Fig. 3

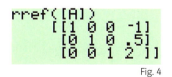
Fig. 4

Lösung: $(-1;\ 0{,}5;\ 2)$

II Lineare Gleichungssysteme

Aufgaben

1 Bestimmen Sie die Lösung.

a) $2x_1 - 3x_2 - 5x_3 = -1$
$\quad\quad 2x_2 + x_3 = 0$
$\quad\quad\quad\quad 3x_3 = 6$

b) $3x_1 + 8x_2 - 3x_3 = 5$
$\quad\quad 4x_2 + x_3 = 1$
$\quad\quad\quad -5x_3 = 10$

c) $3x_1 + 4x_2 + 6x_3 = 5$
$\quad\quad 17x_2 + 24x_3 = 16$
$\quad\quad\quad\quad 2x_3 = 7$

2 a) $2x_1 + 4x_2 + 2x_3 = 7$
$\quad\quad 4x_2 + 2x_3 = 8$
$\quad\quad 4x_2 - x_3 = -1$

b) $3x_1 - 4x_2 + x_3 = 4$
$\quad\quad 3x_1 + x_2 - 2x_3 = 1$
$\quad\quad\quad\quad 3x_3 = 6$

c) $4x_1 - 2x_2 + 2x_3 = 3$
$\quad\quad 3x_2 + 3x_3 = -3$
$\quad\quad 4x_1 + x_2 + 4x_3 = 5$

3 Bestimmen Sie die Lösung.

a) $x_1 + 2x_2 - 2x_3 = 4$
$\quad\quad x_2 - 2x_3 = -1$
$\quad\quad 4x_2 + 3x_3 = 7$

b) $2x_1 - 3x_2 - x_3 = 1$
$\quad\quad 2x_2 + 3x_3 = 1$
$\quad\quad 4x_1 + 2x_2 + 3x_3 = 6$

c) $10x_1 + 3x_2 - 2x_3 = 3$
$\quad\quad\quad\quad 5x_3 = 10$
$\quad\quad 2x_1 - x_2 - 3x_3 = 1$

4 a) $2x_1 - 4x_2 + 5x_3 = 3$
$\quad\quad 3x_1 + 3x_2 + 7x_3 = 13$
$\quad\quad 4x_1 - 2x_2 - 3x_3 = -1$

b) $-x_1 + 7x_2 - x_3 = 5$
$\quad\quad 4x_1 - x_2 + x_3 = 1$
$\quad\quad 5x_1 - 3x_2 + x_3 = -1$

c) $\quad\quad 0{,}6x_2 + 1{,}8x_3 = 3$
$\quad\quad 0{,}3x_1 + 1{,}2x_2 = 0$
$\quad\quad 0{,}5x_1 + x_3 = 1$

5 Geben Sie die Lösung des zu der GTR-Anzeige gehörenden LGS mit drei Variablen an.

a) [A]
```
[[1 0 0 4 ]
 [0 1 0 2 ]
 [0 0 1 -1]]
```
Fig. 1

b) [B]
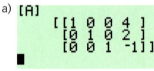
Fig. 2

c) [C]
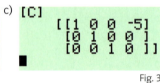
Fig. 3

6 Lösen Sie das lineare Gleichungssystem mithilfe des GTR.

a) $2x_1 + 5x_2 + 2x_3 = -4$
$\quad -2x_1 + 4x_2 - 5x_3 = -20$
$\quad 3x_1 - 6x_2 + 5x_3 = 23$

b) $x_1 - 0{,}5x_2 + 2x_3 = -3$
$\quad 2x_1 + 1{,}2x_2 - x_3 = 4$
$\quad 3x_1 - 2x_2 + 2{,}5x_3 = -2$

c) $0{,}4x_1 + 0{,}8x_2 + 1{,}3x_3 = 4{,}4$
$\quad 2{,}2x_1 - 1{,}4x_2 - 3{,}5x_3 = -8{,}7$
$\quad -3x_1 - 1{,}5x_2 + x_3 = -2{,}5$

Zeit zu überprüfen

7 Lösen Sie das lineare Gleichungssystem mit dem Gauß-Verfahren und mit dem GTR.

a) $3x_1 - x_2 + 3x_3 = -17$
$\quad 2x_1 - x_2 - x_3 = -8$
$\quad x_1 - x_2 + 3x_3 = -7$

b) $2x_1 - 3x_2 - 2x_3 = 10$
$\quad -x_1 + x_2 - x_3 = 2$
$\quad x_1 - 2x_3 = 7$

c) $2x_1 - 3x_2 + 3x_3 = 4$
$\quad 5x_1 - 4x_2 + 3x_3 = 22$
$\quad -4x_1 + 3x_2 + 3x_3 = 10$

8 Welche Fehler wurden bei der Umformung des LGS gemacht?

a) I $\quad 2x_1 + 3x_2 - 4x_3 = 5$
$\quad$ II $\quad x_1 - 7x_2 + 12x_3 = -8$
$\quad$ III $\quad 2x_1 + 5x_2 - 3x_3 = -4$
$\quad$ I $\quad 2x_1 + 3x_2 - 4x_3 = 5$
$\quad$ II $\quad x_1 - 7x_2 + 12x_3 = -8$
$\quad$ IIIa = III − I $\quad 2x_2 + x_3 = 4$

b) I $\quad 3x_1 - 4x_2 + 2x_3 = 4$
$\quad$ II $\quad 6x_1 + 2x_2 + x_3 = -8$
$\quad$ III $\quad 2x_1 + 5x_2 - 3x_3 = -4$
$\quad$ I $\quad 3x_1 - 4x_2 + 2x_3 = 4$
$\quad$ IIa = II + (−2)·I $\quad -x_3 = -16$
$\quad$ III $\quad 2x_1 + 5x_2 - 3x_3 = -4$

9 Geben Sie ein LGS an, bei dem alle Koeffizienten von Null verschieden sind und das die angegebene Lösung hat.

a) (1; 2; 3) $\quad\quad$ b) (−2; 5; 1) $\quad\quad$ c) (1; 1; 1) $\quad\quad$ d) (0; 3; 6)

10 Bestimmen Sie die Lösung des LGS.

a) $4x_1 - 3x_2 + 6x_3 = 0$
$2x_1 - x_3 = 5$
$4x_1 = -2$

b) $4x_1 - x_2 + 3x_3 = 2$
$x_1 + 3x_2 = 5$
$4x_2 = 8$

c) $5x_1 = 10$
$5x_2 - 3x_3 = 9$
$4x_1 + x_2 = 0$

d) $x_1 + x_2 = 3$
$x_1 + x_2 - x_3 = 0$
$x_2 + x_3 = 4$

e) $x_1 + x_2 - x_3 = 0$
$x_1 + x_3 = 2$
$x_1 - 2x_2 + x_3 = 2$

f) $5x_1 - x_2 - x_3 = -3$
$x_1 + 3x_2 + x_3 = 5$
$x_1 - 3x_2 + x_3 = -1$

INFO → Aufgabe 11

Lineare Gleichungssysteme mit Parameter auf der rechten Seite

Auch bei linearen Gleichungssystemen mit einem Parameter auf der rechten Seite kann man das Gauß-Verfahren anwenden, zum Beispiel:

LGS
$x_1 + 2x_2 - 2x_3 = -5 + r$
$2x_1 + 3x_2 - 2x_3 = -5 - 2r$
$-4x_1 - 6x_2 + 10x_3 = -2 + 10r$

LGS in Stufenform
$x_1 + 2x_2 - 2x_3 = -5 + r$
$ - x_2 + 2x_3 = 5 - 4r \quad \text{IIa = II + (-2)·I}$
$6x_3 = -12 + 6r \quad \text{IIIa = III + 2·II}$

Aus der Stufenform bestimmt man die Lösung: $x_3 = -2 + r$; $x_2 = -9 + 6r$; $x_1 = 9 - 9r$
$(9 - 9r; -9 + 6r; -2 + r)$.

Um dieses LGS mit dem GTR zu lösen, fasst man den Parameter r als eine zusätzliche Variable auf. Dabei steht die Spalte für den Parameter r rechts von den Variablen.

$x_1 + 2x_2 - 2x_3 = -5 + r$
$2x_1 + 3x_2 - 2x_3 = -5 - 2r$
$-4x_1 - 6x_2 + 10x_3 = -2 + 10r$

$x_1 + 2x_2 - 2x_3 - r = -5$
$2x_1 + 3x_2 - 2x_3 + 2r = -5$
$-4x_1 - 6x_2 + 10x_3 - 10r = -2$

Beachten Sie:
Da zu jedem Wert von r ein anderes LGS gehört, erhält man auch für jeden Wert von r eine andere Lösung.

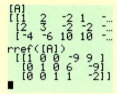

Fig. 1

---

11 Bestimmen Sie die Lösungen in Abhängigkeit von r.

a) $3x_1 - 2x_2 = 4r$
$x_1 + 3x_2 = 5r$

b) $3x_1 + 4x_2 = 7r$
$5x_1 + 4x_2 = r$

c) $6x_1 - 3x_2 = 3r - 6$
$4x_1 - 3x_2 = 2r + 4$

d) $3x_1 + 3x_2 - 5x_3 = 3r$
$x_1 + 6x_2 - 10x_3 = r$
$15x_2 + 25x_3 = 0$

e) $3x_1 - 2x_2 + x_3 = 2r$
$5x_1 - 4x_2 - x_3 = 2$
$x_1 + 3x_2 - 2x_3 = 2r + 6$

f) $2x_1 + 2x_2 + 2x_3 = r + 2$
$4x_1 - 3x_2 + 2x_3 = 0$
$x_1 + x_2 + 3x_3 = 2r + 6$

12 Wie muss man r wählen, damit man die angegebene Lösung erhält?

a) $2x_1 - 2x_2 + x_3 = 6$
$4x_1 + x_2 - 3x_3 = 4r$
$2x_1 + 3x_2 - 3x_3 = 8r$
$\left(\frac{18}{5}; \frac{18}{5}; 6\right)$

b) $2x_1 - x_2 + x_3 = 6r$
$3x_2 - x_3 = r - 2$
$x_1 + 3x_2 - x_3 = 3$
$(3; 3; 9)$

c) $2x_1 + x_2 - 4x_3 = -8r - 8$
$x_1 + 2x_2 - x_3 = -4r - 11{,}5$
$-4x_1 + 3x_2 + 2x_3 = 2r - 23$
$\left(0; -10; \frac{15}{2}\right)$

Referat
Die Cramer'sche Regel
735501-0592

Zeit zu wiederholen

13 Wo würden Sie kaufen?

Fig. 2

Fig. 3

GTR-Hinweise
735501-0601

2 Lösungsmengen linearer Gleichungssysteme

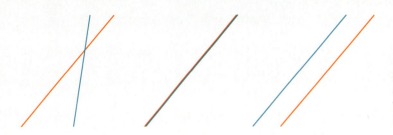

Jedes Bild lässt sich mit einem Gleichungssystem in Verbindung bringen.
Wie viele Lösungen hat das jeweilige Gleichungssystem?

Wie bei linearen Gleichungssystemen mit zwei Gleichungen und zwei Variablen können auch bei LGS mit mehr als zwei Gleichungen und Variablen nur folgende drei Fälle auftreten: Das LGS hat genau eine Lösung, keine Lösung oder unendlich viele Lösungen. Die jeweiligen Lösungen fasst man in einer Menge, der so genannten Lösungsmenge, zusammen.

1. Fall: Das Gleichungssystem hat **genau eine Lösung**.

LGS

$$\begin{aligned} x_1 + 2x_2 + x_3 &= 9 \\ -2x_1 - x_2 + 5x_3 &= 5 \\ x_1 - x_2 + 3x_3 &= 4 \end{aligned}$$

Stufenform

$$\begin{aligned} x_1 + 2x_2 + x_3 &= 9 \\ 3x_2 + 7x_3 &= 23 \\ 9x_3 &= 18 \end{aligned}$$

Aus der Gleichung $9x_3 = 18$ folgt $x_3 = 2$.
Damit erhält man aus der zweiten Gleichung $x_2 = 3$ und damit aus der ersten Gleichung $x_1 = 1$.
Lösungsmenge: $L = \{(1; 3; 2)\}$

GTR

```
rref([A])
     [[1 0 0 1]
      [0 1 0 3]
      [0 0 1 2]]
```

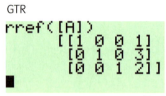

Fig. 1

2. Fall: Das Gleichungssystem hat **keine Lösung**.

LGS

$$\begin{aligned} 2x_1 - 3x_2 - x_3 &= 4 \\ x_1 + 2x_2 + 3x_3 &= 1 \\ 3x_1 - 8x_2 - 5x_3 &= 5 \end{aligned}$$

Stufenform

$$\begin{aligned} x_1 + 2x_2 + 3x_3 &= 1 \\ -7x_2 - 7x_3 &= 2 \\ 0 \cdot x_3 &= 4 \end{aligned}$$

Die Gleichung $0 \cdot x_3 = 4$ hat keine Lösung, deshalb hat das gesamte Gleichungssystem keine Lösung.
Lösungsmenge: $L = \{\ \}$

GTR

```
rref([A])
     [[1 0 1 0]
      [0 1 1 0]
      [0 0 0 1]]
```

Fig. 2

3. Fall: Das Gleichungssystem hat **unendlich viele Lösungen**.

LGS

$$\begin{aligned} x_1 + 2x_2 - 3x_3 &= 6 \\ 2x_1 - x_2 + 4x_3 &= 2 \\ 4x_1 + 3x_2 - 2x_3 &= 14 \end{aligned}$$

Stufenform

$$\begin{aligned} x_1 + 2x_2 - 3x_3 &= 6 \\ x_2 - 2x_3 &= 2 \\ 0 \cdot x_3 &= 0 \end{aligned}$$

Die Gleichung $0 \cdot x_3 = 0$ hat unendlich viele Lösungen.
Zum Beispiel erhält man für $x_3 = 1$ die Lösung (1; 4; 1).
Setzt man zum Beispiel $x_3 = -4$, so erhält man als eine Lösung des LGS (6; −6; −4).
Setzt man allgemein $x_3 = t$, so erhält man für jedes $t \in \mathbb{R}$ als Lösung des LGS $(2 - t;\ 2 + 2t;\ t)$.
Lösungsmenge: $L = \{(2 - t;\ 2 + 2t;\ t) \mid t \in \mathbb{R}\}$

GTR

```
rref([A])
    [[1 0 1  2]
     [0 1 -2 2]
     [0 0 0  0]]
```

Fig. 3

Es ist stets möglich, eine dieser drei Endformen zu erreichen. Eventuell muss man dazu die Reihenfolge der Gleichungen ändern.

Satz: Ein lineares Gleichungssystem hat entweder genau eine Lösung oder keine Lösung oder unendlich viele Lösungen.

GTR-Hinweise
735501-0611

Beispiel Unendlich viele Lösungen
Bestimmen Sie die Lösungsmenge des LGS
a) mit dem Gauß-Verfahren,
b) mithilfe des GTR.

$x_1 - 3x_2 = 1 - x_3$
$2x_1 + x_3 = 6 + 5x_2$

■ Lösung: a) 1. Schritt: *LGS notieren und Gleichungen „nummerieren".*

I $x_1 - 3x_2 + x_3 = 1$
II $2x_1 - 5x_2 + x_3 = 6$

2. Schritt: *Überführung des LGS mit dem Gauß-Verfahren in Stufenform.*

I $x_1 - 3x_2 + x_3 = 1$
IIa $x_2 - x_3 = 4$ IIa = II + (−2) · I

3. Schritt: *Man setzt für die Variable x_3 den Parameter $t \in \mathbb{R}$ ein.*

I $x_1 - 3x_2 + t = 1$
IIa $x_2 - t = 4$
              $x_3 = t$

4. Schritt: *Man löst nach den übrigen Variablen auf.*

$x_3 = t$
$x_2 = 4 + t$
$x_1 = 13 + 2t$

5. Schritt: *Angabe der Lösungsmenge.*

$L = \{(13 + 2t;\ 4 + t;\ t)\,|\,t \in \mathbb{R}\}$

b) *Der GTR liefert das nebenstehende Ergebnis.*
Die unterste Zeile entspricht der Gleichung
$x_2 - x_3 = 4$. Mit $x_3 = t$ folgt dann $x_2 = 4 + t$
und $x_1 = 13 + 2t$.
$L = \{(13 + 2t;\ 4 + t;\ t)\,|\,t \in \mathbb{R}\}$

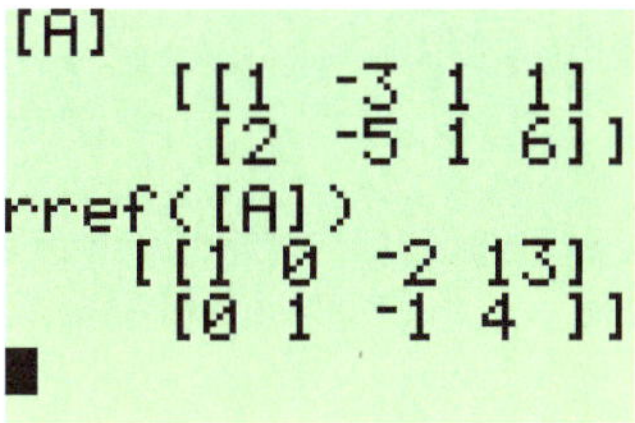

Fig. 1

Aufgaben

1 Bestimmen Sie die Lösungsmenge des LGS.

a) $2x_1 - 4x_2 - x_3 = 1$
   $\quad\quad\; 5x_2 + 2x_3 = 16$
   $\quad\quad\quad\quad\quad 3x_3 = 9$

b) $12x_1 + 5x_2 - 3x_3 = 7$
   $\quad\quad\;\; 7x_2 - 3x_3 = 1$
   $\quad\quad\quad\quad\; 0 \cdot x_3 = -2$

c) $2x_1 - 4x_2 - x_3 = 2$
   $\quad\quad\; 3x_2 - 6x_3 = 6$
   $\quad\quad\quad\quad\; 0 \cdot x_3 = 0$

2 Geben Sie die Lösungsmenge des zu der GTR-Anzeige gehörenden LGS mit drei Variablen an.

a)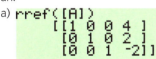

Fig. 2

b)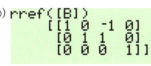

Fig. 3

c)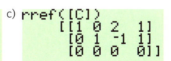

Fig. 4

3 Bestimmen Sie die Lösungsmenge.

a) $x_1 - 3x_2 + 2x_3 = 2$
   $\quad\quad 3x_2 - 2x_3 = 1$
   $\quad -6x_2 + 4x_3 = 3$

b) $x_1 - 2x_2 - x_3 = 2$
   $\quad\quad 2x_2 - 4x_3 = 1$
   $\quad\quad 3x_2 - 6x_3 = \frac{3}{2}$

c) $x_1 + 2x_2 - 3x_3 = 2$
   $x_1 + 2x_2 - 3x_3 = 6$
   $\quad\quad\quad\; -4x_3 = 8$

4 a) $3x_1 + 4x_2 + 2x_3 = 5$
   $2x_1 - 3x_2 + x_3 = 8$
   $\quad\quad\quad\quad 2x_3 = 6$

b) $3x_1 + 2x_2 + 3x_3 = 9$
   $\quad\quad 4x_2 - 3x_3 = 6$
   $2x_1 + 4x_2 \quad\quad = 10$

c) $2x_1 - 3x_2 + 4x_3 = 1$
   $3x_1 + x_2 - 5x_3 = 7$
   $4x_1 + 5x_2 - 14x_3 = 13$

II Lineare Gleichungssysteme

5 Bestimmen Sie die Lösungsmenge.

a) $\begin{aligned} x_1 \phantom{{}+x_2}+ x_3 &= 2 \\ x_2 + x_3 &= 4 \\ x_1 + x_2 \phantom{{}+x_3} &= 5 \\ x_1 + x_2 + x_3 &= 0 \end{aligned}$

b) $\begin{aligned} x_1 + x_2 + x_3 &= 15 \\ 2x_1 - x_2 + 7x_3 &= 50 \\ 3x_1 + 11x_2 - 9x_3 &= 1 \\ x_1 - x_2 + x_3 &= 5 \end{aligned}$

c) $\begin{aligned} 7x_1 + 11x_2 + 13x_3 &= 0 \\ x_1 - x_2 - x_3 &= 1 \\ 2x_1 + 3x_2 + 4x_3 &= 0 \\ 9x_1 + 10x_2 + 11x_3 &= 0 \end{aligned}$

Zeit zu überprüfen

6 Bestimmen Sie die Lösungsmenge ohne GTR.

a) $\begin{aligned} x_1 + x_2 + x_3 &= 0 \\ x_1 + x_2 \phantom{{}+x_3} &= 2 \\ 2x_1 \phantom{{}+x_2} + 2x_3 &= 4 \end{aligned}$

b) $\begin{aligned} 4x_1 + x_2 + 7x_3 &= 12 \\ 5x_1 \phantom{{}+x_2} + 10x_3 &= 5 \\ -x_1 - 2x_2 \phantom{{}+x_3} &= -2 \end{aligned}$

c) $\begin{aligned} x_1 - x_2 + x_3 &= -2 \\ 4x_1 + 2x_2 + x_3 &= -5 \\ 6x_1 \phantom{{}+x_2} + 3x_3 &= -9 \end{aligned}$

7 Bestimmen Sie die Lösungsmenge mit dem GTR.

a) $\begin{aligned} 3x_1 - x_2 + 2x_3 &= 7 \\ x_1 + x_2 + 3x_3 &= 140 \\ 3x_1 - 5x_2 - 4x_3 &= -21 \end{aligned}$

b) $\begin{aligned} 4x_1 + x_2 + x_3 &= 7 \\ 3x_1 + x_2 - 7x_3 &= 0 \\ 5x_1 + 2x_2 + x_3 &= -3 \end{aligned}$

c) $\begin{aligned} x_1 + x_2 + x_3 &= 1 \\ x_1 + 2x_2 + 2x_3 &= 3 \\ 2x_1 + x_2 + x_3 &= 1 \end{aligned}$

CAS
Lineares Gleichungssystem

8 Ein lineares Gleichungssystem hat die Lösungsmenge $L = \{(1;\ 4+t;\ 5t)\,|\,t \in \mathbb{R}\}$. Ist das Zahlentripel Lösung des linearen Gleichungssystems?

a) (1; 6; 10) b) (1; −7; −55) c) (0; 5; 5) d) (1; 4; 0) e) (1; 5; 5)

9 Geben Sie ein lineares Gleichungssystem an, das die folgende Lösungsmenge hat und bei dem alle Koeffizienten von Null verschieden sind.

a) $L = \{(-2;\ 3;\ -4)\}$
b) $L = \{\ \}$
c) $L = \{(t;\ 2t;\ 3t)\,|\,t \in \mathbb{R}\}$
d) $L = \{(5;\ t+1;\ t)\,|\,t \in \mathbb{R}\}$

10 Ist die Aussage wahr? Begründen Sie Ihre Antwort.
a) Jedes lineare Gleichungssystem mit drei Variablen und zwei Gleichungen hat unendlich viele Lösungen.
b) Jedes lineare Gleichungssystem mit zwei Variablen und drei Gleichungen besitzt keine Lösung.
c) Jedes lineare Gleichungssystem mit der gleichen Anzahl von Variablen und Gleichungen besitzt genau eine Lösung.

11 a) Zeigen Sie, dass das nebenstehende LGS nur die Lösung (0; 0; 0) besitzt.

$\begin{aligned} x_1 + 2x_2 + 3x_3 &= 0 \\ -x_1 + x_2 + 2x_3 &= 0 \\ x_1 - 3x_2 + x_3 &= 0 \end{aligned}$

b) Das nebenstehende LGS hat unendlich viele Lösungen. Belegen Sie anhand selbstgewählter Beispiele, dass sowohl die Vielfachen einer Lösung als auch die Summe zweier Lösungen wieder Lösungen des LGS sind.

$\begin{aligned} x_1 - 2x_2 + 3x_3 &= 0 \\ 3x_1 + x_2 - 5x_3 &= 0 \\ 2x_1 - 3x_2 + 4x_3 &= 0 \end{aligned}$

c) Das nebenstehende LGS hat unendlich viele Lösungen. Zeigen Sie, dass (0; 0; 0) keine Lösung des LGS ist. Belegen Sie anhand von Beispielen, dass auch die Differenz zweier Lösungen wieder eine Lösung des LGS ist.

$\begin{aligned} x_1 - 2x_2 + 3x_3 &= 4 \\ 3x_1 + x_2 - 5x_3 &= 5 \\ 2x_1 - 3x_2 + 4x_3 &= 7 \end{aligned}$

3 Bestimmung ganzrationaler Funktionen

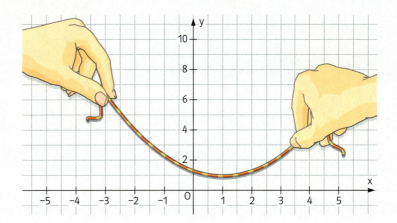

Kann man den Verlauf des Fadens näherungsweise durch eine Parabel beschreiben?

Kennt man von einer ganzrationalen Funktion genügend geeignete Eigenschaften, dann kann man mithilfe eines linearen Gleichungssystems die Funktionsvorschrift bestimmen.

Sucht man zum Beispiel eine ganzrationale Funktion f dritten Grades, deren Graph punktsymmetrisch zum Ursprung ist und den Hochpunkt A(1|2) hat, dann kann man so vorgehen:
Die Funktionsgleichung einer Funktion dritten Grades hat die Form $f(x) = a_3 x^3 + a_2 x^2 + a_1 x + a_0$.
Wegen der Punktsymmetrie zum Ursprung kommen in der Funktionsvorschrift von f nur ungerade Exponenten vor. Somit gilt: $f(x) = a_3 x^3 + a_1 x$.
Da A(1|2) Hochpunkt ist, gilt: $f(1) = 2$ und $f'(1) = 0$.
Aus $f(1) = 2$ folgt: I $a_3 + a_1 = 2$.
Aus $f'(1) = 0$ folgt mit $f'(x) = 3a_3 x^2 + a_1$:   II $3a_3 + a_1 = 0$.

Dieses LGS hat die Lösung $a_3 = -1$ und $a_1 = 3$ und man erhält die Funktionsvorschrift
$f(x) = -x^3 + 3x$.
Bei der Bestimmung der Funktionsvorschrift wurde die Bedingung $f'(1) = 0$ benutzt. Diese Bedingung gilt auch für Tief- und Sattelpunkte. Man muss also noch überprüfen, ob A(1|2) ein Hochpunkt des Graphen von f ist. Deshalb ist bei der Ausnutzung entsprechender Angaben unbedingt eine Probe erforderlich. Da $f''(x) = -6x$ und somit $f''(1) < 0$ ist, weiß man, dass A ein Hochpunkt des Graphen von f ist und f die gesuchte Funktion ist.

Beispiel 1   Grad der gesuchten Funktion ist gegeben
Der Graph einer ganzrationalen Funktion dritten Grades hat an der Stelle $x = -2$ einen Tiefpunkt, eine Wendestelle bei $x = -\frac{2}{3}$ und er geht durch die Punkte A(−1|5) und B(1|−1).
■ Lösung: 1. Die Funktionsgleichung hat die Form: $f(x) = a_3 x^3 + a_2 x^2 + a_1 x + a_0$.
Dann ist: $f'(x) = 3a_3 x^2 + 2a_2 x + a_1$ und $f''(x) = 6a_3 x + 2a_2$.
2. Tiefpunkt an der Stelle $x = -2$ ergibt $f'(-2) = 0$; Wendestelle bei $x = -\frac{2}{3}$ ergibt $f''\left(-\frac{2}{3}\right) = 0$.
3. Ansatz: $f'(-2) = 0$ I $12a_3 - 4a_2 + a_1 \quad\quad = 0$

$f''\left(-\frac{2}{3}\right) = 0$ II $-4a_3 + 2a_2 \quad\quad\quad\quad = 0$
$f(-1) = 5$ III $-a_3 + a_2 - a_1 + a_0 = 5$
$f(1) = -1$ IV $a_3 + a_2 + a_1 + a_0 = -1$
4. Man erhält: $a_3 = 1$; $a_2 = 2$; $a_1 = -4$; $a_0 = 0$. Die gesuchte Funktion ist $f(x) = x^3 + 2x^2 - 4x$.
5. Der Graph der Funktion erfüllt aber nicht die geforderten Bedingungen, da an der Stelle $x = -2$ ein Hochpunkt ist (Fig. 1).

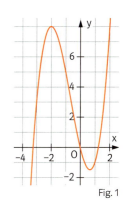

Fig. 1

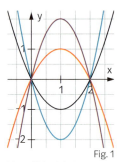

Fig. 1
Unendlich viele Lösungen
Ergebnis: Eine Kurvenschar

Beispiel 2 Kurvenschar
Für welche ganzrationalen Funktionen zweiten Grades gilt $f(0) = f(2) = 0$ und $f'(1) = 0$?
- Lösung: 1. Gegeben: $f(0) = 0$; $f(2) = 0$; $f'(1) = 0$
2. Ansatz: $f(x) = a_2 x^2 + a_1 x + a_0$; $f'(x) = 2a_2 x + a_1$

$f(0) = 0$	I	$a_0 = 0$
$f(2) = 0$	II	$4a_2 + 2a_1 + a_0 = 0$
$f'(1) = 0$	III	$2a_2 + a_1 = 0$
	I	$a_0 = 0$
	IIa	$2a_2 + a_1 = 0$ IIa = II : 2
	IIIa	$0 = 0$ IIIa = 2·III + (−1)·II

3. Man erhält mit $a_1 = k$; $a_2 = -\frac{k}{2}$ und somit $f(x) = -\frac{k}{2}x^2 + kx$; $k \in \mathbb{R}\setminus\{0\}$.
4. Jede Funktion f mit $f(x) = -\frac{k}{2}x^2 + kx$; $k \in \mathbb{R}\setminus\{0\}$ erfüllt die gestellten Bedingungen.

Aufgaben

1 Bestimmen Sie die ganzrationale Funktion zweiten Grades, deren Graph durch die angegebenen Punkte geht.
a) $A(-1|0)$, $B(0|-1)$, $C(1|0)$ b) $A(0|0)$, $B(1|0)$, $C(2|3)$ c) $A(1|3)$, $B(-1|2)$, $C(3|2)$

2 Bestimmen Sie alle ganzrationalen Funktionen dritten Grades, deren Graphen punktsymmetrisch zum Ursprung sind, einen Tiefpunkt für $x = 1$ haben und durch den Punkt $A(2|2)$ gehen.

3 Bestimmen Sie alle ganzrationalen Funktionen zweiten Grades, deren Graphen durch die angegebenen Punkte gehen.
a) $A(-1|-3)$, $B(1|1)$, $C(-2|1)$ b) $A(2|0)$, $B(-2|0)$ c) $A(-4|0)$, $B(0|-4)$

4 Bestimmen Sie alle ganzrationalen Funktionen dritten Grades, deren Graphen durch die angegebenen Punkte gehen.
a) $A(0|1)$, $B(1|0)$, $C(-1|4)$, $D(2|-5)$ b) $A(0|-1)$, $B(1|1)$, $C(-1|7)$, $D(2|17)$

◎ CAS
Punkte durch Kurve (1)

5 Bestimmen Sie eine ganzrationale Funktion dritten Grades, deren Graph
a) durch $A(2|0)$, $B(-2|4)$ und $C(-4|8)$ geht und einen Tiefpunkt auf der y-Achse hat,
b) durch $A(2|2)$ und $B(3|9)$ geht und den Tiefpunkt $T(1|1)$ hat.

6 Gibt es eine ganzrationale Funktion dritten Grades, deren Graph durch $A(2|0)$ geht, in $W(2|0)$ einen Wendepunkt hat und an der Stelle $x = 3$ ein Maximum besitzt?

Zeit zu überprüfen

7 Bestimmen Sie eine ganzrationale Funktion dritten Grades, deren Graph durch die Punkte $A(2|6)$, $B(0|4)$, $C(3|5,5)$ und $D(-2|8)$ geht.

8 Bestimmen Sie eine ganzrationale Funktion vierten Grades mit folgenden Eigenschaften: Der Graph der Funktion ist symmetrisch zur y-Achse, schneidet die y-Achse bei $y = -1$ und $H(1|-3)$ ist ein Hochpunkt.

9 Der Graph einer ganzrationalen Funktion f vierten Grades hat den Tiefpunkt $P(-4|6)$ und den Wendepunkt $Q(4|2)$ mit waagerechter Tangente. Bestimmen Sie den Term von f.

10 Durch die Punkte P und Q gehen unendlich viele Parabeln mit den Funktionsgleichungen $f(x) = a_2 x^2 + a_1 x + a_0$. Stellen Sie ein lineares Gleichungssystem für die Koeffizienten a_2, a_1 und a_0 auf und bestimmen Sie die jeweilige Lösungsmenge. Bestimmen Sie anschließend die Gleichungen der drei dargestellten Parabeln.

CAS
Punkte durch Kurve (2)

a) b) c) d)

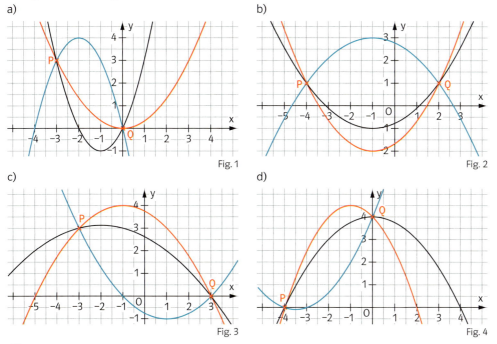

Fig. 1 Fig. 2 Fig. 3 Fig. 4

11 Bestimmen Sie eine ganzrationale Funktion vierten Grades, deren Graph
a) den Wendepunkt W(0|0) mit der x-Achse als Wendetangente und den Tiefpunkt T(−1|−2) hat,
b) in O(0|0) und im Wendepunkt W(−2|2) Tangenten parallel zur x-Achse hat,
c) symmetrisch zur y-Achse ist, durch A(0|2) geht und den Tiefpunkt T(1|0) hat,
d) symmetrisch zur y-Achse ist und in W(2|0) eine Wendetangente mit der Steigung $-\frac{4}{3}$ hat.

12 Der Abstand der beiden 254 m hohen Pfeiler der Store Baelt-Brücke in Dänemark beträgt 1624 m und wird von zwei Tragseilen überbrückt. Die Durchfahrtshöhe der Brücke beträgt 65 m. Beschreiben Sie die Form der Spannseile näherungsweise durch eine ganzrationale Funktion zweiten Grades. Überlegen Sie sich zuerst eine geeignete Wahl des Koordinatensystems.

Gemessen an ihrer Spannweite ist die „Storebæltsbroern" eine der größten Brücken der Welt und die größte Europas. Seit 1998 überspannt das Bauwerk die Meeresstraße zwischen den dänischen Inseln Seeland und Fünen.

13 Eine ganzrationale Funktion vierten Grades hat bei x = −1 und x = 5 Nullstellen, eine Extremstelle bei x = 3,5 und für x = 1 einen Wendepunkt mit waagerechter Tangente. Bestimmen Sie einen Funktionsterm. Begründen Sie, warum es keine eindeutige Lösung gibt.
Wie gehen die Graphen der möglichen Funktionen geometrisch auseinander hervor?

14 Bestimmen Sie eine ganzrationale Funktion vierten Grades, deren Graph die in Fig. 5 angegebenen Eigenschaften hat.

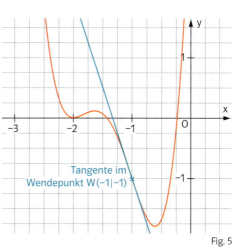
Tangente im Wendepunkt W(−1|−1)
Fig. 5

4 Trassierungen

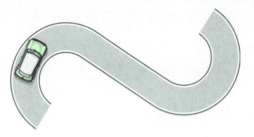

Auf einem Verkehrsübungsplatz soll die nebenstehende Bahn abgefahren werden. In den Halbkreisen muss das Lenkrad jeweils rechts bzw. links eingeschlagen bleiben. Wie ändert sich der Lenkausschlag jeweils an den Übergängen zum Geradenstück?

Straßen- und Schienennetze sind seit sehr langer Zeit ein unverzichtbarer Teil unserer Infrastruktur: Bereits die Römer bauten Straßen durch das Land, um Karren schneller und sicherer an ihr Ziel zu bringen. Seitdem gibt es das Problem der Wahl der richtigen Trassierung. Lange Zeit waren die Ansprüche an der Art der Trassierung auf Grund des Verkehrsaufkommen, der Geschwindigkeit und der Fahrdynamik nicht sehr groß, sodass man sich auf Geraden und Kreisbögen beschränkte.

Bei den heutigen Straßenführungen treffen wir immer wieder auf verschiedenen Kurven: enge, weite, große und kleine. Diese Kurven entstehen aus geographischen Gründen (Umfahrungen von Gebäuden, Bergen, Seen) oder aus Gründen der Infrastruktur. Viele dieser Kurven sind jedoch Verbindungen zwischen zwei vorhandenen Straßenenden, zum Beispiel bei einer Autobahnauffahrt. Dort müssen zwei Straßen miteinander verbunden werden. Dafür eine möglichst optimale Lösung zu finden, gehört zu den Aufgaben der Verkehrsingenieure.

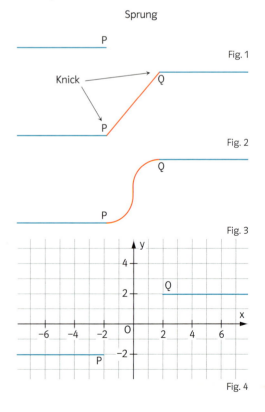

Bei dieser Art der Modellierung wird die reale Straße mit einer positiven Breite auf eine unendlich schmale Kurve reduziert.

Sollen zum Beispiel die beiden parallelen, geradlinigen Straßen durch ein geeignetes Stück verbunden werden, gibt es dafür mehrere Möglichkeiten.

1. Direkte Verbindung durch ein Geradenstück. Diese Lösung ist nicht sehr zweckmäßig, da an den Übergangspunkten P und Q das Fahrzeug auf der Stelle gedreht werden müsste.

Das Problem des Krümmungsrucks muss in der Realität nicht auftreten, da im Normalfall die Straßenbreite genügend Platz zum Einlenken bietet.

2. Verbindung durch Kreisbögen und Geradenstücke. Der Kreisbogen erscheint auf den ersten Blick als ein ideales Mittel, doch während der Durchfahrt des Halbkreises auf Q zu bleibt das Lenkrad „rechts eingeschlagen stehen", in Q muss es schlagartig auf „geradeaus" gestellt werden. Man sagt: Die Kurve hat in Q einen Krümmungsruck.

Zur Bestimmung einer Trassierung modelliert man das gegebene Problem in einem Koordinatensystem. Die gegebenen Straßenstücke sind durch die abschnittsweise definierte Funktion

$$g(x) = \begin{cases} -2 & \text{für } x \leq -2 \\ 2 & \text{für } x \geq 2 \end{cases} \text{ beschrieben.}$$

Die Sprungfreiheit und Knickfreiheit an einer Verbindungsstelle a lässt sich mithilfe der Funktionswerte und Ableitungen der gesuchten Funktion f und der Funktion g beschreiben. Man kann zeigen, dass sich ein Übergang ohne Krümmungsruck, auch krümmungfreier Übergang genannt, mithilfe der zweiten Ableitung prüfen lässt.

Bei der Modellierung von Verkehrswegen beachtet man an einer Verbindungsstelle a der Graphen von f und g folgende Bedingungen:

1. $f(a) = g(a)$. Die Teilstücke bilden an der Stelle a keinen Sprung.
2. $f'(a) = g'(a)$. Die Teilstücke bilden an der Stelle a keinen Knick.
3. $f''(a) = g''(a)$. Es gibt an der Stelle a keinen Krümmungsruck.

Die erste Forderung bedeutet, dass der Übergang an der Stelle a stetig ist.
Die zweite garantiert die Differenzierbarkeit an der Stelle a.

Sollen alle drei Bedingungen an einer Stelle a von einer ganzrationalen Funktion f erfüllt werden, muss f mindestens den Grad 3 haben, bei zwei Stellen a und b mindestens den Grad 5.

Als Lösung für die Funktion f in Fig. 4 auf Seite 66 ergibt sich
$f(x) = \frac{3}{128}x^5 - \frac{5}{16}x^3 + \frac{15}{8}x$.

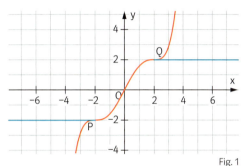

Fig. 1

-32	16	-8	4	-2	1
32	16	8	4	2	1
80	-32	12	-4	1	0
80	32	12	4	1	0
-160	48	-12	2	0	0
160	48	12	2	0	0

Matrix des zugehörigen linearen Gleichungssystems

Beispiel Trassierung

Bestimmen Sie eine Funktion für den Straßenverlauf zwischen den Punkten P und Q, der eine Verbindung ohne Knick und Krümmungsruck beschreibt. Für den eingezeichneten Graphen g gilt: $g(3) = g(-3) = 3$, $g'(3) = g'(-3) = -1$ und $g''(3) = g''(-3) = 0$.

■ **Lösung:** *Die gesuchte Funktion f muss folgende Bedingungen erfüllen:*

$f(-3) = 3; \quad f(3) = 3$
$f'(-3) = -1; \quad f'(3) = 1$
$f''(-3) = 0; \quad f''(3) = 0$
$f(x) = a_5 x^5 + a_4 x^4 + a_3 x^3 + a_2 x^2 + a_1 x + a_0$

LGS:
$-243a_5 + 81a_4 - 27a_3 + 9a_2 - 3a_1 + a_0 = 3$
$243a_5 + 81a_4 + 27a_3 + 9a_2 + 3a_1 + a_0 = 3$
$405a_5 - 108a_4 + 27a_3 - 6a_2 + a_1 = -1$
$405a_5 + 108a_4 + 27a_3 + 6a_2 + a_1 = 1$
$-540a_5 + 108a_4 - 18a_3 + 2a_2 = 0$
$540a_5 + 108a_4 + 18a_3 + 2a_2 = 0$

Als Lösung des LGS erhält man:
$a_0 = \frac{9}{8}; \quad a_1 = 0; \quad a_2 = \frac{1}{4}; \quad a_3 = 0; \quad a_4 = \frac{-1}{216}; \quad a_5 = 0$.

Die gesuchte Funktion ist
$f(x) = -\frac{1}{216}x^4 + \frac{1}{4}x^2 + \frac{9}{8}$.

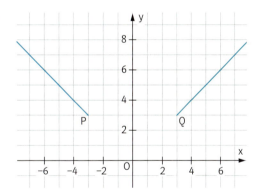

Fig. 2

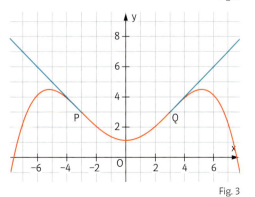

Fig. 3

Aufgaben

1 Zwei geradlinig verlaufende Eisenbahntrassen sollen miteinander verbunden werden (Fig. 1). Bestimmen Sie eine mögliche Verbindungskurve, die ohne Knick und Krümmungsruck an die Trasse anschließt.

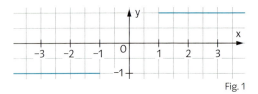

Fig. 1

Zeit zu überprüfen

2 a) Geben Sie die sechs Bedingungen zu Fig. 2 für einen krümmungsruckfreien Übergang an, stellen Sie diese in einem LGS auf und ermitteln Sie die Funktion.
b) Zeigen Sie, dass die Funktion h mit $h(x) = \frac{1}{12}x^2 + \frac{15}{12}$ (Fig. 3) keine knickfreien und krümmungsfreien Verbindungsstellen modelliert.
c) Vergleichen Sie die beiden Lösungen unter Zuhilfenahme der Graphen der ersten und zweiten Ableitung.

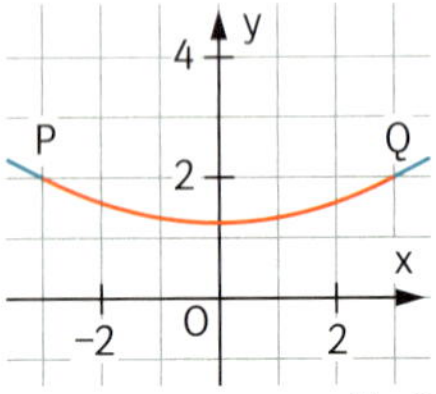

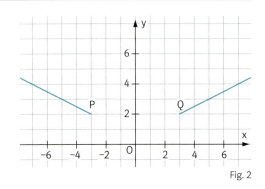

Fig. 3

Fig. 2

3 a) Zwei gerade Trassen (Fig. 4 und Fig. 5) sollen krümmungsruckfrei durch ein Polynom mit möglichst kleinem Grad verbunden werden. Zur Berechnung der Verbindungskurve soll die untere Matrix verwendet werden.

$$\begin{pmatrix} -243 & 81 & -27 & 9 & -3 & 1 & 4 \\ 243 & 81 & 27 & 9 & 3 & 1 & 4 \\ 405 & -108 & 27 & -6 & 1 & 0 & -2 \\ 405 & 108 & 27 & 6 & 1 & 0 & 0{,}5 \\ -540 & 108 & -18 & 2 & 0 & 0 & 0 \\ 540 & 108 & 18 & 2 & 0 & 0 & 0 \end{pmatrix}$$

Zeigen Sie, dass sich die Matrix aus den Bedingungen ergibt. Bestimmen Sie das Polynom und zeichnen Sie den Verbindungsweg.
b) Der linke Teil der Trasse wird durch eine Kurve ersetzt, die sich durch die quadratische Funktion $g(x) = -(x+4)^2 + 5$ beschreiben lässt. Welche der Bedingungen aus a) ändern sich jetzt? Bestimmen Sie das Polynom, das einen krümmungsruckfreien Übergang beschreibt und zeichnen Sie diesen Weg ein.

Vergleichen Sie mit dem Ergebnis aus a).

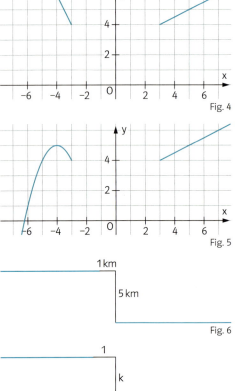

Fig. 4

Fig. 5

Fig. 6

4 a) Die parallelen Trassen (Fig. 6) sollen krümmungsruckfrei durch eine Funktion mit möglichst kleinem Grad verbunden werden. Wählen Sie ein geeignetes Koordinatensystem und bestimmen Sie mögliche Funktionen.

Aufgabenteil 4 b) führt auf eine Kurvenschar.

b) Die parallelen Trassen (Fig. 7) sind 1 LE voneinander unterbrochen und haben einen Abstand von k LE. Bestimmen Sie eine krümmungsruckfreie Verbindung der beiden Trassen.

Fig. 7

Wiederholen – Vertiefen – Vernetzen

1 Bestimmen Sie die Lösungsmenge.

a) $2x_1 - 3x_2 + x_3 = -1$
   $x_1 + x_2 + 5x_3 = 0$
   $-x_1 + 2x_2 - x_3 = 2$

b) $2x_1 - 3x_2 - x_3 = 4$
   $x_1 + 2x_2 + 3x_3 = 1$
   $3x_1 - 8x_2 - 5x_3 = 5$

c) $2x_1 - 3x_2 + x_3 = 0$
   $x_1 + x_2 + 5x_3 = 0$
   $-x_1 + 2x_2 - x_3 = 0$

2 Bestimmen Sie die Lösungsmenge.

a) $2x_1 + x_2 + x_3 = 201$
   $x_1 + x_3 = 200$
   $-x_2 + x_3 = 200$

b) $2{,}01x_1 + x_2 + x_3 = 201$
   $x_1 + x_3 = 200$
   $-x_2 + x_3 = 200$

c) $1{,}99x_1 + x_2 + x_3 = 201$
   $x_1 + x_3 = 200$
   $-x_2 + x_3 = 200$

Beachten Sie: Geringe Unterschiede haben große Auswirkungen.

3 Bestimmen Sie die Lösungsmenge.

a) $x_1 + x_2 = -2$
   $x_2 + x_3 = -2$
   $x_1 + x_3 = -2$

b) $x_1 + 2x_3 = 5$
   $-x_1 + 8x_3 = 15$
   $x_3 = 2$

c) $x_1 = x_3$
   $x_2 = x_1$
   $x_3 = x_2$

4 Der Graph einer ganzrationalen Funktion vierten Grades geht durch die Punkte $A(-2|-1)$, $B(0|2)$, $C(1|-1)$, $D(2|-1)$ und $E(3|2)$. Bestimmen Sie den Funktionsterm.

5 In Fig. 1 ist der Graph einer ganzrationalen Funktion dargestellt. Bestimmen Sie den Funktionsterm, indem Sie hinreichend viele Punkte des Graphen ablesen und damit ein Gleichungssystem für die Koeffizienten des Funktionsterms aufstellen.

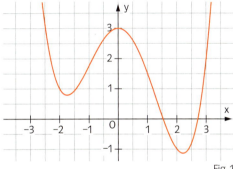

Fig. 1

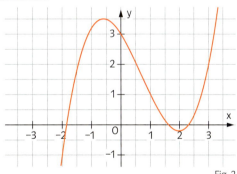

Fig. 2

6 In Fig. 2 ist der Graph der Ableitung f' einer ganzrationalen Funktion vierten Grades gezeigt. Die Funktion f hat bei $x = 1$ eine Nullstelle. Bestimmen Sie den Funktionsterm.

7 Eine ganzrationale Funktion vierten Grades hat bei $x = 1$ und $x = 5$ Nullstellen und für $x = 1$ einen Wendepunkt mit waagerechter Tangente. Außerdem geht der Graph durch den Punkt $(3|5)$. Bestimmen Sie den Funktionsterm, zeichnen Sie den Graphen und berechnen Sie das absolute Maximum der Funktion.

◎ CAS
Eisenbahnstrecke (1)
Eisenbahnstrecke (2)

8 Eine ganzrationale Funktion f_2 zweiten Grades und die Kosinusfunktion haben für $x = 0$ denselben Funktionswert und dieselben Werte der 1. und 2. Ableitung.

a) Bestimmen Sie die Funktion f_2. Zeichnen Sie den Graphen von f_2 und von $\cos(x)$ für $|x| \leq 0{,}5\pi$.

b) Bestimmen Sie die ganzrationale Funktion f_4 vierten Grades so, dass f_4 und die Kosinusfunktion für $x = 0$ denselben Funktionswert und dieselben Werte der ersten, zweiten, dritten und vierten Ableitung haben. Ergänzen Sie die Zeichnung aus Teilaufgabe a) mit den Graphen von f_4.

c) Berechnen Sie $\cos(1)$ und $f_4(1)$. Wie groß ist die Abweichung?

Man nennt Funktionen, die wie f_2 und f_4 erzeugt werden, Taylorpolynome. f_4 ist das Taylorpolynom vom Grad 4 an der Entwicklungsstelle $x = 0$.

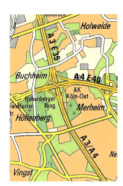

9 Bei Autobahnkreuzen wird neben der Kleeblatt-Lösung für Linksabbiegungen auch die sogenannte Überwurf-Trasse gewählt. Zur Modellierung wird vereinfacht angenommen, dass das Autobahnkreuz rechtwinklig ist, der Teil II ein Viertelkreis mit Radius r ist, und Teil III durch Spiegelung an der 2. Winkelhalbierenden entsteht.

a) Warum muss zwischen den Punkten A und B ein weiterer Wendepunkt existieren?
b) Zeigen sie, dass die Trasse II sich durch $g(x) = -\sqrt{r^2 - x^2}$, $0 \leq x \leq r$ beschreiben lässt.
c) Zeigen Sie, dass eine krümmungsruckfreie Verbindung sich durch ein Polynom 4. Grades mit der Funktion $f(x) = \frac{1}{48r^3}x^4 + \frac{\sqrt{3}}{9r^2}x^3 + \frac{1}{2r}x^2 - r$ mit $-2r\sqrt{3} \leq x \leq 0$ beschreiben lässt.
d) Die maximale Durchfahrtsgeschwindigkeit v für die Trasse II hängt vom Radius des Viertelkreises ab. Für Straßenplaner gelten die folgenden Werte:

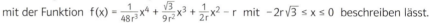

v (in km/h)	30	40	50	60	70	80
r (in m)	25	50	80	130	190	280

Zeichnen Sie für die angegebenen Geschwindigkeiten den Verlauf der gesamten Trasse.

Knobeleien mit linearen Gleichungssystemen

10 The college jogging team goes through jogging shoes like water. The coach usually orders three brands of jogging shoes which they obtain at cost: Gauss, Roebecks and K Scottish. Gauss cost the team $50 per pair, Roebecks $50 and K Scottish $45. One year, the team went through a total of 120 pairs at a total cost of $5,700. Given that the team went through as many pairs of Gauss as Roebecks, how many pairs of each brand of jogging shoes did they use?

Leonhard Euler (1707–1783), ein Schweizer Mathematiker, lebte am Zarenhof in Petersburg und diktierte nach seiner Erblindung dieses Buch seinem Diener, einem ehemaligen Schneidergesellen. Der Diener soll beim Zuhören und Aufschreiben des Textes so viel gelernt haben, dass er die damalige Algebra völlig verstand!

11 Folgende Aufgaben stammen aus der „Vollständigen Anleitung zur Algebra" von Leonhard Euler. Stellen Sie jeweils ein Gleichungssystem auf und lösen Sie dieses.
a) „Ein Maulesel und ein Esel tragen jeder etliche Pud. Der Esel beschwert sich über seine Last, und sagt zum Maulesel, wenn du mir ein Pud von deiner Last gäbest, so hätte ich zweimal so viel als du. Darauf antwortet der Maulesel, wenn du mir ein Pud von deiner Last gäbest, so hätte ich dreimal so viel als du. Wieviel Pud hat jeder getragen?"
b) „Eine Gesellschaft von Männern und Frauen sind in einem Wirtshaus: Jeder Mann gibt 25 Groschen, jede Frau aber 16 Groschen aus, und es stellt sich heraus, daß sämtliche Frauen einen Groschen mehr ausgegeben haben als die Männer. Wie viele Männer und Frauen sind es gewesen?"
c) „Drei Leute haben ein Haus gekauft für 100 Rthlr.; der erste verlangt vom anderen die Hälfte seines Geldes, weil er dann das Haus allein bezahlen könnte; der andere begehrt vom dritten $\frac{1}{3}$ seines Geldes, um das Haus allein bezahlen zu können; der dritte begehrt vom ersten $\frac{1}{4}$ seines Geldes, um das Haus allein bezahlen zu können. Wieviel Geld hat nun jeder gehabt?"

12 Aus einem etwa 2000 Jahre alten chinesischen Mathematikbuch: „Jemand verkauft zwei Büffel und fünf Hammel, und er kauft 13 Schweine; dabei bleiben 1000 Münzen übrig. Verkauft er drei Büffel und drei Schweine, so kann er genau neun Hammel kaufen. Verkauft er sechs Hammel und acht Schweine, so fehlen ihm noch 600 Münzen, um fünf Büffel kaufen zu können. Wie viel kostet ein Büffel, ein Hammel, ein Schwein?"

Exkursion in die Theorie

Kubische Splines

Im Schiffsbau bezeichnet der Ausdruck Spant ein tragendes Bauteil zur Verstärkung des Rumpfes bei Booten. Die Spanten beim Bootsbau sind zugleich Träger der Beplankung.

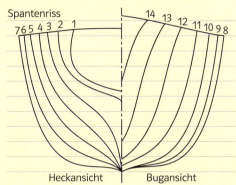

Durch diese Bauweise wird gegenüber einer massiven Bauweise (wie beispielsweise beim Einbaum) erheblich Gewicht eingespart. Die Spantenbauweise wird heute nicht nur im Fahrzeugbau eingesetzt, sondern auch in der Architektur, besonders bei großen Gebäuden. Die bei der Konstruktion eines Schiffes verwendeten Konstruktionsspanten sind Bestandteil des Linienrisses, der zeichnerischen Darstellung der Form eines Schiffes.

Der Querschnitt an einer Stelle des Bootes lässt sich durch die Zeichnung in Fig. 1 darstellen. Der Versuch eine ganzrationale Funktion 3. Grades zu bestimmen, die durch die angegebenen Punkte verläuft führt zu dem Resultat in Fig. 2. Das Ergebnis zeigt für $x > 5$ eine gute Annäherung, sonst nicht. Wenn man trotzdem mit ganzrationalen Funktionen kleinen Grades arbeiten will, muss man dies abschnittsweise tun.

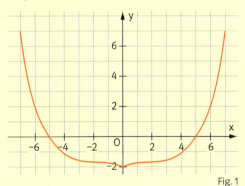

Fig. 1

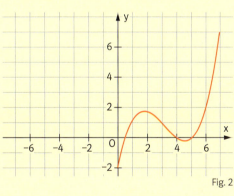

Fig. 2

Im Schiffsbau wurden früher glatte Kurven durch vorgegebene Punkte mithilfe eines biegsamen Kurvenlineals (engl. *Spline*) gezeichnet.

In vielen Anwendungen ist häufig eine möglichst glatte Kurve durch $n + 1$ vorgegebene Punkte $P_0, P_1, \ldots, P_n$ gesucht. Man kann eine solche Kurve dadurch erhalten, dass man in jedem Teilintervall eine andere ganzrationale Funktion bestimmt, deren Graphen sich aber glatt aneinanderfügen. Dies erreicht man dadurch, dass an jeder Nahtstelle die Teilfunktionen im Funktionswert (kein „Sprung", also stetig) sowie im Wert der ersten (kein „Knick", also differenzierbar) und zweiten Ableitung (kein Krümmungsruck) übereinstimmen. Für die Randstellen x_0 und x_n setzt man überlicherweise die zweite Ableitung gleich Null. Sind alle Teilfunktionen ganzrationale Funktionen dritten Grades, nennt man die Gesamtfunktion s einen kubischen **Spline**. Bei 4 Punkten erhält man 3 Teilfunktionen f_1, f_2, f_3 und 12 Bedingungen für die $3 \cdot 4 = 12$ Koeffizienten.

	f_1		f_2		f_3	
$(x_0 \mid y_0)$		$(x_1 \mid y_1)$		$(x_2 \mid y_2)$		$(x_3 \mid y_3)$
$y_0 = f_1(x_1)$		$f_1(x_1) = y_1$		$f_2(x) = y_2$		$f_3(x_3) = y_3$
$0 = f_1''(x_1)$		$y_1 = f_2(x_1)$		$y_2 = f_3(x_2)$		$f''(x_3) = 0$
		$f_1'(x_1) = f_2'(x_1)$		$f_2'(x_2) = f_3'(x_2)$		
		$f_1''(x_1) = f_2''(x_1)$		$f_2''(x_2) = f_3''(x_2)$		

Exkursion in die Theorie

Zur Bestimmung der Koeffizienten des LGS bietet sich eine Matrix wie in Aufgabe 1 an.

Nimmt man $(0|-2)$, $(5|0)$, $(6|2)$ und $(7|7)$ als Punkte, so ergibt sich folgender Ansatz:

$$s(x) = \begin{cases} a_3 x^3 + a_2 x^2 + a_1 x + a_0 & \text{für } 0 \leq x \leq 5 \\ b_3 x^3 + b_2 x^2 + b_1 x + b_0 & \text{für } 5 \leq x \leq 6 \\ c_3 x^3 + c_2 x^2 + c_1 x + c_0 & \text{für } 6 \leq x \leq 7 \end{cases}$$

Durch Einsetzen der Koordinaten erhält man ein LGS, das aus 12 Gleichungen besteht.

$$a_0 = -2$$
$$2a_1 = 0$$
$$125 a_3 + 25 a_2 + 5 a_1 + a_0 = 0$$
$$125 b_3 + 25 b_2 + 5 b_1 + b_0 = 0$$
$$75 a_3 + 10 a_2 + a_1 = 75 b_3 + 10 b_3 + b_1$$
$$30 a_3 + 2 a_2 = 30 b_3 + 2 b_2$$
$$216 b_3 + 36 b_2 + 6 b_1 + b_0 = 2$$
$$216 c_3 + 36 c_2 + 6 c_1 + c_0 = 2$$
$$108 b_3 + 12 b_2 + b_1 = 108 c_3 + 12 c_2 + c_1$$
$$36 b_3 + 2 b_2 = 36 c_3 + 2 c_2$$
$$343 c_3 + 49 c_2 + 7 c_1 + c_0 = 7$$
$$42 c_3 + 2 c_2 = 0$$

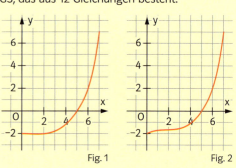

Fig. 1   Fig. 2

Den Graphen dazu zeigt Fig. 1. Durch Variation der linken Randbedingung $f''(0)$ kommt man zum Graphen in Fig. 2, hier wurde $f''(0) = 1$ gewählt.

Als Lösung ergibt sich: $s(x) = \begin{cases} 0{,}048 x^3 - 0{,}0753 x^2 - 2 & \text{für } 0 \leq x \leq 5 \\ 0{,}03 x^3 - 0{,}098 x^2 + 0{,}11 x - 2{,}19 & \text{für } 5 \leq x \leq 6 \\ 0{,}159 x^3 - 0{,}477 x^2 - 8{,}99 x + 38 & \text{für } 6 \leq x \leq 7 \end{cases}$

1 Eine neue Trasse soll so gebaut werden, dass sie durch die Punkte $(0|0)$, $(2|1)$, $(3|3)$ und $(4|5)$ verläuft.

a) Zeigen Sie, dass man als ganzrationale Funktion dritten Grades die Funktion $f(x) = -\frac{1}{8}x^3 + \frac{9}{8}x^2 - \frac{5}{4}x$ erhält, die diese Bedingung erfüllt.

b) Als Alternative soll eine Trasse durch kubische Splines geplant werden. Stellen Sie die zwölf Bedingungen auf. Ergänzen Sie dazu die folgende Matrix in Ihrem Heft.

Die leeren Felder der Matrix sind Null.

Bedingung	a_1	a_2	a_3	a_0	b_3	b_2	b_1	b_0	c_3	c_2	c_1	c_0
1.				1								0
2.	8	4	2	1								1
3.					8	4	2	1				1

c) Beurteilen Sie beide Trassen und bestimmen Sie die maximale Abweichung zwischen den Punkten $(3|3)$ und $(4|5)$.

2 Von dem Profil des vorderen Teiles der Fahrgastzelle eines Pkw liegen drei Punkte P, Q und R fest (Fig. 3). Bestimmen Sie den Verlauf des Profils zwischen den Punkten P und R

a) durch eine ganzrationale Funktion f möglichst niedrigen Grades,

b) durch einen kubischen Spline s.

c) Zeichnen Sie die Graphen in ein gemeinsames Koordinatensystem.

Welche der beiden Funktionen scheint als Näherung für das Profil besser geeignet?

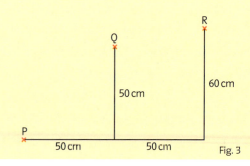

Fig. 3

Rückblick

Lösungen eines linearen Gleichungssystems
Jede Lösung eines linearen Gleichungssystems mit n Variablen besteht aus n Zahlen, die man als n-Tupel angibt.

$$2x_1 - 3x_2 = 19$$
$$4x_1 - 8x_3 = 20$$
$$ 5x_2 - 4x_3 = -7$$

Lösung: (11; 1; 3)

Gauß-Verfahren
Man bringt das lineare Gleichungssystem mithilfe der folgenden Äquivalenzumformungen auf Stufenform:
(1) Zwei Gleichungen werden miteinander vertauscht.
(2) Eine Gleichung wird mit einer Zahl $c \neq 0$ multipliziert.
(3) Eine Gleichung wird durch die Summe von ihr und einer anderen Gleichung ersetzt.
Dann bestimmt man die Lösungsmenge.

I	$2x_1 -$	$x_2 -$	$7x_3 =$	10
II	$3x_1 +$	$2x_2 +$	$2x_3 =$	-2
III	$x_1 +$	$3x_2 -$	$4x_3 =$	-10

Ia	$x_1 +$	$3x_2 -$	$4x_3 =$	-10	Ia = III
II	$3x_1 +$	$2x_2 +$	$2x_3 =$	-2	
IIIa	$2x_1 -$	$x_2 -$	$7x_3 =$	10	IIIa = I

Ia	$x_1 +$	$3x_2 -$	$4x_3 =$	-10	
IIb		$-7x_2 +$	$14x_3 =$	28	IIb = II + (−3)Ia
IIIb		$-7x_2 +$	$x_3 =$	30	IIIb = IIIa + (−2)Ia

Ia	$x_1 +$	$3x_2 -$	$4x_3 =$	-10	
IIb		$-7x_2 +$	$14x_3 =$	28	
IIIc			$-13x_3 =$	2	IIIc = IIIb + (−1)IIb

$L = \left\{ \left(\frac{30}{13}; -\frac{56}{13}; -\frac{2}{13} \right) \right\}$

Lösungsmenge
Bezüglich der Lösungsmenge lassen sich drei Fälle unterscheiden:
1. Das LGS besitzt genau eine Lösung.
2. Das LGS besitzt keine Lösung. Die Lösungsmenge L ist leer.
3. Das LGS besitzt unendlich viele Lösungen.
Die Lösungsmenge wird mit Parameter dargestellt.

$2x_1 - x_2 + 2x_3 = 11 \qquad L = \{(5; 5; 3)\}$

$2x_1 - x_2 + 7x_3 = 11 \qquad L = \{\}$
$2x_1 - x_2 + 7x_3 = 12$

$L = \{(7 - 3t; 2 + t; t) \mid t \in \mathbb{R}\}$

Bestimmung ganzrationaler Funktionen
1. Formulierung der gegebenen Bedingungen mithilfe von f, f', f'' usw.
2. Ansatz: $f(x) = a_n x^n + a_{n-1} x^{n-1} + \ldots + a_1 x + a_0$.
3. Aufstellen und Lösen des LGS.
4. Kontrolle des Ergebnisses.

Gesucht: Ganzrationale Funktion dritten Grades mit Hochpunkt H(0|12) und Wendepunkt W(2|−4).
1. $f(0) = 12; \ f(2) = -4; \ f'(0) = 0; \ f''(2) = 0$
2. $f(x) = a_3 x^3 + a_2 x^2 + a_1 x + a_0$
3.
$$a_0 = 12$$
$$8a_3 + 4a_2 + 2a_1 + a_0 = -4$$
$$a_1 = 0$$
$$12a_3 + 2a_2 = 0$$

$L = \{(1; -6; 0; 12)\}$

4. $f(x) = x^3 - 6x^2 + 12$ erfüllt die Bedingung, da $f''(0) = -12$.

Trassierung
Bei der Modellierung von Verkehrswegen muss an einer Verbindungsstelle a der Graphen von f und g folgendes erfüllt sein:
1. $f(a) = g(a)$ Die Teilstücke bilden an der Strecke a keinen Sprung.
2. $f'(a) = g'(a)$ Die Teilstücke bilden an der Stelle a keinen Knick
3. $f''(a) = g''(a)$ Es gibt an der Stelle a keinen Krümmungsruck.
Um diese Bedingungen an zwei Stellen zu erfüllen, muss eine ganzrationale Funktion mindestens den Grad 5 haben.

Prüfungsvorbereitung ohne Hilfsmittel

1 Lösen Sie das lineare Gleichungssystem.
a) $2x_1 - 3x_2 = 19$
$4x_1 - 8x_3 = 20$
$ 5x_2 - 4x_3 = -7$

b) $x_1 + x_2 + 4x_3 = 14$
$2x_1 + x_2 + 2x_3 = 10$
$5x_1 + 2x_2 + 3x_3 = 18$

c) $3x_1 - 2x_2 + 5x_3 = 8$
$6x_1 + 5x_2 - 2x_3 = -5$
$9x_1 - 3x_2 - x_3 = -31$

2 Bestimmen Sie die Lösungsmenge des linearen Gleichungssystems.
a) $x_1 + 2x_2 + x_3 = 8$
$-4x_1 + x_2 + 5x_3 = 11$

b) $2x_1 - x_2 + 4x_3 = 0$
$3x_1 + x_2 + x_3 = 5$

c) $2x_1 + 2x_2 + 6x_3 = 2$
$-x_1 + 3x_2 + 4x_3 = -5$

3 a) $x_1 + 3x_2 = 5$
$-x_1 + 5x_2 = 11$
$x_1 + 10x_2 = 19$

b) $2x_1 + 3x_2 = 0$
$x_1 - 5x_2 = 11$
$x_1 - x_2 = 3$

c) $2x_1 + 3x_2 = 6$
$-6x_1 - 9x_2 = -18$
$6x_1 + 9x_2 = 18$

4 Bestimmen Sie die Lösungsmenge in Abhängigkeit vom Parameter r.
a) $2x_1 - 2x_2 + x_3 = 6$
$4x_1 + x_2 - 3x_3 = 4r$
$2x_1 + 3x_2 - 3x_3 = 8r$

b) $2x_1 - x_2 + x_3 = 6r$
$3x_2 - x_3 = r - 2$
$x_1 + 3x_2 - x_3 = 3$

c) $-x_1 - 3x_2 + 4x_3 = r$
$-2x_1 - 4x_2 + 3x_3 = r$
$4x_1 + 3x_2 + 3x_3 = r + 2$

5 Bei dem Viereck ABCD in Fig. 1 sind gleich gefärbte Winkel gleich groß. Bestimmen Sie die Größe der Winkel α, β, γ, δ des Vierecks, wenn gilt:
a) α ist doppelt so groß wie β und die Winkelsumme von β und δ ist gleich 2γ,
b) α ist um 40° kleiner als β und die Winkelsumme von β und δ ist gleich 4γ.

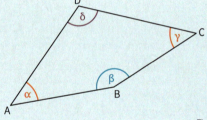

Fig. 1

6 Der Graph einer ganzrationalen Funktion zweiten Grades geht durch die Punkte P(-1|-9), Q(1|7) und R(2|21). Bestimmen Sie den Funktionsterm und die Koordinaten des Scheitelpunktes.

7 Für eine ganzrationale Funktion f zweiten Grades gilt: H(-1|4) ist der Hochpunkt und Q(-4|5) ein weiterer Punkt ihres Graphen. Bestimmen Sie eine Funktionsgleichung von f.

8 Bestimmen Sie eine ganzrationale Funktion dritten Grades, deren Graph
a) den Extrempunkt E(3|-8) und den Wendepunkt W(0|0) hat,
b) die Extrempunkte $E_1(2|23)$ und $E_2(4|19)$ hat.

9 Geben Sie ein lineares Gleichungssystem mit drei Variablen und zwei Gleichungen an, in denen jeweils alle Variablen vorkommen und das eine leere Lösungsmenge hat.

10 Entscheiden Sie, ob die folgenden Aussagen richtig sind. Begründen Sie.
a) Ein LGS mit der gleichen Anzahl von Gleichungen und Variablen hat genau eine Lösung.
b) Ein LGS mit mehr Gleichungen als Variablen ist nicht lösbar.

11 a) Bestimmen Sie die Lösungsmenge des LGS mit der einzigen Gleichung $2x_1 + x_2 = 3$ und veranschaulichen Sie die Lösungsmenge in einem $x_1 x_2$-Koordinatensystem.

b) Erläutern Sie, warum das LGS $\begin{matrix} 2x_1 + x_2 = 3 \\ 2x_1 - x_2 = 1 \end{matrix}$ eine eindeutige Lösung besitzt. Leiten Sie daraus eine allgemeine Aussage über die Lösungsmengen von linearen Gleichungssystemen mit zwei Variablen her.

Prüfungsvorbereitung mit Hilfsmitteln

1 Der Graph der Funktion mit der Gleichung $y = ax^3 + bx^2 + cx + d$ soll durch die Punkte A, B, C, D gehen. Bestimmen Sie die Koeffizienten a, b, c, d.
a) A(−2|−24), B(0|4), C(2|0), D(3|16)
b) A(−2|20), B(−1|24), C(1|−40), D(2|−60)

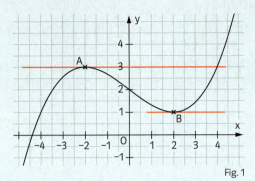

2 Bestimmen Sie eine ganzrationale Funktion dritten Grades, deren Graph die in Fig. 1 angegebenen Eigenschaften hat.

Fig. 1

3 Gibt es eine ganzrationale Funktion dritten Grades mit den folgenden Eigenschaften?
a) Der Graph der Funktion hat eine Nullstelle bei $x = -1$, einen Tiefpunkt für $x = 1{,}5$. Die Tangente im Wendepunkt $W\left(\frac{2}{3}\middle|-\frac{11}{3}\right)$ hat die Steigung $-\frac{34}{3}$.
b) Der Graph geht durch den Punkt P(2|4), hat den Wendepunkt W(−0,5|6,5) und einen Hochpunkt für $x = -2$.

4 Eine vierstellige positive ganze Zahl n hat die Quersumme 20. Die Summe der ersten beiden Ziffern ist 11, die Summe der ersten und letzten Ziffer ebenfalls. Die erste Ziffer ist um 3 größer als die letzte Ziffer. Bestimmen Sie die Zahl n.

5 Für medizinische Untersuchungen werden bestimmte Medikamente verabreicht, die anschließend im Körper abgebaut werden. Die Konzentration in $\frac{mg}{l}$ im Blut lässt sich durch den Funktionsterm $f(x) = a \cdot t \cdot e^{-kt}$ mit $a > 0$ und $k > 0$ beschreiben. Hierbei ist t die Anzahl der Stunden nach der Verabreichung des Medikaments. Bestimmen Sie die Werte für a und k, wenn der höchste Wert der Konzentration $27\frac{mg}{l}$ beträgt und 3 Stunden nach der Einnahme erreicht wird.

6 Für die Verkaufszahlen eines neuen Produktes ermittelt man die folgenden Werte:

Woche	1	2	3	4	5	6
verkaufte Stückzahl	36	61	79	94	108	117

Fig. 2

Man vermutet, dass sich die abgesetzte Stückzahl pro Woche durch den Funktionsterm $f(x) = \frac{ax + 10}{bx + 10}$ beschreiben lässt.
a) Bestimmen Sie a und b mit Werten der ersten und letzten Woche. Runden Sie a und b auf ganze Zahlen. Welche Stückzahl kann man in der 15. Woche erwarten?
b) Benutzen Sie jetzt die Werte der 3. und 4. Woche, um a und b zu bestimmen. Um wie viel Prozent weicht der damit bestimmte Wert für die 15. Woche von dem aus Teilaufgabe a) ab?

7 Zwei geradlinig verlaufende Eisenbahntrassen sollen miteinander verbunden werden. Die Situation kann in einem geeigneten Koordinatensystem durch zwei Geraden und eine Verbindungskurve V dargestellt werden (Fig. 3). Beschreiben Sie eine mögliche Verbindungskurve durch den Graphen einer ganzrationalen Funktion f. An den Verbindungsstellen mündet V ohne Knick und ohne Krümmungssprung in die Geraden ein.

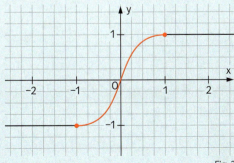

Hinweis: Ohne Krümmungssprung bedeutet, dass die Bedingungen $f''(-1) = f''(1) = 0$ gelten.

Fig. 3

Alte und neue Funktionen und ihre Ableitungen

Es gibt unendlich viele Funktionen, die man sich aus wenigen Grundfunktionen nach bestimmten Mustern entstanden denken kann.

Kennt man diese, so lassen sich daraus für die zusammengesetzten Funktionen Ableitungsregeln aufstellen.

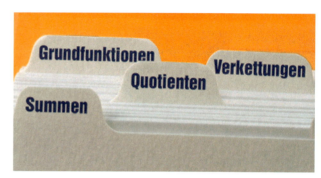

Die „Funktionenkartei": unendlich viele Kärtchen, endlich viele Register

$f_t(x) = tx^3 - 3tx$

$f(x) = 2^x$

$f(x) = \dfrac{0{,}5 - 2x}{\cos(x)}$

$f_t(x) = -x^2 - tx$

$f(x) = \sqrt{x^2 - 1}$

$f(x) = \dfrac{1}{x}$

$f(x) = \dfrac{1}{3} e^{-3x}$

$f(x) = e^{7x}$

$f(x) = \dfrac{x}{e^x}$

$f(x) = \dfrac{1}{x^2} - 1$

$f(x) = x \cdot e^x$

$f(x) = \dfrac{x^2 + 1}{x - 2}$

$f(x) = \sin(2x + 1)$

$f(x) = 2\cos(1 - x)$

$f(x) = (2x - 3)^2$

$f(x) = \dfrac{\sin(x)}{\cos(x)}$

$f(x) = 0{,}5^x - 2{,}5$

$f(x) = \dfrac{e^{3x}}{x + 2}$

$f_t(x) = -x^2 - tx$

Das kennen Sie schon
- Definition der Ableitung
- Ableitung von Grundfunktionen
- Ableitungsregeln, wie Summen- und Faktorregel

Länge eines Tages
$L(t) = 12 + 6{,}24 \sin\left(\frac{\pi}{6}t\right)$

Form eines Tragseils
einer Hängebrücke
$f_c(x) = 2{,}5 \cdot (e^{cx} + e^{-cx})$

Anzahl der erwarteten Besucher
$f(x) = 100 \cdot (x - 10) \cdot e^{-0{,}05x} + 10\,000$

In diesem Kapitel

- werden Grundfunktionen zu neuen Funktionen zusammengesetzt.
- werden Funktionen in Grundfunktionen zerlegt.
- werden zusammengesetzte Funktionen abgeleitet.
- werden neue Funktionen eingeführt und untersucht.
- werden Funktionenscharen eingeführt.

Algorithmus

 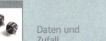
Daten und Zufall

Beziehung und Änderung

Messen

Raum und Struktur

1 Neue Funktionen aus alten Funktionen: Produkt, Quotient, Verkettung

Das vermutlich größte Thermometer der Welt steht in Baker im US-Bundesstaat Kalifornien, dem Tor zum Death Valley.
Es zeigt zum Zeitpunkt der Aufnahme eine Temperatur von 106° Fahrenheit an.

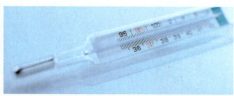

Für die Umrechnung einer Temperaturangabe von der Kelvin-Skala in die Celsius-Skala gilt die Vorschrift $c(k) = k - 273$.
Für die Umrechnung einer Temperaturangabe von der Celsius-Skala in die Fahrenheit-Skala gilt die Vorschrift $f(c) = 1{,}8\,c + 32$.
Damit kann man jede Temperaturangabe der Kelvin-Skala in zwei Schritten auch in Grad Fahrenheit umrechnen. Geht dies noch einfacher?

Aus zwei gegebenen Funktionen u und v kann man durch die vier Grundrechenarten Addition, Subtraktion, Multiplikation und Division neue Funktionen $u + v$; $u - v$; $u \cdot v$ und $\frac{u}{v}$ bilden.
Ist $u(x) = x^2 + 1$ und $v(x) = x - 2$, dann heißt die Funktion

$u + v$	mit $(u + v)(x) = u(x) + v(x) = x^2 + x - 1$	$(x \in \mathbb{R})$	**Summe** von u und v,
$u - v$	mit $(u - v)(x) = u(x) - v(x) = x^2 - x + 3$	$(x \in \mathbb{R})$	**Differenz** von u und v,
$u \cdot v$	mit $(u \cdot v)(x) = u(x) \cdot v(x) = (x^2 + 1) \cdot (x - 2)$	$(x \in \mathbb{R})$	**Produkt** von u und v,
$\frac{u}{v}$	mit $\left(\frac{u}{v}\right)(x) = \frac{u(x)}{v(x)} = \frac{x^2 + 1}{x - 2}$	$(x \in \mathbb{R} \setminus \{2\})$	**Quotient** von u und v.

Beim Quotienten muss $v(x) \neq 0$ sein.

Die Funktion f mit $f(x) = \sin(2x)$ lässt sich durch keine dieser vier Arten aus den Funktionen u mit $u(x) = \sin(x)$ und v mit $v(x) = 2x$ bilden. Man benötigt eine weitere Möglichkeit, aus vorhandenen Funktionen neue Funktionen zu erzeugen.
Dazu wendet man auf die Variable x zuerst die erste Zuordnungsvorschrift v „verdopple" an, danach auf das Zwischenergebnis v(x) die zweite Vorschrift u „bilde den Sinus":

In der Funktion u wird die Variable x durch den Term v(x) ersetzt. Die entstandene neue Funktion nennt man **Verkettung von u und v** und schreibt $u \circ v$ mit $u(v(x)) = \sin(2x)$.
v nennt man **innere Funktion** und u **äußere Funktion**. Wendet man auf die Variable x zuerst die Vorschrift u an und anschließend die Vorschrift v, so erhält man die Funktion $v \circ u$:

Es ist also $v \circ u$ mit $v(u(x)) = 2 \cdot \sin(x)$, dabei ist u die innere und v die äußere Funktion.
Die Funktionen $u \circ v$ und $v \circ u$ stimmen hier nicht überein.

Die Verkettung zweier Funktionen ist nicht kommutativ.

Für $u \circ v$ sagt man: „u nach v" oder „u verkettet mit v".

Definition: Gegeben sind die Funktionen u und v.
Die Funktion $u \circ v$ mit $(u \circ v)(x) = u(v(x))$ heißt Verkettung von u und v.
Dabei wird im Funktionsterm der Funktion u jedes x durch v(x) ersetzt.

Beispiel 1
a) Bilden Sie $u \circ v$ und $v \circ u$ für $u(x) = (1-x)^2$ und $v(x) = 2x+1$.
b) Bestimmen Sie für die Funktion f mit $f(x) = \frac{1}{(x+3)^2}$ zwei Funktionen g und h mit $g \circ h = f$.
c) Schreiben Sie die Funktion k mit $k(x) = (3x+1)^2$ als Summe, Produkt und als Verkettung zweier Funktionen.

■ Lösung: a) $u(v(x)) = (1-v(x))^2 = (1-(2x+1))^2 = (-2x)^2 = 4x^2$. Somit ist $u(v(x)) = 4x^2$.
$v(u(x)) = 2u(x) + 1 = 2(1-x)^2 + 1 = 2(1-2x+x^2) + 1 = 2x^2 - 4x + 3$.
Somit ist $v(u(x)) = 2x^2 - 4x + 3$.

b) 1. Möglichkeit: Mit $h(x) = x+3$ und $g(x) = \frac{1}{x^2}$ ergibt sich $g(h(x)) = \frac{1}{(x+3)^2}$.

2. Möglichkeit: Mit $h(x) = (x+3)^2$ und $g(x) = \frac{1}{x}$ ergibt sich $g(h(x)) = \frac{1}{(x+3)^2}$.

c) Summe: Es ist $k(x) = (3x+1)^2 = 9x^2 + 6x + 1$. Mit $m(x) = 9x^2$ und $n(x) = 6x+1$ ist $k(x) = m(x) + n(x)$.
Produkt: Es ist $k(x) = (3x+1)^2 = (3x+1) \cdot (3x+1)$. Mit $p(x) = 3x+1$ ist $k(x) = p(x) \cdot p(x)$.
Verkettung: Mit $q(x) = 3x+1$ und $r(x) = x^2$ ist $k(x) = r(q(x))$.

u(v(x)) bedeutet: In u(x) wird für x der Term v(x) eingesetzt.
v(u(x)) bedeutet: In v(x) wird für x der Term u(x) eingesetzt.

Beispiel 2 Verkettung von Funktionen mit dem GTR
Gegeben sind die Funktionen u und v mit $u(x) = \sqrt{x}$ und $v(x) = x^2 - 1$.
Bei der Verkettung $Y_3 = u \circ v$ liefert der GTR folgende Anzeigen:

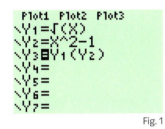
Fig. 1

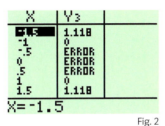
Fig. 2

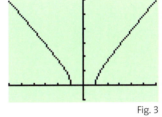
Fig. 3

a) Erläutern Sie, wie die Tabellenanzeige für $x = -1$ und $x = -0,5$ zustande kommt.
b) Erläutern Sie den Graphen von $u \circ v$ in Bezug auf die Definitionsmenge. Begründen Sie.
■ Lösung: a) Es ist $u(v(x)) = \sqrt{x^2 - 1}$. Damit erhält man $u(v(-1)) = \sqrt{(-1)^2 - 1} = 0$ und $u(v(-0,5)) = \sqrt{(-0,5)^2 - 1} = \sqrt{-0,75}$. Da der Radikant negativ ist, kann die Wurzel nicht gezogen werden, das heißt, $u \circ v$ ist für $x = -0,5$ nicht definiert.
b) Für $-1 < x < 1$ gibt es keinen Graphen. Es ist $x^2 - 1 < 0$ für $-1 < x < 1$, also hat die Verkettung $u \circ v$ die Definitionsmenge $D = \mathbb{R} \setminus \{-1; 1\}$.

Aufgaben

1 Bilden Sie $u + v$; $u \cdot v$; $u \circ v$; $w \cdot v$ und $w \circ v$ für $u(x) = x^2$; $v(x) = x+2$ und $w(x) = \sqrt{x}$.

2 a) Schreiben Sie die Funktion f mit $f(x) = (2x-3)^2$ als eine Summe, ein Produkt bzw. eine Verkettung von zwei Funktionen.
b) Führen Sie dasselbe für die Funktion g mit $g(x) = 4\cos(3x)$ durch.

3 a) Bilden Sie $f(x) = u(v(x))$ und $g(x) = v(u(x))$ für $u(x) = x^2 + 1$ und $v(x) = \frac{1}{x-1}$. Zeichnen Sie die Graphen mit dem GTR.
b) Führen Sie die Verkettung mit dem GTR durch. Vergleichen Sie mit den Graphen aus Teilaufgabe a).

*Mit Zahlen fällt das Verketten am Anfang leichter.
Bilden Sie $u(v(0))$, $v(u(0))$, $u(v(1))$, $v(u(1))$, $u(v(-2))$, $v(u(-2))$, wenn $u(x) = 1 - x$ und $v(x) = 2 + x^2$ ist.*

4 Bilden Sie die Verkettungen $f(x) = u(v(x))$ und $g(x) = v(u(x))$.
a) $u(x) = 1 - x^2$; $v(x) = (1 - x)^2$ b) $u(x) = (x - 1)^2$; $v(x) = x + 1$ c) $u(x) = \sin(x)$; $v(x) = x + 1$
d) $u(x) = \sqrt{2x}$; $v(x) = x - 1$ e) $u(x) = \frac{1}{x+1}$; $v(x) = \cos(x)$ f) $u(x) = 2 - x$; $v(x) = 1$

5 Es ist $f(x) = u(v(x))$. Vervollständigen Sie die Tabelle.

	v(x)	u(x)	f(x)		v(x)	u(x)	f(x)
a)	x^3	$3x + 1$		c)	$x^2 - 4$		$\frac{1}{2(x^2 - 4)}$
b)		x^2	$(x^2 + 1)^2$	d)		$2 \cdot \sqrt{x}$	$2\sqrt{3 - 0{,}5x}$

Ist der Funktionsterm $f(x)$ ein Wurzelterm, so ist die äußere Funktion eine Wurzelfunktion …

6 Die Funktion f kann als Verkettung $u \circ v$ aufgefasst werden. Nennen Sie Funktionen u und v.
a) $f(x) = \frac{1}{x^2 - 1}$ b) $f(x) = \frac{1}{x^2} - 1$ c) $f(x) = (\sin(x))^2$ d) $f(x) = \sin(x^2)$
e) $f(x) = \sqrt{x + 3}$ f) $f(x) = \sqrt{3x}$ g) $f(x) = 2^{x-3}$ h) $f(x) = 2^x - 3$

Zeit zu überprüfen

7 Gegeben sind die Funktionen u; v und w mit $u(x) = (x + 7)^3$; $v(x) = 2x$ und $w(x) = \sin(x^2 + 1)$.
a) Bilden Sie $u \circ v$; $v \circ u$; $u \cdot w$; $u \circ w$ und $w \circ v$.
b) Stellen Sie u als Verkettung, Produkt bzw. Summe von zwei geeigneten Funktionen dar.

8 a) Aus einem defekten Öltank läuft Öl aus. Dieses verursacht auf dem Boden einen runden Ölfleck, der sich ständig vergrößert. Geben Sie die verschmutzte Ölfläche in Abhängigkeit von der Zeit an, wenn sich der Radius pro Sekunde um 1,5 cm vergrößert.
b) Ein quadratisches Grundstück mit dem Flächeninhalt a (in m²) soll mit einem Zaun umgeben werden. Der Zaun kostet 80 € pro Meter. Geben Sie den Zaunpreis in Abhängigkeit von der Grundstücksfläche a an.

9 Gegeben sind die Graphen der Funktionen u und v (Fig. 1, Fig. 2).
a) Bestimmen Sie für $x_0 = 0$; 0,5; 1 näherungsweise $u(v(x_0))$ und $v(u(x_0))$.
b) Skizzieren Sie die Graphen der Funktionen $f = u \circ v$; $g = v \circ u$ und $k = u + v$.
c) Es ist $u(x) = -4(x - 0{,}5)^2 + 1$ und $v(x) = -x + 1$. Überprüfen Sie Ihre Skizzen aus Teilaufgabe b) mit dem GTR.

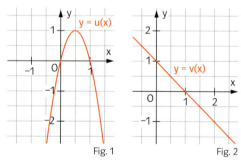
Fig. 1   Fig. 2

10 a) Bestimmen Sie eine Funktion u so, dass $f = u \circ v$ ist, falls $f(x) = (2x + 6)^3$ und $v(x) = 2x + 6$. Was verändert sich, wenn $v(x) = x + 3$ ist?
b) Stellen Sie die folgenden Funktionen auf zwei Weisen als Verkettung zweier Funktionen u und v dar: $f(x) = \frac{4}{(2x + 1)^2}$; $g(x) = (3x + 6)^2$; $h(x) = \sqrt{(x + 2)^3}$.

Was verändert sich, wenn $v(x) = c \cdot x$ ist?

11 Gegeben ist die Funktion v mit $v(x) = x - c$.
a) Bilden Sie $f \circ v$, wenn $f(x) = x^2$ ist. Skizzieren Sie die Graphen für $c = -1$ und $c = 1$.
b) Wählen Sie drei verschiedene Funktionen f. Bilden Sie $f \circ v$ und betrachten Sie die Graphen am GTR. Was fällt auf? Beschreiben Sie Ihre Beobachtung. Variieren Sie dabei auch c.

2 Kettenregel

Die Abbildung zeigt den Graphen der Funktion f mit $f(x) = (2x-1)^4$ und den Graphen der zugehörigen Ableitungsfunktion f' (rot gedruckt). Erstellen Sie diese Graphen und den Graphen der Funktion g mit $g(x) = 4(2x-1)^3$ auf dem GTR. Verändern Sie mit dem GTR den Term g(x) so, dass der zugehörige Graph mit dem Graphen der Ableitungsfunktion f' übereinstimmt.

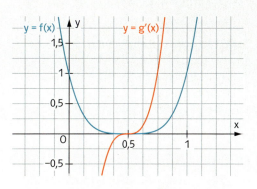

Für Summen und Differenzen von Funktionen kennt man bereits Ableitungsregeln. Eine Verkettung wie $f(x) = \sin(3x)$ kann man mit den bekannten Ableitungsregeln nicht ableiten. Will man die Ableitung von f bestimmen, so muss man also den Differenzenquotienten von f untersuchen:

$$(*) \quad \frac{f(x_0+h) - f(x_0)}{h} = \frac{\sin(3(x_0+h)) - \sin(3x_0)}{h}.$$

Zunächst kennt man die Differenzenquotienten der äußeren Funktion u mit $u(x) = \sin(x)$ und der inneren Funktion v mit $v(x) = 3x$.

Es ist $\frac{u(v_0+k) - u(v_0)}{k} = \frac{\sin(v_0+k) - \sin(v_0)}{k}$ bzw. $\frac{v(x_0+h) - v(x_0)}{h} = \frac{3 \cdot (x_0+h) - 3x_0}{h} = 3$.

Wenn man die beiden bekannten Differenzenquotienten bei der Untersuchung von (*) verwenden will, muss man den Differenzenquotienten von f in (*) geschickt umformen, um ihn auf die Differenzenquotienten der äußeren und der inneren Funktion zurückzuführen. Dies gelingt, wenn man (*) mit 3 erweitert und anschließend geeignet umformt:

$$\frac{f(x_0+h) - f(x_0)}{h} = \frac{\sin(3(x_0+h)) - \sin(3x_0)}{h}$$
$$= \frac{\sin(3(x_0+h)) - \sin(3x_0)}{h} \cdot \frac{3}{3} = \frac{\sin(3x_0+3h) - \sin(3x_0)}{3 \cdot h} \cdot 3$$
$$= \frac{\sin(v_0+k) - \sin(v_0)}{k} \cdot 3 \quad \text{mit } v_0 = 3x_0 \text{ und } k = 3h.$$

Für $h \to 0$ geht auch $k \to 0$.

Somit ist $f'(x_0) = \lim\limits_{h \to 0} \frac{\sin(3(x_0+h)) - \sin(3x_0)}{h} = \lim\limits_{k \to 0} \frac{\sin(v_0+k) - \sin(v_0)}{k} \cdot 3$
$= \cos(v_0) \cdot 3 = u'(v_0) \cdot v'(x_0).$

Problem:
Der Differenzenquotient von f muss umgeformt werden.

Strategie:
1. Bekannte Differenzenquotienten notieren.
2. Differenzenquotient von f so umformen, dass bekannte Quotienten vorkommen.

Die Ableitung der Verkettung f ist hier gleich der Ableitung der äußeren Funktion u an der Stelle v_0, multipliziert mit der Ableitung der inneren Funktion v an der Stelle x_0.

Dieser Zusammenhang gilt allgemein, auch wenn die innere Funktion nicht linear ist.

Satz: Kettenregel
Ist $f = u \circ v$ eine Verkettung zweier differenzierbarer Funktionen u und v mit $f(x) = u(v(x))$, so ist auch f differenzierbar, und es gilt:
$f'(x) = u'(v(x)) \cdot v'(x).$

Merkregel:
„äußere Ableitung"
mal
„innere Ableitung".

III Alte und neue Funktionen und ihre Ableitungen

Beispiel Kettenregel

Leiten Sie ab und vereinfachen Sie das Ergebnis.

a) $f(x) = (5 - 3x)^4$ b) $f(x) = \frac{3}{2x^2 - 1}$ c) $f(x) = 3\sin(2x^3)$

■ Lösung: a) f kann als Verkettung geschrieben werden:

Innere Funktion v mit $v(x) = 5 - 3x$; Ableitung $v'(x) = -3$.
Äußere Funktion u mit $u(x) = x^4$; Ableitung $u'(x) = 4x^3$.
Ableitung von f: $f'(x) = u'(v(x)) \cdot v'(x) = 4(5 - 3x)^3 \cdot (-3) = -12(5 - 3x)^3$.

b) Innere Funktion v mit $v(x) = 2x^2 - 1$; Ableitung $v'(x) = 4x$.

Äußere Funktion u mit $u(x) = \frac{3}{x}$; Ableitung $u'(x) = \frac{-3}{x^2}$.

Ableitung von f: $f'(x) = u'(v(x)) \cdot v'(x) = -\frac{3}{(2x^2 - 1)^2} \cdot 4x = -\frac{12x}{(2x^2 - 1)^2}$.

c) $f'(x) = 3 \cdot \cos(2x^3) \cdot 6x^2 = 18x^2 \cdot \cos(2x^3)$

Aufgaben

1 Leiten Sie ab und vereinfachen Sie das Ergebnis.

a) $f(x) = (x + 2)^4$ b) $f(x) = (8x + 2)^3$ c) $f(x) = \left(\frac{1}{2} - 5x\right)^3$ d) $f(x) = \frac{1}{4}(x^2 - 5)^2$

e) $f(x) = (8x - 7)^{-1}$ f) $f(x) = (5 - x)^{-4}$ g) $f(x) = (15x - 3)^{-2}$ h) $f(x) = (15x - 3x^2)^{-2}$

◎ CAS
Innere Ableitung

2 a) $f(x) = \frac{1}{(x - 1)^2}$ b) $f(x) = \frac{1}{(3x - 1)^2}$ c) $f(x) = \frac{3}{(x - 1)^2}$ d) $f(x) = \frac{1}{3(x - 1)^2}$

e) $f(x) = \sin(2x)$ f) $f(x) = \sin(2x + \pi)$ g) $f(x) = 2\cos(1 - x)$ h) $f(x) = \sin(x^2)$

3 a) Ergänzen Sie.
$f(x) = 2\sin(4x)$; $f'(x) = \square\cos(4x)$; $g(x) = 0{,}5(1 - 3x)^4$; $g'(x) = \square(1 - 3x)^\triangle$
b) Wo steckt der Fehler?
$f(x) = (5 - 2x)^4$; $f'(x) = 4(5 - 2x)^3$; $g(x) = 4\cos(1 - x)$; $g'(x) = -4\sin(1 - x)$

4 Leiten Sie ab und vereinfachen Sie das Ergebnis.

a) $f(x) = 0{,}25\sin(2x + \pi)$ b) $f(x) = \frac{2}{3}\sin(\pi - 3x)$ c) $f(x) = -\cos(x^2 + 1)$

d) $f(x) = \frac{1}{3}(\cos(x))^2$ e) $f(x) = \sqrt{3x}$ f) $f(x) = \sqrt{3 + x}$

g) $f(x) = \sqrt{7x - 5}$ h) $f(x) = \sqrt{7x^2 - 5}$ i) $f(x) = \frac{1}{\sin(x)}$

5 Gegeben ist die Funktion f mit $f(x) = \frac{1}{9}(3x + 2)^3$.
a) Welche Steigung hat der Graph im Punkt $P(2 | f(2))$?
b) Besitzt der Graph Punkte mit waagerechter Tangente?
c) In welchen Punkten hat die Tangente an den Graphen die Steigung 1?

6 Es ist $f(x) = (0{,}5x - 1)^3$. Welcher der vier Graphen ist der Graph von f'?

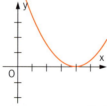

Fig 1
y = g(x)

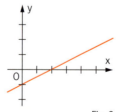

Fig. 2
y = h(x)

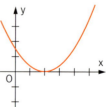

Fig. 3
y = i(x)

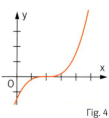

Fig. 4
y = k(x)

Zeit zu überprüfen

7 Leiten Sie ab und vereinfachen Sie das Ergebnis.
a) $f(x) = \left(\frac{1}{2}x + 5\right)^2$ b) $f(x) = \frac{1}{2x-3}$ c) $f(x) = 3\cos(2x-1)$ d) $f(x) = \sqrt{1-2x}$

8 a) Welche Steigung hat der Graph von f mit $f(x) = (2x-1)^3$ im Punkt $P(1|f(1))$?
b) In welchem Punkt hat der Graph von g mit $g(x) = \frac{1}{(x-1)^2}$ die Steigung -2?
c) Hat der Graph von h mit $h(x) = \frac{1}{1-x^2}$ Punkte mit waagerechter Tangente?

9 Gegeben sind die Graphen der beiden Funktionen u und v.

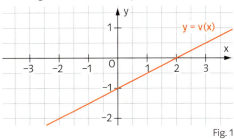

Fig. 1

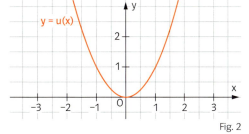

Fig. 2

a) Die Ableitung von f mit $f(x) = u(v(x))$ kann an jeder Stelle x_0 grafisch bestimmt werden.
Es ist $f'(1) = u'(v(1)) \cdot v'(1)$
$= u'(-0{,}5) \cdot v'(1)$
$= -1 \cdot 0{,}5$
$= -0{,}5$.
Erklären Sie den Gedankengang in Worten. Bestimmen Sie entsprechend $f'(0)$ und $f'(0{,}5)$.
b) Für $x \to +\infty$ geht $f'(x) \to +\infty$. Wie kann man das den beiden Graphen entnehmen?
c) Bestimmen Sie das Verhalten von $f'(x)$ für $x \to -\infty$.

10 Gegeben ist die Funktion f mit $f(x) = \frac{3}{1+x^2}$; $x \in \mathbb{R}$.
a) Für welche $x \in \mathbb{R}$ ist f streng monoton abnehmend?
b) Untersuchen Sie die Funktion f auf Extremstellen.
c) Berechnen Sie $f'(1)$ und $f'(2)$. Skizzieren Sie den Graphen von f.

11 Leiten Sie ab und vereinfachen Sie das Ergebnis.
a) $f(x) = (ax^3 + 1)^2$ b) $f(x) = \sin((ax)^2)$ c) $f(x) = (\sin(ax))^2$ d) $f(x) = \sin(ax^2)$
e) $f(x) = \frac{3a}{1+x^2}$ f) $f(x) = \sqrt{ax^2 - 3}$ g) $f(a) = \sqrt{ax^2 - 3}$ h) $g(x) = \sqrt{t^2x + 2t}$

Warum geht es hier auch ohne Kettenregel?
$f(x) = (3x + 5)^2$

12 a) Begründen Sie: Die Funktion f mit $f(x) = g(x^2)$ hat die Ableitung $f'(x) = 2x \cdot g'(x^2)$.
b) Leiten Sie entsprechend wie in Teilaufgabe a) ab: $f_1(x) = g(3x)$; $f_2(x) = g(1-x)$; $f_3(x) = g\left(\frac{1}{x}\right)$.

13 a) Der Graph von g wird um drei Einheiten nach rechts verschoben. Man erhält den Graphen von h. Beschreiben Sie h' geometrisch und rechnerisch.
b) Wie lautet $f'(x)$; $f''(x)$; ...; $f^{(v)}(x)$ von $f(x) = \sin(3x)$? Wie lautet vermutlich $f^{(n)}(x)$?

14 Im Verlauf eines Jahres ändert sich die Tageslänge. Für die Stadt Stockholm kann sie modellhaft beschrieben werden durch eine Funktion L mit $L(t) = 12 + 6{,}24 \sin\left(\frac{\pi}{6}t\right)$. Dabei ist t die Zeit in Monaten ab dem 21. März und L(t) die Tageslänge in Stunden. Wann ändert sich in Stockholm die Tageslänge am schnellsten? Wie groß ist die Tageslänge dann?

Die Tageslänge ist die Zeitdauer, während der die Sonne über dem Horizont steht.

3 Produktregel

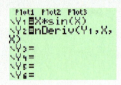

a) Die Funktion f mit $f(x) = x \cdot \sin(x)$ ist das Produkt der Funktionen u und v mit $u(x) = x$ und $v(x) = \sin(x)$. Zeigen Sie mithilfe des GTR, dass $f'(x)$ nicht mit $u'(x) \cdot v'(x)$ übereinstimmt.

b) Leiten Sie g mit $g(x) = x^5$ ab. Schreiben Sie g als Produkt zweier Funktionen w und z. Suchen Sie einen Zusammenhang zwischen w; z; w'; z' und g'.

Summen von Funktionen werden gliedweise abgeleitet. Für das Produkt zweier Funktionen gilt dies nicht, wie das Beispiel $f(x) = x^2 = x \cdot x$ zeigt. Es ist $f'(x) = 2x$; multipliziert man die Ableitungen der einzelnen Faktoren, so erhält man jedoch 1.

Will man die Ableitung eines Produkts $f = u \cdot v$ zweier Funktionen u und v bestimmen, deren Ableitung man kennt, so muss man den Differenzenquotienten von f auf die Differenzenquotienten von u und v zurückführen. Es ist

Problem:
Der Differenzenquotient von f muss umgeformt werden.

Idee:
1. Produkte interpretieren

$u(x_0) \cdot v(x_0)$

$(u(x_0 + h) - u(x_0)) \cdot v(x_0)$

$u(x_0 + h) \cdot (v(x_0 + h) - v(x_0))$

2. Differenzenquotienten von f so umformen, dass die bekannten Differenzenquotienten $\frac{u(x_0 + h) - u(x_0)}{h}$ und $\frac{v(x_0 + h) - v(x_0)}{h}$ vorkommen, da man deren Grenzwert kennt.

(*) $\dfrac{f(x_0 + h) - f(x_0)}{h} = \dfrac{u(x_0 + h) \cdot v(x_0 + h) - u(x_0) \cdot v(x_0)}{h}$.

Deutet man die beiden Produkte im Zähler $u(x_0 + h) \cdot v(x_0 + h)$ und $u(x_0) \cdot v(x_0)$ als Flächeninhalte von Rechtecken mit den Seitenlängen $u(x_0 + h)$ usw., so erhält man eine Idee für eine mögliche Umformung der Differenz $u(x_0 + h) \cdot v(x_0 + h) - u(x_0) \cdot v(x_0)$.

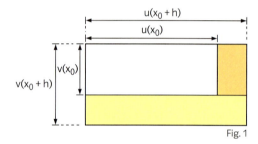

Fig. 1

Die Subtraktion der beiden Rechtecksflächen ergibt:
$u(x_0 + h) \cdot v(x_0 + h) - u(x_0) \cdot v(x_0) = (u(x_0 + h) - u(x_0)) \cdot v(x_0) + u(x_0 + h) \cdot (v(x_0 + h) - v(x_0))$.
Diese Umformung ist nicht nur anschaulich, sondern auch rechnerisch richtig, da lediglich das Produkt $u(x_0 + h) \cdot v(x_0)$ addiert und anschließend wieder subtrahiert wird.
Für den Differenzenquotienten (*) gilt damit:

$$\underbrace{\dfrac{f(x_0 + h) - f(x_0)}{h}}_{} = \underbrace{\dfrac{u(x_0 + h) - u(x_0)}{h}}_{} \cdot v(x_0) + u(x_0 + h) \cdot \underbrace{\dfrac{v(x_0 + h) - v(x_0)}{h}}_{}.$$

Für $h \to 0$ ist $f'(x_0) = \lim\limits_{h \to 0} \dfrac{f(x_0 + h) - f(x_0)}{h} = u'(x_0) \cdot v(x_0) + u(x_0) \cdot v'(x_0)$.

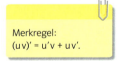

Merkregel:
$(uv)' = u'v + uv'$.

Satz: Produktregel
Sind die Funktionen u und v differenzierbar, so ist auch die Funktion $f = u \cdot v$ mit $f(x) = u(x) \cdot v(x)$ differenzierbar, und es gilt:
$$f'(x) = u'(x) \cdot v(x) + u(x) \cdot v'(x).$$

Beispiel 1 Produktregel
Bestimmen Sie die Ableitungen der Funktionen f und g mit $f(x) = (x^3 + 1) \cdot \cos(x)$ und $g(x) = 2\sqrt{x} \cdot (1 - x)$.

■ Lösung: f ist ein Produkt mit $u(x) = x^3 + 1$ und $v(x) = \cos(x)$, dabei ist $u'(x) = 3x^2$ und $v'(x) = -\sin(x)$.
$f'(x) = 3x^2 \cdot \cos(x) + (x^3 + 1) \cdot (-\sin(x)) = 3x^2 \cdot \cos(x) - (x^3 + 1) \cdot \sin(x)$.
g ist ein Produkt mit $u(x) = 2\sqrt{x}$ und $v(x) = 1 - x$, dabei ist $u'(x) = \frac{1}{\sqrt{x}}$ und $v'(x) = -1$.
$g'(x) = \frac{1}{\sqrt{x}} \cdot (1 - x) + 2\sqrt{x} \cdot (-1) = \frac{1 - x}{\sqrt{x}} - 2\sqrt{x}$.

Beispiel 2 Produktregel mit Kettenregel
Bestimmen Sie die Ableitung der Funktion f mit $f(x) = 5x \cdot (1-x)^2$.
- Lösung: f ist ein Produkt mit $u(x) = 5x$ und $v(x) = (1-x)^2$, also $u'(x) = 5$ und $v'(x) = 2(1-x) \cdot (-1)$. Also ist $f'(x) = 5 \cdot (1-x)^2 + 5x \cdot (-2) \cdot (1-x) = 5 \cdot (1-x)^2 - 10x \cdot (1-x)$.

Aufgaben

1 Leiten Sie ab.
a) $f(x) = x \cdot \sin(x)$
b) $f(x) = 3x \cdot \cos(x)$
c) $f(x) = (3x+2)\sqrt{x}$
d) $f(x) = (2x-3) \cdot \sqrt{x}$
e) $f(x) = \sqrt{x} \cdot \cos(x)$
f) $f(x) = (5-3x) \cdot \sin(x)$
g) $f(x) = \frac{2}{x} \cdot \cos(x)$
h) $f(x) = \sin(x) \cdot \cos(x)$
i) $f(x) = x^2 \cdot \sin(x)$
j) $f(x) = \frac{1}{\sqrt{x}} \cdot \cos(x)$
k) $f(x) = \frac{\pi}{4} \cdot \sin(x) \cdot (2-x)$
l) $f(x) = \sqrt{3} \cdot \sqrt{x}$

Kontrollieren Sie zwischendurch einzelne Ableitungen mit dem GTR.

2 Leiten Sie mithilfe der Produkt- und der Kettenregel ab.
a) $f(x) = x \cdot \sin(3x)$
b) $f(x) = (3x+4)^2 \cdot \sin(x)$
c) $f(x) = x^{-1} \cdot (2x+3)$
d) $f(x) = (5-4x)^3 \cdot (1-4x)$
e) $f(x) = (5-4x)^3 \cdot x^{-2}$
f) $f(x) = 3x \cdot \cos(2x)$
g) $f(x) = 3x \cdot (\sin(x))^2$
h) $f(x) = (2x-1)^2 \cdot \sqrt{x}$
i) $f(x) = 0{,}5x^2 \cdot \sqrt{4-x}$

3 a) Wo steckt der Fehler? $f(x) = (2x-8) \cdot \sin(x)$; $f'(x) = 2 \cdot \cos(x)$
b) Ergänzen Sie: $g(x) = (2x-3) \cdot (8-x)^2$; $g'(x) = \square \cdot (8-x)^2 + (2x-3) \cdot \triangle$.

4 Gegeben ist die Funktion f mit $f(x) = (x-1) \cdot \sqrt{x}$.
a) Bestimmen Sie die Schnittpunkte des Graphen von f mit der x-Achse.
b) Welche Steigung hat die Tangente an den Graphen im Punkt $P(1|f(1))$?
c) In welchen Punkten hat der Graph von f waagerechte Tangenten?
d) Skizzieren Sie den Graphen von f und überprüfen Sie ihn mit dem GTR.

Zeit zu überprüfen

5 a) Leiten Sie ab:
$f(x) = (2x-3) \cdot \cos(x)$; $g(x) = x \cdot (1-x)^2$; $h(x) = (2x-3)^3 \cdot 3x$; $i(x) = \frac{1}{x} \cdot \sin(x)$.
b) In welchen Punkten hat der Graph von g waagerechte Tangenten?
c) Bestimmen Sie die Schnittpunkte des Graphen von h mit der x-Achse. Welche Steigung haben die Tangenten an den Graphen von h in diesen Punkten?

6 Bestimmen Sie $f'(x)$ und $f''(x)$ für $f(x) = x^2 \cdot g(x)$; $f(x) = x \cdot g'(x)$ bzw. $f(x) = g(x) \cdot g'(x)$.

7 Berechnen Sie die Ableitung mit und ohne Produktregel.
a) $f(x) = (5-x)^3$
b) $g(x) = 3x \cdot (0{,}5x+1)^2$
c) $h(x) = x \cdot \sqrt{1-x}$
d) $i(x) = (1-x) \cdot \sqrt{x}$

Welchen Rechenweg halten Sie jeweils für den günstigeren?

8 a) Hans hat beim Ableiten folgenden Term erhalten: $f'(x) = 2\sin(0{,}5x) + x\cos(0{,}5x)$. Welche Funktionen könnte er abgeleitet haben?
b) Für zwei Funktionen g und h ist $(g+h)' = g' + h'$. In einem Lehrbuch findet man bei der Produktregel die Anmerkung: $(g \cdot h)' \ne g' \cdot h'$. Gilt dies für alle Funktionen g und h?
c) Es ist $f_1(x) = (x-1)(x-2)$; $f_2(x) = (x-1)(x-2)(x-3)$ usw. Bilden Sie f_1'; f_2' usw. Beschreiben Sie den Zusammenhang zwischen den Ableitungen. Verallgemeinern Sie für n Faktoren.

9 Der Graph der Funktion f berührt die x-Achse im Punkt $P(2|0)$.
Zeigen Sie, dass der Graph von g mit $g(x) = x \cdot f(x)$ ebenfalls die x-Achse im Punkt P berührt.

Veranschaulichen Sie diesen Zusammenhang an einem Beispiel.

III Alte und neue Funktionen und ihre Ableitungen

4 Quotientenregel

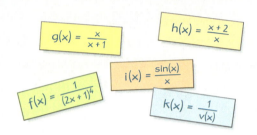

Leiten Sie die Quotienten ab.

Idee:
Mithilfe von bekannten Regeln neue Regeln herleiten.

Um Quotienten von Funktionen ableiten zu können, fasst man $f = \frac{u}{v}$ als Produkt zweier Funktionen auf mit $f(x) = \frac{u(x)}{v(x)} = u(x) \cdot \frac{1}{v(x)}$. Auf diese Weise kann man f nach bekannten Ableitungsregeln ableiten. Die Funktion k mit $k(x) = \frac{1}{v(x)} = v^{-1}(x)$ hat nach der Kettenregel die Ableitung $k'(x) = -1 \cdot v^{-2}(x) \cdot v'(x) = -\frac{v'(x)}{v^2(x)}$.

Mithilfe der Produktregel ergibt sich dann für $f(x) = u(x) \cdot \frac{1}{v(x)}$:

$$f'(x) = u'(x) \cdot \frac{1}{v(x)} + u(x) \cdot \left(-\frac{v'(x)}{v^2(x)}\right) = \frac{u'(x) \cdot v(x) - u(x) \cdot v'(x)}{v^2(x)}.$$

Merkregel:
$\left(\frac{u}{v}\right)' = \frac{u' \cdot v - u \cdot v'}{v^2}$.

CAS
Produkt- und Quotientenregel

Satz: Quotientenregel

Sind die Funktionen u und v differenzierbar, so ist auch die Funktion $f = \frac{u}{v}$ mit $f(x) = \frac{u(x)}{v(x)}$ differenzierbar, und es gilt:

$$f'(x) = \frac{u'(x) \cdot v(x) - u(x) \cdot v'(x)}{v^2(x)} \quad \text{mit } v(x) \neq 0.$$

Beispiel

Bestimmen Sie die Ableitung von f.

a) $f(x) = \frac{2x}{1-x}$ \qquad b) $f(x) = \frac{x-1}{(3-x)^2}$

■ Lösung: a) Mit $u(x) = 2x$ und $v(x) = 1-x$ ist $u'(x) = 2$ und $v'(x) = -1$.
Zuerst u(x) und v(x) ableiten, dann Quotientenregel anwenden.

Mit der Quotientenregel gilt: $f'(x) = \frac{2(1-x) - 2x \cdot (-1)}{(1-x)^2} = \frac{2}{(1-x)^2}$.

Achtung:
Prüfen Sie, ob u oder v eine Verkettung ist!

b) Mit $u(x) = x-1$ und $v(x) = (3-x)^2$ ist $u'(x) = 1$ und $v'(x) = 2(3-x) \cdot (-1) = -2(3-x)$.
Mit der Quotientenregel erhält man:

$$f'(x) = \frac{1 \cdot (3-x)^2 - (x-1)(-2)(3-x)}{(3-x)^4} = \frac{(3-x)^2 + 2(x-1)(3-x)}{(3-x)^4} = \frac{(3-x)((3-x) + 2(x-1))}{(3-x)^4}$$

$$= \frac{(3-x) + 2(x-1)}{(3-x)^3} = \frac{3-x+2x-2}{(3-x)^3} = \frac{x+1}{(3-x)^3}.$$

Aufgaben

Wo steckt der Fehler?
$f(x) = \frac{3x}{2x+1}$
$f'(x) = \frac{3(2x+1) + 3x \cdot 2}{(2x+1)^2}$

1 Leiten Sie ab und vereinfachen Sie.

a) $f(x) = \frac{5x}{x+1}$ \qquad b) $f(x) = \frac{2x}{1+3x}$ \qquad c) $f(x) = \frac{1-x}{x+2}$ \qquad d) $f(x) = \frac{\sin(x)}{2x-1}$

e) $f(x) = \frac{x+1}{x-1}$ \qquad f) $f(x) = \frac{x^2}{8-x}$ \qquad g) $f(x) = \frac{0{,}5 - 2x}{\cos(x)}$ \qquad h) $f(x) = \frac{\frac{1}{2}x^2}{1-\sin(x)}$

2 a) $f(x) = \frac{1-x^2}{3x+5}$ b) $g(x) = \frac{\sqrt{x}}{x+2}$ c) $h(x) = \frac{3\sin(x)}{6x-1}$ d) $k(x) = \frac{\sin(x)}{\cos(x)}$

3 a) $l(x) = \frac{x^2-1}{(x+4)^2}$ b) $m(x) = \frac{\sin(3x)}{x-1}$ c) $n(x) = \frac{\cos(2x-1)}{x^2}$ d) $p(x) = \frac{\sqrt{2x-3}}{2x}$

4 Leiten Sie ab ohne Verwendung der Quotientenregel.

a) $f(x) = \frac{3}{5-2x}$ b) $f(x) = \frac{1}{(x^2-1)^3}$ c) $f(x) = \frac{x-2x^2}{x^3}$ d) $f(x) = \frac{6x^2+x-3}{3x}$

Oft ist es nützlich, die Quotientenregel zu vermeiden.

5 a) An welcher Stelle hat die Ableitung der Funktion f mit $f(x) = \frac{x+3}{2x}$ den Wert $-0{,}5$?
b) Geben Sie die Gleichung der Tangente im Punkt $P(1|g(1))$ an für $g(x) = \frac{x}{x+1}$.
c) An welchen Stellen stimmen die Funktionswerte der Ableitungen von h mit $h(x) = x^2$ und m mit $m(x) = -\frac{1}{x^2}$ überein? Was bedeutet dies geometrisch? Erläutern Sie anhand einer Skizze.

6 Berechnen Sie die Funktionswerte und die Ableitung der Funktion f mit $f(x) = \frac{4-x}{2-x}$ an den Stellen -2; 0; $1{,}5$; $2{,}5$; 6. Skizzieren Sie den Graphen von f mithilfe der berechneten Punkte und den zugehörigen Tangenten. Kontrollieren Sie mit dem GTR.

Zeit zu überprüfen

7 Leiten Sie ab: $f(x) = \frac{3x}{4x+1}$; $g(x) = \frac{1}{(2-x)^2}$; $h(x) = \frac{2x}{\sin(x)}$; $k(x) = \frac{2x^2-3x}{2x^4}$.

8 a) Wo hat der Graph von f mit $f(x) = \frac{0{,}5x^2}{x+1}$ Punkte mit waagerechter Tangente?
b) Geben Sie eine Gleichung der Tangente im Punkt $P(2|g(2))$ an für $g(x) = \frac{2x}{x-1}$.
c) Wo hat die Ableitung der Funktion h mit $h(x) = \frac{1-x^2}{x}$ den Wert -5?

9 Die Funktion f mit $f(t) = \frac{2000t+200}{t+1}$; $t \geq 0$, beschreibt modellhaft die Entwicklung eines Tierbestands auf einer Insel (t: Zeit in Jahren seit Beobachtungsbeginn, f(t): Anzahl der Tiere). Bestimmen Sie die anfängliche momentane Änderungsrate m_0 des Bestands. Wann hat die momentane Änderungsrate auf 10 % von m_0 abgenommen?

Der Bestand wächst, obwohl die momentane Änderungsrate abnimmt. Kann das sein?

10 Die Konzentration eines Medikaments im Blut eines Patienten wird durch die Funktion K mit $K(t) = \frac{0{,}16t}{(t+2)^2}$ beschrieben (t: Zeit in Stunden seit der Medikamenteneinnahme, K(t) in $\frac{mg}{cm^3}$).
a) Berechnen Sie die anfängliche momentane Änderungsrate der Konzentration und vergleichen Sie diese mit der mittleren Änderungsrate in den ersten sechs Minuten.
b) Zu welchem Zeitpunkt ist die Konzentration am höchsten? Wie groß ist die maximale Konzentration? Wann ist die Konzentration auf die Hälfte des Maximalwertes gesunken?

11 a) Gegeben sind die Funktionen f und g mit $f(x) = x^2+1$ und $g(x) = \frac{1}{x^2+1}$.
Zeigen Sie, dass beide Graphen im Punkt $P(0|1)$ eine waagerechte Tangente haben.
b) Zeigen Sie: Wenn der Graph einer Funktion h $(h(x) \neq 0)$ im Punkt $P(0|1)$ eine waagerechte Tangente hat, dann hat auch der Graph von k mit $k(x) = \frac{1}{h(x)}$ im Punkt $Q(0|k(0))$ eine waagerechte Tangente.
c) Wahr oder falsch? Begründen Sie.
Wenn der Graph einer Funktion h $(h(x) \neq 0)$ im Punkt $P(0|1)$ eine waagerechte Tangente hat, dann hat auch der Graph der Funktion m mit $m(x) = \frac{x}{h(x)}$ im Punkt $Q(0|m(0))$ eine waagerechte Tangente.

5 Die natürliche Exponentialfunktion und ihre Ableitung

CAS
Einführung von e, Graphen der Exponentialfunktionen

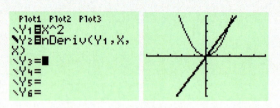

Gibt es Funktionen, die mit ihrer Ableitungsfunktion übereinstimmen? Untersuchen Sie dazu verschiedene Funktionen (siehe links). Skizzieren Sie, wie der Graph einer solchen Funktion, die mit ihrer Ableitungsfunktion übereinstimmt, verlaufen müsste.

Bisher sind die Ableitungen von Grundfunktionen wie Potenzfunktionen oder trigonometrischen Funktionen bekannt. Für Exponentialfunktionen wie $f(x) = 2^x$ oder $f(x) = 2{,}5^x$ ist noch keine Ableitung bekannt.

Untersucht man die Ableitung von f mit $f(x) = 2^x$ mit dem GTR, so erkennt man, dass hier f und f' proportional sind.
Der Proportionalitätsfaktor ist ungefähr 0,693 15 (siehe Tabelle).
Um dies zu begründen, muss man den Differenzenquotienten von f bestimmen:

x	f(x)	f'(x)	f'(x)/f(x)
0	1	0,69315	0,69315
1	2	1,3863	0,69315
2	4	2,7726	0,69315
3	8	5,5452	0,69315
4	16	11,0904	0,69315

$$\frac{f(x_0 + h) - f(x_0)}{h} = \frac{2^{x_0+h} - 2^{x_0}}{h} = \frac{2^{x_0} \cdot 2^h - 2^{x_0}}{h} = 2^{x_0} \cdot \frac{2^h - 1}{h}.$$

Für die Ableitung von f ergibt sich somit

$$f'(x_0) = \lim_{h \to 0}\left(2^{x_0} \cdot \frac{2^h - 1}{h}\right) = 2^{x_0} \cdot \lim_{h \to 0} \frac{2^h - 1}{h} = f(x_0) \cdot \lim_{h \to 0} \frac{2^h - 1}{h}.$$

Wegen $f(0) = 2^0 = 1$ gilt: $f'(0) = \lim_{h \to 0} \frac{2^h - 1}{h}$. Also gilt $f'(x) = f'(0) \cdot f(x)$ und f und f' sind proportional.
Für $g(x) = 3^x$ ergibt sich entsprechend $g'(x) = g'(0) \cdot g(x)$ mit $g'(0) \approx 1{,}0986$.
Für die Basis 2 ist der Proportionalitätsfaktor also kleiner als 1, für die Basis 3 ist er größer als 1. Es ist zu vermuten, dass es zwischen 2 und 3 einen Wert a gibt, sodass für $f(x) = a^x$ der Proportionalitätsfaktor $f'(0)$ genau 1 ist. Dann ist $f'(x) = f(x)$ und die Funktion f stimmt mit ihrer Ableitungsfunktion f' überein.
Man berechnet für verschiedene Basen a den Wert der Ableitung $f'(0)$ (siehe Fig. 1). Durch Probieren findet man heraus, dass sich für $a = 2{,}718$ annähernd $f'(0) = 1$ ergibt. Dann stimmt f mit ihrer Ableitung annähernd überein.

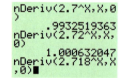

Fig. 1

> **Definition:** Die positive Zahl a, für die die Exponentialfunktion f mit $f(x) = a^x$ mit ihrer Ableitungsfunktion f' übereinstimmt, heißt **Euler'sche Zahl e**. Es ist $e \approx 2{,}71828$. Die zugehörige Exponentialfunktion f mit $f(x) = e^x$ heißt **natürliche Exponentialfunktion**.
> Für $f(x) = e^x$ gilt $f'(x) = e^x$.

Für zusammengesetzte Funktionen wie $f(x) = e^{4x}$ kann man die Ableitung mit der Kettenregel bestimmen. Man betrachtet u mit $u(x) = e^x$ als äußere, v mit $v(x) = 4x$ als innere Funktion. Dann ergibt sich $f'(x) = u'(v(x)) \cdot v'(x) = e^{4x} \cdot 4$.
Exponentialfunktionen mit anderer Basis als e können noch nicht abgeleitet werden.

In Fig. 1 ist der Graph der Funktion f mit
$f(x) = e^x$ dargestellt. Da $f'(x) = e^x > 0$ ist, ist f
auf ganz $\mathbb{R}$ streng monoton wachsend. Der
Graph von f hat keine Hoch- und Tiefpunkte,
denn die notwendige Bedingung
$f'(x) = 0$ ist nicht erfüllbar.
Es ist auch $f''(x) = e^x$. Also hat der Graph von
f auch keine Wendepunkte, denn die Bedingung $f''(x) = 0$ ist nicht erfüllbar.
Da $f''(x) = e^x > 0$ ist, ist der Graph von f auf
ganz $\mathbb{R}$ eine Linkskurve.
Für $x \to -\infty$ nähern sich die Funktionswerte
$f(x)$ der Zahl 0 an.

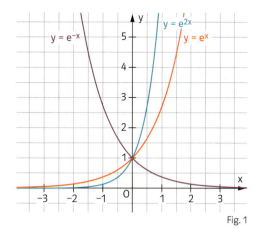

Fig. 1

Beispiel Ableitungen
Bestimmen Sie die Ableitung der Funktion f.
a) $f(x) = 5 \cdot e^{-2x}$ \qquad b) $f(x) = 3x e^x$

■ Lösung: a) $f'(x) = 5 \cdot (-2) \cdot e^{-2x} = -10 \cdot e^{-2x}$ *(Kettenregel)*
b) $f'(x) = 3 e^x + 3x e^x = (1 + x) 3 e^x$ *(Produktregel)*

Aufgaben

1 Bestimmen Sie die Ableitung.
a) $f(x) = 2 + e^x$ \qquad b) $f(x) = e^{2x}$ \qquad c) $f(x) = e^{7x}$ \qquad d) $f(x) = 2x + e^x$
e) $f(x) = 4 \cdot e^{3x}$ \qquad f) $f(x) = 0{,}5 \cdot e^{4x}$ \qquad g) $f(x) = 2 \cdot e^{x+1}$ \qquad h) $f(x) = \frac{1}{3} \cdot e^{-3x}$
i) $f(x) = x^2 + e^{0{,}5x}$ \qquad j) $f(x) = -0{,}4 \cdot e^{-5x}$ \qquad k) $f(x) = 3 e^{2x+1}$ \qquad l) $f(x) = 5 e^{-3x-2}$

2 a) Skizzieren Sie die Graphen der Funktionen $f_1; f_2; f_3; f_4$ mit $f_1(x) = e^x$; $f_2(x) = e^x + 1$;
$f_3(x) = -e^x$ und $f_4(x) = e^{x-2}$.
b) Beschreiben Sie, wie die Graphen von $f_2; f_3; f_4$ aus dem Graphen der natürlichen Exponentialfunktion f_1 entstehen.

3 Leiten Sie ab.
a) $f(x) = x e^x$ \qquad b) $f(x) = \frac{e^x}{x}$ \qquad c) $f(x) = \frac{x}{e^x}$ \qquad d) $f(x) = (x + 1) e^x$
e) $f(x) = \frac{x}{e^{-0{,}5x}}$ \qquad f) $f(x) = \frac{e^x + 1}{x}$ \qquad g) $f(x) = \frac{e^x}{x - 1}$ \qquad h) $f(x) = \frac{e^{3x}}{x + 2}$
i) $f(x) = x^2 + x e^{0{,}1x}$ \qquad j) $f(x) = x \cdot e^{-2x+1}$ \qquad k) $f(x) = x^2 \cdot e^{ax}$ \qquad l) $f(x) = x \cdot e^{2x^2 + 1}$

4 a) Skizzieren Sie den Graphen der Funktionen f mit $f(x) = e^{2x}$.
b) Untersuchen Sie den Graphen von f aus Teilaufgabe a) auf Hoch-, Tief- und Wendepunkte.
c) Bestimmen Sie die Gleichungen der Tangenten an den Graphen von f aus a) in den Punkten
$A(1|e^2)$ und $B(0|1)$.

5 Für welche der folgenden Funktionen f stimmt f mit ihrer Ableitung f' überein? Finden Sie
drei weitere Funktionen, für die das der Fall ist.
a) $f(x) = -3 e^x$ \qquad b) $f(x) = 2 e^{x+3}$ \qquad c) $f(x) = 1{,}5 e^{x+3} - 2 e^{x-2}$ \qquad d) $f(x) = 2 e^{-x}$

> Tangentengleichung
> im Punkt $P(u|f(u))$:
> $y = f'(u)(x - u) + f(u)$.

6 a) Bestimmen Sie die Gleichungen der Tangenten an den Graphen der natürlichen Exponentialfunktion in den Punkten $A(1|e)$ und $B(-1|e^{-1})$.
b) In welchen Punkten schneiden die Tangenten aus Teilaufgabe a) die x- und y-Achse?

III Alte und neue Funktionen und ihre Ableitungen

Zeit zu überprüfen

7 Leiten Sie ab.
a) $f(x) = -2e^{3x}$
b) $f(x) = 3x + e^{-2x}$
c) $f(x) = xe^{0,3x}$
d) $f(x) = \frac{e^{4x}}{x-1}$

8 In welchem Punkt schneidet die Tangente, die den Graphen der natürlichen Exponentialfunktion im Punkt $P(2|e^2)$ berührt, die x-Achse?

9 Bestimmen Sie die Extrempunkte des Graphen der Funktion f.
a) $f(x) = e^x + e^{-x}$
b) $f(x) = -x + e^x$
c) $f(x) = x \cdot e^x$
d) $f(x) = x^2 \cdot e^{0,5x}$

10 Bestimmen Sie für die Funktion f die erste, zweite und dritte Ableitung. Stellen Sie eine Vermutung für die n-te Ableitung auf.
a) $f(x) = e^{2x}$
b) $f(x) = e^{-x}$
c) $f(x) = xe^x$
d) $f(x) = \frac{x}{e^x}$

11 a) Erstellen Sie eine Wertetabelle für die Funktionen f und g mit $f(x) = e^x$ und $g(x) = e^{-x}$ ($-5 \leq x \leq 5$). Zeichnen Sie die Graphen von f und g.
b) Wie geht der Graph von g aus dem Graphen von f hervor? Begründen Sie Ihre Antwort.

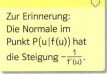

Zur Erinnerung:
Die Normale im Punkt P(u|f(u)) hat die Steigung $-\frac{1}{f'(u)}$.

12 Bestimmen Sie die Gleichung der Tangente an den Graphen von f mit $f(x) = 3xe^{-2x}$ im Punkt $P(1|f(1))$. Wie lautet die Gleichung der Normalen in diesem Punkt?

13 a) Bestimmen Sie die Gleichung einer Ursprungsgeraden, die eine Tangente an den Graphen der natürlichen Exponentialfunktion ist.
b) Bestimmen Sie die Punkte des Graphen der natürlichen Exponentialfunktion, in denen die Tangenten durch P(1|1) verlaufen.
c) Von welchen Punkten der Ebene kann man eine Tangente an den Graphen der natürlichen Exponentialfunktion legen? Von welchen Punkten gibt es mehrere Tangenten?

© CAS
Tangenten und Exponentialfunktion

14 a) In welchem Punkt schneidet die Tangente im Kurvenpunkt P(u|v) des Graphen der natürlichen Exponentialfunktion die x-Achse?
b) Beschreiben Sie mithilfe des Ergebnisses aus Teilaufgabe a), wie man die Tangente in einem beliebigen Kurvenpunkt P(u|v) konstruieren kann.
c) In welchem Punkt schneidet die Normale in P(u|v) die x-Achse?

15 Nach Eröffnung einer neuen Attraktion werden die erwarteten täglichen Besucherzahlen eines Vergnügungsparks modellhaft durch f mit $f(x) = 100(x-10)e^{-0,05x} + 10\,000$ (x Anzahl der Tage nach Eröffnung der Attraktion) berechnet.
a) Beschreiben Sie den Verlauf der Besucherzahlen und interpretieren Sie ihn.
b) Nach wie vielen Tagen rechnet man mit der höchsten Besucherzahl? Wie hoch ist sie?
c) Beweisen Sie, dass die tägliche Besucherzahl, nachdem sie ihr Maximum erreicht hat, dauerhaft abnimmt.
d) Wann nimmt die tägliche Besucherzahl am stärksten ab, wann nimmt sie am stärksten zu?
e) Die Attraktion rentiert sich, wenn die tägliche Besucherzahl über 10 100 liegt. Wie lang ist die Zeitspanne, in der das der Fall ist?

6 Exponentialgleichungen und natürlicher Logarithmus

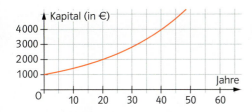

Maren hat 1000 € zum Zinssatz von 3,5 % angelegt, denn sie will ihr Kapital auf 1250 € für ein Rennrad erhöhen. Der Bankangestellte versichert, dass ihr Kapital sich alle 20 Jahre verdoppeln wird.

In welchem Punkt schneidet der Graph der natürlichen Exponentialfunktion die Gerade mit der Gleichung y = 6? Diese Frage führt auf die **Exponentialgleichung** $e^x = 6$.
Der Abbildung (Fig. 1) entnimmt man $x \approx 1{,}8$.
Die Lösung x der Gleichung $e^x = 6$ nennt man den **natürlichen Logarithmus** von 6 und schreibt $x = \ln(6)$. Es gilt also $e^{\ln(6)} = 6$.

Nach dieser Definition ist $x = \ln(e^3)$ die Lösung der Gleichung $e^x = e^3$. Also ist $x = 3$. Es gilt somit $\ln(e^3) = 3$.

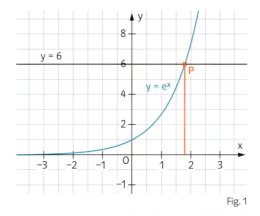

Fig. 1

Zur Erinnerung:
Die Lösung der Gleichung $10^x = 6$ ist der Logarithmus von 6 zur Basis 10, $x = \log(6)$.

Definition: Für eine positive Zahl b heißt die Lösung x der Exponentialgleichung $e^x = b$ der **natürliche Logarithmus von b**. Man schreibt **$x = \ln(b)$**. Es gilt $e^{\ln(b)} = b$ und $\ln(e^c) = c$.

Mit dem natürlichen Logarithmus kann man auch Exponentialgleichungen der Form $a^x = b$ (a, b > 0) lösen. Dazu logarithmiert man beide Seiten der Gleichung. Es ergibt sich $\ln(a^x) = \ln(b)$. Aus dem Logarithmusgesetz $\ln(a^x) = x \cdot \ln(a)$ folgt $x \cdot \ln(a) = \ln(b)$.
Somit hat $a^x = b$ die Lösung $x = \frac{\ln(b)}{\ln(a)}$.

Mit dem natürlichen Logarithmus kann man die Ableitung einer beliebigen Exponentialfunktion f mit $f(x) = a^x$ bestimmen. Dazu schreibt man die Potenzen um zu Potenzen zur Basis e: Aus $a = e^{\ln(a)}$ ergibt sich $f(x) = a^x = \left(e^{\ln(a)}\right)^x = e^{\ln(a) \cdot x}$.
Also gilt mit der Kettenregel $f'(x) = \ln(a) \cdot e^{\ln(a) \cdot x} = \ln(a) \cdot a^x$.
Zu Beginn von Lerneinheit 5 wurde für diese Funktionen $f'(x) = c \cdot f(x)$ hergeleitet. Jetzt erkennt man, dass der Proportionalitätsfaktor c gerade $\ln(a)$ ist. Im Spezialfall $f(x) = 2^x$ ist $c = \ln(2) = 0{,}69314718\ldots$ (vgl. Seite 66).

Zur Erinnerung:
Für den Logarithmus gilt $\log(a^x) = x \cdot \log(a)$.

Beispiel 1 Ausdrücke mit Logarithmen
Vereinfachen Sie.   a) $\ln\left(\frac{1}{e}\right)$ b) $e^{-\ln(5)}$

■ Lösung: a) $\ln\left(\frac{1}{e}\right) = \ln(e^{-1}) = -1$ b) $e^{-\ln(5)} = \left(e^{\ln(5)}\right)^{-1} = 5^{-1} = \frac{1}{5}$

Logarithmengesetze
1. $\ln(u \cdot v) = \ln(u) + \ln(v)$
2. $\ln\left(\frac{u}{v}\right) = \ln(u) - \ln(v)$
3. $\ln(u^k) = k \cdot \ln(u)$

Beispiel 2 Exponentialgleichungen
Lösen Sie die Gleichung. Geben Sie die Lösung mithilfe des ln an und bestimmen Sie einen Näherungswert für die Lösung.
a) $e^x = \frac{1}{e}$ b) $e^{2x} = 5$ c) $3^x = 10$

■ Lösung: a) $x = \ln\left(\frac{1}{e}\right) = -1$ b) $2x = \ln(5)$, also $x = \frac{1}{2} \cdot \ln(5) \approx 0{,}805$
c) $\ln(3^x) = \ln(10)$, somit $x \cdot \ln(3) = \ln(10)$ bzw. $x = \frac{\ln(10)}{\ln(3)} \approx 2{,}10$

Beispiel 3 Näherungslösung mit dem GTR
Lösen Sie näherungsweise die Gleichung $x \cdot e^x = 5$ für $-2 \leq x \leq 2$.
■ Lösung: Die Schnittpunktsbestimmung von $y = x \cdot e^x$ mit $y = 5$ ergibt $x \approx 1{,}3267$ (vgl. Fig. 1).

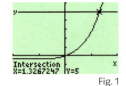
Fig. 1

Aufgaben

1 Vereinfachen Sie.
a) $\ln(e)$ b) $\ln(e^3)$ c) $\ln(1)$ d) $\ln(\sqrt{e})$ e) $\ln\left(\frac{1}{e^2}\right)$
f) $e^{\ln(4)}$ g) $3 \cdot \ln(e^2)$ h) $e^{2 \cdot \ln(3)}$ i) $e^{\frac{1}{2}\ln(9)}$ j) $\ln(e^{3,5} \cdot \sqrt{e})$

2 Geben Sie die Lösung mithilfe des ln an und bestimmen Sie dann einen Näherungswert.
a) $e^x = 15$ b) $e^z = 2{,}4$ c) $e^{2x} = 7$ d) $3e^{4x} = 16{,}2$
e) $e^{2x-1} = 1$ f) $4 \cdot e^{-2x-3} = 6$ g) $2e^{3x+4} = \frac{2}{e}$ h) $e^{0,5x+2} = 4$

3 Die Bakterienanzahl (in Millionen) in einer Bakterienkultur wird modellhaft durch f mit $f(x) = e^{0,1x}$ (x in Tagen seit Beobachtungsbeginn) beschrieben.
a) Wann werden es vier Millionen Bakterien sein? Wann hat sich die Anzahl verdoppelt?
b) Wann hat der Bakterienbestand seit Beobachtungsbeginn um fünf Millionen zugenommen?
c) Nach wie vielen Tagen ist die momentane Änderungsrate der Bakterienanzahl 1 Million Bakterien pro Tag? Wann beträgt sie zwei Millionen Bakterien pro Tag?

4 Lösen Sie die Gleichung näherungsweise mithilfe des GTR für $-8 \leq x \leq +8$.
a) $x^2 e^x = 2{,}5$ b) $x + e^{0,5x} = 7$ c) $e^x - x = 4$ d) $4 \cdot e^{2x} = e^{3x} + 2$

5 Wo steckt der Fehler? Rechnen Sie richtig.
a) $e^{2 \cdot \ln(2)} = e^2 \cdot e^{\ln(2)} = 2e^2$ b) $\ln(2e^2) = \ln(2) \cdot \ln(e^2) = 2\ln(2)$
c) $f(x) = e^3 \cdot x$; $f'(x) = 3e^2 \cdot 1$ d) $f(x) = 3 \cdot e^{tx}$; $f'(x) = 3te^{tx-1}$

Zeit zu überprüfen

6 Vereinfachen Sie.
a) $\ln(e^2)$ b) $e^{\ln(3)}$ c) $3 \cdot \ln(e^{-1})$ d) $\ln(e^{4,5} \cdot e^2)$

7 Lösen Sie die Gleichung. Geben Sie die Lösung mithilfe des ln an und bestimmen Sie einen Näherungswert für die Lösung.
a) $e^x = 12$ b) $e^x = e^3$ c) $e^{2x} = 4{,}5$ d) $2e^{\frac{1}{2}x-3} = 8$

8 Lösen Sie die Gleichung, geben Sie die Lösungen mithilfe des ln an und bestimmen Sie Näherungswerte für die Lösungen.
a) $e^{2x} - 6 \cdot e^x + 8 = 0$ b) $e^x - 2 - \frac{15}{e^x} = 0$ c) $e^{2x} + 12 \cdot e^x - 7$ d) $e^{2x} = -2 \cdot e^x$
e) $(x^2 - 6) \cdot (e^{2x} - 9) = 0$ f) $e^{2x} + 10 = 6{,}5 e^x$ g) $(e^{2x} - 6) \cdot (5 - e^{3x}) = 0$ h) $2 \cdot e^x + 15 = 8 \cdot e^{-x}$

Tipp:
Bei Aufgabe 8 kann die Substitution $u = e^x$ helfen.

9 Die Höhe einer Kletterpflanze (in Metern) zur Zeit t (in Wochen seit Beobachtungsbeginn) wird näherungsweise durch die Funktion h mit $h(t) = 0{,}02 \cdot e^{kt}$ beschrieben.
a) Wie hoch ist die Pflanze zu Beobachtungsbeginn?
b) Nach sechs Wochen ist die Pflanze 40 cm hoch. Bestimmen Sie k.
c) Wie hoch ist die Pflanze nach neun Wochen?
d) Wann ist die Pflanze drei Meter hoch?
e) Wann wächst sie in einer Woche um 150 cm?
f) Wann ist die momentane Wachstumsrate $1\,\frac{m}{\text{Woche}}$?
g) Für $t \geq 9$ wird das Wachstum der Pflanze besser durch $k(t) = 3{,}5 - 8{,}2\,e^{-0{,}175\,t}$ beschrieben. Wann ist nach dieser Modellierung die Pflanze 3 m hoch? Wann wächst sie in einer Woche 20 cm?

10 Ein Stein sinkt in einen See. Für seine Sinkgeschwindigkeit gilt $v(t) = 2{,}5 \cdot (1 - e^{-0{,}1 \cdot t})$ (t in Sekunden nach Beobachtungsbeginn, v(t) in $\frac{m}{s}$).
a) Welche Sinkgeschwindigkeit hat der Stein zu Beginn? Welche hat er nach zehn Sekunden?
b) Skizzieren Sie den Graphen von v.
c) Nach welcher Zeit sinkt der Stein mit der Geschwindigkeit $2\,\frac{m}{s}$?
d) Welche Endgeschwindigkeit erreicht der sinkende Stein?
e) Zeigen Sie, dass die Geschwindigkeit des Steins ständig zunimmt.
f) Um wie viel nimmt die Geschwindigkeit des Steins zwischen $t_1 = 2\,s$ und $t_2 = 5\,s$ zu?
g) Welche Beschleunigung erfährt der Stein nach zwei Sekunden?
h) Wann ist die Beschleunigung des Steins am größten?

CAS
Schnittpunktberechnung bei Exponentialfunktionen

11 Lösen Sie die Gleichung, geben Sie die Lösung mithilfe des ln an und bestimmen Sie einen Näherungswert für die Lösung.
a) $3^x = 5$ b) $2{,}5^x = 7$ c) $3 \cdot 5^{x-2} = 7{,}2$ d) $0{,}5^x - 2{,}5 = 0{,}5^{x+2}$

12 Berechnen Sie die Ableitung der Funktion f.
a) $f(x) = 2^x$ b) $f(x) = 2{,}5^x$ c) $f(x) = 4 \cdot 0{,}3^x$ d) $f(x) = 7^{3x+2} - 3$

13 Nach dem 1. Oktober 2002 nahm die Anzahl der im Internetlexikon Wikipedia erschienenen englischen Artikel näherungsweise gemäß der Funktion f mit $f(x) = 80\,000 \cdot e^{0{,}002 \cdot x}$ (x in Tagen) zu.
a) Wie viele Artikel gab es annähernd am 1. Januar 2003 bzw. am 1. Januar 2004?
b) Wann gäbe es eine Million Artikel, wann eine Milliarde, wenn dieses Wachstum so anhält?
c) In welcher Zeitspanne verdoppelt sich die Anzahl der erschienenen Artikel? Zeigen Sie, dass diese Verdopplungszeit immer gleich ist.
d) Um wie viel Prozent wächst die Anzahl der Artikel jährlich? Zeigen Sie, dass dieser Prozentsatz in jedem Jahr gleich ist.
e) Wie viele Artikel erschienen annähernd am 1. Oktober 2003? Berechnen Sie diese Anzahl auch mithilfe der Ableitung und vergleichen Sie.
f) Wann nimmt die Anzahl der Artikel pro Tag um 400 zu?

Zeit zu wiederholen

14 Berechnen Sie im Kopf.
a) $14{,}3 + 9{,}6$ b) $10 : 0{,}2$ c) $0{,}3 \cdot 0{,}2$ d) $0{,}6^2$
e) $0{,}032 \cdot 10^3$ f) $12{,}5 : 0{,}5$ g) $12{,}7 - 15{,}9 + 7{,}3$ h) $0{,}2^3 \cdot 10^2$
i) $(0{,}8 + 1{,}6) : 4$ j) $0{,}12 : 0{,}3$ k) $0{,}0041 \cdot 0{,}3$ l) $18{,}4 - 9{,}3 - 4{,}4$

*7 Funktionenscharen

Ein Vogel ...

... und die ganze Vogelschar.

Oft ist es wichtig, nicht nur ein Objekt, sondern eine ganze Schar ähnlicher Objekte gleichzeitig zu untersuchen.

In Fig. 1 und Fig. 2 sind Parabeln dargestellt, die zu einer Funktionenschar gehören.

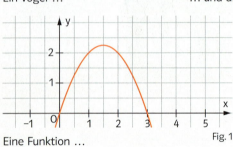
Eine Funktion ...   Fig. 1

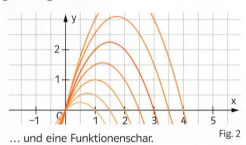
... und eine Funktionenschar.   Fig. 2

Durch Erosion verändert sich die Höhe einer Steilküste ständig. Die Höhe h über dem Meeresspiegel hängt nicht nur vom Abstand x des Ortes vom Ufer, sondern auch von der Zeit t ab. Die Höhe h hängt also von zwei Variablen t und x ab. Modellrechnungen zeigen, dass bis zu einem Abstand von 6 m vom Ufer annähernd gilt: $h = \frac{100}{t+5} \cdot (7-x) \cdot e^{x-6}$ ($0 \leq x \leq 6$; x in m, t in Jahrhunderten seit 2000).
Es liegt nahe, den Küstenverlauf für verschiedene Jahrhunderte zu betrachten. Dazu muss man das Jahrhundert t festhalten und die Höhe in Abhängigkeit von x untersuchen. Die festgehaltene Größe t heißt **Parameter**, x ist die Funktionsvariable.

Betrachtet man die Höhe h an einem festen Ort x vom Ufer in Abhängigkeit von der Zeit, so ist t die Funktionsvariable und x der Parameter. Man erhält eine Funktion g_x, z.B. 6 m vom Ufer: $g_6(t) = \frac{100}{t+5}$.

Für jedes $t \geq 0$ ergibt sich eine Funktion f_t mit $f_t(x) = \frac{100}{t+5} \cdot (7-x) \cdot e^{x-6}$.
Zum Beispiel für $t = 3$:
$f_3(x) = \frac{100}{8} \cdot (7-x) \cdot e^{x-6}$.
In Fig. 3 sind die Graphen von f_t für $t = 0$; $t = 1$; $t = 2$ und $t = 3$ gemeinsam dargestellt.

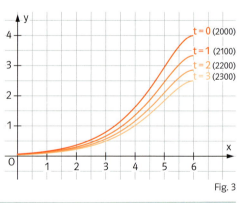
Fig. 3

> Enthält ein Funktionsterm außer der Variablen x noch einen Parameter t, so gehört zu jedem t eine Funktion f_t, die jedem x den Funktionswert $f_t(x)$ zuordnet. Die Funktionen f_t bilden eine **Funktionenschar**.

Beim Ableiten einer Funktion f_t wird der Parameter wie eine Zahl behandelt. Somit gilt für
$f_t(x) = 3x + e^{tx}$: $f_t'(x) = 3 + te^{tx}$ und $f_t''(x) = t^2 \cdot e^{tx}$.

Beispiel Analysieren einer Funktionenschar
Gegeben ist für $a > 0$ die Funktionenschar f_a mit $f_a(x) = x^2 - a$.
a) Skizzieren Sie die Graphen der Schar für $a = 1; 2; 3; 4$.
b) Beschreiben Sie Gemeinsamkeiten und Unterschiede der Graphen. Was bewirkt eine Erhöhung des Parameters?
c) Berechnen Sie die Schnittpunkte der Graphen mit der x-Achse.
d) Berechnen Sie die Tiefpunkte.

■ Lösung: a) *Mit dem GTR kann man mehrere Graphen gleichzeitig darstellen (Fig. 1 und Fig. 2).*
b) Gemeinsamkeiten der Graphen:
– Alle Graphen sind Parabeln.
– Sie haben genau einen Tiefpunkt auf der y-Achse.
– Die Graphen sind symmetrisch zur y-Achse.

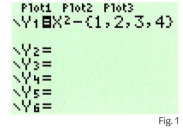
Fig. 1

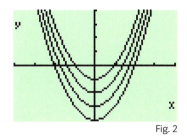
Fig. 2

Unterschiede und Einfluss des Parameters:
– Die Schnittpunkte mit der x-Achse rücken mit wachsendem Parameter a weiter auseinander.
– Der Graph verschiebt sich parallel zur y-Achse nach unten.
c) $f_a(x) = x^2 - a = 0$ hat die Lösungen $x_{1,2} = \pm\sqrt{a}$. Die Schnittpunkte des Graphen von f_a mit der x-Achse sind: $N_1(\sqrt{a}\,|\,0)$ und $N_2(-\sqrt{a}\,|\,0)$.
d) $f_a'(x) = 2x = 0$ hat die Lösung $x = 0$. Da $f_a''(0) = 2 > 0$, hat f_a bei 0 einen Tiefpunkt.
Wegen $f_a(0) = -a$ ist $T_a(0\,|-a)$ der Tiefpunkt des Graphen von f_a.

Aufgaben

1 Gegeben ist die Funktionenschar f_t ($t > 0$). Skizzieren Sie die Graphen der Schar für $t = 1; 2; 3; 4$. Beschreiben Sie Gemeinsamkeiten und Unterschiede der Graphen. Was bewirkt eine Erhöhung des Parameters?
a) $f_t(x) = t + e^x$ b) $f_t(x) = tx + 1$ c) $f_t(x) = x^2 + tx$
d) $f_t(x) = e^{x-t}$ e) $f_t(x) = \sin(x - t)$ f) $f_t(x) = t - e^{-x}$
g) $f_t(x) = tx^2 - 1$ h) $f_t(x) = (x + t)^3$ i) $f_t(x) = \sin(tx)$

2 Gegeben ist die Funktionenschar f_a ($a > 0$). Skizzieren Sie die Graphen für verschiedene Parameter a. Bestimmen Sie die Schnittpunkte der Graphen mit der x-Achse.
a) $f_a(x) = x^2 - ax$ b) $f_a(x) = a - e^{2x}$ c) $f_a(x) = x^3 - ax$
d) $f_a(x) = x^2 - 2ax + a^2$ e) $f_a(x) = \dfrac{x^2 - a^2}{x}$ f) $f_a(x) = e^{\frac{x}{a}} - a$

3 Gegeben ist die Funktionenschar f_t ($t > 0$). Welche Steigung hat f_t an der Stelle 0? Für welchen Wert von t ist diese Steigung 1?
a) $f_t(x) = -x^2 + tx$ b) $f_t(x) = e^{tx} - 4$ c) $f_t(x) = tx^3 - 3tx$
d) $f_t(x) = \sin(tx) + 2$ e) $f_t(x) = te^{tx} - 8$ f) $f_t(x) = tx^4 - 4x^3 + t^2x$

4 Gegeben ist die Funktionenschar f_b ($b \in \mathbb{R}$) mit $f_b(x) = e^{bx}$.
a) Für welchen Wert von b verläuft der Graph von f_b durch $A(2\,|\,3)$?
b) Für welchen Wert von b hat der Graph von f_b an der Stelle 0 die Steigung 0,5?

Zeit zu überprüfen

5 Gegeben ist die Funktionenschar f_t mit $f_t(x) = x^3 - tx$ $(t > 0)$.
a) Skizzieren Sie die Graphen der Schar für verschiedene Parameter t in ein gemeinsames Koordinatensystem. Was bewirkt eine Erhöhung des Parameters?
b) Für welchen Wert von t verläuft der Graph von f_t durch $P(1|-3)$?
c) Welche Steigung hat der Graph von f_t im Ursprung?
d) Für welchen Wert von t hat der Graph von f_t an der Stelle 2 die Steigung 8?

6 Für die Anzahl (in 1000) der Ameisen in einem Ameisenhaufen gilt modellhaft zum Zeitpunkt t: $f_k(t) = 8 - 2e^{-kt}$ (t in Wochen nach Beobachtungsbeginn).
a) Wie viele Ameisen gab es zu Beobachtungsbeginn in diesem Ameisenhaufen?
b) Bestimmen Sie k, wenn es nach drei Wochen 7000 Ameisen gibt.
c) Bestimmen Sie k, wenn die momentane Änderungsrate zu Beobachtungsbeginn 250 Ameisen pro Woche ist.

⊚ CAS
Extremwertaufgabe mit Parameter

7 Bestimmen Sie die Extrempunkte des Graphen von f_a $(a \in \mathbb{R})$. Für welche Werte von a hat der Graph von f_a Extrempunkte auf der x-Achse?
a) $f_a(x) = x^2 - ax + 4$ b) $f_a(x) = \frac{ax^3 + 2}{2x^2}$ c) $f_a(x) = 10(x - a)e^{-x}$
d) $f_a(x) = e^{2a-x} + x - 3a$ e) $f_a(x) = x^3 - 3a^2x + 2$ f) $f_a(x) = -ax - e^{-ax} + a$

8 Gegeben ist die Funktionenschar f_k $(k > 0)$ mit $f_k(x) = x \cdot e^{-kx}$.
Bestimmen Sie den Extrempunkt und den Wendepunkt des Graphen von f_k.

9 Der Verlauf des Trageseils einer Hängebrücke kann durch eine Kettenlinie angenähert werden. Diese ist der Graph der Funktion f_c mit $f_c(x) = 2,5 \cdot (e^{cx} + e^{-cx})$; $c > 0$. Hierbei ist $f_c(x)$ die Höhe des Seils an der Stelle x über der Straße (alle Angaben in Metern). Die Masten der Brücke stehen symmetrisch zur y-Achse und haben den Abstand 200 m.
a) Skizzieren Sie die Kettenlinie für $c = 0,01$; $0,02$; $0,03$.
b) Beweisen Sie, dass sich der tiefste Punkt des Seils am Punkt $T(0|5)$ befindet.
c) In welcher Höhe über der Straße befinden sich beim Parameter $c = 0,015$ die Aufhängepunkte des Seils an den Masten?
d) Wie groß ist c, wenn die Aufhängepunkte des Seils 30 m über der Straße liegen?

⊚ CAS
Stromleitung

10 Zwei parallel aufeinander zulaufende Straßen sollen miteinander verbunden werden (vgl. Fig. 1). Wenn die eine Straße auf der x-Achse liegt und die andere auf der Geraden mit der Gleichung $y = 50$, so soll die Funktion f mit $f(x) = \frac{1}{b}(d - x^2)^2$ die neue Verbindungsstraße beschreiben.
a) Bestimmen Sie die Parameter b und d.
b) Mündet die Verbindungsstraße knickfrei in die beiden bestehenden Straßen?
c) Bestimmen Sie den Wendepunkt der Verbindungsstraße.
d) Welchen der beiden Parameter müsste man verändern, wenn die beiden parallelen Straßen statt 50 m einen anderen Abstand hätten?

⊚ CAS
Funktionenschar mit Sinus

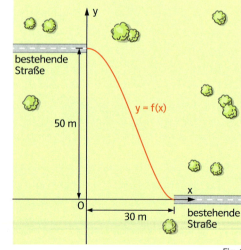

Fig. 1

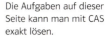

Die Aufgaben auf dieser Seite kann man mit CAS exakt lösen.

11 Gegeben ist die Funktion f mit $f(x) = (5 - kx) \cdot \cos(bx)$.
a) Skizzieren Sie den Graphen von f für $k = 0,5$; $b = 5$ im Bereich $0 \leq x \leq 10$.
b) Welchen Einfluss hat eine Erhöhung der Parameter k bzw. b auf den Graphen?
c) Finden Sie mit dem GTR einen Wert von b, sodass f für $k = 0,2$ im Bereich $0 \leq x \leq 7$ genau drei Nullstellen hat. Untersuchen Sie, für welche Werte von b dies der Fall ist.
d) Es sei $k = 0,2$. Für welchen Wert von b hat die Tangente an den Graphen von f im ersten Schnittpunkt mit der x-Achse die Steigung -5?

12 Gegeben ist die Funktionenschar f_k mit $f_k(x) = x \cdot (x^2 - kx + 3k)$.
a) Skizzieren Sie den Graphen von f_k für verschiedene Parameter k zwischen -5 und 15.
b) Welche Vermutung über gemeinsame Punkte aller Kurven der Schar haben Sie? Beweisen Sie Ihre Vermutung.
c) Welche Vermutung über die Anzahl der Extrempunkte haben Sie? Beweisen Sie Ihre Vermutung.

13 Eine Firma verkauft Gummibärchenpackungen. Nach einer Marktbeobachtung werden bei einem Verkaufspreis von x ct pro Packung jährlich $\frac{1,6 \cdot 10^{13}}{x^4}$ Gummibärchenpackungen verkauft. Die Herstellungskosten betragen b ct pro Packung.
a) Geben Sie eine Funktion für den jährlichen Gewinn der Firma in Abhängigkeit vom Verkaufspreis an. Verwenden Sie dabei die Herstellungskosten als Parameter.
b) Skizzieren Sie den Graphen für die Gewinnfunktion für $b = 100$.
c) Bei welchen Verkaufspreisen pro Packung macht die Firma bei $b = 100$ Gewinn?
d) Bei welchem Verkaufspreis ist der Gewinn bei $b = 100$ maximal?
e) Zeichnen Sie für $b = 90$; $b = 100$ und $b = 110$ den Graphen der Gewinnfunktion. Wie viel Prozent muss jeweils der Verkaufspreis über den Herstellungskosten liegen, damit der Gewinn maximal wird?
f) Um wie viel Prozent steigt der maximale Gewinn, wenn die Herstellungskosten um 20 % gesenkt werden können?

14 Ein Seil für eine Bergseilbahn soll zwischen zwei Masten gespannt werden. Die Höhe (in Metern) des durchhängenden Seils über dem Meeresspiegel wird durch die Funktion f_c mit $f_c(x) = \frac{1+c}{1500^2}x^3 - cx + 500$ ($0 \leq x \leq 1500$; $c \geq -1$) beschrieben.
a) Skizzieren Sie den Graphen von f_c für verschiedene Parameter c. Beschreiben Sie die Bedeutung des Parameters c.
b) Untersuchen Sie die gemeinsamen Punkte aller Kurven der Schar. In welcher Höhe über dem Meeresspiegel befinden sich folglich die Aufhängepunkte an den Masten?
c) Für welchen Parameter c würde das zugehörige Seil bis auf 400 m über dem Meeresspiegel durchhängen?

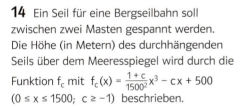

d) Wie viele Meter hängt das Seil für $c = 1$ bzw. $c = -0,5$ relativ zu einem straff zwischen den Masten gespannten Seil maximal durch? Für welchen Parameter c würde das Seil maximal 40 m durchhängen?
e) Die Vorschriften besagen, dass die prozentuale Steigung der Seilbahn nirgendwo größer als 400 % sein darf. Wie groß darf der Parameter c maximal sein?

Wiederholen – Vertiefen – Vernetzen

Graphen und Eigenschaften von Exponentialfunktionen und Funktionenscharen

1 Gegeben ist die Funktion f mit $f(x) = e^{-x}$. In Fig. 1 bis 4 sind die Graphen der Funktionen f_1; f_2; f_3; f_4 abgebildet mit $f_1(x) = f(x)$; $f_2(x) = f'(x)$; $f_3(x) = x \cdot f(x)$; $f_4(x) = \frac{1}{f(x)}$.
Ordnen Sie den dargestellten Graphen die richtige Funktion zu und begründen Sie Ihre Antwort.

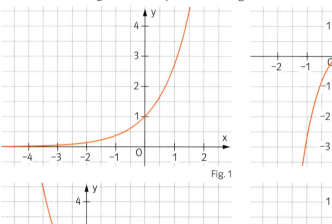

Fig. 1

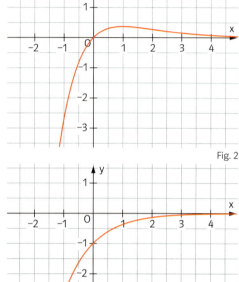

Fig. 2

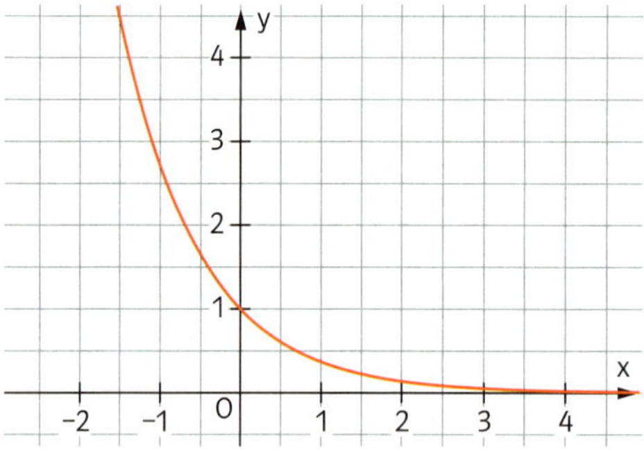

Fig. 3

Fig. 4

*2 Gegeben sind die Funktionen f_t mit $f_t(x) = e^{tx} - 1$ (t > 0).
a) Zeigen Sie, dass die Graphen von f_t genau einen gemeinsamen Punkt haben.
b) Für welchen Wert von t ist $f_t(2) = 5$?
c) Für welchen Wert von t schneidet der Graph von f_t' die y-Achse im Punkt S(0|3)?
d) Für welchen Wert von t stimmt f_t mit der Funktion g mit $g(x) = 8^x - 1$ überein?
e) Wo schneidet die Normale an den Graphen von f_1 in $P(1|f_1(1))$ die x-Achse?
f) Für welches t schneidet die Normale in $P(1|f_t(1))$ die x-Achse im Punkt Q(2|0)?
g) Zeigen Sie, dass f_t monoton wachsend und der Graph von f_t eine Linkskurve ist.

*3 Gegeben ist die Funktionenschar f_m mit $f_m(x) = \frac{mx^2 - (m+2)x + 2}{2x - 5}$.
a) Skizzieren Sie die Graphen für m = 1; 2 und 3. Welche charakteristischen gemeinsamen Eigenschaften können Sie den Graphen entnehmen?
b) Skizzieren Sie den Graphen für m = 0,5. Vergleichen Sie ihn mit den Graphen aus a).
Zeigen Sie rechnerisch, dass dieser Graph keinen Punkt mit waagerechter Tangente hat.
c) Verändern Sie m. Suchen Sie mithilfe des GTR weitere Werte von m, sodass der zugehörige Graph keine waagerechte Tangente hat.

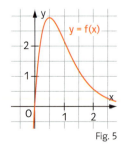

Fig. 5

4 Fig. 5 zeigt den Graphen einer Funktion f.
a) Welche der folgenden Aussagen ist richtig, welche falsch? Begründen Sie Ihre Antwort.
(A) f' hat für 0 < x < 3 genau eine Nullstelle. (B) f' hat für 0 < x < 3 ein Maximum.
b) Skizzieren Sie den Graphen der Ableitungsfunktion f' für 0 < x < 3.

Wiederholen – Vertiefen – Vernetzen

Exponentialfunktionen und andere Grundfunktionen

*5 Die Höhe h (in Metern) eines Bungee-Springers über dem Boden beträgt zum Zeitpunkt t $h(t) = a \cdot e^{-0,1t} \cdot \cos(1,5t) + 20$ (t in Sekunden, a > 0). Der Bungee-Springer springt zum Zeitpunkt t = 0 ab.
a) Bestimmen Sie den Parameter a für die Absprunghöhe 40 m.
b) Skizzieren Sie den Graphen von h für a = 20.
c) Bestimmen Sie die maximale Fallgeschwindigkeit für a = 20.
d) Wie hoch ist der tiefste Punkt über dem Boden für a = 20?
e) Wie viele Auf- und Abbewegungen führt der Springer in den ersten 21 Sekunden aus? Untersuchen Sie, ob diese Anzahl von a abhängt.
f) In welcher Höhe über dem Boden kommt der Springer schließlich zur Ruhe?
g) Bei welcher Absprunghöhe erreicht der Springer fast den Boden?

Im Dezember 2006 war dem neuseeländischen Extremsportler A. J. Hackett im chinesischen Macau mit 233 Metern einer der höchsten Bungee-Sprünge von einem Gebäude gelungen. Er erreichte 200 $\frac{km}{h}$.

*6 Eine neue Achterbahn wird so geplant, dass nach einer Auffahrt eine steile Abfahrt folgt. Der zugehörige Graph wird modellhaft durch die Funktion f_t mit $f_t(x) = 100 t^2 x^2 e^{-tx}$ beschrieben (t > 0). Hierbei starten die Wagen bei x = 0. $f_t(x)$ ist die Höhe (in Metern) der Bahn im Abstand x vom Start.
a) Skizzieren Sie die Bahnkurve für t = 0,1.
b) In welchen Abständen vom Start ist die Bahn 40 m hoch für t = 0,1?
c) Berechnen Sie für t = 0,1 den steilsten Anstieg und den steilsten Abfall („drop") der Bahn (in Prozent).

d) Bestimmen Sie für beliebiges t die Steigung der Bahn am Start.
e) Zeigen Sie, dass die höchste Bahnhöhe unabhängig von t ist, und bestimmen Sie diese Bahnhöhe.
f) Der maximale Neigungswinkel der Abfahrt soll 70° sein. Für welchen Parameter t wird dies erfüllt?

Ableitungen verstehen und begründen

7 a) Berechnen Sie die Ableitung der Funktionen g und h mit $g(x) = x \cdot \cos(x)$ und $h(x) = \sin(x) \cdot \cos(x)$.
b) Zeigen Sie, dass man die Produktregel für $u(x) \neq 0$ und $v(x) \neq 0$ in der Form schreiben kann:
$\frac{(u \cdot v)'(x)}{(u \cdot v)(x)} = \frac{u'(x)}{u(x)} + \frac{v'(x)}{v(x)}$ oder kurz $\frac{(u \cdot v)'}{u \cdot v} = \frac{u'}{u} + \frac{v'}{v}$.
c) Berechnen Sie die Ableitung der Funktion f mit $f(x) = x \cdot \sin(x) \cdot \cos(x)$.
d) Leiten Sie eine Regel für die Ableitung des Produkts dreier Funktionen her.
e) Zeigen Sie, dass für ein Produkt $u \cdot v \cdot w$ aus drei Funktionen gilt: $\frac{(u \cdot v \cdot w)'}{u \cdot v \cdot w} = \frac{u'}{u} + \frac{v'}{v} + \frac{w'}{w}$.

Referat
Die Kettenlinie
735501-0992

Wiederholen – Vertiefen – Vernetzen

8 Gegeben ist die Funktion f mit $f(x) = (v(x))^2$. Wenn man weiß, dass der Graph von v zwei Punkte mit waagerechter Tangente hat, was lässt sich dann über die Punkte mit waagerechter Tangente des Graphen von f aussagen?

◉ CAS
Beweis mit CAS

9 Beweisen oder widerlegen Sie die folgenden Behauptungen:
a) Hat der Graph von f die x-Achse als waagerechte Tangente, dann gilt dies für $x \neq 0$ auch für den Graphen von g mit $g(x) = \frac{f(x)}{x}$.
b) Wenn die Funktion g monoton fällt, so ist die Funktion $f = \frac{1}{g}$ monoton steigend.
c) Wenn die Funktion g auf dem Intervall I monoton fallend und differenzierbar ist und keine Nullstelle hat, so ist die Funktion $f = \frac{1}{g}$ auf I monoton steigend.

Zeit zu wiederholen

10 Von den vier in Fig. 1 bis 4 abgebildeten Graphen gehören zwei zu den Graphen der Ableitungsfunktionen der Funktionen, die in den beiden anderen Graphen dargestellt sind. Ordnen Sie die Graphen zu und begründen Sie Ihre Zuordnung.

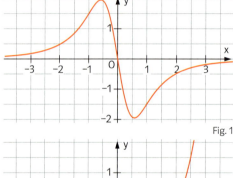
Fig. 1   Fig. 2

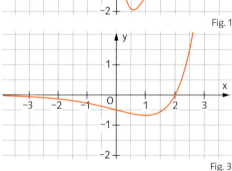
Fig. 3   Fig. 4

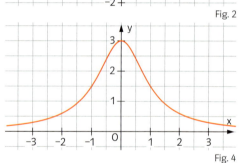
Fig. 5

11 Der Graph in Fig. 5 zeigt den Verlauf der Geschwindigkeit, mit der ein Hubschrauber seine Höhe (in 100 m) in Abhängigkeit von der Zeit t (in Minuten) ändert. Beschreiben und skizzieren Sie die Höhe des Hubschraubers in Abhängigkeit von der Zeit.

12 Fig. 6 zeigt den Graphen einer Funktion f.
a) Skizzieren Sie den Graphen der Ableitungsfunktion f′ von f.
b) Geben Sie an, in welchen der markierten Punkte f(x), f′(x) oder f″(x) positiv, null oder negativ ist.
c) Geben Sie die Intervalle an, in denen der Graph von f eine Links- bzw. Rechtskurve ist.

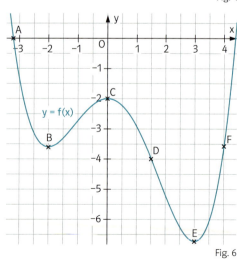
Fig. 6

Exkursion

Parameterdarstellung von Kurven

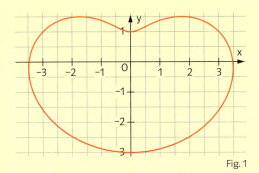
Fig. 1

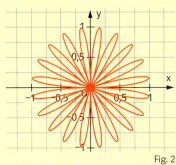
Fig. 2

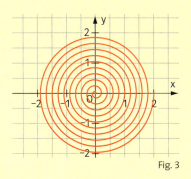
Fig. 3

Bei einer Funktion wird jedem x-Wert immer nur genau ein y-Wert zugeordnet. Dagegen gehören bei den oben dargestellten **Kurven** zu manchen x-Werten mehrere y-Werte.

Am Beispiel eines Kreises kann man klarmachen, wie man solche Kurven mit dem GTR zeichnen kann. Der Punkt P auf dem Kreis mit Radius 2 um den Ursprung hat in Abhängigkeit vom Winkel t die Koordinaten $(x(t)|y(t))$ mit $x(t) = 2 \cdot \cos(t)$, $y(t) = 2 \cdot \sin(t)$ (vgl. Fig. 4).

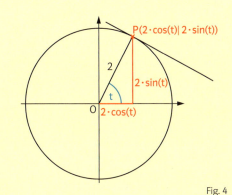
Fig. 4

Fig. 5

Fig. 6

Wenn nun der **Parameter** t von 0 bis 2π läuft, so durchläuft der Punkt $(x(t)|y(t))$ die Kreislinie.

Die Gleichungen $\begin{cases} x(t) = 2 \cdot \cos(t) \\ y(t) = 2 \cdot \sin(t) \end{cases}$; $0 \leq t \leq 2\pi$, nennt man daher eine **Parameterdarstellung** des Kreises vom Radius 2.

In ähnlicher Weise kann man mit Parameterdarstellungen auch viele andere Kurven beschreiben.
Die Steigung der Tangente im Punkt $P(x(t_0)|y(t_0))$ kann aus den Ableitungen y' und x' bestimmt werden:

$$\lim_{t \to t_0} \frac{y(t) - y(t_0)}{x(t) - x(t_0)} = \lim_{t \to t_0} \left(\frac{y(t) - y(t_0)}{t - t_0} \cdot \frac{t - t_0}{x(t) - x(t_0)} \right) = \frac{y'(t_0)}{x'(t_0)}.$$

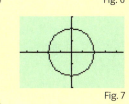
Fig. 7

Stellt man den Grafikmodus des GTR von „Funktion" auf „Parameter", so kann man bei der Grafikeingabe sowohl die x-Koordinate als auch die y-Koordinate in Abhängigkeit von einem Parameter eingeben. Durch Eingabe der Parameterdarstellung kann man die Kurve zeichnen und beliebige Tangenten einzeichnen.

1 Zeichnen Sie die Kurve mit der angegebenen Parameterdarstellung mit dem GTR.

a) $\begin{cases} x(t) = 3 \cdot \cos(t) \\ y(t) = 3 \cdot \sin(t) \end{cases}$; $0 < t < \frac{\pi}{2}$

b) $\begin{cases} x(t) = \sin(8 \cdot t) \\ y(t) = \sin(10 \cdot t) \end{cases}$; $0 < t < 2\pi$

c) $\begin{cases} x(t) = 3 \cdot \cos(t) \\ y(t) = 5 \cdot \sin(t) \end{cases}$; $0 < t < 2\pi$

d) $\begin{cases} x(t) = \sin(2 \cdot t) \\ y(t) = \sin(3 \cdot t) \end{cases}$; $0 < t < 2\pi$

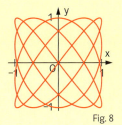
Fig. 8

Kurven mit der Parameterdarstellung
$\begin{cases} x(t) = \sin(n \cdot t) \\ y(t) = \sin(m \cdot t) \end{cases}$
heißen **Lissajous-Kurven** (vgl. Aufgabe 1b) und d)).

Exkursion

2 Die folgenden Kurven sind Kreisbögen oder Ellipsen. Zeichnen Sie sie mit dem GTR.

a)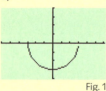
b)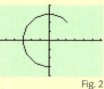
c)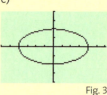
d)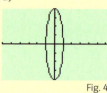

Fig. 1 Fig. 2 Fig. 3 Fig. 4

Die Kurve aus Aufgabe 3a) heißt archimedische Spirale, die Kurven aus 3b) und 3c) sind Rosenkurven, die Kurve aus 3d) nennt man eine logarithmische Spirale.

3 Zeichnen Sie die in der Parameterdarstellung gegebene Kurve mit dem GTR.

a) $\begin{cases} x(t) = t \cdot \cos(t) \\ y(t) = t \cdot \sin(t) \end{cases}$; $0 < t < 60$

b) $\begin{cases} x(t) = \sin(6 \cdot t) \cdot \cos(t) \\ y(t) = \sin(6 \cdot t) \cdot \sin(t) \end{cases}$; $0 < t < 2\pi$

c) $\begin{cases} x(t) = \sin(11 \cdot t) \cdot \cos(t) \\ y(t) = \sin(14 \cdot t) \cdot \sin(t) \end{cases}$; $0 < t < 2\pi$

d) $\begin{cases} x(t) = \ln(t) \cdot \cos(t) \\ y(t) = \ln(t) \cdot \sin(t) \end{cases}$; $1 < t < 150$

4 Zeichnen Sie mit dem GTR den ungefähren Verlauf der folgenden Kurven und geben Sie eine Parameterdarstellung an (vgl. Aufgabe 3).

a)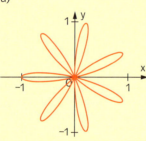
b)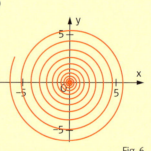
c)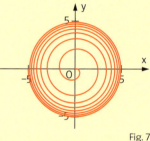

Fig. 5 Fig. 6 Fig. 7

5 Berechnen Sie bei den Kurven von Aufgabe 3 die Steigung der Tangente im Punkt zum Parameter $t = 5$, also im Punkt $P(x(5)|y(5))$. Überprüfen Sie mit dem GTR.

6 Welche Kurve legt beim Rollen ein Rückstrahler zurück, der an einer Fahrradspeiche befestigt ist? Man nennt diese Kurve Zykloide oder Radkurve.

a) Skizzieren Sie die Kurve, die ein Punkt auf dem Kreisrand beim Rollen beschreibt.

b) Zeigen Sie, dass $\begin{cases} x(t) = r \cdot (t - \sin(t)) \\ y(t) = r \cdot (1 - \cos(t)) \end{cases}$; $0 \leq t$, eine Parameterdarstellung der Zykloide ist.

c) Stellen Sie eine Parameterdarstellung einer Zykloide für einen Punkt auf, der den Abstand b vom Mittelpunkt des rollenden Kreises (Radius r) hat.

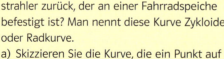

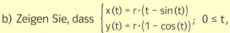

Fig. 8

d) Zeichnen Sie Zykloiden mit dem GTR. Unterscheiden Sie die Fälle $b < r$; $b = r$; $b > r$.

e) Berechnen Sie für $b = r = 2$ die Steigung der Tangente für die Zykloidenpunkte zu den Parametern $\frac{\pi}{2}$; π; $3\frac{\pi}{2}$; 2π.

f) In welchen Kurvenpunkten hat die Zykloide zu $b = r = 2$ die Steigung 1?

Fig. 9

Solche Radkurven kann man auch mit einem Spirografen zeichnen.

Exkursion in die Theorie

Logarithmusfunktion und Umkehrfunktionen

Die natürliche Logarithmusfunktion
Für alle $y > 0$ hat die Gleichung $y = e^x$ genau eine Lösung x (vgl. Fig. 1), und zwar $x = \ln(y)$, der natürliche Logarithmus von y. Es ergibt sich eine neue Zuordnung ln, die jedem $y > 0$ den Logarithmus $\ln(y)$ zuordnet.

Wie entsteht der Graph von ln aus dem Graphen der natürlichen Exponentialfunktion und was ist die Ableitungsfunktion von ln?

Die Funktion ln, die jedem $y > 0$ den natürlichen Logarithmus zuordnet, heißt **natürliche Logarithmusfunktion**.
Vergleicht man die Wertetabelle von ln mit der Wertetabelle der natürlichen Exponentialfunktion f, so erkennt man, dass hier die x-Spalte und die y-Spalte vertauscht sind.

x	$y = e^x$
−1	e^{-1}
0	1
1	e
2	e^2
3	e^3
4	e^4

y	ln(y)
e^{-1}	−1
1	0
e	1
e^2	2
e^3	3
e^4	4

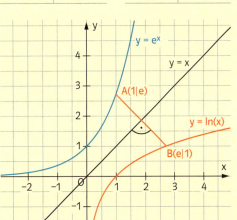

Fig. 1

Antwort: Der **Graph von ln** geht aus dem Graphen von f hervor, indem bei jedem Punkt die x- und y-Koordinate vertauscht werden. Dies entspricht einer **Spiegelung der Graphen an der 1. Winkelhalbierenden $y = x$** (Fig. 2).
Die Ableitung der natürlichen Logarithmusfunktion ergibt sich mithilfe der Kettenregel.
Aus $x = \ln(e^x)$ folgt durch Ableiten:
$1 = \ln'(e^x) \cdot e^x$. Die Substitution $z = e^x$ ergibt
$1 = \ln'(z) \cdot z$ oder $\ln'(z) = \frac{1}{z}$.
Ersetzt man z durch x, so folgt $\ln'(x) = \frac{1}{x}$.
Die Logarithmusfunktion ist nun für $x \in \mathbb{R}^+$ definiert. Der Definitionsbereich entspricht dem Wertebereich der Exponentialfunktion.

Wann ist der Graph der ln-Funktion bei Einheit 1 cm im Heft 20 cm über der x-Achse? Diese Höhe ist erst in knapp 5000 km Entfernung erreicht!

Fig. 2

Antwort: Für die Ableitungsfunktion der Logarithmusfunktion ln gilt: $\ln'(x) = \frac{1}{x}$.

1 Leiten Sie f ab.
a) $f(x) = x + \ln(x)$ b) $f(x) = 3 \cdot \ln(x + 1)$ c) $f(x) = \ln(x^2 + 1)$ d) $f(x) = x \cdot \ln(x)$

2 Gegeben sei die natürliche Logarithmusfunktion ln.
a) Für welchen x-Wert hat ln den Funktionswert 3?
b) Bestimmen Sie die Nullstelle von ln.
c) Zeigen Sie, dass ln streng monoton wachsend ist.
d) Zeigen Sie, dass der Graph von ln rechtsgekrümmt ist.

3 Berechnen Sie die Ableitung der Funktion f auf zwei verschiedene Arten.
a) $f(x) = x \cdot (\ln(x) - 1)$ b) $f(x) = \ln(tx); \; t > 0$
c) $f(x) = \ln\left(\frac{t}{x}\right); \; t > 0$ d) $f(x) = \ln(x^k)$

Exkursion in die Theorie

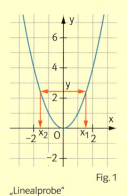

Fig. 1

„Linealprobe"

Umkehrfunktionen

Bei der natürlichen Exponentialfunktion f gibt es zu jedem $y > 0$ genau ein x mit $y = f(x) = e^x$. Die umgekehrte Zuordnung $y \mapsto x$ ist wieder eine Funktion, nämlich die natürliche Logarithmusfunktion.

Wie kann man erkennen, ob die Umkehrung einer Zuordnung wieder eine Funktion ist?
In Fig. 1 ist der Graph der Funktion f mit $f(x) = x^2$ gezeichnet. Hier werden z.B. auf den Funktionswert $y = 2,5$ zwei x-Werte x_1; x_2 abgebildet. Die umgekehrte Zuordnung $y \mapsto x$ ist also keine Funktion, denn der x-Wert ist nicht eindeutig.

Antwort: Eine Funktion $f: x \mapsto y$ heißt umkehrbar, **wenn es zu jedem y aus der Wertemenge von f nur genau ein x aus der Definitionsmenge von f mit $f(x) = y$ gibt.**
Die umgekehrte Zuordnung $y \mapsto x$ ist dann die **Umkehrfunktion** $\overline{f}$ von f.
Am Graphen lässt sich die Umkehrbarkeit von f daran erkennen, dass jede Parallele zur x-Achse den Graphen von f höchstens einmal schneidet. Dies ist sicher der Fall, wenn f auf einem Intervall definiert ist und dort streng monoton wachsend oder streng monoton fallend ist.
Damit dies erfüllt ist, werden die Funktionen häufig nur auf einem umkehrbaren eingeschränkten Bereich behandelt, wie hier an zwei Fällen beispielhaft gezeigt wird:

1. Gegeben ist f mit $f(x) = \frac{3}{x-1}$ und $D_f = (1; \infty)$. Da $f'(x) = -\frac{3}{(x-1)^2} < 0$, ist f auf dem Intervall D_f streng monoton fallend und somit umkehrbar. Löst man $y = \frac{3}{x-1}$ nach x auf, so erhält man $x = \frac{3}{y} + 1$. Somit ist $\overline{f}(x) = \frac{3}{x} + 1$ ein Funktionsterm für $\overline{f}$.

Wie am Beispiel der Logarithmusfunktion gezeigt wurde, geht der Graph der Umkehrfunktion $\overline{f}$ aus dem Graphen von f durch eine Spiegelung an der 1. Winkelhalbierenden $y = x$ hervor (vgl. Fig. 2). Hat der Graph von f im Punkt $P(x_0|y_0)$ eine Tangente mit der Steigung $f'(x_0)$, so hat der Graph von $\overline{f}$ im Punkt $\overline{P}(y_0|x_0)$ eine Tangente mit der Steigung $\frac{1}{f'(x_0)}$ (vgl. die Steigungsdreiecke in Fig. 2).
Somit folgt $\overline{f}'(y_0) = \frac{1}{f'(x_0)}$. Ersetzt man y_0 durch x, so ist $x_0 = \overline{f}(y_0) = \overline{f}(x)$.
Es gilt also $\overline{f}'(x) = \frac{1}{f'(\overline{f}(x))}$.

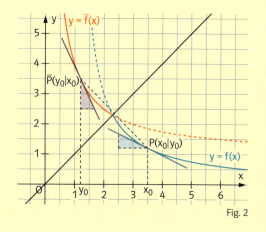

Fig. 2

2. Die Sinusfunktion f mit $f(x) = \sin(x)$ hat auf $\mathbb{R}$ keine Umkehrfunktion, da z.B. der Funktionswert 0 für unendlich viele x-Werte angenommen wird. Auf dem Intervall $\left(-\frac{\pi}{2}; +\frac{\pi}{2}\right)$ ist f aber streng monoton wachsend und somit umkehrbar (vgl. Fig. 3). Man nennt diese Umkehrfunktion $\overline{f}$ **Arkussinusfunktion** und schreibt $\overline{f}(x) = \arcsin(x)$ oder auch $\overline{f}(x) = \sin^{-1}(x)$ (siehe Tastatur des GTR).
Für die Ableitung von arcsin gilt: $\overline{f}'(x) = \frac{1}{f'(\overline{f}(x))} = \frac{1}{\cos(\arcsin(x))}$.
Aus Fig. 4 und $\sin(\alpha) = x$ folgt $\cos(\arcsin(x)) = \cos(\alpha) = \sqrt{1-x^2}$.
Also $\arcsin'(x) = \frac{1}{\sqrt{1-x^2}}$.

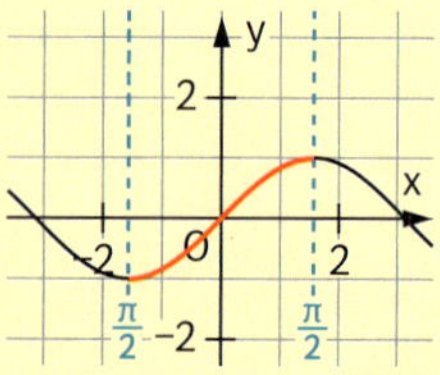

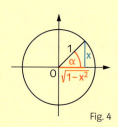

Fig. 3

Fig. 4

Rückblick

Zusammengesetzte Funktionen und ihre Ableitungen

— Die Funktion $f = u + v$ mit $f(x) = u(x) + v(x)$ heißt Summe von u und v.
$f'(x) = u'(x) + v'(x)$ (Summenregel)

$f(x) = x^3 + e^x$
$u(x) = x^3;\ u'(x) = 3x^2;\ v(x) = e^x;\ v'(x) = e^x$
$f'(x) = 3x^2 + e^x$

— Die Funktion $f = u \cdot v$ mit $f(x) = u(x) \cdot v(x)$ heißt Produkt von u und v.
$f'(x) = u'(x) \cdot v(x) + u(x) \cdot v'(x)$ (Produktregel)

$f(x) = (1 - x^2) \cdot \sin(x)$
$u(x) = 1 - x^2;\ u'(x) = -2x;\ v(x) = \sin(x);$
$v'(x) = \cos(x)$
$f'(x) = -2x \cdot \sin(x) + (1 - x^2) \cdot \cos(x)$

— Die Funktion $f = \frac{u}{v}$ mit $f(x) = \frac{u(x)}{v(x)}$ heißt Quotient von u und v.
$f'(x) = \frac{u'(x) \cdot v(x) - u(x) \cdot v'(x)}{v^2(x)}$ (Quotientenregel)

$f(x) = \frac{3x}{2 - x^2}$
$u(x) = 3x;\ u'(x) = 3;\ v(x) = 2 - x^2;\ v'(x) = -2x$
$f'(x) = \frac{3(2 - x^2) - 3x(-2x)}{(2 - x^2)^2} = \frac{6 + 3x^2}{(2 - x^2)^2}$

— Die Funktion $f = u \circ v$ mit $f(x) = u(v(x))$ heißt Verkettung von u und v. v heißt innere, u äußere Funktion.
$f'(x) = u'(v(x)) \cdot v'(x)$ (Kettenregel)

$f(x) = 4(5 - x^2)^3$
$v(x) = 5 - x^2;\ v'(x) = -2x;\ u(x) = 4x^3;$
$u'(x) = 12x^2$
$f'(x) = 12(5 - x^2)^2 \cdot (-2x) = -24x(5 - x^2)^2$

Exponentialfunktionen

Die natürliche Exponentialfunktion f mit $f(x) = e^x$ hat als Basis die **Euler'sche Zahl** $e = 2{,}71828\ldots$
Es gilt $f'(x) = e^x = f(x)$.
f mit $f(x) = e^{k \cdot x}$ hat die Ableitung f' mit $f'(x) = k \cdot e^{k \cdot x}$.

Graph der natürlichen Exponentialfunktion:

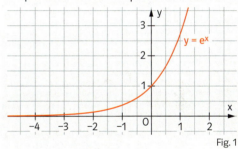

Fig. 1

Der natürliche Logarithmus

Die Exponentialgleichung $e^x = b$ hat als Lösung den natürlichen Logarithmus von b, kurz $x = \ln(b)$.

$e^{3x} = 5;\ \ln(e^{3x}) = \ln(5);$
$3x \cdot \ln(e) = \ln(5);\ x = \frac{1}{3} \cdot \ln(5)$

Die Exponentialgleichung $a^x = b$ (a, b > 0) hat die Lösung $x = \frac{\ln(b)}{\ln(a)}$.

$3^x = 7;\ \ln(3^x) = \ln(7);\ x = \frac{\ln(7)}{\ln(3)}$

Es gilt $e^{\ln(x)} = x$ und $\ln(e^x) = x$.

*Funktionenscharen

Enthält ein Funktionsterm außer der Funktionsvariablen x noch einen Parameter t, so gehört zu jedem t eine Funktion f_t. Die Funktionen f_t bilden eine Funktionsschar.
Beim Ableiten wird der Parameter wie eine Zahl behandelt.

$f_t(x) = (x - t) \cdot e^x + t$ für $t > 0$
$f_t'(x) = e^x + (x - t) \cdot e^x = (x - t + 1) \cdot e^x$

Prüfungsvorbereitung ohne Hilfsmittel

1 Bilden Sie die Ableitung der Funktion f mit
a) $f(x) = x^2 e^{-3x}$
b) $f(x) = x^2 \sin(-3x)$
c) $f(x) = (x + e^x)^2$
d) $f(x) = \frac{x+1}{e^x}$

2 Gegeben sind die Funktionen u; v und w mit $u(x) = 0{,}5\sin(x)$; $v(x) = \frac{2}{x}$ und $w(x) = 4 - 7e^x$.
Bilden Sie die Funktionen $u \cdot v$; $v \cdot u$; $u \cdot w$; $\frac{u}{w}$; $\frac{w}{u}$; $u \circ v$ und $v \circ w$ und deren Ableitungen.

3 Lösen Sie die Gleichung.
a) $x^3 - 3x^2 + x = 0$
b) $e^{3x} - 5e^x = 0$
c) $e^x = 3 + \frac{10}{e^x}$
d) $4 \cdot 3^{-x} + 5 = 41$

4 Bestimmen Sie die Nullstellen von f.
a) $f(x) = (x^2 + 2) \cdot (3 - x)$
b) $f(x) = e^{2x} - 1$
c) $f(x) = e^{3x-2} - e$
d) $f(x) = e^x - 2e^{-x}$
e) $f(x) = x^3 - x^2 - 12x$
f) $f(x) = (e^{3x} - 2) \cdot (x^3 + 8)$

5 Gegeben ist die Funktion f mit $f(x) = \frac{4x}{x^2 - 4}$.
a) Untersuchen Sie das Monotonieverhalten von f.
b) Zeigen Sie, dass der Punkt W(0|0) Wendepunkt des Graphen von f ist.
c) Geben Sie die Gleichung der zugehörigen Wendetangente an.

6 Gegeben ist die Funktion f mit $f(x) = x \cdot e^x$.
a) Bestimmen Sie den Tiefpunkt des Graphen von f.
b) Bestimmen Sie die Gleichung der Normalen an den Graphen von f im Ursprung.
c) Bestimmen Sie die Wendepunkte des Graphen von f.

7 Bestimmen Sie die Gleichung der Tangente an den Graphen von f im Punkt P.
a) $f(x) = \frac{2}{x-1}$; $P(2|f(2))$
b) $f(x) = \frac{1}{2}e^{-2x}$; $P(0|f(0))$
c) $f(x) = -2x \cdot e^{-x}$; $P(-1|f(-1))$

8 Fig. 1 zeigt die Graphen von drei Funktionen.
a) Welcher der Graphen zeigt den Graphen der Funktion f mit $f(x) = 3xe^{-x^2}$?
b) Geben Sie Terme für die beiden anderen Graphen an.
c) Skizzieren Sie den Graphen von f'.
d) Die drei Graphen gehören zu einer Funktionenschar f_t. Geben Sie eine Gleichung von f_t an.

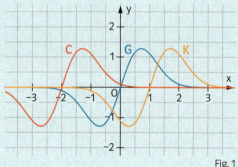

Fig. 1

9 a) Zeigen Sie: Die Verkettung zweier linearer Funktionen ist wieder eine lineare Funktion.
b) Kann man für u mit $u(x) = 9x + 2$ und v mit $v(x) = 3x + a$ den Parameter a so bestimmen, dass $u \circ v = v \circ u$ ist?

10 Fig. 2 zeigt den Graphen einer Funktion f. Welche der folgenden Aussagen sind richtig, welche falsch? Begründen Sie Ihre Antwort.
(A) f' hat für $-4 < x < 4$ genau eine Nullstelle.
(B) Der Graph von f hat genau einen Wendepunkt.
(C) f' hat für $-4 < x < 4$ ein Maximum.
(D) Der Graph von f' ist punktsymmetrisch zum Ursprung.

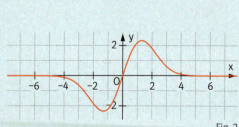

Fig. 2

Prüfungsvorbereitung mit Hilfsmitteln

1 Gegeben ist die Funktion f mit $f(x) = \frac{1}{1+x^2}$.
a) Berechnen Sie den Hochpunkt des Graphen von f.
b) Ein zur y-Achse symmetrisches Dreieck hat den Ursprung O als eine Ecke. Die beiden weiteren Ecken P_1 und P_2 liegen auf dem Graphen von f. Fertigen Sie eine Skizze an, die diesen Sachverhalt veranschaulicht.
Für welche Lage von P_1 ist der Flächeninhalt des Dreiecks extremal? Um welche Art von Extremum handelt es sich dabei?

*2 Eine Firma berechnet die täglichen Verkaufszahlen eines Handymodells, das neu eingeführt wird, modellhaft mit der Funktion f_k mit $f_k(t) = k(t-15)e^{-0,01t} + k \cdot 15$ (k > 0; t Anzahl der Tage nach Einführung des neuen Modells).
a) Skizzieren Sie den Kurvenverlauf für k = 100; k = 200; k = 300. Mit wie vielen täglich verkauften Modellen rechnet man langfristig bei k = 200? Beschreiben und interpretieren Sie den Kurvenverlauf.
b) Die Firma erwirtschaftet einen Gewinn, wenn täglich mehr als 4500 Handys verkauft werden. Wie lange ist der Zeitraum, in dem ein Gewinn erzielt wird, bei k = 200? Wie groß muss k mindestens sein, damit ein dauerhafter Gewinn möglich wird? Zeigen Sie, dass der Zeitpunkt, zu dem die tägliche Verkaufszahl maximal ist, unabhängig von k ist.
c) Zeigen Sie, dass die täglichen Verkaufszahlen ständig sinken, nachdem die maximalen Verkaufszahlen erreicht wurden. Berechnen Sie exakt, nach wie vielen Tagen die Verkaufszahlen am stärksten sinken. Die Firma kann aus Lagergründen nicht mehr als 13000 Handys täglich verkaufen. Wie hoch darf k höchstens sein?
d) 100 Tage nach der Einführung eines Modells, dessen Verkaufszahlen mit Parameter 100 beschrieben wurden, wird ein weiteres neues Modell eingeführt, dessen Verkaufszahlen sich nach seiner Einführung mit Parameter 200 berechnen lassen. Man rechnet damit, dass sich die täglichen Verkaufszahlen der beiden Modelle addieren. Mit welcher maximalen täglichen Verkaufszahl muss die Firma nun rechnen?

*3 In der Pharmakokinetik wird die Konzentration K eines Medikaments im Blut in Abhängigkeit von der Zeit nach Einnahme des Medikaments durch die sogenannte **Bateman-Funktion** K mit
$K(t) = \frac{ac}{a-b}(e^{-bt} - e^{-at})$ beschrieben
(t in h nach Einnahme, K(t) in $\frac{mg}{l}$).
Für ein spezielles Medikament ist
$c = 18{,}75 \frac{mg}{l}$; a = 0,8; b = 0,2.
a) Fig. 1 zeigt den Verlauf des Graphen. Wann ist die Konzentration am höchsten? Wie hoch ist sie dann? Das Medikament wirkt, wenn die Konzentration über $7\frac{mg}{l}$ liegt. Wie lange wirkt das Medikament?
b) Zu welchem Zeitpunkt ist die Aufnahmerate des Wirkstoffs im Blut am höchsten? Wann ist die Ausscheidungsrate am höchsten?

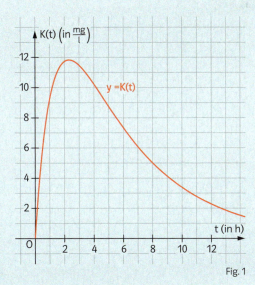

Fig. 1

Zeigen Sie, dass die Aufnahmerate direkt nach Einnahme des Medikaments unabhängig vom Parameter b ist.
c) Wie muss b gewählt werden, damit die maximale Konzentration 1,5 Stunden nach der Einnahme des Medikaments erreicht wird?

Schlüsselkonzept: Integral

Auf den ersten Blick handelt es sich um unterschiedliche Problemfelder: Die Berechnung von Flächeninhalten oder von Rauminhalten, die Ermittlung einer Durchflussmenge aus der Durchflussrate oder des zurückgelegten Weges aus der Geschwindigkeit.

Alle diese Aufgaben lassen sich mit einem Integral lösen.

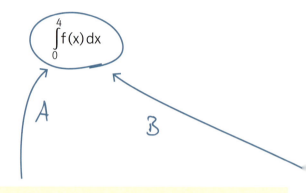

$$\int_0^4 f(x)\,dx$$

A   B

Der Graph zeigt die momentane Durchflussmenge M einer Ölpipeline.

Von 0 bis 4 Minuten durchgeflossene Ölmenge M = ?

Das kennen Sie schon
- Ableitung von zusammengesetzten Funktionen
- Bestimmung und Interpretation von momentanen Änderungsraten

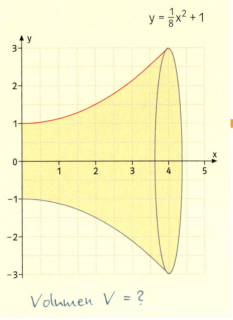

$y = \frac{1}{8}x^2 + 1$

Volumen $V = ?$

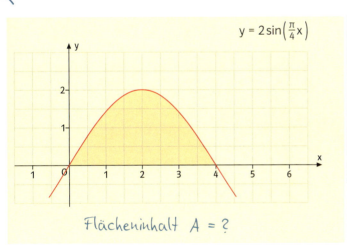

$y = 2\sin\left(\frac{\pi}{4}x\right)$

Flächeninhalt $A = ?$

Zentrum Paul Klee in Schöngrün bei Bern

In diesem Kapitel

- werden die Gesamtänderungen von Größen bestimmt.
- wird der Begriff Integral eingeführt.
- werden Stammfunktionen bestimmt.
- werden Flächen- und Rauminhalte berechnet.

 Algorithmus

 Daten und Zufall

 Beziehung und Änderung

 Messen

 Raum und Struktur

1 Rekonstruieren einer Größe

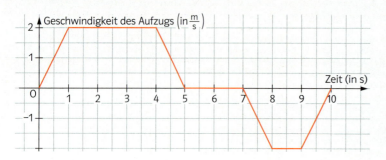

Der Graph zeigt die Geschwindigkeit eines Aufzugs während einer Fahrt in einem Hochhaus. Wenn der Aufzug nach oben fährt, ist die Geschwindigkeit positiv.

Welche Informationen über die Fahrt bezüglich Dauer, Höhenunterschiede, Stockwerkshöhen usw. können Sie dem Graphen entnehmen?

In der Analysis war bisher die Ableitung der zentrale Begriff. Mit deren Hilfe konnte zu einer gegebenen Größe die momentane Änderungsrate der Größe bestimmt werden. Liegt umgekehrt nur die momentane Änderungsrate einer Größe vor, kann man untersuchen, ob daraus die Größe selbst rekonstruierbar ist.

Ein zu Beginn leerer Wassertank wird durch dieselbe Leitung befüllt und entleert. In Fig. 1 ist die momentane Durchflussrate f der Leitung für das Intervall [0; 9] dargestellt.

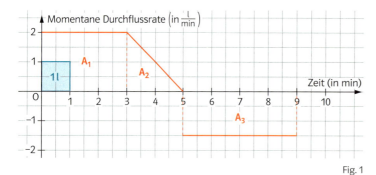

Im Intervall [0; 3] beträgt der Zufluss in jeder Minute 2 l.
In 3 Minuten fließen $2\frac{l}{min} \cdot 3\,min = 6\,l$ in den Tank. Die Zahl 6 ist auch die Maßzahl des Flächeninhalts A_1.
Im Intervall [3; 5] geht der Zufluss während 2 Minuten gleichmäßig von $2\frac{l}{min}$ auf 0 zurück. Hier beträgt die mittlere Zuflussrate $1\frac{l}{min}$.
In 2 Minuten kommen $1\frac{l}{min} \cdot 2\,min = 2\,l$ dazu. Die Zahl 2 entspricht der Maßzahl des Flächeninhalts A_2.
Im Intervall [5; 9] ist die Durchflussrate negativ. Es fließen $1{,}5\frac{l}{min} \cdot 4\,min = 6\,l$ ab. Die Zahl 6 entspricht der Maßzahl des Flächeninhalts A_3. Da die Durchflussrate negativ ist, liegt die Fläche unterhalb der x-Achse.

Fig. 1

Intervall	[0; 3]	[3; 5]	[5; 9]	Insgesamt
Volumenänderung	+6 l	+2 l	−6 l	2 l Zufluss
Flächeninhalt	+6 FE	+2 FE	+6 FE	$A_1 + A_2 + A_3 = 14$ FE
Orientierter Flächeninhalt	+6 FE	+2 FE	−6 FE	$A_1 + A_2 − A_3 = 2$ FE

Da der Tank zu Beginn leer war, befinden sich jetzt insgesamt 2 l im Tank.

Fig. 1 zeigt: Eine Flächeneinheit (FE) zwischen dem Graphen der momentanen Durchflussrate und der x-Achse entspricht 1 l zugeflossenem bzw. abgeflossenem Wasser, abhängig davon, ob die Flächeneinheit oberhalb oder unterhalb der x-Achse liegt. Man kann also die Gesamtänderung des Wasservolumens in einem Intervall [a; b] mit Flächeninhalten veranschaulichen, wenn man oberhalb der x-Achse liegende Flächen positiv und unterhalb der x-Achse liegende Flächen negativ zählt. Dieser **orientierte Flächeninhalt** beträgt beim Wassertank $A_1 + A_2 − A_3 = +2$ FE und entspricht einer Volumenänderung von 2 l.

> Ist der Graph einer momentanen Änderungsrate aus geradlinigen Teilstücken zusammengesetzt, so kann man die **Gesamtänderung** der Größe rekonstruieren, indem man den orientierten Flächeninhalt zwischen dem Graphen der momentanen Änderungsrate und der x-Achse bestimmt.

Beispiel 1 Geschwindigkeit und zurückgelegte Strecke

Bei einem Experiment wurde die Geschwindigkeit v einer kleinen Kugel in Abhängigkeit von der Zeit aufgezeichnet (vgl. Fig. 1). Die Bewegung der Kugel nach rechts wird als positive Geschwindigkeit dargestellt, die Bewegung nach links als negative Geschwindigkeit. Bestimmen Sie mithilfe des orientierten Flächeninhalts unter dem Graphen von v, wo sich die Kugel 5s nach dem Start (bei t = 0) befindet.

■ Lösung: Eine Flächeneinheit entspricht einem zurückgelegten Weg von 1cm. *Zur weiteren Berechnung unterteilt man die Fläche in Rechtecke und Dreiecke.*

A_1	A_2	A_3	A_4
4 FE	1 FE	1 FE	2 FE
links	links	rechts	rechts

Der orientierte Flächeninhalt ist
$-A_1 - A_2 + A_3 + A_4 = -2$ FE.
Die Kugel befindet sich 2 cm links vom Startort.

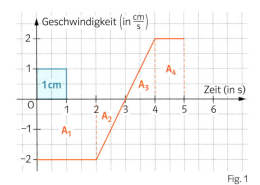

Fig. 1

Beispiel 2 Zufluss- und Abflussrate

In einer Chemiefabrik wird die Produktion einer Chemikalie bis zum geplanten Ausstoß von $2{,}5 \frac{t}{h}$ hochgefahren. Die Chemikalie fließt in einen zunächst leeren Tank, aus dem nach sechs Stunden für die Weiterverarbeitung konstant $2{,}5 \frac{t}{h}$ entnommen werden. Die Zuflussrate und die Abflussrate der Chemikalie sind in Fig. 2 dargestellt. Beschreiben Sie für $0 \leq t \leq 12$ die Mengenänderung der Chemikalie im Tank.

■ Lösung: Vier Karoflächen entsprechen einer Masse von 2t. *Eine Karofläche entspricht einer Masse von 0,5 t.*

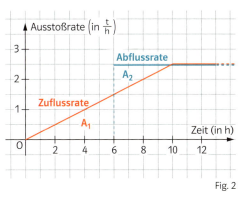

Erfolgen der Zufluss und der Abfluss in getrennten Leitungen, kann man sie beide positiv darstellen.

Fig. 2

0 bis 6 Stunden:	6 bis 10 Stunden:	Ab 10 Stunden:
A_1 = 9 Karos Zunahme	A_2 = 4 Karos Abnahme	*Zuflussrate und Abflussrate sind gleich groß.*
Es gibt nur einen Zufluss.	A_2 entspricht der Differenz von Abfluss und Zufluss. Es fließen 2 t ab; die Menge im Tank nimmt auf 2,5 t ab.	Die Menge im Tank verändert sich nicht; sie bleibt konstant bei 2,5 t.
Die Menge im Tank nimmt bis zur Masse 4,5 t zu.		

Aufgaben

1 In den Fig. 3 bis 5 ist die Geschwindigkeit verschiedener Körper dargestellt. Welchen Weg haben die Körper jeweils in 4 s zurückgelegt?

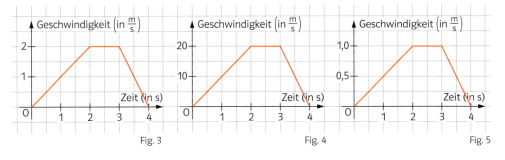

Es sieht gleich aus, aber es ist nicht so!

Fig. 3   Fig. 4   Fig. 5

2 Skizzieren Sie die Graphen von drei verschiedenen stückweise linearen Funktionen, sodass der orientierte Flächeninhalt über dem Intervall [0; 6] zwischen dem Graphen jeder Funktion und der x-Achse 6 FE beträgt.

3 In einem Gezeitenkraftwerk strömt bei Flut das Wasser in einen Speicher und bei Ebbe wieder heraus. Das durchfließende Wasser treibt dabei Turbinen zur Stromerzeugung an. Fig. 1 zeigt vereinfacht die Durchflussrate d vom Meer in den Speicher.

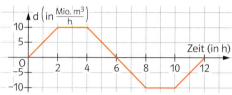

Fig. 1

a) Was bedeutet 1 FE unter dem Graphen von d in diesem Zusammenhang?
b) Wann nimmt die Wassermenge im Speicher am schnellsten zu, wann ist sie maximal, wann minimal? Wie geht es nach zwölf Stunden weiter?
c) Bei einer Springflut strömen 25 % mehr Wasser in den Speicher. Beschreiben Sie, wie sich das auf die Fläche zwischen dem Graphen von d und der x-Achse auswirkt.

Das erste und immer noch größte Gezeitenkraftwerk wurde 1966 in der Bucht von Saint-Malo in Betrieb genommen. Dort beträgt der Tidenhub 12 m.
Das Speicherbecken des Kraftwerks fasst ca. 180 Millionen Kubikmeter.

Zeit zu überprüfen

4 Der Graph (vgl. Fig. 2) zeigt die Vertikalgeschwindigkeit v eines Segelflugzeugs. Bei t = 0 s ist das Flugzeug 400 m hoch. Steigt das Flugzeug, so ist v positiv.
a) Wie hoch ist das Flugzeug zu den Zeitpunkten t = 10 s, t = 20 s, t = 30 s und t = 40 s?
b) Wann fliegt das Flugzeug wieder auf einer Höhe von 395 m?

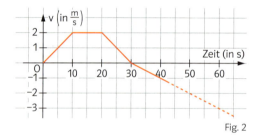

Fig. 2

Bei Segelflugzeugen wird die Vertikalgeschwindigkeit in $\frac{m}{s}$ angegeben, bei Motorflugzeugen in $\frac{ft}{min}$ (feet pro Minute).

5 Ein Tank besitzt eine Zufluss- und eine Abflussleitung. In Fig. 3 sind die dazugehörigen momentanen Durchflussraten dargestellt. Zu Beginn ist der Tank leer.
Wie viel befindet sich nach 2 Stunden, nach 4 Stunden, nach 6 Stunden und nach 8 Stunden im Tank?

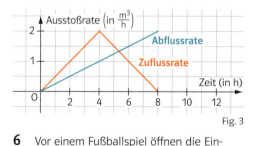

Fig. 3

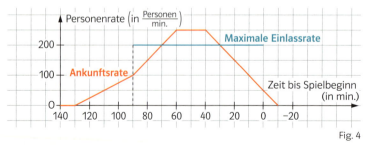

Fig. 4

6 Vor einem Fußballspiel öffnen die Eingänge 90 Minuten vor Spielbeginn. Es können dann 200 Personen pro Minute das Stadion betreten. Die Ankunftsrate der vor dem Stadion eintreffenden Menschen hat man nach Erfahrungswerten modelliert (vgl. Fig. 4).
a) Wie viele Personen warten 90 Minuten, wie viele 70 Minuten vor Spielbeginn auf Einlass?
b) Zu welchem Zeitpunkt ist die Warteschlange am längsten? Wie viele Personen warten dann?

112   IV Schlüsselkonzept: Integral

2 Das Integral

Mit der nebenstehenden Formel kann man aus dem Umfang U_6 des einbeschriebenen regelmäßigen Sechsecks nacheinander den Umfang eines einbeschriebenen regelmäßigen 12-Ecks, eines 24-Ecks usw. berechnen.

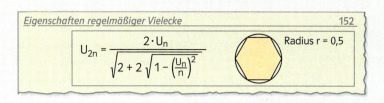

Eigenschaften regelmäßiger Vielecke 152

$$U_{2n} = \frac{2 \cdot U_n}{\sqrt{2 + 2\sqrt{1 - \left(\frac{U_n}{n}\right)^2}}}$$

Radius $r = 0{,}5$

Wenn der Graph der momentanen Änderungsrate einer Größe aus geradlinigen Teilstücken zusammengesetzt ist, kann der orientierte Flächeninhalt zwischen dem Graphen und der x-Achse mithilfe der Inhalte von Rechtecks- und Dreiecksflächen bestimmt werden. Es stellt sich die Frage, wie bei krummlinigen Graphen zur Bestimmung des orientierten Flächeninhalts vorgegangen werden kann.

◉ CAS
Berechnung einer krummlinigen Fläche

Der Inhalt der Fläche unter dem Graphen von f mit $f(x) = x^2$ soll über dem Intervall [0; 1] bestimmt werden (gelb in Fig. 1). Dazu füllt man den Inhalt zunächst näherungsweise mit gleich breiten Rechtecken.

Einteilung in z.B. vier Teilintervalle

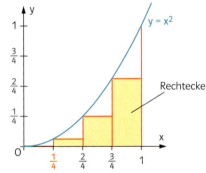

Fig. 1

Der Inhalt der vier Rechtecke beträgt
$A_4 = \frac{1}{4} \cdot 0^2 + \frac{1}{4} \cdot \left(\frac{1}{4}\right)^2 + \frac{1}{4} \cdot \left(\frac{2}{4}\right)^2 + \frac{1}{4} \cdot \left(\frac{3}{4}\right)^2$
$\approx 0{,}2188.$

Eine solche Rechteckssumme nähert den gesuchten Flächeninhalt umso besser an, je kleiner die Teilintervalle sind. In der Tabelle sind einige Werte zusammengestellt.

Anzahl der Teilintervalle	10	100	1000
Rechtecks-summe	A_{10} $\approx 0{,}2850$	A_{100} $\approx 0{,}3284$	A_{1000} $\approx 0{,}3328$

Die Rechtecke in Fig. 1 liegen alle *unter* dem Graphen. Man nennt diese Rechteckssumme **Untersumme** U_4.
Die **Obersumme** O_4 ist größer als der gesuchte Flächeninhalt:

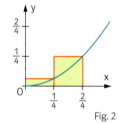

Fig. 2

Zur Untersuchung von A_n für $n \to \infty$ muss A_n in Abhängigkeit von der Anzahl n der Teilintervalle ausgedrückt werden: $A_n = \frac{1}{n} \cdot 0^2 + \frac{1}{n} \cdot \left(\frac{1}{n}\right)^2 + \frac{1}{n} \cdot \left(\frac{2}{n}\right)^2 + \ldots + \frac{1}{n} \cdot \left(\frac{n-1}{n}\right)^2$.

Ausklammern von $\left(\frac{1}{n}\right)^3$ ergibt: $A_n = \left(\frac{1}{n}\right)^3 \cdot [0^2 + 1^2 + 2^2 + \ldots + (n-1)^2]$.

Einsetzen der auf dem Rand angegebenen Formel für die Summe von Quadratzahlen ergibt:
$A_n = \frac{1}{n^3} \cdot \frac{1}{6}(n-1) \cdot n \cdot (2n-1) = \frac{1}{6} \cdot \frac{n-1}{n} \cdot \frac{n}{n} \cdot \frac{2n-1}{n} = \frac{1}{6} \cdot \left(1 - \frac{1}{n}\right) \cdot 1 \cdot \left(2 - \frac{1}{n}\right)$.

Für $n \to \infty$ ergibt sich: $\lim_{n \to \infty} A_n = \frac{1}{6} \cdot 1 \cdot 1 \cdot 2 = \frac{1}{3}$.

Für den gesuchten Flächeninhalt ist es sinnvoll, den Wert $A = \lim_{n \to \infty} A_n = \frac{1}{3}$ festzusetzen.

Summenformel für die Summe der ersten z − 1 Quadratzahlen:
$1^2 + 2^2 + 3^2 + \ldots + (z-1)^2$
$= \frac{1}{6} \cdot (z-1) \cdot z \cdot (2z-1)$.

Man kann für die Höhe der Rechtecke auch andere Funktionswerte nehmen (Fig. 3). Den Grenzwert einer Rechteckssumme A_n kann man dann allgemein so darstellen:
$\lim_{n \to \infty} A_n = \lim_{n \to \infty} [f(z_1) \cdot (x_2 - x_1) + f(z_2) \cdot (x_3 - x_2) + \ldots + f(z_n) \cdot (x_{n+1} - x_n)]$.

Kürzt man die gleichen Differenzen $x_1 - x_0$, $x_2 - x_1$ usw. mit Δx (lies: Delta x) ab, ergibt sich:
$\lim_{n \to \infty} A_n = \lim_{n \to \infty} [f(z_1) \cdot \Delta x + f(z_2) \cdot \Delta x + \ldots + f(z_n) \cdot \Delta x]$.

Bei differenzierbaren Funktionen ergibt sich unabhängig von der Art der Rechteckssumme immer der gleiche Grenzwert (siehe dazu Seite 145).

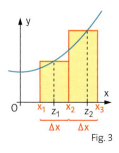

Fig. 3

IV Schlüsselkonzept: Integral

In Fig. 1 verläuft der Graph der Funktion f teilweise unterhalb der x-Achse. Es wird jeweils beispielhaft der Flächeninhalt eines oberhalb und eines unterhalb der x-Achse liegenden Rechtecks berechnet.

Da die Inhalte von unterhalb der x-Achse liegenden Rechtecken dabei negativ gezählt werden, erhält man bei diesem Vorgehen orientierte Flächeninhalte.

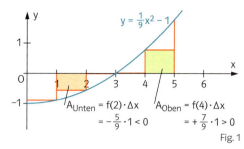

$A_{Unten} = f(2) \cdot \Delta x = -\frac{5}{9} \cdot 1 < 0$ $A_{Oben} = f(4) \cdot \Delta x = +\frac{7}{9} \cdot 1 > 0$

Fig. 1

Damit kann man mittels des Grenzwertes von Rechteckssummen auch bei nicht stückweise linearen Funktionen orientierte Flächeninhalte und Gesamtänderungen von Größen bestimmen.

Definition: Die Funktion f sei auf dem Intervall [a; b] stetig und
$A_n = f(z_1) \cdot \Delta x + f(z_2) \cdot \Delta x + \ldots + f(z_n) \cdot \Delta x$ sei eine beliebige Rechteckssumme zu f über dem Intervall [a; b].

Dann heißt der Grenzwert $\lim_{n \to \infty} A_n$ **Integral** der Funktion f zwischen den Grenzen a und b.

Man schreibt dafür: $\int_a^b f(x)\,dx$ (lies: Integral von f(x) von a bis b).

INFO

Die Integralschreibweise wurde von Gottfried Wilhelm Leibniz (1646–1716) eingeführt. Das Zeichen ∫ ist aus einem S (von Summa) entstanden; dx steht für immer kleiner werdende Intervallbreiten Δx.

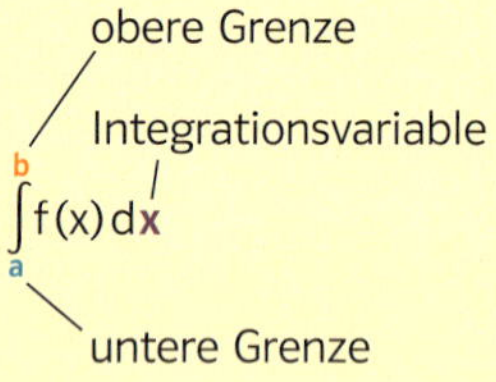

$\int_a^b f(x)\,d\mathbf{x}$

obere Grenze
Integrationsvariable
untere Grenze

Im Ausdruck $\int_a^b f(x)\,dx$ wird für f(x) die Bezeichnung **Integrand** und für x die Bezeichnung **Integrationsvariable** verwendet. Die Grenzen a und b heißen untere und obere **Integrationsgrenze**.

Beim GTR wird ein Verfahren ähnlich dem Rechtecksverfahren benutzt. Der Grenzwert wird dabei nicht bestimmt. Es wird lediglich die Rechteckssumme A_n für ein großes n berechnet, das heißt *numerisch* bestimmt.

Mit einem GTR kann man Integrale numerisch bestimmen. Fig. 2 zeigt den Bildschirm eines GTR bei der Berechnung des Integrals $\int_0^1 x^2\,dx$ im Grafik-Modus. Fig. 3 zeigt den Bildschirm bei der Berechnung im Rechen-Modus.

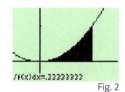

Fig. 2 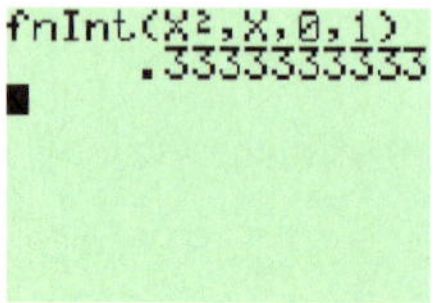   Fig. 3

Beispiel 1 Bestimmung des Integrals mit dem GTR

Bestimmen Sie das Integral und interpretieren Sie es als orientierten Flächeninhalt.

a) $\int_{-1}^{2} \frac{1}{2}x^2\,dx$ b) $\int_0^{1,5\pi} \sin(x)\,dx$

■ Lösung: a) Mit dem GTR ergibt sich: $\int_{-1}^{2} \frac{1}{2}x^2\,dx \approx 1{,}5$.

Die Fläche zwischen dem Graphen von f mit $f(x) = \frac{1}{2}x^2$ und der x-Achse über [−1; 2] hat den Inhalt A = 1,5 (vgl. Fig. 4).

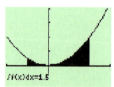

Fig. 4

b) Mit dem GTR ergibt sich: $\int_0^{1,5\pi} \sin(x)\,dx \approx 1$. Die Fläche oberhalb der x-Achse ist um 1 FE größer als die Fläche unterhalb der x-Achse.

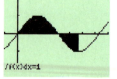

Fig. 5

GTR-Hinweise
735501-1151

Beispiel 2 Bestimmung des Integrals mit Dreiecks- und Rechtecksflächen

Bestimmen Sie das Integral $\int_{-2}^{2}(0,5t + 0,5)\,dt$ ohne GTR mittels Dreiecks- und Rechtecksflächen.

■ *Lösung: Man berechnet die Flächeninhalte von Dreiecken und Rechtecken.*
$A_1 = 0{,}25$; $A_2 = 0{,}25$; $A_3 = 1$; $A_4 = 1$
Es gilt:
$\int_{-2}^{2}(0,5t + 0,5)\,dt = -A_1 + A_2 + A_3 + A_4 = 2$.

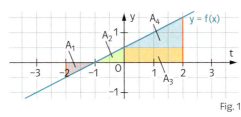
Fig. 1

Beispiel 3 Integral und Gesamtänderung einer Größe

Die Wachstumsgeschwindigkeit v eines Baumes kann im Alter zwischen 10 und 50 Jahren durch $v(t) = 0{,}1 \cdot \sqrt{t+4}$ (t in Jahren, v(t) in Metern pro Jahr) beschrieben werden.
Der Baum ist im Alter von 20 Jahren 9,80 m hoch. Bestimmen Sie mithilfe des GTR, wie hoch der Baum mit 40 Jahren ist.

■ *Lösung:* Die Höhenzunahme des Baumes entspricht dem orientierten Flächeninhalt A über dem Intervall [20; 40].

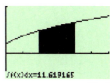
Fig. 2

Es ist $A = \int_{20}^{40}\left(0{,}1 \cdot \sqrt{t+4}\right)dt \approx 11{,}62$ (mit GTR, vgl. Fig. 2).

Der Baum ist um 11,62 m gewachsen. Mit 40 Jahren ist er 9,80 m + 11,62 m = 21,42 m hoch.

Aufgaben

1 Bestimmen Sie das Integral mithilfe von Dreiecks- und Rechtecksflächen.

a) $\int_{2}^{5} x\,dx$ b) $\int_{-1}^{1}(2x+1)\,dx$ c) $\int_{-1}^{2}-2t\,dt$ d) $\int_{0}^{4}-2\,dx$ e) $\int_{-5}^{0}(-t-5)\,dt$

2 Bestimmen Sie das Integral mithilfe der in Fig. 3 angegebenen Flächeninhalte.

a) $\int_{-2}^{0} f(x)\,dx$ b) $\int_{-1}^{2} f(x)\,dx$

c) $\int_{0}^{3} f(x)\,dx$ d) $\int_{-2}^{3} f(x)\,dx$

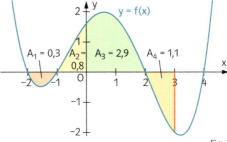
Fig. 3

3 Bestimmen Sie das Integral mit dem GTR. Geben Sie das Ergebnis auf drei Dezimalen gerundet an. Veranschaulichen Sie das Ergebnis als orientierten Flächeninhalt.

a) $\int_{0}^{2} x^2\,dx$ b) $\int_{0}^{2}(x^2 - 1)\,dx$ c) $\int_{-1}^{1} x^3\,dx$ d) $\int_{-\frac{\pi}{2}}^{\frac{\pi}{2}} \cos(x)\,dx$ e) $\int_{0}^{1}(e^x - 2)\,dx$

4 Schreiben Sie den Inhalt der gefärbten Fläche als Integral. Berechnen Sie es mit dem GTR.

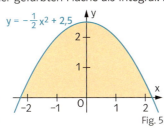
Fig. 4

Fig. 5

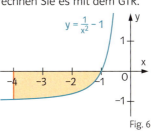
Fig. 6

Zeit zu überprüfen

5 Bestimmen Sie das Integral mittels Dreiecks- und Rechtecksflächen.

a) $\int_{0}^{6} \frac{1}{2}x\, dx$ b) $\int_{-1}^{2} (2x-1)\, dx$ c) $\int_{-10}^{0} -0{,}5\, dt$

6 Schreiben Sie den Inhalt der Flächen A_1, A_2 und A_3 in Fig. 1 als Integral und berechnen Sie es mit dem GTR.

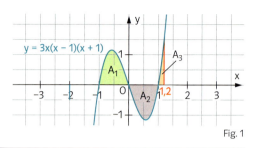

Fig. 1

7 Entscheiden Sie ohne Rechnung, ob das Integral positiv, negativ oder null ist.

a) $\int_{10}^{80} x^2\, dx$ b) $\int_{10}^{11} -x^4\, dx$ c) $\int_{-4}^{2} x^3\, dx$ d) $\int_{-3}^{3} e^x\, dx$ e) $\int_{0}^{2\pi} \sin(x)\, dx$

8 Zeichnen Sie im Intervall $[-2; 2]$ den Graphen einer Funktion f mit

a) $\int_{-2}^{2} f(x)\, dx = 0$; b) $\int_{-2}^{2} f(x)\, dx = 2$; c) $\int_{-2}^{2} f(x)\, dx = -4$; d) $\int_{-2}^{2} f(x)\, dx = \pi$.

9 a) Bestimmen Sie für das Integral $\int_{0}^{2} x^2\, dx$ einen Näherungswert, indem Sie das Intervall $[0; 2]$ in zehn gleiche Teile teilen und die in Fig. 2 dargestellte Rechteckssumme A_{10} berechnen.

b) Bestimmen Sie das Integral $\int_{0}^{2} x^2\, dx$ als Grenzwert von A_n für $n \to \infty$.

Für die Aufgabe 9b) benötigt man die Summenformel von Seite 113. Kontrollieren Sie das Ergebnis mit dem GTR.

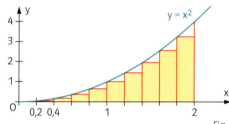

Fig. 2

10 Im Kamin eines Kraftwerks wird die in der Abluft enthaltene Menge eines Schadstoffes gemessen. Für den momentanen Schadstoffausstoß s gilt $s(t) = 5 \cdot \sin(0{,}25t) + 10$ (t in Stunden, s(t) in Gramm pro Stunde).
Bestimmen Sie die im Intervall $[0; 24]$ insgesamt ausgestoßene Schadstoffmenge.

11 Eine Erzmine soll nur noch zehn Jahre betrieben werden. Für diese Zeit wird von einer momentanen Abbaurate b mit $b(t) = 10^6 \cdot e^{-0{,}1t}$ ausgegangen (t in Jahren, b(t) in Tonnen pro Jahr). Welche Erzmenge wird insgesamt bis zur Schließung aus der Mine gefördert worden sein, wenn bis heute vier Millionen Tonnen abgebaut wurden?

12 Eine zweistufige Rakete hat bei der Zündung der zweiten Stufe eine Höhe von 12 500 m erreicht. Ihre Vertikalgeschwindigkeit während des 30 s dauernden Abbrennens der zweiten Stufe beträgt $v(t) = -0{,}25t^2 + 30t + 450$ $\left(0 \le t \le 30\,s,\ v(t)\ \text{in}\ \frac{m}{s}\right)$.
Welche Höhe hat die Rakete nach dem Abbrennen der zweiten Stufe erreicht?

13 a) Begründen Sie, dass der Graph der Funktion f mit $f(x) = \sqrt{1-x^2}$ einen Halbkreis mit Radius 1 beschreibt (vgl. Fig. 3).
b) Drücken Sie den Inhalt des Halbkreises mit einem Integral aus und berechnen Sie es mit dem GTR.
Wie hängt das Ergebnis mit der Zahl π zusammen?

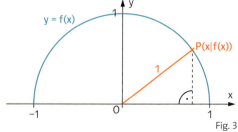

Fig. 3

3 Der Hauptsatz der Differenzial- und Integralrechnung

In der Physik unterscheidet man zwischen Bewegungen mit der Beschleunigung 0 und Bewegungen mit konstanter Beschleunigung. Ordnen Sie die Formeln für die Beschleunigung a, die Geschwindigkeit v und den Weg s den beiden Bewegungsformen zu.

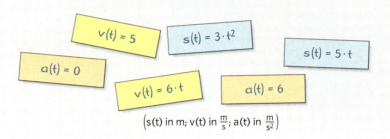

$\left(s(t) \text{ in m}; v(t) \text{ in } \frac{m}{s}; a(t) \text{ in } \frac{m}{s^2}\right)$

Die Berechnung eines Integrals mittels eines Grenzwertes einer Rechteckssumme ist aufwendig. Eine einfachere Berechnungsmethode erhält man, wenn man die Tatsache nutzt, dass die momentane Änderungsrate einer Größe der Ableitung der Gesamtänderung entspricht.

Die gegebene Funktion g mit $g(x) = x^2$ beschreibt die momentane Änderungsrate einer Größe G. Gesucht ist die Gesamtänderung der Größe auf dem Intervall [0; 1].

Bisher ist bekannt: Diese Gesamtänderung entspricht dem Integral $\int_0^1 x^2 \, dx$, veranschaulicht als Flächeninhalt A in Fig. 1. Auf Seite 113 wurde dieses Integral als Grenzwert bestimmt. Es gilt $\int_0^1 x^2 \, dx = \frac{1}{3}$.

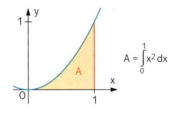

Fig. 1

Andererseits gilt:
Ist ein Funktionsterm G der Größe bekannt, dann kann die Gesamtänderung der Größe G auf dem Intervall [0; 1] als Differenz der Funktionswerte G(1) − G(0) berechnet werden. Die folgende Überlegung zeigt, wie man einen Funktionsterm von G erhalten kann: g ist die momentane Änderungsrate von G, das heißt, g ist die Ableitung der Funktion G. Damit muss die gesuchte Funktion G die Bedingung G′ = g erfüllen. Folgende Funktionen kommen für G infrage: $G_1(x) = \frac{1}{3}x^3$; $G_2(x) = \frac{1}{3}x^3 + 1$; $G_1(x) = \frac{1}{3}x^3 + 2$; $G_1(x) = \frac{1}{3}x^3 + 3$ usw.
Man nennt jede dieser Funktionen eine Stammfunktion von g. Bildet man die gesuchte Differenz, ergibt sich in jedem Fall derselbe Wert:
$G_1(1) - G_1(0) = \frac{1}{3} - 0 = \frac{1}{3}$; $G_2(1) - G_2(0) = \left(\frac{1}{3} + 1\right) - (0 + 1) = \frac{1}{3}$; $G_2(1) - G_2(0) = \left(\frac{1}{3} + 2\right) - (0 + 2) = \frac{1}{3}$ usw.
Deshalb genügt es, zur Berechnung eines Integrals eine beliebige Stammfunktion G von g zu verwenden. Es gilt dann: $\int_0^1 g(x) \, dx = G(1) - G(0)$.

Die Differenzen $G_1(1) - G_1(0)$, $G_2(1) - G_2(0)$ usw. sind immer dann gleich, wenn sich die Funktionen G_1, G_2 usw. nur in einer Konstanten unterscheiden.

> **Definition:** Eine Funktion F heißt **Stammfunktion** zu einer Funktion f auf einem Intervall I, wenn für alle $x \in I$ gilt: **F′(x) = f(x)**.
>
> **Satz 1:** Sind F und G Stammfunktionen von f auf einem Intervall I, dann gibt es eine Konstante c, sodass für alle x in I gilt: F(x) = G(x) + c.

Es ist üblich, Stammfunktionen mit Großbuchstaben zu bezeichnen.

Beweis von Satz 1: Da F und G Stammfunktionen von f sind, gilt F′(x) = f(x) und G′(x) = f(x) und damit (F − G)′(x) = F′(x) − G′(x) = 0 auf I. Das bedeutet: Die Funktion F − G muss auf I eine konstante Funktion sein: F(x) − G(x) = c, also F(x) = G(x) + c.

> **Satz 2: Hauptsatz der Differenzial- und Integralrechnung**
> Die Funktion f sei stetig auf dem Intervall [a; b]. Dann gilt:
> $$\int_a^b f(x)\,dx = F(b) - F(a)$$ für eine beliebige Stammfunktion F von f auf [a; b].

Bei der Hinführung zum Hauptsatz wurde anschaulich mit Größen gearbeitet. Jetzt wird mit der Definition des Integrals argumentiert.

Beweis von Satz 2: Gegeben ist eine Funktion f und eine beliebige Stammfunktion F von f über [a; b].

Man zeigt: Wenn man das Intervall [a; b] in n gleiche Teile Δx teilt (Fig. 1), dann gibt es in jedem Intervall Δx eine Stelle z_n mit $F(b) - F(a) = \lim_{n \to \infty} [f(z_1) \cdot \Delta x + f(z_2) \cdot \Delta x + \ldots + f(z_n) \cdot \Delta x]$.

Für den Beweis schreibt man die Differenz $F(b) - F(a)$ als Summe von Differenzen:
$F(b) - F(a) = (F(x_1) - F(x_0)) + (F(x_2) - F(x_1)) + (F(x_3) - F(x_2)) + \ldots + (F(x_n) - F(x_{n-1}))$.

Exkursion
Flächeninhaltsbestimmung vor der Entdeckung des Hauptsatzes 735501-1182

In Fig. 2 ist das Intervall $[x_2; x_3]$ vergrößert dargestellt. Dazugezeichnet ist die Sekante durch die Punkte $(x_2 | F(x_2))$ und $(x_3 | F(x_3))$.
Sie hat die Steigung $\frac{F(x_3) - F(x_2)}{x_3 - x_2}$.
Im Intervall $[x_2; x_3]$ gibt es eine Stelle z_3, an der der Graph von F dieselbe Steigung wie die Sekante hat (vgl. Tangente in Fig. 2).
Es gilt: $F'(z_3) = f(z_3) = \frac{F(x_3) - F(x_2)}{x_3 - x_2}$, das heißt,
$F(x_3) - F(x_2) = f(z_3) \cdot (x_3 - x_2) = f(z_3) \cdot \Delta x$.

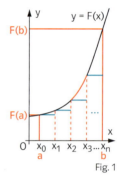
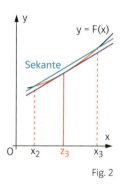

Fig. 1 Fig. 2

Da diese Überlegung für jedes Teilintervall durchführbar ist, gilt:
$F(b) - F(a) = f(z_1) \cdot \Delta x + f(z_2) \cdot \Delta x + f(z_3) \cdot \Delta x + \ldots + f(z_n) \cdot \Delta x$.

Für $n \to \infty$ ist der Grenzwert der rechten Seite der Gleichung gerade das Integral $\int_a^b f(x)\,dx$.

INFO

Gottfried Wilhelm Leibniz (1646–1716)

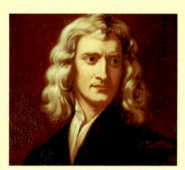
Isaac Newton (1643–1727)

Gottfried Wilhelm Leibniz und Isaac Newton erkannten als Erste, dass sich eine Vielfalt von Problemen auf zwei Grundaufgaben zurückführen lässt: die Ermittlung der Ableitung und die Ermittlung des Integrals. Zudem entdeckten sie unabhängig voneinander bei physikalischen Fragestellungen den Zusammenhang zwischen Ableitung und Integral (in heutiger Terminologie der Hauptsatz der Differenzial- und Integralrechnung). Ein Beweis wie der oben dargestellte wurde erst im 19. Jahrhundert entwickelt (siehe auch Seite 116).

Bei der Bestimmung einer Stammfunktion F muss man „rückwärts ableiten". Eine Probe bringt Sicherheit: F' muss f ergeben.

Bei der Berechnung eines Integrals wie $\int_1^3 x^2\,dx$ mit dem Hauptsatz wird zunächst eine Stammfunktion F bestimmt, z.B. $F(x) = \frac{1}{3}x^3$. Anschließend werden die Funktionswerte $F(3)$ und $F(1)$ berechnet und dann ihre Differenz gebildet. Für dieses Verfahren verwendet man die folgende Schreibweise: $\int_1^3 x^2\,dx = \left[\frac{1}{3}x^3\right]_1^3 = \frac{1}{3} \cdot 3^3 - \frac{1}{3} \cdot 1^3 = 8\frac{2}{3}$.

Beispiel 1 Stammfunktionen
a) Prüfen Sie, welche der Funktionen F mit $F(x) = 0{,}3x^2$; G mit $G(x) = 0{,}2x^3$ und H mit $H(x) = 0{,}2(x^3 - 10)$ eine Stammfunktion von f mit $f(x) = 0{,}6x^2$ ist.
b) Bestimmen Sie zwei verschiedene Stammfunktionen von f mit $f(x) = \frac{1}{2}x^3$.
Geben Sie alle Stammfunktionen von f an.

■ Lösung:
a) *Man bestimmt die Ableitung von F, G bzw. H und prüft, ob diese mit f übereinstimmt.*
$F'(x) = 0{,}6x \neq f(x)$; F ist keine Stammfunktion von f.
$G'(x) = 0{,}6x^2 = f(x)$; G ist eine Stammfunktion von f.
$H(x) = 0{,}2x^3 - 2$; $H'(x) = 0{,}6x^2 = f(x)$; H ist eine Stammfunktion von f.
b) *Man sucht eine Funktion, deren Ableitung die Funktion f ergibt.*
Stammfunktionen sind z. B. F mit $F(x) = \frac{1}{8}x^4$ und G mit $G(x) = \frac{1}{8}x^4 + 1$.
Jede Stammfunktion von f hat die Form F mit $F(x) = \frac{1}{8}x^4 + c$ mit einer Konstanten $c \in \mathbb{R}$.

> Die Definition und der Satz 1 zu Stammfunktionen bezieht sich auf ein Intervall, auf dem die Funktion definiert ist. Das Intervall kann auch wie in Beispiel 1 aus ganz $\mathbb{R}$ bestehen.

Beispiel 2 Berechnen eines Integrals mit dem Hauptsatz in einfachen Fällen
Berechnen Sie das Integral mithilfe des Hauptsatzes. a) $\int_0^4 2x\,dx$ b) $\int_{-1}^3 \frac{1}{2}x^2\,dx$

■ Lösung: a) Eine Stammfunktion von $f(x) = 2x$ ist $F(x) = x^2$. $\int_0^4 2x\,dx = [x^2]_0^4 = 4^2 - 0^2 = 16$

b) Eine Stammfunktion von $f(x) = \frac{1}{2}x^2$ ist $F(x) = \frac{1}{6}x^3$. $\int_{-1}^3 \frac{1}{2}x^2\,dx = \left[\frac{1}{6}x^3\right]_{-1}^3 = \frac{1}{6}\cdot 3^3 - \left(\frac{1}{6}\cdot(-1)^3\right) = \frac{14}{3}$

> Probe:
> a) $(x^2)' = 2x$
> b) $\left(\frac{1}{6}x^3\right)' = \frac{1}{2}x^2$

Aufgaben

1 Geben Sie eine Stammfunktion von f an.
a) $f(x) = x^2$ b) $f(x) = x^3$ c) $f(x) = 3x$ d) $f(x) = x^5$ e) $f(x) = 5x^2$
f) $f(x) = x^4$ g) $f(x) = 0{,}1x^3$ h) $f(x) = x$ i) $f(x) = 2$ j) $f(x) = 2x^5$

2 F ist eine Stammfunktion von f. Geben Sie eine mögliche Zahl für a an.
a) $f(x) = 3x^2$; $F(x) = x^a$
b) $f(x) = 2x$; $F(x) = x^2 - a$
c) $f(x) = 2x$; $F(x) = x^2 + 1 + a$
d) $f(x) = (a+1)\cdot x$; $F(x) = x^{a+1}$

3 Bestimmen Sie eine Stammfunktion F zu f mit $F(1) = 100$.
a) $f(x) = 2x$ b) $f(x) = x^2$ c) $f(x) = 5$ d) $f(x) = -x$ e) $f(x) = -10$

4 Berechnen Sie das Integral mit dem Hauptsatz.
a) $\int_0^4 x^2\,dx$ b) $\int_2^4 x^2\,dx$ c) $\int_{-1}^5 2x\,dx$ d) $\int_{10}^{11} 0{,}5x\,dx$ e) $\int_{10}^{20} 5\,dx$ f) $\int_0^1 x^3\,dx$
g) $\int_0^3 0{,}5x^2\,dx$ h) $\int_{-2}^0 \frac{1}{3}x^3\,dx$ i) $\int_0^{-1} \frac{1}{8}x^4\,dx$ j) $\int_{-4}^4 0{,}5x^2\,dx$ k) $\int_{-1}^1 x^5\,dx$ l) $\int_{90}^{100} 1\,dx$

> Kontrollieren Sie Ihr Ergebnis, indem Sie das Integral mit dem GTR bestimmen.

5 Wie geht es nach $\int_{-2}^{-1}(-2x)\,dx = [-x^2]_{-2}^{-1} = \ldots$ richtig weiter?
(I) $-1^2 - 2^2 = -1 - 4 = -5$
(II) $-(-1)^2 - (-(-2)^2) = -1 - (-4) = 3$
(III) $-1^2 - (-2)^2 = -1 - 4 = -5$
(IV) $(-1)^2 - (-2)^2 = 1 - 4 = -3$

> Achtung: Rechenfehler!

6 Berechnen Sie das Integral mit dem Hauptsatz.
a) $\int_0^4 -x\,dx$ b) $\int_{-1}^1 -2x\,dx$ c) $\int_{-2}^2 -x^2\,dx$ d) $\int_{-4}^{-2} -0{,}5x\,dx$ e) $\int_{-20}^{-10} -1\,dx$ f) $\int_{-1}^0 dx$

7 Untersuchen Sie, ob jeweils zwei der zu den Graphen gehörenden Funktionen eine Stammfunktion derselben Funktion f sein können.

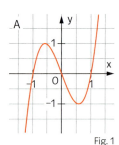
Fig. 1

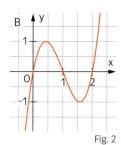
Fig. 2

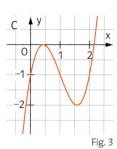
Fig. 3

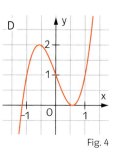
Fig. 4

Zeit zu überprüfen

8 Prüfen Sie, ob die Funktion F mit $F(x) = 0{,}1x^4 - 0{,}1$ und die Funktion G mit $G(x) = \frac{2}{20}x^4$ eine Stammfunktion von h mit $h(x) = \frac{2}{5}x^3$ ist.

9 Berechnen Sie das Integral mit dem Hauptsatz. a) $\int_{-2}^{5} x^2 \, dx$ b) $\int_{-2}^{-1} -\frac{1}{2}x^4 \, dx$

10 Welches Integral kann mit der Rechnung $[0{,}4x^2]_1^2$ berechnet werden?

I. $\int_1^2 \frac{4}{30}x^3 \, dx$ II. $\int_1^2 (0{,}8x + 0{,}8) \, dx$ III. $\int_1^2 0{,}8x \, dx$ IV. $\int_1^2 (x - 0{,}2x) \, dx$

11 Berechnen Sie zu f mit $f(x) = \frac{1}{9}x^2$ mit dem Hauptsatz das Integral $\int_0^3 f(x) \, dx$ und interpretieren Sie das Ergebnis in dem beschriebenen Sachzusammenhang.
I. Der Graph von f und die x-Achse begrenzen eine Fläche über einem Intervall.
II. f beschreibt die Geschwindigkeit eines Autos (x in Sekunden, f(x) in Metern pro Sekunde).
III. f beschreibt die momentane Produktion von Benzin in einer Raffinerie (x in Stunden, f(x) in Tausend Tonnen).

Tipp zu Aufgabe 12:
Die Fallgeschwindigkeit ist die momentane Änderungsrate der Fallstrecke.

12 Fällt ein Körper aus der Ruhe im freien Fall, dann gilt für seine Fallgeschwindigkeit v nach der Zeit t: $v(t) = 9{,}81 \cdot t$ (t in Sekunden, v(t) in Metern).
Bestimmen Sie mithilfe eines Integrals, wie weit der Körper in drei Sekunden gefallen ist.

13 Geben Sie drei verschiedene Funktionen f an, sodass $\int_{-1}^{1} f(x) \, dx = 0$ gilt. Bestätigen Sie dies durch Berechnung des Integrals mit dem Hauptsatz.

14 Bestimmen Sie die positive Zahl z.
a) $\int_0^z x \, dx = 18$ b) $\int_1^z 4x \, dx = 30$ c) $\int_z^{10} 2x \, dx = 19$ d) $\int_0^{2z} 0{,}4 \, dx = 8$

Zeit zu wiederholen

15 Lösen Sie die Gleichungen mit und ohne GTR.
a) $x^2 - x - 2 = 0$ b) $(2x + 3)^3 = 0$ c) $(2x + 3)^3 = 1$ d) $4x^3 - 2x^2 = 0$
e) $2e^{2x} = 6e^x$ f) $x^4 - 13x^2 = -36$ g) $x^3 = -10x^2 - 9x$ h) $e^x - e^{2x} = 0$

16 Bestimmen Sie die Nullstellen von f mit und ohne GTR.
a) $f(x) = -2x^2 + 8x + 1$ b) $f(x) = (x + 3)^2(x + 1)$ c) $f(x) = 4x^2(x^2 - 10) + 4x^2$
d) $f(x) = 4(x - 0{,}5)^4 - 4$ e) $f(x) = e^x - e^2$ f) $f(x) = 0{,}2e^{2x} - 1$

4 Bestimmung von Stammfunktionen

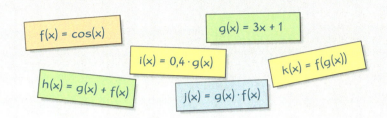

Bilden Sie Stammfunktionen zu möglichst vielen der angegebenen Funktionen.

Bei der Berechnung eines Integrals mit dem Hauptsatz muss eine Stammfunktion bestimmt werden. Um bei einer zusammengesetzten Funktion leichter eine Stammfunktion zu finden, geht man wie bei der Ableitung vor: Man bestimmt zunächst Stammfunktionen zu einfachen Funktionen und sucht dann nach Regeln, wie man auch für zusammengesetzte Funktionen eine Stammfunktion finden kann.

In der Tabelle ist zu einigen einfachen Funktionen jeweils eine Stammfunktion angegeben.

Stammfunktionen zu einfachen Funktionen								
f(x)	x^2	x	1	x^{-1}	x^{-2}	sin(x)	cos(x)	e^x
F(x)	$\frac{1}{3}x^3$	$\frac{1}{2}x^2$	x	?	$-x^{-1}$	$-\cos(x)$	sin(x)	e^x

Wie weist man nach, dass F eine Stammfunktion von f ist? Durch Ableiten von F! Es muss gelten $F'(x) = f(x)$.

Anhand der Tabelle erkennt man folgende Regel, die man durch Ableiten von F bestätigt:

Zu Funktionen der Form $f(x) = x^z$ ($z \neq -1$) ist F mit $F(x) = \frac{1}{z+1}x^{z+1}$ eine Stammfunktion.

Man kann zeigen, dass dies auch für reelle Exponenten z ($z \neq -1$) gilt: Zum Beispiel ist zu f mit $f(x) = \sqrt{x} = x^{\frac{1}{2}}$ die Funktion F mit $F(x) = \frac{1}{\frac{1}{2}+1}x^{\frac{1}{2}+1} = \frac{2}{3}x^{\frac{3}{2}}$ eine Stammfunktion.

Eine Stammfunktion zu f mit $f(x) = \frac{1}{x} = x^{-1}$ findet man in Zusammenhang mit dem natürlichen Logarithmus.
Ist g die Funktion mit $g(x) = \ln(x)$ mit $x > 0$, dann gilt $e^{g(x)} = x$.
Ableiten auf beiden Seiten ergibt: $e^{g(x)} \cdot g'(x) = 1$, also $e^{\ln(x)} \cdot \ln'(x) = 1$ oder $x \cdot \ln'(x) = 1$.
Damit gilt für $x > 0$: $\ln'(x) = \frac{1}{x}$.
Für $x < 0$ ergibt sich: $\ln'(|x|) = \ln'(-x) = \frac{1}{-x} \cdot (-1) = \frac{1}{x}$.
Damit ist die Funktion F mit $F(x) = \ln(|x|)$ eine Stammfunktion von f mit $f(x) = \frac{1}{x}$ ($x \neq 0$).

So findet man zu einer Potenzfunktion eine Stammfunktion:
1. Hochzahl plus 1.
2. Mit dem Kehrwert der neuen Hochzahl multiplizieren.

Für eine **Summe von Funktionen** wie f mit $f(x) = x^2 + \cos(x)$ findet man eine Stammfunktion, wenn man die Ableitungsregel $(g + h)' = g' + h'$ für Summen von Funktionen beachtet. Danach ist F mit $F(x) = \frac{1}{3}x^3 + \sin(x)$ eine Stammfunktion von f.

Entsprechend kann man bei einem **Produkt aus einer Zahl mit einer Funktion** wie bei $f(x) = 2{,}8 \cdot \cos(x)$ die Ableitungsregel $(c \cdot f)' = c \cdot f'$ benutzen. Danach ist F mit $F(x) = 2{,}8 \cdot \sin(x)$ eine Stammfunktion von f.

Achtung:
Für f mit $f(x) = g(x) \cdot h(x)$ gilt **nicht** $F(x) = G(x) \cdot H(x)$.

Für ein Produkt von Funktionen wie $f(x) = x^2 \cdot \cos(x)$ ist eine Verwendung der Ableitungsregel für Produkte aufwendig und wird hier nicht betrachtet.

Bei **Verkettungen** muss man die Kettenregel beachten. Hier werden nur Verkettungen wie $f(x) = \cos(2x - 5)$ betrachtet, bei denen die innere Funktion linear ist. Zu f ist F mit $F(x) = \frac{1}{2} \cdot \sin(2x - 5)$ eine Stammfunktion.

Eine nichtlineare Verkettung ist z. B. f mit $f(x) = \cos(x^2)$.

Falls man auf Anhieb keine Stammfunktion findet, kann man zunächst gezielt raten, dann diese Funktion ableiten und daraufhin überlegen, wie die vermutete Stammfunktion korrigiert werden muss.

Satz 1: Bestimmung von Stammfunktionen
– Zur Funktion f mit $f(x) = x^r$ $(r \neq -1)$ ist F mit $F(x) = \frac{1}{r+1} x^{r+1}$ eine Stammfunktion.
Zur Funktion f mit $f(x) = x^{-1} = \frac{1}{x}$ ist F mit $F(x) = \ln(|x|)$ eine Stammfunktion.

– Sind G und H Stammfunktionen von g und h, so gilt für zusammengesetzte Funktionen:

Funktion f	$f(x) = g(x) + h(x)$	$f(x) = c \cdot g(x)$	$f(x) = g(c \cdot x + d)$
Stammfunktion F	$F(x) = G(x) + H(x)$	$F(x) = c \cdot G(x)$	$F(x) = \frac{1}{c} G(c \cdot x + d)$

Die zur Bestimmung von Stammfunktionen gültigen Regeln kann man zum Teil auf die Berechnung von Integralen übertragen.

Diese Regeln beschreiben die sogenannte **Linearität** des Integrals.

Satz 2: Rechenregeln für Integrale
a) $\int_a^b c \cdot f(x)\,dx = c \cdot \int_a^b f(x)\,dx$ b) $\int_a^b (g(x) + h(x))\,dx = \int_a^b g(x)\,dx + \int_a^b h(x)\,dx.$

Nachweis beispielhaft für a): Es sei F eine Stammfunktion von f. Dann gilt:
$\int_a^b c \cdot f(x)\,dx = [c \cdot F(x)]_a^b = c \cdot F(b) - c \cdot F(a) = c \cdot (F(b) - F(a));$
$c \cdot \int_a^b f(x)\,dx = c \cdot [F(x)]_a^b = c \cdot (F(b) - F(a)).$

Liegt von einer Funktion f nur der Graph vor (Fig. 1), so kann man den Graphen einer Stammfunktion von f skizzieren (Fig. 2). Dabei orientiert man sich wie beim grafischen Ableiten an charakteristischen Punkten des Graphen von f.

1. f hat bei a eine Nullstelle.
(In Fig. 1 an den Stellen $a_1 = -1$; $a_2 = 0$; $a_3 = 1$.)
Dann gilt: $f(a) = F'(a) = 0$. An diesen Stellen hat ein Graph von F waagerechte Tangenten.

2. In Fig. 1 gilt $f(x) = F'(x) > 0$ für $x \in (-1; 0)$. In diesem Intervall ist F streng monoton steigend.
In Fig. 1 gilt $f(x) = F'(x) < 0$ für $x \in (0; 1)$. In diesem Intervall ist F streng monoton fallend.

In Fig. 2 ist der Graph *einer* möglichen Stammfunktion skizziert. Jede Verschiebung in y-Richtung ergibt den Graphen einer weiteren Stammfunktion.

3. f hat bei b eine Extremstelle.
(In Fig. 1 an den Stellen $b_1 \approx -0{,}7$; $b_2 \approx 0{,}7$.)
Dann gilt: $f'(b) = F''(b) = 0$ und $f' = F''$ wechselt bei b das Vorzeichen.
F hat bei b eine Wendestelle.

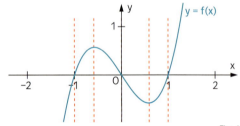

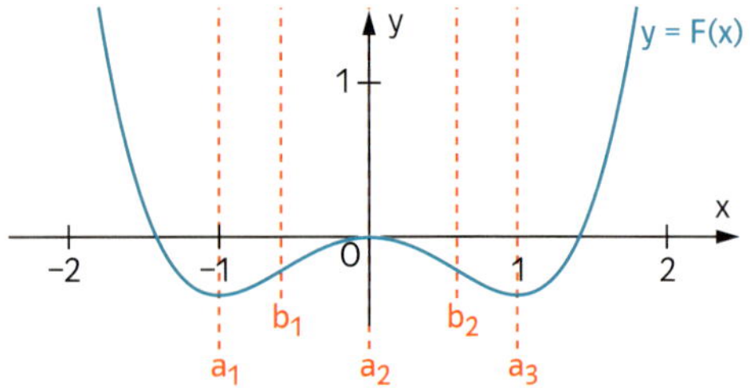

Fig. 1

Fig. 2

Beispiel 1 Der natürliche Logarithmus als Stammfunktion

Berechnen Sie das Integral $\int_1^4 \frac{2}{x}\,dx$.

■ Lösung: $\int_1^4 \frac{2}{x}\,dx = [2\ln(|x|)]_1^4 = 2 \cdot \ln(4) - 2 \cdot \ln(1) = 2 \cdot \ln(4) - 0 = 2 \cdot \ln(4) \approx 2{,}77.$

Beispiel 2 Stammfunktionen von zusammengesetzten Funktionen

Bestimmen Sie eine Stammfunktion von f mit $f(x) = \frac{2}{x^2} - (5x+1)^3$.

- Lösung: $f(x) = g(x) - h(x)$ mit $g(x) = \frac{2}{x^2} = 2x^{-2}$ und $h(x) = (5x+1)^3$

Eine Stammfunktion zu g ist G mit $G(x) = 2 \cdot (-1 \cdot x^{-1}) = -2 \cdot x^{-1} = \frac{-2}{x}$.

Eine Stammfunktion zur Verkettung h ist H mit $H(x) = \frac{1}{4} \cdot \frac{1}{5} \cdot (5x+1)^4 = \frac{1}{20}(5x+1)^4$.

Eine Stammfunktion zu f ist F mit $F(x) = G(x) - H(x) = \frac{-2}{x} - \frac{1}{20}(5x+1)^4$.

Beispiel 3 Skizzieren des Graphen einer Stammfunktion

Gegeben ist der Graph der Funktion f (Fig. 1). Skizzieren Sie den Graphen einer Stammfunktion F von f. Beschreiben Sie Ihr Vorgehen für charakteristische Punkte.

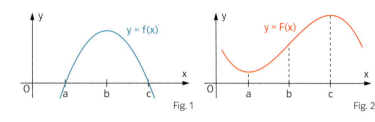

Fig. 1 Fig. 2

- Lösung: Da $f(a) = 0$ und $f(c) = 0$ ist, hat der Graph von F an diesen Stellen eine waagerechte Tangente.

Da $f(x) > 0$ für $a < x < c$ gilt, ist der Graph von F für $a \leq x \leq c$ streng monoton steigend.

Da $f(x) < 0$ für $x < a$ und für $x > c$ gilt, ist F für $x < a$ und für $x > c$ streng monoton fallend.

Da $f'(b) = 0$ ist und f' an der Stelle b das Vorzeichen wechselt, hat F an der Stelle b eine Wendestelle.

Einen möglichen Graphen von F zeigt Fig. 2. (Die Graphen weiterer Stammfunktionen sind in y-Richtung verschoben.)

Aufgaben

1 Bestimmen Sie eine Stammfunktion.

a) $f(x) = 0{,}5x^3$
b) $f(x) = \frac{1}{4}x^{-2}$
c) $f(x) = \frac{2}{5x^2}$
d) $f(x) = (2x+2)^3$

e) $f(x) = 2\sin(x+1)$
f) $f(x) = \cos(3x)$
g) $f(x) = x + 2\sin(2x)$
h) $f(x) = \cos(4x - \pi)$

i) $f(x) = \frac{1}{3}e^{x+5}$
j) $f(x) = 1 + e^{0{,}5x}$
k) $f(x) = e^{\frac{2}{3}x+1}$
l) $f(x) = \frac{5}{2}e^{2x-2}$

2 a) $f(x) = \frac{5}{x}$
b) $f(x) = 3 \cdot \frac{1}{(x+5)}$
c) $f(x) = \frac{-1}{2x}$
d) $f(x) = \frac{1}{(2x-3)}$

3 Berechnen Sie das Integral mit dem Hauptsatz. Überprüfen Sie das Ergebnis mit dem GTR.

a) $\int_0^2 (2+x)^3 \, dx$
b) $\int_2^3 \left(1 + \frac{1}{x^2}\right) dx$
c) $\int_0^2 \frac{1}{(x+1)^2} \, dx$
d) $\int_0^9 \frac{2}{5}\sqrt{x} \, dx$

e) $\int_{-0{,}5}^0 e^{2x+1} \, dx$
f) $\int_0^\pi \sin(3x - \pi) \, dx$
g) $\int_{-1}^1 \frac{1}{5}e^{\frac{1}{2}x} \, dx$
h) $\int_{-\pi}^\pi \cos(3x) \, dx$

4 a) $\int_1^5 \frac{3}{x} \, dx$
b) $\int_1^2 \left(1 + \frac{1}{x}\right) dx$
c) $\int_3^4 \frac{1}{2(x+1)} \, dx$
d) $\int_1^4 \frac{3}{(2x-1)} \, dx$

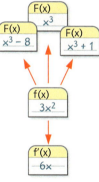

Eine Ableitung

Fig. 3

5 Skizzieren Sie zum Graphen von f den Graphen einer Stammfunktion von f.

a)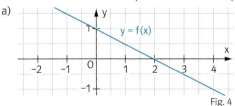
Fig. 4

b)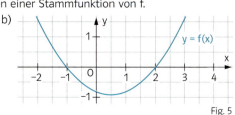
Fig. 5

6 In Fig. 1 ist der Graph einer Funktion f gezeichnet. F ist eine Stammfunktion von f. An welcher der markierten Stellen ist
a) F(x) am größten,   b) F(x) am kleinsten,
c) f'(x) am kleinsten,   d) F'(x) am kleinsten?

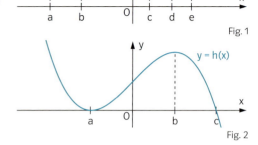
Fig. 1

7 In Fig. 2 ist der Graph einer Funktion h gezeichnet. H ist eine Stammfunktion von h mit H(a) = 5. Übertragen Sie die Tabelle in Ihr Heft und geben Sie an, ob die Funktionswerte von H, h und h' an den Stellen a, b und c positiv, negativ oder null sind.

	H	h	h'
a	+		
b			
c			

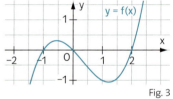
Fig. 2

Zeit zu überprüfen

8 Geben Sie eine Stammfunktion an.
a) $f(x) = 0{,}1x^2 - \frac{2}{x^2}$
b) $f(x) = \frac{1}{x-2}$
c) $f(x) = 4\cos\left(\frac{1}{2}x - 1\right)$

9 Berechnen Sie das Integral mit dem Hauptsatz.
a) $\int_0^1 \frac{1}{2}e^{2x}\,dx$
b) $\int_{-1}^0 \frac{1}{(2x-1)^2}\,dx$
c) $\int_0^{2\pi} 2\sin(0{,}5x)\,dx$

10 Fig. 3 zeigt den Graphen einer Funktion f. F ist eine beliebige Stammfunktion von f. Welche der folgenden Aussagen über F ist wahr, welche ist falsch?
A. F ist in $I = [0; 2]$ streng monoton fallend.
B. F hat bei $x \approx 1{,}2$ eine Extremstelle.
C. F hat bei $x = -1$ ein lokales Minimum.
D. Die Funktionswerte von F sind im Intervall $(-1; 0)$ positiv.
E. F hat bei $x \approx 1{,}2$ eine Wendestelle.

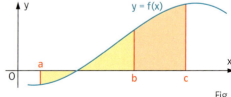
Fig. 3

11 Überprüfen Sie, ob F eine Stammfunktion von f ist.
a) $f(x) = e^x(1 + x);\ F(x) = x \cdot e^{2x}$
b) $f(x) = \sin(x) \cdot \cos(x);\ F(x) = (\sin(x))^2$

12 Geben Sie eine Stammfunktion von f an. Schreiben Sie dazu den Funktionsterm als Summe.
a) $f(x) = \frac{x^2 + 2x}{x^4}$
b) $f(x) = \frac{x^3 + 1}{2x^2}$
c) $f(x) = \frac{1 + x + x^3}{3x^3}$
d) $f(x) = \frac{(2x+1)^2 - 1}{x}$

⊚ CAS
Bestimmen einer Stammfunktion

13 Welche Stammfunktion von f hat an der Stelle 0 den Funktionswert 1?
a) $f(x) = (x + 2)^2$
b) $f(x) = \frac{1}{x+1}$
c) $f(t) = 2e^{0{,}5t}$
d) $f(t) = \cos(5t)$

14 Interpretiert man Integrale als orientierte Flächeninhalte (Fig. 4), ist einsichtig, dass gilt:
$\int_a^b f(x)\,dx + \int_b^c f(x)\,dx = \int_a^c f(x)\,dx$.
Begründen Sie die Gültigkeit dieser Gleichung mithilfe des Hauptsatzes.

Diese Eigenschaft des Integrals heißt **Intervalladditivität**.

Fig. 4

Hier hilft die Intervalladditivität.

15 Berechnen Sie möglichst geschickt.
a) $\int_{-1}^{3{,}3} 5x^2\,dx - 10\int_{-1}^{3{,}3} \frac{1}{2}x^2\,dx$
b) $\int_0^1 \left(x - 2\sqrt{x^2+4}\right)dx + 2\int_0^1 \sqrt{x^2+4}\,dx$
c) $\int_3^{3{,}7} \frac{1}{x}\,dx + \int_{3{,}7}^4 \frac{1}{x}\,dx$

5 Integralfunktionen

Geben Sie einen Funktionsterm für den Inhalt der gefärbten Fläche in Abhängigkeit von x an. Wie verändert sich dieser Term, wenn die gefärbte Fläche auf der linken Seite durch die Gerade t = 1 begrenzt wird?

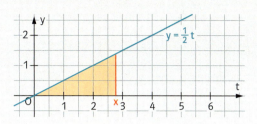

Bisher wurden Integrale mit einer festen unteren und oberen Grenze berechnet. Mit diesen Integralen können orientierte Flächeninhalte und Gesamtänderungen von Größen bestimmt werden. Wenn bei Integralen über eine Funktion f die obere Grenze als variabel betrachtet wird, erhält man eine neue Funktion.

Zur Funktion f mit $f(t) = t^2 - 4t + 3$ (vgl. Fig. 1) werden Integrale berechnet, die alle die untere Grenze 0, aber verschiedene obere Grenzen haben, z. B.
$\int_0^1 f(t)\,dt = \frac{4}{3}$ oder $\int_0^2 f(t)\,dt = \frac{2}{3}$.
Wenn man bei diesen Integralen mit der unteren Grenze 0 die obere Grenze als variabel ansieht, erhält man eine Funktion J_0 mit $J_0(x) = \int_0^x f(t)\,dt$. Der Graph von J_0 ist in Fig. 2 lila skizziert. J_0 heißt **Integralfunktion** von f zur unteren Grenze 0.

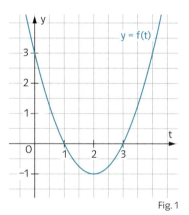

Fig. 1

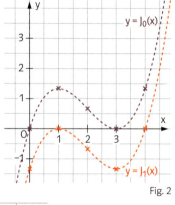

Fig. 2

Wählt man bei den Integralen als untere Grenze z. B. 1, dann erhält man den Graphen der Integralfunktion J_1 mit $J_1(x) = \int_1^x f(t)\,dt$ (rot in Fig. 2).

x	0	1	2	3	4	5
$\int_0^x f(t)\,dt$	0	1,33	0,67	0	1,33	6,67
$\int_1^x f(t)\,dt$	-1,33	0	-0,67	-1,33	0	5,33

Die Funktionswerte $J_0(x)$ der Integralfunktion J_0 entsprechen den orientierten Flächeninhalten zwischen dem Graphen von f und der x-Achse über den Intervallen [0; x].

Durch Vergleich der charakteristischen Punkte der Graphen von f und J_0 vermutet man, dass die Funktion J_0 eine Stammfunktion von f ist. Dies kann man mit dem Hauptsatz beweisen:
$J_0(x) = \int_0^x f(t)\,dt = F(x) - F(0)$, wobei F eine Stammfunktion von f ist.
Also ist: $J_0(x)' = F'(x) - (F(0))' = f(x) - 0 = f(x)$; das heißt, J_0 ist eine Stammfunktion von f.

Die Integralfunktion J_0 wurde nur für $x \geq 0$ definiert, da bisher bei Integralen die obere Grenze nicht kleiner als die untere Grenze sein durfte. Man kann diese Einschränkung weglassen, wenn man sich am Hauptsatz orientiert: $\int_1^0 f(x)\,dx = F(0) - F(1) = -(F(1) - (0)) = -\int_0^1 f(x)\,dx$.
Man legt fest: $\int_x^u f(t)\,dt = -\int_u^x f(t)\,dt$.

Definition: Die Funktion f sei auf einem Intervall I stetig.
Zu jeder Zahl $u \in I$ heißt die Funktion J_u mit

$$J_u(x) = \int_u^x f(t)\,dt \quad \text{mit } x \in I \quad \textbf{Integralfunktion} \text{ von f zur unteren Grenze u.}$$

Satz: Die Integralfunktion J_u ist differenzierbar mit $J_u'(x) = f(x)$ für $x \in I$.
Kurz: Jede Integralfunktion J_u ist eine Stammfunktion von f.

Falls die Integralfunktion die Funktionsvariable x haben soll, muss man für die Funktion f eine andere Funktionsvariable wählen.

Den Funktionsterm einer Integralfunktion kann man mit dem Hauptsatz bestimmen, wenn für f eine Stammfunktion bekannt ist. Zum Beispiel ergibt sich für f mit $f(t) = -0{,}5t^2 - t + 1{,}5$ der Funktionsterm der Integralfunktion J_{-1} zur unteren Grenze -1 so:

$$J_{-1}(x) = \int_{-1}^x f(t)\,dt = \int_{-1}^x (-0{,}5t^2 - t + 1{,}5)\,dt = \left[-\tfrac{1}{6}t^3 - \tfrac{1}{2}t^2 + 1{,}5\,t\right]_{-1}^x = -\tfrac{1}{6}x^3 - \tfrac{1}{2}x^2 + \tfrac{3}{2}x + \tfrac{11}{6}.$$

In Fig. 1 und 2 ist mit dem GTR der Graph der Integralfunktion J_{-1} von f mit
$f(x) = -0{,}5x^2 - x + 1{,}5$ erzeugt (fett gedruckt in Fig. 2).
Bei der Zuordnung der Graphen zu f bzw. zu J_{-1} hilft die Überlegung, dass jede Integralfunktion den Funktionswert 0 annimmt, wenn man die untere Grenze einsetzt. Es muss daher $J_{-1}(-1) = 0$ gelten.

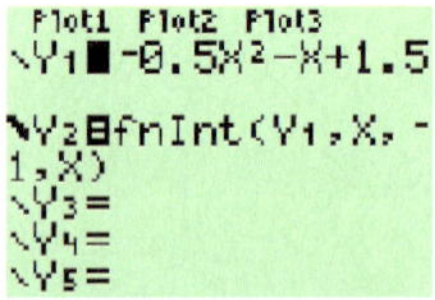

Fig. 1 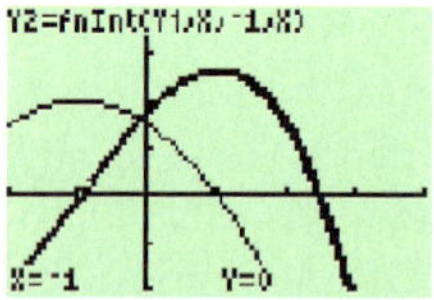   Fig. 2

Beispiel 1 Bestimmung einer Integralfunktion
Bestimmen Sie zu f mit $f(x) = e^{0{,}5x}$ einen Funktionsterm der Integralfunktion zur unteren Grenze $u = 0$.

■ Lösung: $J_0(x) = \int_0^x e^{0{,}5t}\,dt = \left[2e^{0{,}5t}\right]_0^x = 2e^{0{,}5x} - 2$. Probe: $J_0(0) = 2e^0 - 2 = 0$.

Eine weitere Probe: J_0 abgeleitet muss f ergeben.

Beispiel 2 Näherungsweise Bestimmung des Graphen einer Integralfunktion
In Fig. 3 ist näherungsweise die Vertikalgeschwindigkeit v eines Ballons in Abhängigkeit von der Zeit aufgetragen. Bei positiven Werten von v steigt der Ballon nach oben.

Es sind jetzt zwei verschiedene Blickwinkel möglich, aus denen heraus man vom Graphen einer Funktion f auf Eigenschaften des Graphen einer Stammfunktion F schließen kann:
1. Man stellt sich F als Integralfunktion von f vor (siehe Beispiel 2).
2. Man stellt sich F als Funktion vor, deren Ableitung f ist (siehe Beispiel 3 auf Seite 123).

a) Bestimmen Sie näherungsweise die Funktionswerte $J_0(15)$ und $J_0(20)$ der Integralfunktion J_0 von v.
b) Nach wie vielen Minuten hat der Ballon seine größte Höhe erreicht?
c) Beurteilen Sie, ob Start- und Landepunkt gleich hoch liegen.
d) Skizzieren Sie einen Graphen von J_0.

■ Lösung: *Ein Karoinhalt entspricht 125 m Höhe.*
a) $J_0(15) \approx 1200$; $J_0(25) \approx 1700$
b) Nach 25 Minuten: Die maximale Höhe beträgt ca. 1700 m.
c) Der orientierte Flächeninhalt über [0; 60] ist positiv. Das entspricht einer Höhenzunahme. Der Landepunkt liegt höher als der Startpunkt.
d) Siehe Fig. 4.

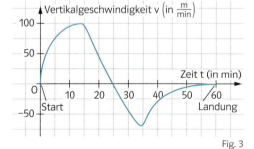

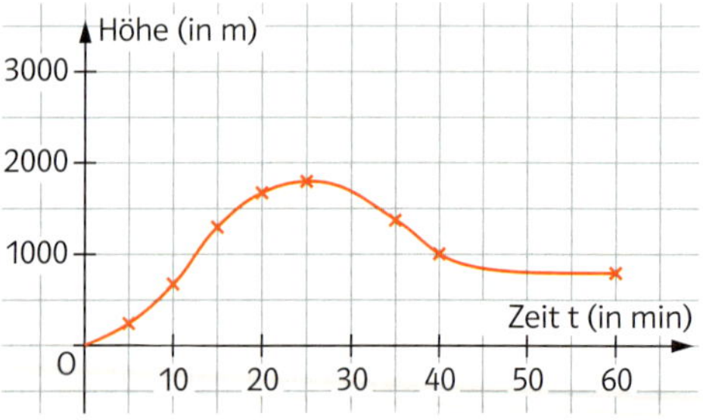

Fig. 3

Fig. 4

IV Schlüsselkonzept: Integral

Aufgaben

1 Bestimmen Sie zur Funktion f mithilfe des Hauptsatzes die Integralfunktion J_u zur unteren Grenze u. Bestätigen Sie, dass J_u eine Stammfunktion von f ist.
a) $f(t) = t^2$; $u = 0$
b) $f(t) = t^2$; $u = 2$
c) $f(x) = e^x + 1$; $u = 0$
d) $f(x) = \sin(2x)$; $u = -2$

○ CAS
Bestimmen einer Integralfunktion

2 Gegeben ist die Funktion f mit $f(x) = \frac{1}{2}x$ (Fig. 1). Ordnen Sie jeder der angegebenen Integralfunktionen von f die zugehörige Wertetabelle zu und ergänzen Sie sie im Heft.

$J_2(x) = \int_2^x \frac{1}{2}t\,dt$; $J_0(x) = \int_0^x \frac{1}{2}t\,dt$; $J_{-4}(x) = \int_{-4}^x \frac{1}{2}t\,dt$

I

x	−4	−2	0	2	4	6
		−3	−4	−3		

II

x	−4	−2	0	2	4	6
		1	0	1	4	

III

x	−4	−2	0	2	4	6
		0	−1	0	3	

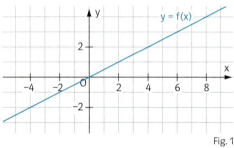

Fig. 1

3 Vervollständigen Sie in Ihrem Heft die Wertetabelle der Integralfunktion J_0 mit
$J_0(x) = \int_0^x f(t)\,dt$ von f (vgl. Fig. 2).

x	−1	0	1	2	3	4
$J_0(x)$			$-\frac{3}{4}$			

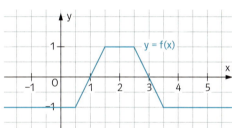

Fig. 2

4 Die Funktion v mit $v(t) = -30(e^{-0.3t} - 1)$ beschreibt modellhaft die Geschwindigkeit eines Autos beim Beschleunigen aus dem Stand (t in Sekunden, v(t) in Metern pro Sekunde, Fig. 3).
a) Skizzieren Sie mithilfe des GTR einen Graphen der Funktion, die den zurückgelegten Weg in Abhängigkeit von der Zeit angibt.
b) Wie weit ist das Auto innerhalb der ersten 4 s bzw. der ersten 8 s gefahren?

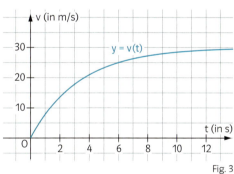

Fig. 3

Zeit zu überprüfen

5 Lösen Sie die Gleichung $\int_1^x \frac{1}{t}\,dt = 2$; $x \geq 1$.

6 Fig. 4 zeigt den Graphen einer Funktion f. Skizzieren Sie näherungsweise den Graphen der Funktion $\int_{-4}^x f(t)\,dt$ für $-4 \leq x \leq 0$.

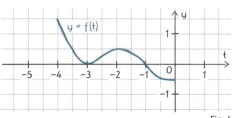

Fig. 4

7 Bestimmen Sie zur Funktion f mit $f(x) = x^2 - 2x$ die Integralfunktionen zu den unteren Grenzen $u = 0$; $u = 1$; $u = -1$.

8 Skizzieren Sie mithilfe des GTR in Ihr Heft einen Graphen der Integralfunktion J_{-1} von f mit $f(x) = e^{-x}$ zur unteren Grenze −1. Bestimmen Sie $J_{-1}(0)$ und $J_{-1}(1)$.
Lösen Sie mit dem GTR die Gleichung $J_{-1}(x) = 2$.

9 Der Graph der Funktion in Fig. 1 stellt modellartig die momentane Änderungsrate der Lufttemperatur an einem Sommertag dar (t in Stunden nach 0 Uhr, f(t) in $\frac{°C}{h}$).
a) In welchen Zeitspannen nimmt die Lufttemperatur zu bzw. ab?
b) Zu welchen Uhrzeiten ändert sich die Lufttemperatur am schnellsten bzw. am langsamsten?
c) Zu welchen Zeitpunkten ist die Lufttemperatur maximal bzw. minimal?
d) Für f gilt $f(t) = \cos\left(\frac{2\pi}{24}(t-12)\right)$. Bestimmen Sie die maximale und die minimale Tagestemperatur, wenn um zwölf Uhr die Temperatur 20°C beträgt.
e) Bearbeiten Sie die Teilaufgaben a) bis d) für die in Fig. 2 gezeigte Modellierung der momentanen Temperaturänderung mit $g(t) = \frac{2\pi}{24}(t-6)$.

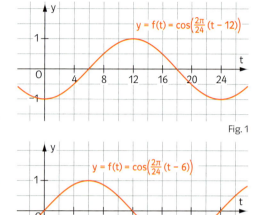
Fig. 1

Fig. 2

10 Bei einer Telefonabstimmung im Fernsehen beschreibt f mit $f(t) = 50t^4 \cdot e^{-t}$ modellhaft die pro Minute ankommenden Anrufe nach Beginn der Aktion (Fig. 3).
a) Was bedeuten in diesem Zusammenhang die Funktionswerte der Integralfunktion
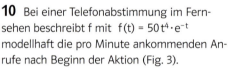
$J_0(x) = \int_0^x f(t)\,dt$? Bestimmen Sie $J_0(4)$ näherungsweise als orientierten Flächeninhalt.
b) Bestimmen Sie mithilfe des GTR die Funktionswerte $J_0(1)$, $J_0(2)$ und $J_0(14)$. Skizzieren Sie einen Graphen von J_0.
c) Wie viele Anrufe gingen zwischen 4 und 8 Minuten nach Beginn der Aktion ein?
d) Nach welcher Zeit sind insgesamt 500 Anrufe eingegangen?
e) Die Telefonzentrale kann höchstens 200 Anrufe pro Minute entgegennehmen. Wann ist die Zahl der Anrufer in der Warteschleife am größten? Wie groß ist diese Anzahl?

Fig. 3

11 Gegeben sind die Graphen einer Funktion f, ihrer Ableitung f' und einer Stammfunktion F. Ordnen Sie jeweils einen Graphen einer der Funktionen f, f' und F zu. Begründen Sie Ihre Zuordnung.

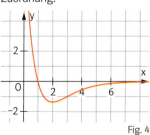
Fig. 4

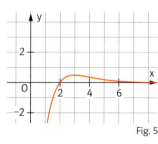
Fig. 5

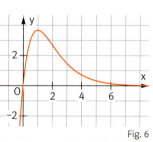
Fig. 6

6 Integral und Flächeninhalt

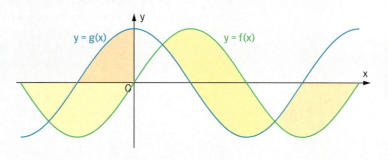

In der Abbildung sind verschiedene Flächen zu den Graphen von f und g mit $f(x) = \sin(x)$ und $g(x) = \cos(x)$ farbig markiert. Zu welchen dieser Flächen können Sie den Inhalt berechnen?

Bisher wurde das Integral dazu verwendet, Gesamtänderungen von Größen bzw. orientierte Flächeninhalte zu bestimmen. Dabei werden die Inhalte von oberhalb der x-Achse liegenden Flächen positiv, die Inhalte von unterhalb der x-Achse liegenden Flächen negativ gezählt. Wenn man dagegen den Inhalt der gesamten Fläche zwischen einem Graphen und der x-Achse bestimmen will, ist zu beachten, dass diese Flächeninhalte nie negativ sein können. Damit kann man die Inhalte solcher Flächen folgendermaßen mit Integralen bestimmen:

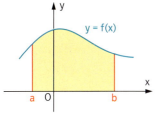
Fig. 1

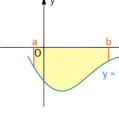
Fig. 2

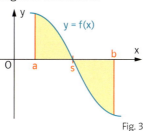
Fig. 3

In Fig. 3 kann man auch das Betragszeichen verwenden:
$$\int_a^s f(x)\,dx + \left|\int_s^b f(x)\,dx\right|$$

$$A = \int_a^b f(x)\,dx$$

$$A = -\int_a^b f(x)\,dx = \left|\int_a^b f(x)\,dx\right|$$

$$A = \int_a^s f(x)\,dx - \int_s^b f(x)\,dx$$

In Fig. 3 liegt die Fläche zum Teil unterhalb und zum Teil oberhalb der x-Achse. Diese Fläche muss deshalb mit zwei Integralen berechnet werden. Falls die Nullstelle s nicht bekannt ist, muss sie vorher bestimmt werden.

In Fig. 4 soll der Inhalt A der Fläche bestimmt werden, die von den Graphen zweier Funktionen f und g begrenzt wird. Es gilt:
$$A = \int_a^b f(x)\,dx - \int_a^b g(x)\,dx = \int_a^b (f(x) - g(x))\,dx.$$
Damit bei der Fläche in Fig. 5 so wie in Fig. 4 vorgegangen werden kann, verschiebt man beide Graphen um d so weit nach oben, bis sie im Intervall [a; b] vollständig oberhalb der x-Achse liegen (Fig. 6).

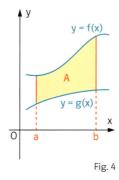
Fig. 4

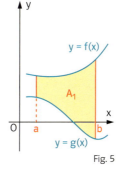
Fig. 5

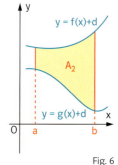
Fig. 6

Da sich bei der Verschiebung der Flächeninhalt nicht ändert, gilt:
$$A_1 = A_2 = \int_a^b (f(x) + d)\,dx - \int_a^b (g(x) + d)\,dx = \int_a^b (f(x) + d - g(x) - d)\,dx = \int_a^b (f(x) - g(x))\,dx.$$
Wenn $f(x) \geq g(x)$ auf [a; b] ist, ist die Berechnungsmethode für Flächeninhalte zwischen Graphen dieselbe, unabhängig davon, ob Teile der Fläche oberhalb bzw. unterhalb der x-Achse liegen.

Bei der Berechnung des **Flächeninhalts zwischen dem Graphen einer Funktion f und der x-Achse** über dem Intervall [a; b] geht man so vor:
1. Man bestimmt die Nullstellen von f auf [a; b].
2. Man untersucht, welches Vorzeichen f(x) in den Teilintervallen hat.
3. Man bestimmt die Inhalte der Teilflächen und addiert sie.

Wird eine **Fläche** über dem Intervall [a; b] **von den Graphen zweier Funktionen f und g begrenzt** und gilt $f(x) \geq g(x)$ für alle $x \in [a; b]$, dann gilt für ihren Inhalt A:

$$A = \int_a^b (f(x) - g(x))\,dx.$$

Soll ein Flächeninhalt wie in Fig. 1 mit dem GTR berechnet werden, kann man sich die Bestimmung der Nullstellen ersparen, indem man die Betragsfunktion verwendet und nur das Integral $\int_a^c |f(x)|\,dx$ berechnet.

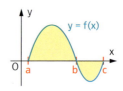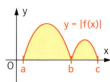

Fig. 1

® CAS
Flächeninhalt

Beispiel 1 Flächen teilweise unterhalb, teilweise oberhalb der x-Achse
Gegeben ist die Funktion f mit $f(x) = x^2 - 2x$.
Berechnen Sie den Inhalt der Fläche, die vom Graphen von f, der x-Achse und den Geraden $x = -1$ und $x = 3$ einschlossen wird.
a) ohne GTR b) mit GTR

■ Lösung: a) *Es handelt sich um die gefärbte Fläche in Fig. 2.*
Bestimmung der Nullstellen $f(x) = 0$:
$x(x-2) = 0$; $x_1 = 0$; $x_2 = 2$.
$A = \int_{-1}^{0}(x^2-2x)\,dx - \int_{0}^{2}(x^2-2x)\,dx + \int_{2}^{3}(x^2-2x)\,dx$
$= \left[\frac{1}{3}x^3 - x^2\right]_{-1}^{0} - \left[\frac{1}{3}x^3 - x^2\right]_{0}^{2} + \left[\frac{1}{3}x^3 - x^2\right]_{2}^{3}$
$= \frac{4}{3} + \frac{4}{3} + \frac{4}{3} = 4.$

b) *Man verwendet statt der Funktion f die Betragsfunktion $|f(x)|$ von f.*
Es ist $A = \int_{-1}^{3} |x^2 - 2x|\,dx = 4$ (Fig. 3 und 4).

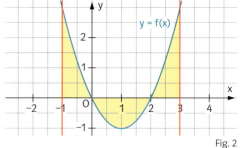

Fig. 2

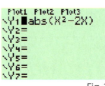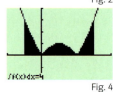

Fig. 3   Fig. 4

Eine Möglichkeit der Berechnung mit dem GTR im Rechenbildschirm:

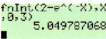

Fig. 5

Beispiel 2 Fläche zwischen zwei Graphen; die Graphen schneiden sich nicht
Gegeben sind die Funktionen f und g mit $f(x) = e^{-x}$ und $g(x) = 2$ (Fig. 6).
Berechnen Sie den Inhalt A der Fläche, die von den Graphen der Funktionen f und g, der y-Achse und der Geraden $x = 3$ begrenzt wird.

■ Lösung: *Die Fläche ist in Fig. 6 gefärbt.*
Im Intervall [0; 3] ist $g(x) \geq f(x)$. Also gilt:
$A = \int_0^3 (g(x) - f(x))\,dx = \int_0^3 (2 - e^{-x})\,dx = [2x + e^{-x}]_0^3$
$= (6 + e^{-3}) - (0 + e^0) = 5 + e^{-3} \approx 5{,}05.$

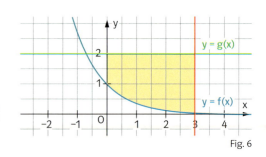

Fig. 6

Beispiel 3 Fläche zwischen zwei Graphen; die Graphen schneiden sich
Die Funktionen f und g mit $f(x) = x^3 - 6x^2 + 9x$ und $g(x) = -\frac{1}{2}x^2 + 2x$ schließen eine Fläche ein.
a) Verschaffen Sie sich einen Überblick über den Verlauf der Graphen und berechnen Sie mithilfe des GTR den Inhalt dieser Fläche.
b) Beschreiben Sie, wie man den Flächeninhalt ohne GTR bestimmen kann.

■ **Lösung:** a) *Mithilfe des GTR verschafft man sich einen Überblick über die Graphen von f und g.*

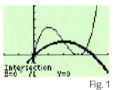
Fig. 1

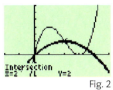
Fig. 2

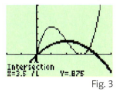
Fig. 3

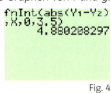
Fig. 4

Die Graphen haben Schnittstellen bei $a = 0$; $b = 2$ und $c = 3,5$.
Es gilt: $A = \int_0^2 |f(x) - g(x)|dx + \int_2^{3,5} |f(x) - g(x)|dx = \int_0^{3,5} |f(x) - g(x)|dx \approx 4{,}88$ (siehe Fig. 4).

b) Zunächst bestimmt man alle Lösungen a, b, c … der Gleichung $f(x) = g(x)$. Dann wird für jedes Intervall [a; b], [b; c] … der Flächeninhalt gesondert berechnet. Gilt in dem betreffenden Intervall $f(x) \geq g(x)$, lautet der Integrand $f(x) - g(x)$, sonst $g(x) - f(x)$. Die Summe dieser Integrale ergibt den gesuchten Flächeninhalt.

Aufgaben

1 Bestimmen Sie den Inhalt der gefärbten Fläche.

a)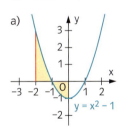
Fig. 5

b)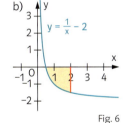
Fig. 6

c)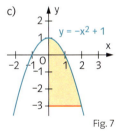
Fig. 7

d)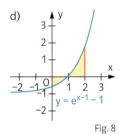
Fig. 8

2 Gegeben sind die Funktionen f und g. Drücken Sie den Inhalt der beschriebenen Fläche mit A_1, A_2, A_3 … aus und berechnen Sie sie mit einem Integral.
Fläche I: Begrenzt vom Graphen von f und der x-Achse.
Fläche II: Begrenzt von den Graphen von f und g.
Fläche III: Im 1. Quadranten begrenzt vom Graphen von f, der x-Achse und der y-Achse.
Fläche IV: Im 3. Quadranten begrenzt vom Graphen von f, der x-Achse und der Geraden $x = -2$.
a) $f(x) = -0{,}5x^2 + 0{,}5$; $g(x) = -1{,}5$
b) $f(x) = -x^2 + 2$; $g(x) = 2x^2 - 1$

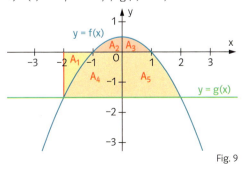
Fig. 9

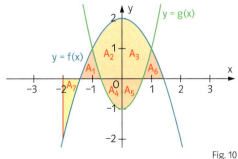
Fig. 10

3 Wie groß ist die Fläche, die der Graph von f mit der x-Achse einschließt?
a) $f(x) = 0{,}5x^2 - 3x$
b) $f(x) = (x-1)^2 - 1$
c) $f(x) = x^4 - 4x^2$

4 Berechnen Sie den Inhalt der Fläche, die von den Graphen von f und g sowie den angegebenen Geraden begrenzt wird.
a) $f(x) = 0{,}5x$; $g(x) = -x^2 + 4$; $x = -1$; $x = 1$
b) $f(x) = x^3$; $g(x) = x$; $x = 0$; $x = 1$

5 Wie groß ist die Fläche, die von den Graphen von f und g begrenzt wird?
a) $f(x) = x^2$; $g(x) = -x^2 + 4x$
b) $f(x) = -\frac{1}{x^2}$; $g(x) = 2{,}5x - 5{,}25$

Zeit zu überprüfen

6 Berechnen Sie in Fig. 1 den Inhalt der vom Graphen von f und der x-Achse begrenzten Fläche.

7 Berechnen Sie den beschriebenen Flächeninhalt in Fig. 1.
a) Begrenzt von den Graphen von f und g.
b) Begrenzt von den Graphen von f und g und der x-Achse.
c) Begrenzt vom Graphen von f, der y-Achse und der Geraden $y = 4$.

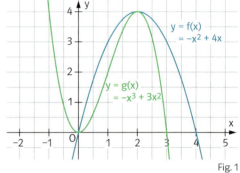

Fig. 1

8 Für jedes $t > 0$ ist eine Funktion f_t gegeben durch $f_t(x) = \frac{t}{x^2}$. Der Graph von f_t schließt mit der x-Achse über dem Intervall [1; 2] eine Fläche A(t) ein.
Bestimmen Sie A(t) in Abhängigkeit von t. Für welches t beträgt dieser Flächeninhalt 8 FE?

9 Für jedes $t > 0$ ist eine Funktion f_t gegeben durch $f_t(x) = x^2 - t^2$. Der Graph von f_t schließt mit der x-Achse eine Fläche A(t) ein.
Bestimmen Sie A(t) in Abhängigkeit von t. Für welche t beträgt der Flächeninhalt 36 FE?

10 Die Graphen von f_a mit $f_a(x) = a \cdot \sin(x)$ und g_a mit $g_a(x) = -\frac{1}{a} \cdot \sin(x)$ begrenzen für $x \in [0; \pi]$ eine Fläche. Für welche Werte von a ist dieser Flächeninhalt minimal? Geben Sie den minimalen Inhalt an.

11 Beweisen Sie: Der Graph von f mit $f(x) = x^2$, die Tangente an f in $P(a|f(a))$ und die y-Achse begrenzen eine Fläche mit dem Inhalt $A = \frac{1}{3}a^2$.

Zeit zu wiederholen

Rechnen Sie möglichst wenig! Hier ist Argumentieren gefragt.

12 a) Die Graphen in Fig. 2 gehören zu den Funktionen f, g, h und i. Ordnen Sie jeder Funktion den passenden Graphen zu und begründen Sie Ihre Entscheidung.
$f(x) = x^3 - x$; $g(x) = x^4 - 4x^2$; $h(x) = x^3 - 2x^2$; $i(x) = -x^3 + 2x^2$

A) 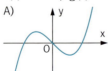 B) 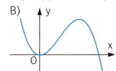 C) 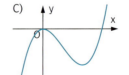 D)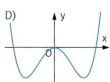

Fig. 2

b) Warum kann kein Graph aus Fig. 2 zur Funktion j mit $j(x) = 3x^2 + 4x - 2$ gehören?

*7 Unbegrenzte Flächen

In Fig. 1 sind Holzklötze mit der Breite 1m und den Höhen 1m, $\frac{1}{2}$m, $\frac{1}{4}$m usw. zu einem Turm aufeinandergeschichtet. Dieselben Klötze sind in Fig. 2 nebeneinandergelegt.
Kann man bei „unendlich vielen Klötzen" etwas über die Höhe des Turms und den Flächeninhalt unter dem eingezeichneten Graphen sagen?

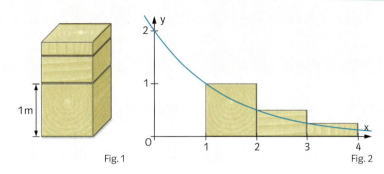

Fig. 1   Fig. 2

Wenn eine Funktion f den momentanen Wasserausstoß einer Quelle beschreibt, kann man den Gesamtausstoß als Fläche zwischen dem Graphen von f und der x-Achse veranschaulichen. Liefert die Quelle zeitlich unbegrenzt Wasser, dann scheint die gesamte gelieferte Wassermenge und damit der Flächeninhalt ebenfalls unbegrenzt anzuwachsen. Diese Situation wird mithilfe des Integrals untersucht.

Die Fläche in Fig. 3 ist zunächst nach oben *und* nach rechts unbegrenzt. Durch Einfügen einer linken bzw. rechten festen Grenze wird die Problemstellung vereinfacht.

Nach rechts unbegrenzte Fläche: Nach oben unbegrenzte Fläche:

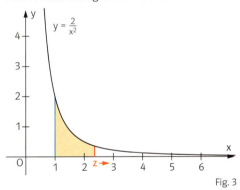 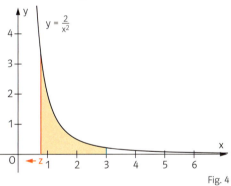

Fig. 3   Fig. 4

Um den Inhalt der nach rechts unbegrenzten Fläche in Fig. 3 zu untersuchen, berechnet man zunächst mit der variablen rechten Grenze z den Inhalt der Fläche über dem Intervall [1; z].

$$A(z) = \int_1^z \frac{2}{x^2} dx = \left[-\frac{2}{x}\right]_1^z = -\frac{2}{z} + 2 = 2 - \frac{2}{z}$$

Da $A(z) \to 2$ für $z \to +\infty$ gilt, ist der Flächeninhalt der unbegrenzten Fläche in Fig. 3 $A = 2$.

Um den Inhalt der nach oben unbegrenzten Fläche in Fig. 4 zu untersuchen, berechnet man zunächst mit der variablen linken Grenze z den Inhalt der Fläche über dem Intervall [z; 3].

$$A(z) = \int_z^3 \frac{2}{x^2} dx = \left[-\frac{2}{x}\right]_z^3 = -\frac{2}{3} + \frac{2}{z}$$

Da $A(z) \to +\infty$ für $z \to 0$ (und $0 < z < 3$) gilt, hat die unbegrenzte Fläche in Fig. 4 keinen endlichen Inhalt.

Da in Fig. 3 der Grenzwert $\lim\limits_{z \to \infty} \int_1^z \frac{2}{x^2} dx$ existiert, schreibt man dafür auch: $\int_1^\infty \frac{2}{x^2} dx$.

Die entsprechende Schreibweise $\int_0^3 \frac{2}{x^2} dx$ ist nicht möglich, da kein Grenzwert existiert.

Diese Integrale, die sich als Grenzwert ergeben, nennt man **uneigentliche Integrale**.

Bei der Untersuchung von **unbegrenzten Flächen** auf einen Inhalt untersucht man Integrale mit einer variablen Grenze und einer festen Grenze wie $\int_1^z f(x)dx$ oder wie $\int_z^3 f(x)dx$ auf einen **Grenzwert** für $z \to \pm\infty$ bzw. für $z \to c$ (c ist eine Konstante). Existieren die Grenzwerte, schreibt man: $\lim\limits_{z \to \infty} \int_1^z f(x)dx = \int_1^\infty f(x)dx$ bzw. $\lim\limits_{z \to c} \int_z^b f(x)dx = \int_c^b f(x)dx$.

IV Schlüsselkonzept: Integral

Beispiel Unbegrenzte Wassermenge bestimmen

Schüttung ist ein anderer Ausdruck für die momentane Wasserabgabe der Quelle.

Die Schüttung S(t) einer Quelle wird modellhaft beschrieben durch $S(t) = \frac{3}{(t+1)^2}$ (t ≥ 0; t in Stunden, S(t) in Kubikmetern pro Stunde).

a) Fertigen Sie eine Skizze des Graphen von S an. Zeigen Sie, dass die Quelle unaufhörlich Wasser spendet.

b) Treffen Sie eine Aussage über die Wassermenge, die zeitlich unbegrenzt aus der Quelle fließen kann.

■ Lösung: a) Skizze siehe Fig. 1.
Für t > 0 ist S(t) > 0, das heißt, die Quelle spendet unaufhörlich Wasser.

b) Die bis zum Zeitpunkt z ausgetretene Wassermenge W(z) entspricht dem Integral

$W(z) = \int_0^z \frac{3}{(t+1)^2} dt = \left[\frac{-3}{(t+1)}\right]_0^z = \frac{-3}{(z+1)} + 3$.

Für z → ∞ gilt: A(z) → 3.

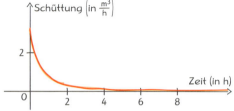

Fig. 1

Bei zeitlich unbegrenzter Schüttung könnte die Quelle insgesamt 3 m³ Wasser liefern.

Aufgaben

1 Untersuchen Sie, ob die gefärbte unbegrenzte Fläche einen endlichen Inhalt A hat. Geben Sie gegebenenfalls A an.

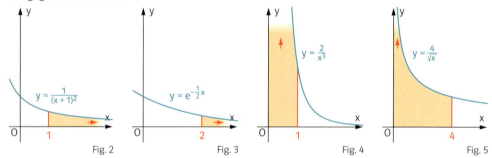

Fig. 2   Fig. 3   Fig. 4   Fig. 5

2 In einem Science-Fiction-Film beträgt die Geschwindigkeit v(t) einer Weltraumrakete $v(t) = \frac{1000}{\sqrt{t+1}}$ (t ≥ 0; t in h; v in $\frac{km}{h}$). Fliegt die Rakete „unendlich weit"?

3 Der Graph der Funktion f mit f(x) = 2e^x schließt mit den Koordinatenachsen eine nach links nicht begrenzte Fläche ein. Zeigen Sie, dass diese Fläche einen endlichen Inhalt A hat.

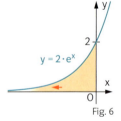

Fig. 6

Zeit zu überprüfen

4 Der Graph von f mit $f(x) = \frac{4}{x^3}$ schließt mit der x-Achse über dem Intervall [0,5; ∞) eine nach rechts unbegrenzte Fläche ein. Untersuchen Sie, ob diese Fläche einen endlichen Inhalt A hat. Geben Sie gegebenenfalls A an.

CAS Fläche ins Unendliche

5 Gegeben sind die Funktionen f mit: I. $f(x) = \frac{1}{x^3}$, II. $f(x) = \frac{1}{x^2}$, III. $f(x) = \frac{1}{\sqrt{x}}$.

a) Der Graph jeder Funktion f schließt mit der x-Achse über dem Intervall [1; ∞) eine nach rechts unbegrenzte Fläche ein. Untersuchen Sie, ob diese Fläche einen endlichen Inhalt hat.

b) Untersuchen Sie entsprechend die nach oben unbegrenzte Fläche.

*8 Integral und Rauminhalt

Die gefärbten Flächen werden schnell um die Achse A einer Bohrmaschine gedreht. Es entsteht so die Illusion eines Körpers. Beschreiben Sie die entstehenden Körper.

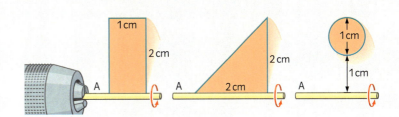

Mit dem Integral wurden bisher Fragestellungen zu den Themen Flächeninhalt, Änderung von Größen und Mittelwert bearbeitet. Mit demselben Konzept kann man auch Rauminhalte von Körpern bestimmen, insbesondere von **Rotationskörpern**. Ein Rotationskörper entsteht, wenn die vom Graphen einer Funktion f über dem Intervall [a; b] eingeschlossene Fläche (orange in Fig. 1) um die x-Achse rotiert.

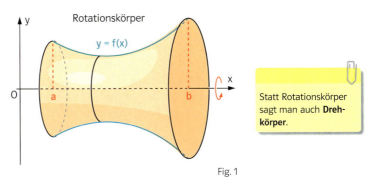

Statt Rotationskörper sagt man auch **Drehkörper**.

Fig. 1

Die Bestimmung des Volumens bei Rotationskörpern orientiert sich am Verfahren zur Bestimmung von Flächeninhalten.

Flächeninhalte

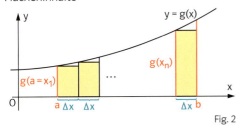

Fig. 2

Rauminhalte

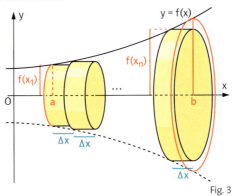

Fig. 3

1. Schritt: Die Fläche wird mit gleich breiten Rechtecken angenähert. Jedes Rechteck hat die Breite Δx.
Der Flächeninhalt aller Rechtecke ist
$A_n = g(x_1) \cdot \Delta x + g(x_2) \cdot \Delta x + \ldots + g(x_n) \cdot \Delta x$ (*).

1. Schritt: Der Körper wird mit gleich breiten Zylindern angenähert. Jeder Zylinder hat die Höhe Δx.
Das Volumen aller Zylinder ist
$V_n = \pi (f(x_1))^2 \cdot \Delta x + \pi (f(x_2))^2 \cdot \Delta x + \ldots + \pi (f(x_n))^2 \cdot \Delta x$.
Dies entspricht einer Summe wie (*), wenn man $g(x) = \pi \cdot (f(x))^2$ setzt.

2. Schritt: Bestimmung des Grenzwertes $\lim_{n \to \infty} A_n$. Dieser Grenzwert entspricht nach Definition dem Integral $\int_a^b g(x)\,dx$.

2. Schritt: Bestimmung des Grenzwertes $\lim_{n \to \infty} V_n$. Dieser entspricht dem Integral
$\int_a^b g(x)\,dx = \int_a^b \pi \cdot (f(x))^2\,dx = \pi \int_a^b (f(x))^2\,dx$.

Satz: Die Funktion f sei auf [a; b] differenzierbar. Rotiert die Fläche unter dem Graphen von f über dem Intervall [a; b] um die x-Achse, so entsteht ein **Rotationskörper**.

Sein **Volumen** V beträgt $V = \pi \int_a^b (f(x))^2 \, dx$.

Beispiel Bestimmung des Rauminhaltes eines Rotationskörpers

Durch Rotation der Graphen von f mit $f(x) = \sqrt{x}$ und g mit $g(x) = \sqrt{x - 0{,}5}$ um die x-Achse entsteht der Glaskörper eines Sektglases (ohne Stiel, LE 1 cm, vgl. Fig. 1).

a) Wie viel Sekt passt in das Glas, wenn es maximal voll ist?

b) Welches Volumen hat das zur Herstellung benötigte Glas?

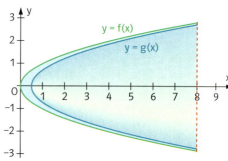

Fig. 1

■ Lösung: a) *Das gesuchte Volumen entspricht dem Volumen des Rotationskörpers, der bei Rotation der zum Graphen von g gehörenden Fläche über [0,5; 8] entsteht.*

$V_g = \pi \int_{0,5}^{8} (\sqrt{x - 0{,}5})^2 \, dx = \pi \int_{0,5}^{8} (x - 0{,}5) \, dx = \pi \left[\frac{1}{2}x^2 - \frac{1}{2}x\right]_{0,5}^{8} = 28{,}125\,\pi \approx 88{,}36$

Man kann maximal ca. 88 ml Sekt einfüllen.

b) V_g sei das Volumen des Körpers, der bei Rotation der zu g gehörenden Fläche entsteht; V_f das Volumen des Körpers, der bei Rotation der zu f gehörenden Fläche entsteht.

Für das gesuchte Volumen V gilt dann: $V = V_f - V_g$.

$V_f = \pi \int_0^8 (\sqrt{x})^2 \, dx = \pi \int_0^8 x \, dx = \pi \left[\frac{1}{2}x^2\right]_0^8 = 32\,\pi$; $V_g = 28{,}125\,\pi$ (siehe Teilaufgabe a))

$V = V_f - V_g = 3{,}875\,\pi$. Das Glasvolumen beträgt etwa 12,17 cm³.

Aufgaben

1 Die gefärbte Fläche rotiert um die x-Achse. Bestimmen Sie das Volumen des durch die Rotation erzeugten Drehkörpers.

a)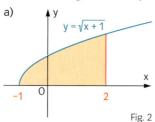

Fig. 2

b)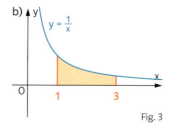

Fig. 3

c)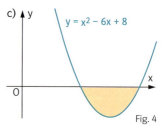

Fig. 4

2

a)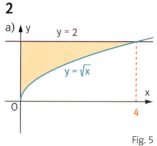

Fig. 5

b)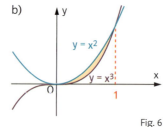

Fig. 6

c)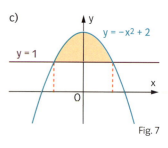

Fig. 7

3 Die Fläche zwischen dem Graphen von f und der x-Achse über [a; b] rotiert um die x-Achse (Fig. 1). Skizzieren Sie den Graphen von f und berechnen Sie das Volumen des Rotationskörpers.
a) $f(x) = 2e^{-0,4x}$; $a = 1$; $b = 3$ b) $f(x) = \sin(x)$; $a = 0$; $b = \pi$ c) $f(x) = \frac{1}{(x-1)^2}$; $a = 2$; $b = 5$

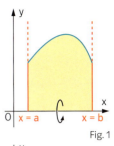
Fig. 1

4 Der Graph von f begrenzt mit der x-Achse eine Fläche, die um die x-Achse rotiert (Fig. 2). Skizzieren Sie den Graphen von f und berechnen Sie das Volumen des Rotationskörpers.
a) $f(x) = 3x - \frac{1}{2}x^2$ b) $f(x) = x^2(x+2)$ c) $f(x) = x\sqrt{4-x}$ d) $f(x) = (e^x - 1) \cdot (4 - x)$

5 Die Fläche zwischen den Graphen von f und g über [a; b] rotiert um die x-Achse (Fig. 3). Berechnen Sie den Rauminhalt des Drehkörpers.
a) $f(x) = \sqrt{x+1}$; $g(x) = 1$; $a = 3$; $b = 8$ b) $f(x) = x^2 + 1$; $g(x) = -x^2 + 3$; $a = -1$; $b = 1$

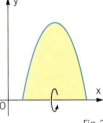
Fig. 2

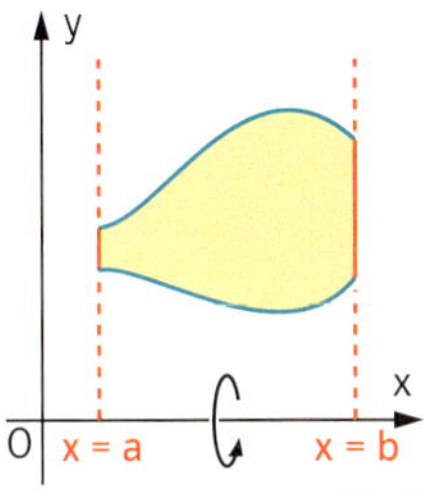

6 Beschreiben Sie einen Körper, dessen Volumen V man so berechnen kann:
$$V = \pi \int_0^5 2^2 \, dx - \pi \int_0^5 1,5^2 \, dx.$$

Achtung!
In Aufgabe 6 ist $V = \pi \int_0^5 (f(x))^2 \, dx - \pi \int_0^5 (g(x))^2 \, dx$
$= \pi \int_0^5 ((f(x))^2 - (g(x))^2) \, dx$
aber $V \neq \pi \int_0^5 (f(x) - g(x))^2 \, dx$.
Begründen Sie dies anschaulich.

7 Durch Rotation des Graphen von f mit $f(x) = \sqrt{x}$ um die x-Achse entsteht der Hohlkörper eines liegenden Gefäßes. Dieses Gefäß wird aufgestellt und mit Wasser gefüllt. Bis zu welcher Höhe steht die Flüssigkeit, wenn das Volumen des Wassers 30 VE beträgt?

Fig. 3

Zeit zu überprüfen

8 Durch Rotation der Graphen von f mit $f(x) = 0,5x + 1$ und g mit $g(x) = 1,5\sqrt{x-1}$ über dem Intervall [0; 4] um die x-Achse entsteht der Glaskörper einer kleinen Schale (LE 1 cm, vgl. Fig. 4).
a) Wie viel Wasser passt in die Schale?
b) Welches Volumen hat das zur Herstellung benötigte Glas?

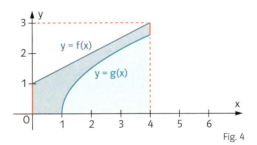
Fig. 4

9 Die Graphen der Funktionen f und g begrenzen eine Fläche, die um die x-Achse rotiert. Skizzieren Sie die Graphen von f und g und berechnen Sie das Volumen des entstehenden Rotationskörpers (vgl. Fig. 5).
a) $f(x) = \frac{1}{2}x$; $g(x) = \sqrt{x}$ b) $f(x) = 3x^2 - x^3$; $g(x) = x^2$ c) $f(x) = 3x^2 - x^3$; $g(x) = 2x$

10 Der Graph von f mit $f(x) = 2e^{0,1x}$ rotiert über dem Intervall [0; 6] um die Gerade $y = 1$. Berechnen Sie den Rauminhalt des Rotationskörpers.

11 Die Fläche unter dem Graphen von f mit $f(x) = \frac{1}{x}$ über [1; z] rotiert um die x-Achse. Untersuchen Sie, ob der dabei entstehende Drehkörper für $z \to \infty$ ein endliches Volumen hat.

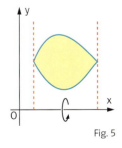
Fig. 5

12 Die Fläche zwischen dem Graphen von f und der x-Achse über dem Intervall [a; b] rotiert um die x-Achse. Wie ändert sich das Volumen des entstehenden Rotationskörpers, wenn f durch $2 \cdot f$ bzw. durch $0,5 \cdot f$ ersetzt wird?

Zu Aufgabe 12: Was vermuten Sie für den zugehörigen Flächeninhalt?

Wahlthema: Mittelwerte von Funktionen

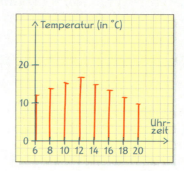
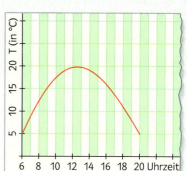

Die Graphen zeigen Temperaturaufzeichnungen von zwei verschiedenen Orten am gleichen Tag.
An welchem Ort war es wärmer?

Der Begriff des Mittelwertes $\overline{m}$ von endlich vielen Zahlen ist so festgelegt:
$\overline{m} = \frac{1}{n} \cdot (z_1 + z_2 + \ldots + z_n)$. Der Mittelwert wird oft verwendet, um auf einfache Weise Aussagen über die Wirkung von Größen zu erhalten. So hat z.B. die Durchschnittsnote von Klausuren eine entscheidende Auswirkung auf die Endnote. Der Begriff des Mittelwertes wird nun auf eine Funktion auf einem Intervall [a; b] erweitert.

Statt Mittelwert und im Mittel sagt man auch Durchschnitt und durchschnittlich.

Die Funktion f mit $f(t) = \frac{90}{(t+5)^2}$ gibt modellhaft die Schüttung einer Quelle an (t in Stunden, f(t) in $\frac{m^3}{h}$, Fig. 1). Im Intervall [0; 10] liefert die Quelle die Wassermenge
$W = \int_0^{10} f(t)\,dt = \left[\frac{-90}{t+5}\right]_0^{10} = 12\,m^3$.
Bei einer konstanten Schüttung von
$\overline{W} = \frac{1}{10} \cdot 12 \frac{m^3}{h} = 1{,}2 \frac{m^3}{h}$ hätte sich dieselbe Wassermenge ergeben.

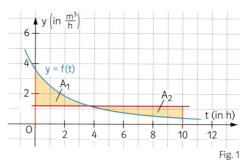

Fig. 1

$\overline{W}$ kann man in Fig. 1 näherungsweise grafisch bestimmen. Dazu legt man eine Parallele zur x-Achse so, dass $A_1 = A_2$ gilt.

Definition: Die Zahl $\overline{m} = \frac{1}{b-a} \int_a^b f(x)\,dx$ heißt **Mittelwert der Funktion f auf [a; b]**.

Beispiel Mittelwerte bestimmen und vergleichen
Die Herstellungskosten einer Spezialmaschine werden durch die Funktion f mit
$K(x) = \frac{15x + 400}{x + 5}$ modelliert. Dabei gibt K(x) die Kosten in 10 000 € für die x-te Maschine an.
Bestimmen Sie den Mittelwert $\overline{K}$ der Herstellungskosten für die ersten 100 Maschinen mithilfe
a) eines Integrals, b) mithilfe des Mittelwertes für endlich viele Zahlen und vergleichen Sie dieses Ergebnis mit dem aus a).

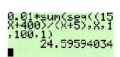

- Lösung: a) $\overline{K} = \frac{1}{100} \int_{0{,}5}^{100{,}5} f(x)\,dx \approx 24{,}78$. Die mittleren Kosten betragen 247 800 €.

b) $\overline{K} = \frac{1}{100} \cdot (K(1) + K(2) + \ldots + K(100)) \approx 24{,}60$ (Fig. 2). Die mittleren Kosten betragen 246 000 €.
Diese Lösung ist nach der Aufgabenstellung die genaue Lösung, a) ist eine Näherung.

Fig. 2

Aufgaben

1 Skizzieren Sie den Graphen von f. Bestimmen Sie den Mittelwert $\overline{m}$ von Funktion f auf [a; b] und veranschaulichen Sie $\overline{m}$.
a) $f(x) = -x^2 + 4x$; a = 0; b = 4   b) $f(x) = 10e^{-x}$; a = 3; b = 6   c) $f(x) = 1 - \left(\frac{2}{x}\right)^2$; a = 1; b = 3

2 Bestimmen Sie für den Graphen in Fig. 1 grafisch den Mittelwert über [0; 4].

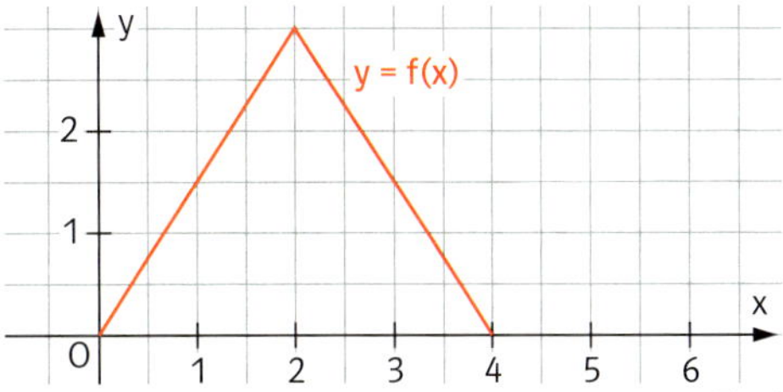

3 Gegeben ist der Graph der Funktion f und der Mittelwert $\overline{m} = 2$ von f auf [1; 5] (Fig. 2). Bestimmen Sie $\int_1^5 f(x)\,dx$ und beschreiben Sie das Größenverhältnis von A_1 zu A_2.

4 Die Bevölkerungszahl von Mexiko kann mit $B(t) = 67{,}38 \cdot 1{,}026^t$ modelliert werden (t in Jahren seit 1980; B(t) in Millionen). Wie hoch war im Zeitraum von 1980 bis 1990 die durchschnittliche Bevölkerungszahl? Vergleichen Sie mit dem Durchschnitt der Zahlen von 1990 und 2000.

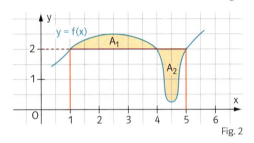

Fig. 1

Fig. 2

Zeit zu überprüfen

Das Auto in Aufgabe 5 beschleunigt auf 100 $\frac{km}{h}$. Es gilt $1\frac{m}{s} = 3{,}6\frac{km}{h}$.

5 Ein Auto fährt für $0 \leq t \leq 10$ mit der Geschwindigkeit $v(t) = \frac{1}{3{,}6}t \cdot (20 - t)$ (t in s, v in $\frac{m}{s}$).
a) Zeichnen Sie den Graphen von f und bestimmen Sie ohne Rechnung näherungsweise die mittlere Geschwindigkeit $\overline{v}$.
b) Bestimmen Sie die mittlere Geschwindigkeit $\overline{v}$ rechnerisch.
c) Wie weit ist das Auto in diesen 10 s gefahren?

6 Geben Sie drei Funktionen an, deren Mittelwert auf dem Intervall [−2; 2] genau 1 ist.

Rechnen Sie in Aufgabe 7 wie im Beispiel auf Seite 138 auf zwei verschiedene Arten.

7 Die Produktionskosten eines Werkstücks verkleinern sich mit fortdauernder Produktion. Sie betragen für das x-te Werkstück K(x) mit $K(x) = \frac{1}{15\,000}(x - 600)^2 + 21$ (K(x) in €).
a) Wie hoch sind bei einer Produktion von 400 Stück die gesamten Produktionskosten und die durchschnittlichen Kosten pro Stück?
b) Bei welcher Stückzahl liegt der durchschnittliche Preis zum ersten Mal unter 37 €?

8 Begründen Sie ohne Verwendung des Integrals, dass der Mittelwert von f mit $f(x) = \sin(x)$ auf $[0; \pi]$ größer als 0,5 ist.

In Aufgabe 9 wird jeder Monat mit 30 Tagen angesetzt. Der Juni besteht dann aus den Tagen 151 bis 181.

9 Die Tageslänge beträgt in Madrid näherungsweise $H(t) = 12 + 2{,}4 \sin[0{,}0172(t - 80)]$, (t in Tagen nach Jahresbeginn, H(t) in Stunden). Bestimmen Sie die durchschnittliche Tagesdauer im Juni.

Fig. 3

IV Schlüsselkonzept: Integral

Wahlthema: Länge eines Kurvenstücks

Bei welchen Graphen können Sie die Länge des gefärbten Bogenstücks berechnen?

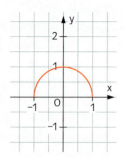 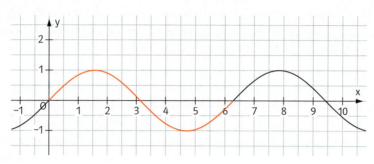 

Einem durch den Graphen einer Funktion f festgelegten Kurvenstück K kann man unter bestimmten Voraussetzungen eine Länge s zuordnen. Die Funktion f sei dazu im Intervall $I = [a; b]$ differenzierbar und f' außerdem noch stetig.

Zur Ermittlung der Länge wird das Kurvenstück K durch einen Streckenzug angenähert, die einzelnen Längen der Teilstrecken werden addiert und der Grenzübergang zu unendlich vielen Strecken vollzogen. Dies entspricht dem Vorgehen in der Integralrechnung.

Im Einzelnen sieht dies wie folgt aus (Fig. 1):

Das Intervall $[a; b]$ wird in n gleich lange Teilintervalle der Länge $\Delta x = \frac{b-a}{n}$ aufgeteilt. Die den x-Werten $a = x_0, x_1, x_2, \ldots x_n = b$ zugeordneten Punkte auf dem Kurvenstück bilden einen Sehnenzug $P_0P_1P_2\ldots P_n$ (Fig. 1).

Für die Gesamtlänge der Sehnen gilt dann

$s_n = \sqrt{(\Delta x)^2 + (\Delta y_1)^2} + \sqrt{(\Delta x)^2 + (\Delta y_2)^2} + \ldots$
$\qquad + \sqrt{(\Delta x)^2 + (\Delta y_n)^2}$

oder

$s_n = \Delta x \cdot \sqrt{1 + \left(\frac{\Delta y_1}{\Delta x}\right)^2} + \sqrt{1 + \left(\frac{\Delta y_2}{\Delta x}\right)^2} + \ldots$
$\qquad + \sqrt{1 + \left(\frac{\Delta y_n}{\Delta x}\right)^2}$ (1)

mit $\Delta x = x_k - x_{k-1} = \frac{b-a}{n}$ und
$\Delta y_k = f(x_k) - f(x_{k-1}), \; k = 1, 2, \ldots, n$ (Fig. 1).

Dabei ist der Quotient $\frac{\Delta y_k}{\Delta x_k}$ die mittlere Änderungsrate von f im Intervall $[x_{k-1}; x_k]$. Erhöht man die Zahl der Intervalle und lässt $n \to \infty$ streben, dann strebt der Quotient $\frac{\Delta y_k}{\Delta x_k}$ gegen die momentane Änderungsrate $f'(x_k)$. Nach Definition des Integrals geht dann die Summe (1) über in das Integral $s = \int_a^b \sqrt{1 + (f'(x))^2}\, dx$.

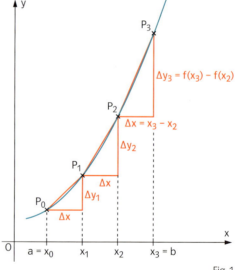

Fig. 1

Satz: Die Funktion $f: x \mapsto f(x)$ sei im Intervall $I = [a; b]$ differenzierbar und f' sei in I stetig. Der Graph K der Funktion f besitzt dann zwischen $A(a|f(a))$ und $B(b|f(b))$ die Bogenlänge s mit $s = \int_a^b \sqrt{1 + (f'(x))^2}\, dx$.

Beispiel

Die Halfpipe in Fig. 1 ist symmetrisch gebaut.
Für die Randfunktion im Bereich
$0 \leq x \leq 4$ gilt $f(x) = -\frac{1}{(x-4,5)}$.
(Alle Angaben in Meter.)
Wie lang ist der Weg von Spitze zu Spitze?

■ Lösung:
Es ist $f'(x) = \frac{1}{(x-4,5)^2}$.
Für den Weg von Spitze zu Spitze ergibt sich

$$s = 2 \cdot \int_0^4 \sqrt{1 + \left(\frac{1}{(x-4,5)^2}\right)^2} \approx 9{,}57 \text{ m} \quad \text{(mit GTR)}.$$

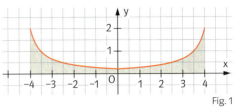

Fig. 1

Aufgaben

1 Bestimmen Sie zur Parabel $y = x^2$ die Länge des Parabelbogens zwischen den Punkten
a) $A(0|0)$; $B(2|4)$ b) $A(0|0)$; $B(10|100)$ c) $A(3|9)$; $B(5|25)$

INFO → Aufgabe 2

Eine **Kettenlinie** ist allgemein der Graph einer Funktion der Form $f_a(x) = \frac{a}{2}\left(e^{\frac{x}{a}} + e^{-\frac{x}{a}}\right)$ mit $a > 0$.

Hängt man Seile und Ketten, die nur durch ihre eigene Masse belastet sind, an zwei Punkten auf, bildet sich eine Kettenlinie. Auf den ersten Blick könnte man hinter einer Kettenlinie eine Parabel vermuten. Das ist aber nicht der Fall. Allerdings kann man eine Kettenlinie in der Nähe des tiefsten Punktes gut durch eine Parabel annähern.

---

2 Für einen Seiltänzer wird ein Laufseil an zwei gleich hoch liegenden und 80 m voneinander entfernten Aufhängepunkten befestigt. Das Seil bildet eine Kettenlinie K, die dem Graphen der Funktion f mit $f(x) = \frac{100}{2}\left(e^{\frac{x}{100}} + e^{-\frac{x}{100}}\right)$ entspricht. ($-40 \leq x \leq 40$; x und f(x) in Meter).
a) Skizzieren Sie K. Wie groß ist der Durchhang des Seiles? (Ohne rechnerischen Nachweis).
b) Berechnen Sie die Länge des Seils.
c) Die Kettenlinie K soll durch den Graph einer Parabel vom Grad 2 angenähert werden, die in den Aufhängepunkten und im Tiefpunkt mit K übereinstimmt.
Bestimmen Sie eine Gleichung der Parabel.
Wie lang ist der Parabelbogen zwischen den Aufhängpunkten?
An welcher Stelle ist der Höhenunterschied zwischen K und der Parabel maximal?
Wie groß ist er?

3 Zwei Skifahrer fahren einen 200 m langen flachen Hang hinunter. Einer fährt „Schuss", d.h. er nimmt die kürzeste Entfernung. Der andere wedelt entlang der Sinuskurve, d.h. er fährt entlang dem Graphen von f mit $f(x) = \sin(x)$ (alle Angaben in Meter).
a) Wie lang ist die vom „Wedler" zurückgelegte Strecke?
b) Um wie viel Prozent ist die Sinuskurve auf einer Periodenlänge länger als 2π?

Wiederholen – Vertiefen – Vernetzen

1 Geben Sie eine Stammfunktion von f an.
a) $f(x) = 2\cos\left(\frac{1}{2}x\right)$
b) $f(x) = 0{,}2 \cdot (e^x - e^{-x})$
c) $f(x) = 0{,}1 \cdot (0{,}1x + 1)^3$

2 Prüfen Sie, ob F eine Stammfunktion von f ist.
a) $f(x) = xe^x(2 + x)$; $F(x) = x^2 \cdot e^x$
b) $f(x) = 2x \cdot \cos(x)$; $F(x) = x^2 \cdot \sin(x)$

Vom Graphen zum Integral

3 Fig. 1 zeigt den Graphen einer Funktion f.
a) Gibt es Stellen, an denen jede Stammfunktion von f ein Minimum hat?
b) An welcher Stelle des Intervalls [0; 4] hat die Integralfunktion von f zur unteren Grenze 0 ein lokales Maximum?
c) Skizzieren Sie den Graphen einer Stammfunktion von f.

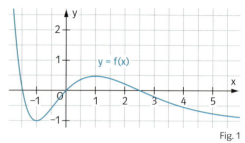
Fig. 1

4 In Fig. 2 und 3 sind jeweils Graphen der momentanen Änderungsrate m einer Größe G gezeichnet. Beurteilen Sie, ob in Fig. 2 die Größe im Zeitraum zwischen 0 s und 4 s und in Fig. 3 zwischen 1 s und 3 s insgesamt zugenommen hat.

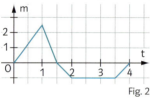
Fig. 2

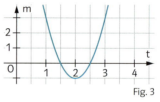
Fig. 3

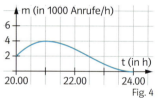
Fig. 4

5 Anlässlich eines im Fernsehen übertragenen Benefizkonzerts können Zuschauer ab 20 Uhr einen Spendenanruf tätigen.
In Fig. 4 ist die Entwicklung der momentanen Anrufrate m dargestellt.
a) Bestimmen Sie einen Schätzwert für die Zahl der Anrufe bis 22 Uhr.
b) Pro Stunde können 3000 Anrufe bearbeitet werden. Zu welcher Zeit ist die Zahl der Anrufer in der Warteschleife am größten?

Diese Aufgabe ist einem Schulbuch aus den USA entnommen.

6 The Quabbin Reservoir in the western part of Massachusetts provides most of Boston's water. The graph in figure 5 represents the flow of water in and out of the Quabbin Reservoir throughout 1993.
(a) Sketch a possible graph for the quantity of water in the reservoir, as a function of time.
(b) When, in the course of 1993, was the quantity of water in the reservoir largest? Smallest? Mark and label these points on the graph you drew in part (a).
(c) When was the quantity of water increasing most rapidly? Decreasing most rapidly? Mark and label these times on both graphs.
(d) By July 1994 the quantity of water in the reservoir was about the same as in January 1993. Draw plausible graphs for the flow into and the flow out of the reservoir for the first half of 1994. Explain your graphs.

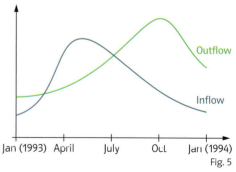
Fig. 5

Wiederholen – Vertiefen – Vernetzen

Parabeln, Flächeninhalte, Rauminhalte

7 Für Abwasserkanäle werden 1 m lange vorgefertigte Segmente aus Beton verwendet. Fig. 1 zeigt ein Segment im Querschnitt. Der Ausschnitt ist parabelförmig. Bestimmen Sie das Volumen und die Masse des in einem Segment verarbeiteten Betons. (1 m³ Beton wiegt 2,3 t.)

8 Ein 10 m langer Fußgängertunnel wird nach den Maßen von Fig. 2 aus Beton gefertigt. Der Querschnitt ist parabelförmig. Wie viel Beton wird benötigt?

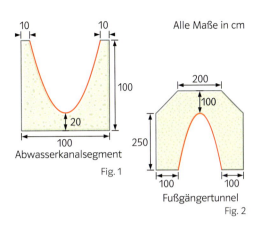

Fig. 1 Abwasserkanalsegment

Fig. 2 Fußgängertunnel

> **Exkursion**
> Cavalieri entdeckt eine Integralformel
> 735501-1432

Begrenzung von Flächen durch Tangenten und Normalen

9 Berechnen Sie den Inhalt der Fläche, die vom Graphen von f, der Tangente in P und der x-Achse begrenzt wird (Fig. 3).
a) $f(x) = 0{,}5x^2$; $P(3|4{,}5)$
b) $f(x) = \frac{1}{x^2} - \frac{1}{4}$; $P(0{,}5|3{,}75)$

10 Berechnen Sie den Inhalt der Fläche, die vom Graphen von f, der Normalen in P und der x-Achse begrenzt wird (Fig. 4).
a) $f(x) = -x^2$; $P(1|-1)$
b) $f(x) = x^3$; $P(1|1)$

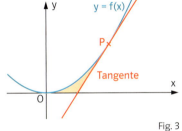

Fig. 3

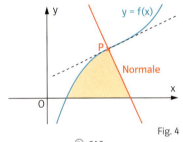

Fig. 4

> CAS
> Parameter bei Flächenberechnung

11 Berechnen Sie den Inhalt der Fläche, die vom Graphen von f mit $f(x) = -x^3 + x$ und der Normalen im Wendepunkt von f eingeschlossen wird.

12 Gegeben ist die Funktion f mit $f(x) = x^3$. Eine Gerade der Form $y = mx$ mit $m \geq 0$ schließt im ersten Feld mit dem Graphen von f eine Fläche ein (Fig. 5). Bestimmen Sie m so, dass der Inhalt dieser Fläche 2,25 ist. Drücken Sie dazu die gesuchte Schnittstelle der Graphen und den Flächeninhalt in Abhängigkeit von m aus. Zeigen Sie, dass die Parabel das rot gefärbte Dreieck für jedes m mit $m \geq 0$ in zwei flächengleiche Teile teilt.

13 a) Berechnen Sie in Fig. 6 für $m = 0{,}5$ die Inhalte der blau und rot gefärbten Flächen.
b) Für welchen Wert von m ist die rote Fläche in Fig. 6 gleich groß wie die blaue? Drücken Sie dazu zunächst die Flächeninhalte in Abhängigkeit von z aus und bestimmen Sie daraus m.

14 Für welches t (t > 0) hat die Fläche zwischen der Parabel mit der Gleichung $y = -x^2 + tx$ und der x-Achse den Inhalt 288?

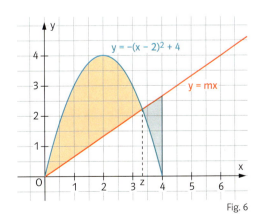

Fig. 6

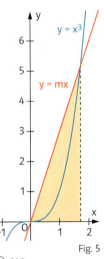

Fig. 5

> CAS
> Fläche zwischen zwei Kurven

> CAS
> Tangente und Flächeninhalt

Wiederholen – Vertiefen – Vernetzen

CAS
Volumenberechnungen

Rotationskörper

*15 Durch Rotation der Flächen in Fig. 1 um die x-Achse entstehen „Ringe". Bestimmen Sie jeweils das Volumen des Ringes durch Integration.

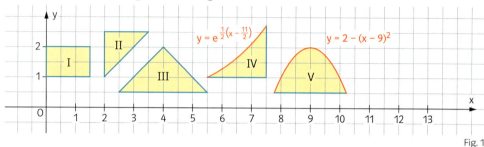

Fig. 1

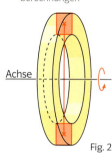

Fig. 2

2.12 Räumliche Geometrie

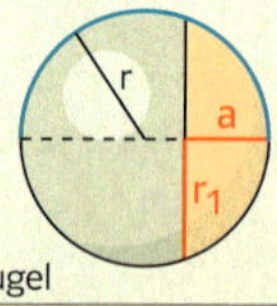

Kugel
$V = \frac{4\pi}{3} r^3$

Kugelabschnitt
$V = \frac{\pi}{3} a^2 (3r - a)$
$= \frac{\pi}{6} a (3r_1^2 + a^2)$

Fig. 3

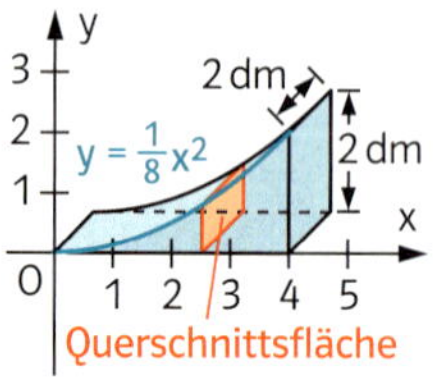

*16 Die **Guldin'sche Regel** besagt: Wenn eine Figur um eine äußere, in der Ebene gelegene Achse rotiert, so ist das Volumen des erzeugten Drehkörpers gleich dem Flächeninhalt der Figur multipliziert mit dem Umfang des Kreises, den ihr Schwerpunkt beschreibt (Fig. 2).
a) Bestimmen Sie mit der Guldin'schen Regel die Rauminhalte der Körper, die von den Flächen I, II und III in Fig. 1 erzeugt werden.
b) Bestimmen Sie mit der Guldin'schen Regel den Schwerpunkt der Fläche V in Fig. 1.

*17 In einer Formelsammlung finden sich Formeln über Kugelteile (Fig. 3). Beweisen sie diese Formeln. (Anleitung: der Graph von f mit $f(x) = \sqrt{r^2 - x^2}$ rotiere um die x-Achse.)

*18 Der Körper in Fig. 4 hat die Form eines Bremsschuhs, wie er zur Sicherung abgestellter Lkw verwendet wird.
Die zur x-Achse orthogonalen Querschnittsflächen sind Rechtecke.
a) Geben Sie den Inhalt q(x) der Querschnittsfläche an der Stelle x an.
b) Bestimmen Sie den Rauminhalt des Körpers. Verwenden sie dazu nebenstehende Formel (Fig. 5).

Bei der Rotation des Graphen von f um die x-Achse ist $q(x) = \pi(f(x))^2$ der Inhalt einer Querschnittsfläche. Für das Volumen V des Rotationskörpers kann man dann schreiben: $V = \int_a^b q(x)\,dx$.
Diese Formel gilt auch, wenn die Querschnittsflächen keine Kreise sind, sofern die Querschnittsfunktion $x \mapsto q(x)$ stetig ist.

Fig. 4 / Querschnittsfläche / $y = \frac{1}{8} x^2$ / 2 dm

Fig. 5

Zeit zu wiederholen

19 Skizzieren Sie ohne Hilfsmittel einen Graphen der angegebenen ganzrationalen Funktion f.
a) $f(x) = x^2 - 2$ b) $f(x) = x(x-2)$ c) $f(x) = x^2(x+4)$ d) $f(x) = x(x-2)(x+2)$

20 Ist die Aussage richtig oder falsch? Begründen Sie.
a) Das Verhalten der Funktion f mit $f(x) = -0{,}1x^4 + 2x^3 - 10x + 20$ für $x \to \infty$ kann man am Koeffizienten $-0{,}1$ ablesen.
b) Jede ganzrationale Funktion mit ungeradem Grad hat Nullstellen.
c) Eine ganzrationale Funktion f vom Grad n hat n – 1 Extremstellen.

21 Welche Zahl muss in der Lücke stehen?
a) $2{,}7\,dm^2 = \blacksquare\,cm^2$ b) $5{,}4\,t = \blacksquare\,g$ c) $4{,}5\,dm^2 = \blacksquare\,m^2$ d) $0{,}4\,l = \blacksquare\,ml$
e) $30\,ml = \blacksquare\,dm^3$ f) $20\,km^2 = \blacksquare\,m^2$ g) $2{,}2\,h = \blacksquare\,min$ h) $7\,ha = \blacksquare\,a$

Exkursion in die Theorie

Analyse: Integral

Mit der Integralrechnung findet die Analysis einen Abschluss, was neue Konzepte anbelangt. Die Illustration zeigt, welcher Weg bis zum Hauptsatz der Differenzial- und Integralrechnung zurückgelegt werden musste.

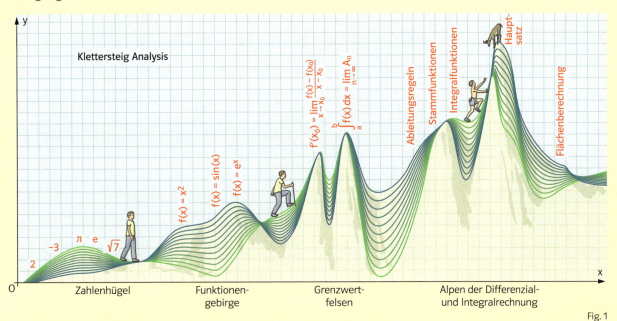

Fig. 1

In der Integralrechnung und insbesondere bei der Definition des Integrals wurden stetige Funktionen vorausgesetzt. Es wird nun geprüft, inwieweit diese Voraussetzung notwendig ist.

1. Kommt es bei der Definition des Integrals auf die Art der Rechteckssumme an?

Auf Seite 113 wurde die Fläche „von innen ausgeschöpft" (Fig. 2). Die Summe der Rechtecksinhalte ist dabei nie größer als der gesuchte Flächeninhalt. Eine solche Summe von Rechtecksinhalten heißt deshalb **Untersumme**.

Man könnte bei einer Definition die Rechtecke aber auch so wählen, dass die Summe der Rechtecksinhalte nie kleiner als der gesuchte Flächeninhalt wird (Fig. 3). In diesem Fall spricht man von einer **Obersumme**.

Eine weitere Variante: Man nimmt für die Höhe eines Rechtecks irgendeinen Funktionswert aus dem Teilintervall. Außerdem brauchen die Teilintervalle nicht gleich breit zu sein (Fig. 4, **Riemann-Summe**).

Bernhard Riemann (1826–1866), Professor in Göttingen, hat den Integralbegriff wesentlich geprägt.

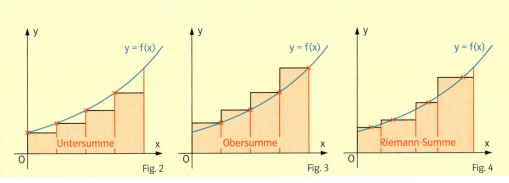

Fig. 2 Fig. 3 Fig. 4

Exkursion in die Theorie

Sind diese verschiedenen Definitionen des Integrals gleichwertig? Das heißt, erhält man in allen drei Fällen dasselbe Ergebnis, wenn man den Grenzwert von Rechteckssummen bestimmt? Und weiter: Gibt es zu jeder Funktion überhaupt einen Grenzwert der Rechteckssumme? Dazu kann man die folgenden Zusammenhänge beweisen.

> **Antwort:**
> – Falls die Funktion f auf dem Intervall [a; b] **stetig** ist, existieren die Grenzwerte jeder Untersumme, jeder Obersumme und jeder Riemann-Summe und diese Grenzwerte sind alle gleich.
> Bei einer stetigen Funktion ist es demnach gleichgültig, auf welche Weise die Rechteckssumme gebildet wird, da sie immer ein und denselben Grenzwert hat.
> – Es gibt Beispiele von **nicht-stetigen** Funktionen, bei denen sich für verschiedene Rechteckssummen (z.B. die Ober- und Untersumme) auch verschiedene Grenzwerte ergeben.

Gustave Lejeune Dirichlet (1805–1859) war der Nachfolger von C. F. Gauß in Göttingen.

Als Beispiel wird die Dirichlet-Funktion D mit
$D(x) = \begin{cases} 0 & \text{für } x \in \mathbb{Q} \\ 1 & \text{für } x \notin \mathbb{Q} \end{cases}$ betrachtet.
In Fig. 1 wird D veranschaulicht.
Über dem Intervall [0; 1] ergibt sich als Grenzwert jeder Untersumme 0 und als Grenzwert jeder Obersumme 1.
Man kann für die entsprechende Fläche also keinen Flächeninhalt festlegen.

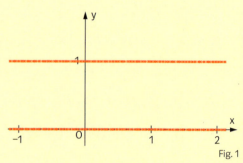

Fig. 1

Nach dem Integral werden nun die grundlegenden Begriffe Stammfunktion und Integralfunktion näher betrachtet.

2. Hat jede Funktion eine Stammfunktion?

Antwort: Nein. Gegenbeispiel: Jede Stammfunktion von f mit $f(x) = \begin{cases} 1 & \text{für } x < 1 \\ 2 & \text{für } x \geq 1 \end{cases}$
hat die Form $g(x) = \begin{cases} x + c_1 & \text{für } x < 1 \\ 2x + c_2 & \text{für } x \geq 1 \end{cases}$ (vgl. Fig. 2 und Fig. 3).
Diese Funktionen haben an der Stelle 1 einen „Knick" oder einen „Sprung", sind also nicht differenzierbar und können somit auch keine Stammfunktion sein.

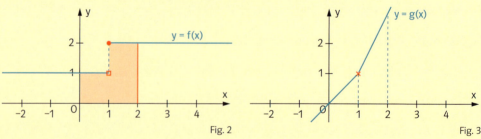

Fig. 2   Fig. 3

3. Bedeuten die Begriffe Stammfunktion und Integralfunktion das Gleiche?

Antwort: Nein. Zwar ist jede Integralfunktion zu f auch eine Stammfunktion von f, die Umkehrung gilt aber nicht. Gegenbeispiel: Für jede Integralfunktion J_u von f mit $f(t) = t$ gilt:
$J_u(x) = \int_u^x t\,dt = \left[\frac{1}{2}t^2\right]_u^x = \frac{1}{2}x^2 - \frac{1}{2}u^2$; also $J_u(x) = \frac{1}{2}x^2 - c$ mit $c \geq 0$. F mit $F(x) = \frac{1}{2}x^2 + 1$ ist deshalb keine Integralfunktion von f. F ist aber eine Stammfunktion von f, da $F' = f$ gilt.

Rückblick

Das Integral
Bei einer auf [a; b] stetigen Funktion f ist das Integral der Grenzwert einer Rechteckssumme A_n auf [a; b]:
$$\int_a^b f(x)\,dx = \lim_{n\to\infty} A_n = \lim_{n\to\infty}[f(z_1)\cdot \Delta x + f(z_2)\cdot \Delta x + \ldots + f(z_n)\cdot \Delta x].$$

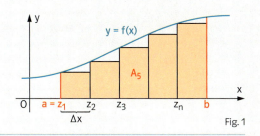

Fig. 1

Stammfunktionen
F heißt Stammfunktion von f, falls $F'(x) = f(x)$ ist.
Ist F eine Stammfunktion von f, dann auch G mit $G(x) = F(x) + c$.

Zu f mit $f(x) = 3x^2 + \frac{1}{x^2}$ sind z. B. F mit $F(x) = x^3 - \frac{1}{x}$ und G mit $G(x) = x^3 - \frac{1}{x} - 2$ Stammfunktionen.

Berechnung von Integralen
Integrale kann man mithilfe von Stammfunktionen berechnen.
Ist F eine beliebige Stammfunktion von f, so gilt:
$$\int_a^b f(x)\,dx = F(b) - F(a).$$

$\int_1^4 1{,}5x^2\,dx = [0{,}5x^3]_1^4 = 32 - 0{,}5 = 31{,}5$

Integral und Flächeninhalt
Jedes Integral kann man als orientierten Flächeninhalt deuten.

Für Flächen oberhalb der x-Achse gilt: $A_1 = \int_a^b f(x)\,dx$.

Für Flächen unterhalb der x-Achse gilt: $A_2 = -\int_b^c f(x)\,dx$.

Für Flächen zwischen zwei Graphen gilt: $A_3 = \int_c^d (f(x) - g(x))\,dx$.

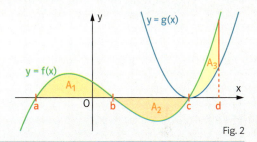

Fig. 2

Integral und Gesamtänderung einer Größe
Ist g die momentane Änderungsrate einer Größe, dann kann man die Gesamtänderung $G(b) - G(a)$ der Größe im Intervall [a; b] mit einem Integral berechnen: $G(b) - G(a) = \int_a^b g(t)\,dt$.

Momentaner Schadstoffausstoß g eines Motors: $g(t) = \frac{8}{0{,}01t^2+1} + 1$ (t in s, g(t) in $\frac{mg}{s}$).
Gesamter Schadstoffausstoß (in mg) in [0; 600 s]: $\int_0^{600} \frac{8}{0{,}01t^2+1} + 1\,dt \approx 724$ (mit GTR).

Integralfunktion
Die Funktion J_u mit $J_u(x) = \int_u^x f(t)\,dt$ heißt Integralfunktion von f zur unteren Grenze u. Sie ordnet jedem $x \in [a; b]$ den orientierten Flächeninhalt auf dem Intervall [u; x] zu.

Eine Integralfunktion zu f mit $f(x) = x^2$ zur unteren Grenze 1 ist $J_1(x)$ mit
$J_1(x) = \int_1^x t^2\,dt = \left[\frac{1}{3}t^3\right]_1^x = \frac{1}{3}x^3 - \frac{1}{3}.$

*Integral und Volumen von Rotationskörpern
Rotiert die Fläche zwischen dem Graphen von f und der x-Achse über dem Intervall [a; b] um die x-Achse, so gilt für das Volumen V des dabei entstehenden Rotationskörpers:
$V = \pi \cdot \int_a^b (f(x))^2\,dx$.

Der Graph von f mit $f(x) = \sqrt{x^2+1}$ erzeugt bei Rotation um die x-Achse über [0; 3] einen Rotationskörper.
$V = \pi \int_0^3 \left(\sqrt{x^2+1}\right)^2 dx = \pi \int_0^3 (x^2+1)\,dx = 12\pi$

Prüfungsvorbereitung ohne Hilfsmittel

1 Berechnen Sie das Integral. a) $\int_{-2}^{2} x(x-1)\,dx$ b) $\int_{1}^{10} x^{-1}\,dx$ c) $\int_{0}^{\ln(4)} e^{\frac{1}{2}x}\,dx$

2 Bestimmen Sie eine Stammfunktion von f. a) $f(x) = \frac{1}{x^4} - \cos(4x)$ b) $f(x) = \frac{1}{\frac{1}{2}(5x-1)^2}$

3 a) Geben Sie zu f mit $f(x) = (x-1)(x+1)$ eine Stammfunktion F mit $F(1) = 2$ an.
b) Bestimmen Sie einen Funktionsterm der Integralfunktion J_{-1} mit $J_{-1}(x) = \int_{-1}^{x} f(t)\,dt$.

*4 Untersuchen Sie, ob die nach rechts ins Unendliche reichende Fläche mit der linken Grenze $a = 1$ unter dem Graphen von f mit $f(x) = \frac{10}{x^4}$ einen endlichen Inhalt hat.

5 Skizzieren Sie den Graphen der Funktion f (Fig. 1) in Ihr Heft. Skizzieren Sie dazu einen Graphen
a) der Ableitungsfunktion f',
b) einer Stammfunktion von f,
c) der Integralfunktion $\int_{0}^{x} f(t)\,dt$.

6 Die Funktion G (Fig. 2) ist eine Stammfunktion von g. Bestimmen Sie aus dem Graphen von G näherungsweise
a) $g(2)$, b) $\int_{1}^{4} g(x)\,dx$.

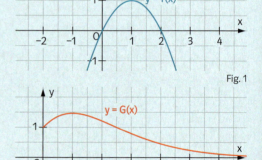

Fig. 1

Fig. 2

7 Fig. 3 zeigt den Graphen einer Funktion f. F ist eine Stammfunktion von f. Welche der folgenden Aussagen über F ist wahr, welche ist falsch?
A: F ist in $I = [-1;\,0]$ streng monoton fallend.
B: F hat bei $x = 0$ eine Extremstelle.
C: F muss in $[-1;\,1]$ eine Nullstelle haben.
D: F hat bei $x = 1$ eine Wendestelle.

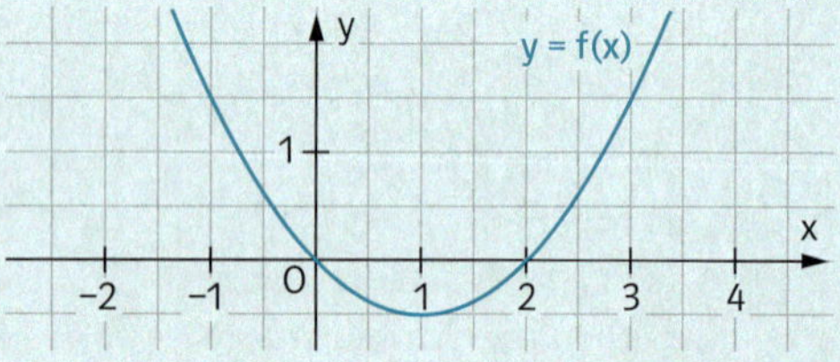

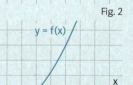

Fig. 3

8 Bei einer Ballonfahrt beschreibt die Funktion h die Höhe des Ballons über dem Startort und die Funktion v seine Vertikalgeschwindigkeit t (t in Minuten ab Start, h(t) in Metern, v(t) in Metern pro Minute). Die Ballonfahrt dauert 30 Minuten.
a) Beschreiben Sie den Zusammenhang zwischen den Funktionen h und v mit den Begriffen Ableitung, Stammfunktion und Integralfunktion.
b) Was bedeutet es, wenn die Integralfunktion von v zum Anfangswert 0 keine negativen Funktionswerte hat?
c) Welche Eigenschaft zeichnet alle möglichen Graphen von v aus, wenn $h(30) - h(0) = 0$ ist?

9 Gegeben ist die Funktion f mit $f_a(x) = -ax^2 + a$ $(a > 0)$. Der Graph von f schließt mit der x-Achse eine Fläche ein. Bestimmen Sie a so, dass der Flächeninhalt 4 ist.

*10 Für das Volumen V eines Rotationskörpers ergibt sich $V = \pi \int_{0}^{1} e^x\,dx$.
a) Beschreiben Sie, wie der Rotationskörper erzeugt wird.
b) Berechnen Sie das Integral und geben Sie eine Näherungslösung an.

Prüfungsvorbereitung mit Hilfsmitteln

1 Gegeben ist die Funktion f mit $f(x) = 0,5x^2(x^2 - 4)$.
a) Wie groß ist die Fläche, die der Graph von f mit der x-Achse einschließt?
b) Der Graph von f und die Gerade mit der Gleichung $y = -2$ begrenzen eine Fläche. Berechnen Sie deren Inhalt.
*c) Der Graph von f begrenzt mit der x-Achse eine Fläche. Diese Fläche erzeugt bei Rotation um die x-Achse einen Drehkörper. Berechnen Sie das Volumen dieses Drehkörpers.

2 Gegeben ist die Funktion f mit $f(t) = (t-2)^2$; $t \in \mathbb{R}$.
Es sei 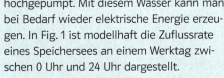 die Integralfunktion von f zur unteren Grenze a ($a \in \mathbb{R}$).
a) Skizzieren Sie in einem Koordinatensystem den Graphen von f und die Graphen von zwei verschiedenen Integralfunktionen von f.
b) Weisen Sie nach, dass J_a keine Extremstellen und genau eine Wendestelle hat.

3 Ein Behälter enthält zu Beginn (t = 0) $2\,cm^3$ Öl. Für $t > 0$ wird in einer Zuleitung Öl zugeführt. Für die momentane Zuflussrate f gilt $f(t) = 0{,}1 e^{-0{,}1t}$ (t in Minuten, f(t) in cm^3).
a) Zeigen Sie, dass die Ölmenge dauernd zunimmt.
b) Bestimmen Sie eine Funktion g, die die Ölmenge im Behälter für $t > 0$ in Abhängigkeit von der Zeit beschreibt. Untersuchen Sie, wie groß die Ölmenge werden kann.
c) Wie groß ist die mittlere Ölmenge im Behälter während der ersten zehn Minuten?

4 Bei einem Überschuss an elektrischer Energie wird Wasser in einen Speichersee hochgepumpt. Mit diesem Wasser kann man bei Bedarf wieder elektrische Energie erzeugen. In Fig. 1 ist modellhaft die Zuflussrate eines Speichersees an einem Werktag zwischen 0 Uhr und 24 Uhr dargestellt.
a) Wann ist am meisten bzw. am wenigsten Wasser im Speicher?
b) Wann verändert sich das Volumen des Sees am schnellsten bzw. am langsamsten?

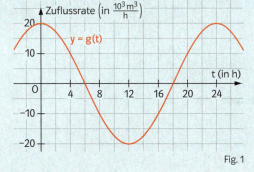
Fig. 1

c) Für die Zuflussrate g gilt $g(t) = -20 \cdot \sin\left(\frac{\pi}{12}(t-6)\right)$ (t in Stunden, g(t) in Tausend Kubikmetern pro Stunde). Wie groß ist die Volumendifferenz des Sees im Tagesverlauf?
d) Zeigen Sie, dass G mit $G(t) = \frac{240}{\pi}\cos\left(\frac{\pi}{12}(t-6)\right)$ eine Stammfunktion von g ist. Bestimmen Sie mithilfe von G eine Funktion f, die das Volumen des Sees beschreibt, wenn das Volumen um Mitternacht $5 \cdot 10^5\,m^3$ beträgt.

5 Der Boden eines 2 km langen Kanals hat die Form einer Parabel (siehe Fig. 2). Dabei entspricht eine Längeneinheit 1 m in der Wirklichkeit.
a) Berechnen Sie den Inhalt der Querschnittsfläche des Kanals.
b) Wie viel Wasser befindet sich im Kanal, wenn er ganz gefüllt ist?
c) Wie viel Prozent der maximalen Wassermenge befindet sich im Kanal, wenn er nur bis zur halben Höhe gefüllt ist?

© CAS
Kanalquerschnitt

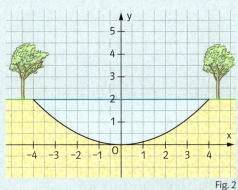
Fig. 2

Graphen und Funktionen analysieren

Abhängigkeiten lassen sich als Funktionen und Funktionen durch Graphen darstellen. Kennt man ihre Eigenschaften, so gelangt man von den Abhängigkeiten über die Funktion zum Graphen oder umgekehrt. Für diese Analyse ist es wichtig, die richtigen Fragen zu stellen.

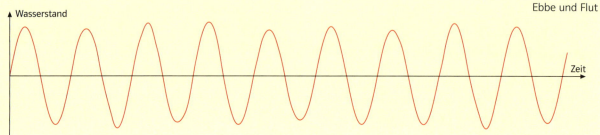

Ebbe und Flut

Das kennen Sie schon

- Funktionen und ihre Ableitungen
- Nullstellen, Extrem- und Wendepunkte
- Ganzrationale Funktionen, Exponentialfunktionen und trigonometrische Funktionen
- Integrale

Energie eines Delfins:

für $v > 2$: $\quad f(v) = c \cdot \dfrac{v^k}{v-2}$

Energie eines fliegenden Vogels:

für $20 \leq v \leq 60$: $\quad f(v) = \dfrac{0{,}3(v-3)^2 + 92}{v}$

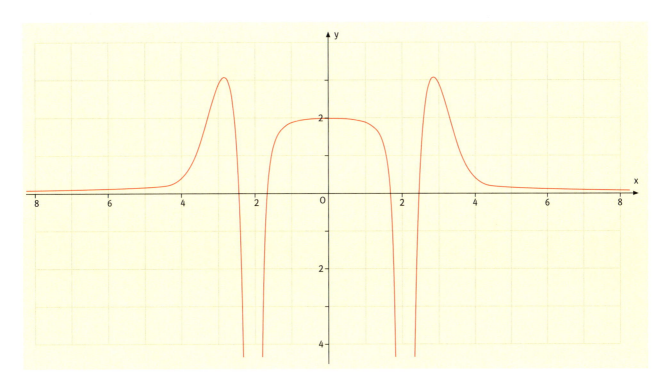

Algorithmus

Daten und Zufall

Beziehung und Änderung

Messen

Raum und Struktur

In diesem Kapitel

– lernen Sie neue Eigenschaften von Funktionen und Graphen kennen.
– werden mithilfe von Eigenschaften Graphen skizziert.
– werden zusammengesetzte Funktionen, Funktionenscharen und ihre Graphen zielgerichtet analysiert.

1 Achsen- und Punktsymmetrie bei Graphen

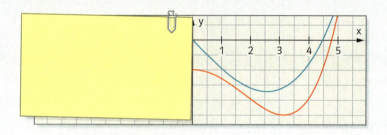

In der Abbildung wurden die Graphen von f und g für negative x-Werte verdeckt. Einer der beiden Graphen ist achsensymmetrisch zur y-Achse, einer ist punktsymmetrisch zum Ursprung O(0|0).
Beschreiben Sie, wie die Graphen für negative x-Werte verlaufen.

Ohne GTR lässt sich der Graph einer Funktion einfacher skizzieren, wenn man mithilfe des Funktionsterms charakteristische Eigenschaften des Graphen bestimmen kann. In der 10. Klasse wurde dies bereits bei ganzrationalen Funktionen behandelt. In diesem Kapitel kommen weitere charakteristische Eigenschaften dazu.

Man kann den Graphen einer Funktion einfacher erstellen, wenn man weiß, ob er achsensymmetrisch zur y-Achse oder punktsymmetrisch zum Ursprung ist. Bei einer ganzrationalen Funktion f kann man diese Eigenschaft am Funktionsterm erkennen:

Der Graph einer Funktion f ist genau dann

achsensymmetrisch zur y-Achse,   punktsymmetrisch zum Ursprung,
wenn der Funktionsterm von f nur x-Potenzen
mit geraden Hochzahlen hat.   mit ungeraden Hochzahlen hat.

Zur Erinnerung: $3 = 3 \cdot x^0$ wird als Potenz von x mit gerader Hochzahl betrachtet.

Fig. 1 und Fig. 2 zeigen, wie man Achsensymmetrie zur y-Achse bzw. Punktsymmetrie zum Ursprung O(0|0) auch bei anderen Funktionen anhand des Funktionsterms erkennen kann.

Achsensymmetrie zur y-Achse

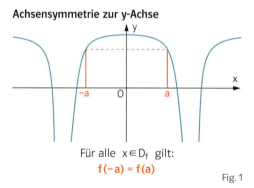

Für alle $x \in D_f$ gilt:
$f(-a) = f(a)$

Fig. 1

Punktsymmetrie zum Ursprung

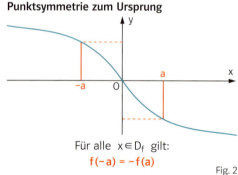

Für alle $x \in D_f$ gilt:
$f(-a) = -f(a)$

Fig. 2

Vorsicht:

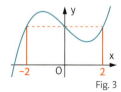

Fig. 3
$f(-2) = f(2)$, aber f ist nicht achsensymmetrisch.

Satz: Gegeben ist eine Funktion f mit dem Definitionsbereich D_f. Wenn für alle $x \in D_f$

$f(-x) = f(x)$ $f(-x) = -f(x)$
gilt, so ist der Graph von f   gilt, so ist der Graph von f
achsensymmetrisch zur y-Achse.   **punktsymmetrisch zum Ursprung**.

Umgekehrt gilt auch: Wenn der Graph einer Funktion f
achsensymmetrisch zur y-Achse   punktsymmetrisch zum Ursprung
ist, so gilt für alle $x \in D_f$:
$f(-x) = f(x)$. $f(-x) = -f(x)$.

Beispiel Untersuchung auf Symmetrie
Untersuchen Sie den Graphen von f auf Symmetrie zur y-Achse bzw. zum Ursprung.

a) $f(x) = \frac{x}{x^3 + x}$
b) $f(x) = 0{,}02x^7 - \sqrt{3}\,x - 2^2 \cdot x^3$
c) $f(x) = e^x + x$

■ Lösung:
a) $f(-x) = \frac{-x}{(-x)^3 + (-x)} = \frac{-x}{-x^3 - x} = \frac{(-1) \cdot x}{(-1) \cdot (x^3 + x)} = \frac{x}{x^3 + x} = f(x)$
Der Graph von f ist symmetrisch zur y-Achse.
b) Da f eine ganzrationale Funktion mit ausschließlich ungeraden Hochzahlen von x ist, ist der dazugehörige Graph punktsymmetrisch zum Ursprung.
c) 1. Möglichkeit: $f(-x) = e^{-x} - x$. Das Ergebnis entspricht weder f(x) noch –f(x), der Graph von f ist also weder zur y-Achse noch zum Ursprung symmetrisch.
2. Möglichkeit (Gegenbeispiel): Es gilt $f(-1) = \frac{1}{e} - 1 \approx -0{,}63$ und $f(1) = e + 1 \approx 3{,}72$; also
$f(-1) \neq f(1)$ und $f(-1) \neq -f(1)$.

Der Funktionsterm in Beispiel a) enthält nur Potenzen von x mit ungeraden Hochzahlen. Trotzdem ist der Graph von f nicht punktsymmetrisch zum Ursprung.

Aufgaben

1 Untersuchen Sie den Graphen von f auf Symmetrie zur y-Achse bzw. zum Ursprung.
a) $f(x) = -x^2 + x^6$
b) $f(x) = x^4 - 2x^2 - 1$
c) $f(x) = 3x^3 + 2x$
d) $f(x) = \frac{1}{x} + x$
e) $f(x) = \frac{1}{x^2}$
f) $f(x) = \frac{1}{x^2} + e^{x^2}$
g) $f(x) = e^x + x$
h) $f(x) = e^x + e^{-x}$

2 Die Wertetabelle gehört zu einer Funktion f, deren Graph symmetrisch zur y-Achse oder zum Ursprung ist. Übertragen Sie die Wertetabelle in Ihr Heft und ergänzen Sie die leeren Felder.

a)
x	-2	-1	0	1	2
f(x)	-1	-2		2	

b)
x	-2	-1	0	1	2
f(x)			2	3	0

Zeit zu überprüfen

3 Untersuchen Sie den Graphen von f auf Symmetrie zur y-Achse bzw. zum Ursprung.
a) $f(x) = x + \sqrt{2}\,x^5$
b) $f(x) = \frac{x^3 - x}{x}$
c) $f(x) = e^x - e^{-x}$
d) $f(x) = \frac{x + 3}{x^2 - 3}$

4 Der Graph von h mit $h(x) = \sin(x)$ ist punktsymmetrisch zum Ursprung, der Graph von k mit $k(x) = \cos(x)$ ist achsensymmetrisch zur y-Achse. Untersuchen Sie den Graphen von f auf Symmetrie zur y-Achse bzw. zum Ursprung.
a) $f(x) = 2\sin(x)$
b) $f(x) = \cos(x) + 2$
c) $f(x) = \sin(x) - 3$
d) $f(x) = \frac{x}{\cos(x)}$

5 Der Graph der Funktion f hat bei P(1|2) einen Hochpunkt. Welcher weitere Punkt des Graphen lässt sich unter Verwendung von Symmetrieeigenschaften bestimmen?
a) $f(x) = -2x^4 + 4x^2$
b) $f(x) = 2\sin\left(\frac{\pi}{2} \cdot x\right)$
c) $f(x) = -x^3 + 3x$
d) $f(x) = -\frac{1}{x} - x$

6 Begründen Sie.
a) Wenn der Funktionsterm einer ganzrationalen Funktion einen konstanten Summanden enthält, dann kann der dazugehörige Graph nicht punktsymmetrisch zum Ursprung sein.
b) Hat eine differenzierbare Funktion f mit $D_f = \mathbb{R}$ einen zum Ursprung oder zur y-Achse symmetrischen Graphen, so gilt entweder $f(0) = 0$, $f'(0) = 0$ oder beides.
c) Ist der Graph einer differenzierbaren Funktion f mit $D_f = \mathbb{R}$ punktsymmetrisch zum Ursprung, dann ist der Graph der Ableitungsfunktion f' achsensymmetrisch zur y-Achse.

2 Polstellen – Senkrechte Asymptoten

Große Sterne explodieren am Ende ihrer Lebenszeit zunächst und kollabieren dann zu einem „schwarzen Loch", in dem eine sehr große Masse M konzentriert ist. Die Gravitationskraft $F = G \cdot \frac{M \cdot m}{r^2}$ ist in der Nähe eines schwarzen Loches so groß, dass aus einem schwarzen Loch weder materielle Teilchen noch Strahlung in die Umgebung gelangen können.

Die Funktion f mit $f(x) = \frac{x^2 - 1}{x - 2}$ ist für alle $x \in \mathbb{R} \setminus \{2\}$ definiert. Man sagt, f hat bei $x = 2$ eine **Definitionslücke**. In der Umgebung dieser Stellen können Graphen ein besonderes Verhalten zeigen.

Mit dem GTR kann das Verhalten der Funktionswerte von f bei Annäherung an die Definitionslücke $x_0 = 2$ veranschaulicht werden (Fig. 1 und 2).

Annäherung von links an $x_0 = 2$:

Annäherung von rechts an $x_0 = 2$:

Fig. 1　　Fig. 2

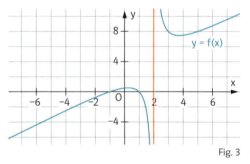

Fig. 3

Zur Erinnerung: $x = 2$ ist die Gleichung einer Parallelen zur y-Achse.

Für $x \to 2$ und $x < 2$ gilt $f(x) \to -\infty$, für $x \to 2$ und $x > 2$ gilt $f(x) \to \infty$.
Der Graph von f nähert sich der Geraden mit der Gleichung $x = 2$ beliebig genau an (Fig. 3). Diese Gerade heißt **senkrechte Asymptote** des Graphen von f. Eine solche Stelle x_0, an der für $x \to x_0$ $f(x) \to \infty$ oder $f(x) \to -\infty$ gilt, heißt **Polstelle von f**.

Bei der Funktion f mit $f(x) = \frac{x^2 - 1}{x - 2}$ liegt die Polstelle bei dem x-Wert, für den der Nenner null und der Zähler ungleich null ist. Dies lässt sich verallgemeinern:

Satz: Gegeben ist eine Funktion f, deren Funktionsterm sich als Quotient in der Form $\frac{g(x)}{h(x)}$ mit den stetigen Funktionen g und h darstellen lässt. Wenn für eine Stelle x_0 gilt: $g(x_0) \neq 0$ und $h(x_0) = 0$, so ist x_0 eine Polstelle von f und die Gerade mit $x = x_0$ eine senkrechte Asymptote des Graphen von f.

Wenn die Voraussetzung $g(x_0) \neq 0$ des Satzes nicht erfüllt ist, ist der Satz zunächst nicht anwendbar. Die folgenden Fälle zeigen, wie man durch Umformung des Funktionsterms weiterkommen kann:

1. Fall: Die Funktion k mit $k(x) = \frac{x^2 - 4}{x - 2}$ hat bei $x = 2$ eine Definitionslücke.

Für $x = 2$ gilt sowohl $x^2 - 4 = 0$ als auch $x - 2 = 0$.

$k(x) = \frac{x^2 - 4}{x - 2} = \frac{(x + 2) \cdot (x - 2)}{x - 2} = x + 2$

Der Graph von k ist eine Gerade mit einer Lücke bei $P(2|4)$. Der Graph von k wird wie in Fig. 1 gezeichnet. Bei $x = 2$ liegt eine Definitionslücke, aber keine Polstelle.

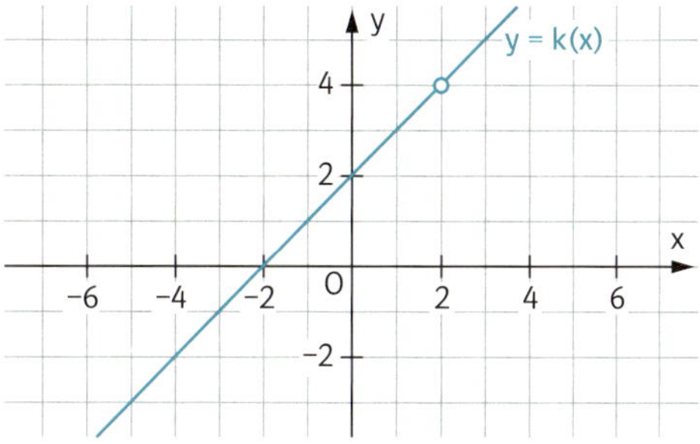

Fig. 1

2. Fall: Die Funktion k mit $k(x) = \frac{x^2 - 4}{(x - 2)^2}$ hat ebenfalls bei $x = 2$ eine Definitionslücke.

Für $x = 2$ gilt sowohl $x^2 - 4 = 0$ als auch $(x - 2)^2 = 0$.

Durch Umformung des Funktionsterms erhält man:

$k(x) = \frac{x^2 - 4}{(x - 2)^2} = \frac{(x + 2) \cdot (x - 2)}{(x - 2)^2} = \frac{x + 2}{x - 2}$.

k hat nach dem Satz (Seite 154) bei $x = 2$ eine Polstelle (vgl. Fig. 2).

Fig. 2

Polstelle ohne **VZW** (Vorzeichenwechsel)

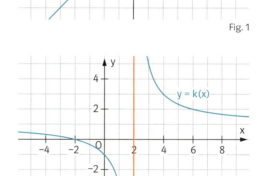

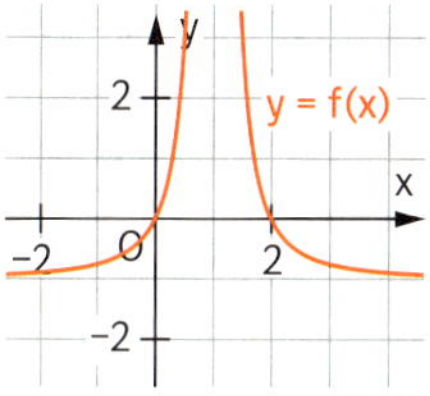

Fig. 3

Beispiel Senkrechte Asymptote

Gegeben ist die Funktion f mit $f(x) = \frac{e^x}{5 \cdot (x - 1)^2}$.

a) Untersuchen Sie f auf Definitionslücken und das Verhalten von f bei Annäherung an die Definitionslücken.

b) Skizzieren Sie den Graphen von f mit den dazugehörenden senkrechten Asymptoten.

▪ Lösung: a) f hat bei $x = 1$ eine Definitionslücke. Da $e^1 = e \neq 0$ und $5 \cdot (1 - 1)^2 = 0$ ist, hat f bei $x = 1$ eine Polstelle und der Graph bei $x = 1$ eine senkrechte Asymptote.

Für $x \to 1$ und $x < 1$ bzw. für $x > 1$ gilt $f(x) \to \infty$.

b)

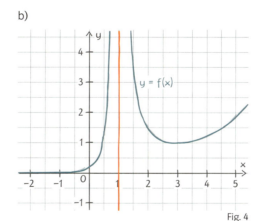

Fig. 4

Polstelle mit **VZW**

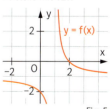

Fig. 5

Aufgaben

1 Untersuchen Sie f auf Definitionslücken und das Verhalten von f bei Annäherung an die Definitionslücken. Geben Sie gegebenenfalls eine Gleichung für die senkrechten Asymptoten an.

a) $f(x) = \frac{2}{x + 3}$

b) $f(x) = \frac{5}{3x - 1}$

c) $f(x) = \frac{2x + 1}{2x - 1}$

d) $f(x) = \frac{e^x}{(x + 3)^2}$

e) $f(x) = 1 + \frac{1}{x^2}$

f) $f(x) = \frac{x - 1}{e^x - 1}$

Tipp:
Mit dem GTR können Ergebnisse überprüft werden.

2 Untersuchen Sie f auf Definitionslücken und das Verhalten von f bei Annäherung an die Definitionslücken. Geben Sie die Gleichungen der senkrechten Asymptoten an.

a) $f(x) = \dfrac{1+3x}{(x-4)\cdot(x+2)}$
b) $f(x) = \dfrac{2x+2}{(x+3)\cdot(x+1)}$
c) $f(x) = \dfrac{2}{x^2-5x}$

d) $f(x) = \dfrac{e^x}{x+x^2}$
e) $f(x) = \dfrac{e-x}{e^x-xe^x}$
f) $f(x) = \dfrac{x+3}{x^2-9}$

3 Welcher Graph gehört zu welcher Funktion? Begründen Sie Ihre Entscheidung.

$f_1(x) = \dfrac{1}{1-x}$; $f_2(x) = \dfrac{1}{1+x^2}$; $f_3(x) = \dfrac{x-1}{x}$; $f_4(x) = \dfrac{x}{1+x}$; $f_5(x) = \dfrac{x}{x-1}$; $f_6(x) = \dfrac{1}{x^2-4}$

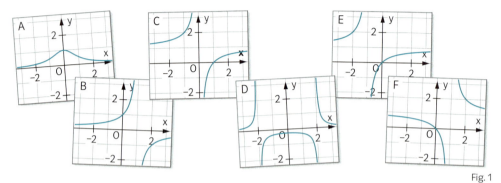

Fig. 1

4 Geben Sie zwei Funktionen an, deren Graphen die angegebenen Asymptoten besitzen.

a) $x = 4$
b) $x = -2{,}5$
c) $x = -6$ und $x = 6$
d) $x = 2$ und $x = 5$

Zeit zu überprüfen

5 Untersuchen Sie das Verhalten von f bei Annäherung an die Definitionslücke. Geben Sie gegebenenfalls die Gleichung der senkrechten Asymptote an.

a) $f(x) = \dfrac{2}{2x-6}$
b) $f(x) = \dfrac{x-2}{(x-3)^2}$
c) $f(x) = \dfrac{e^x}{e^x-1}$

6 Geben Sie eine Funktion an, deren Graph bei $x = -2$ und bei $x = 2$ eine senkrechte Asymptote hat.

7 Prüfen Sie, ob das Integral definiert ist, und berechnen Sie es gegebenenfalls.

a) $\displaystyle\int_0^3 \dfrac{1}{(x-4)^2}\,dx$
b) $\displaystyle\int_0^4 \dfrac{1}{(x-4)^2}\,dx$
c) $\displaystyle\int_0^3 \dfrac{1}{(x+3)^2}\,dx$
d) $\displaystyle\int_{-4}^0 \dfrac{1}{(x+3)^2}\,dx$

8 Gegeben ist die Funktion f mit $f(x) = \dfrac{x^3}{x^3-x} + 1$. Welche der folgenden Aussagen sind wahr?
a) Der Graph von f hat eine senkrechte Asymptote.
b) Der Graph der Ableitungsfunktion f' hat eine senkrechte Asymptote.
c) Der Graph von f ist punktsymmetrisch zum Ursprung.

9 Begründen oder widerlegen Sie.
a) Wenn f mit $f(x) = \dfrac{u(x)}{v(x)}$ eine Polstelle hat, dann hat f' auch eine Polstelle.
b) Wenn f eine Polstelle hat, dann hat g mit $g(x) = \dfrac{1}{f(x)}$ auch eine Polstelle.

10 Welche Zahl muss man für a einsetzen, damit f an der Stelle $x = -\dfrac{1}{2}$ eine Polstelle hat?

a) $f(x) = 5 + \dfrac{2}{x-a}$
b) $f(x) = \dfrac{x-1}{2x+a^2}$
c) $f(x) = \dfrac{3}{x+e^a}$

3 Verhalten für x → ± ∞ – Waagerechte Asymptote

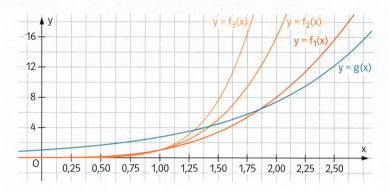

In der Abbildung sind die Graphen der Potenzfunktionen mit $f_1(x) = x^3$; $f_2(x) = x^4$ und $f_3(x) = x^5$ dargestellt. Je größer der Exponent ist, desto schneller nehmen die Funktionswerte für $x \to \infty$ zu.
Im Vergleich scheinen die Funktionswerte der Funktion mit $g(x) = e^x$ deutlich langsamer anzusteigen.
Untersuchen Sie dies mit dem GTR.

In den ersten beiden Lerneinheiten wurden das Symmetrieverhalten von Graphen sowie das Verhalten von Funktionen in der Nähe einer Definitionslücke behandelt. Nun soll das Verhalten von Funktionen für $x \to \infty$ bzw. $x \to -\infty$ untersucht werden.

Die Funktion f mit $f(x) = \frac{2x+1}{3x-6}$ kann als Quotient zweier ganzrationaler Funktionen aufgefasst werden. Solche Funktionen werden **gebrochenrationale Funktionen** genannt.
Bei der Untersuchung einer gebrochenrationalen Funktion f mit $f(x) = \frac{h(x)}{k(x)}$ für $x \to \infty$ orientiert man sich am Grad des Nenners n und am Grad des Zählers z.

Zur Erinnerung:
Der Grad einer Funktion bezeichnet die größte Hochzahl der x-Potenz.

1. Fall: $z = n$; z.B. $f(x) = \frac{2x+1}{3x-6}$.
Kürzen des Funktionsterms mit der höchsten Potenz von x, d.h. x^1, ergibt:

$f(x) = \frac{2x+1}{3x-6} = \frac{x \cdot (2 + \frac{1}{x})}{x \cdot (3 - \frac{6}{x})} = \frac{2 + \frac{1}{x}}{3 - \frac{6}{x}}$ für $x \neq 0$.

Es gilt $f(x) \to \frac{2}{3}$ für $x \to \infty$ und für $x \to -\infty$.
Man erkennt, dass $\frac{2}{3}$ der Quotient der Koeffizienten 2 bzw. 3 der Potenzen x^1 des Zählers und Nenners ist. Man sagt, die Funktion f hat für $x \to \infty$ und für $x \to -\infty$ den **Grenzwert** $\frac{2}{3}$, und schreibt: $\lim\limits_{x \to \pm\infty} f(x) = \frac{2}{3}$. Der Graph von f nähert sich für $x \to \infty$ und $x \to -\infty$ der Geraden mit der Gleichung $y = \frac{2}{3}$ beliebig genau an (Fig. 1). Diese Gerade heißt **waagerechte Asymptote**.

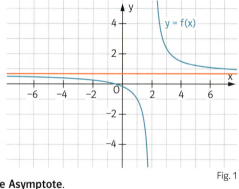

Fig. 1

2. Fall: $z < n$; z.B. $f(x) = \frac{5x}{x^2 - x}$.
Kürzen des Funktionsterms mit der höchsten Potenz von x, d.h. x^2, ergibt:

$f(x) = \frac{5x}{x^2 - x} = \frac{x^2 \cdot (\frac{5}{x})}{x^2 \cdot (1 - \frac{1}{x})} = \frac{\frac{5}{x}}{1 - \frac{1}{x}}$ für $x \neq 0$.

Es gilt $\lim\limits_{x \to \pm\infty} f(x) = 0$; die Gerade $y = 0$ ist waagerechte Asymptote des Graphen.

3. Fall: $z > n$; z.B. $f(x) = \frac{x^2 - x}{2x - 1}$.
Kürzen des Funktionsterms mit der höchsten Potenz von x im Nenner, hier x^1, ergibt:

$f(x) = \frac{x^2 - x}{2x - 1} = \frac{x(x-1)}{x(2 - \frac{1}{x})} = \frac{x - 1}{2 - \frac{1}{x}}$ für $x \neq 0$.

Es gilt $f(x) \to +\infty$ für $x \to \infty$ oder $f(x) \to -\infty$ für $x \to -\infty$.

Satz 1: Das Verhalten einer gebrochenrationalen Funktion f mit $f(x) = \frac{g(x)}{h(x)}$ wird für $x \to \pm\infty$ durch den Grad z des Zählers von g und den Grad n des Nenners von h bestimmt.
Für $x \to \infty$ bzw. für $x \to -\infty$ gilt:
Wenn $z < n$, strebt $f(x) \to 0$; die x-Achse ist waagerechte Asymptote.
Wenn $z = n$, strebt $f(x) \to c$; die Gerade $y = c$ ist waagerechte Asymptote.
Wenn $z > n$, strebt $f(x) \to +\infty$ oder $f(x) \to -\infty$.

Die Konstante c für $z = n$ ist gleich dem Quotienten der Koeffizienten der jeweils höchsten Potenzen von x im Zähler und im Nenner.

Es gibt Quotienten wie $h(x) = \frac{x^2}{e^x}$, deren Verhalten für $x \to \infty$ sich nicht mit Satz 1 beurteilen lässt. Für das Verhalten von Funktionen, die die Terme e^x und x^n enthalten, kann man zeigen:

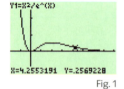
Fig. 1

Kurz:
Für $x \to \pm\infty$ dominiert e^x über x^n ($n \in \mathbb{N}$).

Satz 2: Für $x \to +\infty$ gilt: $\frac{x^n}{e^x} \to 0$ bzw. $\frac{e^x}{x^n} \to +\infty$; $x^n \cdot e^x \to +\infty$; $e^x - x^n \to +\infty$.

Für $x \to -\infty$ gilt: $\left|\frac{x^n}{e^x}\right| \to +\infty$ bzw. $\frac{e^x}{x^n} \to 0$; $|x^n \cdot e^x| \to +\infty$; $|e^x - x^n| \to -\infty$.

Beispiel Verhalten für $x \to \infty$ bzw. $x \to -\infty$
Untersuchen Sie das Verhalten der Funktionswerte von f für $x \to \infty$ bzw. $x \to -\infty$ und geben Sie gegebenenfalls die waagerechte Asymptote an.

a) $f(x) = \frac{8x^2 - 3x + 12}{2x^2}$　　　　　　　b) $f(x) = \frac{3x^2 - x}{3x^3 - x + 1}$

c) $f(x) = \frac{8x^4 - 5x}{2 + x^2}$　　　　　　　　d) $f(x) = \frac{e^x}{x^5}$

- **Lösung:** a) $\lim\limits_{x \to \pm\infty} f(x) = \frac{8}{2} = 4$;　　*Zählergrad = Nennergrad*
$y = 4$ ist waagerechte Asymptote.
b) $\lim\limits_{x \to \pm\infty} f(x) = 0$;　　*Zählergrad < Nennergrad*
$y = 0$ ist waagerechte Asymptote.
c) $f(x) \to \infty$ für $x \to \pm\infty$;　　*Zählergrad > Nennergrad*
keine waagerechte Asymptote.
d) $\lim\limits_{x \to \pm\infty} f(x) = 0$; $f(x) \to +\infty$ für $x \to +\infty$　　e^x dominiert x^5
$y = 0$ ist waagerechte Asymptote (für $x \to -\infty$).

Aufgaben

1 Bestimmen Sie das Verhalten der gebrochenrationalen Funktion f für $x \to \infty$ bzw. $x \to -\infty$ und geben Sie gegebenenfalls die waagerechte Asymptote an.

a) $f(x) = \frac{x^2 - 5x}{3x^2 + x}$　　　　b) $f(x) = \frac{4x^2 + 22}{1 + 3x^3}$　　　　c) $f(x) = \frac{28x^3 - x}{7x^3 + x^2}$

d) $f(x) = \frac{8x^3 - 5x^2}{x^2 - 2x^3}$　　　　e) $f(x) = \frac{x^2 + 0{,}2x^4}{1 + x^3}$　　　　f) $f(x) = \frac{x^4 - 13x}{3x^3 - 10}$

2 Bestimmen Sie das Verhalten von f für $x \to \infty$ bzw. $x \to -\infty$ und geben Sie gegebenenfalls die waagerechte Asymptote an.

a) $f(x) = \frac{e^x}{x^4 + 1}$　　　　b) $f(x) = e^x \cdot x^2$　　　　c) $f(x) = \frac{-x^2}{e^x}$

d) $f(x) = 2e^x - 10x^3$　　　　e) $f(x) = 100x^4 + 0{,}1 \cdot e^x$　　　　f) $f(x) = \frac{-1 - x^2}{e^x}$

3 Bestimmen Sie das Verhalten der gebrochenrationalen Funktion f für $x \to \infty$ bzw. $x \to -\infty$ und geben Sie gegebenenfalls die waagerechte Asymptote an.

a) $f(x) = \frac{8x - 27x^2 + 28}{3x^2 - 9x}$
b) $f(x) = \frac{4x^2 + 20}{10 + 2x + 3x^3}$
c) $f(x) = \frac{x^2 + 3 + x}{7x^3 + 3 + x}$

d) $f(x) = -\frac{x^2 + 5x^5}{x^5 - 8x^2} + 1$
e) $f(x) = \frac{-x^5 - 3x^3}{4x^4 + x^2}$
f) $f(x) = 2 - \frac{25x^4 - 3x}{5x^6 + 100}$

4 Welcher Graph gehört zu welcher Funktion? Begründen Sie Ihre Entscheidung.

$f_1(x) = \frac{1}{1+x^2}$; $f_2(x) = \frac{x}{1-x}$; $f_3(x) = \frac{x^2}{1-0{,}5x^2}$; $f_4(x) = \frac{2x-2}{x+1}$ und $f_5(x) = \frac{x^2}{x^2-1}$

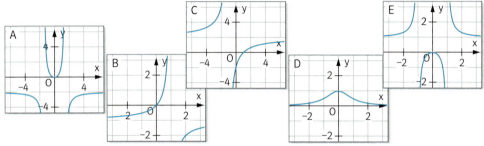

Fig. 1

5 Geben Sie zwei Funktionen f und g an, deren Graphen die angegebenen waagerechten Asymptoten besitzen.

a) $y = 2$ b) $y = -2$ c) $y = 0$ d) $y = -100$ e) $y = e$

6 Geben Sie die senkrechten und waagerechten Asymptoten sowie das Verhalten von f für $x \to \infty$ bzw. $x \to -\infty$ an. Skizzieren Sie den Graphen von f mithilfe der Asymptoten.

a) $f(x) = \frac{2x}{x+3}$
b) $f(x) = \frac{x^2}{2x^2 - x}$
c) $f(x) = \frac{x}{4x^3 + 2}$
d) $f(x) = \frac{x^2 - 1}{x^2}$

7 a) $f(x) = 1 + \frac{1}{x}$ b) $f(x) = 3 + \frac{1}{x^2}$ c) $f(x) = \frac{x^2}{e^x}$ d) $f(x) = \frac{e^x}{x}$

Zeit zu überprüfen

8 Geben Sie die senkrechten und waagerechten Asymptoten sowie das Verhalten von f für $x \to \infty$ bzw. $x \to -\infty$ an. Skizzieren Sie den Graphen von f mithilfe der Asymptoten.

a) $f(x) = \frac{2x}{4x - 4}$
b) $f(x) = 4 + \frac{2}{x^2}$
c) $f(x) = x^2 \cdot e^x$

9 Gegeben sind die Funktionen f und g. Bestimmen Sie die Stelle x_0, sodass $g(x) \geq f(x)$ für alle $x \geq x_0$.

a) $f(x) = x^3$; $g(x) = e^x$
b) $f(x) = 1000 \cdot x^4$; $g(x) = e^x$
c) $f(x) = x^{10}$; $g(x) = e^x$

10 Fig. 2 zeigt die Graphen der Funktion f, ihrer Ableitungsfunktion f' und einer Stammfunktion F von f. Begründen Sie, welcher Graph zur Funktion f, welcher zur Ableitungsfunktion f' und welcher zu Stammfunktion F gehört.

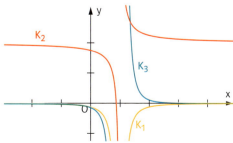

Fig. 2

11 Fig. 1 zeigt die Graphen K_1; K_2 und K_3 der drei Funktionen mit $f_1(x) = 2 - 0{,}5 \cdot e^x$;
$f_2(x) = -\frac{1}{(x-3)^2} + a$ und $f_3(x) = \frac{1}{x-b} + c$ sowie alle Asymptoten.
a) Ordnen Sie den Funktionen f_1; f_2 und f_3 den jeweils passenden Graphen zu.
b) Bestimmen Sie die Werte für a; b und c.

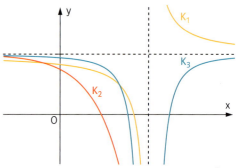

Fig. 1

12 Die Fig. 2 bis 4 zeigen den Graphen einer gebrochenrationalen Funktion f sowie alle Asymptoten. Geben Sie einen möglichen Funktionsterm von f an.

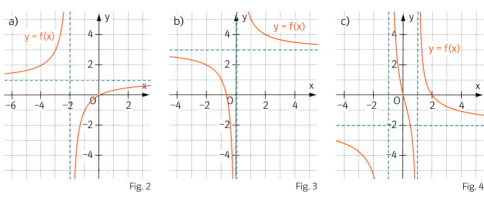

Fig. 2 Fig. 3 Fig. 4

13 Die Wachstumsgeschwindigkeit einer Pflanze wird in den ersten Wochen nach der Pflanzung durch die Funktion h mit $h(x) = \frac{50x^2 + 10}{2e^x}$ beschrieben (x in Wochen nach Beginn der Messung, h(x) in cm pro Woche). Zum Beginn der Messung ist die Pflanze 2 cm hoch.
a) Wann wächst die Pflanze am schnellsten?
b) Wie hoch war die Pflanze nach fünf Wochen?
c) Die Pflanze soll verkauft werden, sobald sie eine Höhe von 45 cm erreicht hat. Nach wie vielen Wochen seit Beginn der Messung hat sie die für den Verkauf notwendige Höhe erreicht?
d) Welche maximale Höhe wird die Pflanze etwa erreichen?
e) Skizzieren Sie die Funktion f, die die Höhe in Abhängigkeit der Zeit darstellt.

14 Eine Firma führt die beiden neuen Handys Nikoa N75 und Syno C20 ein. Die Verkaufszahlen der beiden Handys können modellhaft mit den Funktionen
$n(x) = \frac{2500x^2 + 250}{3x^2 + 9}$ (Nikoa N75) oder
$s(x) = -800 e^{-x} + 810$ (Syno C20)
beschrieben werden. Hierbei sind n(x) und s(x) die Anzahl der verkauften Handys in der Woche x seit Markteintritt der neuen Handys.
a) Skizzieren Sie die Graphen K_n und K_s der Funktionen n und s für die ersten 15 Wochen. Beschreiben Sie den Verkaufsverlauf in eigenen Worten.
b) Zu welchen Zeiten werden von beiden Handysorten gleich viele verkauft?
c) Wann ist die Änderungsrate der Verkaufszahlen pro Woche beim Modell Nikoa N75 am größten?
d) Wie viele Handys des Modells Syno C20 werden in den ersten 25 Wochen verkauft?

4 Nullstellen, Extremstellen und Wendestellen

Finden Sie möglichst viele verschiedene Belegungsmöglichkeiten für die Variablen c und k, sodass der angegebene Term null wird.

$$c \cdot (e^k - 1) \cdot \frac{3-c}{k+1}$$

Mit dem GTR lassen sich Null-, Extrem- und Wendestellen von Funktionen oft ohne großen Aufwand bestimmen. Die vom GTR gelieferten Lösungen sind allerdings lediglich Näherungslösungen. Man weiß zudem nicht sicher, ob alle gesuchten Punkte dargestellt werden.
Bei einer rechnerischen Bestimmung erhält man neben den exakten Lösungen auch die genaue Anzahl der Lösungen.

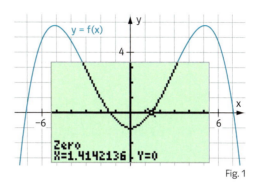

Fig. 1

Für exakte Aussagen über Null-, Extrem- und Wendestellen von Funktionen müssen Gleichungen gelöst werden:

Nullstelle	Extremstelle	Wendestelle
$f(x_0) = 0$	$f'(x_0) = 0$ und bei x_0 VZW von f' oder $f''(x_0) \neq 0$	$f''(x_0) = 0$ und bei x_0 VZW von f'' oder $f'''(x_0) \neq 0$

Bei zusammengesetzten Funktionen braucht man zur Lösung solcher Gleichungen Strategien.

Ein **Quotient** ist dann gleich null, wenn der Zähler null und der Nenner ungleich null ist. Zur Lösung der Gleichung $\frac{x^2 + 2x - 15}{x - 1} = 0$ löst man die Gleichung $x^2 + 2x - 15 = 0$. Es ergibt sich $x_1 = -5$ und $x_2 = 3$. Da der Nenner für beide x-Werte ungleich null ist, sind die beiden Werte Lösungen der Ausgangsgleichung.

$\frac{a}{b} = 0$, wenn $a = 0$ und $b \neq 0$.

Zur Lösung einer Gleichung wie $e^{2x} - 8e^x = 0$ schreibt man den linken Term $e^{2x} - 8e^x = 0$ als **Produkt**: $e^x \cdot (e^x - 8) = 0$. Das Produkt ist null, wenn einer seiner Faktoren null ist. Da e^x nie null wird, wird die Gleichung nur für $e^x = 8$ bzw. $x = \ln(8)$ erfüllt.

$a \cdot b = 0$, wenn $a = 0$ oder $b = 0$.

Die Gleichung $e^{2x} + e^x - 2 = 0$ lässt sich mithilfe einer **Substitution** lösen. Man substituiert e^x mit z und erhält die quadratische Gleichung $z^2 + z - 2 = 0$ mit den Lösungen $z_1 = -2$ und $z_2 = 1$. Mit $x = \ln(z)$ erhält man die Lösung $x = \ln(1) = 0$.

Beispiel 1 Null- und Extremstellen bestimmen
Bestimmen Sie die Null- und Extremstellen der Funktion f mit $f(x) = x^2 \cdot e^x - 8e^x$.
■ Lösung: Nullstellen: $0 = x^2 \cdot e^x - 8e^x = (x^2 - 8) \cdot e^x$
f hat die Nullstellen $x_1 = -\sqrt{8}$ und $x_2 = \sqrt{8}$.   *Der Term e^x ist für jedes x ungleich null.*
Extremstellen: $0 = f'(x) = 2x \cdot e^x + x^2 \cdot e^x - 8e^x = (x^2 + 2x - 8) \cdot e^x$
$x_3 = -4$ und $x_4 = 2$
$f''(x) = (x^2 + 4x - 6) \cdot e^x$
Mit $f''(-4) = -6 \cdot e^{-4} < 0$ (da $-6 < 0$ und $e^{-4} > 0$) und $f''(2) = 6 \cdot e^2 > 0$ erhält man die beiden Extremstellen $x_3 = -4$ und $x_4 = 2$.

Beispiel 2 Anwendung

Ein Patient erhält über eine Tropfinfusion ein Medikament. Die Medikamentenkonzentration im Blut kann mit der Funktion k mit $k(t) = t^2 \cdot e^{-0{,}1t}$ (k in $\frac{mg}{l}$, t in min) beschrieben werden. Zu welchem Zeitpunkt war die Änderungsrate der Medikamentenkonzentration im Blut am höchsten?

■ *Lösung: Gesucht sind Extremstellen der Änderungsrate von k, d.h. die Wendestelle von k.*
$k'(t) = (2t - 0{,}1t^2) \cdot e^{-0{,}1t}$
$k''(t) = (t^2 - 40t + 200) \cdot 0{,}01 \cdot e^{-t}$. Da $0{,}01 \cdot e^{-t} \neq 0$, erhält man mit $0 = t^2 - 40t + 200$:
$t_1 = 20 - \sqrt{200}$ und $t_2 = 20 + \sqrt{200}$.
Mit $k'''(t_1) \approx -0{,}46 < 0$ und $k'''(t_2) \approx 0{,}016 > 0$ sowie dem Randwert $k'(0) = 0$ folgt:
Nach der Zeit $t_1 = 20 + \sqrt{200} \approx 5{,}86$ Minuten ist die Änderungsrate der Medikamentenkonzentration im Blut am höchsten.

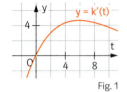
Fig. 1

Aufgaben

1 Bestimmen Sie die Nullstellen von f im Kopf.

a) $f(x) = \frac{x-3}{x^2+4}$
b) $f(x) = (x - 1{,}5)(9{,}1 + x)$
c) $f(x) = \frac{x \cdot (x+2)}{1+x^2}$
d) $f(x) = \frac{\ln(x)}{x}$
e) $f(x) = (4 - x^2)(2 + x^2)$
f) $f(x) = (e^x - 1) \cdot (e^x - e)$

Die Lösungen der Aufgaben können mit dem GTR überprüft werden.

2 Bestimmen Sie die Nullstellen von f.

a) $f(x) = e^x \cdot x^3 - e^x$
b) $f(x) = \frac{x^2 - 2}{e^x - 1}$
c) $f(x) = e^{3x} - 1$
d) $f(x) = x \cdot e^{2x} + x^2 \cdot e^{2x}$
e) $f(x) = \frac{e^x - e^{2x}}{x}$
f) $f(x) = e^x - 8e^x + 15$

3 Bestimmen Sie die Extremstellen von f.

a) $f(x) = x \cdot e^x$
b) $f(x) = \frac{x}{e^x}$
c) $f(x) = 2 + x \cdot e^{2x}$
d) $f(x) = e^{2x} - 2e^x - 12x$
e) $f(x) = 5x \cdot e^x - 5$
f) $f(x) = \frac{e^{x^2}}{x}$
g) $f(x) = e^x \cdot (x^2 - 3)$
h) $f(x) = \frac{x^2 - x}{x+1}$
i) $f(x) = \frac{e^x + x}{e^x}$

4 Bestimmen Sie die Wendestellen von f.

a) $f(x) = (x^2 - 2) \cdot e^x$
b) $f(x) = x^4 \cdot e^x$
c) $f(x) = 6x^5 + 10x^4 - 20x^3$
d) $f(x) = e^{8x} - 32x^2$
e) $f(x) = e^{2x} - e^x - 10x$
f) $f(x) = e^{2x} + 4x^2 - 12e^x$

5 Ein Skateboardfahrer fährt über einen Wall (Fig. 2), der im Querschnitt durch den Graphen der Funktion mit $f(x) = e^{-0{,}1x^2} - 0{,}2$ zwischen den Schnittpunkten mit der x-Achse modelliert werden kann (x und f(x) in m).
a) Wie groß ist die maximale Höhe h des Walls? Welche Länge hat der Wall?
b) Welches Volumen hat der Wall, wenn er eine Tiefe von $t = 2{,}5$ m hat?
c) An welchen Stellen ist die Steigung des Walls am größten?

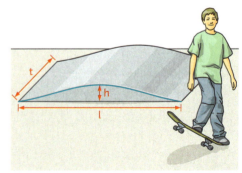
Fig. 2

Zeit zu überprüfen

6 Bestimmen Sie die Nullstellen sowie die Extremstellen von f.
a) $f(x) = (x^2 - x) \cdot e^2$
b) $f(x) = \frac{x^2 - x}{e^x}$
c) $f(x) = e^{4x} - 4 - 3e^{2x}$

7 Ein zylinderförmiger Wasserbehälter hat einen Zu- und einen Abfluss. Der Zufluss z kann bei einer Messung mit der Funktion z mit $z(t) = e^{(t-2)}$ modelliert werden, der Abfluss a mit der Funktion $a(t) = t^2$ (z und a in $\frac{m^3}{h}$; t: Zeit in Stunden). Zu Beginn der Messung befinden sich $10\,m^3$ Wasser in dem Behälter.
a) Zu welchem Zeitpunkt war der Wasserstand am niedrigsten? Wie tief war der Wasserstand zu diesem Zeitpunkt?
b) Zu welchem Zeitpunkt war die Änderungsrate der Wassermenge im Behälter am kleinsten?
c) Zu welchem Zeitpunkt betrug der Wasserstand $5\,m^3$?
d) Wie viel Wasser war nach zwei Minuten in dem Behälter?
e) Nach welcher Zeit befand sich im Wasserbehälter etwa die gleiche Wassermenge wie zu Beginn der Messung?

Fig. 1

8 Der Querschnitt einer Schale kann mithilfe einer Funktion f mit $f(x) = -\frac{1}{16}x^4 + \frac{1}{2}x^2 - 1$ (x und f(x) in dm) zwischen den beiden Nullstellen von f modelliert werden.
a) Bestimmen Sie die Höhe und den Radius R der Schale (vgl. Fig. 2).
b) Untersuchen Sie, ob eine Dose mit einem Radius $r_D = 9\,cm$ und einer Höhe $h_D = 6\,cm$ vollständig in die Schale passt.
c) Die Schale wird bis zur halben Höhe mit Wasser gefüllt. Wie groß ist der Radius r des dabei entstehenden Flüssigkeitskreises (vgl. Fig. 2)?

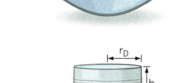

Fig. 2

Ⓢ CAS
Analyse einer Funktion

9 Bestimmen Sie ohne GTR, an welcher Stelle sich die Graphen von f und g schneiden.
a) $f(x) = 2e^x$; $g(x) = e^{2x} - 3$
b) $f(x) = e^{3x}$; $g(x) = e^x + 2e^{-x}$
c) $f(x) = e^x$; $g(x) = \ln(x^2 + 1) \cdot e^x$
d) $f(x) = e^x \cdot (\ln(x) - 3)$; $g(x) = e^x \cdot (5\ln(x) + 3)$

10 Geben Sie zwei mögliche Funktionen mit den angegebenen Nullstellen an.
a) $x_1 = 3$; $x_2 = -2$
b) $x_1 = e$; $x_2 = e + 1$
c) $x_1 = 0$; $x_2 = e^{-1}$

11 Geben Sie eine Funktion mit der Nullstelle x_1 und der Polstelle x_2 an.
a) $x_1 = 8$; $x_2 = 9$
b) $x_1 = e^2$; $x_2 = -1$
c) $x_1 = e$; $x_2 = e^{-1}$

12 Wie sind bei der Funktion f mit $f(x) = \frac{x^2 - a}{e^{x-b}}$ die Parameter a und b zu wählen, damit f die angegebenen Eigenschaften hat?
a) f hat die Nullstellen −2 und 2, der Graph schneidet die y-Achse in (0|−8).
b) f hat keine Nullstellen und es gilt $f(-2) < 1$.
c) Der Graph von f hat die waagerechte Asymptote $y = 0$.
d) f ist streng monoton fallend.
e) Es gilt $f'\left(\frac{1}{2}\right) = f\left(\frac{1}{2}\right) = \frac{1}{2}$.

5 Funktionsanalyse: Nachweis von Eigenschaften

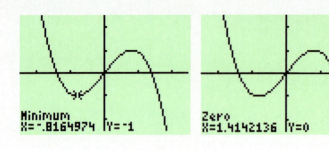

Fig. 1 zeigt zwei GTR-Darstellungen eines Graphen. Welche Aussagen können zum Graphen vermutet werden? Welche sind sicher?

Fig. 1

Bei der Analyse einer Funktion können verschiedene Eigenschaften betrachtet werden. Einige lassen sich unmittelbar aus dem Funktionsterm ablesen, bei anderen Eigenschaften ist ein rechnerischer Nachweis notwendig. Lässt sich eine Eigenschaft mit dem GTR vermuten, so ist auch hier ein rechnerischer Nachweis erforderlich.

Bei der Funktion f mit $f(x) = x^4 \cdot e^x$ kann man ohne GTR erkennen:
- $f(x) > 0$ für $x \in \mathbb{R} \setminus \{0\}$, da $x^4 > 0$ und $e^x > 0$,
- $f(x) \to \infty$ für $x \to \infty$, da $x^4 \to \infty$ und $e^x \to \infty$,
- $f(x) \to 0$ für $x \to -\infty$, da $x^4 \to \infty$ und $e^x \to 0$
- keine Symmetrie zum Ursprung oder zur y-Achse.

Mit dem GTR lassen sich weitere Eigenschaften der Funktion vermuten, die man rechnerisch begründen kann:
- f hat genau ein Minimum, das bei $x = 0$ liegt,
- f hat genau ein Maximum, das bei bei $x = -4$ liegt,
- f ist für $x \leq -4$ und für $x \geq 0$ streng monoton wachsend und für $-4 \leq x \leq 0$ streng monoton fallend.

Fig. 2

In der folgenden Übersicht sind charakteristische Eigenschaften einer Funktion bzw. deren Graphen zusammengestellt:

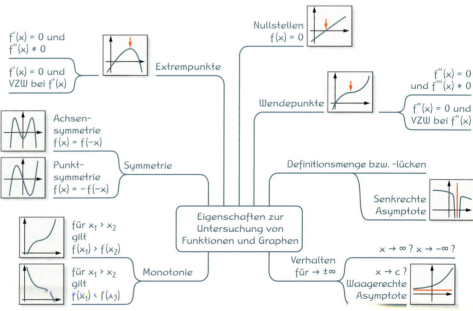

Fig. 3

Beispiel 1 Graphen zuordnen
Begründen Sie, welcher der vier Graphen A, B, C oder D in Fig. 1 zur Funktion f mit $f(x) = \frac{x}{x^2 - 1}$ gehört.

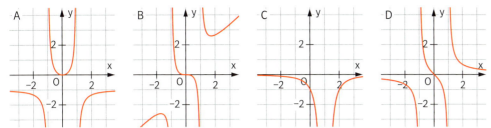

Fig. 1

- **Mögliche Lösung:** Da der Graph von f bei −1 und 1 eine senkrechte Asymptote hat (Zähler null, Nenner ungleich null), kann C nicht der Graph von f sein. Weiterhin lässt sich zeigen, dass der Graph von f punktsymmetrisch zum Ursprung ist, sodass auch der Graph A nicht zu f gehören kann. Ferner lässt sich schließen, dass der Graph von f die waagerechte Asymptote $y = 0$ hat. D ist der gesuchte Graph von f.

Beispiel 2 Anwendung
Auf einer Teststrecke kann die Geschwindigkeit v eines Testfahrzeuges in den ersten Sekunden mit der Funktion $v(t) = 10t^2 \cdot e^{-0{,}25t}$; $t \geq 0$ $\left(\text{t in s, v(t) in } \frac{km}{h}\right)$ modelliert werden.
Welche Eigenschaften der Funktion machen Aussagen über den Geschwindigkeitsverlauf?
Unterschieden Sie Eigenschaften,
a) die man am Funktionsterm ohne Rechnung erkennen kann,
b) die man mithilfe des GTR vermuten kann. Weisen Sie dies nach.

- **Lösung:** a) Für $t = 0$ ist $v(0) = 0$: Zu Beginn der Messung ist die Geschwindigkeit null.
Für $t > 0$ gilt $v(t) > 0$: Nach dem Start ist die Geschwindigkeit des Fahrzeugs stets positiv.
$\lim\limits_{t \to +\infty} v(t) = 0$; mit der Zeit wird die Geschwindigkeit nahezu null.
b) Für $t = 0$ ist $v'(0) = 0$: Zu Beginn der Messung ist die Änderungsrate der Geschwindigkeit (die Beschleunigung) null (vgl. Fig. 2).
Bei $t \approx 8$ hat v ein globales Maximum: Die Geschwindigkeit ist nach etwa acht Sekunden am größten (vgl. Fig. 2).
Nachweis: Mit $v'(t) = t \cdot (20 - 2{,}5t) \cdot e^{-0{,}25t}$ erhält man $v'(0) = 0$ und $v'(8) = 0$. Aus $v''(t) = (0{,}625t^2 - 10t + 20) \cdot e^{-0{,}25t}$ folgt $v''(8) \approx -2{,}7$. Bei $t = 8$ hat v ein globales Maximum.

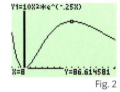

Fig. 2

Aufgaben

1 Welcher Graph gehört zu welcher Funktion?

① $f(x) = \frac{e^x}{x - 1}$
② $f(x) = \frac{1}{(x - 2) \cdot (x + 1)}$
③ $f(x) = \frac{x^2 - 2}{x}$
④ $f(x) = \frac{1}{0{,}5 + x^2}$
⑤ $f(x) = \frac{1{,}5}{x^2 - 4}$
⑥ $f(x) = \frac{x^4}{e^x}$

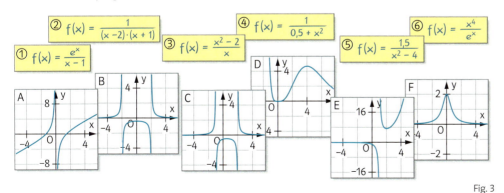

Fig. 3

2 Begründen Sie, welcher der vier Graphen A, B, C oder D in Fig. 1 bis 4 zur Funktion f mit $f(x) = (e^{-x} + x) \cdot e^x$ gehört.

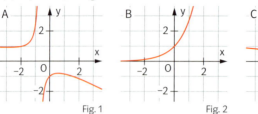
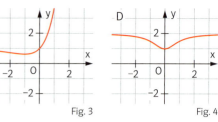

Fig. 1   Fig. 2   Fig. 3   Fig. 4

3 Gegeben sind die drei Funktionen f, g und h mit
$f(x) = \frac{4x^2}{x^2 - 4x}$; $g(x) = 10x \cdot e^{-x^2}$ und $h(x) = \frac{e^x}{x-1}$.

a) Welche Eigenschaften der Funktionen lassen sich ohne GTR erkennen?
b) Skizzieren Sie die Graphen der drei Funktionen.
c) Welche weiteren Eigenschaften der Funktionen lassen sich vermuten? Weisen Sie diese nach.

4 a) Welche Vermutungen zur Funktion bzw. zu dessen Graphen liegen nahe?

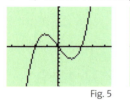
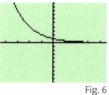
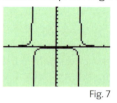
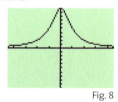

Fig. 5   Fig. 6   Fig. 7   Fig. 8

b) Die Graphen in Fig. 5 bis Fig. 8 gehören zu den Funktionen f mit $f(x) = 2^{-x}$, g mit $g(x) = x^3 - 4x$, h mit $h(x) = \frac{1}{x^2 - 4}$ und k mit $k(x) = \frac{10}{x^2 + 1}$. Ordnen Sie die Graphen den Funktionen zu und weisen Sie die in a) aufgestellten Vermutungen nach.

5 Stellen Sie den Graphen der Funktion f mit dem GTR dar. Welche Vermutungen können im Hinblick auf Monotonie, Verhalten für $x \to \infty$ sowie Extremstellen der Funktion bzw. dessen Graphen aufgestellt werden? Weisen Sie Ihre Vermutungen anschließend nach.

a) $f(x) = \frac{1}{x^2 - x}$ b) $f(x) = (x-2) \cdot e^x$ c) $f(x) = 0{,}01x^4 - \frac{1}{100x^3}$

d) $f(x) = \frac{1}{e^x - 1}$ e) $f(x) = \frac{x - e^x}{x}$ f) $f(x) = \frac{x - e^x}{e^x}$

6 Zeichnen Sie mit dem GTR den Graphen der Funktion f mit $f(x) = x^4 - 3x^3 + x^2 - 1$ in den angegebenen Bereichen. Geben Sie Vor- und Nachteile des jeweiligen Fensters an.

a) $X_{min} = -5$; $X_{max} = 5$
     $Y_{min} = -10$; $Y_{max} = 10$

b) $X_{min} = -0{,}5$; $X_{max} = 0{,}5$
     $Y_{min} = -1{,}2$; $Y_{max} = -0{,}8$

c) $X_{min} = -15$; $X_{max} = 15$
     $Y_{min} = -10\,000$; $Y_{max} = 10\,000$

7 Nach einem Brand in einer Chemiefabrik steigt die Konzentration von perfluorierten Tensiden (PFT) in einem nahe gelegenen See zunächst deutlich an. Durch den Zu- und Ablauf von Wasser verringert sich die PFT-Konzentration im See anschließend wieder. Die PFT-Konzentration kann im See in den ersten Wochen mithilfe der Funktion $k(x) = 250x \cdot e^{-0{,}5x} + 20$ modelliert werden (x: Anzahl der Wochen nach dem Unfall; k: Konzentration in $\frac{ng}{l}$).

a) Skizzieren Sie den zeitlichen Verlauf der Konzentration. Nach welcher Zeit erreicht die Konzentration ihren höchsten Wert? Wie groß ist dieser höchste Wert?
b) Wann wurden die Tenside am stärksten abgebaut?
c) Wie lange dauert es, bis die PFT-Konzentration wieder auf 100 $\frac{ng}{l}$ gesunken ist?
d) Welche PFT-Konzentration wird sich in dem Modell auf lange Sicht einstellen?

Exkursion
Lokale Eigenschaften – globale Auswirkungen
735501-1662

Perfluorierte Tenside werden wegen ihrer besonderen physikalisch-chemischen Eigenschaften in einer Vielzahl von Produkten verwendet. PFT stehen im Verdacht, krebserregend zu sein.

ng: Nanogramm

Zeit zu überprüfen

8 Gegeben ist die Funktion f mit $f(x) = e^x \cdot \frac{x}{x+1}$.
a) Stellen Sie Vermutungen hinsichtlich
– der Definitionsmenge von f,
– dem Verhalten von f für $x \to \pm\infty$ und
– Extremstellen von f auf.
b) Weisen Sie die Vermutungen aus a) nach oder widerlegen Sie diese.

9 Untersuchen Sie den Graphen der Funktion f mit dem GTR und stellen Sie Vermutungen auf. Weisen Sie die Vermutungen anschließend nach.
a) $f(x) = -x^3 + x^2 + 2x$ b) $f(x) = e^x(x^2 - x)$ c) $f(x) = \frac{e^x}{x}$
d) $f(x) = e^{2x} - 4e^x$ e) $f(x) = \frac{1}{x^2 - 9}$ f) $f(x) = \frac{1}{e^x + 1}$

10 Für einen neu eingeführten Schokoladenriegel können die Verkaufszahlen eines Lebensmittelgeschäftes im ersten Jahr mithilfe der Funktion $a(t) = 0{,}00001 t^3 - 0{,}006 t^2 + t + 10$ modelliert werden (t: Anzahl der Tage seit Einführung des Schokoriegels; a(t): Anzahl der verkauften Riegel pro Tag).
a) Zu welchem Zeitpunkt werden im ersten Verkaufsjahr die meisten Schokoladenriegel verkauft?
b) Wie viele Schokoladenriegel werden im ersten bzw. im zweiten Verkaufshalbjahr verkauft?
c) Nachdem die Verkaufszahlen im ersten Verkaufsjahr geringer werden, wird eine Werbeaktion durchgeführt. Zu welchem Zeitpunkt findet die Werbeaktion vermutlich statt? Begründen Sie.

11 Gegeben ist die Funktion f. Berechnen Sie mit dem GTR die Stellen, an denen die Funktion f die Steigung m hat.
a) $f(x) = x^4 - x^3 + 2$; $m = 1$ b) $f(x) = \frac{2}{x^2} + x$; $m = -0{,}5$ c) $f(x) = \frac{1}{e^x - 1} + x$; $m = -2$

12 Geben Sie einen Funktionsterm für eine Funktion f an, sodass die angegebenen Bedingungen erfüllt sind.
a) Der Graph von f hat die Asymptoten $x = 2$ und $y = 2$.
b) Der Graph von f ist symmetrisch zur y-Achse und hat die Asymptoten $x = 0$ und $y = -1$.
c) Die Funktion f hat die Nullstellen -2 und 2. Der Graph von f ist symmetrisch zum Ursprung.
d) Die Funktion f hat vier Nullstellen. Für $x \to \pm\infty$ gilt $f(x) \to -\infty$.

13 Um herauszufinden, welche Energie ein Vogel beim Fliegen verbraucht, wurden im Windkanal Versuche mit australischen Sittichen (Körpergewicht zwischen 20 und 40 Gramm) durchgeführt. Durch Messung des Sauerstoffverbrauchs des Vogels konnte man auf den Energieverbrauch schließen. Ist v die Geschwindigkeit des Vogels gegenüber der Luft beim Horizontalflug, so kann der Energieverbrauch E(v) für eine Strecke von 1 km und pro Gramm Körpergewicht näherungsweise beschrieben werden durch:
$E(v) = \frac{0{,}31(v-35)^2 + 92}{v}$; $20 \le v \le 60$ (E in $\frac{J}{g \cdot km}$; v in $\frac{km}{h}$).
a) Wie hoch ist der Energieverbrauch pro Kilometer und Gramm bei einer Geschwindigkeit von $25 \frac{km}{h}$?
b) Bei welcher Geschwindigkeit ist der Energieverbrauch des Vogels am geringsten?

14 Gemäß der speziellen Relativitätstheorie ist die „dynamische" Masse m(v) (in kg) eines Körpers mit der Ruhemasse $m_0 = 5$ kg, der sich mit der Geschwindigkeit v (in $\frac{m}{s}$) bewegt, größer als seine Ruhemasse m_0. Sie lässt sich berechnen mit der Formel $m(v) = \frac{5}{\sqrt{1 - \frac{v^2}{c^2}}}$ mit der Lichtgeschwindigkeit $c \approx 3 \cdot 10^8 \frac{m}{s}$. Welche Eigenschaften hat die Funktion $v \to m(v)$?

*6 Funktionen mit Parametern

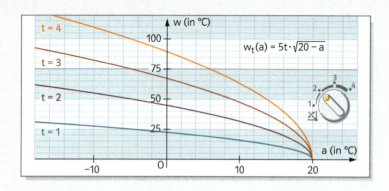

Zur richtigen Erwärmung eines Gebäudes bei verschiedenen Außentemperaturen muss das Heizwasser für die Heizkörper eine bestimmte Temperatur haben. Diese Heizwassertemperatur hängt von der Außentemperatur ab.
Die Abhängigkeit kann wie in der Abbildung durch einen Graphen dargestellt werden.
Mit einem Regler kann eine der vier möglichen Heizkurven eingestellt werden.
Beschreiben Sie Gemeinsamkeiten und Unterschiede der Heizkurven.

$\mathbb{R}^+$: positive reelle Zahlen

t	T_t
1	$\left(\ln\left(\frac{1}{2}\right) \mid -\frac{1}{4}\right)$
2	$(\ln(1) \mid -1)$
3	$\left(\ln\left(\frac{3}{2}\right) \mid -\frac{9}{4}\right)$
4	$(\ln(2) \mid -4)$

Die Eigenschaften der Funktionen einer Funktionenschar wie f_t mit $f_t(x) = e^x \cdot (e^x - t)$; $t \in \mathbb{R}^+$ hängen im Allgemeinen vom Parameter t ab. Zum Beispiel hat jede Funktion der Schar die Nullstelle $x = \ln(t)$. Die Nullstelle ist keine feste Zahl, sondern hängt von t ab.
Die Bestimmung der Tiefpunkte führt auf die Gleichung:
$0 = f_t'(x) = e^x \cdot (2e^x - t)$ und auf $t = 2e^x$ bzw. $x = \ln\left(\frac{t}{2}\right)$. Mit $f_t''\left(\ln\left(\frac{t}{2}\right)\right) > 0$ und der Gleichung für die Funktionswerte erhält man den dazugehörigen y-Wert: $y_t = f_t\left(\ln\left(\frac{t}{2}\right)\right) = -\frac{t^2}{4}$; $t \in \mathbb{R}^+$.
Für den von t abhängigen Tiefpunkt erhält man $T_t\left(\ln\left(\frac{t}{2}\right) \mid -\frac{t^2}{4}\right)$.

Durchläuft t alle zugelassenen Werte, so liegen die Punkte T_t auf einer Kurve. Diese Kurve heißt **Ortskurve** oder **Ortslinie** der Tiefpunkte T_t. In Fig. 1 ist die Ortskurve rot dargestellt.
Eine Gleichung der Ortskurve der Tiefpunkte erhält man, indem man aus den Gleichungen $x = \ln\left(\frac{t}{2}\right)$ und $y = -\frac{t^2}{4}$ die Variable t eliminiert: $y = -\frac{t^2}{4} = -\frac{(2 \cdot e^x)^2}{4} = -e^{2x}$.

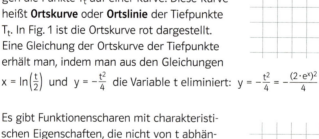

Fig. 1

> **Exkursion**
> Funktionen von zwei Veränderlichen
> 735501-1682

Es gibt Funktionenscharen mit charakteristischen Eigenschaften, die nicht von t abhängen. So haben alle Graphen der Funktionenschar f_t mit $f_t(x) = tx \cdot e^x$; $t \in \mathbb{R}$ den gemeinsamen Punkt $P(0|0)$ und die Asymptote $y = 0$. Weiterhin liegen alle Extrempunkte auf der Geraden mit $x = -1$ (Fig. 2).

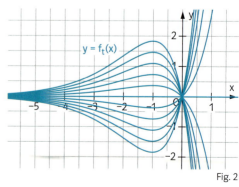

Fig. 2

Beispiel 1 Ortskurve

Gegeben ist die Funktionenschar f_t mit $f_t(x) = (t - x) \cdot e^x$; $t \in \mathbb{R}$. Untersuchen Sie f_t auf Extrempunkte des Graphen und bestimmen Sie gegebenenfalls die Ortskurve der Extrempunkte.

■ Lösung: $f_t'(x) = -1 \cdot e^x + (t - x) \cdot e^x = (-x + t - 1) \cdot e^x$;
$f_t''(x) = -1 \cdot e^x + (-x + t - 1) \cdot e^x = (-x + t - 2) \cdot e^x$
$0 = f'(x) = (-x + t - 1) \cdot e^x$; $x = t - 1$
$f_t''(t - 1) = -e^{t-1} < 0$, also $H_t(t - 1 | f_t(t - 1))$ bzw. $H_t(t - 1 | e^{t-1})$.
Ortskurve: Aus $x = t - 1$ und $y = e^{t-1}$ wird t eliminiert: $y = e^{(x+1)-1} = e^x$.
Die Hochpunkte liegen auf der Ortskurve $y = e^x$ (vgl. Fig. 1).

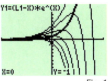
Fig. 1

Beispiel 2 Gemeinsame Punkte einer Schar

Gegeben ist die Funktionenschar f_t mit $f_t(x) = (x - 1) \cdot e^{-tx}$. Bestimmen Sie die gemeinsamen Punkte aller Graphen der Funktionenschar.

■ Lösung: Aus $f_{t_1}(x) = f_{t_2}(x)$; $t_1 \neq t_2$ folgt
$(x - 1) \cdot e^{-t_1 \cdot x} = (x - 1) \cdot e^{-t_2 \cdot x}$
$0 = (x - 1) \cdot e^{-t_1 \cdot x} - (x - 1) \cdot e^{-t_2 \cdot x} = (x - 1) \cdot (e^{-t_1 \cdot x} - e^{-t_2 \cdot x})$
Aus $x - 1 = 0$ folgt $x = 1$ und $Q(1 | f_t(1)) = Q(1 | 0)$.
Aus $e^{-t_1 \cdot x} - e^{-t_2 \cdot x} = 0$ folgt
$e^{-t_1 \cdot x} = e^{-t_2 \cdot x}$ bzw. $-t_1 \cdot x = -t_2 \cdot x$.
Man erhält $x = 0$, da $t_1 \neq t_2$ und $P(0 | f_t(0)) = P(0 | -1)$.
Die Funktionenschar hat die gemeinsamen Punkte $Q(1 | 0)$ und $P(0 | -1)$ (vgl. Fig. 2).

Funktionswerte zweier beliebiger Funktionen der Schar mit t_1 und t_2 müssen gleich sein.

Potenzen e^x sind genau dann gleich, wenn die Hochzahlen gleich sind.

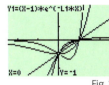
Fig. 2

Beispiel 3 Funktionenschar einer Flugbahn

Wird ein Ball von einer Höhe von 2 m in einem Winkel von 45° gegenüber der Horizontalen geworfen, so kann dessen Flugbahn mit dem Graphen der Funktion mit
$f_v(x) = 2 + x - 5\frac{x^2}{v^2}$; $v \in \mathbb{R}^+$ modelliert werden. Hierbei ist v (in $\frac{m}{s}$) der Betrag der Abwurfgeschwindigkeit, x (in m) die horizontale Entfernung vom Abwurfpunkt und $f_v(x)$ (in m) die jeweilige Höhe über dem Boden. Auf welcher Ortskurve befinden sich die Hochpunkte der Graphen?

■ Lösung: Aus $0 = f_v'(x) = 1 - \frac{10}{v^2}x$ folgt $x = \frac{v^2}{10}$. Mit $f_v''(x) < 0$ erhält man $H_v\left(\frac{v^2}{10} \Big| 2 + \frac{v^2}{20}\right)$.
$v = \sqrt{10x}$ bzw. $y = 2 + \frac{v^2}{20} = 2 + \frac{1}{2}x$.   *v eliminieren*
Die Hochpunkte liegen auf der Geraden mit $y = 2 + \frac{1}{2}x$ (vgl. Fig. 4).

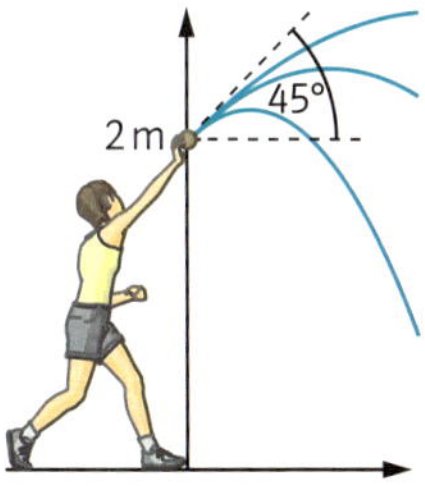

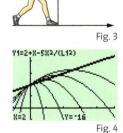
Fig. 3

Fig. 4

Beispiel 4 Modellieren einer Funktionenschar

Eine Plastikleiste wird über zwei Aufhängepunkte durchgebogen, die einen Abstand von 8 cm haben. Die gebogene Leiste soll durch eine Parabel modelliert werden.

a) Geben Sie eine geeignete Funktionenschar an.
b) Welche Funktion der Schar hat einen Durchhang h von 2 cm?

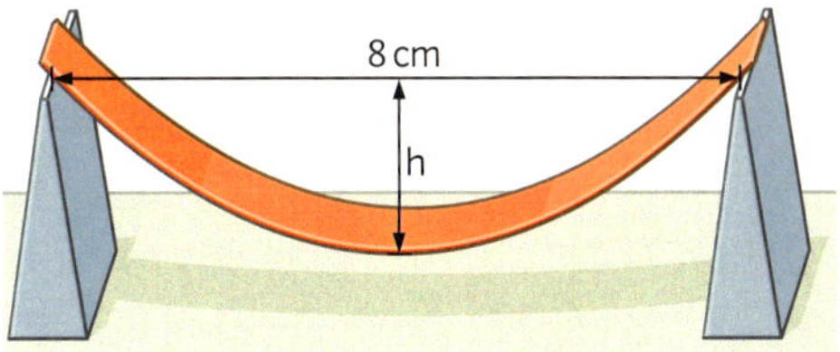

Fig. 5

■ Lösung: a) Legt man den Ursprung des Koordinatensystems mit der Längeneinheit 1 cm auf den linken Aufhängepunkt, so erhält man mit dem Ansatz $f(x) = ax^2 + bx + c$ mit $f(0) = 0$ und $f(8) = 0$. Hieraus folgt $c = 0$ und $64a + 8b = 0$ bzw. $b = -8a$. Die Plastikleiste kann durch Parabeln der Funktionenschar mit $f_a(x) = ax^2 - 8ax$ modelliert werden.

b) Mit $f_a(4) = -2$ gilt $-2 = 16a - 32a = -16a$ bzw. $a = \frac{1}{8}$. Die durchgebogene Plastikleiste mit einem Durchhang von 2 cm kann mit dem Graphen der Funktion $f_{-\frac{1}{8}}(x) = \frac{1}{8}x^2 - x$ modelliert werden.

V Graphen und Funktionen analysieren   169

Aufgaben

1 Skizzieren Sie mit dem GTR den Graphen von f_1, f_2 und f_3.
a) $f_t(x) = e^{x+t} \cdot t$
b) $f_t(x) = e^{x+t} \cdot x$
c) $f_t(x) = -2(x-t) \cdot e^x$

2 Bestimmen Sie die Extrempunkte der Graphen von f_t.
a) $f_t(x) = 10tx \cdot e^{-x}$
b) $f_t(x) = e^{x+t} \cdot x^2$
c) $f_t(x) = \frac{5x}{t \cdot e^x}$

3 Untersuchen Sie die Graphen der Funktionenschar f_t auf Extrempunkte.
a) $f_t(x) = (x-t)^2 + t$; $t \in \mathbb{R}$
b) $f_t(x) = x^2 + tx$; $t \in \mathbb{R}$
c) $f_t(x) = x^3 - tx$; $t \in \mathbb{R}$
d) $f_t(x) = e^{tx} - x$; $t > 0$
e) $f_t(x) = 5x^3 e^{-tx}$; $t > 0$
f) $f_t(x) = tx^2 e^{-tx}$; $t > 0$

4 Untersuchen Sie die Graphen von f_t auf Extrempunkte und bestimmen Sie gegebenenfalls die Ortskurve der Extrempunkte.
a) $f_t(x) = x^2 + 2tx + 2$
b) $f_t(x) = e^x \cdot tx^2$
c) $f_t(x) = e^x \cdot (x-t)$

⊚ CAS
Heftaufschrieb

5 Gegeben ist die Funktionenschar f_t mit $f_t(x) = x^2 - xt$; $t \in \mathbb{R}$.
a) Skizzieren Sie mit dem GTR die Graphen von f_0 und f_2.
b) Für welchen Parameter t liegt der Punkt $P(3|-5)$ auf dem Graphen von f_t?
c) Geben Sie die Gleichung der Ortskurve an, auf der die Extrempunkte von f_t liegen.
d) Durch welchen Punkt gehen alle Graphen der Schar?

6 Die Graphen einer ganzrationalen Funktionenschar zweiten Grades gehen durch die Punkte $P_1(2|0)$ und $P_2(0|4)$.
a) Bestimmen Sie die Gleichung der Funktionenschar.
b) Welcher Graph der Funktionenschar geht durch den Punkt $Q(3|1)$?

7 Die Graphen einer ganzrationalen Funktionenschar dritten Grades gehen durch die Punkte $P(0|0)$, $Q(2|0)$ und $R(4|1)$. Bestimmen Sie die Funktionsgleichung der Funktionenschar. Welcher Graph der Funktionenschar hat im Punkt $P(0|0)$ einen Tiefpunkt?

Zeit zu überprüfen

8 Gegeben ist die Funktionenschar f_t mit $f_t(x) = \frac{-2x}{t} \cdot e^{tx}$; $t \in \mathbb{R} \setminus \{0\}$.
a) Zeigen Sie, dass der Punkt $P(0|0)$ auf jedem Graphen der Funktionenschar liegt.
b) Skizzieren Sie mit dem GTR die Graphen von f_2 und f_{-2}.
c) Untersuchen Sie die Funktionenschar auf Extrem- und Wendepunkte.
d) Bestimmen Sie die Ortskurve der Wendepunkte.

9 Untersuchen Sie, ob die Graphen der Funktionenschar f_t gemeinsame Punkte besitzen.
a) $f_t(x) = x \cdot e^{-tx}$
b) $f_t(x) = 2(x+5) \cdot e^{tx}$
c) $f_t(x) = e^{t \cdot (x-2)} \cdot x + 3$

10 Gegeben ist die Funktionenschar f_k mit $f_k(x) = x - k \cdot e^x$; $k \in \mathbb{R}^+$.
a) Untersuchen Sie die Funktionenschar auf Symmetrie, Extrem- und Wendepunkte.
b) Bestimmen Sie eine Stammfunktion von f_k.
c) Geben Sie die Gleichung der Ortskurve an, auf der die Extrempunkte von f_k liegen.

11 Gegeben ist die Funktionenschar f_t mit $f_t(x) = e^x - tx$; $t \in \mathbb{R}$.
a) Skizzieren Sie mit dem GTR die Graphen von f_1 und f_{-3}.
b) Bestimmen Sie die Extrempunkte von f_1 und f_t.
c) Gehören die Funktion g mit $g(x) = e^x + x$ und h mit $h(x) = e^x - x^2$ zur Funktionenschar?

12 Ein Seil, das an seinen Enden auf gleicher Höhe befestigt wird, kann näherungsweise mit einer Parabel beschrieben werden. Eine bessere Modellierung erhält man, wenn man das Seil durch einen Graphen der Funktionenschar $f_t(x) = \frac{t}{2} \cdot \left(e^{\frac{x}{t}} + e^{-\frac{x}{t}}\right)$; $t \in \mathbb{R}^+$ modelliert.

a) Skizzieren Sie mit dem GTR die Graphen von f_1, f_2 und f_3.
b) Welche gemeinsamen Eigenschaften haben die Graphen von $f_t(x)$?
c) Wie muss t gewählt werden, damit der Graph von $f_t(x)$ den Verlauf eines Seiles modelliert, das zwischen zwei Pfosten mit dem Abstand a = 1 m hängt und einen Durchhang von d = 0,5 m hat?

Fig. 1

13 Einer der wichtigsten Nährstoffe für Pflanzen ist Stickstoff (N). Er wird den Pflanzen (neben dem schon im Boden vorhandenen Stickstoff) in der Form von Dünger zugegeben. Man fand heraus, dass der zusätzliche Getreideertrag $f_c(x)$ (in $100 \frac{kg}{ha}$) aufgrund der Zugabe von Stickstoffdünger x (in $\frac{kg}{ha}$) näherungsweise beschrieben werden kann durch eine Funktion f mit $f_c(x) = \frac{13500 \cdot x}{x^2 + c}$; $x \geq 0$.

a) Wie verhalten sich die Funktionswerte von f_c für $x \to \infty$?
b) Bestimmen Sie für f_c die optimale Düngerzugabe.
c) Skizzieren Sie den Graphen von f_{35000}.
d) Bei einer bestimmten Getreidesorte hat man beobachtet, dass sich bei einer Stickstoffzugabe von $100 \frac{kg}{ha}$ ein zusätzlicher Getreideertrag von $2500 \frac{kg}{ha}$ ergibt. Bestimmen Sie den Parameter c für diese Getreidesorte.

14 Ein Fisch schwimmt in einem Bach mit der konstanten Geschwindigkeit x $\frac{m}{s}$ relativ zum Wasser. Die Energie E (in Joule), die er dazu benötigt, hängt von seiner Form und von seiner Geschwindigkeit x ab. Aus Experimenten weiß man, dass die Energie mit $E_k(x) = c \cdot \frac{x^k}{x-2}$ modelliert werden kann.

Kleines k

Großes k

Hierbei ist c > 0 eine Konstante und k > 2 ein Parameter, der von der Form des Fisches abhängt: Je „plumper" der Fisch ist, desto größer ist der Parameter k.

a) Bei welcher Geschwindigkeit ist der Energieaufwand des Fisches am geringsten?
b) Erläutern Sie, wie die energiesparendste Geschwindigkeit eines Fisches von seiner Form abhängt.

Zeit zu wiederholen

15 Die von einer Bakterienkultur überdeckte Fläche wächst pro Tag um ca. 10 %. Zu Beginn der Messung betrug die Fläche etwa 5 cm².
a) Welche Wachstumsform liegt vor? Begründen Sie.
b) Wie groß ist die Fläche der Bakterienkultur zwei Wochen nach Beginn der Messung bzw. drei Tage vor Beginn der Messung?
c) Eine weitere Bakterienkultur ist zu Beginn des Messraums ebenfalls 5 cm² groß und wächst jeden Tag um 1,4 cm². Welche Wachstumsform kann in diesem Fall angenommen werden? Nach welcher Zeit sind die Inhalte der von den Bakterienkulturen bedeckten Flächen gleich groß?

*7 Eigenschaften von trigonometrischen Funktionen

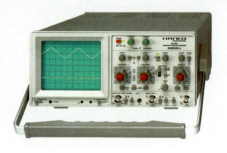

Mit einem Oszilloskop werden zwei verschiedene Spannungen gemessen und grafisch dargestellt. Welche Gemeinsamkeiten und Unterschiede haben die beiden Graphen?

Für einen Gegenstand, der an einer Feder schwingt, kann man die Funktion f: Zeit t ↦ Höhe h aufstellen. Vernachlässigt man die Reibung, so erreicht die Feder nach einer bestimmten Zeitspanne p immer wieder die gleiche Höhe h. Es gilt damit für alle t und für ein festes p: h(t + p) = h(t). Die kleinste positive Zahl, die man für p einsetzen kann, heißt Periodenlänge bzw. **Periode**.

Fig. 1

Viele periodische Vorgänge können näherungsweise durch eine Sinusfunktion beschrieben werden. Dazu muss die Funktion f mit f(x) = sin(x) an die Gegebenheit angepasst werden.

b	p
0,5	4π
1	2π
2	π
4	$\frac{\pi}{2}$

b > 1: Periode < 2π
0 < b < 1: Periode > 2π

1. Veränderung der Periode
Die Funktion f mit f(x) = sin(x) hat die Periode 2π. Die Tabelle zeigt die Periodenlänge der Graphen von g mit g(x) = sin(bx). Die Periode ergibt sich als $p = \frac{2\pi}{b}$.

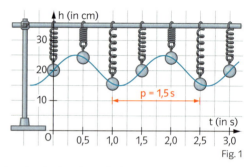

Fig. 2

2. Veränderung der Amplitude
Die Funktion f mit f(x) = sin(x) hat die **Amplitude** 1. Die Funktionen g mit g(x) = 2·sin(x) und h mit h(x) = −2·sin(x) haben beide die Amplitude 2.
Der Graph von g(x) = 2·sin(x) entsteht aus dem von f(x) = sin(x) durch Streckung in y-Richtung um den Faktor 2.
Der Graph von h(x) = −2·sin(x) entsteht aus dem von g(x) = 2·sin(x) durch Spiegelung an der x-Achse.

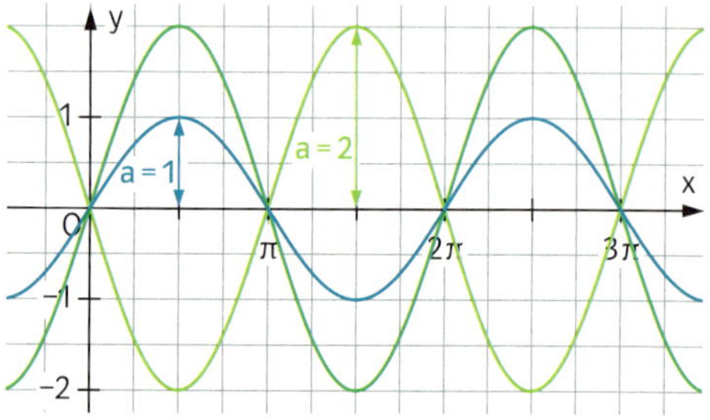

Fig. 3

3. Verschiebung
Der Graph von $f(x) = \sin\left(2\left(x - \frac{3\pi}{4}\right)\right) + 2$ entsteht aus dem von f(x) = sin(2x) durch Verschiebung in x-Richtung um $\frac{3\pi}{4}$ und durch Verschiebung in y-Richtung um 2.

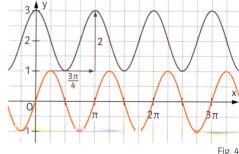

Fig. 4

Allgemein gilt:

> Für die Funktion f mit $f(x) = a \cdot \sin[b(x-c)] + d$ mit a; b; c; d ∈ ℝ; b > 0 gilt:
> 1. f hat die Periode $p = \frac{2\pi}{b}$.
> 2. f hat die Amplitude |a|.
> 3. Der Graph von f ist gegenüber dem Graphen der Sinusfunktion um c in x-Richtung und um d in y-Richtung verschoben.

a = 1; b = 1; c = 3; d = 1
f(x) = sin(x – 3) + 1
Verschiebung um 3 in
x- und um 1 in y-Richtung.

Entsprechende Aussagen über Periodenlänge, Amplitude und Verschiebungen gelten für die Kosinusfunktion f mit $f(x) = a \cdot \cos[b(x-c)] + d$ mit a; b; c; d ∈ ℝ; b > 0.

Die Kosinusfunktion wird in den Aufgaben 7, 8 und 9 behandelt.

Beispiel Schrittweises Zeichnen von Graphen
Zeichnen Sie mithilfe des Graphen von g(x) = sin(x) den Graphen von f mit
$f(x) = -1{,}5 \cdot \sin\left[0{,}5 \cdot \left(x + \frac{\pi}{2}\right)\right] - 1$.

■ Lösung:

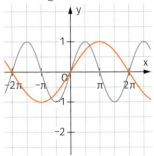

Fig. 1
b = 0,5;
Periodenlänge $\frac{2\pi}{0{,}5} = 4\pi$

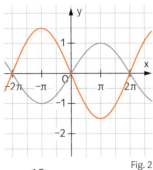

Fig. 2
a = –1,5;
Amplitude 1,5

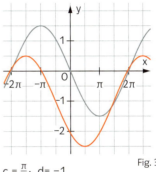

Fig. 3
$c = \frac{\pi}{2}$; d = –1
Verschiebung in x-Richtung um $-\frac{\pi}{2}$ und in y-Richtung um –1

Hinweis:
$x + \frac{\pi}{2} = \left(x - \left(-\frac{\pi}{2}\right)\right)$

Aufgaben

1 Bestimmen Sie die Amplitude und die Periode.
a) f(x) = 2 sin(3x)
b) f(x) = 3 sin(0,5·x)
c) f(x) = 0,1 sin(100x)
d) f(x) = –2 sin(x – 2)
e) f(x) = 0,5·sin(4·(x – 3))
f) f(x) = –sin(4(x + 0,2))

2 Bestimmen Sie den Faktor b so, dass f die angegebene Periode hat.
a) f(x) = sin(bx); p = π
b) f(x) = sin(bx); p = 4π
c) f(x) = sin(bx); p = 3
d) $f(x) = \sin\left(\frac{x}{b}\right)$; p = 2
e) f(x) = sin(b(x – 2)); p = 2π
f) $f(x) = -\sin\left(\frac{x}{2b}\right)$; p = π

3 Bestimmen Sie c so, dass P auf dem Graphen von f liegt.
a) f(x) = c sin(x); $P\left(\frac{\pi}{2}\middle|2\right)$
b) f(x) = sin(cx); P(π|1)
c) f(x) = sin(x + c); P(1|0)

Tipp:
Bei Aufgabe 3 gibt es mehrere Lösungen.

4 Skizzieren Sie den Graphen von f.
a) f(x) = 2 sin(2x)
b) f(x) = 3 sin(0,5x) + 1
c) f(x) = 2 sin(3(x – π))
d) $f(x) = -\sin\left(\frac{x-\pi}{2}\right) + 2$
e) f(x) = 0,5 sin(2(x + π)) – 0,5
f) f(x) = 3 – sin(x – 1)
g) f(x) = 4 + sin(x + 2) : 2
h) f(x) = 3·(sin(x) – 2)
i) f(x) = sin(2x + 2)

Tipp:
Bei den Aufgaben 4 g)–i) können die Funktionsterme zunächst umgeformt werden.

Zeit zu überprüfen

5 Bestimmen Sie die Amplitude sowie die Periode und skizzieren Sie den Graphen von f anschließend.

a) $f(x) = -3\sin(0{,}5x) - 1$
b) $f(x) = -\sin\left(2\left(x - \frac{\pi}{4}\right)\right) + 2$
c) $f(x) = -2\sin(3(x-2))$

6 Geben Sie anhand der Graphen die Periode, die Amplitude und die zugehörige Funktionsgleichung an.

a)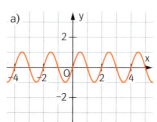
Fig. 1

b)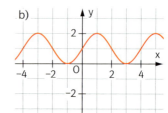
Fig. 2

c)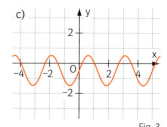
Fig. 3

CAS
Amplituden und Perioden

d)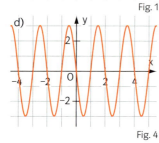
Fig. 4

e)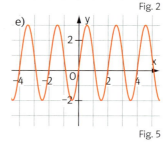
Fig. 5

f)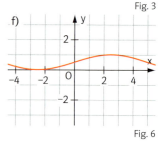
Fig. 6

7 Skizzieren Sie den Graphen von f.

a) $f(x) = 3\cos(0{,}5x)$
b) $f(x) = 1{,}5\cos(2x) - 2$
c) $f(x) = 3\cos(2(x - \pi))$
d) $f(x) = -\cos\left(2\left(x - \frac{\pi}{2}\right)\right) + 1$
e) $f(x) = 1{,}5\cos(x + \pi) - 3$
f) $f(x) = 2\cos\left(0{,}5\left(x + \frac{\pi}{2}\right)\right) - 2$

8 Bilden Sie die Ableitung der Funktion f.

a) $f(x) = -2\sin(3x) + 10$
b) $f(x) = -\cos(3(x - 2))$
c) $f(x) = 0{,}2\sin(5(x + 1)) - 4$
d) $f(x) = 2 + \cos\left(\frac{x}{3}\right)$
e) $f(x) = 1 - \cos(2(x - 2))$
f) $f(x) = x + \sin(2x) - 4$

9 Berechnen Sie.

a) $\int_0^{\pi} (2\sin(x) + 1)\,dx$
b) $\int_0^{4\pi} (-\sin(x) - 2)\,dx$
c) $\int_0^{\pi/2} 3\sin(2x)\,dx$
d) $\int_0^{\pi} 3\cos(x)\,dx$
e) $\int_{-\pi}^{0} 3\sin(0{,}5(x - \pi))\,dx$
f) $\int_{-\pi}^{\pi} (-5\cos(3x) + x)\,dx$

CAS
Maximum und Wendestelle

10 Bestimmen Sie die Nullstellen und die Extremstellen von f im angegebenen Intervall I.

a) $f(x) = 9 \cdot \sin(2 \cdot x);\ I = [0;\pi]$
b) $f(x) = 2\sin(x - \pi);\ I = [-\pi;\pi]$
c) $f(x) = -7 \cdot \sin(0{,}1 \cdot x);\ I = [0;10\pi]$
d) $f(x) = 100 \cdot \cos(2 \cdot (x + \pi));\ I = [0;2\pi]$

11 Gegeben ist eine Funktion f mit $f(x) = \frac{1}{(\sin(x))^2} - 3$.

a) Skizzieren Sie den Graphen von f.
b) Untersuchen Sie das Symmetrieverhalten des Graphen von f.
c) Weisen Sie nach, dass f periodisch ist, und bestimmen Sie die Periode von f.
d) Bestimmen Sie die Fläche, die der Graph von f auf dem Intervall $I = [0;3]$ mit der x-Achse einschließt.

*8 Funktionsanpassung bei trigonometrischen Funktionen

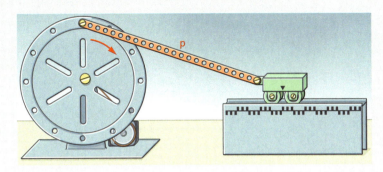

Ein Versuchswagen ist durch eine Antriebsstange mit einem sich drehenden Rad über Gelenke verbunden. Modellieren Sie die Bewegung des Versuchswagens mithilfe einer Sinusfunktion, wenn das Rad einen Radius von 25 cm hat und es für eine Umdrehung etwa drei Sekunden benötigt.

Viele Vorgänge in Natur und Technik lassen sich mit einer Funktion f mit
$f(x) = a \cdot \sin[b(x - c)] + d$ modellieren.
Dabei besteht die Aufgabe darin, die Parameter a, b, c und d aus den angegebenen Daten zu bestimmen (vgl. Fig. 1).

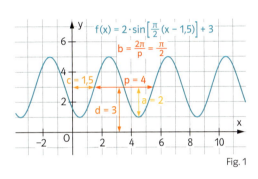

Fig. 1

Beispiel 1 Modellieren mit einer Sinusfunktion
Die Wassertiefe bei der Einfahrt zu einer Anlegestelle eines kleineren Hafens variiert laufend infolge der Gezeiten. Am Tage der Beobachtung ist Flut um 4:20 Uhr bei einer Wassertiefe von 5,2 m; Ebbe ist um 10:32 Uhr bei einer Wassertiefe von 2,0 m.
a) Geben Sie eine von der Zeit abhängige Funktion an, die die Wassertiefe modelliert.
b) Ein größeres Schiff benötigt mindestens 3 m Wassertiefe, um anzulegen. In welcher Zeit am Nachmittag ist dies möglich?
c) Wann fällt der Wasserspiegel am schnellsten?

■ Lösung: a) Ansatz:
$w(t) = a \cdot \sin[b(t - c)] + d$
$a = \frac{5{,}2 - 2{,}0}{2} = 1{,}6$; $d = \frac{5{,}2 + 2{,}0}{2} = 3{,}6$;
$p = 2 \cdot \left(10\frac{32}{60} - 4\frac{20}{60}\right) = 2 \cdot 6\frac{1}{5} = 12{,}4$; also
$b = \frac{2\pi}{p} \approx 0{,}507$; $c = \frac{3}{4} \cdot 12{,}4 = 9{,}3$.
Man erhält:
$w(t) = 1{,}6 \cdot \sin[0{,}507(t - 9{,}3)] + 3{,}6$.

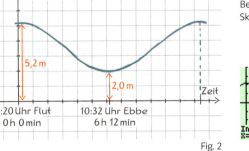

Fig. 2

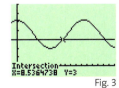

Fig. 3

Tipp:
Beim Modellieren ist eine Skizze hilfreich.

b) Gesucht sind die Zeiten, für die gilt:
$w(t) \geq 3$. Mit dem GTR erhält man $t_1 \approx 8{,}54$
und $t_2 \approx 16{,}26$. Da der Startpunkt der Sinuskurve bei 4:20 Uhr liegt, entspricht das
8,54 h + 4,33 h = 12,87 h, d.h. ca. 12:52 Uhr und 16,26 h + 4,33 h = 20,58 h, d.h. ca. 20:35 Uhr.
Man erhält eine Wassertiefe von mehr als 3 m zwischen etwa 12:52 Uhr und 20:35 Uhr.
c) Das Minimum der Funktion w' ermittelt man mit dem GTR zu t = 3,1. *Daraus errechnet sich die Zeit:* 3,10 h + 4,33 h = 7,43 h, d.h. ca. 7:26 Uhr.
Der Wasserspiegel fällt am raschesten um ca. 7:26 Uhr und dann wieder nach p = 12,4 h um ca. 19:50 Uhr.

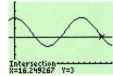

Fig. 4

Beispiel 2 Funktionsanpassung mit einer Sinusfunktion
Die Tabelle zeigt die Monatsmittelwerte der Temperaturen in der Stadtmitte von Stuttgart.

Jan.	Feb.	März	Apr.	Mai	Juni	Juli	Aug.	Sep.	Okt.	Nov.	Dez.
1,2	2,4	5,9	9,5	13,7	17,1	18,8	18,1	15,0	10,2	5,5	2,2

Modellieren Sie die Tabellenwerte mit einer Sinusfunktion. Begründen Sie Ihr Vorgehen und überprüfen Sie mit dem GTR ihr Ergebnis.

■ *Lösung:* Zur Gewinnung eines Überblicks werden die Tabellenwerte in einem Koordinatensystem dargestellt (Fig. 1).

1) p = 12 (in Monaten). Begründung: Da man davon ausgehen kann, dass die Temperaturunterschiede im Wesentlichen jahreszeitlich bedingt sind, kann man einen periodischen Verlauf mit der Periode p = 12 vermuten.

Daraus ergibt sich $b = \frac{2\pi}{p} \approx 0{,}52$.

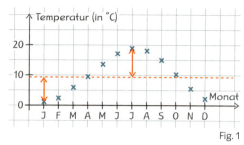

Fig. 1

2) a = 8,8 (in °C). Begründung: a ergibt sich als halbe Differenz der maximalen Temperatur 18,8 °C und der minimalen Temperatur 1,2 °C.

3) d = 1,2 + a = 10 (Verschiebung in Richtung der y-Achse).

4) c = 4 (Verschiebung in x-Richtung, siehe Skizze in Fig. 1).

Modellierung: $f(x) = 8{,}8 \cdot \sin[0{,}52(x - 4)] + 10$.

Überprüfung mit dem GTR:
Genaue Übereinstimmung mit den Tabellenwerten für Januar und Juli: Maximale Abweichung ca. 5 % (im April).

Fig. 2

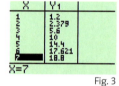

Fig. 3 Fig. 4

Aufgaben

1 Die Tabelle gibt zu verschiedenen Uhrzeiten die Temperatur (in °C) und die Luftfeuchtigkeit (in %) am 23. Mai 2007 in Dortmund an.

Uhrzeit	0	2	4	6	8	10	12	14	16	18	20	22
Temperatur	17	15	14	13	16	20	24	26	24	24	22	20
Luftfeuchtigkeit	66	76	77	83	76	66	58	50	44	43	46	55

Modellieren Sie den Temperaturverlauf und den Verlauf der Luftfeuchtigkeit jeweils mit einer Sinusfunktion.

2 Als Tageslänge bezeichnet man die Zeit zwischen Sonnenauf- und Sonnenuntergang. In Stuttgart war am 21.6.2007 Sonnenaufgang um 5:22 Uhr und Sonnenuntergang um 21:27 Uhr, am 21.12.2007 war Sonnenaufgang um 8:13 Uhr und Sonnenuntergang um 16:25 Uhr.
a) Modellieren Sie den Verlauf der Tageslängen in Stuttgart.
b) Beurteilen Sie die Qualität der Modellierung anhand weiterer Daten aus der folgenden Tabelle.

Datum	1.1.07	1.2.07	1.3.07	1.4.07	1.5.07	1.6.07	1.7.07	1.8.07	1.9.07	1.10.07	1.11.07	1.12.07
Sonnenaufgang	8:16	7:54	7:06	7:02	6:04	5:25	5:24	5:56	6:39	7:22	7:09	7:55
Sonnenuntergang	16:37	17:21	18:06	19:54	20:38	21:18	21:30	21:02	20:06	19:03	17:04	16:29

c) Welche Tageslänge hat im Jahr 2012 der Tag der Deutschen Einheit in Stuttgart?

3 Der Ruderachter ist mit Geschwindigkeiten von bis zu 30 $\frac{km}{h}$ das schnellste von reiner Menschenkraft angetriebene Boot. Analysiert man die Fahrt des Boots, so lässt sich erkennen, dass es sich nicht gleichförmig bewegt: Beim Eintauchen der Ruderblätter ist die Geschwindigkeit des Bootes etwas kleiner als beim Herausziehen der Ruderblätter. Bei einer Regatta wird die Geschwindigkeit eines Bootes (A) mithilfe der Funktion $f_c(t) = 0{,}2 \cdot \sin(c \cdot t) + 7$ modelliert (Zeit t in s, Geschwindigkeit $f_c(t)$ in $\frac{m}{s}$).

Das Team des Achters besteht aus acht Ruderinnen bzw. Ruderern und einer Steuerfrau bzw. einem Steuermann.

a) Bestimmen Sie die maximale, die minimale und die mittlere Geschwindigkeit des Boots.
b) Die Ruderer machen während der Regatta pro Sekunde einen Schlag. Bestimmen Sie den Parameter c.
c) Zu welchen Zeitpunkten ist die Änderungsrate der Geschwindigkeit am größten?
d) Welchen Weg legt das Boot in den ersten zehn Sekunden zurück?
e) Die Geschwindigkeit eines zweiten Bootes (B) kann bei der Regatta mit der Funktion $g(t) = 0{,}3 \cdot \sin(5 \cdot (t-1)) + 6{,}8$ modelliert werden. Beschreiben Sie, inwiefern sich die Fahrten der beiden Boote (A) und (B) unterscheiden.
f) Wie lange benötigen beide Boote für eine Streckenlänge von 500 Metern?

4 Auf Hawaii gibt es seit 1958 kontinuierliche Aufzeichnungen des CO_2-Gehaltes in der Luft. Für die Jahre 2000 bis 2003 kann der CO_2-Gehalt mit der Funktion
$f(x) = 3 \cdot \sin\left(\frac{\pi}{6} \cdot (x-6)\right) + 0{,}15x + 370$ modelliert werden (f: CO_2-Gehalt in ppm; x: Monat seit Januar 2000).

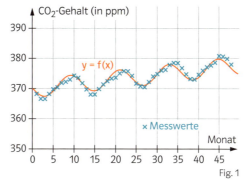
Fig. 1

Der Anstieg des CO_2-Gehaltes in der Luft ist mitverantwortlich für den Treibhauseffekt.

ppm: parts per million

Wie ließe sich die Periode von f begründen?

a) Bestimmen Sie die Periode von f.
b) In welchen Monaten war der Anstieg des CO_2-Gehaltes am größten? In welchen war er am kleinsten?
c) In welchem Jahr wird der CO_2-Gehalt nach diesem Modell erstmals die 500-ppm-Grenze überschreiten?
d) Begründen Sie, warum sich das Modell nicht auf beliebig große Zeiträume erweitern lässt.

Zeit zu wiederholen

5 Untersuchen Sie, ob lineares, exponentielles oder beschränktes Wachstum vorliegt.

a)
n	0	1	2	3	4	5	6
B(n)	3	11,5	15,75	17,88	18,94	19,47	19,74

b)
n	0	1	2	3	4	5	6
B(n)	3	5,7	8,4	11,1	13,85	16,5	19,2

c)
n	0	1	2	3	4	5	6
B(n)	3	4,5	6,75	10,13	15,19	22,78	34,12

6 Ein Grundstück hat 2010 einen Wert von 190 000 €.
a) Berechnen Sie den Wert des Grundstücks für die nächsten zehn Jahre, wenn dieser jährlich um 5800 € sinkt bzw. wenn dieser jährlich um 5,8 % steigt.
b) Welche Wachstumsformen liegen in beiden Fällen von Teilaufgabe a) vor?

7 Für ein beschränktes Wachstum gilt die rekursive Darstellung B(0) = 1500 und $B(n+1) = B(n) + 0{,}25 \cdot (4800 - B(n))$.
a) Bestimmen Sie die Schranke des beschränkten Wachstums.
b) Berechnen Sie B(1), B(2) und B(3).   c) Für welche n gilt B(n) > 4000?

V Graphen und Funktionen analysieren

Wahlthema: Symmetrie von Graphen

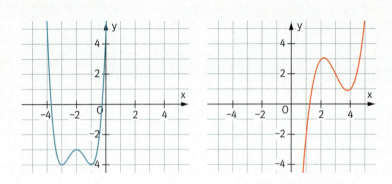

Beschreiben Sie, welche Symmetrie die Graphen in der Abbildung aufweisen.

In der ersten Lerneinheit des Kapitels wurde die Symmetrie eines Graphen bezüglich des Ursprungs und bezüglich der y-Achse behandelt. Achsen- und Punktsymmetrie kann auch bezüglich eines beliebigen Punktes oder einer beliebigen senkrechten Gerade vorliegen.

Der Graph in Fig. 1 ist achsensymmetrisch zur Geraden $x = 3$. Dies ist gleichbedeutend mit der Bedingung $f(3 - h) = f(3 + h)$ für alle möglichen h.
$3 - h$ und $3 + h$ müssen dabei zur Definitionsmenge gehören.

Achsensymmetrie

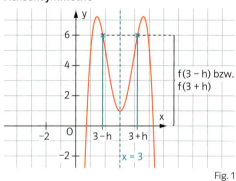

Fig. 1

Der Graph in Fig. 2 ist punktsymmetrisch zum Punkt $P(3|2)$. Dies ist gleichbedeutend mit der Bedingung $f(3 - h) - 2 = 2 - f(3 + h)$ für alle möglichen h.
$3 - h$ und $3 + h$ müssen dabei zur Definitionsmenge gehören.

Punktsymmetrie

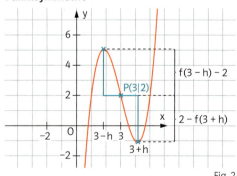

Allgemein gilt:

Fig. 2

Der Graph der Funktion f ist

achsensymmetrisch zur Geraden $x = x_0$
genau dann, wenn
$f(x_0 - h) = f(x_0 + h)$

punktsymmetrisch zum Punkt $P(x_0|y_0)$
genau dann, wenn
$f(x_0 - h) - y_0 = y_0 - f(x_0 + h)$

für alle h mit $x_0 - h \in D_f$ und $x_0 + h \in D_f$ gilt

Beispiel Symmetrie nachweisen

Gegeben ist die Funktion f mit $f(x) = \frac{3x}{x-2}$. Stellen Sie mit dem GTR eine Vermutung zum Symmetrieverhalten des Graphen von f auf und weisen Sie diese nach.

■ Lösung: Mit dem GTR lässt sich vermuten, dass der Graph von f punktsymmetrisch zum Punkt P(2|3) ist. Nachweis:

$f(2-h) - 3 = \frac{3 \cdot (2-h)}{(2-h)-2} - 3 = \frac{6-3h}{-h} - 3 = -\frac{6}{h} + 3 - 3 = -\frac{6}{h}$

$3 - f(2+h) = 3 - \frac{3 \cdot (2+h)}{(2+h)-2} = 3 - \frac{6+3h}{h} = 3 - \frac{6}{h} - 3 = -\frac{6}{h}$

f ist punktsymmetrisch zum Punkt P(2|3).

Fig. 1

Aufgaben

1 Weisen Sie nach, dass der Graph der Funktion f mit $f(x) = -\frac{1}{x^2-4x}$ achsensymmetrisch zur Geraden mit $x = 2$ ist.

2 Stellen Sie mit dem GTR eine Vermutung auf, ob der Graph von f achsen- oder punktsymmetrisch ist. Bestätigen Sie diese Vermutung oder widerlegen Sie sie.
a) $f(x) = x^2 - 2x$
b) $f(x) = x^3 - 3x^2$
c) $f(x) = -x^2 - 6x + 1$
d) $f(x) = 2x^3 + 3x^2 + x$
e) $f(x) = -\frac{4x}{x+3}$
f) $f(x) = \frac{x^2-4x}{(x-2)^2}$

3 Geben Sie zwei Funktionen an, deren Graphen achsensymmetrisch zur angegebenen Geraden bzw. punktsymmetrisch zum angegebenen Punkt sind.
a) $x = 3$
b) $x = -2$
c) $x = 8$
d) $x = 100$
e) P(4|0)
f) P(-2|3)
g) P(1|6)
h) P(2|7)

4 Beweisen Sie.
a) Ist der Graph einer Funktion f symmetrisch zur y-Achse, dann ist der Graph von g mit $g(x) = f(x-3)$ achsensymmetrisch zur Geraden mit $x = 3$.
b) Ist der Graph einer Funktion f punktsymmetrisch zum Ursprung, dann ist der Graph von g mit $g(x) = f(x-1) + 4$ symmetrisch zum Punkt P(1|4).
c) Verallgemeinern Sie die Aussage von Teilaufgabe a) für $g(x) = f(x-c)$ und die Aussage von Teilaufgabe b) für $g(x) = f(x-a) + b$.

5 Im Modell kann man die Wachstumsgeschwindigkeit einer Fichte in Abhängigkeit von der Zeit t näherungsweise durch die Funktion w beschreiben mit

$w(t) = \frac{500}{625 + (t-38{,}75)^2}$, $t \geq 0$ (t in Jahren, w(t) in Metern pro Jahr).

a) Stellen Sie eine Vermutung über eine mögliche Symmetrie auf. Bestätigen Sie diese Vermutung anschließend durch Rechnung. Welche Bedeutung hat der Symmetriepunkt im Sachzusammenhang?
b) Welche Symmetrieeigenschaft weist vermutlich der Graph der Funktion h auf, die jedem Zeitpunkt t die Höhe h(t) der Fichte zuordnet?

6 Mithilfe der nach dem deutschen Mathematiker und Physiker benannten Gauß'schen Glockenfunktion $f_{\mu;\sigma}(x) = \frac{1}{\sigma\sqrt{2\pi}} \cdot e^{-\frac{(x-\mu)^2}{2\sigma^2}}$ können Wahrscheinlichkeiten für Messwerte einer Messreihe berechnet werden.

Stellen Sie für $\mu = 2$ und $\sigma = 1$ eine Vermutung über die Symmetrie des Graphen auf und beweisen Sie diese. Wie verändert sich die Symmetrie, wenn man μ und σ variiert?

Wiederholen – Vertiefen – Vernetzen

1 Lösen Sie die Gleichung ohne GTR.
a) $\frac{1}{2}(4-x) = x^2$
b) $e^x - x^2 e^x = 0$
c) $\frac{2x^2 - 8}{x - 3} = 0$
d) $-x^3 - 8x^2 = 16x$
e) $e^{2x} + 4e^x + 4 = 0$
f) $\frac{e^x + e}{x} = 0$

2 Lösen Sie die Gleichung mit GTR.
a) $3x^3 + 2x^2 - 7x = -6$
b) $\sqrt{x} - 1 = x^2 - 10x$
c) $x + x^2 = 2^x$
d) $80 + \frac{1}{x} = e^x + 80$
e) $\sin(x) + x^2 = x^2 + x$
f) $e^x - 2x = \cos(x)$

Vom Funktionsterm zum Graphen und umgekehrt

3 Untersuchen Sie, ob der Graph von f symmetrisch zur y-Achse oder zum Ursprung ist.
a) $f(x) = x^4 + 2^3 \cdot x^2$
b) $f(x) = \frac{x^4 - 3}{x^3 - x}$
c) $f(x) = 2e^x + 2e^{-x}$
d) $f(x) = -3e^x + 3e^{-x}$
e) $f(x) = \frac{e^x}{x}$
f) $f(x) = x \cdot \sin(x)$

4 Untersuchen Sie den Graphen von f auf waagerechte bzw. senkrechte Asymptoten und skizzieren Sie den Graphen.
a) $f(x) = 1 + x^3 \cdot e^x$
b) $f(x) = \frac{1}{(x-2)(x+3)}$
c) $f(x) = \frac{-x^2}{x^2 - 4}$
d) $f(x) = \frac{e^x}{x - 1}$
e) $f(x) = \frac{2 - 3x}{x^2 + 4}$
f) $f(x) = \frac{5x^2 - x}{x^3}$

5 Gegeben ist die Funktion f mit $f(x) = \frac{ax^2 + 2}{(x + b)(x - c)}$. Bestimmen Sie in Fig. 1 bis 4 a, b und c so, dass der dargestellte Graph zu f gehört.

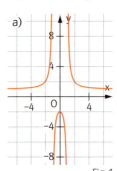
Fig. 1

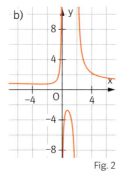
Fig. 2

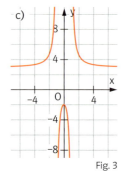
Fig. 3

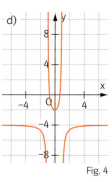
Fig. 4

6 Fig. 5 zeigt den Graphen der Funktion f mit $f(x) = x^4 - 4x^2$. Verändern Sie den Term von f so, dass er zum gegebenen Graphen (Fig. 6–8) passt.

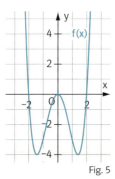
Fig. 5

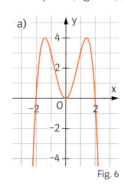
Fig. 6

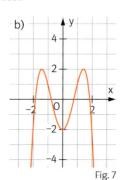
Fig. 7

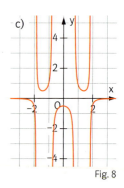
Fig. 8

Wiederholen – Vertiefen – Vernetzen

7 Begründen Sie die Aussage oder widerlegen Sie sie mithilfe eines Gegenbeispiels.
a) Ein zur y-Achse symmetrischer Graph kann nicht genau drei senkrechte Asymptoten haben.
b) Ein zum Ursprung symmetrischer Graph kann nicht genau acht senkrechte Asymptoten haben.
c) Ein zum Ursprung symmetrischer Graph muss nicht durch den Punkt P(0|0) gehen.
d) Ist eine differenzierbare Funktion f symmetrisch zur y-Achse, so muss nicht $f'(0) = 0$ gelten.
e) Ist f der Quotient zweier ganzrationaler Funktionen h und g, so ist der Graph von f nur dann symmetrisch zur y-Achse, wenn h und g nur gerade Potenzen von x haben.
f) Die Funktion f mit $f(x) = x^3 - x + 1 + \sqrt{x}$ hat keine negativen Funktionswerte.

8 Gegeben ist die Funktionenschar f_t mit $f_t(x) = \frac{t - e^x}{x}$; $t \in \mathbb{R}$.
a) Wie muss der Parameter t gewählt werden, damit der Punkt P(−1|2) auf dem Graphen von f_t liegt?
b) Beschreiben Sie in eigenen Worten, wie sich die zugehörigen Graphen ändern, wenn t die reellen Zahlen durchläuft.

Analyse von Funktionen und Integralen

9 Die Abbildung zeigt den Graphen der Ableitungsfunktion f′ einer Funktion f. Geben Sie für jeden der folgenden Sätze an, ob er richtig, falsch oder nicht entscheidbar ist. Begründen Sie jeweils Ihre Antwort.
(A) f hat mindestens drei Nullstellen.
(B) f hat mindestens drei Extremstellen.
(C) f hat an der Stelle $x = 3$ eine Extremstelle.
(D) f ist auf dem Intervall [−1; 1] monoton wachsend.
(E) f hat mindestens zwei Wendestellen.
(F) Der Funktionswert an der Stelle $x = 0$ ist positiv.
(G) Die Steigung von f an der Stelle $x = 0$ ist positiv.

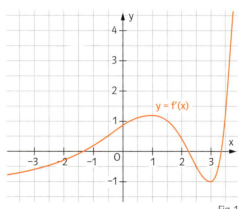

Fig. 1

10 Gegeben ist die Funktion f mit $f(x) = \frac{2x^2 + 5x - 3}{2 - x}$.
a) Bestimmen Sie die Schnittpunkte des Graphen mit der x-Achse.
b) Skizzieren Sie den Graphen von f.
c) Bestimmen Sie alle Stellen, an denen der Graph von f die Steigung 2 hat.
d) Bestimmen Sie das Integral $\int_{-1}^{1} f(x)\,dx$.

11 Gegeben ist die Funktionenschar f_t mit $f_t(x) = x^3 - 4tx$; $t \in \mathbb{R}$.
a) Untersuchen Sie den Graphen von f_t auf Symmetrie.
b) Wie muss t gewählt werden, damit der Graph von f_t einen Hochpunkt hat?
c) Zeigen Sie, dass die Graphen der Funktionenschar durch einen Punkt gehen.
d) Kann der Parameter t so gewählt werden, dass der Punkt P(2|−8) ein Extrempunkt ist?
e) Bestimmen Sie für $t = 1$ den Inhalt der Fläche, die der Graph mit der x-Achse einschließt.
f) Für $t = 0{,}25$ wird der Graph zwischen dem ersten und dritten Schnittpunkt des Graphen mit der x-Achse um die x-Achse rotiert. Wie groß ist der Rauminhalt des dabei entstehenden Rotationskörpers?

Wiederholen – Vertiefen – Vernetzen

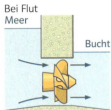

Bei Flut
Meer — Bucht

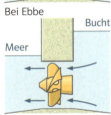

Bei Ebbe
Meer — Bucht

Fig. 1

Johannes Diderik van der Waals (1837–1923), niederländischer Physiker. 1869 entdeckte er die Kräfte zwischen Molekülen – die später nach ihm benannten van-der-Waals-Kräfte. 1910 erhielt van der Waals den Nobelpreis für Physik.

◎ CAS
Pflanzen brauchen Licht

Exkursion
Das Schluckvermögen einer Straße
735501-1822

Funktionen im Sachzusammenhang

12 Bei dem Gezeitenkraftwerk St. Malo strömt Wasser aufgrund der Gezeiten durch Turbinen; bei Flut vom Meer in die Bucht, bei Ebbe umgekehrt von der Bucht ins Meer. Eine Gezeitenperiode beträgt durchschnittlich 12 h 25 min. Der maximale Wasserdurchfluss durch die Turbinen beträgt 18 000 Kubikmeter Wasser pro Sekunde.
a) Modellieren Sie den Wasserdurchfluss mithilfe einer Sinusfunktion, wenn um 9:00 Uhr der Durchfluss von der Bucht ins Meer maximal ist.
b) Wie groß ist der Wasserdurchfluss durch die Turbinen um 10:00 Uhr bzw. um 17:22 Uhr?
c) Welche Wassermenge fließt zwischen 7:00 Uhr und 12:00 Uhr durch die Turbinen?
d) Wie groß ist der durchschnittliche Wasserdurchfluss zwischen 8:00 Uhr und 10:30 Uhr?

13 Das Verhalten realer Gase lässt sich durch die sogenannte van-der-Waals-Gleichung modellieren: $p_T(V_m) = \frac{RT}{V_m - b} - \frac{a}{V_m^2}$. Dabei gibt p_T den äußeren Druck in kPa und T die Temperatur in K an, V_m bezeichnet das molare Volumen in $\frac{l}{mol}$. R ist die universelle Gaskonstante $R = 8{,}314472 \frac{J}{mol \cdot K}$. Der Kohäsionsdruck a und das Kovolumen b sind gasabhängige Konstanten (vgl. Tabelle).

Gas	a (in $\frac{kPa \cdot l^2}{mol^2}$)	b (in $\frac{l}{mol}$)
Helium (He)	3,45	0,0237
Wasserstoff (H_2)	24,7	0,0266
Stickstoff (N_2)	140,8	0,0391
Sauerstoff (O_2)	137,8	0,0318
Luft (80% N_2, 20% O_2)	135,8	0,0364
Kohlendioxid (CO_2)	363,7	0,0427

a) Skizzieren Sie die Graphen des Gasdrucks p_T für CO_2 in Abhängigkeit vom Volumen V_m für T = 273,15 K, für T = 250,00 K und für T = 300,00 K.
b) Bestimmen Sie die Extrempunkte von p_T für CO_2 bei T = 273,15 K.
c) Geben Sie ein T an, sodass der Graph von p_T für CO_2 keinen Extrempunkt besitzt.

14 In Fig. 2 sind die Graphen von f, g sowie von h_1 und h_2 dargestellt mit: $g(x) = \sin(x)$; $h_1(x) = 5e^{-0,1x}$ und $h_2(x) = -5e^{-0,1x}$.
a) Bestimmen Sie die Gleichung von f.
b) Welche Situation könnten die Funktionen f und g beschreiben?

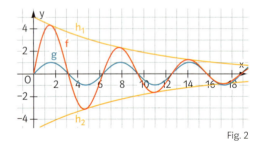

Fig. 2

Zeit zu wiederholen

15 Berechnen Sie den Bestand B(10).
a) B(5) = 7 und B(n + 1) = B(n) · 2 – 3.
b) Exponentielles Wachstum mit B(0) = 3 und B(1) = 12.
c) Beschränktes Wachtum mit B(2) = 1000 und B(3) = 1900; Schranke: 10 000.

16 Eine Schülerfirma möchte T-Shirts mit einem Schullogo an die Schülerinnen und Schüler sowie an die Lehrkräfte der Schule verkaufen. Die Schule hat insgesamt 950 Schülerinnen und Schüler sowie 85 Lehrkräfte. In einer Werbeaktion wurde der Verkauf bekannt gemacht.
a) Begründen Sie, dass man für die Verkaufszahlen der T-Shirts beschränktes Wachstum annehmen kann.
b) Nach dem Verkaufsstart werden in den ersten zwei Wochen 253 T-Shirts verkauft. Wie viele T-Shirts werden mit der Annahme aus Teilaufgabe a) nach acht Wochen verkauft sein?

Exkursion

Geschichte der Analysis

Die Mathematik gehört zu den ältesten Wissenschaften der Menschheit. Heute spielen die verschiedenen Teilgebiete der Mathematik in unzähligen Berufen, aber auch in vielen Alltagsbereichen eine tragende Rolle. Neben der Geometrie, der Wahrscheinlichkeitsrechnung und der Algebra gehört die Analysis zu den zentralen Gebieten der Mathematik.

análysis (griech.): Auflösung

Die Analysis beschäftigt sich in erster Linie mit der Differenzial- und Integralrechnung. In der Differenzialrechnung geht es um die Berechnung der Ableitung einer Funktion bzw. der momentanen Änderungsrate einer Größe. Die Integralrechnung kann unter zwei Aspekten betrachtet werden: Zum einen können mit ihr Flächen und Volumina (z. B. von Rotationskörpern) berechnet werden. Zum anderen können mit der Integralrechnung Größen rekonstruiert werden, wenn deren momentane Änderungsraten bekannt sind. Kennt man beispielsweise die Geschwindigkeit eines Autos, so lässt sich mithilfe der Integralrechnung der zurückgelegte Weg bestimmen. Die Verbindung zwischen diesen beiden Theorien der Analysis bildet der Hauptsatz der Differenzial- und Integralrechnung; er besagt, dass Integrale über Stammfunktionen berechnet werden können (vgl. Kapitel IV, Seite 117).

Mit der Geschwindigkeit v lässt sich ein zurückgelegter Weg bestimmen:

$$s(t) = \int_0^t v(x)\,dx.$$

Die Anfänge der Analysis gehen auf die Griechen zurück. Die Mathematiker der damaligen Zeit beschäftigten sich intensiv mit geometrischen Figuren und Körpern. Bei den Flächenberechnungen beschränkten sie sich zunächst auf Polygone (Dreiecke, Vierecke …). Dem griechischen Mathematiker und Ingenieur Archimedes gelang es 260 v. Chr., mithilfe der „Ausschöpfungsmethode" für die Kreiszahl π den Näherungswert $3 + \frac{10}{71}$ zu bestimmen. Er „schöpfte" dabei den Kreis mithilfe eines 96-Ecks (!) aus. Mit seinen Überlegungen zur Flächenberechnung griff er Ideen der Integralrechnung viel später folgender Mathematiker vor.

Nach Archimedes dauerte es bis zum Beginn der Neuzeit, dass neue Erkenntnisse für die weitere Entwicklung der Analysis gewonnen wurden. Der Mathematiker und Physiker Galileo Galilei erkannte bei seinen Untersuchungen zur Geschwindigkeit von Kugeln auf einer schiefen Ebene, dass die Beschleunigung die Ableitung der Geschwindigkeit ist. Er stellte darüber hinaus fest, dass ein Körper bei einer großen Beschleunigung nicht zwingend auch eine große Geschwindigkeit haben muss. Es kommt u. a. darauf an, wie lange der Körper beschleunigt wird.

Die Ausschöpfungsmethode beim Kreis:
Ein Kreis wird durch Vielecke „ausgeschöpft", d. h. so gut wie möglich ausgefüllt. Je mehr Ecken das Vieleck hat, desto besser stimmen die Flächeninhalte des Vielecks und des Kreises überein.

Fig. 1

Galileo Galilei (1564–1642)

Ein weiterer Wegbereiter der Analysis war Bonaventura Cavalieri. Er erkannte, dass geometrische Figuren als aus unendlich vielen unendlich kleinen Elementen zusammengesetzt betrachtet werden können.

Darstellung der schiefen Ebene von Galilei

Nach Cavalieri besteht eine Linie aus unendlich vielen Punkten ohne Größe, eine Fläche aus unendlich vielen Linien ohne Breite und ein Körper aus unendlich vielen Flächen ohne Höhen.

Francesco Bonaventura Cavalieri (1598–1647)

Exkursion

Isaac Newton
(1643–1727)

Gottfried Wilhelm Leibniz
(1646–1716)

Bernhard Riemann
(1826–1866)

Nach diesen vorbereitenden Arbeiten wurde im 17. Jahrhundert unabhängig voneinander vom Engländer Isaac Newton und vom deutschen Gottfried Wilhelm Leibniz mit der Entwicklung der Infinitesimalrechnung der Grundstein für die Analysis gelegt.
Newton fasste variable Größen als zeitabhängig auf und nannte diese „Fluenten" (Fließende). Mit deren Ableitungen nach der Zeit bezeichnete er deren momentane Geschwindigkeiten („Ableitung"), die er „Fluxionen" nannte, und kennzeichnete sie mit einem Punkt (z.B. $\dot{x}$). Newton berechnete die Fluxionen durch Grenzwertbetrachtungen. Da ein solches Vorgehen nicht seinem eigenen Methodenideal entsprach, veröffentlichte er seine Ergebnisse zunächst nicht, sondern erwähnte sie nur indirekt beim Argumentieren mit zeitabhängigen geometrischen Größen.
So kam es, dass der Deutsche Gottfried Wilhelm Leibniz etwa zehn Jahre später eine eigene Theorie zum Ableitungsbegriff entwickelte. Leibniz verstand eine Kurve als ein „Unendlich-Eck", sodass eine Tangente die Kurve in einer unendlich kleinen Strecke schneiden musste. Hierbei baute er u.a. auf den Erkenntnissen von Cavalieri auf. Leibniz führte den Begriff „Differenziale" ein, aus dem der Begriff „Differenzialrechnung" hervorging.
Der Streit zwischen Leibniz und Newton, wer von beiden als Erster den Ableitungsbegriff entdeckt haben soll, gilt als der größte Prioritätenstreit in der Geschichte der Mathematik.

Im Laufe der Zeit wurde die Analysis dann zunächst ohne wirklich gesicherte Grundlagen weiterentwickelt. Erst im 19. Jahrhundert konnte mit ihr in einer Art und Weise gearbeitet werden, die den heutigen Standards entspricht. Denn erst seit dieser Zeit sind Begriffe wie Funktion, Grenzwert oder Integral präzise geklärt. Hierzu trugen die Mathematiker Joseph Louis Lagrange (1736–1813), Augustin Louis Cauchy (1789–1857), Karl Weierstraß (1815–1879), Carl Friedrich Gauß (1777–1855) und Richard Dedekind (1831–1916) entscheidend bei.

Das Integral in der Form, wie es heute an den Gymnasien gelehrt wird, geht auf den deutschen Mathematiker Georg Friedrich Bernhard Riemann zurück. Riemann bestimmte die Fläche, die von der x-Achse und einem Graphen eingeschlossen wird, mithilfe von leicht zu berechnenden Rechtecksflächen. Die Idee des so genannten „Riemann-Integrals" wurde später durch den französischen Mathematiker Henri Léon Lebesgue (1875–1941) weiterentwickelt.

Die mathematischen Anwendungen der Analysis sind immens. Gebiete wie Differenzialgleichungen, Integralgleichungen, Funktionalanalysis und viele mehr basieren auf den Konzepten der Analysis. Besondere Anwendungen findet man in der Wahrscheinlichkeitstheorie, den Naturwissenschaften, der Technik, der Informatik oder den Wirtschafts- und Sozialwissenschaften. Mit der Analysis lassen sich Flächen und Körper (z.B. Rotationskörper) berechnen, und es können Optimierungsprobleme (z.B. die Entwicklung einer optimalen Konservendose), aber auch statische Probleme (Bau eines Hauses oder einer Brücke) gelöst werden. Daher gehört die Analysis, wo auch immer jemand auf der Welt Mathematik studieren will, zu den ersten Pflichtvorlesungen.

Erstellen Sie eine Präsentation zur Geschichte der Analysis. Recherchieren Sie hierzu nach weiteren Beiträgen der in der Exkursion vorgestellten Mathematiker. Berücksichtigen Sie hierbei auch folgende Punkte:
– Welchem Mathematiker wird die Entdeckung der Ausschöpfmethode zugeschrieben?
– Wie hat Galilei bei der schiefen Ebene die Geschwindigkeit bzw. die Beschleunigung der herunterrollenden Kugel bestimmt?
– Was versteht man unter dem Satz von Cavalieri?
– Erläutern Sie den Newton'schen und den Leibniz'schen Ansatz zum Ableitungsbegriff mithilfe von Beispielen.

Rückblick

Gebrochenrationale Funktionen
Funktionen, die als Quotient zweier ganzrationaler Funktionen aufgefasst werden können, heißen gebrochenrationale Funktionen.

$f(x) = \frac{x^2 + 1}{3x^2 - 6x}$ ist eine gebrochenrationale Funktion.

Symmetrie eines Graphen
Der Graph von f ist genau dann achsensymmetrisch zur y-Achse, wenn für alle $x \in D_f$ $f(-x) = f(x)$ gilt.
Der Graph von f ist genau dann punktsymmetrisch zum Ursprung, wenn für alle $x \in D_f$ $f(-x) = -f(x)$ gilt.

f mit $f(x) = x^2 + 2$:
$f(-x) = (-x)^2 + 2 = x^2 + 2 = f(x)$.
Der Graph der Funktion f ist symmetrisch zur y-Achse.

Polstellen – senkrechte Asymptoten
Streben die Funktionswerte einer Funktion f in der Nähe einer Definitionslücke a gegen ∞ oder gegen −∞, so nennt man a eine Polstelle von f. Die Gerade mit der Gleichung x = a heißt senkrechte Asymptote des Graphen von f.

Der Graph der Funktion f mit
$f(x) = \frac{5}{x^2 - 4} = \frac{5}{(x-2) \cdot (x+2)}$ hat die senkrechten Asymptoten $x = 2$ und $x = -2$.

Verhalten für x → ∞ – waagerechte Asymptoten
Streben die Funktionswerte einer Funktion f für $x \to \infty$ bzw. $x \to -\infty$ gegen eine Zahl G, so nennt man G den Grenzwert der Funktion f für $x \to \infty$ bzw. $x \to -\infty$. Die Gerade mit der Gleichung y = G heißt waagerechte Asymptote des Graphen von f für $x \to \infty$ bzw. $x \to -\infty$.

Der Graph der Funktion f mit $f(x) = \frac{4x^2}{x^2 + 2}$ hat die waagerechte Asymptote $y = 4$.

Ortskurve
Eine Kurve, auf der z.B. alle Hochpunkte der Graphen einer Funktionenschar liegen, nennt man Ortskurve der Hochpunkte. Zur Bestimmung der Ortskurve einer Funktionenschar f_t mit dem Parameter t berechnet man zunächst die Koordinaten des Punktes P_t in Abhängigkeit von t. Dann eliminiert man aus der Darstellung der x- und y-Koordinaten den Parameter t und erhält eine Gleichung mit den Variablen x und y.

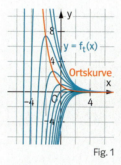
Fig. 1

Die Graphen der Funktionenschar f_t mit $f_t(x) = (x + t) \cdot e^{-x}$ haben die Tiefpunkte $T_t(1 - t \mid e^{t-1})$.
Auflösen von $x = 1 - t$ nach t: $t = 1 - x$.
Einsetzen in $y = e^{t-1}$ liefert die Gleichung der Ortskurve der Tiefpunkte: $y = e^{-x}$.

Periodische Funktionen
Die Funktion f mit $f(x) = a \cdot \sin[b(x - c)] + d$ $(a; b; c; d \in \mathbb{R}; b > 0)$ ist periodisch mit der Periode $p = \frac{2\pi}{b}$ und der Amplitude a. Der Parameter c bewirkt eine Verschiebung in x-Richtung, der Parameter d eine Verschiebung in y-Richtung.

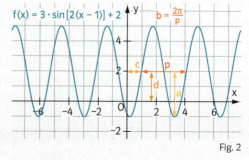
Fig. 2

Amplitude $a = 3$
Periode $p = \pi$; $b = \frac{2\pi}{\pi} = 2$
Verschiebung in x-Richtung um $c = 1$
Verschiebung in y-Richtung um $d = 2$

V Graphen und Funktionen analysieren

Prüfungsvorbereitung ohne Hilfsmittel

1 Bestimmen Sie alle Nullstellen der Funktion f.
a) $f(x) = (x^2 + x) \cdot e^x$
b) $f(x) = e^{3x} - e^x$
c) $f(x) = \dfrac{e^{2x} + e^x - 2}{x^2 + 1}$
d) $f(x) = \dfrac{x^4 + x^2 - 6}{x^2 - 6}$

2 Skizzieren Sie den Graphen von f.
a) $f(x) = \dfrac{x^2}{x^2 - 1}$
b) $f(x) = e^x \cdot (x - 1)$
c) $f(x) = \dfrac{x}{x^2 - 4}$
d) $f(x) = 2 \cdot \sin\left[\dfrac{1}{2}(x + 1)\right]$

3 Geben Sie die Ableitungsfunktion und eine Stammfunktion von f an.
a) $f(x) = \dfrac{3}{x + 1}$
b) $f(x) = 4e^{2x} - \dfrac{1}{x}$
c) $f(x) = 3\cos(2 - x) + x$

4 Fig. 1 zeigt die Graphen der Funktionen
$f(x) = x \cdot e^x$; $g(x) = x^2 \cdot e^x$; $h(x) = x^3 \cdot e^x$ und
$i(x) = x^4 \cdot e^x$.
Ordnen Sie die Graphen K_1, K_2, K_3 und K_4 den
Funktionen f, g, h und i zu.
Begründen Sie Ihre Entscheidung.

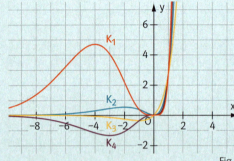
Fig. 1

5 Fig. 2 zeigt fünf Graphen der Funktionenschar mit $f_t(x) = e^{-x} \cdot (x - t)$.
a) Ordnen Sie die Funktionen f_0 und f_2 ihren
Graphen zu. Begründen Sie.
b) Bestimmen Sie die Gleichung der Ortskurve, auf der die Extrempunkte von f_t liegen.
c) Begründen Sie, dass die Graphen der Funktionenschar keinen gemeinsamen Punkt haben.

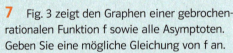
Fig. 2

6 Die Funktion d mit $d(t) = \dfrac{76 - t}{t + 2}$; $t \geq 0$ beschreibt näherungsweise die Abflussrate aus
einem Tank $\left(t \text{ in min}; d \text{ in } \dfrac{l}{\min}\right)$.
a) Wie groß ist die Abflussrate zu Beginn?
b) Wann fließt kein Wasser mehr aus dem Tank?
c) Wie lange dauert es, bis sich die Abflussrate gegenüber dem Anfangswert halbiert hat?

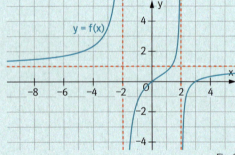
Fig. 3

7 Fig. 3 zeigt den Graphen einer gebrochenrationalen Funktion f sowie alle Asymptoten.
Geben Sie eine mögliche Gleichung von f an.

8 Fig. 4 zeigt den Graphen der Funktion f.
Bestimmen Sie die Werte für a und b.
a) $f(x) = 1{,}5 \cdot \sin\left(\dfrac{\pi}{2}(x - a)\right) + b$
b) $f(x) = a \cdot \sin(b(x + 4)) + 4$

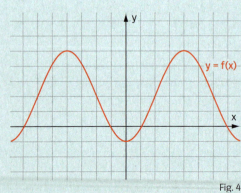
Fig. 4

Prüfungsvorbereitung mit Hilfsmitteln

1 Gegeben ist die Funktion f mit $f(x) = \frac{x+1}{x^2 - 5x + 4}$.

a) Bestimmen Sie die Schnittpunkte mit der x-Achse sowie die Asymptoten des Graphen von f. Skizzieren Sie den Graphen von f.
b) Bestimmen Sie die Gleichung der Tangente von f im Schnittpunkt des Graphen mit der x-Achse. Bestimmen Sie alle gemeinsamen Punkte des Graphen von f und der Tangente.

2 Die gebrochenrationale Funktion f mit $f(t) = \frac{100x^2 + ax}{x^2 + 10}$; $D_f = \mathbb{R}^+$; $a \in \mathbb{R}$; (t in Tagen) modelliert näherungsweise, wie viele Mitarbeiter eines Betriebes in einem neu erbauten Betriebsrestaurant essen. Am fünften Tag essen 100 Mitarbeiter im Betriebsrestaurant.
a) Bestimmen Sie a. Mit welcher Besucherzahl wird man auf lange Sicht im Betriebsrestaurant rechnen?
b) Wie viele Mitarbeiter essen am zehnten Tag im Betriebsrestaurant? Wann essen erstmals 90 Mitarbeiter im Betriebsrestaurant?
c) Wie viele Gäste konnte das Betriebsrestaurant in den ersten zwei Wochen bewirten?

3 Gegeben ist die Funktion f mit $f(x) = e^{2x} - 2 \cdot e^x$.

CAS
Abituraufgabe zu Parametern

a) Skizzieren Sie den Graphen von f und geben Sie die Nullstellen, Asymptoten und die Symmetrie an. Begründen Sie, dass f nur eine Nullstelle hat.
b) f ist eine Funktion der Funktionenschar $f_k(x) = e^{2x} - k \cdot e^x$; $k \in \mathbb{R}^+$. Welche Eigenschaften übertragen sich von f auf f_k? Bestimmen Sie den Extrempunkt des Graphen von f_k. Geben Sie die Ortskurve der Extrempunkte an.

4 Gegeben ist die gebrochenrationale Funktion f mit $f(x) = \frac{ax^2 + bx + 3}{x^2}$; $D_f = \mathbb{R} \setminus \{0\}$; $a, b \in \mathbb{R}$.
a) Bestimmen Sie a und b so, dass der Graph von f die x-Achse in dem Punkt $P(-1|0)$ schneidet und dort die Steigung -2 hat.
b) Untersuchen Sie den Graphen von f aus Teilaufgabe a) auf Schnittpunkte mit der x-Achse, Extrem- und Wendepunkte sowie auf Asymptoten.
c) Berechnen Sie die Schnittpunkte des Graphen mit der Geraden mit der Gleichung $y = 1$.

5 Bei einer neu eröffneten Bäckerei kann die Anzahl der pro Woche verkauften Brötchen durch die Funktion f mit $f(x) = 2000 \cdot x \cdot e^{-0,5x} + 2500$ modelliert werden. Hierbei ist x die Anzahl der Wochen seit Eröffnung der Bäckerei.
a) In welcher Woche wurden die meisten Brötchen verkauft?
b) Mit wie vielen verkauften Brötchen pro Woche kann man auf lange Sicht rechnen?
c) Wie viele Brötchen wurden näherungsweise in den ersten acht Wochen verkauft?

6 Fällt ein Körper aus der Ruhe heraus in ein zähflüssiges Medium, so lässt sich seine Geschwindigkeit v beschreiben durch $v(t) = a \cdot (1 - e^{-bt})$; t in s; v in $\frac{m}{s}$ mit a; b > 0.
Bei einem Experiment wird für einen Körper gemessen, dass er nach einer Sekunde eine Geschwindigkeit von $0{,}75 \frac{m}{s}$ hat und nach zwei Sekunden eine Geschwindigkeit von $0{,}78 \frac{m}{s}$ hat.
a) Bestimmen Sie die Parameter a und b.
b) Wie lange dauert es, bis er die halbe Grenzgeschwindigkeit erreicht hat?

7 Gegeben ist die Funktion f mit $f(x) = 3 \cdot \sin[0{,}5 \cdot (x - \pi)] - 1$.
a) Bestimmen Sie die Periode von f.
b) Weisen Sie nach, dass der Graph von f symmetrisch zur y-Achse ist.
c) Bestimmen Sie den Flächeninhalt, der durch den Graphen von f für $x \geq 0$ und den beiden Koordinatenachsen begrenzt wird.

Wachstum modellieren

Wachstum ist das zeitliche Verhalten einer Messgröße. Zunächst wird zu einem bestimmten Zeitpunkt t_1 der Wert dieser Größe bestimmt. Zu einem späteren Zeitpunkt t_2 wird der Wert dieser Größe wieder bestimmt. Ist dieser zweite Wert $W(t_2)$ größer als der erste $W(t_1)$, dann spricht man von positivem Wachstum. Dieser Fall entspricht dem allgemeinen Sprachgebrauch.
Ist $W(t_2)$ kleiner als $W(t_1)$, spricht man von negativem Wachstum.
Im Falle $W(t_2) = W(t_1)$ spricht man von Nullwachstum.

aus Wikipedia

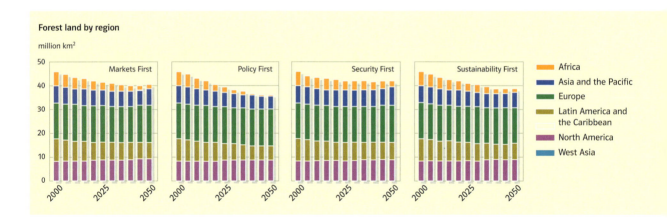

Das kennen Sie schon
- Wachstumsvorgänge schrittweise berechnen
- Exponentielles Wachstum mit Funktionen beschreiben
- Einfache Wachstumsvorgänge modellieren.

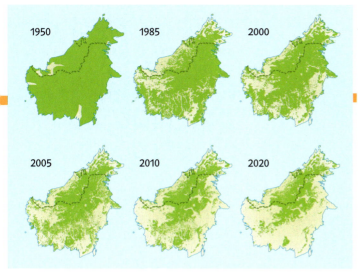

Extent of deforestation in Borneo 1950–2005, and projection towards 2020. The tropical lowland and highland forests of Borneo, including vast expanses of rainforest, have decreased rapidly after the end of the second world war. Forests are burned, logged and clear, and commonly replaced with agricultural land, built-up areas or palm oil plantations. These areas represent habitat for species, such as Orangutan and elephants.

UNEP/GRID-Arendal

Der Zusammenhang von der Abnahme der Waldfläche und der Zunahme der Bioölplantagen wird in den Grafiken dargestellt. Sie unterscheiden sich aufgrund verschiedener Modellannahmen, die entweder die Wirtschaft, die Politik, die Sicherheit oder die Nachhaltigkeit in den Vordergrund stellen.

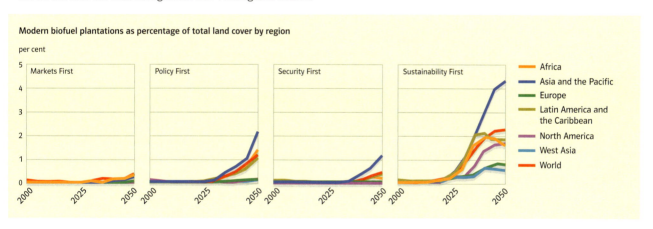

In diesem Kapitel

- lernen Sie weitere Wachstumsarten kennen und unterscheiden.
- werden Differenzialgleichungen verwendet.
- wird Wachstum modelliert.
- werden Daten mithilfe von Regressionsverfahren modelliert.

1 Exponentielles Wachstum modellieren

CAS
Simulation eines
Würfelspiels

100 Würfel werden geworfen. Alle Sechsen werden aussortiert. Dann werden die übrigen Würfel geworfen und wieder alle Sechsen aussortiert. So geht es weiter.
Nach wie vielen Würfen sind weniger als 10 Würfel übrig?

n	B(n)	$\frac{B(n)}{B(n-1)}$
0	18	
1	28	1,56
2	46	1,64
3	69	1,50
4	109	1,58
5	165	1,51
6	260	1,58
Mittelwert:		1,56

Fig. 1

Die Tabelle zeigt das Gewicht B(n) in mg, das ein Hefepilz auf einem Nährmedium zur Zeit n (in Stunden) hat.

CAS
Exponentialfunktion mit Basis e

Die Verwendung der Zahl e als Basis ermöglicht die Anwendung der Eigenschaften der e-Funktion (siehe Beispiel c).

Diskret kommt von dem lateinischen Wort discernere (trennen).

Wachstum kann man in Zeitschriften berechnen, aber auch mit Funktionen modellieren. Dabei ist es oft sinnvoll, die Euler'sche Zahl e bei der Darstellung zu verwenden.

Gilt bei einem Bestand B für jeden Zeitschritt die rekursive Darstellung $B(n) = a \cdot B(n-1)$ mit einer Konstanten a, so liegt exponentielles Wachstum mit dem **Wachstumsfaktor** a vor. Will man exponentielles Wachstum bei Daten wie in Fig. 1 nachweisen, untersucht man daher die Quotienten $\frac{B(n)}{B(n-1)}$. Sie sind in Fig. 1 etwa konstant, daher liegt angenähert exponentielles Wachstum vor. Als Wachstumsfaktor kann man den Mittelwert $a = 1{,}56$ verwenden. Damit gilt näherungsweise die rekursive Darstellung $B(n) = 1{,}56 \cdot B(n-1)$ und damit die explizite Darstellung $B(n) = 18 \cdot 1{,}56^n$. Daraus ergibt sich:
$B(1) = 1{,}56\,B(0),$
$B(2) = 1{,}56\,B(1) = 1{,}56 \cdot 1{,}56\,B(0) = 1{,}56^2\,B(0),$
$B(3) = 1{,}56\,B(2) = 1{,}56 \cdot 1{,}56^2\,B(0) = 1{,}56^3\,B(0)$ usw.
Man erkennt daraus: $B(n) = 1{,}56^n \cdot B(0)$, also $B(n) = 18 \cdot 1{,}56^n$
Die Darstellung $B(n) = B(0) \cdot 1{,}56^n$ ermöglicht die explizite Berechnung des Bestandes.

Statt der Basis 1,56 kann man mithilfe des Ansatzes $B(n) = 18\,e^{kn}$ auch die Basis e verwenden. Es ist dann $e^k = 1{,}56$; also $k = \ln(1{,}56) \approx 0{,}4447$. Für das Gewicht des Hefepilzes erhält man $B(n) = 18\,e^{0,4447\,n}$ als Näherung.
Da der Hefepilz kontinuierlich wächst, kann man auch die Funktion f mit $f(x) = 18 \cdot 1{,}56^x$ bzw. $f(x) = 18 \cdot e^{0,4447\,x}$ zur Modellierung verwenden (Fig. 2). So kann man z.B. das Gewicht des Pilzes nach einer halben Stunde berechnen: $f(0{,}5) = 22{,}5$. Wenn die Pilzkultur schon vor Messbeginn angesetzt wurde, kann man das Gewicht des Pilzes zwei Stunden zuvor berechnen: $f(-2) = 7{,}4$.

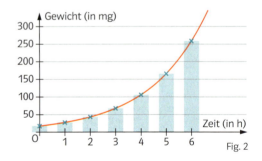

Fig. 2

> **Exponentielles Wachstum** lässt sich mithilfe einer Exponentialfunktion f mit der Gleichung
> $f(x) = f(0)\,a^x$ bzw. $f(x) = f(0)\,e^{kx}$ $(x \in \mathbb{R})$ beschreiben.
> Dabei ist $k = \ln(a)$ die **Wachstumskonstante**.

Auch wenn der Bestand abnimmt, spricht man von exponentiellem Wachstum oder von exponentieller Abnahme. Dann gilt $a < 1$ und $k < 0$.

Man nennt die Zeit, in der sich der Anfangsbestand verdoppelt bzw. halbiert, **Verdoppelungszeit** T_V bzw. **Halbwertszeit** T_H. Weil $f(T_V) = f(0) \cdot e^{k \cdot T_V} = 2 \cdot f(0)$, erhält man $e^{k \cdot T_V} = 2$, also $T_V = \frac{\ln(2)}{k}$ bei $k > 0$. Entsprechend ergibt sich $T_H = \frac{\ln\left(\frac{1}{2}\right)}{k}$ bei exponentieller Abnahme ($k < 0$). Nicht nur der Anfangsbestand verdoppelt bzw. halbiert sich in der Zeit T_V, sondern jeder beliebige Bestand, denn es gilt z. B. bei Abnahme
$f(x + T_H) = f(0) \cdot e^{k \cdot (x + T_H)} = f(0) \cdot e^{k \cdot x} \cdot e^{k \cdot T_H} = f(x) \cdot e^{k \cdot T_H} = f(x) \cdot \frac{1}{2}$ für beliebige x.

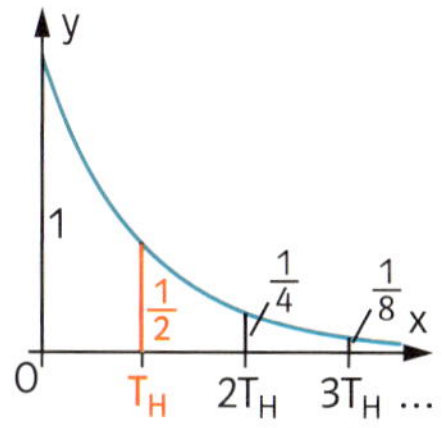

Fig. 1

Beispiel Wachstumskonstanten auf mehrere Arten bestimmen
Die Tabelle zeigt Gewichte G(n) in Gramm einer Schildkröte der Art Testudo hermanni boettgeri. Dabei bezeichnet n die Jahre seit ihrer Geburt.
a) Wieso liegt angenähert exponentielles Wachstum vor?
b) Beschreiben Sie das Wachstum mit einer Funktion:
I: mithilfe des Mittelwertes der Quotienten aufeinanderfolgender Werte,
II: mithilfe des Anfangswertes und eines geeigneten weiteren Datenpunkts,
III: mithilfe des GTR durch eine geeignete Kurvenanpassung.
c) Eine Modellierung ergibt die Funktion f mit $f(x) = 28 \cdot e^{0,45x}$ (x in Jahren, f(x) in Gramm). Wie groß ist die Wachstumsgeschwindigkeit nach fünf Jahren?

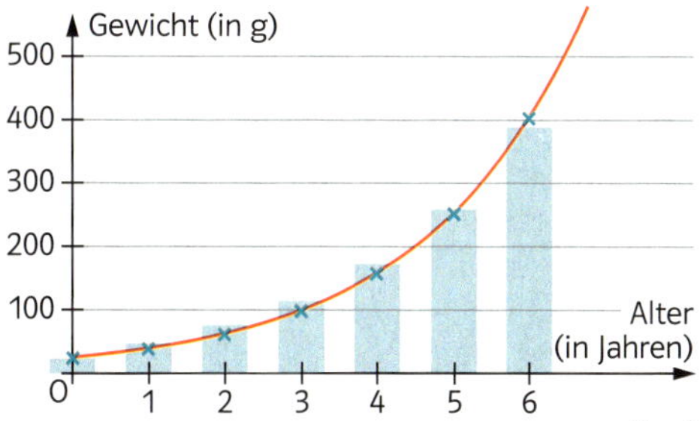

Fig. 2

n	G(n)	$\frac{G(n)}{G(n-1)}$
0	24	
1	48	2
2	77	1,7
3	115	1,5
4	173	1,5
5	259	1,5
6	389	1,5

■ Lösung: a) Die Quotienten $\frac{G(n)}{G(n-1)}$ sind angenähert konstant, nur die anfänglichen Werte weichen etwas ab. Man kann das Gewicht also näherungsweise durch exponentielles Wachstum modellieren.
b) Mit f(x) wird das Gewicht in Gramm x Jahre nach der Geburt bezeichnet.
I: Man bestimmt aus den Tabellendaten den Mittelwert a = 1,6, also: $f(x) = 24 \cdot 1,6^x$ bzw. $f(x) = 24 \cdot e^{0,47 \cdot x}$.
II: Ansatz: $f(x) = 24 e^{kx}$. Man verwendet z. B. den Datenpunkt (5|259) und erhält die Gleichung $24 \cdot e^{k \cdot 5} = 259$ mit der Lösung $k = 0,4758$. *Es ergibt sich praktisch dasselbe Ergebnis wie bei I.*
III: Man gibt die ersten beiden Spalten der Tabelle als Listen in den GTR ein. Das weitere Vorgehen zeigen die Rechneransichten.

Methode II wird meist verwendet, wenn nur zwei Datenpunkte gegeben sind.
In der Regel wird Methode III die „beste" Anpassung liefern.

Ⓢ **CAS**
Anleitung Regression

Ⓢ **CAS**
Funktionsanpassung

Auswahl exponentielle Anpassung	Parametereingabe	Parameterausgabe	Grafische Darstellung
Fig. 3	Fig. 4	Fig. 5	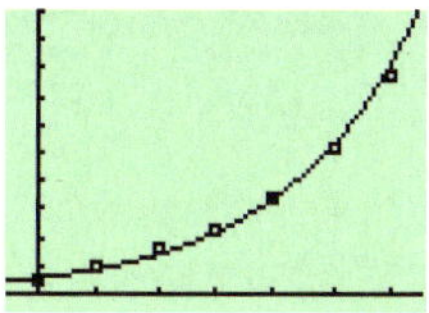 Fig. 6

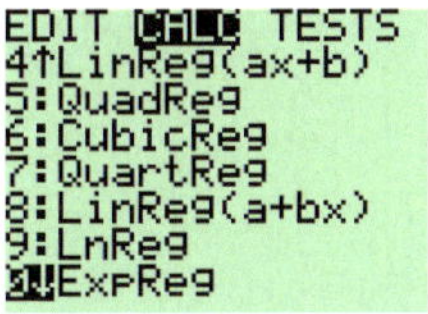

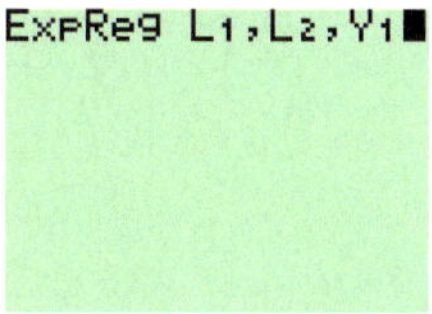

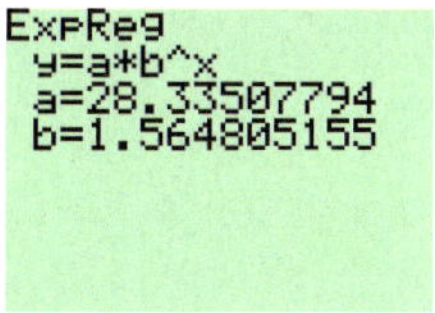

Als Lösung erhält man $f(x) = 28,33 \cdot 1,5648^x$ bzw. $f(x) = 28,33 \cdot e^{0,4478x}$. *Auch diese Lösung weicht nur wenig ab von den Ergebnissen bei I und II.*
c) *Die Wachstumsgeschwindigkeit ergibt sich als momentane Änderungsrate des Gewichts*;
$f'(x) = 28 \cdot 0,45 \cdot e^{0,45x} = 12,6 \cdot e^{0,45x}$; $f'(5) \approx 120$.
Die Wachstumsgeschwindigkeit nach fünf Jahren beträgt etwa 120 Gramm pro Jahr.

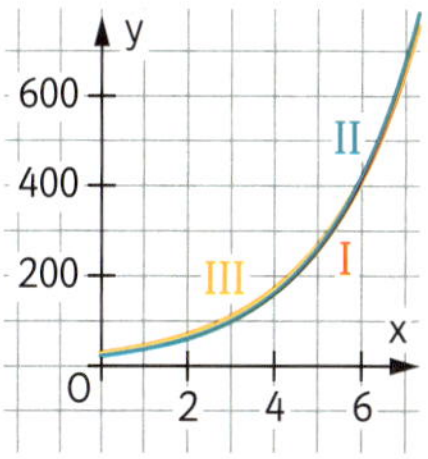

Fig. 7
Die Graphen zeigen, dass die Modellierungen nur wenig voneinander abweichen.

CAS
Wachstum des
Autobestandes

Aufgaben

1 Modellieren Sie die Daten durch exponentielles Wachstum. Bestimmen Sie die Verdoppelungszeit bzw. Halbwertszeit, wenn n in Jahren gemessen wird. Verfahren Sie wie im Beispiel mithilfe

a) der Quotienten $\frac{B(n)}{B(n-1)}$,   b) von Anfangswert und Datenpunkt,   c) einer Kurvenanpassung.

I

n	0	1	2	3	4	5
B(n)	28	35	44	58	70	90

II

n	0	10	20	30	40	50
B(n)	9,1	8,4	7,7	7,2	6,6	6,1

III

n	0	1	2	3	4	5	6
B(n)	85	66	51	40	30	24	19

Jahr	Aussteller
2002	236
2003	256
2004	291
2005	372
2006	454
2007	560

2 China und Indien hatten 1988 zusammen etwa $1{,}82 \cdot 10^9$ Einwohner und 1989 etwa $1{,}875 \cdot 10^9$ Einwohner.

a) Modellieren Sie mithilfe dieser Daten das Bevölkerungswachstum durch exponentielles Wachstum.
b) Welche Voraussage macht Ihr Modell für die Bevölkerungszahl im Jahre 2000? Tatsächlich betrug die Bevölkerungszahl im Jahre 2000 etwa $2{,}3 \cdot 10^9$. Welche Gründe könnte es für die Abweichung Ihres Modells geben?
c) Wann wächst in Ihrem Modell die Bevölkerung auf vier Milliarden?
d) Wie groß ist in Ihrem Modell die Wachstumsgeschwindigkeit im Jahr 2000?

3 Die Solarmesse „Intersolar" fand in den Jahren 2002 bis 2007 in Freiburg statt. Da die Freiburger Messehallen wegen der ständig zunehmenden Ausstellerzahlen – siehe Tabelle – nicht mehr ausreichten, zog die Messe in den Folgejahren nach München um. Ein „Ableger" der Messe findet inzwischen sogar in Kalifornien statt.
a) Sind die Ausstellerzahlen näherungsweise exponentiell gewachsen?
b) Bestimmen Sie eine Funktion, welche das Wachstum der Ausstellerzahlen modelliert. Beschreiben Sie mithilfe des Graphen, wie gut die Modellierung die Daten annähert.
Wie viele Aussteller müsste die Messe nach Ihrem Modell im Jahre 2010 haben?

4 a) Modellieren Sie die Schulden der öffentlichen Haushalte durch exponentielles Wachstum.
b) Untersuchen Sie, wie gut Ihre Näherung ist, und geben Sie ggf. Gründe für Abweichungen an. Welche Prognose machen Sie für 2010?
Wie groß ist nach Ihrem Modell die Verdoppelungszeit? Wie groß wären nach Ihrem Modell die Schulden im Jahre 1990 gewesen?

Fig. 1

5 Auch in klaren Gewässern nimmt die Beleuchtungsstärke B (in Lux) mit zunehmender Tiefe x (in Metern) ab. Nach einem Meter beträgt sie in einem See nur noch 80 % des Wertes an der Oberfläche.
Der Verlauf der Beleuchtungsstärke in Abhängigkeit von der Tiefe kann als exponentielle Abnahme modelliert werden.
a) Bestimmen Sie eine Modellfunktion B(x) für die Beleuchtungsstärke, wenn an der Oberfläche die Beleuchtungsstärke 4000 Lux beträgt.
Wie hoch ist die Beleuchtungsstärke in 10 m Tiefe?
Wie groß ist die „Halbwertstiefe"?
b) In welcher Tiefe beträgt die momentane Änderungsrate der Beleuchtungsstärke –10 (Einheit: Lux pro Meter)?

Zeit zu überprüfen

6 a) Im Jahre 1950 lebten 2,5 Milliarden Menschen auf der Erde, 1980 waren es 4,5 Milliarden. Modellieren Sie das Bevölkerungswachstum und bestimmen Sie die Verdoppelungszeit. Interpretieren Sie das Ergebnis.
b) Vergleichen Sie mit den Daten von 2005 (6,4 Milliarden) bzw. 1920 (1,8 Milliarden).
c) 2005 prognostizierten Experten der Vereinten Nationen bis zum Jahr 2050 einen Anstieg auf 9,1 Milliarden. Wie lautet Ihre Prognose?
d) Wie groß war in Ihrem Modell die Wachstumsgeschwindigkeit im Jahr 2000?

7 Der größte Teil der natürlichen Radioaktivität beruht auf dem geruchlosen Edelgas Radon. Fig. 1 zeigt eine experimentell gemessene Zerfallskurve des Isotops Radon-220, das aus historischen Gründen als Thoron bezeichnet wird. Radioaktiver Zerfall kann mit sehr guter Näherung als exponentielle Abnahme modelliert werden.
a) Die Halbwertszeit von Radon beträgt 56 Sekunden. Erläutern Sie die Aussage: Die Formel $B(x) = 100\% \cdot 2^{-x}$ gibt an, wie viel Prozent des anfänglichen Radons nach x Halbwertszeiten noch vorhanden sind.
b) Beschreiben Sie den Zerfall mithilfe einer Exponentialfunktion f mit $f(t) = c e^{kt}$, wobei t die Zeit in Sekunden und f(t) den Anteil des noch vorhandenen Radons in Prozent angibt (Anfangswert 100%).

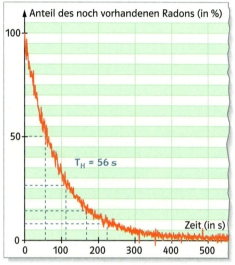

Fig. 1

CAS
Radioaktiver Zerfall – Simulation

Radioaktiver Zerfall ist ein stochastischer Vorgang, wie man an dem Graphen (Fig. 1) sieht. Jedes Radon-Atom zerfällt in der nächsten Sekunde mit einer bestimmten Wahrscheinlichkeit p. Wie groß ist p?
Wieso nimmt die Aktivität exponentiell ab?

c) Wie viel Prozent des Edelgases sind nach fünf Minuten noch nicht zerfallen? Nach welcher Zeit ist 1% des Anfangswertes vorhanden?
d) Wie groß ist die momentane Änderungsrate der Funktion f aus Teilaufgabe b) (in Prozent pro Sekunde) zu Beginn, nach einer, zwei, drei, … Halbwertszeiten?

8 a) Im Vogelherd, einer Höhle in der Schwäbischen Alb, wurde im Jahr 2006 ein aus Elfenbein geschnitztes Mammut gefunden, dessen Alter Forscher mithilfe der Radiokarbonmethode auf etwa 35 000 Jahre datieren. Auf wie viel Prozent des Wertes bei Fertigstellung des Mammuts war das Verhältnis von C14 zu C12 gesunken?
b) Bei der Ötztaler Gletschermumie („Ötzi"), die 1991 in den Ötztaler Alpen gefunden wurde, hat die Radiokarbonmethode ergeben, dass das Verhältnis von C14 zu C12 auf 53% des Wertes beim Tode von „Ötzi" abgesunken ist. Wann ist „Ötzi" etwa gestorben? Berücksichtigen Sie bei der Antwort die Ungenauigkeit bei der Halbwertszeit von C14.

Die **Radiokarbonmethode** nutzt aus, dass in lebenden Organismen das Verhältnis der Kohlenstoffisotope C14 und C12 einen festen Wert besitzt. In toten Organismen bleibt C12 erhalten, während C14 mit einer Halbwertszeit von 5730 ± 40 Jahren zerfällt.

Zeit zu wiederholen

9 Welches der Zahlenpaare (0|1), (1|1), (−1,5|0), (4|1), (−4|−1) ist eine Lösung der Gleichung $2x - 5y + 3 = 0$?

10 Bestimmen Sie die Lösung des linearen Gleichungssystems zunächst ohne GTR. Beschreiben Sie, wie man die Lösung mit GTR bestimmen kann.

a) $y = x + 2$
   $y = 2x + 1$

b) $x + y = 4$
   $2x - y = 2$

c) $2x - y = 2$
   $x - 3y = 6$

d) $\frac{1}{2}x + 2y = -\frac{11}{4}$
   $-\frac{5}{4}x + \frac{1}{2}y = 0$

2 Begrenztes Wachstum

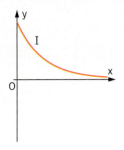
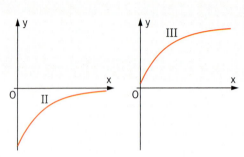

Welche geometrischen Operationen überführen den Graphen von Bild I in den Graphen von Bild III?
Graph I gehört zu einer Funktion f mit $f(x) = ce^{kx}$. Was lässt sich über die Parameter c und k sagen?
Welche Gleichung hat die Funktion mit dem Graphen in Bild III?

n	B(n)
0	100
1	420
2	623
3	750
4	838
5	894
6	930
7	955
8	972
9	983
10	988

Fig. 1

Die Tabelle zeigt die Fläche B(n) in cm², die ein Bakterienstamm auf einer Testfläche der Größe S = 1000 cm² zur Zeit n (in Stunden) hat.

Die Tabelle in Fig. 1 zeigt Messwerte der Fläche B(n) in cm², die ein Bakterienstamm auf einer Testfläche der Größe S = 1000 cm² zur Zeit n (in Stunden) überdeckt. B(n) nähert sich mit wachsendem n einer **Schranke S** (vgl. Graph in Fig. 2). Der **Restbestand** R mit R(n) = S − B(n) nimmt dabei exponentiell ab (Tabelle in Fig. 4, Graph in Fig. 3). Einen solchen Wachstumsvorgang bezeichnet man als **begrenztes Wachstum mit der Schranke S**.

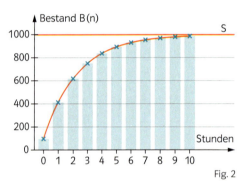
Fig. 2

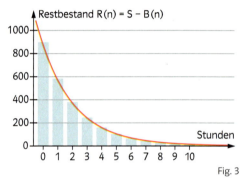
Fig. 3

Es wird nun eine explizite Darstellung für B(n) hergeleitet. Fig. 3 zeigt den Graphen vom Restbestand R(n) = S − B(n). Man erkennt (siehe auch die Tabelle in Fig. 4), dass R(n) exponentiell abnimmt. Also gilt S − B(n) = ca^n mit passenden Parametern a und c. Daraus ergibt sich:
B(n) = S − ca^n bzw. B(n) = S − ce^{-kn} mit k > 0, da der Restbestand exponentiell abnimmt.
Für die Bakterienkultur erhält man aus Fig. 4: a = 0,65 und c = S − B(0) = 900. Also gilt
B(n) = 1000 − 900 · $0{,}65^n$ bzw. B(n) = 1000 − 900 · e^{-kn} mit k = −ln(0,65) = 0,4308.
Der Graph von B ist in Fig. 2 durch Punkte dargestellt. Da das Wachstum kontinuierlich erfolgt, kann man auch die Funktion f mit f(x) = 1000 − 900 · $0{,}65^x$ bzw. f(x) = 1000 − 900 · $e^{-0{,}4308x}$ zur Modellierung verwenden (Graph siehe Fig. 3). Das ermöglicht z. B. die Berechnung des Bakterienbestandes nach einer halben Stunde: f(0,5) = 274.

n	R(n)	$\frac{R(n)}{R(n-1)}$
0	900	
1	580	0,64
2	377	0,65
3	250	0,66
4	162	0,65
5	106	0,65
6	70	0,66
7	45	0,64
8	28	0,62
9	17	0,61
10	12	0,71
Mittelwert		0,65

Fig. 4

Wachstumsfaktorbestimmung beim Restbestand

> **Begrenztes Wachstum** eines Bestandes B mit der Schranke S liegt vor, wenn der Restbestand R = S − B exponentiell abnimmt.
> Begrenztes Wachstum lässt sich mithilfe einer Funktion f mit der Gleichung
> f(x) = S − ca^x bzw. f(x) = S − ce^{-kx} (x ∈ ℝ) beschreiben.
> Dabei ist c = S − B(0) bzw. c = S − f(0) und k = −ln(a). Für die Basis a gilt: 0 < a < 1.

Wenn die Schranke S nicht bekannt ist, kann man sie aus den Daten schätzen.
Statt begrenztes Wachstum kann man auch **beschränktes Wachstum** sagen.

GTR-Hinweise
735501-1951

Auch wenn der Bestand sich wie in Fig. 1 von oben einer Schranke S nähert, spricht man von begrenztem Wachstum. Für $S = 1000$; $B(0) = 2500$ und $a = 0{,}65$ ergibt sich
$B(n) = 1000 + 1500 \cdot 0{,}65^n$ bzw.
$f(x) = 1000 + 1500 \cdot e^{-0{,}4308 x}$.

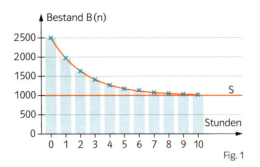
Fig. 1

Den Restbestand R berechnet man hier als
$R(n) = B(n) - S$.

Beispiel Modellieren aus Datenpunkten
Die Bevölkerung eines Stammes kann durch begrenztes Wachstum mit der Schranke $S = 2000$ modelliert werden. Anfangs hat der Stamm 500, nach zehn Jahren 800 Mitglieder.
a) Beschreiben Sie die Bevölkerungsentwicklung mithilfe einer Funktion.
b) Wie groß wird die Bevölkerung nach 100 Jahren etwa sein, wie groß war sie vor zehn Jahren?
c) Nach wie vielen Jahren wird der Stamm 1500 Personen haben?
d) Wann beträgt die Wachstumsgeschwindigkeit etwa zehn Mitglieder pro Jahr?

■ Lösung: a) Ansatz (x in Jahren): $\qquad f(x) = 2000 - c e^{-kx}$
c bestimmen: $\qquad f(0) = 2000 - c = 500$; also $c = 1500$
k bestimmen: $\qquad 2000 - 1500 e^{-10k} = 800$; da $f(10) = 800$
Lösung der Gleichung: $\qquad k = -\frac{\ln\left(\frac{4}{5}\right)}{10} \approx 0{,}0223$
Gleichung von f: $\qquad f(x) = 2000 - 1500 \cdot e^{-0{,}0223 x}$
b) $f(100) = 2000 - 1500 \cdot e^{-0{,}0223 \cdot 100} \approx 1840$;
$f(-10) = 2000 - 1500 \cdot e^{-0{,}0223 \cdot (-10)} \approx 125$
Die Mitgliederzahl nach 100 Jahren beträgt etwa 1840, vor zehn Jahren betrug sie etwa 125.
c) Zu lösen ist die Gleichung $2000 - 1500 \cdot e^{-0{,}0223 x} = 1500$.
Lösung der Gleichung: $\qquad x = \frac{\ln(3)}{0{,}0223} = 49{,}27$
Nach etwa 49 Jahren wird der Stamm 1500 Mitglieder haben.
d) $f'(x) = 1500 \cdot 0{,}0223 \cdot e^{-0{,}0223 x} = 33{,}45 e^{-0{,}0223 x}$;
$f'(x) = 10$ hat die Lösung $x \approx 54$.
Nach etwa 54 Jahren beträgt die Wachstumsgeschwindigkeit zehn Mitglieder pro Jahr.

Vorgehen mit dem GTR (siehe auch Seite 206):
1. Die Datenpunkte (0|1500) und (10|1200) des Restbestandes in Listen eingeben (Fig. 2).
2. Exponentielle Regression ergibt die Funktion r mit $r(x) = 1500 \cdot 0{,}9779^x$ (Fig. 3).
3. Lösung: $f(x) = S - r(x)$
$= 2000 - 1500 \cdot 0{,}9779^x$
$= 2000 - 1500 \cdot e^{-0{,}0223 x}$
(Fig. 4).

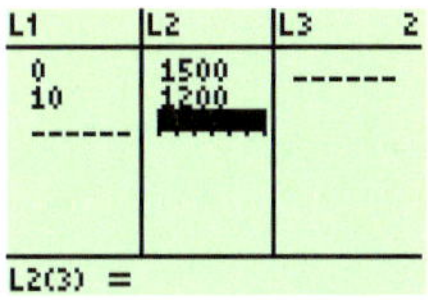

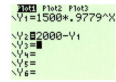
Fig. 2

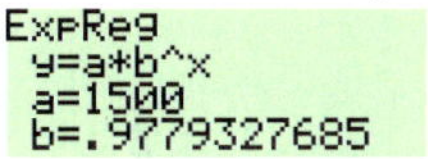

Fig. 3

Fig. 4

Aufgaben

1 Das Wachstum eines Bestandes wird beschrieben durch
I: $f(x) = 50 - 30 \cdot 0{,}8^x \qquad$ II: $f(x) = 50 - 50 e^{-0{,}25 x} \qquad$ III: $f(x) = 10 + 50 e^{-0{,}25 x}$
a) Geben Sie die Schranke S und den Anfangsbestand an. Zeichnen Sie den Graphen.
b) Wie groß ist der Bestand nach zehn Tagen? Wie groß war er vor einer Woche?
c) Nach welcher Zeit beträgt der Bestand 40?
d) Wie groß ist die Wachstumsgeschwindigkeit nach zehn Tagen?

2 Beschreiben Sie den Bestand mit begrenztem Wachstum durch eine Funktion.
a) $S = 100$; $f(0) = 10$; $f(1) = 20$ $\qquad$ b) $S = 100$; $f(0) = 200$; $f(10) = 150$
c) $S = 100$; $f(0) = 0$; $f(1) = 10$ $\qquad$ d) $S = 0$; $f(0) = 100$; $f(10) = 50$

Bei den Aufgaben 2 und 3 wird n bzw. x in Tagen gemessen.

3 Weisen Sie nach, dass begrenztes Wachstum mit der Schranke $S = 60$ vorliegt.
a)

n	0	1	2	3	4	5	6
B(n)	10,0	35,00	47,50	53,75	56,88	58,44	59,22

b)

n	0	1	2	3	4	5	6
B(n)	90,0	75,00	67,50	63,75	61,88	60,94	60,47

n in Tagen	B(n)
0	320
1	397
2	461
3	516
4	561
5	599
6	631
7	658
8	681
9	700
10	716

Führen Sie zur Bestätigung eine passende Messreihe durch.

Beschreiben Sie, was sich ändert, wenn Saft mit einer Temperatur von 30 °C in einen Kühlschrank mit 8 °C gestellt wird.

4 Eine Bakterienkultur wird in einer Petrischale (Fläche 35 cm²) angesetzt. Sie überdeckt anfangs eine Fläche von 2 cm², die nach einem Tag auf 5 cm² anwächst.
Nehmen Sie begrenztes Wachstum an und bestimmen Sie eine Funktion f, die das Wachstum beschreibt. Bearbeiten Sie mit Ihrer Modellfunktion die Fragen.
a) Welche Fläche überdeckt die Kultur nach fünf Tagen bzw. nach fünf Stunden?
b) Wann ist die Petrischale zur Hälfte von der Kultur überdeckt?
c) Wann beträgt die Wachstumsgeschwindigkeit 0,5 cm² pro Tag?

5 a) Weisen Sie nach, dass für den Bestand in der nebenstehenden Tabelle begrenztes Wachstum mit der Schranke $S = 800$ vorliegt.
b) Geben Sie eine Modellierung des Bestandes aus a) mithilfe einer Funktion f an.
c) Bestimmen Sie x, sodass $f(x) - f(x - 1)$ für die Funktion aus b) etwa den Wert 2 hat.

6 Eine Flasche Saft mit der Temperatur 8 °C wird aus dem Kühlschrank genommen und auf den Gartentisch gestellt, wo eine Außentemperatur von 30 °C herrscht. Nach 12 Minuten beträgt die Temperatur des Saftes 15 °C.
a) Experimente zeigen, dass die Safttemperatur nach den Gesetzen des begrenzten Wachstums steigt. Was bedeutet das für die Differenz zwischen Außen- und Safttemperatur?
b) Stellen Sie eine Funktion f für die Temperatur des Saftes nach x Minuten auf.
c) Chris will den Saft schon nach fünf Minuten trinken. Ist er dann nicht noch zu kalt?
d) Oma will den Saft erst bei einer Temperatur von 20 °C trinken. Wie lange muss sie warten?
e) Wann erwärmt sich der Saft um 0,5 °C pro Minute?

Zeit zu überprüfen

7 a) Zeigen Sie, dass der Graph begrenztes Wachstum mit der Schranke $S = 80$ darstellt.
b) Bestimmen Sie eine Funktion, die den Bestand beschreibt.
c) Welcher Bestand ergibt sich nach 15 Minuten? Nach wie vielen Minuten beträgt der Bestand 200?

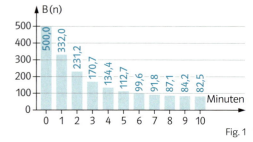

Fig. 1

© CAS
Abnahme
Mitgliederbestand

8 Eine Firma bringt ein neues Waschmittel auf den Markt. Die Marketingabteilung schätzt, dass die Firma damit einen Marktanteil von 30 % erreichen kann. Schon nach einem Monat steigt der Marktanteil von 0 auf 10 %.
Untersuchen Sie, ob man daraus unter der Annahme begrenzten Wachstums folgern kann, dass der Marktanteil nach einem halben Jahr bereits über 25 % beträgt.
Wie groß ist dann die Zunahmegeschwindigkeit des Marktanteils (in Prozent pro Monat)?

Bei Aufgabe 9 ist es hilfreich, die Ableitungsfunktion zu untersuchen.

9 Gegeben ist für $k > 0$ der Funktion f_k mit $f_k(x) = 10 - 6e^{-kx}$.
a) Zeichnen Sie für $k = 0,05$; $0,1$; $0,25$; $0,5$ jeweils den Graphen der Funktion f_k.
b) Beschreiben Sie die Abhängigkeit von dem Parameter k.

10 Über eine Tropfinfusion wird in jeder Sekunde 0,1 ml eines Medikamentes zugeführt. Der Körper baut in jeder Sekunde 2 % des bereits im Blut vorhandenen Medikamentes ab. Untersuchen Sie, ob die Menge des Medikamentes im Blut begrenzt wächst. Wie viel von dem Medikament ist nach einer Minute im Blut? Nach welcher Zeit werden pro Minute 0,01 l aufgenommen?

3 Differenzialgleichungen bei Wachstum

Was erwarten Sie?
- T nimmt gleichmäßig auf 0 °C ab.
- Die „Abkühlgeschwindigkeit" T' ist zu T proportional.

Skizzieren Sie für beide Varianten die Graphen von T und T'.

Bei der schrittweisen Beschreibung von Wachstum ist eine rekursive oder eine explizite Darstellung möglich. Bei der kontinuierlichen Beschreibung verwendet man zur expliziten Darstellung eine Funktion. Es wird nun gezeigt, dass es auch bei der kontinuierlichen Beschreibung eine Darstellung mithilfe von Funktionen gibt, die der rekursiven Darstellung einer schrittweisen Beschreibung entspricht.

Der expliziten Darstellung $B(n) = B(0)e^{kn}$ beim exponentiellen Wachstum entspricht z. B. die Funktionsgleichung $f(x) = ce^{kx}$.

Bei einer rekursiven Darstellung wird die Änderung $B(n) - B(n-1)$ für einen Zeitschritt betrachtet. Entsprechend wird bei Funktionen die momentane Änderungsrate, also die Ableitung, verwendet. Die Ableitung wird so dargestellt, dass sich ein Zusammenhang zwischen der Ableitungsfunktion und der Wachstumsfunktion ergibt. Diesen Zusammenhang zwischen Ableitungsfunktion und Wachstumsfunktion nennt man **Differenzialgleichung**.

	Exponentielles Wachstum	Begrenztes Wachstum
Funktionsgleichung	$f(x) = ce^{kx}$	$f(x) = S - ce^{-kx}$
Ableitung	$f'(x) = cke^{kx}$	$f'(x) = cke^{-kx}$
Zusammenhang zwischen $f(x)$ und $f'(x)$ herstellen	$kf(x) = cke^{kx}$	$kf(x) = kS - cke^{-kx}$ $cke^{-kx} = kS - kf(x)$
Differenzialgleichung	$f'(x) = kf(x)$	$f'(x) = k(S - f(x))$
Bedeutung in Worten	Die momentane Änderungsrate von f an einer Stelle x ist proportional zum Funktionswert $f(x)$.	Die momentane Änderungsrate von f an einer Stelle x ist proportional zur Differenz von Schranke S und Funktionswert $f(x)$.

Bei Wachstumsvorgängen nennt man die momentane Änderungsrate auch **Wachstumsgeschwindigkeit**.

Wenn eine Differenzialgleichung wie z. B. $f'(x) = kf(x)$ gegeben ist, sucht man nach einer Funktion f, sodass für jedes x die Differenzialgleichung erfüllt ist. Eine solche Funktion nennt man **Lösung der Differenzialgleichung**.

Lösungen von Differenzialgleichungen sind keine Zahlen, sondern Funktionen.

Exponentielles bzw. begrenztes Wachstum kann man durch Differenzialgleichungen beschreiben.

	Exponentielles Wachstum	**Begrenztes Wachstum**
Differenzialgleichung	$f'(x) = kf(x)$	$f'(x) = k(S - f(x))$
Lösung	$f(x) = ce^{kx}$	$f(x) = S - ce^{-kx}$

Wenn man den **Anfangswert f(0)** kennt, kann man c bestimmen: Beim exponentiellen Wachstum ist $c = f(0)$, beim begrenzten Wachstum ist $c = S - f(0)$.

Wann verwendet man Differenzialgleichungen? Das soll am Beispiel einer Fläche A(t), die von einem Pilz überdeckt ist, verdeutlicht werden (A(t) in cm², t in Tagen). Weiß man z. B., dass die momentane Zuwachsrate von A $\left(\text{in } \frac{cm^2}{Tag}\right)$ 5% der jeweils befallenen Fläche beträgt, so stellt man die Differenzialgleichung $A'(t) = 0{,}05 A(t)$ auf. Sie beschreibt exponentielles Wachstum, also ist die Lösung $A(t) = ce^{0{,}05t}$.

t	$c \cdot e^{0,05t}$	$c \cdot 1,05^t$
0	100,0	100,0
1	105,1	105,0
2	110,5	110,3
3	116,2	115,8
4	122,1	121,6
5	128,4	127,6
6	135,0	134,0
7	141,9	140,7
8	149,2	147,7
9	156,8	155,1
10	164,9	162,9

Zur Genauigkeit der Näherung, siehe den Infokasten auf Seite 200.

Vorsicht: Die Modellierung mit einer Funktion, die mithilfe einer Differenzialgleichung bestimmt wird, ist nur exakt, weil eine Angabe über die *momentane Änderungsrate* vorliegt.
Wenn dagegen die *Zunahme pro Tag* 5% der jeweils vorhandenen Fläche beträgt, so gilt die rekursive Darstellung $A(t) = 1,05 A(t-1)$ mit der expliziten Lösung $A(t) = c \cdot 1,05^t$. Diese Modellierung ist hier also exakt. Die Differenzialgleichung und ihre Lösung beschreiben den Sachverhalt nur näherungsweise (siehe die Tabelle mit $c = 100$). Für die Praxis ist die Näherung meist ausreichend.

Beispiel 1 Differenzialgleichungen angeben und lösen
a) Geben Sie zu der Funktion f mit $f(x) = 10 - 6e^{-0,05x}$ eine Differenzialgleichung an. Welche Art von Wachstum beschreibt die Differenzialgleichung?
b) Geben Sie die Lösung zu der Differenzialgleichung $f'(x) = -0,2 f(x)$ und dem Anfangswert $f(0) = 100$ an.

■ Lösung: a) *Die gegebene Differenzialgleichung so umformen, dass ein Zusammenhang zwischen f(x) und f'(x) hergestellt wird.*
$$f'(x) = 0,3 e^{-0,05x}$$
$$10 - f(x) = 6 e^{-0,05x} \quad | \cdot 0,05 \quad (denn \; 6 \cdot 0,05 = 0,3)$$
$$0,05(10 - f(x)) = 0,3 e^{-0,05x} = f'(x)$$
$$f'(x) = 0,05(10 - f(x)).$$
Die Differenzialgleichung beschreibt begrenztes Wachstum.
b) Die Differenzialgleichung beschreibt exponentielles Wachstum mit $k = -0,2$, also gilt $f(x) = c e^{-0,2x}$. Mit dem Anfangswert $f(0) = 100$ ergibt sich $f(x) = 100 e^{-0,2x}$.

Beispiel 2 Aufstellen und Lösen einer Differenzialgleichung im Sachzusammenhang
Bei einer Tropfinfusion wird dem Blut eines Patienten ein Medikament zugeführt, das anfangs nicht vorhanden ist. Dabei gelangt pro Minute eine Menge von 3 ml ins Blut. Das Medikament wird von der Niere so abgebaut, dass die momentane Ausscheidungsrate (in $\frac{ml}{min}$) 4% des gerade vorhandenen Medikamentes beträgt.
a) Stellen Sie eine Differenzialgleichung auf, welche die Menge des im Blut des Patienten vorhandenen Medikamentes beschreibt. Welchen Typ erkennen Sie?
b) Geben Sie die Lösung der Differenzialgleichung an und beschreiben Sie, wie sich die Menge des Medikamentes mit der Zeit verändert.
c) Wie groß ist die momentane Zunahmerate, wenn das Blut 50 ml des Medikamentes enthält?

Mit einem CAS kann man die Differenzialgleichung unmittelbar lösen (vgl. Seite 214).

■ Lösung: a) m(t): Menge (in ml) des Medikamentes im Blut des Patienten.
Anfangswert: $m(0) = 0$.
Differenzialgleichung $m'(t) = 3 - 0,04 m(t)$.

m'(t) wird in $\frac{ml}{Minute}$ gemessen, weil m'(t) dieselbe Einheit hat wie der Differenzenquotient $\frac{m(t+h) - m(t)}{h}$ und t bzw. h Zeitangaben in Minuten sind.

Ausklammern von 0,04 ergibt: $m'(t) = 0,04 \cdot \left(\frac{3}{0,04} - m(t)\right)$.
Ausrechnen: $m'(t) = 0,04 \cdot (75 - m(t))$.
Dies ist eine Differenzialgleichung für begrenztes Wachstum; Parameter $k = 0,04$ und $S = 75$.
b) $m(t) = S - c e^{-kt}$ mit $k = 0,04$ und $S = 75$, also $m(t) = 75 - c e^{-0,04t}$.
$m(0) = 0$ ergibt die Gleichung $0 = 75 - c$, also $c = 75$.
Die Lösung ist $m(t) = 75 - 75 e^{-0,04t}$.
Die Menge des Medikamentes im Blut wächst anfangs am schnellsten an, dann immer langsamer. Bei Annäherung an den Sättigungswert 75 ml geht die Zunahme gegen Null (Fig. 1; die Einheiten auf den Achsen betragen jeweils zehn).
c) *Die Frage kann unmittelbar mit der Differenzialgleichung gelöst werden.*
$m'(t) = 3 - 0,04 m(t)$, also $m'(50) = 3 - 0,04 \cdot 50 = 1$.
Wenn das Blut 50 ml des Medikamentes enthält, beträgt die momentane Zunahmerate 1 ml pro Minute.

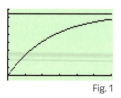
Fig. 1

Aufgaben

1 Ordnen Sie jeder Differenzialgleichung (Fig. 1) eine richtige Lösung zu.

2 Bestimmen Sie zu der Differenzialgleichung die Parameter der Lösung.
a) $f'(x) = -f(x)$; $f(x) = 2e^{-kx}$
b) $f'(x) = 100 - f(x)$; $f(x) = 10e^{-kx} + 100$
c) $f'(x) = 1 - 0{,}2f(x)$; $f(0) = 1$; $f(x) = ce^{-kx} + 5$
d) $f'(x) = -(f(x))^2$; $f(x) = \frac{a}{x+1}$

3 Geben Sie zu der Funktion f eine Differenzialgleichung an.
a) $f(x) = 0{,}2e^{0{,}1x}$
b) $f(x) = 500e^{-0{,}1x}$
c) $f(x) = 100 - 100e^{-0{,}1x}$
d) $f(x) = 100 - 30e^{-0{,}1x}$

4 Geben Sie die Lösung an und zeichnen Sie den Graphen von f.
a) $f'(x) = 0{,}1f(x)$ mit $f(0) = 1$
b) $f'(x) = -0{,}2f(x)$ mit $f(0) = 10$
c) $f'(x) = 0{,}1(5 - f(x))$ mit $f(0) = 0$
d) $f'(x) = 0{,}1(5 - f(x))$ mit $f(0) = 10$

5 Ein Behälter mit dem maximalen Fassungsvermögen von 100 Litern enthält anfangs 20 Liter einer chemischen Flüssigkeit. Es laufen pro Sekunde 5 Liter hinzu. Gleichzeitig beträgt die Ablaufgeschwindigkeit der Füllmenge $\left(\text{in } \frac{l}{s}\right)$ 10% der vorhandenen Flüssigkeit.
a) Stellen Sie eine Differenzialgleichung auf, welche die Flüssigkeitsmenge in dem Behälter beschreibt.
b) Geben Sie die Lösung der Differenzialgleichung an und beschreiben Sie, wie sich die Flüssigkeitsmenge mit der Zeit verändert.
c) Wie groß ist die momentane Zunahmerate der Flüssigkeitsmenge bei einer Füllmenge von 45 Litern? Nach welcher Zeit ist das der Fall?

6 Folgende Gesetzmäßigkeit wurde von Isaac Newton entdeckt:
Bringt man einen Körper mit der Temperatur T in einen Raum mit der konstanten Temperatur T_0, so ist die momentane Änderungsrate von T proportional zur Differenz der Raumtemperatur T_0 und der Temperatur T des Körpers.
a) Saft mit einer Temperatur von 10°C wird aus einem Kühlschrank genommen und in einen 25°C warmen Raum gestellt. Stellen Sie eine Differenzialgleichung für die Safttemperatur auf. Welche Lösung hat die Gleichung, wenn die Proportionalitätskonstante 0,1 beträgt?
b) Saft mit einer Temperatur von 20°C wird bei –5°C Außentemperatur auf den Balkon gestellt. Nach einer Viertelstunde ist die Safttemperatur auf 5°C abgesunken. Stellen Sie eine Differenzialgleichung für die Safttemperatur auf. Wann ist die Safttemperatur auf 0°C abgesunken (der Saft beginnt dann zu gefrieren, Newtons Gesetz gilt nicht mehr)?

Zeit zu überprüfen

7 a) Welche Lösung hat die Differenzialgleichung $f'(x) = -0{,}25f(x)$ mit $f(0) = 1000$?
b) Geben Sie zu der Funktion f mit $f(x) = 50 - 10e^{-0{,}25x}$ eine Differenzialgleichung an.

8 In ein biologisches Klärbecken, das anfangs nicht verunreinigt ist, laufen pro Minute 90 Liter Abwasser ein. Die momentane Abbaurate des Abwassers $\left(\text{in } \frac{l}{\min}\right)$ beträgt 6% des vorhandenen Abwassers.
a) Stellen Sie eine Differenzialgleichung für die Funktion f auf, welche die Abwassermenge (in Litern) beschreibt, die sich zur Zeit t (in Minuten) in dem Becken befindet, und bestimmen Sie ihre Lösung. Wie viel Liter Abwasser sind höchstens im Becken?
b) Wie groß ist die momentane Zunahmerate von f(t), wenn sich 1000 Liter Abwasser in dem Becken befinden? Nach welcher Zeit ist das der Fall?

$f'(x) = -0{,}1f(x)$
$f(x) = 10e^{0{,}1x}$
$f'(x) = 0{,}1(10 - f(x))$
$f(x) = 10 - 5e^{-0{,}1x}$
$f'(x) = 10 - 0{,}1f(x)$
$f(x) = 5e^{-0{,}1x}$
$f'(x) = 0{,}1f(x)$
$f(x) = 100 - 95e^{-0{,}1x}$

Fig. 1

9 Eine Population mit Anfangsbestand 5000 wächst so an, dass ihre Wachstumsgeschwindigkeit proportional ist
I: zum Bestand,
II: zur Differenz zwischen einem Maximalwert S = 100 000 und dem Bestand.
a) Beschreiben Sie, wie sich das Wachstum bei I und II unterscheidet. Nennen Sie Bedingungen für Wachstum nach Gesetz I bzw. II.
b) Stellen Sie jeweils die zugehörige Differenzialgleichung auf und geben Sie die Lösung an. Bestimmen Sie die Parameter, falls die Population nach zehn Jahren auf 10 000 anwächst.

INFO → Aufgabe 10, 11

Tag n	B(n)	f(n)
0	1000,0	1000,0
1	985,0	985,2
2	970,5	970,9
3	956,3	957,0
4	942,6	943,5
5	929,4	930,4
6	916,5	917,6
7	904,0	905,3
8	891,9	893,3
9	880,1	881,7
10	868,7	870,4

Fig. 1

Tag n	B(n)	f(n)
0	1000,0	1000,0
1	915,0	919,1
2	838,5	845,9
3	769,7	779,7
4	707,7	719,8
5	651,9	665,6
6	601,7	616,5
7	556,6	572,1
8	515,9	531,8
9	479,3	495,6
10	446,4	462,7

Fig. 2

Differenzialgleichung als Näherung
Auch bei Zusammenhängen wie dem folgenden wird eine Differenzialgleichung verwendet, obwohl sie den Zusammenhang nur näherungsweise beschreibt. Denn die Lösung einer Differenzialgleichung ist oft einfacher zu bestimmen als eine exakte und liefert auch Zwischenwerte.
Einem Behälter mit einem Destillat entnimmt man zu Anfang jedes Tages 3% der Füllmenge zum Verkauf. Im Laufe des Tages kommen durch Zulauf 15 Liter hinzu. Die anfängliche Füllmenge beträgt 1000 Liter.
Exakte Modellierung mithilfe einer rekursiven Darstellung (n in Tagen, B(n) in Litern): $B(n) = 0{,}97 B(n-1) + 15$; $B(0) = 1000$,
also $B(n) - B(n-1) = 15 - 0{,}03 \cdot B(n-1)$.
Näherung mithilfe einer Differenzialgleichung (x in Tagen, f(x) in Litern): $f'(x) = 15 - 0{,}03 f(x) = 0{,}03(500 - f(x))$, d.h., es liegt beschränktes Wachstum vor. Lösung: $f(x) = 500 + 500 e^{-0{,}03 x}$.
Die erste Tabelle zeigt, dass die Abweichungen gering sind. Ist jedoch die Entnahme 10%, so sind die Modellierungen
$B(n) = B(n-1) + 15 - 0{,}1 \cdot B(n-1)$; $B(0) = 1000$ bzw.
$f(x) = 150 + 850 e^{-0{,}1 x}$. Die zweite Tabelle in Fig. 2 zeigt deutlich größere Abweichungen.
Die Abnahme der Füllmenge ist bei der Näherungslösung geringer, weil bei der Differenzialgleichung die prozentuale Abnahme nicht nur am Tagesbeginn, sondern über den Tag verteilt, modelliert wird. Man erkennt daher, dass die Näherung brauchbar ist, solange der Prozentsatz relativ klein ist.

10 Ein Bestand nimmt von anfangs 500 Stück jeden Tag um p% zu. Modellieren Sie das Wachstum exakt und näherungsweise durch eine Differenzialgleichung. Untersuchen Sie, wie sich mit der Zeit die Näherung von der exakten Lösung unterscheidet.
a) p% = 1%   b) p% = 5%   c) p% = 10%   d) p% = 25%

Führen Sie die Simulation zehnmal durch. Vergleichen Sie, was sich bei Wiederholung ergibt.

11 Wachstum von Bakterien kann man durch das Werfen von Münzen simulieren. Jede Münze stellt ein Bakterium dar. Man beginnt z.B. mit zwei Münzen. Fällt eine Münze auf „Kopf", so teilt sich das zugehörige Bakterium – man fügt einfach eine Münze hinzu. Mit der vergrößerten Bakterienzahl fährt man fort. Auf diese Weise nimmt die Zahl der Bakterien zu.
Beschreiben Sie, wie sich die momentane Änderungsrate der Bakterienzahl verhält. Stellen Sie eine Differenzialgleichung auf und geben Sie die Lösung an.
Welche Bakterienzahl wird man nach zehn Durchführungen etwa haben?

Bei Aufgabe 12 a) und 12 b) können Sie auch eine Lösung in Form einer Gleichung angeben.

12 Skizzieren Sie den Graphen einer Funktion mit f(0) = 2, für welche gilt:
a) $f'(x) = -f(x)$ b) $f(x) + f'(x) = 1$ c) $f'(x) = \frac{1}{f(x)}$ d) $f'(x) = -x f(x)$.

4 Logistisches Wachstum

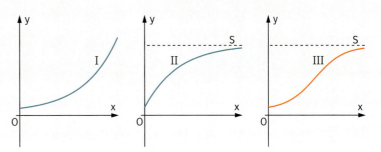

Graph III ist ein „Kind" der Graphen I und II. Beschreiben Sie, wo Sie die Eigenschaften der „Eltern" bei dem Kind wiederfinden und wo sich Abweichungen ergeben.
Beschreiben Sie zu jedem Graphen eine passende Wachstumssituation.

Neben exponentiellem und begrenztem Wachstum gibt es weitere Wachstumsarten. Exemplarisch wird hier ein Modell bei der Verbreitung einer Infektionskrankheit betrachtet.

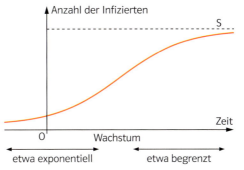

Wenn im Anfangsstadium nur wenige Personen infiziert sind, liegt angenähert exponentielles Wachstum vor. Denn dann ist die momentane Änderungsrate der Infiziertenzahl etwa proportional zur Zahl der Infizierten. Wenn mit der Zeit viele infiziert sind, ist die momentane Änderungsrate der Infiziertenzahl aber eher proportional zur Zahl der noch nicht Infizierten, also liegt dann begrenztes Wachstum mit einer Schranke S vor (vgl. Fig. 1). Man kann das Wachstum daher mit einer Funktion f beschreiben, für die gilt:

$f'(x)$ ist proportional zu $f(x)$, falls $f(x)$ "klein" im Vergleich zu S ist;
$f'(x)$ ist proportional zu $S - f(x)$, falls $f(x)$ sich S nähert.

Fig. 1

Man fasst diese beiden Abhängigkeiten in einer Differenzialgleichung $f'(x) = r \cdot f(x) \cdot (S - f(x))$ mit der Proportionalitätskonstanten r zusammen.

Die Lösung der Differenzialgleichung hat die Form $f(x) = \frac{S}{1 + a \cdot e^{-k \cdot x}}$ mit $k = rS$, wovon man sich durch Nachrechnen überzeugt.

Zum Nachweis der Lösung siehe Aufgabe 13.

Man kann die Lösung auch herleiten, siehe Aufgabe 14.

> **Logistisches Wachstum** mit der Schranke S lässt sich beschreiben mithilfe einer Funktion f mit der Gleichung $f(x) = \frac{S}{1 + a \cdot e^{-k \cdot x}}$.
> Für die Funktion f gilt die Differenzialgleichung $f'(x) = r f(x)(S - f(x))$, wobei $k = rS$.

Die Konstante k bestimmt, ob sich das Wachstum schnell oder langsam der Schranke S nähert: Ist k relativ groß, so nähert sich e^{-kx} schnell dem Wert 0, also nähert sich $f(x)$ schnell der Schranke S.
In der Regel ist der Anfangswert $f(0)$ bekannt. Die Schranke S kann aus dem Kontext entnommen werden. Da $f(0) = \frac{S}{1 + a}$, kann man damit den Parameter a bestimmen.
Man kann zeigen (vgl. Aufgabe 13, Seite 204), dass die zugehörige Ableitungsfunktion f' nur bis zur Stelle mit dem Funktionswert $f(x) = \frac{1}{2} S$ monoton steigt und danach monoton abnimmt. Bei der Funktion f des logistischen Wachstums kommen nur Funktionswerte zwischen 0 und S vor.

Beispiel 1 Rechnen mit logistischem Wachstum

Die Funktion f mit $f(x) = \frac{50}{1 + 24e^{-0,5x}}$ beschreibt modellartig das Größenwachstum einer Pflanze (x in Wochen, f(x) in cm).

a) Wie groß ist die Pflanze zu Beginn und nach fünf Wochen?
b) Nach welcher Zeit ist die Pflanze 45 cm hoch? Wie hoch kann sie etwa werden?
c) Ab wann beträgt die Wachstumgeschwindigkeit weniger als 5 mm pro Woche?

■ Lösung:

Die Gleichung bei c) hat auch die negative Lösung x = −1,4. Hat diese Lösung eine praktische Bedeutung?

a) f(0) = 2; f(5) ≈ 16,8; Die Pflanze ist zu Beginn 2 cm und nach fünf Wochen 16,8 cm groß.

b) $\frac{50}{1 + 24e^{-0,5x}} = 45$; Lösung der Gleichung: x = 10,8 (gerundet).

Die Pflanze ist nach knapp elf Wochen 45 cm hoch.

f(x) → 50 für x → ∞, da $e^{-0,5x}$ im Nenner für x → ∞ gegen Null geht. Sie kann etwa 50 cm groß werden.

c) $f'(x) = \frac{600 e^{-0,5x}}{(1 + 24e^{-0,5x})^2} = 0,5$; positive Lösung der Gleichung: x = 14,1 (gerundet).

Nach gut 14 Wochen beträgt die Wachstumgeschwindigkeit weniger als 5 mm pro Woche.

Beispiel 2 Bestimmen der Parameter

Fig. 1 zeigt Messwerte zum Größenwachstum von Maispflanzen.
a) Modellieren Sie die Werte durch logistisches Wachstum.
b) Wann ist das Wachstum am stärksten?

Tag	Höhe in cm
0	3
8	9
17	22
34	38
51	82
60	112
84	255
93	295
110	295

Fig. 1

■ Lösung: a) *Es werden zwei Varianten vorgestellt:*

Ansatz: $f(x) = \frac{S}{1 + a \cdot e^{-k \cdot x}}$.

Modellierung I: Verwendung geeigneter Datenpunkte

f(0) = 3 (abgelesen); S = 300 (geschätzt).

Aus $f(0) = \frac{S}{1 + a}$ erhält man: $a = \frac{S}{f(0)} - 1 = 99$.

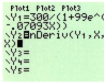

Fig. 2

Zur Bestimmung von k verwendet man einen Datenpunkt, der gut zum logistischen Wachstum passt (vgl. die Lage der Punkte in Fig. 2).

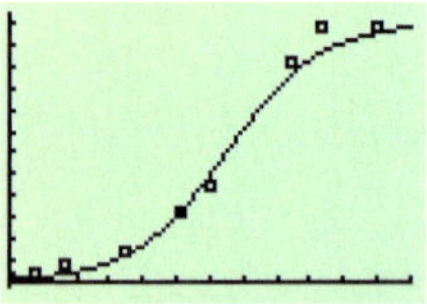

Ausgewählter Datenpunkt: (51|82); er liefert die Gleichung $82 = \frac{300}{1 + 99 \cdot e^{-k \cdot 51}}$.

k = 0,070 93 (gerundet)

Ergebnis: $f(x) = \frac{300}{1 + 99 \cdot e^{-0,07093 \cdot x}}$ (Graph siehe Fig. 2).

Eine andere Wahl von S und des Datenpunktes kann die Anpassung eventuell noch verbessern.

Modellierung II: Kurvenanpassung mit dem GTR

Für eine Kurvenanpassung gibt man die ersten beiden Spalten der Tabelle als Listen ein:

Der GTR passt besonders die „späten" Werte besser an als Modell I.

Auswahl logistische Anpassung	Parametereingabe	Parameterausgabe	Grafische Darstellung
EDIT **CALC** TESTS 7↑QuartReg 8:LinReg(a+bx) 9:LnReg 0:ExpReg A:PwrReg **B**:Logistic C:SinReg	Logistic L₁,L₂,Y₂	Logistic y=c/(1+ae^(-bx)) a=122.1305061 b=.0727675802 c=319.8425445	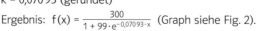
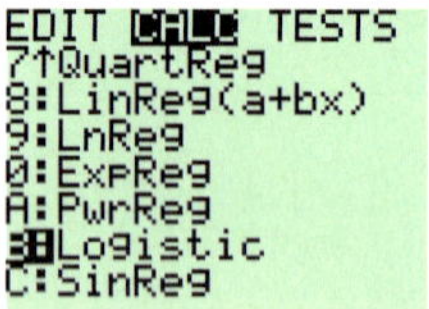 Fig. 3	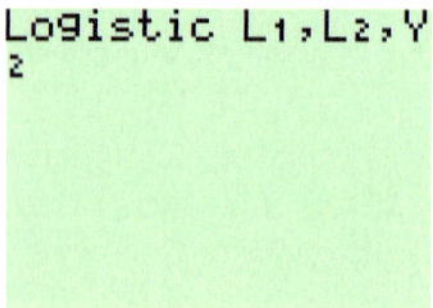 Fig. 4	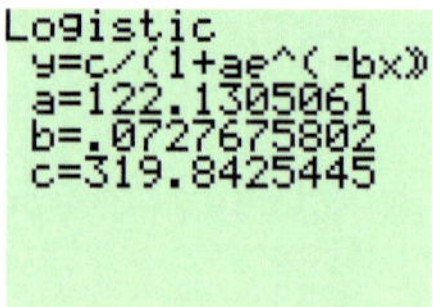 Fig. 5	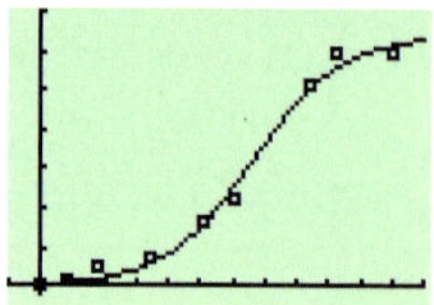 Fig. 6

Plot1 Plot2 Plot3
\Y₁=300/(1+99e^(-.07093X))
\Y₂=nDeriv(Y₁,X,X)
\Y₃=
\Y₄=
\Y₅=

Fig. 7

Man erhält $f(x) = \frac{320}{1 + 122,1 \cdot e^{-0,073 \cdot x}}$.

In Modell II wird eine deutlich größere Schranke S = 320 als die in Modell I geschätzte vorhergesagt. Bei der Regression braucht man also keine Schranke zu schätzen.

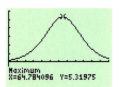

Fig. 8

b) Größtes Wachstum: f'(x) muss maximal sein. Lösung mit GTR:

Modellierung I: Lösung x = 64,8 (Fig. 7).
Modellierung II: Lösung x = 66,0 (Werte sind gerundet).

Nach etwa 65 Tagen ist das Wachstum am stärksten.

Aufgaben

1 Die Funktion f mit $f(x) = \frac{10}{1 + 4 \cdot e^{-0.25 \cdot x}}$ beschreibt das Wachstum bei einer von Schimmel befallenen Zimmerwand (x in Tagen, f(x) in dm²).
a) Bestimmen Sie den Anfangswert und die Schranke.
b) Nach welcher Zeit sind mindestens 90 Prozent der Wand von Schimmel befallen?
c) Um wie viel dm² pro Tag (momentane Zunahmerate) wächst der Schimmel nach zehn Tagen?
d) Wann beträgt die Wachstumsgeschwindigkeit 60 cm² pro Tag? Um wie viel cm² nimmt der Schimmel bis zum folgenden Tag zu?

2 Bestimmen Sie die Parameter bei der Funktion f mit $f(x) = \frac{S}{1 + a \cdot e^{-k \cdot x}}$. Geben Sie eine Wertetabelle (0 ≤ x ≤ 10) an und zeichnen Sie den Graphen.
a) f(0) = 10; f(1) = 20; S = 100
b) f(0) = 10; f(2) = 20; S = 50
c) a = 99; f(1) = 4; S = 200
d) a = 9,5; f(10) = 30; S = 50

3 Ordnen Sie jeder Funktion den richtigen Graphen (Fig. 1–4) zu.
I: $f(x) = \frac{10}{1 + 8 \cdot e^{-0.8 \cdot x}}$ II: $f(x) = \frac{10}{1 + 8 \cdot e^{-0.5 \cdot x}}$ III: $f(x) = \frac{10}{1 + 4 \cdot e^{-0.5 \cdot x}}$ IV: $f(x) = \frac{10}{1 + 4 \cdot e^{-0.4 \cdot x}}$

4 Ein Bestand wächst logistisch mit Schranke S. Bestimmen Sie die zugehörige Funktion f. Wann ist das Wachstum am größten?
a) f(0) = 1; f(5) = 10; S = 100
b) f(0) = 5,5; f(10) = 15; S = 50

5 Bei einer Grippewelle in einem Dorf mit 1000 Einwohnern wächst die Zahl der Infizierten logistisch. Man geht davon aus, dass die Krankheit auf das Dorf beschränkt bleibt und dass 30 % der Dorfbewohner gegen die Krankheit immun sind. Anfangs waren nur 20 Personen erkrankt, nach einer Woche schon 150.
Wie viele Bewohner sind nach zwei Wochen infiziert? Wann beträgt die Infiziertenzahl 600? Wie groß ist jeweils die Wachstumsgeschwindigkeit?

6 Auf einer Insel ist nur für 600 Menschen genügend Platz. Dort lebten anfangs 30 Personen und nach zehn Jahren 50 Personen.
a) Wieso ist die Modellierung der Bevölkerungszahl durch logistisches Wachstum sinnvoll?
b) Stellen Sie die Entwicklung bei der Modellierung durch logistisches Wachstum dar (Tabelle in Zehnjahresschritten und Graph).
Wie viele Personen leben nach 25 Jahren ungefähr auf der Insel?
Nach welcher Zeit etwa leben auf der Insel 450 Personen?

Fig. 1

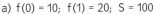
Fig. 2

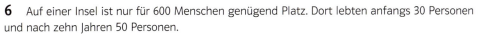
Fig. 3

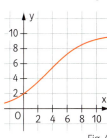
Fig. 4

Zeit zu überprüfen

7 Die Funktion f mit $f(x) = \frac{100}{1 + 19 \cdot e^{-0.2 \cdot x}}$ beschreibt modellartig das Höhenwachstum einer schnell wachsenden Hecke (x in Wochen seit Pflanzung, f(x) in cm).
a) Geben Sie an, wie hoch die Hecke bei der Pflanzung und nach langer Zeit etwa ist.
b) Wann ist die Hecke 50 cm hoch?
c) Wann ist die Wachstumsgeschwindigkeit am größten? Wie groß ist sie dann?

8 Die Ausbreitung eines Gerüchtes in einem Dorf mit 500 Bewohnern kann man durch logistisches Wachstum beschreiben. Anfangs kennen zwei Leute das Gerücht. Nach einem Tag wissen es bereits vier Leute.
a) Wieso ist die Modellierung durch logistisches Wachstum sinnvoll?
b) Berechnen Sie für die ersten zehn Tage die Zahl der Bewohner, die das Gerücht kennen.

Tag	Höhe in cm
0	0,5
1	0,9
2	1,5
3	1,7
4	2,4
5	4,6
6	5,2
7	8,8
8	10,6
9	11,7
10	15,7
11	16,7
12	18,3
13	19,9
14	20,4
15	20,4
16	20,4

Fig. 1

9 Die Tabelle zeigt Messwerte zum Größenwachstum von Weizenpflanzen, die bei einem wissenschaftlichen Experiment gemessen wurden.
a) Wieso kann man das Wachstum durch logistisches Wachstum modellieren?
b) Modellieren Sie die Werte durch logistisches Wachstum.

Weizen wurde wie Roggen, Hafer und Gerste aus Wildgräsern gezüchtet. Der Anbau von Weizen erstreckt sich von den Subtropen bis in ein Gebiet etwa 60° nördlicher Breite. Die kultivierten Weizenarten werden als Brotgetreide, für Grieß, Graupen, Teigwaren, zur Stärkegewinnung sowie zur Bier- und Branntweinherstellung und für Viehfutter verwendet.

10 Der Forscher Carlson untersuchte schon 1913 mit großer Sorgfalt das Wachstum bei Hefekulturen (Fig. 2). Modellieren Sie die Werte durch logistisches Wachstum.

11 Gegeben ist die Funktion f mit
$f(x) = \frac{5}{1 + 10 \cdot e^{-x}}$.
a) Untersuchen Sie die Funktion f auf Nullstellen, Extremstellen, Wendestellen, Monotonie und Verhalten für $x \to \pm\infty$.
b) Bestätigen Sie, dass für die Funktion f die Differenzialgleichung für logistisches Wachstum gilt.

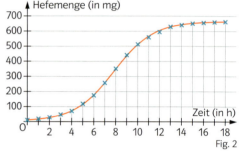

Fig. 2

Bestimmen Sie mithilfe der Differenzialgleichung den Wendepunkt des Graphen von f.
Was kann man über das Wachstum an der Wendestelle sagen?

12 In einer Formelsammlung findet man für kontinuierliches logistisches Wachstum: Ein Bestand B(t) ändert sich logistisch, wenn B(t) die Differenzialgleichung $B'(t) = k \cdot B(t) \cdot (S - B(t))$ erfüllt, wobei k eine Konstante und S die Sättigungsgrenze ist. Dabei ist $k > 0$ und $S > 0$.
Die zugehörige Funktion lautet: $B(t) = \frac{a \cdot S}{a + (S - a) \cdot e^{-Skt}}$ mit $a = B(0)$.
a) Bestimmen Sie die Funktion B für $B(0) = 10$; $B(1) = 20$; $S = 100$. Vergleichen Sie mit dem Ergebnis, das sich mit dem Ansatz $f(x) = \frac{S}{1 + a \cdot e^{-k \cdot x}}$ ergibt.
b) Diskutieren Sie, welche Vor- und Nachteile die Formel aus der Formelsammlung im Vergleich mit der Formel von Seite 201 (Kasten) hat.

Wenn Sie eine Formel in der Formelsammlung nachschlagen, beachten Sie:
Die Parameter werden oft unterschiedlich bezeichnet.
Statt Schranke wird auch **Sättigungsgrenze** verwendet.

13 a) Weisen Sie nach, dass die Funktion f mit $f(x) = \frac{S}{1 + a \cdot e^{-k \cdot x}}$ Lösung der Differenzialgleichung $f'(x) = \frac{k}{S} \cdot f(x) \cdot (S - f(x))$ ist.
b) Weisen Sie nach, dass die Funktion B mit $B(t) = \frac{a \cdot S}{a + (S - a) \cdot e^{-Skt}}$ Lösung der Differenzialgleichung $B'(t) = k \cdot B(t) \cdot (S - B(t))$ ist (vgl. Aufgabe 12).

14 Lösung der Differenzialgleichung für logistisches Wachstum
Um die Differenzialgleichung $f'(x) = \frac{k}{S} f(x)(S - f(x))$ zu lösen, kann man die Substitution $f(x) = \frac{1}{u(x)}$ verwenden. Zeigen Sie:
a) Bei Verwendung der Substitution gilt: $f'(x) = -\frac{u'(x)}{u(x)^2}$.
b) Wenn für die Funktion f die Differenzialgleichung $f'(x) = \frac{k}{S} f(x)(S - f(x))$ mit $S > 0$ gilt, dann gilt für die Funktion u die Differenzialgleichung $u'(x) = k \cdot \left(\frac{1}{S} - u(x)\right)$.
Welche Lösung ergibt sich daraus für die Funktion u?
Machen Sie die Substitution rückgängig, damit Sie die Lösung für f erhalten.

5 Datensätze modellieren – Regression

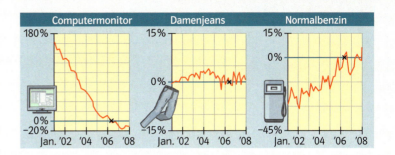

Mit welchen Funktionstypen könnte man die Preisentwicklung (bezogen auf 2006), die in den Graphen gezeigt wird, modellieren, wenn nur der Trend beschrieben werden soll oder auch Details erfasst werden sollen?

Daten in Tabellen oder Graphen werden modelliert durch geeignete Funktionen,
- damit man den Verlauf der gegebenen Werte beschreiben kann,
- um damit Werte über die gegebenen hinaus anzugeben (z. B. Prognosen).

Die Abfallverbrennung in Deutschland soll mit den Daten in der Tabelle modelliert werden. Mit x wird die Zeit seit 1996 in Jahren, mit f(x) die Abfallmenge in 1000 Tonnen bezeichnet. Durch eine grafische Darstellung der Daten erhält man zunächst einen Überblick.

Jahr	Menge in 1000 t
1996	13 177
1997	15 362
1998	15 911
1999	18 283
2000	20 457
2001	21 180
2002	22 071
2003	23 177

Fig. 1

Ist lineares Wachstum eine passende Modellierung?
Mit dem GTR erhält man mithilfe einer linearen Regression die Funktion f mit f(x) = 1450x + 13 600 (gerundet). Der Verlauf wird gut beschrieben (Fig. 2). Für Prognosen ist die Modellierung allerdings fragwürdig, weil dann die Müllmenge unbegrenzt wachsen würde.

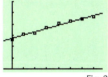

Fig. 2

Liegt begrenztes Wachstum vor?
Das erscheint sinnvoll, wenn man abschätzen kann, dass die zur Verbrennung verwendbare Müllmenge z. B. wegen des Anteils an Recycling nur etwa bis S = 30 000 wachsen wird. Mit dem Ansatz $g(x) = 30\,000 - c e^{-kx}$ erhält man die Modellfunktion g mit $g(x) = 30\,000 - 16\,823 \, e^{-0,1289x}$ (Fig. 3), wenn man die Datenpunkte (0 | 13 177) und (7 | 23 177) zur Modellierung verwendet.

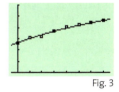

Fig. 3

Ist eine andere Modellfunktion sinnvoll?
Man kann auch vermuten, dass die Punkte auf einer Parabel liegen. Eine quadratische Regression mit dem GTR ergibt die Funktion h mit $h(x) = -77,75 x^2 + 1991 x + 13\,094$ (Fig. 4). Im dargestellten Bereich ist kaum ein Unterschied zum Graphen der Funktion g (Fig. 3) zu

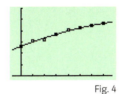
Fig. 4

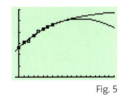
Fig. 5

erkennen. Die vorhandenen Daten erscheinen ebenso gut angepasst wie durch die Funktion g. Für Prognosen ist allerdings zu beachten, dass für große x nach diesem Modell die Müllmenge stark absinkt (Fig. 5, untere Kurve). Das ist eher nicht der Sachsituation angemessen. Bei der Wahl eines geeigneten Kurventyps muss also der Sachzusammenhang beachtet werden.

Vorgehen beim **Modellieren einer Datenmenge**
1. Daten grafisch darstellen, um sich einen Überblick zu verschaffen.
2. Mithilfe des Graphen Wachstumstyp festlegen, Sachargumente berücksichtigen.
3. Mit passenden Punkten oder durch Regression eine Modellfunktion bestimmen.
4. Ergebnis beurteilen, ggf. Wachstumstyp bzw. Datenpunkte ändern.

GTR-Hinweise
735501-2061

INFO

x Spannung in Volt	y Stromstärke in mA
1,1	3,1
2,1	6,6
2,9	9,7
4,2	12,8
4,9	16,1

Messwerte für Spannung und Stromstärke an einem Widerstand

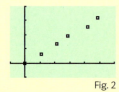
Fig. 2

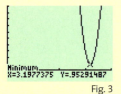
Fig. 3

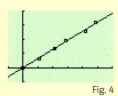
Fig. 4

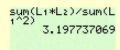
Fig. 5

regredi (lat.): zurückschreiten
Man führt y auf x zurück, indem man eine Gleichung bestimmt.

Die berechnete Funktion wird bei den Parametern als Y_1 angegeben, sodass die berechnete Funktion mitgespeichert wird.

Kurvenanpassung – Regression

Beim Modellieren von Daten benötigt man eine passende Funktion, die den Verlauf der Daten beschreibt. Bei den Messdaten in der Tabelle vermutet man z. B. den Zusammenhang, dass Spannung und Stromstärke proportional sind. Das wird am Graphen besonders deutlich, weil die Messwerte annähernd auf einer Geraden durch den Ursprung liegen (Fig. 2).

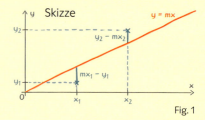
Fig. 1

Ziel ist, rechnerisch eine möglichst gut passende **Ursprungsgerade durch die Messpunkte** zu bestimmen. Man nummeriert zunächst die Messpunkte und berechnet, wie stark ihre y-Werte von denen einer Ursprungsgeraden $y = mx$ abweichen. Dabei ist m variabel:

k (Messwert-Nummer)	1	2	3	4	5
x_k	1,1	2,1	2,9	4,2	4,9
y_k	3,1	6,6	9,7	12,8	16,1
$m \cdot x_k - y_k$	1,1m – 3,1	2,1m – 6,6	2,9m – 9,7	4,2m – 12,8	4,9m – 16,1

Da es positive und negative Abweichungen geben kann (Fig. 1), verwendet man nach einer Idee von Gauß die Quadrate der Abweichungen und bildet ihre Summe:
$S(m) = (1{,}1m - 3{,}1)^2 + (2{,}1m - 6{,}6)^2 + (2{,}9m - 9{,}7)^2 + (4{,}2m - 12{,}8)^2 + (4{,}9m - 16{,}1)^2$.
Durch diese Gleichung wird eine quadratische Funktion $m \to S(m)$ definiert, deren Minimum einen optimalen Wert für m in diesem Modell liefert.
Die Funktion kann man in den GTR eingeben. Zunächst speichert man die Daten als Listen L_1 und L_2. Dann gibt man die Funktionsgleichung $y = \text{sum}((L_1 \cdot x - L_2)^2)$ ein und bestimmt das zugehörige Minimum (Fig. 3). Der zugehörige x-Wert ergibt die optimale Steigung $m = 3{,}20$ (gerundet), der y-Wert $S(m)$ ist ein Maß für die Güte der Anpassung.
Fig. 4 zeigt, wie gut die berechnete Gerade ($y = 3{,}20x$) die Messpunkte annähert.
Man kann das Minimum der Funktion S auch mithilfe der Ableitung berechnen und erhält damit die Formel $m = \dfrac{\text{sum}(L_1 \cdot L_2)}{\text{sum}(L_1^2)}$ (Fig. 5) für die optimale Steigung.

Der GTR berechnet auch direkt solche Kurvenanpassungen. Man nennt das Verfahren **Regression**. Als lineare Regression der obigen Daten liefert der GTR dann die Gerade $y = 3{,}30x - 0{,}36$ (gerundet). Für andere Funktionstypen gibt es weitere Regressionsverfahren.

Regressionstyp auswählen	Parameter eingeben	Ergebnis der Regression	Grafische Darstellung
EDIT CALC TESTS 1:1-Var Stats 2:2-Var Stats 3:Med-Med 4:LinReg(ax+b) 5:QuadReg 6:CubicReg 7↓QuartReg	LinReg(ax+b) L_1, L_2, Y_1	LinReg y=ax+b a=3.295819257 b=-.3592905405	
Fig. 6	Fig. 7	Fig. 8	Fig. 9

Es ist bei der GTR-Regression allerdings nicht möglich, den Nullpunkt zu „fixieren", weil auch der y-Abschnitt angepasst wird. Daher ergibt sich für $x = 0$ der Wert $-0{,}36$. Die Abweichung von 0 ist aber gering. Es empfiehlt sich, ggf. den Datenpunkt (0|0) zu ergänzen.

GTR-Hinweise
735501-2071

Beispiel 1 Bewertung einer Modellierung
Die Tabelle zeigt den Gewinnverlauf eines Betriebes. Der Geschäftsführer modelliert die Daten mithilfe einer Regression durch die ganzrationale Funktion f vierten Grades mit
$f(x) = -1{,}292x^4 + 17{,}55x^3 - 85{,}16x^2 + 174{,}2x - 60$.
Was spricht für bzw. gegen diese Modellierung?

■ Lösung: Vorteil: Der Verlauf der Geschäftszahlen im dargestellten Bereich wird gut beschrieben. *Bei noch mehr Datenpunkten ist das aber auch nicht mehr unbedingt der Fall.*
Nachteil: Für Prognosen (schon für $x = 6$) ist die Modellierung ungeeignet, denn für größere x-Werte überwiegt der Term $-1{,}292x^4$ (Fig. 1).

x: Monat	y: Gewinn/T€
1	45,3
2	67,5
3	65,4
4	66,8
5	68,5

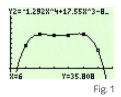
Fig. 1

Beispiel 2 Regression für begrenztes Wachstum am GTR
Modellieren Sie die Gewichtszunahme bei Kleinkindern (siehe Tabelle).

Alter (in Monaten)	2	3	4	5	6	8	10	12	18	24
Gewicht (in kg)	5,0	5,8	6,6	7,3	7,8	8,8	9,6	10,2	11,5	12,7

■ Lösung:
Der Datenverlauf (Fig. 2) legt nahe, mit begrenztem Wachstum zu modellieren. Als Grenze wird $S = 15$ geschätzt. Da der GTR keine Regression für beschränktes Wachstum anbietet, wird der Restbestand – die Differenzen der Gewichte zur Schranke S – (Liste L_3 in Fig. 3) berechnet. Für die Werte in L_1 und L_3 wird eine exponentielle Regression durchgeführt, da der Restbestand exponentiell abnimmt. Man erhält die Funktion y_1 mit $y_1(x) = 10{,}82 \cdot 0{,}937^x$. Also ist y_2 mit $y_2(x) = 15 - 10{,}82 \cdot 0{,}937^x$ die gesuchte Regression für das begrenzte Wachstum (Fig. 4 und Fig. 5). Das Geburtsgewicht beträgt demnach $y_2(0) \approx 4{,}2$ (kg).

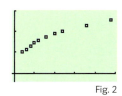
Fig. 2

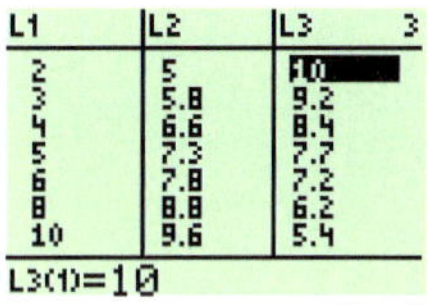

Fig. 3

Aufgaben

1 Modellieren Sie die Datenpunkte.
a) (1; 7), (3; 22), (4; 30), (7; 50), (10; 69) mithilfe einer linearen Funktion.
b) (1; 100), (3; 74), (6; 54), (10; 34), (50; 1) mithilfe einer Exponentialfunktion.
c) (−1; 5), (0; 5), (2; 3,3), (3; −0,5), (5; −5), (6; −4) mithilfe einer Sinusfunktion.
d) (0; 3), (3; 6,4), (4; 7,1), (5; 7,7), (20; 9,9) durch begrenztes Wachstum.

2 Diskutieren Sie die Güte Ihrer eigenen Modellierung der Abfallmenge im Textbeispiel (siehe Seite 205, Fig. 1)
a) mithilfe einer Regression durch eine Funktion dritten Grades,
b) mithilfe des Ansatzes $f(x) = ax^3 + bx + c$. Verwenden Sie geeignete Datenpunkte.
c) mithilfe einer Regression für logistisches Wachstum. Welche Schranke wird dabei vorausgesagt?

Fig. 4

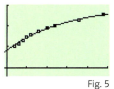
Fig. 5

3 Die Tabelle zeigt Messungen für den Zusammenhang zwischen Schuhgröße und Innenlänge der Schuhe. Modellieren Sie die Daten mithilfe einer passenden Funktion.

Schuhgröße	42	34	35	33	39	39	42	19	21	34
Länge (in cm)	25,7	22,0	22,1	19,5	24,5	24,8	24,8	12,2	13,0	22,0

Referat
Methode der kleinsten Quadrate
735501-2072

4 In einer Autozeitschrift gab es folgende Tabelle zur Beschreibung der Fahrleistungen eines Sportwagens. Modellieren Sie die Daten mithilfe ganzrationaler Funktionen vom Grad 1 bis 4. Vergleichen Sie.

Zeit (in s)	0	2,7	4,1	5,5	7,7	8,8	9,8	12,5	16,1
Geschwindigkeit (in $\frac{m}{s}$)	0	16,7	22,2	27,8	33,3	36,1	38,9	44,4	50,0

Vergleichen Sie Ihre Prognosen mit aktuellen Daten, falls möglich.

Zeit zu überprüfen

5 Den Bestand an Pkws (Privatbesitz in Westdeutschland) zeigt die Tabelle.

Jahr	1950	1955	1960	1965	1970	1975	1980	1985	1990
Pkw (in Millionen)	0,7	1,9	4,9	9,7	14,4	18,2	23,2	26,1	30,6

Modellieren Sie das Wachstum. Gehen Sie davon aus, dass höchstens 35 Millionen Pkw in Privatbesitz sind.
Wie groß ist für Ihre Modellierung der private Pkw-Bestand im Jahr 2010?
In welchem Jahr sind bzw. waren etwa 34 Millionen Pkw in Privatbesitz?

CAS
Windkraftanlage

Jahr	Anteil
1998	29,8 %
1999	30,1 %
2000	32,1 %
2001	33,7 %
2002	36,8 %
2003	38,4 %

Fig. 1

6 In den vergangenen Jahren haben Lebensmitteldiscounter ihren Anteil am gesamten Umsatz des Einzelhandels kräftig erhöht. Die Anteile in Prozent am gesamten Einzelhandel zeigt die Tabelle in Fig. 1.
a) Modellieren Sie das Wachstum mithilfe einer linearen Funktion. Welchen Anteil der Discounter am Umsatz des Einzelhandels erwarten Sie danach im Jahr 2010?
b) Marktforscher sagen mittelfristig einen Anteil von 43 % voraus. Wie ändert sich durch diese Information Ihr Modell und die Vorhersage für 2010?

Tag	µg Hg pro Tag
0	3,5
2	3,2
60	1,8
120	0,8
150	0,5
180	0,4

Fig. 2

7 Amalgamfüllungen enthalten das Nervengift Quecksilber (Hg). Daher kann es sinnvoll sein, solche Füllungen zu entfernen. Bei einem Patienten wurde gemessen, wie viel Quecksilber pro Tag nach der Entfernung seiner Füllungen am Tag 0 in seinem Urin ausgeschieden wurde (siehe Tabelle in Fig. 2). Modellieren Sie die Ausscheidungsrate mithilfe einer geeigneten Funktion.
Wie groß war die Ausscheidungsrate etwa nach 30 Tagen?
Wie viel mg Quecksilber wurden im ersten Jahr ausgeschieden?

Jahr	Haushalte mit Telefon
1963	14 %
1973	54 %
1983	88 %
1993	96 %
2003	99 %

Fig. 3

8 Die Tabelle in Fig. 3 zeigt, wie viel Prozent der Haushalte in Deutschland in den angegebenen Jahren über ein Telefon verfügten. Modellieren Sie die Entwicklung. In welchem Jahr waren nach Ihrem Modell etwa $\frac{4}{5}$ der Haushalte mit Telefon ausgestattet, wann waren es nur 5 %?

9 a) Wie kann man die zeitliche Entwicklung beim Handybesitz am besten modellieren? Argumentieren Sie unter Zuhilfenahme von Fig. 1. Die angegebenen Werte sind Prozentangaben, bezogen auf die 14- bis 64-jährige Bevölkerung der Bundesrepublik Deutschland.
b) Nehmen Sie an, 90 % der Deutschen zwischen 14 und 64 Jahren legen sich auf lange Sicht ein Handy zu.

Fig. 4

CAS
ICE Wegberechnung

Welche Funktion f beschreibt dann das Wachstum für den Handybesitz auf der Basis der Werte aus der Grafik für die Jahre 1998 (t = 0) und 2001 (t = 3)?
Wie viel Prozent sollten demnach im Jahre 2010 ein Handy besitzen?

Die Wärmeübertragungsrate ist die momentane Änderungsrate der Wärmeenergie in dem See.

10 Die Tabelle zeigt Messwerte der Wärmeübertragungsrate w(t) (in 10^{12} Joule pro Monat), die bei einem See jeweils zum Monatsanfang ermittelt wurden (0 ≙ Januar).

Monat t	0	1	2	3	4	5	6	7	8	9	10	11
w(t)	−230	−200	−120	−5	120	195	230	205	115	−10	−110	−205

Modellieren Sie die Daten mithilfe einer geeigneten Funktion.
Zu welchem Zeitpunkt hat der See die geringste, zu welchem die größte Wärmeenergie? Um wie viel Joule unterscheidet sich die Wärmeenergie des Sees zu diesen beiden Zeitpunkten?

Wahlthema: **Veränderungen mit Folgen beschreiben**

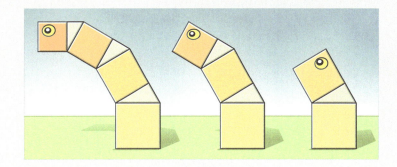

Dradrate sind aus Quadraten und rechtwinkligen Dreiecken, bei denen ein Winkel 30° beträgt, aufgebaut. Das größte Quadrat hat die Seitenlänge 1.
Ob es wohl ein Dradrat mit beliebig großem Flächeninhalt gibt?
Ob es wohl ein Dradrat gibt, das mit seinem „Kopf" den Boden berührt?

Manche Wachstumsvorgänge kann man nur in Zeitschritten beschreiben, weil sich der Bestand nicht kontinuierlich ändert. Ein Geldbetrag von 5000 € wird bei einer Bank zu einem Zinssatz von 5 % für mehrere Jahre angelegt. Die Berechnung des Kapitals K(n) in € nach n Jahren erfolgt durch die
- rekursive Darstellung $K(n) = 1{,}05 \cdot K(n-1)$ mit $K(0) = 5000$ $(n = 1; 2; 3; \ldots)$,
- explizite Darstellung $K(n) = 5000 \cdot 1{,}05^n$ $(n = 0; 1; 2; 3; \ldots)$

recurrere (lat.): zurückgehen

Die Werte K(n) für n = 0; 1; 2; 3; … bilden eine **Folge**. Die Werte einer Folge kann man in einer Tabelle angeben oder durch einen Graphen aus einzelnen Punkten veranschaulichen (Fig. 1).
Die Punkte des Graphen werden nicht wie bei einem Funktionsgraphen verbunden.

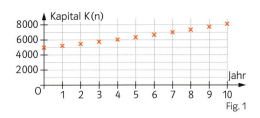

Fig. 1

Jahr n	K(n) in €
0	5000,00
1	5250,00
2	5512,50
3	5788,13
4	6077,53
5	6381,41
6	6700,48
7	7035,50
8	7387,28
9	7756,64
10	8144,47

> **Definition:** Wenn man jeder natürlichen Zahl n einen Zahlenwert a(n) zuordnet, so nennt man diese Zuordnung eine **Folge a**.
> Der Graph einer Folge besteht aus einzelnen Punkten.

Statt a(n) wird auch die Schreibweise a_n verwendet. Die Folgenwerte werden auch als Folgenglieder bezeichnet.

Die Werte der in Fig. 1 dargestellten Folge werden immer größer. Es gibt auch Folgen, die sich anders verhalten, wie die folgenden Graphen exemplarisch zeigen.

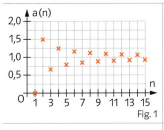
Fig. 1

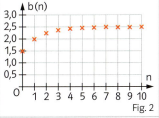
Fig. 2

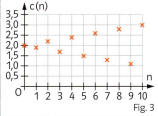
Fig. 3

Solche typischen Eigenschaften von Folgen entsprechen weitgehend den Eigenschaften von Funktionen.

Die Werte der Folge a mit $a(n) = 1 + \frac{(-1)^n}{n}$; $(n \geq 1)$, „pendeln" um den Wert 1 herum, sie nähern sich dabei dem Grenzwert 1. Die Folge ist nicht monoton, aber beschränkt, denn ihre Werte liegen zwischen 0 und 2.

Die Werte der Folge b mit $b(n) = 2{,}5 - 0{,}5^n$ ist monoton wachsend. Sie hat den Grenzwert 2,5, denn die Folgenwerte kommen dem Wert 2,5 beliebig nah. Sie ist beschränkt, denn ihre Werte liegen zwischen 0,5 und 2,5.

Die Werte der Folge c mit $c(n) = 2 + \frac{n}{10} \cdot (-1)^n$ „pendeln" um den Wert 1 herum, entfernen sich dabei aber immer weiter von 1. Die Folge ist weder monoton noch beschränkt noch hat sie einen Grenzwert.

Die Begriffe Monotonie, Beschränktheit und Grenzwert werden wie bisher bei Funktionen verwendet, um Eigenschaften von Folgen zu beschreiben.

GTR-Hinweise
735501-2101

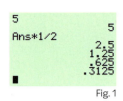
Fig. 1

Fig. 2: Kontrolle durch Darstellung im GTR. Wenn die explizite Darstellung verwendet wird, lässt man den Anfangswert weg.

Der GTR kann immer zur Kontrolle verwendet werden, auch wenn er für die Aufgabenlösung nicht nötig ist.

Beispiel Rekursive und explizite Darstellungen von Folgen bestimmen

a) Die ersten Werte einer Folge a sind $5; \frac{5}{2}; \frac{5}{4}; \frac{5}{8}; \frac{5}{16}$. Geben Sie eine rekursive und eine explizite Darstellung an, die zu der Folge passt.

b) Geben Sie eine Darstellung der Folge 1; 2; 5; 10; 17; 26; 37; ... an.

■ Lösung: a) *Ein Folgenwert wird immer mit $\frac{1}{2}$ multipliziert, um den nächsten zu erhalten (Fig. 1).*
Rekursive Darstellung: $a(n) = \frac{1}{2} \cdot a(n-1)$; mit $a(0) = 5$.
Eine explizite Darstellung erhält man, indem man die rekursive Darstellung wiederholt einsetzt:
$a(0) = 5;\ a(1) = \frac{1}{2} \cdot 5;\ a(2) = \frac{1}{2} \cdot a(1) = \frac{1}{2} \cdot \frac{1}{2} \cdot 5 = \left(\frac{1}{2}\right)^2 \cdot 5;\ a(3) = \frac{1}{2} \cdot a(2) = \frac{1}{2} \cdot \left(\frac{1}{2}\right)^2 \cdot 5 = \left(\frac{1}{2}\right)^3 \cdot 5;\ ...$
Explizite Darstellung: $a(n) = 5 \cdot \left(\frac{1}{2}\right)^n$.

b) *Die Folgenglieder sind um 1 größer als die Quadratzahlen 0; 1; 4; 9; 16; 25; 36; ...*
Explizite Darstellung: $a(n) = n^2 + 1$. Eine rekursive Darstellung ist $a(n) = a(n-1) + 2n - 1$ mit $a(0) = 1$.

Aufgaben

1 Erstellen Sie für $n \leq 6$ eine Wertetabelle der Folge und zeichnen Sie ihren Graphen.
a) $a(n) = 2n - 1$
b) $a(n) = \frac{n-3}{n+1}$
c) $a(n) = (-1)^n$
d) $a(n) = \left(\frac{9}{10}\right)^n$

2 Bestimmen Sie je eine rekursive und eine explizite Darstellung zu der Folge.
a) 4; 8; 12; 16; 20; 24; 28; ...
b) 1; 2; 4; 8; 16; 32; 64; ...
c) 4; 7; 10; 13; 16; 19; 22; ...
d) −1; 0; 3; 8; 15; 24; 35; ...
e) $2; 1; \frac{1}{2}; \frac{1}{4}; \frac{1}{8}; \frac{1}{16}; \frac{1}{32}; ...$
f) 0; 2; 6; 12; 20; 30; 42; ...

3 Bestimmen Sie eine explizite Darstellung.
a) $a(n) = a(n-1) + 5;\ a(0) = 2$
b) $a(n) = 3a(n-1);\ a(0) = 1$
c) $a(n) = 1 - a(n-1);\ a(0) = 0{,}5$
d) $a(n) = a(n-1) + 2n - 1;\ a(0) = 0$

Tipp:
Rechnen Sie zunächst einige Folgenglieder aus.

⊚ CAS
Monotonie und Beschränktheit einer Folge

4 Geben Sie an, ob man bei linearem, exponentiellem bzw. begrenztem schrittweisen Wachstum eine monotone oder beschränkte oder eine Folge mit Grenzwert erhält. Geben Sie für jeden möglichen Fall ein Beispiel an.

⊚ CAS
Geldwachstum

5 Ein Kapital beträgt anfangs 5000 €. Berechnen Sie die Werte für die ersten zehn Jahre und stellen Sie sie grafisch dar. Beschreiben Sie das Verhalten der zugehörigen Folgen.
a) Das Kapital wird am Ende jedes Jahres um 1000 € erhöht.
b) Die Zinsen kommen am Ende des Jahres zu dem Kapital hinzu, das mit 4% verzinst wird.
c) Das Kapital wird am Ende jedes Jahres um 1000 € erhöht. Anschließend werden immer 8% des Kapitals entnommen.
d) Das Kapital wird mit 4% verzinst. Die Zinsen kommen am Ende des Jahres zu dem Kapital hinzu. Danach wird immer ein Betrag von 500 € entnommen.

6 In Fig. 3 ist eine Folge von Quadraten $Q_0; Q_1; Q_2; ...$ abgebildet. Die Seitenlänge a_0 des ersten Quadrates Q_0 beträgt 1 Längeneinheit (LE).

a) Die Seitenlängen a_n haben die rekursive Darstellung $a_n = \frac{1}{3} a_{n-1}$. Geben Sie eine explizite Darstellung für die Folge a der Seitenlängen an. Ab welchem n ist a_n kleiner als 0,001 LE?

b) Mit A_n wird die Summe der Flächeninhalte der Quadrate $Q_0; Q_1; ...; Q_n$ bezeichnet. Berechnen Sie A_n für $n \leq 6$. Geben Sie eine rekursive Darstellung für A_n an.

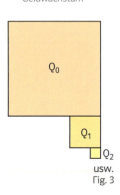
usw.
Fig. 3

Wiederholen – Vertiefen – Vernetzen

Explizite und rekursive Darstellung

1 Bei einem Wachstumsvorgang gibt für den Bestand B die rekursive Darstellung
$B(n) = B(n-1) + 2n$ mit $B(0) = 0$.
Schreiben Sie die ersten fünf Werte des Bestandes auf und stellen Sie eine Vermutung auf, wie man den Bestand durch eine Funktion beschreiben kann.
Zeigen Sie mithilfe Ihrer expliziten Gleichung, dass die Rekursionsgleichung erfüllt ist.

2 Ein Bestand B hat die rekursive Darstellung $B(n) = 0{,}8\,B(n-1) + 2000$; $B(0) = 15\,000$.
a) Zeichnen Sie ihren Graphen.
b) Zeigen Sie: Der Bestand R mit der Gleichung $R(n) = B(n) - 10\,000$ wächst exponentiell. Geben Sie für R eine explizite Darstellung an.
c) Begründen Sie, dass B begrenztes Wachstum beschreibt, geben Sie für B eine Schranke S an.
d) Beschreiben Sie eine Anwendung, bei der ein Bestand sich wie der Bestand B verhält.

Vergleich von Wachstumsarten

3 Zwei Populationen wachsen nach verschiedenen Gesetzmäßigkeiten, die sich durch die Funktionen f und g mit $f(t) = 100 \cdot e^{0{,}1 \cdot t}$ bzw. $g(t) = 150 + 10 \cdot t$; $0 \leq t \leq 10$ beschreiben lassen. Dabei bezeichnen f(t) bzw. g(t) die Anzahl der Individuen zum Zeitpunkt t (in Jahren).
Beschreiben Sie, wie sich die Wachstumsgesetzmäßigkeiten unterscheiden.
Skizzieren Sie die Graphen der Wachstumsfunktionen.
Bestimmen Sie näherungsweise den Zeitpunkt, an dem beide Populationen gleich viele Individuen haben, auf zwei Dezimalstellen.

4 Das Wachstum zweier Populationen lässt sich durch die Funktion f bzw. g beschreiben. Die Funktion f beschreibt exponentielles, die Funktion g lineares Wachstum. Dabei bezeichnen f(t) bzw. g(t) die Anzahl der Individuen der Populationen zum Zeitpunkt t; t in Jahren.
a) Stellen Sie die Gleichungen für f(t) und g(t) auf, wenn der Anfangsbestand zum Zeitpunkt $t = 0$ jeweils 1500 und der Bestand nach zehn Jahren jeweils 2000 beträgt.
Skizzieren Sie die Graphen der Wachstumsfunktionen für $0 \leq t \leq 20$.
b) Zu welchem Zeitpunkt innerhalb der ersten zehn Jahre ist der Unterschied zwischen linearem Wachstum und exponentiellem Wachstum am größten?
c) Bestimmen Sie näherungsweise den Zeitpunkt, an dem eine Population doppelt so viele Individuen hat wie die andere.

◎ CAS
Populationsentwicklung

Modellieren mit Funktionen

5 Eine Verkehrszählung ergab in der Zeit von 6 Uhr bis 9 Uhr die Werte der Tabelle für das Verkehrsaufkommen einer Hauptstraße.
a) Modellieren Sie das Verkehrsaufkommen mit einer ganzrationalen Funktion dritten Grades. Untersuchen Sie, ob Ihre Funktion das Verkehrsaufkommen für einen ganzen Tag realistisch beschreibt.
b) Wie viele Fahrzeuge passierten in der Zeit von 6.00 bis 9.00 Uhr die Messstelle?

Uhrzeit	Fahrzeuge pro Minute
6:00	8
6:30	24
7:00	35
7:30	37,5
8:00	36
8:30	29
9:00	24,5

*6 Bei einer Epidemie auf einer Insel modellierte die Gesundheitsbehörde die momentane Wachstumsrate w durch eine Funktion der Form $w(t) = \dfrac{p \cdot e^{-0{,}6t}}{(1 + q \cdot e^{-0{,}t})^2}$ mit $p, q > 0$.
Dabei bedeutet t die Zeit in Tagen und w(t) die Zahl der erkrankten Bewohner pro Tag.
Bestimmen Sie die Parameter p und q, falls $w(0) = 20$ und $w(10) = 45$.
Wie viele Erkrankte waren nach dem Modell in den ersten zehn Tagen und auf lange Sicht zu erwarten, wenn anfangs ($t = 0$) 50 Inselbewohner erkrankt waren?

Wiederholen – Vertiefen – Vernetzen

⊚ CAS
Mittlere Temperatur

7 Modellieren Sie die in Hannover gemessenen Temperaturen mithilfe einer passenden Funktion f.
Wie können Sie mithilfe Ihrer Funktion die mittlere Temperatur bestimmen?
Vergleichen Sie mit dem Wert, den Sie als arithmetischen Mittelwert ihrer Daten erhalten.

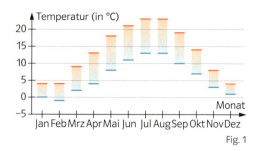

Fig. 1

Modellieren mit Differenzialgleichungen

Den Jahresbetrag von 10 000 nennt man Annuität. Ein solches Darlehen nennt man Annuitätsdarlehen.

8 Ein zu Jahresbeginn gewährtes Bankdarlehen $S(0) = 200\,000\,€$ wird in festen Jahresbeträgen von $10\,000\,€$ zurückgezahlt. Dieser Jahresbetrag ist am Ende eines jeden Jahres fällig und enthält den Zins und die Tilgung. Der Zins beträgt 4 % von der das Jahr über vorhandenen Restschuld.
$S(n)$ ist die Restschuld nach dem n-ten Jahr.
Geben Sie eine Rekursionsformel für $S(n)$ an und berechnen Sie $S(5)$.
Die zeitliche Entwicklung der Restschuld soll mithilfe einer Wachstumsfunktion $B(t)$ näherungsweise beschrieben werden, welche die Differenzialgleichung
$B'(t) = -10\,000 + 0{,}04 \cdot B(t)$ erfüllt.
Bestimmen Sie die Zahlen a und b so, dass die Funktion $B(t)$ mit $B(t) = a \cdot e^{0,04t} + b$ eine Lösung der Differenzialgleichung mit $B(0) = 200\,000$ ist.
Nach wie vielen Jahren ist bei dieser Näherung das Darlehen getilgt?

9 Elvis raucht jeden Tag eine Zigarre. Täglich führt er seinem Körper damit eine Nikotinmenge von 0,025 mg zu. Elvis hat aber gelesen, dass von dem im Blut vorhandenen Nikotin im Laufe eines Tages 1,5 % abgebaut wird. „Rauchen schadet mir nicht! In meinem Körper reichert sich nie so viel Nikotin an, dass der gefährliche Schwellenwert von 1 mg überschritten wird", meint er. Was meinen Sie?

10 Die momentane Wachstumsrate einer Pflanze wird in den Tagen nach der Pflanzung näherungsweise durch eine Funktion f mit $f(x) = \frac{120\,e^{-0,2x}}{(1 + 24\,e^{-0,2x})^2}$ beschrieben (x in Jahren, f(x) in cm pro Tag). Zum Zeitpunkt der Pflanzung ist die Pflanze 1 cm hoch.
a) Wie groß ist die momentane Wachstumsrate zu Beginn?
In welchem Jahr ist das Wachstum am größten?
Begründen Sie, dass auf lange Sicht nahezu kein Wachstum mehr vorliegt.
b) Die Höhe der Pflanze lässt sich mithilfe einer Funktion der Form $F(x) = \frac{S}{1 + a \cdot e^{-k \cdot x}}$ berechnen.
Bestimmen Sie die Parameter S; a und k. Zeichnen Sie den Graphen der Funktion F.
c) Welche Höhe kann die Pflanze nicht überschreiten? Die Pflanze gilt als ausgewachsen, wenn der noch zu erwartende Zuwachs an Höhe höchstens 0,5 mm beträgt. Wann ist das der Fall?

Wiederholen – Vertiefen – Vernetzen

Schrittweises und kontinuierliches Wachstum im Vergleich

11 Milch mit einer Temperatur von 6 °C wird zum Zeitpunkt t = 0 aus dem Kühlschrank genommen und in ein Gefäß mit 25 °C warmem Wasser gestellt.
Die Erwärmung der Milch kann durch die Differenzialgleichung $f'(t) = 3 - \frac{3}{25} f(t)$ beschrieben werden (t in Minuten, f(t) in °C).
a) Weisen Sie nach, um welche Art von Wachstum es sich handelt.
b) Bestimmen Sie die Funktion f(t), welche die Temperatur der Milch (in °C) zum Zeitpunkt t (in Minuten) beschreibt. Skizzieren Sie den Graphen von f.
Nach welcher Zeit sinkt die momentane Temperaturzunahme unter 0,5 °C pro Minute?
c) Es gibt eine rekursive Darstellung für einen Bestand B mit B(0) = 6 und
B(n) = c + d B(n − 1), die für ganze Minuten dieselben Werte wie die Funktion aus a) liefert,
d.h. es gilt B(n) = f(n) für n ∈ ℕ. Bestimmen Sie die Konstanten c und d.
d) Bestimmen Sie $\lim_{z \to \infty} \int_0^z f'(t)\,dt$. Interpretieren Sie die Bedeutung dieses Grenzwertes.

12 Für einen Bestand gilt die Rekursion B(n) = B(n − 1) + c B(n − 1)(10 − B(n − 1)) mit B(0) = 1.
a) Bestimmen Sie die ersten zehn Werte B(n) für c = 0,06 und stellen Sie sie grafisch dar. Was fällt Ihnen auf? Haben Sie dafür eine Erklärung?
Modellieren Sie die Werte durch eine geeignete Funktion.
b) Bestimmen Sie die ersten zehn Werte B(n) für c = 0,25 und stellen Sie sie grafisch dar. Was fällt Ihnen nun auf?
c) Experimentieren Sie mit weiteren Werten für c und beschreiben Sie Ihre Beobachtungen.

Zeit zu wiederholen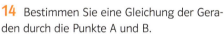

13 Lesen Sie die Geradengleichungen in Fig. 1 ab und berechnen Sie den Schnittpunkt der Geraden.
Überprüfen Sie Ihr Ergebnis an der Zeichnung.

14 Bestimmen Sie eine Gleichung der Geraden durch die Punkte A und B.
a) A(2|1) und B(4|−2)
b) A(2|1) und B(−2|1)
c) A(2|1) und B(2|−2)
d) A(2|1|3) und B(4|−2|0)

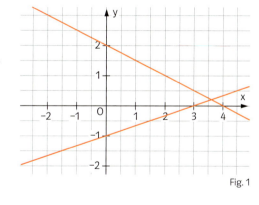

Fig. 1

15 Zeichnen Sie die Gerade.
a) y = 1,5x − 1
b) y = −x + 6,5
c) y = −3
d) x = 2
e) 3x + 2y = 4
f) y = 0,5(x − 2) + 1

16 Zeichnen Sie die Gerade. Geben Sie ihre Gleichung an.
a) g hat den y-Achsenabschnitt 2,5 und die Steigung 0,5.
b) h hat den y-Achsenabschnitt −3 und die Steigung $\frac{1}{3}$.
c) k verläuft zur Geraden g parallel durch den Ursprung.
d) l ist die Gerade, die durch Spiegelung der Geraden g an der y-Achse entsteht.
e) m ist die Gerade, die durch Spiegelung der Geraden h an der x-Achse entsteht.
f) n ist zu h parallel und schneidet g im Punkt P(1|3).

Exkursion in die Theorie

GTR-Hinweise
735501-2141

Differenzialgleichungen

Differenzialgleichungen sind ein sehr wichtiges mathematisches Hilfsmittel bei vielen praktischen Anwendungen. In den vorhergehenden Lerneinheiten wurden bereits spezielle Differenzialgleichungen wie $f'(x) = k(S - f(x))$ für beschränktes Wachstum behandelt. Hier wird eine allgemeine Definition von Differenzialgleichungen gegeben und gezeigt, wie man sie exakt bzw. näherungsweise lösen kann.

1. Definition von Differenzialgleichungen

> Eine Gleichung, die einen Zusammenhang zwischen einer Funktion f und ihrer Ableitung f' beschreibt, heißt **Differenzialgleichung erster Ordnung**. Jede Funktion, welche diese Gleichung erfüllt, heißt **Lösung der Differenzialgleichung**.

Referat
Allometrisches Wachstum
735501-2142

Gegeben ist die Differenzialgleichung
$f'(x) = 10 - 2f(x)$.
Mit einem CAS lässt sich die Lösung der Gleichung direkt bestimmen (Fig. 1).
Lösung ist jede Funktion f_c mit
$f_c(x) = ce^{-2x} + 5$. Dabei ist c eine beliebige reelle Zahl. Denn für f_c ergibt die Probe:
$f_c'(x) = -2ce^{-2x}$ und $10 - 2f(x) = -2ce^{-2x}$.

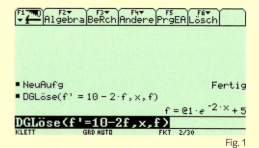
Fig. 1

Der **Differenzialquotient** $\frac{df}{dx}$ (lies df nach dx) erinnert an den **Differenzenquotienten** $\frac{\Delta f}{\Delta x} = \frac{f(x+h) - f(x)}{h}$.

Differenzialquotienten werden hier formal wie Quotienten behandelt. Das Vorgehen kann man begründen. Jedenfalls ist das Ergebnis durch eine Probe wie oben zu „verifizieren".

2. Lösen der Differenzialgleichung – Trennung der Variablen

Die Lösung einer Differenzialgleichung kann man in vielen Fällen wie folgt berechnen: Man verwendet dazu die Darstellung $f'(x) = \frac{df}{dx}$, die auf Leibniz zurückgeht. Dabei heißen df und dx **Differenziale**. Die Differenzialschreibweise wird bei Integralen verwendet und ist hier ebenfalls nützlich. Für die Differenzialgleichung $f'(x) = 10 - 2f(x)$ erhält man $\frac{df}{dx} = 10 - 2f$.
Dabei wird kurz f statt f(x) geschrieben. Man trennt nun die Variablen f und x, indem man die Gleichung so umformt, dass links nur f und rechts nur x steht.

$$\frac{df}{10 - 2f} = dx$$

$$-\frac{1}{2} \cdot \frac{1}{f - 5} df = 1 \cdot dx$$

Falls f < 5 ist, muss man ln(5 − f) statt ln(f − 5) schreiben. Man erhält damit aber formal dieselbe Lösung, allerdings nun mit c < 0.

Man bildet auf beiden Seiten eine Stammfunktion. Auf der linken Seite ist f und auf der rechten Seite ist x Integrationsvariable. Man erhält:
$-\frac{1}{2} \ln(f - 5) = x + k$ bzw. $\ln(f - 5) = -2(x + k)$.
Dabei ist k eine Integrationskonstante, die beim Ableiten wieder wegfiele. Durch Anwenden der e-Funktion ergibt sich:
$f - 5 = e^{-2x - 2k} = e^{-2x} \cdot e^{-2k}$, also wenn man noch $c = e^{-2k}$ setzt:
$f = ce^{-2x} + 5$.
Die Lösung hängt noch von dem Parameter c ab. Damit man eine eindeutige Lösung erhält, ist eine zusätzliche Bedingung erforderlich.

Es gibt auch **Randwertprobleme**, z. B. für eine schwingende Saite, die an den Rändern eingespannt ist. Randwertprobleme werden hier nicht behandelt.

3. Anfangswertprobleme

Eine Differenzialgleichung, bei welcher ein Wert, z. B. f(0), vorgegeben ist, heißt Anfangswertproblem, f(0) heißt dabei **Anfangswert**. Beim beschränkten Wachstum einer Bevölkerung ist z. B. der Anfangswert die Bevölkerungszahl zu Beginn der Bevölkerungsentwicklung.

Um für das Anfangswertproblem
$f'(x) = 10 - 2f(x)$ mit dem Anfangswert
$f(0) = 8$ die eindeutige Lösung zu bestimmen,
setzt man den Anfangswert in die allgemeine
Lösungsfunktion ein und bestimmt damit die
passende Zahl c.
Aus $f_c(0) = c + 5 = 8$ ergibt sich $c = 3$.
Also ist die Funktion f mit $f(x) = 3e^{-2x} + 5$
die Lösung des Anfangswertproblems
(vgl. Fig. 1, Lösung mit CAS).

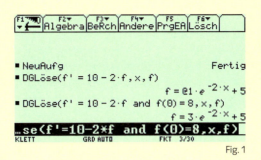
Fig. 1

4. Näherungslösung – Eulers Methode

Nicht immer gelingt es, eine Differenzialgleichung exakt zu lösen. Man kann aber immer Näherungslösungen bestimmen. Die einfachste Methode wurde von Leonhard Euler für Anfangswertprobleme angegeben.
Man berechnet ausgehend vom Anfangswert schrittweise Werte der Lösungsfunktion.
Dazu ersetzt man zunächst den Differenzialquotienten durch den Differenzenquotienten mit einem festen (kleinen) h:
Aus der Differenzialgleichung $f'(x) = 10 - 2f(x)$ wird dann die „Differenzengleichung"
$\frac{f(x+h) - f(x)}{h} = 10 - 2f(x)$.
Die Differenzengleichung ist nur eine Näherung der Differenzialgleichung. Je kleiner h ist, desto besser ist die Näherung. Für die Näherung wird g(x) geschrieben, also die Differenzengleichung $\frac{g(x+h) - g(x)}{h} = 10 - 2g(x)$ verwendet. Man löst die Differenzengleichung nach $g(x+h)$
auf: (∗) $g(x+h) = g(x) + h(10 - 2g(x))$.
Da man den Anfangswert $g(0) = f(0)$ kennt, kann man für $x = 0$ hiermit g(h) berechnen:
$g(h) = g(0) + h(10 - 2g(0))$.
Setzt man h für x in die Gleichung (∗) ein, so kann man g(2h) berechnen und durch Wiederholung dieses Vorgehens g(3h), g(4h) usw., allgemein:
$g(n \cdot h) = g((n-1) \cdot h) + h \cdot (10 - 2 \cdot g((n-1) \cdot h))$.
Setzt man $u_n = g(nh)$, so erhält man die rekursive Darstellung:
$u_n = u_{n-1} + h \cdot (10 - 2u_{n-1})$.
Damit erhält man schrittweise Näherungswerte für die Funktionswerte von f an den Stellen nh. Die folgenden GTR-Darstellungen zeigen den Vergleich der Näherung mit der exakten Lösung für $h = 0{,}1$ und den Bereich [0; 2]. In der Tabelle zeigt die Liste L_2 die Näherungswerte und die Liste L_3 die exakten Werte.

Mit der näherungsweisen Lösung von Differenzialgleichungen beschäftigt man sich in der angewandten Mathematik. Die Entwicklung guter Näherungsverfahren ist ein brandaktuelles Thema der mathematischen Forschung.

Liste L_3 kann mit dem Befehl $Y_1(L_1)$ erzeugt werden, wenn die exakte Lösungsfunktion in Y_1 gespeichert ist.

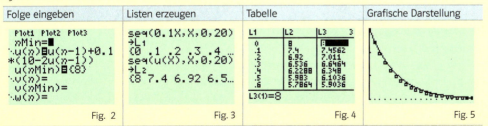

Fig. 2　　Fig. 3　　Fig. 4　　Fig. 5

Die Grafik zeigt, dass die Näherung im mittleren Bereich stärker abweicht. Häufig wird die Näherung immer ungenauer, je höher n ist, z.B. bei der Differenzialgleichung $f'(x) = f(x)$ mit der Lösung $f(x) = e^x$ im Bereich [0; 2] mit $h = 0{,}1$ (Fig. 6). Für solche Fälle sind andere Verfahren entwickelt worden, die bei derselben Schrittweite h nur sehr geringe Abweichungen zeigen.

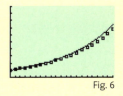
Fig. 6

5 Eine Differenzialgleichung zweiter Ordnung

Die bisher behandelten Differenzialgleichungen sind Differenzialgleichungen erster Ordnung. Als Beispiel für eine Differenzialgleichung zweiter Ordnung wird abschließend die Differenzialgleichung **f″ = kf** betrachtet. Dabei soll k eine beliebige von Null verschiedene reelle Zahl sein.
Bei ihrer Lösung kommt es auf das Vorzeichen von k an. Das erkennt man an den Fällen f″ = f bzw. f″ = −f. Lösungen kann man leicht erraten: Eine Lösung von f″ = f ist die Funktion f mit $f(x) = e^x$, eine Lösung von f″ = −f ist dagegen die Funktion f mit $f(x) = \sin x$.
Diese speziellen Lösungen lassen sich auf den allgemeinen Fall f″ = kf übertragen.
Falls k > 0, schreibt man $k = b^2$ mithilfe einer Zahl b ≠ 0. Man erhält damit die Differenzialgleichung $f″ = b^2 f$. Falls k < 0, schreibt man entsprechend $k = -b^2$, um das negative Vorzeichen hervorzuheben. Man erhält dann die Differenzialgleichung $f″ = -b^2 f$. Wie man durch zweimaliges Ableiten bestätigt, gilt:

> **Satz:** Die Differenzialgleichung $f″ = b^2 f$ hat als Lösung jede Funktion f mit $f(x) = a \cdot e^{b \cdot x}$.
> Die Differenzialgleichung $f″ = -b^2 f$ hat als Lösung jede Funktion f mit
> $f(x) = a \cdot \sin(b \cdot (x - c))$.
> Dabei sind a; b und c beliebige reelle Zahlen.

Im Fall der Differenzialgleichung $f″ = -b^2 f$ schreibt man mithilfe der Amplitude a und der Periode P auch $f(x) = a \cdot \sin\left(\frac{2\pi}{P} \cdot (x - c)\right)$ (vgl. Fig. 1).
Die Differenzialgleichung $f″ = -b^2 f$ hat praktische Anwendungen, wie an einem Beispiel aus der Mechanik gezeigt wird.
An einer Schraubenfeder hängt ein Körper K (Fig. 2). Wenn K um eine Strecke s aus der Ruhelage bewegt wird, dann wirkt auf K eine von s abhängige Kraft F(s). Diese Kraft versucht K wieder in die Ruhelage zurückzubewegen. Lenkt man den Körper K anfangs um eine Strecke ŝ (entspricht der Amplitude) aus und lässt ihn dann los, so schwingt er „harmonisch" um die Ruhelage hin und her.
Die Kraft F ist zu s proportional, es gilt das „lineare Kraftgesetz" F = −Ds.
Dabei ist D eine positive Konstante.
Mithilfe der Newton'schen Grundgleichung F = ma = ms″ liefert das lineare Kraftgesetz für die Funktion s eine Differenzialgleichung zweiter Ordnung: ms″ = −Ds. Dabei ist m die Masse des Körpers K. Es ist in der Physik üblich, $\omega = \sqrt{\frac{D}{m}}$ zu setzen, sodass die Differenzialgleichung folgende Form annimmt: $s″ = -\omega^2 \cdot s$.
Eine Lösung mit s(0) = 0 ist die Funktion s mit $s(t) = ŝ \cdot \sin(\omega \cdot t)$.
Man sagt, dass eine solche Funktion eine harmonische Schwingung beschreibt. Daher nennt man die Gleichung $s″ = -\omega^2 \cdot s$ auch **Differenzialgleichung einer harmonischen Schwingung**. Sie tritt auch bei anderen Schwingungsvorgängen, z. B. bei elektromagnetischen Wellen, auf.

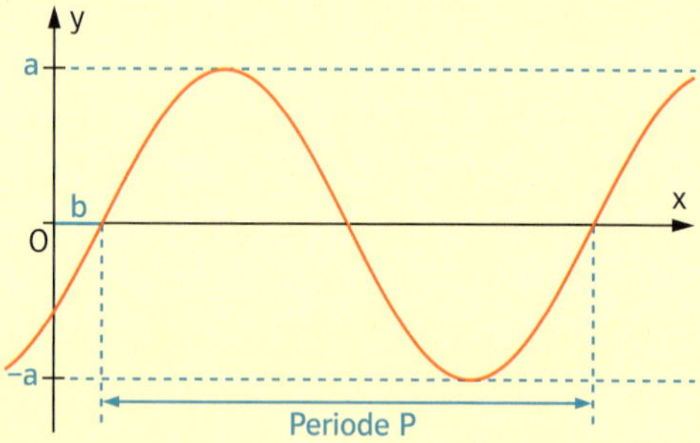

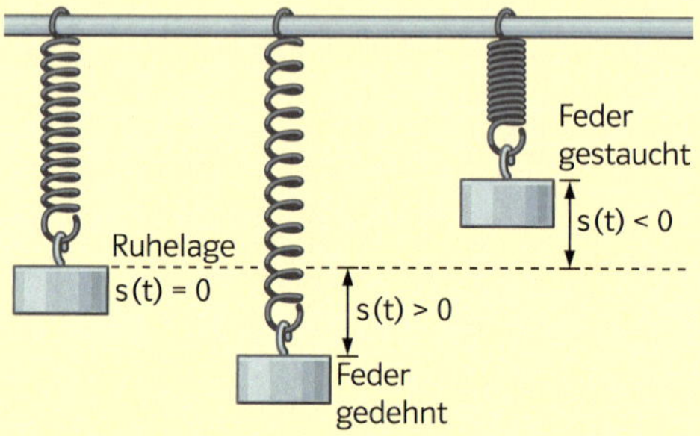

Fig. 1

Fig. 2

Die Amplitude wird hier mit ŝ bezeichnet, damit man sie nicht mit der Beschleunigung a verwechselt.

Das Minuszeichen berücksichtigt, dass F entgegen der Auslenkung s wirkt.

Erinnerung:
Bezeichnet s(t) den Weg, so gilt für die Beschleunigung a(t) = s″(t), kurz a = s″.

In der Physik wird statt b der griechische Buchstabe ω (lies: Omega) verwendet.

Rückblick

Exponentielles Wachstum
Funktionsdarstellung: $f(x) = f(0) \cdot a^x = f(0) \cdot e^{kx}$
a heißt Wachstumsfaktor
a − 1 ist der prozentuale Zuwachs bei einem Zeitschritt
k heißt Wachstumskonstante. Es gilt $k = \ln a$.

Differenzialgleichung: $f'(x) = k\, f(x)$, d.h.
Die Wachstumsgeschwindigkeit ist proportional zum Bestand.

Ein Bestand beträgt anfangs 2 und wächst pro Zeitschritt um 8%.
Funktionsdarstellung:
$f(x) = 2 \cdot 1{,}08^x$
$f(x) = 2 e^{\ln(1{,}08) \cdot x}$
$\approx 2 e^{0{,}077 \cdot x}$
Differenzialgleichung:
$f'(x) = \ln(1{,}08) \cdot f(x)$
$\approx 0{,}077 f(x)$

Begrenztes Wachstum mit Schranke S
Funktionsdarstellung: $f(x) = S - c \cdot a^x = S - c \cdot e^{-kx}$
Es gilt $c = S - f(0)$.

Differenzialgleichung: $f'(x) = k(S - f(x))$, d.h.
die Wachstumsgeschwindigkeit ist proportional zum Restbestand, der Differenz von Schranke und Bestand.

Ein Bestand beträgt anfangs 2, nach einem Zeitschritt 5 und wächst begrenzt gegen die Schranke $S = 10$.
Ansatz: $f(x) = 10 - c \cdot e^{-kx}$
Aus $f(0) = 2$ folgt: $c = 10 - 2 = 8$.
Aus $f(1) = 5$ folgt: $10 - 8e^{-k} = 5$,
also $k = -\ln(0{,}625) \approx 0{,}47$
Funktionsdarstellung $f(x) = 10 - 8e^{-0{,}47x}$
Differenzialgleichung $f'(x) = 0{,}47(10 - f(x))$

Logistisches Wachstum mit Schranke S
Funktionsdarstellung $f(x) = \dfrac{S}{1 + a \cdot e^{-kx}}$
Es gilt $a = \dfrac{S}{f(0)} - 1$

Differenzialgleichung: $f'(x) = r f(x)(S - f(x))$ mit $r = \dfrac{k}{S}$ d.h.
die Wachstumsgeschwindigkeit ist proportional zum Produkt aus Bestand und Restbestand.

Ein Bestand beträgt anfangs 2, nach einem Zeitschritt 5 und wächst logistisch gegen die Schranke $S = 20$.
Ansatz: $f(x) = \dfrac{S}{1 + a \cdot e^{-kx}}$
Aus $f(0) = 2$ folgt: $a = \dfrac{20}{2} - 1 = 9$.
Aus $f(1) = 5$ folgt: $\dfrac{10}{1 + 9 \cdot e^{-k}} = 5$,
also $k = \ln(3) \approx 1{,}099$
Funktionsdarstellung $f(x) = \dfrac{20}{1 + 9 \cdot e^{-\ln(3) \cdot x}}$
Differenzialgleichung $f'(x) = \dfrac{\ln(3)}{20} f(x) \cdot (20 - f(x))$

Modellieren einer Datenmenge
- Daten grafisch darstellen, Überblick verschaffen
- Wachstumstyp festlegen, Sachargumente berücksichtigen
- Mit passenden Punkten oder durch Regression eine Modellfunktion bestimmen
- Ergebnis beurteilen, ggf. Wachstumstyp bzw. Datenpunkte ändern

Tage	0	1	2	5	10
Bestand	8	12	14	17	19

Typ: Begrenztes Wachstum, Schranke $S = 20$ (geschätzt)
Ansatz:
$f(x) = 20 - c e^{-kx}$
Datenpunkt $(0\,|\,8)$
liefert $8 = 20 - c$, also $c = 12$.
Datenpunkt $(5\,|\,17)$ liefert $17 = 20 - 12 e^{-5k}$,
also $k = 0{,}4 \ln(2) \approx 0{,}277$.
Modellfunktion: $f(x) = 20 - 12 e^{-0{,}4 \ln(2) x}$

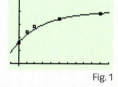

Fig. 1

Prüfungsvorbereitung ohne Hilfsmittel

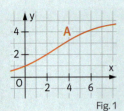
Fig. 1

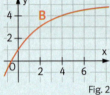
Fig. 2

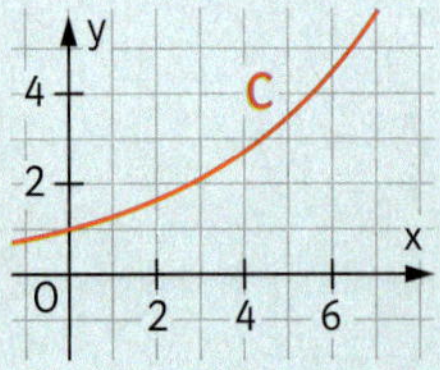

1 Ein Bestand hat anfangs die Werte $3; \frac{3}{2}; \frac{3}{4}; \frac{3}{8} \ldots$
a) Welche Art von Wachstum liegt vermutlich vor?
b) Bestimmen Sie eine Funktion f, welche die Werte für $x = 0; 1; 2; 3$ annimmt.
Für welche x gilt $f(x) < 3 \cdot 2^{-10}$?

2 Eine von Pilzen befallene Fläche nimmt nach Behandlung mit einem Medikament von anfangs $256\,cm^2$ mit einer Halbwertszeit von zwei Tagen ab.
Wie lange dauert es, bis die Fläche auf $16\,cm^2$ abnimmt?

3 Zeigen Sie: Bei dem Bestand B mit $B(n) = 10 - 10 \cdot 2^{-n}$ ist die Änderung $B(n) - B(n-1)$ zu $10 - B(n-1)$ proportional. Was können Sie über den Wachstumstyp bei dem Bestand B aussagen? Ab welchem n beträgt der Abstand von B(n) zu 10 weniger als 1?

4 Ordnen Sie jedem Graphen (Fig. 1–3) die passende Funktionsgleichung (Fig. 4) zu. Begründen Sie Ihr Vorgehen.

Fig. 4

I $\quad f(x) = e^{-0,5x}$
II $\quad f(x) = \frac{5}{1 + 4e^{-0,5x}}$
III $\quad f(x) = 5 + 4e^{-0,7x}$
IV $\quad f(x) = 5 - 4 \cdot 0,7^x$
V $\quad f(x) = 5 - 4e^x$
VI $\quad f(x) = e^{0,25x}$

5 Die Funktion f mit $f(x) = \frac{160}{1 + 3e^{-0,5x}}$ beschreibt die Entwicklung eines Bestandes.
a) Geben Sie den Wachstumstyp und den Anfangswert f(0) an.
b) Welchem Wert nähert sich der Bestand auf lange Sicht?

Fig. 3

6 Ein Wachstum wird beschrieben durch die Differenzialgleichung $f'(x) = 0,6\,f(x)$.
Anfangswert ist $f(0) = 3$.
a) Geben Sie zu der Funktion f die Funktionsgleichung an.
b) Bestimmen Sie den Faktor a in der rekursiven Darstellung $f(n) = a \cdot f(n-1)$.

7 Der Luftdruck nimmt mit zunehmender Höhe ab, und zwar beim Aufstieg von 1000 m um (etwa) 12 %. Am Erdboden herrscht der Luftdruck $p_0 = 1013\,hPa$.

hPa = Hektopascal (Druckeinheit)

a) Bestimmen Sie die Funktion p, die den Luftdruck p(x) (in hPa) in einer Höhe von x Metern angibt.
b) Welche Differenzialgleichung gilt für p? Beschreiben Sie ihre Bedeutung.
c) Erläutern Sie den Begriff Halbwertshöhe und leiten Sie eine Formel dafür her.

8 Die Zahl der Gewerkschaftsmitglieder soll modelliert werden.
a) Wählen Sie ein passendes Modell. Was spricht dafür, was dagegen?
Wozu ist eine solche Modellierung nützlich?
b) Die Grafik vermittelt den Eindruck einer wesentlich stärkeren Abnahme, als es wirklich der Fall ist. Woran liegt das?

Fig. 5

Prüfungsvorbereitung mit Hilfsmitteln

1 Welcher Pkw-Bestand würde sich Anfang des Jahres 2025 ergeben, wenn die in dem Zeitungsbericht genannte Wachstumsrate von 0,8 % pro Jahr bis dahin konstant bliebe?
In wie vielen Jahren würde sich unter dieser Annahme der Bestand verdoppeln?

2 Das radioaktive Isotop Caesium-137 mit einer Halbwertszeit von etwa 30 Jahren wurde bei dem Unfall in Tschernobyl im Jahre 1986 in großen Mengen freigesetzt.
a) Wieviel Prozent des anfänglich freigesetzten Caesiums sind heute noch aktiv?
b) In welchem Jahr sinkt die Aktivität des Caesiums auf unter 1% des Anfangswertes?

3 In einen neu angelegten Teich werden 500 Fische eingesetzt. Sie können sich ungestört vermehren. Nach drei Jahren wird geschätzt, dass 900 Fische in dem Teich leben.
a) Wie groß ist die Wachstumskonstante k auf zwei Dezimale gerundet, wenn man exponentielles Wachstum annimmt?
Welcher Fischbestand ist sieben Jahre nach dem Einsetzen der Fische zu erwarten?
b) Vier Jahre nach dem Einsetzen ändert sich die Wachstumskonstante. Ab diesem Zeitpunkt beträgt sie −0,15.
Wie entwickelt sich der Fischbestand jetzt?
Wie groß ist er sieben Jahre nach dem Einsetzen?
Wann ist der Fischbestand auf die ursprüngliche Zahl von 500 Fischen gesunken?

4 Eine Reisegruppe aus zehn Personen wird im Urlaub mit einer hoch ansteckenden Krankheit infiziert. Nach ihrer Rückkehr werden fast alle 20 000 Einwohner ihrer Heimatstadt mit diesem Virus infiziert. Nach 15 Tagen ist bereits die Hälfte der Einwohner angesteckt.
a) Warum ist es sinnvoll, die Anzahl der infizierten Einwohner durch logistisches Wachstum mithilfe einer Funktion der Form $f(x) = \frac{S}{1 + a \cdot e^{-kx}}$ zu modellieren?
Wie viel Prozent der Bevölkerung sind nach zwei Wochen infiziert?
Nach welcher Zeit haben sich 95 % der Einwohner angesteckt?
b) Eine infizierte Person wird sofort krank und die Krankheit dauert fünf Tage. Nach dem Ende der Krankheit kann die Person jedoch weiterhin andere Personen anstecken. Bestimmen Sie mithilfe Ihrer Modellfunktion aus a) die Anzahl der nach zehn Tagen kranken Einwohner. Nach welcher Zeit seit Rückkehr der Reisegruppe sind weniger als zehn Einwohner krank?

5 In einer Tasse ist Kaffee mit der Anfangstemperatur von 90 °C. Die Zimmertemperatur beträgt 20 °C. Die momentane Änderungsrate der Temperatur des Kaffees (in °C pro Minute) wird beschrieben durch

$g(t) = -\frac{42}{5} e^{-\frac{3}{25}t}$; $t \geq 0$; t in Minuten.

a) Wieso hat die Funktion g keine Nullstelle? Begründen Sie, dass die Funktion g streng monoton wächst. Was bedeutet das für den Abkühlungsvorgang?
b) Bestimmen Sie die Funktion h, welche die Temperatur des Kaffees zur Zeit t angibt. Wie lange dauert es ungefähr, bis sich der Kaffee auf die Hälfte der Anfangstemperatur abgekühlt hat?
c) Bei einem Abkühlungsvorgang ist die momentane Änderungsrate der Temperatur proportional zur Differenz von Temperatur und Zimmertemperatur. Weisen Sie nach, dass dieser Zusammenhang für die in Teil b) bestimmte Funktion h zutrifft.
d) Bestimmen Sie $\lim\limits_{z \to \infty} \int_0^z g(t)\,dt$ und interpretieren Sie das Ergebnis.

Die Anzahl der Pkw auf deutschen Straßen nimmt trotz zurückhaltenden Kaufverhaltens immer noch zu. Zum 1. Januar 2004 waren 45 022 Millionen Autos zugelassen, zum 1. Januar 2003 waren es 44 657 Millionen. Fünf Millionen vorübergehend stillgelegte Autos sind dabei mit berücksichtigt. Die Zahl der zugelassenen Pkw hat sich damit im Jahr 2003 um 0,8 Prozent oder 366 000 Fahrzeuge erhöht. Täglich kommen auf unseren Straßen also 1000 Autos hinzu, pro Stunde sind es etwa 42 zusätzliche Autos.

Schlüsselkonzept: Vektoren

Geometrie mit Vektoren betreiben bedeutet, geometrische Objekte mit Gleichungen beschreiben.

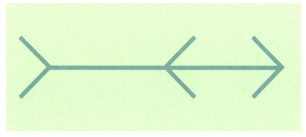

Sind die Teilstücke gleichlang?

Sind die Geraden parallel?

Wo stehen die Mädchen – neben dem Turm?

Das kennen Sie schon
- Geraden der Ebene mithilfe von Funktionen bestimmen
- Schnittpunkte von Geraden der Ebene berechnen

Die Grafik zeigt den aktuellen Schiffsverkehr, d.h. die Bewegungsrichtung der einzelnen Schiffe auf der Nordsee. Solche Aufzeichnungen findet man unter dem Suchbegriff „vessel traffic" im Internet.

Wind und Strömung beeinflussen den Kurs des Schiffes.

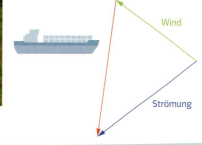

In diesem Kapitel

- werden Geraden im Raum mithilfe von Gleichungen bestimmt.
- wird die Lage von zwei Geraden zueinander bestimmt.
- werden mit Vektoren geometrische Fragestellungen gelöst.
- werden Längen mithilfe von Vektoren vermessen.

1 Punkte im Raum

Wo befindet sich die Katze?
Wo befindet sich der Vogel?

Bei Koordinatensystemen der Ebene werden die beiden Achsen als x_1-Achse und x_2-Achse statt wie bisher als x-Achse und y-Achse bezeichnet.

Um die Lage eines Punktes im Raum anzugeben, benötigt man ein Koordinatensystem mit drei Achsen. Im Weiteren werden die Koordinatenachsen mit x_1-Achse, x_2-Achse und x_3-Achse bezeichnet. Die x_1-Achse zeigt meist nach vorn, die x_2-Achse nach rechts und die x_3-Achse nach oben. Um einen räumlichen Eindruck zu erreichen, zeichnet man die x_1-Achse und die x_2-Achse so, dass sie einen Winkel von 135° einschließen.

Die Einheiten auf der x_1-Achse wählt man $\frac{1}{2}\sqrt{2}$-mal so groß wie auf den beiden anderen Achsen. Entsprechen also z. B. auf der x_2-Achse und x_3-Achse 2 Kästchenlängen einer Längeneinheit, dann entspricht auf der x_1-Achse, die Länge einer Kästchendiagonalen einer Längeneinheit (Fig. 1).

Der Punkt P in Fig. 2 hat die x_1-Koordinate 3, die x_2-Koordinate 2 und die x_3-Koordinate 1. Man gibt ihn mit P(3|2|1) an.

Um den Punkt P(3|2|1) in ein Koordinatensystem einzuzeichnen, geht man vom Koordinatenursprung O(0|0|0) drei Einheiten in Richtung der x_1-Achse, dann zwei Einheiten in Richtung der x_2-Achse und anschließend eine Einheit in Richtung der x_3-Achse (rote Linie in Fig. 2).

Vektoris3D
Punkt im Raum

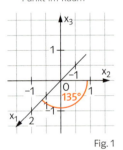

Fig. 1

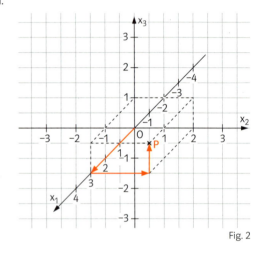

Fig. 2

Sind jeweils zwei Achsen eines Koordinatensystems zueinander senkrecht, so spricht man von einem **kartesischen Koordinatensystem**.

Bei einem Koordinatensystem mit drei Achsen ist es üblich, dass die x_1-Achse nach vorn, die x_2-Achse nach rechts und die x_3-Achse nach oben zeigt.
Die Lage eines Punktes P gibt man mit seinen drei Koordinaten $(p_1|p_2|p_3)$ an.
Dabei gibt p_1 die x_1-Koordinate,
p_2 die x_2-Koordinate und
p_3 die x_3-Koordinate an.

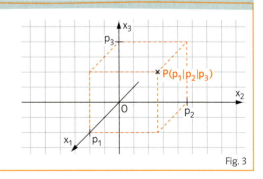

Fig. 3

Der Punkt O(0|0|0) heißt **Ursprung** des Koordinatensystems.

Besondere Punkte im Koordinatensystem:
- Punkte auf der x_1-Achse haben die Koordinaten P(p_1|0|0),
- Punkte auf der x_2-Achse haben die Koordinaten P(0|p_2|0),
- Punkte auf der x_3-Achse haben die Koordinaten P(0|0|p_3).

Es gibt drei **Koordinatenebenen**:
- die x_1x_2-Ebene. Sie ist durch die x_1-Achse und die x_2-Achse festgelegt.
- die x_2x_3-Ebene. Sie ist durch die x_2-Achse und die x_3-Achse festgelegt.
- die x_1x_3-Ebene. Sie ist durch die x_1-Achse und die x_3-Achse festgelegt (siehe Fig. 1).

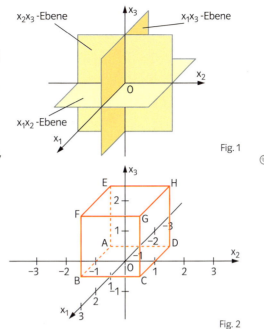

Fig. 1

Beispiel 1 Zeichnen im Koordinatensystem
Ein Würfel ABCDEFGH hat die Ecken A(−1|−1|0), B(1|−1|0), C(1|1|0), D(−1|1|0) und H(−1|1|2).
a) Zeichnen Sie diesen Würfel in ein Koordinatensystem $\left(1\,\text{LE entspricht 1 cm, Verkürzungsfaktor } \frac{1}{2}\sqrt{2}\right)$.
b) Geben Sie die Koordinaten der Ecken E, F und G an.
■ Lösung: a) Roter Würfel in Fig. 2.
b) E(−1|−1|2), F(1|−1|2), G(1|1|2)

Fig. 2

Beispiel 2 Lage von Punkten
Zeichnen Sie alle Punkte des Raumes mit der x_1-Koordinate 3 und der x_2-Koordinate 1 in ein Koordinatensystem ein. Wo liegen diese Punkte?
■ Lösung: Siehe Fig. 3. Alle Punkte des Raumes mit der x_1-Koordinate 3 und der x_2-Koordinate 1 liegen auf einer Geraden, die parallel zur x_3-Achse ist und durch den Punkt P(3|1|0) geht.

Beispiel 3 Punkte von Ebenen
a) Geben Sie die Koordinaten zweier Punkte an, die in der x_1x_2-Ebene liegen.
b) Beschreiben Sie alle Punkte, die in der x_1x_2-Ebene und in der x_1x_3-Ebene liegen.
■ Lösung: a) Die Punkte P(1|2|0) und Q(−2|13|0) liegen in der x_1x_2-Ebene.
b) Alle Punkte der x_1-Achse liegen zugleich in der x_1x_2-Ebene und in der x_1x_3-Ebene. Weitere Punkte, die zugleich in der x_1x_2-Ebene und in der x_1x_3-Ebene liegen, gibt es nicht.

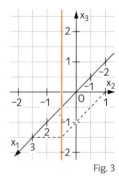

Fig. 3

Aufgaben

1 Zeichnen Sie die Punkte A(1|3|2), B(−2|0|3), C(4|−2|1) und D(0|0|−2) mit Hilfslinien wie in Fig. 2 auf Seite 222 in ein Koordinatensystem.

2 Ein Quader ABCDEFGH hat die Ecken A(−2|0|0), B(1|0|0), C(1|−1|0) und G(1|−1|3) (Fig. 4).
a) Zeichnen Sie diesen Quader in ein Koordinatensystem $\left(1\,\text{LE entspricht 1 cm, Verkürzungsfaktor } \frac{1}{2}\sqrt{2}\right)$.
b) Geben Sie die Koordinaten der Ecken D, E, F und H an.
c) Zeichnen Sie alle Punkte im Inneren des Quaders mit der x_1-Koordinate −1 und der x_2-Koordinate −0,5.

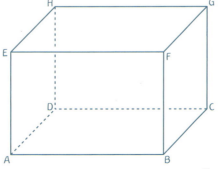

Fig. 4

3 Wo liegen in einem räumlichen Koordinatensystem alle Punkte, deren
a) x_1-Koordinate (x_2-Koordinate, x_3-Koordinate) Null ist,
b) x_2-Koordinate und x_3-Koordinate Null sind?

4 In Fig. 1 befinden sich
– die Punkte P und Q in der x_1x_2-Ebene,
– die Punkte R und S in der x_2x_3-Ebene,
– die Punkte T und U in der x_1x_3-Ebene.
Bestimmen Sie die Koordinaten dieser Punkte.

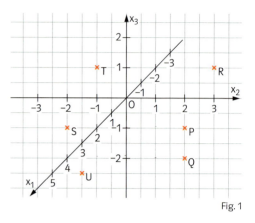

Fig. 1

Zeit zu überprüfen

5 Zeichnen Sie die Punkte A(3|0|0), B(−1|−3|0) und C(−2|0|−1) in ein Koordinatensystem. Beschreiben Sie die Lage der Punkte bezüglich der Koordinatenachsen und Koordinatenebenen.

6 Wo liegen in einem räumlichen Koordinatensystem alle Punkte, deren x_2-Koordinate 5 und deren x_3-Koordinate 2 ist?

7 Eine Pyramide mit quadratischer Grundfläche ABCD und der Spitze S (wie in Fig. 2) hat die Eckpunkte A(1|3|2) und B(1|7|2). Die Höhe der Pyramide beträgt 4 cm.
Bestimmen Sie die Koordinaten der Punkte C und D sowie der Spitze S.

8 Die rote Gerade (Fig. 3) geht durch P und Q.
a) Bestimmen Sie die Koordinaten von P und Q.
b) Geben Sie die Koordinaten von drei Punkten an, die auf der roten Geraden liegen.
c) Was kann man über die Koordinaten aller Punkte der roten Geraden sagen?

9 Geben Sie die Koordinaten von zwei Punkten an, die auf einer Parallelen liegen
a) zur x_2-Achse,   b) zur x_3-Achse.

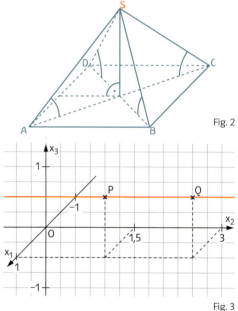

Fig. 2

Fig. 3

10 Welche Koordinaten haben die Bildpunkte von A(2|0|0), B(−1|2|−1), C(−2|3|4) und D(3|4|−2) bei der Spiegelung an der
a) x_1x_2-Ebene,   b) x_2x_3-Ebene,   c) x_1x_3-Ebene?

Ⓢ **Vektoris3D**
Punkte auf Geraden

11 Betrachtet wird ein Koordinatensystem mit der Einheit 1 cm.
a) Wie muss eine Strecke liegen, damit man ihre Länge direkt aus der Zeichnung mit einem Lineal ablesen kann?
b) Für welche Strecken kann man ihre Längen nicht direkt mit einem Lineal ablesen?

2 Vektoren

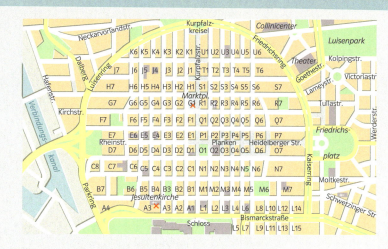

Mannheim wird wegen der Anordnung der Straßen auch als Quadratestadt bezeichnet. Durch diese Anordnung soll man sich leichter zurechtfinden können.
Jemand fragt vor der Jesuitenkirche nach dem Weg zum Marktplatz (rote Kreuze). Geben Sie fünf verschiedene Wegbeschreibungen an. Welche Wegbeschreibungen kann man sich am besten merken?

Bisher wurden mithilfe von Koordinaten die Lagen von Punkten beschrieben.
Im Folgenden wird gezeigt, wie man die Verschiebung von Punkten mathematisch beschreiben kann.

Wie man von einem Ausgangspunkt P zu einem Zielpunkt Q mit einer Verschiebung gelangt, kann man so beschreiben (Fig. 1):
Man erreicht den Punkt Q, wenn man vom Punkt P aus zwei Einheiten in Richtung der x_1-Achse geht und anschließend drei Einheiten in Richtung der x_2-Achse geht.
Diese Verschiebung bezeichnet man als **Vektor** und schreibt kurz $\binom{2}{3}$.
Weil dieser Vektor von P nach Q führt, schreibt man auch $\overrightarrow{PQ} = \binom{2}{3}$.

Man sagt:
Der Vektor $\overrightarrow{PQ}$ hat die x_1-Koordinate 2 und die x_2-Koordinate 3.

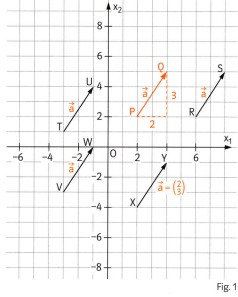

Fig. 1

Der Vektor $\overrightarrow{PQ} = \binom{2}{3}$ beschreibt nicht nur, wie man zum Ausgangspunkt P den Zielpunkt Q erhält, sondern auch, wie man in Fig. 1 zum Ausgangspunkt R den Zielpunkt S erhält, zum Ausgangspunkt T den Zielpunkt U erhält, zum Ausgangspunkt V den Zielpunkt W erhält und zum Ausgangspunkt X den Zielpunkt Y erhält.
Deshalb bezeichnet man Vektoren auch allgemeiner durch kleine Buchstaben mit einem Pfeil.
In Fig. 1 gilt $\vec{a} = \overrightarrow{PQ} = \overrightarrow{RS} = \overrightarrow{TU} = \overrightarrow{VW} = \overrightarrow{XY} = \binom{2}{3}$.
Ein Vektor kann zeichnerisch durch Pfeile angegeben werden, die von den jeweiligen Ausgangspunkten zu den dazugehörenden Zielpunkten führen. Alle Pfeile, die zu einem Vektor gehören, sind zueinander parallel, gleich lang und sie haben alle die gleiche Richtung.

So kann man die Koordinaten eines Vektors rechnerisch bestimmen:
Man subtrahiert von den Koordinaten des Zielpunktes die Koordinaten des Ausgangspunktes.
Für Fig. 1 gilt:
$\vec{PQ} = \begin{pmatrix} 6-1 \\ 5-3 \end{pmatrix} = \begin{pmatrix} 5 \\ 2 \end{pmatrix}$; $\vec{RS} = \begin{pmatrix} 1-6 \\ 1-3 \end{pmatrix} = \begin{pmatrix} -5 \\ -2 \end{pmatrix}$.

Negative Koordinaten eines Vektors bedeuten, dass man entgegen der Richtung der jeweiligen Koordinatenachse gehen soll.

Beachten Sie:
Der Ortsvektor $\vec{OP}$ eines Punktes P hat die gleichen Koordinaten wie der Punkt P.

Der Vektor $\begin{pmatrix} 5 \\ 2 \end{pmatrix}$ beschreibt auch, wie man zum Ausgangspunkt O(0|0) den Zielpunkt T(5|2) erhält. Man sagt:
$\vec{OT} = \begin{pmatrix} 5 \\ 2 \end{pmatrix}$ ist der **Ortsvektor** des Punktes T(5|2).

Die Überlegungen zu Punkten und Vektoren der Ebene kann man auf den Raum übertragen. In Fig. 2 gilt:
$\vec{PQ} = \begin{pmatrix} 4-1 \\ 1-3 \\ -1-(-2) \end{pmatrix} = \begin{pmatrix} 3 \\ -2 \\ 1 \end{pmatrix}$.

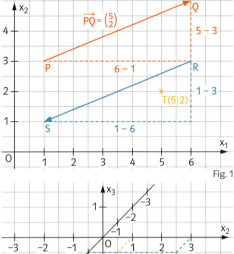
Fig. 1

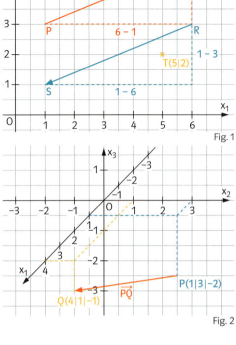
Fig. 2

Die Koordinaten eines Vektors $\vec{AB}$ kann man aus den Koordinaten der Punkte $A(a_1|a_2|a_3)$ und $B(b_1|b_2|b_3)$ bestimmen. Es gilt $\vec{AB} = \begin{pmatrix} b_1 - a_1 \\ b_2 - a_2 \\ b_3 - a_3 \end{pmatrix}$.

Der Vektor $\vec{OP} = \begin{pmatrix} p_1 \\ p_2 \\ p_3 \end{pmatrix}$ heißt Ortsvektor des Punktes $P(p_1|p_2|p_3)$.

Beispiel 1 Vektoren im Koordinatensystem
Gegeben ist der Vektor $\vec{a} = \begin{pmatrix} -2 \\ 1 \end{pmatrix}$.
a) Zeichnen Sie drei Pfeile des Vektors $\vec{a}$ in ein Koordinatensystem ein.
b) Es gilt $\vec{a} = \vec{PP'}$ mit P(−4|3). Bestimmen Sie die Koordinaten von P'.
c) Es gilt $\vec{a} = \vec{QQ'}$ mit Q'(1|−4). Bestimmen Sie die Koordinaten von Q.

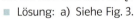
Fig. 3

■ Lösung: a) Siehe Fig. 3.
b) *Geht man von P aus zwei Einheiten gegen die Richtung der x_1-Achse und anschließend eine Einheit in Richtung der x_2-Achse, so erreicht man P'.*
P'(−4 − 2|3 + 1) bzw. P'(−6|4).
c) *Geht man von Q' aus zwei Einheiten in Richtung der x_1-Achse und anschließend eine Einheit gegen die Richtung der x_2-Achse, so erreicht man Q.*
Q(1 + 2|−4 − 1) bzw. Q(3|−5).

Beispiel 2 Parallelogramm

Sind die Punkte A(1|2|3), B(3|−2|1), C(2,25|−1,3|7) und D(0,25|2,7|9) die aufeinander folgenden Ecken eines Parallelogramms ABCD?

■ Lösung: Fig. 1 verdeutlicht, dass es genügt zu überprüfen, ob $\vec{AB} = \vec{DC}$ (bzw. $\vec{AD} = \vec{BC}$) gilt.

$\vec{AB} = \begin{pmatrix} 3-1 \\ -2-2 \\ 1-3 \end{pmatrix} = \begin{pmatrix} 2 \\ -4 \\ -2 \end{pmatrix}$; $\vec{DC} = \begin{pmatrix} 2{,}25 - 0{,}25 \\ -1{,}3 - 2{,}7 \\ 7 - 9 \end{pmatrix} = \begin{pmatrix} 2 \\ -4 \\ -2 \end{pmatrix}$; $\vec{AB} = \vec{DC}$.

A, B, C und D sind die Ecken eines Parallelogramms.

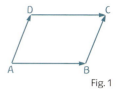
Fig. 1

Aufgaben

1 Zeichnen Sie jeweils drei Pfeile des Vektors in ein Koordinatensystem ein.

a) $\begin{pmatrix} 1 \\ 1 \end{pmatrix}$ b) $\begin{pmatrix} 3 \\ 2 \end{pmatrix}$ c) $\begin{pmatrix} -1 \\ 2 \end{pmatrix}$ d) $\begin{pmatrix} 4 \\ -3 \end{pmatrix}$ e) $\begin{pmatrix} -3 \\ 4 \end{pmatrix}$ f) $\begin{pmatrix} 1{,}5 \\ 2{,}5 \end{pmatrix}$ g) $\begin{pmatrix} \frac{1}{4} \\ -2{,}2 \end{pmatrix}$ h) $\begin{pmatrix} -\frac{1}{3} \\ \sqrt{2} \end{pmatrix}$

2 Zeichnen Sie jeweils drei Pfeile des Vektors in ein Koordinatensystem ein, wobei ein Pfeil der Ortsvektor sein soll.

a) $\begin{pmatrix} 1 \\ 1 \\ 0 \end{pmatrix}$ b) $\begin{pmatrix} 1 \\ 0 \\ 1 \end{pmatrix}$ c) $\begin{pmatrix} 0 \\ 1 \\ 1 \end{pmatrix}$ d) $\begin{pmatrix} 2 \\ -1 \\ 1 \end{pmatrix}$ e) $\begin{pmatrix} -1 \\ -3 \\ 2 \end{pmatrix}$ f) $\begin{pmatrix} 2{,}5 \\ -2 \\ -3 \end{pmatrix}$

3 Bestimmen Sie die Koordinaten der Vektoren $\vec{AB}$ und $\vec{BA}$.

a) A(1|0|1), B(3|4|1) b) A(4|2|0), B(3|3|3) c) A(−1|2|3), B(2|−2|4)
d) A(4|2|−1), B(5|−1|−3) e) A(1|−4|−3), B(7|2|−4) f) A(2,5|1|−3), B(4|−3,3|2)

4 Der Vektor $\vec{AB} = \begin{pmatrix} 2 \\ -1 \\ 3 \end{pmatrix}$ beschreibt, wie man zum Punkt A den Punkt B erhält.

Bestimmen Sie die Koordinaten des fehlenden Punktes.

a) A(2|−1|3) b) A(−17|11|31) c) B(−17|11|31) d) B(33|−71|−181)

5 Zu welchem Punkt ist der Vektor $\vec{AB}$ (der Vektor $\vec{BA}$) Ortsvektor?

a) A(2|−1|3), B(0|0|0) b) A(3|4|5), B(5|4|3)
c) A(0|1|0), B(1|0|1) d) A(2|4|6), B(3|1|5)

6 Sind die vier Punkte die Ecken eines Parallelogramms? Begründen Sie Ihre Antwort.

a) A(−2|2|3), B(5|5|5), C(9|6|5), D(2|3|3)
b) A(2|0|3), B(4|4|4), C(11|7|9), D(9|3|8)
c) A(2|−2|7), B(6|5|1), C(1|−1|1), D(8|0|8)

7 Bestimmen Sie die Koordinaten eines Punktes D so, dass die vier Punkte ein Parallelogramm bilden.

a) A(21|−11|43), B(3|7|−8), C(0|4|5) b) A(−75|199|−67), B(35|0|−81), C(1|2|3)

Gibt es bei Aufgabe 7 mehrere Lösungen?

Zeit zu überprüfen

8 Bestimmen Sie die Koordinaten der Vektoren $\vec{DE}$ und $\vec{ED}$ mit D(1|−1|1) und E(−1|1|0).

9 Gegeben sind die Punkte A(−2|0|2) und B(0|2|0). Zu welchem Punkt P ist der Vektor $\vec{AB}$ Ortsvektor?

10 Ein Heißluftballon ist bei Immenstaad am Bodensee gestartet und nach ca. einer Stunde bei Kesswil in der Schweiz gelandet (siehe Pfeil). Während dieser Fahrt in ca. 1500 m Höhe waren Windrichtung und Windgeschwindigkeit konstant.
a) Beschreiben Sie die Fahrt mithilfe eines Vektors. Sie können hierzu eine durchsichtige Folie auf die Karte legen und ein Koordinatensystem zeichnen.
b) Wo würden nach einer Stunde Fahrt bei gleichen Windbedingungen Heißluftballone landen, die in Meersburg bzw. Wasserburg gestartet sind?
c) Wie lauten die Vektoren für einstündige Fahrten mit Heißluftballonen bei doppelter Windgeschwindigkeit und umgekehrter Windrichtung?

Fig. 1

11 In Fig. 2 haben die Kanten des kleinen Würfels die Länge 2 cm. Die Kanten des großen Würfels sind dreimal so lang.
a) Zeichnen Sie diese beiden Würfel wie in Fig. 2 in ein Koordinatensystem. Legen Sie den Koordinatenursprung dabei in den Punkt A.
b) Geben Sie die Koordinaten der Eckpunkte beider Würfel an.
c) Geben Sie die Koordinaten der zwei Vektoren in Fig. 2 an.

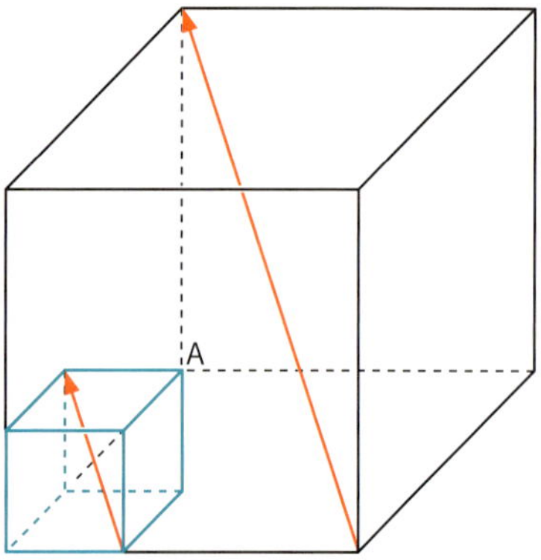

Fig. 2

12 Mithilfe von Vektoren kann man Kopiervorschriften angeben.
a) Legen Sie in einem Koordinatensystem eine quadratische Pyramide mit der Grundfläche ABCD und der Spitze S fest. Bestimmen Sie die Vektoren $\vec{SB}, \vec{SC}, \vec{SD}$. Teilen Sie diese Vektoren den Mitschülerinnen und Mitschülern an Ihrem Nachbartisch mit. Sie sollen nun für drei Pyramiden die Spitzen festlegen und mithilfe Ihrer Vektoren drei gleiche Pyramiden zeichnen.
b) Wie viele Vektoren benötigt man, um mit dem gleichen Verfahren wie in Teilaufgabe a) ein Rechteck zu kopieren?

13 Fig. 3 zeigt einen Quader ABCDEFGH. Der Schnittpunkt der Diagonalen des Vierecks ABCD ist M_1. Der Schnittpunkt der Diagonalen des Vierecks BCGF ist M_2.
Der Schnittpunkt der Diagonalen des Vierecks CDHG ist M_3. Der Schnittpunkt der Diagonalen des Vierecks ADHE ist M_4.
Diese Schnittpunkte sind nicht eingezeichnet.
Bestimmen Sie die Koordinaten des Vektors
a) $\vec{M_1M_2}$,
b) $\vec{M_2M_3}$,
c) $\vec{M_3M_4}$,
d) $\vec{M_4M_1}$.

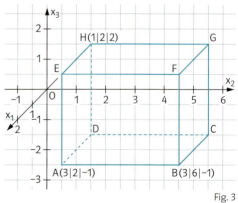

Fig. 3

3 Rechnen mit Vektoren

Der computergesteuerte „Igel" kann jede Position innerhalb des umrandeten Bereichs erreichen. Die Befehle hierzu heißen: „Gehe i_1 Einheiten in x_1-Richtung und i_2 Einheiten in x_2-Richtung".
Wie lauten die Befehle für die Bewegungen von A nach B, von B nach C und von A nach C? Vergleichen Sie diese Befehle.

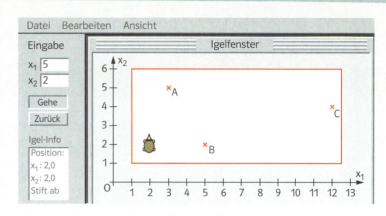

In Fig. 1 sind ein Pfeil des Vektors $\overrightarrow{PQ}$ und ein Pfeil des Vektors $\overrightarrow{QR}$ hintereinander gesetzt. Den sich ergebenden Vektor $\overrightarrow{PR}$ bezeichnet man als die **Addition der Vektoren** $\overrightarrow{PQ}$ und $\overrightarrow{QR}$: $\overrightarrow{PQ} + \overrightarrow{QR} = \overrightarrow{PR}$.

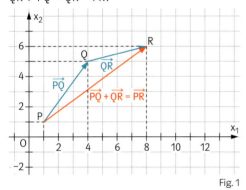

Fig. 1

In Fig. 2 sind drei gleiche Pfeile eines Vektors $\vec{a}$ hintereinander gesetzt. Den sich ergebenden Vektor $\overrightarrow{AB}$ bezeichnet man als **Multiplikation der Zahl 3 mit dem Vektor** $\vec{a}$: $3 \cdot \vec{a} = \overrightarrow{AB}$.

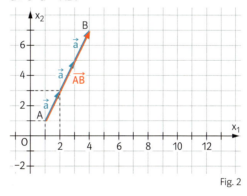

Fig. 2

Geht man in Fig. 1 von P über Q nach R, so geht man insgesamt
3 + 4 Einheiten in x_1-Richtung und
4 + 1 Einheiten in x_2-Richtung.
Man kann dies auch so aufschreiben:
$\overrightarrow{PR} = \overrightarrow{PQ} + \overrightarrow{QR} = \begin{pmatrix} 3 \\ 4 \end{pmatrix} + \begin{pmatrix} 4 \\ 1 \end{pmatrix} = \begin{pmatrix} 3+4 \\ 4+1 \end{pmatrix} = \begin{pmatrix} 7 \\ 5 \end{pmatrix}$

Geht man in Fig. 2 von A nach B, so geht man nacheinander dreimal einen Pfeil des Vektors $\vec{a}$ entlang, deshalb gilt
$\overrightarrow{AB} = \vec{a} + \vec{a} + \vec{a} = \begin{pmatrix} 1 \\ 2 \end{pmatrix} + \begin{pmatrix} 1 \\ 2 \end{pmatrix} + \begin{pmatrix} 1 \\ 2 \end{pmatrix} = \begin{pmatrix} 3 \\ 6 \end{pmatrix}$.
Man kann dies auch so aufschreiben:
$\overrightarrow{AB} = 3 \cdot \vec{a} = 3 \cdot \begin{pmatrix} 1 \\ 2 \end{pmatrix} = \begin{pmatrix} 3 \cdot 1 \\ 3 \cdot 2 \end{pmatrix} = \begin{pmatrix} 3 \\ 6 \end{pmatrix}$.

Zu einem Vektor $\vec{a} = \begin{pmatrix} -2 \\ 3 \end{pmatrix}$ ist $-\vec{a} = \begin{pmatrix} 2 \\ -3 \end{pmatrix}$ der **Gegenvektor**.
Der **Subtraktion** des Vektors $\vec{a}$ entspricht die Addition seines Gegenvektors, d.h. $\vec{b} - \vec{a} = \vec{b} + (-\vec{a})$. In Fig. 3 ist $\vec{a} = \begin{pmatrix} -2 \\ 1,5 \end{pmatrix}$ und $\vec{b} = \begin{pmatrix} 3 \\ 2 \end{pmatrix}$. Also ergibt sich rechnerisch:
$\vec{b} - \vec{a} = \begin{pmatrix} 3 \\ 2 \end{pmatrix} + \begin{pmatrix} 2 \\ -1,5 \end{pmatrix} = \begin{pmatrix} 5 \\ 0,5 \end{pmatrix}$
Fig. 3 zeigt die grafische Subtraktion.

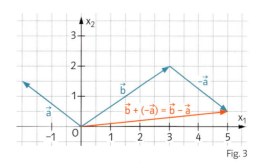

Fig. 3

Diese Überlegungen treffen auch für Vektoren des Raumes zu:

$\begin{pmatrix} 1 \\ 2 \\ 3 \end{pmatrix} + \begin{pmatrix} 5 \\ 4 \\ 3 \end{pmatrix} = \begin{pmatrix} 1+5 \\ 2+4 \\ 3+3 \end{pmatrix} = \begin{pmatrix} 6 \\ 6 \\ 6 \end{pmatrix}$; $\begin{pmatrix} 1 \\ 2 \\ 3 \end{pmatrix} - \begin{pmatrix} 5 \\ 4 \\ -2 \end{pmatrix} = \begin{pmatrix} 1-5 \\ 2-4 \\ 3+2 \end{pmatrix} = \begin{pmatrix} -4 \\ -2 \\ 5 \end{pmatrix}$; $2{,}5 \cdot \begin{pmatrix} 4 \\ 2 \\ -8 \end{pmatrix} = \begin{pmatrix} 2{,}5 \cdot 4 \\ 2{,}5 \cdot 2 \\ 2{,}5 \cdot (-8) \end{pmatrix} = \begin{pmatrix} 10 \\ 5 \\ -20 \end{pmatrix}$.

Der Vektor $\begin{pmatrix} 0 \\ 0 \\ 0 \end{pmatrix}$ heißt **Nullvektor** und wird mit $\vec{o}$ bezeichnet. Er ist der einzige Vektor, der nicht mit Pfeilen dargestellt werden kann.

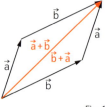

Fig. 1

Definition:
Sind zwei Vektoren $\vec{a} = \begin{pmatrix} a_1 \\ a_2 \\ a_3 \end{pmatrix}$ und $\vec{b} = \begin{pmatrix} b_1 \\ b_2 \\ b_3 \end{pmatrix}$ und eine reelle Zahl r gegeben, dann heißt

$\vec{a} + \vec{b} = \begin{pmatrix} a_1 \\ a_2 \\ a_3 \end{pmatrix} + \begin{pmatrix} b_1 \\ b_2 \\ b_3 \end{pmatrix} = \begin{pmatrix} a_1 + b_1 \\ a_2 + b_2 \\ a_3 + b_3 \end{pmatrix}$ die Summe der Vektoren $\vec{a}$ und $\vec{b}$ und

$r \cdot \vec{a} = r \cdot \begin{pmatrix} a_1 \\ a_2 \\ a_3 \end{pmatrix} = \begin{pmatrix} r \cdot a_1 \\ r \cdot a_2 \\ r \cdot a_3 \end{pmatrix}$ die Skalarmultiplikation des Vektors $\vec{a}$ mit der Zahl r.

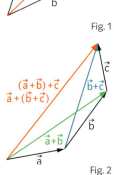

Fig. 2

Einen Ausdruck wie $r \cdot \vec{a} + s \cdot \vec{b} + t \cdot \vec{c}$ nennt man **Linearkombination** der Vektoren $\vec{a}$, $\vec{b}$ und $\vec{c}$. Die Zahlen r, s und t heißen **Koeffizienten**.

Für die Addition von zwei Vektoren $\vec{a}$ und $\vec{b}$ gelten

das **Kommutativgesetz** $\qquad \vec{a} + \vec{b} = \vec{b} + \vec{a}$ und

das **Assoziativgesetz** $\qquad \vec{a} + (\vec{b} + \vec{c}) = (\vec{a} + \vec{b}) + \vec{c}$.

Für die Multiplikation von reellen Zahlen r und s mit Vektoren $\vec{a}$ und $\vec{b}$ gelten

das **Assoziativgesetz** $\qquad r \cdot (s \cdot \vec{a}) = (r \cdot s) \cdot \vec{a}$ und

die **Distributivgesetze** $\qquad r \cdot (\vec{a} + \vec{b}) = r \cdot \vec{a} + r \cdot \vec{b}$; $(r + s) \cdot \vec{a} = r \cdot \vec{a} + s \cdot \vec{a}$.

Zur Begründung dieser Gesetze siehe Fig. 1 und Fig. 2 sowie die Aufgabe 15 auf Seite 232.

Beispiel 1   Rechnen mit Vektoren
Berechnen Sie.

a) $\begin{pmatrix} 4 \\ 2 \end{pmatrix} + \begin{pmatrix} 7 \\ 0 \end{pmatrix}$
b) $\begin{pmatrix} -2 \\ -1 \\ 3 \end{pmatrix} - \begin{pmatrix} 1 \\ -7 \\ 5 \end{pmatrix}$
c) $\frac{1}{2} \cdot \begin{pmatrix} 12 \\ 18 \end{pmatrix}$
d) $(-3) \cdot \begin{pmatrix} \frac{4}{3} \\ -2 \\ \frac{1}{2} \end{pmatrix}$

■ Lösung:

a) $\begin{pmatrix} 4+7 \\ 2+0 \end{pmatrix} = \begin{pmatrix} 11 \\ 2 \end{pmatrix}$
b) $\begin{pmatrix} -2-1 \\ -1+7 \\ 3-5 \end{pmatrix} = \begin{pmatrix} -3 \\ 6 \\ -2 \end{pmatrix}$
c) $\begin{pmatrix} \frac{1}{2} \cdot 12 \\ \frac{1}{2} \cdot 18 \end{pmatrix} = \begin{pmatrix} 6 \\ 9 \end{pmatrix}$
d) $\begin{pmatrix} -3 \cdot \frac{4}{3} \\ -3 \cdot (-2) \\ -3 \cdot \frac{1}{2} \end{pmatrix} = \begin{pmatrix} -4 \\ 6 \\ -\frac{3}{2} \end{pmatrix}$

Beispiel 2   Mittelpunkt einer Strecke
Bestimmen Sie den Mittelpunkt M der Strecke $\overline{PQ}$ mit $P(2|5)$ und $Q(4|3)$.

■ Lösung: *Siehe Fig. 3.*
$\overrightarrow{OM} = \overrightarrow{OP} + \frac{1}{2} \cdot \overrightarrow{PQ} = \begin{pmatrix} 2 \\ 5 \end{pmatrix} + \frac{1}{2} \cdot \begin{pmatrix} 4-2 \\ 3-5 \end{pmatrix}$
$= \begin{pmatrix} 2 \\ 5 \end{pmatrix} + \frac{1}{2} \cdot \begin{pmatrix} 2 \\ -2 \end{pmatrix} = \begin{pmatrix} 2 \\ 5 \end{pmatrix} + \begin{pmatrix} 1 \\ -1 \end{pmatrix} = \begin{pmatrix} 3 \\ 4 \end{pmatrix}$

$M(3|4)$ ist der Mittelpunkt der Strecke $\overline{PQ}$.
Die Lösung kann man auch durch Mittelwertbildung der jeweiligen Koordinaten erhalten:
$M\left(\frac{2+4}{2} \Big| \frac{5+3}{2}\right)$.

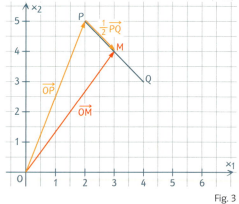

Fig. 3

Aufgaben

1 Berechnen Sie.

a) $\begin{pmatrix} 4 \\ -1 \\ 2 \end{pmatrix} + \begin{pmatrix} 3 \\ 2 \\ -4 \end{pmatrix}$
b) $\begin{pmatrix} 3 \\ 2 \\ -2 \end{pmatrix} - \begin{pmatrix} 2 \\ 1 \\ -3 \end{pmatrix}$
c) $\begin{pmatrix} 2 \\ 1 \\ -3 \end{pmatrix} - \begin{pmatrix} 3 \\ 2 \\ 1 \end{pmatrix} + \begin{pmatrix} 1 \\ 2 \\ -5 \end{pmatrix}$
d) $\begin{pmatrix} 4 \\ 4 \\ 2 \end{pmatrix} - \begin{pmatrix} -1 \\ 2 \\ 2 \end{pmatrix} - \begin{pmatrix} 3 \\ 5 \\ -1 \end{pmatrix} + \begin{pmatrix} 7 \\ 1 \\ 4 \end{pmatrix}$

2 Berechnen Sie.

a) $7 \cdot \begin{pmatrix} 1 \\ 2 \\ 5 \end{pmatrix}$
b) $(-3) \cdot \begin{pmatrix} 1 \\ 0 \\ 11 \end{pmatrix}$
c) $(-5) \cdot \begin{pmatrix} -2 \\ 1 \\ -1 \end{pmatrix}$
d) $\frac{1}{2} \cdot \begin{pmatrix} 4 \\ 6 \\ 8 \end{pmatrix}$
e) $\left(-\frac{3}{4}\right) \cdot \begin{pmatrix} 10 \\ 11 \\ 12 \end{pmatrix}$
f) $0 \cdot \begin{pmatrix} 1 \\ 2 \\ 3 \end{pmatrix}$

3 Bestimmen Sie den Mittelpunkt der Strecke $\overline{AB}$ mithilfe von Vektoren.

a) A(3|2|5), B(5|2|3)
b) A(2|1|-2), B(-5|1|9)
c) A(0|0|2), B(-2|0|0)
d) A(1|-1|1), B(5|5|5)

4 Schreiben Sie den Vektor als Produkt aus einer reeller Zahl und einem Vektor mit ganzzahligen Koordinaten.

a)
b) $\begin{pmatrix} 5 \\ \frac{5}{2} \\ \frac{5}{3} \\ \frac{3}{2} \end{pmatrix}$
c) $\begin{pmatrix} -8 \\ 12 \\ 36 \end{pmatrix}$
d) $\begin{pmatrix} 39 \\ 0 \\ -52 \end{pmatrix}$
e) $\begin{pmatrix} 12 \\ -\frac{5}{6} \\ -\frac{1}{8} \end{pmatrix}$
f) $\begin{pmatrix} \frac{3}{11} \\ -\frac{5}{22} \\ \frac{7}{33} \end{pmatrix}$

5 Verdeutlichen Sie die Rechnung mithilfe einer Zeichnung wie in Fig. 1.

a) $2 \cdot \begin{pmatrix} 1 \\ 2 \end{pmatrix} + 3 \cdot \begin{pmatrix} 2 \\ 0 \end{pmatrix}$
b) $4 \cdot \begin{pmatrix} 1 \\ 1 \end{pmatrix} - 2 \cdot \begin{pmatrix} 1 \\ 3 \end{pmatrix}$
c) $3 \cdot \begin{pmatrix} -1 \\ -2 \end{pmatrix} + 2 \cdot \begin{pmatrix} 1 \\ -3 \end{pmatrix}$
d) $\frac{3}{2} \cdot \begin{pmatrix} 4 \\ 3 \end{pmatrix} + \frac{1}{2} \cdot \begin{pmatrix} 6 \\ 5 \end{pmatrix}$
e) $-\begin{pmatrix} 4 \\ 5 \end{pmatrix} + 4 \cdot \begin{pmatrix} 1 \\ 2 \end{pmatrix}$
f) $0{,}5 \cdot \begin{pmatrix} 3 \\ 7 \end{pmatrix} - 1{,}5 \cdot \begin{pmatrix} 9 \\ 2 \end{pmatrix}$

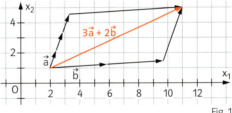

Fig. 1

6 Der Punkt M liegt auf der Strecke $\overline{AB}$ und ist gleich weit von den Endpunkten der Strecke entfernt. Bestimmen Sie für den Punkt A(1|2|-1) und den Punkt M(4|2|5) die Koordinaten des Punktes B.

7 Berechnen Sie die Koordinaten des Vektors, der durch die Linearkombination gegeben ist.

a) $2 \cdot \begin{pmatrix} 1 \\ -2 \\ 1 \end{pmatrix} + 3 \cdot \begin{pmatrix} -1 \\ 2 \\ -3 \end{pmatrix}$
b) $3 \cdot \begin{pmatrix} 4 \\ 2 \\ -1 \end{pmatrix} + 7 \cdot \begin{pmatrix} 4 \\ -2 \\ 1 \end{pmatrix}$
c) $3 \cdot \begin{pmatrix} 4 \\ 2 \\ -1 \end{pmatrix} + 7 \cdot \begin{pmatrix} 4 \\ 2 \\ -1 \end{pmatrix}$

d) $\begin{pmatrix} 5 \\ 6 \\ 7 \end{pmatrix} + (-1) \cdot \begin{pmatrix} 0 \\ 2 \\ 4 \end{pmatrix}$
e) $3 \cdot \begin{pmatrix} -1 \\ 4 \\ 2 \end{pmatrix} - 2 \cdot \begin{pmatrix} -2 \\ 4 \\ 1 \end{pmatrix} + 3 \cdot \begin{pmatrix} -1 \\ 4 \\ 2 \end{pmatrix}$
f) $4 \cdot \begin{pmatrix} 0{,}5 \\ 3 \\ 1 \end{pmatrix} + 2 \cdot \begin{pmatrix} 1 \\ 6 \\ 2 \end{pmatrix} + 3 \cdot \begin{pmatrix} 0{,}8 \\ 2 \\ 3 \end{pmatrix}$

8 In einem Dreieck ABC sind die Punkte M_a, M_b und M_c die Mittelpunkte der Dreiecksseiten (Fig. 2). Bestimmen Sie die Koordinaten der Punkte M_a, M_b und M_c für

a) A(0|0), B(3|1), C(1|3),
b) A(0|0|0), B(3|1|2), C(1|3|4),
c) A(1|3), B(4|2), C(2|5),
d) A(1|1|1), B(1|1|2), C(3|5|4).

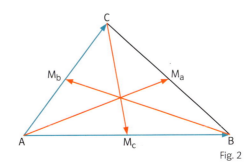

Fig. 2

Zeit zu überprüfen

9 Berechnen Sie die Koordinaten des Vektors, der durch die Linearkombination gegeben ist.

a) $\frac{1}{7} \cdot \begin{pmatrix} 14 \\ 49 \\ -21 \end{pmatrix} + \begin{pmatrix} -2 \\ -7 \\ 3 \end{pmatrix} + \begin{pmatrix} 1 \\ 1 \\ 1 \end{pmatrix}$
b) $\begin{pmatrix} -20 \\ 15 \\ 5 \end{pmatrix} + 0{,}5 \cdot \begin{pmatrix} 40 \\ 7 \\ -20 \end{pmatrix} - \begin{pmatrix} -0{,}5 \\ -1{,}2 \\ -7 \end{pmatrix}$
c) $0{,}2 \cdot \begin{pmatrix} 5 \\ -5 \\ 10 \end{pmatrix} - \frac{3}{2} \cdot \begin{pmatrix} \frac{2}{3} \\ 10 \\ 12 \end{pmatrix}$

10 Der Punkt M ist der Mittelpunkt der Strecke $\overline{AB}$. Bestimmen Sie die Koordinaten des fehlenden Punktes.

a) A(3|2|5), B(−4|5|−4)   b) A(2|2|3), M(4|−4|7)   c) M(1|−1|0), B(0|−1|1)

11 Vereinfachen Sie.

a) $7\vec{a} + 5\vec{a}$
b) $3\vec{d} - 4\vec{e} + 7\vec{d} - 6\vec{e}$
c) $2{,}5\vec{u} - 3{,}7\vec{v} - 5{,}2\vec{u} + \vec{v}$
d) $6{,}3\vec{a} + 7{,}4\vec{b} - 2{,}8\vec{c} + 17{,}5\vec{a} - 9{,}3\vec{c} + \vec{b} - \vec{a} + \vec{c}$
e) $2(\vec{a} + \vec{b}) + \vec{a}$
f) $-(\vec{u} - \vec{v})$
g) $2(2\vec{a} + 4\vec{b})$
h) $-4(\vec{a} - \vec{b}) - \vec{b} + \vec{a}$
i) $3(\vec{a} + 2(\vec{a} + \vec{b}))$
j) $6(\vec{a} - \vec{b}) + 4(\vec{a} + \vec{b})$
k) $7\vec{u} + 5(\vec{u} - 2(\vec{u} + \vec{v}))$

12 Betrachtet wird der Quader ABCDEFGH in Fig. 1. Stellen Sie mithilfe einer Linearkombination der Vektoren $\vec{a}$, $\vec{b}$ und $\vec{c}$

a) den Vektor $\overrightarrow{AG}$,
b) den Vektor $\overrightarrow{BH}$,
c) den Vektor $\overrightarrow{EC}$,
d) den Vektor $\overrightarrow{BM}$,
e) den Vektor $\overrightarrow{ME}$ dar.

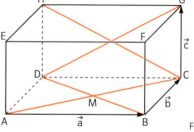
Fig. 1

13 a) Gegeben sind die Punkte A(7|7|7), B(3|2|1) und C(4|5|6). Bestimmen Sie die Koordinaten des Punktes D so, dass das Viereck ABCD ein Parallelogramm ist.
b) Bestimmen Sie die Koordinaten des Mittelpunktes dieses Parallelogramms.
c) Ein Quadrat ABCD hat den Mittelpunkt M(3,5|5,5|2) sowie die Eckpunkte A(3|2|2) und D(0|6|2). Bestimmen Sie die Koordinaten der beiden anderen Eckpunkte.

14 In jedem Dreieck schneiden sich die Verbindungsstrecken der Eckpunkte mit den gegenüberliegenden Seitenmitten in einem Punkt S (Fig. 2). Der Punkt S teilt jede dieser Verbindungsstrecken im Verhältnis 1:2. Bestimmen Sie die Koordinaten des Punktes S in einem Dreieck ABC mit
a) A(1|1), B(5|5), C(3|7),
b) A(0|0|0), B(2|3|4), C(−1|5|−2).

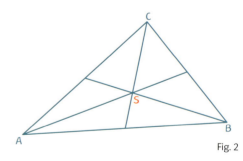
Fig. 2

15 Das Kommutativgesetz und das Assoziativgesetz der Addition wurden auf Seite 230 mithilfe von Fig. 1 und Fig. 2 verdeutlicht. Diese Gesetze kann man auch rechnerisch begründen.
Zum Beispiel: Ist $\vec{a} = \begin{pmatrix} a_1 \\ a_2 \end{pmatrix}$ und $\vec{b} = \begin{pmatrix} b_1 \\ b_2 \end{pmatrix}$, so gilt

$\vec{a} + \vec{b} = \begin{pmatrix} a_1 \\ a_2 \end{pmatrix} + \begin{pmatrix} b_1 \\ b_2 \end{pmatrix} = \begin{pmatrix} a_1 + b_1 \\ a_2 + b_2 \end{pmatrix} = \begin{pmatrix} b_1 + a_1 \\ b_2 + a_2 \end{pmatrix} = \begin{pmatrix} b_1 \\ b_2 \end{pmatrix} + \begin{pmatrix} a_1 \\ a_2 \end{pmatrix} = \vec{b} + \vec{a}$.

a) Begründen Sie rechnerisch das Assoziativgesetz der Addition von Vektoren.
b) Begründen Sie rechnerisch das Assoziativgesetz der Multiplikation von Zahlen mit Vektoren.
c) Begründen Sie rechnerisch die Distributivgesetze der Multiplikation von Zahlen mit Vektoren.

4 Lineare Abhängigkeit und Unabhängigkeit von Vektoren

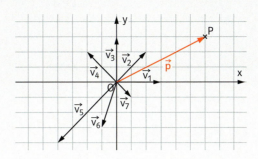

Mit welchen Paaren von Vektoren kann man den Vektor $\vec{p}$ ausdrücken?

Ein wesentlicher Punkt beim Beweisen mit Vektoren in der Ebene ist die Auswahl von zwei Vektoren $\vec{a}$ und $\vec{b}$, mit deren Hilfe alle Sachverhalte dargestellt werden. $\vec{a}$ und $\vec{b}$ sind dabei nicht parallel, damit jeder Vektor der Ebene darstellbar ist. Diese Eigenschaft von Vektoren soll nun näher betrachtet und auf Vektoren im Raum übertragen werden.

Sind zwei Vektoren $\vec{a}$ und $\vec{b}$ Vielfache voneinander, so sagt man auch: $\vec{a}$ und $\vec{b}$ sind linear abhängig (Fig. 1).
Anderenfalls bezeichnet man die beiden Vektoren als linear unabhängig (Fig. 2).

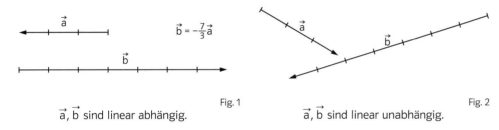

Fig. 1
$\vec{a}, \vec{b}$ sind linear abhängig.

Fig. 2
$\vec{a}, \vec{b}$ sind linear unabhängig.

Betrachtet man mehrere Vektoren und kann man einen von ihnen als Linearkombination der anderen Vektoren ausdrücken, so sagt man, die Vektoren sind linear abhängig (Fig. 3). Ansonsten sagt man, die Vektoren sind linear unabhängig (Fig. 4).

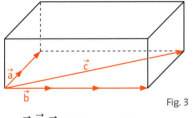

Fig. 3
$\vec{a}, \vec{b}, \vec{c}$ sind linear abhängig.

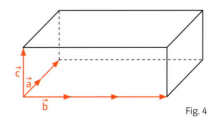

Fig. 4
$\vec{a}, \vec{b}, \vec{c}$ sind linear unabhängig.

> **Definition:** Die Vektoren $\vec{a_1}, \vec{a_2}, ..., \vec{a_n}$ nennt man **linear abhängig**, wenn mindestens einer dieser Vektoren als Linearkombination der anderen Vektoren darstellbar ist.
> Anderenfalls nennt man die Vektoren **linear unabhängig**.

Sind mehrere Vektoren $\vec{a}$, $\vec{b}$ und $\vec{c}$ linear abhängig, so muss nicht jeder Vektor als Linearkombination der anderen darstellbar sein, jedoch für mindestens einen Vektor ist dies möglich: $\vec{c} = 2 \cdot \vec{a} + 0 \cdot \vec{b}$ (Fig. 1). Hieraus erhält man auch die Gleichung $\vec{o} = 2 \cdot \vec{a} + 0 \cdot \vec{b} - \vec{c}$, in der der Nullvektor als Linearkombination der Vektoren $\vec{a}$, $\vec{b}$ und $\vec{c}$ mit von Null verschiedenen Koeffizienten dargestellt wird.

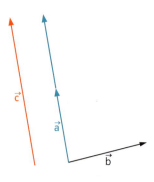

Fig. 1

Umgekehrt gilt, wenn sich der Nullvektor durch eine Linearkombination von Vektoren $\vec{o} = r_1 \cdot \vec{a} + r_2 \cdot \vec{b} + r_3 \cdot \vec{c}$ mit von Null verschiedenen Koeffizienten darstellen lässt, dann sind die Vektoren $\vec{a}$, $\vec{b}$ und $\vec{c}$ linear abhängig. Dies kann zur Überprüfung auf lineare Abhängigkeit bzw. lineare Unabhängigkeit genutzt werden.

Zur Untersuchung der Vektoren $\vec{a_1}, \vec{a_2}, \vec{a_3}, \ldots, \vec{a_n}$ auf lineare Unabhängigkeit bzw. Abhängigkeit betrachtet man die Gleichung: $r_1 \cdot \vec{a_1} + r_2 \cdot \vec{a_2} + r_3 \cdot \vec{a_3} + \ldots + r_n \cdot \vec{a_n} = \vec{o}$.

Satz:
a) Wenn die Vektoren $\vec{a_1}, \vec{a_2}, \vec{a_3}, \ldots, \vec{a_n}$ linear unabhängig sind, dann ist $r_1 = r_2 = r_3 = \ldots = r_n = 0$ die einzige Lösung der Gleichung.
b) Wenn $r_1 = r_2 = r_3 = \ldots = r_n = 0$ die einzige Lösung der Gleichung ist, dann sind die Vektoren $\vec{a_1}, \vec{a_2}, \vec{a_3}, \ldots, \vec{a_n}$ linear unabhängig.

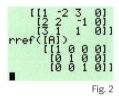
Fig. 2

Beispiel 1 Lineare Abhängigkeit und Unabhängigkeit von drei Vektoren

Untersuchen Sie die Vektoren $\begin{pmatrix} 1 \\ 2 \\ 3 \end{pmatrix}$; $\begin{pmatrix} -2 \\ 2 \\ 1 \end{pmatrix}$ und $\begin{pmatrix} 3 \\ -1 \\ 1 \end{pmatrix}$ auf lineare Abhängigkeit.

■ Lösung: $r_1 \cdot \begin{pmatrix} 1 \\ 2 \\ 3 \end{pmatrix} + r_2 \cdot \begin{pmatrix} -2 \\ 2 \\ 1 \end{pmatrix} + r_3 \cdot \begin{pmatrix} 3 \\ -1 \\ 1 \end{pmatrix} = \begin{pmatrix} 0 \\ 0 \\ 0 \end{pmatrix}$; LGS $\begin{array}{r} r_1 - 2r_2 + 3r_3 = 0 \\ 2r_1 + 2r_2 - r_3 = 0 \\ 3r_1 + r_2 + r_3 = 0 \end{array}$

Einzige Lösung des LGS ist $r_1 = 0$; $r_2 = 0$; $r_3 = 0$ (Fig. 2).
Die drei Vektoren sind linear unabhängig.

Beispiel 2 Lineare Abhängigkeit und Linearkombination

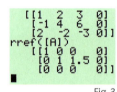
Fig. 3

Untersuchen Sie die Vektoren $\vec{a} = \begin{pmatrix} 1 \\ -1 \\ 2 \end{pmatrix}$; $\vec{b} = \begin{pmatrix} 2 \\ 4 \\ -2 \end{pmatrix}$ und $\vec{c} = \begin{pmatrix} 3 \\ 6 \\ -3 \end{pmatrix}$ auf lineare Abhängigkeit.

Stellen Sie, falls möglich, jeden Vektor als Linearkombination der anderen Vektoren dar.

■ Lösung: $r_1 \cdot \begin{pmatrix} 1 \\ -1 \\ 2 \end{pmatrix} + r_2 \cdot \begin{pmatrix} 2 \\ 4 \\ -2 \end{pmatrix} + r_3 \cdot \begin{pmatrix} 3 \\ 6 \\ -3 \end{pmatrix} = \begin{pmatrix} 0 \\ 0 \\ 0 \end{pmatrix}$

Als Lösung erhält man: $r_1 = 0$; $r_2 = -\frac{3}{2} t$; $r_3 = t$; $t \in \mathbb{R}$ (Fig. 3).
Die drei Vektoren sind linear abhängig.
Es gilt: $0 \cdot \vec{a} - \frac{3}{2} t \cdot \vec{b} + t \cdot \vec{c} = \vec{o}$.
Durch Umformen der Gleichung erhält man die Darstellung der Vektoren als Linearkombination der anderen:

$\begin{pmatrix} 2 \\ 4 \\ -2 \end{pmatrix} = 0 \cdot \begin{pmatrix} 1 \\ -1 \\ 2 \end{pmatrix} + \frac{2}{3} \cdot \begin{pmatrix} 3 \\ 6 \\ -3 \end{pmatrix}$; $\begin{pmatrix} 3 \\ 6 \\ -3 \end{pmatrix} = 0 \cdot \begin{pmatrix} 1 \\ -1 \\ 2 \end{pmatrix} + \frac{3}{2} \cdot \begin{pmatrix} 2 \\ 4 \\ -2 \end{pmatrix}$; $\begin{pmatrix} 1 \\ -1 \\ 2 \end{pmatrix}$ ist nicht mit $\vec{b}$ und $\vec{c}$ darstellbar.

Aufgaben

1 Untersuchen Sie die Vektoren auf lineare Abhängigkeit bzw. Unabhängigkeit.

a) $\begin{pmatrix} 2 \\ -1 \\ 4 \end{pmatrix}; \begin{pmatrix} 3 \\ 5 \\ 7 \end{pmatrix}$
b) $\begin{pmatrix} 0 \\ 0 \\ 0 \end{pmatrix}; \begin{pmatrix} 3 \\ -1 \\ \frac{1}{2} \end{pmatrix}$
c) $\begin{pmatrix} -3 \\ 6 \\ 12 \end{pmatrix}; \begin{pmatrix} 5 \\ -10 \\ -20 \end{pmatrix}$
d) $\begin{pmatrix} \frac{2}{3} \\ 0{,}5 \\ -\frac{4}{5} \end{pmatrix}; \begin{pmatrix} 3 \\ 2{,}25 \\ 4 \end{pmatrix}$

2 Überprüfen Sie die Vektoren auf lineare Abhängigkeit bzw. Unabhängigkeit. Stellen Sie, falls möglich, jeweils den ersten Vektor als Linearkombination der anderen Vektoren dar.

a) $\begin{pmatrix} 1 \\ 0 \\ 3 \end{pmatrix}; \begin{pmatrix} 2 \\ 1 \\ 1 \end{pmatrix}; \begin{pmatrix} 4 \\ 1 \\ 5 \end{pmatrix}$
b) $\begin{pmatrix} 7 \\ -1 \\ 3 \end{pmatrix}; \begin{pmatrix} 1 \\ -2 \\ 1 \end{pmatrix}; \begin{pmatrix} 3 \\ -6 \\ 3 \end{pmatrix}$
c) $\begin{pmatrix} -1 \\ 2 \\ -3 \end{pmatrix}; \begin{pmatrix} 3 \\ 1 \\ 2 \end{pmatrix}; \begin{pmatrix} 2 \\ 3 \\ 1 \end{pmatrix}$

d) $\begin{pmatrix} 1 \\ 1 \\ 1 \end{pmatrix}; \begin{pmatrix} -6 \\ -4 \\ 2 \end{pmatrix}; \begin{pmatrix} -6 \\ -3 \\ 6 \end{pmatrix}$
e) $\begin{pmatrix} -1 \\ 3 \\ 1 \end{pmatrix}; \begin{pmatrix} -2 \\ 3 \\ 2 \end{pmatrix}; \begin{pmatrix} 4 \\ -3 \\ 2 \end{pmatrix}; \begin{pmatrix} 2 \\ 4 \\ -1 \end{pmatrix}$
f) $\begin{pmatrix} 4 \\ -3 \\ \frac{1}{2} \end{pmatrix}; \begin{pmatrix} -1 \\ \frac{3}{2} \\ 2 \end{pmatrix}; \begin{pmatrix} 2 \\ 2 \\ 1 \end{pmatrix}; \begin{pmatrix} \frac{1}{2} \\ -2 \\ -\frac{1}{2} \end{pmatrix}$

◉ CAS
lineare Unabhängigkeit

3 Betrachten Sie Fig. 1 und entscheiden Sie, ob die Vektoren linear abhängig oder unabhängig sind.

a) $\overrightarrow{GJ}, \overrightarrow{DA}$
b) $\overrightarrow{AB}, \overrightarrow{DF}$
c) $\overrightarrow{AE}, \overrightarrow{GJ}$
d) $\overrightarrow{LA}, \overrightarrow{KE}$
e) $\overrightarrow{FK}, \overrightarrow{AF}, \overrightarrow{AK}$
f) $\overrightarrow{AB}, \overrightarrow{AD}, \overrightarrow{AL}$

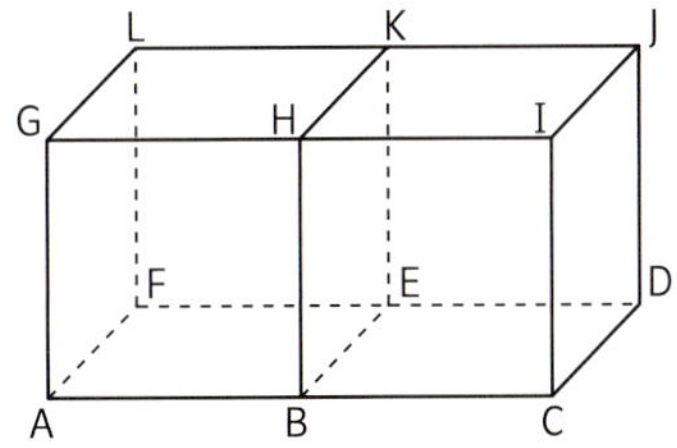

Fig. 1

Zeit zu überprüfen

4 Untersuchen Sie, ob die Vektoren linear unabhängig sind.

a) $\begin{pmatrix} -2 \\ 4 \\ 1 \end{pmatrix}; \begin{pmatrix} 4 \\ -8 \\ -3 \end{pmatrix}$
b) $\begin{pmatrix} 3 \\ -6 \\ 0 \end{pmatrix}; \begin{pmatrix} 0{,}5 \\ -1 \\ 0{,}6 \end{pmatrix}$
c) $\begin{pmatrix} 1 \\ 1 \\ 1 \end{pmatrix}; \begin{pmatrix} -4 \\ -2 \\ 2 \end{pmatrix}; \begin{pmatrix} -7 \\ -2 \\ 8 \end{pmatrix}$
d) $\begin{pmatrix} 4 \\ -1 \\ 2 \end{pmatrix}; \begin{pmatrix} 1 \\ 4 \\ 1 \end{pmatrix}; \begin{pmatrix} -2 \\ 3 \\ -1 \end{pmatrix}$

5 Sind die angegebenen Vektoren linear abhängig oder linear unabhängig? Begründen Sie Ihre Aussage.

a) $\vec{a}, \vec{b}, \overrightarrow{AH}$
b) $\vec{a}, \vec{b}, \overrightarrow{DG}$

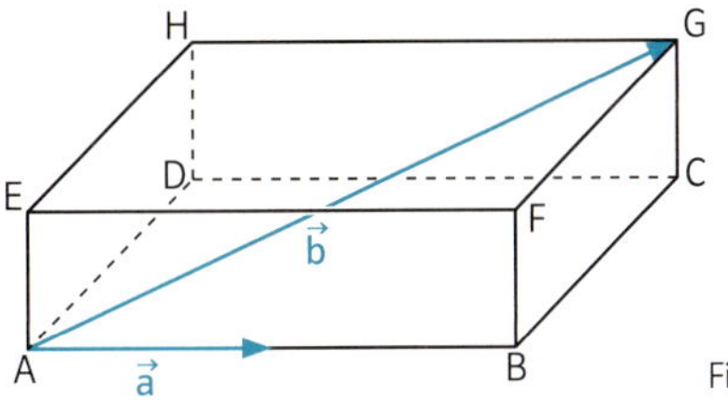

Fig. 2

6 Für welche Werte von a ist $\begin{pmatrix} a \\ 2 \\ -8 \end{pmatrix}$ als Linearkombination der Vektoren $\begin{pmatrix} 2 \\ 3 \\ -2 \end{pmatrix}$ und $\begin{pmatrix} -1 \\ 1 \\ 2 \end{pmatrix}$ darstellbar?

7 Begründen Sie folgende Aussagen.
a) Zwei parallele Vektoren sind linear abhängig.
b) Lässt man von drei linear unabhängigen Vektoren einen weg, so sind die verbleibenden zwei Vektoren auch linear unabhängig.
c) Fügt man zu n linear abhängigen Vektoren (n ≥ 2) einen weiteren hinzu, so sind die n + 1 Vektoren auch linear abhängig.
d) Liegen vier Punkte A, B, C und D in einer Ebene, so sind die Vektoren $\overrightarrow{AB}, \overrightarrow{AC}$ und $\overrightarrow{AD}$ linear abhängig.

◉ CAS
Linearkombination

Warum findet man für die „□" keine Zahlen, sodass die Vektoren linear unabhängig werden?

a) $\begin{pmatrix} 0 \\ 0 \\ 0 \end{pmatrix}, \begin{pmatrix} □ \\ 0 \\ 0 \end{pmatrix}, \begin{pmatrix} 0 \\ 0 \\ 0 \end{pmatrix}$

b) $\begin{pmatrix} 4 \\ -3 \\ 2 \end{pmatrix}, \begin{pmatrix} 0 \\ 0 \\ 0 \end{pmatrix}, \begin{pmatrix} □ \\ 7 \\ □ \end{pmatrix}$

c) $\begin{pmatrix} 1 \\ □ \\ □ \end{pmatrix}, \begin{pmatrix} □ \\ 1 \\ □ \end{pmatrix}, \begin{pmatrix} □ \\ □ \\ □ \end{pmatrix}$

5 Geraden

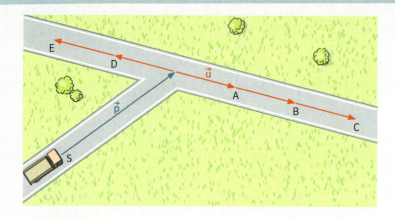

Vom Startpunkt S fährt jeweils ein Wagen zu den Punkten A, B, C, D und E.
Beschreiben Sie die vier Wege mithilfe der Vektoren $\vec{p}$ und $\vec{u}$. Beschreiben Sie die Lage der Punkte A bis E.

Vektoris3D
Gerade im Raum

Mithilfe von Vektoren kann man sowohl Geraden in der Ebene als auch Geraden im Raum beschreiben.
In Fig. 1 liegen die Punkte P, Q, R und S auf derselben Geraden g. Mit dem Ortsvektor

$$\vec{p} = \begin{pmatrix} 3 \\ 4 \\ 5 \end{pmatrix}$$ des Punktes P gilt für die Ortsvektoren $\vec{q}$, $\vec{r}$ und $\vec{s}$ der Punkte Q, R und S:

$$\begin{pmatrix} 3 \\ 4 \\ 5 \end{pmatrix} + 1 \cdot \begin{pmatrix} -1 \\ -2 \\ 1 \end{pmatrix} = \begin{pmatrix} 2 \\ 2 \\ 6 \end{pmatrix} = \vec{q},$$

$$\begin{pmatrix} 3 \\ 4 \\ 5 \end{pmatrix} + 2 \cdot \begin{pmatrix} -1 \\ -2 \\ 1 \end{pmatrix} = \begin{pmatrix} 1 \\ 0 \\ 7 \end{pmatrix} = \vec{r} \text{ und } \begin{pmatrix} 3 \\ 4 \\ 5 \end{pmatrix} + (-1) \begin{pmatrix} -1 \\ -2 \\ 1 \end{pmatrix} = \begin{pmatrix} 4 \\ 6 \\ 4 \end{pmatrix} = \vec{s}.$$

Fig. 1

Ein beliebiger Punkt X mit dem Ortsvektor $\vec{x}$ liegt auf der Geraden g in Fig. 1, wenn es eine reelle Zahl r gibt, sodass gilt: $\vec{x} = \begin{pmatrix} 3 \\ 4 \\ 5 \end{pmatrix} + r \cdot \begin{pmatrix} -1 \\ -2 \\ 1 \end{pmatrix}$.

Setzt man umgekehrt in die Gleichung $\vec{x} = \begin{pmatrix} 3 \\ 4 \\ 5 \end{pmatrix} + r \cdot \begin{pmatrix} -1 \\ -2 \\ 1 \end{pmatrix}$ für r alle reellen Zahlen ein, dann erhält man die Ortsvektoren aller Punkte der Geraden g. Deshalb bezeichnet man diese Gleichung als **Gleichung der Geraden g**.

Eine Gleichung der Form $\vec{x} = \vec{p} + r \cdot \vec{u}$ ($r \in \mathbb{R}$) heißt **Parametergleichung** der Geraden.

Jede Gerade lässt sich durch eine Gleichung der Form $\vec{x} = \vec{p} + r \cdot \vec{u}$ ($r \in \mathbb{R}$) beschreiben.
Der Vektor $\vec{p}$ heißt **Stützvektor**. Er ist der Ortsvektor zu einem Punkt P, der auf der Geraden g liegt.
Der Vektor $\vec{u}$ heißt **Richtungsvektor**.

Eine Gerade g kann durch mehrere Gleichungen beschrieben werden, z. B. sind
$\vec{x} = \begin{pmatrix} 3 \\ 4 \\ 5 \end{pmatrix} + s \cdot \begin{pmatrix} -3 \\ -6 \\ 3 \end{pmatrix}$ und $\vec{x} = \begin{pmatrix} 2 \\ 2 \\ 6 \end{pmatrix} + t \cdot \begin{pmatrix} 2 \\ 4 \\ -2 \end{pmatrix}$ ebenfalls Gleichungen der Geraden g.
Dabei sind die Richtungsvektoren jeweils Vielfache voneinander, das heißt linear abhängig.

Zeichnen einer Geraden im Raum

Gegeben ist eine Gerade g mit
$\vec{x} = \begin{pmatrix} 2 \\ 4 \\ 3 \end{pmatrix} + r \cdot \begin{pmatrix} 1 \\ 2 \\ -1 \end{pmatrix}$.

1. Schritt:
Man trägt in ein Koordinatensystem den Pfeil des Stützvektors $\vec{p} = \begin{pmatrix} 2 \\ 4 \\ 3 \end{pmatrix}$ ein. Der Anfangspunkt des Stützvektors liegt im Koordinatenursprung. Der Vektor $\vec{p} = \begin{pmatrix} 2 \\ 4 \\ 3 \end{pmatrix}$ ist der Ortsvektor des Punktes P(2|4|3). Dieser Punkt liegt auf der Geraden g.

2. Schritt:
Man zeichnet den Pfeil des Richtungsvektors $\vec{u} = \begin{pmatrix} 1 \\ 2 \\ -1 \end{pmatrix}$. Der Anfangspunkt des Richtungsvektors liegt an der Spitze des Pfeils von $\vec{p}$. Man zeichnet die Gerade g so, dass der Pfeil von $\vec{u}$ auf g liegt.

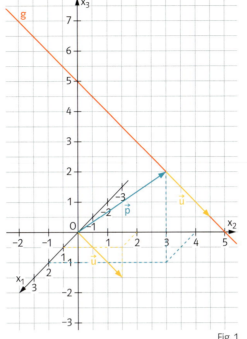

Fig. 1

Die Schreibweise g: $\vec{x} = \vec{p} + r \cdot \vec{u}$ bedeutet: die Gerade g mit der Gleichung $\vec{x} = \vec{p} + r \cdot \vec{u}$.

Beispiel 1 Punkte einer Geraden bestimmen
Geben Sie drei Punkte an, die auf der Geraden g: $\vec{x} = \begin{pmatrix} 2 \\ 1 \\ 3 \end{pmatrix} + t \cdot \begin{pmatrix} -1 \\ 3 \\ 2 \end{pmatrix}$ liegen.

■ Lösung: *Setzt man in die gegebene Gleichung* $\vec{x} = \begin{pmatrix} 2 \\ 1 \\ 3 \end{pmatrix} + t \cdot \begin{pmatrix} -1 \\ 3 \\ 2 \end{pmatrix}$ *für t nacheinander z.B. die Werte 0; 1 und –1 ein, so erhält man die Vektoren*

$\vec{x_0} = \begin{pmatrix} 2 \\ 1 \\ 3 \end{pmatrix} + 0 \cdot \begin{pmatrix} -1 \\ 3 \\ 2 \end{pmatrix} = \begin{pmatrix} 2 \\ 1 \\ 3 \end{pmatrix}$; $\vec{x_1} = \begin{pmatrix} 2 \\ 1 \\ 3 \end{pmatrix} + 1 \cdot \begin{pmatrix} -1 \\ 3 \\ 2 \end{pmatrix} = \begin{pmatrix} 1 \\ 4 \\ 5 \end{pmatrix}$ und $\vec{x_{-1}} = \begin{pmatrix} 2 \\ 1 \\ 3 \end{pmatrix} + (-1) \cdot \begin{pmatrix} -1 \\ 3 \\ 2 \end{pmatrix} = \begin{pmatrix} 3 \\ -2 \\ 1 \end{pmatrix}$.

Die Punkte $X_0(2|1|3)$, $X_1(1|4|5)$ und $X_{-1}(3|-2|1)$ liegen auf der Geraden g.

Beispiel 2 Gleichung einer Geraden bestimmen
Die Punkte A(1|–2|5) und B(4|6|–2) liegen auf der Geraden g. Bestimmen Sie eine Gleichung der Geraden g.

■ Lösung: *Da A auf g liegt, ist der Vektor* $\vec{a} = \begin{pmatrix} 1 \\ -2 \\ 5 \end{pmatrix}$ *ein möglicher Stützvektor von g.*

Da A und B auf g liegen, ist der Vektor $\vec{AB} = \begin{pmatrix} 4 \\ 6 \\ -2 \end{pmatrix} - \begin{pmatrix} 1 \\ -2 \\ 5 \end{pmatrix} = \begin{pmatrix} 3 \\ 8 \\ -7 \end{pmatrix}$ *ein möglicher Richtungsvektor von g.*
Man erhält g: $\vec{x} = \begin{pmatrix} 1 \\ -2 \\ 5 \end{pmatrix} + t \cdot \begin{pmatrix} 3 \\ 8 \\ -7 \end{pmatrix}$.

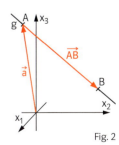

Fig. 2

Es könnte z.B. auch $\vec{b} = \begin{pmatrix} 4 \\ 6 \\ -2 \end{pmatrix}$ *als Stützvektor und* $\vec{BA} = \begin{pmatrix} -3 \\ -8 \\ 7 \end{pmatrix}$ *als Richtungsvektor gewählt werden.*

Beispiel 3 Punktprobe

Überprüfen Sie, ob der Punkt A(−7|−5|8) auf der Geraden $g: \vec{x} = \begin{pmatrix} 3 \\ -1 \\ 2 \end{pmatrix} + t \cdot \begin{pmatrix} 5 \\ 2 \\ -3 \end{pmatrix}$ liegt.

▪ **Lösung:** Wenn A auf g liegt, dann muss es eine reelle Zahl t geben, die die Gleichung $\begin{pmatrix} 3 \\ -1 \\ 2 \end{pmatrix} + t \cdot \begin{pmatrix} 5 \\ 2 \\ -3 \end{pmatrix} = \begin{pmatrix} -7 \\ -5 \\ 8 \end{pmatrix}$ erfüllt. Aus $3 + t \cdot 5 = -7$ folgt $t = -2$ und es gilt sowohl $(-1) + (-2) \cdot 2 = -5$ als auch $2 + (-2) \cdot (-3) = 8$.

A liegt somit auf g.

Aufgaben

1 a) Geben Sie drei Punkte an, die auf der Geraden $g: \vec{x} = \begin{pmatrix} 1 \\ 1 \\ 2 \end{pmatrix} + t \cdot \begin{pmatrix} 0 \\ -2 \\ 7 \end{pmatrix}$ liegen.
b) Geben Sie eine weitere Gleichung der Geraden g an.

2 Die Gerade g geht durch die Punkte A und B. Geben Sie jeweils zwei Gleichungen der Geraden g an.

a) A(1|2|2), B(5|−4|7)   b) A(−3|−2|9), B(0|0|3)   c) A(7|−2|7), B(1|1|1)

3 Prüfen Sie, ob der Punkt X auf der Geraden g liegt.

a) X(1|1); $g: \vec{x} = \begin{pmatrix} 7 \\ 3 \end{pmatrix} + t \cdot \begin{pmatrix} -2 \\ 3 \end{pmatrix}$ b) X(−1|0); $g: \vec{x} = \begin{pmatrix} -1 \\ 5 \end{pmatrix} + t \cdot \begin{pmatrix} 0 \\ 5 \end{pmatrix}$

c) X(2|3|−1); $g: \vec{x} = \begin{pmatrix} 7 \\ 0 \\ 4 \end{pmatrix} + t \cdot \begin{pmatrix} 5 \\ -3 \\ 5 \end{pmatrix}$ d) X(2|−1|−1); $g: \vec{x} = \begin{pmatrix} 1 \\ 0 \\ 1 \end{pmatrix} + t \cdot \begin{pmatrix} 1 \\ 3 \\ 3 \end{pmatrix}$

4 Geben Sie eine Gleichung der Geraden g an.
a) Die Gerade geht durch den Punkt B(1|−2|9) und $\vec{u} = \begin{pmatrix} 2 \\ 1 \\ -5 \end{pmatrix}$ ist ein Richtungsvektor von g.

b) Die Gerade geht durch den Punkt A(2|1|−3) und $\vec{u} = \begin{pmatrix} 2 \\ 1 \\ -5 \end{pmatrix}$ ist ein Stützvektor von g.

5 Gegeben ist die Gerade $g: \vec{x} = \begin{pmatrix} 1 \\ -3 \\ 2 \end{pmatrix} + t \cdot \begin{pmatrix} 2 \\ 2 \\ 2 \end{pmatrix}$.

a) Bestimmen Sie zwei Punkte, die auf der Geraden g liegen.
b) Bestimmen Sie einen Punkt, der auf der Geraden g liegt und dessen x_2-Koordinate Null ist.
c) Bestimmen Sie einen Punkt, der auf der Geraden g und in der $x_2 x_3$-Ebene liegt.
d) Zeichnen Sie die Gerade g in ein Koordinatensystem.

Der gesuchte Punkt P von Teilaufgabe 5b) hat eine besondere Lage – welche?

6 Fig. 1 zeigt einen Würfel ABCDEFGH. Geben Sie eine Gleichung der Geraden
a) durch A und C an,
b) durch B und D an,
c) durch E und G an,
d) durch A und G an,
e) durch B und H an.

7 Geben Sie für ein ebenes Koordinatensystem die Gleichungen der beiden Winkelhalbierenden zwischen der x_1-Achse und x_2-Achse an.

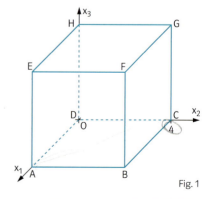

Fig. 1

8 In Fig. 1, Fig. 2 und Fig. 3 ist jeweils eine Gerade, die auf einer Koordinatenachse liegt, rot gekennzeichnet. Geben Sie für jede dieser drei Geraden eine Gleichung an.

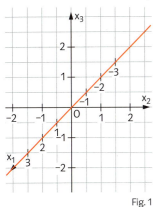
Fig. 1

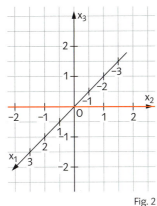
Fig. 2

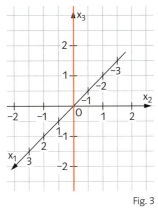
Fig. 3

9 Beschreiben Sie die besondere Lage der Geraden im Koordinatensystem.

a) $g: \vec{x} = t \cdot \begin{pmatrix} 1 \\ 0 \\ 1 \end{pmatrix}$
b) $g: \vec{x} = t \cdot \begin{pmatrix} 0 \\ 1 \\ 1 \end{pmatrix}$
c) $g: \vec{x} = \begin{pmatrix} 0 \\ 0 \\ 2 \end{pmatrix} + t \cdot \begin{pmatrix} 0 \\ 1 \\ 0 \end{pmatrix}$

Vektoris3D
Besondere Geraden

Zeit zu überprüfen

10 Geben Sie eine Gleichung der Geraden an, auf der die Punkte A und B liegen.
a) A(4|7), B(7|4)
b) A(1|2|3), B(3|2|1)

11 Betrachtet wird die Gerade $g: \vec{x} = \begin{pmatrix} 4 \\ -3 \\ 5 \end{pmatrix} + r \cdot \begin{pmatrix} -3 \\ 2 \\ -9 \end{pmatrix}$.

a) Bestimmen Sie die Koordinaten zweier Punkte P und Q, die auf der Geraden g liegen.
b) Liegen die Punkte A(1|0|−7) und B(7|−5|14) auf der Geraden g?

12 Die in Fig. 4 und Fig. 5 rot eingezeichneten Punkte sind jeweils Mittelpunkte einer Seitenfläche bzw. einer Kante. Bestimmen Sie jeweils eine Gleichung der eingezeichneten Geraden
a) im Quader in Fig. 4,
b) in der quadratischen Pyramide in Fig. 5.

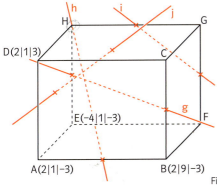
Fig. 4

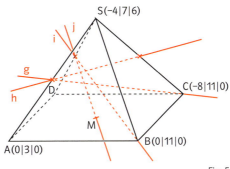
Fig. 5

13 Betrachtet wird die rote Gerade g in Fig. 1.

a) Geben Sie drei verschiedene Gleichungen der Geraden g an.

b) Bestimmen Sie die Koordinaten von drei verschiedenen Punkten A, B und C, die auf der Geraden g liegen.

c) Der Punkt P liegt auf der Geraden g und in der x_1x_2-Ebene. Bestimmen Sie die Koordinaten des Punktes P.

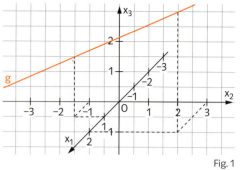

Fig. 1

14 Liegen die Punkte A, B und C auf einer Geraden?

a) A(2|3), B(6|8), C(10|13)
b) A(3|0), B(−1|−4), C(5|3)
c) A(1|0|1), B(1|−7|1), C(2|−2|2)
d) A(1|−1|1), B(−1|−2|−1), C(7|2|7)

15 Für den Quader in Fig. 2 gilt $\overline{AB}$ = 4 cm; $\overline{BC}$ = 3 cm und $\overline{AE}$ = 3,5 cm.

a) Wählen Sie das Koordinatensystem so, dass der Punkt D im Ursprung liegt und geben Sie die Koordinaten der übrigen Eckpunkte des Quaders an.

b) Geben Sie eine Gleichung der roten Geraden g in der Form $\vec{x} = \vec{b} + r \cdot \vec{u}$ an. Der Vektor $\vec{b}$ ist hierbei der Ortsvektor des Punktes B.

c) Welche reellen Zahlen muss man in die Gleichung von Aufgabenteil b) einsetzen, damit man die Ortsvektoren aller Punkte der Strecke $\overline{BH}$ erhält?

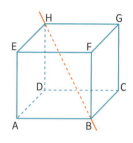

Fig. 2

16 Mithilfe von Gleichungen wie zum Beispiel y = mx + c kann man Geraden in der Ebene beschreiben. Man kann solche Geraden auch mithilfe von Vektoren in der Form $\vec{x} = \vec{p} + r \cdot \vec{u}$ angeben.

a) Geben Sie für die Gerade g in Fig. 3 eine Gleichung der Form y = mx + c und eine Gleichung der Form $\vec{x} = \vec{p} + r \cdot \vec{u}$ an.

b) Kann man am Richtungsvektor einer Geraden die Steigung der Geraden erkennen? Begründen Sie Ihre Antwort.

c) Kann man anhand der Steigung einer Geraden einen Richtungsvektor angeben? Begründen Sie Ihre Antwort.

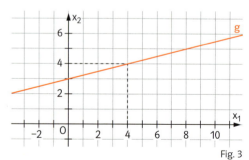

Fig. 3

Zeit zu wiederholen

17 Es gibt zwei Grundformeln für die Berechnung der Volumina geometrischer Körper.
Formel I: Volumen ist gleich Grundfläche mal Höhe.
Formel II: Volumen ist gleich ein Drittel Grundfläche mal Höhe.
Ordnen Sie die beiden Formeln verschiedenen geometrischen Körpern zu.

18 Ein Kegel passt genau in einen gleich hohen, hohlen Zylinder. Der Kegel hat eine 10 cm² große Grundfläche, der Zylinder ist 15 cm hoch. Wie viel Liter Flüssigkeit kann man maximal zwischen Kegel und Zylinderwand gießen?

6 Gegenseitige Lage von Geraden

Kann man sicher sein, dass sich die Wege der beiden Flugzeuge gekreuzt haben? Begründen Sie ihre Antwort.

Zwei Geraden in der Ebene sind entweder zueinander parallel oder sie schneiden sich. Bei zwei Geraden im Raum kann zusätzlich der Fall eintreten, dass sie weder zueinander parallel sind noch gemeinsame Punkte besitzen. Solche Geraden heißen **zueinander windschief**.

In Fig. 1 bis 3 wird die Lage der Geraden $g: \vec{x} = \begin{pmatrix} 1 \\ 1 \\ 2 \end{pmatrix} + r \cdot \begin{pmatrix} 0 \\ 3 \\ 1 \end{pmatrix}$ zu den Geraden

$h_1: \vec{x} = \begin{pmatrix} 0 \\ -2 \\ 3 \end{pmatrix} + t \cdot \begin{pmatrix} 2 \\ 3 \\ -3 \end{pmatrix}$; $h_2: \vec{x} = \begin{pmatrix} -1 \\ 0 \\ 4 \end{pmatrix} + t \cdot \begin{pmatrix} 0 \\ 3 \\ 1 \end{pmatrix}$ und $h_3: \vec{x} = \begin{pmatrix} -1 \\ 3 \\ 1 \end{pmatrix} + t \cdot \begin{pmatrix} -2 \\ -1 \\ 2 \end{pmatrix}$ veranschaulicht.

Sich schneidende Geraden   **Zueinander parallele Geraden**   **Zueinander windschiefe Geraden**

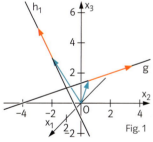

Fig. 1 — Die Richtungsvektoren sind linear unabhängig. Die Geraden haben einen gemeinsamen Punkt. Sie schneiden sich.

Fig. 2 — Die Richtungsvektoren sind linear abhängig. Die Geraden haben keine gemeinsamen Punkte. Sie sind zueinander parallel.

Fig. 3 — Die Richtungsvektoren sind linear unabhängig. Die Geraden haben keine gemeinsamen Punkte. Sie sind zueinander windschief.

ⓢ Vektoris3D
Lage von Geraden

Beachten Sie:
Ist ein Vektor $\vec{a}$ ein Vielfaches eines Vektors $\vec{b}$, dann sind die Vektoren $\vec{a}$ und $\vec{b}$ linear abhängig und Pfeile von $\vec{a}$ und $\vec{b}$ sind zueinander parallel.

> Zwei Geraden g und h im Raum können
> - sich schneiden. Sie besitzen einen einzigen gemeinsamen Punkt.
> - zueinander parallel sein. Sie besitzen keine gemeinsamen Punkte.
> - zueinander windschief sein. Sie besitzen keine gemeinsamen Punkte und sind nicht zueinander parallel.

Beachten Sie: Es ist möglich, dass zwei verschiedene Geradengleichungen vorliegen, die aber zur selben Geraden g gehören.

So kann man bestimmen, wie zwei Geraden g: $\vec{x} = \vec{p} + r \cdot \vec{u}$ und h: $\vec{x} = \vec{q} + s \cdot \vec{v}$ zueinander liegen.

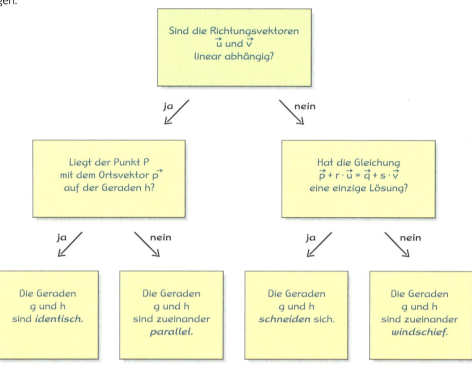

Beispiel 1 Parallele bzw. identische Geraden

a) Zeigen Sie, dass die Geraden g: $\vec{x} = \begin{pmatrix} 1 \\ 1 \\ 0 \end{pmatrix} + t \cdot \begin{pmatrix} 3 \\ -1 \\ 2 \end{pmatrix}$ und h: $\vec{x} = \begin{pmatrix} 5 \\ 7 \\ 4 \end{pmatrix} + r \cdot \begin{pmatrix} -9 \\ 3 \\ -6 \end{pmatrix}$ zueinander parallel sind.

b) Ändern Sie die Gleichung der Geraden h so ab, dass beide Gleichungen dieselbe Gerade beschreiben.

■ Lösung: a) 1. Schritt: *Untersuchung der Richtungsvektoren.*

Weil $-3 \cdot \begin{pmatrix} 3 \\ -1 \\ 2 \end{pmatrix} = \begin{pmatrix} -9 \\ 3 \\ -6 \end{pmatrix}$, sind die Richtungsvektoren linear abhängig.

Die Geraden g und h sind zueinander parallel oder identisch.

2. Schritt: *Punktprobe*

Liegt der Punkt P(1|1|0) auf der Geraden h?

Die Gleichung $\begin{pmatrix} 5 \\ 7 \\ 4 \end{pmatrix} + r \cdot \begin{pmatrix} -9 \\ 3 \\ -6 \end{pmatrix} = \begin{pmatrix} 1 \\ 1 \\ 0 \end{pmatrix}$ führt auf das LGS $\begin{matrix} 5 - 9r = 1 \\ 7 + 3r = 1 \\ 4 - 6r = 0 \end{matrix}$.

Aus der ersten Gleichung des LGS folgt $r = \frac{4}{9}$. Dies führt zu einem Widerspruch in der zweiten und dritten Gleichung. Also hat das LGS keine Lösung. Daraus folgt: der Punkt P liegt nicht auf der Geraden h.

Die Geraden g und h sind parallel.

b) *Man wählt als Stützvektor der Geraden h den Stützvektor der Geraden g.*

h: $\vec{x} = \begin{pmatrix} 1 \\ 1 \\ 0 \end{pmatrix} + r \cdot \begin{pmatrix} -9 \\ 3 \\ -6 \end{pmatrix}$

> Wenn zwei Gleichungen die gleiche Gerade beschreiben, sagt man auch, die Geraden sind identisch.

GTR-Hinweise
735501-2431

Beispiel 2 Sich schneidende Geraden
Bestimmen Sie die gegenseitige Lage der Geraden $g: \vec{x} = \begin{pmatrix} 7 \\ -2 \\ 2 \end{pmatrix} + r \cdot \begin{pmatrix} 2 \\ 3 \\ 1 \end{pmatrix}$
und $h: \vec{x} = \begin{pmatrix} 4 \\ -6 \\ -1 \end{pmatrix} + t \cdot \begin{pmatrix} 1 \\ 1 \\ 2 \end{pmatrix}$.

■ Lösung: 1. Schritt: *Untersuchung der Richtungsvektoren*.

Weil $\begin{pmatrix} 2 \\ 3 \\ 1 \end{pmatrix}$ kein Vielfaches von $\begin{pmatrix} 1 \\ 1 \\ 2 \end{pmatrix}$ ist, schneiden sich g und h oder sie sind windschief.

2. Schritt: *Lösen der Vektorgleichung*.

Die Gleichung $\begin{pmatrix} 7 \\ -2 \\ 2 \end{pmatrix} + r \cdot \begin{pmatrix} 2 \\ 3 \\ 1 \end{pmatrix} = \begin{pmatrix} 4 \\ -6 \\ -1 \end{pmatrix} + t \cdot \begin{pmatrix} 1 \\ 1 \\ 2 \end{pmatrix}$ bzw. das LGS $\begin{matrix} 2r - t = -3 \\ 3r - t = -4 \\ r - 2t = -3 \end{matrix}$ hat die Lösung $r = -1$

und $t = 1$ (Fig. 1). Setzt man $r = -1$ in die Gleichung für g oder $t = 1$ in die Gleichung für h ein,
so erhält man den Ortsvektor $\begin{pmatrix} 5 \\ -5 \\ 1 \end{pmatrix}$.

Die Geraden g und h schneiden sich im Punkt $S(5|-5|1)$.

Fig. 1

Beispiel 3 Windschiefe Geraden
Bestimmen Sie die gegenseitige Lage der Geraden g und h.
$g: \vec{x} = \begin{pmatrix} 3 \\ 6 \\ 4 \end{pmatrix} + r \cdot \begin{pmatrix} 4 \\ 8 \\ 2 \end{pmatrix}$; $h: \vec{x} = \begin{pmatrix} 1 \\ 0 \\ 3 \end{pmatrix} + s \cdot \begin{pmatrix} -4 \\ -6 \\ 2 \end{pmatrix}$

■ Lösung: 1. Schritt: *Untersuchung der Richtungsvektoren*.

Weil $\begin{pmatrix} 4 \\ 8 \\ 2 \end{pmatrix}$ kein Vielfaches von $\begin{pmatrix} -4 \\ -6 \\ 2 \end{pmatrix}$ ist, schneiden sich g und h oder sie sind zueinander windschief.

2. Schritt: *Lösen der Vektorgleichung*.

Die Gleichung $\begin{pmatrix} 3 \\ 6 \\ 4 \end{pmatrix} + r \cdot \begin{pmatrix} 4 \\ 8 \\ 2 \end{pmatrix} = \begin{pmatrix} 1 \\ 0 \\ 3 \end{pmatrix} + s \cdot \begin{pmatrix} -4 \\ -6 \\ 2 \end{pmatrix}$ bzw. das LGS $\begin{matrix} 4r + 4s = -2 \\ 8r + 6s = -6 \\ 2r - 2s = -1 \end{matrix}$ hat keine Lösung (Fig. 2).

Die Geraden g und h sind zueinander windschief.

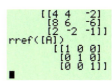
Fig. 2

Aufgaben

1 Entscheiden Sie, ob die Geraden g und h parallel bzw. identisch sind.

a) $g: \vec{x} = \begin{pmatrix} 1 \\ 2 \\ 3 \end{pmatrix} + r \cdot \begin{pmatrix} 2 \\ 4 \\ 1 \end{pmatrix}$; $h: \vec{x} = \begin{pmatrix} 3 \\ 6 \\ 4 \end{pmatrix} + t \cdot \begin{pmatrix} 4 \\ 8 \\ 2 \end{pmatrix}$ b) $g: \vec{x} = \begin{pmatrix} 0 \\ 7 \\ 3 \end{pmatrix} + r \cdot \begin{pmatrix} 1 \\ 3 \\ 9 \end{pmatrix}$; $h: \vec{x} = \begin{pmatrix} 6 \\ 2 \\ 0 \end{pmatrix} + s \cdot \begin{pmatrix} \frac{1}{3} \\ 1 \\ 3 \end{pmatrix}$

c) $g: \vec{x} = \begin{pmatrix} 1 \\ 1 \\ 0 \end{pmatrix} + r \cdot \begin{pmatrix} 2 \\ 2 \\ -1 \end{pmatrix}$; $h: \vec{x} = \begin{pmatrix} 1 \\ 1 \\ 0 \end{pmatrix} + r \cdot \begin{pmatrix} -1 \\ -1 \\ 0{,}5 \end{pmatrix}$ d) $g: \vec{x} = \begin{pmatrix} 3 \\ 9 \\ 8 \end{pmatrix} + r \cdot \begin{pmatrix} 8 \\ 7 \\ 0 \end{pmatrix}$; $h: \vec{x} = \begin{pmatrix} 0 \\ 4 \\ 0 \end{pmatrix} + t \cdot \begin{pmatrix} -4 \\ 3{,}5 \\ 0 \end{pmatrix}$

2 Die Geraden g und h schneiden sich. Berechnen Sie den Schnittpunkt.

a) $g: \vec{x} = \begin{pmatrix} 9 \\ 0 \\ 6 \end{pmatrix} + r \cdot \begin{pmatrix} 3 \\ 2 \\ 1 \end{pmatrix}$; $h: \vec{x} = \begin{pmatrix} 7 \\ -2 \\ 2 \end{pmatrix} + s \cdot \begin{pmatrix} 1 \\ 1 \\ 2 \end{pmatrix}$ b) $g: \vec{x} = \begin{pmatrix} 9 \\ 7 \\ 1 \end{pmatrix} + t \cdot \begin{pmatrix} 2 \\ 1 \\ 0 \end{pmatrix}$; $h: \vec{x} = \begin{pmatrix} 5 \\ 5 \\ 3 \end{pmatrix} + t \cdot \begin{pmatrix} 2 \\ 1 \\ 1 \end{pmatrix}$

c) $g: \vec{x} = \begin{pmatrix} 1 \\ 0 \\ 2 \end{pmatrix} + r \cdot \begin{pmatrix} 1 \\ -1 \\ 1 \end{pmatrix}$; $h: \vec{x} = \begin{pmatrix} 3 \\ -2 \\ 4 \end{pmatrix} + t \cdot \begin{pmatrix} 2 \\ 3 \\ 0 \end{pmatrix}$ d) $g: \vec{x} = \begin{pmatrix} 7 \\ 3 \\ 9 \end{pmatrix} + r \cdot \begin{pmatrix} 1 \\ 4 \\ 0 \end{pmatrix}$; $h: \vec{x} = \begin{pmatrix} 3 \\ -13 \\ 9 \end{pmatrix} + t \cdot \begin{pmatrix} 2 \\ 1 \\ 1 \end{pmatrix}$

In Teilaufgabe b) muss ein Parameter umbenannt werden.

3 Zwei der Geraden sind zueinander windschief. Wie kann man sofort erkennen, welche Geraden dies sind? Begründen Sie Ihre Antwort.

g: $\vec{x} = \begin{pmatrix} 1 \\ 2 \\ 3 \end{pmatrix} + r \cdot \begin{pmatrix} 3 \\ 2 \\ 1 \end{pmatrix}$; h: $\vec{x} = \begin{pmatrix} 1 \\ 2 \\ 3 \end{pmatrix} + t \cdot \begin{pmatrix} 2 \\ 1 \\ 3 \end{pmatrix}$; i: $\vec{x} = \begin{pmatrix} 7 \\ 7 \\ 7 \end{pmatrix} + s \cdot \begin{pmatrix} 2 \\ 1 \\ 3 \end{pmatrix}$

4 Untersuchen Sie die gegenseitige Lage der Geraden g und h. Berechnen Sie gegebenenfalls die Koordinaten des Schnittpunktes S.

a) g: $\vec{x} = \begin{pmatrix} 5 \\ 0 \\ 1 \end{pmatrix} + t \cdot \begin{pmatrix} 2 \\ 1 \\ -1 \end{pmatrix}$; h: $\vec{x} = \begin{pmatrix} 7 \\ 1 \\ 2 \end{pmatrix} + t \cdot \begin{pmatrix} -6 \\ -3 \\ 3 \end{pmatrix}$
b) g: $\vec{x} = \begin{pmatrix} 1 \\ 2 \\ 1 \end{pmatrix} + t \cdot \begin{pmatrix} 2 \\ 0 \\ 1 \end{pmatrix}$; h: $\vec{x} = \begin{pmatrix} 2 \\ 3 \\ 4 \end{pmatrix} + t \cdot \begin{pmatrix} 0 \\ 1 \\ -1 \end{pmatrix}$

c) g: $\vec{x} = \begin{pmatrix} 0 \\ 1 \\ 1 \end{pmatrix} + t \cdot \begin{pmatrix} 1 \\ 0 \\ 1 \end{pmatrix}$; h: $\vec{x} = \begin{pmatrix} 4 \\ 2 \\ 4 \end{pmatrix} + t \cdot \begin{pmatrix} 2 \\ 1 \\ 1 \end{pmatrix}$
d) g: $\vec{x} = \begin{pmatrix} 5 \\ 5 \\ 1 \end{pmatrix} + t \cdot \begin{pmatrix} 1 \\ 2 \\ 0 \end{pmatrix}$; h: $\vec{x} = \begin{pmatrix} -5 \\ -15 \\ 1 \end{pmatrix} + t \cdot \begin{pmatrix} -0{,}5 \\ 1 \\ 0 \end{pmatrix}$

Zeit zu überprüfen

5 Bestimmen Sie die gegenseitige Lage der Geraden g: $\vec{x} = \begin{pmatrix} 1 \\ 0 \\ 5 \end{pmatrix} + r \cdot \begin{pmatrix} 2 \\ -2 \\ 2 \end{pmatrix}$ und
h: $\vec{x} = \begin{pmatrix} 5 \\ 0 \\ 1 \end{pmatrix} + r \cdot \begin{pmatrix} -3 \\ 3 \\ -3 \end{pmatrix}$.

6 Bestimmen Sie die Koordinaten des Schnittpunktes der Geraden

g: $\vec{x} = \begin{pmatrix} 1 \\ 1 \\ 1 \end{pmatrix} + t \cdot \begin{pmatrix} 2 \\ 0 \\ 4 \end{pmatrix}$ und h: $\vec{x} = \begin{pmatrix} 1 \\ 2 \\ 6 \end{pmatrix} + r \cdot \begin{pmatrix} -2 \\ 1 \\ 1 \end{pmatrix}$.

7 Geben Sie eine Gleichung für eine Gerade h an, die die Gerade g schneidet, eine Gerade i, die zur Geraden g parallel ist, und eine Gerade j, die zur Geraden g windschief ist.

a) g: $\vec{x} = \begin{pmatrix} 1 \\ 0 \\ 0 \end{pmatrix} + t \cdot \begin{pmatrix} 7 \\ 3 \\ 1 \end{pmatrix}$
b) g: $\vec{x} = \begin{pmatrix} 2 \\ 2 \\ 1 \end{pmatrix} + t \cdot \begin{pmatrix} 1 \\ 2 \\ 0 \end{pmatrix}$
c) g: $\vec{x} = \begin{pmatrix} 2 \\ 3 \\ 6 \end{pmatrix} + t \cdot \begin{pmatrix} 1 \\ 0 \\ 5 \end{pmatrix}$

8 a) Schneiden sich die Geraden g und h in Fig. 1?
b) In Fig. 2 sind die Punkte E und F Kantenmitten. Schneiden sich die Geraden g und h?

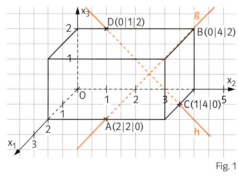

Fig. 1

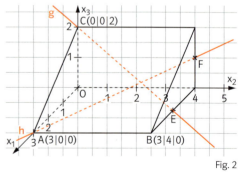

Fig. 2

9 Sind die Aussagen wahr? Begründen Sie Ihre Antwort.
a) Wenn zwei Geraden zueinander windschief sind, dann sind ihre Richtungsvektoren linear unabhängig.
b) Wenn die Richtungsvektoren zweier Geraden im Raum linear unabhängig sind, dann sind die Geraden zueinander windschief.
c) Wenn die Richtungsvektoren zweier Geraden im Raum linear unabhängig sind, dann schneiden sich die Geraden.
d) Wenn sich zwei Geraden im Raum schneiden, dann sind ihre Richtungsvektoren linear unabhängig.

7 Längen messen – Einheitsvektoren

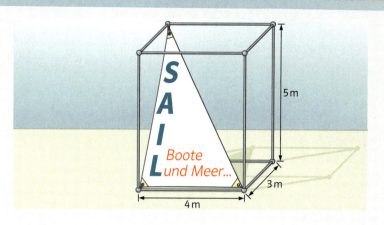

Auf dem Gelände einer Bootsmesse wurde in einen quaderförmigen Rahmen ein bedrucktes Tuch mit einem Werbetext eingespannt. Beschreiben Sie die Geraden, auf denen die Tuchkanten liegen, vektoriell.
Bestimmen Sie den Flächeninhalt und den Umfang des Tuches.

Den Abstand zweier Punkte P und Q in einem räumlichen Koordinatensystem kann man berechnen, indem man zweimal den Satz des Pythagoras anwendet (Fig. 1).
Für die Länge der Strecke $\overline{PS}$ gilt nach dem Satz des Pythagoras:
$\overline{PS} = \sqrt{\overline{RS}^2 + \overline{PR}^2} = \sqrt{(-1-1)^2 + (6-2)^2}$. Für die Länge der Strecke $\overline{PQ}$ erhält man ebenso:

$\overline{PQ} = \sqrt{\overline{PS}^2 + \overline{SQ}^2}$
$= \sqrt{(-1-1)^2 + (6-2)^2 + (8-5)^2}$
$= \sqrt{(-2)^2 + 4^2 + 3^2} = \sqrt{29}$

Der Abstand der Punkte P und Q ist gleich der Länge eines Pfeils des Vektors $\overrightarrow{PQ} = \begin{pmatrix} -2 \\ 4 \\ 3 \end{pmatrix}$.
Diese Länge bezeichnet man als **Betrag des Vektors $\overrightarrow{PQ}$**.

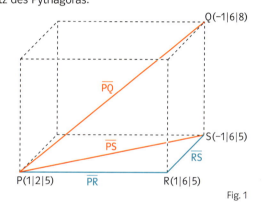

Fig. 1

Man sagt, der Vektor $\overrightarrow{PQ}$ hat den Betrag $\sqrt{29}$, und man schreibt $|\overrightarrow{PQ}| = \sqrt{29}$.

Vektoren mit dem Betrag 1 nennt man **Einheitsvektoren**.
Mithilfe von Einheitsvektoren lassen sich Abstände von Punkten auf einer Geraden direkt bestimmen.
In Fig. 2 ist der Richtungsvektor $\vec{u}$ der Geraden g: $\vec{x} = \vec{p} + t \cdot \vec{u}$ ein Einheitsvektor.

Da $|\vec{u}| = 1$ ist, entspricht der Betrag des Parameterwertes t dem Abstand des zugehörigen Geradenpunktes vom Punkt P, z. B. ist $\overline{PR} = 2$, denn $\vec{r} = \vec{p} + 2 \cdot \vec{u}$ bzw. $\overline{PS} = 3$, denn $\vec{s} = \vec{p} + (-3) \cdot \vec{u}$.
In Fig. 3 kann man den Abstand dagegen nicht direkt am Parameterwert r ablesen, da $|\vec{v}| = 3$.

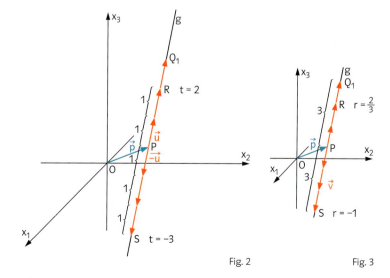

Fig. 2   Fig. 3

Den Einheitsvektor eines Vektors $\vec{a}$, der die gleiche Richtung wie $\vec{a}$ hat, bezeichnet man mit $\vec{a_0}$.

Ist zum Beispiel $\vec{a} = \begin{pmatrix} 3 \\ 2 \\ 6 \end{pmatrix}$,

so ist $|\vec{a}| = \sqrt{3^2 + 2^2 + 6^2} = 7$

und $\vec{a_0} = \frac{1}{7} \cdot \begin{pmatrix} 3 \\ 2 \\ 6 \end{pmatrix} = \begin{pmatrix} \frac{3}{7} \\ \frac{2}{7} \\ \frac{6}{7} \end{pmatrix}$.

Allgemein: Für den Einheitsvektor $\vec{a_0}$ eines Vektors $\vec{a}$ gilt $\vec{a_0} = \frac{1}{|\vec{a}|} \cdot \vec{a}$.

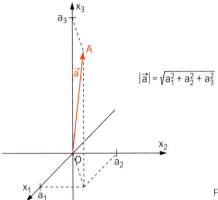

$|\vec{a}| = \sqrt{a_1^2 + a_2^2 + a_3^2}$

Fig. 1

Vektoris3D
Punkte im Raum

Zum Vektor $\vec{o}$ gibt es keinen Einheitsvektor. Warum?

> **Definition:** In der Geometrie bezeichnet man die Pfeillängen eines Vektors $\vec{a}$ als **Betrag von $\vec{a}$**. Für den Betrag eines Vektors $\vec{a}$ schreibt man $|\vec{a}|$.
>
> Für $\vec{a} = \begin{pmatrix} a_1 \\ a_2 \end{pmatrix}$ gilt: $|\vec{a}| = \sqrt{a_1^2 + a_2^2}$.
>
> Für $\vec{a} = \begin{pmatrix} a_1 \\ a_2 \\ a_3 \end{pmatrix}$ gilt: $|\vec{a}| = \sqrt{a_1^2 + a_2^2 + a_3^2}$.
>
> Der Vektor $\vec{a_0}$ heißt Einheitsvektor zum Vektor $\vec{a}$, wenn $|\vec{a_0}| = 1$ und $\vec{a_0}$ und $\vec{a}$ dieselbe Richtung haben. Es gilt $\vec{a_0} = \frac{1}{|\vec{a}|} \cdot \vec{a}$.
>
> Der Abstand zweier Punkte $P(p_1|p_2|p_3)$ und $Q(q_1|q_2|q_3)$ ist gleich dem Betrag des Vektors $\vec{PQ}$ und es gilt:
> $\vec{PQ} = \sqrt{(q_1 - p_1)^2 + (q_2 - p_2)^2 + (q_3 - p_3)^2}$.

Beispiel 1 Betrag eines Vektors, Berechnung des Einheitsvektors

Bestimmen Sie für $\vec{a} = \begin{pmatrix} 12 \\ -4 \\ 3 \end{pmatrix}$ den Betrag von $\vec{a}$ und den Einheitsvektor $\vec{a_0}$.

■ Lösung: Berechnung des Betrages: $|\vec{a}| = \sqrt{12^2 + (-4)^2 + 3^2} = \sqrt{169} = 13$.

Einheitsvektor zu $\vec{a}$: $\vec{a_0} = \frac{1}{13} \vec{a} = \frac{1}{13} \begin{pmatrix} 12 \\ -4 \\ 3 \end{pmatrix} = \begin{pmatrix} \frac{12}{13} \\ -\frac{4}{13} \\ \frac{3}{13} \end{pmatrix}$.

Beispiel 2 Abstand zweier Punkte

Bestimmen Sie den Abstand der Punkte $P(4,5|-3,2|5,7)$ und $Q(9|-2|11)$.

■ Lösung: 1. Möglichkeit: $|\vec{PQ}| = \sqrt{(9 - 4,5)^2 + (-2 - (-3,2))^2 + (11 - 5,7)^2} = \sqrt{49,78} \approx 7,06$

2. Möglichkeit: $\vec{PQ} = \vec{OQ} - \vec{OP}$

$\vec{PQ} = \begin{pmatrix} 9 \\ -2 \\ 11 \end{pmatrix} - \begin{pmatrix} 4,5 \\ -3,2 \\ 5,7 \end{pmatrix}$; $\vec{PQ} = \begin{pmatrix} 4,5 \\ 1,2 \\ 5,3 \end{pmatrix}$.

Daraus ergibt sich:

$|\vec{PQ}| = \sqrt{4,5^2 + 1,2^2 + 5,3^2}$ und somit $|\vec{PQ}| \approx 7,06$.

Beispiel 3 Bewegungsaufgabe

Ein Schiff S_1 fährt auf dem offenen Meer in Richtung $\vec{u} = \begin{pmatrix} 4 \\ 3 \end{pmatrix}$ mit der Geschwindigkeit $15\,\frac{km}{h}$. Zur Zeit $t = 0$ befindet es sich in der Position $A(-3|1)$ (alle Koordinaten in km).

a) Wo befindet sich das Schiff S_1 nach zwei Stunden?

b) Ein Schiff S_2 befindet sich in der Position $B(2|3)$ und eine halbe Stunde später in $C(-8|3)$. Berechnen Sie die Geschwindigkeit von S_2 sowie die Orte und den Zeitpunkt, an dem sich die beiden Schiffe am nächsten kommen.

■ **Lösung:** a) $|\vec{u}| = 5$. *Der Richtungsvektor wird so angepasst, dass die Länge dem zurückgelegten Weg in einer Stunde entspricht:*

$\vec{u}_{neu} = 15 \cdot \vec{u}_0 = 15 \cdot \frac{1}{5} \cdot \vec{u} = 3 \cdot \begin{pmatrix} 4 \\ 3 \end{pmatrix} = \begin{pmatrix} 12 \\ 9 \end{pmatrix}$; $\vec{OD} = \begin{pmatrix} -3 \\ 1 \end{pmatrix} + 2 \cdot \begin{pmatrix} 12 \\ 9 \end{pmatrix} = \begin{pmatrix} 21 \\ 19 \end{pmatrix}$.

Nach zwei Stunden befindet sich das Schiff im Punkt $D(21|19)$.

b) $\vec{v} = \vec{BC} = \begin{pmatrix} 10 \\ 0 \end{pmatrix}$; $|\vec{v}| = 10$. Das Schiff S_2 legt in einer halben Stunde 10 km zurück, also beträgt seine Geschwindigkeit $20\,\frac{km}{h}$.

Es seien P_t und Q_t die Positionen der Schiffe S_1 und S_2 zum Zeitpunkt t (t in Stunden nach Beobachtungsbeginn). Für die Ortsvektoren der Punkte P_t und Q_t gilt dann:

$\vec{OP_t} = \vec{OA} + t \cdot 15 \cdot \vec{u}_0$

$\vec{OP_t} = \begin{pmatrix} -3 \\ 1 \end{pmatrix} + t \cdot 15 \cdot \frac{1}{5} \cdot \begin{pmatrix} 4 \\ 3 \end{pmatrix} = \begin{pmatrix} -3 \\ 1 \end{pmatrix} + t \cdot \begin{pmatrix} 12 \\ 9 \end{pmatrix} = \begin{pmatrix} -3 + 12t \\ 1 + 9t \end{pmatrix}$

$\vec{OQ_t} = \vec{OB} + t \cdot 20 \cdot \vec{v}_0$

$\vec{OQ_t} = \begin{pmatrix} 2 \\ 3 \end{pmatrix} + t \cdot 20 \cdot \begin{pmatrix} -1 \\ 0 \end{pmatrix} = \begin{pmatrix} 2 \\ 3 \end{pmatrix} + t \cdot \begin{pmatrix} -20 \\ 0 \end{pmatrix} = \begin{pmatrix} 2 - 20t \\ 3 \end{pmatrix}$

Der Paramter t der Ortsvektoren wird hier als Zeit interpretiert.

Gesucht ist der Wert t, für den der Betrag des Vektors $\vec{P_t Q_t}$ minimal wird.

$\vec{P_t Q_t} = \begin{pmatrix} 2 - 20t - (-3 + 12t) \\ 3 - (1 + 9t) \end{pmatrix} = \begin{pmatrix} 5 - 32t \\ 2 - 9t \end{pmatrix}$;

$|\vec{P_t Q_t}| = \sqrt{(5 - 32t)^2 + (2 - 9t)^2} = \sqrt{1105t^2 - 356t + 29}$

Mit dem GTR erhält man $t_{min} \approx 0{,}16$ und $|\vec{P_{tmin} Q_{tmin}}| \approx 0{,}57$.

Die Schiffe S_1 und S_2 kommen sich etwa 0,16 h bzw. 9,6 Minuten nach Beobachtungsbeginn am nächsten und sind dann rund 570 m voneinander entfernt.
Für S_1 erhält man die Position $P_{tmin}(-1{,}07|2{,}45)$ und für S_2 die Position $Q_{tmin}(-1{,}22|3)$.

Fig. 1

Aufgaben

1 Berechnen Sie die Beträge der Vektoren. Bestimmen Sie jeweils den zugehörigen Einheitsvektor.

$\vec{a} = \begin{pmatrix} 1 \\ 0 \\ 2 \end{pmatrix}$, $\vec{b} = \begin{pmatrix} 3 \\ -2 \\ 1 \end{pmatrix}$, $\vec{c} = \begin{pmatrix} 0 \\ -1 \\ 0 \end{pmatrix}$, $\vec{d} = \begin{pmatrix} 0{,}2 \\ 0{,}2 \\ 0{,}1 \end{pmatrix}$, $\vec{e} = \begin{pmatrix} \sqrt{2} \\ \sqrt{3} \\ \sqrt{5} \end{pmatrix}$, $\vec{f} = \frac{1}{4}\begin{pmatrix} 3 \\ 1 \\ 4 \end{pmatrix}$, $\vec{g} = 0{,}1\begin{pmatrix} 4 \\ 3 \\ 0 \end{pmatrix}$

2 Berechnen Sie den Abstand der Punkte A und B.
a) $A(0|0|0)$, $B(2|3|-1)$ b) $A(2|2|-2)$, $B(0|-1|5)$ c) $A(1|5|6)$, $B(1|6|7)$

3 Geben Sie eine Gleichung der Geraden durch die Punkte $A(2|1|2)$ und $B(4|3|3)$ so an, dass der Richtungsvektor ein Einheitsvektor ist.
Bestimmen Sie die Koordinaten aller Punkte auf g, die von A den Abstand d haben.
a) 12 b) 13 c) 14 d) 15

4 Ein Flugzeug befindet sich zu Beobachtungsbeginn im Punkt P(3|7|8). Es fliegt mit einer konstanten Geschwindigkeit von 800 $\frac{km}{h}$ in Richtung des Vektors $\vec{u} = \begin{pmatrix} 3 \\ 4 \\ 0 \end{pmatrix}$ (alle Koordinaten in Kilometer). Wo befindet sich das Flugzeug eine halbe Stunde (eine Stunde) nach Beobachtungsbeginn?

Zeit zu überprüfen

5 Bestimmen Sie für $\vec{a} = \begin{pmatrix} 4 \\ \sqrt{5} \\ 2 \end{pmatrix}$ den Betrag von $\vec{a}$ und den Einheitsvektor $\vec{a_0}$.

6 Bestimmen Sie den Abstand der Punkte P(1|1|1) und Q(6,5|2|5).

7 Ein Flugzeug hebt im Punkt S(300|400|0) von der Landebahn ab (Fig. 1).
Die Flugbahn für die ersten fünf Flugminuten kann durch die Gleichung

$\vec{x} = \begin{pmatrix} 300 \\ 400 \\ 0 \end{pmatrix} + t \cdot \begin{pmatrix} 2500 \\ 1600 \\ 1500 \end{pmatrix}$ beschrieben werden

(Flugzeit t in Minuten nach Abheben am Punkt S, alle Angaben in Meter).
Wie weit ist das Flugzeug fünf Minuten nach dem Abheben vom Punkt S entfernt? Welche Höhe hat es zu diesem Zeitpunkt erreicht?

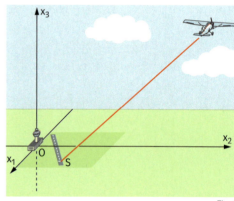
Fig. 1

8 Untersuchen Sie, ob das Dreieck ABC gleichschenklig ist.
a) A(1|-2|2), B(3|2|1), C(3|0|3) b) A(7|0|-1), B(5|-3|-1), C(4|0|1)

9 Berechnen Sie die Längen der drei Seitenhalbierenden des Dreiecks ABC mit
a) A(4|2|-1), B(10|-8|9), C(4|0|1), b) A(1|2|-1), B(-1|10|15), C(9|6|-5).
c) Bestimmen Sie jeweils den Abstand der Ecken des Dreiecks vom Schnittpunkt der Seitenhalbierenden.

10 Gegeben ist der Würfel ABCDEFGH in Fig. 2 mit D(0|0|0) und B(6|6|0).
Bestimmen Sie den Abstand des Schnittpunktes S der Geraden durch B und H sowie der Geraden durch A und G mit den Eckpunkten des Würfels.

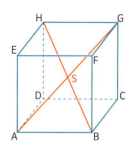
Fig. 2

11 Die Punkte A(1|2|3) und B(-2|-3|-4) liegen auf der Geraden g.
a) Gibt es einen oder mehrere Punkte auf g, die von A doppelt so weit wie von B entfernt sind? Bestimmen Sie gegebenenfalls näherungsweise die Koordinaten.
b) Gibt es Punkte auf g, die sowohl von A den Abstand 10 als auch von B den Abstand 5 haben? Begründen Sie Ihre Antwort.

12 Bestimmen Sie die fehlende Koordinate p_3 so, dass der Punkt P(5|0|p_3) vom Punkt Q(4|-2|5) den Abstand 3 hat.

13 Die Wege zweier Boote können durch die Gleichungen $\vec{x} = \begin{pmatrix} 44 \\ 20 \end{pmatrix} + t \cdot \begin{pmatrix} 4 \\ 10 \end{pmatrix}$ und $\vec{x} = t \cdot \begin{pmatrix} 8 \\ 5 \end{pmatrix}$
beschrieben werden. Hierbei wird ihre Fahrzeit t in Stunden gemessen.
Zur Zeit t = 0 befindet sich Boot I an dem Punkt P(44|20) und Boot II im Hafen.
a) Geben Sie die Koordinaten des Punktes an, an dem sich das Boot II im Hafen befindet.
b) Geben Sie die Koordinaten des Punktes S an, in dem sich die Wege der Boote schneiden.
Wann erreichen die beiden Boote diesen Punkt S? Wie weit ist der Punkt S vom Hafen entfernt?

14 Die geradlinigen Flugbahnen zweier Flugzeuge F_1 und F_2 können mithilfe eines Koordinatensystems angegeben werden. Die Flugbahn von F_1 ist durch die Punkte P(2|3|1) und Q(0|0|1,05) festgelegt, die Flugbahn von F_2 wird durch R(–2|3|0,05) und T(2|–3|0,07) festgelegt.
Die Koordinaten geben die Entfernungen zum Koordinatenursprung in Kilometer an. Es ist windstill. F_1 fliegt mit der Geschwindigkeit $350 \frac{km}{h}$ und F_2 mit der Geschwindigkeit $250 \frac{km}{h}$ relativ zur Luft.
F_1 befindet sich am Punkt P und F_2 befindet sich zeitgleich am Punkt R. Betrachtet wird die Situation 20 Minuten später.
a) Wo befinden sich die beiden Flugzeuge? In welcher Höhe befinden sie sich?
b) Wie weit sind die Flugzeuge voneinander entfernt?

15 Auf einem See kreuzen sich die Routen zweier Fähren F_1 und F_2. Die Fähre F_1 fährt in 40 Minuten mit konstanter Geschwindigkeit geradlinig vom Ort A(16|4) zum Ort B(12|20).
Die Fähre F_2 fährt mit konstanter Geschwindigkeit von $25 \frac{km}{h}$ vom Ort C(4|0) zum Ort D(24|15) (alle Koordinaten in km).
a) Zeichnen Sie die Routen der beiden Fähren in ein Koordinatensystem.
b) Wo befindet sich die Fähre F_1 eine halbe Stunde nach Verlassen des Ortes A?
c) Beide Fähren verlassen gleichzeitig die Orte A bzw. C. Wie viele Minuten nach Abfahrt kommen sich die beiden Fähren am nächsten? Wie weit sind sie voneinander entfernt?

16 Ein Ballon startet im Punkt A(2|5|0). Er bewegt sich geradlinig mit konstanter Geschwindigkeit und ist nach einer Stunde im Punkt B(4|8|1). Beim Start des Ballons befindet sich ein Flugzeug im Punkt C(10|15|1) und fliegt geradlinig mit $90 \frac{km}{h}$ in Richtung $\vec{u} = \begin{pmatrix} -1 \\ -2 \\ 2 \end{pmatrix}$ (alle Koordinaten in km).
a) Wie weit ist der Punkt C vom Startplatz A des Ballons entfernt?
b) Wie viele Minuten nach dem Start des Ballons kommen sich der Ballon und das Kleinflugzeug am nächsten? Wie weit sind sie in diesem Augenblick voneinander entfernt?

Zeit zu wiederholen

17 Bestimmen Sie jeweils den Flächeninhalt der grünen Fläche.

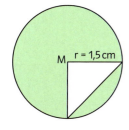
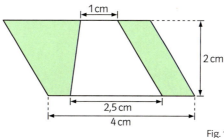

Fig. 1

18 Für welche geometrischen Figuren wird der Flächeninhalt wie folgt berechnet.
a) Grundlinie mal Höhe
b) $\frac{1}{2}$ mal Grundlinie mal Höhe

Wiederholen – Vertiefen – Vernetzen

Fig. 2

Geradengleichungen bestimmen

1 a) Begründen Sie: Die Vektoren $\vec{e_1}, \vec{e_2}, \vec{e_3}$ (Fig. 1) sind linear unabhängig.
b) Stellen Sie jeden der Vektoren $\overrightarrow{OP}, \overrightarrow{E_1Q}$, $\overrightarrow{E_2R}, \overrightarrow{E_3S}$ als Linearkombination der Vektoren $\vec{e_1}, \vec{e_2}, \vec{e_3}$ dar.
c) Begründen Sie: Jeweils drei der Vektoren $\overrightarrow{OP}, \overrightarrow{E_1Q}, \overrightarrow{E_2R}, \overrightarrow{E_3S}$ sind linear unabhängig.
d) Stellen Sie jeden der Vektoren $\overrightarrow{OP}, \overrightarrow{E_1Q}$, $\overrightarrow{E_2R}, \overrightarrow{E_3S}$ als Linearkombination der drei anderen dar.

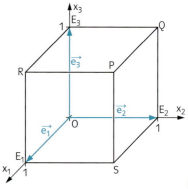

Fig. 1

2 Zeichnen Sie in ein Koordinatensystem die Punkte A(1|1|1), B(−1|−1|−1) und C(2|−2|2) ein. Auf welchen besonderen Geraden liegen diese Punkte?

3 Auf dem Dach einer Diskothek sind im Abstand von 3 m zwei sogenannte Laserkanonen angebracht (Fig. 2). Ihre Lichtstrahlen zeichnen Geraden mit wechselnder Richtung in den Abendhimmel. Beschreiben Sie mithilfe von Vektoren jeweils eine solche rote und blaue Gerade, die
a) sich schneiden, b) zueinander parallel sind, c) zueinander windschief sind.

4 Die Punkte A(4|0|0), B(−2|4|−2), C(−4|6|8) und D(6|8|4) werden wie bei einem Spiegel an einer Ebene im Raum gespiegelt. Bestimmen Sie die Koordinaten der Bildpunkte A', B', C' und D' bei a) Spiegelung an der x_1x_2-Ebene, b) Spiegelung an der x_2x_3-Ebene.

5 Fig. 3 zeigt ein Zimmer, in das eine Raumdiagonale eingezeichnet ist. Diese Raumdiagonale legt eine Gerade g fest.
a) Legen Sie für das Zimmer ein Koordinatensystem fest.
b) Bestimmen Sie für die Gerade g eine Gleichung der Form $\vec{x} = \vec{p} + r \cdot \vec{u}$.
c) Bestimmen Sie für eine Bodendiagonale eine Gleichung der Form $y = mx + b$.

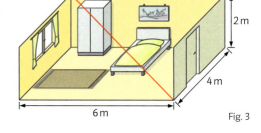

Fig. 3

6 Der Stab in Fig. 4 wird senkrecht von oben beleuchtet. Zwischen ihm und seinem Schatten ist ein Winkel von 60°.
a) Legen Sie ein räumliches Koordinatensystem fest.
b) Bestimmen Sie eine Gleichung für die Gerade, die durch den Schatten festgelegt wird.
c) Bestimmen Sie eine Gleichung für die Gerade, die durch den beleuchteten Stab festgelegt wird.

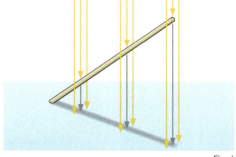

Fig. 4

7 Geben Sie eine Gleichung einer Geraden an, die durch P geht und zu h parallel ist.
a) P(0|0); h: $\vec{x} = \begin{pmatrix} 0 \\ 2 \end{pmatrix} + t \cdot \begin{pmatrix} 4 \\ 1 \end{pmatrix}$
b) P(0|−1|2); h: $\vec{x} = \begin{pmatrix} 2 \\ -1 \\ 0 \end{pmatrix} + t \cdot \begin{pmatrix} -7 \\ 0 \\ 3 \end{pmatrix}$

Wiederholen – Vertiefen – Vernetzen

8 Das Dach des Sonnenschirms bildet eine Pyramide mit quadratischem Grundriss. Die Grundfläche der Pyramide ist 4 m² groß. Der Ständer des Sonnenschirms ragt 2,50 m aus dem Boden heraus. Die unteren Kanten des Schirms befinden sich 2 m über dem Boden.
a) Legen Sie ein räumliches Koordinatensystem fest.
b) Bestimmen Sie die Gleichungen der Geraden, die durch die Kanten der Pyramide festgelegt sind.

Fig. 1

Gegenseitige Lage von Geraden

9 Fig. 2 zeigt einen Würfel. Die roten Geraden g und h gehen durch die eingezeichneten Kantenmitten. Die blauen Geraden gehen alle durch den Punkt Q(0|0|2) und durch einen Punkt auf der rechten vorderen Kante, die parallel zur x_3-Achse ist. Die blauen Punkte auf dieser Kante haben alle die x_1-Koordinate 2 und die x_2-Koordinate 2. Die x_3-Koordinaten dieser Punkte liegen zwischen den Zahlen 0 und 2. Ein solcher Punkt kann mit $P_a(2|2|a)$ angegeben werden; hierbei gilt $0 \leq a \leq 2$. Die jeweilige Gerade durch Q und P_a wird mit g_a bezeichnet.
Bestimmen Sie a so, dass sich g und g_a (h und g_a) schneiden.

Vektoris3D
Lage von Geraden mit Parameter

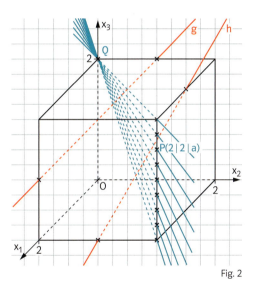

Fig. 2

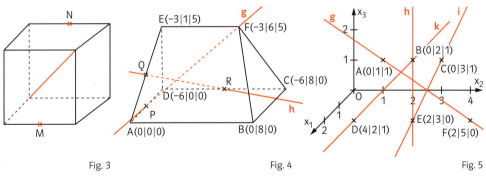

Fig. 3 Fig. 4 Fig. 5

10 Fig. 3 zeigt einen Würfel. Die Punkte M und N sind jeweils die Mitte einer Kante des Würfels. Schneidet die rot eingezeichnete Diagonale die Strecke $\overline{MN}$?

11 In Fig. 4 sind die Punkte P, Q und R die Mitten der jeweiligen Kanten. Schneiden sich die Geraden g und h oder sind sie zueinander windschief?

12 Untersuchen Sie die gegenseitigen Lagen der Geraden g, h, i und k von Fig. 5.

Wiederholen – Vertiefen – Vernetzen

13 Setzt man für t in die Geradengleichungen verschiedene Zahlen ein, so erhält man die Gleichungen verschiedener Geraden. Die Gerade, die man zum Beispiel für t = 3 erhält, wird mit g_3 bezeichnet usw. Bestimmen Sie eine Zahl für t so, dass die Geraden sich schneiden. Bestimmen Sie anschließend eine Zahl t so, dass g_t und h_t zueinander windschief sind.

a) $g_t: \vec{x} = \begin{pmatrix} -t \\ 1 \\ -2 \end{pmatrix} + r \cdot \begin{pmatrix} -1 \\ 4 \\ 2 \end{pmatrix}$; $h_t: \vec{x} = \begin{pmatrix} 2 \\ 6 \\ 4t \end{pmatrix} + s \cdot \begin{pmatrix} 1 \\ -1 \\ -2 \end{pmatrix}$ b) $g_t: \vec{x} = \begin{pmatrix} 3 \\ 4 \\ 2 \end{pmatrix} + r \cdot \begin{pmatrix} 3 \\ -6 \\ -3t \end{pmatrix}$; $h_t: \vec{x} = \begin{pmatrix} 1 \\ 5 \\ 4 \end{pmatrix} + s \cdot \begin{pmatrix} 2 \\ 2t \\ 4 \end{pmatrix}$

Komplexe Aufgaben

14 Gibt es für die Variablen a, b, c und d Zahlen, sodass

$g: \vec{x} = \begin{pmatrix} 1 \\ a \\ 2 \end{pmatrix} + r \cdot \begin{pmatrix} b \\ 3 \\ 4 \end{pmatrix}$ und $h: \vec{x} = \begin{pmatrix} c \\ 0 \\ 3 \end{pmatrix} + s \cdot \begin{pmatrix} 3 \\ 1 \\ d \end{pmatrix}$ identisch sind, zueinander parallel und verschieden sind, sich schneiden, zueinander windschief sind?

15 Die Gerade g in Fig. 1 durchstößt im Punkt P die x_1x_2-Ebene und im Punkt Q die x_2x_3-Ebene.
a) Dass der Punkt P in der x_1x_2-Ebene liegt, kann man an einer seiner Koordinaten erkennen. Geben Sie diese Koordinate an.
b) Betrachtet wird die Gerade h mit der Gleichung $\vec{x} = \begin{pmatrix} 2 \\ 3 \\ 7 \end{pmatrix} + r \cdot \begin{pmatrix} -2 \\ 5 \\ -1 \end{pmatrix}$. Bestimmen Sie die Koordinaten der Punkte R, S und T bei denen die Gerade h die x_1x_2-Ebene, die x_2x_3-Ebene und die x_1x_3-Ebene durchstößt.
c) Geben Sie die Gleichung einer Geraden an, die nicht die x_1x_2-Ebene durchstößt.
d) Geben Sie die Gleichung einer Geraden an, die weder die x_1x_2-Ebene noch die x_2x_3-Ebene durchstößt.

○ Vektoris3D
Gerade und Koordinatenebene

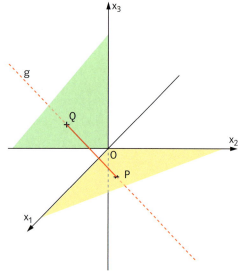

Fig. 1

16 Eine Spinne hat einen Faden zwischen dem Waldboden und dem Baumstamm gespannt (Fig. 2).
a) Wählen Sie ein geeignetes Koordinatensystem und bestimmen Sie die Gleichung der Geraden, die durch den Spinnfaden festgelegt ist.
b) Die Spinne bewegt sich gleichmäßig auf dem Faden. Sie kommt in einer Sekunde 2 cm weit. Die Gleichung der Geraden soll so gestaltet werden, dass Folgendes möglich ist: Setzt man für t die Anzahl der Sekunden ein, die die Spinne unterwegs ist, so erhält man den Ortsvektor des Punktes, den die Spinne nach dieser Zeit erreicht.

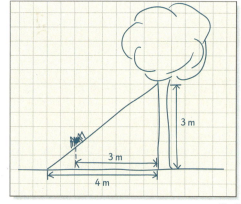

Fig. 2

c) Wo befindet sich die Spinne zwei Minuten nach der in Fig. 2 gezeigten Situation? Wie hoch ist dann die Spinne über dem Waldboden?

Exkursion

Vektoren in anderen Zusammenhängen

Vektoren als Warenlisten

Bei der Aufstellung von Warenlisten kann die Vektorschreibweise in Spalten sehr hilfreich sein. Eine Möbelfirma stellt Schränke in einem Baukastensystem her. Die Schrankmodelle Schwarzwald, Odenwald und Pfälzerwald haben alle den gleichen Korpus. Lediglich die Anzahlen der großen, mittleren und kleinen Einlageböden und die Anzahlen der gleich großen rechten und linken Türen sind verschieden.

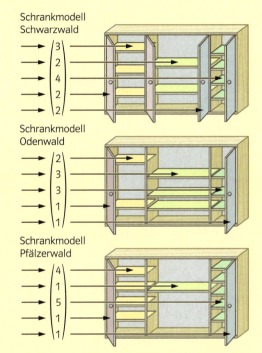

Das Schrankmodell Schwarzwald besteht aus
    drei mittleren Einlegeböden,
    zwei großen Einlegeböden,
    vier kleinen Einlegeböden,
    zwei linken Türen,
    zwei rechten Türen.

Beim Schrankmodell Odenwald bleibt der mittlere Teil offen, es besteht aus
    zwei mittleren Einlegeböden,
    drei großen Einlegeböden,
    drei kleinen Einlegeböden,
    einer linken Tür,
    einer rechten Tür.

Auch beim Schrankmodell Pfälzerwald bleibt der mittlere Teil offen, es besteht aus
    vier mittleren Einlegeböden,
    einem großen Einlegeboden,
    fünf kleinen Einlegeböden,
    einer linken Tür,
    einer rechten Tür.

Werden nun sieben Schränke des Modells Schwarzwald, fünf des Modells Odenwald und zwölf des Modells Pfälzerwald bestellt, so kann man die Anzahlen der Einzelteile mithilfe von „Vektoren mit fünf Koordinaten" berechnen.

Es werden insgesamt benötigt:

$$7 \cdot \begin{pmatrix} 3 \\ 2 \\ 4 \\ 2 \\ 2 \end{pmatrix} + 5 \cdot \begin{pmatrix} 2 \\ 3 \\ 3 \\ 1 \\ 1 \end{pmatrix} + 12 \cdot \begin{pmatrix} 4 \\ 1 \\ 5 \\ 1 \\ 1 \end{pmatrix} = \begin{pmatrix} 79 \\ 41 \\ 103 \\ 31 \\ 31 \end{pmatrix}$$

- 79 mittlere Einlegeböden
- 41 große Einlegeböden
- 103 kleine Einlegeböden
- 31 linke Türen
- 31 rechte Türen

1 Am Gymnasium am Kaiserdom haben Schülerinnen und Schüler eine sogenannte Schulfirma gegründet. Diese Firma stellt vier verschieden gestaltete Briefbögen her und verkauft sie in drei Paketen.
Paket 1 enthält zwei Bögen der Sorte I, vier Bögen der Sorte II, drei Bögen der Sorte III und einen Bogen der Sorte IV. Paket 2 enthält drei Bögen der Sorte I, fünf Bögen der Sorte II, einen Bogen der Sorte III und einen Bogen der Sorte IV. Paket 3 enthält einen Bogen der Sorte I, einen Bogen der Sorte II, drei Bögen der Sorte III und fünf Bögen der Sorte IV. Geben Sie eine Vektorgleichung an, mit der man aufgrund der Anzahlen der bestellten Pakete bestimmen kann, wie viele der einzelnen Bögen man benötigt.

Exkursion

Vektoren in der Physik

In der Physik gibt es zwei verschiedene Arten von Größen: Die **skalaren Größen** und die **vektoriellen Größen**.

Skalare Größen sind zum Bespiel die Masse und die Zeit. Zu ihrer Angabe benötigt man jeweils eine Maßzahl und eine Einheit. Die Angaben 2 kg und 3 h setzen sich aus den Maßzahlen 2 bzw. 3 und den Einheiten kg bzw. h zusammen.

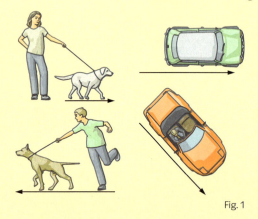

Vektorielle Größen sind zum Beispiel die Kraft und die Geschwindigkeit. Zu ihrer Angabe benötigt man neben einer Maßzahl und einer Einheit auch noch eine Richtung. Man kann sie mithilfe von „Vektorpfeilen" angeben. Kennt man die Einheit der Größe, so stellt die Länge des Pfeils die Maßzahl dar.
Die Kräfte, mit der die Hunde ziehen, sind durch die Pfeile dargestellt. Ihre Kräfte wirken in verschiedene Richtungen. Der eine Pfeil ist doppelt so lang wie der andere, deshalb zieht der braune Hund mit doppelter Kraft.
Die Geschwindigkeiten der Autos sind ebenfalls durch Pfeile dargestellt. Sie fahren in verschiedene Richtungen. Da ihre Pfeile gleich lang sind, fahren sie gleich schnell.

Fig. 1

Vektorielle Größen addiert man genau so wie die Vektoren, die wir aus der Geometrie kennen.

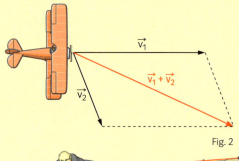

Das Flugzeug hat bei Windstille relativ zur Erde die Geschwindigkeit $\vec{v_1}$. Würde das Flugzeug nur – wie z. B. ein Heißluftballon – durch den Wind bewegt, so hätte es relativ zur Erde die Geschwindigkeit $\vec{v_2}$. Beide Geschwindigkeiten ergeben zusammen die Geschwindigkeit, mit der sich das Flugzeug tatsächlich relativ zur Erde bewegt.

Fig. 2

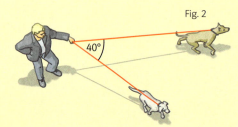
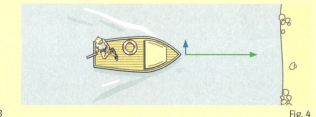

Fig. 3   Fig. 4

2 Der Hund, der den Mann in Fig. 3 nach links zieht, zieht mit der Kraft von 4 kN. Der Hund, der den Mann nach rechts zieht, zieht mit der Kraft von 3 kN.
In welche Richtung und mit welcher Kraft wird der Mann insgesamt gezogen?

3 Das Boot in Fig. 4 fährt mit $5\,\frac{km}{h}$ direkt auf das rechte Flussufer zu (grüner Pfeil). Die Geschwindigkeit des Wassers relativ zum Ufer beträgt $1\,\frac{km}{h}$ (blauer Pfeil).
Bestimmen Sie die Fahrtrichtung des Bootes, wenn der Bootsführer die Stellung des Steuers nicht verändert, das Wasser jedoch plötzlich still stehen würde.

Rückblick

Koordinaten eines Vektors bestimmen

Sind die Punkte $A(a_1|a_2|a_3)$ und $B(b_1|b_2|b_3)$ gegeben, so gilt für den Vektor, der einen Weg von A nach B beschreibt: $\overrightarrow{AB} = \begin{pmatrix} b_1 - a_1 \\ b_2 - a_2 \\ b_3 - a_3 \end{pmatrix}$.

Gegeben: $A(1|-2|5)$, $B(-2|-2|8)$

$\overrightarrow{AB} = \begin{pmatrix} -2-1 \\ -2-(-2) \\ 8-5 \end{pmatrix} = \begin{pmatrix} -3 \\ 0 \\ 3 \end{pmatrix}$

Addition zweier Vektoren

Für zwei Vektoren $\begin{pmatrix} a_1 \\ a_2 \\ a_3 \end{pmatrix}$, $\begin{pmatrix} b_1 \\ b_2 \\ b_3 \end{pmatrix}$ gilt: $\begin{pmatrix} a_1 \\ a_2 \\ a_3 \end{pmatrix} + \begin{pmatrix} b_1 \\ b_2 \\ b_3 \end{pmatrix} = \begin{pmatrix} a_1 + b_1 \\ a_2 + b_2 \\ a_3 + b_3 \end{pmatrix}$.

Gegeben: $\vec{a} = \begin{pmatrix} 1 \\ 1 \\ 2 \end{pmatrix}$; $\vec{b} = \begin{pmatrix} -2 \\ 3 \\ 5 \end{pmatrix}$

$\vec{a} + \vec{b} = \begin{pmatrix} 1+(-2) \\ 1+3 \\ 2+5 \end{pmatrix} = \begin{pmatrix} -1 \\ 4 \\ 7 \end{pmatrix}$

Multiplikation einer reellen Zahl r mit einem Vektor

Für eine reelle Zahl r und einen Vektor $\begin{pmatrix} a_1 \\ a_2 \\ a_3 \end{pmatrix}$ gilt: $r \cdot \begin{pmatrix} a_1 \\ a_2 \\ a_3 \end{pmatrix} = \begin{pmatrix} r \cdot a_1 \\ r \cdot a_2 \\ r \cdot a_3 \end{pmatrix}$.

$3 \cdot \vec{a} = \begin{pmatrix} 3 \cdot 1 \\ 3 \cdot 1 \\ 3 \cdot 2 \end{pmatrix} = \begin{pmatrix} 3 \\ 3 \\ 6 \end{pmatrix}$

Lineare Abhängigkeit und lineare Unabhängigkeit von Vektoren

Die Vektoren $\vec{a_1}, \vec{a_2}, \ldots, \vec{a_n}$ heißen linear abhängig, wenn mindestens einer der Vektoren als Linearkombination der anderen darstellbar ist. Anderenfalls heißen die Vektoren linear unabhängig.
Die Vektoren $\vec{a}$, $\vec{b}$ und $\vec{c}$ sind genau dann linear unabhängig, wenn die Gleichung $r \cdot \vec{a} + s \cdot \vec{b} + t \cdot \vec{c} = \vec{0}$ mit $r, s, t \in \mathbb{R}$ genau eine Lösung mit $r = s = t = 0$ besitzt.

Die Vektoren $\begin{pmatrix} 1 \\ -2 \\ 1 \end{pmatrix}$, $\begin{pmatrix} -2 \\ 1 \\ 2 \end{pmatrix}$ und $\begin{pmatrix} -1 \\ 0 \\ 2 \end{pmatrix}$ sind linear unabhängig, da die Gleichung

$r \cdot \begin{pmatrix} 1 \\ -2 \\ 1 \end{pmatrix} + s \cdot \begin{pmatrix} -2 \\ 1 \\ 2 \end{pmatrix} + t \cdot \begin{pmatrix} -1 \\ 0 \\ 2 \end{pmatrix} = \begin{pmatrix} 0 \\ 0 \\ 0 \end{pmatrix}$

die einzige Lösung $r = s = t = 0$ hat.

Geraden

Jede Gerade lässt sich beschreiben durch eine Parametergleichung der Form $\vec{x} = \vec{p} + r \cdot \vec{u}$.
Der Vektor $\vec{u}$ heißt Richtungsvektor.
Der Vektor $\vec{p}$ heißt Stützvektor.

$g: \vec{x} = \begin{pmatrix} 3 \\ 2 \\ 1 \end{pmatrix} + r \cdot \begin{pmatrix} 5 \\ 7 \\ -3 \end{pmatrix}$

Gegenseitige Lage von Geraden

Zwei Geraden g und h des Raumes können
- sich schneiden.
- zueinander parallel sein.
- zueinander windschief sein.
- identisch sein.

Gegeben:
$g: \vec{x} = \begin{pmatrix} 7 \\ -2 \\ 2 \end{pmatrix} + r \cdot \begin{pmatrix} 2 \\ 3 \\ 1 \end{pmatrix}$ und $h: \vec{x} = \begin{pmatrix} 4 \\ -6 \\ -1 \end{pmatrix} + t \cdot \begin{pmatrix} 1 \\ 1 \\ 2 \end{pmatrix}$

Die Gleichung $\begin{pmatrix} 7 \\ -2 \\ 2 \end{pmatrix} + r \cdot \begin{pmatrix} 2 \\ 3 \\ 1 \end{pmatrix} = \begin{pmatrix} 4 \\ -6 \\ -1 \end{pmatrix} + t \cdot \begin{pmatrix} 1 \\ 1 \\ 2 \end{pmatrix}$

hat die Lösung $r = -1$ und $t = 1$. Die Geraden schneiden sich im Punkt $S(5|-5|1)$.

Betrag eines Vektors $\vec{a}$

Für $\vec{a} = \begin{pmatrix} a_1 \\ a_2 \\ a_3 \end{pmatrix}$ gilt: $|\vec{a}| = \sqrt{a_1^2 + a_2^2 + a_3^2}$.

Ein Vektor mit dem Betrag 1 heißt **Einheitsvektor.**
Ist $\vec{a} \neq \vec{o}$, so ist $\vec{a_0} = \frac{1}{|\vec{a}|} \cdot \vec{a}$ der Einheitsvektor von $\vec{a}$, der die gleiche Richtung wie $\vec{a}$ besitzt.

$\vec{a} = \begin{pmatrix} 3 \\ 2 \\ 6 \end{pmatrix}$

$|\vec{a}| = \sqrt{3^2 + 2^2 + 6^2} = 7$

$\vec{a_0} = \frac{1}{7} \begin{pmatrix} 3 \\ 2 \\ 6 \end{pmatrix}$

Prüfungsvorbereitung ohne Hilfsmittel

1 Berechnen Sie.

a) $\frac{1}{3} \cdot \begin{pmatrix} 1 \\ 9 \\ 12 \end{pmatrix} + 4 \cdot \begin{pmatrix} \frac{1}{6} \\ -1 \\ 1 \end{pmatrix}$
b) $2 \cdot \begin{pmatrix} 12 \\ -8 \\ -2 \end{pmatrix} - (-1) \cdot \begin{pmatrix} -2 \\ -2 \\ -4 \end{pmatrix}$
c) $-0{,}2 \cdot \begin{pmatrix} 10 \\ 15 \\ 20 \end{pmatrix} + \frac{1}{7} \cdot \begin{pmatrix} -49 \\ -77 \\ 14 \end{pmatrix}$

2 Geben Sie die Koordinaten eines Punktes an, der
a) nicht in der x_2x_3-Ebene liegt,
b) in der x_2x_3-Ebene und in der x_1x_3-Ebene liegt,
c) weder in der x_2x_3-Ebene noch in der x_1x_3-Ebene liegt,
d) in der x_2x_3-Ebene und in der x_1x_3-Ebene, jedoch nicht in der x_1x_2-Ebene liegt.

3 Zu dem Vektor $\overrightarrow{AB}$ mit $A(1|2|3)$ und $B(5|-1|-7)$ und dem Vektor $\overrightarrow{CD}$ gehören dieselben Pfeile. Bestimmen Sie die Koordinaten des Punktes C für
a) $D(0|0|0)$,
b) $D(-2|-3|-4)$,
c) $D\left(117\big|-0{,}5\big|\frac{3}{8}\right)$.

4 Fig. 1 zeigt ein regelmäßiges Sechseck, in das Pfeile von Vektoren eingezeichnet sind.
a) Drücken Sie die Vektoren $\vec{c}$, $\vec{d}$ und $\vec{e}$ jeweils durch die Vektoren $\vec{a}$ und $\vec{b}$ aus.
b) Drücken Sie die Vektoren $\vec{a}$, $\vec{b}$ und $\vec{c}$ jeweils durch die Vektoren $\vec{d}$ und $\vec{e}$ aus.

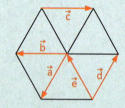
Fig. 1

5 Wie kann die reelle Zahl a gewählt werden, damit die Vektoren linear abhängig sind?

a) $\begin{pmatrix} 9a \\ 3a \end{pmatrix}; \begin{pmatrix} a \\ 1 \end{pmatrix}$
b) $\begin{pmatrix} 4 \\ 4 \\ 8 \end{pmatrix}; \begin{pmatrix} -3 \\ -3 \\ a \end{pmatrix}; \begin{pmatrix} a \\ a \\ -12 \end{pmatrix}$
c) $\begin{pmatrix} a^3 \\ a^2 \\ a \end{pmatrix}; \begin{pmatrix} 1 \\ 1 \\ 1 \end{pmatrix}; \begin{pmatrix} 27 \\ 9 \\ a^5 \end{pmatrix}$
d) $\begin{pmatrix} -2 \\ a \\ a-4 \end{pmatrix}; \begin{pmatrix} 3 \\ a \\ a-3 \end{pmatrix}; \begin{pmatrix} 4 \\ a \\ a+8 \end{pmatrix}$

6 Geben Sie zu der Geraden durch die Punkte A und B eine Parametergleichung an. Liegt der Punkt P auf der Geraden?
a) $A(-1|2|-3)$, $B(5|8|7)$, $P(8|11|12)$
b) $A(-6|5|3)$, $B(4|-2|3)$, $P(5|-1|6)$

7 Geben Sie die Gleichungen zweier Geraden g und h des Raumes an, die
a) sich schneiden,
b) zueinander parallel sind,
c) zueinander windschief sind.

8 Zeichnen Sie die Geraden g und h in ein Koordinatensystem und bestimmen Sie die gegenseitige Lage der Geraden g und h. Berechnen Sie gegebenenfalls die Koordinaten des Schnittpunktes.

a) $g: \vec{x} = \begin{pmatrix} 7 \\ -1 \end{pmatrix} + r \cdot \begin{pmatrix} 5 \\ -4 \end{pmatrix}$; $h: \vec{x} = \begin{pmatrix} -3 \\ -4 \end{pmatrix} + s \cdot \begin{pmatrix} -4 \\ 5 \end{pmatrix}$
b) $g: \vec{x} = \begin{pmatrix} 1 \\ -5 \\ 8 \end{pmatrix} + r \cdot \begin{pmatrix} -2 \\ -4 \\ 6 \end{pmatrix}$; $h: \vec{x} = \begin{pmatrix} 5 \\ 3 \\ -8 \end{pmatrix} + s \cdot \begin{pmatrix} 11 \\ -2 \\ -13 \end{pmatrix}$

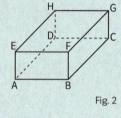
Fig. 2

9 Gegeben ist der Quader ABCDEFGH von Fig. 2 mit $D(0|0|0)$ und $F(6|4|2)$. Bestimmen Sie die Abstände des Schnittpunkts S der Raumdiagonalen von den Kantenmitten des Quaders.

10 Geben Sie eine Gleichung der Geraden durch $A(1|1|1)$ und $B(-1|5|-2)$ so an, dass der Richtungsvektor ein Einheitsvektor ist. Bestimmen Sie die Koordinaten aller Punkte auf g, die von A den folgenden Abstand haben:
a) 5
b) 2,5
c) 20

Prüfungsvorbereitung mit Hilfsmitteln

1 Der Koordinatenursprung O und die Punkte A(7|3|0) und B(0|3|0) sind Ecken der Grundfläche einer dreiseitigen Pyramide. Der Punkt S(0|0|7) ist die Spitze der Pyramide. Zeichnen Sie die Pyramide und bestimmen Sie das Volumen der Pyramide.

2 Sind die Vektoren linear abhängig? Stellen Sie, falls möglich, einen Vektor als Linearkombination der anderen Vektoren dar.

a) $\begin{pmatrix} 3 \\ -2 \\ 1 \end{pmatrix}; \begin{pmatrix} 1 \\ -1 \\ 1 \end{pmatrix}; \begin{pmatrix} 0 \\ \frac{1}{2} \\ -1 \end{pmatrix}$
b) $\begin{pmatrix} 1 \\ -2 \\ 2 \end{pmatrix}; \begin{pmatrix} -2 \\ 1 \\ -2 \end{pmatrix}; \begin{pmatrix} -1 \\ 2 \\ 1 \end{pmatrix}$
c) $\begin{pmatrix} 4 \\ -1 \\ 2 \end{pmatrix}; \begin{pmatrix} -3 \\ 6 \\ 3 \end{pmatrix}; \begin{pmatrix} 4 \\ -8 \\ -4 \end{pmatrix}$

3 Untersuchen Sie die gegenseitige Lage der Geraden g und h. Berechnen Sie gegebenenfalls die Koordinaten des Schnittpunktes.

a) $g: \vec{x} = \begin{pmatrix} 1 \\ 0 \\ 3 \end{pmatrix} + r \cdot \begin{pmatrix} 3 \\ 4 \\ 0 \end{pmatrix}$; $h: \vec{x} = \begin{pmatrix} 5 \\ 6 \\ 1 \end{pmatrix} + s \cdot \begin{pmatrix} -1 \\ 1 \\ 1 \end{pmatrix}$
b) $g: \vec{x} = \begin{pmatrix} 7 \\ 1 \\ 0 \end{pmatrix} + r \cdot \begin{pmatrix} 2 \\ -4 \\ 6 \end{pmatrix}$; $h: \vec{x} = \begin{pmatrix} 8 \\ -1 \\ 3 \end{pmatrix} + s \cdot \begin{pmatrix} -1 \\ 2 \\ -3 \end{pmatrix}$

c) $g: \vec{x} = \begin{pmatrix} 1 \\ 3 \\ 4 \end{pmatrix} + r \cdot \begin{pmatrix} 2 \\ 0 \\ 5 \end{pmatrix}$; $h: \vec{x} = \begin{pmatrix} 3 \\ 3 \\ 9 \end{pmatrix} + s \cdot \begin{pmatrix} 2 \\ 4 \\ 1 \end{pmatrix}$
d) $g: \vec{x} = \begin{pmatrix} 2 \\ 5 \\ 7 \end{pmatrix} + r \cdot \begin{pmatrix} 2 \\ 1 \\ -4 \end{pmatrix}$; $h: \vec{x} = \begin{pmatrix} 1 \\ 5 \\ 1 \end{pmatrix} + s \cdot \begin{pmatrix} -4 \\ -2 \\ 8 \end{pmatrix}$

4 Gegeben sind die Punkte A(3|4|5), B(5|6|6) und C(8|6|6).
a) Zeigen Sie, dass das Dreieck ABC gleichschenklig ist. Bestimmen Sie die Koordinaten des Punktes D so, dass die Punkte A, B, C, D Eckpunkte einer Raute sind. Ermitteln Sie die Koordinaten des Diagonalenschnittpunktes M der Raute ABCD.
b) Die Gerade g durch den Diagonalenschnittpunkt M und mit dem Richtungsvektor $\begin{pmatrix} 0 \\ 1 \\ -2 \end{pmatrix}$ steht senkrecht auf der Raute ABCD. Die Raute ist Grundfläche von Pyramiden, deren Spitzen auf der Geraden g liegen. Bestimmen Sie die Koordinaten der Spitzen so, dass die zugehörigen Pyramiden jeweils die Höhe 10 haben.

5 Ein Körper bewegt sich geradlinig mit der konstanten Geschwindigkeit $10 \frac{km}{h}$ auf der Geraden durch die Punkte A(1|2|4) und B(3|4|5) (Koordinaten in km). Der Körper startet in A in Richtung auf B. Wo befindet er sich nach 30 Minuten?

6 Zwei Schiffe, die Mary und die Jenny, befinden sich mitten auf einem Ozean. In einem kartesischen Koordinatensystem (Längeneinheit 1 km) hat die Mary die Position P(60|0). Die Jenny hat zum gleichen Zeitpunkt die Position Q(40|60). Die x_1-Achse des Koordinatensystems zeigt nach Osten und die x_2-Achse nach Norden. Beide Schiffe bewegen sich mit jeweils konstanter Geschwindigkeit auf geradlinigen Kursen.
Die Mary kommt in jeder Stunde 20 km weiter nach Osten und 10 km weiter nach Norden.
Die Jenny kommt in jeder Stunde 10 km weiter nach Osten und 15 km weiter nach Süden.
a) Zeichnen Sie die beiden Schiffsrouten in ein Koordinatensystem ein.
b) Wie weit sind die Schiffe auf ihren Positionen P und Q voneinander entfernt?
c) Kreuzen sich die Schiffsrouten, nachdem die Schiffe die Positionen P und Q verlassen haben?
d) Bestimmen Sie die Positionen der beiden Schiffe, fünf Stunden nachdem sie die Positionen P und Q verlassen haben. Wie weit sind sie zu diesem Zeitpunkt voneinander entfernt?

7 Eine Leuchtkugel fliegt vom Punkt P(4|0|0) geradlinig in Richtung des Punktes Q(0|0|3). Eine zweite Leuchtkugel startet gleichzeitig vom Punkt R(0|3|0) und fliegt geradlinig in Richtung des Punktes T(0|0|7). Beide Kugeln fliegen gleich schnell. Wie weit sind die Kugeln zu dem Zeitpunkt voneinander entfernt, bei dem die erste Kugel den Punkt Q erreicht?

Geometrische Probleme lösen

Bei vielen Fragestellungen sollte man nicht „probieren", sondern besser vorher rechnen – und zwar mit Vektoren.

Welche Abstände haben die Sprungtürme voneinander?

Die Große Pyramide von Gizeh hat eine quadratische Grundfläche. Bedeutet dies, dass die Seitenflächen im rechten Winkel zueinander stehen?

Die Grabkammer der Pyramide soll von allen Wänden gleich weit entfernt sein. Wo liegt sie?

Das kennen Sie schon
- Vektoren
- Betrag eines Vektors
- Gleichungen für Geraden in der Ebene und im Raum
- Lagen und Schnitt von Geraden

Halten die Flugzeuge den Sicherheitsabstand ein?

Moais sind rätselhafte Steindenkmäler auf den Osterinseln.

Um 14 Uhr ist der Schatten des Moais 4 m lang. Wie sieht der Schatten zwei Stunden später aus?

In diesem Kapitel

– werden Gleichungen für Ebenen bestimmt.
– wird die Orthogonalität von Vektoren untersucht.
– werden Lagen und Schnitte von Geraden und Ebenen bestimmt.
– werden Winkel zwischen Vektoren, Ebenen und Geraden berechnet.

 Algorithmus

 Daten und Zufall

 Beziehung und Änderung

 Messen

 Raum und Struktur

1 Ebenen im Raum

Ein dreibeiniger Tisch wackelt nie …
… oder doch?

Ähnlich wie man mithilfe von Vektoren Geraden beschreiben kann, kann man auch Ebenen angeben. Dies wird in Fig. 1 und Fig. 2 verdeutlicht.

In Fig. 1 und Fig. 2 ist der Einfachheit halber statt des gesamten Koordinatensystems zur Orientierung jeweils nur der Koordinatenursprung eingezeichnet.

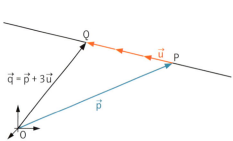

Fig. 1

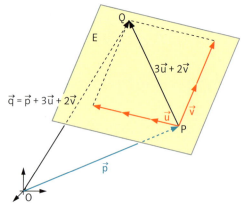

Fig. 2

Eine Gerade g kann durch einen Stützvektor $\vec{p}$ und einen Richtungsvektor $\vec{u}$ beschrieben werden:
g: $\vec{x} = \vec{p} + t \cdot \vec{u}$.

Setzt man in die Gleichung $\vec{x} = \vec{p} + r \cdot \vec{u}$ für r reelle Zahlen ein, dann erhält man jeweils Ortsvektoren, die zu Punkten auf der Geraden g gehören.
Für jeden Punkt Q der Geraden g gibt es eine reelle Zahl r, sodass der Vektor $\vec{q}$ mit
$\vec{q} = \vec{p} + r \cdot \vec{u}$ Ortsvektor von Q ist.

Eine Ebene E kann durch einen Stützvektor $\vec{p}$ und zwei linear unabhängige Vektoren $\vec{u}$ und $\vec{v}$ beschrieben werden:
E: $\vec{x} = \vec{p} + r \cdot \vec{u} + s \cdot \vec{v}$.
Die Vektoren $\vec{u}$ und $\vec{v}$ heißen **Spannvektoren**.
Setzt man in die Gleichung
$\vec{x} = \vec{p} + r \cdot \vec{u} + s \cdot \vec{v}$ für r und s reelle Zahlen ein, dann erhält man jeweils Ortsvektoren, die zu Punkten der Ebene E gehören.
Für jeden Punkt Q der Ebene E gibt es reelle Zahlen r und s, sodass der Vektor $\vec{q}$ mit
$\vec{q} = \vec{p} + r \cdot \vec{u} + s \cdot \vec{v}$ Ortsvektor von Q ist.

Warum dürfen die Spannvektoren nicht zueinander parallel sein?

Vektoris3D
Ebene in Parameterform

Definition: Jede Ebene lässt sich durch eine Gleichung der Form
$$\vec{x} = \vec{p} + r \cdot \vec{u} + s \cdot \vec{v} \quad (r, s \in \mathbb{R}, \vec{u} \neq \vec{o}, \vec{v} \neq \vec{o})$$ beschreiben.
Hierbei sind die Vektoren $\vec{u}$ und $\vec{v}$ linear unabhängig.
Der Vektor $\vec{p}$ heißt Stützvektor und die beiden Vektoren $\vec{u}$ und $\vec{v}$ heißen Spannvektoren.
Die Gleichung $\vec{x} = \vec{p} + r \cdot \vec{u} + s \cdot \vec{v}$ heißt **Parametergleichung** der Ebene.

Beachten Sie:
Drei Punkte A, B und C legen eine Ebene E fest, wenn diese Punkte A, B und C nicht auf einer Geraden liegen (Fig. 1). Als Stützvektor kann man den Ortsvektor einer dieser Punkte wählen, z.B. den Ortsvektor $\vec{a}$ des Punktes A. Als Spannvektoren kann man dann z.B. die Vektoren $\overrightarrow{AB}$ und $\overrightarrow{AC}$ wählen. In diesem Fall ist $\vec{x} = \overrightarrow{OA} + r \cdot \overrightarrow{AB} + s \cdot \overrightarrow{AC}$ eine Parametergleichung von E.

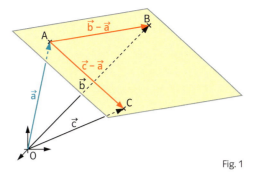

Fig. 1

Beispiel 1 Parametergleichung einer Ebene aufstellen

Geben Sie, falls möglich, eine Parametergleichung der Ebene E an, die durch die Punkte A, B und C festgelegt ist.
a) A(1|−1|1), B(1,5|1|0), C(0|1|1)
b) A(1|−1|1), B(−2|2|−2), C(3|−3|3).

■ Lösung: a) Wählt man als Stützvektor $\overrightarrow{OA}$ und als Spannvektoren $\overrightarrow{AB}$ und $\overrightarrow{AC}$, so erhält man

$$E: \vec{x} = \begin{pmatrix} 1 \\ -1 \\ 1 \end{pmatrix} + r \cdot \begin{pmatrix} 0{,}5 \\ 2 \\ -1 \end{pmatrix} + s \cdot \begin{pmatrix} -1 \\ 2 \\ 0 \end{pmatrix}.$$

Da die Spannvektoren linear unabhängig sind, erhält man eine Ebenengleichung.

b) $\overrightarrow{AB} = \begin{pmatrix} -3 \\ 3 \\ -3 \end{pmatrix}$ und $\overrightarrow{BC} = \begin{pmatrix} 5 \\ -5 \\ 5 \end{pmatrix}$ sind linear abhängig.

Die Punkte A, B und C liegen somit auf einer Geraden. Sie legen keine Ebene fest.

Beispiel 2 Punktprobe

Gegeben ist die Ebene $E: \vec{x} = \begin{pmatrix} 2 \\ 0 \\ 1 \end{pmatrix} + r \cdot \begin{pmatrix} 1 \\ 3 \\ 5 \end{pmatrix} + s \cdot \begin{pmatrix} 2 \\ -1 \\ 1 \end{pmatrix}$.

Überprüfen Sie, ob der folgende Punkt in der Ebene liegt.
a) A(7|5|−3)
b) B(7|1|8)

■ Lösung: a) Der Gleichung $\begin{pmatrix} 7 \\ 5 \\ -3 \end{pmatrix} = \begin{pmatrix} 2 \\ 0 \\ 1 \end{pmatrix} + r \cdot \begin{pmatrix} 1 \\ 3 \\ 5 \end{pmatrix} + s \cdot \begin{pmatrix} 2 \\ -1 \\ 1 \end{pmatrix}$

entspricht das LGS

$\begin{matrix} 7 = 2 + r + 2s \\ 5 = 3r - s \\ -3 = 1 + 5r + s \end{matrix}$, das heißt $\begin{matrix} r + 2s = 5 \\ 3r - s = 5 \\ 5r + s = -4 \end{matrix}$.

Dieses LGS hat keine Lösung.
Der Punkt A liegt nicht in der Ebene E.

b) Der Gleichung $\begin{pmatrix} 7 \\ 1 \\ 8 \end{pmatrix} = \begin{pmatrix} 2 \\ 0 \\ 1 \end{pmatrix} + r \cdot \begin{pmatrix} 1 \\ 3 \\ 5 \end{pmatrix} + s \cdot \begin{pmatrix} 2 \\ -1 \\ 1 \end{pmatrix}$ entspricht das LGS

$\begin{matrix} 7 = 2 + r + 2s \\ 1 = 3r - s \\ 8 = 1 + 5r + s \end{matrix}$, das heißt $\begin{matrix} r + 2s = 5 \\ 3r - s = 1 \\ 5r + s = 7 \end{matrix}$.

Dieses LGS hat die Lösung (1; 2) (s. Fig. 2).

Es gilt: $\begin{pmatrix} 7 \\ 1 \\ 8 \end{pmatrix} = \begin{pmatrix} 2 \\ 0 \\ 1 \end{pmatrix} + 1 \cdot \begin{pmatrix} 1 \\ 3 \\ 5 \end{pmatrix} + 2 \cdot \begin{pmatrix} 2 \\ -1 \\ 1 \end{pmatrix}$. Der Punkt B liegt in der Ebene E. ■

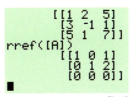

Fig. 2

Aufgaben

Vektoris3D
Ebene durch 3 Punkte

1 Geben Sie, falls möglich, eine Parametergleichung der Ebene E an, die durch die Punkte A, B und C festgelegt ist.
a) A(3|0|2), B(5|−1|7), C(0|−2|0)
b) A(1|0|0), B(0|1|0), C(1|0|1)
c) A(2|1|7), B(−7|−1|2), C(1|−1|1)
d) A(1|0|3), B(1|3|0), C(1|−3|0)

2 Die Ebene E ist durch die Punkte A, B und C festgelegt. Geben Sie zwei verschiedene Parametergleichungen der Ebene E an.
a) A(2|0|3), B(1|−1|5), C(3|−2|0)
b) A(0|0|0), B(2|1|5), C(−3|1|−3)
c) A(1|1|1), B(2|2|2), C(−2|3|5)
d) A(2|5|7), B(7|5|2), C(1|2|3)

3 Der sehr hohe Raum in Fig. 1 wurde durch das dreieckige Segeltuch, das an den Stellen A, B und C befestigt wurde, wohnlicher gestaltet. Das Tuch ist so gespannt, dass seine Oberfläche als Ausschnitt einer Ebene angesehen werden kann. Geben Sie eine Parametergleichung der Ebene E an, die durch die Befestigungspunkte des Segeltuches festgelegt wird. Legen Sie hierzu ein geeignetes Koordinatensystem fest.

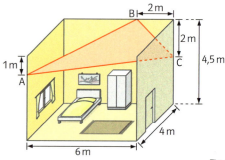

Fig. 1

4 Gegeben ist eine Ebene $E: \vec{x} = \begin{pmatrix} 3 \\ 0 \\ 2 \end{pmatrix} + r \cdot \begin{pmatrix} 2 \\ 1 \\ 7 \end{pmatrix} + s \cdot \begin{pmatrix} 3 \\ 2 \\ 5 \end{pmatrix}$.

a) Liegen die Punkte A(8|3|14), B(1|1|0), C(4|0|11) in der Ebene E?
b) Bestimmen Sie für p eine Zahl so, dass der Punkt P in der Ebene E liegt.
(1) P(4|1|p)   (2) P(p|0|7)   (3) P(p|2|−2)   (4) P(0|p|p)

5 Liegen die Punkte A, B, C und D in einer gemeinsamen Ebene?
a) A(0|1|−1), B(2|3|5), C(−1|3|−1), D(2|2|2)   b) A(3|0|2), B(5|1|9), C(6|2|7), D(8|3|14)
c) A(5|0|5), B(6|3|2), C(2|9|0), D(3|12|−3)   d) A(1|2|3), B(2|4|6), C(3|6|9), D(2|0|2)

6 a) Stellen Sie jeweils eine Parametergleichung der x_1x_2-Ebene, der x_1x_3-Ebene und der x_2x_3-Ebene auf (Fig. 2).
b) Geben Sie zu der x_1x_2-Ebene, der x_1x_3-Ebene und der x_2x_3-Ebene jeweils eine weitere Parametergleichung an.
c) Beschreiben Sie, wie man an einer Parametergleichung erkennen kann, ob sie zu der x_1x_2-Ebene, der x_1x_3-Ebene bzw. der x_2x_3-Ebene gehört.

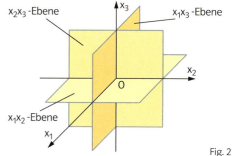

Fig. 2

7 Gegeben ist die Ebene E mit der Parametergleichung $E: \vec{x} = r \cdot \begin{pmatrix} 1 \\ 1 \\ 1 \end{pmatrix} + s \cdot \begin{pmatrix} -1 \\ -1 \\ 1 \end{pmatrix}$.

a) Beschreiben Sie die Lage der Ebene E im Koordinatensystem.
b) Geben Sie Gleichungen zweier verschiedener Ebenen an, die zur Ebene E parallel sind.
c) Geben Sie eine Gleichung der Ebene E an, bei der der Stützvektor nicht der Nullvektor ist.
d) Geben Sie eine Gleichung der Ebene E an, bei der die Spannvektoren nicht parallel zu den Vektoren $\begin{pmatrix} 1 \\ 1 \\ 1 \end{pmatrix}$ und $\begin{pmatrix} -1 \\ -1 \\ 1 \end{pmatrix}$ sind.

Zeit zu überprüfen

8 Gegeben ist die Ebene E, in der die Punkte A(1|0|0), B(0|1|0) und C(0|0|1) liegen.
a) Geben Sie zwei Parametergleichungen von E an, bei denen weder die Stützvektoren noch die Spannvektoren übereinstimmen.
b) Liegen die Punkte P(1|1|1) und Q(2|2|2) in der Ebene E?

---

9 Eine Ebene kann nicht nur durch drei geeignete Punkte festgelegt werden, sondern auch durch einen Punkt und eine Gerade.
a) Welche Bedingung müssen der Punkt und die Gerade erfüllen, damit sie eindeutig eine Ebene festlegen? Begründen Sie Ihre Antwort.
b) Geben Sie die Koordinaten eines Punktes P und die Parametergleichung einer Geraden g an, die eindeutig eine Ebene E festlegen. Bestimmen Sie eine Parametergleichung dieser Ebene E.

10 Eine Ebene E ist durch den Punkt P und die Gerade g eindeutig bestimmt. Geben Sie eine Parametergleichung der Ebene E an.

a) $g: \vec{x} = \begin{pmatrix} 1 \\ 0 \\ 1 \end{pmatrix} + t \cdot \begin{pmatrix} 2 \\ 1 \\ 3 \end{pmatrix}$; P(5|−5|3)

b) $g: \vec{x} = \begin{pmatrix} 2 \\ 0 \\ 1 \end{pmatrix} + t \cdot \begin{pmatrix} 3 \\ 1 \\ 5 \end{pmatrix}$; P(2|7|11)

c) $g: \vec{x} = \begin{pmatrix} 1 \\ 2 \\ 5 \end{pmatrix} + t \cdot \begin{pmatrix} -1 \\ 2 \\ 7 \end{pmatrix}$; P(2|5|−3)

d) $g: \vec{x} = \begin{pmatrix} 1 \\ 0 \\ 3 \end{pmatrix} + t \cdot \begin{pmatrix} 2 \\ 1 \\ 0 \end{pmatrix}$; P(6|3|−1)

◎ Vektoris3D
Ebene durch Gerade und Punkt

11 a) Begründen Sie: Zwei sich schneidende Geraden sowie zwei verschiedene, zueinander parallele Geraden legen jeweils eine Ebene fest.
b) Geben Sie Gleichungen von zwei sich schneidenden Geraden an. Diese Geraden legen eine Ebene fest. Bestimmen Sie eine Parametergleichung dieser Ebene.
c) Geben Sie Gleichungen von zwei verschiedenen, zueinander parallelen Geraden an. Diese Geraden legen eine Ebene fest. Bestimmen Sie eine Parametergleichung dieser Ebene.

Welche dieser Gleichungen legt keine Ebene fest?
a) $\vec{x} = r \cdot \begin{pmatrix} 1 \\ 2 \\ 3 \end{pmatrix} + s \cdot \begin{pmatrix} 2 \\ 1 \\ 0 \end{pmatrix}$
b) $\vec{x} = \begin{pmatrix} 4 \\ 5 \\ -7 \end{pmatrix} + r \cdot \begin{pmatrix} 1 \\ 2 \\ 3 \end{pmatrix} + s \cdot \begin{pmatrix} -2 \\ -4 \\ -6 \end{pmatrix}$

12 Prüfen Sie, ob die beiden Geraden g_1 und g_2 sich schneiden. Geben Sie, falls möglich, eine Parametergleichung der Ebene an, die eindeutig durch die Geraden g_1 und g_2 festgelegt wird.

a) $g_1: \vec{x} = \begin{pmatrix} 1 \\ 1 \\ 2 \end{pmatrix} + t \cdot \begin{pmatrix} 2 \\ 3 \\ 1 \end{pmatrix}$; $g_2: \vec{x} = \begin{pmatrix} 3 \\ 4 \\ 3 \end{pmatrix} + t \cdot \begin{pmatrix} 1 \\ 0 \\ 1 \end{pmatrix}$

b) $g_1: \vec{x} = \begin{pmatrix} 2 \\ 0 \\ 2 \end{pmatrix} + t \cdot \begin{pmatrix} 1 \\ 1 \\ 1 \end{pmatrix}$; $g_2: \vec{x} = \begin{pmatrix} 0 \\ -2 \\ 0 \end{pmatrix} + t \cdot \begin{pmatrix} 1 \\ 2 \\ 3 \end{pmatrix}$

c) $g_1: \vec{x} = \begin{pmatrix} 3 \\ 0 \\ 7 \end{pmatrix} + t \cdot \begin{pmatrix} 2 \\ 5 \\ 1 \end{pmatrix}$; $g_2: \vec{x} = \begin{pmatrix} 7 \\ 10 \\ 9 \end{pmatrix} + t \cdot \begin{pmatrix} 1 \\ 0 \\ 1 \end{pmatrix}$

d) $g_1: \vec{x} = \begin{pmatrix} 1 \\ 2 \\ 5 \end{pmatrix} + t \cdot \begin{pmatrix} 3 \\ 4 \\ 0 \end{pmatrix}$; $g_2: \vec{x} = \begin{pmatrix} 2 \\ 3 \\ 1 \end{pmatrix} + t \cdot \begin{pmatrix} 3 \\ 4 \\ 5 \end{pmatrix}$

◎ Vektoris3D
Ebene durch zwei Geraden

13 Die Ebene E ist festgelegt durch die Punkte A(1|−1|1), B(1|0|1) und den Koordinatenursprung O(0|0|0).
a) Geben Sie eine Gleichung der Ebene E an.
b) Geben Sie die Parametergleichungen zweier Geraden g und h an, die in der Ebene E liegen und zueinander parallel sind.
c) Geben Sie die Parametergleichungen zweier Geraden k und l an, die in der Ebene E liegen und sich schneiden.
d) Geben Sie die Parametergleichungen zweier Geraden m und n an, die mit der Ebene E jeweils einen einzigen Punkt gemeinsam haben und zueinander parallel sind.

14 Gegeben ist die Gerade g, die durch die Punkte P(1|2|3) und Q(2|3|1) geht.
Geben Sie die Parametergleichungen zu drei verschiedenen Ebenen E_1, E_2 und E_3 an, in denen jeweils die Gerade g liegt.

2 Lagen von Ebenen erkennen und Ebenen zeichnen

Ein großer Spiegel soll auf dem Fußboden leicht nach hinten gekippt aufgestellt werden. Ein sogenannter Dreifuß stützt den Spiegel an der Rückseite.
Geben Sie weitere Stützmöglichkeiten für den Spiegel an.

Zur Veranschaulichung von Ebenen in einem Koordinatensystem orientiert man sich an den jeweiligen Schnittpunkten der Ebene mit den Koordinatenachsen. Diese Punkte heißen **Spurpunkte**. Hierbei können drei Fälle auftreten:

Die Ebene schneidet alle drei Koordinatenachsen.

Die Ebene E ist durch die Gleichung

$$E: \vec{x} = \begin{pmatrix} 0 \\ 4 \\ -4 \end{pmatrix} + r \cdot \begin{pmatrix} -3 \\ 1 \\ 0 \end{pmatrix} + s \cdot \begin{pmatrix} 3 \\ 0 \\ -2 \end{pmatrix} \text{ gegeben.}$$

Um den Spurpunkt mit der x_1-Achse zu bestimmen, löst man die Gleichung

$$\begin{pmatrix} k_1 \\ 0 \\ 0 \end{pmatrix} = \begin{pmatrix} 0 \\ 4 \\ -4 \end{pmatrix} + r \cdot \begin{pmatrix} -3 \\ 1 \\ 0 \end{pmatrix} + s \cdot \begin{pmatrix} 3 \\ 0 \\ -2 \end{pmatrix}.$$

⊚ Vektoris3D
Ebene 3 Spurpunkte
Parameterform

Fig. 2

Durch Umformen erhält man:

$$k_1 \cdot \begin{pmatrix} 1 \\ 0 \\ 0 \end{pmatrix} + r \cdot \begin{pmatrix} 3 \\ -1 \\ 0 \end{pmatrix} + s \cdot \begin{pmatrix} -3 \\ 0 \\ 2 \end{pmatrix} = \begin{pmatrix} 0 \\ 4 \\ -4 \end{pmatrix} \quad \text{bzw.} \quad \begin{matrix} k_1 + 3r - 3s = 0 \\ -r = 4 \\ 2s = -4 \end{matrix}.$$

Fig. 1

Aus der Lösung des LGS erhält man $k_1 = 6$ (Fig. 2) und somit den Spurpunkt $S_1(6|0|0)$. Entsprechend bestimmt man die Spurpunkte $S_2(0|2|0)$ und $S_3(0|0|4)$. Die Gerade durch die Punkte S_1 und S_2 ist die Schnittgerade der Ebene E mit der x_1x_2-Ebene. Man nennt sie **Spurgerade** und bezeichnet sie mit s_{12}. Ebenso bezeichnet man die Spurgerade durch S_1 und S_3 mit s_{13} und die Spurgerade durch S_2 und S_3 mit s_{23}.

Die Ebene schneidet genau zwei Koordinatenachsen.

Die Ebene E ist durch die Gleichung

$$E: \vec{x} = \begin{pmatrix} 3 \\ 1 \\ 3 \end{pmatrix} + r \cdot \begin{pmatrix} -3 \\ 1 \\ 1 \end{pmatrix} + s \cdot \begin{pmatrix} 3 \\ -1 \\ 2 \end{pmatrix} \text{ gegeben.}$$

Man erhält die Spurpunkte $S_1(6|0|0)$ und $S_2(0|2|0)$.

Da die Gleichung $\begin{pmatrix} 0 \\ 0 \\ k_3 \end{pmatrix} = \begin{pmatrix} 3 \\ 1 \\ 3 \end{pmatrix} + r \cdot \begin{pmatrix} -3 \\ 1 \\ 1 \end{pmatrix} + s \cdot \begin{pmatrix} 3 \\ -1 \\ 2 \end{pmatrix}$

⊚ Vektoris3D
Ebene
2 Spurpunkte_x1
2 Spurpunkte_x2
2 Spurpunkte_x3

keine Lösung besitzt, hat die Ebene E keine gemeinsamen Punkte mit der x_3-Achse. Sie ist parallel zur x_3-Achse.

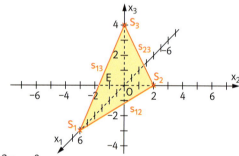

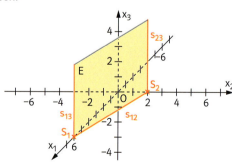
Fig. 3

Fig. 4

Die Ebene schneidet eine einzige Koordinatenachse.

Die Ebene E ist durch die Gleichung

$E: \vec{x} = \begin{pmatrix} 3 \\ 2 \\ 5 \end{pmatrix} + r \cdot \begin{pmatrix} 0 \\ 1 \\ -2 \end{pmatrix} + s \cdot \begin{pmatrix} 0 \\ 3 \\ 2 \end{pmatrix}$ gegeben.

Man erhält als einzigen Schnittpunkt mit einer der Koordinatenachsen den Punkt $S_1(3|0|0)$. Die Ebene ist parallel zur x_2x_3-Ebene. Die beiden Spurgeraden gehen durch den Punkt S_1 und sind parallel zur x_2-Achse bzw. zur x_3-Achse.

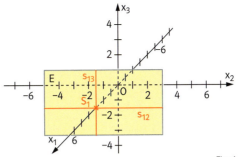

Ⓢ **Vektoris3D**
Ebene
1 Spurpunkt_x1
1 Spurpunkt_x2
1 Spurpunkt_x3

Fig. 1

Die Schnittpunkte einer Ebene mit den Koordinatenachsen nennt man **Spurpunkte**.
Die Schnittgeraden einer Ebene mit den Koordinatenebenen heißen **Spurgeraden**.
Zur Veranschaulichung einer Ebene in einem räumlichen Koordinatensystem verwendet man ihre Spurgeraden bzw. Parallelen zu den Spurgeraden.

Beispiel Besondere Lage und Gleichung an der Zeichnung ablesen

a) Welche besondere Lage hat die Ebene E, die in Fig. 2 dargestellt ist?

b) Geben Sie eine Parametergleichung der Ebene E aus Fig. 2 an.

■ Lösung: a) Die Ebene besitzt keinen Schnittpunkt mit der x_1-Achse. Also ist die Ebene parallel zur x_1-Achse.

b) Die Punkte $B(0|2|0)$ und $C(0|0|3)$ liegen in der Ebene E.

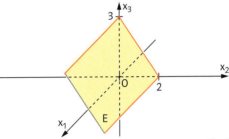

Fig. 2

Damit ist $\vec{OB} = \begin{pmatrix} 0 \\ 2 \\ 0 \end{pmatrix}$ ein möglicher Stützvektor und $\vec{BC} = \begin{pmatrix} 0 \\ -2 \\ 3 \end{pmatrix}$ ein möglicher Spannvektor. Als zweiten Spannvektor kann man z.B. einen Vektor wählen, dessen Pfeil parallel zur x_1-Achse ist, also z.B. $\begin{pmatrix} 1 \\ 0 \\ 0 \end{pmatrix}$.

Insgesamt erhält man: $E: \vec{x} = \begin{pmatrix} 0 \\ 2 \\ 0 \end{pmatrix} + r \cdot \begin{pmatrix} 0 \\ -2 \\ 3 \end{pmatrix} + s \cdot \begin{pmatrix} 1 \\ 0 \\ 0 \end{pmatrix}$.

Aufgaben

1 Veranschaulichen Sie die Ebene E im Koordinatensystem.

a) $E: \vec{x} = \begin{pmatrix} 5 \\ 0 \\ 0 \end{pmatrix} + r \cdot \begin{pmatrix} -5 \\ 2 \\ 0 \end{pmatrix} + s \cdot \begin{pmatrix} -5 \\ 0 \\ 4 \end{pmatrix}$

b) $E: \vec{x} = \begin{pmatrix} 0 \\ 2 \\ 0 \end{pmatrix} + r \cdot \begin{pmatrix} 3 \\ -2 \\ 0 \end{pmatrix} + s \cdot \begin{pmatrix} 0 \\ 0 \\ 1 \end{pmatrix}$

c) $E: \vec{x} = \begin{pmatrix} 0 \\ 0 \\ 4 \end{pmatrix} + r \cdot \begin{pmatrix} 1 \\ 1 \\ 0 \end{pmatrix} + s \cdot \begin{pmatrix} -2 \\ 5 \\ 0 \end{pmatrix}$

d) $E: \vec{x} = \begin{pmatrix} 1 \\ 0 \\ 0 \end{pmatrix} + r \cdot \begin{pmatrix} 2 \\ 1 \\ 0 \end{pmatrix} + s \cdot \begin{pmatrix} 0 \\ -1 \\ 2 \end{pmatrix}$

e) $E: \vec{x} = \begin{pmatrix} 1 \\ 2 \\ 3 \end{pmatrix} + r \cdot \begin{pmatrix} -1 \\ 2 \\ 0 \end{pmatrix} + s \cdot \begin{pmatrix} 1 \\ 0 \\ 3 \end{pmatrix}$

f) $E: \vec{x} = \begin{pmatrix} 1 \\ 1 \\ 1 \end{pmatrix} + r \cdot \begin{pmatrix} 5 \\ 0 \\ 5 \end{pmatrix} + s \cdot \begin{pmatrix} 0 \\ 1 \\ 4 \end{pmatrix}$

2 Bestimmen Sie eine Gleichung für die Ebene E.

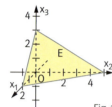
Fig. 1

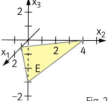
Fig. 2

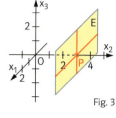
Fig. 3

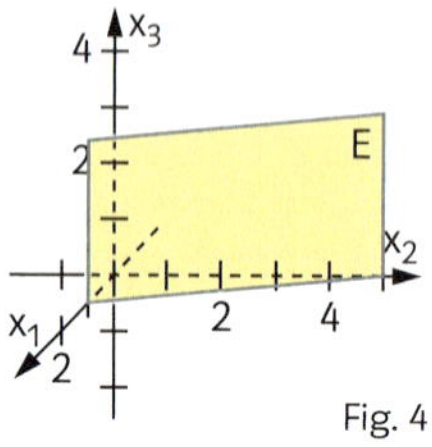

Fig. 4

Fig. 5

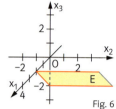
Fig. 6

Zeit zu überprüfen

3 Welche besondere Lage hat die Ebene E in Fig. 7? Geben Sie eine Gleichung der Ebene E an.

4 Die Punkte $A(-1|1|2)$, $B(-1|2|1)$ und $C(2|1|-1)$ liegen in der Ebene E. Geben Sie eine Gleichung für E an und veranschaulichen Sie die Ebene in einem Koordinatensystem.

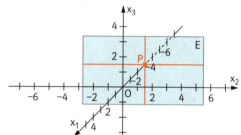
Fig. 7

5 Eine Spurgerade der Ebene E geht durch die Punkte $P(1|0|0)$ und $R(0|5|0)$, eine andere Spurgerade der Ebene E geht durch die Punkte $S(0|0|4)$ und $R(0|5|0)$.
Bestimmen Sie eine Gleichung von E und zeichnen Sie die Ebene in einem Koordinatensystem.

INFO → Aufgabe 6

Ebene geht durch den Ursprung
Die Ebene E ist durch die Gleichung

$$E: \vec{x} = r \cdot \begin{pmatrix} 4 \\ -3 \\ 0 \end{pmatrix} + s \cdot \begin{pmatrix} 2 \\ -6 \\ 3 \end{pmatrix} \text{ gegeben.}$$

Bei dieser Ebene fallen alle drei Spurpunkte im Ursprung $O(0|0|0)$ zusammen.
Mithilfe der Ebenenpunkte $A(0|2,25|-1,5)$, $B(3|0|-1,5)$ und $C(4|-3|0)$ kann man die Spurgeraden einzeichnen. Ein Ebenenausschnitt kann dann mithilfe von Parallelen zu den Spurgeraden gezeichnet werden.

Für die Spurgeraden benötigt man jeweils einen weiteren Punkt in der jeweiligen Koordinatenebene.
Punkt A: $r = 0,25$; $s = -0,5$
Punkt B: $r = 1$; $s = -0,5$
Punkt C: $r = 1$; $s = 0$

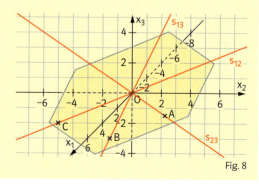
Fig. 8

6 Veranschaulichen Sie die Ebene $E: \vec{x} = r \cdot \begin{pmatrix} 2 \\ 1 \\ 0 \end{pmatrix} + s \cdot \begin{pmatrix} 0 \\ -1 \\ 2 \end{pmatrix}$ mithilfe ihrer Spurgeraden und Parallelen zu den Spurgeraden.

3 Zueinander orthogonale Vektoren – Skalarprodukt

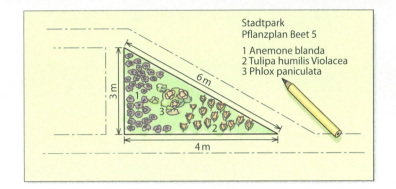

Ein Praktikant der Stadtgärtnerei hat von einem Blumenbeet im Stadtpark eine nicht maßstäbliche Skizze angefertigt.
Hier stimmt etwas nicht.

Sehr oft ist bei alltäglichen Fragestellungen ebenso wie bei rein geometrischen Aufgaben zu klären, ob zwei Geraden zueinander orthogonal (das heißt senkrecht) sind. Wie solche Problemstellungen auch vektoriell gelöst werden können, wird im Folgenden erarbeitet.

Zwei Vektoren $\vec{a}, \vec{b}$ ($\neq \vec{o}$) heißen zueinander **orthogonal**, wenn ihre zugehörigen Pfeile mit gleichem Anfangspunkt ebenfalls zueinander orthogonal (das heißt senkrecht) sind.
In Zeichen: $\vec{a} \perp \vec{b}$.

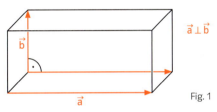

Fig. 1

orthos (griech.): richtig, recht (vgl. auch Orthografie)
gonia (griech.): Ecke
Orthogonal bedeutet wörtlich „rechteckig", wird aber in der Mathematik als Synonym für senkrecht verwendet.

Die Orthogonalität zweier Vektoren $\vec{a}$ und $\vec{b}$ kann man mithilfe ihrer Koordinaten überprüfen.
Nach dem Satz von Pythagoras gilt: Die Pfeile zweier Vektoren $\vec{a}$ mit $\vec{a} = \begin{pmatrix} a_1 \\ a_2 \end{pmatrix}$ und $\vec{b}$ mit $\vec{b} = \begin{pmatrix} b_1 \\ b_2 \end{pmatrix}$ wie in Fig. 2 sind genau dann zueinander orthogonal,
wenn $|\vec{a} - \vec{b}|^2 = |\vec{a}|^2 + |\vec{b}|^2$.
Es ist $|\vec{a} - \vec{b}|^2 = (a_1 - b_1)^2 + (a_2 - b_2)^2 = (a_1^2 - 2a_1 b_1 + b_1^2) + (a_2^2 - 2a_2 b_2 + b_2^2)$.
Und somit $|\vec{a} - \vec{b}|^2 = (a_1^2 + a_2^2) + (b_1^2 + b_2^2) - 2 \cdot (a_1 b_1 + a_2 b_2)$.
Weiterhin ist $|\vec{a}|^2 + |\vec{b}|^2 = (a_1^2 + a_2^2) + (b_1^2 + b_2^2)$.

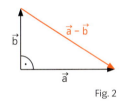

Fig. 2

Die Vektoren $\vec{a}$ und $\vec{b}$ sind also genau dann zueinander orthogonal, wenn für ihre Koordinaten gilt: $2 \cdot (a_1 b_1 + a_2 b_2) = 0$, also $a_1 b_1 + a_2 b_2 = 0$. Entsprechendes gilt für Vektoren im Raum.

Zu den Vektoren $\vec{a} = \begin{pmatrix} a_1 \\ a_2 \\ a_3 \end{pmatrix}$ und $\vec{b} = \begin{pmatrix} b_1 \\ b_2 \\ b_3 \end{pmatrix}$ heißt

der Term $a_1 b_1 + a_2 b_2 + a_3 b_3$ **Skalarprodukt** $\vec{a} \cdot \vec{b}$ der Vektoren $\vec{a}$ und $\vec{b}$.

Man schreibt $\vec{a} \cdot \vec{b} = a_1 b_1 + a_2 b_2 + a_3 b_3$.
Es gilt:
Zwei Vektoren $\vec{a} = \begin{pmatrix} a_1 \\ a_2 \\ a_3 \end{pmatrix}$ und $\vec{b} = \begin{pmatrix} b_1 \\ b_2 \\ b_3 \end{pmatrix}$ sind genau dann zueinander orthogonal,
wenn für ihre Koordinaten gilt $\mathbf{a_1 b_1 + a_2 b_2 + a_3 b_3 = 0}$.

Die Bezeichnung **Skalarprodukt** erinnert daran, dass dieses Produkt der Vektoren kein Vektor, sondern ein „Skalar" (das heißt eine Maßzahl) ist.

Zum Nachweis dieser Regeln siehe Aufgabe 19.

Für das Skalarprodukt von Vektoren $\vec{a}$, $\vec{b}$ und $\vec{c}$ gilt:
1. $\vec{a} \cdot \vec{b} = \vec{b} \cdot \vec{a}$, (Kommutativgesetz)
2. $r \cdot \vec{a} \cdot \vec{b} = r \cdot (\vec{a} \cdot \vec{b})$ für jede reelle Zahl r,
3. $(\vec{a} + \vec{b}) \cdot \vec{c} = \vec{a} \cdot \vec{c} + \vec{b} \cdot \vec{c}$, (Distributivgesetz)
4. $\vec{a} \cdot \vec{a} = |\vec{a}|^2$.

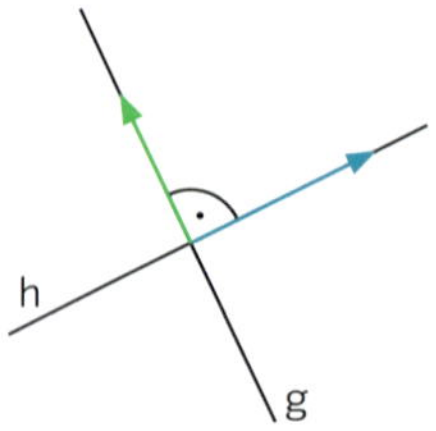

Beispiel 1 Orthogonalität bei Geraden nachprüfen
Die Geraden g und h schneiden sich. Sind sie zueinander orthogonal?

a) $g: \vec{x} = \begin{pmatrix} 8 \\ -9 \\ 7 \end{pmatrix} + s \cdot \begin{pmatrix} -4 \\ 1 \\ 1 \end{pmatrix}$; $h: \vec{x} = \begin{pmatrix} 8 \\ -10 \\ 3 \end{pmatrix} + s \cdot \begin{pmatrix} 2 \\ 9 \\ -1 \end{pmatrix}$

b) $g: \vec{x} = \begin{pmatrix} 8 \\ -9 \\ 7 \end{pmatrix} + s \cdot \begin{pmatrix} 2 \\ 13 \\ 1 \end{pmatrix}$; $h: \vec{x} = \begin{pmatrix} 8 \\ -9 \\ -5 \end{pmatrix} + s \cdot \begin{pmatrix} 1 \\ -2 \\ 1 \end{pmatrix}$

Fig. 1

■ **Lösung:** *Zwei sich schneidende Geraden sind immer dann zueinander orthogonal, wenn ihre Richtungsvektoren zueinander orthogonal sind.*

a) $\begin{pmatrix} -4 \\ 1 \\ 1 \end{pmatrix} \cdot \begin{pmatrix} 2 \\ 9 \\ -1 \end{pmatrix} = -4 \cdot 2 + 1 \cdot 9 + 1 \cdot (-1) = 0$

Die Geraden g und h sind zueinander orthogonal.

b) $\begin{pmatrix} 2 \\ 13 \\ 1 \end{pmatrix} \cdot \begin{pmatrix} 1 \\ -2 \\ 1 \end{pmatrix} = 2 \cdot 1 + 13 \cdot (-2) + 1 \cdot 1 = -23$

Die Geraden g und h sind nicht zueinander orthogonal.

Beispiel 2 Bestimmung zueinander orthogonaler Vektoren

Bestimmen Sie alle Vektoren, die sowohl zum Vektor $\vec{a} = \begin{pmatrix} 3 \\ 2 \\ 4 \end{pmatrix}$ als auch zum Vektor $\vec{b} = \begin{pmatrix} 6 \\ 5 \\ 4 \end{pmatrix}$ orthogonal sind.

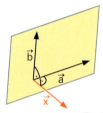
Fig. 2

■ **Lösung:** Ist $\vec{x} = \begin{pmatrix} x_1 \\ x_2 \\ x_3 \end{pmatrix}$ zu $\vec{a}$ und zu $\vec{b}$ orthogonal, so gilt: $\begin{matrix} 3x_1 + 2x_2 + 4x_3 = 0 \\ 6x_1 + 5x_2 + 4x_3 = 0 \end{matrix}$.

Damit sind alle Vektoren mit der gleichen bzw. entgegengesetzten Richtung wie $\begin{pmatrix} -4 \\ 4 \\ 1 \end{pmatrix}$ zu $\vec{a}$ und zu $\vec{b}$ orthogonal.

Umwandlung in Stufenform: $\begin{matrix} 3x_1 + 2x_2 + 4x_3 = 0 \\ x_2 - 4x_3 = 0 \end{matrix}$.

Wählt man $x_3 = t$ als Parameter, so erhält man als Lösungsmenge $L = \{(-4t;\ 4t;\ t) \mid t \in \mathbb{R}\}$.

Für die gesuchten Vektoren gilt damit $\vec{x} = \begin{pmatrix} -4t \\ 4t \\ t \end{pmatrix} = t \cdot \begin{pmatrix} -4 \\ 4 \\ 1 \end{pmatrix}$ ($t \in \mathbb{R}$).

Aufgaben

1 Überprüfen Sie, ob die sich schneidenden Geraden g und h zueinander orthogonal sind.

a) $g: \vec{x} = \begin{pmatrix} 2 \\ -2 \end{pmatrix} + s \cdot \begin{pmatrix} -5 \\ 1 \end{pmatrix}$; $h: \vec{x} = \begin{pmatrix} 5 \\ -1 \end{pmatrix} + s \cdot \begin{pmatrix} -2 \\ 2 \end{pmatrix}$ b) $g: \vec{x} = \begin{pmatrix} 8 \\ 6 \\ -9 \end{pmatrix} + s \cdot \begin{pmatrix} 2 \\ -9 \\ -4 \end{pmatrix}$; $h: \vec{x} = \begin{pmatrix} 0 \\ 0 \\ 7 \end{pmatrix} + s \cdot \begin{pmatrix} 5 \\ 2 \\ -2 \end{pmatrix}$

2 Bestimmen Sie die fehlende Koordinate so, dass $\vec{a} \perp \vec{b}$.

a) $\vec{a} = \begin{pmatrix} 2 \\ 3 \end{pmatrix}$, $\vec{b} = \begin{pmatrix} b_1 \\ -4 \end{pmatrix}$ b) $\vec{a} = \begin{pmatrix} 1 \\ a_2 \\ 3 \end{pmatrix}$, $\vec{b} = \begin{pmatrix} 2 \\ -1 \\ 1 \end{pmatrix}$ c) $\vec{a} = \begin{pmatrix} -1 \\ 4 \\ 2 \end{pmatrix}$, $\vec{b} = \begin{pmatrix} 3 \\ 0 \\ b_3 \end{pmatrix}$

3 Geben Sie eine Gleichung einer Geraden h an, die die Gerade g orthogonal schneidet.

a) g: $\vec{x} = \begin{pmatrix} 3 \\ 3 \end{pmatrix} + s \cdot \begin{pmatrix} 7 \\ 17 \end{pmatrix}$
b) g: $\vec{x} = \begin{pmatrix} -1 \\ 11 \\ -6 \end{pmatrix} + s \cdot \begin{pmatrix} 1 \\ 2 \\ 3 \end{pmatrix}$
c) g: $\vec{x} = s \cdot \begin{pmatrix} 2 \\ -2 \\ 2 \end{pmatrix}$

4 Beschreiben Sie mithilfe eines geeigneten Skalarproduktes, dass
a) das Dreieck ABC bei C rechtwinklig ist,
b) das Dreieck ABC bei A rechtwinklig ist,
c) das Viereck ABCD ein Rechteck ist,
d) das Viereck ABCD ein Quadrat ist.

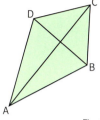
Fig. 1

5 Drücken Sie die Diagonalen des Vierecks ABCD mit A(−2|−2), B(0|3), C(3|3) und D(3|0) durch Vektoren aus. Sind sie zueinander orthogonal?

6 Zeichnen Sie eine Figur so, dass gilt:
a) $\vec{PQ} \cdot \vec{QR} = 0$,
b) $\vec{PQ} \cdot \vec{PR} = 0$,
c) $(\vec{AC} - \vec{AB}) \cdot \vec{AB} = 0$,
d) $(\vec{AC} - \vec{AB}) \cdot (\vec{AC} - \vec{AD}) = 0$.

7 Zeigen Sie, dass es zu den Punkten A(−2|2|3), B(2|10|4) und D(5|−2|7) einen Punkt C gibt, sodass das Viereck ABCD ein Quadrat ist. Bestimmen Sie die Koordinaten von C.

8 Bestimmen Sie alle Vektoren, die zu $\vec{a}$ und zu $\vec{b}$ orthogonal sind.

a) $\vec{a} = \begin{pmatrix} 1 \\ 2 \\ 3 \end{pmatrix}$, $\vec{b} = \begin{pmatrix} 2 \\ 0 \\ 3 \end{pmatrix}$
b) $\vec{a} = \begin{pmatrix} 2 \\ 3 \\ -1 \end{pmatrix}$, $\vec{b} = \begin{pmatrix} 5 \\ -1 \\ -2 \end{pmatrix}$
c) $\vec{a} = \begin{pmatrix} 1 \\ 2 \\ 5 \end{pmatrix}$, $\vec{b} = \begin{pmatrix} 4 \\ -1 \\ 5 \end{pmatrix}$

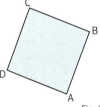
Fig. 2

9 Bestimmen Sie die fehlenden Koordinaten so, dass die Vektoren $\vec{a}, \vec{b}$ und $\vec{c}$ paarweise zueinander orthogonal sind.

a) $\vec{a} = \begin{pmatrix} 1 \\ 0 \\ 2 \end{pmatrix}$, $\vec{b} = \begin{pmatrix} 3 \\ b_2 \\ b_3 \end{pmatrix}$, $\vec{c} = \begin{pmatrix} c_1 \\ 1 \\ 4 \end{pmatrix}$
b) $\vec{a} = \begin{pmatrix} 1 \\ 1 \\ 1 \end{pmatrix}$, $\vec{b} = \begin{pmatrix} b_1 \\ b_2 \\ 1 \end{pmatrix}$, $\vec{c} = \begin{pmatrix} c_1 \\ 2 \\ -5 \end{pmatrix}$

10 Überprüfen Sie, ohne zu zeichnen, ob das Viereck ABCD mit A(2|5), B(5|2), C(8|4) und D(4|8) ein Rechteck ist.

Zeit zu überprüfen

11 Welche dieser Vektoren sind zueinander orthogonal?

$\vec{a} = \begin{pmatrix} 1 \\ 1 \\ \sqrt{2} \end{pmatrix}$, $\vec{b} = \begin{pmatrix} 1 \\ 1 \\ \sqrt{3} \end{pmatrix}$, $\vec{c} = \begin{pmatrix} 1 \\ 1 \\ -\sqrt{2} \end{pmatrix}$, $\vec{d} = \begin{pmatrix} \sqrt{2} \\ -\sqrt{2} \\ 0 \end{pmatrix}$, $\vec{e} = \begin{pmatrix} -1 \\ -2 \\ \sqrt{3} \end{pmatrix}$

12 Überprüfen Sie, ohne zu zeichnen, ob das Viereck ABCD ein Rechteck ist.
a) A(3|5), B(5|3), C(8|6), D(6|8)
b) A(5|5), B(6|4), C(8|7), D(7|8)

13 Bestimmen Sie alle Vektoren, die sowohl zum Vektor $\vec{a} = \begin{pmatrix} 1 \\ 0 \\ 4 \end{pmatrix}$ als auch zum Vektor $\vec{b} = \begin{pmatrix} 4 \\ -1 \\ 2 \end{pmatrix}$ orthogonal sind.

14 Gegeben ist ein Dreieck ABC mit A(−4|8), B(5|−4) und C(7|10).
Bestimmen Sie eine Gleichung der Mittelsenkrechten der Strecke $\overline{BC}$ und eine Gleichung der Mittelsenkrechten der Strecke $\overline{AB}$.
Berechnen Sie daraus den Umkreismittelpunkt des Dreiecks ABC.

15 Gegeben ist die Ebene E: $\vec{x} = \begin{pmatrix} 3 \\ 1 \\ 4 \end{pmatrix} + r \cdot \begin{pmatrix} 2 \\ -1 \\ 5 \end{pmatrix} + s \cdot \begin{pmatrix} 1 \\ 0 \\ 1 \end{pmatrix}$.

a) Geben Sie die Bedingungen für den Richtungsvektor einer Geraden an, die orthogonal zur Ebene E ist.

b) Geben Sie eine Gleichung der Geraden g an, die die Ebene E im Punkt P(3|1|4) schneidet und orthogonal zur Ebene E ist.

16 Sind die Ebene E und die Gerade g zueinander orthogonal?

a) E: $\vec{x} = \begin{pmatrix} 1 \\ 1 \\ 1 \end{pmatrix} + r \cdot \begin{pmatrix} 2 \\ 3 \\ 4 \end{pmatrix} + s \cdot \begin{pmatrix} 4 \\ 3 \\ 2 \end{pmatrix}$; g: $\vec{x} = \begin{pmatrix} 3 \\ 3 \\ 4 \end{pmatrix} + t \cdot \begin{pmatrix} 1 \\ -2 \\ 1 \end{pmatrix}$

b) E: $\vec{x} = r \cdot \begin{pmatrix} -2 \\ 3 \\ 4 \end{pmatrix} + s \cdot \begin{pmatrix} 4 \\ 3 \\ 3 \end{pmatrix}$; g: $\vec{x} = t \cdot \begin{pmatrix} 1 \\ -2 \\ 2 \end{pmatrix}$

17 Gegeben ist ein Dreieck ABC mit $A(4|2|-\tfrac{1}{2}), B(9|2|3\tfrac{1}{4}), C(6|9\tfrac{1}{2}|1)$.

a) Bestimmen Sie die Fußpunkte F_a, F_b, F_c der drei Höhen (Fig. 1).
Anleitung: Es ist $\vec{AF_c} = r \cdot \vec{AB}$, wobei r aus $(\vec{AC} - r \cdot \vec{AB}) \cdot \vec{AB} = 0$ bestimmt werden kann.

b) Berechnen Sie die Koordinaten des Höhenschnittpunktes H.

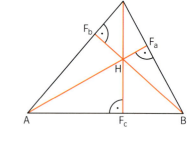

Fig. 1

18 Auf einer ebenen Wiese ist ein rechtwinkliges Dreieck ABC mit dem rechten Winkel bei B abgesteckt. In der Ecke A wird ein Pfahl lotrecht eingeschlagen. Von der Spitze S des Pfahls werden dann Seile zu B und C gespannt (Fig. 2). Zeigen Sie, dass man zwischen die Seile eine Zeltplane in Form eines rechtwinkligen Dreiecks so spannen kann, dass eine Kante der Plane den Boden berührt. (Sie brauchen hierzu kein Koordinatensystem!)

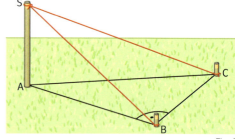

Fig. 2

19 Zeigen Sie, dass allgemein für drei Vektoren $\vec{a} = \begin{pmatrix} a_1 \\ a_2 \\ a_3 \end{pmatrix}$, $\vec{b} = \begin{pmatrix} b_1 \\ b_2 \\ b_3 \end{pmatrix}$ und $\vec{c} = \begin{pmatrix} c_1 \\ c_2 \\ c_3 \end{pmatrix}$ gilt:

Verwenden Sie hierzu das Skalarprodukt.

a) $\vec{a} \cdot \vec{b} = \vec{b} \cdot \vec{a}$,

b) $r \cdot \vec{a} \cdot \vec{b} = r \cdot (\vec{a} \cdot \vec{b})$ für jede reelle Zahl r,

c) $(\vec{a} + \vec{b}) \cdot \vec{c} = \vec{a} \cdot \vec{c} + \vec{b} \cdot \vec{c}$,

d) $\vec{a} \cdot \vec{a} = |\vec{a}|^2$.

Zeit zu wiederholen

20 Von einer senkrechten quadratischen Pyramide fehlt die Spitze (Fig. 3). Die Grundseitenlänge ist 6 m, die Seitenlänge der Deckfläche 4 m. Der Stumpf ist 5 m hoch.

a) Bestimmen Sie die Höhe der ursprünglichen Pyramide.

b) Bestimmen Sie die Länge einer Mantelkante (rote Strecke in Fig. 3).

c) Geben Sie den Volumenanteil des Stumpfes an der ganzen Pyramide in Prozent an.

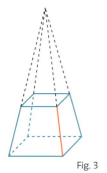

Fig. 3

21 a) Erklären Sie, eventuell anhand einer Skizze, wie man ein regelmäßiges Sechseck nur mit Zirkel und Lineal konstruieren kann.

b) Wie groß sind die Innenwinkel bei einem regelmäßigen Fünfeck, Sechseck und Achteck?

4 Gegenseitige Lage von Ebenen und Geraden

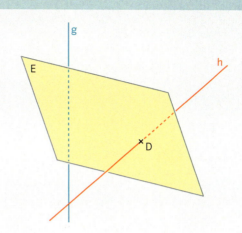

Welche Gleichung gehört zu g, h bzw. E?
Begründen Sie Ihre Antwort.

(I) $\vec{x} = \begin{pmatrix} 2 \\ 1 \\ -2 \end{pmatrix} + r \cdot \begin{pmatrix} 1 \\ -1 \\ -1 \end{pmatrix} + s \cdot \begin{pmatrix} 3 \\ 0 \\ -4 \end{pmatrix}$

(II) $\vec{x} = \begin{pmatrix} 4 \\ 0 \\ -4 \end{pmatrix} + s \cdot \begin{pmatrix} 2 \\ -5 \\ 0 \end{pmatrix}$

(III) $\vec{x} = \begin{pmatrix} 0 \\ 3 \\ 0 \end{pmatrix} + t \cdot \begin{pmatrix} 1 \\ -1 \\ -1 \end{pmatrix}$

Eine Gerade g und eine Ebene E können
- einen einzigen gemeinsamen Punkt besitzen. Die Gerade g schneidet die Ebene E.
- keinen gemeinsamen Punkt besitzen. Die Gerade g ist parallel zur Ebene E.
- unendlich viele gemeinsame Punkte besitzen. Die Gerade g liegt in der Ebene E.

Die Lage und gegebenenfalls der **Durchstoßpunkt** von g und E können rechnerisch bestimmt werden.

Ⓢ Vektoris3D
Lage Gerade Ebene

Gegeben ist die Gerade $g: \vec{x} = \begin{pmatrix} 2 \\ 2 \\ 1 \end{pmatrix} + t \cdot \begin{pmatrix} 1 \\ -1 \\ 1 \end{pmatrix}$ und die Ebene $E: \vec{x} = \begin{pmatrix} 1 \\ 1 \\ 5 \end{pmatrix} + r \cdot \begin{pmatrix} 2 \\ 0 \\ 1 \end{pmatrix} + s \cdot \begin{pmatrix} -1 \\ -1 \\ 3 \end{pmatrix}$.

Der Schnittpunkt von g und E kann rechnerisch so bestimmt werden:

$\begin{pmatrix} 2 \\ 2 \\ 1 \end{pmatrix} + t \cdot \begin{pmatrix} 1 \\ -1 \\ 1 \end{pmatrix} = \begin{pmatrix} 1 \\ 1 \\ 5 \end{pmatrix} + r \cdot \begin{pmatrix} 2 \\ 0 \\ 1 \end{pmatrix} + s \cdot \begin{pmatrix} -1 \\ -1 \\ 3 \end{pmatrix}$, dies entspricht dem LGS $\begin{array}{l} 2 + t = 1 + 2r - s \\ 2 - t = 1 \qquad - s \\ 1 + t = 5 + \quad r + 3s \end{array}$

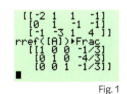

Fig. 1

Dieses LGS hat die Lösung $t = -\frac{1}{3}$, $s = -\frac{4}{3}$, $r = -\frac{1}{3}$ (siehe Fig. 1).

Setzt man $t = -\frac{1}{3}$ in die Geradengleichung oder $r = -\frac{1}{3}$ und $s = -\frac{4}{3}$ in die Ebenengleichung ein,
so erhält man jeweils den Ortsvektor des Durchstoßpunktes $D\left(1\frac{2}{3} \mid 2\frac{1}{3} \mid \frac{2}{3}\right)$.

Wenn das entsprechende LGS keine Lösung hat, dann ist die Gerade parallel zur Ebene.
Wenn das entsprechende LGS unendlich viele Lösungen hat, dann liegt die Gerade in der Ebene.

> Gegeben sind eine Gerade $g: \vec{x} = \vec{p} + t \cdot \vec{u}$ und eine Ebene $E: \vec{x} = \vec{q} + r \cdot \vec{v} + s \cdot \vec{w}$.
> Falls die Gleichung $\vec{p} + t \cdot \vec{u} = \vec{q} + r \cdot \vec{v} + s \cdot \vec{w}$
> - genau eine Lösung hat, **schneiden** sich die Gerade g und die Ebene E.
> - keine Lösung hat, sind die Gerade g und die Ebene E **zueinander parallel**.
> - unendlich viele Lösungen hat, **liegt** die Gerade g **in der Ebene E**.

Wenn die Gerade g und die Ebene E sich schneiden, kann zusätzlich untersucht werden, ob die Gerade orthogonal zur Ebene liegt.
Dies ist der Fall, wenn der Richtungsvektor der Geraden zu beiden Spannvektoren der Ebene orthogonal ist. Man nennt einen solchen Vektor, der orthogonal zur Ebene E ist, einen **Normalenvektor** der Ebene E.

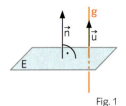

Fig. 1

Kennt man bereits einen Normalenvektor der Ebene E, so kann die gegenseitige Lage der Geraden g und der Ebene E mithilfe des Richtungsvektors $\vec{u}$ der Geraden g und des Normalenvektors $\vec{n}$ der Ebene E untersucht werden.
Wenn $\vec{u}$ und $\vec{n}$ linear abhängig sind, schneidet die Gerade g die Ebene orthogonal (Fig. 1).
Wenn $\vec{u}$ und $\vec{n}$ zueinander orthogonal sind, liegt g in E oder g ist parallel zu E.

Beispiel Untersuchung der gegenseitigen Lage mithilfe des Normalenvektors

Gegeben sind die Geraden g: $\vec{x} = \begin{pmatrix} 1 \\ 2 \\ 3 \end{pmatrix} + t \cdot \begin{pmatrix} 1 \\ 2 \\ 0 \end{pmatrix}$ und h: $\vec{x} = \begin{pmatrix} 2 \\ 3 \\ 5 \end{pmatrix} + t \cdot \begin{pmatrix} 4 \\ -2 \\ -4 \end{pmatrix}$ sowie die Ebene

E: $\vec{x} = \begin{pmatrix} 2 \\ -4 \\ 2 \end{pmatrix} + r \cdot \begin{pmatrix} 1 \\ 0 \\ 1 \end{pmatrix} + s \cdot \begin{pmatrix} 2 \\ -2 \\ 3 \end{pmatrix}$.

a) Bestimmen Sie einen Normalenvektor der Ebene E.
b) Untersuchen Sie mithilfe des Normalenvektors die Lage der Geraden g und h zur Ebene E.

$\vec{n} = \begin{pmatrix} -2 \\ 1 \\ 2 \end{pmatrix}$ ist nicht der einzige Normalenvektor der Ebene E. Weitere Normalenvektoren sind z.B. $\begin{pmatrix} -4 \\ 2 \\ 4 \end{pmatrix}$ oder $\begin{pmatrix} 2 \\ -1 \\ -2 \end{pmatrix}$.

Lösung: a) Der Vektor $\vec{n} = \begin{pmatrix} n_1 \\ n_2 \\ n_3 \end{pmatrix}$ muss zu den Spannvektoren $\begin{pmatrix} 1 \\ 0 \\ 1 \end{pmatrix}$ und $\begin{pmatrix} 2 \\ -2 \\ 3 \end{pmatrix}$ orthogonal sein.

Es muss gelten $\begin{pmatrix} n_1 \\ n_2 \\ n_3 \end{pmatrix} \cdot \begin{pmatrix} 1 \\ 0 \\ 1 \end{pmatrix} = 0$ und $\begin{pmatrix} n_1 \\ n_2 \\ n_3 \end{pmatrix} \cdot \begin{pmatrix} 2 \\ -2 \\ 3 \end{pmatrix} = 0$. Dies führt auf das LGS $\begin{array}{r} n_1 + n_3 = 0 \\ 2n_1 - 2n_2 + 3n_3 = 0 \end{array}$.

Eine Lösung dieses LGS ist (–2; 1; 2), also ist $\vec{n} = \begin{pmatrix} -2 \\ 1 \\ 2 \end{pmatrix}$ ein möglicher Normalenvektor der Ebene E.

b) Skalarprodukt des Richtungsvektors von g mit $\vec{n}$: $\begin{pmatrix} 1 \\ 2 \\ 0 \end{pmatrix} \cdot \begin{pmatrix} -2 \\ 1 \\ 2 \end{pmatrix} = 0$. Somit sind die Vektoren zueinander orthogonal. Die Gerade g liegt in der Ebene E oder ist parallel zur Ebene E.
Die Punktprobe ergibt, dass der Ebenenpunkt P(2|–4|2) nicht auf der Geraden g liegt. Also sind g und E zueinander parallel.

Wegen $\begin{pmatrix} 4 \\ -2 \\ -4 \end{pmatrix} = -2 \cdot \begin{pmatrix} -2 \\ 1 \\ 2 \end{pmatrix}$ sind der Richtungsvektor von h und der Normalenvektor $\vec{n}$ linear abhängig. Die Gerade h schneidet die Ebene E orthogonal.

Aufgaben

1 Untersuchen Sie die Anzahl der gemeinsamen Punkte von g und E. Bestimmen Sie gegebenenfalls den Durchstoßpunkt.

a) g: $\vec{x} = \begin{pmatrix} -2 \\ 1 \\ 4 \end{pmatrix} + t \cdot \begin{pmatrix} 7 \\ 8 \\ 6 \end{pmatrix}$; E: $\vec{x} = \begin{pmatrix} 1 \\ 4 \\ 3 \end{pmatrix} + r \cdot \begin{pmatrix} 0 \\ -1 \\ 1 \end{pmatrix} + s \cdot \begin{pmatrix} 1 \\ 0 \\ 3 \end{pmatrix}$

b) g: $\vec{x} = \begin{pmatrix} 22 \\ -18 \\ -7 \end{pmatrix} + t \cdot \begin{pmatrix} 4 \\ 1 \\ -5 \end{pmatrix}$; E: $\vec{x} = \begin{pmatrix} 2 \\ 1 \\ 0 \end{pmatrix} + r \cdot \begin{pmatrix} 4 \\ -7 \\ 1 \end{pmatrix} + s \cdot \begin{pmatrix} 0 \\ 4 \\ -3 \end{pmatrix}$

c) g: $\vec{x} = t \cdot \begin{pmatrix} -1 \\ -1 \\ -1 \end{pmatrix}$; E: $\vec{x} = \begin{pmatrix} 0 \\ 0 \\ 2 \end{pmatrix} + r \cdot \begin{pmatrix} 2 \\ 0 \\ 0 \end{pmatrix} + s \cdot \begin{pmatrix} 0 \\ 2 \\ 0 \end{pmatrix}$

2 Untersuchen Sie die gegenseitige Lage der Geraden g: $\vec{x} = \begin{pmatrix} 2 \\ 3 \\ -8 \end{pmatrix} + t \cdot \begin{pmatrix} 1 \\ 1 \\ 0 \end{pmatrix}$

und der Ebene E: $\vec{x} = \begin{pmatrix} 2 \\ 3 \\ -8 \end{pmatrix} + r \cdot \begin{pmatrix} 2 \\ 2 \\ 1 \end{pmatrix} + s \cdot \begin{pmatrix} -1 \\ 5 \\ 7 \end{pmatrix}$ mithilfe eines Normalenvektors der Ebene E.

3 Untersuchen Sie die gegenseitige Lage der Geraden $g: \vec{x} = t \cdot \begin{pmatrix} 2 \\ -3 \\ 5 \end{pmatrix}$

und der Ebene $E: \vec{x} = \begin{pmatrix} 1 \\ 2 \\ 2 \end{pmatrix} + r \cdot \begin{pmatrix} -1 \\ 2 \\ -1 \end{pmatrix} + s \cdot \begin{pmatrix} 0 \\ 3 \\ -2 \end{pmatrix}$ mithilfe eines Normalenvektors der Ebene E.

Zeit zu überprüfen

4 Bestimmen Sie die gegenseitige Lage der Geraden $g: \vec{x} = \begin{pmatrix} 4 \\ 4 \\ -4 \end{pmatrix} + t \cdot \begin{pmatrix} 1 \\ -2 \\ 1 \end{pmatrix}$ und der Ebene

$E: \vec{x} = \begin{pmatrix} 1 \\ 0 \\ 2 \end{pmatrix} + r \cdot \begin{pmatrix} -1 \\ 2 \\ -1 \end{pmatrix} + s \cdot \begin{pmatrix} 0 \\ 3 \\ -2 \end{pmatrix}$.

Bestimmen Sie gegebenenfalls den Schnittpunkt.

5 Der Vektor $\vec{n} = \begin{pmatrix} 7 \\ 4 \\ -3 \end{pmatrix}$ ist ein Normalenvektor der Ebene E. Untersuchen Sie, ob die Gerade g

die Ebene E (orthogonal) schneidet oder parallel zur Ebene E bzw. in der Ebene E liegt.

a) $g: \vec{x} = \begin{pmatrix} 2 \\ 1 \\ 3 \end{pmatrix} + r \cdot \begin{pmatrix} 5 \\ 4 \\ -2 \end{pmatrix}$
b) $g: \vec{x} = \begin{pmatrix} 1 \\ 1 \\ 2 \end{pmatrix} + r \cdot \begin{pmatrix} -7 \\ -4 \\ 3 \end{pmatrix}$
c) $g: \vec{x} = \begin{pmatrix} 8 \\ 1 \\ 7 \end{pmatrix} + r \cdot \begin{pmatrix} 1 \\ -1 \\ 1 \end{pmatrix}$

6 Bestimmen Sie, falls möglich, die Spurpunkte der Geraden g (Fig. 1).

a) $g: \vec{x} = \begin{pmatrix} 2 \\ 4 \\ 1 \end{pmatrix} + t \cdot \begin{pmatrix} -2 \\ 2 \\ 1 \end{pmatrix}$
b) $g: \vec{x} = \begin{pmatrix} 2 \\ 2 \\ 2 \end{pmatrix} + t \cdot \begin{pmatrix} 1 \\ 3 \\ 0 \end{pmatrix}$

c) $g: \vec{x} = \begin{pmatrix} 2 \\ 1 \\ 7 \end{pmatrix} + t \cdot \begin{pmatrix} -1 \\ 2 \\ 1 \end{pmatrix}$
d) $g: \vec{x} = \begin{pmatrix} 7 \\ 0 \\ 7 \end{pmatrix} + t \cdot \begin{pmatrix} 1 \\ 1 \\ 1 \end{pmatrix}$

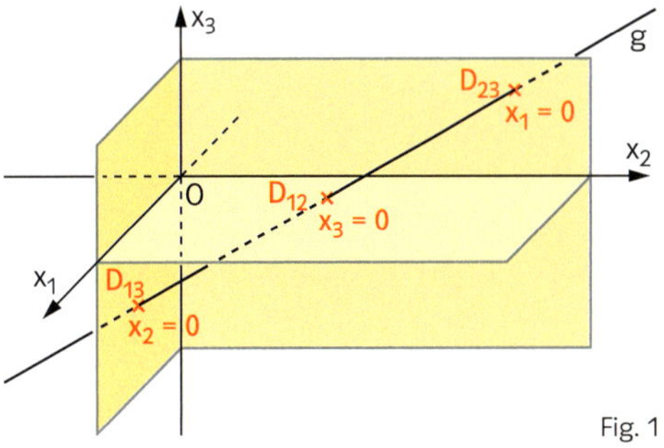

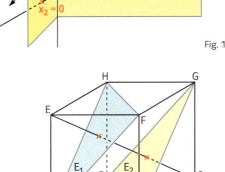

Vektoris3D
Gerade Spurpunkte

Fig. 1

7 Bestimmen Sie die Schnittpunkte der Koordinatenachsen mit der Ebene E.

a) $E: \vec{x} = \begin{pmatrix} 4 \\ 6 \\ 0 \end{pmatrix} + r \cdot \begin{pmatrix} 1 \\ 1 \\ 1 \end{pmatrix} + s \cdot \begin{pmatrix} 1 \\ 0 \\ 3 \end{pmatrix}$

b) $E: \vec{x} = \begin{pmatrix} 0 \\ 5 \\ 0 \end{pmatrix} + r \cdot \begin{pmatrix} 0 \\ 10 \\ -6 \end{pmatrix} + s \cdot \begin{pmatrix} 2 \\ 0 \\ -1 \end{pmatrix}$

8 Der Würfel in Fig. 2 hat die Eckpunkte $A(0|0|0)$, $B(0|8|0)$, $C(-8|8|0)$, $E(0|0|8)$. Die Ebene E_1 ist durch die Punkte A, F und H, die Ebene E_2 durch die Punkte B, D und G festgelegt. Bestimmen Sie die Schnittpunkte der Geraden durch C und E mit den Ebenen E_1 und E_2.

Fig. 2

9 Ist die Aussage wahr? Begründen Sie Ihre Antwort.
a) Falls das Skalarprodukt eines Normalenvektors einer Ebene mit einem Richtungsvektor einer Geraden gleich Null ist, dann sind die Ebene und die Gerade zueinander parallel.
b) Falls das Skalarprodukt eines Normalenvektors einer Ebene mit einem Richtungsvektor einer Geraden ungleich Null ist, dann schneidet die Gerade die Ebene.
c) Falls ein Normalenvektor einer Ebene und ein Richtungsvektor einer Geraden linear abhängig sind, dann sind die Gerade und die Ebene zueinander orthogonal.
d) Falls ein Richtungsvektor einer Geraden orthogonal zu jedem der beiden Spannvektoren einer Ebene ist, dann schneidet die Gerade die Ebene.

5 Winkel zwischen Vektoren – Skalarprodukt

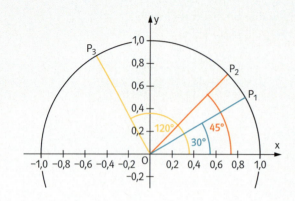

In der Grafik ist ein Teil eines Einheitskreises abgebildet. Bestimmen Sie die Koordinaten der Vektoren $\overrightarrow{OP_1}$, $\overrightarrow{OP_2}$ und $\overrightarrow{OP_3}$ sowie deren Skalarprodukte mit dem Vektor $\begin{pmatrix} 1 \\ 0 \end{pmatrix}$.

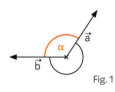

Fig. 1

Zeichnet man zu einem gemeinsamen Anfangspunkt Pfeile zweier Vektoren $\vec{a}$ und $\vec{b}$, die nicht zueinander parallel sind, so entstehen zwei Winkel. Den kleineren dieser beiden Winkel bezeichnet man als den **Winkel zwischen den Vektoren** $\vec{a}$ und $\vec{b}$ (Fig. 1).
Die Größe des Winkels zwischen zwei Vektoren kann man mithilfe des Skalarproduktes bestimmen.

Wenn für zwei Vektoren $\vec{a}$ und $\vec{b}$ das Skalarprodukt $\vec{a} \cdot \vec{b}$ gleich Null ist, dann sind die Vektoren $\vec{a}$ und $\vec{b}$ zueinander orthogonal, das heißt, der Winkel zwischen den Vektoren $\vec{a}$ und $\vec{b}$ beträgt 90°.

Sonderfälle:
Wenn die Pfeile der Vektoren in dieselbe Richtung zeigen, gilt α = 0°.

Wenn die Pfeile der Vektoren in entgegengesetzte Richtungen zeigen, gilt α = 180°.

Zur Berechnung des Winkels zwischen den Vektoren $\vec{a}$ und $\vec{b}$ in Fig. 2 zerlegt man den Vektor $\vec{b}$ in einen zu $\vec{a}$ parallelen Anteil $\overrightarrow{OB'}$ und in einen zu $\vec{a}$ orthogonalen Anteil $\overrightarrow{B'B}$.

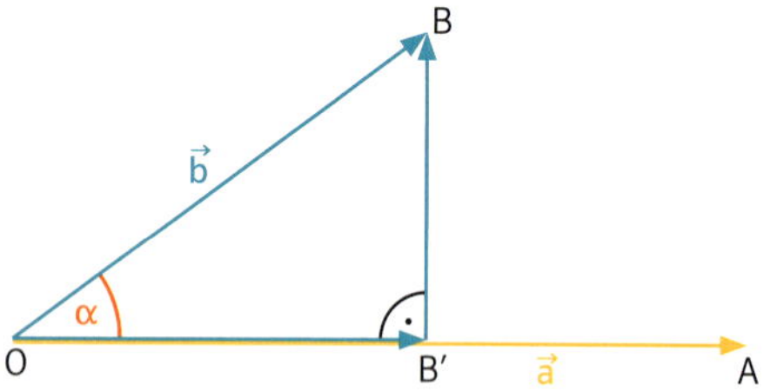

Also ist
$\vec{a} \cdot \vec{b} = \vec{a} \cdot (\overrightarrow{OB'} + \overrightarrow{B'B}) = \vec{a} \cdot \overrightarrow{OB'} + \vec{a} \cdot \overrightarrow{B'B}$.
Wegen $\vec{a} \perp \overrightarrow{B'B}$ ist $\vec{a} \cdot \overrightarrow{B'B} = 0$ und somit $\vec{a} \cdot \vec{b} = \vec{a} \cdot \overrightarrow{OB'}$.
Da $\overrightarrow{OB'}$ und $\vec{a}$ parallel sind, gilt: $\vec{a} \cdot \overrightarrow{OB'} = \vec{a} \cdot \frac{|\overrightarrow{OB'}|}{|\vec{a}|} \cdot \vec{a} = \vec{a} \cdot \vec{a} \cdot \frac{|\overrightarrow{OB'}|}{|\vec{a}|} = |\vec{a}|^2 \cdot \frac{|\overrightarrow{OB'}|}{|\vec{a}|} = |\vec{a}| \cdot |\overrightarrow{OB'}|$.
Da $\cos(\alpha) = \frac{|\overrightarrow{OB'}|}{|\vec{b}|}$ bzw. $|\overrightarrow{OB'}| = |\vec{b}| \cdot \cos(\alpha)$, erhält man insgesamt: $|\vec{a}| \cdot |\overrightarrow{OB'}| = |\vec{a}| \cdot |\vec{b}| \cdot \cos(\alpha)$.

Ist der Winkel zwischen den Vektoren wie in Fig. 3 größer als 90°, so erhält man aus analogen Überlegungen:
$\vec{a} \cdot \vec{b} = -|\vec{a}| \cdot |\vec{b}| \cdot \cos(180° - \alpha)$
und wegen $\cos(180° - \alpha) = -\cos(\alpha)$
ebenfalls $\vec{a} \cdot \vec{b} = |\vec{a}| \cdot |\vec{b}| \cdot \cos(\alpha)$.

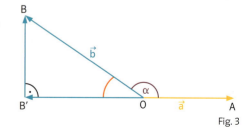

Fig. 2

Fig. 3

Satz: Für den **Winkel α zwischen den Vektoren** $\vec{a}$ und $\vec{b}$ gilt:
$\vec{a} \cdot \vec{b} = |\vec{a}| \cdot |\vec{b}| \cdot \cos(\alpha)$ bzw. $\cos(\alpha) = \frac{\vec{a} \cdot \vec{b}}{|\vec{a}| \cdot |\vec{b}|}$ mit $0° \leq \alpha \leq 180°$.

Beispiel Winkelberechnung

Gegeben sind die Punkte A(1|−1|−5), B(3|2|−4) und C(5|−1|−2).
Bestimmen Sie jeweils die Größe des Winkels zwischen den Vektoren $\vec{AB}$ und $\vec{AC}$ bzw. $\vec{BA}$ und $\vec{AC}$.

- **Lösung:** $\vec{AB} = \begin{pmatrix} 2 \\ 3 \\ 1 \end{pmatrix}$; $\vec{BA} = \begin{pmatrix} -2 \\ -3 \\ -1 \end{pmatrix}$; $|\vec{AB}| = |\vec{BA}| = \sqrt{14}$; $\vec{AC} = \begin{pmatrix} 4 \\ 0 \\ 3 \end{pmatrix}$; $|\vec{AC}| = 5$

α: Winkel zwischen $\vec{AB}$ und $\vec{AC}$,

$\cos(\alpha) = \dfrac{\vec{AB} \cdot \vec{AC}}{|\vec{AB}| \cdot |\vec{AC}|} = \dfrac{8 + 0 + 3}{\sqrt{14} \cdot 5} = \dfrac{11}{5\sqrt{14}}$; $\alpha \approx 54{,}0°$

β: Winkel zwischen $\vec{BA}$ und $\vec{AC}$

$\cos(\beta) = \dfrac{\vec{BA} \cdot \vec{AC}}{|\vec{BA}| \cdot |\vec{AC}|} = \dfrac{-8 + 0 - 3}{\sqrt{14} \cdot 5} = \dfrac{-11}{5\sqrt{14}}$; $\beta \approx 126{,}0°$

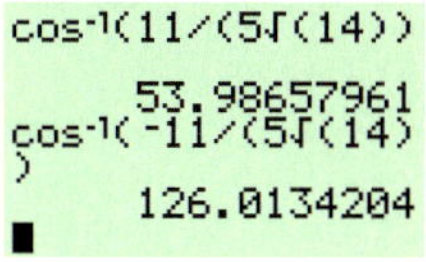

Fig. 1

Aufgaben

1 Bestimmen Sie die Größe des Winkels zwischen den Vektoren $\vec{a}$ und $\vec{b}$.

a) $\vec{a} = \begin{pmatrix} 5 \\ 0 \end{pmatrix}$; $\vec{b} = \begin{pmatrix} 1 \\ 3 \end{pmatrix}$
b) $\vec{a} = \begin{pmatrix} 1 \\ 3 \\ 1 \end{pmatrix}$; $\vec{b} = \begin{pmatrix} 2 \\ 5 \\ 1 \end{pmatrix}$
c) $\vec{a} = \begin{pmatrix} 1 \\ 3 \\ 5 \end{pmatrix}$; $\vec{b} = \begin{pmatrix} 5 \\ 3 \\ 1 \end{pmatrix}$
d) $\vec{a} = \begin{pmatrix} -11 \\ 4 \\ 1 \end{pmatrix}$; $\vec{b} = \begin{pmatrix} 1 \\ 2 \\ 3 \end{pmatrix}$

2 Berechnen Sie die Längen der Seiten und die Größen der Winkel im Dreieck ABC.
Zeichnen Sie für Teilaufgabe a) und b) das Dreieck und messen Sie nach.

a) A(2|1), B(5|−1), C(4|3)
b) A(1|1), B(9|−2), C(3|8)
c) A(5|0|4), B(3|0|0), C(5|4|0)
d) A(5|1|5), B(5|5|3), C(3|3|5)

© CAS
Längen im Dreieck

3 Der Winkel zwischen den Vektoren $\vec{a}$ und $\vec{b}$ ist α. Bestimmen Sie die fehlende Koordinate.

a) $\vec{a} = \begin{pmatrix} 3 \\ 2 \\ a \end{pmatrix}$; $\vec{b} = \begin{pmatrix} 1 \\ -2 \\ 2 \end{pmatrix}$; α = 90°
b) $\vec{a} = \begin{pmatrix} 0 \\ 1 \\ 0 \end{pmatrix}$; $\vec{b} = \begin{pmatrix} \sqrt{3} \\ b \\ 0 \end{pmatrix}$; α = 30°
c) $\vec{a} = \begin{pmatrix} 0 \\ 0{,}5 \\ 0{,}5 \end{pmatrix}$; $\vec{b} = \begin{pmatrix} 1 \\ 0 \\ c \end{pmatrix}$; α = 60°

4 Gegeben sind die Vektoren $\vec{a} = \begin{pmatrix} 2 \\ 3 \end{pmatrix}$ und $\vec{b} = \begin{pmatrix} -1 \\ 5 \end{pmatrix}$. Bestimmen Sie jeweils die Größe des Winkels zwischen $\vec{a}$ und $\vec{b}$, $-\vec{a}$ und $\vec{b}$, $\vec{a}$ und $-\vec{b}$ sowie $-\vec{a}$ und $-\vec{b}$.

Zeit zu überprüfen

5 Ein Viereck hat die Eckpunkte O(0|0|0), P(2|3|5), Q(5|5|6) und R(1|4|9).
Berechnen Sie die Längen der Seiten und die Größen der Innenwinkel des Vierecks.

6 Gegeben ist ein gleichseitiges Dreieck ABC mit der Seitenlänge 3. Berechnen Sie $\vec{AB} \cdot \vec{AC}$.

7 a) Zeichnen Sie das Viereck ABCD mit A(2|−2|−2), B(−2|5,5|−2), C(−6|2|4) und
D(1|−2|1) in ein Koordinatensystem und berechnen Sie die Größe der Innenwinkel des Vierecks.
b) Bestimmen Sie die Winkelsumme. Was fällt Ihnen auf? Geben Sie dazu eine Erklärung.
c) Bestimmen Sie zu den Punkten A, B und C aus Teilaufgabe a) einen vierten Punkt E so, dass die Winkelsumme im Viereck ABCE 360° beträgt.

8 In Fig. 2 ist ein Würfel mit der Kantenlänge 5 dargestellt.
Berechnen Sie die Seitenlängen und die Größen der Winkel
a) des roten Dreiecks,
b) des blauen Dreiecks.

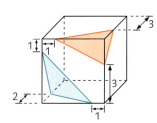

Fig. 2

6 Schnittwinkel

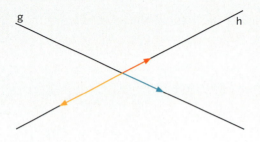

Michael behauptet: „Als Winkel zwischen zwei Geraden kann man den Winkel zwischen zwei beliebigen Richtungsvektoren der Geraden wählen." Was halten Sie davon?

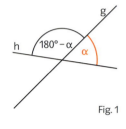

Fig. 1

Schnittwinkel Gerade – Gerade

Wenn zwei Geraden sich schneiden, entstehen vier Winkel, je zwei der Größe α ($\alpha \leq 90°$) und je zwei der Größe $180° - \alpha$ (Fig. 1). Unter dem **Schnittwinkel zweier Geraden** versteht man den Winkel der kleiner oder gleich 90° ist. Sind $\vec{u}$ und $\vec{v}$ Richtungsvektoren der Geraden, dann kann man den Schnittwinkel α der Geraden mit der Formel $\cos(\alpha) = \frac{|\vec{u} \cdot \vec{v}|}{|\vec{u}| \cdot |\vec{v}|}$ berechnen.

Die Betragsstriche im Zähler der Formeln sichern, dass $\cos(\alpha) \geq 0$ und damit $0° \leq \alpha \leq 90°$ ist.

Schnittwinkel Gerade – Ebene

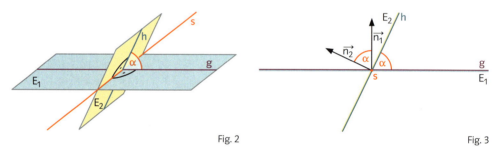

Fig. 2 Fig. 3

Fällt man von jedem Punkt einer Geraden g das Lot auf die Ebene E, so erhält man in E eine Gerade g'. Unter dem **Schnittwinkel α der Geraden g und der Ebene E** versteht man den Winkel zwischen den Geraden g und g' (Fig. 2). Der Winkel β zwischen dem Normalenvektor $\vec{n}$ der Ebene E und dem Richtungsvektor $\vec{u}$ der Geraden g in Fig. 3 ergänzt den Schnittwinkel α zu 90°.

Es ist $\cos(\beta) = \frac{|\vec{u} \cdot \vec{n}|}{|\vec{u}| \cdot |\vec{n}|}$. Wegen $\beta = 90° - \alpha$ und $\cos(90° - \alpha) = \sin(\alpha)$ erhält man: $\sin(\alpha) = \frac{|\vec{u} \cdot \vec{n}|}{|\vec{u}| \cdot |\vec{n}|}$.

Daher kann man den Schnittwinkel α direkt mit der Formel $\sin(\alpha) = \frac{|\vec{u} \cdot \vec{n}|}{|\vec{u}| \cdot |\vec{n}|}$ berechnen.

Satz: Schnittwinkel bei sich schneidenden Geraden und Ebenen

Haben die Geraden g_1 und g_2 die Richtungsvektoren $\vec{u_1}$ und $\vec{u_2}$, so gilt für den **Schnittwinkel α der Geraden g_1 und g_2:**

$$\cos(\alpha) = \frac{|\vec{u_1} \cdot \vec{u_2}|}{|\vec{u_1}| \cdot |\vec{u_2}|}, \quad 0° \leq \alpha \leq 90°.$$

Haben die Geraden g_1 den Richtungsvektor $\vec{u_1}$ und die Ebene E den Normalenvektor $\vec{n}$, so gilt für den **Schnittwinkel α der Geraden g_1 und der Ebene E:**

$$\sin(\alpha) = \frac{|\vec{u_1} \cdot \vec{n}|}{|\vec{u_1}| \cdot |\vec{n}|}, \quad 0° \leq \alpha \leq 90°.$$

Beispiel Schnittwinkel berechnen

Gegeben sind die sich schneidenden Geraden $g: \vec{x} = \begin{pmatrix} 2 \\ 1 \\ -1 \end{pmatrix} + r \cdot \begin{pmatrix} 1 \\ 3 \\ 2 \end{pmatrix}$ und $h: \vec{x} = \begin{pmatrix} 5 \\ 3 \\ 0 \end{pmatrix} + s \cdot \begin{pmatrix} -2 \\ 1 \\ 1 \end{pmatrix}$

sowie die Ebene $E: \vec{x} = \begin{pmatrix} 1 \\ 4 \\ -6 \end{pmatrix} + r \cdot \begin{pmatrix} 2 \\ -1 \\ 3 \end{pmatrix} + s \cdot \begin{pmatrix} 5 \\ -4 \\ 6 \end{pmatrix}$.

Bestimmen Sie die Größe des Schnittwinkels
a) der Geraden g und h,   b) der Geraden g und der Ebene E.

■ Lösung: a) $\cos(\alpha) = \dfrac{\left| \begin{pmatrix} 1 \\ 3 \\ 2 \end{pmatrix} \cdot \begin{pmatrix} -2 \\ 1 \\ 1 \end{pmatrix} \right|}{\sqrt{1^2 + 3^2 + 2^2} \cdot \sqrt{(-2)^2 + 1^2 + 1^2}} = \dfrac{3}{\sqrt{14} \cdot \sqrt{6}}$. Somit ist $\alpha \approx 70{,}9°$ (s. Fig. 1).

Der Schnittwinkel beträgt 70,9°.

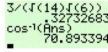
Fig. 1

b) 1. Schritt: *Normalenvektor der Ebene bestimmen.*

Aus den Vektorgleichungen $\begin{pmatrix} 2 \\ -1 \\ 3 \end{pmatrix} \cdot \begin{pmatrix} n_1 \\ n_2 \\ n_3 \end{pmatrix} = 0$ und $\begin{pmatrix} 5 \\ -4 \\ 6 \end{pmatrix} \cdot \begin{pmatrix} n_1 \\ n_2 \\ n_3 \end{pmatrix} = 0$ erhält man als einen möglichen

Normalenvektor den Vektor $\vec{n} = \begin{pmatrix} 2 \\ 1 \\ -1 \end{pmatrix}$.

$\sin(\alpha) = \dfrac{\left| \begin{pmatrix} 1 \\ 3 \\ 2 \end{pmatrix} \cdot \begin{pmatrix} 2 \\ 1 \\ -1 \end{pmatrix} \right|}{\sqrt{1^2 + 3^2 + 2^2} \cdot \sqrt{2^2 + 1^2 + (-1)^2}} = \dfrac{3}{\sqrt{14} \cdot \sqrt{6}}$. Somit ist $\alpha \approx 19{,}1°$.

Der Schnittwinkel beträgt 19,1°.

Aufgaben

1 Gegeben sind die sich schneidenden Geraden g und h. Bestimmen Sie die Größe des Schnittwinkels.

a) $g: \vec{x} = \begin{pmatrix} 1 \\ 1 \\ 0 \end{pmatrix} + r \cdot \begin{pmatrix} 1 \\ 0 \\ 3 \end{pmatrix}$; $h: \vec{x} = \begin{pmatrix} 2 \\ 2 \\ 3 \end{pmatrix} + s \cdot \begin{pmatrix} 1 \\ -1 \\ 3 \end{pmatrix}$ b) $g: \vec{x} = \begin{pmatrix} 2 \\ 0 \\ 7 \end{pmatrix} + r \cdot \begin{pmatrix} 1 \\ 1 \\ 1 \end{pmatrix}$; $h: \vec{x} = \begin{pmatrix} 0 \\ 4 \\ -5 \end{pmatrix} + s \cdot \begin{pmatrix} 5 \\ 2 \\ 10 \end{pmatrix}$

c) $g: \vec{x} = \begin{pmatrix} 2 \\ 7 \\ 11 \end{pmatrix} + r \cdot \begin{pmatrix} 3 \\ 9 \\ -1 \end{pmatrix}$; $h: \vec{x} = \begin{pmatrix} 0 \\ 6 \\ -5 \end{pmatrix} + s \cdot \begin{pmatrix} 1 \\ 2 \\ 3 \end{pmatrix}$ d) $g: \vec{x} = r \cdot \begin{pmatrix} 4 \\ 5 \\ 7{,}5 \end{pmatrix}$; $h: \vec{x} = \begin{pmatrix} 6 \\ 4 \\ 7 \end{pmatrix} + s \cdot \begin{pmatrix} -2 \\ 1 \\ 0{,}5 \end{pmatrix}$

2 Bestimmen Sie die Größe des Schnittwinkels der Geraden $g: \vec{x} = \begin{pmatrix} 1 \\ 4 \\ 9 \end{pmatrix} + t \cdot \begin{pmatrix} 1 \\ 2 \\ 1 \end{pmatrix}$ mit der Ebene E.

a) $E: \vec{x} = \begin{pmatrix} 1 \\ 2 \\ 5 \end{pmatrix} + r \cdot \begin{pmatrix} 1 \\ 2 \\ 0 \end{pmatrix} + s \cdot \begin{pmatrix} 0 \\ -3 \\ 2 \end{pmatrix}$ b) $E: \vec{x} = \begin{pmatrix} 1 \\ 8 \\ 0 \end{pmatrix} + r \cdot \begin{pmatrix} 8 \\ 1 \\ 9 \end{pmatrix} + s \cdot \begin{pmatrix} 9 \\ 6 \\ 7 \end{pmatrix}$ c) $E: \vec{x} = \begin{pmatrix} 2 \\ 9 \\ -7 \end{pmatrix} + r \cdot \begin{pmatrix} 9 \\ -9 \\ 0 \end{pmatrix} + s \cdot \begin{pmatrix} 1 \\ 2 \\ 1 \end{pmatrix}$

3 a) Berechnen Sie den Winkel zwischen der x_3-Achse und der Ebene

$E: \vec{x} = \begin{pmatrix} -2 \\ 0 \\ 0 \end{pmatrix} + r \cdot \begin{pmatrix} 2 \\ 0 \\ -4 \end{pmatrix} + s \cdot \begin{pmatrix} 1 \\ 5 \\ -2 \end{pmatrix}$.

b) Berechnen Sie die Schnittwinkel der Geraden $g: \vec{x} = \begin{pmatrix} 3 \\ 1 \\ 1 \end{pmatrix} + t \cdot \begin{pmatrix} 2 \\ 1 \\ 0 \end{pmatrix}$ mit den Koordinatenebenen.

c) Berechnen Sie den Schnittwinkel der Geraden $g: \vec{x} = \begin{pmatrix} 1 \\ 1 \\ 0 \end{pmatrix} + t \cdot \begin{pmatrix} 3 \\ 2 \\ 0 \end{pmatrix}$ mit x_1-Achse und der x_2-Achse.

Zeit zu überprüfen

4 Gegeben sind die sich schneidenden Geraden $g: \vec{x} = \begin{pmatrix} 2 \\ 1 \\ -5 \end{pmatrix} + r \cdot \begin{pmatrix} 1 \\ 1 \\ 0 \end{pmatrix}$ und

$h: \vec{x} = \begin{pmatrix} 3 \\ 2 \\ -5 \end{pmatrix} + r \cdot \begin{pmatrix} -2 \\ 3 \\ 7 \end{pmatrix}$ sowie die Ebene $E: \vec{x} = \begin{pmatrix} 1 \\ 2 \\ 3 \end{pmatrix} + r \cdot \begin{pmatrix} -1 \\ 8 \\ 0 \end{pmatrix} + s \cdot \begin{pmatrix} 1 \\ 6 \\ -9 \end{pmatrix}$.

a) Berechnen Sie die Größe des Schnittwinkels zwischen den Geraden g und h.
b) Berechnen Sie die Größe des Schnittwinkels der Geraden g mit der Ebene E.

5 Bestimmen Sie für die dreiseitige Pyramide in Fig. 1
a) die Winkel zwischen den Kanten $\overline{AD}$, $\overline{BD}$, $\overline{CD}$ und der Dreiecksfläche ABC,
b) die Winkel zwischen den Kanten $\overline{AC}$, $\overline{BC}$, $\overline{CD}$ und der Dreiecksfläche ABD.

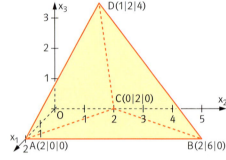
Fig. 1

6 Der Winkel zwischen den Vektoren

$\vec{a} = \begin{pmatrix} -3 \\ 2 \\ 5 \end{pmatrix}$ und $\vec{b} = \begin{pmatrix} 4 \\ 2 \\ 7 \end{pmatrix}$ ist α.

a) Geben Sie Gleichungen zweier Geraden mit dem Schnittwinkel α an.
b) Geben Sie die Gleichung einer Ebene und einer Geraden mit dem Schnittwinkel α an.

7 Die Gerade g geht durch die Punkte A und B, die Gerade h geht durch die Punkte C und D. Berechnen Sie, falls möglich, die Größe des Schnittwinkels der Geraden g und h.
a) A(0|2|1), B(−1|3|3), C(2|−6|4), D(−1|3|−2)
b) A(0|0|0), B(1|1|2), C(4|4|11), D(2|2|4)
c) A(1|2|1), B(−1|8|3), C(1|0|1), D(2|−3|0)
d) A(0|0|0), B(1|1|3), C(2|2|6), D(5|2|5)

8 a) Geben Sie vereinfachte Formeln für die Berechnung von Schnittwinkeln an, wenn man nur Einheitsvektoren verwendet.
b) Philipp behauptet, dass man bei allen Formeln für die Schnittwinkel die Betragsstriche im Zähler auch weglassen kann, wenn man hinterher nur das Ergebnis richtig deutet. Nehmen Sie dazu Stellung.
c) Albrecht bezweifelt, dass man bei der Berechnung von Schnittwinkeln immer denselben Wert erhält: „Schließlich gibt es ja zu jeder Geraden unendlich viele Richtungsvektoren und zu jeder Ebene unendlich viele Normalenvektoren." Was meinen Sie dazu?

9 a) Bestimmen Sie c so, dass der Winkel zwischen der x_1x_2-Ebene und der Geraden

$g: \vec{x} = r \cdot \begin{pmatrix} 3 \\ 4 \\ c \end{pmatrix}$ die Größe 45° hat.

b) Betrachten Sie alle Ursprungsgeraden, die mit der x_1x_2-Ebene einen Winkel von 45° bilden. Beschreiben Sie die Lage der Schnittpunkte dieser Geraden mit der Ebene, die parallel zur x_1x_2-Ebene ist und durch den Punkt P(0|0|5) geht.

10 Eine sturmgefährdete Fichte an einem gleichmäßig geneigten Hang soll mit Seilen in den Punkten A und B befestigt werden. Mit einem passenden Koordinatensystem (1 Einheit = 1m) steht die Fichte im Ursprung O und es ist A(3|−4|2) und B(−5|−2|1). Die Seile werden in einer Höhe von 5m an der Fichte befestigt. Berechnen Sie die Winkel, die die Seile mit der Hangebene bilden.

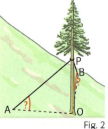
Fig. 2

*7 Gegenseitige Lage von Ebenen

Beschreiben Sie die gegenseitigen Lagen der Ebenen, die durch die Seitenflächen festgelegt sind.

Zwei verschiedene Ebenen sind genau dann zueinander parallel, wenn ihre entsprechenden Normalenvektoren linear abhängig sind.

Zwei verschiedene Ebenen schneiden sich genau dann, wenn ihre entsprechenden Normalenvektoren linear unabhängig sind.

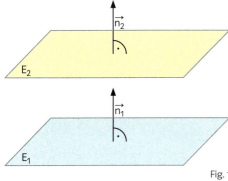

Fig. 1

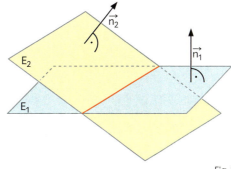

Fig. 2

Vektoris3D
Lage von Ebenen

Unter dem **Schnittwinkel α zweier Ebenen E_1 und E_2** versteht man den Schnittwinkel zweier Geraden g und h, die in E_1 bzw. E_2 liegen und orthogonal zur Schnittgeraden s der beiden Ebenen sind (Fig. 3). Dieser Winkel ist gleich dem Winkel zwischen den Normalenvektoren $\vec{n_1}$ und $\vec{n_2}$ der Ebenen E_1 und E_2 in Fig. 4. Deshalb kann man den Schnittwinkel α der Ebenen E_1 und E_2 mit der Formel $\cos(\alpha) = \frac{|\vec{n_1} \cdot \vec{n_2}|}{|\vec{n_1}| \cdot |\vec{n_2}|}$ berechnen.

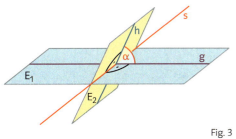

Fig. 3

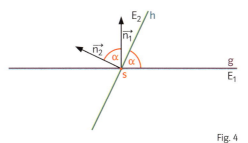

Fig. 4

Die Betragsstriche im Zähler der Formeln sichern, dass $\cos(\alpha) \geq 0$ und damit $0° \leq \alpha \leq 90°$ ist.

Gegeben sind die Ebene E_1 mit dem Normalenvektor $\vec{n_1}$ und die Ebene E_2 mit dem Normalenvektor $\vec{n_2}$.
Die Ebenen E_1 und E_2 sind zueinander parallel, wenn $\vec{n_1}$ und $\vec{n_2}$ linear abhängig sind.
Die Ebenen E_1 und E_2 schneiden sich in einer Geraden, wenn $\vec{n_1}$ und $\vec{n_2}$ linear unabhängig sind. Für den Schnittwinkel α gilt dann: $\cos(\alpha) = \frac{|\vec{n_1} \cdot \vec{n_2}|}{|\vec{n_1}| \cdot |\vec{n_2}|}$, $0° \leq \alpha \leq 90°$.

Insbesondere sind die Ebenen zueinander orthogonal, wenn $\vec{n_1} \perp \vec{n_2}$.

Beispiel Schnittgerade und Schnittwinkel zweier Ebenen

Schneiden sich die Ebenen $E_1: \vec{x} = \begin{pmatrix} 1 \\ 3 \\ 2 \end{pmatrix} + r \cdot \begin{pmatrix} 1 \\ -2 \\ 0 \end{pmatrix} + s \cdot \begin{pmatrix} 3 \\ 1 \\ 4 \end{pmatrix}$ und $E_2: \vec{x} = \begin{pmatrix} -1 \\ 5 \\ 2 \end{pmatrix} + u \cdot \begin{pmatrix} 1 \\ 1 \\ 2 \end{pmatrix} + v \cdot \begin{pmatrix} -2 \\ 1 \\ 3 \end{pmatrix}$?

Bestimmen Sie gegebenenfalls eine Gleichung der Schnittgeraden und den Schnittwinkel.

■ *Lösung: Um die gegenseitige Lage zu bestimmen, kann man die rechten Seiten der Gleichungen gleichsetzen.*

Der Gleichung $\begin{pmatrix} 1 \\ 3 \\ 2 \end{pmatrix} + r \cdot \begin{pmatrix} 1 \\ -2 \\ 0 \end{pmatrix} + s \cdot \begin{pmatrix} 3 \\ 1 \\ 4 \end{pmatrix} = \begin{pmatrix} -1 \\ 5 \\ 2 \end{pmatrix} + u \cdot \begin{pmatrix} 1 \\ 1 \\ 2 \end{pmatrix} + v \cdot \begin{pmatrix} -2 \\ 1 \\ 3 \end{pmatrix}$

entspricht das LGS mit drei Gleichungen und vier Variablen:

$\begin{aligned} 1 + r + 3s &= -1 + u - 2v \\ 3 - 2r + s &= 5 + u + v \\ 2 + 4s &= 2 + 2u + 3v \end{aligned}$ bzw. $\begin{aligned} r + 3s - u + 2v &= -2 \\ -2r + s - u - v &= 2 \\ 4s - 2u - 3v &= 0 \end{aligned}$.

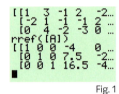

Fig. 1

Mithilfe des Gauß-Verfahrens erhält man $\begin{aligned} r - 4v &= 0 \\ s + 7,5v &= -2 \\ u + 16,5v &= -4 \end{aligned}$ (vgl. Fig. 1).

Damit hat das LGS unendlich viele Lösungen. Das heißt, die Ebenen schneiden sich.
Aus $u + 16,5v = -4$ folgt $u = -4 - 16,5v$.
Setzt man dies in die Gleichung von E_2 ein, so erhält man eine Gleichung der Schnittgeraden:

$g: \vec{x} = \begin{pmatrix} -5 \\ 1 \\ -6 \end{pmatrix} + v \cdot \begin{pmatrix} -18,5 \\ -15,5 \\ -30 \end{pmatrix}$ bzw. mit $v = -2t$ die Gleichung $g: \vec{x} = \begin{pmatrix} -5 \\ 1 \\ -6 \end{pmatrix} + t \cdot \begin{pmatrix} 37 \\ 31 \\ 60 \end{pmatrix}$.

$\vec{n}_1 = \begin{pmatrix} 8 \\ 4 \\ -7 \end{pmatrix}$ ist ein möglicher Normalenvektor der Ebene E_1. $\vec{n}_2 = \begin{pmatrix} 1 \\ -7 \\ 3 \end{pmatrix}$ ist ein möglicher

Normalenvektor der Ebene E_2. Für den Schnittwinkel α gilt dann:

$\cos(\alpha) = \dfrac{\left| \begin{pmatrix} 8 \\ 4 \\ -7 \end{pmatrix} \cdot \begin{pmatrix} 1 \\ -7 \\ 3 \end{pmatrix} \right|}{\left| \begin{pmatrix} 8 \\ 4 \\ -7 \end{pmatrix} \right| \cdot \left| \begin{pmatrix} 1 \\ -7 \\ 3 \end{pmatrix} \right|} = \dfrac{|-41|}{\sqrt{129} \cdot \sqrt{59}}$ bzw. $\alpha \approx 62{,}0°$.

Aufgaben

1 Bestimmen Sie die Schnittgerade und den Schnittwinkel der Ebenen E_1 und E_2.

a) $E_1: \vec{x} = \begin{pmatrix} 1 \\ 0 \\ 3 \end{pmatrix} + r \cdot \begin{pmatrix} 1 \\ 0 \\ 0 \end{pmatrix} + s \cdot \begin{pmatrix} 1 \\ 1 \\ 0 \end{pmatrix}$; $E_2: \vec{x} = \begin{pmatrix} 2 \\ 3 \\ 2 \end{pmatrix} + r \cdot \begin{pmatrix} 0 \\ 1 \\ 1 \end{pmatrix} + s \cdot \begin{pmatrix} 2 \\ 0 \\ 1 \end{pmatrix}$

b) $E_1: \vec{x} = r \cdot \begin{pmatrix} 1 \\ 2 \\ 3 \end{pmatrix} + s \cdot \begin{pmatrix} -1 \\ 1 \\ 0 \end{pmatrix}$; $E_2: \vec{x} = r \cdot \begin{pmatrix} 2 \\ 0 \\ 7 \end{pmatrix} + s \cdot \begin{pmatrix} 1 \\ -1 \\ 1 \end{pmatrix}$

c) $E_1: \vec{x} = \begin{pmatrix} 1 \\ 7 \\ 3 \end{pmatrix} + r \cdot \begin{pmatrix} 1 \\ -1 \\ 2 \end{pmatrix} + s \cdot \begin{pmatrix} 2 \\ -5 \\ 8 \end{pmatrix}$; $E_2: \vec{x} = \begin{pmatrix} 3 \\ 5 \\ 7 \end{pmatrix} + r \cdot \begin{pmatrix} 2 \\ 3 \\ 0 \end{pmatrix} + s \cdot \begin{pmatrix} 1 \\ 1 \\ 2 \end{pmatrix}$

2 Schneiden sich die Ebenen E_1 und E_2? Bestimmen Sie gegebenenfalls die Schnittgerade.

a) $E_1: \vec{x} = \begin{pmatrix} 2 \\ 5 \\ 3 \end{pmatrix} + r \cdot \begin{pmatrix} 1 \\ 0 \\ 1 \end{pmatrix} + s \cdot \begin{pmatrix} 0 \\ 1 \\ 0 \end{pmatrix}$; $E_2: \vec{x} = \begin{pmatrix} 4 \\ 0 \\ 0 \end{pmatrix} + r \cdot \begin{pmatrix} 1 \\ 1 \\ 1 \end{pmatrix} + s \cdot \begin{pmatrix} 1 \\ 3 \\ 1 \end{pmatrix}$

b) $E_1: \vec{x} = \begin{pmatrix} -1 \\ 0 \\ 0 \end{pmatrix} + r \cdot \begin{pmatrix} 1 \\ 3 \\ 1 \end{pmatrix} + s \cdot \begin{pmatrix} 0 \\ 2 \\ 1 \end{pmatrix}$; $E_2: \vec{x} = \begin{pmatrix} 1 \\ 4 \\ 1 \end{pmatrix} + r \cdot \begin{pmatrix} 1 \\ 1 \\ 0 \end{pmatrix} + s \cdot \begin{pmatrix} 2 \\ 8 \\ 3 \end{pmatrix}$

Zeit zu überprüfen

3 Bestimmen Sie die Lage der beiden Ebenen und bestimmen Sie gegebenenfalls eine Gleichung der Schnittgeraden.

$E_1: \vec{x} = \begin{pmatrix} 8 \\ 0 \\ 2 \end{pmatrix} + r \cdot \begin{pmatrix} -4 \\ 1 \\ 1 \end{pmatrix} + s \cdot \begin{pmatrix} 5 \\ 0 \\ -1 \end{pmatrix}$; $E_2: \vec{x} = \begin{pmatrix} 1 \\ 0 \\ 1 \end{pmatrix} + r \cdot \begin{pmatrix} -3 \\ 0 \\ 1 \end{pmatrix} + s \cdot \begin{pmatrix} 1 \\ 4 \\ 1 \end{pmatrix}$

Kommen in zwei Parametergleichungen die gleichen Bezeichnungen für die Parameter vor, so muss man in einer Gleichung die Parameter umbenennen.

4 Geben Sie die Gleichungen zweier sich schneidenden Ebenen E_1 und E_2 an, deren Schnittgerade die Gerade g ist.
Wählen Sie die Ebene so, dass sie sich orthogonal schneiden.

a) $g: \vec{x} = \begin{pmatrix} 1 \\ 0 \\ 1 \end{pmatrix} + t \cdot \begin{pmatrix} 0 \\ 1 \\ 0 \end{pmatrix}$
b) $g: \vec{x} = \begin{pmatrix} 1 \\ 2 \\ 3 \end{pmatrix} + t \cdot \begin{pmatrix} 3 \\ 2 \\ 1 \end{pmatrix}$
c) $g: \vec{x} = \begin{pmatrix} -2 \\ 7 \\ -12 \end{pmatrix} + t \cdot \begin{pmatrix} 5 \\ -4 \\ 5 \end{pmatrix}$

d) $g: \vec{x} = t \cdot \begin{pmatrix} 0 \\ 0 \\ 1 \end{pmatrix}$
e) $g: \vec{x} = t \cdot \begin{pmatrix} 3 \\ 2 \\ 1 \end{pmatrix}$
f) $g: \vec{x} = t \cdot \begin{pmatrix} a \\ -a \\ 0 \end{pmatrix}$ mit $a \in \mathbb{R}$, $a \neq 0$

5 a) Bestimmen Sie die Schnittgerade der beiden Ebenen E_1 und E_2 in Fig. 1.
b) Fig. 2 zeigt einen Würfel mit zwei abgeschnittenen Ecken. Die Schnittflächen legen zwei Ebenen fest. Bestimmen Sie die Schnittgerade dieser beiden Ebenen.

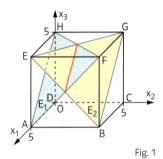
Fig. 1

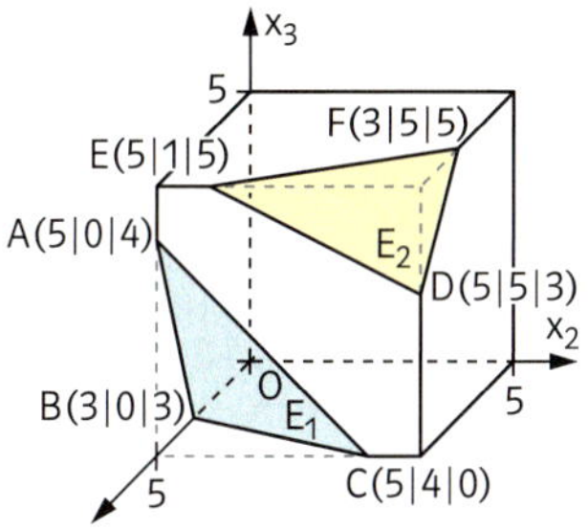

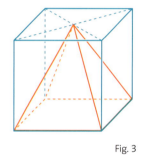
Fig. 2

Fig. 3

6 Dem Würfel in Fig. 3 ist eine gerade Pyramide einbeschrieben.
a) Bestimmen Sie die Größe des Winkels zwischen der Grundfläche und einer Seitenfläche der Pyramide.
b) Bestimmen Sie die Größe des Winkels zwischen benachbarten Seitenflächen der Pyramide.

7 Das Haus in Fig. 4 ist 6 m hoch.
a) Bestimmen Sie die Größe der Winkel zwischen den Dachflächen und den angrenzenden Hauswänden.
b) Bestimmen Sie die Größe des Winkels zwischen zwei benachbarten Dachflächen.

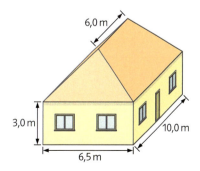
Fig. 4

8 Die Ebene E_1 hat den Normalenvektor $\vec{n} = \begin{pmatrix} 1 \\ 0 \\ 1 \end{pmatrix}$. Geben Sie die Gleichung einer Ebene E_2 an, die E_1 orthogonal schneidet.

Der Winkel zwischen den Flächen geometrischer Körper muss nicht unbedingt gleich dem Schnittwinkel der Ebenen sein. So ergibt die Formel für den Schnittwinkel von Ebenen stets einen spitzen Winkel. Der Winkel zwischen zwei Flächen kann aber auch der Nebenwinkel dieses Schnittwinkels sein.

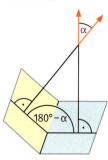
Fig. 5

*8 Abstand eines Punktes von einer Geraden bzw. einer Ebene

Maßstab 1 : 200

Für Bäume gelten Mindestabstände zu den Grundstücksgrenzen. Bestimmen Sie den Abstand der Mitte des Baumstammes vom Zaun.

Ein Punkt R, der nicht auf der Geraden g liegt, hat verschiedene Entfernungen zu den Punkten der Geraden. Unter dem **Abstand eines Punktes R von einer Geraden g** versteht man die kleinste Entfernung von R zu g. Solche Abstandsüberlegungen spielen unter anderem bei Flugschneisen eine Rolle. Eine vereinfachte Darstellung der Problematik findet sich in Fig. 1. Das Flugzeug befindet sich bezogen auf das eingezeichnete Koordinatensystem im Steigflug längs der Geraden

$$g: \vec{x} = \begin{pmatrix} 1 \\ 1 \\ 0 \end{pmatrix} + t \cdot \begin{pmatrix} 2 \\ 3 \\ 1 \end{pmatrix}$$

(1 Koordinateneinheit = 1 km).

Es soll untersucht werden, ob das Flugzeug einen Sicherheitsabstand von 500 m zur Kirchturmspitze mit den Koordinaten R(1|2|0,08) einhält.

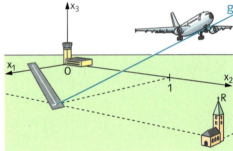

Fig. 1

Die Punkte der Geraden g erhält man, wenn man in $P_t(1 + 2t | 1 + 3t | t)$ für t reelle Zahlen einsetzt. Der Abstand des Flugzeugs zur Spitze entspricht dann der Länge des Vektors

$$\overrightarrow{P_tR} = \begin{pmatrix} 1 - (1 + 2t) \\ 2 - (1 + 3t) \\ 0{,}08 - t \end{pmatrix} = \begin{pmatrix} -2t \\ 1 - 3t \\ 0{,}08 - t \end{pmatrix}.$$

Von allen Vektoren $\overrightarrow{P_tR}$, $t \in \mathbb{R}$ wird nun derjenige gesucht, dessen Betrag am kleinsten ist.

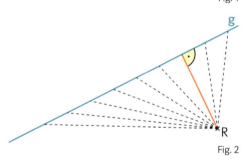

Fig. 2

1. Möglichkeit (Extremwertbedingung)

Die Funktion d mit der Gleichung $d(t) = \left|\overrightarrow{P_tR}\right|$ gibt für jedes t den Betrag des Vektors $\overrightarrow{P_tR}$ an.
Es gilt:
$d(t) = \sqrt{(-2t)^2 + (1-3t)^2 + (0{,}08-t)^2}$
und somit $d(t) = \sqrt{14t^2 - 6{,}16t + 1{,}0064}$.
Mit dem GTR erhält man das Minimum $d(0{,}22) \approx 0{,}573$.

2. Möglichkeit (Orthogonalitätsbedingung)

Der gesuchte Vektor ist orthogonal zum Richtungsvektor der Geraden g (vgl. Fig. 2). In diesem Fall gilt: $\overrightarrow{P_tR} \cdot \vec{u} = 0$.

Die Gleichung $\begin{pmatrix} -2t \\ 1 - 3t \\ 0{,}08 - t \end{pmatrix} \cdot \begin{pmatrix} 2 \\ 3 \\ 1 \end{pmatrix} = 0$

ist gleichbedeutend mit
$-2t \cdot 2 + (1 - 3t) \cdot 3 + (0{,}08 - t) \cdot 1 = 0$ und liefert $t = 0{,}22$ und $\left|\overrightarrow{P_{0{,}22}R}\right| = \sqrt{0{,}3228} \approx 0{,}573$.

Das Flugzeug kommt der Kirchturmspitze nicht näher als 0,573 km.
Der Sicherheitsabstand wird also eingehalten.

Definition: Unter dem Abstand eines Punktes R von einer Geraden g versteht man die kleinste Entfernung von R zu g.

Zur Berechnung des Abstandes des Punktes R von der Geraden g verwendet man einen Punkt $P_t(p_1 + t \cdot u_1 | p_2 + t \cdot u_2 | p_3 + t \cdot u_3)$ der Geraden g: $\vec{x} = \vec{p} + t \cdot \vec{u}$.
1. Möglichkeit: Man berechnet das Minimum der Funktion d mit $d(t) = |\overrightarrow{P_t R}|$.
2. Möglichkeit: Aus der Orthogonalitätsbedingung $\overrightarrow{P_t R} \cdot \vec{u} = 0$ erhält man einen Parameterwert t und bestimmt für dieses t die Länge des Vektors $\overrightarrow{P_t R}$.

Abstand eines Punktes von einer Ebene

Ein Punkt R, der nicht in der Ebene E liegt, hat verschiedene Entfernungen zu Punkten der Ebene. Die kleinste dieser Entfernungen nennt man den **Abstand des Punktes R von der Ebene E**. Dieser Abstand ist die Länge d des Lotes von R auf E, das heißt die Länge der Strecke vom Punkt R zum Lotfußpunkt F (Fig. 1). Um die Koordinaten des Lotfußpunktes F zu berechnen, schneidet man die Lotgerade g mit der Ebene E. Ein möglicher Richtungsvektor der Lotgeraden ist der Normalenvektor der Ebene E, als Stützvektor kann man den Ortsvektor des Punktes R verwenden.

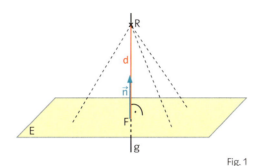

Fig. 1

Die Strecke $\overline{FR}$ heißt **Lot**. Die Gerade, die durch das Lot festgelegt wird, heißt **Lotgerade**. Der Punkt F heißt **Lotfußpunkt**.

Ⓢ Vektoris3D
Abstand Punkt Ebene

Definition: Unter dem Abstand eines Punktes R von der Ebene E versteht man die kleinste Entfernung von R zu E.

Wenn der Punkt R mit dem Ortsvektor $\vec{r}$ und die Ebene E mit dem Normalenvektor $\vec{n}$ gegeben sind, kann man den Abstand d des Punktes R von der Ebene E so bestimmen:
1. Aufstellen einer Gleichung der zu E orthogonalen Geraden g durch R, z.B.
   g: $\vec{x} = \vec{r} + t \cdot \vec{n}$.
2. Berechnen der Koordinaten des Lotfußpunktes F der Lotgeraden g mit der Ebene E.
3. Berechnen des Betrags des Vektors $\overrightarrow{RF}$.
Es gilt: $d = |\overrightarrow{RF}|$.

Beispiel 1 Berechnung des Abstandes eines Punktes von einer Geraden
Berechnen Sie auf zwei Arten den Abstand des Punktes R(2|−3|5) von der Geraden

g: $\vec{x} = \begin{pmatrix} 4 \\ 3 \\ 3 \end{pmatrix} + t \cdot \begin{pmatrix} 2 \\ 1 \\ -1 \end{pmatrix}$.

Geben Sie die Koordinaten des Geradenpunktes an, der die kleinste Entfernung zum Punkt R hat.

■ **Lösung:** $P_t(4+2t | 3+t | 3-t)$, Vektor $\overrightarrow{P_t R} = \begin{pmatrix} 2-(4+2t) \\ -3-(3+t) \\ 5-(3-t) \end{pmatrix} = \begin{pmatrix} -2-2t \\ -6-t \\ 2+t \end{pmatrix}$

1. Möglichkeit: Extremwertbedingung
$d(t) = |\overrightarrow{P_t R}| = \sqrt{(-2-2t)^2 + (-6-t)^2 + (2+t)^2} = \sqrt{6t^2 + 24t + 44}$
d(t) wird minimal für t = −2.
Der Abstand ist d(−2) ≈ 4,47 (s. Fig. 2).
$P_{-2}(0|1|5)$ ist der Punkt auf g mit der kleinsten Entfernung zum Punkt R.

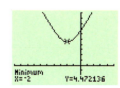

Fig. 2

Statt d(t) kann man auch den quadratischen Term $(d(t))^2 = 6t^2 + 24t + 44$ untersuchen und erst nach der Bestimmung des Minimums die Wurzel ziehen.

2. Möglichkeit: Orthogonalitätsbedingung

$\overrightarrow{P_tR} \cdot \vec{u} = \begin{pmatrix} -2-2t \\ -6-t \\ 2+t \end{pmatrix} \cdot \begin{pmatrix} 2 \\ 1 \\ -1 \end{pmatrix} = (-2-2t) \cdot 2 + (-6-t) \cdot 1 + (2+t) \cdot (-1) = -6t - 12$

$\overrightarrow{P_tR} \cdot \vec{u} = 0$ für $t = -2$. $P_{-2}(0|1|5)$ ist der Punkt auf g mit der kleinsten Entfernung zu R.

Der Abstand beträgt $|\overrightarrow{P_{-2}R}| = \sqrt{(2-0)^2 + (-3-1)^2 + (5-5)^2} = \sqrt{20} \approx 4{,}47$.

Beispiel 2 Berechnung des Abstands eines Punktes von einer Ebene
Bestimmen Sie den Abstand des Punktes $R(2|0|1)$ von der Ebene $E: \vec{x} = \begin{pmatrix} 1 \\ 1 \\ -4 \end{pmatrix} + r \cdot \begin{pmatrix} 0 \\ 1 \\ 2 \end{pmatrix} + s \cdot \begin{pmatrix} 4 \\ 0 \\ 1 \end{pmatrix}$.

■ Lösung: 1. Normalenvektor der Ebene E.

LGS
$t - 4s = -1$
$8t - r = 1$
$-4t - 2r - s = -5$

Aus $\begin{pmatrix} 0 \\ 1 \\ 2 \end{pmatrix} \cdot \begin{pmatrix} n_1 \\ n_2 \\ n_3 \end{pmatrix} = 0$ und $\begin{pmatrix} 4 \\ 0 \\ 1 \end{pmatrix} \cdot \begin{pmatrix} n_1 \\ n_2 \\ n_3 \end{pmatrix} = 0$ erhält man

$\vec{n} = \begin{pmatrix} 1 \\ 8 \\ -4 \end{pmatrix}$ als einen möglichen Normalenvektor der Ebene E.

2. Lotgerade g zu E durch R.
Man wählt den Ortsvektor von R als Stützvektor und den Normalenvektor der Ebene als Richtungsvektor von g. $g: \vec{x} = \begin{pmatrix} 2 \\ 0 \\ 1 \end{pmatrix} + t \cdot \begin{pmatrix} 1 \\ 8 \\ -4 \end{pmatrix}$

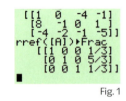
Fig. 1

3. Schnittpunkt von g mit E.

Die Vektorgleichung $\begin{pmatrix} 2 \\ 0 \\ 1 \end{pmatrix} + t \cdot \begin{pmatrix} 1 \\ 8 \\ -4 \end{pmatrix} = \begin{pmatrix} 1 \\ 1 \\ -4 \end{pmatrix} + r \cdot \begin{pmatrix} 0 \\ 1 \\ 2 \end{pmatrix} + s \cdot \begin{pmatrix} 4 \\ 0 \\ 1 \end{pmatrix}$ hat die Lösung $t = \frac{1}{3}$; $r = \frac{5}{3}$; $s = \frac{1}{3}$.

Einsetzen von $t = \frac{1}{3}$ in die Geradengleichung ergibt den Lotfußpunkt $F\left(\frac{7}{3} \middle| \frac{8}{3} \middle| -\frac{1}{3}\right)$.

4. Berechnung von $|\overrightarrow{RF}|$:

$|\overrightarrow{RF}| = \sqrt{\left(\frac{7}{3} - 2\right)^2 + \left(\frac{8}{3} - 0\right)^2 + \left(-\frac{1}{3} - 1\right)^2} = 3$. Der Abstand von R zu E beträgt 3 LE.

Beispiel 3 Punkt mit vorgegebenen Abstand bestimmen
Gegeben ist ein Quadrat ABCD, das in einer Ebene E mit dem Normalenvektor $\vec{n} = \begin{pmatrix} 2 \\ 1 \\ 2 \end{pmatrix}$ liegt. Der Punkt $M(4|1|0)$ ist der Mittelpunkt des Quadrats.
Bestimmen Sie den Punkt S so, dass ABCDS eine senkrechte Pyramide mit der Höhe 6 ist.
■ Lösung: Man findet die Spitzen S_1 und S_2, indem man von M aus 6 LE in Richtung des Normalenvektors bzw. in die entgegengesetzte Richtung geht. Somit gibt es zwei Lösungen.

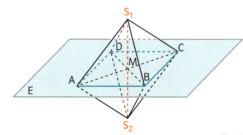
Fig. 2

Es gilt: $|\vec{n}| = \left|\begin{pmatrix} 2 \\ 1 \\ 2 \end{pmatrix}\right| = 3$, also $\vec{n_0} = \frac{1}{3} \cdot \begin{pmatrix} 2 \\ 1 \\ 2 \end{pmatrix}$.

$\overrightarrow{OS_1} = \overrightarrow{OM} + 6 \cdot \vec{n_0} = \begin{pmatrix} 4 \\ 1 \\ 0 \end{pmatrix} + 6 \cdot \frac{1}{3} \cdot \begin{pmatrix} 2 \\ 1 \\ 2 \end{pmatrix} = \begin{pmatrix} 8 \\ 3 \\ 4 \end{pmatrix}$ bzw. $\overrightarrow{OS_2} = \overrightarrow{OM} - 6 \cdot \vec{n_0} = \begin{pmatrix} 4 \\ 1 \\ 0 \end{pmatrix} - 2 \cdot \begin{pmatrix} 2 \\ 1 \\ 2 \end{pmatrix} = \begin{pmatrix} 0 \\ -1 \\ -4 \end{pmatrix}$

Man erhält $S_1(8|3|4)$ und $S_2(0|-1|-4)$.

Aufgaben

1 Berechnen Sie den Abstand des Punktes R von der Geraden g mithilfe der Extremwertbedingung.

a) $R(6|7|-3)$; $g: \vec{x} = \begin{pmatrix} 2 \\ 1 \\ 4 \end{pmatrix} + t \cdot \begin{pmatrix} 3 \\ 0 \\ -2 \end{pmatrix}$
b) $R(-2|-6|1)$; $g: \vec{x} = \begin{pmatrix} 5 \\ 9 \\ 1 \end{pmatrix} + t \cdot \begin{pmatrix} 3 \\ 2 \\ 2 \end{pmatrix}$

© Vektoris3D
Abstand
Punkt – Gerade

2 Berechnen Sie den Abstand des Punktes R von der Geraden g mithilfe der Orthogonalitätsbedingung.

a) $R(9|11|6)$; $g: \vec{x} = \begin{pmatrix} -1 \\ 1 \\ -7 \end{pmatrix} + t \cdot \begin{pmatrix} 2 \\ -1 \\ 2 \end{pmatrix}$
b) $R(9|4|9)$; $g: \vec{x} = \begin{pmatrix} 4 \\ -9 \\ -2 \end{pmatrix} + t \cdot \begin{pmatrix} 3 \\ -4 \\ 1 \end{pmatrix}$

3 Bestimmen Sie den Abstand der Punkte A, B und C von der Ebene E.

a) $E: \vec{x} = r \cdot \begin{pmatrix} 0 \\ 0 \\ 1 \end{pmatrix} + s \cdot \begin{pmatrix} 4 \\ -3 \\ 5 \end{pmatrix}$; $A(3|-1|7)$, $B(6|8|19)$, $C(-3|-3|-4)$

b) $E: \vec{x} = \begin{pmatrix} 2 \\ 1 \\ -2 \end{pmatrix} + r \cdot \begin{pmatrix} 5 \\ 5 \\ -1 \end{pmatrix} + s \cdot \begin{pmatrix} -1 \\ 0 \\ 0 \end{pmatrix}$; $A(2|4|13)$, $B(8|-6|-11)$, $C(3|-2|9)$

4 Gegeben sind der Punkt $R(5|-4|3)$ und die Ebene $E: \vec{x} = \begin{pmatrix} 1 \\ 1 \\ 0 \end{pmatrix} + r \cdot \begin{pmatrix} 1 \\ 2 \\ 2 \end{pmatrix} + s \cdot \begin{pmatrix} 1 \\ 1 \\ 0 \end{pmatrix}$.

a) Bestimmen Sie den Abstand des Punktes R von der Ebene E sowie drei weitere Punkte, die den gleichen Abstand von E haben.
b) Wo liegen alle Punkte, die den Abstand 7 von E haben?

5 a) Bestimmen Sie den Abstand des Punktes $P(1|-2|-3)$ von den Koordinatenebenen.
b) Wie kann man an den Koordinaten eines Punktes seinen Abstand von den Koordinatenebenen ablesen?

© Vektoris3D
Abstand Punkt
Koordinatensystem

6 a) Bestimmen Sie die zur Ebene $E: \vec{x} = \begin{pmatrix} \frac{81}{8} \\ 0 \\ 0 \end{pmatrix} + r \cdot \begin{pmatrix} 1 \\ -1 \\ 0 \end{pmatrix} + s \cdot \begin{pmatrix} 7 \\ 7 \\ 8 \end{pmatrix}$ orthogonale Gerade g durch $O(0|0|0)$ und den Schnittpunkt F der Geraden g mit der Ebene E.

b) Bestimmen Sie alle Punkte auf g, die von der Ebene E den Abstand 3 haben.

Zeit zu überprüfen

7 Welcher Punkt auf der Geraden g hat vom Punkt R die kleinste Entfernung?

a) $R(-2|-1|1)$; $g: \vec{x} = \begin{pmatrix} 1 \\ 1 \\ 0 \end{pmatrix} + t \cdot \begin{pmatrix} 1 \\ -1 \\ 1 \end{pmatrix}$
b) $R(1|2|-3)$; $g: \vec{x} = \begin{pmatrix} 2 \\ 3 \\ 2 \end{pmatrix} + t \cdot \begin{pmatrix} 2 \\ 1 \\ -1 \end{pmatrix}$

8 Bestimmen Sie den Abstand des Ursprungs von der Ebene $E: \vec{x} = \begin{pmatrix} 9 \\ 7 \\ 3 \end{pmatrix} + r \cdot \begin{pmatrix} 0 \\ 5 \\ 3 \end{pmatrix} + s \cdot \begin{pmatrix} 8 \\ -1 \\ 1 \end{pmatrix}$.

9 Die Gerade g ist orthogonal zur Ebene $E: \vec{x} = \begin{pmatrix} 0 \\ -1 \\ 0 \end{pmatrix} + r \cdot \begin{pmatrix} 3 \\ 2 \\ 2 \end{pmatrix} + s \cdot \begin{pmatrix} 0 \\ 9 \\ 6 \end{pmatrix}$ und durchstößt die Ebene im Punkt $P(0|2|2)$. Bestimmen Sie alle Punkte auf der Geraden g, die von der Ebene E den Abstand 11 haben.

10 Ein Schiff hat zum Zeitpunkt $t_0 = 0$ die Position $(5|1)$ und ein zweites Schiff hat zur selben Zeit die Position $(3|4)$ – Angaben in km. Nach einer Stunde hat das erste Schiff die Position $(7|2)$ und das zweite Schiff $(7|3)$. Auf dem Gewässer liegt im Punkt $C(10|3)$ eine Boje.
Wie groß ist jeweils der kleinste Abstand der Schiffe zur Boje?

11 Berechnen Sie den Flächeninhalt des Dreiecks ABC.
a) A(1|1|1), B(7|4|7), C(5|6|-1)   b) A(1|-6|0), B(5|-8|4), C(5|7|7)
c) A(4|-2|1), B(-2|7|7), C(6|6|8)   d) A(2|1|0), B(1|1|0), C(5|1|1)

12 Berechnen Sie den Abstand der zueinander parallelen Geraden mit den folgenden Gleichungen.

a) $\vec{x} = \begin{pmatrix} -5 \\ 6 \\ 8 \end{pmatrix} + t \cdot \begin{pmatrix} 1 \\ 0 \\ -2 \end{pmatrix}; \vec{x} = \begin{pmatrix} 6 \\ 4 \\ 1 \end{pmatrix} + t \cdot \begin{pmatrix} -1 \\ 0 \\ 2 \end{pmatrix}$ b) $\vec{x} = \begin{pmatrix} 5 \\ 8 \\ -7 \end{pmatrix} + t \cdot \begin{pmatrix} -3 \\ 4 \\ 4 \end{pmatrix}; \vec{x} = \begin{pmatrix} 6 \\ -1 \\ 13 \end{pmatrix} + t \cdot \begin{pmatrix} 3 \\ -4 \\ -4 \end{pmatrix}$

13 Die Punkte A(-7|-5|2), B(1|9|6), C(5|-2|-1) und D(-2|0|9) sind die Ecken einer dreiseitigen Pyramide.
Berechnen Sie das Volumen der Pyramide.

14 Bestimmen Sie den Abstand der Geraden g von der Spitze S der quadratischen Pyramide in Fig 1.

15 Geben Sie drei verschiedene, zur Geraden
g: $\vec{x} = \begin{pmatrix} 2 \\ 4 \\ 7 \end{pmatrix} + t \cdot \begin{pmatrix} 2 \\ 1 \\ 0 \end{pmatrix}$ parallele Geraden an, die
den Abstand 3 vom Punkt R(2|4|9) haben.

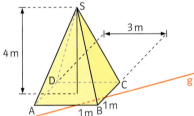

Fig. 1

16 a) In Fig. 2 ist ein Ausschnitt der Ebene E_1 und der Punkt P dargestellt. Bestimmen Sie den Abstand des Punktes P von der Ebene E_1.
b) Gegeben sind die Ebene
$E_2: \vec{x} = \begin{pmatrix} 0 \\ 4 \\ 0 \end{pmatrix} + r \cdot \begin{pmatrix} 2 \\ 0 \\ 1 \end{pmatrix} + s \cdot \begin{pmatrix} 3 \\ 2 \\ 3 \end{pmatrix}$ und der Punkt
Q(5|8|-9). Bestimmen Sie den Lotfußpunkt F von Q auf E_2. Zeichnen Sie einen Ausschnitt der Ebene E_2 sowie die Punkte Q und F in ein Koordinatensystem.

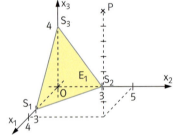

Fig. 2

17 Die Karte in Fig. 3 zeigt die Positionen der Flugzeuge F_1 und F_2 relativ zum Tower T (500 m ü.M.) zum Zeitpunkt t = 0. F_1 fliegt in einer Höhe von 5 km in südwestlicher Richtung. F_2 befindet sich im Steigflug mit einem Winkel von 15° in nördlicher Richtung und hat zum Zeitpunkt t = 0 die Höhe 3 km (alle Höhenangaben bezüglich Meeresspiegelhöhe).
a) Bestimmen Sie die Entfernungen der Flugzeuge zum Tower zum Zeitpunkt t = 0.
b) Bestimmen Sie die kleinste Entfernung der Flugzeuge zum Tower während des Vorbeiflugs.
c) Wie nahe kommen sich die Flugzeuge im ungünstigsten Fall?
d) Wie weit sind die beiden Flugzeuge mindestens voneinander entfernt, wenn F_1 mit einer Geschwindigkeit von 800 $\frac{km}{h}$ und F_2 mit einer Geschwindigkeit von 600 $\frac{km}{h}$ fliegt?

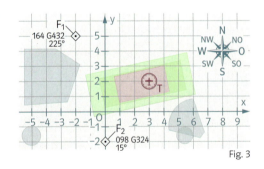

Fig. 3

Wahlthema: Normalengleichung und Koordinatengleichung einer Ebene

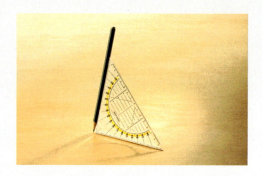

Steht der Bleistift senkrecht zum Tisch?

Bisher wurde eine Ebene mithilfe eines Stützvektors und zweier Spannvektoren beschrieben. Fig. 1 verdeutlicht, dass man eine Ebene auch durch einen Stützvektor und einen Vektor, der „orthogonal zur Ebene ist", beschreiben kann: Sind ein Stützvektor $\vec{p}$ und ein Vektor $\vec{n}$ gegeben, so bilden alle Punkte X, für deren Ortsvektor $\vec{x}$ gilt: $(\vec{x} - \vec{p}) \cdot \vec{n} = 0$ eine Ebene E. Wenn umgekehrt ein Ortsvektor $\vec{x}$ die Gleichung $(\vec{x} - \vec{p}) \cdot \vec{n} = 0$ erfüllt, dann liegt der dazugehörende Punkt X in der Ebene E.

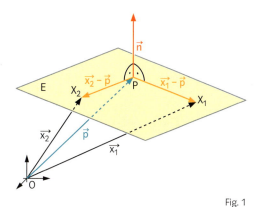

© Vektoris3D
Ebene in Normalenform

Fig. 1

Eine Gleichung der Form $(\vec{x} - \vec{p}) \cdot \vec{n} = 0$ nennt man eine **Normalengleichung** der Ebene E. Der Vektor $\vec{n}$ heißt **Normalenvektor** der Ebene E.

normalis (lat.): rechtwinklig

Eine Ebene E kann auch durch eine Gleichung ohne Vektoren beschrieben werden, denn, geht man von einer Normalengleichung $(\vec{x} - \vec{p}) \cdot \vec{n} = 0$ aus, so gilt $\vec{x} \cdot \vec{n} - \vec{p} \cdot \vec{n} = 0$ und somit $\vec{x} \cdot \vec{n} = \vec{p} \cdot \vec{n}$.

Mit $\vec{x} = \begin{pmatrix} x_1 \\ x_2 \\ x_3 \end{pmatrix}$ und $\vec{n} = \begin{pmatrix} a \\ b \\ c \end{pmatrix}$ erhält man aus $\vec{x} \cdot \vec{n} = \vec{p} \cdot \vec{n}$ die **Koordinatengleichung**
$a x_1 + b x_2 + c x_3 = d$ der Ebene E, wobei $d = \vec{p} \cdot \vec{n}$ eine reelle Zahl ist.

Ist umgekehrt zum Beispiel $2x_1 + 5x_2 + 3x_3 = 12$ eine Koordinatengleichung einer Ebene E, so ist der Vektor $\begin{pmatrix} 2 \\ 5 \\ 3 \end{pmatrix}$ ein Normalenvektor der Ebene E.

Vergleichen Sie hierzu Beispiel 3.

Satz: Jede Ebene E lässt sich beschreiben durch
- eine Normalengleichung $(\vec{x} - \vec{p}) \cdot \vec{n} = 0$
  mit einem Stützvektor $\vec{p}$ und einem Normalenvektor $\vec{n}$.
- eine Koordinatengleichung $a x_1 + b x_2 + c x_3 = d$,
  bei der mindestens einer der Koeffizienten a, b, c ungleich Null ist.

Ist $a x_1 + b x_2 + c x_3 = d$ eine Koordinatengleichung der Ebene E, so ist $\begin{pmatrix} a \\ b \\ c \end{pmatrix}$ ein Normalenvektor der Ebene E.

Im Gegensatz zu einer Parametergleichung $\vec{x} = \vec{p} + r \cdot \vec{u} + s \cdot \vec{v}$ (mit den Parametern r und s) wird eine Normalengleichung als **parameterfreie Gleichung** bezeichnet.

Beispiel 1 Von der Normalengleichung zur Koordinatengleichung

Eine Ebene durch P(4|1|3) hat den Normalenvektor $\vec{n} = \begin{pmatrix} 2 \\ -1 \\ 5 \end{pmatrix}$.

a) Geben Sie eine Normalengleichung der Ebene an.
b) Bestimmen Sie aus der Normalengleichung eine Koordinatengleichung der Ebene.
c) Liegt der Punkt A(1|1|1) in der Ebene?

■ Lösung: a) Einsetzen von $\vec{p} = \overrightarrow{OP}$ und $\vec{n}$ in $(\vec{x} - \vec{p}) \cdot \vec{n} = 0$ ergibt:

Ebenengleichung in Normalenform: $\left[\vec{x} - \begin{pmatrix} 4 \\ 1 \\ 3 \end{pmatrix}\right] \cdot \begin{pmatrix} 2 \\ -1 \\ 5 \end{pmatrix} = 0$.

b) Einsetzen von $\vec{x} = \begin{pmatrix} x_1 \\ x_2 \\ x_3 \end{pmatrix}$ in $\left[\vec{x} - \begin{pmatrix} 4 \\ 1 \\ 3 \end{pmatrix}\right] \cdot \begin{pmatrix} 2 \\ -1 \\ 5 \end{pmatrix} = 0$ ergibt $\begin{pmatrix} x_1 \\ x_2 \\ x_3 \end{pmatrix} \cdot \begin{pmatrix} 2 \\ -1 \\ 5 \end{pmatrix} = \begin{pmatrix} 4 \\ 1 \\ 3 \end{pmatrix} \cdot \begin{pmatrix} 2 \\ -1 \\ 5 \end{pmatrix}$.

Ausrechnen der Skalarprodukte ergibt die Koordinatengleichung: $2x_1 - x_2 + 5x_3 = 22$.

c) $2 \cdot 1 - 1 \cdot 1 + 5 \cdot 1 = 6 \neq 22$. Der Punkt A liegt nicht in der Ebene.

Beispiel 2 Aufstellen einer Koordinatengleichung

Die Punkte A(1|1|0), B(1|0|1) und C(0|1|1) legen eine Ebene E fest. Bestimmen Sie eine Koordinatengleichung dieser Ebene E.

■ Lösung: Man setzt in die Koordinatengleichung $a_1 x_1 + a_2 x_2 + a_3 x_3 = b$ die Koordinaten der Punkte A, B, C ein.

Man erhält das LGS
$a_1 + a_2 = b$
$a_1 + a_3 = b$
$ a_2 + a_3 = b$.

Wählt man b als Parameter, so erhält man als Lösung $a_1 = a_2 = a_3 = 0{,}5b$ (Fig. 1) und somit die Gleichung $0{,}5 x_1 + 0{,}5 x_2 + 0{,}5 x_3 = 1$.

Fig. 1

Beispiel 3 Von der Koordinatengleichung zur Normalengleichung

Bestimmen Sie für die Ebene mit der Koordinatengleichung $2x_1 + 5x_2 + 3x_3 = 12$ eine Normalengleichung.

■ Lösung: Bestimmung eines Stützvektors $\vec{p}$:

Es ist geschickt, zwei Koordinaten als 0 zu wählen, z.B. x_2 und x_3. Die fehlende Koordinate ergibt sich durch Einsetzen in die Koordinatengleichung.

Aus $x_2 = x_3 = 0$ folgt $2x_1 + 5 \cdot 0 + 3 \cdot 0 = 12$, also $x_1 = 6$. Damit ist $\vec{p} = \begin{pmatrix} 6 \\ 0 \\ 0 \end{pmatrix}$.

Ist in der Koordinatengleichung der Koeffizient von x_1 gleich Null und der Koeffizient von x_3 ungleich Null, so setzt man $x_1 = x_2 = 0$.

Die Koeffizienten 2, 5 und 3 der Koordinatengleichung $2x_1 + 5x_2 + 3x_3 = 12$ sind die Koordinaten eines Normalenvektors $\vec{n} = \begin{pmatrix} 2 \\ 5 \\ 3 \end{pmatrix}$. Daraus ergibt sich die Normalengleichung $\left[\vec{x} - \begin{pmatrix} 6 \\ 0 \\ 0 \end{pmatrix}\right] \cdot \begin{pmatrix} 2 \\ 5 \\ 3 \end{pmatrix} = 0$.

Aufgaben

1 Die Ebene E geht durch den Punkt P und hat den Normalenvektor $\vec{n}$. Geben Sie eine Normalengleichung der Ebene E an. Bestimmen Sie daraus eine Koordinatengleichung von E.

a) P(−1|2|1); $\vec{n} = \begin{pmatrix} 3 \\ -2 \\ 7 \end{pmatrix}$
b) P(9|1|−2); $\vec{n} = \begin{pmatrix} 0 \\ 8 \\ 3 \end{pmatrix}$
c) P(0|0|0); $\vec{n} = \begin{pmatrix} 7 \\ -7 \\ 3 \end{pmatrix}$

2 Eine Ebene E geht durch den Punkt P(2|−5|7) und hat den Normalenvektor $\begin{pmatrix} 2 \\ 1 \\ -2 \end{pmatrix}$. Prüfen Sie, ob die folgenden Punkte in der Ebene E liegen.

a) A(2|7|1) b) B(0|−1|7) c) C(3|−1|10) d) D(4|6|−2)

3 Bestimmen Sie für die Ebene E eine Normalengleichung.
a) E: $2x_1 + 3x_2 + 5x_3 = 10$
b) E: $x_1 - x_2 + x_3 = 1$
c) E: $4x_1 + 3x_2 = 17$
d) E: $4x_2 - 5x_3 = 11$
e) E: $x_1 + x_2 + x_3 = 100$
f) E: $x_2 = -5$

4 Die Punkte A, B und C legen eine Ebene E fest. Bestimmen Sie eine Koordinatengleichung und eine Normalengleichung von E. Liegt der Punkt D(−7|1|3) in der Ebene E?
a) A(1|1|1), B(1|0|1), C(0|1|1)
b) A(−1|2|0), B(−3|1|1), C(1|−1|−1)

Zeit zu überprüfen

5 Geben Sie jeweils eine Normalengleichung der Ebene E an.
a) E: $2x_1 + 3x_2 + x_3 = 9$
b) E: $x_1 + x_2 = 4$
c) E: $x_1 - x_2 = 0$

6 Bestimmen Sie eine Koordinatengleichung der Ebene E, in der die Punkte P(1|0|0), Q(0|−5|0) und R(0|0|2) liegen.

---

7 Setzt man in $3ax_1 + 5ax_2 - 2ax_3 = 4$ für a verschiedene reelle Zahlen ungleich Null ein, so erhält man verschiedene Ebenen E_a (man sagt auch: man erhält eine Ebenenschar).
a) Geben Sie für a = 2, a = −1 und a = 5 jeweils einen Normalenvektor von E_a an.
b) Wie liegen diese Ebenen aus Teilaufgabe a) zueinander? Begründen Sie Ihre Antwort.
c) Geben Sie eine Normalengleichung für eine Ebenenschar an, deren Ebenen alle zueinander parallel sind. Erläutern Sie, warum Ihre Lösung eine solche Ebenenschar festlegt.

8 Die Ebene E ist parallel zur x_2x_3-Ebene und hat vom Koordinatenursprung den Abstand 3. Geben Sie eine Normalengleichung und eine Koordinatengleichung der Ebene E an.

9 a) Schreiben Sie gemeinsam mit Ihrem Tischnachbarn auf, wie man an der Gleichung einer Geraden g und einer Normalengleichung bzw. Koordinatengleichung einer Ebene E erkennen kann, ob g und E zueinander I: senkrecht sind, II: parallel sind.
b) Erstellen Sie Gleichungen verschiedener Geraden und Ebenen, die zueinander senkrecht bzw. parallel sind. Geben Sie diese Gleichungen mit Ihren Vorschriften von Teilaufgabe a) an den Nachbartisch weiter. Ihre Mitschülerinnen und Mitschüler sollen nun die Lagen der Geraden und Ebenen zueinander mithilfe Ihrer Vorschriften bestimmen.

10 a) Welche der Ebenen E_1, E_2, E_3, E_4 sind zueinander parallel?
$E_1: 2x_1 - x_2 + 3x_3 = 10$
$E_2: 3x_1 + 5x_2 + 3x_3 = 1$
$E_3: -4x_1 + 2x_2 - 3x_3 = -19$
$E_4: -3x_1 - 5x_2 - 3x_3 = -1$
b) Geben Sie eine Gleichung einer Ebene F an, die parallel zu E_1 ist und durch P(2|3|7) geht.

11 Ist die Gerade g zur Ebene E parallel?
a) $g: \vec{x} = \begin{pmatrix} 1 \\ 0 \\ 2 \end{pmatrix} + t \cdot \begin{pmatrix} -2 \\ 1 \\ 1 \end{pmatrix}$; E: $2x_1 - x_2 + x_3 = 1$
b) $g: \vec{x} = t \cdot \begin{pmatrix} 1 \\ -2 \\ 3 \end{pmatrix}$; E: $x_1 - 3x_2 + 2x_3 = 4$

12 a) Warum muss bei einer Koordinatengleichung $ax_1 + bx_2 + cx_3 = d$ einer Ebene E mindestens einer der Koeffizienten a, b, c ungleich Null sein?
b) Begründen Sie: Unterscheiden sich die Koordinatengleichungen der Form $ax_1 + bx_2 + cx_3 = d$ von zwei Ebenen nur in der Konstanten d, dann sind die Ebenen zueinander parallel.

13 Wie liegen die Ebenen der Schar E_a im Koordinatensystem? Begründen Sie Ihre Antwort.
a) $E_a: 5x_2 = a$
b) $E_a: -x_1 = a$
c) $E_a: 3x_3 = a$

Wiederholen – Vertiefen – Vernetzen

Ebenengleichung

1 Gegeben ist die Ebene E mit der Parametergleichung $\vec{x} = r \cdot \begin{pmatrix} 0 \\ 0 \\ 9 \end{pmatrix} + s \cdot \begin{pmatrix} 0 \\ -7 \\ 0 \end{pmatrix}$.

a) Beschreiben Sie die Lage der Ebene E im Koordinatensystem.
b) Geben Sie Gleichungen zweier verschiedener Ebenen an, die zur Ebene E parallel sind.
c) Geben Sie eine Gleichung der Ebene E an, bei der der Stützvektor nicht der Nullvektor ist.
d) Geben Sie eine Parametergleichung der Ebene E an, bei der die Spannvektoren nicht parallel zu den Vektoren $\begin{pmatrix} 0 \\ 0 \\ 1 \end{pmatrix}$ und $\begin{pmatrix} 0 \\ 1 \\ 0 \end{pmatrix}$ sind.

2 a) Geben Sie eine Gleichung einer Ebene an, bei der zwei Spurgeraden zueinander parallel sind.
b) Geben Sie eine Gleichung einer Ebene an, die nur zwei Spurgeraden besitzt.
c) Geben Sie eine Gleichung einer Ebene an, bei der alle Spurgeraden einen gemeinsamen Schnittpunkt haben.

3 Zeichnen Sie die Ebenen E_1 und E_2 und ihre Schnittgerade in ein Koordinatensystem wie in Fig. 1.

a) $E_1: \vec{x} = \begin{pmatrix} 1 \\ 1 \\ 2 \end{pmatrix} + r \cdot \begin{pmatrix} 1 \\ 0 \\ -1 \end{pmatrix} + s \cdot \begin{pmatrix} -2 \\ 1 \\ 1 \end{pmatrix}$ $\quad E_2: \vec{x} = \begin{pmatrix} 2 \\ 0 \\ 0 \end{pmatrix} + r \cdot \begin{pmatrix} 2 \\ 0 \\ -5 \end{pmatrix} + s \cdot \begin{pmatrix} 2 \\ -3 \\ 0 \end{pmatrix}$

b) $E_1: \vec{x} = \begin{pmatrix} 1 \\ 1 \\ 1 \end{pmatrix} + r \cdot \begin{pmatrix} 1 \\ -1 \\ -1 \end{pmatrix} + s \cdot \begin{pmatrix} 2 \\ -3 \\ 0 \end{pmatrix}$ $\quad E_2: \vec{x} = \begin{pmatrix} 1 \\ 1 \\ 1 \end{pmatrix} + r \cdot \begin{pmatrix} 1 \\ -1 \\ 0 \end{pmatrix} + s \cdot \begin{pmatrix} 1 \\ 1 \\ -1 \end{pmatrix}$

c) $E_1: \vec{x} = \begin{pmatrix} 0 \\ 0 \\ 2 \end{pmatrix} + r \cdot \begin{pmatrix} 4 \\ -3 \\ 0 \end{pmatrix} + s \cdot \begin{pmatrix} 2 \\ 0 \\ -1 \end{pmatrix}$ $\quad E_2: \vec{x} = \begin{pmatrix} 5 \\ 0 \\ 0 \end{pmatrix} + r \cdot \begin{pmatrix} 0 \\ 0 \\ -3 \end{pmatrix} + s \cdot \begin{pmatrix} 5 \\ -2 \\ 3 \end{pmatrix}$

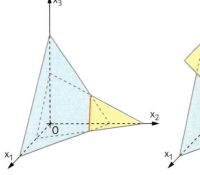
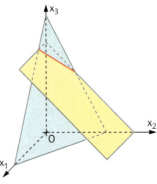
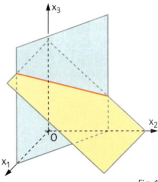

Fig. 1

4 Bestimmen Sie a, b, c für $g: \vec{x} = \begin{pmatrix} a \\ 2 \\ -1 \end{pmatrix} + t \cdot \begin{pmatrix} 1 \\ b \\ 1 \end{pmatrix}$ und $E: \vec{x} = \begin{pmatrix} 2 \\ 2 \\ 2 \end{pmatrix} + r \cdot \begin{pmatrix} 1 \\ 1 \\ 0 \end{pmatrix} + s \cdot \begin{pmatrix} 1 \\ 2 \\ c \end{pmatrix}$ so, dass

a) die Gerade g parallel zur Ebene E ist, aber nicht in E liegt,
b) die Gerade g in der Ebene E liegt,
c) die Gerade g die Ebene E schneidet.

Vektoris3D
Lage Gerade Ebene
Parameter

5 Gegeben sind drei Punkte A, B und C, die nicht auf einer gemeinsamen Geraden liegen. Bestimmen Sie mithilfe einer Zeichnung, welche Punkte der Ebene $E: \vec{x} = \overrightarrow{OA} + r \cdot \overrightarrow{AB} + s \cdot \overrightarrow{AC}$ festgelegt sind durch

a) $r + s = 1$,
b) $r - s = 0$,
c) $0 \leq r \leq 1$,
d) $0 \leq r \leq 1$ und $0 \leq s \leq 1$.

Wiederholen – Vertiefen – Vernetzen

Pyramiden und andere Körper

6 Fig. 1 zeigt einen Pyramidenstumpf mit quadratischer Grundfläche.
a) Die Gerade durch die Punkte B und H schneidet das Trapez CDEF im Punkt S. Berechnen Sie die Koordinaten von S.
b) Die Punkte F und G legen eine Gerade fest. Die Parallele zu dieser Geraden durch den Punkt S schneidet die Trapeze ABFE und CDHG in den Punkten S_1 und S_2. Berechnen Sie die Koordinaten von S_1 und S_2.
c) Liegt der Punkt S auf der Geraden durch die Punkte E und C?
d) Liegen die Punkte S_1 und S_2 in der Ebene, die durch die Punkte C, E und H festgelegt ist?

7 Zeichnen Sie die quadratische Pyramide aus Fig. 2. Kennzeichnen Sie die Schnittfläche dieser Pyramide und der Ebene E.

⊚ Vektoris3D
Schnitt Pyramide Ebene

a) $E: \vec{x} = \begin{pmatrix} 0 \\ -1 \\ 0 \end{pmatrix} + r \cdot \begin{pmatrix} 1 \\ 1 \\ 1 \end{pmatrix} + s \cdot \begin{pmatrix} 3 \\ 1 \\ -3 \end{pmatrix}$

b) $E: \vec{x} = \begin{pmatrix} 0 \\ 3 \\ 2 \end{pmatrix} + r \cdot \begin{pmatrix} 12 \\ 3 \\ 2 \end{pmatrix} + s \cdot \begin{pmatrix} 3 \\ 0 \\ 1 \end{pmatrix}$

c) E ist festgelegt durch die Punkte P(0|0|4), Q(1|1|6) und R(1|3|4).
d) E ist festgelegt durch die Punkte P(1|2|3), Q(0|6|3) und R(–1|4|0).

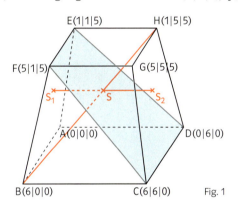
Fig. 1

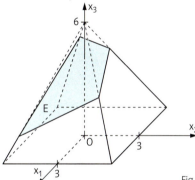
Fig. 2

8 a) Zeichnen Sie einen Würfel ABCDEFGH wie in Fig. 3. Tragen Sie in diesen Würfel die Dreiecke ACF, BDE und AFH ein.
b) Kennzeichnen Sie die Strecken, in denen sich die Dreiecke schneiden, und bestimmen Sie jeweils eine Gleichung derjenigen Geraden, auf denen die Schnittstrecken liegen.
c) Der Würfel ist durchsichtig, die Dreiecke nicht. Schraffieren Sie die sichtbaren Teile.

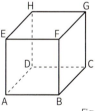
Fig. 3

Vierecke

*9 Gegeben sind die Punkte A(0|0|0), B(15|21|3), C(37|5|5) und D(22|–16|2).
a) Zeigen Sie, dass das Viereck ABCD in einer Ebene liegt. Um welches Viereck handelt es sich?
b) Das Viereck ABCD ist die Grundfläche einer Pyramide, deren Höhe durch den Diagonalenschnittpunkt des Vierecks geht. Die Spitze S liegt in der x_1x_3-Ebene. Bestimmen Sie die Koordinaten von S und berechnen Sie das Volumen der Pyramide.
c) Berechnen Sie auch den Oberflächeninhalt der Pyramide.

*10 Gegeben ist das Viereck ABCD mit A(3|–1|2), B(0|3|4), C(5|5|6) und D(8|1|4).
a) Zeigen Sie, dass das Viereck ein Parallelogramm ist.
b) Berechnen Sie den Flächeninhalt des Vierecks ABCD.

Wiederholen – Vertiefen – Vernetzen

Winkelberechnungen

11 Zu jeder reellen Zahl a sind zwei Geraden gegeben:

$g_a: \vec{x} = \begin{pmatrix} 0 \\ 0 \\ 7 \end{pmatrix} + t \cdot \begin{pmatrix} a \\ 4 \\ -8 \end{pmatrix}$ und $h_a: \vec{x} = \begin{pmatrix} 0 \\ 0 \\ 7 \end{pmatrix} + t \cdot \begin{pmatrix} -2 \\ a \\ 2 \end{pmatrix}$.

⊚ Vektoris3D
Lage von Geraden mit Parameter

a) Berechnen Sie den Winkel zwischen den Geraden g_0 und h_0.
b) Für welche reelle Zahl a sind die Geraden g_a und h_a zueinander orthogonal?
c) Gibt es eine reelle Zahl a, sodass die Geraden g_a und h_a zueinander parallel sind?

12 a) Berechnen Sie die Winkel zwischen der Ebene E in Fig. 1 und den Koordinatenebenen.
b) Unter welchen Winkeln schneiden die Koordinatenachsen die Ebene E?
c) Berechnen Sie die Innenwinkel des Schnittvierecks ABCD.
*d) Berechnen Sie den Flächeninhalt des Vierecks ABCD. Zerlegen Sie es dazu in die Dreiecke ABD und CDB. Wählen Sie jeweils $\overline{BD}$ als Grundseite.

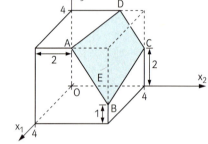

Fig. 1

13 Fig. 2 zeigt einen Denkmalsockel.
a) Beschreiben Sie die geometrische Form dieses Sockels.
b) Berechnen Sie den Inhalt der Oberfläche des Sockels.
c) Berechnen Sie den Winkel zwischen jeweils zwei Seitenflächen sowie zwischen den Seitenflächen und der Deckfläche.
d) Sonnenlicht fällt aus der Richtung des

Vektors $\begin{pmatrix} -2 \\ 3 \\ -2 \end{pmatrix}$ auf den Sockel. Berechnen Sie

die Koordinaten der Schattenpunkte in der x_1x_2-Ebene und fertigen Sie eine Zeichnung des Sockels und seines Schattens an.
e) Bestimmen Sie die Seitenlängen und die Winkel der Schattenfigur.

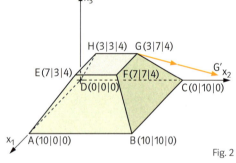

Fig. 2

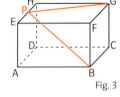

Fig. 3

14 Gegeben ist ein Quader ABCDEFGH (Fig. 3). Für welchen Punkt P auf der Kante $\overline{EH}$ sind die Strecken $\overline{BP}$ und $\overline{GP}$ zueinander orthogonal?

Zeit zu wiederholen

15 In Fig. 4 sind die Geraden g und h parallel. A ist der Mittelpunkt des Kreises.
a) Bestimmen Sie α_2, β und γ_1, γ_2 und γ_3.
b) Untersuchen Sie, ob die Gerade durch die Punkte A und B orthogonal ist zur Geraden durch die Punkte C und D.
c) Wie muss man α_1 wählen, damit α_2, β und γ_1, γ_2 und γ_3 gleich groß sind?

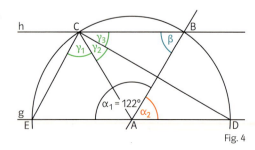

Fig. 4

292 VIII Geometrische Probleme lösen

Exkursion in die Theorie

Abstand windschiefer Geraden

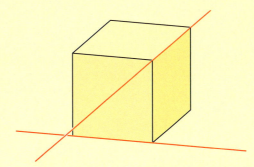

Die eingezeichneten Geraden schneiden sich nicht. Welche Punkte auf diesen beiden Geraden haben den kleinsten Abstand voneinander?

Unter dem **Abstand zweier windschiefer Geraden g und h** versteht man die kleinste Entfernung zwischen den Punkten von g und den Punkten von h.
In Fig. 1 ist die Strecke $\overline{GH}$ die kürzeste Verbindungsstrecke zwischen den Geraden g und h. Deshalb ist $\overline{GH}$ sowohl das Lot vom Punkt G auf die Gerade h als auch das Lot vom Punkt H auf die Gerade g.
Man sagt, die Strecke $\overline{GH}$ ist das gemeinsame Lot der windschiefen Geraden g und h.

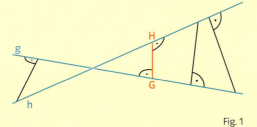

Fig. 1

⊚ Vektoris3D
Abstand windschiefer Geraden

Für die Lotfußpunkte G und H gilt:
$\overrightarrow{GH} \perp g$ und $\overrightarrow{GH} \perp h$.

Um den Abstand der windschiefen Geraden g und h zu berechnen, bestimmt man die Punkte G und H.
Hierzu kann man so vorgehen:
Man bezeichnet mit G_s die Punkte der Geraden $g: \vec{x} = \vec{p} + s \cdot \vec{u}$ und mit H_t die Punkte der Geraden $h: \vec{x} = \vec{q} + t \cdot \vec{v}$ $(s, t \in \mathbb{R})$.
Damit gilt $G_s(p_1 + s \cdot u_1 | p_2 + s \cdot u_2 | p_3 + s \cdot u_3)$ und $H_t(q_1 + t \cdot v_1 | q_2 + t \cdot v_2 | q_3 + t \cdot v_3)$.
Nun bestimmt man s und t so, dass
$\overline{G_s H_t} \perp g$ und $\overline{G_s H_t} \perp h$.
Das ist gleichbedeutend damit, dass der Vektor $\overrightarrow{G_s H_t}$ orthogonal zu dem Richtungsvektor $\vec{u}$ der Geraden g und zu dem Richtungsvektor $\vec{v}$ der Geraden h sein soll.

Daraus folgt das LGS $\begin{array}{l}(1)\ \overrightarrow{G_s H_t} \cdot \vec{u} = 0 \\ (2)\ \overrightarrow{G_s H_t} \cdot \vec{v} = 0\end{array}$.

Mit der Lösung dieses LGS kann man die Koordinaten der gesuchten Punkte G und H berechnen.

> **Definition:** Unter dem Abstand zweier windschiefer Geraden g und h versteht man die kleinste Entfernung zwischen den Punkten von g und den Punkten von h.
>
> Sind G bzw. H Punkte auf den Geraden $g: \vec{x} = \vec{p} + s \cdot \vec{u}$ bzw. $h: \vec{x} = \vec{q} + t \cdot \vec{v}$ und gilt:
> (1) $\overrightarrow{GH} \cdot \vec{u} = 0$ und
> (2) $\overrightarrow{GH} \cdot \vec{v} = 0$,
> dann ist $|\overrightarrow{GH}|$ der Abstand der beiden Geraden g und h.

Exkursion in die Theorie

Um den Abstand der Geraden $g: \vec{x} = \begin{pmatrix} 0 \\ -1 \\ 1 \end{pmatrix} + s \cdot \begin{pmatrix} 1 \\ -1 \\ 0 \end{pmatrix}$ und $h: \vec{x} = \begin{pmatrix} 9 \\ -8 \\ 6 \end{pmatrix} + t \cdot \begin{pmatrix} 2 \\ -3 \\ 2 \end{pmatrix}$ zu berechnen kann man so vorgehen:

Für jedes s ist $G_s(s|-1-s|1)$ ein Punkt auf g und für jedes t ist $H_t(9+2t|-8-3t|6+2t)$ ein Punkt auf h.

Also ist: $\overrightarrow{G_sH_t} = \begin{pmatrix} 9+2t - s \\ -8-3t-(-1-s) \\ 6+2t-1 \end{pmatrix} = \begin{pmatrix} -s+2t+9 \\ s-3t-7 \\ 2t+5 \end{pmatrix}$.

(1) $\begin{pmatrix} -s+2t+9 \\ s-3t-7 \\ 2t+5 \end{pmatrix} \cdot \begin{pmatrix} 1 \\ -1 \\ 0 \end{pmatrix} = 0$ und

(2) $\begin{pmatrix} -s+2t+9 \\ s-3t-7 \\ 2t+5 \end{pmatrix} \cdot \begin{pmatrix} 2 \\ -3 \\ 2 \end{pmatrix} = 0$

führen auf das LGS $\begin{array}{l}(1)\ -2s + 5t = -16 \\ (2)\ -5s + 17t = -49\end{array}$ mit den Lösungen $s = 3$ und $t = -2$.

Das Einsetzen in g bzw. h liefert die Geradenpunkte $G(3|-4|1)$ und $H(5|-2|2)$.
$d(g; h) = |\overrightarrow{GH}| = \sqrt{(5-3)^2 + (-2-(-4))^2 + (2-1)^2} = 3$.

○ Vektoris3D
Abstand windschiefer Geraden g und h

In den Teilaufgaben b) und c) muss jeweils ein Parameter umbenannt werden.

1 Berechnen Sie den Abstand der Geraden g und h.

a) $g: \vec{x} = \begin{pmatrix} 7 \\ 7 \\ 4 \end{pmatrix} + s \cdot \begin{pmatrix} 1 \\ -2 \\ 6 \end{pmatrix}$; $h: \vec{x} = \begin{pmatrix} -3 \\ 0 \\ 5 \end{pmatrix} + t \cdot \begin{pmatrix} 1 \\ 0 \\ -3 \end{pmatrix}$ b) $g: \vec{x} = \begin{pmatrix} 1 \\ 1 \\ 1 \end{pmatrix} + t \cdot \begin{pmatrix} -3 \\ 0 \\ 2 \end{pmatrix}$; $h: \vec{x} = \begin{pmatrix} 6 \\ 6 \\ 18 \end{pmatrix} + t \cdot \begin{pmatrix} 3 \\ -4 \\ 1 \end{pmatrix}$

c) $g: \vec{x} = \begin{pmatrix} 3 \\ 1 \\ 4 \end{pmatrix} + t \cdot \begin{pmatrix} 1 \\ 1 \\ 0 \end{pmatrix}$; $h: \vec{x} = \begin{pmatrix} 5 \\ 5 \\ 8 \end{pmatrix} + t \cdot \begin{pmatrix} 0 \\ -1 \\ 1 \end{pmatrix}$ d) $g: \vec{x} = \begin{pmatrix} 3 \\ 2 \\ 5 \end{pmatrix} + t \cdot \begin{pmatrix} -3 \\ 1 \\ 1 \end{pmatrix}$; $h: \vec{x} = \begin{pmatrix} 6 \\ 5 \\ 11 \end{pmatrix} + s \cdot \begin{pmatrix} 1 \\ 1 \\ -2 \end{pmatrix}$

2 Zeichnen Sie ein Schrägbild eines Würfels mit der Kantenlänge 3. Bestimmen Sie den Abstand einer Raumdiagonalen und einer Bodendiagonalen, die sich nicht schneiden.

3 Untersuchen Sie die gegenseitige Lage der Geraden g und h. Bestimmen Sie ihren Abstand.

a) $g: \vec{x} = \begin{pmatrix} 2 \\ 5 \\ 5 \end{pmatrix} + t \cdot \begin{pmatrix} 1 \\ 1 \\ 3 \end{pmatrix}$; $h: \vec{x} = t \cdot \begin{pmatrix} -1 \\ -1 \\ -3 \end{pmatrix}$ b) $g: \vec{x} = \begin{pmatrix} 0 \\ 1 \\ 2 \end{pmatrix} + t \cdot \begin{pmatrix} 0 \\ 1 \\ 1 \end{pmatrix}$; $h: \vec{x} = \begin{pmatrix} 0 \\ 1 \\ 2 \end{pmatrix} + t \cdot \begin{pmatrix} 4 \\ 3 \\ -2 \end{pmatrix}$

4 Berechnen Sie den Abstand der Geraden g und h.

a) $g: \vec{x} = \begin{pmatrix} 4 \\ 2 \\ 25 \end{pmatrix} + t \cdot \begin{pmatrix} 0 \\ -3 \\ 1 \end{pmatrix}$; $h: \vec{x} = \begin{pmatrix} 3 \\ 2 \\ 5 \end{pmatrix} + t \cdot \begin{pmatrix} 6 \\ 2 \\ -1 \end{pmatrix}$ b) $g: \vec{x} = \begin{pmatrix} 1 \\ 4 \\ -1 \end{pmatrix} + t \cdot \begin{pmatrix} 0 \\ 3 \\ -2 \end{pmatrix}$; $h: \vec{x} = \begin{pmatrix} 9 \\ 5 \\ 10 \end{pmatrix} + t \cdot \begin{pmatrix} 3 \\ -1 \\ 0 \end{pmatrix}$

5 Bestimmen Sie den Punkt G auf $g: \vec{x} = \begin{pmatrix} 0 \\ 1 \\ 2 \end{pmatrix} + t \cdot \begin{pmatrix} 0 \\ 1 \\ 1 \end{pmatrix}$ und den Punkt H auf $h: \vec{x} = \begin{pmatrix} 7 \\ 7 \\ 0 \end{pmatrix} + t \cdot \begin{pmatrix} 4 \\ -5 \\ 2 \end{pmatrix}$ so, dass $\overline{GH}$ die kürzeste Verbindungsstrecke zwischen den beiden Geraden ist.

6 Gegeben ist eine Pyramide mit den Ecken $A(-9|3|-3)$, $B(-3|-6|0)$, $C(-7|5|5)$ und $D(4|8|0)$. Die Punkte P, Q, R, S, T, U sind jeweils die Kantenmitten der Pyramide (Fig. 1). Berechnen Sie den Abstand der Geraden durch A und C zur Geraden durch B und D und den Abstand der Geraden durch T und U zur Geraden durch R und S.

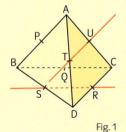

Fig. 1

Exkursion in die Theorie

7 a) Die Geraden mit den Gleichungen $\vec{x} = \begin{pmatrix} 5 \\ 11 \\ 17 \end{pmatrix} + t \cdot \begin{pmatrix} 1 \\ 2 \\ 0 \end{pmatrix}$ und $\vec{x} = \begin{pmatrix} 7 \\ 12 \\ 23 \end{pmatrix} + t \cdot \begin{pmatrix} 9 \\ 11 \\ 0 \end{pmatrix}$ sind beide parallel zu einer Koordinatenebene. Erläutern Sie, wie man den Gleichungen direkt entnehmen kann, dass der Abstand der Geraden 6 beträgt.

b) Bestimmen Sie entsprechend den Abstand der Geraden mit den Gleichungen

$\vec{x} = \begin{pmatrix} -14 \\ 7 \\ 112 \end{pmatrix} + t \cdot \begin{pmatrix} 23 \\ 0 \\ 47 \end{pmatrix}$ und $\vec{x} = \begin{pmatrix} 113 \\ 27 \\ -45 \end{pmatrix} + t \cdot \begin{pmatrix} 17 \\ 0 \\ 37 \end{pmatrix}$ bzw. $\vec{x} = \begin{pmatrix} 3 \\ 7 \\ 5 \end{pmatrix} + t \cdot \begin{pmatrix} 1 \\ 0 \\ 0 \end{pmatrix}$ und $\vec{x} = \begin{pmatrix} 2 \\ 1 \\ 9 \end{pmatrix} + t \cdot \begin{pmatrix} 0 \\ 1 \\ 0 \end{pmatrix}$.

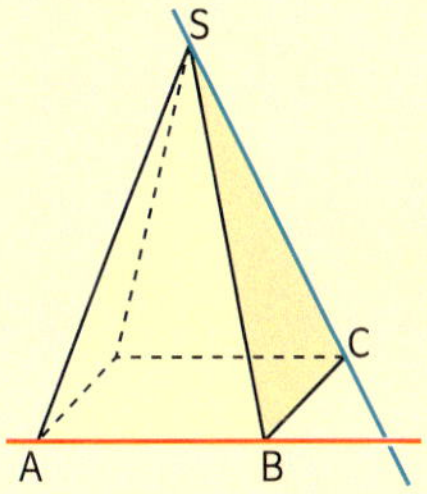

Fig. 1

8 Eine senkrechte quadratische Pyramide besitzt als Grundfläche ein Quadrat mit der Seitenlänge 4. Die Höhe beträgt 6 (Fig. 1). Bestimmen Sie den Abstand der Geraden durch die Punkte A und B von der Geraden durch die Punkte C und S. Welcher Punkt auf der roten Gerade ist der blauen Gerade am nächsten?

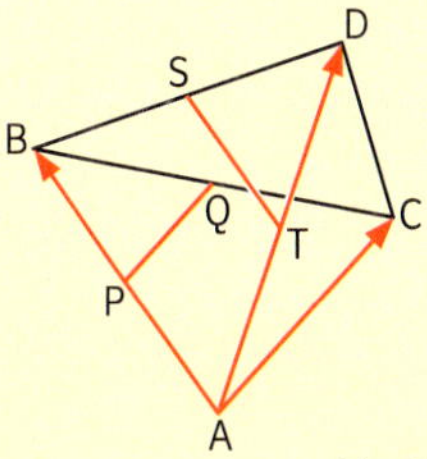

9 Gegeben ist eine Pyramide mit den Ecken $A(1|-2|-7)$, $B(-8|-2|5)$, $C(17|-2|5)$ und $D(1|6|-7)$ und den Kantenmitten P, Q, S, T wie in Fig. 2.

a) Untersuchen Sie die Lage der Vektoren $\vec{AB}$, $\vec{AC}$ und $\vec{AD}$ zueinander.
b) In welcher Ebene liegen die Punkte A, B und C? Bestimmen Sie den Abstand dieser Ebene zum Punkt D. Erläutern Sie Ihre Vorgehensweise.
c) Berechnen Sie den Flächeninhalt des Dreiecks ABC und das Volumen der Pyramide.
d) Berechnen Sie den Abstand der Geraden durch P und Q zur Geraden durch S und T.

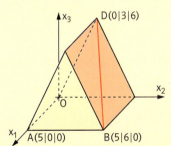

Fig. 2

Stellen Sie Überlegungen an, wie man diesen Abstand aus Teilaufgabe d) auch ohne Rechnung bestimmen kann.

10 Das „alte Dach" in Fig. 3 benötigt zur Verstärkung einen Stützbalken zwischen der „Windrispe" $\overline{BD}$ und der Grundkante $\overline{OA}$. Er soll zu $\overline{BD}$ und $\overline{OA}$ orthogonal sein. Bestimmen Sie die Koordinaten der Befestigungspunkte des Stützbalkens und berechnen Sie auch seine Länge.

Fig. 3

11 Bezogen auf ein geeignetes Koordinatensystem mit der Einheit 1 km befindet sich ein erstes Flugzeug zu Beobachtungsbeginn im Koordinatenursprung und bewegt sich geradlinig mit einer Geschwindigkeit von $300 \frac{km}{h}$ in Richtung des Vektors $\begin{pmatrix} 1 \\ 2 \\ 1 \end{pmatrix}$. Ein zweites Flugzeug befindet sich zu Beobachtungsbeginn im Punkt $(20|34,2|15,3)$ und bewegt sich mit einer Geschwindigkeit von $400 \frac{km}{h}$ in Richtung des Vektors $\begin{pmatrix} -2 \\ 2 \\ 3 \end{pmatrix}$.

◎ CAS
Flugbahnen berechnen

a) Untersuchen Sie, in welchen Punkten sich ihre Flugbahnen am nächsten kommen, und berechnen Sie den Abstand der beiden Punkte. Wie lange nach Beobachtungsbeginn befinden sich die Flugzeuge jeweils an diesem Punkt?
b) Zu welchem Zeitpunkt ist der Abstand zwischen den beiden Flugzeugen am kleinsten?

12 a) Für welche Werte von a sind die Gerade $g: \vec{x} = \begin{pmatrix} 0 \\ 0 \\ 1 \end{pmatrix} + t \cdot \begin{pmatrix} 1 \\ 0 \\ a \end{pmatrix}$ und die x_2-Achse zueinander windschief?
b) Welche Werte kann a annehmen, damit der Abstand der Geraden g zur x_2-Achse mindestens 0,5 beträgt?

◎ Vektoris3D
Windschiefe Geraden Parameter

Exkursion

Vektoris3D

Geometrische Fragestellungen in der Ebene lassen sich häufig mithilfe einer Zeichnung leichter lösen als durch Rechnung.
Bei der räumlichen Geometrie ist die zeichnerische Darstellung auf einem zweidimensionalen Blatt Papier häufig problematisch und aufwendig. Deshalb wird auf eine Visualisierung zumeist verzichtet.
Mit *Vektoris3D* kann man geometrische Objekte im Raum visualisieren und rechnerische Lösungen überprüfen. Nachfolgend wird in das Arbeiten mit *Vektoris3D* eingeführt.

Zur Installation des Programms führen Sie einfach die Setup-Datei aus.

Die Arbeitsoberfläche

Die Vektoris-Arbeitsoberfläche besteht aus einem Visualisierungsfenster links und einem Bereich zur Verwaltung der geometrischen Objekte rechts.
Um neue Elemente zu erzeugen, wechselt man rechts zur Ansicht *Skripteditor*, wählt die gewünschten Vorlagen aus und macht dann die entsprechenden Eingaben. Dann kann man die Elemente links einzeichnen lassen.
Die gegenseitige Lage und die Abstände zwischen den einzelnen Objekten können rechts unter den Ansichten *Schnittgebilde, Abstände* und *Schnittwinkel* berechnet und zum Teil auch visualisiert werden.

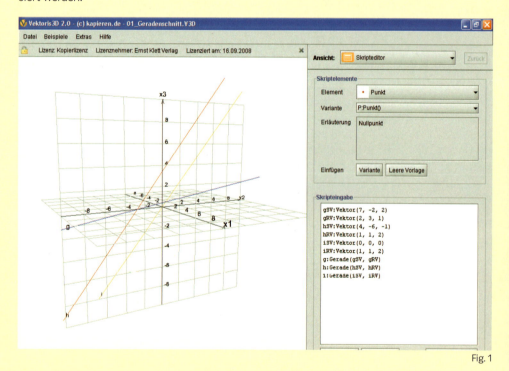

Fig. 1

Geraden und ihre Lage

Die Geraden $g: \vec{x} = \begin{pmatrix} 7 \\ -2 \\ 2 \end{pmatrix} + r \cdot \begin{pmatrix} 2 \\ 3 \\ 1 \end{pmatrix}$; $h: \vec{x} = \begin{pmatrix} 4 \\ -6 \\ -1 \end{pmatrix} + t \cdot \begin{pmatrix} 1 \\ 1 \\ 2 \end{pmatrix}$ und $i: \vec{x} = s \cdot \begin{pmatrix} 1 \\ 1 \\ 2 \end{pmatrix}$ sollen in einem räumlichen Koordinatensystem veranschaulicht und ihre gegenseitige Lage bestimmt werden.

Exkursion

Vorgehensweise:
In der Ansicht *Skripteditor* werden zunächst die Stützvektoren und die Richtungsvektoren der Geraden g, h und i und dann mit ihrer Hilfe die drei Geraden eingegeben.
Folgende Syntax wird verwendet:
bei Vektoren: `Bezeichnung: Vektor(x1, x2, x3)`
(also z.B. für die Vektoren der Geraden g: `gSV:Vektor(7, -2, 2)`
bzw. `gRV:Vektor(2, 3, 1)`),
bei Geraden: `Bezeichnung: Gerade(Stützvektor, Richtungsvektor)`
(also z.B. für die Gerade g: `g: Gerade(gSV, gRV)`).
Jede Eingabe steht in einer neuen Zeile. Die Objekte werden visualisiert, sobald man den Button *Einzeichnen* anklickt (siehe auch Fig. 1 auf Seite 296).

Vektoris3D bietet neben der genannten Möglichkeit noch weitere Varianten zur Angabe von Geraden.

In der Ansicht *Schnittgebilde* kann dann die gegenseitige Lage der Geraden abgefragt werden.
Die Geraden g und h schneiden sich z.B. im Punkt S(5|−5|1) (Fig. 1), die Geraden g und i sind windschief und die Geraden h und i sind parallel.

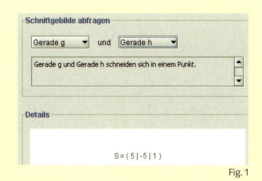

Fig. 1

Ebenen und ihre Lage

Die Ebene $E: \vec{x} = \begin{pmatrix} 1 \\ 1 \\ 3 \end{pmatrix} + r \cdot \begin{pmatrix} 1 \\ -1 \\ 0 \end{pmatrix} + s \cdot \begin{pmatrix} -3 \\ 1 \\ 4 \end{pmatrix}$ und ihre Spurgeraden sollen eingezeichnet werden.

Vorgehensweise:
In der Ansicht *Skripteditor* werden die Ebene E und die Koordinatenebenen eingegeben.

Folgende Syntax wird für Parametergleichungen von Ebenen verwendet:
`Bezeichnung:`
`EbenePF(p1,p2,p3,u1,`
`u2,u3,v1,v2,v3)`,
also z.B. für die Ebene E:
`E:EbenePF(1,1,3,1,-1,0,-3,1,4)`.

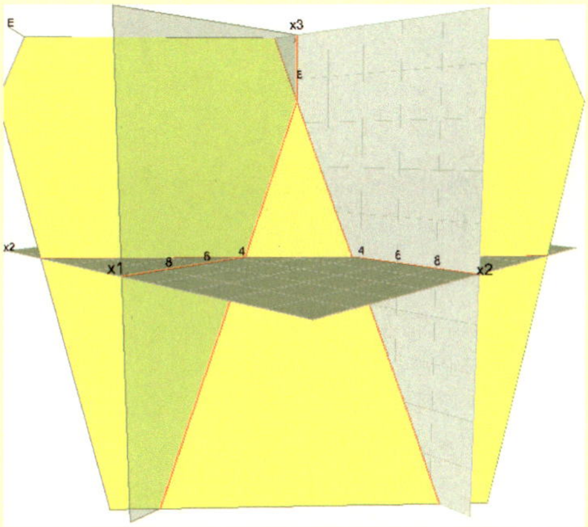

Ebenen können auch über drei Punkte, in Normalenform oder in Parameterform eingegeben werden.

Fig. 2

In der Ansicht *Schnittgebilde* wählt man die Option *Schnittgebilde visualisieren*. Zusätzlich kann man in der Ansicht *Darstellung* für die Koordinatenebenen die Farbe Grau wählen, sodass die Ebene E und die rot eingezeichneten Spurgeraden deutlich sichtbar hervortreten (Fig. 2).

Schattenwurf

Um den Schattenwurf eines Körpers auf eine Ebene zu bestimmen, legt man Geraden mit dem „Sonnenvektor" als Richtungsvektor durch die Eckpunkte und schneidet diese Geraden mit der Ebene auf die der Schatten fällt. So erhält man die Eckpunkte der Schattenfigur. Mit Vektoris ist es dann sehr leicht möglich, die Schattenwürfe für verschiedene Sonnenstände zu visualisieren.

Exkursion

Ein Quader besitzt die Kantenlängen 3, 6 und 4. Seine linke untere Ecke befindet sich im Koordinatenursprung. Sonnenlicht fällt in Richtung des Vektors $\vec{v} = \begin{pmatrix} 2 \\ -3 \\ -2 \end{pmatrix}$ ein. Es soll der Schatten bestimmt werden, den der Quader auf die x_1x_2-Ebene wirft.

Dafür muss man zuerst die Eckpunkte und Kanten des Körpers einzeichnen.
```
O:Punkt(0,0,0)
```
...
```
s1:Strecke(O,A)
```
...

Danach werden Schattenebene und Sonnenvektor definiert und die Strahlen als Geraden.
```
Ex1x2:EbenePF(0,0,0,1,0,0,0,1,0)
v:Vektor
gE:Gerade(0,0,4,v)
```
...

Nun kann man mit dem Menüpunkt *Schnittgebilde* die Koordinaten der Endpunkte der Strahlen ermitteln.
```
Es:Punkt(4,-6,0)
```
...
```
s13:Strecke(O,Es)
```
...

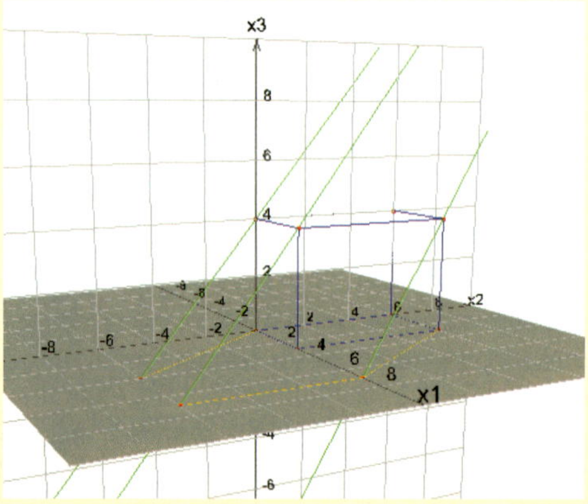

Fig. 1

Durch Abändern des „Sonnenvektors" kann nun experimentiert werden. Wie sieht der Schatten zum Beispiel aus, wenn das Sonnenlicht aus Richtung des Vektors $\vec{w} = \begin{pmatrix} 1 \\ 1 \\ -3 \end{pmatrix}$ kommt?

Wie muss das Sonnenlicht strahlen, damit der Schatten rechteckig ist?

1 Untersuchen Sie die Lage der Geraden $g: \vec{x} = \begin{pmatrix} 3 \\ 6 \\ 4 \end{pmatrix} + t \cdot \begin{pmatrix} 4 \\ 8 \\ 2 \end{pmatrix}$ und $h: \vec{x} = \begin{pmatrix} 1 \\ 0 \\ 3 \end{pmatrix} + s \cdot \begin{pmatrix} -4 \\ -6 \\ 2 \end{pmatrix}$.

Ändern Sie jeweils einen Vektor so, dass eine andere Lagebeziehung entsteht.

2 Geben Sie in Vektoris 3D die Koordinatenebenen als Ebenen in Parameterform und die Koordinatenachsen als Geraden ein.

a) Ermitteln Sie mit Vektoris 3D zur Ebene $E: \vec{x} = \begin{pmatrix} 3 \\ 2 \\ 0 \end{pmatrix} + r \cdot \begin{pmatrix} 3 \\ -2 \\ 0 \end{pmatrix} + s \cdot \begin{pmatrix} -2 \\ 0 \\ 1 \end{pmatrix}$ die Spurpunkte und die Gleichungen der Spurgeraden.

b) Ändern Sie einen oder beide Spannvektoren so ab, dass sie eine Ebene erhalten, die zu einer Koordinatenachse (zu einer Koordinatenebene) orthogonal ist.

c) Beschreiben Sie die besondere Lage der Spurgeraden, wenn Sie den Stützvektor durch den Nullvektor ersetzen.

3 Geben Sie die Ebene $E: \vec{x} = \begin{pmatrix} 1 \\ 1 \\ 0 \end{pmatrix} + r \cdot \begin{pmatrix} -4 \\ 3 \\ 2 \end{pmatrix} + s \cdot \begin{pmatrix} 1 \\ 2 \\ 3 \end{pmatrix}$ und die Gerade $g: \vec{x} = \begin{pmatrix} 1 \\ 1 \\ 0 \end{pmatrix} + t \cdot \begin{pmatrix} -4 \\ 3 \\ -3 \end{pmatrix}$ ein.

a) Bestimmen Sie den Durchstoßpunkt von g durch E.

b) Geben Sie eine Gerade h ein, die sich nur in einer Koordinate des Richtungsvektors von der Geraden g unterscheidet und parallel zur Ebene E ist. Ändern Sie dann den Stützvektor der Ebene E so ab, dass die Gerade h in der Ebene E liegt.

c) Geben Sie eine Gerade i ein, welche die Ebene E im Punkt P(1|1|0) orthogonal schneidet.

Rückblick

Ebenen im Raum
Jede Ebene lässt sich beschreiben durch eine Parametergleichung der Form $\vec{x} = \vec{p} + r \cdot \vec{u} + s \cdot \vec{v}$. Hierbei sind die Spannvektoren $\vec{u}$ und $\vec{v}$ linear unabhängig. Der Vektor $\vec{p}$ heißt Stützvektor.

$$E: \vec{x} = \begin{pmatrix} 5 \\ 2 \\ 3 \end{pmatrix} + r \cdot \begin{pmatrix} 1 \\ 0 \\ 2 \end{pmatrix} + s \cdot \begin{pmatrix} 0 \\ -5 \\ 8 \end{pmatrix}$$

Skalarprodukt, zueinander orthogonale Vektoren
Für zwei Vektoren $\vec{a} = \begin{pmatrix} a_1 \\ a_2 \\ a_3 \end{pmatrix}$ und $\vec{b} = \begin{pmatrix} b_1 \\ b_2 \\ b_3 \end{pmatrix}$ ($\vec{a} \neq \vec{o}$ und $\vec{b} \neq \vec{o}$) heißt der Term $a_1 b_1 + a_2 b_2 + a_3 b_3$ das **Skalarprodukt** $\vec{a} \cdot \vec{b}$ von $\vec{a}$ und $\vec{b}$.

Die Vektoren $\vec{a}$ und $\vec{b}$ sind genau dann zueinander **orthogonal**, wenn $\vec{a} \cdot \vec{b} = 0$.

$$\begin{pmatrix} 1 \\ 3 \\ 4 \end{pmatrix} \cdot \begin{pmatrix} 4 \\ 3 \\ 2 \end{pmatrix} = 1 \cdot 4 + 3 \cdot 3 + 4 \cdot 2 = 21$$

$$\vec{a} \cdot \vec{b} = \begin{pmatrix} 2 \\ -9 \\ 4 \end{pmatrix} \cdot \begin{pmatrix} 5 \\ 2 \\ 2 \end{pmatrix} = 0$$

$\vec{a}$ und $\vec{b}$ sind orthogonal.

Gegenseitige Lage von Ebenen und Geraden
Folgende Lagebeziehungen zwischen einer Ebene E und einer Geraden g sind möglich:
- g schneidet E
  (die Vektorgleichung hat genau eine Lösung),
- g liegt in E
  (die Vektorgleichung hat unendlich viele Lösungen),
- g ist parallel zu E
  (die Vektorgleichung hat keine Lösung).

Gegeben:

$g: \vec{x} = t \cdot \begin{pmatrix} 2 \\ 1 \\ 2 \end{pmatrix}$, $E: \vec{x} = \begin{pmatrix} 3 \\ 0 \\ 0 \end{pmatrix} + r \cdot \begin{pmatrix} -1 \\ 1 \\ 2 \end{pmatrix} + s \cdot \begin{pmatrix} 2 \\ 2 \\ 7 \end{pmatrix}$

$2t + r - 2s = 3$
$t - r - 2s = 0$, $L = \{(1; 1; 0)\}$
$2t - 2r - 7s = 0$

Einsetzen von $t = 1$ in g liefert den Durchstoßpunkt $D(3|2|2)$.

Winkel zwischen Vektoren
Für den Winkel α zwischen den Vektoren $\vec{a}$ und $\vec{b}$ gilt:

$\cos(\alpha) = \dfrac{\vec{a} \cdot \vec{b}}{|\vec{a}| \cdot |\vec{b}|}$.

Gegeben: $\vec{a} = \begin{pmatrix} 1 \\ 1 \\ 1 \end{pmatrix}$; $\vec{b} = \begin{pmatrix} 2 \\ -3 \\ -7 \end{pmatrix}$

$\cos(\alpha) = \dfrac{\begin{pmatrix} 1 \\ 1 \\ 1 \end{pmatrix} \cdot \begin{pmatrix} 2 \\ -3 \\ -7 \end{pmatrix}}{\sqrt{3} \cdot \sqrt{62}} = \dfrac{-8}{\sqrt{186}}$; $\alpha \approx 125{,}9°$

Schnittwinkel
Haben die Geraden g_1 und g_2 die Richtungsvektoren $\vec{u_1}$ und $\vec{u_2}$ und die Ebenen E_1 und E_2 die Normalenvektoren $\vec{n_1}$ und $\vec{n_2}$, so gilt für den Schnittwinkel α
- der Geraden g_1 und g_2: $\cos(\alpha) = \dfrac{|\vec{u_1} \cdot \vec{u_2}|}{|\vec{u_1}| \cdot |\vec{u_2}|}$,
- der Ebenen E_1 und E_2: $\cos(\alpha) = \dfrac{|\vec{n_1} \cdot \vec{n_2}|}{|\vec{n_1}| \cdot |\vec{n_2}|}$,
- der Geraden g_1 und der Ebene E_1: $\sin(\alpha) = \dfrac{|\vec{u_1} \cdot \vec{n_1}|}{|\vec{u_1}| \cdot |\vec{n_1}|}$.

Gegeben:

$g: \vec{x} = \begin{pmatrix} 2 \\ 1 \\ -5 \end{pmatrix} + t \cdot \begin{pmatrix} 2 \\ 2 \\ 1 \end{pmatrix}$ und $h: \vec{x} = \begin{pmatrix} 4 \\ 3 \\ 7 \end{pmatrix} + t \cdot \begin{pmatrix} 3 \\ -4 \\ 0 \end{pmatrix}$;

$\vec{n_1} = \begin{pmatrix} 2 \\ 3 \\ 6 \end{pmatrix}$; $\vec{n_2} = \begin{pmatrix} 1 \\ 4 \\ 8 \end{pmatrix}$;

Winkel zwischen g und h:

$\cos(\alpha) = \dfrac{\left|\begin{pmatrix} 2 \\ 2 \\ 1 \end{pmatrix} \cdot \begin{pmatrix} 3 \\ -4 \\ 0 \end{pmatrix}\right|}{\sqrt{9} \cdot \sqrt{25}} = \dfrac{|-2|}{15} = \dfrac{2}{15}$; $\alpha \approx 82{,}3°$

Winkel zwischen E und F:

$\cos(\alpha) = \dfrac{\left|\begin{pmatrix} 2 \\ 3 \\ 6 \end{pmatrix} \cdot \begin{pmatrix} 1 \\ 4 \\ 8 \end{pmatrix}\right|}{\sqrt{49} \cdot \sqrt{81}} = \dfrac{62}{63}$; $\alpha \approx 10{,}2°$

Winkel zwischen g und E:

$\sin(\alpha) = \dfrac{\left|\begin{pmatrix} 2 \\ 2 \\ 1 \end{pmatrix} \cdot \begin{pmatrix} 2 \\ 3 \\ 6 \end{pmatrix}\right|}{\sqrt{9} \cdot \sqrt{49}} = \dfrac{16}{21}$; $\alpha \approx 49{,}6°$

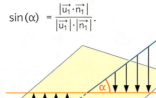

Ebene – Ebene　　　Fig. 1　　　Gerade – Ebene　　　Fig. 2

Prüfungsvorbereitung ohne Hilfsmittel

1 Legen die Punkte A, B und C eine Ebene fest? Geben Sie, falls möglich, eine Parametergleichung der Ebene an. Liegt der Punkt $D(1|1|0)$ in der Ebene?
a) $A(3|0|2)$, $B(5|-1|7)$, $C(0|-2|0)$
b) $A(1|0|3)$, $B(1|3|0)$, $C(1|-3|0)$
c) $A(2|1|7)$, $B(-7|-1|2)$, $C(1|-1|1)$
d) $A(2|1|3)$, $B(-5|7|2)$, $C(6|2|3)$

2 Welche dieser Vektoren sind zueinander orthogonal?

$$\vec{a} = \begin{pmatrix} \sqrt{2} \\ 1 \\ \sqrt{2} \end{pmatrix};\ \vec{b} = \begin{pmatrix} 1 \\ \sqrt{3} \\ 1 \end{pmatrix};\ \vec{c} = \begin{pmatrix} \sqrt{2} \\ 0 \\ -\sqrt{2} \end{pmatrix};\ \vec{d} = \begin{pmatrix} \sqrt{2} \\ -\sqrt{2} \\ 0 \end{pmatrix};\ \vec{e} = \begin{pmatrix} -1 \\ -1 \\ \sqrt{3} \end{pmatrix}$$

3 Ist die Gerade g zur Ebene E orthogonal?

a) $g: \vec{x} = \begin{pmatrix} 1 \\ 0 \\ 2 \end{pmatrix} + t \cdot \begin{pmatrix} -3 \\ 1 \\ -4 \end{pmatrix}$; $E: \vec{x} = \begin{pmatrix} -1 \\ 0 \\ 1 \end{pmatrix} + r \cdot \begin{pmatrix} 1 \\ -1 \\ -1 \end{pmatrix} + s \cdot \begin{pmatrix} 1 \\ 3 \\ 0 \end{pmatrix}$

b) $g: \vec{x} = \begin{pmatrix} 1 \\ -2 \\ 3 \end{pmatrix} + t \cdot \begin{pmatrix} -7 \\ -9 \\ 0 \end{pmatrix}$; $E: \vec{x} = \begin{pmatrix} 2 \\ 0 \\ 1 \end{pmatrix} + r \cdot \begin{pmatrix} 1 \\ 1 \\ 1 \end{pmatrix} + s \cdot \begin{pmatrix} 0 \\ 2 \\ 3 \end{pmatrix}$

4 Untersuchen Sie, ob sich die Ebenen E_1 und E_2 schneiden.

a) $E_1: \vec{x} = r \cdot \begin{pmatrix} 1 \\ 1 \\ 0 \end{pmatrix} + s \cdot \begin{pmatrix} 0 \\ 0 \\ 1 \end{pmatrix}$; $E_2: \vec{x} = \begin{pmatrix} 2 \\ 5 \\ 7 \end{pmatrix} + r \cdot \begin{pmatrix} 2 \\ 2 \\ 1 \end{pmatrix} + s \cdot \begin{pmatrix} 1 \\ 0 \\ 0 \end{pmatrix}$

b) $E_1: \vec{x} = r \cdot \begin{pmatrix} 0 \\ 1 \\ 0 \end{pmatrix} + s \cdot \begin{pmatrix} 3 \\ 0 \\ 0 \end{pmatrix}$; $E_2: \vec{x} = \begin{pmatrix} 4 \\ 5 \\ 7 \end{pmatrix} + s \cdot \begin{pmatrix} 3 \\ 2 \\ 0 \end{pmatrix} + r \cdot \begin{pmatrix} -2 \\ 1 \\ 0 \end{pmatrix}$

5 In Fig. 1 – Fig. 4 ist jeweils ein Ausschnitt einer Ebene gezeichnet. Der Punkt $P(0|3|2)$ liegt in E_3. Bestimmen Sie für die Ebenen E_1, E_2, E_3 und E_4 jeweils eine Gleichung.

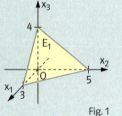
Fig. 1

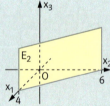
Fig. 2

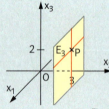
Fig. 3

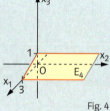
Fig. 4

6 In Fig. 5 liegt der Punkt A in der x_1x_2-Ebene, der Punkt B in der x_2x_3-Ebene und der Punkt C in der x_1x_3-Ebene.
a) Berechnen Sie die Innenwinkel des Dreiecks ABC.
b) Um welche besondere Art von Dreieck handelt es sich?
c) Geben Sie einen Punkt D so an, dass ABCD ein Quadrat ist.

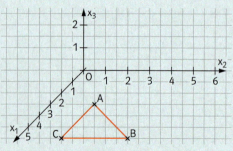
Fig. 5

*7 a) Was versteht man unter dem Abstand eines Punktes von einer Geraden?

b) Berechnen Sie den Abstand der Geraden $g: \vec{x} = \begin{pmatrix} 3 \\ 4 \\ 4 \end{pmatrix} + t \cdot \begin{pmatrix} 0 \\ 1 \\ 0 \end{pmatrix}$ von der x_2-Achse.

Prüfungsvorbereitung mit Hilfsmitteln

1 Der Würfel in Fig. 1 hat die Kantenlänge 6 cm. Die Punkte A, B, C, D, E und F sind jeweils 2 cm von der am nächsten gelegenen Ecke entfernt. Bestimmen Sie eine Gleichung der Schnittgeraden der beiden in Fig. 1 gekennzeichneten Ebenen.

2 Der Würfel in Fig. 2 hat die Kantenlänge 1. Bestimmen Sie das Volumen der Pyramide mit der Grundfläche BDE und der Spitze G.

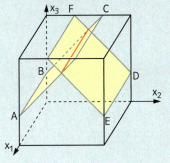

Fig. 1

3 Die Punkte A(7|0|0), B(7|7|0) und D(7|0|7) legen eine Ebene E fest.
a) Bestimmen Sie eine Parametergleichung der Ebene E.
b) Zeigen Sie, dass das Dreieck ABD gleichschenklig ist.
c) Bestimmen Sie die Koordinaten des Punktes C so, dass das Viereck ABCD ein Quadrat ist.
d) Berechnen Sie die Koordinaten des Diagonalschnittpunktes M dieses Quadrates.

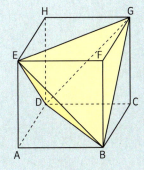

Fig. 2

4 Gegeben sind die Punkte A(1|0) und B(4|2) sowie die Gerade g: $\vec{x} = \begin{pmatrix} 0 \\ 2 \end{pmatrix} + t \cdot \begin{pmatrix} 3 \\ 1 \end{pmatrix}$.
Bestimmen Sie die Koordinaten aller Punkte P auf der Geraden g so, dass das jeweilige Dreieck ABP rechtwinklig ist.
a) Mithilfe einer Zeichnung.
b) Mithilfe einer Rechnung.

5 Gegeben sind die quadratische Pyramide mit den Ecken A(−3|−3|0), B(3|−3|0), C(3|3|0), D(−3|3|0) und der Spitze S(0|0|9) sowie die Ebene E: $\vec{x} = \begin{pmatrix} 7 \\ 7 \\ 0 \end{pmatrix} + r \cdot \begin{pmatrix} 1 \\ 4 \\ -3 \end{pmatrix} + s \cdot \begin{pmatrix} 2 \\ 0 \\ 0 \end{pmatrix}$.

*a) Berechnen Sie die Koordinaten der Schnittpunkte der Pyramidenkanten mit der Ebene E.
*b) Zeichnen Sie die Pyramide mit der Schnittfläche mit der Ebene E als Schrägbild in ein Koordinatensystem. Beschreiben Sie die Form der Schnittfläche.
*c) Berechnen Sie den Flächeninhalt der Schnittfläche.
d) Berechnen Sie den Abstand der Spitze S von der Ebene E.
e) Bestimmen Sie das Volumen der Pyramide und der beiden Teilkörper, in die die Pyramide durch die Ebene E zerlegt wurde.

6 Ein 20 m hoher Maibaum steht auf einem flachen Grundstück vor einem Hang. Die Ebene E: $2x_1 + 6x_2 + 9x_3 = 54$ stellt für $x_1, x_2, x_3 \geq 0$ diesen Hang dar, der aus der x_1x_2-Ebene aufsteigt. Im Punkt P(18|13|0) steht der 20 m hohe Maibaum (1 LE entspricht 1 m).
a) Stellen Sie die Situation in einem räumlichen Koordinatensystem dar (1 cm entspricht 3 LE).
*b) Der Maibaum wird auf halber Höhe mit einem möglichst kurzen Stahlseil am Hang verankert. Bestimmen Sie die Länge des Stahlseils.
c) Es fällt Sonnenlicht aus der Richtung $\begin{pmatrix} -1 \\ -4 \\ -6 \end{pmatrix}$ auf den Maibaum. Zeichnen Sie den Schatten in das vorhandene Koordinatensystem ein und berechnen Sie seine Länge.

Matrizen

Bestimmte Verhaltensweisen von Menschen und Tieren oder Herstellungsprozesse von Produkten laufen nach Mustern ab. Mithilfe der Matrizenrechnung lassen sich diese Vorgänge systematisieren und interpretieren, sowie Vorhersagen treffen.

Welche Mengen der Ausgangsprodukte sind für die Herstellung notwendig?

Kehren die Vögel immer zum selben Kabel zurück?

Das kennen Sie schon
– Lineare Gleichungssysteme lösen
– Das Skalarprodukt
– Vektoren miteinander multiplizieren

Maikäferplage in Südhessen

Der Waldmaikäfer tritt in Südhessen seit 1986 alle vier Jahre massenhaft auf. Nicht der Käfer, der vier Jahre braucht, um sich aus den Eiern zu entwickeln, sondern die Larve – Engerling genannt – richtet die größten wirtschaftlichen Schäden an Feldfrüchten und Bäumen an.

War zu Beginn der Massenvermehrung noch die Rede von 10 Hektar befallener Fläche, so sprechen die Behörden heute von 9 000 Hektar, also einem Drittel des südhessischen Waldes.

Die Experten fürchten, dass es 2010 noch schlimmer kommt.

Kann die Entwicklung einer Population vorhergesagt werden?

Eine Auswertung von Tausenden Fotos auf Google Earth fördert ein bislang unbeachtetes Phänomen zu Tage: Kühe richten sich beim Fressen und Schlafen gerne in eine bestimmte Himmelsrichtung aus. Forscher an der Uni Duisburg-Essen folgern daraus, dass die Tiere über einen Magnetsinn verfügen.

In diesem Kapitel

– lernen Sie für einen Herstellungsprozess die notwendige Anzahl an Ausgangsprodukten für eine bestimmte Anzahl an Endprodukten zu bestimmen.
– werden die Rechenregeln für Matrizen erklärt.
– werden Populationsentwicklungen untersucht.

 Algorithmus

 Daten und Zufall

 Beziehung und Änderung

 Messen

 Raum und Struktur

1 Beschreibung von einstufigen Prozessen durch Matrizen

Helena will backen. Im Kühlschrank waren 15 Eier und $\frac{3}{4}$ Liter Milch, im Vorratsschrank 1 kg Mehl. Für 10 Omelettes benötigt sie 3 Eier, $\frac{1}{2}$ Liter Milch und 250 g Mehl, für einen Rührkuchen 6 Eier, $\frac{1}{8}$ Liter Milch und 375 g Mehl. Alle weiteren Zutaten sind in ausreichender Menge vorhanden. Helena möchte die Eier, die Milch und das Mehl vollständig aufbrauchen. Stellen Sie ihre Möglichkeiten übersichtlich dar.

In vielen Bereichen des täglichen Lebens werden bestimmte Ausgangsstoffe gemischt und daraus neue Produkte gewonnen. Die Entstehung der neuen Produkte aus den Ausgangsstoffen wird als **einstufiger Prozess** aufgefasst:

Ausgangsprodukt $\xrightarrow{\text{Prozess}}$ Endprodukt

CAS
Umgang mit Matrizen

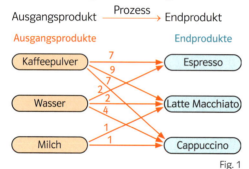

Fig. 1

So können aus Kaffeepulver, Wasser und Milch je nach Mischungsverhältnis z. B. Espresso, Latte Macchiato und Cappuccino hergestellt werden. Das Diagramm in Fig. 1 zeigt den jeweiligen Bedarf in Einheiten an Kaffeepulver, Wasser und Milch. Neben dem Pfeildiagramm kann man die Mischungsverhältnisse noch als **Tabelle** oder verkürzt als **Matrix** darstellen:

Die erste Spalte der Matrix gibt den Bedarf an Kaffeepulver, Wasser und Milch je Espresso an.

		Endprodukte		
		Espresso	Latte Macchiato	Cappuccino
Ausgangs-produkte	Kaffeepulver	7	9	7
	Wasser	2	2	4
	Milch	0	1	1

$A = \begin{pmatrix} 7 & 9 & 7 \\ 2 & 2 & 4 \\ 0 & 1 & 1 \end{pmatrix}$

Das Element in der 2. Zeile und der 3. Spalte der Matrix ist $a_{23} = 4$. Die Matrix hat drei Zeilen und drei Spalten, sie ist eine 3 × 3-Matrix (Sprich „Drei kreuz Drei Matrix"). Da die Zeilenanzahl mit der Spaltenanzahl übereinstimmt ist A eine **quadratische Matrix**.

In der Praxis soll eine bestimmte Anzahl an Endprodukten hergestellt werden und die Anzahl der notwendigen Ausgangsprodukte wird gesucht. Sollen beispielsweise x_1 Tassen Espresso, x_2 Tassen Latte Macchiato und x_3 Tassen Cappuccino gebrüht werden, so gilt für den Gesamtbedarf an Kaffeepulver y_1, Wasser y_2 und Milch y_3:
$$\begin{aligned} y_1 &= 7x_1 + 9x_2 + 7x_3 \\ y_2 &= 2x_1 + 2x_2 + 4x_3 \\ y_3 &= 0x_1 + 1x_2 + 1x_3 \end{aligned}$$

Die Anzahl der Spalten der Matrix muss mit der Zeilenanzahl des Vektors übereinstimmen.

Mit diesem LGS kann zu jedem gewünschten Vektor der Endprodukte der Vektor der Ausgangsprodukte berechnet werden. Um diese Rechnung mithilfe der Matrix A darzustellen, schreibt man die Anzahlen des Ausgangsproduktes als Vektor $\vec{y} = \begin{pmatrix} y_1 \\ y_2 \\ y_3 \end{pmatrix}$, die Anzahl der Endprodukte als Vektor $\vec{x} = \begin{pmatrix} x_1 \\ x_2 \\ x_3 \end{pmatrix}$ und definiert eine **Multiplikation einer Matrix mit einem Vektor**.

GTR-Hinweise
735501-3051

$\vec{y} = A \cdot \vec{x}$ somit ist $\begin{pmatrix} y_1 \\ y_2 \\ y_3 \end{pmatrix} = \begin{pmatrix} 7 & 9 & 7 \\ 2 & 2 & 4 \\ 0 & 1 & 1 \end{pmatrix} \cdot \begin{pmatrix} x_1 \\ x_2 \\ x_3 \end{pmatrix} = \begin{pmatrix} 7x_1 + 9x_2 + 7x_3 \\ 2x_1 + 2x_2 + 4x_3 \\ 0x_1 + 1x_2 + 1x_3 \end{pmatrix}$.

Man nennt A **Prozessmatrix**.

Der Bedarf für 20 Tassen Espresso, 30 Tassen Latte Macchiato und 15 Tassen Cappuccino kann so bestimmt werden: $\begin{pmatrix} y_1 \\ y_2 \\ y_3 \end{pmatrix} = \begin{pmatrix} 7 & 9 & 7 \\ 2 & 2 & 4 \\ 0 & 1 & 1 \end{pmatrix} \cdot \begin{pmatrix} 20 \\ 30 \\ 15 \end{pmatrix} = \begin{pmatrix} 7 \cdot 20 + 9 \cdot 30 + 7 \cdot 15 \\ 2 \cdot 20 + 2 \cdot 30 + 4 \cdot 15 \\ 0 \cdot 20 + 1 \cdot 30 + 1 \cdot 15 \end{pmatrix} = \begin{pmatrix} 515 \\ 160 \\ 45 \end{pmatrix}$.

Diese Berechnung kann mithilfe des GTR durchgeführt werden (Fig. 1–3):

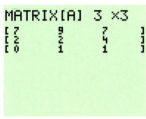
Fig. 1

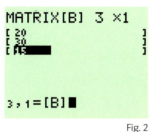
Fig. 2

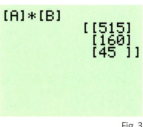
Fig. 3

Es werden somit 515 Einheiten Kaffeepulver, 160 Einheiten Wasser und 45 Einheiten Milch benötigt.

Definition 1: Eine Matrix A mit m Zeilen und n Spalten heißt **m × n-Matrix**:

$A = \begin{pmatrix} a_{11} & a_{12} & \dots & a_{1n} \\ a_{21} & a_{22} & \dots & a_{2n} \\ \dots & \dots & \dots & \dots \\ a_{m1} & a_{m2} & \dots & a_{mn} \end{pmatrix}$

Definition 2: Eine n-spaltige Matrix A multipliziert man von rechts mit einem Spaltenvektor mit n Elementen nach der Regel:

$A = \begin{pmatrix} a_{11} & a_{12} & \dots & a_{1n} \\ a_{21} & a_{22} & \dots & a_{2n} \\ \dots & \dots & \dots & \dots \\ a_{m1} & a_{m2} & \dots & a_{mn} \end{pmatrix} \cdot \begin{pmatrix} x_1 \\ x_2 \\ \dots \\ x_n \end{pmatrix} = \begin{pmatrix} a_{11}x_1 + a_{12}x_2 + \dots + a_{1n}x_n \\ a_{21}x_1 + a_{22}x_2 + \dots + a_{2n}x_n \\ \dots \dots \dots \dots \\ a_{m1}x_1 + a_{m2}x_2 + \dots + a_{mn}x_n \end{pmatrix}$

Einen Vektor kann man als n × 1-Matrix auffassen.

Merke: „Jede Zeile mal der Spalte"

Beispiel Prozessmatrix, Bestimmung von Ausgangswerten

Ein Betrieb stellt aus den Materialien M_1, M_2 die Ballsorten B_1, B_2 und B_3 her. Für die Herstellung eines Balles B_1 benötigt der Betrieb vier Einheiten von M_1 und eine Einheit von M_2, für die Herstellung eines Balles B_2 benötigt er eine Einheit von M_1 und drei Einheiten von M_2, für die Herstellung eines Balles B_3 benötigt der Betrieb zwei Einheiten von M_1 und fünf Einheiten von M_2.

a) Erstellen Sie eine Tabelle und eine Matrix, die den Bedarf an Material für eine Einheit einer Ballsorte angibt.
b) Es sollen 200 Bälle B_1, 800 Bälle B_2 und 500 Bälle B_3 hergestellt werden. Wie viele Einheiten der Materialien M_1 und M_2 werden benötigt?

■ **Lösung:**

a)

	B_1	B_2	B_3
M_1	4	1	2
M_2	1	3	5

$A = \begin{pmatrix} 4 & 1 & 2 \\ 1 & 3 & 5 \end{pmatrix}$

Bei Produktionsprozessen nennt man die Matrix des Prozesses auch **Bedarfsmatrix**.

[A]*[B]
[[2600]
[5100]]

Fig. 1

b) Ist y_1 bzw. y_2 der Materialbedarf an M_1 bzw. M_2 für x_1, x_2 und x_3 Einheiten Bälle B_1, B_2 und B_3 so gilt:

Gleichungsdarstellung:

$y_1 = 4x_1 + x_2 + 2x_3$
$y_2 = x_1 + 3x_2 + 5x_3$

Matrixdarstellung:

$\begin{pmatrix} y_1 \\ y_2 \end{pmatrix} = \begin{pmatrix} 4 & 1 & 2 \\ 1 & 3 & 5 \end{pmatrix} \cdot \begin{pmatrix} x_1 \\ x_2 \\ x_3 \end{pmatrix}$

Rechnung:

$\begin{pmatrix} y_1 \\ y_2 \end{pmatrix} = \begin{pmatrix} 4 & 1 & 2 \\ 1 & 3 & 5 \end{pmatrix} \cdot \begin{pmatrix} 200 \\ 800 \\ 500 \end{pmatrix} = \begin{pmatrix} 4 \cdot 200 + 1 \cdot 800 + 2 \cdot 500 \\ 1 \cdot 200 + 3 \cdot 800 + 5 \cdot 500 \end{pmatrix} = \begin{pmatrix} 2600 \\ 5100 \end{pmatrix}$

Es werden 2600 Einheiten vom Material M_1 und 5100 Einheiten vom M_2 benötigt.

Aufgaben

1 Berechnen Sie ohne GTR und prüfen Sie Ihr Ergebnis mit dem GTR.

a) $\begin{pmatrix} 1 & 2 \\ 4 & 1 \end{pmatrix} \cdot \begin{pmatrix} 3 \\ 5 \end{pmatrix}$
b) $\begin{pmatrix} 0 & 1 \\ 2 & 3 \\ 0 & 1 \end{pmatrix} \cdot \begin{pmatrix} 2 \\ 3 \end{pmatrix}$
c) $\begin{pmatrix} 10 & 1 & 3 \\ 0 & 1 & 2 \\ 4 & 3 & 1 \end{pmatrix} \cdot \begin{pmatrix} 2 \\ 3 \\ 1 \end{pmatrix}$

	C_1	C_2
S_1	3	1
S_2	2	5

Fig. 2

2 a) Ein Unternehmen stellt aus den Grundsubstanzen S_1 und S_2 die Cremes C_1 und C_2 her (Fig. 2). Stellen Sie die Tabelle als Matrix dar und bestimmen Sie a_{22}.
b) Das Unternehmen möchte je eine Einheit der Cremes herstellen. Wie viele Einheiten müssen von S_1 bzw. von S_2 bereitgestellt werden?
Stellen Sie das Ergebnis mithilfe eines Vektors dar.

3 Ein Samenhändler mischt Bartnelken (B), Schleierkraut (Sch), Sonnenblumen (S) und Phlox (Ph) zu drei Sommerblumenmischungen So1, So2 und So3. Für eine Einheit von So1 benötigt er drei Einheiten B, zwei Einheiten Sch, eine Einheit S und zwei Einheiten Ph, für eine Einheit von So2 mischt er zwei Einheiten B, zwei Einheiten Sch, eine Einheit S und für eine Einheit So3 jeweils eine Einheit B, Sch, S und Ph.
Stellen Sie die Bedarfsmatrix an Blumensamen je Sommerblumenmischung auf.

Zeit zu überprüfen

4 Zur Herstellung dreier verschiedener Seifen S_1, S_2 und S_3 werden Fette (F) mit Natronlauge (N) zur Reaktion gebracht. Für eine Einheit der Sorte S_1 werden drei Einheiten F und zwei Einheiten N, für eine Einheit S_2 werden eine Einheit F und drei Einheiten N und für eine Einheit S_3 vier Einheiten F und drei Einheiten N benötigt.
a) Erstellen Sie eine Matrix, die den Bedarf an Fett und Natronlauge für je eine Einheit einer Seifensorte angibt.
b) Es soll von jeder Sorte eine Einheit hergestellt werden. Wie viele Einheiten an Ausgangsprodukten werden benötigt?

CAS
Bestimmen einer Prozessmatrix

5 Die Tabelle zeigt die Herstellkosten für drei unterschiedliche Computermodelle PC1, PC2 und PC3 je Gerät.
a) Geben Sie eine Matrix A an, mit der sich aus dem Vektor $\vec{x}$ bestellter Stückzahlen die Gesamtherstellungskosten für Gehäuse G, Komponenten K und Montage M berechnen lassen.
b) Berechnen Sie damit die Kosten für 100 PC1, 150 PC2 und 80 PC3.

	PC1	PC2	PC3
G	92 €	92 €	99 €
K	403 €	466 €	520 €
M	30 €	32 €	50 €

2 Rechnen mit Matrizen

Eine Bäckerei beliefert ihre drei Filialen A, B und C mit Brot, Brötchen und Brezeln. Filiale A erhält täglich 200 Laib Brot, 400 Brötchen und 350 Brezeln, Filiale B 180 Laib Brot, 250 Brötchen und 150 Brezeln und Filiale C 180 Laib Brot, 350 Brötchen und 200 Brezeln.
Wie muss die Bäckerei die Stückzahlen für eine Woche planen?

Unser Alltag besteht aus einer Vielzahl von Vorgängen, für die oft Matrizen zur Beschreibung herangezogen werden können.

Die Geschäftsleitung einer Versicherung ermittelt die Gesamtanzahl der Vertragsabschlüsse innerhalb des ersten Halbjahres. Matrix A enthält die Anzahl der Vertragsabschlüsse von zwei Versicherungsvertretern für drei verschiedene Versicherungstypen des ersten Quartals, Matrix B die des zweiten Quartals (vgl. Fig. 1):

$$A = \begin{pmatrix} 150 & 325 & 773 \\ 118 & 274 & 653 \end{pmatrix}; \quad B = \begin{pmatrix} 242 & 447 & 971 \\ 107 & 256 & 503 \end{pmatrix}$$

	KFZ	Leben	Haus
V1	150	325	773
V2	118	274	653

Fig. 1

Die Gesamtanzahl der Vertragsabschlüsse jedes Versicherungsvertreters erhält man durch **Matrizenaddition**:

$$A + B = \begin{pmatrix} 150 + 242 & 325 + 447 & 773 + 971 \\ 118 + 107 & 274 + 256 & 653 + 503 \end{pmatrix} = \begin{pmatrix} 392 & 772 & 1744 \\ 225 & 530 & 1156 \end{pmatrix}$$

Es können nur Matrizen mit derselben Zeilen- und Spaltenanzahl addiert werden. Für die Elemente der Matrizen ist die Addition kommutativ. Folglich gilt auch für die Matrizenaddition das **Kommutativgesetz**: $A + B = B + A$.
Analog lässt sich das **Assoziativgesetz** der Matrizenaddition $(A + B) + C = A + (B + C)$ begründen (vgl. Aufgabe 4, Seite 309).

Die Stornierung von Aufträgen führt zu einer Matrizensubtraktion.
Die Matrix C enthält die Stornierungen des 1. Quartals: $C = \begin{pmatrix} 2 & 5 & 12 \\ 0 & 3 & 14 \end{pmatrix}$.

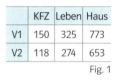

Der Bestand an Neuabschlüssen errechnet sich mit

$$A - C = \begin{pmatrix} 150 & 325 & 773 \\ 118 & 274 & 653 \end{pmatrix} - \begin{pmatrix} 2 & 5 & 12 \\ 0 & 3 & 14 \end{pmatrix} = \begin{pmatrix} 148 & 320 & 761 \\ 118 & 271 & 639 \end{pmatrix}.$$

Müssen keine Verträge storniert werden, ist $C = \begin{pmatrix} 0 & 0 & 0 \\ 0 & 0 & 0 \end{pmatrix}$.

Die Matrix, die aus lauter Nullen besteht, nennt man **Nullmatrix**. Man schreibt dafür auch O.

Werden im dritten Quartal genauso viele Verträge wie im zweiten Quartal abgeschlossen, dann beträgt der Bestand des zweiten und dritten Quartals das Doppelte des zweiten Quartals, also

$$2 \cdot B = 2 \cdot \begin{pmatrix} 242 & 447 & 971 \\ 107 & 256 & 503 \end{pmatrix} = \begin{pmatrix} 2\cdot 242 & 2\cdot 447 & 2\cdot 971 \\ 2\cdot 107 & 2\cdot 256 & 2\cdot 503 \end{pmatrix} = \begin{pmatrix} 484 & 894 & 1942 \\ 214 & 512 & 1006 \end{pmatrix}.$$

Die s-Multiplikation heißt auch **Skalarmultiplikation**.

Durch die sogenannte **s-Multiplikation** mit der Zahl 2 ändert sich die Zeilen- und Spaltenanzahl der Matrix nicht.

Definition 1: Für die **Addition zweier Matrizen A und B** mit derselben Zeilen- und Spaltenanzahl gilt: Jedes Element der Matrix C ist die Summe der entsprechenden Elemente der Matrizen A und B.

$$C = A + B = \begin{pmatrix} a_{11} & a_{12} & \ldots & a_{1n} \\ a_{21} & a_{22} & \ldots & a_{2n} \\ \ldots & \ldots & \ldots & \ldots \\ a_{m1} & a_{m2} & \ldots & a_{mn} \end{pmatrix} + \begin{pmatrix} b_{11} & b_{12} & \ldots & b_{1n} \\ b_{21} & b_{22} & \ldots & b_{2n} \\ \ldots & \ldots & \ldots & \ldots \\ b_{m1} & b_{m2} & \ldots & b_{mn} \end{pmatrix}$$

$$= \begin{pmatrix} a_{11}+b_{11} & a_{12}+b_{12} & \ldots & a_{1n}+b_{1n} \\ a_{21}+b_{21} & a_{22}+b_{22} & \ldots & a_{2n}+b_{2n} \\ \ldots & \ldots & \ldots & \ldots \\ a_{m1}+b_{m1} & a_{m2}+b_{m2} & \ldots & a_{mn}+b_{mn} \end{pmatrix}$$

Definition 2: Bei der **s-Multiplikation der Matrix A** wird jedes Element der Matrix mit einer reellen Zahl r multipliziert.

$$r \cdot A = r \cdot \begin{pmatrix} a_{11} & a_{12} & \ldots & a_{1n} \\ a_{21} & a_{22} & \ldots & a_{2n} \\ \ldots & \ldots & \ldots & \ldots \\ a_{m1} & a_{m2} & \ldots & a_{mn} \end{pmatrix} = \begin{pmatrix} r \cdot a_{11} & r \cdot a_{12} & \ldots & r \cdot a_{1n} \\ r \cdot a_{21} & r \cdot a_{22} & \ldots & r \cdot a_{2n} \\ \ldots & \ldots & \ldots & \ldots \\ r \cdot a_{m1} & r \cdot a_{m2} & \ldots & r \cdot a_{mn} \end{pmatrix}$$

Für die s-Multiplikation gelten folgende Gesetze:

$1 \cdot A = A$ $\qquad$ $0 \cdot A = O$ $\qquad$ $r \cdot A = A \cdot r$ $\qquad$ $(r \cdot s) \cdot A = r \cdot (s \cdot A)$
$(r + s) \cdot A = r \cdot A + s \cdot A$ $\qquad$ $r \cdot (A + B) = r \cdot A + r \cdot B$

Beispiel Matrizenaddition, Kommutativgesetz der Addition, s-Multiplikation

Gegeben sind die Matrizen $A = \begin{pmatrix} 1 & 3 & 5 \\ 2 & 4 & 6 \end{pmatrix}$ und $B = \begin{pmatrix} -1 & 2 & 3 \\ 0 & 1 & 2 \end{pmatrix}$.

a) Berechnen Sie $A + B$, $B + A$ und $A - B$.
b) Berechnen Sie $3 \cdot A$ und $0 \cdot A$ und $3 \cdot A + 3 \cdot B$.
c) Ermitteln Sie $3 \cdot A$ und $A \cdot 3$ und $3 \cdot A + 3 \cdot B$ mit dem GTR.

■ Lösung:

a) $A + B = \begin{pmatrix} 1-1 & 3+2 & 5+3 \\ 2+0 & 4+1 & 6+2 \end{pmatrix} = \begin{pmatrix} 0 & 5 & 8 \\ 2 & 5 & 8 \end{pmatrix} = B + A$

$A - B = \begin{pmatrix} 1-(-1) & 3-2 & 5-3 \\ 2-0 & 4-1 & 6-2 \end{pmatrix} = \begin{pmatrix} 2 & 1 & 2 \\ 2 & 3 & 4 \end{pmatrix}$

b) $3 \cdot A = \begin{pmatrix} 3 \cdot 1 & 3 \cdot 3 & 3 \cdot 5 \\ 3 \cdot 2 & 3 \cdot 4 & 3 \cdot 6 \end{pmatrix} = \begin{pmatrix} 3 & 9 & 15 \\ 6 & 12 & 18 \end{pmatrix}$ $\qquad$ $0 \cdot A = \begin{pmatrix} 0 & 0 & 0 \\ 0 & 0 & 0 \end{pmatrix} = O$

$3 \cdot A + 3 \cdot B = 3 \cdot (A + B) = 3 \cdot \begin{pmatrix} 0 & 5 & 8 \\ 2 & 5 & 8 \end{pmatrix} = \begin{pmatrix} 0 & 15 & 24 \\ 6 & 15 & 24 \end{pmatrix}$

c) Matrix A $\qquad\qquad\qquad$ $3 \cdot A$ und $A \cdot 3$ $\qquad\qquad\qquad$ $3 \cdot (A + B) = 3 \cdot C$

```
MATRIX[A]  2 ×3
[ 1    3    5   ]
[ 2    4    6   ]



2,3=6
```
Fig. 1

```
3*[A]
        [[3  9  15]
         [6 12 18]]
[A]*3
        [[3  9  15]
         [6 12 18]]
■
```
Fig. 2

```
3*[C]
        [[0 15 24]
         [6 15 24]]
```
Fig. 3

Aufgaben

1 Gegeben sind die Matrizen A, B, C, D und F mit
$A = \begin{pmatrix} 1 & 2 \\ -1 & -2 \end{pmatrix}$, $B = \begin{pmatrix} -1 & -2 \\ 1 & 2 \end{pmatrix}$, $C = \begin{pmatrix} 0 & -3 \\ 4 & 1 \end{pmatrix}$, $D = \begin{pmatrix} -1 & -2 \\ -3 & -5 \\ -2 & -1 \end{pmatrix}$, $F = \begin{pmatrix} a^2 & b-2 \\ c & \frac{d}{2} \end{pmatrix}$.

a) Bestimmen Sie: A + B; A − B; A − A; C · 7; A − 4 · C; 5 · B − 2 · A + 3 · C.
b) Begründen Sie, weshalb die Rechenoperation A + D nicht durchführbar ist.
c) Überprüfen Sie, ob es jeweils ein r ∈ ℝ gibt, sodass gilt: r · A = B, r · A = C, r · A = D.
d) Bestimmen Sie a, b, c, d ∈ ℝ so, dass gilt: A = F, B + F = C.

2 Gegeben sind die Vektoren $\vec{a} = \begin{pmatrix} 1 \\ 2 \\ 3 \end{pmatrix}$, $\vec{b} = \begin{pmatrix} -2 \\ 3 \\ 1 \end{pmatrix}$ und $\vec{c} = \begin{pmatrix} 0 \\ 1 \\ 4 \end{pmatrix}$. Berechnen Sie:

a) $2 \cdot \vec{a} + 2 \cdot \vec{b}$ und $2 \cdot (\vec{a} + \vec{b})$,
b) $\frac{1}{2} \vec{b} + \frac{3}{2} \vec{b}$ und $2 \cdot \vec{b}$,
c) $\vec{a} + \vec{b} + \vec{c}$ und $\vec{c} + \vec{a} + \vec{b}$,
d) $2 \cdot \vec{a} - \vec{b} - 3 \cdot \vec{a} + 4 \cdot \vec{b}$ und $-\vec{a} + 3 \cdot \vec{b}$.

Welche Rechenregeln verwenden Sie hier?

3 Eine Großküche beliefert die Unternehmen B und K täglich mit den Menüs I, II und III gemäß nebenstehender Tabelle.

	Menü I	Menü II	Menü III
B	260	320	110
K	65	80	45

a) Wie viele Menüs werden in einer Arbeitswoche an B bzw. an K ausgeliefert?

b) Jeden Freitag lässt die Großküche die ausgelieferten Menüs in den Unternehmen gegenzeichnen. Menü II kann kurzfristig für Gäste nachbestellt werden. Die Großküche legt folgende Abrechnung vor: $\begin{pmatrix} 1300 & 1650 & 550 \\ 325 & 410 & 225 \end{pmatrix}$. Wie viele Essen wurden jeweils nachbestellt?

c) Die Großküche gewinnt die Unternehmen L und M als neue Kunden. L ist bereit, täglich 85 Menüs I, 70 Menüs II und 55 Menüs III abzunehmen, M ordert 30 Menüs I, 35 Menüs II und 25 Menüs III. Wie viele Menüs sind dann von der Großküche in einem Monat herzustellen?

Zeit zu überprüfen

4 Gegeben sind die Matrizen A, B, C mit $A = \begin{pmatrix} 1 & 3 & 0 \\ 4 & 2 & -1 \end{pmatrix}$, $B = \begin{pmatrix} 1 & 0 & 3 \\ -4 & 2 & 1 \end{pmatrix}$ und $C = \begin{pmatrix} 0 & 0 & 1 \\ 1 & 0 & 0 \end{pmatrix}$.
Bestätigen Sie: (A + B) + C = A + (B + C).

5 Zwei Unternehmen A und B produzieren die Produkte P_1, P_2, P_3 und P_4. Die Produktionszahlen in drei aufeinander folgenden Monaten sind den folgenden Tabellen zu entnehmen.

April	P_1	P_2	P_3	P_4
A	304	207	408	505
B	630	412	508	660

Mai	P_1	P_2	P_3	P_4
A	444	287	438	495
B	655	408	508	695

Juni	P_1	P_2	P_3	P_4
A	454	329	469	595
B	730	480	508	660

a) Stellen Sie die Tabellen in Matrizenschreibweise dar.
b) Ermitteln Sie die Produktionszahlen für das zweite Quartal.
c) Wie viele Produkte hat Unternehmen A im Juni mehr produziert als im Mai?
d) Die Produktionszahlen im Juli sollen je Produkt um 5 % gegenüber Juni steigen.
Welche Zahlen werden erwartet?

6 Gegeben sind die Matrizen A und B mit $A = \begin{pmatrix} 3 & 5 \\ -2 & 0 \end{pmatrix}$ und $B = \begin{pmatrix} a & 15 \\ b & c \end{pmatrix}$ mit a, b, c ∈ ℝ.
Bestimmen Sie a, b, c und s ∈ ℝ so, dass gilt: 6 · A − s · B = O.

3 Zweistufige Prozesse – Matrizenmultiplikation

Eine Gärtnerei bindet aus Rosen und Gerberas die Blumensträuße I und II. Strauß I enthält eine Rose und zwei Gerberas, Strauß II drei Rosen und vier Gerberas. Ein Gebinde enthält drei Sträuße I und einen Strauß II. Ein Händler bestellt 100 Gebinde.
Auf welchen Wegen kann man herausfinden wie viele Rosen und Gerberas benötigt werden?

Produktionsprozesse beschreiben den Werdegang von den Rohstoffen über Zwischenprodukte bis zu den Endprodukten:

Ausgangsprodukte →Prozess A→ Zwischenprodukte →Prozess B→ Endprodukte

Dieses Diagramm heißt auch Gozintograph. Es steht für „the part that goes into".

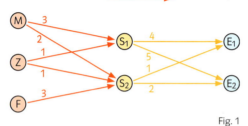

Fig. 1

Speiseeis wird aus den Milcherzeugnissen M, flüssigem Zucker Z und Früchten F zubereitet. Ein Eiscafé stellt die Eissorten S_1 und S_2 her und verkauft sie als Eisbecher E_1 oder Eisbecher E_2. Die mengenmäßige Verflechtung an Einheiten kann dem nebenstehenden Diagramm (Fig. 1) entnommen werden. So werden zum Beispiel drei Einheiten von M und eine Einheit von Z für eine Einheit S_1 benötigt. Ein Prozess mit einer Zwischenstufe wird **zweistufiger Prozess**, mit mehreren Zwischenstufen **mehrstufiger Prozess** genannt. Die Verhältnisse lassen sich auch als Tabellen und Matrizen darstellen:

		Zwischen produkte	
		S_1	S_2
Ausgangs- produkte	Milch	3	2
	Zucker	1	1
	Früchte	0	3

		Endprodukte	
		E_1	E_2
Zwischen- produkte	S_1	4	5
	S_2	1	2

$A = \begin{pmatrix} 3 & 2 \\ 1 & 1 \\ 0 & 3 \end{pmatrix}$

$B = \begin{pmatrix} 4 & 5 \\ 1 & 2 \end{pmatrix}$

Für den Produktionsprozess ist es wichtig zu wissen, wie viele Einheiten eines Ausgangsproduktes benötigt werden, um je eine Einheit eines Endproduktes herstellen zu können.

Möchte man 1 Eisbecher E_1 und 0 Eisbecher E_2 herstellen, so bestimmt man zuerst den Bedarf an Zwischenprodukten S_1 und S_2:

$B \cdot \begin{pmatrix} 1 \\ 0 \end{pmatrix} = \begin{pmatrix} 4 & 5 \\ 1 & 2 \end{pmatrix} \cdot \begin{pmatrix} 1 \\ 0 \end{pmatrix} = \begin{pmatrix} 4 \\ 1 \end{pmatrix}$.

Der Vektor $\begin{pmatrix} 4 \\ 1 \end{pmatrix}$ gibt den Bedarf an Zwischenprodukten an. Jetzt kann der Bedarf an Ausgangsprodukten bestimmt werden:

$A \cdot \begin{pmatrix} 4 \\ 1 \end{pmatrix} = \begin{pmatrix} 3 & 2 \\ 1 & 1 \\ 0 & 3 \end{pmatrix} \cdot \begin{pmatrix} 4 \\ 1 \end{pmatrix} = \begin{pmatrix} 14 \\ 5 \\ 3 \end{pmatrix}$.

Es sind somit 14 Einheiten Milch, 5 Einheiten Zucker und 3 Einheiten Früchte notwendig.
Diesen zweistufigen Prozess kann man auch mit einer Matrix darstellen. Zu diesem Zweck wird die **Multiplikation zweier Matrizen** definiert:

$A \cdot B = \begin{pmatrix} 3 & 2 \\ 1 & 1 \\ 0 & 3 \end{pmatrix} \cdot \begin{pmatrix} 4 & 5 \\ 1 & 2 \end{pmatrix} = \begin{pmatrix} 3 \cdot 4 + 2 \cdot 1 & 3 \cdot 5 + 2 \cdot 2 \\ 1 \cdot 4 + 1 \cdot 1 & 1 \cdot 5 + 1 \cdot 2 \\ 0 \cdot 4 + 3 \cdot 1 & 0 \cdot 5 + 3 \cdot 2 \end{pmatrix} = \begin{pmatrix} 14 & 19 \\ 5 & 7 \\ 3 & 6 \end{pmatrix} = C.$

Es ist $C \cdot \begin{pmatrix} 1 \\ 0 \end{pmatrix} = \begin{pmatrix} 14 & 19 \\ 5 & 7 \\ 3 & 6 \end{pmatrix} \cdot \begin{pmatrix} 1 \\ 0 \end{pmatrix} = \begin{pmatrix} 14 \\ 5 \\ 3 \end{pmatrix}$.

Die erste Spalte von C gibt also an, wie viel Ausgangsprodukte zur Herstellung einer Einheit E_1 und null Einheiten E_2 notwendig sind.

735501-3111

Die Multiplikation zweier Matrizen ist nur dann möglich, wenn die Spaltenanzahl der ersten Matrix mit der Zeilenanzahl der zweiten Matrix übereinstimmt. So wird beispielsweise aus dem Produkt einer (3×2)- mit einer (2×4)-Matrix eine (3×4)-Matrix.

Definition: Man multipliziert eine r-zeilige Matrix B von links mit einer r-spaltigen Matrix A, indem man jeden ihrer Spaltenvektoren von links mit A multipliziert. Man nennt die resultierende Matrix C das **Matrizenprodukt** von A und B und schreibt $C = A \cdot B$. Jeder Koeffizient c_{ik} von C ist das Skalarprodukt des i-ten Zeilenvektors von A und des k-ten Spaltenvektors von B (Fig. 1).

$c_{ik} = a_{i1} \cdot b_{1k} + a_{i2} \cdot b_{2k} + \ldots + a_{ir} \cdot b_{rk}$

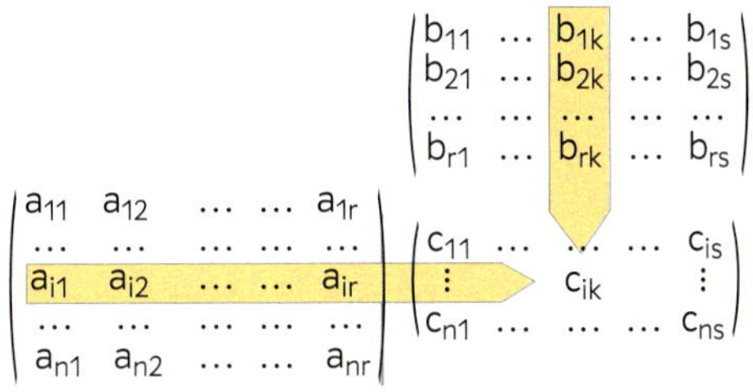

Fig. 1

Auch hier: ZEILE · SPALTE

Die Matrizenmultiplikation ist assoziativ, nicht aber kommutativ. Es gilt also stets $A \cdot (B \cdot C) = (A \cdot B) \cdot C$. Selbst wenn beide Produkte $A \cdot B$ und $B \cdot A$ definiert sind, gilt jedoch im Allgemeinen $A \cdot B \neq B \cdot A$.

Beispiel 1 Matrizenmultiplikation

Gegeben sind die Matrizen A und B mit $A = \begin{pmatrix} -3 & 2 & 1 \\ 4 & 7 & -9 \end{pmatrix}$ und $B = \begin{pmatrix} 1 & 0 & 1 \\ 1 & 1 & 1 \\ 0 & 0 & 1 \end{pmatrix}$.

a) Berechnen Sie $A \cdot B$ und B^2 ohne GTR. Kontrollieren Sie Ihre Ergebnisse mit dem GTR.
b) Warum lässt sich weder $B \cdot A$ noch A^2 bilden?

■ Lösung: a) $A \cdot B = \begin{pmatrix} -1 & 2 & 0 \\ 11 & 7 & 2 \end{pmatrix}$ und

$B^2 = \begin{pmatrix} 1 & 0 & 2 \\ 2 & 1 & 3 \\ 0 & 0 & 1 \end{pmatrix}$.

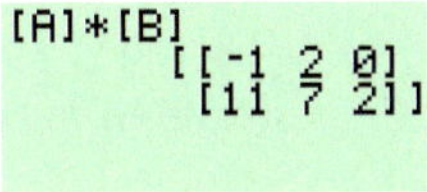

$B^2 = B \cdot B$

Fig. 2

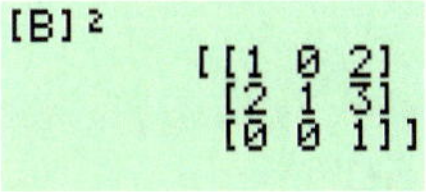

Fig. 3

b) B ist eine 3×3-Matrix, A eine 2×3-Matrix. Für eine Multiplikation mit A von rechts an B bzw. von rechts an A müsste A drei Zeilen haben, was nicht der Fall ist.

Beispiel 2 Bedarf an Rohstoffen

Ein Unternehmen fertigt aus den Rohstoffen R_1, R_2 und R_3 die Zwischenprodukte Z_1, Z_2, Z_3 und aus diesen die Endprodukte E_1, E_2 und E_3. Der Materialfluss je Einheit ist den Stücklisten zu entnehmen (siehe Tabellen).

	Z_1	Z_2	Z_3
R_1	1	0	4
R_2	2	2	3
R_3	3	1	0

und

	E_1	E_2	E_3
Z_1	1	1	5
Z_2	3	0	2
Z_3	4	2	3

a) Bestimmen Sie die Matrix C des obigen zweistufigen Prozesses mithilfe der Matrizen A und B der einstufigen Prozesse und interpretieren Sie die zweite Spalte der Matrix C.
b) Es werden 20 Einheiten von E_1, 25 Einheiten von E_2 und 30 Einheiten von E_3 bestellt. Welche Rohstoffmengen sind für diesen Auftrag erforderlich?

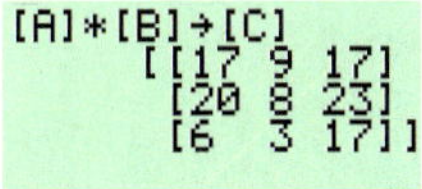

Fig. 4

Das Ergebnis von $A \cdot B$ wird als neue Matrix C gespeichert.

■ Lösung: a) $A = \begin{pmatrix} 1 & 0 & 4 \\ 2 & 2 & 3 \\ 3 & 1 & 0 \end{pmatrix}$ $B = \begin{pmatrix} 1 & 1 & 5 \\ 3 & 0 & 2 \\ 4 & 2 & 3 \end{pmatrix}$ $C = A \cdot B = \begin{pmatrix} 17 & 9 & 17 \\ 20 & 8 & 23 \\ 6 & 3 & 17 \end{pmatrix}$

Die zweite Spalte von C gibt an, dass zur Herstellung einer Einheit von E_2 9 Einheiten von R_1, 8 Einheiten von R_2 und 3 Einheiten von R_3 benötigt werden (Fig. 4)

b) $\vec{r} = C \cdot \begin{pmatrix} 20 \\ 25 \\ 30 \end{pmatrix} = \begin{pmatrix} 1075 \\ 1290 \\ 705 \end{pmatrix}$

Fig. 5

Für den vorliegenden Auftrag sind 1075 Einheiten von R_1, 1290 Einheiten von R_2 und 705 Einheiten von R_3 erforderlich (Fig. 5).

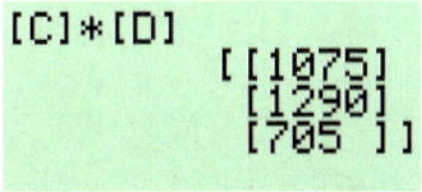

IX Matrizen 311

Aufgaben

1 Berechnen Sie das Matrizenprodukt.

a) $\begin{pmatrix} 2 & 1 \\ 3 & 2 \\ 0 & 5 \end{pmatrix} \cdot \begin{pmatrix} 2 & 1 & 3 \\ 0 & 3 & 2 \end{pmatrix}$
b) $\begin{pmatrix} 2 & 1 & 3 \\ 0 & 3 & 2 \end{pmatrix} \cdot \begin{pmatrix} 2 & 1 \\ 3 & 2 \\ 0 & 5 \end{pmatrix}$
c) $\begin{pmatrix} 0 & 1 & 2 \\ 4 & 2 & 0 \\ 0 & 3 & 1 \end{pmatrix} \cdot \begin{pmatrix} 3 & 1 & 1 \\ 1 & 3 & 1 \\ 4 & 0 & 2 \end{pmatrix}$

2 Zeigen Sie, dass für $A = \begin{pmatrix} 1 & 3 \\ 5 & 7 \\ 9 & 11 \end{pmatrix}$ und $B = \begin{pmatrix} 2 & 4 & 6 \\ 8 & 10 & 12 \end{pmatrix}$ gilt: $A \cdot B \neq B \cdot A$.

3 Berechnen Sie A^2; A^3; B^2; C^2 und E^2 und überprüfen Sie mit dem GTR.
$A = \begin{pmatrix} 1 & 5 \\ 0 & 0 \end{pmatrix}$; $\quad B = \begin{pmatrix} 1 & 1 \\ 1 & 1 \end{pmatrix}$ $\quad C = \begin{pmatrix} -1 & 4 \\ 2 & 1 \end{pmatrix}$ $\quad E = \begin{pmatrix} 1 & 0 \\ 0 & 1 \end{pmatrix}$

○ CAS
Käuferverhalten

4 Ein Klebstoffhersteller mischt aus 3 Grundstoffen G_1, G_2 und G_3 zwei Zwischenprodukte Z_1 und Z_2 und stellt aus diesen drei Klebstoffsorten K_1, K_2 und K_3 her. Fig. 1 zeigt den jeweiligen Materialbedarf in kg an Vorprodukten für ein kg jedes Folgeprodukts. Bestimmen Sie die Bedarfsmatrizen für die beiden Produktionsstufen und daraus die Bedarfsmatrix für den Gesamtprozess.

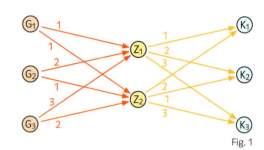

Fig. 1

5 Gegeben sind die Matrizen A, B und C, wobei A eine 5 x 3-Matrix, B eine 2 x 5-Matrix und C eine 1 x 5-Matrix ist. Welche dieser Matrizen können paarweise multipliziert werden? Geben Sie die Form der entstehenden Matrizen an.

Zeit zu überprüfen

	Z_1	Z_2
B_1	1	2
B_2	0	3

	L_1	L_2
Z_1	2	1
Z_2	2	4

Fig. 2

6 Gegeben sind die Matrizen $A = \begin{pmatrix} 1 & 2 \\ 0 & -1 \end{pmatrix}$, $B = \begin{pmatrix} -1 & 2 \\ 3 & -4 \end{pmatrix}$ und $C = \begin{pmatrix} 1 & 3 & 5 \\ 2 & 4 & 6 \end{pmatrix}$.
Welche Matrizenprodukte sind möglich? Geben Sie jeweils das Ergebnis an.

7 Ein Elektronikhersteller stellt aus zwei Bauteilen B_1 und B_2 zwei Zwischenprodukte Z_1 und Z_2 und aus diesen zwei verschiedene LEDs L_1 und L_2 her. Die Tabellen in Fig. 2 zeigen den jeweiligen Materialbedarf an Einheiten Vorprodukten für eine Einheit jedes Folgeprodukts.
a) Bestimmen Sie die Bedarfsmatrizen für die beiden Produktionsstufen und daraus die Bedarfsmatrix für den Gesamtprozess.
b) Es sollen 5000 L_1 und 7000 L_2 produziert werden. Bestimmen Sie den Bedarf an B_1 und B_2.

	B_1	B_2	B_3
R_1	1	5	2
R_2	0	2	4
R_3	1	0	2

	E_1	E_2
B_1	1	3
B_2	0,5	2
B_3	0	2,5

Fig. 3

8 Gegeben sind die Matrizen $A = \begin{pmatrix} 1 & 2 \\ 3 & 4 \end{pmatrix}$; $B = \begin{pmatrix} 1 & 1 \\ 1 & 1 \end{pmatrix}$ und $C = \begin{pmatrix} 0 & -2 \\ -3 & 0 \end{pmatrix}$.
a) Zeigen Sie, dass gilt: $(A \cdot B) \cdot C = A \cdot (B \cdot C)$.
b) Überprüfen Sie, ob gilt: $A \cdot (B + C) = A \cdot B + C \cdot A$.

9 Eine Fabrik stellt aus drei Rohstoffen R drei Baugruppen B her, die zu zwei Endprodukten E weiterverarbeitet werden (Fig. 3).
a) Eine Einheit von R_1 kostet 0,30 €, von R_2 3 € und von R_3 2,10 €. Wie hoch sind dann die Materialkosten für je eine Einheit eines Endprodukts?
b) Wie viele Einheiten der einzelnen Rohstoffe sind nötig, wenn zwei Einheiten von B_1, eine von B_2 und drei von B_3 direkt als Ersatzteile an die Verbraucher gehen und zusätzlich fünf Einheiten von E_1 und eine von E_2 hergestellt werden sollen?

4 Inverse Matrizen

Bestimmen Sie die Lösungen der Gleichungen
$\frac{2}{5} \cdot x = 4$ und $\begin{pmatrix} 1 & -1 \\ 1 & -1 \end{pmatrix} \cdot \begin{pmatrix} x_1 \\ x_2 \end{pmatrix} = \begin{pmatrix} 1 \\ 0 \end{pmatrix}$.
Beschreiben Sie den Lösungsweg.

Bisher haben wir für den Vorgang:

Ausgangsprodukte $\xrightarrow{\text{Prozess A}}$ Endprodukte

mit $\vec{y} = A \cdot \vec{x}$, wobei $\vec{y}$ der Vektor der Ausgangsprodukte, A die Matrix des Prozesses und $\vec{x}$ der Vektor der Endprodukte ist, aus der vorgegebenen Anzahl an Endprodukten die notwendige Anzahl der Ausgangsprodukte bestimmt. Bei manchen Betriebsvorgängen möchte man aber wissen, wie viele Endprodukte $\vec{x}$ man aus einer vorgegebenen Anzahl an Ausgangsprodukten $\vec{y}$ herstellen kann. Dazu wird der Prozess umgekehrt:

Ausgangsprodukte $\xleftarrow{\text{Prozess } A^{-1}}$ Endprodukte.

Eine Getränkefirma stellt aus den Grundstoffen, d.h. den Ausgangsprodukten, G_1 und G_2 zwei Limonaden L_1 und L_2 her. Der Prozess wird beschrieben durch die Matrix $A = \begin{pmatrix} 3 & 0 \\ 2 & 1 \end{pmatrix}$.
Da die Mixturen verändert werden, möchte die Firma die noch vorhandenen Grundstoffe vollständig verbrauchen. Der Hersteller möchte wissen, wie viele Limonaden L_1 und L_2 er damit herstellen kann.

	Limo 1: x_1	Limo 2: x_2
$G_1: y_1$	3	0
$G_2: y_2$	2	1

Gesucht sind also x_1 und x_2.

Aus der Matrixdarstellung $\begin{pmatrix} y_1 \\ y_2 \end{pmatrix} = \begin{pmatrix} 3 & 0 \\ 2 & 1 \end{pmatrix} \cdot \begin{pmatrix} x_1 \\ x_2 \end{pmatrix} = \begin{pmatrix} 3x_1 \\ 2x_1 + x_2 \end{pmatrix}$ muss x_1 und x_2 ermittelt werden:

Mit $\begin{matrix} y_1 = 3x_1 \\ y_2 = 2x_1 + x_2 \end{matrix}$ ergibt sich $\begin{matrix} x_1 = \frac{1}{3} y_1 \\ x_2 = -\frac{2}{3} y_1 + y_2 \end{matrix}$.

Das kann man wieder in der Matrixdarstellung schreiben: $\begin{pmatrix} x_1 \\ x_2 \end{pmatrix} = \begin{pmatrix} \frac{1}{3} & 0 \\ -\frac{2}{3} & 1 \end{pmatrix} \cdot \begin{pmatrix} y_1 \\ y_2 \end{pmatrix}$.

Diese neue Matrix heißt **inverse Matrix** zu A und wird mit A^{-1} bezeichnet. $A^{-1} = \begin{pmatrix} \frac{1}{3} & 0 \\ -\frac{2}{3} & 1 \end{pmatrix}$.
Damit kann die Menge an Endprodukten bestimmt werden.

Die inverse Matrix nennt man auch einfach Inverse oder Kehrmatrix.

Für $y_1 = 300$ und $y_2 = 400$ folgt: $\begin{pmatrix} x_1 \\ x_2 \end{pmatrix} = \begin{pmatrix} \frac{1}{3} & 0 \\ -\frac{2}{3} & 1 \end{pmatrix} \cdot \begin{pmatrix} 300 \\ 400 \end{pmatrix} = \begin{pmatrix} 100 \\ 200 \end{pmatrix}$.

Es können 100 Limonaden L_1 und 200 L_2 gemischt werden.
Multipliziert man A^{-1} mit A, so erhält man die **Einheitsmatrix E**: $A \cdot A^{-1} = A^{-1} \cdot A = E = \begin{pmatrix} 1 & 0 \\ 0 & 1 \end{pmatrix}$.
Wie bei der Multiplikation einer Zahl mit 1 soll eine beliebige Matrix bei der Multiplikation mit E nicht verändert werden: $A \cdot E = E \cdot A = A$.

> Für eine quadratische Matrix A und ihre inverse Matrix A^{-1} gilt: $A \cdot A^{-1} = E = A^{-1} \cdot A$

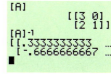

Fig. 1

Nur zu einer quadratischen Matrix kann es eine inverse Matrix geben, diese gibt es aber selbst dann nicht immer. Wie man beurteilen kann, ob es zu einer quadratischen Matrix eine inverse Matrix gibt und wie man diese berechnet, finden Sie im Infokasten auf Seite 314.
Mit dem GTR wird die inverse Matrix durch den Befehl x^{-1} bestimmt.

Eine Matrix, welche nicht invertierbar ist, heißt singulär.

Beispiel 1 Bestimmung einer inversen Matrix

Bestimmen Sie die Inverse der Matrizen $A = \begin{pmatrix} 2 & 1 \\ -1 & 3 \end{pmatrix}$ und $B = \begin{pmatrix} 2 & 1 & 1 \\ 5 & 3 & 4 \\ 4 & 2 & 3 \end{pmatrix}$.

■ Lösung: Mit dem GTR erhält man (siehe Fig. 1 und 2)

$A^{-1} = \begin{pmatrix} \frac{3}{7} & -\frac{1}{7} \\ \frac{1}{7} & \frac{2}{7} \end{pmatrix}$ und $B^{-1} = \begin{pmatrix} 1 & -1 & 1 \\ 1 & 2 & -3 \\ -2 & 0 & 1 \end{pmatrix}$.

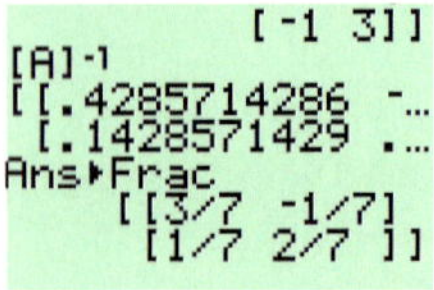

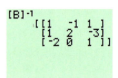

Fig. 1   Fig. 2

Beispiel 2 Umkehrung eines Prozesses

Der Prozess zur Herstellung zweier Maschinenbauteile M_1 und M_2 aus den Vorstufen V_1 und V_2 wird beschrieben durch die Matrix $A = \begin{pmatrix} 2 & 2 \\ -1 & 3 \end{pmatrix}$. Der Hersteller möchte alle Vorstufen, die er noch im Lager hat, nämlich je 1000 Einheiten verbrauchen. Bestimmen Sie die Anzahl an produzierbaren Teilen M_1 und M_2.

■ Lösung: Es ist $A^{-1} = \begin{pmatrix} 0{,}375 & -0{,}25 \\ 0{,}125 & 0{,}25 \end{pmatrix}$.

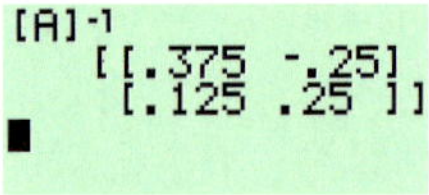

Somit gilt für M_1 und M_2:

$\begin{pmatrix} x_1 \\ x_2 \end{pmatrix} = \begin{pmatrix} 0{,}375 & -0{,}25 \\ 0{,}125 & 0{,}25 \end{pmatrix} \cdot \begin{pmatrix} 1000 \\ 1000 \end{pmatrix} = \begin{pmatrix} 125 \\ 375 \end{pmatrix}$

Fig. 3

Es können 125 Maschinenbauteile M_1 und 375 Teile M_2 hergestellt werden.

INFO

Determinanten, Existenz der inversen Matrix

Zu jeder quadratischen Matrix kann eine reelle Zahl D, die **Determinante** berechnet werden:

Für eine 2×2-Matrix $A = \begin{pmatrix} a_{11} & a_{12} \\ a_{21} & a_{22} \end{pmatrix}$ gilt: $D = a_{11}a_{22} - a_{12}a_{21}$.

Für eine 3×3-Matrix $A = \begin{pmatrix} a_{11} & a_{12} & a_{13} \\ a_{21} & a_{22} & a_{23} \\ a_{31} & a_{32} & a_{33} \end{pmatrix}$ gilt:

$D = a_{11} \cdot (a_{22}a_{33} - a_{23}a_{32}) - a_{12} \cdot (a_{23}a_{31} - a_{21}a_{33}) + a_{13} \cdot (a_{21}a_{32} - a_{22}a_{31})$.

Damit eine Matrix invertierbar ist, muss gelten: $D \neq 0$.

Für 2×2-Matrizen gilt dann: $A^{-1} = \begin{pmatrix} a_{11} & a_{12} \\ a_{21} & a_{22} \end{pmatrix}^{-1} = \frac{1}{D} \cdot \begin{pmatrix} a_{22} & -a_{12} \\ -a_{21} & a_{11} \end{pmatrix}$

Aufgaben

1 Gegeben sind $A = \begin{pmatrix} 1 & -1 & 1 \\ 1 & 2 & -3 \\ -2 & 0 & 1 \end{pmatrix}$ und $B = \begin{pmatrix} 2 & 1 & 1 \\ 5 & 3 & 4 \\ 4 & 2 & 3 \end{pmatrix}$. Zeigen Sie, dass gilt: $B = A^{-1}$.

Zeigen Sie, dass gilt: $B \cdot A = E$.

2 Wenn ein Prozess durch die Matrix $A = \begin{pmatrix} 4 & 1 \\ 2 & 1 \end{pmatrix}$ beschrieben wird, welche Menge an Endprodukten können aus 10 Ausgangsprodukten y_1 und 20 Ausgangsprodukten y_2 hergestellt werden?

3 Gegeben sind die Matrizen $A = \begin{pmatrix} 1 & 0 \\ 2 & 1 \end{pmatrix}$ und $E = \begin{pmatrix} 1 & 0 \\ 0 & 1 \end{pmatrix}$. Bestimmen Sie $(A^{-1})^{-1}$ und E^{-1}.

Zeit zu überprüfen

4 Gegeben sind die Matrizen $A = \begin{pmatrix} -1 & 0 \\ 2 & 1 \end{pmatrix}$ und $B = \begin{pmatrix} -2 & 1 & -1 \\ 1 & 2 & 3 \\ 4 & 1 & 3 \end{pmatrix}$.
Bestimmen Sie A^{-1} und B^{-1}.

5 Ein Konditor möchte zwei verschiedene Kuchen K_1 und K_2 aus dem Sortiment nehmen. Neben einigen Zutaten, die er noch für andere Kuchen braucht, möchte er die Zutaten Z_1 und Z_2 vollständig aufbrauchen. Der Prozess zur Herstellung dieser beiden Kuchen wird beschrieben durch die Matrix $A = \begin{pmatrix} 10 & 2 \\ 8 & 3 \end{pmatrix}$. Wie viele Kuchen muss der Konditor noch herstellen und verkaufen, wenn von Z_1 noch 100 und von Z_2 noch 80 Einheiten im Lager sind?

6 Ein Prozess, der durch die Matrix $A = \begin{pmatrix} 1 & 1 & 1 \\ 5 & 0 & 1 \\ 1 & 0 & 3 \end{pmatrix}$ beschrieben wird, soll umgekehrt werden.
a) Bestimmen Sie A^{-1}.
b) Berechnen Sie die Menge an Endprodukten, wenn noch 50 Ausgangsprodukte y_1, 150 an y_2 und 100 an y_3 vorhanden sind.

7 Zur Herstellung von Curry werden verschiedene Gewürzmischungen verwendet. Die Currysorten C_1 und C_2 sollen aus den Gewürzmischungen G_1 und G_2 wie in Fig. 1 gezeigt gemischt werden.
a) Stellen Sie die zugehörige Prozessmatrix A auf.
b) Zeigen Sie, dass $B = \begin{pmatrix} \frac{1}{2} & -2 \\ 0 & 1 \end{pmatrix}$ die zu A inverse Matrix ist.
c) Erläutern Sie an Fig. 1, weshalb die zu A inverse Matrix B ein negatives Element enthält.

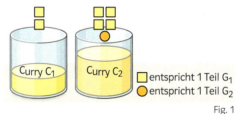

Fig. 1

Die Mischung Curry besteht aus bis zu 36 verschiedenen Gewürzen

8 Beim Farbfernsehen arbeiten Europa und Amerika mit unterschiedlichen Farbcodierungen, die gegebenenfalls umgerechnet werden müssen. Für die Umrechnung von der europäischen Norm PAL in die amerikanische Norm NTSC wird die Matrix A, für die Umrechnung von der amerikanischen zur europäischen Norm die Matrix B verwendet:
$A = \begin{pmatrix} 0{,}30 & 0{,}59 & 0{,}11 \\ 0{,}60 & -0{,}28 & -0{,}32 \\ 0{,}21 & -0{,}52 & 0{,}31 \end{pmatrix}$, $\qquad B = \begin{pmatrix} 1 & 0{,}95 & 0{,}62 \\ 1 & -0{,}28 & -0{,}64 \\ 1 & -1{,}11 & 1{,}73 \end{pmatrix}$.
Berechnen Sie $A \cdot B$. Was bedeutet das Ergebnis?

Zeit zu wiederholen

9 Ein idealer Würfel wird zweimal nacheinander geworfen und es wird jeweils notiert, ob eine 6 gewürfelt wurde oder nicht.
a) Zeichnen Sie ein Baumdiagramm für dieses Zufallsexperiment.
b) Wie groß ist die Wahrscheinlichkeit, dass in beiden Fällen eine 6 gewürfelt wird? Wie groß ist die Wahrscheinlichkeit, dass genau eine 6 gewürfelt wird?

10 Eine Urne enthält 2 schwarze und 9 rote Kugeln. Es wird zweimal nacheinander jeweils eine Kugel ohne Zurücklegen gezogen. Bestimmen Sie die folgenden Wahrscheinlichkeiten.
a) beide Kugeln sind schwarz   b) beide sind rot   c) zuerst wird schwarz, dann rot gezogen

11 Aus einem gut gemischten Skatspiel mit 32 Karten wird eine Karte gezogen. Wie groß ist die Wahrscheinlichkeit eine Kreuzkarte oder eine Dame zu ziehen?

5 Stochastische Prozesse

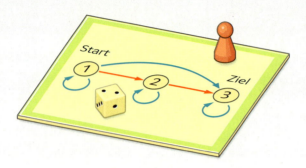

Bei einem Brettspiel beginnt man auf Platz 1 und rückt je nach gewürfelter Zahl nach rechts, bleibt stehen bzw. muss zurück. Das Spiel endet, wenn man Platz 3 erreicht hat. Erfinden Sie selbst Regeln, bei welcher Zahl wie gezogen werden darf und beschriften Sie die Pfeile mit den Übergangswahrscheinlichkeiten.
Spielen Sie das Spiel ein paar Mal. Haben Sie immer das Ziel erreicht?

Bisher wurden Prozesse betrachtet, bei denen neue Produkte hergestellt wurden. Im Folgenden sollen Prozesse betrachtet werden, bei denen nicht etwas Neues entsteht, sondern sich nur ein bestehender Zustand ändert. Der Übergang zweier aufeinanderfolgender Zustände wird durch die Matrix P beschrieben:

$$Z_1 \xrightarrow{P} Z_2 \xrightarrow{P} Z_3 \xrightarrow{P} Z_4 \ldots Z_n$$

In einem Wildreservat leben Tiere, von denen jedes täglich eine der drei Tränken A, B oder C aufsucht. Das Diagramm in Fig. 1 zeigt, welcher Anteil der Tiere einer Tränke am nächsten Tag zu einer anderen Tränke wechselt oder wiederkommt. Beträgt an einem Tag die Verteilung von 2400 Tieren $x_1 = 1000$ bei A, $x_2 = 1000$ bei B und $x_3 = 400$ bei C, ergibt sich mit Fig. 1 für die Verteilung am Folgetag:
Tiere bei A: $0{,}5 \cdot 1000 + 0{,}2 \cdot 1000 + 0{,}8 \cdot 400 = 1020$
Tiere bei B: $0{,}2 \cdot 1000 + 0{,}5 \cdot 1000 + 0{,}1 \cdot 400 = 740$
Tiere bei C: $0{,}3 \cdot 1000 + 0{,}3 \cdot 1000 + 0{,}1 \cdot 400 = 640$.
Die Gesamtzahl der Tiere ist unverändert $1020 + 740 + 640 = 2400$.

Fig. 1

Dieser Prozess kann auch mit der Matrix $P = \begin{pmatrix} 0{,}5 & 0{,}2 & 0{,}8 \\ 0{,}2 & 0{,}5 & 0{,}1 \\ 0{,}3 & 0{,}3 & 0{,}1 \end{pmatrix}$ beschrieben werden:

$$\begin{pmatrix} 0{,}5 & 0{,}2 & 0{,}8 \\ 0{,}2 & 0{,}5 & 0{,}1 \\ 0{,}3 & 0{,}3 & 0{,}1 \end{pmatrix} \cdot \begin{pmatrix} 1000 \\ 1000 \\ 400 \end{pmatrix} = \begin{pmatrix} 1020 \\ 740 \\ 640 \end{pmatrix}.$$

Da bei diesem Prozess die Tiere lediglich die Tränken wechseln, die Gesamtzahl der Tiere aber gleich bleibt, spricht man von einem **Austauschprozess** und bei der zugehörigen Matrix P von einer **Übergangsmatrix**.

Man kann zeigen: Die Gesamtzahl der Tiere bleibt gleich, wenn im Diagramm in Fig. 1 die Summe der abgehenden Anteile jeweils 1 (bei A: $0{,}5 + 0{,}2 + 0{,}3$) bzw. in der Übergangsmatrix P jede Spaltensumme 1 beträgt.
Das Element 0,8 der Übergangsmatrix gibt den Anteil der Tiere an, die von Tränke C zur Tränke A wechseln. Man kann diesen Anteil auch als die Wahrscheinlichkeit interpretieren, mit der ein Tier von der Tränke C zur Tränke A wechselt, weshalb man auch von einer stochastischen Matrix spricht.

GTR-Hinweise
735501-3171

Definition: Eine Matrix P heißt **stochastische Matrix**, wenn gilt:
- sie ist quadratisch und
- für jedes ihrer Elemente a_{ij} gilt: $0 \leq a_{ij} \leq 1$ und
- die Summe der Elemente in jeder Spalte beträgt 1.

Der zu einer stochastischen Matrix gehörende Prozess heißt **Austauschprozess**.

Bei Austauschprozessen ist man oft an der langfristigen Entwicklung interessiert. Verwendet man dabei immer dieselbe stochastische Matrix P, spricht man von einer **Markoff'schen Kette**.

Tag 0 (Start)   1. Tag   2. Tag   3. Tag

$$\vec{x} = \begin{pmatrix} 1000 \\ 1000 \\ 400 \end{pmatrix} \quad P \cdot \begin{pmatrix} 1000 \\ 1000 \\ 400 \end{pmatrix} = \begin{pmatrix} 1020 \\ 740 \\ 640 \end{pmatrix} \quad P \cdot \begin{pmatrix} 1020 \\ 740 \\ 640 \end{pmatrix} = \begin{pmatrix} 1170 \\ 638 \\ 592 \end{pmatrix} \quad P \cdot \begin{pmatrix} 1170 \\ 638 \\ 592 \end{pmatrix} = \begin{pmatrix} 1186 \\ 612 \\ 602 \end{pmatrix}$$

Die Verteilung der Tiere am 3. Tag kann man anstelle einer schrittweisen Berechnung $P \cdot \vec{x}$, $P \cdot (P \cdot \vec{x})$, $P \cdot (P \cdot (P \cdot \vec{x}))$ auch direkt mit $P^3 \cdot \vec{x}$ berechnen.
Werden die Verteilungen am dritten und am zehnten Tag (Fig. 1) verglichen, so fällt auf, dass sich die Verteilung kaum noch ändert, sie bleibt stabil.
Für den elften Tag gilt dann $P^{11} \cdot \vec{x} = P(P^{10} \cdot \vec{x}) \approx P^{10} \cdot \vec{x}$ (Fig. 2).

Eine stabile Verteilung heißt auch Gleichgewichtsverteilung.

Die Verteilung strebt gegen eine **stabile (Grenz-)Verteilung** $\vec{g}$ mit $\vec{g} = \begin{pmatrix} 1200 \\ 600 \\ 600 \end{pmatrix}$.

Für die zugehörige stochastische Matrix P wird P^k mit $k \to \infty$ zur Grenzmatrix G mit

$$G = \begin{pmatrix} 0{,}5 & 0{,}5 & 0{,}5 \\ 0{,}25 & 0{,}25 & 0{,}25 \\ 0{,}25 & 0{,}25 & 0{,}25 \end{pmatrix} \text{ (Fig. 3)}.$$

Verteilung am 10. Tag:
```
[A]^10*[B]
 [[1199.997426]
  [600.0025941]
  [599.9999795]]
■
```
Fig. 1

Verteilung am 11. Tag:
```
[A]^11*[B]
 [[1199.999216]
  [600.0007803]
  [600.0000041]]
■
```
Fig. 2

Hier gilt: $P^{20} \approx G$
```
[A]^20
 [[.5  .5  .5 ]
  [.25 .25 .25]
  [.25 .25 .25]]
■
```
Fig. 3

Die Matrix P wird im GTR hier mit [A] bezeichnet, der Startvektor $\vec{x}$ mit [B].

Man kann eine stabile Verteilung auch mit der folgenden Überlegung erhalten: Falls eine stabile Verteilung $\vec{g}$ existiert, wird sie durch Multiplikation mit P nicht mehr verändert, d.h. $P \cdot \vec{g} = \vec{g}$. $\vec{g}$ heißt dann **Fixvektor zu P**. Mit diesem Ansatz kann man die Grenzverteilung $\vec{g}$ rechnerisch bestimmen:

$$\begin{pmatrix} 0{,}5 & 0{,}2 & 0{,}8 \\ 0{,}2 & 0{,}5 & 0{,}1 \\ 0{,}3 & 0{,}3 & 0{,}1 \end{pmatrix} \cdot \begin{pmatrix} x_1 \\ x_2 \\ x_3 \end{pmatrix} = \begin{pmatrix} x_1 \\ x_2 \\ x_3 \end{pmatrix} \quad \begin{matrix} 0{,}5x_1 + 0{,}2x_2 + 0{,}8x_3 = x_1 \\ 0{,}2x_1 + 0{,}5x_2 + 0{,}1x_3 = x_2 \\ 0{,}2x_1 + 0{,}3x_2 + 0{,}1x_3 = x_3 \end{matrix}$$

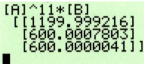
```
rref([A]
 [[1 0 -2 0]
  [0 1 -1 0]
  [0 0  0 0]]
■
```
Fig. 4

Die Anfangsverteilung geht nicht in die Berechnung ein.

Da das LGS (siehe Fig. 4) unterbestimmt ist, setzt man zum Beispiel $x_3 = t$ und erhält damit $x_2 = t$ und $x_1 = 2t$. Für den Fixvektor gilt: $\vec{g} = \begin{pmatrix} 2t \\ t \\ t \end{pmatrix} = t \cdot \begin{pmatrix} 2 \\ 1 \\ 1 \end{pmatrix}$. Ein Fixvektor $\vec{g}$ ist nicht eindeutig bestimmt, jedes Vielfache von $\vec{g}$ ist ebenfalls Fixvektor.

Da die Gesamtzahl der Tiere 2400 ist, gilt: $x_1 + x_2 + x_3 = 2400$, und $t + t + 2t = 2400$ und $t = 600$.

Markoffketten, welche zu einer stabilen Verteilung führen, haben immer einen Fixvektor.

IX Matrizen

$G = \begin{pmatrix} 0,5 & 0,5 & 0,5 \\ 0,25 & 0,25 & 0,25 \\ 0,25 & 0,25 & 0,25 \end{pmatrix}$

Auch hiermit erhält man die stabile Verteilung mit 1200 Tieren bei A, 600 Tieren bei B und 600 Tieren bei C.

Klammert man so aus, dass die Summe der Elemente des Fixvektors 1 ergibt, so entsprechen die Elemente dieses Fixvektors den Elementen der Grenzmatrix G: $\vec{g} = \begin{pmatrix} 1200 \\ 600 \\ 600 \end{pmatrix} = 2400 \begin{pmatrix} 0,5 \\ 0,25 \\ 0,25 \end{pmatrix}$.

Dieser Satz wird hier nicht bewiesen.

Satz 1: (Existenz einer Grenzmatrix)
P sei eine stochastische Matrix. Wenn es unter den Matrizen P, P², P³,... eine Matrix mit mindestens einer Zeile gibt, in der alle Elemente positiv sind, dann besitzt der Austauchprozess eine stabile Verteilung $\vec{g}$ und eine Grenzmatrix G, deren Spalten alle gleich sind.

Mit dem GTR kann zu einer stochastischen Matrix P die Grenzmatrix G näherungsweise bestimmt werden.

Satz 2: (Bestimmung der Grenzverteilung und der Grenzmatrix)
P sei eine stochastische Matrix mit einer stabilen Verteilung $\vec{g}$.
a) Man kann $\vec{g}$ berechnen, indem man das LGS $P \cdot \vec{g} = \vec{g}$ löst und zusätzlich beachtet, dass die Summe der Elemente von $\vec{g}$ der vorgegebenen Gesamtzahl an Objekten entspricht.

Unabhängig vom Startvektor $\vec{x}$ gilt $\vec{g} = G \cdot \vec{x}$.

b) Zur Bestimmung der Grenzmatrix G berechnet man zunächst einen Fixvektor dessen Elemente die Summe 1 haben. Die Elemente in den Spalten der Grenzmatrix G entsprechen den Elementen dieses Fixvektors.

Beispiel 1 Übergangsmatrix, Verteilung, stabile Verteilung
Für drei Tankstellen A, B und C sollen die folgenden Annahmen gelten: Die Kunden von A verteilen sich beim nächsten Tanken auf die Tankstellen A, B und C im Verhältnis 2:1:1. Die Kunden von B wechseln das nächste Mal je 25% zu A und C. 80% der Kunden von C wählen diese Tankstelle auch das nächste Mal, der Rest fährt zu A. Jeder Kunde tankt pro Woche genau ein Mal.
a) Stellen Sie das Wechselverhalten in einer Übergangsmatrix P dar.
b) In einer bestimmten Woche tanken von insgesamt 1000 Autofahrern 400 bei B und je 300 bei A und C. Berechnen Sie für die nächsten beiden Wochen die Verteilung der Autofahrer auf die drei Tankstellen. Welche Verteilung stellt sich nach 10 Wochen ein?
c) Bestimmen Sie einen Fixvektor zur Matrix P und ermitteln Sie damit die Grenzmatrix exakt.
d) Welche Verteilung stellt sich auf lange Sicht ein? Wie würde diese aussehen, wenn anfangs alle Kunden bei A getankt hätten?
▪ Lösung:

a) $P = \begin{pmatrix} 0,5 & 0,25 & 0,2 \\ 0,25 & 0,5 & 0 \\ 0,25 & 0,25 & 0,8 \end{pmatrix}$

b) $P \cdot \begin{pmatrix} 300 \\ 400 \\ 300 \end{pmatrix} = \begin{pmatrix} 310 \\ 275 \\ 415 \end{pmatrix}$.

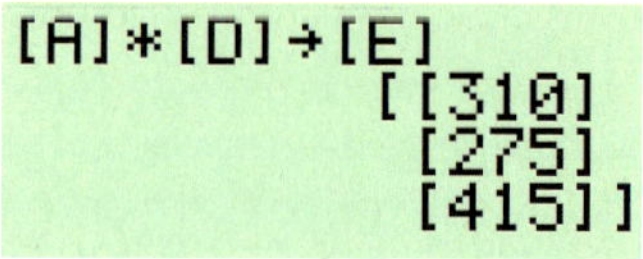

Fig. 1

Nach einer Woche tanken 310 Autofahrer bei A, 275 bei B und 415 bei C.

$P \cdot \begin{pmatrix} 310 \\ 275 \\ 415 \end{pmatrix} = \begin{pmatrix} 306,75 \\ 275 \\ 478,25 \end{pmatrix}$. Nach zwei Wochen tanken ca. 307 Autofahrer bei A, 275 bei B und 478 bei C.

Nach 10 Wochen: $P^{10} \cdot \begin{pmatrix} 300 \\ 400 \\ 300 \end{pmatrix} \approx \begin{pmatrix} 296,4 \\ 148,7 \\ 554,9 \end{pmatrix}$. Es tanken ca. 296 Autofahrer bei A, 149 bei B und 555 bei C.

318 IX Matrizen

c) $\begin{pmatrix} 0,5 & 0,25 & 0,2 \\ 0,25 & 0,5 & 0 \\ 0,25 & 0,25 & 0,8 \end{pmatrix} \cdot \begin{pmatrix} x_1 \\ x_2 \\ x_3 \end{pmatrix} = \begin{pmatrix} x_1 \\ x_2 \\ x_3 \end{pmatrix}$ $\begin{array}{l} 0,5x_1 + 0,25x_2 + 0,2x_3 = x_1 \\ 0,25x_1 + 0,5x_2 + 0x_3 = x_2 \\ 0,25x_1 + 0,25x_2 + 0,8x_3 = x_3 \end{array}$

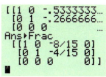

Das LGS (siehe Fig. 1) ergibt $x_3 = t$; $x_2 = \frac{4}{15}t$ und $x_1 = \frac{8}{15}t$. Da die Gesamtanzahl der Fahrer 1000 ist, folgt: $x_1 + x_2 + x_3 = \frac{8}{15}t + \frac{4}{15}t + t = 1000$ und somit $t = 555\frac{5}{9}$.

Fig. 1

Somit ist $\begin{pmatrix} 296\frac{8}{27} \\ 148\frac{4}{27} \\ 555\frac{5}{9} \end{pmatrix}$ ein Fixvektor.

Bestimmt man P^k für große k kann man die Grenzmatrix oft schon erkennen. Es ist P^{20}:

Ausklammern der Gesamtanzahl ergibt: $\begin{pmatrix} 296\frac{8}{27} \\ 148\frac{4}{27} \\ 555\frac{5}{9} \end{pmatrix} = 1000 \begin{pmatrix} \frac{8}{27} \\ \frac{4}{27} \\ \frac{15}{27} \end{pmatrix}$ mit der Spaltensumme 1.

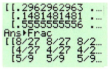

Für die Grenzmatrix G gilt also $G = \begin{pmatrix} \frac{8}{27} & \frac{8}{27} & \frac{8}{27} \\ \frac{4}{27} & \frac{4}{27} & \frac{4}{27} \\ \frac{5}{9} & \frac{5}{9} & \frac{5}{9} \end{pmatrix}$ (Fig. 2).

Fig. 2

d) $G \cdot \begin{pmatrix} 300 \\ 400 \\ 300 \end{pmatrix} \approx \begin{pmatrix} 269 \\ 148 \\ 556 \end{pmatrix}$ Auf lange Sicht tanken ca. 296 Fahrer bei A, 148 Fahrer bei B, 556 Fahrer bei C. Hätten anfangs alle Fahrer bei A getankt, würden sich die gleiche stabile Verteilung einstellen, da diese unabhängig vom Startvektor ist: $G \cdot \begin{pmatrix} 1000 \\ 0 \\ 0 \end{pmatrix} \approx \begin{pmatrix} 296 \\ 148 \\ 556 \end{pmatrix}$.

Beispiel 2 Übergangsmatrix, Fixvektor

Gegeben ist der Fixvektor $\vec{g} = \begin{pmatrix} 0,4 \\ 0,6 \end{pmatrix}$ zu einer Übergangsmatrix P sowie das unvollständige Zustandsdiagramm in Fig. 3.
Vervollständigen Sie das Diagramm und geben Sie die zugehörige Übergangsmatrix P an.

Fig. 3

■ Lösung: Die Summe der abgehenden Wahrscheinlichkeiten von A muss 1 ergeben, somit gehört auf den oberen Pfeil 0,8. Damit sieht die Übergangsmatrix so aus: $\begin{pmatrix} 0,2 & b \\ 0,8 & 1-b \end{pmatrix}$.

Ansatz: $\begin{pmatrix} 0,2 & b \\ 0,8 & 1-b \end{pmatrix} \cdot \begin{pmatrix} 0,4 \\ 0,6 \end{pmatrix} = \begin{pmatrix} 0,4 \\ 0,6 \end{pmatrix}$ liefert $0,08 + 0,6b = 0,4$ sowie $0,32 + 0,6(1-b) = 0,6$.

Es ergibt sich $b = \frac{8}{15}$. Die Übergangsmatrix lautet: $P = \begin{pmatrix} 0,2 & \frac{8}{15} \\ 0,8 & \frac{7}{15} \end{pmatrix}$.

Aufgaben

1 Die Kunden zweier Kinos A und B wechseln wie folgt von Besuch zu Besuch:
70 % der Besucher von A kommen beim nächsten Mal wieder, die übrigen gehen ins Kino B.
60 % der Besucher von B kommen beim nächsten Mal wieder, die übrigen gehen ins Kino A.
a) Stellen Sie die Übergangsmatrix für diesen Prozess auf.
b) Im Kino A sind gerade 50 Besucher, in B 60 Besucher. Wie verteilen sich diese Besucher beim nächsten Mal bzw. nach fünfmaligem Wechsel auf beide Kinos?
c) Bestimmen Sie eine Gleichgewichtsverteilung von 350 Besuchern.

2 Von einem Prozess ist das nebenstehende Zustandsdiagramm bekannt.
a) Bestimmen Sie die Übergangsmatrix.
b) Bestimmen Sie einen Fixvektor.
c) Bei diesem Prozess sind 100 Individuen vorhanden, die zu Beginn alle in A sind. Bestimmen Sie die langfristige Entwicklung.

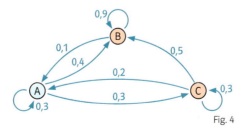

Fig. 4

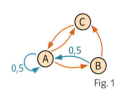
Fig. 1

3 Von einem Prozess kennt man das unvollständige Zustandsdiagramm in Fig. 1 sowie den Fixvektor $g = \begin{pmatrix} 0{,}625 \\ 0{,}125 \\ 0{,}25 \end{pmatrix}$.

Vervollständigen Sie das Diagramm und geben Sie die zugehörige Übergangsmatrix an.

4 In einer Kleinstadt gehen 360 Jugendliche an jedem Wochenende in eine der beiden Diskotheken STARPLUS und TOPDANCE. Von den STARPLUS-Besuchern wechseln das nächste Mal 50 % zu TOPDANCE und 50 % kommen wieder. Bei den TOPDANCE-Besuchern wechseln das nächste Mal 40 %, der Rest kommt wieder. Wie müssen sich die Jugendlichen verteilen, damit sich jede Woche dieselben Besucherzahlen ergeben?

Zeit zu überprüfen

5 Die Zahnpastamarken ADent, BDent und CDent haben den Markt erobert. Die Kunden wechseln jedoch bei jedem Kauf die Marke, wie in der Tabelle angegeben.

Nach	Von A	Von B	Von C
A	0 %	30 %	50 %
B	60 %	0 %	50 %
C	40 %	70 %	0 %

a) Geben Sie die Übergangsmatrix P an und bestimmen Sie eine stabile Verteilung für die Käuferanteile.
b) Anfangs benutzen die Kunden zu je ein Drittel die drei Marken. Wie ist die Verteilung nach zehnmaligem Wechseln? Was ändert sich, wenn anfangs alle Kunden die Marke ADent verwenden?

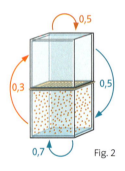
Fig. 2

6 Zwei luftgefüllte Kammern (1) und (2) sind durch eine Wand getrennt, die Luftmoleküle in beide Richtungen frei durchlässt. In Kammer (1) befinden sich am Anfang 1 Million Moleküle eines Geruchsstoffes S (Fig. 2). Für jedes Molekül von S ändern sich die Aufenthaltswahrscheinlichkeiten q_1 und q_2 in den Kammern (1) und (2) von einer Minute zur nächsten, wie angegeben.
a) Geben Sie die Übergangsmatrix P an und bestimmen Sie die Aufenthaltswahrscheinlichkeiten eines Moleküls von S nach 1, 2 und 3 Minuten.
b) Bestimmen Sie eine stabile Verteilung für die Aufenthaltswahrscheinlichkeiten eines Moleküls von S.
c) Wie viele Moleküle von S sind nach langer Zeit in Kammer (1) bzw. (2) zu erwarten?

7 Gegeben ist das nebenstehende Zustandsdiagramm I.
a) Bestimmen Sie die zugehörige Übergangsmatrix P.
b) Nennen Sie Besonderheiten des dargestellten Prozesses.
c) Bestimmen Sie eine stabile Verteilung.
Das nebenstehende zweite Zustanddiagramm II zeigt genau zwei Veränderungen auf.
d) Begründen Sie, dass sich dadurch das Grenzverhalten ändert, und geben Sie ohne Rechung an, in welche Richtung sich die Anteile des Grenzzustandes verändern.
e) Berechnen Sie den Grenzzustand.

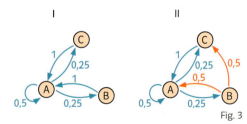
Fig. 3

8 G sei eine Grenzmatrix mit lauter identischen Spalten. Begründen Sie an einer selbst gewählten Grenzmatrix G, dass für jeden Vektor $\vec{x}$ gilt: $G \cdot \vec{x} = \vec{g}$.
Anleitung: Wählen Sie den Vektor $\vec{x}$ allgemein und klammern Sie ihn nach der Multiplikation mit G aus.

9 Zwei Schachspieler spielen wiederholt gegeneinander. Der zweite Spieler ist am Anfang noch unerfahren. Deshalb betragen die Wahrscheinlichkeiten für die Ausgänge A (= der erste gewinnt), B (= der zweite gewinnt) und R (= Remis) bei der ersten Partie $q_A = 0{,}9$; $q_B = 0{,}1$ und $q_R = 0$. Wie die Übergangswahrscheinlichkeiten in Fig. 1 zeigen, lernt der zweite Spieler jedoch aus jeder Partie.

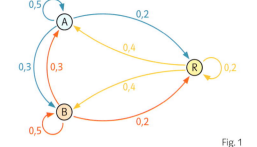
Fig. 1

◉ CAS
Spielserien

Es entsteht eine Grenzmatrix, obwohl in jeder Matrix P^k in jeder Zeile mindestens eine Null vorkommt! In dieser Grenzmatrix sind aber nicht alle Spalten gleich!

a) Stellen Sie die Übergangsmatrix P sowie den Startvektor $\vec{x}$ auf. Bestimmen Sie damit die Wahrscheinlichkeiten q_A, q_B und q_R für die zweite Schachpartie.
b) Bestimmen Sie P^5 und P^{20}. Gegen welche Grenzmatrix G scheint P^k für $k \to \infty$ zu konvergieren?
c) Bestimmen Sie einen Fixvektor $\vec{g}$ zu P und vergleichen Sie mit dem Ergebnis von b).

10 Bei einem Glücksspiel kann man einen Betrag setzen. Dann wird eine Münze geworfen. Der eingesetzte Betrag verdoppelt sich, wenn „Zahl" fällt, bei „Wappen" ist er verloren. Ein Spieler setzt 1 €. Wenn er verliert, hört er auf. Wenn er gewinnt, nimmt er 1 € weg und spielt noch einmal. Gewinnt er wieder, so hört er auf. Ansonsten fängt er wieder mit 1 € an.

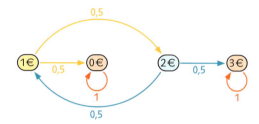
Fig. 2

◉ CAS
Aus 1 mach 4

a) Das Diagramm in Fig. 2 beschreibt die Spielstände und Übergangswahrscheinlichkeiten. Was bedeuten die Einsen und Übergangswahrscheinlichkeiten bei den Zuständen 0 € und 3 €?
b) Geben Sie die Übergangsmatrix P an. Bestimmen Sie damit die Wahrscheinlichkeitsverteilung der Zustände nach 1, 2 und 3 Spielen.
c) Bestimmen Sie die Matrizen P^5 und P^{10}. Welcher Grenzmatrix scheinen sich die Matrizenpotenzen zu nähern?
d) Berechnen Sie für die Startverteilung $q_1 = 1$, $q_2 = q_3 = q_4 = 0$ die Verteilung $\vec{x} = G \cdot \vec{q}$. Wie lassen sich die Wahrscheinlichkeiten in $\vec{x}$ deuten?

11 Das Einkaufverhalten einer Käufergruppe sei für die drei Kaufhäuser A, B und C durch die Matrix P beschrieben: $P = \begin{pmatrix} 0{,}1 & a & 0{,}5 \\ 0{,}4 & b & 0{,}3 \\ 0{,}5 & c & 0{,}2 \end{pmatrix}$. Wie müssen sich die Personen, die in B einkaufen, verhalten

a) damit langfristig alle drei Kaufhäuser gleich oft besucht werden?
b) damit langfristig die Kaufhäuser A, B und C im Verhältnis 1:2:1 besucht werden?

12 a) Zeigen Sie: Das Produkt zweier stochastischer 2×2-Matrizen ist wieder eine stochastische Matrix.
b) Geben Sie eine 3×3-Übergangsmatrix an, die als Fixvektor den Vektor $\vec{x} = \begin{pmatrix} 0 \\ 1 \\ 0 \end{pmatrix}$ hat. Begründen Sie Ihr Vorgehen.

Zeit zu wiederholen

13 Berechnen Sie die Integrale. a) $\int_0^1 (2x^3 + x^2)\,dx$ b) $\int_{-0{,}25}^0 e^{-4x}\,dx$

14 Bestimmen Sie k so, dass gilt: $\int_0^1 k \cdot (x - x^3)\,dx = 1$.

*6 Populationsentwicklungen – Zyklisches Verhalten

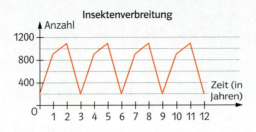

Die Verbreitung einer Insektenart wird an einem kleinen See über Jahre hinweg untersucht.
Welche Aussagen zur Verbreitung können Sie anhand der nebenstehenden Abbildung treffen?

Modelliert man die Entwicklung einer Population durch Übergangsmatrizen, so lassen sich mithilfe eines mehrstufigen Prozesses Aussagen zur zeitlichen Weiterentwicklung treffen.

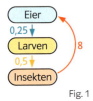

Fig. 1

Aus den vorhandenen Eiern einer Insektenart entwickeln sich innerhalb eines Monats 25% zu Larven. Nach einem weiteren Monat haben sich die Hälfte der vorhandenen Larven zu Insekten entwickelt. Nach einem dritten Monat legen diese durchschnittlich 8 Eier und sterben kurz darauf (vgl. Fig. 1). Sind zu Beginn des 1. Beobachtungsmonats 120 Eier, 40 Larven und 24 Insekten vorhanden, so lässt sich die Startpopulation mit $\vec{p_1} = \begin{pmatrix} 120 \\ 40 \\ 24 \end{pmatrix}$ darstellen.

Mit der zugehörigen Übergangsmatrix

$A = \begin{pmatrix} 0 & 0 & 8 \\ 0{,}25 & 0 & 0 \\ 0 & 0{,}5 & 0 \end{pmatrix}$ ergibt sich zu Beginn des 2.

Monats die Verteilung $\vec{p_2} = A \cdot \begin{pmatrix} 120 \\ 40 \\ 24 \end{pmatrix} = \begin{pmatrix} 192 \\ 30 \\ 20 \end{pmatrix}$.

Beginn des	Eier	Larven	Insekten
1. Monats	120	40	24
2. Monats	192	30	20
3. Monats	160	48	15
4. Monats	120	40	24
5. Monats	192	30	20
6. Monats	160	48	15
7. Monats	120	40	24

Entsprechend berechnet man die Verteilung für die weiteren Monate (vgl. Tabelle). Die Tabelle zeigt, dass sich der Bestand an Eiern, Larven und Insekten nach jeweils 3 Monaten wiederholt. Die Population entwickelt sich **zyklisch** (vgl. Fig. 2).

Aus $\vec{p_4} = A^3 \cdot \begin{pmatrix} 120 \\ 40 \\ 24 \end{pmatrix} = \begin{pmatrix} 120 \\ 40 \\ 24 \end{pmatrix}$ folgt, dass $A^3 = E$.

Eine quadratische Matrix A heißt **zyklisch**, wenn es ein $n \in \mathbb{N}$ gibt, sodass $A^n = E$ ist.

Die Populationsentwicklung müsste eigentlich in einem Punktdiagramm dargestellt werden, zur Veranschaulichung des Zyklus ist eine kontinuierliche Kurve aber geeigneter.

Die Matrix A heißt dann zyklisch.
Die Entwicklung verläuft anders, wenn unter sonst gleichen Bedingungen die Fortpflanzung der Insekten durch den Einsatz eines Insektizids gehemmt wird. Ein Insekt kann daraufhin nur noch 4 Eier ablegen. Die zugehörige Übergangsmatrix lautet $B = \begin{pmatrix} 0 & 0 & 4 \\ 0{,}25 & 0 & 0 \\ 0 & 0{,}5 & 0 \end{pmatrix}$.

An $B^3 = \begin{pmatrix} 0{,}5 & 0 & 0 \\ 0 & 0{,}5 & 0 \\ 0 & 0 & 0{,}5 \end{pmatrix}$ und

$B^6 = \begin{pmatrix} 0{,}25 & 0 & 0 \\ 0 & 0{,}25 & 0 \\ 0 & 0 & 0{,}25 \end{pmatrix}$ erkennt man, dass sich

jetzt die Population innerhalb eines Zeitraums von 3 Monaten jeweils halbiert. Mit der Startpopulation $\vec{p_1}$ erhält man die Populationsentwicklung in Fig. 3.

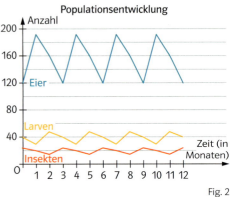

Fig. 2

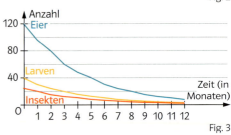

Fig. 3

Untersucht man einen Prozess dieser Art mit der Übergangsmatrix $U = \begin{pmatrix} 0 & 0 & v \\ a & 0 & 0 \\ 0 & b & 0 \end{pmatrix}$, wobei v die Vermehrungsrate und a und b jeweils Überlebensraten sind,

so erhält man $U^3 = \begin{pmatrix} a \cdot b \cdot v & 0 & 0 \\ 0 & a \cdot b \cdot v & 0 \\ 0 & 0 & a \cdot b \cdot v \end{pmatrix}$.

Bei der zyklischen Entwicklung der Insekten-Population gilt $A^3 = E$, da $a \cdot b \cdot v = 0{,}25 \cdot 0{,}5 \cdot 8 = 1$. $B^3 = 0{,}5 \cdot E$, da $a \cdot b \cdot v = 0{,}25 \cdot 0{,}5 \cdot 4 = 0{,}5$. Dies kann man zusammenfassen.

Ist für eine **Populationsentwicklung** eine Übergangsmatrix $U = \begin{pmatrix} 0 & 0 & v \\ a & 0 & 0 \\ 0 & b & 0 \end{pmatrix}$ mit der Vermehrungsrate $v > 0$ und den Überlebensraten a und b mit $0 < a, b \leq 1$ charakteristisch, dann gilt:

Wenn $\begin{cases} a \cdot b \cdot v < 1, \text{ so stirbt die Population aus.} \\ a \cdot b \cdot v = 1, \text{ so entwickelt sich die Population zyklisch.} \\ a \cdot b \cdot v > 1, \text{ so nimmt die Population zu.} \end{cases}$

Die Matrix U ist eine spezielle Leslie-Matrix. Leslie-Matrizen werden in der theoretischen Ökologie zur Beschreibung von Populationen benutzt.

Der Zyklus beträgt drei Zeiteinheiten.

Beispiel zyklische Populationsentwicklung, anwachsende Population

Ein Käfer, der kurz nach der Eiablage stirbt, legt so viele Eier, dass im nächsten Jahr hieraus 25 Larven (L) schlüpfen. Nur 10 % dieser Larven überleben das erste Jahr und verpuppen sich. Nach einem weiteren Jahr werden aus 40 % dieser Puppen (P) wieder Käfer (K). Zu Beginn der Beobachtung sind 100 Larven, 80 Puppen und 40 Käfer vorhanden.

a) Zeichnen Sie ein Übergangsdiagramm und geben Sie die Übergangsmatrix für diese Populationsentwicklung an.
b) Begründen Sie, dass sich die Population zyklisch entwickelt.
c) Durch günstige Umweltbedingungen schlüpfen unter sonst gleichen Bedingungen aus den Eiern 50 Larven. Wie entwickelt sich die Population jetzt langfristig? Zeichnen Sie für die Anzahl der Käfer einen Graphen.

Lösung: a) Übergangsdiagramm

L →0,1→ P →0,4→ K, 25 (K→L)

Matrix $U = \begin{pmatrix} 0 & 0 & 25 \\ 0{,}1 & 0 & 0 \\ 0 & 0{,}4 & 0 \end{pmatrix}$

b) Da $0{,}1 \cdot 0{,}4 \cdot 25 = 1$, entwickelt sich die Anzahl der Larven, Puppen und Käfer zyklisch.

c) Mit $B = \begin{pmatrix} 0 & 0 & 50 \\ 0{,}1 & 0 & 0 \\ 0 & 0{,}4 & 0 \end{pmatrix}$ ist $B^3 = \begin{pmatrix} 2 & 0 & 0 \\ 0 & 2 & 0 \\ 0 & 0 & 2 \end{pmatrix}$

(Fig. 1), da $0{,}1 \cdot 0{,}4 \cdot 50 = 2$.

Die Population wächst unbegrenzt an. Eine Verdoppelung der Anzahlen findet jeweils nach 3 Jahren statt. Die Entwicklung für die Anzahl der Käfer zeigt Fig. 2.

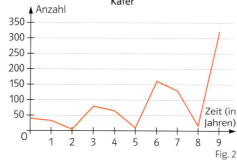

Fig. 2

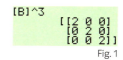

Fig. 1

Die Population vermehrt sich auf lange Sicht exponentiell. Können Sie eine Beschreibung mithilfe einer e-Funktion angeben?

Aufgaben

1 Gegeben ist für eine Populationsentwicklung die Übergangsmatrix $U = \begin{pmatrix} 0 & 0 & 10 \\ 0{,}2 & 0 & 0 \\ 0 & 0{,}6 & 0 \end{pmatrix}$.

Zeichnen Sie ein Übergangsdiagramm und stellen Sie für die Startpopulation (50, 30, 60) die zeitliche Entwicklung bis zum 5. Entwicklungsschritt tabellarisch und durch einen Graphen dar.

IX Matrizen 323

2 Die Entwicklung einer Säugetierart wird durch die Matrix $\begin{pmatrix} 0 & 0 & 2 \\ a & 0 & 0 \\ 0 & 0{,}8 & 0 \end{pmatrix}$ beschrieben.

Die Population wird in Altersklassen eingeteilt. (40, 20, 25) bedeutet, dass 40 Jungtiere, 20 ausgewachsene Tiere und 25 Alttiere den Nationalpark bevölkern.

Zu Beginn wird in einem Nationalpark die Population (40, 20, 25) gezählt.

a) Bestimmen Sie für $a = 0{,}625$ die Populationsentwicklung für die ersten sechs Zeitschritte und stellen Sie sie grafisch dar. Warum verläuft diese Entwicklung zyklisch? Welche maximale Anzahl von Säugetieren bevölkert den Park?

b) Durch Änderungen der Umweltbedingungen wird $a = 0{,}7$. Wie entwickelt sich die Population jetzt langfristig? Welche Population beobachtet man nach sechs Zeitschritten?

c) Der Nationalpark kann maximal 110 Tiere dieser Art aufnehmen. Nach welcher Zeit müssen Maßnahmen zur Eindämmung ergriffen werden?

Zeit zu überprüfen

3 Eine Insektenpopulation entwickelt sich nach dem folgenden Modell. Ein Insekt legt kurz vor seinem Tod so viele Eier, dass sich hieraus im nächsten Jahr 20 Larven entwickeln. 10 % dieser Larven überleben das erste Jahr, im zweiten Jahr verpuppen sich 50 % der Larven und werden im dritten Jahr schließlich zum Insekt.

a) Zeichnen Sie ein Übergangsdiagramm und geben Sie die Übergangsmatrix U an. Berechnen Sie U^2 und U^3. Wie entwickelt sich die Population langfristig?

b) Die Population besteht anfangs aus 400 Larven und je 200 verpuppten Larven und Insekten. Geben Sie an, in welchem Bereich die Anzahl der Insekten schwankt.

c) Ändern Sie Matrix U so ab, dass eine Verdoppelung jeweils innerhalb von 3 Jahren erfolgt.

4 Eine Übergangsmatrix lautet $\begin{pmatrix} 0 & 0 & 50 \\ 0{,}4 & 0 & 0 \\ 0 & 0{,}9 & 0 \end{pmatrix}$. Nach dem 2. Zeitschritt ist die Populationsverteilung (70, 50, 20). Berechnen Sie die Verteilung nach dem 1. Zeitschritt.

Die Larven der Feldmaikäfer verbleiben zwei Jahre im Larvenstadium.

5 Ein Feldmaikäferweibchen legt 60 Eier und stirbt kurz danach. Von den im nächsten Jahr daraus entwickelten Larven (L1) überleben nur ein Drittel. Im darauffolgenden Jahr überleben nur ein Viertel dieser Larven (L2). Im dritten Jahr verpuppen sich die Larven und aus einem Fünftel entwickeln sich wieder Maikäferweibchen, die wieder 60 Eier legen.

a) Zeichnen Sie ein Übergangsdiagramm und geben Sie die zugehörige Übergangsmatrix an.

b) Zeigen Sie, dass sich die Maikäferpopulation zyklisch entwickelt und geben Sie die Dauer eines Zyklus an.

c) Anfangs war die Verteilung 5000 Larven (L1), 2000 Larven (L2), 400 Puppen und 300 Maikäferweibchen. Zeichnen Sie einen Graphen für die Anzahl an Maikäferweibchen für 12 Jahre.

6 Die Population einer Tierart kann in die drei Altersstufen Jungtiere, ausgewachsene Tiere und Alttiere unterteilt werden. Die Übergangsmatrix $U = \begin{pmatrix} 0 & u & v \\ 0{,}4 & 0 & 0 \\ 0 & 0{,}25 & 0 \end{pmatrix}$ mit $u, v > 0$ beschreibt die jährlichen Veränderungen innerhalb dieser Tierart.

a) Welche Bedeutung haben u und v für die Populationsentwicklung?

b) Welche Aussagen zur Populationsentwicklung können Sie treffen, wenn $u = 0$ ist.

c) Bestimmen Sie u unter der Vorgabe, dass jedes ausgewachsene Tier entweder selbst zum Alttier wird oder aber stirbt und genau ein Jungtier hinterlässt.

d) Zeigen Sie, dass es für $u = 0{,}75$ eine Altersverteilung gibt, die sich jährlich wiederholt. Wie viele Tiere einer 180 köpfigen Herde gehören dann der jeweiligen Altersklasse an?

Wahlthema: Das Leontief-Modell

Ein Förster schlägt in seinem Wald Holz. Er benötigt davon eine Einheit, um Hochsitze zu bauen, beliefert den Schraubenhersteller S mit einer Einheit, der daraus Kisten für seine Schrauben schreinern lässt, und verkauft die restlichen 48 Einheiten am Markt. Für die Hochsitze benötigt der Förster von S fünf Einheiten Schrauben. S verarbeitet drei Einheiten seiner Schrauben für die Holzkisten und verkauft die restlichen 592 Einheiten am Markt.

a) Stellen Sie den Zusammenhang in einer Tabelle dar.
b) Wie viele Einheiten Holz wurden geschlagen?
Wie viele Einheiten Schrauben wurden produziert?
c) Der Förster muss aus dem Holzvorrat weitere Hochsitze bauen.
Beschreiben Sie die Auswirkungen auf den Holz- und den Schraubenverkauf am Markt.

In einer Volkswirtschaft sind die Sektoren und in einem Konzern die Zweigwerke untereinander verflochten. Damit ein Sektor produzieren kann, benötigt er von sich selbst und den anderen Sektoren deren Produkte als Vorleistungen. Der Teil der Produktion, der nicht intern verbraucht wird, geht an den Markt.
Im Folgenden wird davon ausgegangen, dass keine Produkte des Marktes durch Recycling in den Produktionsprozess eingehen.

Eine Volkswirtschaft besteht aus drei Sektoren S_1, S_2 und S_3. Die Sektoren beliefern sich untereinander und den Markt. Die lineare **Verflechtung** der Sektoren und die Abgabe an den Markt können in einem **Verflechtungsdiagramm** dargestellt werden (Fig. 1).

Die interne Verflechtung der Sektoren S_1, S_2 und S_3, die Abgabe $\vec{y}$ an den Markt und die Produktion $\vec{x}$ lässt sich vorteilhafter in einer Input-Output-Tabelle darstellen (Tabelle rechts).
Die 1. Spalte enthält Informationen, wie viel S_1 von seiner Produktion selbst verbraucht und wie viel ihm von S_2 und S_3 für seine Produktion geliefert werden. Entsprechendes gilt für die anderen Spalten. Die Produktion eines Sektors berechnet sich als Summe der internen Abgaben und der Marktabgabe. Sie ist z.B. für S_1: $x_1 = (10 + 20 + 60) + 110 = 200$.

> **INFO**
>
> Der Name **Wassily Leontief** steht für eine Idee: die **Input-Output-Analyse**. Die Input-Output-Tabelle ist die Voraussetzung für eine Input-Output-Analyse. Mit ihr werden die optimale Verteilung von Ressourcen in möglichen Krisensituationen berechnet oder Wirkungen abgeschätzt, die neue Technologien oder Änderungen des Umweltschutzes und des Tourismus mit sich bringen.
>
>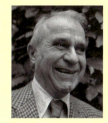
> Wassily Leontief
> 1906–1999

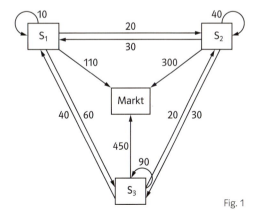

Fig. 1

	S_1	S_2	S_3	$\vec{y}$	$\vec{x}$
S_1	10	20	60	110	200
S_2	30	40	30	300	400
S_3	40	20	90	450	600

$\vec{y}$ heißt Marktvektor,
$\vec{x}$ Produktionsvektor.

	S_1	S_2	S_3	$\vec{y}$	$\vec{x}$
S_1	x_{11}	x_{12}	x_{13}	y_1	x_1
S_2	x_{21}	x_{22}	x_{23}	y_2	x_2
S_3	x_{31}	x_{32}	x_{33}	y_3	x_3

$\vec{y} = \begin{pmatrix} y_1 \\ y_2 \\ y_3 \end{pmatrix}$, $\vec{x} = \begin{pmatrix} x_1 \\ x_2 \\ x_3 \end{pmatrix}$

Fig. 1 zeigt die **Input-Output-Tabelle** mit dem Materialfluss drei untereinander verflochtener Sektoren S_1, S_2, S_3, deren Abgabe an den Markt $\vec{y}$ und deren Produktion $\vec{x}$.

Fig. 1

Die Produktion z. B. des Sektors S_1 berechnet sich also durch $x_{11} + x_{12} + x_{13} + y_1 = x_1$.
Das Element x_{ij} bestimmt die Lieferung des Sektors i an den Sektor j. Das Element x_{12} gibt also an, wie viele Einheiten der Sektor S_2 von dem Sektor S_1 erhält (Input), damit er x_2 Einheiten produzieren kann (Output).
Das Leontief-Modell geht von einem festen Verhältnis von Input zu Output aus. Die Inputs in einem Sektor verändern sich **proportional** zum Output dieses Sektors.

Verdoppelt in der Volkswirtschaft z. B. Sektor S_2 seine Produktion bei gleichbleibender Produktion der Sektoren S_1 und S_3 (Fig. 2), müssen auch die Vorleistungen von S_1, S_2 und S_3 an S_2 verdoppelt werden. Damit ändert sich die Marktabgabe aller Sektoren.

	S_1	S_2	S_3	$\vec{y}$	$\vec{x}$
S_1	10	40	60	90	200
S_2	30	80	30	660	800
S_3	40	40	90	430	600

Fig. 2

Fig. 3 zeigt die Input-Output-Tabelle für eine Produktion von je einer Einheit. Dazu werden die Elemente der ersten Spalte durch die Produktion von S_1, also $x_1 = 200$ geteilt, die der zweiten Spalte durch $x_2 = 800$ und die der dritten Spalte durch $x_3 = 600$.

Die Technologiekoeffizienten heißen auch Inputkoeffizienten, Produktionskoeffizienten oder Leontief-Koeffizienten.

	S_1	S_2	S_3	$\vec{x}$
S_1	$\frac{10}{200}$	$\frac{40}{800}$	$\frac{60}{600}$	1
S_2	$\frac{30}{200}$	$\frac{80}{800}$	$\frac{30}{600}$	1
S_3	$\frac{40}{200}$	$\frac{40}{800}$	$\frac{90}{600}$	1

	S_1	S_2	S_3	$\vec{x}$
S_1	$\frac{1}{20}$	$\frac{1}{20}$	$\frac{1}{10}$	1
S_2	$\frac{3}{20}$	$\frac{1}{10}$	$\frac{1}{20}$	1
S_3	$\frac{1}{5}$	$\frac{1}{20}$	$\frac{3}{20}$	1

Fig. 3

Setzt man die Inputs eines Sektors in Beziehung zu dessen Output, lassen sich die **Technologiekoeffizienten** berechnen (Fig. 4). Diese geben die Vorleistungen je produzierte Einheit an. Die Matrix der Technologiekoeffizienten ist die **Technologie-Matrix** oder **Input-Matrix**.
Jetzt kann für jeden beliebigen Wert der Produktion „hochgerechnet" werden (Fig. 5). So berechnet sich die Produktion z. B. von S_1 mit: $\frac{1}{20}x_1 + \frac{1}{20}x_2 + \frac{1}{10}x_3 + y_1 = x_1$.

$A = \begin{pmatrix} \frac{1}{20} & \frac{1}{20} & \frac{2}{20} \\ \frac{3}{20} & \frac{2}{20} & \frac{1}{20} \\ \frac{4}{20} & \frac{1}{20} & \frac{3}{20} \end{pmatrix}$ bzw. $A = \begin{pmatrix} \frac{x_{11}}{x_1} & \frac{x_{12}}{x_2} & \frac{x_{13}}{x_3} \\ \frac{x_{21}}{x_1} & \frac{x_{22}}{x_2} & \frac{x_{23}}{x_3} \\ \frac{x_{31}}{x_1} & \frac{x_{32}}{x_2} & \frac{x_{33}}{x_3} \end{pmatrix}$

Fig. 4

$\begin{pmatrix} \frac{1}{20} & \frac{1}{20} & \frac{1}{10} \\ \frac{3}{20} & \frac{1}{10} & \frac{1}{20} \\ \frac{1}{5} & \frac{1}{20} & \frac{3}{20} \end{pmatrix} \cdot \begin{pmatrix} x_1 \\ x_2 \\ x_3 \end{pmatrix} + \begin{pmatrix} y_1 \\ y_2 \\ y_3 \end{pmatrix} = \begin{pmatrix} x_1 \\ x_2 \\ x_3 \end{pmatrix}$

Fig. 5

Bei bekannter Produktion kann die Marktabgabe und bei bekannter Marktabgabe die Produktion der Sektoren ermittelt werden (siehe Beispiele 1 und 2, Seite 327).
$A \cdot \vec{x} + \vec{y} = \vec{x} \Leftrightarrow \vec{y} = (E - A) \cdot \vec{x} \Leftrightarrow \vec{x} = (E - A)^{-1} \cdot \vec{y}$

Fig. 6 unterstreicht die Bedeutung der Koeffizienten der sogenannten **Leontief-Inversen** $(E - A)^{-1}$. Soll z. B. in der Volkswirtschaft mit den Sektoren S_1, S_2, S_3 Sektor S_1 eine zusätzliche Einheit an den Markt abgeben, erhält man die Werte der ersten Spalte. Entsprechendes gilt für die anderen Spalten. Wenn alle Elemente der Inversen nicht negativ sind, kann jede beliebige Nachfrage erfüllt werden.

$\vec{x} = \begin{pmatrix} \frac{19}{20} & -\frac{1}{20} & -\frac{2}{20} \\ -\frac{3}{20} & \frac{18}{20} & -\frac{1}{20} \\ -\frac{4}{20} & -\frac{1}{20} & \frac{17}{20} \end{pmatrix}^{-1} \cdot \begin{pmatrix} 1 \\ 0 \\ 0 \end{pmatrix} = \begin{pmatrix} \frac{610}{559} \\ \frac{110}{559} \\ \frac{150}{559} \end{pmatrix}$

$(E - A)^{-1} = \begin{pmatrix} \frac{610}{559} & \frac{38}{559} & \frac{74}{559} \\ \frac{110}{559} & \frac{630}{559} & \frac{50}{559} \\ \frac{150}{559} & \frac{46}{559} & \frac{678}{559} \end{pmatrix}$

Fig. 6

GTR-Hinweise
735501-3271

Im **Leontief-Modell** beliefern sich die Sektoren gegenseitig, um produzieren zu können. Was nicht intern benötigt wird, wird an den Markt abgegeben.
Die im Sektor j eingesetzte Menge x_{ij} ist proportional zu dessen Output x_j.
Für die Berechnung der **Technologiekoeffizienten** gilt: $a_{ij} = \frac{x_{ij}}{x_j}$.
Die **Technologie-Matrix** $A = (a_{ij})$ gibt die Vorleistungen je produzierter Einheit an.
im **Leontief-Modell** gilt: $\vec{x} = A \cdot \vec{x} + \vec{y}$, $\vec{y} = (E - A) \cdot \vec{x}$, $\vec{x} = (E - A)^{-1} \cdot \vec{y}$.

Das Element c_{ij} der **Leontief-Inversen** $(E - A)^{-1}$ gibt an, wie viele Einheiten Sektor i zusätzlich produzieren muss, damit Sektor j eine zusätzliche Einheit an den Markt abgeben kann.

Die Technologie-Matrix heißt auch Input-Matrix.

Beispiel 1 Berechnung der Technologie-Matrix und der Marktabgabe
Die Sektoren M, K, L einer Volkswirtschaft sind nach dem Leontief-Modell untereinander verflochten. Die Angaben sind der Input-Output-Tabelle zu entnehmen.

	M	K	L	$\vec{y}$
M	1	2	6	11
K	3	4	3	30
L	4	2	9	45

a) Bestimmen Sie den Produktionsvektor und die Technologie-Matrix A. Welche Bedeutung hat das Element x_{23} der Input-Output-Tabelle bzw. das Element a_{23} der Matrix A?
b) Für die nächste Periode ist die Produktion $\vec{x}$ mit $\vec{x} = (20\ 60\ 20)^T$ geplant. Wie viele Einheiten kann dann jeder der Sektoren an den Markt abgeben?

 Lösung:
a) $\vec{x} = \begin{pmatrix} 1+2+6+11 \\ 3+4+3+30 \\ 4+2+9+45 \end{pmatrix} = \begin{pmatrix} 20 \\ 40 \\ 60 \end{pmatrix}$

Das Element x_{23} besagt, dass L nur dann 60 Einheiten produzieren kann, wenn es von K drei Einheiten erhält.

$A = \begin{pmatrix} \frac{1}{20} & \frac{2}{40} & \frac{6}{60} \\ \frac{3}{20} & \frac{4}{40} & \frac{3}{50} \\ \frac{4}{20} & \frac{2}{40} & \frac{9}{60} \end{pmatrix} = \frac{1}{20} \cdot \begin{pmatrix} 1 & 1 & 2 \\ 3 & 2 & 1 \\ 4 & 1 & 3 \end{pmatrix}$

Element a_{23} besagt, dass L nur dann eine Einheit produzieren kann, wenn es von K $\frac{1}{20}$ Einheiten erhält.

b) $\vec{y} = (E - A) \cdot \vec{x} = \frac{1}{20} \cdot \begin{pmatrix} 9 & 1 & 2 \\ 3 & 8 & -1 \\ 4 & 1 & 17 \end{pmatrix} \cdot \begin{pmatrix} 20 \\ 60 \\ 20 \end{pmatrix} = \begin{pmatrix} 14 \\ 50 \\ 10 \end{pmatrix}$

Sektor M kann in der nächsten Periode 14 Einheiten, Sektor K 50 Einheiten und Sektor L 10 Einheiten an den Markt abgeben.

Beispiel 2 Berechnung der Produktion und Verflechtungsdiagramm
In einer Volkswirtschaft mit drei nach dem Leontief-Modell verflochtenen Sektoren R, S, T ist die Technologie-Matrix A gegeben $A = \begin{pmatrix} 0{,}1 & 0{,}2 & 0{,}2 \\ 0 & 0{,}6 & 0{,}4 \\ 0{,}4 & 0{,}5 & 0{,}1 \end{pmatrix}$

a) Sektor R gibt fünf Einheiten an den Markt ab, S vier Einheiten und T drei Einheiten. Bestimmen Sie den Produktionsvektor $\vec{x}$.
b) Zeichnen Sie das zugehörige Verflechtungsdiagramm.
c) Die Nachfrage nach Gütern des Sektors T steigt um eine Einheit, die Nachfrage nach den Gütern der Sektoren R und S ändert sich nicht. Wie muss sich dann die Produktion ändern?
d) Zeigen Sie: In diesem Modell kann jede Nachfrage befriedigt werden.

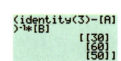

■ Lösung:
a) $\vec{x} = (E - A)^{-1} \cdot \vec{y} = \begin{pmatrix} 0{,}9 & -0{,}2 & -0{,}2 \\ 0 & 0{,}4 & -0{,}4 \\ -0{,}4 & -0{,}5 & 0{,}9 \end{pmatrix}^{-1} \cdot \begin{pmatrix} 5 \\ 4 \\ 3 \end{pmatrix} = \begin{pmatrix} 30 \\ 60 \\ 50 \end{pmatrix}$

b) Fig. 1 zeigt das Verflechtungsdiagramm. Die Elemente der zugrundeliegenden Verflechtungsmatrix X erhält man, indem die erste Spalte von A mit 20, der Produktion von R, die zweite Spalte mit 60 und die dritte mit 50 multipliziert werden. Damit ergibt sich:

$$X = \begin{pmatrix} 3 & 12 & 10 \\ 0 & 36 & 20 \\ 12 & 30 & 5 \end{pmatrix}; \ \vec{y} = \begin{pmatrix} 5 \\ 4 \\ 3 \end{pmatrix}.$$

c) $\vec{x} = (E - A)^{-1} \cdot \begin{pmatrix} 0 \\ 0 \\ 1 \end{pmatrix} = \begin{pmatrix} 2 \\ 4,5 \\ 4,5 \end{pmatrix}$

Die Produktion von R muss sich um 2 Einheiten und die von S und T um jeweils 4,5 Einheiten erhöhen (vgl. Fig. 2).

d) $(E - A)^{-1} = \frac{1}{8} \cdot \begin{pmatrix} 16 & 28 & 16 \\ 16 & 73 & 36 \\ 16 & 53 & 36 \end{pmatrix}$

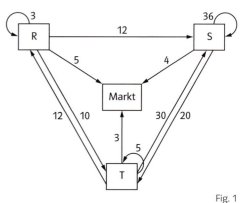

Fig. 1

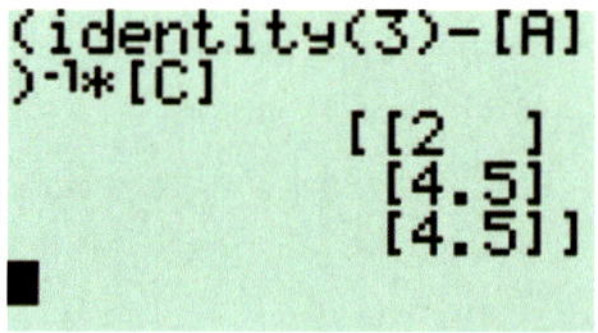

Fig. 2

Da die Elemente der Leontief-Inversen nicht negativ sind, kann jede beliebige Nachfrage befriedigt werden.

Aufgaben

1 Zwei Abteilungen eines Unternehmens sind nach dem Leontief-Modell verflochten. Die Tabelle zeigt den Güteraustausch des letzten Monats.

	Abteilung 1	Abteilung 2	Produktion
Abteilung 1	10	20	50
Abteilung 2	2	5	100

a) Wie viele Einheiten konnte jede Abteilung an den Markt abgeben?
b) Bestimmen Sie die Technologie-Matrix.
c) In diesem Monat wird die Produktion der Abteilung 1 auf 60 Einheiten steigen, die der Abteilung 2 um 20 Einheiten. Um wie viel Prozent ändert sich dann die Marktabgabe gegenüber dem letzten Monat?

2 Die Verflechtung von drei volkswirtschaftlichen Sektoren A_1, A_2 und A_3 nach dem LEONTIEF-Modell ist in Fig. 4 gegeben.

a) A_1 produziert 10 Einheiten, A_2 20 Einheiten und A_3 30 Einheiten. Stellen Sie die zugehörige Technologie-Matrix auf.
b) Für welche Werte x_1, x_3 und y_2 gilt:

$\vec{x} = \begin{pmatrix} x_1 \\ 30 \\ x_3 \end{pmatrix}, \ \vec{y} = \begin{pmatrix} 2 \\ y_2 \\ 7 \end{pmatrix}?$

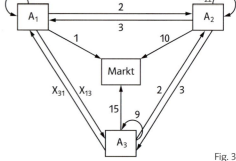

Fig. 3

c) In den Sektoren A_1 und A_3 soll gleich viel produziert werden und zwar ein Drittel der Produktionsmenge von A_2. Bestimmen Sie die Produktionsmengen der Sektoren A_1, A_2 und A_3 für den Fall, dass der Sektor A_2 20 Einheiten an den Markt abgibt. Wie viele Einheiten können dann A_1 und A_3 an den Markt abgeben?

3 Für einen Produktionsverbund der Unternehmungen A_1, A_2 und A_3 lautet die Technologie-Matrix $A = \begin{pmatrix} 0,2 & 0,1 & 0,2 \\ 0 & 0,4 & 0,4 \\ 0,4 & 0,1 & 0,4 \end{pmatrix}$ und der Produktionsvektor $\vec{x} = \begin{pmatrix} 750 \\ 450 \\ 600 \end{pmatrix}$.

a) Zeichnen Sie das zugehörige Verflechtungsdiagramm. Wie viel Prozent ihrer Produktion gibt Unternehmung A_3 an den Markt ab? Wie viel Prozent ihrer Produktion gibt A_3 an die Unternehmungen A_1 und A_2 zusammen ab?

b) Marktanalysen ergeben durch Modellierung für $t \in \mathbb{R}_+^*$ folgenden Marktvektor:
$\vec{y}_t = (160t - 5t^2 \quad 30t^2 - 80t \quad 20t - 5t^2)^T$.
Ermitteln Sie den Produktionsvektor in Abhängigkeit von t. Bestimmen Sie t so,
– dass keine Komponente des Marktvektors negativ ist.
– dass Unternehmung A_1 300 Einheiten mehr produziert als A_2.
– dass nur die Unternehmungen A_1 und A_3 den Markt beliefern.

4 Ein Autohersteller benötigt drei Produkte, die von drei Zulieferbetrieben Z_1, Z_2 und Z_3 ausschließlich für das Unternehmen produziert werden. Die Zulieferbetriebe sind nach dem LEONTIEF-Modell gemäß der Tabelle untereinander verflochten.

	Z_1	Z_2	Z_3	$\vec{y}$
Z_1	20	3	5	12
Z_2	4	15	5	6
Z_3	4	3	25	18

a) Bestimmen Sie die Technologie-Matrix.
b) Die Zulieferbetriebe Z_1, Z_2 und Z_3 produzieren im Verhältnis 2 : 3 : 5. In welchem Verhältnis wird in diesem Fall die Nachfrage des Unternehmens erfüllt?
Wie viele Einheiten müssen dann die Betriebe Z_1, Z_2 und Z_3 produzieren, damit der Autohersteller von jedem Produkt mindestens eine Einheit erhält?

5 Die lineare Verflechtung der Zweigwerke P, Q und R eines Unternehmens wird durch die LEONTIEF-Inverse $(E - A)^{-1} = \frac{1}{12} \cdot \begin{pmatrix} 25 & 20 & 15 \\ 6 & 24 & 6 \\ 17 & 28 & 27 \end{pmatrix}$ modelliert.

a) Welche Produktion ist erforderlich, wenn der Nachfragevektor $\vec{y} = (90 \ 60 \ 150)^T$ ist?
b) Berechnen Sie die Marktabgabe für den Produktionsvektor $\vec{x} = (400 \ 200 \ 500)^T$ und ermitteln Sie die Technologie-Matrix A. Stellen Sie die Verflechtung grafisch dar.
c) Der Nachfragevektor ändert sich von $\vec{y} = (y_1 \ y_2 \ y_3)^T$ auf $\vec{y}^* = (y_1 \ y_2 + 2 \ y_3 + 4)^T$.
Wie ändert sich dann der Produktionsvektor?
d) In einer neuen Produktionsperiode beliefert R den Markt nicht, während P doppelt so viel wie Q an den Markt abgibt. Wie viele Einheiten geben P und Q an den Markt ab, wenn sie für R 372 Einheiten verarbeiten?

6 Die Zweigwerke K, L, M eines Konzerns sind nach dem LEONTIEF-Modell verflochten.
A ist die Technologie-Matrix mit der sich $E - A = \begin{pmatrix} 0,6 & -0,5 & 0 \\ 0 & 0,7 & -0,6 \\ -0,2 & -0,4 & 0,8 \end{pmatrix}$ ergibt.

a) K kann 330 Einheiten an den Markt liefern, L 660 Einheiten und M 990 Einheiten. Zeichnen Sie das zugehörige Verflechtungsdiagramm.
b) Ein neu eingeführtes Produktionsverfahren verändert die Technologie-Matrix. Die Matrix A und die neue Matrix A* stimmen in der 3. Spalte und der 2. Zeile überein. Außerdem gilt $a^*_{11} = a^*_{12} = 4 \cdot a^*_{31}$. Wenn M 2460 Einheiten produziert und L 40 Einheiten mehr als K, dann kann K 576 Einheiten, L 624 Einheiten und M 772 Einheiten an den Markt abgeben.
Wie viele Einheiten produzieren dann die Zweigwerke und welchen Wert hat a^*_{32}?

Wiederholen – Vertiefen – Vernetzen

Ein- und zweistufige Prozesse

1 Die Tabelle rechts gibt an, wie viele Jeanshosen A, B, C und D ein Hosenladen monatlich verkauft. Der Preis je Stück beträgt für A 120 €, für B 80 €, für C 160 € und für D 110 €. Ermitteln Sie den monatlichen Umsatz und den Gesamtumsatz in €.

	A	B	C	D
Mai	200	210	110	240
Juni	220	200	90	260
Juli	190	230	120	220

2 In einer Fabrik werden aus den Grundstoffen G_1, G_2, G_3 und G_4 die Mischfarben M_1, M_2 und M_3 hergestellt und zu den Farbgemischen E_1, E_2 und E_3 verarbeitet (s. Tabellen).

a) Wie hoch ist der Grundstoffbedarf der Farbgemische?

	M_1	M_2	M_3
G_1	0	1	0
G_2	1	0	1
G_3	1	2	0
G_4	1	1	2

	E_1	E_2	E_3
M_1	1	2	2
M_2	2	3	3
M_3	0	2	1

b) Es werden 30 Einheiten von E_1, 40 von E_2 und 20 von E_3 bestellt. Wie viele Einheiten der Mischfarben und wie viele Einheiten der Grundstoffe müssen dafür bereitgestellt werden?

c) Eine Einheit des Grundstoffs G_1 kostet 2 €, von G_2 0,50 €, von G_3 1 € und von G_4 0,10 €. Wie hoch sind die Rohstoffkosten je Einheit eines Farbgemisches?

d) Eine Einheit der Mischfarben M_1 und M_2 verursacht Kosten von je 0,50 €, eine Einheit von M_3 kostet 1 €. Die Kosten für die Farbgemische betragen jeweils 0,40 € je Einheit.
Bestimmen Sie die Kosten für den Auftrag aus Teilaufgabe b).

3 Ein zweistufiger Produktionsprozess wird durch die folgenden Tabellen beschrieben:

	Z_1	Z_2	Z_3
E_1	2	5	3
E_2	2	0	7
E_3	1	2	3

Fig. 1

	R_1	R_2	R_3
Z_1	a	8	2
Z_2	b	1	5
Z_3	c	3	2

Fig. 2

	R_1	R_2	R_3
E_1	25	30	35
E_2	10	37	18
E_3	11	19	18

Fig 3

In Z_1 sind a Mengeneinheiten von R_1, in Z_2 sind b Mengeneinheiten von R_1 und in Z_3 sind c Mengeneinheiten von R_1. Bestimmen Sie a, b und c.

Übergangswahrscheinlichkeiten

4 Ein Geschicklichkeitsspiel hat mit der Eingangsstufe vier Spielstufen, die man nur nacheinander erreichen kann. Fig. 4 zeigt Übergangswahrscheinlichkeiten für einen Anfänger, der auf Stufe 0 beginnt. Bestimmen Sie die Wahrscheinlichkeiten, mit denen der Spieler sich nach vier Spielrunden auf den Stufen 0, 1, 2, 3 befindet.

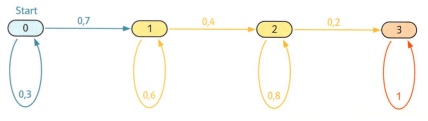

Fig. 4

5 Fig. 1 zeigt die Übergangsmatrix für einen Prozess. Es wird im Zustand Z_1 gestartet. Berechnen Sie die Wahrscheinlichkeiten im Zustand Z_4 bzw. Z_5 zu landen.

6 Das Tetraeder in Fig. 2 wird so lange geworfen, bis die Summe der Ergebnisse den Wert 5 überschreitet.
a) Zeichnen Sie ein Prozessdiagramm zu diesem Spiel.
b) Mit welcher Wahrscheinlichkeit braucht man mindestens drei Würfe bis zum Spielende?
c) Mit welcher Wahrscheinlichkeit braucht man genau drei Würfe bis zum Spielende?

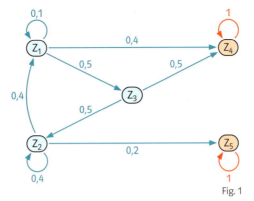

Die Endzustände Z_4 bzw. Z_5 nennt man auch absorbierende Zustände und spricht von Absorptionswahrscheinlichkeiten.

Fig. 1

Fig. 2

Populationsentwicklungen

7 Die Entwicklung einer Population lässt sich mithilfe der Übergangsmatrix $U = \begin{pmatrix} 0 & 0 & 20 \\ 0{,}25 & 0 & 0 \\ 0 & b & 0 \end{pmatrix}$ mit $0 < b \leq 1$ beschreiben.
a) Bestimmen Sie b so, dass die Population sich zyklisch entwickelt. Begründen Sie dies anhand einer Potenz von U.
b) Bestimmen Sie b so, dass sich die Population nach jeweils drei Zeitschritten verdoppelt. Zeichnen Sie für die Startpopulation $E = 90$ Eier, $L = 45$ Larven und $K = 10$ den Graphen für die zeitliche Entwicklung von E. Die Punkte zum 3., 6., 9. Zeitschritt usw. von E liegen auf dem Graphen einer Funktion f. Geben Sie die Gleichung von f an.

8 Eine Populationsentwicklung kann durch die Matrix $U = \begin{pmatrix} 0 & 0 & v \\ 0{,}5 & 0 & 0 \\ 0 & 0{,}5 & 0 \end{pmatrix}$ mit $v > 0$ beschrieben werden.
a) Deuten Sie die Matrix biologisch und zeichnen Sie ein zugehöriges Übergangsdiagramm.
b) Erstellen Sie für $v = 10$ eine Tabelle für die Startpopulation $(500, 250, 50)$ für die ersten acht Zeitschritte. Können Sie dieses Verhalten erklären?
c) Bestimmen Sie v so, dass sich jede Startpopulation nach drei Generationen wiederholt.

9 Eine Population vom Aussterben bedrohter Käfer entwickelt sich nach dem Übergangsdiagramm (Fig. 3).
a) Geben Sie die Übergangsmatrix an.
b) Ein Zoo kauft als Startpopulation jeweils 40 Eier, Larven und Käfer. Für die Unterbringung steht ein Terrarium, das für maximal 60 Käfer Platz bietet, zur Verfügung. Reicht dieses für die nächsten zehn Zeitschritte aus?
c) Gibt es eine Startpopulation, bei der sich die Anzahl der Individuen innerhalb der einzelnen Entwicklungsstufen nicht verändert?
d) Die Käferpopulation entwickelt sich besser als erwartet, die Käfer legen 7 statt 6 Eier. Beantworten Sie b) und c) unter diesen veränderten Bedingungen.

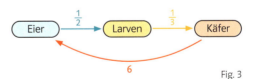

Fig. 3

Mehrstufige Prozesse im Sachzusammenhang

10 Ein bestimmtes Erscheinungsbild einer Pflanzenart wird durch ein Genpaar bestimmt. Eine Gärtnerei hat eine Rosenzucht mit drei Typen von Rosenstöcken: Rotblühende Rosen (RR), rosablühende (Rw) Rosen und weißblühende (ww) Rosen. Der momentane Rosenbestand besteht aus 100 Rosen RR und 100 Rosen ww. Es werden alle 100 Rosen vom Typ RR mit dem Typ ww gekreuzt und alle 100 Rosen vom Typ ww mit dem Typ RR.
a) Stellen Sie die Übergangsmatrix auf. Wie ist der Rosenbestand ein Jahr nach der Kreuzung?
b) Alle in a) entstandenen Rosen werden mit dem Rosentyp Rw gekreuzt. Bestimmen Sie die neue Verteilung ein Jahr später.
c) Die Gärtnerei hat Ihren Rosenbestand aufgestockt. Er beträgt nun 200 rotblühende Rosen, 100 rosablühende Rosen und 100 weiße Rosen. Die nächsten Jahre werden alle 400 Rosen unabhängig von ihrer Farbe immer mit dem Rosentyp Rw gekreuzt.
Stellen Sie die neue Übergangsmatrix auf und berechnen Sie den Rosenbestand nach 1, 2, 4, 8 und 10 Jahren. Ist die Übergangsmatrix eine stochastische Matrix? Wie sieht die Grenzmatrix aus und welche Grenzverteilung stellt sich ein.
d) Im zehnten Jahr nach der Aufstockung stellt sich ein dauerhafter Schädlingsbefall ein. Betroffen sind allerdings nur die weißen Rosen und nur insofern, dass sie nur noch 20% fruchtbare Nachkommen haben. Der Gärtner geht davon aus, dass die weißen Rosen aussterben.
Handelt es sich bei der zugehörigen Übergangsmatrix immer noch eine stochastische Matrix?
e) Berechnen Sie den Rosenbestand nach 1, 2, 5, 10 und 20 Jahre nach dem Schädlingsbefall. Erklären Sie das Ergebnis.

11 Zu Beginn der Liberalisierung des Strommarktes haben sich vier Energieversorger etabliert: Nordstrom (N), Ost-Power (O), Südstrom (S) und Westenergie (W).
Zu Beginn verteilen sich die Kunden gleichmäßig auf die vier Versorger. Am Ende eines Jahres wechseln die Kunden den Anbieter nach folgendem Prozessdiagramm (Fig. 1):
a) Erstellen Sie die Übergangsmatrix A und berechnen Sie die Kundenanteile nach 1, 2 und 10 Jahren.
b) Fällt der Marktanteil unter 15%, so ist das für einen Stromkonzern zu wenig. Aus diesem Grund schließen sich zwei Anbieter zusammen. Wann passiert dies?
Das Wechselverhalten der Kunden ändert sich nicht mehr. Stellen Sie die neue Übergangsmatrix B auf.

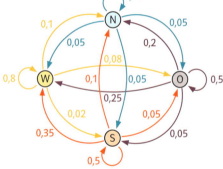

Fig. 1

c) Gelingt es dem neuen Konzern langfristig einen Marktanteil über 15% zu erreichen? Wäre es im Hinblick auf die Marktanteile für den neuen Konzern sinnvoll gewesen, wenn der Zusammenschluss zwei Jahre früher erfolgt wäre?
d) Durch eine Werbekampagne gelingt es dem neuen Konzern den Kundenabgang am Jahresende jeweils zu halbieren. Kann der Konzern seinen Marktanteil langfristig auf 33% erhöhen?
e) Halten Sie die Annahmen in diesem Modell für realistisch?

Zeit zu wiederholen

12 Berechnen Sie den Inhalt der Fläche, die der Graph der Funktion f mit der x-Achse einschließt, mithilfe von Stammfunktionen. Skizzieren Sie auch den Graphen von f.
a) $f(x) = 2 + x - x^2$ b) $f(x) = x^3 - 7x^2 + 10x$

Rückblick

Matrizen
Ein Zahlenschema mit m Zeilen und n Spalten wird als m x n-Matrix bezeichnet. Ist m = n, dann ist die Matrix quadratisch. Die Einträge in der Matrix A heißen Elemente a_{ij} (i: Zeilennummer, j: Spaltennummer)

$A = \begin{pmatrix} 1 & 3 \\ 5 & 2 \end{pmatrix}$; $a_{12} = 3$

$B = \begin{pmatrix} 1 & 3 & 1 \\ 2 & 1 & 1 \end{pmatrix}$; $D = \begin{pmatrix} -1 & 5 \\ -5 & 2 \end{pmatrix}$

Rechenregeln für Matrizen
Zwei Matrizen desselben Typs werden addiert, indem man die jeweiligen Elemente addiert.
Die Multiplikation $C = A \cdot B$ ist nur für den Fall definiert, dass A so viele Spalten wie B Zeilen besitzt.
Die Matrizenmultiplikation ist im Allgemeinen nicht kommutativ.
Für eine quadratische Matrix A und ihre **Inverse** A^{-1} gilt:
$A \cdot A^{-1} = A^{-1} \cdot A = E$.

$A + D = \begin{pmatrix} 1+(-1) & 3+5 \\ 5+(-5) & 2+2 \end{pmatrix} = \begin{pmatrix} 0 & 8 \\ 0 & 4 \end{pmatrix}$

$C = A \cdot B$
$= \begin{pmatrix} 1 \cdot 1 + 3 \cdot 2 & 1 \cdot 3 + 3 \cdot 1 & 1 \cdot 1 + 3 \cdot 1 \\ 5 \cdot 1 + 2 \cdot 2 & 5 \cdot 3 + 2 \cdot 1 & 5 \cdot 1 + 2 \cdot 1 \end{pmatrix}$
$= \begin{pmatrix} 7 & 6 & 4 \\ 9 & 17 & 7 \end{pmatrix}$

Einheitsmatrix $E = \begin{pmatrix} 1 & 0 \\ 0 & 1 \end{pmatrix}$

Wird ein Prozess durch eine **Übergangsmatrix** A beschrieben, so erhält man aus dem Vektor $\vec{x}$ der Eingangsprodukte, durch die Multiplikation $A \cdot \vec{x}$ den Vektor $\vec{y}$ der Ausgangsprodukte.
Ein Prozess mit einer Zwischenstufe heißt **zweistufiger Prozess**, mit mehreren Zwischenstufen **mehrstufiger Prozess**. Sind die Ausgangswerte eines Prozesses mit der Matrix B die Eingangswerte eines Prozesses mit der Matrix A, so hat der Gesamtprozess $A \cdot B$ als Prozessmatrix.

Schema für zweistufige Prozesse:

$\vec{x} \xrightarrow{B} B \cdot \vec{x} \xrightarrow{A} A \cdot (B \cdot \vec{x})$

$A \cdot B = C$

Bei einem **Austauschprozess** gibt das Element a_{ij} der zugehörigen **stochastischen Matrix** an, welcher Anteil der Objekte im Zustand j sich bei der nächsten Beobachtung im Zustand i befindet.
Eine stochastische Matrix P ist quadratisch, für jedes Element a_{ij} gilt $0 \leq a_{ij} \leq 1$ und die Summe der Elemente in jeder Spalte beträgt 1.
Gilt $P \cdot \vec{x} = \vec{x}$ so heißt $\vec{x}$ **Fixvektor zu P**. Mit $\vec{x}$ ist auch $k \cdot \vec{x}$, $k \in \mathbb{R}$ Fixvektor.
Nähert sich bei einer langfristigen Entwicklung P^k mit $k \to \infty$ einer **Grenzmatrix G** an, so strebt die Verteilung gegen eine **stabile Verteilung** $\vec{g}$.
Bestimmung von $\vec{g}$ und G:
a) Mit $P \cdot \vec{g} = \vec{g}$ berechnet man die stabile Verteilung $\vec{g}$ so, dass die Summe der Elemente von $\vec{g}$ der vorgegebenen Gesamtzahl an Objekten entspricht.
b) Zur Bestimmung der Grenzmatrix G berechnet man zunächst einen Fixvektor dessen Elemente die Summe 1 haben. Die Spalten der Grenzmatrix G entsprechen den Elementen dieses Fixvektors.
Für jede Verteilung $\vec{x}$ gilt dann: $G \cdot \vec{x} = \vec{g}$.

Die stochastische Matrix $P = \begin{pmatrix} 0{,}3 & 0{,}6 \\ 0{,}7 & 0{,}4 \end{pmatrix}$ gibt das Wechselverhalten der Gäste von zwei Szenecafés an: 30% der Gäste von A gehen das nächste Mal wieder zu A, 70% zu B...
Zu Beginn gehen 800 Gäste zu A, 500 zu B.
Aus $P \cdot \vec{g} = \vec{g}$ folgt $\begin{pmatrix} 0{,}3 & 0{,}6 \\ 0{,}7 & 0{,}4 \end{pmatrix} \cdot \begin{pmatrix} x_1 \\ x_2 \end{pmatrix} = \begin{pmatrix} x_1 \\ x_2 \end{pmatrix}$
und $x_1 = 6t$; $x_2 = 7t$.
Die Gesamtzahl der Gäste ist 1300:
$x_1 + x_2 = 13t = 1300$, also $t = 100$
und $\vec{g} = \begin{pmatrix} 600 \\ 700 \end{pmatrix}$:
stabile Verteilung, unabhängig von der Anfangsverteilung.
Fixvektor mit Spaltensumme 1:

$\vec{g}' = \begin{pmatrix} \frac{6}{13} \\ \frac{7}{13} \end{pmatrix}$; also $G = \begin{pmatrix} \frac{6}{13} & \frac{6}{13} \\ \frac{7}{13} & \frac{7}{13} \end{pmatrix}$

Lässt sich eine **Populationsentwicklung** durch eine Übergangsmatrix $U = \begin{pmatrix} 0 & 0 & v \\ a & 0 & 0 \\ 0 & b & 0 \end{pmatrix}$, mit $v > 0$ und $0 < a, b \leq 1$ beschreiben, so gilt:
für $a \cdot b \cdot v < 1$: die Population stirbt aus, für $a \cdot b \cdot v = 1$: die Population entwickelt sich zyklisch und für $a \cdot b \cdot v > 1$: die Population nimmt zu.

$U = \begin{pmatrix} 0 & 0 & 40 \\ 0{,}25 & 0 & 0 \\ 0 & 0{,}1 & 0 \end{pmatrix}$ $40 \cdot 0{,}25 \cdot 0{,}1 = 1$,
die Population entwickelt sich zyklisch.
$U^3 = E$, die Zyklusdauer beträgt 3 Prozessschritte.

Prüfungsvorbereitung ohne Hilfsmittel

1 Gegeben sind die Matrizen A, B und C: $A = \begin{pmatrix} 1 & -1 \\ 2 & 2 \end{pmatrix}$, $B = \begin{pmatrix} 1 & -1 \\ -1 & 2 \end{pmatrix}$, $C = \begin{pmatrix} 1 & 3 & 1 \\ 2 & 1 & 1 \end{pmatrix}$ und der Vektor $\vec{x}$ mit $\vec{x} = \begin{pmatrix} -1 \\ 2 \end{pmatrix}$. Berechnen Sie

a) $A - B$,
b) $A \cdot B$,
c) A^{-1},
d) $A \cdot \vec{x}$.

2 Sind die folgenden Aussagen wahr oder falsch? Begründen Sie.
a) Jede quadratische Matrix ist invertierbar.
b) Die durch Multiplikation von A mit B entstehende Matrix C hat immer gleich viele oder weniger Zeilen als A.
c) Kennt man die Matrix A eines Produktionsprozesses und die Menge an vorhandenen Ausgangsprodukten, so kann mit diesem Wissen immer die Menge an Endprodukten bestimmt werden.
d) Zu jeder Matrix A existiert auch eine Grenzmatrix G.
e) Zu jeder Matrix A existiert ein Fixvektor.

3 Zur Dekoration von zwei verschiedenen Kuchen K_1 und K_2 werden drei verschiedene Marzipanfiguren M_1, M_2 und M_3 benötigt (siehe Fig. 1).
a) Ermitteln Sie die Bedarfsmatrix A an Marzipanfiguren je Kuchen.
b) Es sollen 20 Kuchen K_1 und 10 Kuchen K_2 hergestellt werden. Bestimmen Sie den Bedarf an Marzipanfiguren.

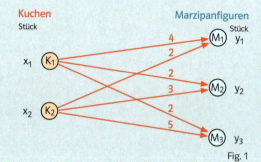

Fig. 1

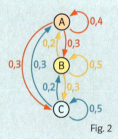

Fig. 2

4 In TRIDISTAN gibt es die Parteien A, B und C. Die Wahlberechtigten ändern von Wahl zu Wahl ihr Abstimmungsverhalten wie in Fig. 2 angegeben.
a) Geben Sie die Übergangsmatrix für diesen Prozess an und prüfen Sie nach, dass es sich um einen Austauschprozess handelt.
b) Anfangs wählen 100 000 Wähler die Partei A, 50 000 die Partei B und 150 000 die Partei C. Wie viele Wähler haben die drei Parteien bei der zweiten bzw. dritten Wahl?
c) Untersuchen Sie, ob 70 000 Wähler für Partei A, 80 000 Wähler für Partei B und 90 000 Wähler für Partei C eine Gleichgewichtsverteilung sind.
d) Beschreiben Sie zwei Wege, wie man eine Gleichgewichtsverteilung für die Wählerstimmen ermitteln kann.

5 Ein Chip ist auf einer Seite mit 0 und auf der anderen mit 1 beschriftet. Er wird so lange geworfen, bis die Summe der Einzelergebnisse den Wert 2 überschreitet.
a) Zeichnen Sie ein Prozessdiagramm zu dem Spiel.
b) Geben Sie die Wahrscheinlichkeitsverteilung der Zustände nach zwei Würfen an.
c) Mit welcher Wahrscheinlichkeit braucht man höchstens vier Würfe bis zum Spielende?

6 Die Populationsentwicklung einer Insektenart kann durch die Matrix $U = \begin{pmatrix} 0 & 0 & 3 \\ a & 0 & 0 \\ 0 & b & 0 \end{pmatrix}$ beschrieben werden.
a) Geben Sie zwei Wertepaare für a und b so an, dass sich die Population zyklisch entwickelt. Nennen Sie jeweils ein Wertepaar, sodass sich die Population in drei Zeitschritten halbiert. Ist es möglich, dass sich die Population innerhalb von drei Zeitschritten vervierfacht? Kann sie auf ein Viertel zurückgehen?
b) Gegeben sind $a = 0,25$ und $b = 0,75$. Wie entwickelt sich die Startpopulation $(100, 100, 100)$ im nächsten Zeitschritt?

Prüfungsvorbereitung mit Hilfsmitteln

1 Bestimmen Sie mit den Matrizen $A = \begin{pmatrix} 1 & -1 & 1 \\ 2 & 1 & 0 \\ -1 & 0 & 1 \end{pmatrix}$ und $B = \begin{pmatrix} 2 & 0 & -1 \\ -2 & 1 & 0 \\ 0 & 3 & 1 \end{pmatrix}$

a) $A + B$, b) $A^{-1} \cdot B$, c) $(B + E)^{-1}$, d) $(0\ 1\ 0) \cdot A$.

2 Ein Schnellrestaurant hat 300 treue Kunden, die dort jeden Tag zu Mittag essen und etwas trinken. Jeder Kunde kann zwischen 3 Getränkesorten A, B, C wählen. Die Kunden entscheiden sich jeden Tag so um, wie das Diagramm in Fig. 1 zeigt (die Pfeilspitze zeigt auf das Getränk am nächsten Tag).

a) Beschreiben Sie eine Stufe des Prozesses durch eine Übergangsmatrix A. Bestimmen Sie eine stabile Verteilung für die Getränkewahl.
b) Bestimmen Sie die Übergangsmatrizen für 2; 3 und 4 Tage.
c) Welche Grenzmatrix vermuten Sie für A^k für $k \to \infty$?

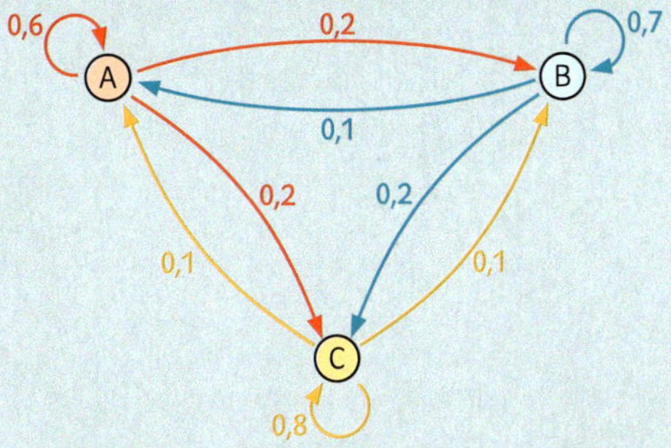

Fig. 1

3 In einer Werkstatt werden aus zwei Rohstoffen, zwei Zwischenprodukte und daraus zwei Endprodukte gefertigt.

	Z_1	Z_2	E_1	E_2
R_1	2	3	14	13
R_2	3	4	19	18

a) Die Werkstatt erhält eine Bestellung von 15 Einheiten von E_1 und 10 Einheiten von E_2. Wie viele Rohstoffe und wie viele Zwischenprodukte sind hierfür bereitzustellen?
b) Die Rohstoffkosten der Stufe 1 betragen 12 € für Z_1 und 17 € für Z_2. Wie hoch sind die Rohstoffkosten je Einheit von R_1 bzw. von R_2?

4 Zeigen Sie, dass für die Matrix $B = \begin{pmatrix} 1 & a & b \\ 0 & 1 & 0 \\ 0 & 0 & 1 \end{pmatrix}$ mit $a, b \in \mathbb{R}$ gilt:

a) $B^2 = 2 \cdot B - E$ b) $B^3 = 3 \cdot B - 2 \cdot E$.

5 Die Kunden der Supermärkte LADI, LUPS und POP kaufen zwar immer in einem der drei Märkte ein, wechseln jedoch von Woche zu Woche nach folgenden Regeln:
(1) 40 % der LADI-Kunden bleiben bei LADI, 30 % wechseln zu LUPS, 30 % zu POP.
(2) 50 % der LUPS-Kunden bleiben bei LUPS, 20 % wechseln zu LADI, 30 % zu POP.
(3) 30 % der POP-Kunden bleiben bei POP, 50 % wechseln zu LADI, 20 % zu LUPS.
a) Bestimmen Sie die Übergangsmatrix A und berechnen Sie damit für eine Startverteilung von 60 % LADI-Kunden, 30 % LUPS-Kunden und 10 % POP-Kunden die Kundenverteilung nach einer Woche und nach fünf Wochen.
b) Bestimmen Sie eine Gleichgewichtsverteilung für die Kundenzahlen, wenn die Supermärkte insgesamt 16 000 Kunden haben.
c) Was hat die Grenzmatrix A^k für $k \to \infty$ mit der Gleichgewichtsverteilung aus b) zu tun?

6 Die Entwicklung der Altersverteilung einer Fischpopulation wird durch folgendes Modell beschrieben: Die Hälfte aller neugeborenen Fische überlebt das erste Lebensjahr, ein Drittel aller einjährigen Fische überlebt das zweite Jahr und kein Fisch wird älter als drei Jahre, bringt aber kurz vor dem Tod fünf Nachkommen zur Welt.
a) Zeichnen Sie das Übergangsdiagramm und geben Sie die Übergangsmatrix an.
b) Begründen Sie, dass es keine Startpopulation geben kann, bei der sich die Anzahl der Individuen innerhalb der einzelnen Altersgruppen nicht verändert.
c) Zu einem bestimmten Zeitpunkt werden 110 neugeborene, 250 einjährige und 50 zweijährige Fische gezählt. Wie viele waren es jeweils zwei Zeitschritte davor?

Diskrete Wahrscheinlichkeitsverteilung

In der beschreibenden Statistik sammelt man Daten. In der Wahrscheinlichkeits-Rechnung berechnet man Modelle. In der beurteilenden Statistik prüft man Modelle.

Trotz aller Mühe bleibt die Vorhersage des nächsten Münzwurfs Glücksache. Ist denn in der Stochastik gar nichts sicher?

Münzen sollen kein Gedächtnis haben. Nun gut, warum auch. Aber wie schaffen sie es dann, dass bei 1000 Münzwürfen rund 500 mal Wappen fällt?

… und was ist, wenn sie es einmal nicht schaffen und 842 von ihnen zeigen Wappen?

Das kennen Sie schon

- Wahrscheinlichkeit
- Relative Häufigkeit
- Mit Wahrscheinlichkeiten Realität modellieren
- Simulieren

ganzzahlig – Summenbildung

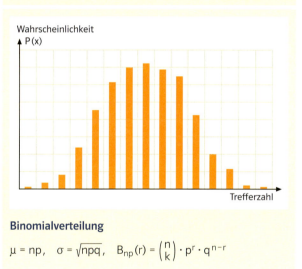

Binomialverteilung

$\mu = np, \quad \sigma = \sqrt{npq}, \quad B_{np}(r) = \binom{n}{k} \cdot p^r \cdot q^{n-r}$

Algorithmus

Daten und Zufall

Beziehung und Änderung

Messen

Raum und Struktur

In diesem Kapitel

– lernen Sie Daten durch Kenngrößen zu beschreiben.
– lernen Sie mit Bernoulli-Ketten zu arbeiten.
– lernen Sie Binomialverteilungen zu nutzen.
– werden Standardabweichung und Erwartungswert von Binomialverteilungen eingeführt.
– lernen Sie unbekannte Wahrscheinlichkeiten durch Vertrauensintervalle zu schätzen.

1 Wiederholung: Wahrscheinlichkeiten

Maren möchte gern Sechsen würfeln.
Sie überlegt: „Wenn ich einen Würfel nehme, ist die Wahrscheinlichkeit für eine Sechs $\frac{1}{6}$, wenn ich zwei Würfel nehme, ist sie $\frac{2}{6}$, wenn ich drei Würfel nehme, ist sie $\frac{3}{6}$ usw. Das ist ja einfach!"

Fig. 1

Alle möglichen Ergebnisse eines Zufallsexperimentes bilden die **Ergebnismenge** S. Jedem Ergebnis ordnet man eine Zahl zwischen 0 und 1, seine **Wahrscheinlichkeit**, zu. Die Wahrscheinlichkeit eines Ergebnisses gibt an, welche relative Häufigkeit man für das Ergebnis bei vielen Versuchswiederholungen etwa erwarten kann. Beim einmaligen Drehen des Glücksrades in Fig. 1 ist die Ergebnismenge S = {r, b} mit den Wahrscheinlichkeiten P(r) = $\frac{3}{4}$ und P(b) = $\frac{1}{4}$. Die Summe der Wahrscheinlichkeiten aller Ergebnisse eines Zufallsversuches ergibt immer 1 bzw. 100 %.

Zweimaliges Drehen des Glücksrades ist ein **mehrstufiges Zufallsexperiment**. Die Ergebnisse erhält man mit einem **Baumdiagramm** (Fig. 2). Die Ergebnismenge kann man in der Form S = {rr, rb, br, bb} notieren. Die zugehörigen Wahrscheinlichkeiten werden bestimmt, indem man die Wahrscheinlichkeiten längs des dazugehörigen Pfades multipliziert (Pfadregel), z. B. P(rb) = $\frac{3}{4} \cdot \frac{1}{4} = \frac{3}{16}$.
Die **Wahrscheinlichkeitsverteilung** stellt man übersichtlich in einer Tabelle oder mit einem Graphen (Fig. 3) dar.

e	rr	rb	br	bb
P(E)	$\frac{9}{16}$	$\frac{3}{16}$	$\frac{3}{16}$	$\frac{1}{16}$

Fig. 2

Fig. 3

Die Ereignisse E und $\overline{E}$ kann man auch in Worten beschreiben:
E: Es erscheint mindestens einmal rot
$\overline{E}$: Es erscheint kein Mal rot bzw. nur blau.

Eine Teilmenge der Ergebnismenge wie E = {rr, rb, br} nennt man **Ereignis**.
Das Ereignis $\overline{E}$ = {bb}, das aus allen Ergebnissen besteht, die nicht in E liegen, heißt **Gegenereignis** von E. Es gilt P(E) = P(rr) + P(rb) + P(br) = $\frac{9}{16} + \frac{3}{16} + \frac{3}{16} = \frac{15}{16}$ (Summenregel).

Hier ist es einfacher, die Wahrscheinlichkeit für das Gegenereignis von E zu bestimmen, denn es gilt P(E) = 1 − P($\overline{E}$) = 1 − $\frac{1}{16}$ = $\frac{15}{16}$.

Pfadregel:
Die Wahrscheinlichkeit für ein Ergebnis erhält man, indem man die Wahrscheinlichkeiten längs des dazugehörigen Pfades multipliziert.
Summenregel:
Die Wahrscheinlichkeit P(E) eines Ereignisses E erhält man, indem man die Wahrscheinlichkeiten der zugehörigen Ergebnisse addiert.

Beispiel Mehrstufige Zufallsexperimente
Versuchsreihen bei einem Medikament haben gezeigt, dass es mit 80% Wahrscheinlichkeit eine heilende Wirkung zeigt.
a) Ein Arzt behandelt drei Patienten mit dem Medikament. Berechnen Sie die Wahrscheinlichkeit für das Ereignis
A: alle Patienten werden geheilt,
B: nur ein Patient wird geheilt,
C: mindestens ein Patient wird geheilt.
b) Beantworten Sie Teilaufgabe a), falls sechs Patienten behandelt werden.

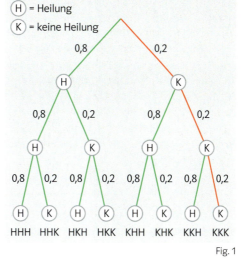

Der zu $\overline{C}$ gehörige Pfad im Baumdiagramm ist in Fig. 1 rot markiert.

■ Lösung:
a) $P(A) = P(HHH) = 0{,}8^3 = 0{,}512$,
$P(B) = P(\{HKK, KHK, KKH\})$
$= 3 \cdot 0{,}8 \cdot 0{,}2 \cdot 0{,}2 = 3 \cdot 0{,}8 \cdot 0{,}2^2 = 0{,}096$
$\overline{C}$: kein Patient wird geheilt, also
$P(C) = 1 - P(\overline{C}) = 1 - 0{,}2^3 = 0{,}992$ (vgl. Fig. 1).
b) *Man zeichnet nicht mehr den ganzen Baum, sondern nur einen Teilbaum, der die benötigten Pfade enthält. Oder man stellt sich den Baum nur noch vor („Baum im Kopf"). Die Rechnung aus Teilaufgabe a) wird übertragen.*
$P(A) = 0{,}8^6 = 0{,}2621$;
$P(B) = 6 \cdot 0{,}8 \cdot 0{,}2^5 = 0{,}0015$; *bei B kann „H" an sechs Stellen im Ergebnis stehen, die anderen fünf sind „K".*
$\overline{C}$: kein Patient wird geheilt, also $P(C) = 1 - P(\overline{C}) = 1 - 0{,}2^6 = 0{,}9999$.

Aufgaben

1 Eine Schale enthält vier rote und drei blaue Kugeln. Es werden blind zwei Kugeln mit (ohne) Zurücklegen entnommen.
Mit welcher Wahrscheinlichkeit
a) sind es zwei rote,
b) ist eine blau und eine rot,
c) ist mindestens eine rote dabei,
d) ist höchstens eine blaue dabei?

2 Das Glücksrad in Fig. 2 wird dreimal gedreht. Geben Sie die Ergebnismenge an.
Wie groß ist die Wahrscheinlichkeit für das Ereignis E?
a) E: „dreimal gelb erscheint"
b) E: „genau einmal blau erscheint"
c) E: „mindestens einmal gelb erscheint"
d) E: „mindestens zweimal blau erscheint"

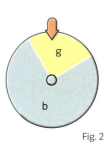

Fig. 2

3 Von einem Medikament ist bekannt, dass es in $\frac{3}{4}$ aller Fälle eine Krankheit heilt. Drei Patienten werden damit behandelt. Bestimmen Sie die Wahrscheinlichkeit für das Ereignis. Beschreiben Sie das Gegenereignis in Worten.
a) Es wird kein Patient geheilt.
b) Genau ein Patient wird geheilt.
c) Nur ein Patient wird nicht geheilt.
d) Höchstens zwei Patienten werden geheilt.

4 Bei einem Spiel erhält man eine Punktzahl von 1 bis 6 nach folgendem Verfahren:
Man würfelt mit zwei Würfeln und nimmt die kleinere der auftretenden Augenzahlen als Punktzahl. Bei gleichen Augenzahlen nimmt man diese.
Geben Sie die Wahrscheinlichkeitsverteilung für das Zufallsexperiment an.
Skizzieren Sie den Graphen der Wahrscheinlichkeitsverteilung.

Fig. 1

Erinnerung:
E∪F ist die Menge, die alle Elemente enthält, die in E oder F (oder in beiden) liegen.

5 In einer Schale liegen sechs Kugeln (siehe Fig. 1). Man entnimmt daraus – ohne hinzusehen – nacheinander zwei Kugeln mit Zurücklegen. Vor jedem Zug werden die Kugeln gut gemischt. Ergebnisse werden in der Form 3–1 notiert, falls z.B. die erste Kugel die Nummer 3 und die zweite Kugel die Nummer 1 trägt. Betrachten Sie die Ereignisse E: Die Summe der Zahlen auf den Kugeln beträgt höchstens 3; F = {1–1, 2–1, 3–1, 4–1}.
a) Geben Sie E in Mengenschreibweise an.
Beschreiben Sie F und das Gegenereignis von E in Worten.
Bestimmen Sie P(E) und P(F).
b) Wie groß ist die Wahrscheinlichkeit, dass die Summe der Zahlen auf den Kugeln höchstens 3 beträgt, und dass man ein Ergebnis aus F erhält?
c) Bestimmen Sie P(E∪F).

Zeit zu überprüfen

6 Dirk Nowitzki trifft beim Basketball-Freiwurf mit der Wahrscheinlichkeit $\frac{9}{10}$.
Nowitzki macht drei Freiwürfe. Ein mögliches Ergebnis ist TNT (im 1. Wurf trifft er, im 2. Wurf trifft er nicht und im 3. Wurf trifft er wieder).
a) Geben Sie die Ergebnismenge sowie eine Tabelle der Wahrscheinlichkeitsverteilung an. Skizzieren Sie den Graphen der Wahrscheinlichkeitsverteilung.
b) Geben Sie das Ereignis E: „Nowitzki trifft mindestens zweimal" als Menge an und bestimmen Sie P(E). Beschreiben Sie das Gegenereignis von E in Worten und geben Sie seine Wahrscheinlichkeit an.
c) Wie groß ist die Wahrscheinlichkeit, dass Nowitzki höchstens zweimal trifft?

7 Wie groß ist die Wahrscheinlichkeit, bei fünf Würfen mit einem Würfel
a) mindestens eine Sechs zu werfen,
b) lauter verschiedene Augenzahlen zu erhalten,
c) die erste Sechs erst beim fünften Wurf zu erzielen?

8 Die Wahrscheinlichkeit für eine Jungengeburt beträgt 0,515. Mit welcher Wahrscheinlichkeit bekommt eine Familie mit fünf Kindern
a) nach vier Söhnen eine Tochter,
b) nach vier Töchtern einen Sohn?

9 Beim Lotto „6 aus 49" kreuzt man auf einem Tippzettel sechs Zahlen an. Bei der Ziehung werden in eine Schale 49 Kugeln gefüllt, welche die Nummern 1 bis 49 tragen. Ein Zufallsmechanismus zieht davon sechs Kugeln ohne Zurücklegen. Eine Kugel, die eine der auf dem Tippzettel angekreuzten Nummern trägt, nennt man „Richtige". Es gibt 13 983 816 mögliche Ziehungen. Alle Ziehungen sind gleichwahrscheinlich.
a) Wie groß ist die Wahrscheinlichkeit für sechs Richtige?
b) Eine Ziehung mit sechs aufeinanderfolgenden Zahlen heißt „Sechsling". Wie groß ist die Wahrscheinlichkeit für einen Sechsling?
c) Wie groß ist die Wahrscheinlichkeit für null Richtige?

Das radioaktive Element Jod-131 wurde bei der Explosion des Atomkraftwerks in Tschernobyl im Jahre 1986 in großen Mengen freigesetzt. Es wirkt als Spurenelement und ist Grundlage für die Hormonproduktion. Es reichert sich in der Schilddrüse an.

10 a) Ein Atom eines radioaktiven Stoffes zerfällt im Laufe eines Tages mit der Wahrscheinlichkeit 0,15. Anfangs sind von dem Stoff 100% vorhanden. Wie viel Prozent sind nach zehn Tagen noch da? Bestimmen Sie die **Halbwertszeit** des Stoffes, d.h. die Zeit, in der nur noch 50% des Stoffes vorhanden sind.
b) Jod-131 besitzt eine Halbwertszeit von acht Tagen. Wie groß ist die Wahrscheinlichkeit, dass ein Atom von Jod-131 in den nächsten 24 Stunden zerfällt?

2 Daten darstellen und auswerten

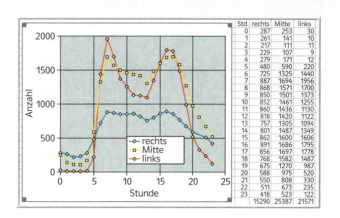

Die Abbildung zeigt die „Verkehrsdichte" (Anzahl der Kraftfahrzeuge je Stunde) im Verlaufe eines Tages auf drei Autobahn-Spuren. Fassen Sie die dargestellten Informationen in Worte.

Bisher wurden relativ einfache Situationen mithilfe von Wahrscheinlichkeiten beschrieben. Bevor man die komplexe Realität durch Wahrscheinlichkeitsmodelle beschreibt, muss man sie durch Messen, Zählen und Visualisieren „erfassen". Das geschieht in der **Beschreibenden Statistik**.

Umfragen, Verkehrszählungen, Beobachtungen zur Lebensdauer von Produkten sind Beispiele **statistischer Erhebungen**. Meist kann man nicht alle interessierenden Personen oder Produkte (die **Grundgesamtheit**) untersuchen. Man ist auf eine repräsentative **Stichprobe** angewiesen, deren Ergebnisse man in einer **Urliste** festhält.
In der Tabelle ist eine Urliste dargestellt, in der Geschwindigkeiten in einer „Tempo 30-Zone" gemessen wurden. Der **Stichprobenumfang** betrug n = 2586.

In Fig. 2 wurde die **Urliste** aus Fig. 1 nach Geschwindigkeiten ausgezählt, wobei „benachbarte" Geschwindigkeiten zu **Klassen** zusammengefasst wurden. So gehören alle Geschwindigkeiten zwischen 15 $\frac{km}{h}$ und 25 $\frac{km}{h}$ zur Klasse mit **Klassenmitte** 20 $\frac{km}{h}$. Das entspricht hier dem Runden auf Zehner. Fig. 3 zeigt das zugehörige **Säulendiagramm**.

Urliste

Nr.	Uhrzeit T	V $\left(\frac{km}{h}\right)$	gerundet
0001	09:45:13	44,2	40
0002	09:46:04	32,8	30
...			
0123	11:09:21	52,0	50
0124	11:09:47	61,8	60
0125	11:10:04	28,2	30
0126	11:10:21	41,1	40
...			
2585	23:58:47	74,2	70
2586	23:59:13	52,6	50

Fig. 1

Eine Stichprobe heißt repräsentativ, wenn sie die Grundgesamtheit ausgewogen widerspiegelt. Würde man nur Jungwähler unter 22 befragen, wäre das sicher keine für alle Wähler repräsentative Stichprobe.

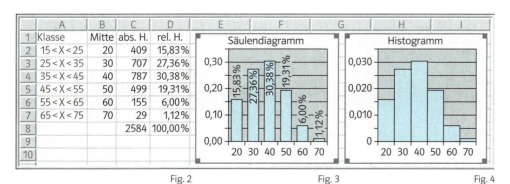

Fig. 2   Fig. 3   Fig. 4

Wenn man die Höhe der Säule durch die Klassenbreite teilt, erhält man die Höhe des Histogrammrechtecks. Beide Begriffe fallen zusammen, wenn die Klassenbreite 1 ist. Das ist bei ganzzahligen Daten häufig der Fall. Tabellenkalkulationsprogramme unterscheiden zwischen diesen Begriffen nicht.

X Diskrete Wahrscheinlichkeitsverteilungen

Vielfach sind die Details der Häufigkeitsverteilung von untergeordnetem Interesse, es reicht, wenn man den **Mittelwert** kennt und weiß, wie stark die Daten um den Mittelwert **streuen**.

Der Mittelwert der Geschwindigkeiten ist $\bar{x} = \frac{1}{2586}(44{,}2 + 32{,}8 + \ldots + 52{,}6) = 37{,}58$
Man kann ihn näherungsweise auch aus den relativen Häufigkeiten berechnen

$\bar{x} \approx 20 \cdot \frac{409}{2586} + 30 \cdot \frac{707}{2586} + 40 \cdot \frac{785}{2586} + 50 \cdot \frac{499}{2586} + 60 \cdot \frac{155}{2586} + 70 \cdot \frac{29}{2586} = 37{,}56$.

Dabei ersetzt man jeden der 2584 Messwerte durch den auf die zugehörige Klassenmitte gerundeten Wert und fasst gleiche gerundete Werte zusammen.

(Zum Beispiel hatte man nach dem Runden 409-mal die Geschwindigkeit 20 $\frac{km}{h}$.)

Der Name Standardabweichung kommt daher, dass bei Daten wie Körperlänge von Schulanfängern oder der Intelligenzquotienten, die einer Vielzahl unabhängiger Einflüssen unterliegen, „standardmäßig" ca. 68 % aller Daten um höchstens eine Standardabweichung vom Mittelwert abweichen. **Ca. 68 % aller Daten liegen also im Intervall $[\bar{x} - s; \bar{x} + s]$**
Dieser fundamentale Zusammenhang wird die folgenden Lerneinheiten wie ein roter Faden durchziehen.

Als Maß für die Streuung der Daten um den Mittelwert benutzt man die empirische Standardabweichung

$s = \sqrt{\frac{1}{2586}((44{,}2 - \bar{x})^2 + (32{,}8 - \bar{x})^2 + \ldots + (52{,}6 - \bar{x})^2)} = 11{,}75$

Man kann auch hier näherungsweise mit den relativen Häufigkeiten arbeiten:

$s \approx \sqrt{(20 - \bar{x})^2 \cdot \frac{409}{2586} + (30 - \bar{x})^2 \cdot \frac{707}{2586} + \ldots + (70 - \bar{x})^2 \cdot \frac{29}{2586}} = 11{,}74$

Gegeben ist eine Urliste $x_1, x_2, x_3, \ldots, x_n$. Die zugehörigen Kenngrößen sind:
der **Mittelwert** $\bar{x} = \frac{1}{n}(x_1 + x_2 + x_3 + \ldots + x_n)$ und
die empirische **Standardabweichung** $s = \sqrt{\frac{1}{n}((x_1 - \bar{x})^2 + (x_2 - \bar{x})^2 + \ldots + (x_n - \bar{x})^2)}$
Wenn eine relative Häufigkeitsverteilung mit Klassenmitten $m_1, m_2, m_3, \ldots, m_k$ und den relativen Häufigkeiten $h_1, h_2, \ldots, h_k$ vorliegt, so gilt näherungsweise auch:
$\bar{x} \approx m_1 h_1 + m_2 h_2 + m_3 h_3 + \ldots + m_k h_k$ und
$s \approx \sqrt{(m_1 - \bar{x})^2 \cdot h_1 + (m_2 - \bar{x})^2 \cdot h_2 + \ldots + (m_k - \bar{x})^2 \cdot h_k}$

Punkte einer Klausur
12; 9; 7; 11; 10; 10; 7; 8; 8; 8; 10; 9; 8; 10; 13; 12; 8; 8; 13; 11; 11; 7; 11; 11; 15; 8; 13; 10; 8; 13; 8; 7; 12; 7; 11; 7; 12; 10; 5; 7; 4; 10; 7; 8; 7; 6; 5; 7; 10; 6; 11; 5; 7; 6; 5; 14; 13

Beispiel 1

Eine Stichprobe aus 57 Klausuren einer Stufe lieferte die links stehenden Punkte.
a) Ermitteln Sie die relativen Häufigkeiten, die zu den Klassen ausreichend (zwischen 4P und 6P), befriedigend (zwischen 7P und 9P), gut (zwischen 10P und 12P) und sehr gut (zwischen 13P und 15P) gehören.
b) Stellen Sie die relativen Häufigkeiten grafisch dar.
c) Berechnen Sie Mittelwert und Standardabweichung der Bewertungspunkte.
▪ Lösung:

a), b)

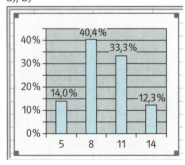

Fig. 1: Säulendiagramm

c) Mittelwert über Urliste
$\bar{x} = \frac{12 + 9 + 7 + \ldots + 13}{57} = 9{,}05$
oder über die Klassenmitten
$\bar{x} \approx 5 \cdot 0{,}140 + 8 \cdot 0{,}404 + \ldots + 14 \cdot 0{,}123 = 9{,}32$
Standardabweichung über Urliste
$s = \sqrt{\frac{(12 - 9{,}05)^2 + \ldots + (14 - 9{,}05)^2}{57}} = 2{,}59$
oder über Klassenmitten
$s \approx \sqrt{(5 - 9{,}32)^2 \cdot 0{,}14 + \ldots + (14 - 9{,}32)^2 \cdot 0{,}123}$
$= 2{,}65$

GTR-Hinweise
735501-3431

Zum Umgang mit Tabellenkalkulation
In der Praxis verwendet man zur Auswertung und Präsentation statistischer Erhebungen Tabellenkalkulationsprogramme wie z. B. Excel. Sie besitzen Befehle, mit denen man eine Urliste (auch bei vorgegebener Klasseneinteilung) auszählen, die entstehenden Häufigkeitsverteilungen grafisch darstellen und die Kennwerte berechnen kann.

Beispiel 2 Auswertung einer statistischen Erhebung mit Tabellenkalkulation
Bei einem Experiment wurden 38 Schülerinnen und Schüler gebeten, nach einem Startsignal den Zeitpunkt zu benennen, an dem ihrem Gefühl nach eine Minute verstrichen war.
Als Urliste der 38 gestoppten Zeiten ergab sich

57 55 47 49 53 58 59 54 50 45 54 50 56 53 49 52 55 59 63 61 60 60 66 68 63 63 60 56 66 57 69 56 58 62 56 65 75

a) Ermitteln Sie mithilfe von Excel die absoluten und die relativen Häufigkeiten, mit denen die Zeitabweichungen X in den Klassen $-20 < X \le -16$, $-16 < X \le -12$, ..., $16 < X \le 20$ liegen.
b) Erstellen Sie ein Säulendiagramm.
c) Berechnen Sie Mittelwert und Standardabweichung.

So geht's mit dem GTR

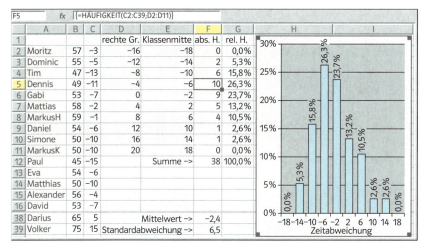

Fig. 1

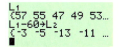

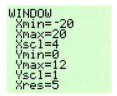

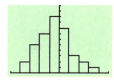

In Excel spricht man von einer „Vektorformel". Sowohl Excel als auch der GTR zeichnen typischerweise Säulendiagramme

■ **Lösung:** a) Man trägt die gemessenen Zeiten in Spalte B ein und berechnet in C die Abweichung zum Sollwert 60 (Sekunden). Die rechten Klassengrenzen $-16, -12, ..., 20$ werden untereinander notiert. In Fig. 1 stehen sie im Bereich `D2:D11`. Ein gleich großer Bereich `F2:F11` wird für die Verteilung der absoluten Häufigkeiten markiert und mit der Formel
`{=HÄUFIGKEIT(C2:C39;D2:D11)}` belegt. Die geschweiften Klammern entstehen automatisch, wenn man die Eingabe der Formel durch die Tastenkombination ⇧ Strg ⏎ beendet. Die Klammern deuten an, dass sich die Formel auf den gesamten markierten Bereich `F2:F11` bezieht.
Die Zellen aus solchen Bereichen können nicht einzeln geändert werden, man kann sie nur als Einheit bearbeiten. Im Unterschied dazu kann man die Klassengrenzen im Bereich `D2:D11` auch nachträglich einzeln ändern und die Veränderungen in der Häufigkeitstabelle studieren. In Zelle `F12` steht der Befehl `=SUMME(F2:F11)`, der die Zahl der Versuchsteilnehmer liefert. Zelle `G2` enthält eine relative Häufigkeit, die mit der Formel `=F2/F$12` berechnet wird und sich in den Bereich `G3:G12` kopieren lässt.
b) Zur Erstellung eines Diagramms wird der Bereich der Klassenmitten und Häufigkeiten `E2:F11` markiert. Dann wählt man „`Einfügen, Diagramm`" und lässt sich vom Diagramm-Assistenten führen.
c) Mittelwert und Standardabweichung werden in den Zellen `F38` und `F39` über die Formeln `=MITTELWERT(C2:C39)` bzw. `=STABWN(C2:C39)` berechnet.

X Diskrete Wahrscheinlichkeitsverteilungen 343

Aufgaben

1 a) Gegeben sind zehn rote und zehn blaue Zahlen. Schätzen Sie den Mittelwert und die Standardabweichung und kontrollieren Sie Ihre Schätzungen durch Nachrechnen.
b) Welcher Mittelwert, welche Standardabweichung ergibt sich, wenn man die einzelnen Zahlen ganzzahlig rundet?
10 6,1 10,3 7,1 8,2 12,6 10,4 5,6 1,1 10,6
9,7 5,4 3,9 8,1 3,3 4,5 4,8 12,2 8,4 7,3

Sie können den GTR oder Excel nutzen.

2 a) Berechnen Sie Mittelwert $\bar{x}$ und Standardabweichung s der folgenden Paketgewichte.
2,7 2,5 2,3 1,1 2,0 2,4 2,6 2,6 2,2 1,7 1,0 2,7 2,9 1,8 2,9 1,8 1,6 0,6 1,6 2,4
b) Wie viel Prozent der Gewichte liegen im Intervall $[\bar{x} - s; \bar{x} + s]$?

3 a) Berechnen Sie aus den Angaben von Fig. 1 und von Fig. 2 die Mittelwerte $\bar{x}$ und die Standardabweichungen s der Altersverteilungen in der Jahrgangsstufe 5 und in der Jahrgangsstufe 12.
b) Wie erklären Sie inhaltlich, dass die Standardabweichung in der Jahrgangsstufe 12 größer ist?
c) Wie müssten Sie die Säulendiagramme verändern, um „echte Histogramme" zu erhalten, bei den relative Häufigkeiten Flächen und nicht Säulenlängen entsprechen?

In dieser Stichprobe liegt das Alter von 78,8 % der 165 Schüler der 5. Klassen zwischen $\bar{x} - s$ und $\bar{x} + s$.
In Stufe 12 (77 Schüler) liegt der Prozentsatz mit 70,1 % näher am 68%-Wert der Faustregel. Sie können diese Angaben durch Auswerten einer selbst erstellten Urliste Alter.xls kontrollieren.

Fig. 1

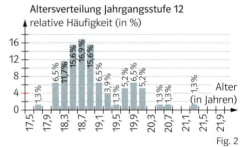

Fig. 2

4 In einer Klasse 5 wurden Fehlstunden F und Zeugnisnote N erhoben.

Name	F	N	Name	F	N	Name	F	N	Name	F	N	Name	F	N	Name	F	N
Nadja	19	2,43	Nadine	0	2,50	Simone	18	3,25	Gülsah	15	2,71	Leonard	22	3,29	Onur	0	3,29
Songül	2	2,57	Elif	6	2,57	Stephanie	19	2,88	Markus	48	2,38	Stefan	0	2,88	Tina	12	2,88
Dirk	4	2,00	Janina	17	2,38	Cigdem	5	2,43	Michael	14	2,75	Dominique	32	2,25	Esther	6	2,50
Ataelahi	6	3,00	Tim	0	3,25	Sezen	9	3,00	Sabine	0	2,50	Sascha	0	2,63	Sebastian	20	1,88
Florian	2	2,13	Paul	0	2,25	Patrik	2	3,38	Marius	0	2,88	Melek	16	3,57	Nino	9	2,38

Wie könnte man herausfinden, ob die Schüler mit vielen Fehlstunden die schlechteren Zeugnisse haben?

a) Berechnen Sie die zugehörigen Kennwerte Mittelwert und Standardabweichung.
b) Stellen Sie die Fehlstunden in einem Säulendiagramm dar (Klasseneinteilung $0 \leq F \leq 10$, $11 \leq F \leq 20$, ..., $41 \leq F \leq 50$.)
c) Visualisieren Sie die Zeugnisnoten durch ein Histogramm (Klasseneinteilung $1 \leq N \leq 1,5$, $1,5 < N \leq 2$, ..., $2,5 < N \leq 3$)

Zeit zu überprüfen

5 Liana hat 10-mal gewürfelt: 3-1-5-3-4-6-2-6-1-2. Berechnen Sie den Mittelwert und die Standardabweichung der Augenzahl. Zeichnen Sie ein Säulendiagramm.

6 a) Würfeln Sie 10-mal und berechnen Sie den Mittelwert und die Standardabweichung.
b) Lassen Sie einen GTR oder Excel 100-mal würfeln. Stellen Sie die Ergebnisse grafisch dar. Berechnen Sie den Mittelwert und die Standardabweichung.

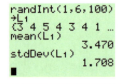

7 Klein-Projekt Reaktionszeiten

Mithilfe der Datei messen-reaktion.xls können Sie Ihre eigene Reaktions- und Konzentrationsfähigkeit untersuchen. Die Versuchsergebnisse werden statistisch ausgewertet.

Wählen Sie in der Excel-Datei das Blatt *Messung* und klicken Sie auf *Test starten*. Es erscheint in zufälligen Zeitabständen eine Schaltfläche mit akustischem Signal. Klicken Sie dann mit der linken Maustaste auf *Reaktionszeit stoppen*. Lassen Sie die Taste danach schnell wieder los. Die von Ihnen benötigte Zeit wird angezeigt. Nach Beendigung des Versuchs findet man ein Protokoll mit Kenndaten und Diagrammen im Blatt *Auswertung*. Arbeiten Sie ruhig und konzentriert. Vorzeitiges Klicken führt zum Testabbruch. Zu lange Wartezeiten werden als Lücken sichtbar. Sie prüfen also gleichzeitig Ihre Konzentrationsfähigkeit.

Excel
Messen – Reaktion
Messen – Takt

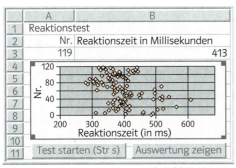
Arbeitsblatt Messung

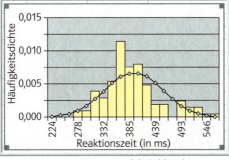
Arbeitsblatt Auswertung

a) Messen Sie Ihre Reaktionszeiten möglichst oft – bis zu Ihrer ersten Fehlreaktion. Notieren Sie den Mittelwert und die Standardabweichung Ihrer Reaktionszeiten. Wer
 – reagiert am schnellsten bzw. hat die kleinste Standardabweichung?
 – hat ohne Fehlreaktion am längsten durchgehalten (Konzentrationsfähigkeit)?
b) Wird Ihre Reaktionszeit mit wachsender Versuchszahl kleiner (Trainingseffekt) oder größer (Ermüdungseffekt)? Berechnen Sie Mittelwert und Standardabweichung der ersten und der letzten 20 Messwerte.
d) Entdecken Sie einen tendenziellen Zusammenhang zwischen der „Wartezeit" auf das Signal und Ihrer Reaktionszeit?
e) Schließen Sie die Augen oder schalten Sie den Bildschirm aus. Achten Sie nur auf das akustische Signal. Werden ihre Reaktionszeiten nun größer oder kleiner?
f) Reagieren Sie mit der rechten oder der linken Hand schneller?

8 Klein-Projekt Taktgefühl

Mitunter misst man die Zeitspanne (in Sekunden) durch langsames Zählen „Einundzwanzig, zweiundzwanzig …". Die Datei messen-taktgefuehl.xls mit den Arbeitsblättern *Messung* und *Auswertung* gestattet Ihnen zu untersuchen, wie gut Sie selber „als Uhr zu gebrauchen sind".
Wählen Sie das Blatt *Messung* und klicken Sie auf die Schaltfläche *Taktmessung starten*. Klicken Sie immer dann, wenn Sie glauben, dass eine Sekunde verstrichen ist, mit der linken Maustaste auf den Knopf *Takt*. Die Zeitintervalle zwischen je zwei Klicks werden gemessen, im Arbeitsblatt *Auswertung* gespeichert und ausgewertet.
Experimentiervorschläge:
a) Notieren Sie Mittelwert und Standardabweichung dieser Zeitdauern. Welcher Kursteilnehmer kommt dem Sekundentakt am nächsten? Wer „tickt" besonders unregelmäßig?
b) Sind Sie im Laufe des Versuches langsamer/schneller geworden? „Ticken" Sie am Anfang oder am Ende des Experiments regelmäßiger? Vergleichen Sie dazu Mittelwert und Standardabweichung der ersten und der letzten 20 Taktzeiten oder interpretieren Sie das Trend – Diagramm aus dem Arbeitsblatt *Auswertung*.

3 Erwartungswert und Standardabweichung bei Zufallsgrößen

Mara meint, dass Lotterie 1 günstiger ist, weil man mehr gewinnt. Jakob hält Lotterie 2 für günstiger, weil das blaue Feld bei dem Glücksrad größer ist. Anna fürchtet, dass man bei beiden Lotterien nur verlieren kann.

Analogie:
Die Wahrscheinlichkeit eines Ergebnisses ermöglicht eine Prognose seiner relativen Häufigkeit.

Bei der experimentellen Durchführung eines Zufallsexperiments bestimmt man die empirischen Kenngrößen Mittelwert und (empirische) Standardabweichung. Wenn man für das Zufallsexperiment eine Wahrscheinlichkeitsverteilung angeben kann, so werden entsprechende theoretische Kenngrößen festgelegt, die man **Erwartungswert** und **Standardabweichung** nennt. Sie ermöglichen eine Prognose der empirischen Kenngrößen.

Fig. 1

Den Ergebnissen rrb, rbr und brr ist z.B. der Gewinn X = 0 zugeordnet (rot gekennzeichnete Pfade in Fig. 2).
(Gewinn = Auszahlung minus Einsatz)

Bei einem Spiel wird zunächst 1€ Einsatz bezahlt. Dann wird das Glücksrad in Fig.1 dreimal gedreht. Wenn einmal blau erscheint, erhält man als Auszahlung 1€, bei „zweimal blau" 3€ und bei „dreimal blau" 6€. Gewinnt man bei dem Spiel auf lange Sicht?
Entscheidend dafür ist der Gewinn X in Euro.
Die **Zufallsgröße** X kann bei dem Spiel die Werte −1, 0, 2 oder 5 annehmen. Mit einem Baumdiagramm (Fig. 2) kann man für diese Werte die Wahrscheinlichkeiten bestimmen und damit die **Wahrscheinlichkeitsverteilung der Zufallsgröße** X, in einer Tabelle darstellen.

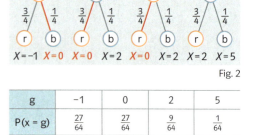

Fig. 2

g	−1	0	2	5
P(x = g)	$\frac{27}{64}$	$\frac{27}{64}$	$\frac{9}{64}$	$\frac{1}{64}$

Die Wahrscheinlichkeit, dass X den Wert 0 annimmt, ist z.B.
$P(X = 0) = \frac{3}{4} \cdot \frac{3}{4} \cdot \frac{1}{4} + \frac{3}{4} \cdot \frac{1}{4} \cdot \frac{3}{4} + \frac{1}{4} \cdot \frac{3}{4} \cdot \frac{3}{4} = \frac{27}{64}$.

Der Erwartungswert wird wie der Mittelwert bei Daten berechnet; die relativen Häufigkeiten werden ersetzt durch entsprechende Wahrscheinlichkeiten.
Ein Spiel mit Erwartungswert 0 für den Gewinn nennt man fair.

Auf lange Sicht erwartet man aufgrund der Tabelle durchschnittlich den Gewinn −1€ bei $\frac{27}{64}$ der Spiele, den Gewinn 0€ auch bei $\frac{27}{64}$ der Spiele, den Gewinn 2€ bei $\frac{9}{64}$ der Spiele und den Gewinn 5€ bei $\frac{1}{64}$ der Spiele. Somit beträgt der zu erwartende durchschnittliche Gewinn in €
$(-1) \cdot \frac{27}{64} + 0 \cdot \frac{27}{64} + 2 \cdot \frac{9}{64} + 5 \cdot \frac{1}{64} = -\frac{1}{16} \approx -0{,}06$.

Bei dem Spiel wird man also auf lange Sicht pro Spiel etwa 6 Cent verlieren. Man nennt diesen Wert **Erwartungswert von X**. Er wird bezeichnet mit μ(X), kurz μ (lies Mü). Der Erwartungswert μ gibt an, welcher Wert durchschnittlich bei einer großen Zahl von Durchführungen des Zufallsexperiments zu erwarten ist. Er ist also eine Prognose für den Mittelwert.

Für die empirische Standardabweichung s wird analog eine theoretische Standardabweichung σ (lies Sigma) festgelegt, welche die Streuung der Wahrscheinlichkeitsverteilung um den Erwartungswert μ beschreibt und eine Prognose für s ermöglicht.

> Für eine Zufallsgröße X mit den Werten $x_1, x_2, \ldots, x_n$ legt man folgende Kenngrößen fest:
> Erwartungswert von X: $\mu = x_1 \cdot P(X = x_1) + x_2 \cdot P(X = x_2) + \ldots + x_n \cdot P(X = x_n)$
> Standardabweichung von X: $\sigma = \sqrt{(x_1 - \mu)^2 \cdot P(X = x_1) + \ldots + (x_n - \mu)^2 \cdot P(X = x_n)}$

Zur Unterscheidung wird bei Daten der Begriff empirische Standardabweichung verwendet – von empireia (griechisch): Erfahrung, Erfahrungswissen.

Bei dem Glücksspiel von Seite 346 ist die Standardabweichung in €

$\sigma = \sqrt{\left(-1 + \frac{1}{16}\right)^2 \cdot \frac{27}{64} + \left(0 + \frac{1}{16}\right)^2 \cdot \frac{27}{64} + \left(2 + \frac{1}{16}\right)^2 \cdot \frac{9}{64} + \left(5 + \frac{1}{16}\right)^2 \cdot \frac{1}{64}} \approx 1{,}17$.

In Fig. 2 und 3 sind ist dargestellt, wie man den Erwartungswert und die Standardabweichung von X mit dem GTR berechnen kann.

Beispiel 1 Theorie und Empirie
a) Gegeben sei die Zufallsgröße X: Augensumme beim Würfeln mit zwei Würfeln. Bestimmen Sie die Wahrscheinlichkeitsverteilung, Erwartungswert und Standardabweichung von X.
b) Simulieren Sie mit dem GTR 100 Würfe mit zwei Würfeln. Berechnen Sie Mittelwert und empirische Standardabweichung Ihrer Urliste. Erstellen Sie den Graph der Häufigkeitsverteilung. Vergleichen Sie mit den Werten von Teilaufgabe a).

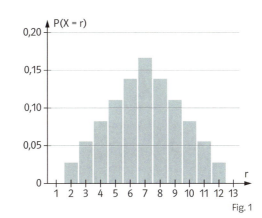

Fig. 1

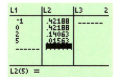

Fig. 2

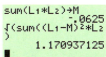

Fig. 3

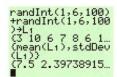

Fig. 4

Lösung:
a) Wahrscheinlichkeitsverteilung (Graph siehe Fig. 1):

r	2	3	4	5	6	7	8	9	10	11	12
P(X = r)	$\frac{1}{36}$	$\frac{2}{36}$	$\frac{3}{36}$	$\frac{4}{36}$	$\frac{5}{36}$	$\frac{6}{36}$	$\frac{5}{36}$	$\frac{4}{36}$	$\frac{3}{36}$	$\frac{2}{36}$	$\frac{1}{36}$

So berechnet man z. B. $P(X = 5)$:
Zum Ereignis „$X = 5$" gehören die vier Ergebnisse 1–4, 2–3, 3–2 und 4–1.
Da alle Ergebnisse gleich wahrscheinlich sind, ist $P(X = 5) = \frac{4}{36}$.
Erwartungswert: $\mu = 2 \cdot \frac{1}{36} + 3 \cdot \frac{2}{36} + \ldots + 12 \cdot \frac{1}{36} = \frac{252}{36} = 7$
Standardabweichung: $\sigma = \sqrt{(2 - 7)^2 \cdot \frac{1}{36} + (3 - 7)^2 \cdot \frac{2}{36} + \ldots + (12 - 7)^2 \cdot \frac{1}{36}} \approx 2{,}41$
b) siehe Fig. 4 bis Fig. 6; $x = 7{,}5$; $\bar{x} = 2{,}40$.

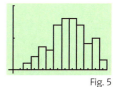

Fig. 5

Fig. 6

Mittelwert und Erwartungswert sowie die Standardabweichungen liegen nahe beieinander. Die Graphen ähneln sich auch. Die Zufallsgröße X modelliert das Würfelexperiment und ermöglicht Prognosen.

Beispiel 2 Faires Spiel
Man setzt zunächst einen Euro. Dann werden aus einer Urne mit zwei roten und drei blauen Kugeln zwei Kugeln ohne Zurücklegen gezogen (Fig. 7). Man erhält eine Auszahlung von a €, wenn zwei gleiche Kugeln gezogen werden. Wie groß ist a, wenn das Spiel fair ist?

Lösung:
Die Zufallsgröße X = „Gewinn in €" hat die Werte -1 und $a - 1$.
$P(X = -1) = P(\{br, rb\}) = \frac{3}{5} \cdot \frac{2}{4} + \frac{2}{5} \cdot \frac{3}{4} = 0{,}6$; $P(X = a - 1) = 1 - P(X = -1) = 0{,}4$.
Es muss $E(X) = 0$ gelten, also $-1 \cdot 0{,}6 + (a - 1) \cdot 0{,}4 = 0$.
Lösung der Gleichung $a = 2{,}5$.
Für ein faires Spiel muss die Auszahlung 2,50 € betragen.

Fig. 7

g	-1	$a - 1$
P(X = g)	0,6	0,4

X Diskrete Wahrscheinlichkeitsverteilungen

Aufgaben

1 Berechnen Sie den Erwartungswert und die Standardabweichung für die Zufallsgröße X mit der Wahrscheinlichkeitsverteilung in der Tabelle.

k	−10	0	5	10
P(X = k)	$\frac{1}{4}$	$\frac{1}{6}$	$\frac{1}{2}$	$\frac{1}{12}$

r	P(X = r)
0	0,436
1	0,413
2	0,132
3	0,0177
4	0,000969
5	$1,85 \cdot 10^{-5}$
6	$7,15 \cdot 10^{-8}$

2 Die Wahrscheinlickeit, dass bei der Geburt eines Welpen ein Rüde erwartet werden kann, beträgt 51%. Die Hündin Ria wird drei Junge bekommen. Die Zufallsgröße X gibt an, wie viele Rüden Ria gebärt. Bestimmen Sie die Wahrscheinlichkeitsverteilung, den Erwartungswert und die Standardabweichung von X. Interpretieren Sie das Ergebnis.

3 Beim Lotto „6 aus 49" ist für die Zufallsgröße „Anzahl der Richtigen pro Tipp" die Wahrscheinlichkeitsverteilung (gerundet) in der Tabelle angegeben.
Berechnen Sie den Erwartungswert und die Standardabweichung für die Anzahl der Richtigen. Interpretieren Sie das Ergebnis.

4 Aus einem Beutel mit zwölf 50-Cent-Münzen, fünf 1-Euro-Münzen und acht 2-Euro-Münzen nimmt man zwei Münzen. Welchen Geldbetrag m wird man durchschnittlich herausziehen? Wie stark streuen die Geldbeträge um m?

5 Die Zufallsgröße X gibt den Gewinn in Euro bei einem Glücksspiel mit Einsatz 1€ an. Die Tabelle gibt ihre Wahrscheinlichkeitsverteilung an.

g	−1	0	1	4
P(X = g)	$\frac{2}{3}$	$\frac{1}{6}$	$\frac{1}{10}$	$\frac{1}{15}$

a) Berechnen Sie den Erwartungswert und die Standardabweichung von X.
b) Wie groß muss der Einsatz sein, damit das Spiel fair ist?
c) Ändern Sie die maximale Auszahlung so ab, dass das Spiel bei einem Einsatz von 1€ fair ist.

6 Gegeben sei die Zufallsgröße X: Zahl der Wappen beim dreifachen Münzwurf.
a) Bestimmen Sie die Wahrscheinlichkeitsverteilung, den Erwartungswert und die Standardabweichung von X.
b) Zeichnen Sie den zugehörigen Graph und markieren Sie den Erwartungswert und die Standardabweichung.
c) Simulieren Sie mit dem GTR 100 Würfe mit drei Münzen.
Berechnen Sie den Mittelwert und die empirische Standardabweichung ihrer Urliste.
Erstellen Sie den Graph der Häufigkeitsverteilung. Vergleichen Sie mit Teil a) und Teil b).

Zeit zu überprüfen

7 Berechnen Sie für die Zufallsgröße X mit der Wahrscheinlichkeitsverteilung in der Tabelle den Erwartungswert und die Standardabweichung.

k	−2	1	4	7
P(X = k)	5%	20%	40%	35%

8 Bei einer Lotterie zahlt man den Einsatz von 50 Cent und dreht das Glücksrad in Fig. 1 zwei Mal. Bei zwei gleichen Farben wird ein Euro ausbezahlt, sonst nichts.
a) Geben Sie die Wahrscheinlichkeitsverteilung der Zufallsgröße „Gewinn in Euro" an.
b) Berechnen Sie den Erwartungswert und die Standardabweichung für den Gewinn.
c) Kann man den Einsatz so ändern, dass die Lotterie fair ist?

Fig. 1

9 Beim Würfelspiel „2 & 12" werden zwei Würfel gleichzeitig geworfen. Die Bank zahlt dem Spieler das Zehnfache der Augensumme in Cent aus, sofern diese 2 oder 12 ist.
Bei der Augensumme 3 oder 11 erhält er das Fünffache in Cent und bei der Augensumme 4 oder 10 das Doppelte in Cent. Bei den Augensummen 5 bis 9 wird soviel in Cent ausbezahlt, wie die Augensumme angibt.
a) Geben Sie die Wahrscheinlichkeitsverteilung der Zufallsgröße „Auszahlung der Bank" an.
b) Welchen Einsatz muss die Bank mindestens verlangen, damit sie längerfristig keinen Verlust macht?

10 Ein Medikament heilt erfahrungsgemäß eine Krankheit mit 80 % Wahrscheinlichkeit. Drei Patienten werden damit behandelt.
Berechnen Sie den Erwartungswert der Zufallsgröße „Anzahl der geheilten Patienten".
Hätte man das Ergebnis einfacher erhalten können?

11 Bei den Eishockeyplayoffs (Playoffs sind Ausscheidungsspiele) spielen zwei Mannschaften so oft gegeneinander, bis eine der beiden drei Spiele für sich entschieden hat (Unentschieden gibt es nicht). Mit wie vielen Spielen ist im Mittel zu rechnen, wenn man davon ausgeht, dass beide Mannschaften gleich stark sind?
Wie groß ist die zugehörige Standardabweichung?

12 Chuck-a-luck ist ein Würfelspiel aus Amerika mit folgenden Regeln:
It is played with three dice and a layout numbered from one to six upon which the players place their bets. The banker then rolls the dice by turning over an hourglassshaped wire cage in which they are contained. The payoffs are usually 1 to 1 on singles, 2 to 1 on pairs, and 3 to 1 on triples appearing on the dice; for example, if a player places a bet on six and two sixes appear on the dice, the player is paid off at 2 to 1. The game can be found in some American and European casinos and gambling houses.
Ein Spieler setzt einen Dollar auf „Sechs". Er möchte wissen, wie viel er auf lange Sicht gewinnt oder verliert.

13 Eine Zeitschrift veröffentlicht wöchentlich ein Kreuzworträtsel. Unter den Einsendern des richtigen Lösungswortes wird ein Preis zu 1000 €, vier Preise zu je 300 € und 200 Preise zu je 20 € verlost.
a) Wie groß ist der Erwartungswert für den Gewinn, wenn man von 10 000 richtig eingegangenen Lösungen ausgeht? Wie groß ist die Standardabweichung?
b) Wie viele Lösungen müssten eingehen, damit der zu erwartende Gewinn gerade dem Porto der Postkarte von 0,45 € entspricht?

Zeit zu wiederholen

14 Die Tabelle gehört zu einer proportionalen Zuordnung.

a	3	10	12	1,5	
b	7,5	25	30		20

a) Woran erkennt man das bei den Tabellenwerten?
b) Bestimmen Sie die fehlenden Werte und den Proportionalitätsfaktor.
c) Die Werte bei b werden alle um 5 erhöht. Welche Art von Funktion beschreibt die Tabelle dann? Geben Sie die Gleichung dieser Funktion an.

15 Vereinfachen Sie die Terme.
a) $(3 + 2x) \cdot (1 - x)$
b) $(2x - 1)^2$
c) $3 \cdot (a + 4b) - (4 + a) \cdot 3b$
d) $(20 + u) \cdot (20 - u)$

4 Bernoulli-Experimente und Binomialverteilung

Aus der Statistik eines Basketballclubs: Sarah trifft bei 60% ihrer Freiwürfe, Mario trifft bei 80% seiner Freiwürfe. Beide erhalten drei Freiwürfe. Worauf würdest du eher wetten - dass Sarah oder dass Mario genau zwei Freiwürfe verwandelt?

Beim Elfmeterschießen kommt es nur darauf an, ob der Schütze trifft oder nicht. Bei der Überprüfung von Glühbirnen will man nur wissen, ob die Birne funktioniert oder nicht. Es interessieren also nur zwei Ergebnisse. Ein solches Zufallsexperiment heißt **Bernoulli-Experiment**. Wenn man ein Bernoulli-Experiment mehrmals wiederholt, so dass die Durchführungen voneinander unabhängig sind, spricht man von einer **Bernoulli-Kette**.

Jakob Bernoulli
(1654–1705)

Bei einem Multiple-Choice-Test gibt es drei Fragen mit jeweils vier vorgegebenen Antworten, von denen nur eine richtig ist. Ein Kandidat kreuzt rein zufällig je eine Antwort an. Jedes Ankreuzen ist ein Bernoulli-Experiment. Ist die Antwort richtig („Treffer"), wird kurz „1" notiert, sonst „0". Die Trefferwahrscheinlichkeit für „1" beträgt $p = \frac{1}{4}$, die Wahrscheinlichkeit für „0" beträgt $q = 1 - p = \frac{3}{4}$.

Die Durchführung des Tests ist eine Bernoulli-Kette der Länge 3. Man möchte wissen, mit welcher Wahrscheinlichkeit der Kandidat eine bestimmte Anzahl von Fragen richtig beantwortet. Man betrachtet daher die Wahrscheinlichkeitsverteilung der Zufallsgröße X, welche die Zahl der richtigen Antworten angibt. Mithilfe des Baumdiagramms (Fig. 1) wird die Wahrscheinlichkeitsverteilung von X in der Tabelle bestimmt. So erhält man z.B.

$P(X = 2) = 3 \cdot p^2 \cdot q = \frac{9}{64}$.

Denn zu dem Ereignis "X = 2" gehören drei Ergebnisse, deren Wahrscheinlichkeit jeweils $p^2 \cdot q$ beträgt. Die Anzahl der Pfade mit zwei Treffern bei drei Durchführungen bezeichnet man mit $\binom{3}{2}$, lies „3 über 2". Diese Pfade sind in Fig. 1 rot markiert.

Fig. 2

Um z.B. $\binom{5}{3}$ zu bestimmen, zählt man alle Pfade mit drei Einsen.

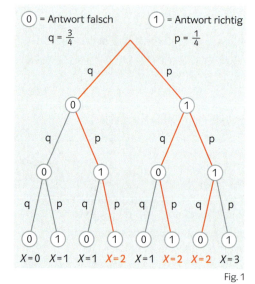

Fig. 1

r	0	1	2	3
P(X = r)	$\frac{27}{64}$	$\frac{27}{64}$	$\frac{9}{64}$	$\frac{1}{64}$
Zahl der Pfade	$\binom{3}{0} = 1$	$\binom{3}{1} = 3$	$\binom{3}{2} = 3$	$\binom{3}{3} = 1$

Wenn der Test eine beliebige Zahl von n Fragen enthält, kann man $P(X = r)$ entsprechend mit einem Teilbaum berechnen. Zu „X = r" gehören alle Pfade mit r Einsen und n − r Nullen. Fig. 2 zeigt einen solchen Pfad für n = 5, r = 3 und n − r = 2. Jeder solche Pfad hat die Wahrscheinlichkeit $p^r \cdot q^{n-r}$. Die Wahrscheinlichkeit $P(X = r)$ erhält man daher, indem man $p^r \cdot q^{n-r}$ mit der Anzahl der Pfade multipliziert, die zu „X = r" gehören. Die Anzahl dieser Pfade mit r Einsen nennt man **Binomialkoeffizient n über r**; sie wird mit $\binom{n}{r}$ bezeichnet.

Eine Bernoulli-Kette der Länge n besteht aus n unabhängigen **Bernoulli-Experimenten** mit den Ergebnissen 1 („Treffer") und 0 („kein Treffer"). Beschreibt die Zufallsgröße X die Anzahl der Treffer und ist p die Wahrscheinlichkeit für einen Treffer, so erhält man die Wahrscheinlichkeit für r Treffer mithilfe der **Bernoulli-Formel**: $P(X = r) = \binom{n}{r} \cdot p^r \cdot (1-p)^{n-r}$, r = 0; 1; ...; n.
Die Wahrscheinlichkeitsverteilung von X heißt **Binomialverteilung**.

„Zahl der Pfade $\binom{n}{r}$ mal Wahrscheinlichkeit $p^r \cdot q^{n-r}$ eines Pfades (q = 1 – p)"
Zur allgemeinen Bestimmung von $\binom{n}{r}$ siehe den Infokasten auf Seite 353.

Für große n und r ist es mühsam, die $\binom{n}{r}$ Pfade am Baumdiagramm abzuzählen. Die Binomialkoeffizienten $\binom{n}{r}$ kann man dann einfacher mit dem GTR bestimmen (Fig. 1).

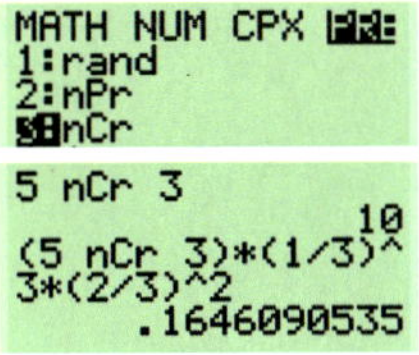

Beispiel   Anwenden der Bernoulli-Formel
Ein Würfel wird fünfmal geworfen. Mit welcher Wahrscheinlichkeit
a) fallen dreimal fünf oder sechs Augen
b) fallen mindestens dreimal fünf oder sechs Augen
c) fallen höchstens zweimal fünf oder sechs Augen?
■ Lösung: Es liegt eine Bernoulli-Kette der Länge 5 vor mit Trefferwahrscheinlichkeit $p = \frac{1}{3}$.
X: Anzahl der Würfe mit fünf oder sechs Augen.
a) $P(X = 3) = \binom{5}{3} \cdot \left(\frac{1}{3}\right)^3 \cdot \left(\frac{2}{3}\right)^2 = \frac{40}{243} \approx 0{,}1646$

Mit einer Wahrscheinlichkeit von etwa 16% fallen dreimal fünf oder sechs Augen.

b) $P(X \geq 3) = \binom{5}{3} \cdot \left(\frac{1}{3}\right)^3 \cdot \left(\frac{2}{3}\right)^2 + \binom{5}{4} \cdot \left(\frac{1}{3}\right)^4 \cdot \left(\frac{2}{3}\right)^1 + \binom{5}{5} \cdot \left(\frac{1}{3}\right)^5 \cdot \left(\frac{2}{3}\right)^0 = \frac{17}{81} \approx 0{,}2099$.

Mit einer Wahrscheinlichkeit von etwa 21% fallen mindestens dreimal fünf oder sechs Augen.

c) $P(X \leq 2) = \binom{5}{0} \cdot \left(\frac{1}{3}\right)^0 \cdot \left(\frac{2}{3}\right)^5 + \binom{5}{1} \cdot \left(\frac{1}{3}\right)^1 \cdot \left(\frac{2}{3}\right)^4 + \binom{5}{2} \cdot \left(\frac{1}{3}\right)^2 \cdot \left(\frac{2}{3}\right)^3 = \frac{64}{81} \approx 0{,}7901$ oder

$P(X \leq 2) = 1 - P(X \geq 3) = 1 - \frac{17}{81} = \frac{64}{81} \approx 0{,}7901$ (mit dem Ergebnis von Teil b).

Mit einer Wahrscheinlichkeit von etwa 79% fallen höchstens zweimal fünf oder sechs Augen.

Fig. 1

r	P(X = r)
0	0,31317
1	0,3292
2	0,3292
3	0,1646
4	0,0412
5	0,0041

$P(X \geq 3)$
$= P(X = 3) + P(X = 4) + P(X = 5)$

Die Berechnung auf die zweite Art in Teil c) verwendet das Gegenereignis „X ≥ 3" zu „X ≤ 2".

Aufgaben

1   X zählt die Treffer bei einer Bernoulli-Kette der Länge n = 4 und Trefferwahrscheinlichkeit p = 0,7. Berechnen Sie die zugehörige Binomialverteilung sowie $P(X \geq 3)$ und $P(X \leq 2)$.

2   Eine Münze wird sechsmal geworfen. Mit welcher Wahrscheinlichkeit fallen
a) genau drei Wappen,   b) mindestens drei Wappen,   c) höchstens drei Wappen?

3   Bei einem Test gibt es acht Fragen mit jeweils drei Antworten, von denen nur eine richtig ist. Eine Versuchsperson kreuzt bei jeder Frage rein zufällig eine Antwort an. Mit welcher Wahrscheinlichkeit hat sie
a) genau vier richtige Antworten,   b) mindestens vier richtige Antworten,
c) höchstens drei richtige Antworten,   d) mehr als vier richtige Antworten?

Fig. 2

4   Beim maschinellen Abfüllen von Halbliter-Flaschen wird der „Sollwert" 500 cm³ in der Regel nicht genau eingehalten. Der Hersteller garantiert aber, dass 98% der Flaschen mindestens 495 cm³ enthalten. Von den abgefüllten Flaschen wird eine Stichprobe von 20 Flaschen entnommen. Wie groß ist die Wahrscheinlichkeit, dass
a) genau zwei Flaschen weniger als 495 cm³ enthalten
b) mindestens zwei Flaschen weniger als 495 cm³ enthalten
c) höchstens zwei Flaschen weniger als 495 cm³ enthalten?

5 👥 Überlegen Sie mit einem Partner: Welche Ergebnisse kann man bei dem beschriebenen Zufallsexperiment festlegen, damit es ein Bernoulli-Experiment ist. Welches Ergebnis bezeichnen Sie als Treffer? Wie groß ist die Trefferwahrscheinlichkeit?
a) Werfen einer Münze,
b) Werfen eines Würfels,
c) Überprüfen einer Maschine,
d) Überprüfen der Wirkung einer Arznei.

Zeit zu überprüfen

6 Das Glücksrad in Fig. 1 wird sechsmal gedreht. Wie groß ist die Wahrscheinlichkeit, dass
a) genau zweimal grün erscheint,
b) genau zweimal rot erscheint,
c) höchstens zweimal grün erscheint,
d) mindestens zweimal rot erscheint?

Fig. 1

7 Lea und Richard haben lange Elfmeterschießen geübt. Ihre Trefferquoten betragen 80 % und 75 %. Worauf würden Sie wetten?
a) Lea trifft bei zehn Versuchen mindestens achtmal.
b) Richard trifft bei sieben Versuchen genau fünfmal oder genau sechsmal.

8 Zeichnen Sie den vollständigen Baum bei einer Bernoulli-Kette mit der Länge n = 4. Bestimmen Sie daran die Binomialkoeffizienten $\binom{4}{r}$ für r = 0, 1, 2, 3, 4.

9 👥👥 Theorie und Praxis
a) Die Zufallsgröße X beschreibt die Anzahl der Sechsen bei einem Wurf mit fünf Würfeln. Jede Gruppe bestimmt durch Rechnung die Binomialverteilung zu X. Eine Gruppe präsentiert ihr Ergebnis.
b) In jeder Gruppe erhält jeder Teilnehmer fünf Würfel. Jeder wirft die Würfel zehnmal und notiert die Anzahl der Sechsen bei jedem Wurf. Die Ergebnisse der Gruppe werden in der Tabelle zusammengetragen. Kommen z. B. achtmal drei Sechsen vor, so wird unter „3" die Zahl „8" eingetragen.

Hier braucht jede(r) fünf Würfel, man kann die Würfe auch mit dem GTR simulieren.

Sechsen	0	1	2	3	4	5
Häufigkeit						

c) Jede Gruppe vergleicht die Ergebnisse von a) und b). Dann werden alle Gruppenergebnisse von Teil b) zusammengetragen und mit a) verglichen.

10 Untersuchen Sie, ob das Zufallsexperiment eine Bernoulli-Kette ist. Geben Sie an, was Treffer, Trefferwahrscheinlichkeit p und Länge n der Kette sind.
a) Eine Münze wird fünfmal geworfen und es wird notiert, wie oft Wappen unten liegt.
b) Ein Würfel wird sechsmal geworfen und es wird notiert, wie oft eine Sechs fällt.

c) Lotto 6 aus 49: Ein Spieler kreuzt sechs von 49 Zahlen auf einem Tippzettel an. Danach werden aus einer Urne von 49 nummerierten Kugeln sechs gezogen, welche die Nummern 1 bis 49 tragen. Der Spieler notiert, wie viele Kugeln mit seinem Tipp übereinstimmen.

Begründen Sie allgemein: Ziehen mehrerer Kugeln aus einer Urne ohne Zurücklegen ergibt keine Bernoulli-Kette.

d) Bei einer Umfrage werden 1000 Personen zufällig aus dem Telefonbuch ausgewählt und gefragt, ob sie ein Handy besitzen.

GTR-Hinweise
735501-3531

INFO → Aufgaben 11 und 12

Wie bestimmt man die Binomialkoeffizienten $\binom{n}{r}$?

Abzählen im Baumdiagramm ergibt:

$\binom{1}{0} = 1$, $\binom{1}{1} = 1$

$\binom{2}{0} = 1$, $\binom{2}{1} = 2$, $\binom{2}{2} = 1$

$\binom{3}{0} = 1$, $\binom{3}{1} = 3$, $\binom{3}{2} = 3$, $\binom{3}{3} = 1$

Fig. 1 zeigt, wie man die Anzahl $\binom{4}{2}$ rekursiv aus den bekannten Anzahlen $\binom{3}{1}$ und $\binom{3}{2}$ bestimmen kann. Bis n = 3 ist der Baum vollständig gezeichnet, für n = 4 sind nur die $\binom{4}{2}$ Pfade mit zwei Einsen eingetragen.
Diese Pfade erhält man

1) aus den $\binom{3}{1}$ Pfaden mit einer Eins durch eine weitere Eins (rot eingezeichnet)

2) aus den $\binom{3}{2}$ Pfaden mit zwei Einsen durch eine weitere Null (blau eingezeichnet).

Daher gilt $\binom{4}{2} = \binom{3}{1} + \binom{3}{2} = 3 + 3 = 6$.

Entsprechend gilt für r = 1, ..., n – 1 allgemein: $\binom{n}{r} = \binom{n-1}{r-1} + \binom{n-1}{r}$.

Mit dieser Formel kann man die Binomialkoeffizienten rekursiv berechnen. Man kann sie sich mithilfe der Formel gut merken, wenn man sie wie der Mathematiker Blaise Pascal (1623–1662) in Form eines Dreiecks anordnet. Eine Zahl in dem Dreieck ergibt sich einfach als Summe der beiden darüberstehenden Zahlen. Die Randzahlen betragen dabei jeweils 1, da zu „X = 0" bzw. „X = n" jeweils ein Pfad gehört. Damit das Dreieck auch eine Spitze hat, wird noch $\binom{0}{0} = 1$ gesetzt. Die Binomialkoeffizienten sind also die Zahlen im Pascal'schen Dreieck.

Zur Erinnerung: $\binom{n}{r}$ ist bei einem Baumdiagramm einer Bernoulli-Kette der Länge n die Anzahl der Pfade mit r Treffern.

recurrere (lat.) = zurücklaufen

Fig. 1

Wenn man nach vier Durchführungen zwei Einsen haben will, muss man nach drei Durchführungen bereits entweder eine Eins oder zwei Einsen haben.

```
          1
        1   1
       1  2  1
      1 3   3 1
     1 4  6  4 1
    1 5 10 10 5 1
   1 6 15 20 15 6 1
```
Pascal'sches Dreieck

11 a) Erweitern Sie das Pascal'sche Dreieck noch um zwei weitere Reihen.

b) Lesen Sie aus dem Pascal'sche Dreieck ab: $\binom{4}{1}, \binom{5}{3}, \binom{5}{5}, \binom{6}{0}, \binom{7}{3}$

c) Begründen Sie $\binom{n}{r} = \binom{n}{n-r}$. Was bedeutet die Formel anschaulich am Pascal'schen Dreieck?

d) Was stellen Sie fest, wenn Sie alle Binomialkoeffizienten in einer Zeile des Pascal'schen Dreiecks addieren? Stellen Sie eine Vermutung auf.

e) Binomialkoeffizienten kann man mit der Formel $\binom{n}{r} = \frac{n!}{r! \cdot (n-r)!}$ auch direkt berechnen. Dabei bedeutet n! (gelesen: n Fakultät) das Produkt der Zahlen von 1 bis n, also z. B. $4! = 1 \cdot 2 \cdot 3 \cdot 4 = 24$. Überprüfen Sie die Formel an drei selbst gewählten Beispielen wie in Fig. 2.

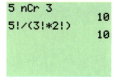

Fig. 2

12 Woher der Name Binomialkoeffizient kommt

a) Berechnen Sie $(a + b)^2$, $(a + b)^3$, $(a + b)^4$. Was fällt auf?

b) Aus a) ergibt sich die Vermutung, dass die Binomialkoeffizienten gerade die Zahlen sind, die in den allgemeinen Binomischen Formeln vorkommen. So ist z. B.
$(a + b)^5 = 1 \cdot a^5 + 5 \cdot a^4 b + 10 \cdot a^3 b^2 + 10 a^2 b^3 + 5 \cdot ab^4 + 1 \cdot b^5$. Berechnen Sie $(a + b)^5$ aus dem Produkt $(a + b)^4 \cdot (a + b)$ und begründen Sie damit wie im Infokasten, dass die Binomialkoeffizienten bei dieser Formel auftreten.

c) Geben Sie eine Formel an für $(a + b)^6$

d) Rechnen Sie aus: $(x + 3)^4$, $(a - b)^3$, $(x - 1)^5$, $(2 - x)^4$.

$(a + b)^3 = (a + b)^2 \cdot (a + b)$

X Diskrete Wahrscheinlichkeitsverteilungen

5 Praxis der Binomialverteilung

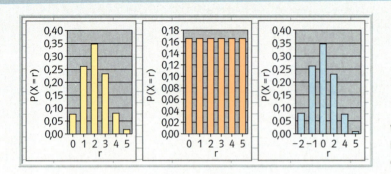

Welche Wahrscheinlichkeitsverteilung könnte die Trefferzahl einer Bernoulli-Kette darstellen?

Viele zufällige Vorgänge kann man mithilfe einer Zufallsgröße X modellieren, die man als Trefferzahl bei einer Bernoulli-Kette der Länge n und Trefferwahrscheinlichkeit p beschreiben kann. Dazu prüft man, ob das zugehörige Zufallsexperiment aus n gleichartigen Bernoulli-Experimenten besteht, die unabhängig voneinander durchgeführt werden. Da die Wahrscheinlichkeitsverteilung von X dann eine Binomialverteilung mit den Parametern n und p ist, sagt man auch: X ist **binomialverteilt** mit den Parametern n und p. Statt $P(X = r)$ schreibt man auch $B_{n;p}(r)$.

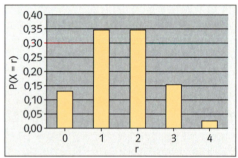

Beim vierfachen Wurf eines Reißnagels zählt die Zufallsgröße X, wie oft der Reißnagel auf der Seite landet. X lässt sich beschreiben als Trefferzahl bei einer Bernoulli-Kette der Länge 4 und der Trefferwahrscheinlichkeit 0,4 (geschätzt).
Also ist X binomialverteilt mit den Parametern n = 4 und p = 0,4. Zur Berechnung der Binomialverteilung wird die Bernoulli-Formel angewandt. Die Tabelle zeigt die gerundeten Werte. Ihr Graph ist in Fig. 1 dargestellt.

r	0	1	2	3	4
P(X = r)	0,130	0,346	0,346	0,154	0,026

Fig. 1

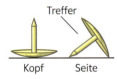

Fig. 2

Bei einer binomialverteilten Zufallsgröße X kann man alle Berechnungen mit zwei Grundfunktionen durchführen.
a) Die erste Funktion dient zur Berechnung der Bernoulli-Formel $P(X = r) = B_{n;p}(r)$.
b) Die zweite Funktion berechnet die **kumulierte Wahrscheinlichkeit** $P(X \leq r)$, also die Summe $P(X = 0) + \ldots + P(X = r)$ (Fig. 2).

Fig. 3

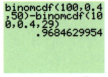

Fig. 4

Diese Funktionen sind vor allem für große Werte von n hilfreich. Wird z.B. ein Reißnagel (s.o.) n = 100 mal geworfen, so kann man folgende Fragestellungen damit bearbeiten.
– Berechnung der Wahrscheinlichkeit $P(X \leq 50)$, dass der Reißnagel höchstens 50-mal auf der Seite landet. Einzugeben sind die Parameter n = 100 und p = 0,4 sowie der Wert für r = 50. Man erhält $P(X \leq 50) \approx 0{,}9832$ (Fig. 3).
– Berechnung der Wahrscheinlichkeit $P(X \geq 50)$, dass der Reißnagel mindestens 50-mal auf der Seite landet. Das Gegenereignis zu „X ≥ 50" ist „X ≤ 49", also gilt $P(X \geq 50) = 1 - P(X \leq 49) \approx 0{,}0271$ (Fig. 3).
– Berechnung der Wahrscheinlichkeit $P(30 \leq X \leq 50)$, dass der Reißnagel mindestens 30-mal und höchstens 50-mal auf der Seite landet.
Es ist $P(30 \leq X \leq 50) = P(X \leq 50) - P(X \leq 29) \approx 0{,}9685$ (Fig. 4).

GTR-Hinweise
735501-3551

Beispiel 1 Wahrscheinlichkeiten geschickt berechnen
Eine binomialverteilte Zufallsgröße X hat die Parameter n = 40 und p = 0,75. Bestimmen Sie die Wahrscheinlichkeiten für die Ereignisse
a) X ≥ 25   b) 25 ≤ X ≤ 35
c) X > 25   d) X ≤ 20 oder X ≥ 30

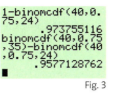
Fig. 1 X ≥ 25
Fig. 2 25 ≤ X ≤ 35

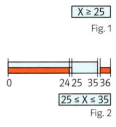
Fig. 3

■ Lösung:
a) P(X ≥ 25) = 1 − P(X ≤ 24) = 0,9738 (Fig. 1 und 3)
b) P(25 ≤ X ≤ 35) = P(X ≤ 35) − P(X ≤ 24) = 0,9577 (Fig. 2 und 3)
Statt 25 ≤ X ≤ 35 kann man auch schreiben: X ≥ 25 und X ≤ 35.
c) P(X > 25) = 1 − P(X ≤ 25) = 0,9456
d) P(X ≤ 20 oder X ≥ 30) = P(X ≤ 20) + P(X ≥ 30) = P(X ≤ 20) + 1 − P(X ≤ 29) = 0,5845
oder P(X ≤ 20 oder X ≥ 30) = 1 − P(21 ≤ X ≤ 29) = 1 − (P(X ≤ 29) − P(X ≤ 20)) = 0,5845.

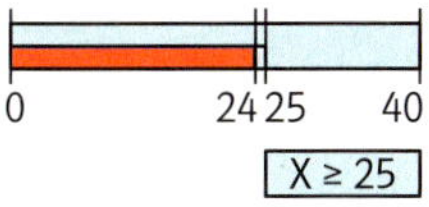

Beispiel 2 Anwenden der Binomialverteilung
Etwa 20 % der Deutschen sind Linkshänder. Wie groß ist die Wahrscheinlichkeit, dass in einer Schulklasse mit 30 Schülerinnen und Schülern
a) genau sechs Linkshänder sind,
b) höchstens fünf Linkshänder sind,
c) mindestens zehn Linkshänder sind,
d) die Zahl der Linkshänder im Bereich von fünf bis zehn liegt?

■ Lösung: Es wird zunächst eine passende Zufallsgröße und ihre Parameter angegeben:
X: Zahl der Linkshänder in der Klasse;
X ist binomialverteilt;
Parameter: n = 30 und p = 0,2.
a) P(X = 6) ≈ 0,1795 (Fig. 4)
b) P(X ≤ 5) ≈ 0,4275 (Fig. 4)
c) P(X ≥ 10) = 1 − P(X ≤ 9) ≈ 0,0611 (Fig. 5)
d) P(5 ≤ X ≤ 10) = P(X ≤ 10) − P(X ≤ 4) ≈ 0,7192 (Fig. 5)

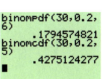
Fig. 4

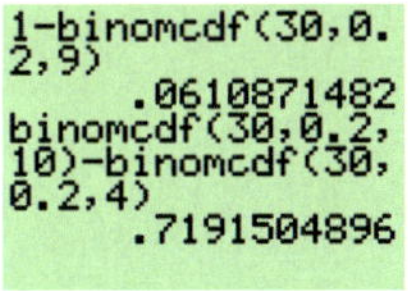

Fig. 5

Aufgaben

1 Eine Zufallsgröße X ist binomialverteilt mit den Parametern n = 15 und p = 0,2.
a) Bestimmen Sie P(X = 4) und P(X ≤ 4).
b) Erklären Sie, wieso man P(X ≥ 3) mithilfe des Terms 1 − P(X ≤ 2) berechnen kann. Fertigen Sie eine Skizze an wie in Fig. 1 oben.
c) Bestimmen Sie P(X ≤ 5 und X ≥ 1), P(X ≤ 1 oder X ≥ 5). Fertigen Sie eine Skizze an wie in Fig. 2 oben.

2 Berechnen Sie P(X = 4), P(X ≤ 4), P(X ≥ 3), P(1 ≤ X ≤ 5) und P(X ≤ 1 oder X ≥ 5) für eine binomialverteilte Zufallsgröße X mit den Parametern
a) n = 40 und p = 0,075.   b) n = 100 und p = 0,03.

3 Ein Blumenhändler gibt für seine Blumenzwiebeln 90 % Keimgarantie. Jemand kauft davon ein Dutzend.
a) Wie kann man den Kaufvorgang mithilfe einer Binomialverteilung modellieren?
b) Falls die Angabe des Blumenhändlers stimmt: Wie groß ist die Wahrscheinlichkeit, dass
I: alle Blumenzwiebeln keimen   II: genau zehn Blumenzwiebeln keimen
III: mindestens zehn Blumenzwiebeln keimen   IV: höchstens neun Blumenzwiebeln keimen
V: die Zahl der keimenden Blumenzwiebeln im Bereich von sieben bis elf liegt?

4 In der Kantine einer Firma essen 60 der 100 Angestellten zu Mittag.
a) Wie kann man die Essensteilnahme mithilfe einer Binomialverteilung modellieren?
b) Mit welcher Wahrscheinlichkeit werden
I: genau 60 Personen in der Kantine essen,
II: weniger als 60 Personen in der Kantine essen,
III: mehr als 60 Personen in der Kantine essen,
IV: mehr als 50 und weniger als 70 Personen in der Kantine essen,
V: weniger als 50 Personen oder mehr als 70 Personen in der Kantine essen?
c) Die Kantine hält täglich 65 Essen bereit. Nehmen Sie dazu in einem kleinen Aufsatz Stellung.

5 Die Ausschusswahrscheinlichkeit bei Schrauben, die man bei einem Baumarkt kauft, beträgt 3 %. Was ist am wahrscheinlichsten?
A: Es sind keine unbrauchbaren Schrauben in einer Dutzendpackung,
B: Es ist wenigstens eine unbrauchbare Schraube in einer Zwanzigerpackung,
C: Es ist mehr als eine unbrauchbare Schraube in einer Fünfzigerpackung.

Zeit zu überprüfen

6 Eine Zufallsgröße X ist binomialverteilt mit den Parametern $n = 12$ und $p = 0{,}7$.
a) Bestimmen Sie $P(X = 4)$, $P(X \leq 10)$, $P(X < 8)$
b) Erklären Sie, wie man $P(X \geq 10)$ berechnen kann.
c) Bestimmen Sie $P(X \geq 8)$, $P(6 \leq X \leq 10)$

7 Eine schwierige Operation verläuft durchschnittlich in 85 % aller Fälle erfolgreich. An einem Tag werden unabhängig voneinander in den Krankenhäusern einer Großstadt 60 solche Operationen durchgeführt. Geben Sie eine passende Modellierung mithilfe einer binomialverteilten Zufallsgröße an und begründen Sie, dass sie binomialverteilt ist. Berechnen Sie damit die Wahrscheinlichkeit dafür, dass
a) mindestens 50 Operationen gelingen,
b) mindestens 45 und höchstens 55 Operationen gelingen,
c) weniger als 45 oder mehr als 55 Operationen gelingen.

8 Beschreiben Sie eine mögliche binomialverteilte Zufallsgröße zur Modellierung des Zufallsversuchs. Geben Sie passende Parameter an und beschreiben Sie ihre Bedeutung.
a) Werfen von mehreren Würfeln,
b) Überprüfen von Werkstücken einer Produktion,
c) Freiwurftraining beim Basketball,
d) Drehen eines Glücksrades,
e) Untersuchung in einer Klasse, wer die Zunge einrollen kann und wer nicht,
f) Übertragen einer Nachricht durch eine Leitung, bei der 5 % der Zeichen falsch ankommen.

9 Beschreiben Sie bei dem Zufallsversuch eine Zufallsgröße und untersuchen Sie, ob man sie durch eine Binomialverteilung modellieren kann. Das Ergebnis soll präsentiert werden.
a) Man würfelt, bis man eine Sechs erzielt.
b) Man befragt in einer Stadt zufällig ausgewählte Personen nach ihrem Wahlverhalten.
c) In den Teig von zehn Brötchen werden zufällig 20 Rosinen gemischt.
d) Eine verbeulte Münze wird 20 mal geworfen.
e) Auf dem Schulfest wird eine Tombola durchgeführt. Es werden 500 Lose ausgegeben, die Hälfte davon sind Gewinnlose.

10 Eine Lostrommel enthält 49 Kugeln mit den Nummern 1 bis 49. Beschreiben Sie einen Zufallsversuch und eine Zufallsgröße bei dieser Anordnung, sodass die Zufallsgröße
a) binomialverteilt ist,　　　　　　　　　　　b) nicht binomialverteilt ist.

11 Ein Autozulieferbetrieb stellt Schalter her, die mit 2,5 % Wahrscheinlichkeit defekt sind. Aus der laufenden Produktion werden 150 Schalter geprüft. Bestimmen Sie die Wahrscheinlichkeit für die Ereignisse
A: Genau vier Schalter sind defekt;　　　　　B: Höchstens drei Schalter sind defekt;
C: Mindestens 145 Schalter sind in Ordnung;　D: Nur die ersten drei Schalter sind defekt;
E: Nur die ersten 148 Schalter sind in Ordnung.

12 Nach Angaben des statistischen Bundesamtes (2003) beträgt der Anteil der Raucher unter den 15- bis 20-Jährigen 22 Prozent.
a) Wie groß ist die Wahrscheinlichkeit, dass man unter 30 Schülern im Alter von 15 bis 20 Jahren mehr als sechs Raucher antrifft?
b) Wie groß ist die Wahrscheinlichkeit, dass man unter 300 Schülern im Alter von 15 bis 20 Jahren mehr als 60 Raucher antrifft?
c) Wie groß ist die Wahrscheinlichkeit, dass man unter 3000 Schülern im Alter von 15 bis 20 Jahren mehr als 600 Raucher antrifft?

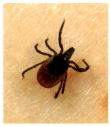

13 Beim Lotto 6 aus 49 erzielt man einen Gewinn, wenn man bei einem Tipp mindestens drei Richtige hat. Die Wahrscheinlichkeit für einen Gewinn bei einem Tipp beträgt 0,0186.
a) Frau Mayer gibt einen Spielzettel mit sechs Tipps ab. Wie groß ist die Wahrscheinlichkeit, dass sie mindestens einen Gewinn erzielt?
b) Frau Mayer gibt mehrere Spielzettel mit insgesamt 60 Tipps ab. Wie groß ist die Wahrscheinlichkeit, dass sie mindestens einen Gewinn erzielt?
c) Suchen Sie durch Probieren die kleinste Anzahl der Tipps, die Frau Mayer abgeben muss, damit sie mit mindestens 90 % mindestens einen Gewinn erzielt.

14 Zecken können die gefährlichen Krankheiten Borreliose oder Frühsommer-Meningo-Enzephalitis übertragen. Die Ansteckungsgefahr hängt vom Ort ab. In einer Region beträgt das Infektionsrisiko 2 %. Ein Hund streift dort durch das Unterholz und fängt sich zehn Zecken.
a) Wie groß ist die Wahrscheinlichkeit, dass er sich infiziert?
b) Wie wirkt sich in diesem Falle eine Verdoppelung bzw. Halbierung des Infektionsrisikos aus?
c) Zeichnen Sie den Graph der Funktion W(p), die beim Infektionsrisiko p mit $0 \leq p \leq 0{,}25$ die Wahrscheinlichkeit angibt, dass sich der Hund infiziert.

Zecken halten sich meist auf niedrigem Gebüsch und Gräsern auf. Daher sollte man den Kontakt zu niedrig wachsender Vegetation vermeiden. Schutz vor Zeckenstichen bietet Kleidung, die möglichst viel Haut bedeckt. Außerdem sollte man den Körper nach einem Aufenthalt im Freien auf Zecken absuchen, vor allem die Beine.

Zeit zu wiederholen

15 Für welche Zahlen x nehmen die Terme
a) $(3 + 2x) \cdot (1 - x)$,　　　　　　　　　　b) $(2x - 1)^2$
den Wert 0 an?

16 Geben Sie einen Term an, der die Zahl der roten Punkte am Rand in Abhängigkeit von n angibt. Wie viele Werte sagt der Term für n = 10 voraus?

17 Bestimmen Sie die Lösungen mit und ohne GTR.
a) $x^2 - 4x - 21 = 0$　　b) $3 \cdot (x + 4) - x \cdot (x + 4) = 12$　　c) $2^x = 22$　　d) $\sin x = 0{,}5$

18 Bei einem Rechteck beträgt der Umfang 40 m und der Flächeninhalt 75 m². Wie lang sind die Seiten des Rechtecks?

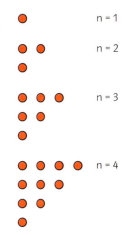

6 Problemlösen mit der Binomialverteilung

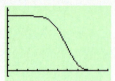 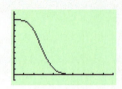 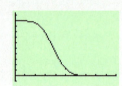

Die Abbildungen zeigen drei GTR-Diagramme. Auf der x-Achse ist jeweils die Trefferwahrscheinlichkeit p ($0 \leq p \leq 1$) bei einer Binomialverteilung mit $n = 20$ abgetragen.
Bei welchem der Diagramme ist auf der y-Achse die Wahrscheinlichkeit $P(X \leq 5)$ bzw. $P(X \leq 7)$ bzw. $P(X \leq 11)$ abgetragen?

Mit **Binomialverteilungen** $B_{n;\,p}$ lassen sich viele Probleme lösen, die sich auf folgende drei Fragestellungen reduzieren lassen:
– Berechnung von **Wahrscheinlichkeiten** bei gegebener Anzahl n und Trefferwahrscheinlichkeit p
– Bestimmen der unbekannten **Anzahl n** bei gegebener Trefferwahrscheinlichkeit p
– Bestimmen der unbekannten **Trefferwahrscheinlichkeit p** bei gegebener Anzahl n
Diese Fragestellungen werden an Beispielen behandelt.

CAS
Simulation: Buchung eines Flugs

Beispiel 1 Wahrscheinlichkeiten bei gegebenen Parametern n und p berechnen
Ein Flugzeug hat 194 Plätze. Die Fluggesellschaft verkauft aber 200 Tickets, weil laut ihrer Statistik durchschnittlich nur 95 % aller Gäste, die gebucht haben, zum Flug erscheinen.
a) Mit welcher Wahrscheinlichkeit finden alle erscheinenden Fluggäste einen Platz?
b) Mit welcher Wahrscheinlichkeit muss mehr als ein Fluggast entschädigt werden?
■ *Lösung: Man macht die Modellannahme, dass die 200 Fluggäste unabhängig voneinander mit einer Wahrscheinlichkeit von 0,95 zum Flug erscheinen. Dann gilt:*
Die Anzahl X der erscheinenden Fluggäste ist binomialverteilt mit den Parametern $n = 200$ und $p = 0{,}95$. Treffer bedeutet, dass ein Fluggast zum Flug erscheint.
a) $P(X \leq 194) = 0{,}9377$
Mit fast 94 % Wahrscheinlichkeit erhält jeder Fluggast einen Platz.
b) *Wenn mindestens 196 Fluggäste erscheinen, muss mehr als ein Fluggast entschädigt werden.* $P(X \geq 196) = 1 - P(X \leq 195) = 0{,}0264$
Mit nur etwa 2,6 % Wahrscheinlichkeit ist mehr als ein Fluggast zu entschädigen.

Beispiel 2 Parameter n bestimmen
In einem Land sind 4 % der männlichen Bevölkerung farbenblind. Wie groß muss eine Gruppe von Männern in dem Land mindestens sein, damit mit mindestens 90 Prozent Wahrscheinlichkeit mindestens
a) einer aus der Gruppe farbenblind ist,
b) fünf aus der Gruppe farbenblind sind?
■ Lösung: Die Zufallsgröße F zählt die Anzahl der Farbenblinden in einer Gruppe von n männlichen Personen. F ist binomialverteilt mit $p = 0{,}04$ und gesuchtem n.
a) Es soll gelten:
$P(F \geq 1) \geq 0{,}9$ bzw. $P(F = 0) \leq 0{,}1$.

Zur Berechnung der Lösung ohne GTR siehe Aufgabe 10.

Man gibt die $P(F = 0)$ entsprechende Funktion y_1 mit $y_1(x) = B_{x;\,0{,}04}(0)$ ein.

Fig. 1 Fig. 2

Aus der Tabelle (Y_1 in Fig. 2) ergibt sich die Mindestanzahl $n = 57$.

b) Es soll gelten: $P(F \geq 5) \geq 0{,}9$ bzw. $P(F \leq 4) \leq 0{,}1$.
Die Funktion y_2 mit $y_2(x) = B_{x;0,04}(0) + \ldots + B_{x;0,04}(4)$ entspricht $P(F \leq 4)$. Am GTR wird für diese Summe von Wahrscheinlichkeiten die Funktion binomcdf(X, 0.04,4) verwendet.
Aus der Tabelle (Y_1 in Fig. 2) ergibt sich die Mindestzahl $n = 198$.

Beispiel 3 Parameter p bestimmen

Jedes Bauteil in einer Produktionsserie fällt mit der Wahrscheinlichkeit p aus. Die Bauteile werden unabhängig voneinander produziert. Wie groß darf p höchstens sein, damit mit einer Wahrscheinlichkeit von mindestens 80 Prozent höchstens zehn von 100 Bauteilen ausfallen?

■ Lösung: Die Zufallsgröße A zähle die ausfallenden Bauteile bei einer Produktionsserie von $n = 100$. A ist binomialverteilt mit $n = 100$ und gesuchtem p.
Es muss gelten: $P(A \leq 10) \geq 0{,}8$.
Die Funktion y_1 mit $y_1(x) = B_{100;x}(0) + \ldots + B_{100;x}(10)$ entspricht $P(A \leq 10)$. Der GTR verwendet für solche kumulierte Wahrscheinlichkeiten eine eigene Funktion (vgl. Fig. 1). Man stellt y_1 grafisch dar und ermittelt den Schnittpunkt des Graphen von y_1 mit der Geraden $y_2 = 0{,}8$.

Man erhält als Schnittstelle $x \approx 0{,}082$. Die gesuchte Wahrscheinlichkeit darf höchstens etwa 8,2 % betragen.

Aufgaben

1 Bei einem Mathetest gibt es zehn Fragen mit jeweils vier Antworten, von denen nur eine richtig ist. Felix kreuzt bei jeder Frage rein zufällig eine Antwort an.
Mit welcher Wahrscheinlichkeit hat er
a) genau drei richtige Antworten,
b) mindestens drei richtige Antworten,
c) höchstens zwei richtige Antworten,
d) mehr als drei richtige Antworten?

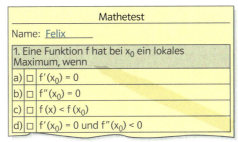

Fig. 3

2 Die Zufallsgröße X ist binomialverteilt mit dem Parameter $p = 0{,}25$.
Bestimmen Sie den zweiten Parameter n als möglichst kleine Zahl, sodass gilt:
a) $P(X = 0) \leq 0{,}05$;   b) $P(X \leq 5) \leq 0{,}5$;   c) $P(X \geq 5) \geq 0{,}5$;   d) $P(5 \leq X \leq 10) \geq 0{,}25$.

3 Für welchen Wert von p ist $B_{100;p}(10)$ am größten?

4 Wie oft muss man mindestens würfeln, damit mit mindestens 99 % Wahrscheinlichkeit das angegebene Ereignis erzielt wird?
a) eine Sechs   b) sechs Sechsen   c) zehn gerade Zahlen   d) 20 Zahlen unter sechs

5 Bei einer Binomialverteilung ist p so groß, dass es mit mindestens 75 % Wahrscheinlichkeit höchstens zehn Treffer gibt. Welche Werte kann p annehmen für
a) $n = 20$;   b) $n = 50$;   c) $n = 100$;   d) $n = 500$?

Zeit zu überprüfen

6 Die Wahrscheinlichkeit für die Geburt eines Jungen beträgt etwa 0,51.
a) In einem Jahr werden in einer Großstadt 8000 Kinder geboren. Berechnen Sie die Wahrscheinlichkeit, dass mindestens 4000 Jungen geboren werden. Berechnen Sie die Wahrscheinlichkeit, dass die Zahl der Jungengeburten mindestens 4000 und höchstens 4200 beträgt.
b) Wie viele Kinder müssen mindestens geboren werden, damit mit mindestens 99% Wahrscheinlichkeit mindestens fünf Jungen dabei sind?

7 Über einen Nachrichtenkanal werden Zeichen übertragen. Durch Störeinflüsse wird jedes Zeichen mit der unbekannten Wahrscheinlichkeit p falsch übertragen. Die Störung der einzelnen Zeichen erfolgt unabhängig voneinander.
Wie groß darf p höchstens sein, wenn die Wahrscheinlichkeit, dass bei 100 übertragenen Zeichen mehr als drei falsch übertragen werden, höchstens 1% betragen darf?

8 Ein Reiseunternehmer nimmt 150 Buchungen für ein Feriendorf mit 140 Betten an, da erfahrungsgemäß 11% der Buchungen wieder rückgängig gemacht werden.
a) Mit welcher Wahrscheinlichkeit hat er zu viele Buchungen angenommen?
b) Mit welcher Wahrscheinlichkeit hat er sogar noch mehr als einen Platz übrig?
c) Wieso kann man dem Unternehmer empfehlen, noch mehr Buchungen entgegenzunehmen?

9 Die Firma ElSafe stellt Sicherungen mit einer Ausschussquote von 6% her. Der Produktion werden 80 Sicherungen zu Prüfzwecken entnommen.
a) Bestimmen Sie die Wahrscheinlichkeit für die Ereignisse
A: Genau drei Sicherungen sind defekt,
B: Höchstens drei Sicherungen sind defekt,
C: Alle Sicherungen sind in Ordnung,
D: Nur die letzten drei entnommenen Sicherungen sind defekt.
b) Ein Elektrogroßhändler erhält von ElSafe ein Dutzend Sendungen. Jeder Sendung entnimmt er drei Sicherungen und überprüft sie. Er nimmt eine Sendung nur an, wenn er bei der Kontrolle nur einwandfreie Sicherungen findet.
Wie groß ist die Wahrscheinlichkeit, dass die erste Sendung angenommen wird?
Mit welcher Wahrscheinlichkeit werden mindestens zehn Sendungen angenommen?

10 Die Lösung in Beispiel 2a) auf Seite 358 kann man auch berechnen.
Begründen Sie dazu, dass $P(F = 0) = 0{,}96^n$ gilt, und lösen Sie die Ungleichung $0{,}96^n \leq 0{,}1$ durch Logarithmieren.

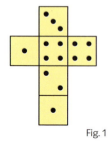
Fig. 1

11 Ein Würfel hat das Netz von Fig. 1.
a) Der Würfel wird zehnmal geworfen.
Wie oft ist dabei durchschnittlich eine gerade Zahl zu erwarten?
Mit welcher Wahrscheinlichkeit tritt mindestens achtmal eine gerade Zahl auf?
Bestimmen Sie die kleinste Zahl k, für welche die Anzahl der geraden Augenzahlen mit mindestens 80% Wahrscheinlichkeit in das Intervall [5 − k; 5 + k] fällt.
b) Wie oft muss man den Würfel mindestens werfen, damit mit mindestens 95% Wahrscheinlichkeit mindestens eine Vier fällt? Berechnen Sie die Lösung.

12 Ein Glücksrad mit den Feldern Rot und Grün soll so eingeteilt werden, dass bei 20 Drehungen die Wahrscheinlichkeit dafür, dass höchstens zehnmal Rot erscheint, 5% beträgt.
Welche Mittelpunktswinkel erhalten die Felder?

7 Binomialverteilung – Erwartungswert und Standardabweichung

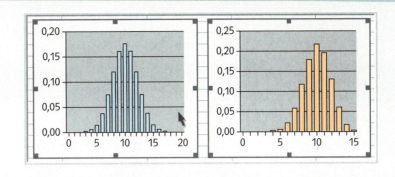

Die Abbildungen zeigen Graphen von Binomialverteilungen.
Welches könnten die Parameter sein?
A: n = 20; p = 0,3;
B: n = 20; p = 0,5
C: n = 20; p = $\frac{2}{3}$;
D: n = 15; p = 0,8
E: n = 15; p = $\frac{2}{3}$

Es zeigt sich, dass sich eine Binomialverteilung durch die Kenngrößen Erwartungswert und Standardabweichung charakterisieren lässt. Dazu wird zunächst untersucht, wie die Verteilungen von den Parametern n und p abhängen.

Abhängigkeit der Verteilungen

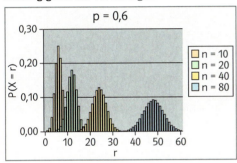

Fig. 1

vom Parameter n: Man wählt p fest, z.B.
p = 0,6 (Fig. 1) und verändert n (Fig. 3).

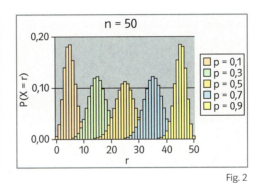

Fig. 2

vom Parameter p: Man wählt n fest, z.B.
n = 50 (Fig. 2) und verändert p (Fig. 4).

Zum Erstellen von Graphen mit Excel siehe den Infokasten auf Seite 364.

Zum Erstellen von Graphen mit dem GTR siehe das Beispiel auf Seite 363.

Fig. 3 und 4: Erwartungswerte und Standardabweichungen der Binomialverteilungen (nach den Formeln von Seite 347 berechnet).

in Fig. 1 (p = 0,6)

n	10	20	40	80
μ	6	12	24	48
σ	1,55	2,19	3,10	4,38

Fig. 3

in Fig. 2 (n = 50)

p	0,1	0,3	0,5	0,7	0,9
μ	5	15	25	35	45
σ	2,12	3,24	3,54	3,24	2,12

Fig. 4

Es kann sein, dass μ nicht ganzzahlig ist. Dann liegt das Maximum bei einem der ganzzahligen Werte daneben.

> Der Graph einer Binomialverteilung hat Glockenform.
> Mit wachsendem n wird der Graph immer breiter und flacher.
> Für p → 1 und p → 0 wird der Graph immer schmaler und höher.
> Das Maximum des Graphen befindet sich beim Erwartungswert μ.

Man erkennt außerdem, dass man den Erwartungswert einer Binomialverteilung mit der Formel μ = n·p berechnen kann. Der Graph der Binomialverteilung hat beim Erwartungswert μ die größte Wahrscheinlichkeit. Auch für die Standardabweichung bei einer Binomialverteilung kann man eine Formel herleiten.

> Eine binomialverteilte Zufallsgröße X mit den Parametern n und p hat den **Erwartungswert** μ = n·p und die **Standardabweichung** σ = $\sqrt{n \cdot p \cdot (1-p)}$.

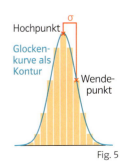

Fig. 5

Die Standardabweichung σ bei einer Binomialverteilung kann man veranschaulichen. Man zeichnet eine „Glockenkurve" als Kontur des Graphen (Fig. 5). An Fig. 1 auf Seite 362 erkennt man, dass σ etwa dem Abstand der Wendestellen der Glockenkurve zur Extremstelle μ entspricht. Die Standardabweichung ist also ein Maß für die Glockenbreite, das sich verdoppelt bzw. verdreifacht, wenn n vervierfacht bzw. verneunfacht wird, denn σ ist zu $\sqrt{n}$ proportional.

X Diskrete Wahrscheinlichkeitsverteilungen

In Fig. 1 ist p = 0,3, entsprechende Diagramme n erhält man für andere Werte von p.

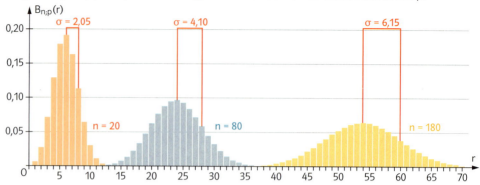

Fig. 1

Die Wendepunkte der Glockenkurve lassen sich näherungsweise bestimmen.

Die Bedeutung der Standardabweichung zeigt sich bei der Wahrscheinlichkeit
$P(\mu - \sigma \leq X \leq \mu + \sigma)$, das heißt für die Wahrscheinlichkeit, dass ein Treffer im Intervall $[\mu - \sigma; \mu + \sigma]$ liegt, kurz: Wahrscheinlichkeit für ein **σ-Intervall**.
Die folgenden Tabellen zeigen für verschiedene Parameter n und p die Wahrscheinlichkeiten für ein σ-Intervall (in den Tabellen kurz mit P_σ benannt). Man erkennt, dass die Wahrscheinlichkeiten alle etwa 68 % betragen.

Mit dem GTR berechnete Wahrscheinlichkeiten für σ-Umgebungen, hier für p = 0,4.

p = 0,5

n	400	800	1200	1600	2000
P_σ	0,6821	0,6945	0,6877	0,6825	0,6857

p = 0,1

n	400	800	1200	1600	2000
P_σ	0,6796	0,6837	0,6878	0,6819	0,6858

Fig. 2

Entsprechendes gilt auch für die 2σ-Intervalle $[\mu - 2\cdot\sigma; \mu + 2\cdot\sigma]$ bzw. 3σ-Intervalle $[\mu - 3\cdot\sigma; \mu + 3\cdot\sigma]$. Dies zeigen die Funktionen Y_2 bzw. Y_3 in Fig. 3.

Fig. 3

Sigma-Regeln

Für eine binomialverteilte Zufallsgröße X mit den Parametern n und p, dem Erwartungswert $\mu = n \cdot p$ und der Standardabweichung $\sigma = \sqrt{n \cdot p \cdot (1 - p)}$ erhält man folgende Näherungen:

1. $P(\mu - \sigma \leq X \leq \mu + \sigma) \approx 68{,}3\,\%$
2. $P(\mu - 2\sigma \leq X \leq \mu + 2\sigma) \approx 95{,}4\,\%$
3. $P(\mu - 3\sigma \leq X \leq \mu + 3\sigma) \approx 99{,}7\,\%$
4. $P(\mu - 1{,}64\,\sigma \leq X \leq \mu + 1{,}64\,\sigma) \approx 90\,\%$
5. $P(\mu - 1{,}96\,\sigma \leq X \leq \mu + 1{,}96\,\sigma) \approx 95\,\%$
6. $P(\mu - 2{,}58\,\sigma \leq X \leq \mu + 2{,}58\,\sigma) \approx 99\,\%$

Die Werte bei 4) bis 6) braucht man in der beurteilenden Statistik – beim Schätzen und Testen (Lerneinheit 8 und Wahlthema Seite 369). Der Nachweis für die angegebenen Wahrscheinlichkeiten kann analog durchgeführt werden.

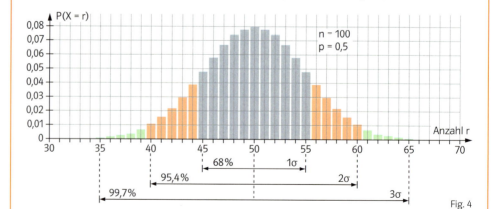

Fig. 4

Je größer n ist und je näher p bei 0,5 liegt, desto besser wird im Allgemeinen die Näherung. Nach einer Faustregel sollte σ > 3 sein, damit die Näherung brauchbar ist.

Beispiel Tabelle und Graph mit dem GTR
X sei eine binomial verteilte Zufallsgröße mit den Parametern n = 20 und p = 0,4.
a) Berechnen Sie den Erwartungswert und die Standardabweichung sowie das 2σ-Intervall und die zugehörige Wahrscheinlichkeit.
b) Erstellen Sie mit dem GTR eine Tabelle und einen Graphen von X.
c) Beschreiben Sie, wie man eine Skizze des Graphen ins Heft übertragen kann.

▪ Lösung:
a) μ = 20·0,4 = 8; σ = $\sqrt{20 \cdot 0{,}4 \cdot 0{,}6}$ ≈ 2,19; 2σ-Intervall [4; 12];
Wahrscheinlichkeit des 2σ-Intervalls: 0,963 *(vgl. Sigmaregel)*
b) *Man gibt den Funktionsterm B20;0.4(x) ein und erhält die Wertetabelle. Wenn man auch den Graph anzeigen lassen will, muss man die „x-Werte" auf ganze Zahlen runden.*

Als Grenzen der σ-Intervalle werden ganze Zahlen angegeben, weil eine Binomialverteilung nur ganzzahlige Werte hat.

Man kann auch ein Säulendiagramm erzeugen, siehe Aufgabe 9.

Fig. 1
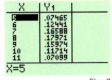
Fig. 2
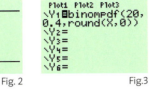
Fig. 3
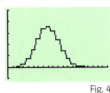
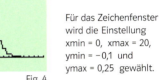
Fig. 4

Für das Zeichenfenster wird die Einstellung xmin = 0, xmax = 20, ymin = –0,1 und ymax = 0,25 gewählt.

c) Man zeichnet ein Koordinatensystem mit Werten von 0 bis 20 auf der Rechtsachse. Aus der Wertetabelle sucht man die größte Wahrscheinlichkeit beim Erwartungswert μ = 8 heraus. Die Hochachse wird so bemessen, dass dieser Wert (hier etwa 0,18) hineinpasst. Dann zeichnet man einige Punkte des Graphen, deren Koordinaten man aus der Tabelle abliest. Man verbindet diese Punkte durch eine punktierte Linie (um anzudeuten, dass nur ganzzahlige Werte vorkommen).

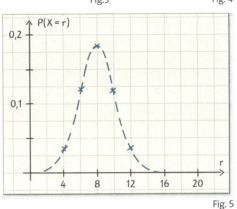
Fig. 5

Achten Sie darauf, dass nach der Sigmaregel die Fläche unter dem Graphen zwischen μ – 2σ und μ + 2σ etwa 95 % der gesamten Fläche unter dem Graphen beträgt.

Aufgaben

1 Bestimmen Sie den Erwartungswert, die Standardabweichung der Binomialverteilung sowie die Wahrscheinlichkeit des σ-Intervalls. Skizzieren Sie den Graphen.
a) p = 0,5 und n = 8; 16; 32; 64
b) n = 40 und p = 0,25; 0,4; 0,65; 0,8

Runden Sie μ + σ bzw. μ – σ erst auf ganze Zahlen, damit Sie die zugehörigen Wahrscheinlichkeiten bestimmen können.

2 Bestimmen Sie den Erwartungswert und die Standardabweichung der Binomialverteilung. Geben Sie den Wert mit der größten Wahrscheinlichkeit an. Bestimmen Sie die Wahrscheinlichkeit des 3σ-Intervalls.
a) n = 30, p = 0,3
b) n = 15, p = 0,3
c) n = 70, p = 0,9
d) n = 77, p = 0,9

Ⓢ CAS
Standardabweichung

3 Nach einer Studie halten 26 % der Jugendlichen die Umwelt für ein zentrales Thema.
a) Wie viele Schülerinnen bzw. Schüler sind demnach in Ihrem Kurs zu erwarten, welche die Umwelt für ein zentrales Thema halten?
b) In welchem Bereich um den Erwartungswert liegt die Zahl der Schülerinnen bzw. Schüler Ihres Kurses, welche die Umwelt für ein zentrales Thema halten, mit etwa 95 % Wahrscheinlichkeit?

4 Ein Würfel wird 600 mal geworfen. X zählt die Anzahl der Sechsen.
a) Berechnen Sie Erwartungswert und Standardabweichung von X.
b) Bestimmen Sie das 2σ-Intervall. Vergleichen Sie die Wahrscheinlichkeit des 2σ-Intervalls mit dem Näherungswert, den die Sigmaregel liefert.

Zeit zu überprüfen

5 Bestimmen Sie Erwartungswert und Standardabweichung der Binomialverteilung mit n = 10 und n = 20 für p = 0,6 sowie die Wahrscheinlichkeit des 2σ-Intervalls. Skizzieren Sie die Graphen. Welche Eigenschaften erkennen Sie?

6 Ein Kurs hat 28 Schülerinnen und Schüler. Es wird angenommen, dass jeder Wochentag als Geburtstag gleich wahrscheinlich ist.
a) Wie viele Sonntagskinder befinden sich am wahrscheinlichsten in dem Kurs?
b) Wie groß ist die Wahrscheinlichkeit, dass die Zahl der Sonntagskinder um höchstens eine Standardabweichung vom Erwartungswert abweicht?
c) Beantworten Sie a) und b) für eine Schule mit 700 Schülerinnen und Schülern.

INFO

Binomialverteilung und Tabellenkalkulation

Säulendiagramm: Die Werte B5 bis B15 werden markiert, und nach Anklicken des Diagramm-Symbols entsteht unter Anleitung des Diagrammassistenten das gewünschte Diagramm.

In Fig. 1 sind Wertetabelle und Graph einer binomial verteilten Zufallsgröße X mit den Parametern n = 10 und p = 0,6 dargestellt. Die Parameter werden in die gelb unterlegten Felder A2 bzw. B2 eingetragen. Von A5 bis A15 werden die möglichen Werte für r, also 0 bis 10, eingefügt. In B5 wird die Wahrscheinlichkeit P(X = r) mit =BINOMVERT(A5;A$2;B$2;0) berechnet, die man in der Kopfzeile eingibt. Die Formel wird bis B15 nach unten ausgefüllt.

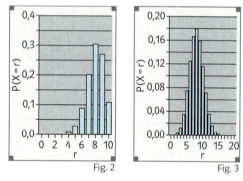

Fig. 1

7 Bestimmen Sie für die Binominalverteilungen, deren Graphen in Fig. 2 zu sehen sind, die Parameter n und p.

8 a) In der Tabelle ist für n = 3 die Wahrscheinlichkeitsverteilung einer binomial verteilten Zufallsgröße X mit Parametern n und p allgemein angegeben. Berechnen Sie Erwartungswert und Standardabweichung von X, indem Sie die Formeln von Seite 347 verwenden. Beachten Sie dabei, dass p + q = 1 gilt.
b) Führen Sie die Berechnung wie in a für n = 4 durch.
Tipp: $q^3 + 3pq^2 + 3p^2q + p^3 = (q+p)^3$

Entsprechend kann man für allgemeine Parameter n und p zeigen, dass sich als Erwartungswert μ = n·p ergibt.

Fig. 2   Fig. 3

r	0	1	2	3
P(X = r)	q^3	$3pq^2$	$3p^2q$	p^3

Fig. 4

9 Erstellen Sie mit dem GTR wie dargestellt ein Säulendiagramm für die Parameter
a) n = 30; p = 0,25   b) n = 30; p = 0,5   c) n = 40; p = 0,5   d) n = 40; p = 0,75

Parameter n = 20, p = 0,4
Fenstereinstellung:
xmin = 0,
xmax = 20,
xscl = 1,
ymin = −0,1
ymax = 0,25:

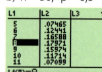  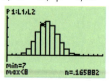

Fig. 5

8 Wahrscheinlichkeiten schätzen – Vertrauensintervalle

Ein Schätz-Spiel für zwei Partner:
Jana gibt – für Jan unsichtbar – eine Wahrscheinlichkeit p ein und lässt den GTR damit eine Liste von sechs binomialverteilten Zufallszahlen erzeugen. Dabei liegt eine Binomialverteilung mit den Parametern n = 100 und dem für Jan unbekannten p zu Grunde. Jan soll nun mithilfe der Liste die unbekannte Wahrscheinlichkeit schätzen.

Funktion für Liste von Stichproben eingeben

Jana gibt – geheim – eine Wahrscheinlichkeit p ein, hier p = 0,72.

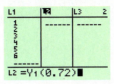

Jan schätzt p mithilfe der sechs Stichproben.

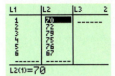

Die Partei CFP, die ihren Stimmenanteil bei der nächsten Wahl wissen möchte, gibt eine Umfrage bei einem Meinungsforschungsinstitut in Auftrag. Eine repräsentative Stichprobe von n = 1000 Wählern ergibt r = 370 Wähler der CFP. Die relative Häufigkeit $h = \frac{r}{n} = \frac{370}{1000} = 37\%$ ist eine **Punktschätzung** für die unbekannte Wahrscheinlichkeit p, mit der ein Wähler tatsächlich die CFP wählt.

Wegen der zufälligen Streuung bei der Stichprobe gibt man aber statt dieser Punktschätzung ein Intervall um h an, das die unbekannte Wahrscheinlichkeit p mit großer Sicherheit enthält. Ein solches Intervall nennt man **Vertrauensintervall zur relativen Häufigkeit h**. Zur Bestimmung geht man folgendermaßen vor:

Bei der Wählerbefragung handelt es sich um eine Bernoulli-Kette der Länge n = 1000 mit der unbekannten Trefferwahrscheinlichkeit p. Nach der Sigmaregel liegt die beobachtete Trefferzahl r mit 95 % Wahrscheinlichkeit im Intervall $[\mu - 1{,}96\sigma;\ \mu + 1{,}96\sigma]$ mit $\mu = n \cdot p$ und $\sigma = \sqrt{n \cdot p(1-p)}$. Es gilt daher mit 95 % Wahrscheinlichkeit:
$n \cdot p - 1{,}96\sqrt{n \cdot p(1-p)} \leq r \leq n \cdot p + 1{,}96\sqrt{n \cdot p(1-p)}$ (1)

Division durch den Stichprobenumfang n ergibt für die relative Häufigkeit $h = \frac{r}{n}$ die folgende Sigmaregel:

$p - 1{,}96\sqrt{\frac{p(1-p)}{n}} \leq h \leq p + 1{,}96\sqrt{\frac{p(1-p)}{n}}$ (2)

Alle Werte p, welche diese Beziehung erfüllen, definieren das Vertrauensintervall zu der relativen Häufigkeit h. Es enthält die unbekannte Wahrscheinlichkeit mit etwa 95 % Wahrscheinlichkeit.

Diese „Sigmaregel für die relative Häufigkeit" besagt, dass h mit 95 % Wahrscheinlichkeit von p einen Abstand von höchstens $1{,}96\frac{\sigma}{n}$ hat.

95%-Vertrauensintervall für die unbekannte Wahrscheinlichkeit p (Näherung)

Fig. 1

Man erhält eine einfache Näherung für das Vertrauensintervall, indem man den Wurzelausdruck in (2) durch $\sqrt{\frac{h(1-h)}{n}}$ ersetzt: $p - 1{,}96\sqrt{\frac{h \cdot (1-h)}{n}} \leq h \leq p + 1{,}96\sqrt{\frac{h \cdot (1-h)}{n}}$ (3)

Aus der rechten Ungleichung erhält man $p \geq h - 1{,}96\sqrt{\frac{p \cdot (1-p)}{n}}$ und aus der linken Ungleichung $p \leq h + 1{,}96\sqrt{\frac{p \cdot (1-p)}{n}}$.

Da p ≈ h, ist der Fehler bei der Ersetzung gering.

Daher erhält man als Näherung für das Vertrauensintervall $\left[h - 1{,}96\sqrt{\frac{h(1-h)}{n}};\ h + 1{,}96\sqrt{\frac{h(1-h)}{n}}\right]$

Bei der Wählerbefragung ergibt sich für h = 0,373 mit $1{,}96\sqrt{\frac{h(1-h)}{n}} \approx 0{,}030$ das Intervall [0,343; 0,403] als Näherungsintervall für das Vertrauensintervall (siehe Fig. 1).

Das genäherte Vertrauensintervall ist zu h symmetrisch, siehe Fig. 1. Eine exakte Bestimmung erfolgt in Kapitel XI.

Für das Vertrauensniveau wird üblicherweise das Symbol ß verwendet.

Die zugrunde liegende Wahrscheinlichkeit von 95% mit der das Vertrauensintervall die unbekannte Wahrscheinlichkeit p enthält, nennt man **Vertrauensniveau**. Auch für die Vertrauensniveaus 90% und 99% kann man mithilfe der Sigmaregel Vertrauensintervalle angeben.

> **Schätzen einer unbekannten Wahrscheinlichkeit** p bei einem Bernoulli-Experiment
> Wird bei n-maliger Wiederholung eines Bernoulli-Experiments die Trefferzahl mit der relativen Häufigkeit h beobachtet, dann kann man die unbekannte Wahrscheinlichkeit p durch Angabe eines Vertrauensintervalls schätzen.
>
> Das 90%-Vertrauensintervall ist näherungsweise: $\left[h - 1{,}64\sqrt{\frac{h(1-h)}{n}};\ h + 1{,}64\sqrt{\frac{h(1-h)}{n}}\right]$
>
> Das 95%-Vertrauensintervall ist näherungsweise: $\left[h - 1{,}96\sqrt{\frac{h(1-h)}{n}};\ h + 1{,}96\sqrt{\frac{h(1-h)}{n}}\right]$
>
> Das 99%-Vertrauensintervall ist näherungsweise: $\left[h - 2{,}58\sqrt{\frac{h(1-h)}{n}};\ h + 2{,}58\sqrt{\frac{h(1-h)}{n}}\right]$
>
> Je größer der Stichprobenumfang, desto kleiner ist das Vertrauensintervall.

Wenn man z.B. den Stichprobenumfang vervierfacht, wird die Länge des Vertrauensintervalls halbiert.
Das entspricht der Intuition:
Bei größerem Stichprobenumfang erwartet man die relative Häufigkeit umso näher an der tatsächlichen Wahrscheinlichkeit p.

Aus der Definition des Vertrauensintervalls folgt: Das 95%-Vertrauensintervall enthält die unbekannte Wahrscheinlichkeit p mit etwa 95% Wahrscheinlichkeit. Entsprechendes gilt für die anderen Vertrauensniveaus.

Beispiel 1 Ermitteln eines Vertrauensintervalls
Bei einer Umfrage des Instituts für Demoskopie Allensbach in 10 012 privaten Haushalten im Jahr 2008 gaben 5316 Befragte an, mindestens einen Computer zu besitzen. Bestimmen Sie das 90%-Vertrauensintervall für den Anteil an Haushalten mit Computern.

■ Lösung:
Stichprobenumfang: n = 10012
Stichprobenergebnis: r = 5316
Relative Häufigkeit $h = \frac{5316}{10012} = 0{,}531$.
Vertrauensintervall:
$\left[0{,}531 - 1{,}64\sqrt{\frac{0{,}531 \cdot 0{,}469}{10012}};\ 0{,}531 + 1{,}64\sqrt{\frac{0{,}531 \cdot 0{,}469}{10012}}\right] = [0{,}523;\ 0{,}539]$

Beispiel 2 Vertrauensintervall mit dem GTR bestimmen
Ein Softwarehersteller möchte durch eine Meinungsumfrage den prozentualen Anteil der Benutzer ermitteln, die mit einem seiner Produkte zufrieden sind. Es werden 2537 Nutzer befragt, von denen 1704 zufrieden sind. Bestimmen Sie mit dem GTR das 95%-Vertrauensintervall für den Anteil der zufriedenen Nutzer
a) im Rechenfenster   b) mit einer passenden Rechnerfunktion
■ Lösung:
Als Vertrauensintervall ergibt sich auf beiden Wegen gerundet: [0,653; 0,690].
Auch der GTR verwendet die Näherung.

Vertrauen heißt auf lateinisch confidere. Daher sagt man statt Vertrauensintervall bzw. Vertrauensniveau auch Konfidenzintervall bzw. Konfidenzniveau.

a) Rechenfenster   b) passenden Statistiktest wählen   Parameter wählen   Ergebnis

Fig. 1   Fig. 2   Fig. 3   Fig. 4

Es ist zu beachten, dass der GTR andere Bezeichnungen verwendet. C-Level steht für β und kommt vom englischen Confidence Level = Vertrauensniveau.
Das Vertrauensintervall ist gerundet [0,653; 0,690].

Aufgaben

1 Bestimmen Sie das 95%-Vertrauensintervall für eine Stichprobe vom Umfang n und dem Stichprobenergebnis r.
a) n = 500, r = 125
b) n = 1000, r = 250
c) n = 2000, r = 500
d) n = 1000, r = 500
e) n = 1000, r = 750
f) n = 1000, r = 900

2 Bestimmen Sie das β-Vertrauensintervall für eine Stichprobe vom Umfang n = 1000 und das Stichprobenergebnis r = 430.
a) β = 90%
b) β = 95%
c) β = 99%

3 Von 1030 zufällig befragten Personen im Alter von 18 bis 21 Jahren gaben 657 an, Raucher zu sein. Bestimmen Sie das 99%-Vertrauensintervall für den unbekannten Anteil der Raucher in dieser Altersgruppe.

4 Von 195 Patienten eines Krankenhauses, die während einer Operation in Vollnarkose 25 mg Metoclopramid erhielten, wurden 39 kurzzeitig hypoton. Dr. Steinhart, der in einem anderen Krankenhaus arbeitet, meint dazu: „Hypotonien nach Metoclopramid kommen bei mindestens einem Drittel aller Patienten vor." Was meinen Sie dazu?

Als **Hypotonie** wird in der Medizin ein Druck unterhalb der Norm bezeichnet. Meist wird Hypotonie auf den arteriellen systolischen Blutdruck bezogen (unter 115 mm Hg bei Männern und unter 105 mm Hg bei Frauen).

5 In einer Gemeinde hatte eine Partei in der Vergangenheit einen Stimmanteil von 30%. Bei der letzten Umfrage haben sich allerdings nur 48 von 180 befragten Personen für diese Partei ausgesprochen. Spricht das für eine Änderung des Stimmenanteils?

6 Auf einer Insel werden 75 Hasen markiert. Nach wenigen Tagen werden 52 Hasen beobachtet, von denen 16 markiert sind.
Schätzen Sie mithilfe des 95%-Vertrauensintervalls für den Anteil der markierten Hasen auf der Insel, wie viele Hasen etwa auf der Insel leben.

7 Wahr oder falsch? Begründen Sie.
a) Je kleiner der Umfang einer Stichprobe ist, desto größer wird das Vertrauensintervall für eine unbekannte Wahrscheinlichkeit.
b) Wenn man zu einer beobachteten relativen Häufigkeit das Vertrauensintervall bestimmt, so weiß man, dass auch die zugehörige unbekannte Wahrscheinlichkeit eine Zahl aus diesem Intervall ist.
c) Das 90%-Vertrauensintervall ist bei derselben Stichprobe kleiner als das 95%-Vertrauensintervall.
d) Je höher das Vertrauensniveau, umso weniger genau kennt man die unbekannte Wahrscheinlichkeit.
e) Wenn man den Stichprobenumfang verdoppelt, wird das Vertrauensintervall halb so groß.

Zeit zu überprüfen

8 Bestimmen Sie das β-Vertrauensintervall für eine Stichprobe vom Umfang n mit dem Stichprobenergebnis r.
a) β = 95%, n = 750, r = 375
b) β = 99%, n = 937, r = 675

9 Bei einer Umfrage im Auftrag einer Partei ermittelt ein Meinungsforschungsinstitut, dass 28% der befragten 1075 Personen die Partei wählen wollen. Bestimmen Sie das 90%-Vertrauensintervall für den unbekannten Wähleranteil der Partei.

10 Eine kleine Partei, die in den Bundestag einziehen möchte, droht an der „5%-Hürde" zu scheitern. Eine Wählerumfrage, welche die Partei bei einem Meiningsforschungsinstitut in Auftrag gegeben hat, hat bei 1876 Befragten ergeben, dass die Partei nur 78 Stimmen bekommt. Diskutieren Sie, ob sich die Partei noch berechtigte Hoffnungen auf den Einzug in den Bundestag machen kann.

Aus dem Bundeswahlgesetz (§ 6, Abs. 6) von 1953:

„Bei der Verteilung der Sitze auf die Landeslisten werden nur Parteien berücksichtigt, die mindestens 5 vom Hundert der im Wahlgebiet abgegebenen gültigen Zweitstimmen erhalten oder in mindestens drei Wahlkreisen einen Sitz errungen haben."

Fig. 1

INFO → Aufgaben 11–13

Wie groß sollte der Stichprobenumfang sein?

Mit zunehmendem Stichprobenumfang wird die Länge des Vertrauensintervalls kleiner. Es ist sinnvoll, vor der Durchführung einer Umfrage den erforderlichen Stichprobenumfang für eine gewünschte Länge des Vertrauensintervalls abzuschätzen.

Das Vertrauensintervall hat die Länge $l = 2c = \sqrt{h\frac{(1-h)}{n}}$. Daraus erhält man durch Quadrieren $l^2 = 4c^2 = \frac{h(1-h)}{n}$. Also muss gelten, dass $n \geq \frac{4c^2}{l^2}$, wenn man ein Vertrauensintervall der maximalen Länge l haben möchte. Im Allgemeinen weiß man nicht genau, wie groß h ist. In Fig. 2 ist der Graph der Funktion f mit $f(h) = h(1-h)$ gezeichnet. Man erkennt, dass f das absolute Maximum 0,25 bei $h = 0{,}5$ hat. Daher gilt $0{,}25 \geq h \cdot (1-h)$ für alle h im Bereich [0; 1].

h: relative Häufigkeit
= Stichprobenergebnis / Stichprobenumfang

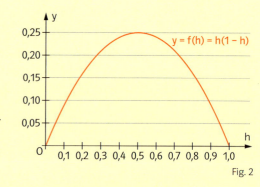

Fig. 2

Wenn also $n \geq \frac{c^2}{l^2}$ gilt, so folgt wegen $\frac{c^2}{l^2} = 4\frac{c^2}{l^2} \cdot 0{,}25 \geq 4\frac{c^2}{l^2} \cdot h \cdot (1-h)$, dass das zugehörige Vertrauensintervall höchstens die Länge l hat. Es gilt der

Satz: Das β-Vertrauensintervall für die unbekannte Wahrscheinlichkeit p hat höchstens die Länge l, wenn für den Stichprobenumfang n gilt: $n \geq \frac{c^2}{l^2}$.

Bei der Hochrechnung von Wahlergebnissen schließt man vom Wahlerhalten in Teilmengen genauf das Wahlverhalten in der Gesamtheit. Als Teilmengen benutzt man Ergebnisse von Wahlbezirken oder Wahlkreisen. Aus der Grundgesamtheit wird dabei eine Stichprobe gezogen, die ein verkleinertes Abbild der wahlberechtigten Bevölkerung darstellt. (Definition der „Forschungsgruppe Wahlen")

11 Ein Medikament wirkt mit einer unbekannten Wahrscheinlichkeit p. An wieviel Patienten muss es getestet werden, damit das zugehörige 95%-Vertrauensintervall für p die Länge 0,02 hat?

12 Am Wahltag der Bundestagswahl 2005 wurden 102 713 Wählerinnen und Wähler für die ARD beim Verlassen des Wahllokals zu ihrer Wahlentscheidung befragt.
a) Für die FDP wurde in der ersten Hochrechnung um 18 Uhr ein Stimmenanteil von 10,5 % angegeben. Am Ende waren es nur 9,8 %. Was meinen Sie dazu?
b) Wie würde es sich auf die Länge des Vertrauensintervalls auswirken, wenn man nur 25 000 Wähler befragen würde?
c) Wie viele Wähler müsste man für eine Hochrechnung befragen, so dass die Länge der 95%-Vertrauensintervalle für die Stimmenanteile aller Parteien höchstens 0,2% betragen würde?

13 Bei der Qualitätskontrolle eines Massenartikels waren von 200 überprüften Teilen zwölf defekt.
a) Bestimmen Sie das 95%-Vertrauensintervall für die unbekannte Ausschusswahrscheinlichkeit.
b) Für welche natürlichen Zahlen r gilt: Bei dem Stichprobenumfang 200r und 12r defekten Teilen ist die 95%-Vertrauensintervalllänge kleiner als 0,04?

Wahlthema: Testen

Hausaufgabe: „Werfen Sie 50-mal eine Münze mit den Seiten 0 und 1. Notieren Sie die Folge der Würfe." Lisa behauptet, dass Manuela oder Hannes oder Sina oder Mathis statt einer Münze einen Knopf verwendet haben. Wer war's wohl?

Manuela:	00000011001011001110010010110001110100110100111011
Hannes:	11101011000010010101001100001110010011001011000001
Sina:	00100111001000001100010100110010000101000010010001
Mathis:	01000101100110110100011100000111101011101110010101

Wie beim Schätzen einer unbekannten Wahrscheinlichkeit p gibt es auch Situationen, in denen man p nicht kennt, aber eine Vermutung (**Hypothese**) für p aufstellt. Ob die Hypothese haltbar ist, kann man mithilfe einer **Stichprobe** testen.

Beim Schätzen wird ein Bereich angegeben, in dem p sehr wahrscheinlich liegt.

Ein Test ist ein Rezept zum Entscheiden für oder gegen eine Hypothese.

Beim Rollen eines Bleistifts vermutet man, dass die bedruckte Seite mit der Wahrscheinlichkeit $p_0 = \frac{1}{6}$ oben liegen bleibt. Man stellt also die Hypothese für $p = p_0$ diese Wahrscheinlichkeit auf, die man **Nullhypothese** nennt, kurz H_0: $p = p_0$. Wenn die Nullhypothese zutrifft, dann ergibt nach den Sigmaregeln eine Stichprobe bei hohem Versuchsumfang n mit etwa 95 % Wahrscheinlichkeit einen Wert im Intervall $[\mu - 1{,}96\,\sigma, \mu + 1{,}96\,\sigma]$. Dieses Intervall nennt man **Annahmebereich** der Nullhypothese H_0. Alle anderen Werte bilden den **Ablehnungsbereich**.

Für $n = 100$ ergibt sich mit $\mu = 16{,}7$ und $\sigma = 3{,}73$ der Annahmebereich $[10; 24]$. Wenn die Stichprobe einen Wert innerhalb des Annahmebereichs liefert, so wird H_0 angenommen, sonst verwirft man H_0. Annehmen der Nullhypothese heißt nicht unbedingt, dass sie stimmt, aber sie ist mit dem Stichprobenergebnis „vereinbar". Verwerfen der Nullhypothese bedeutet nicht, dass sie falsch ist, sie ist nur kaum mit dem Stichprobenergbenis „vereinbar".

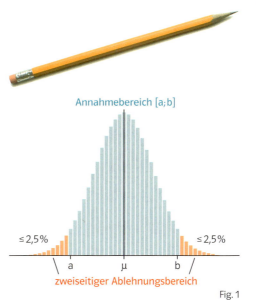

Fig. 1

X – die Testvariable mit den Parametern n = 100 und $p = p_0$ – zählt, wie oft die bedruckte Seite oben liegen bleibt. μ und σ sind Erwartungswert bzw. Standardabweichung von X.

Der Test heißt zweiseitiger Signifikanztest, weil der Ablehnungsbereich zweiseitig ist. Man kann auch einseitig testen, siehe Info auf Seite 371

Die Wahrscheinlichkeit, die Nullhypothese zu verwerfen, obwohl sie zutrifft, nennt man **Irrtumswahrscheinlichkeit**. Sie ist die Wahrscheinlichkeit des Ablehnungsbereichs und beträgt daher höchstens 5 %. Die maximale **Irrtumswahrscheinlichkeit** 5 % nennt man das **Signifikanzniveau**. Das Gegenteil der Nullhypothese H_0: $p = p_0$ nennt man **Alternative** H_1, kurz H_1: $p \neq p_0$.

Für das Signifikanzniveau wird üblicherweise das Symbol α verwendet.

Zweiseitiger Signifikanztest zum Testen einer Trefferwahrscheinlichkeit p_0.
Nullhypothese H_0: $p = p_0$; Alternative H_1: $p \neq p_0$
1. Man legt den Stichprobenumfang n und das Signifikanzniveau fest.
2. Als Testgröße X verwendet man die Trefferzahl für die Parameter n und p_0.
3. Man bestimmt den Erwartungswert μ und die Standardabweichung σ von X und damit den Annahmebereich $[\mu - 1{,}96\,\sigma, \mu + 1{,}96\,\sigma]$.
Die Irrtumswahrscheinlichkeit beträgt dann höchstens 5 %.
4. Man führt eine Stichprobe vom Umfang n durch. H_0 wird angenommen, wenn das Stichprobenergebnis im Annahmebereich liegt, sonst wird H_0 verworfen.

Man schreibt p_0, weil auf einen bestimmten Wert getestet wird.

α	k
1%	2,58
5%	1,96
10%	1,64

Fig. 1

Man kann auch ein anderes Signifikanzniveau α wählen. Dann erhält man den Annahmebereich [μ − k·σ, μ + k·σ] wobei k aus der Tabelle einzusetzen ist (vgl. dazu Sigmaregel, Seite 362). Die Irrtumswahrscheinlichkeit ist etwa gleich α.

Beispiel Legoachter

Ein Legoachter ist 32 mm lang, 16 mm breit und 9 mm hoch. Die Seitenflächen mit den aufgedruckten Zahlen haben daher die Flächeninhalte in der Tabelle. Die Summe aller

Seite	1	2	3	4	5	6
mm²	288	144	512	512	144	288

Seitenflächen beträgt 1888 mm². Marcel behauptet daher, dass sich die Wahrscheinlichkeit für "6" als Anteil $\frac{288}{1888} \approx 15\%$ berechnen lässt.

a) Beschreiben Sie einen Test dieser Behauptung auf dem Signifikanzniveau 5%.
b) Untersuchen Sie, für welche Stichprobenergebnisse man bei den Signifikanzniveaus 5% und 1% unterschiedliche Testergebnisse erhält.

■ Lösung:

a) Nullhypothese ist H_0: p = 0,15. Es werden z.B. n = 1000 Würfe mit einem Legoachter durchgeführt. Die Testvariable X zählt die Anzahl der Sechsen. X ist binomial verteilt mit den Parametern n = 1000 und p = 0,15. Für X erhält man den Erwartungswert μ = 150 und die Standardabweichung σ = 11,29. Da das Signifikanzniveau 5% betragen soll, erhält man den Annahmebereich [μ − 1,96 σ; μ + 1,96 σ] = [128; 172]. Bei einem Stichprobenergebnis von z.B. 116 wird H_0 verworfen.

b) Bei dem Signifikanzniveau 1% erhält man als Annahmebereich A' = [μ − 2,58 σ; μ + 2,58 σ] = [121; 179]. Bei Stichprobenergebnissen von 121, … ,127 bzw. 173, …, 179 wird H_0 auf dem Signifikanzniveau 5% verworfen, auf dem Signifikanzniveau 1% dagegen angenommen.

Aufgaben

1 Bei einem Bernoulli-Versuch wird ein Signifikanztest mit Stichprobenumfang n durchgeführt. Bestimmen Sie den Annahmebereich, den Ablehnungsbereich und die Irrtumswahrscheinlichkeit für die Signifikanzniveaus 5% und 1%.

a) H_0: p = 0,5; n = 100   b) H_0: p = 0,5; n = 200   c) H_0: p = $\frac{2}{3}$; n = 100   d) H_0: p = $\frac{2}{3}$; n = 200

Verwenden Sie die Nullhypothese H_0: p = $\frac{1}{6}$, auch wenn Sie glauben, dass die Alternative stimmt.

2 Laura behauptet, dass Lukas mit einem gezinkten Würfel würfelt, der nicht die zu erwartende Anzahl Sechsen würfelt. Um die Behauptung zu testen, wirft sie Lukas' Würfel n Mal. Wie ist beim Signifikanzniveau 5% zu entscheiden, wenn dabei r Sechsen fallen?

a) n = 50; r = 12   b) n = 100; r = 24   c) n = 200; r = 48

Fig. 2

Recherchieren Sie, was „repräsentativ" bedeutet.

3 Bei einer Lotterie zieht eine „Lotto-Fee" aus der Urne in Fig. 2 eine Kugel. Falls eine rote Kugel gezogen wird, gewinnt man einen Preis. Ein Spieler zweifelt, ob die Kugel von der Fee wirklich zufällig gezogen wird. Bestimmen Sie für einen Signifikanztest auf dem Signifikanzniveau 5% bei einem Stichprobenumfang von n = 50 (n = 500) den Annahmebereich für die Hypothese: „Die Fee arbeitet einwandfrei". Wie groß ist die Irrtumswahrscheinlichkeit?

4 Eine Partei hatte bei der letzten Wahl einen Stimmenanteil von 32%. Ein Meinungsforschungsinstitut wird beauftragt, zu untersuchen, ob sich der Stimmenanteil verändert hat. Das Institut führt einen Signifikanztest auf dem Signifikanzniveau 5% mithilfe einer repräsentativen Umfrage bei 1000 Wählern durch. Davon geben 305 an, dass sie die Partei bei der nächsten Wahl wählen wollen. Welches Ergebnis liefert der Signifikanztest? Beurteilen Sie das Ergebnis.

5 Eine Nussmischung soll 30% Walnüsse und 70% Haselnüsse enthalten. Eine Maschine füllt die Nüsse in Tüten von je 50 Nüssen ab. Man greift drei Tüten heraus und zählt 120 Haselnüsse. Entscheiden Sie mithilfe eines Signifikanztests auf dem 5%-Niveau, ob man diese Abweichung tolerieren kann.

INFO → Einseitig testen auf dem Signifikanzniveau 5% (Aufgaben 6 und 7)

Wenn von einem Würfel behauptet wird, dass der Würfel zu wenige bzw. zu viele Sechsen liefert, so wird die Nullhypothese H_0: $p = \frac{1}{6}$ einseitig getestet:

Linksseitiger Test	**Rechtsseitiger Test**
Es wird behauptet, der Würfel liefert zu wenige Sechsen.	Es wird behauptet, der Würfel liefert zu viele Sechsen.
Nullhypothese: H_0: $p = \frac{1}{6}$ Alternative: H_1: $p > \frac{1}{6}$	Nullhypothese: H_0: $p = \frac{1}{6}$ Alternative: H_1: $p < \frac{1}{6}$
H_0 wird verworfen, wenn deutlich weniger Sechsen fallen als zu erwarten sind. Der Ablehnungsbereich von H_0 liegt links vom Erwartungswert. Der zugehörige Annahmebereich ist $[\mu - 1{,}64 \cdot \sigma, n]$	H_0 wird verworfen, wenn deutlich mehr Sechsen fallen als zu erwarten sind. Der Ablehnungsbereich von H_0 liegt rechts vom Erwartungswert. Der zugehörige Annahmebereich ist $[0, \mu + 1{,}64 \cdot \sigma]$

Es gelten für eine binomialverteilte Zufallsgröße X mit Erwartungswert μ und Standardabweichung σ die "einseitigen" Sigmaregeln
$P(\mu - 1{,}64\sigma \leq X \leq n)$
$\approx 95\%$ und
$P(0 \leq X \leq \mu + 1{,}64\sigma)$
$\approx 95\%$

Ist bei dem Würfelexperiment z. B. n = 600, so erhält man für die Testvariable X die Werte μ = 100 und σ = 9,13. Beim linksseitigen bzw. rechtsseitigen Test erhält man dann den Annahmebereich [86;600] bzw. [0; 114].

---

6 Die Nullhypothese "Eine Münze zeigt beim Münzwurf mit 50% Wahrscheinlichkeit 'Kopf' als Ergebnis" soll bei einem Stichprobenumfang von 300 auf dem Signifikanzniveau von 5% getestet werden. Bestimmen Sie den Annahmebereich für einen
a) linksseitigen Test b) zweiseitigen Test c) rechtsseitigen Test

7 Eine Firma stellt für Werbezwecke billige Kugelschreiber her. Der Geschäftsführer behauptet, dass 96% der Kugelschreiber in Ordnung sind. Ein Großabnehmer meint, dass es weniger sind. Mit einer Stichprobe von 250 Stück führt der Großabnehmer einen Signifikanztest durch.
a) Bestimmen Sie für ein Signifikanzniveau von 5% den Ablehnungsbereich für die Nullhypothese „Es sind 96% der Kugelschreiber in Ordnung".
b) Wie groß ist die Irrtumswahrscheinlichkeit?

Auch wenn der Geschäftsführer behauptet, dass *mindestens* 96% der Kugelschreiber in Ordnung sind, testet man auf den ungünstigsten Fall 96%. Man schreibt dann auch H_0: $p \geq 0{,}96$.

8 Wahr oder falsch?
a) Verwerfen einer Hypothese bedeutet nicht unbedingt, dass die Hypothese falsch ist.
b) Wenn das Stichprobenergebnis in den Annahmebereich fällt, ist die Nullhypothese wahr.
c) Die Irrtumswahrscheinlichkeit ist nie größer als das Signifikanzniveau.
d) Wenn das Stichprobenergebnis nicht in den Annahmebereich fällt, ist die Nullhypothese falsch.
e) Ein Signifikanztest kann je nach Festlegung des Signifikanzniveaus bei demselben Stichprobenergebnis zu gegenteiligen Entscheidungen führen.

Wiederholen – Vertiefen – Vernetzen

Binomialverteilung

Das Brett wird GALTON-Brett genannt.

1 Ein Brett wird mit kleinen symmetrischen Holzklötzen in gleichmäßigen Abständen bestückt wie in Fig. 1. Eine Kugel läuft so das Brett hinunter, dass sie jeweils genau auf die Spitze der Holzklötzchen trifft. Sie fällt dann jeweils mit gleicher Wahrscheinlichkeit nach links bzw. rechts und landet schließlich in einem der Fächer. Die Zufallsgröße X beschreibt die Nummer des Fachs, in das die Kugel fällt.

a) Bestimmen Sie die Wahrscheinlichkeitsverteilung, den Erwartungswert und die Standardabweichung von X.
b) 16 Kugeln durchlaufen das Brett. Wie viele Kugeln erwartet man in den Fächern?

Das Brett wird etwas schräg gestellt. Diskutieren Sie, wie sich das auswirkt. Was ändert sich bei a) und b)?

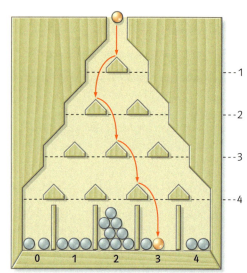

Fig. 1

2 👥 Erstellen Sie mit einem Partner aus einer der Zeitungsmeldungen eine Aufgabe mit einer binomial verteilten Zufallsgröße. Präsentieren Sie Ihre Lösung.

Heute beträgt der Anteil der Muslime in Stuttgart 11,3 Prozent. Zum katholischen Glauben bekennen sich 26 Prozent und zum protestantischen Glauben etwa 30 Prozent. Der Rest gehört anderen Religionen an oder ist konfessionslos.	Von den knapp 83 Millionen Einwohnern Deutschlands sind gut 15 Millionen entweder selbst zugewandert oder haben mindestens einen im Ausland geborenen Elternteil (Ergebnis des „Mikrozensus 2005", einer Haushaltsbefragung des Statistischen Bundesamtes.)	Lottospielen kann süchtig machen. 15,2 Prozent von 171 befragten Spielern wiesen laut einer Universitätsstudie alle Kriterien einer Verhaltenssucht auf. Mehr als 85 Prozent der krankhaften Spieler verschulden sich durchschnittlich mit 430 Euro, maximal mit 4000 Euro.	Im Alter von 11 Jahren rauchen lediglich 1 Prozent der Jungen und 0,1 Prozent der Mädchen, im Alter von 15 Jahren dagegen sind es bereits ein Viertel der Mädchen und 22 Prozent der Jungen.

3 Ein Computerchip wird mit Wahrscheinlichkeit p fehlerfrei produziert. Wie groß muss p auf zwei Dezimalen gerundet sein, damit von 50 Chips mindestens 40 mit mindestens
a) 80 % Wahrscheinlichkeit fehlerfrei sind?   b) 95 % Wahrscheinlichkeit fehlerfrei sind?

4 Ein medizinisches Haarshampoo gegen Schuppen enthält einen Wirkstoff, der bei 5 % aller Patienten eine Allergie auf der Kopfhaut hervorruft. Ein Arzt behandelt im Jahr 15 Patienten mit diesem Mittel.
a) Wie groß ist die Wahrscheinlichkeit, dass der Arzt innerhalb eines Jahres mindestens einen Patienten hat, der allergisch auf das Shampoo reagiert?
b) Wie groß ist die Wahrscheinlichkeit, dass der Arzt in fünf Jahren mindestens zweimal feststellt, dass innerhalb Jahres mindestens ein Patient allergisch reagiert?
c) Der Arzt behauptet gegenüber seinen Patienten, denen er das Mittel zum ersten Mal verschreibt, dass er in den letzten fünf Jahren nur drei- bis fünfmal eine allergische Reaktion aufgrund des Mittels diagnostiziert hätte. Kann man den Angaben des Arztes glauben?

Für Fluggesellschaften ist es vorteilhaft, Flugzeuge zu „überbuchen", weil sie dann mehr Plätze verkaufen können als vorhanden sind. Falls doch einmal mehr Gäste kommen als Plätze vorhanden sind, kann man solche Gäste „großzügig" entschädigen.

5 Eine Fluggesellschaft verkauft 150 Tickets für nur 145 Plätze, weil laut ihrer Statistik durchschnittlich nur 95 % aller Gäste, die reserviert haben, zum Flug erscheinen.
a) Wie groß ist die Wahrscheinlichkeit, dass alle Fluggäste einen Platz bekommen?
b) Wie groß ist die Wahrscheinlichkeit, dass mehr als ein Fluggast entschädigt werden muss?

6 Ein Reiseunternehmer nimmt höchstens 390 Buchungen für ein Feriendorf mit 360 Betten an, da erfahrungsgemäß 12% der Buchungen wieder rückgängig gemacht werden.
a) Mit welcher Wahrscheinlichkeit hat er zu viele Buchungen angenommen?
b) Mit welcher Wahrscheinlichkeit hat er sogar noch mehr als einen Platz übrig?
c) Welche Empfehlung würde man dem Reiseunternehmer geben?

Erwartungswert, Standardabweichung, Sigma-Regeln

7 Bei einem Glücksspiel werden zwei Würfel geworfen. Wenn das Produkt X der Augenzahlen mindestens 10 beträgt, erhält man X Cent ausbezahlt, sonst nichts.
a) Wie groß ist der Erwartungswert und Standardabweichung für Gewinn bei einem Einsatz von 20 Cent?
b) Wie groß muss der Einsatz sein, damit das Spiel fair ist?

8 Bei Meinungsumfragen werden erfahrungsgemäß nur sieben von zehn der ausgesuchten Personen angetroffen. Mit welcher Wahrscheinlichkeit
a) werden von 100 ausgesuchten Personen mehr als 70 angetroffen?
b) werden von 500 ausgesuchten Personen weniger als 350 angetroffen?
c) werden von 1000 ausgesuchten Personen mindestens 650 und höchstens 750 angetroffen?
d) weicht jeweils die Anzahl der angetroffenen Personen höchstens um die Standardabweichung vom Erwartungswert ab, wenn 100 bzw. 200 bzw. 400 Personen ausgesucht werden?
Bestimmen Sie das Ergebnis exakt und näherungsweise mithilfe der Sigmaregel.

9 Eine Zufallsgröße X ist binomialverteilt mit den Parametern n = 200 und p = 0,5. Es wird 20 mal zufällig ein Wert von X bestimmt. Wie groß ist die Wahrscheinlichkeit, dass mindestens einer dieser Werte außerhalb des 2σ-Intervalls liegt?
Diskutieren Sie, wie sich das Ergebnis ändert, wenn man n vergrößert.

10 Mit dem GTR kann man auch binomialverteilte Zufallszahlen erzeugen. Eine Liste von solchen Zufallszahlen kann als Histogramm dargestellt werden. Fig. 1 bis Fig. 5 zeigen das Vorgehen für die Parameter n = 20 und p = 0,4. Es werden 100 Zufallszahlen erzeugt.

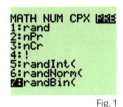
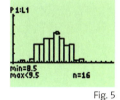

Fig. 1   Fig. 2   Fig. 3   Fig. 4   Fig. 5

a) Simulieren Sie mithilfe von 100 Zufallszahlen zehn Schüsse auf eine Zielscheibe, bei denen der Schütze jeweils mit 70% Wahrscheinlichkeit trifft und stellen Sie das Ergebnis als Histogramm dar. Bestimmen Sie den Mittelwert $\bar{x}$ und die empirische Standardabweichung. Wieviel Prozent der Werte liegen außerhalb des Intervalls $[\bar{x} - 2s; \bar{x} + 2s]$
b) Ergänzen Sie die theoretische Verteilung mit Erwartungswert μ und Standardabweichung s.
c) Beschreiben Sie, was sich bei Wiederholung der Simulation ändert.

11 Auf einer Hühnerfarm werden Eier in Schachteln zu 12 Stück verpackt. Aus Erfahrung ist bekannt, dass im Durchschnitt ein Ei pro Schachtel eine Bruchstelle hat.
a) Mit welcher Wahrscheinlichkeit enthält eine Schachtel mindestens ein schadhaftes Ei.
b) Der Farmbesitzer vereinbart mit seinen Kunden, dass eine Lieferung von zehn Schachteln nur zur Hälfte berechnet wird, wenn mehr als sieben Schachteln mindestens ein schadhaftes Ei enthalten. Er berechnet für ein Ei normalerweise 20 ct. Mit welchen Einnahmen kann er auf lange Sicht pro Schachtel rechnen?

Schätzen, Testen

12 Eine Firma hat eine Werbeagentur beauftragt, durch eine Kampagne den Bekanntheitsgrad ihres Produktes von aktuell 30 % auf 40 % zu steigern. Nur bei Erfolg der Kampagne, bekommt die Agentur das Honorar von 10 000 €. Man vereinbart, den Erfolg der Kampagne durch eine Stichprobe vom Umfang n = 290 zu überprüfen. Als Erfolg gilt, wenn das 95 %-Vertrauensintervall, das sich aus der Stichprobe ergibt, den Wert 40 % enthält.
a) Die Stichprobe ergibt, dass 101 Befragte das Produkt kennen. War die Kampagne erfolgreich?
b) Geben Sie alle möglichen Stichprobenergebnisse an, die zum Erfolg der Kampagne führen. Diskutieren Sie das Ergebnis.
c) Beantworten Sie die Aufgabenteile a) und b), wenn man zum Erfolg das 90 %-Vertrauensintervall zu Grunde legt.
d) Bei einer Stichprobe vom doppelten Umfang geben 202 Befragte an, das Produkt zu kennen. Kann die Werbeagentur das Honorar kassieren?

Im Portal der EU zur öffentlichen Gesundheit findet man: In der EU gilt eine Krankheit als selten, wenn weniger als 5 von 10 000 Personen von ihr betroffen sind. Die Zahl der Patienten kann trotzdem hoch sein, da bisher rund 7000 seltene Krankheiten bekannt sind. Die meisten dieser Krankheiten sind auf genetische Defekte zurückzuführen.

13 Eine Untersuchung von 1000 Personen auf eine seltene Krankheit ergab, dass keine an dieser Krankheit erkrankt ist. Es sei p die (unbekannte) Wahrscheinlichkeit, dass eine Person der EU an der Krankheit erkrankt ist. Die Zufallsgröße X zählt die Personen bei der Untersuchung, die an der Krankheit erkrankt sind.
a) Angenommen, X ist in der Stichprobe binomialverteilt mit den Parametern n = 1000 und p = 0,0004. Wie groß ist P(X = 0)? Bestimmen Sie das 2σ-Intervall. Was erkennen Sie daran?
b) Bestimmen Sie das 95 %-Vertrauensintervall. Wie erklären Sie das Ergebnis?

14 Jeremias behauptet, hellseherische Fähigkeiten zu besitzen. Um dies zu überprüfen, wird er zehnmal einem Test unterzogen, bei dem er unter vier möglichen Farben die zufällig ausgewählte Farbe vorhersagen soll. Angenommen Jeremias rät nur.
a) Mit welcher Wahrscheinlichkeit erzielt er mindestens drei Treffer?
b) Die Wahrscheinlichkeit, dass er mindestens x Treffer erzielt, soll höchstens 5 % betragen. Bestimmen Sie die kleinste Trefferzahl x, für die das erfüllt ist.
c) Wie oft muss der Test mindestens durchgeführt werden, damit Jeremias mit höchstens 5 % Wahrscheinlichkeit mindestens 50 % Treffer erzielt, obwohl er nur rät?

Den Test können Sie in Gruppen selbst durchführen. Eine(r) ist „Jeremias", eine(r) zieht zufällig eine Farbe von vier Farbkärtchen, die anderen führen Buch und erstellen eine Statistik.

Weitere Verteilungen

15 Die Zufallsgröße X zählt, wie oft man einen Würfel bis zur ersten Sechs werfen muss.
a) Bestimmen Sie $P(X \leq 3)$ und $P(X \geq 6)$.
b) Bestimmen Sie die kleinste Zahl a mit der Eigenschaft $P(X \leq a) \geq 80\%$.

16 Beim Lotto 6 aus 49 werden aus einer Trommel mit 49 Kugeln nach einander 6 Kugeln gezogen und nicht zurückgelegt. Wer mitspielen will, muss bis einen Tag vor der Ziehung einen oder mehrere Tipps abgeben, indem er von 49 Zahlen sechs ankreuzt. Die Zufallsgröße X zählt die Anzahl der übereinstimmenden Zahlen auf einem Tipp und bei der Ziehung („Richtige" genannt).
a) Begründen Sie, dass X nicht binomialverteilt ist.
b) Begründen Sie: $P(X = 4) = \binom{6}{4} \cdot \frac{6}{49} \cdot \frac{5}{48} \cdot \frac{4}{47} \cdot \frac{3}{46} \cdot \frac{43}{45} \cdot \frac{42}{44}$.
Begründen Sie, dass auch folgende Formel gilt: $P(X = 4) = \frac{\binom{6}{4} \cdot \binom{43}{2}}{\binom{49}{6}}$.

Wie groß ist $P(X \geq 3)$? Was bedeutet diese Wahrscheinlichkeit?
c) B sei die binomialverteilte Zufallsgröße mit den Parametern n = 6 und $p = \frac{6}{49}$. Bestimmen Sie $P(B = 4)$ und $P(B \geq 3)$. Vergleichen und interpretieren Sie das Ergebnis mit dem von Teilaufgabe b).

Rückblick

Statistische Erhebungen
Grundgesamtheit: alle zu Grunde liegenden Einheiten
Stichprobe: Teilmenge der Grundgesamtheit
Stichprobenumfang: Anzahl der Elemente in der Teilmenge
Kenngrößen für eine Stichprobe, welche die Werte $x_1, \ldots, x_k$ mit den relativen Häufigkeiten $h_1, \ldots, h_k$ liefert:
Mittelwert $\bar{x} = x_1 \cdot h_1 + \ldots + x_k \cdot h_k$ und (empirische)
Standardabweichung $s = \sqrt{(x_1 - \bar{x})^2 \cdot h_1 + \ldots + (x_k - \bar{x})^2 \cdot h_k}$

Grundgesamtheit: alle Schüler in Deutschland
Eine Stichprobe vom Umfang 32 in einer Schule zur Geschwisterzahl g ergibt die Tabelle der relativen Häufigkeiten h.
$\bar{x} = 1{,}35$; $s = 1{,}11$

g	0	1	2	3	4
h	0,24	0,38	0,22	0,11	0,05

Zufallsgröße
Theoretische Kenngrößen einer Zufallsgröße sind
Erwartungswert $\mu = x_1 \cdot P(X = x_1) + x_2 \cdot P(X = x_2) + \ldots + x_k \cdot P(X = x_k)$ und
Standardabweichung
$\sigma = \sqrt{(x_1 - \mu)^2 \cdot P(X = x_1) + \ldots + (x_k - \mu)^2 \cdot P(X = x_k)}$.

Ziehen von zwei Kugeln ohne Zurücklegen X: Anzahl der roten Kugeln.
Wahrscheinlichkeitsverteilung:
$\mu = \frac{4}{3}$; $\sigma = \sqrt{\frac{16}{45}} \approx 0{,}6$

Fig. 1

a	0	1	2
P(X = a)	$\frac{1}{15}$	$\frac{8}{15}$	$\frac{2}{5}$

Bernoulli-Experiment
Zufallsversuch mit nur zwei Ergebnissen: „Treffer" bezeichnet man als 1 und „kein Treffer" als 0. Die Trefferwahrscheinlichkeit wird mit p bezeichnet.

Bernoulli-Kette der Länge n
n-malige Wiederholung eines Bernoulli-Versuchs, sodass die Durchführungen voneinander unabhängig sind.

Einmaliges Werfen einer Münze ist ein Bernoulli-Versuch.
Treffer (z. B.): Wappen (W)
Trefferwahrscheinlichkeit $p = 0{,}5$.
Fünfzigmaliges Werfen einer Münze ist eine Bernoulli-Kette, weil die Würfe voneinander unabhängig sind.

Binomialverteilung
Eine Zufallsgröße X mit den Werten 0; 1; …; n heißt binomialverteilt mit den Parametern n und p, wenn für $0 \leq r \leq n$ gilt:
$P(X = r) = B_{n;p}(r) = \binom{n}{r} \cdot p^r (1-p)^{n-r}$
Der **Erwartungswert** von X ist $\mu = n \cdot p$.
Die **Standardabweichung** von X ist $\sigma = \sqrt{n \cdot p \cdot (1-p)}$.

X: Anzahl der Wappen beim fünfzigmaligen Werfen einer Münze. X ist binomialverteilt mit den Parametern $n = 50$ und $p = 0{,}5$.
Für genau 25-mal W: $P(X = 25) = 0{,}1123$.
Für höchstens 25-mal W: $P(X \leq 25) = 0{,}5561$
Erwartungswert $\mu = 25$
Standardabweichung $\sigma = \sqrt{\frac{50}{4}} \approx 3{,}5$

Sigma-Regeln
für eine binomialverteilte Zufallsgröße mit Erwartungswert μ und Standardabweichung σ:
$P(\mu - k \cdot \sigma \leq X \leq \mu + k \cdot \sigma) \approx \beta$ (Näherung brauchbar, falls $\sigma > 3$)

β	1	1,64	1,96	2	2,58	3
k	68,3 %	90 %	95 %	95,4 %	99 %	99,7 %

$\mu - 1\sigma = 22$; $\mu + 1\sigma = 28$
mit Sigmaregel: $P(22 \leq X \leq 28) \approx 68{,}3\%$
exakt: $P(22 \leq X \leq 28) = 0{,}6777\ldots$

Schätzen einer unbekannten Wahrscheinlichkeit
Wird bei n-maliger Wiederholung eines Bernoulli-Experiments die Trefferzahl mit der relativen Häufigkeit h beobachtet, dann kann man die unbekannte Wahrscheinlichkeit p durch Angabe eines Vertrauensintervalls schätzen. Näherungsweise ist das

90 %-Vertrauensintervall: $\left[h - 1{,}64\sqrt{\frac{h(1-h)}{n}};\ h + 1{,}64\sqrt{\frac{h(1-h)}{n}}\right]$,

95 %-Vertrauensintervall: $\left[h - 1{,}96\sqrt{\frac{h(1-h)}{n}};\ h + 1{,}96\sqrt{\frac{h(1-h)}{n}}\right]$,

99 %-Vertrauensintervall: $\left[h - 2{,}58\sqrt{\frac{h(1-h)}{n}};\ h + 2{,}58\sqrt{\frac{h(1-h)}{n}}\right]$.

Eine verbogene Münze wird 500 Mal geworfen, 300 Mal liegt W oben.
relative Häufigkeit der W: $\frac{300}{500} = 0{,}6$
95 %-Vertrauensintervall: [0,557; 0,643]
Mit etwa 95 % Wahrscheinlichkeit enthält das Intervall [0,557; 0,643] die unbekannte Wahrscheinlichkeit p für W.

Prüfungsvorbereitung ohne Hilfsmittel

1 Berechnen Sie für die Zufallsgröße X mit der Wahrscheinlichkeitsverteilung in der Tabelle rechts den Erwartungswert von X. Beschreiben Sie die Bedeutung der Standardabweichung von X.

g	−10	0	1	3
P(X = g)	$\frac{1}{5}$	$\frac{1}{6}$	$\frac{1}{2}$	$\frac{2}{15}$

2 Eine Münze wird so lange geworfen, bis eine Seite zum zweiten Mal erscheint. Bestimmen Sie die Wahrscheinlichkeitsverteilung der Zufallsgröße X: „Anzahl der Würfe" und den Erwartungswert von X.

3 Gegeben ist eine Binomialverteilung mit den Parametern n = 36 und p = 0,5.
a) Berechnen Sie den Erwartungswert und die Standardabweichung. Beschreiben Sie die Bedeutung dieser Kenngrößen.
b) Skizzieren Sie den Graph. Welche Eigenschaften verwenden Sie dabei? Erläutern Sie an dem Graphen die Sigma-Regeln.
c) Wie ändert sich der Graph, wenn Sie n vergrößern und p beibehalten?
d) Wie ändert sich der Graph, wenn Sie p verändern und n beibehalten?

4 Wahr oder falsch? Begründen Sie!
a) X sei eine binomial verteilte Zufallsgröße mit den Parametern n und p, dem Erwartungswert µ und der Standardabweichung σ. Dann gilt:
I: µ ist immer eine ganze Zahl.
II: µ ist proportional zu n (falls p konstant ist)
III: σ ist proportional zu √n, wenn n p beibehalten wird.
IV: Die Wahrscheinlichkeit, dass ein Wert von X in das Intervall [µ − σ; µ + σ] fällt beträgt etwa 68 %.
b) Wenn eine Basketballspielerin, die eine Freiwurf-Trefferquote von 80 % hat, 30 Freiwürfe durchführt, erzielt sie durchschnittlich 24 Treffer.
c) Bei einer Stichprobe enthält ein Vertrauensintervall als Schätzung für eine unbekannte Wahrscheinlichkeit p alle möglichen Werte, die für p in Frage kommen.
d) Wenn man ein nur noch halb so großes Vertrauensintervall haben möchte, muss man den Stichprobenumfang vervierfachen.

5 Die Lehrer in Deutschland sind besser als ihr Ruf: In einer neuen Schulumfrage beurteilen Eltern die Lehrer ihrer eigenen Kinder deutlich freundlicher als den Berufsstand insgesamt. Immerhin jeder zweite bescheinigt den vertrauten Lehrern gerechte Notenvergabe, hohen Einsatz und Liebe zum Beruf. „Das Nahbild ist besser als der allgemeine Ruf", so Renate Köcher, Studienleiterin vom Meinungs-

forschungs-Institut Allensbach. Die gestern in Berlin vorgestellte Umfrage unter knapp 2000 Deutschen zeigt: Das Image der Pädagogen wandelt sich. Generell glaubt nur jeder Achte, dass Lehrer ihren Beruf lieben. Und nur sieben Prozent denken, dass Lehrer auch außerhalb der Schule für Kinder da sind." (Westfälische Rundschau, März 2009)
a) Erläutern Sie, wie eine solche Umfrage durchgeführt wird.
b) Angenommen, 60 % der gesamten Bevölkerung finden, dass Lehrer besser sind als ihr Ruf: Kann man vorhersagen, wie viele Befragte das in der Umfrage bestätigen?
c) Welches 95 %-Vertrauensintervall würde man für die Quote derjenigen angeben, die finden, dass Lehrer ihren Beruf lieben?

Prüfungsvorbereitung mit Hilfsmitteln

1 Ein Wurf mit drei Münzen wurde 100 Mal durchgeführt. Dabei ergaben sich die relativen Häufigkeiten h der Tabelle für die Anzahl w der Wappen.
a) Bestimmen Sie den Mittelwert und die empirische Standardabweichung.
b) Bestimmen Sie den Erwartungswert und die Standardabweichung der Zufallsgröße X: Anzahl der Wappen.

w	h
0	10%
1	42%
2	35%
3	13%

2 Bei einer Lotterie zahlt man den Einsatz von 20 Cent und zieht eine Kugel aus der oberen Urne mit den roten und blauen Kugeln. Je nach der gezogenen Farbe zieht man aus der unteren roten bzw. blauen Urne wieder eine Kugel. Die Zahl auf dieser Kugel ist die Auszahlung in Cent.
a) Geben Sie die Wahrscheinlichkeitsverteilung der Zufallsgröße Gewinn an.
b) Berechnen Sie den Erwartungswert und die Standardabweichung für den Gewinn.
c) Wie muss man den Einsatz ändern, damit die Lotterie fair ist?

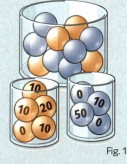
Fig. 1

3 Bei einer Reißzwecke ist die Wahrscheinlichkeit 60%, dass sie auf dem Kopf landet. Hanna wirft 100 Zwecken. Die Zufallsgröße X zählt die Zwecken, die auf dem Kopf landen.
a) Begründen Sie, dass X binomialverteilt ist.
b) Bestimmen Sie den Erwartungswert μ und die Standardabweichung σ von X.
c) Berechnen Sie $P(X \leq 60)$, $P(X > 50)$, $P(50 \leq X \leq 60)$ sowie $P(\mu - 2\sigma \leq X \leq \mu + 2\sigma)$.
d) Bestimmen Sie die kleinste Zahl a, so dass $P(\mu - a \leq X \leq \mu + a) \geq 80\%$.
e) Die Wahrscheinlichkeit p dafür, dass eine Reißzwecke auf dem Kopf landet, wurde in einem Experiment mit 2400 Würfen, bei dem 1439 Zwecken auf dem Kopf landeten, als Punktschätzung ermittelt. Wie groß ist das zugehörige 90%-Vertrauensintervall?

4 Klinische Tests für ein Medikament haben gezeigt, dass es p% der behandelten Patienten heilt. Die Zufallsgröße X zählt die geheilten Patienten, wenn n Patienten mit dem Medikament behandelt werden.
a) Es sei p = 90 und n = 60. Wie groß ist $P(X \geq 50)$?
b) Es sei n = 60. Wie groß muss p – gerundet auf eine ganze Prozentzahl – mindestens sein, damit $P(X \geq 50) \geq 0{,}5$
c) Es sei p = 90. Wie groß muss n mindestens sein, damit mit mehr als 99% Wahrscheinlichkeit mindestens 50 Patienten geheilt werden.
d) Angenommen, die klinischen Test haben an 1000 Patienten stattgefunden, von denen 700 geheilt wurden. Welches 99%-Vertrauensintervall kann man dann für p angeben?

5 Für eine unbekannte Wahrscheinlichkeit soll eine Schätzung ermittelt werden. Dazu wird eine Stichprobe vom Umfang n = 200 mit dem Stichprobenergebnis von 150 durchgeführt.
a) Welches 95%-Vertrauensintervall ergibt sich?
b) Angenommen, in Wirklichkeit beträgt p = 0,82. Wie groß ist dann die Wahrscheinlichkeit für ein Ergebnis, das vom Erwartungswert 164 mindestens so weit entfernt liegt wie das Stichprobenergebnis?

6 Ein Autozulieferer stellt Dichtungen in Paketen zu 50 Stück her. Aus einer Werksstatistik geht hervor, dass 1,3% der Dichtungen unbrauchbar sind. Da eine geringere Ausschussrate aber mit der Anschaffung neuer Maschinen verbunden und damit sehr teuer wäre, bietet der Zulieferer an, dass Pakete mit mehr als zwei unbrauchbaren Dichtungen nicht berechnet werden. Wie viel Prozent der Pakete müsste der Zulieferer bei diesem Angebot als Verlust kalkulieren?

Stetige Zufallsgrößen

Ganzzahlige Zufallsgrößen kann man mit Pfad- und Summenregel beschreiben. Bei reellwertigen Zufallsgrößen geht das nicht mehr. Man greift auf Integrale zurück und erweitert damit den Einsatzbereich der Integralrechnung erheblich. Im Mittelpunkt steht die Gauß'sche Glockenfunktion, die eine Brücke schlägt zwischen Analysis und Wahrscheinlichkeitsrechnung.

Der Apfel fällt nicht weit vom Stamm. Wo liegt das meiste Fallobst?

„Wer hier der Normalverteilung traut, der hat sein Haus auf Sand gebaut …"

Das kennen Sie schon
- Bernouli-Ketten
- die Binomialverteilung
- Erwartungswert und Standardabweichung
- Wahrscheinlichkeiten schätzen

reellwertig – Integral

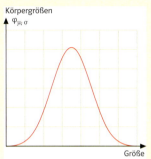

Normalverteilung

$$\varphi_{\mu;\sigma}(x) = \frac{1}{\sqrt{2\pi} \cdot \sigma} \cdot e^{-\frac{1}{2}\left(\frac{x-\mu}{\sigma}\right)^2}$$

Exponentialverteilung

$\mu = \frac{1}{\lambda}$, $\sigma = \frac{1}{\lambda}$, $f_\lambda(x) = \lambda \cdot e^{-\lambda x}$

 Algorithmus

 Daten und Zufall

 Beziehung und Änderung

 Messen

 Raum und Struktur

In diesem Kapitel

- lernen Sie stetige Zufallsgröße kennen.
- lernen Sie Standardabweichung und Erwartungswert stetiger Verteilungen zu berechnen.
- lernen Sie Wahrscheinlichkeiten mit Integralen zu berechnen.
- wird die Gauß'sche Glockenkurve veranschaulicht.
- werden Vertrauensintervalle zu beliebigen Vertrauenswahrscheinlichkeiten bestimmt.

1 Stetige Zufallsgröße: Integrale besuchen die Stochastik

GTR-Hinweise
735501-3801

Taschenrechner und Tabellenkalkulationen erzeugen Zufallszahlen zwischen 0 und 1.
- Wie oft erhält Ihr ganzer Kurs in zwei Minuten die 0,7 die 0,72, die 0,723, die 0,272 33 oder die 0,272 333 333?
- Welche Rolle spielt die Anzahl der eingestellten Nachkommastellen?
- Wie groß sind die zugehörigen Wahrscheinlichkeiten?

Bisher ging es in der Stochastik um **ganzzahlige Zufallsgröße** wie Trefferzahlen oder Punktsummen. Deren Wahrscheinlichkeiten konnte man oft mit der Pfad- und der Summenregel berechnen und in Tabellen darstellen. In den folgenden Abschnitten wird es um **reellwertige Zufallsgröße** X wie Zufallsdezimalzahlen, Körpergrößen, Geschwindigkeiten, Wartezeiten ... mit prinzipiell **beliebig vielen Nachkommastellen** gehen.

Um solche Zufallsgrößen durch Wahrscheinlichkeiten beschreiben zu können, greift man auf Integrale zurück und erweitert damit auch den Einsatzbereich der Integralrechnung erheblich. Das wird an einem anschaulichen Beispiel erläutert:
Es regnet auf einen runden Gartentisch mit Radius 10 (in Dezimeter). Fig. 1 vermittelt einen Eindruck von den auf dem Tischtuch gleichmäßig verteilten Tropfen. Wie sich die Abstände X der Regentropfen zum Tischmittelpunkt verteilen, zeigt Fig. 2 für Kreisringe der Breite 1. Große Abstände scheinen wahrscheinlicher zu sein als kleine.

Excel
Simulation:
Kreisregen.xls

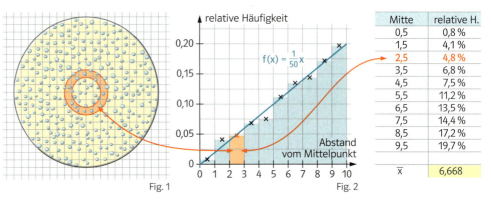

Fig. 1   Fig. 2

Das kann man wie folgt begründen: Wenn es gleichmäßig regnet, entspricht die Wahrscheinlichkeit, dass der Abstand X (das ist eine reellwertige Zufallsgröße) im Intervall $[x - 0{,}5; x + 0{,}5]$ liegt, dem Flächenanteil des Kreisrings (mit der Länge $\approx 2\pi x$ und der Breite 1) an der gesamten Kreisfläche $10^2 \pi = 100\pi$, es gilt $P(x - 0{,}5 \leq X \leq x + 0{,}5) \approx \frac{2\pi x \cdot 1}{100\pi} = \frac{1}{50} \cdot x$. Diese Wahrscheinlichkeit nimmt proportional mit dem Radius x zu. Man kann sie im Sinne einer Integralnäherung als Rechtecksfläche mit Breite 1 und Höhe $f(x) = \frac{1}{50}x$ deuten. (In Fig. 2 haben die Rechtecksflächen die Bedeutung der zugehörigen relativen Häufigkeiten.)
Man erkennt: Die Wahrscheinlichkeit, dass der Abstand X in einem beliebigen Intervall [r; s] liegt, lässt sich als Integral $P(r \leq X \leq s) = \int_r^s f(x)\,dx = \int_r^s \frac{1}{50}x\,dx = \frac{1}{100}(s^2 - r^2)$ berechnen.

Tatsächlich stimmt das Integrationsergebnis mit dem Anteil des Kreisrings an der gesamten Kreisfläche $P(r \leq X \leq s) = \frac{\text{Kreisringfläche}}{\text{Kreisfläche}} = \frac{s^2\pi - r^2\pi}{100\pi} = \frac{1}{100}(s^2 - r^2)$ überein.

Eine Funktion f, aus der man Wahrscheinlichkeiten durch Integration erhält, bezeichnet man als **Wahrscheinlichkeitsdichte**.
Die Funktionswerte f(x) sind aber – anders als im diskreten Fall – keine Wahrscheinlichkeiten mehr. Die Wahrscheinlichkeit, dass die Zufallsgröße X genau den Wert x annimmt, ist exakt null. Das wird auch am Regentropfenbeispiel klar: Die Kreislinie mit Radius x hat keine Fläche. Deswegen sind auch die Wahrscheinlichkeiten zu offenen und geschlossenen Intervallen gleich, es gilt $P(r \leq X \leq s) = P(r < X < s)$.

Wahrscheinlichkeitsdichten kann man deuten als „Wahrscheinlichkeit je Intervallbreite" (vgl. Aufgabe 7, Seite 400).

Definition: Eine Funktion f heißt **Wahrscheinlichkeitsdichte** über einem Intervall I, z.B. $I = [a; b]$ oder $I = (a; b)$, wenn gilt:

(1) $f(x) \geq 0$ für alle x aus I und

(2) $\int_a^b f(x)\,dx = 1$.

Eine reellwertige Zufallsgröße X mit Werten im Intervall I heißt **stetig verteilt** mit der Wahrscheinlichkeitsdichte f, wenn für alle r, s aus I gilt $P(r \leq X \leq s) = \int_r^s f(x)\,dx$.

Die Bedingung (1) stellt sicher, dass die Wahrscheinlichkeiten der Teilintervalle nicht negativ sind.
Wegen (2) beträgt die Wahrscheinlichkeit des gesamten Intervalls 100 %.

*Statt Wahrscheinlichkeitsdichte sagt man auch kurz **Dichtefunktion**.*

Empirische Größen – Prognosen

Der mittlere Abstand $\overline{x} = \frac{1}{1000}(x_1 + x_2 + \ldots + x_{1000})$ der 1000 Regentropfen vom Ursprung in Fig. 1, Seite 380, beträgt 6,668 (dm). Diesen **Mittelwert** hätte man vorab mithilfe der Wahrscheinlichkeitsdichte (bis auf Zufallsschwankungen) durch das Integral

$$\mu = \int_0^{10} x \cdot f(x)\,dx = \int_0^{10} x \cdot \frac{1}{50} x\,dx = \left[\frac{1}{150} x^3\right]_0^{10} = 6\frac{2}{3} \text{ vorhersagen können.}$$

Deswegen nennt man μ den **erwarteten Mittelwert** oder kurz den **Erwartungswert**.
Begründung: Die Regentropfen z.B. im dritten Kreisring $2 < X < 3$ (mit Mittellinie bei $m_3 = 2,5$ und relativer Häufigkeit $h_3 = 4,8\%$) liefern zum Mittelwert $\overline{x}$ den Beitrag $\approx m_3 \cdot h_3 = 2,5 \cdot 0,048$. Entsprechendes gilt für die anderen Kreisringe. Man erkennt, dass man den Mittelwert über die Häufigkeitsverteilung näherungsweise berechnen kann als:
$\overline{x} \approx m_1 \cdot h_1 + \ldots + m_{10} \cdot h_{10} = 0,5 \cdot 0,008 + \ldots + 9,5 \cdot 0,197$.
Diese Summe ist eine Rechtecknäherung zum Integral $\int_0^{10} x \cdot f(x)\,dx$.

Neben dem Erwartungswert ist auch die **Standardabweichung** $\sigma = \sqrt{\int_0^{10} (x-\mu)^2 \cdot f(x)\,dx}$ eine gebräuchliche Kenngröße. Sie „misst", wie sehr die Werte der Zufallsgrößen X um den Erwartungswert μ schwanken, und sagt voraus, welchen Wert die **empirische Standardabweichung** $s_X = \sqrt{\frac{1}{1000}((x_1-\overline{x})^2 + (x_2-\overline{x})^2 + \ldots + (x_{1000}-\overline{x})^2)}$ ungefähr haben wird.

Erwartungswert und Standardabweichung sind „theoretische Modellgrößen", die sich aus der Wahrscheinlichkeitsdichte berechnen lassen. Mittelwert und empirische Standardabweichung ergeben sich dagegen im Anschluss an eine Datenerhebung.

Man beachte die Analogie zu den entsprechenden Kenngrößen ganzzahliger (diskreter) Zufallsvariablen:
$\mu = x_1 \cdot p(X = x_1) + \ldots$
$\ldots + x_n \cdot p(X = x_n)$
$\sigma = \sqrt{(x_1-\mu)^2 \cdot p(X=x_1)}$
$\overline{+ \ldots +}$
$\overline{(x_n-\mu)^2 \cdot p(X=x_n)}$
Im Regentropfenbeispiel hat man
$\sigma = \sqrt{\int_0^{10} \left(x - 6\frac{2}{3}\right)^2 \cdot \frac{1}{50} x\,dx}$
$= 2,36$.
und $s = 2,41$.

Definition: Eine Zufallsgröße X mit Werten zwischen a und b und der Wahrscheinlichkeitsdichte f besitzt den

Erwartungswert $\mu = \int_a^b x \cdot f(x)\,dx$ und die

Standardabweichung $\sigma = \sqrt{\int_a^b (x-\mu)^2 \cdot f(x)\,dx}$.

Beispiel 1 Wahrscheinlichkeitsdichte

Die Länge von Natursteinen weicht nach Angaben des Herstellers vom Sollmaß um maximal ±1 (cm) ab, wobei die Wahrscheinlichkeiten von Abweichungen (die Abweichungen sind hier die Werte einer Zufallsgrößen) durch die Wahrscheinlichkeitsdichte f mit $f(x) = k \cdot (1 - x^2)$ über dem Intervall [−1; 1] beschrieben werden soll.

a) Bestimmen Sie k so, dass f eine Wahrscheinlichkeitsdichte wird.

b) Wie groß ist die Wahrscheinlichkeit $P(0{,}4 < X \le 0{,}9)$ einer Abweichung zwischen 0,4 und 0,9 cm, wenn Sie für k den Wert aus a) verwenden?

c) Berechnen Sie den Erwartungswert μ und die Standardabweichung σ.

X ist die stetige Zufallsgröße mit Dichte f.

■ Lösung: a) Es gilt $f(x) \ge 0$ für $-1 \le x \le 1$

und wegen $\int_{-1}^{1} k(1-x^2)\,dx = k \cdot \left[x - \tfrac{1}{3}x^3\right]_{-1}^{1} = k \cdot \tfrac{4}{3} = 1$ muss gelten $k = \tfrac{3}{4}$.

b) Wegen $P(0{,}4) = 0$ gilt

$P(0{,}4 < X \le 0{,}9) = P(0{,}4 \le X \le 0{,}9) = \int_{0{,}4}^{0{,}9} \tfrac{3}{4}(1-x^2)\,dx$

$= \tfrac{3}{4} \cdot \left[x - \tfrac{1}{3}x^3\right]_{0{,}4}^{0{,}9} = 0{,}20875$ (Fig. 1)

c) Erwartungswert: $\mu = \int_{-1}^{1} \tfrac{3}{4} x(1-x^2)\,dx = 0,$

Standardabweichung: $\sigma = \sqrt{\int_{-1}^{1} \tfrac{3}{4} \cdot (x-0)^2 \cdot (1-x^2)\,dx} = \sqrt{\tfrac{1}{5}} \approx 0{,}45.$

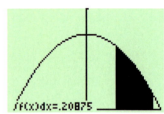

Fig. 1

Beispiel 2 Theorie und Experiment: Ein Vergleich mit dem GTR

Taschenrechner liefern über [0; 1] gleichmäßig verteilte Zufallszahlen X, wobei X eine Zufallsgröße mit Wahrscheinlichkeitsdichte $f(x) = 1$ ist.

a) Bestimmen Sie den Erwartungswert μ und die Standardabweichung σ.

b) Erzeugen Sie eine Liste mit 100 solcher Zufallszahlen und vergleichen Sie deren Mittelwert $\bar{x}$ mit μ und deren empirische Standardabweichung s mit σ.

Der GTR liefert Zufallsdezimalzahlen $0 < X < 1$.

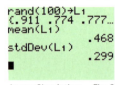

Annes Simulation Fig. 2

■ Lösung: a) $\mu = \int_{0}^{1} x \cdot 1\,dx = \left[\tfrac{1}{2}x^2\right]_{0}^{1} = \tfrac{1}{2}$

$\sigma = \sqrt{\int_{0}^{1} \left(x - \tfrac{1}{2}\right)^2 \cdot 1\,dx} \approx 0{,}29$

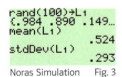

Noras Simulation Fig. 3

b) Wie die Simulationen von Anne und Nora zeigen, schwanken die Mittelwerte 0,468 und 0,524 um den „theoretischen" Erwartungswert $\mu = 0{,}5$, die empirischen Standardabweichungen 0,299 und 0,293 schwanken um die „theoretische" Standardabweichung $\sigma = 0{,}29$.

Aufgaben

Die folgenden GTR-Befehle erzeugen gleichmäßig verteilte Zufallszahlen:
2*rand über [0; 2]
5*rand über [0; 5]
10*rand über [0; 10]
10*rand −5 über [−5; 5]
0,2*rand über [0; 0,2]

1 a) Weisen Sie nach, dass $f(x) = 0{,}5$ über [0; 2] eine Wahrscheinlichkeitsdichte zu einer Zufallsvariablen X ist.

b) Berechnen Sie $P(X = 1)$ und $P(1 < X < 2)$.

c) Begründen Sie, dass gilt: $\mu = 1$ und $\sigma = \sqrt{\tfrac{1}{3}}$.

d) Durch welche Wahrscheinlichkeitsdichten lassen sich Zufallsgrößen beschreiben, die über dem Intervall I gleichmäßig verteilt sind, wenn gilt I = [0; 5]; I = [0; 10]; I = [−5; 5]; I = [0; 0,2]? Verallgemeinern Sie.

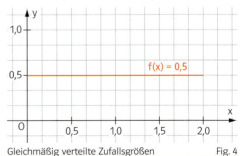

Gleichmäßig verteilte Zufallsgrößen haben konstante Wahrscheinlichkeitsdichten.

Fig. 4

382 XI Stetige Zufallsgrößen

2 Dreiecksverteilung

a) Weisen Sie nach, dass die „Dreiecksfunktion" f mit $f(x) = \begin{cases} x; & 0 \leq x \leq 1 \\ 2 - x; & 1 \leq x \leq 2 \end{cases}$

über [0; 2] eine Wahrscheinlichkeitsdichte ist.

b) Lesen Sie die folgenden Wahrscheinlichkeiten ab: $P(X = 0)$; $P(X = 1)$; $P(X < 0{,}5)$; $P(0{,}5 \leq X \leq 1{,}5)$.

c) Berechnen Sie den Erwartungswert μ und die Standardabweichung σ.

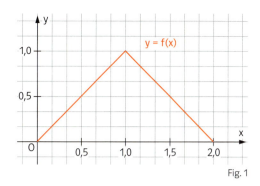

Fig. 1

Die Zufallsgröße X, die entsteht, wenn man zwei Zufallszahlen addiert, hat die Wahrscheinlichkeitsdichte f. Das können Sie experimentell mit dem GTR prüfen.

3 Runder Bierfilz

Es regnet gleichmäßig auf einen kreisförmigen Bierfilz mit Radius 5 (cm).

a) Bestimmen Sie die Wahrscheinlichkeitsdichte des Abstands X eines Regentropfens vom Mittelpunkt.

b) Bestimmen Sie den zur Wahrscheinlichkeitsdichte aus a) gehörenden Erwartungswert μ.

c) Bestimmen Sie zur Wahrscheinlichkeitsdichte aus a) die Standardabweichung σ.

Orientieren Sie sich an dem Beispiel aus dem Lehrtext.

4 Quadratischer Tisch

Es regnet gleichmäßig auf einen quadratischen Tisch mit der Seitenlänge 20 (in Dezimeter). Die Zufallsgröße $S = X + Y$ ist die Summe der Koordinaten eines Regentropfens.

a) Markieren Sie alle Punkte, für die gilt $S = 0$; $S = 20$; $S = 40$; $1 < S < 2$. Bestimmen Sie $P(0 < S < 10)$ und $P(10 < S < 20)$.

b) Begründen Sie: Die Wahrscheinlichkeitsdichte des Abstands X eines Regentropfens vom Eckpunkt des Tisches links unten (Fig. 2) ist gegeben durch $f(x) = \frac{1}{400}x$ für $0 \leq x \leq 20$ und $\frac{1}{10} - \frac{1}{400}x$ für $20 \leq x \leq 40$.

c) Bestimmen Sie den Erwartungswert μ und die Standardabweichung σ.

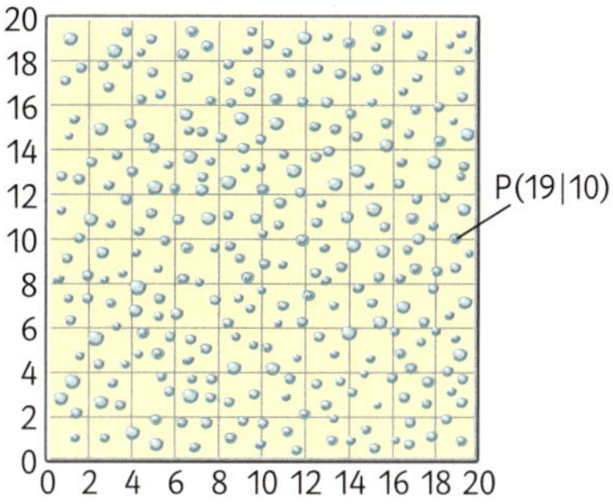

Fig. 2

Wer weiter forschen möchte, untersucht $T = X - Y$.
Vgl. dazu:
◉ Excel
 Quadratregen.xls

5 Münzenwerfen

Niki wirft Münzen so, dass sie möglichst nahe an einer Wand zu liegen kommen. Die Münzen prallen aber oft ab und rollen zurück. Der Abstand X (in Meter) von der Wand ist eine Zufallsgröße, die man durch die Wahrscheinlichkeitsdichte f mit $f(x) = 3(x - 1)^2$ über [0; 1] beschreibt.

a) Begründen Sie, dass f tatsächlich eine Wahrscheinlichkeitsdichte ist, obwohl die Funktionswerte teilweise größer als 1 sind.

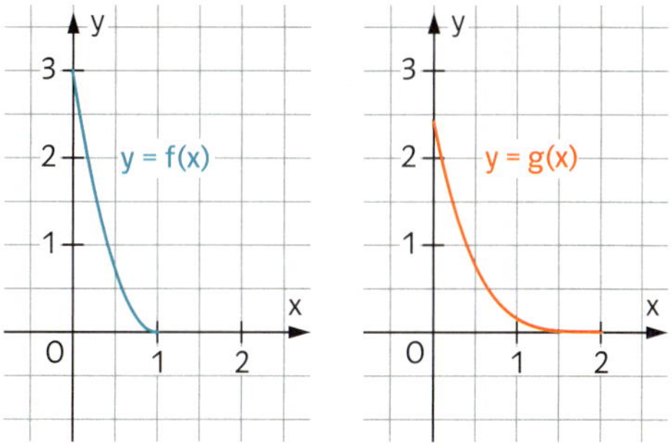

Fig. 3

b) Wie groß ist die Wahrscheinlichkeit, dass eine Münze weniger als 0,1 m bzw. weniger als 0,5 m von der Wand liegen bleibt?

c) Berechnen Sie den Erwartungswert und die Standardabweichung des Abstands X.

d) Tim wirft auch Münzen, seine Abstandsvariable X möchte er aber über [0; 2] durch die Wahrscheinlichkeitsdichte $g(x) = k(x - 2)^4$ modellieren. Finden Sie durch eine Integration heraus, welchen Wert k haben muss (vgl. Beispiel 1).

e) Auf den ersten Blick sieht es so aus, als wäre Tim weniger erfolgreich als Niki. Überprüfen Sie den Eindruck mithilfe von Vergleichsrechnungen wie in den Aufgaben b) und c).

6 Die Dauer X (in min) von Telefonaten in einer Firma wird durch die Wahrscheinlichkeitsdichte f mit $f(x) = e^{-x}$ beschrieben.
a) Bestätigen Sie: f ist über $\mathbb{R}^+$ eine Wahrscheinlichkeitsdichte.
b) Berechnen und deuten Sie $P(1 < X < 2)$.
c) Berechnen Sie den Erwartungswert μ und die Standardabweichung σ.
d) Wie wahrscheinlich ist es, dass ein Gespräch genau „eine Minute" dauert, wenn man die Gesprächsdauer auf Minuten bzw. auf Sekunden bzw. gar nicht rundet?
e) Die Gesprächsdauer in einer anderen Firma wird durch $g(x) = k \cdot e^{-2x}$ beschrieben. Wie muss man k wählen, damit g eine Wahrscheinlichkeitsdichte über $\mathbb{R}^+$ ist?
f) Beantworten Sie die Fragen aus c) und d) für die Wahrscheinlichkeitsdichte g.

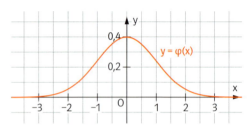
Fig. 1

Zur Integration benötigt man den GTR. Wenn man von $-\infty$ bis 3 integrieren möchte, reicht es, als untere Grenze -1000 oder -100 einzusetzen.

7 Gegeben ist $\varphi(x) = \frac{1}{\sqrt{2\pi}} \cdot e^{-\frac{x^2}{2}}$.
a) Bestätigen Sie, dass f(x) eine Wahrscheinlichkeitsdichte über $\mathbb{R}$ ist.
b) Berechnen Sie $P(2 \leq X \leq 4)$ und $P(X \leq 3)$.
c) Kontrollieren Sie, dass gilt $\mu = 0$ und $\sigma = 1$.
d) Zufällige Messfehler sind oft „glockenförmig verteilt" wie in Fig. 2 mit Dichte φ. Wie wahrscheinlich ist es, dass ein Messwert höchstens zwei Einheiten von 0 abweicht?

Wahrscheinlichkeitsdichte zufälliger Messfehler Fig. 2

Zeit zu überprüfen

8 Gegeben ist $f(x) = k(x - x^3)$ mit dem konstanten Faktor k.
a) Wie muss man k wählen, damit f(x) zu einer Wahrscheinlichkeitsdichte über [0; 1] wird?
b) Berechnen Sie $P(0,1 \leq X \leq 0,2)$. Verwenden Sie dafür das in Aufgabe a) bestimmte k.
c) Berechnen Sie den zugehörigen Erwartungswert und die zugehörige Standardabweichung.

9 a) Stellen Sie Ihren GTR auf 1, 2 oder 3 Nachkommastellen ein. Wie groß ist jeweils die Wahrscheinlichkeit, dass die Anzeige nach Aufruf der Zufallsfunktion über [0; 1] die Zahl 0,2 anzeigt? Stellen Sie diese Wahrscheinlichkeiten als Integrale mithilfe einer Dichtefunktion dar.
b) Wie ändert sich das Ergebnis, wenn Sie die Zufallszahlen statt über [0; 1] über [0; 2] bzw. über [0; 0,5] berechnen lassen?

10 Fiffi (F), Gully (G) und Hasso (H) sind Computerspiel-Wachhunde, die sich zufallsabhängig zwischen der linken (-1) und der rechten ($+1$) Begrenzung eines Grundstücks aufhalten. Ihre Position wird durch die Zufallsgrößen F, G und H mit den Dichten f, g und h beschrieben.
a) Fassen Sie das unterschiedliche Wachverhalten der Hunde in Worte.

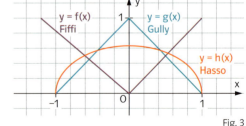
Fig. 3

b) Maika meint, dass man Fiffi im Gegensatz zu Gully und Hasso überhaupt nicht dort erwartet, wo der Erwartungswert liegt. Nehmen Sie Stellung.
c) Bestimmen Sie nach Augenmaß für jeden der Hunde $P(-0,1 \leq X \leq 0,1)$; $P(0,9 < X)$.

GTR-Hinweise
735501-3851

Simulation von Zufallszahlen

11 Wenn der GTR für X gleichmäßig über [0; 1] verteilte Zufallszahlen liefert, dann liefert $Y = X \cdot 6 + 1$ über [1; 7] gleich verteilte Zufallszahlen.
a) Bestimmen Sie die Wahrscheinlichkeitsdichte, den Erwartungswert und die Standardabweichung zu Y.
b) Überprüfen Sie durch Simulationen, dass der Mittelwert und die empirische Standardabweichung tatsächlich in der Nähe von Erwartungswert und Standardabweichung liegen.

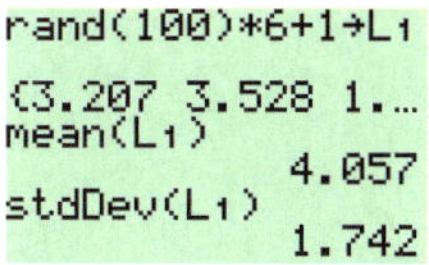

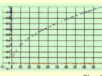
Fig. 1

INFO → Aufgabe 12, 13

1. „Neue" Zufallszahlen erzeugen
Wenn man gleichmäßig über [0; 1] verteilte Zufallszahlen X radiziert $(Y = \sqrt{X})$, erhält man wieder Zufallszahlen Y zwischen 0 und 1 (Fig. 2). Y liegt immer dann in [a; b], wenn X in $[a^2; b^2]$ liegt. Damit gilt

$$P(a \leq Y \leq b) = b^2 - a^2 = [x^2]_a^b = \int_a^b 2 \cdot x \, dx.$$

Die zu $Y = \sqrt{X}$ gehörende Wahrscheinlichkeitsdichte ist also $f(x) = 2x$.

2. Mittelwert – Erwartungswert
Wenn man von der Wahrscheinlichkeitsverteilung ausgeht, ist der Erwartungswert $\mu = \int x \cdot f(x) \, dx$ eine Prognose für den zu erwartenden Mittelwert $\bar{x}$.
Wenn man umgekehrt von der Datenerhebung ausgeht, ist der Mittelwert $\bar{x}$ ein Schätzwert für den Erwartungswert der bei der Modellierung zu findenden Wahrscheinlichkeitsverteilung.

Fig. 2

Während die Zufallszahlen X auf der x-Achse gleichmäßig verteilt sind, häufen sich deren Funktionswerte $Y = \sqrt{X}$ auf der y-Achse bei 1.

12 a) Überprüfen Sie durch eine GTR-Simulation die 1. Aussage aus dem Infokasten.
b) Erläutern Sie an diesem Beispiel die 2. Aussage im Infokasten durch Berechnung des Erwartungswertes und Vergleich mit den Mittelwerten.
c) Übertragen Sie die 2. Aussage des Infokastens auf Standardabweichungen.

Die Aufgabe 12 lässt sich gut in Gruppen bearbeiten.

13 a) Bestimmen Sie (arbeitsteilig) die Wahrscheinlichkeitsdichte der Verteilung zu den Zufallszahlen „X = rand^2", „Y = rand^4", „Z = rand$^{\frac{1}{4}}$" und allgemein „U = rand^r" analog zum Infokasten.
b) Berechnen Sie die Wahrscheinlichkeiten, mit denen sich diese Zufallszahlen auf die Intervalle [0; 0,1], [0,1; 0,2], ..., [0,9; 1] verteilen. Berechnen Sie die Wahrscheinlichkeitsdichte.
c) Überprüfen Sie Ihre Wahrscheinlichkeiten durch Simulation.
d) Berechnen Sie Erwartungswerte und Standardabweichungen und vergleichen Sie mit Mittelwerten und Stichprobenstandardabweichungen aus Ihren Simulationen.

14 Zufallszahlen und Integrale
X liefert über [0; 1] gleichmäßig verteilte Zufallszahlen. Jan lässt mit seinem Taschenrechner Regentropfen gleichmäßig auf das Einheitsquadrat fallen. Immer dann, wenn der Tropfen im Inneren der Fläche zwischen den Graphen von $f(x) = -4(x - 0,5)^2 + 1$ und $g(x) = x$ landet, nimmt er die erste Koordinate als Zufallszahl X, sonst lässt er den nächsten Tropfen fallen.

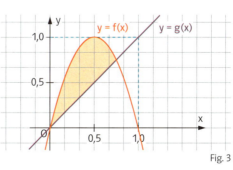
Fig. 3

a) Erzeugen Sie mit Ihrem Taschenrechner 20 Zufallszahlen nach Jans Methode und berechnen Sie den Mittelwert und die empirische Standardabweichung.
b) Bestimmen Sie die Wahrscheinlichkeitsdichte zu X und berechnen Sie Erwartungswert und Standardabweichung.
c) Welche Aussagen können Sie ohne Rechnung über die Dichte der Y-Koordinate von Jans Zufallspunkten machen?

XI Stetige Zufallsgrößen

2 Die Analysis der Gauß'schen Glockenfunktion

Carl Friedrich Gauß (1777–1855), einer der bedeutendsten Mathematiker und Naturwissenschaftler aller Zeiten.

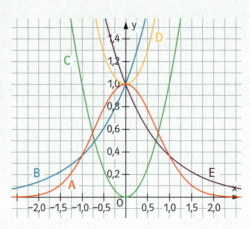

Ordnen Sie die Funktionsterme den nebenstehenden Graphen zu:

$f(x) = e^x$ $\quad\quad g(x) = x^2$
$h(x) = e^{-x}$ $\quad\quad i(x) = e^{x^2}$
$k(x) = e^{-x^2}$ $\quad\quad l(x) = e^{(-x)^2}$
$m(x) = e^{-(x^2)}$

Gauß entdeckte, dass sich z. B. die Wahrscheinlichkeiten zufälliger Messfehler durch glockenförmige Wahrscheinlichkeitsdichten der Form $\varphi_{\mu;\sigma}(x) = \frac{1}{\sigma\sqrt{2\pi}} \cdot e^{-\frac{(x-\mu)^2}{2\sigma^2}}$ beschreiben lassen. Dabei sind μ und σ konstante Parameter.

Die Funktionen werden ihrem Entdecker zu Ehren **Gauß'sche Glockenfunktion** genannt.

Für $\mu = 0$ und $\sigma = 1$ vereinfacht sich die Funktionsgleichung zu $\varphi(x) = \frac{1}{\sqrt{2\pi}} \cdot e^{-\frac{x^2}{2}}$.

Man spricht dann von der **Standard-Glockenfunktion**. Mit ihrer Hilfe kann man auch die Konturen von Binomialverteilungen beschreiben und die Sigma-Regeln begründen.

Hier werden sie zunächst nur aus dem Blickwinkel der Analysis beleuchtet.

Die Konturen der Binomialverteilungen sind glockenförmig mit Wendestellen bei $\mu \pm \sigma = n \cdot p \pm \sqrt{np(1-p)}$.

Die Bezeichnung μ (Erwartungswert) und σ (Standardabweichung) für die Parameter der Gauß'schen Glockenfunktion sind damit begründet (vgl. Aufgabe 9).

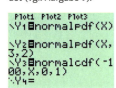

Fig. 2

Die Grenze $-\infty$ ersetzt man in der GTR-Praxis durch negative Zahlen mit großem Betrag in Fig. 2 durch „-100".

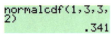

Fig. 4

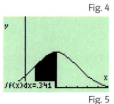

Fig. 5

Die **Graphen der Glockenfunktionen** $\varphi_{\mu;\sigma}$ haben eine Maximalstelle bei $x = \mu$ mit dem Maximalwert $y_{max} = \frac{1}{\sigma\sqrt{2\pi}} \approx \frac{0{,}4}{\sigma}$;

zwei Wendestellen bei $x = \mu \pm \sigma$ mit dem Funktionswert $y_w = \frac{1}{\sigma\sqrt{2\pi}} \cdot e^{-\frac{1}{2}} \approx 0{,}6\, y_{max}$.

Je größer σ ist, desto „breiter" und „flacher" ist der Graph.

Auf dem GTR berechnet man $\varphi_{0;1}$ und $\varphi_{3;2}$ wie in Fig. 2.

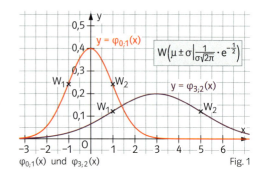

$\varphi_{0;1}(x)$ und $\varphi_{3;2}(x)$ Fig. 1

Die Gauß'schen Glockenfunktionen $\varphi_{\mu;\sigma}$ kann man nur **numerisch integrieren**.

Wie man $\int_a^b \varphi_{\mu;\sigma}(x)\,dx$ auf dem GTR berechnen kann, zeigen Fig. 4 und Fig. 5.

Auch die **Integralfunktion** $\Phi(z) = \int_{-\infty}^{z} \varphi_{0;1}(x)\,dx$ der Standard-Glockenfunktion berechnet man numerisch. Ihr Graph bzw. die zugehörige Fläche sind in Fig. 3 abgebildet.

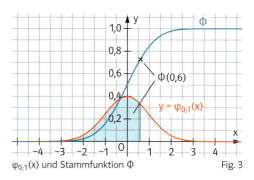

$\varphi_{0;1}(x)$ und Stammfunktion Φ Fig. 3

GTR-Hinweise
735501-3871

Definition: Funktionen $\varphi_{\mu;\sigma}$ mit $\varphi_{\mu;\sigma}(x) = \dfrac{1}{\sigma\sqrt{2\pi}} \cdot e^{-\frac{(x-\mu)^2}{2\sigma^2}}$ heißen Gauß'sche Glockenfunktionen.

Sie haben eine Maximalstelle bei $x = \mu$ und zwei Wendestellen bei $x = \mu \pm \sigma$.

Es gilt $\displaystyle\int_{-\infty}^{+\infty} \varphi_{\mu;\sigma}(x)\,dx = 1$.

Man kann die Gauß'schen Glockenfunktionen nur numerisch integrieren.

Bemerkung: Aus der *einen* Integralfunktion $\Phi(x) = \displaystyle\int_{-\infty}^{x} \varphi(t)\,dt$ der Standard-Glockenfunktion erhält man Stammfunktionen *aller* Glockenfunktionen $\varphi_{\mu;\sigma}$ durch $\Phi\!\left(\dfrac{x-\mu}{\sigma}\right)$. Nach der Kettenregel gilt nämlich $\left(\Phi\!\left(\dfrac{x-\mu}{\sigma}\right)\right)' = \Phi'\!\left(\dfrac{x-\mu}{\sigma}\right)\cdot\dfrac{1}{\sigma} = \varphi\!\left(\dfrac{x-\mu}{\sigma}\right)\cdot\dfrac{1}{\sigma} = \varphi_{\mu;\sigma}(x)$.

Damit gilt $\displaystyle\int_{a}^{b} \varphi_{\mu;\sigma}(x)\,dx = \Phi\!\left(\dfrac{b-\mu}{\sigma}\right) - \Phi\!\left(\dfrac{a-\mu}{\sigma}\right)$. Das ermöglichte früher, mit nur einer Tabelle für Φ alle Glockenfunktionen zu integrieren. Diese Beziehung zwischen den verschiedenen Glockenfunktionen kann man nutzen, um die Sigma-Regeln zu begründen.

Beispiel Skizzieren der Glockenfunktion

a) Bestimmen Sie die Hoch- und Wendepunkte des Graphen von $\varphi_{4;2}$ und skizzieren Sie diesen.

b) Berechnen Sie $\displaystyle\int_{2}^{6} \varphi_{4;2}(x)\,dx$ sowie $\displaystyle\int_{0,5}^{\infty} \varphi_{4;2}(x)\,dx$.

■ Lösung: a) Man setzt die Maximalstelle $\mu = 4$ in den Funktionsterm

$\varphi_{4;2}(x) = \dfrac{1}{2\sqrt{2\pi}} \cdot e^{-\frac{(x-4)^2}{2\cdot 2^2}}$ ein und erhält den Hochpunkt $H\!\left(4;\dfrac{0,4}{2}\right) = (4;\,0,2)$.

Zwei Einheiten rechts und links von der Maximalstelle erhält man die Wendepunkte $W_1(2;\,0,12)$, $W_2(6;\,0,12)$ und damit eine Skizze wie in Fig. 1.

b) $\displaystyle\int_{2}^{6} \varphi_{4;2}(x)\,dx \approx 0{,}68$ (Fig. 3 bzw. Fig. 4) und

$\displaystyle\int_{0,5}^{\infty} \varphi_{4;2}(x)\,dx = 1 - \displaystyle\int_{0}^{0,5} \varphi_{4;2}(x)\,dx \approx 0{,}96$ (Fig. 5)

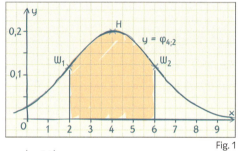

Fig. 1

Fig. 2: `normalpdf(4,4,2) .20`

direkte Berechnung
Fig. 3: `normalcdf(2,6,4,2) .683`
Fig. 4: `normalcdf(-100,(6-4)/2)-normalcdf(-100,(2-4)/2) .683`

Berechnung mit Φ
Fig. 5: `normalcdf(.5,100,4,2) .960`

Aufgaben

1 Bestimmen Sie die Funktionswerte an den Stellen x_1, x_2, x_3, x_4 durch Einsetzen in den Funktionsterm. Kontrollieren Sie anschließend Ihre Ergebnisse mit dem GTR.

a) zu $\varphi(x) = \dfrac{1}{\sqrt{2\pi}} \cdot e^{-\frac{x^2}{2}}$ für $x_1 = 0$; $x_2 = 1$; $x_3 = 2$; $x_4 = -1{,}3$

b) zu $\varphi_{3;2}(x) = \dfrac{1}{2\sqrt{2\pi}} \cdot e^{-\frac{(x-3)^2}{2\cdot 2^2}}$ für $x_1 = 1$; $x_2 = 3$; $x_3 = 4$ und $x_4 = 5$

In Excel berechnet man z. B. $\varphi_{2;3}(1)$ mit =NORMALV(2;3;1;0). Der letzte Parameter 0 bedeutet, dass die Dichte berechnet wird, bei 1 erhält man die Verteilungsfunktion.

2 Skizzieren Sie die Graphen der Funktionen mithilfe der Hoch- und Wendepunkte mit Papier und Bleistift. Kontrollieren Sie Ihre Skizzen anschließend mithilfe von GTR-Plots.

a) $\varphi_{0;1}$ b) $\varphi_{-2;1}$ c) $\varphi_{2;1}$ d) $\varphi_{0;2}$

e) $\varphi_{2;4}$ f) $\varphi_{3;0,5}$ g) $\varphi_{4;0,2}$ h) $\varphi_{4;0,1}$

3 Welche dieser „Glockengraphen" könnten zu Gauß'schen Glockenfunktionen gehören? Begründen Sie Ihre Antwort und schätzen Sie gegebenenfalls die Parameter μ und σ aus der Zeichnung (Fig. 1).

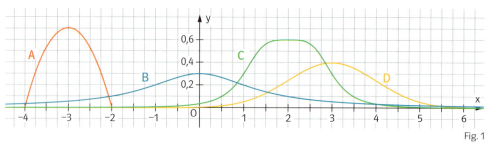

Fig. 1

Tipp:
∞ auf dem GTR durch große Zahlen ersetzen.

4 Schätzen Sie anhand einer Skizze, kontrollieren Sie dann mit dem GTR.

a) $\int_{-\infty}^{1,2} \varphi_{0;1}(x)\,dx$ b) $\int_{1,15}^{\infty} \varphi_{0;1}(x)\,dx$ c) $\int_{-0,9}^{0,9} \varphi_{0;1}(x)\,dx$ d) $\int_{10}^{14} \varphi_{12;1,5}(x)\,dx$ e) $\int_{-\infty}^{14} \varphi_{12;1,5}(x)\,dx$

5 Bestimmen Sie die ersten beiden Ableitungen der Funktion $\varphi_{0;1}$ und bestätigen Sie die Angaben über Extrem- und Wendepunkte aus dem Lehrtext (Seite 386).

Zeit zu überprüfen

6 a) Bestimmen Sie die Hoch- und Wendepunkte von $\varphi_{12;1,5}$ und skizzieren Sie $\varphi_{12;1,5}$.
b) Schätzen Sie ohne Rechner $\int_{11}^{13} \varphi_{12;1,5}(x)\,dx$.
c) Kontrollieren Sie Ihre Skizze und Ihre Schätzung mithilfe des GTR.

Sie sollten zum Zeichnen einen GTR einsetzen.

7 a) Untersuchen Sie an selbst gewählten Funktionstermen wie z.B. $f(x) = 1 - x^2$, wie die Graphen von $f(x)$, $g(x) = f\left(\frac{x}{\sigma}\right)$ und $h(x) = f\left(\frac{x-\mu}{\sigma}\right)$ zusammenhängen.
Sie können sich dabei auf $\sigma = 4$ und $\mu = 2$ beschränken.
b) Begründen Sie: Die Graphen von $\varphi_{\mu;\sigma}$ kann man schrittweise aus dem Graphen von $\varphi_{0;1}$ erzeugen durch
(1) Strecken in x-Richtung mit Faktor σ,
(2) Stauchen in y-Richtung mit Faktor $\frac{1}{\sigma}$ und
(3) Verschieben um μ in x-Richtung.

8 Integralfunktionen
a) Skizzieren Sie die Gauß'sche Glockenfunktion $\varphi_{\mu;2}(x)$ für $\mu = 1$ und $\mu = 3$ und die Integralfunktion $F(x) = \int_{-\infty}^{x} \varphi_{\mu;2}(x)\,dx$ in ein Koordinatensystem.
b) Skizzieren Sie die Gauß'sche Glockenfunktion $\varphi_{2;\sigma}(x)$ für $\sigma = 1$ und $\sigma = 3$ samt Integralfunktion $F(x) = \int_{-\infty}^{x} \varphi_{2;\sigma}(x)\,dx$ in ein Koordinatensystem.
c) Fassen Sie in eigenen Worten alle Informationen zusammen, die Sie über die Integralfunktionen der Gauß'schen Glockenfunktionen zusammentragen können. Dokumentieren Sie Ihre Ausführungen mithilfe des GTR.

9 Überprüfen Sie mit dem GTR anhand selbst gewählter Werte für μ und σ.

(1) $\int_{-\infty}^{+\infty} x \cdot \varphi_{\mu;\sigma}(x) = \mu$

(2) $\sqrt{\int_{-\infty}^{+\infty} (x-\mu)^2 \cdot \varphi_{\mu;\sigma}(x)\,dx} = \sigma$

3 Die Normalverteilung

Tropfender Wasserhahn
Die Diagramme zeigen die glockenförmigen Häufigkeitsverteilungen der Wartezeit auf den nächsten Tropfen (in Sekunden) bei zwei tropfenden Wasserhähnen. Welcher Hahn tropft „schneller", welcher tropft „regelmäßiger"?

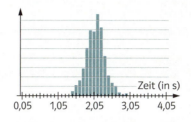
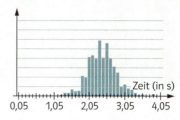

Die Gauß'schen Glockenfunktionen dienen einerseits als **Wahrscheinlichkeitsdichten reellwertiger Zufallsgrößen**. Andererseits beschreiben sie die **Kontur von Binomialverteilungen**.

Gauß'sche Glockenfunktion als Wahrscheinlichkeitsdichte (Normalverteilung)
Aufgrund von Messungen weiß man, dass sich die Diagramme zur Verteilung der Körpergröße X (in cm) bei Schülern der Stufe 12 durch die Gauß'sche Glockenfunktion mit $\mu = 173$ und $\sigma = 8$ beschreiben lassen. Fig. 2 zeigt ein Diagramm der Daten sowie den Graphen von $\varphi_{173;8}$.

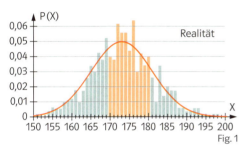
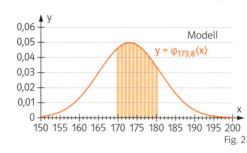

Fig. 1 — Fig. 2

Von der relativen Häufigkeit zur Normalverteilung siehe:

○ Excel
Simulieren – Normalverteilung – Modellieren – Normalverteilung – Kaffeebohnengewicht

Relative Häufigkeiten und Gauß-Glocke
Da in Fig. 1 die Breite der Rechtecke über den Körpergrößen jeweils 1 ist, entsprechen die Flächen der Rechtecke den relativen Häufigkeiten. Die Glockenfunktion begrenzt die erwarteten relativen Häufigkeiten, also die **Wahrscheinlichkeiten** (Fig. 2). Daher beträgt die Wahrscheinlichkeit, dass ein zufällig ausgewählter Schüler eine Körpergröße X zwischen 170 und 180 besitzt,

$$P(170 \leq X \leq 180) = \int_{170}^{180} \varphi_{173;8}(x)\,dx = \Phi\left(\frac{180-173}{8}\right) - \Phi\left(\frac{170-173}{8}\right) \approx 45{,}5\,\%.$$

Die Gauß'sche Glockenfunktion $\varphi_{173;8}$ ist damit die Wahrscheinlichkeitsdichte der Körpergröße X. Da viele Zufallsgrößen solche Wahrscheinlichkeitsdichten haben, definiert man:

normalcdf(170,180,173,8)
.455
Fig. 3

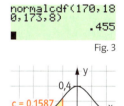
Fig. 4

> **Definition:** Eine stetige Zufallsgröße X heißt **normalverteilt** mit den Parametern μ und σ, wenn sie eine Gauß'sche Glockenfunktion $\varphi_{\mu;\sigma}$ als Wahrscheinlichkeitsdichte besitzt.

Für normalverteilte Zufallsgrößen X gilt die **Sigma-Regel** (im Gegensatz zu binomialverteilten) genau: Die Wahrscheinlichkeit β einer beliebigen $k\sigma$-Umgebung von μ berechnet man so:

$$\beta = P(\mu - k\sigma \leq X \leq \mu + k\sigma) = \int_{\mu-k\sigma}^{\mu+k\sigma} \varphi_{\mu;\sigma}(x)\,dx = \Phi\left(\frac{\mu+k\sigma-\mu}{\sigma}\right) - \Phi\left(\frac{\mu-k\sigma-\mu}{\sigma}\right) = \Phi(k) - \Phi(-k) = 2\cdot\Phi(k) - 1.$$

Dabei ergibt sich die letzte Gleichung aus $\Phi(-k) = 1 - \Phi(k)$ (Fig. 4). Für $k=1$ und $k=1{,}96$ erhält man die bekannten Werte $\beta = 68{,}3\,\%$ bzw. $\beta = 95\,\%$ (vgl. auch Fig 3, S. 390). Möchte man umgekehrt wissen, für welches k die zugehörige $k\sigma$-Umgebung den Anteil β aller Werte von X enthält, löst man $2\cdot\Phi(k) - 1 = \beta$ durch $k = \Phi^{-1}\left(\frac{1+\beta}{2}\right)$. Das ergibt $\beta = 0{,}999$; $k = 3{,}291$ (Fig. 5).

Faktor k zur Wahrscheinlichkeit $\beta = 0{,}999$:

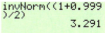
invNorm((1+0.999)/2)
3.291
Fig. 5

Wahrscheinlichkeit zum Faktor $k = 1{,}282$

Gauß'sche Glockenfunktion und Binomialverteilung

Kurz: Der Graph von $\varphi_{\mu;\sigma}$ ist die früher anschaulich benutzte Kontur der Binomialverteilung.

Die glockenförmigen Konturen der Binomialverteilungen mit den Parametern n und p haben ein Maximum beim Erwartungswert np und Wendestellen bei $np \pm \sqrt{n \cdot p(1-p)}$ – genau wie die Graphen von $\varphi_{\mu;\sigma}$ mit $\mu = np$ und $\sigma = \sqrt{n \cdot p(1-p)}$. Da auch die Flächen jeweils den Wert 1 besitzen, passen Binomialverteilungen und zugehörige Gauß'sche Glockenfunktionen gut zusammen.

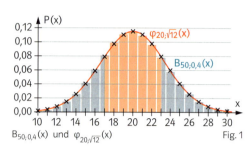

$B_{50;0,4}(x)$ und $\varphi_{20;\sqrt{12}}(x)$ Fig. 1

So stimmt in Fig. 1 für die binomialverteilte Zufallsgröße X mit $n = 50$; $p = 0,4$; $\mu = 20$; $\sigma = \sqrt{12} \approx 3,46$ die Wahrscheinlichkeit $P(X = 22) = B_{20;0,4}(22) = 0,0959$ mit dem Funktionswert $\varphi_{20;\sqrt{12}}(22) = 0,0975$ gut überein. Ebenso kann man die Wahrscheinlichkeit, dass X in einem Intervall liegt, durch Integrale annähern. In Fig. 1 gilt $P(17 \leq X \leq 23) \approx \int_{16,5}^{23,5} \varphi_{20;\sqrt{12}}(x)\,dx$ (vgl. Fig. 2).

```
binompdf(50,0.4,
22)
                .0959
normalpdf(22,20,
√(12))
                .0975
                .0975
binomcdf(50,0.4,
23)-binomcdf(50,
0.4,16)
                .6877
normalcdf(16.5,2
3.5,20,√(12))
                .6877
```
Fig. 2

Dabei beachtet man, dass die Säulen der „Binomialdiagramme" bei 16,5 beginnen und bei 23,5 enden, die Integration also über [16,5; 23,5] erfolgt. Diese Vergrößerung des Integrationsintervalls bezeichnet man als **Stetigkeitskorrektur**, die man verwendet, wenn mit der Gauß'schen Glockenfunktion ganzzahlige Zufallsgröße beschrieben werden sollen.

CAS Binominalverteilung und Gaußglocke

Binomialverteilte Zufallsgrößen sind annähernd normalverteilt.

> **Satz:** Für binomialverteilte Zufallsgröße X mit $\mu = np$ und $\sigma = \sqrt{np \cdot (1-p)}$ gilt die Näherung (a) $P(X = k) = B_{n;p}(k) \approx \varphi_{\mu;\sigma}(k)$ und (b) $P(a \leq X \leq b) \approx \int_{a-0,5}^{b+0,5} \varphi_{\mu;\sigma}(x)\,dx$.

Weitere nützliche Werte:

Intervall-radius	zugehörige Wahrscheinlichkeit
0,674 σ	50 %
1,281 σ	80 %
1,645 σ	90 %
1,960 σ	95 %
2,576 σ	99 %

Fig. 3

Die Annäherung der Binomialverteilung durch die Normalverteilung macht im Nachhinein verständlich, warum man die Standardabweichung bei Binomialverteilungen über den Wendepunktabstand „definieren" kann – und begründet auch die auf der Seite 362 experimentell gewonnene Sigma-Regel für binomialverteilte Zufallsgröße.

$$P(\mu - \sigma \leq X \leq \mu + \sigma) \approx \int_{\mu-\sigma-0,5}^{\mu+\sigma+0,5} \varphi_{\mu;\sigma}(x)\,dx \approx \int_{\mu-\sigma}^{\mu+\sigma} \varphi_{\mu;\sigma}(x)\,dx \approx 0,68$$

Beispiel 1 Stetige Zufallsgröße

Das Gewicht X (in Gramm) von Rosinenbrötchen lässt sich durch eine Normalverteilung mit $\mu = 54$ und $\sigma = 2$ beschreiben.
Wie groß ist die Wahrscheinlichkeit, dass für ein zufällig herausgegriffenes Brötchen gilt
a) $X < 52$;   b) $X \leq 52$;   c) $52 \leq X \leq 54$;   d) $56 \leq X$?

■ Lösung: a), b) $\int_{-\infty}^{52} \varphi_{54;2}(x)\,dx \approx 15,87\%$; c) $\int_{52}^{54} \varphi_{54;2}(x)\,dx \approx 34,13\%$; d) $\int_{56}^{\infty} \varphi_{54;2}(x)\,dx \approx 15,87\%$

Die Aufgaben a) und b) haben die gleiche Lösung.

```
normalcdf(-100,5
2,54,2)
                .1587
```
Fig. 4

Beispiel 2 Ganzzahlige Zufallsgröße

Die Anzahl Z der Rosinen in Rosinenbrötchen lässt sich näherungsweise durch eine Normalverteilung mit $\mu = 14,2$ und $\sigma = 3,5$ beschreiben. Wie groß ist die Wahrscheinlichkeit, dass ein zufällig ausgesuchtes Brötchen
a) genau 14 Rosinen enthält,   b) zwischen 12 und 16 Rosinen enthält?

■ Lösung: *Wegen der ganzzahligen Zufallsgrößen rechnet man mit Stetigkeitskorrektur.*

a) $\int_{13,5}^{14,5} \varphi_{14,2;3,5}(x)\,dx \approx 11\%$ b) $\int_{11,5}^{16,5} \varphi_{14,2;3,5}(x)\,dx \approx 52\%$

Aufgaben

1 Eine stetige Zufallsgröße X ist normalverteilt mit $\mu = 120$ und $\sigma = 10$. Berechnen Sie.
a) $P(X < 120)$ b) $P(X \leq 120)$ c) $P(110 \leq X \leq 130)$
d) $P(120 < X < 140)$ e) $P(130 \leq X)$ f) $P(130 = X)$

2 Eine ganzzahlige Zufallsgröße X lässt sich näherungsweise durch eine Normalverteilung mit $\mu = 120$ und $\sigma = 10$ beschreiben.
Berechnen Sie mit Stetigkeitskorrektur näherungsweise.
a) $P(X < 120)$ b) $P(X \leq 120)$ c) $P(110 \leq X \leq 130)$
d) $P(120 < X < 140)$ e) $P(130 \leq X)$ f) $P(130 = X)$

3 Franziska sagt: Die Anzahl der Schokoladenstückchen in Keksen ist normalverteilt mit $\mu = 15$ und $\sigma = 3$. Welche Informationen können Sie dieser Aussage entnehmen?

4 Ein Zufallsgröße X ist normalverteilt mit $\mu = 20$ und $\sigma = 10$.
Mit welcher Wahrscheinlichkeit ist ein Stichprobenwert negativ?

5 Eine stetige Zufallsgröße X ist normalverteilt mit $\mu = 30$ und $\sigma = 2$.
a) Berechnen Sie die Wahrscheinlichkeit, dass ein Stichprobenwert von X im Intervall [26; 34] liegt.
b) Wie ändert sich die Wahrscheinlichkeit in Teilaufgabe a), wenn man σ verändert?
c) Wie ändert sich die Wahrscheinlichkeit in Teilaufgabe a), wenn man μ verändert?

Normalverteilung als Modell für Reaktionszeiten? Siehe:
Excel
Messen – Reaktion
Messen – Takt

6 Überprüfen Sie die Angaben des Zeitungsartikels unter Beachtung der Tatsache, dass Intelligenztests so konstruiert sind, dass der IQ der Gesamtpopulation (hier: „die Deutschen") den Erwartungswert $\mu = 100$ hat und die Standardabweichung den Wert $\sigma = 15$ besitzt.

> Wie schlau sind die Deutschen? Gut zwei Drittel haben einen Durchschnitts-IQ zwischen 85 und 115. Überdurchschnittlich intelligent sind 16 Prozent. Wer den Test vergeigt, darf sich trösten: Nur 2% sind mit einem weit überdurchschnittlichen IQ über 130 gesegnet.

Zeit zu überprüfen

7 Eine Zufallsgröße ist normalverteilt mit dem Erwartungswert $\mu = 25$ und der Standardabweichung $\sigma = 5$.
a) Skizzieren Sie die zugehörige Glockenfunktion.
b) Berechnen Sie die Wahrscheinlichkeiten der Intervalle (10; 15]; (15; 20]; …; (35; 40].
c) Stellen Sie die Wahrscheinlichkeiten aus Aufgabe b) grafisch dar.

8 Der Spritverbrauch eines Pkw (in Liter/100 km) im Stadtverkehr ist normalverteilt mit $\mu = 8{,}2$ und $\sigma = 1{,}8$. In welchem Intervall mit Mittelpunkt μ liegt der Spritverbrauch mit der angegebenen Wahrscheinlichkeit?
a) 50% b) 80% c) 90% d) 95% e) 99%

Nutzen Sie die Angaben in der Tabelle auf der Randspalte auf Seite 390.

9 Eine stetige Zufallsgröße X ist normalverteilt mit dem Erwartungswert $\mu = 12$ und $\sigma = 5$.
a) Berechnen Sie die Wahrscheinlichkeiten $P(11 < X < 13)$; $P(11{,}5 < X < 12{,}5)$; $P(11{,}9 < X < 12{,}1)$; $P(X = 12)$.
b) Multiplizieren Sie $\varphi_{12;5}(12)$ mit 2; mit 1; mit 0,2.
Veranschaulichen Sie den Zusammenhang mit den Ergebnissen von Teilaufgabe a).

INFO → Aufgabe 10, 11

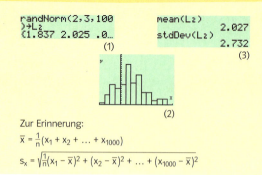

Zur Erinnerung:
$\bar{x} = \frac{1}{n}(x_1 + x_2 + \ldots + x_{1000})$

$s_x = \sqrt{\frac{1}{n}(x_1 - \bar{x})^2 + (x_2 - \bar{x})^2 + \ldots + (x_{1000} - \bar{x})^2}$

Von der Realität zum Modell

Oft nimmt man im Zuge einer „Modellbildung" an, dass Daten mit glockenförmiger Häufigkeitsverteilung normalverteilt sind. Wegen $\bar{x} \approx \mu$ und $s \approx \sigma$ kann man die unbekannten Modellparameter μ und σ aus den Daten schätzen. Das kann man auch mit dem GTR simulieren: Mit dem Befehl (1) erzeugt man eine Liste mit 100 Zahlen, die normalverteilt sind, mit $\mu = 2$ und $\sigma = 3$. (2) veranschaulicht die Zahlen grafisch. Wenn man mit (3) den Mittelwert und die empirische Standardabweichung aus der Liste berechnet, ergeben sich Werte, mit denen man die Parameter $\mu = 2$ und $\sigma = 3$ gut voraussagen kann.

10 Fig. 1 zeigt die glockenförmige Gewichtsverteilung von Kaffeebohnen, wobei das Gewicht X in Milligramm gemessen wird.
a) Schätzen Sie aus der Grafik den Mittelwert $\bar{x}$ und die empirische Standardabweichung s des Bohnengewichts.
b) Berechnen Sie $\bar{x}$ und s, wobei Sie die einzelnen Messwerte durch die auf der x-Achse abzulesenden Zahlen annähern können.

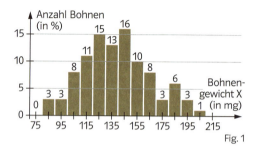

Fig. 1

c) Mit welcher Wahrscheinlichkeit würde das Gewicht einer Bohne im Intervall [110; 120] bzw. [120; 160] liegen, wenn man von einer Normalverteilung mit $\mu = \bar{x}$ und $\sigma = s$ ausgeht? Vergleichen Sie mit den relativen Häufigkeiten.

11 a) Erzeugen Sie mit dem GTR eine Liste aus 100 normalverteilten Zufallszahlen mit $\mu = 4$ und $\sigma = 2$. Stellen Sie die Häufigkeitsverteilung dar.
b) Ermitteln Sie den Mittelwert $\bar{x}$ und die empirische Standardabweichung s der Listenwerte und vergleichen Sie mit dem Erwartungswert μ und der Standardabweichung σ der zugrunde liegenden Normalverteilung.
c) Mit welcher Wahrscheinlichkeit müssten die Listenwerte im Intervall [1,5; 2,5] liegen, mit welcher Wahrscheinlichkeit müssten sie negativ sein?
d) Zählen Sie Ihre Liste aus und vergleichen Sie die Häufigkeiten mit den in Teilaufgabe c) berechneten Wahrscheinlichkeiten.

12 a) Erläutern Sie, warum die Aussage des letzten Satzes des Zeitungstextes „völlig normal" ist.
b) Die Abweichungen vom „200-ml-Soll" betrugen: +1 ml; +2 ml; +3,2 ml; +7,8 ml; +7,4 ml; +2 ml; +3,8 ml; +2 ml; 0 ml; –5,6 ml; –2 ml. Berechnen Sie den Mittelwert $\bar{x}$ und die Standardabweichung s der Abweichungen.
c) Nehmen Sie an, die Abweichungen aus b) sind normalverteilt mit dem Erwartungswert $\mu = \bar{x}$ und der Standardabweichung $\sigma = s$.

> An den Kölner Theken gibt's derzeit nur ein Diskussionsthema: Habe ich zu viel oder zu wenig Kölsch im Glas? Der EXPRESS hatte gestern berichtet, dass ein Wirt aus St. Augustin die Kölner XY-Brauerei verklagen will. Grund: Die Füllstriche an den Stangen waren falsch, er schenkte jahrelang zu viel Kölsch aus. Jetzt wollte EXPRESS es wissen: Sind die Kölsch-Stangen falsch geeicht? Die Gläser von 11 Marken ließen wir gestern im Kölner Eichamt überprüfen. Ergebnis: Es gibt kaum ein Glas ohne Abweichung nach oben oder unten …

Wie groß ist dann die Wahrscheinlichkeit, dass der Kunde aus einem Glas trinkt, bei dem der Füllstrich um mindestens 6 ml zu viel Inhalt „vorgibt" (Unmut beim Wirt)? Wie groß ist nun die Wahrscheinlichkeit, dass er um mindestens 6 ml zu wenig Inhalt „vorgibt" (Unmut beim Kunden)?

4 Wahrscheinlichkeiten schätzen: Vertrauensintervalle

Beim Würfelspiel „Schweinerei" wird mit Schweinen „gewürfelt". Bei 1000 Würfen erhielt die 7c 241-mal die „Suhle".
Thea: „Ich schätze jetzt natürlich die Wahrscheinlichkeit für Suhle auf 24,1%. Warum sollte ich auf 25% runden wie in der Abbildung?"
Ulla: „Aber dann wären ja Wahrscheinlichkeiten und relative Häufigkeiten immer das Gleiche".
Was würden Sie den Mädchen aus der 7c antworten?

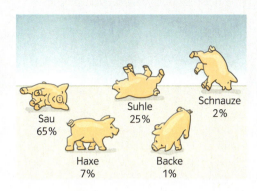

In Kapitel X Lerneinheit 8 wurde eine Faustregel erarbeitet, mit der man bei einem Bernoulli-Experiment aus einer beobachteten relativen Häufigkeit h für die unbekannte Wahrscheinlichkeit p Vertrauensintervalle zu den Vertrauensniveaus $\beta = 90\%, 95\%, 99\%$ berechnen kann.
Mithilfe der allgemeinen Sigmaregel, die mit der Normalverteilung begründet wurde, sollen nun die Vertrauensintervalle zu beliebigen Vertrauensniveaus β nicht nur näherungsweise, sondern genau bestimmt werden.

Zunächst wird an die Definition erinnert:
Das β-Vertrauensintervall zu einer relativen Häufigkeit h besteht nach Kapitel X Lerneinheit 8 aus allen Wahrscheinlichkeiten p, für die das zugehörige $k \cdot \sigma$-Intervall die beobachtete relative Häufigkeit h enthält, für die also gilt $p - k\frac{\sqrt{p(1-p)}}{\sqrt{n}} \leq h \leq p + k\frac{\sqrt{p(1-p)}}{\sqrt{n}}$.
Dabei hängen der Faktor k und das Vertrauensniveau β wie folgt zusammen: $\Phi(k) = \frac{1+\beta}{2}$.

Faktor k zum Vertrauensniveau $\beta = 0{,}999$:

```
invNorm((1+0.999
)/2)
            3.291
```

Fig. 1

Fig. 2 erläutert, wie man das Vertrauensintervall „grafisch" erhält. Hier sind zu jeder Wahrscheinlichkeit p (auf der Rechtsachse) die $k\sigma$-Intervalle der relativen Häufigkeiten senkrecht liegend, also parallel zur h-Achse eingetragen. Sie werden durch die Graphen der Funktionen mit $p \pm k\frac{\sqrt{p(1-p)}}{\sqrt{n}}$ begrenzt.

Die Grenzen des Vertrauensintervalls [a; b] erhält man, indem man die Horizontale zu y = h mit diesen Graphen schneidet.
Für die in Fig. 2 angegebenen Werte liest man ab a = 0,22, b = 0,52.

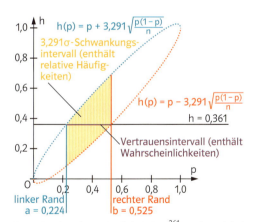

Fig. 2: Für die relative Häufigkeit $h = \frac{361}{100}$ ergibt sich bei n = 100 das 99,9% Vertrauensintervall [0,22; 0,52] (k = 3,291).

Wie man das Vertrauensintervall mit dem GTR berechnet, zeigt Fig. 3.
Man löst die Gleichungen
(1) $p \pm k \cdot \frac{\sqrt{p(1-p)}}{\sqrt{n}} = h$ bzw. $p \pm 3{,}291 \cdot \frac{\sqrt{p(1-p)}}{\sqrt{100}} = 0{,}361$ nach p auf und erhält
[a; b] = [0,224; 0,525].

Berechnung der rechten Grenze des Vertrauensintervalls:

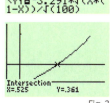

Fig. 3

Berechnung des Vertrauensintervalls

Wenn bei einer Bernoulli-Kette der Länge n die relative Häufigkeit h beobachtet wird, bestimmt man das Vertrauensintervall zu einem vorgegeben Vertrauensniveau β wie folgt:

a) Man ermittelt k aus der Gleichung $\Phi(k) = \frac{(1+\beta)}{2}$.

b) Man man löst die Gleichungen (1) $p \pm k \cdot \frac{\sqrt{p(1-p)}}{\sqrt{n}} = h$ nach p auf und erhält die Grenzen des Vertrauensintervalls [a; b].

Für sehr große Werte von n kann man den Term $\frac{k^2}{2n}$ gegenüber h vernachlässigen, ebenso den Term $\frac{k^2}{4n^2}$ gegenüber $\frac{h(1-h)}{n}$.

Für eine exakte Lösung kann man die Gleichungen (1) in die quadratische Gleichung (2) $n \cdot (p-h)^2 = k^2 \cdot p(1-p)$ überführen und erhält für das β-Vertrauensintervall

$$(3)\quad I = \left[\frac{\frac{k^2}{2n} + h - k\sqrt{\frac{k^2}{4n^2} + \frac{h(1-h)}{n}}}{\frac{k^2}{n}+1} \;;\; \frac{\frac{k^2}{2n} + h + k\sqrt{\frac{k^2}{4n^2} + \frac{h(1-h)}{n}}}{\frac{k^2}{n}+1} \right]$$

(vgl. Aufgabe 11).

Wie man sieht, ist das Vertrauensintervall nicht symmetrisch zu h. Für hinreichend große Werte von n erhält man aber die zu h symmetrische Näherung aus Kapitel X Lerneinheit 8, die auch der GTR (vgl. Seite 366 und 393) anbietet.

$$(4)\quad I \approx \left[h - k\sqrt{\frac{h(1-h)}{n}} \;;\; h + k\sqrt{\frac{h(1-h)}{n}} \right]$$

Excel
Vertrauensintervall berechnen

Mit vertrauensintervall-berechnen.xls kann man Vertrauensintervalle zu beliebigen Vertrauensniveaus berechnen und mit den Näherungen vergleichen.

Wegen $h(1-h) \leq \frac{1}{4}$ lässt sich die **Länge des Vertrauensintervalls** in (4) durch $\frac{k}{\sqrt{n}}$ abschätzen. Um sie kleiner als einen beliebigen vorgegebenen Wert d zu machen, wählt man den Stichprobenumfang n so, dass gilt $n \geq \left(\frac{k}{d}\right)^2$.

Stichprobenumfang bei vorgegebener Vertrauensintervall-Länge

Durch hinreichend hohen Stichprobenumfang n kann man die Länge des Vertrauensintervalls unter jeden vorgegebenen Wert d verkleinern. Man wählt $n \geq \left(\frac{k}{d}\right)^2$.

Beispiel 1

48 Würfe eines „Schweinewürfels" ergaben dreimal „Haxe".

a) Berechnen Sie das 85%-Vertrauensintervall der Wahrscheinlichkeit für „Haxe".

b) Vergleichen Sie mit dem Ergebnis das die Näherungsformel liefert.

■ **Lösung:** a) Für das Vertrauensniveau β = 0,85 ergibt sich der Faktor k = 1,440 (Fig. 1).

Näherung des Vertrauensintervalls (vgl. S. 366)

Wegen $h = \frac{3}{48} = 0,0625$ erhält man die Grenzen des Vertrauensintervalls als Lösungen von

$p \pm 1,439^2 \sqrt{\frac{p(1-p)}{48}} = 0,624$ zu [0,028; 0,133]

(Fig. 2 und 3). Wegen des kleinen Stichprobenumfanges ist das Vertrauensintervall groß.

b) Die Näherungsformel liefert für das Vertrauensintervall [0,012; 0,113]. Wegen des kleinen Stichprobenumfanges sind die Abweichungen zur exakten Lösung deutlich.

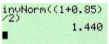

Fig. 1

Fig. 2   Fig. 3

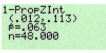

Fig. 4

Beispiel 2 Mindestumfang

Ein Discounter möchte in einer Aktion Blumenzwiebeln anbieten. Eine Großgärtnerei bietet ihm Billigware an – allerdings ohne Angabe einer Wahrscheinlichkeit p, mit der die Zwiebeln aufblühen. Der Discounter möchte diese Wahrscheinlichkeit vor Vertragsabschluss bestimmen.

a) Wie viele Zwiebeln müssen mindestens geprüft werden, damit die Länge des 80%-Vertrauensintervalls unter 0,01 liegt (man spricht von einer „absoluten Genauigkeit" ±1%)?
b) Welches Vertrauensintervall erhält man bei diesem Stichprobenumfang für h = 94%?
c) Welches Vertauensintervall erhält man für h = 0,5?

■ Lösung: a) für β = 0,8 ist k = 1,282.
Mit der Intervalllänge d = 0,01 ergibt sich der erforderliche Mindeststichprobenumfang zu
$n = \frac{k^2}{d^2} = \frac{1{,}282^2}{0{,}01^2} = 16\,435$.

b) Das 80%-Vertrauensintervall ist [0,93758; 0,94233].
Die tatsächliche Intervalllänge 0,00475 ist deutlich kleiner als gefordert.
(Mit der Näherungsformel ergibt sich fast das gleiche Intervall [0,93763; 0,94237]).
c) Für h = 0,5 erhält man das Vertrauensintervall [0,49500; 0,50500] mit Länge 0,01.

Aufgaben

1 Bei der Qualitätskontrolle eines Massenartikels waren von 200 überprüften Teilen zwölf defekt. Bestimmen Sie das 70%- und das 85%-Vertrauensintervall für die unbekannte Ausschussquote.

2 Von 1000 zufällig ausgewählten Abiturienten gaben 614 an, studieren zu wollen. Bestimmen Sie die Vertrauensintervalle zu
a) β = 0,7   b) β = 0,8   c) β = 0,9   d) β = 0,999

3 Begründen Sie anschaulich (ohne Formeln und ohne Rechnung), dass das Vertrauensintervall umso größer wird, je höher das vorgegebene Vertrauensniveau ist.

4 Die Wahrscheinlichkeit für „Schnauze" oder „Suhle" soll bei einem Schweinewürfel (Abb. Seite 393) bis auf eine absolute Genauigkeit ±0,5% genau bestimmt werden.
Wie viele Würfe sind erforderlich, wenn man auf dem Vertrauensniveau 80% bzw. 99,9% arbeiten möchte?

Zeit zu überprüfen

5 Eine Stichprobe vom Umfang n lieferte die relative Häufigkeit h = 0,7.
a) Berechnen Sie das 80%-Vertrauensintervall, das sich ergeben würde, wenn der Stichprobenumfang n = 10 bzw. n = 100 bzw. n = 1000 betragen hätte.
b) Welche Hintergedanken könnten Meinungsforscher haben, wenn Sie ihre Umfrageergebnisse publizieren, ohne den Stichprobenumfang anzugeben?

6 Eine unbekannte Wahrscheinlichkeit p soll auf eine Abweichung von ±1% genau geschätzt werden. Mark möchte mit dem Vertrauensniveau 85% arbeiten, Johanna auf dem 99%-Niveau.
a) Geben Sie ohne Rechnung eine Schätzung für den benötigten Stichprobenumfang an. Erläutern Sie Ihre Gedanken.
b) Berechnen Sie den Stichprobenumfang. Vergleichen Sie mit Ihrer Schätzung.

7 Eine repräsentative Umfrage lieferte für den Bekanntheitsgrad eines neuen Haarshampoos den Wert 33,3 %.
Welche Schlussfolgerungen ziehen Sie hieraus, wenn Sie erfahren, dass der Stichprobenumfang folgende Größe n = 3 bzw. n = 30 bzw. n = 3000 hatte.
Fassen Sie die Erkenntnis, die sie aus dem Lösen dieser Aufgabe gewonnen haben, in Worte.

8 Das nebenstehende Vertrauensdiagramm gehört zum Stichprobenumfang n = 50 und den Vertrauensniveaus β = 0,80 bzw. β = 0,999.
a) Beschriften Sie die Achsen.
b) Lesen Sie daraus zu zwei selbst gewählten Fragen die Antworten ab und kontrollieren Sie Ihre Antworten durch je eine Rechnung.
c) Wie lässt sich erklären, dass die Diagramme in negative und Bereiche über 1 hineinragen, obwohl die Wahrscheinlichkeiten und relative Häufigkeiten zwischen 0 und 1 liegen?

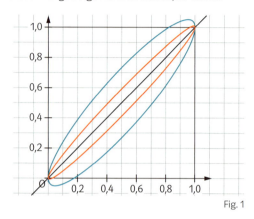

Fig. 1

9 Zeichnen Sie mit GTR, Funktionenplotter oder Tabellenkalkulation Vertrauensdiagramme wie in Fig. 1 auf Seite 393
a) für β = 0,8 und n = 25, 100, 400, 1600. Kommentieren Sie.
b) für n = 100 und β = 0,5; 0,6; 0,7; 0,9; 0,999. Kommentieren Sie.
c) Untersuchen Sie, ob es in a) und b) Vertrauensdiagramme gibt, die miteinander übereinstimmen.

10 Eine kleine Partei befürchtet, knapp an der 5 %-Hürde zu scheitern, eine große Partei, knapp die absolute Mehrheit (50 %) zu verfehlen. Bevor über eine mögliche Werbekampagne entschieden wird, soll eine Umfrage gestartet werden, die den zu erwartenden Wähleranteil auf 0,5 % genau vorhersagt.
Welchen Stichprobenumfang würden Sie empfehlen?
Begründen Sie Ihre Empfehlung.

11 Begründen Sie durch eine Termumformung, dass sich die auf Seite 394 angegebene Formel (3) für die Grenzen des Vertrauensintervalls tatsächlich als Lösungen der dort genannten quadratischen Gleichung (2) ergeben.

12 Simulationsprogramm

○ Excel
Vertrauensintervall simulieren

a) Entwerfen Sie ein Kalkulationsblatt, das zu frei wählbaren Eingaben für Stichprobengröße n und Vertrauensniveau β in jeder der 1000 folgenden Zeilen
– eine zufällige Trefferwahrscheinlichkeit p bestimmt
  (es ist auch möglich, stets die gleiche Trefferwahrscheinlichkeit einzugeben)
– eine zugehörige relative Häufigkeit zum Stichprobenumfang n ausgibt
– die Grenzen des zugehörigen β-Vertrauensintervalls berechnet
– eine 1 ausgibt, falls das Vertrauensintervall die Wahrscheinlichkeit p enthält, sonst eine 0
– am Ende den Anteil der Zeilen, bei denen das Vertrauensintervall die unbekannte Wahrscheinlichkeit enthält.

Wenn Sie nicht selbst programmieren möchten, erläutern Sie die Vorlage vertrauensintervall-berechnen.xls, die ein Makro zum Erzeugen von relativen Häufigkeiten enthält – und bearbeiten Sie Aufgabenteil b).

b) Belegen oder widerlegen Sie durch Einsatz dieses Kalkulationsblattes die Aussage:
„Das Vertrauensintervall enthält p mit der Wahrscheinlichkeit β."

Wahlthema: Die Exponentialverteilung

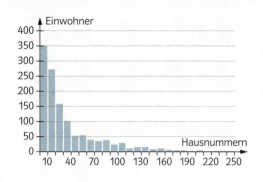

Die Abbildung zeigt die „Verteilung von Hausnummern" in einer bundesweiten Adressenstichprobe. Das Säulendiagramm gibt an, wie viele Einwohner unter einer Adresse mit einer Hausnummer kleiner 10, kleiner 20 … wohnen.
a) Wie kann man überprüfen, ob es sich um eine „exponentielle Abnahme" handelt?
b) Suchen Sie (jeder Kursteilnehmer für sich) in einem (elektronischen) Telefonbuch Ihres Wohnortes oder einer benachbarten Großstadt die Hausnummern von 100 zufällig ausgewählten Adressen und erstellen Sie ein entsprechendes Diagramm wie in der Abbildung. Untersuchen Sie gemeinsam, ob auch in Ihrem Wohnort die Verteilung der Hausnummern wie eine „fallende Exponentialfunktion" aussieht.

Viele reellwertige Zufallsvariablen wie die Dauer von Telefongesprächen oder die Lebensdauer von Industrieprodukten sind nicht normalverteilt. So zeigt das Diagramm von Fig. 1, wie viel Prozent der Telefongespräche in einer großen Firma im Lauf eines Tages maximal eine Minute, zwischen einer und zwei Minuten, zwischen zwei und drei Minuten usw. gedauert haben.

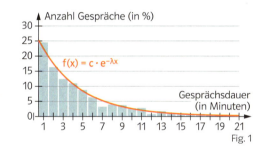

Fig. 1

Von der relativen Häufigkeit zur Exponentialverteilung. Siehe:
Ⓢ Excel
Modellieren – Telefon – Gesprächsdauer
Simulieren – Exponentialverteilung

Aufgrund der Grafik liegt die Modellannahme nahe, dass sich die relativen Häufigkeiten gut durch Flächen unter dem Graphen einer Exponentialfunktion der Form $f(x) = c \cdot e^{-\lambda x}$ beschreiben lassen. Auch die Exponentialfunktion erhält damit die Bedeutung einer Wahrscheinlichkeitsdichte. Dazu muss gelten

$$\int_0^\infty f(x)\,dx = 1, \text{ also } \int_0^\infty f(x)\,dx = \int_0^\infty c \cdot e^{-\lambda x}\,dx = \frac{c}{\lambda} = 1, \text{ also } c = \lambda.$$

In der Tat stimmen in Fig. 1 (z.B. vierte und fünfte Säule bei einem geschätzten Wert von $c = 0{,}24$) die Wahrscheinlichkeit

$$P(3 \leq X \leq 5) = \int_3^5 0{,}24 \cdot e^{-0{,}24x}\,dx = \left[-e^{-0{,}24x}\right]_3^5 = 0{,}186$$

und die zugehörige relative Häufigkeit $0{,}11 + 0{,}08 = 0{,}19$ gut überein.

Die Gesprächsdauer ist eine stetige Größe. Daher ist keine Stetigkeitskorrektur erforderlich.

Definition: Eine Zufallsvariable X mit positiven Werten heißt exponentialverteilt mit dem Parameter $\lambda > 0$, wenn sich die Wahrscheinlichkeit dafür, dass X zwischen a und b liegt, durch $P(a \leq X \leq b) = \int_a^b \lambda \cdot e^{-\lambda x}\,dx = \left[-e^{-\lambda x}\right]_a^b$ berechnen lässt.

Speziell gilt $P(0 \leq X \leq b) = \int_0^b \lambda \cdot e^{-\lambda x}\,dx = 1 - e^{-\lambda b}$.

Eine exponentialverteilte Zufallsvariable X mit dem Parameter λ hat den Erwartungswert
$\mu = \int_0^\infty \lambda \cdot e^{-\lambda x}\,dx = \frac{1}{\lambda}$ und die Standardabweichung $\sigma = \sqrt{\int_0^\infty (x - \mu)^2 \cdot \lambda \cdot e^{-\lambda x}\,dx} = \frac{1}{\lambda}$.

Auch bei exponentialverteilten Daten liegen der Mittelwert $\bar{x}$ und die empirische Standardabweichung s in der Nähe des Erwartungswertes μ bzw. der Standardabweichung σ. Damit lässt sich der Modellparameter λ auch hier aus erhobenen Daten schätzen $\left(\lambda \approx \frac{1}{\bar{x}} \approx \frac{1}{\sigma}\right)$.

Beispiel Exponentialverteilte Wahrscheinlichkeiten berechnen
Von einem Maschinentyp ist bekannt, dass seine Lebensdauer exponentialverteilt ist. Der Erwartungswert für die Lebensdauer beträgt fünf Jahre. Bestimmen Sie
a) den Parameter λ der Exponentialverteilung,
b) die Wahrscheinlichkeit, dass eine Maschine des Typs höchstens 7,5 Jahre funktioniert,
c) die Halbwertszeit T_H bis zu der eine Maschine mit 50% Wahrscheinlichkeit ausfällt.

■ Lösung: X sei die Zufallsvariable, die die Lebensdauer der Maschine beschreibt.
a) Aus $\mu = \frac{1}{\lambda} = 5$ folgt $\lambda = 0{,}2$.
b) $P(X \leq 7{,}5) = 1 - e^{-0{,}2 \cdot 7{,}5} = 0{,}7769$
Mit einer Wahrscheinlichkeit von etwa 78% hält die Maschine höchstens 7,5 Jahre.
c) $P\left(X \leq t_{\frac{1}{2}}\right) = 0{,}5$; daraus folgt $1 - e^{-0{,}2 \cdot t_{\frac{1}{2}}} = 0{,}5$ mit der Lösung $t_{\frac{1}{2}} = 3{,}466$.
Die Halbwertszeit der Maschine beträgt 3,5 Jahre.

Aufgaben

1 Gegeben ist eine exponentialverteilte Zufallsvariable T mit dem Parameter $\lambda = 0{,}5$.
a) Berechnen Sie $P(T \leq 1)$; $P(T > 3)$; $P(T \leq \mu)$; $P(1 < T \leq 3)$.
b) Berechnen Sie $P(|T - \mu| \leq \sigma)$; $P(|T - \mu| \leq 2\sigma)$; $P(|T - \mu| \leq 3\sigma)$.
c) Für welche t ist $P(T \leq t) \geq 0{,}9$?

2 Gegeben ist eine exponentialverteilte Zufallsvariable T mit dem Parameter λ.
Mit welcher Wahrscheinlichkeit nimmt T einen Wert an, der größer als μ ist?

3 Normale Glühlampen haben eine mittlere Brenndauer von etwa 1000 Stunden, Sparlampen dagegen etwa 6000 Stunden. Angenommen, die Brenndauer ist exponentialverteilt, mit welcher Wahrscheinlichkeit hält eine normale Glühlampe (eine Sparlampe)
a) mehr als 3000 Stunden,
b) mindestens 1000 und höchstens 6000 Stunden?

4 Untersuchen Sie, wie die Wahrscheinlichkeit, dass die Werte einer exponentialverteilten Zufallsvariablen im 1σ-Intervall $[\mu - \sigma; \mu + \sigma]$ um den Erwartungswert liegen, vom Parameter λ abhängt.

Tipp:
$P(X > x) = \int_{x}^{\infty} \lambda \cdot e^{-\lambda x} dx$
$= e^{-\lambda \cdot x}$

5 Die Lebensdauer von Seifenblasen ist exponentialverteilt. Eine Blase platzt „in der nächsten Sekunde" mit einer Wahrscheinlichkeit von 2%.
a) Mit welcher Wahrscheinlichkeit lebt sie länger als zehn Sekunden?
b) Bestimmen Sie die Wahrscheinlichkeitsdichte der Lebensdauer.

Tipp:
Nutzen und begründen Sie dazu
$P(X > t) = \frac{P(X > t_0 + t)}{P(X > t_0)}$.

6 Man nennt die Exponentialverteilung auch „Verteilung ohne Gedächtnis". Das hat folgenden Grund: Angenommen, die Lebensdauer einer neuen Maschine wird durch eine exponentialverteilte Zufallsvariable X mit dem Parameter λ beschrieben, das heißt, $P(X > t) = e^{-\lambda t}$. Wenn eine Maschine dieses Typs nun bereits bis zum Zeitpunkt t_0 funktioniert hat, dann gilt für die Zufallsvariable Y, die die Lebensdauer der Maschine ab dem Zeitpunkt t_0 beschreibt, ebenfalls $P(Y > t) = e^{-\lambda t}$. Die restliche Lebensdauer der Maschine hängt also nicht von der schon verstrichenen Zeit ab. Beweisen Sie das.

Wiederholen – Vertiefen – Vernetzen

Binomialverteilung, Normalverteilung, Signifikanztest

1 Bei Meinungsumfragen werden erfahrungsgemäß nur sieben von zehn der ausgesuchten Personen angetroffen. Mit welcher Wahrscheinlichkeit
a) werden von 100 ausgesuchten Personen mehr als 70 angetroffen?
b) werden von 500 ausgesuchten Personen weniger als 350 angetroffen?
c) werden von 1000 ausgesuchten Personen mindestens 650 und höchstens 750 angetroffen?
d) weicht jeweils die Anzahl der angetroffenen Personen höchstens um die Standardabweichung vom Erwartungswert ab, wenn 100 bzw. 200 bzw. 400 Personen ausgesucht werden?
Bestimmen Sie das Ergebnis jeweils exakt und näherungsweise mithilfe der Normalverteilung.

2 Eine Zufallsgröße X ist binomialverteilt mit den Parametern n = 200 und p = 0,5. Es wird 20-mal zufällig ein Wert von X bestimmt. Wie groß ist die Wahrscheinlichkeit, dass mindestens einer dieser Werte außerhalb des 2σ-Intervalls liegt?
Diskutieren Sie, wie sich das Ergebnis ändert, wenn man n vergrößert.

3 Jan behauptet, man könne die Wahrscheinlichkeit, dass eine faire Münze beim 20fachen Werfen genau zehnmal auf der Seite Zahl landet, berechnen durch
$\varphi_{10;\,2{,}2361}(10) = 17{,}84\,\%$.
a) Das Ergebnis scheint ihm viel zu klein. Kontrollieren Sie die Rechnung. Kommentieren Sie.
b) Berechnen Sie die gefragte Wahrscheinlichkeit genau.
c) In der Abbildung wurde die obige Gauß-Funktion von 8,5 bis 11,5 integriert. Führen Sie Kontrollrechnungen durch und interpretieren Sie das Ergebnis so, dass man erkennt, dass Sie den Zusammenhang zwischen Normal- und Binomialverteilung verstanden haben.

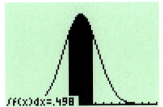

Fig. 1

4 Auf einer Vanillesoßen-Tüte liest man: „Geben Sie 25 g Zucker hinzu (2 Esslöffel)".
Eine Kontrolle ergab: Das Gewicht (in Gramm) von Zuckerportionen, die mit „zwei Esslöffeln" abgemessen werden, ist normalverteilt mit μ = 28,3 und σ = 5,2 g.
Wie groß ist die Wahrscheinlichkeit, dass eine Soße mit mindestens 35 g Zucker zubereitet wird?

5 a) Um den Bekanntheitsgrad einer Fernsehsendung zu ermitteln, werden 700 Personen befragt. 123 befragte Personen gaben an, diese Fernsehsendung zu kennen. Bestimmen Sie das 95%-Vertrauensintervall.
b) Wie viele Personen müsste man befragen, wenn das Vertrauensintervall die Länge 0,05 haben soll?

6 Eine Reißzwecke wurde 400-mal geworfen, wobei 240-mal „Kopf" (Fig. 2) fiel.
a) Ermitteln Sie das 95%-Vertrauensintervall für die unbekannte Wahrscheinlichkeit, dass beim Werfen dieser Reißzwecke „Kopf" auftritt.
b) Welchen Umfang muss die Stichprobe mindestens haben, um die Länge des Vertrauensintervalls aus Teilaufgabe a) ungefähr zu halbieren?

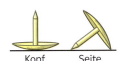

Fig. 2

Wiederholen – Vertiefen – Vernetzen

Veranschaulichung von stochastischen Begriffen

7 Wahrscheinlichkeitsdichte

Fig. 1 zeigt den Verlauf der Verkehrsdichte, gemessen in Kfz pro Stunde auf den drei Spuren an einer Autobahnmessstelle (0:00 Uhr bis 23:00 Uhr).

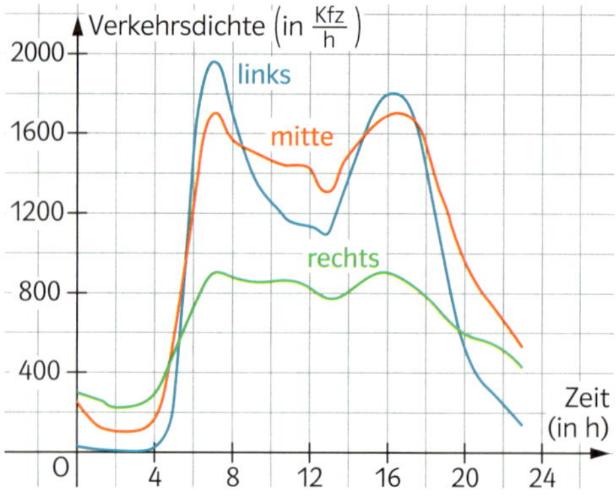

a) Vergleichen Sie das Verkehrsgeschehen auf den drei Spuren in einem kurzen Text.
b) Der Funktionswert für die Überholspur um 12:00 Uhr beträgt 1130. Schätzen Sie: Wie viele Autos haben auf der Überholspur
– zwischen 12:00 Uhr und 12:30 Uhr,
– zwischen 12:00 Uhr und 12:05 Uhr,
– zwischen 12:00 Uhr und 12:01 Uhr,
– genau um Punkt 12:00 Uhr die Messstelle passiert?

c) Wenn eine Zufallsgröße X die Wahrscheinlichkeitsdichte f auf dem Intervall [a; b] hat, gilt $P(a \leq X \leq b) = \int_a^b f(x)\,dx$. Formulieren Sie eine entsprechende Gleichung für die Situation auf der Autobahn und vergleichen Sie die Begriffe „Wahrscheinlichkeitsdichte" und „Verkehrsdichte".

d) Wie könnte man die Verkehrsdichte auf der rechten Fahrspur zu einer Wahrscheinlichkeitsdichte abändern?

Fig. 1

8 Stetig verteilt

X sei eine Zufallsgröße. Die Funktion F, deren Funktionswerte $F(x) = P(X \leq x)$ angeben, mit welcher Wahrscheinlichkeit X einen Wert annimmt, der kleiner ist als x, bezeichnet man als **Verteilungsfunktion** der Zufallsgröße X. Die Figuren 2 und 3 zeigen die Verteilungsfunktion für eine (diskrete) binomialverteilte und eine normalverteilte Zufallsgröße.

a) Überprüfen Sie die Zeichnungen, indem Sie jeweils F(4) und F(8) berechnen.
b) Anscheinend steigen die Verteilungsfunktionen monoton von y = 0 auf y = 1 an. Begründen Sie ohne Rechnung, dass das bei allen Wahrscheinlichkeitsverteilungen so ist.
c) Zeichnen Sie die Verteilungsfunktion, die zur Augenzahl X eines Würfels ($1 \leq X \leq 6$), und eine, die zu einer gleichmäßg über [0; 1] verteilten Zufallsgrößen X ($0 \leq X \leq 1$) gehört.
d) Erklären Sie anschaulich, dass Verteilungsfunktionen diskreter Zufallsgrößen (Augenzahl beim Münzwurf, binomialverteilte Zufallsgröße) Sprünge haben, Verteilungsfunktionen stetig verteilter Zufallsgrößen X mit einer Dichte f aber keine Sprünge besitzen können.

Verteilungsfunktionen für die Binomialverteilung mit n = 10; p = 0,6

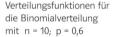

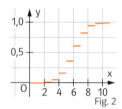

Fig. 2

Verteilungsfunktionen für die Normalverteilung mit Dichte $\varphi_{5;2}$

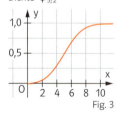

Fig. 3

Verteilungsfunktionen mit GTR berechnet:

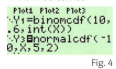

Fig. 4

Zeit zu wiederholen

9
Die Abbildung zeigt den Graphen einer Funktion samt erster und zweiter Ableitung.
a) Ordnen Sie f, f' und f'' einem Graphen zu. Erläutern Sie die Zusammenhänge.
b) Lesen Sie aus den Graphen ab:
$f(1) \approx \ldots;\quad f'(1) \approx \ldots;\quad \int_2^4 f'(x)\,dx \approx \ldots$

10
Für eine Funktion u gilt:
$u(3) > 0;\quad u'(3) < 0;\quad u''(3) > 0.$
Skizzieren und begründen Sie, wie der Graph von u in der Nähe von 3 aussehen müsste.

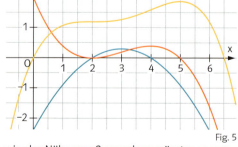

Fig. 5

400 XI Stetige Zufallsgrößen

Exkursion

Die Exponentialverteilung im Schwimmbad

- Man kommt aus dem Schwimmbecken. Nur wenige Leute sind im Umkleideraum, aber „fast immer" haben „fast alle", die sich umziehen, ihre Schränke direkt neben Ihrem.
- Das Gleiche bei den Geburtstagen: Das Jahr hat 365 Tage, aber oft liegen die Geburtstage der Freunde so nahe beieinander, dass man gar nicht alle mitfeiern kann.
- Man wartet schon seit Tagen auf wichtige Anrufe oder Mails – und dann kommen „alle auf einmal".

Sicher fallen Ihnen ähnliche Situationen ein, bei denen sich Dinge scheinbar zufällig häufen. Dahinter steckt „ein System", dem Sie durch Untersuchung realer Daten, mit Karten- und Computersimulation und mit etwas Analysis auf die Schliche kommen können. Die folgenden Forschungsaufträge bearbeiten Sie unabhängig voneinander, am besten in Gruppen.

Das Wahlthema auf Seite 397 ist Voraussetzung für diese Exkursion.

1 Warten auf den nächsten Geburtstag (reale Daten)

Fig. 2 zeigt einen Ausschnitt aus dem Geburtstagskalender für eine Jahrgangsstufe zusammen mit der Wartezeit $X \geq 1$ in Tagen bis zum nächsten Eintrag. (Egal, wie viele Leute an einem Tag Geburtstag haben, es zählt nur die Differenz bis zum nächsten Datum.) Obwohl die Wartezeit eine ganzzahlige Zufallsvariable ist, scheint es, als könne man sie näherungsweise durch eine Exponentialverteilung beschreiben. Das soll untersucht werden.

a) Im Kalender in Fig. 2 sind 55 Tage durch Geburtstage „belegt". Die mittlere Anzahl $\bar{x}$ von Tagen bis zum nächsten Geburtstag ist dann $\frac{365}{55} \approx 6{,}64$. Überschlagen Sie zur Kontrolle diesen Mittelwert aus der relativen Häufigkeitsverteilung von Fig. 1.

b) Da die Exponentialverteilung mit der Dichtefunktion f mit $f(x) = \lambda \cdot e^{-\lambda x}$ den Erwartungswert $\mu = \frac{1}{\lambda}$ besitzt, wird man für die Dichte den Parameter $\lambda = \frac{1}{\mu} \approx \frac{1}{\bar{x}} = 0{,}1507$ wählen. Vergleichen Sie die relativen Häufigkeiten aus Fig. 1 mit den Wahrscheinlichkeiten der Form

$$P(0 \leq X \leq 1) = \int_0^1 \lambda \cdot e^{-\lambda x}\,dx = [-e^{-\lambda x}]_0^1, \quad P(1 \leq X \leq 2) = \int_1^2 \lambda \cdot e^{-\lambda x}\,dx = [-e^{-\lambda x}]_1^2 \ldots$$

c) Erstellen Sie selbst einen Geburtstagskalender wie in Fig. 2 (etwa für Ihre Jahrgangsstufe). Erstellen Sie die relative Häufigkeitsverteilung der „Wartezeit X bis zum nächsten Geburtstag" wie in Fig. 1 und vergleichen Sie wieder mit einer geeigneten Exponentialverteilung.

Abstand zwischen aufeinander folgenden Geburtstagen – und deren relative Häufigkeiten   Fig. 1

01.05.	Sarah	1
02.05.	Ann, Tim	2
03.05.		
04.05.	Jana	4
05.05.		
06.05.		
07.05.		
08.05.	Frank, Jim	3

Fig. 2

… schließlich kann man auch die Binomialverteilung durch die Normalverteilung annähern …

Excel
Geburtstagsabstand.xls und Schrankabstand.xls

2 Schwimmbadschränke („diskrete" Hand-Simulation)

Im Umkleideraum stehen $n = 100$ Schränke, von denen $k = 20$ zufällig belegt sind. Nach dem Schwimmen wollen Sie sich umziehen. Wie groß ist der Abstand zum nächsten belegten Schrank?

a) Simulieren Sie diese Situation mehrfach mit Zetteln oder Zufallszahlen.
b) Untersuchen Sie, ob die Abstände zum jeweils nächsten Schrank annähernd exponentialverteilt sind.

Zu b) Vergleichen Sie Ihre Häufigkeitsverteilung mit den Wahrscheinlichkeiten, die zur Exponentialverteilung $f(x) = \lambda \cdot e^{-\lambda x}$ mit $\lambda = \frac{k}{n}$ gehören.

XI Stetige Zufallsgrößen

Exkursion

3 Abstand zwischen Zufallsdezimalzahlen („stetige" Computersimulation)

Wenn man 100 Zufallszahlen aus dem Intervall [0; 1] der Größe nach sortiert, erhält man 99 Abstände (Differenzen). Wie sieht die zugehörige Verteilung aus?

a) Erzeugen Sie eine Liste (L1) aus 100 solcher Zufallszahlen; sortieren Sie diese. Bilden Sie hieraus die Liste (L2) der Abstände aus je zwei aufeinanderfolgenden Zahlen und stellen Sie die Häufigkeitsverteilung der Abstände mit Säulenbreite 0,1 graphisch dar. Kommentieren Sie dies.

b) Bei 100 sortierten Zahlen im Intervall [0; 1] ist der Erwartungswert des Abstandes $\mu = 0{,}01$. Ermitteln Sie Mittelwert $\bar{x}$ und empirische Standardabweichung s der Differenzen in Ihrer Liste L2. Ist das Ergebnis mit der Annahme einer Exponentialverteilung, die theoretisch gleiche Werte für μ und σ besitzt, vereinbar?

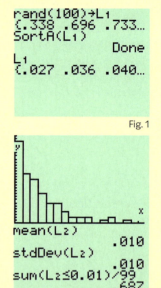

Fig. 1

Fig. 2

Für Einstellung der Säulenbreite 0,1 nutzen Sie die Einstellung Xscl im Window-Menü.

Fig. 3

c) Berechnen Sie – unter Annahme einer Exponentialverteilung – die Wahrscheinlichkeit, dass der Abstand zweier aufeinanderfolgender Zahlen mehr als 0,01 beträgt. Vergleichen Sie mit Ihrem experimentellen Ergebnis.

4 Ein wenig Theorie: Exponentialverteilung

> **Satz:** Wenn auf einer Zahlengeraden Zufallszahlen gleichmäßig so verteilt sind, dass im Mittel auf eine Einheit n Zahlen kommen, dann sind die Abstände zwischen benachbarten Zahlen exponentialverteilt mit der Dichte $f(x) = \lambda \cdot e^{-\lambda x}$, wobei für den Parameter gilt: $\lambda = n$ bzw. $\mu = \frac{1}{n}$.

Zur Erinnerung bzgl. e^x: Erklären Sie folgende Aussage durch ein Zahlenbeispiel mit einem TR: Wenn man ein Kapital mit dem Prozentsatz p (dem Wachstumsfaktor $x = 1 + p$) statt nur einmal im Jahr stetig („sekündlich") verzinsen würde, dann würde es in einem Jahr nicht um das x-Fache, sondern um das e^x-Fache anwachsen.

$\left(1 + \frac{x}{n}\right)^n \xrightarrow{n \to \infty} e^x$

Dieser Satz soll am Beispiel n = 100 in drei Schritten begründet werden.

Schritt 1: Lassen Sie in Gedanken 100 Zufallszahlen zufällig auf das Intervall [0; 1] „fallen". Nehmen Sie in Gedanken eine beliebige Stelle des Intervalls heraus. Begründen Sie: Die Wahrscheinlichkeit, dass im Intervall [a; a + x] keine Zufallszahl liegt, ist $(1-x)^{100}$.

Schritt 2: Nun lässt man 200 Zufallszahlen auf das Intervall [0; 2] „fallen".

Begründen Sie: Die Wahrscheinlichkeit, dass im Intervall [a; a + x] keine Zufallszahl liegt, ist nun $\left(1 - \frac{x}{2}\right)^{2 \cdot 100}\ldots$ und wenn man $n \cdot 100$ Zufallszahlen auf das Intervall [0; n] fallen lässt, liegen mit Wahrscheinlichkeit $\left(1 - \frac{x}{n}\right)^{n \cdot 100} \approx e^{-100x}$ keine Zahlen in [a; a + x].

Schritt 3: Folgern Sie hieraus: Wenn eine Zahlengerade gleichmäßig von Zufallszahlen mit der Dichte „100 Zahlen je Einheit" bevölkert ist, dann ist der Abstand zwischen zwei aufeinanderfolgenden Zahlen exponentialverteilt mit der Dichte $f(x) = \lambda \cdot e^{-\lambda x}$, wobei für den Parameter gilt: $\lambda = 100$ bzw. $\mu = \frac{1}{100}$. Zeigen Sie dazu: $P(0 \le X \le x) = 1 - e^{-100x}$.

5 Theorie und Praxis

Machen Sie mit dem Satz aus Aufgabe 4 die Ergebnisse der Forschungsaufträge 1 bis 3 plausibel.

Rückblick

Eine Funktion f heißt **Wahrscheinlichkeitsdichte** über einem Intervall I, z.B. I = [a; b] oder I = (a; b), wenn gilt:

(1) $f(x) \geq 0$ für alle x aus I und (2) $\int_a^b f(x)\,dx = 1$.

Eine reellwertige Zufallsvariable X mit Werten im Intervall I heißt stetig verteilt mit der Wahrscheinlichkeitsdichte f, wenn für alle r, s aus I gilt $P(r \leq X \leq s) = \int_r^s f(x)\,dx$.

Bei **stetig verteilten Zufallsgrößen** haben einzelne Werte die Wahrscheinlichkeit 0. Für Erwartungswert μ und Standardabweichung σ gilt.

$\mu = \int_a^b x f(x)\,dx$ und $\sigma = \sqrt{\int_a^b (x - \mu)^2 \cdot f(x)\,dx}$.

Dichte der Normalverteilung

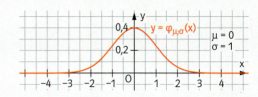

Fig. 1

$\varphi_{\mu;\sigma}(x) = \frac{1}{\sigma\sqrt{2\pi}} \cdot e^{-\frac{(x-\mu)^2}{2\sigma^2}}$

Normalverteilung

Eine stetige Zufallsgröße X heißt normalverteilt mit dem Erwartungswert μ und der Standardabweichung σ, wenn sie eine Gauß'sche Glockenfunktion $\varphi_{\mu,\sigma}$ als Wahrscheinlichkeitsdichte besitzt, wenn also gilt: $P(a \leq X \leq b) = \int_a^b \varphi_{\mu\sigma;8}(x)\,dx = \Phi\left(\frac{b-\mu}{\sigma}\right) - \Phi\left(\frac{a-\mu}{\sigma}\right)$

Sigma-Regel

Für **normalverteilte** Zufallsgrößen X mit dem Erwartungswert μ und der Standardabweichung σ gilt die allgemeine Sigma-Regel

$P(\mu - k\sigma \leq X \leq \mu + k\sigma) = \beta$ mit $\beta = 2 \cdot \Phi(k) - 1$ oder $k = \Phi^{-1}\left(\frac{1+\beta}{2}\right)$

nützliche Werte

k	0,674	1,281	1,645	1,960	2,576	3,291
β	50%	80%	90%	95%	99%	99,9%

Den Faktor k zur Wahrscheinlichkeit β = 0,999 berechnet man mit dem GTR so:

```
invNorm((1+0.999
)/2)
              3.291
```

Näherungsformel

Für eine binomialverteilte Zufallsgröße X mit den Parametern n und p gilt mit $\mu = np$ und $\sigma = \sqrt{n \cdot p \cdot (1-p)}$

$P(a \leq X \leq b) \approx \int_{a-0,5}^{b+0,5} \varphi_{\mu;\sigma}(x)\,dx$ und $P(X = a) \approx \varphi_{\mu;\sigma}(a)$

Für n = 100; p = 0,4; μ = 40; σ = 5; a = 38; b = 42 ergibt sich exakt genähert mit der Normalverteilung

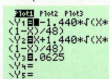 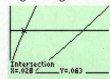

Wahrscheinlichkeiten schätzen: Vertrauensintervalle

Wenn bei einer Bernoullikette der Länge n die relative Häufigkeit h beobachtet wird, bestimmt man die Grenzen des β-Vertrauensintervalls I für die Wahrscheinlichkeit p:

a) Man ermittelt k aus der Gleichung $\Phi(k) = \frac{(1+\beta)}{2}$

b) Man löst die Gleichungen $p \pm k \cdot \frac{\sqrt{p(1-p)}}{\sqrt{n}} = h$ nach p auf.

Für große Werte von n gilt näherungsweise

$I \approx \left[h - k\sqrt{\frac{h(1-h)}{n}}\,;\ h + k\sqrt{\frac{h(1-h)}{n}} \right]$

für $n \geq \left(\frac{k}{d}\right)^2$ wird die Länge des Intervalls I kleiner als d.

Bei n = 48 Versuchen erhielt Jan X = 3 Treffer. Gesucht: 85%-Vertrauensintervall:
Für β = 85% ist k = 1,440.
– Graphen der Intervallbegrenzung

– Vertrauensintervall aus dem Graphen
I = [0,028; 0,133]
Die Näherungsformel liefert
I ≈ [0,012; 0,113]

XI Stetige Zufallsgrößen

Prüfungsvorbereitung ohne Hilfsmittel

1 Gegeben ist die Binomialverteilung mit den Parametern $n = 100$ und $p = 0{,}25$.
a) Berechnen Sie den Erwartungswert und die Standardabweichung.
Beschreiben Sie die Bedeutung dieser Kenngrößen.
b) Skizzieren Sie den Graphen der zugehörigen Normalverteilung.
Welche Eigenschaften nutzen Sie dabei?
c) Erläutern Sie, wie man die Normalverteilung nutzen kann, um Binomial-Wahrscheinlichkeiten näherungsweise zu berechen. Geben Sie ein numerisches Beispiel.

2 Welcher der Graphen I, II oder III könnte zu einer Wahrscheinlichkeitsdichte gehören, welcher nicht? Begründen Sie.

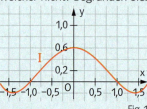
Fig. 1

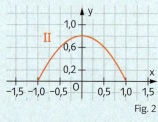
Fig. 2

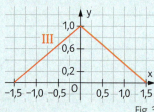
Fig. 3

Manchmal muss man dem Glück bei Würfelspielen etwas nachhelfen. Mit diesen Würfeln ist das kein Problem! Einer dieser beiden Glückswürfel würfelt immer eine 6! Wer da noch verliert, ist selbst schuld.

3 Gegeben ist die Funktion f_a mit $f_a(x) = a \cdot \left(1 - \frac{1}{4}x^2\right)$, $x \in [-2;\, 2]$.
a) Zeigen Sie: Für $a = \frac{3}{8}$ ist f eine Wahrscheinlichkeitsdichte auf dem Intervall $[-2;\, 2]$
b) X sei die Zufallsgröße, welche die Wahrscheinlichkeitsdichte f mit $f(x) = \frac{3}{8} \cdot \left(1 - \frac{1}{4}x^2\right)$, $x \in [-2;\, 2]$ besitzt. Bestimmen Sie $P(X = 0)$, $P(X \leq 0)$, $P(-1 < X < 1)$ und $P(X \geq 1)$ sowie den Erwartungswert von X.
c) Geben Sie möglichst viele Eigenschaften der Funktion F mit $F(x) = \int_{-2}^{x} f(t)\,dt$ an.

4 Jan erhielt bei 100 Würfen eines Glückswürfels 76-mal die „6", Ilona bei 200 Würfen 179-mal die „6". Sie überlegen gemeinsam, welches Vertrauensintervall sie für die unbekannte Wahrscheinlichkeit einer Sechs angeben sollen.

5 In einem Fahrzeugsimulator wurden an 165 Testpersonen Messungen ihrer Reaktionszeit vorgenommen. Dabei wurde 28-mal festgestellt, dass die Reaktionszeit der Testperson die übliche „Schrecksekunde" überschreitet. Bestimmen Sie ein 95%-Vertrauensintervall für die Wahrscheinlichkeit, dass eine zufällig ausgewählte Person die Schrecksekunde überschreitet.

6 Es soll die Anzahl der Personen einer Bevölkerung abgeschätzt werden, von denen die Blutgruppe festgestellt werden muss. Hierbei soll der Anteil p mit der Blutgruppe 0 durch ein 95%-Vertrauensintervall bestimmt sein, dessen Länge höchstens 0,02 ist.
Von wie vielen Personen muss man mindestens die Blutgruppe bestimmen, wenn
a) über p keine Informationen vorliegen, b) bekannt ist, dass $0{,}3 \leq p \leq 0{,}4$ gilt?

7 Für eine Untersuchung des Wahlverhaltens befragt ein Meinungsforschungsinstitut Wähler. Die Wahlberechtigten werden gefragt, welche Partei sie wählen würden, wenn am nächsten Sonntag Bundestagswahl wäre.
a) Bei der Befragung von 929 Wahlberechtigten erklärten 49, die Partei A wählen zu wollen. Geben Sie für den Stimmenanteil dieser Partei ein 95%-Vertrauensintervall an.
b) Wie viele Wahlberechtigte müsste das Institut befragen, wenn der ermittelte Stimmenanteil der Partei vom späteren tatsächlichen Ergebnis um höchstens ein Prozent abweichen soll (95%-Vertrauensintervall)?

Prüfungsvorbereitung mit Hilfsmitteln

1 Bei einer Reißzwecke ist die Wahrscheinlichkeit für Treffer 60%. Hanna wirft 10 (100) Zwecken. Berechnen Sie die Wahrscheinlichkeit, dass mehr als die Hälfte der Zwecken auf der Trefferseite liegen
a) mithilfe der Binomialverteilung,
b) näherungsweise mithilfe der Normalverteilung.
c) Mit welcher Wahrscheinlichkeit hat man bei 10 Würfen genau 12, bei 200 Würfen genau 120 Treffer? Rechnen Sie näherungsweise mit der Normalverteilung und kontrollieren Sie mit der Binomialverteilung.

Kopf Seite

Fig. 1

2 X ist binomialverteilt mit den Parametern $n = 75$ und $p = \frac{1}{3}$. Berechnen Sie jeweils exakt und näherungsweise mithilfe der Normalverteilung.
a) $P(X \leq 20)$ b) $P(X < 20)$ c) $P(X = 25)$ d) $P(X > 20)$ e) $P(X \geq 20)$

3 Das Gewicht von Kartoffeln einer Sorte ist normalverteilt mit dem Erwartungswert $\mu = 210$ und der Standardabweichung $\sigma = 20$.
a) Berechnen Sie die Wahrscheinlichkeit dafür, dass eine zufällig ausgewählte Kartoffel zwischen 190 und 230 Gramm, zwischen 209 und 211 Gramm bzw. genau 210 Gramm wiegt.
b) Wie ändern sich die in Teilaufgabe a) berechneten Wahrscheinlichkeiten, wenn bei gleichem Erwartungswert die Standardabweichung nur den Wert 10 hat?

4 Ein Zufallszahlengenerator lieferte bei 100 Versuchen die relative „Trefferhäufigkeit" $h = 0{,}86$.
a) Schätzen Sie die Vertrauensintervalle zu den Niveaus $\beta = 90\%$ und $\beta = 95\%$ nach Gefühl. Kommentieren Sie Ihre Schätzung.
b) Kontrollieren Sie Ihre Schätzungen durch eine Rechnung.
c) Wie würden sich die Ergebnisse ändern, wenn unter der relativen Häufigkeit $h = 0{,}86$ nicht 100 sondern 400 Versuche gesteckt hätten?

5 Statistiker sagen: „Wenn eine unbekannte bzw. angenommene" Wahrscheinlichkeit p außerhalb des 95%-Vertrauensintervalls (zu einer beobachteten relativen Häufigkeit h) liegt, dann ist diese „angenommene" Wahrscheinlichkeit mit der Beobachtung nicht vereinbar. Untersuchen Sie, ob die Annahme $p = 0{,}5$ mit der Beobachtung $h = 0{,}51$ vereinbar ist, wenn der Versuchsumfang, der der relativen Häufigkeit h zugrunde lag, folgenden Wert hat
a) $n = 100$ b) $n = 1000$ c) $n = 10\,000$
d) Wie hoch müsste der Versuchumfang n sein, damit die relative Häufigkeit $h = 0{,}501$ mit der Wahrscheinlichkeit $p = 0{,}5$ nicht mehr vereinbar ist.

6 Fig. 2 zeigt den Graphen einer „Dreiecksfunktion" f, die für $x = 0$ bis $x = 1$ linear von c auf Null fällt und dann für $x = 1$ bis $x = 2$ von Null auf d linear steigt.
a) Bestimmen Sie für den Fall $c = d$ die Parameter c und d so, dass die Funktion f auf dem Intervall $[0; 2]$ eine Wahrscheinlichkeitsdichte ist. Stellen Sie f abschnittsweise dar. Bestimmen Sie den Erwartungswert und die Standardabweichung der zugehörigen Zufallsgrößen.
b) Lösen Sie Teilaufgabe a), falls $c = 0{,}5$ und d von c verschieden ist.

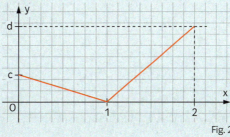

Fig. 2

Sachthema: GPS – Dem Navi auf der Spur

GPS-Dateien
735501-4061

Alle Stationen können ohne eigene Navigationsgeräte durchgeführt werden, da unter dem Online-Link (s.o.) Daten in zahlreichen Dateien zur Verfügung gestellt werden.

Unter dem Online-Link befinden sich neben den Excel-Dateien mit den aufgezeichneten Daten auch noch Ergänzungen zu einzelnen Stationen.

Ein Lernzirkel mit 8 Stationen

Das Global Positioning System (GPS) nutzt Satelliten, die synchronisierte Zeitsignale aussenden. GPS-Empfänger (Auto- oder Trekking-Navigationsgeräte) berechnen aus den unterschiedlichen Laufzeiten, die die Signale von den verschiedenen Satelliten bis zur Erdoberfläche benötigen, die Position (Längengrad „Longitude" und Breitengrad „Latitude") des Standortes. Viele Navigationsgeräte lassen sich so einstellen, dass gefahrene Strecken als „Tracks" abgespeichert werden. Tracks enthalten im Sekundenabstand aufgezeichnete Positionen mit Uhrzeit und oft Geschwindigkeit, Anzahl der Satelliten und Messgenauigkeit. Sie lassen sich in Tabellenkalkulations-Dateien umwandeln und als Fahrspuren in Landkarten – z.B. den verschiedenen Google-Maps und dreidimensional in Google-Earth – darstellen.

Im Folgenden sollen diese Daten (Excel-Dateien unter dem Online-Link) untersucht werden. Dies geschieht an „Arbeits- und Forschungsstationen", die unterschiedliche Schwerpunkte und Schwierigkeitsgrade aufweisen und unabhängig voneinander zu bearbeiten sind. Dabei werden zentrale Aspekte von Trigonometrie, Analysis, Vektorrechnung und Stochastik, so wie sie in diesem Buch erarbeitet wurden, lebendig. Die Arbeitsergebnisse einer jeden Station sollen abschließend der ganzen Lerngruppe präsentiert werden.
Die einzelnen Stationen haben die folgenden thematischen Schwerpunkte:

Station 1:
Track-Dateien und ihre Darstellung in Google-Maps (teilweise unter dem Online-Link)
Welche Informationen speichern GPS-Navigationsgeräte, wie wandelt man die Informationen in für Tabellenkalkulationsprogramme lesbare Formate um und wie stellt man sie in Landkarten dar?

Station 2:
Koordinatenumwandlung von der Kugel in die Ebene
Wie wandelt man die vom Navigationsgerät aufgezeichneten Kugelkoordinaten (geografische Länge λ / Breite φ, beide angegeben in Grad) in ebene xy-Koordinaten (beide in km) um? Wie zeichnet man Landkarten bzw. Fahrspuren mithilfe eines Tabellenkalkulationsprogramms?

Station 3:
Grafisch integrieren und differenzieren
Zeit → Weg-, Zeit → Geschwindigkeits- und Weg → Geschwindigkeits-Diagramme. Die vom Navigationsgerät aufgezeichneten Daten werden visualisiert, die grundlegenden Zusammenhänge der Differenzial- und Integralrechnung werden lebendig.

Station 4:
Numerisch integrieren und differenzieren

Aus den Positionsangaben des Navigationsgeräts wird die zurückgelegte Wegstrecke, die Momentangeschwindigkeit und die momentane Beschleunigung mithilfe eines Tabellenkalkulationsprogramms berechnet und mit den direkt vom Navigationsgerät aufgezeichneten Daten verglichen. Ergänzend kann man erforschen, wie ein Navigationsgerät arbeitet, wenn der Satellitenkontakt kurzzeitig abreißt (Tunnel) bzw. ganz unterbrochen wird (Halten in einer Station).

Sachthema: GPS – Dem Navi auf der Spur

Station 5:
Fahrtrichtung als Integral der Drehgeschwindigkeit (teilweise unter dem Online-Link)

Mittels des Vektorproduktes „benachbarter" Geschwindigkeitsvektoren kann man die Drehgeschwindigkeit (Winkelgeschwindigkeit in $\frac{Grad}{s}$) und durch

Integration die aktuelle Kursrichtung berechnen. Wer das Vektorprodukt (fakultatives Thema) nicht kennt, erforscht anhand der Kreiseldaten, wie man mit dem GPS Flächen beliebiger geschlossener Kurven misst.

Station 6:
Brems- und Querbeschleunigung beim Kurvenfahren – Das Skalarprodukt in Aktion

Wenn man in der Ebene Geschwindigkeit und Beschleunigung als vektorielle Größen deutet, kann man beim Kurvenfahren die Querbeschleunigung berechnen und prüfen, ob die Reifen ins Quietschen kamen.

Station 7:
Luft- und Rollwiderstand – Das GPS ersetzt den Windkanal (unter dem Online-Link)

Wenn man ein mit hoher Geschwindigkeit fahrendes Auto oder Fahrrad auf ebener Strecke ausrollen lässt, kann man den Luftwiderstand und den Rollwiderstand bestimmen, indem man die Messdaten mit den Daten von Modellrechnungen vergleicht. Auch der Cw-Wert für die Windschnittigkeit lässt sich ermitteln.

Das Gewicht des Fahrrads muss für die Berechnung bestimmt werden.

Station 8:
Wenn Gauß ein GPS gehabt hätte – Normal- und Exponentialverteilung

Man lässt ein Navigationsgerät eine längere Zeit an einem festen Ort liegen. Wegen der Messfehler (wandernde Satelliten, Einflüsse der Atmosphäre, Reflexionen der GPS-Signale an Gebäuden …) streuen die Angaben zur gemessenen Position

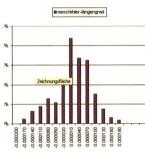

(Längen- und Breitengrad). Sind die Abweichungen von der wahren Position normalverteilt?

Selbst experimentieren!
Unter dem Online-Link finden sich die folgenden Fahrtprotokolle mit Anregungen (in *gps-aufgaben-Zusatzdateien.pdf*) für eigene Forschungen:

01-nürburgring-nordschleife
02-ice-rb-siegburg-stuttgart-münchen-ohlstadt
03-ice-mainz-bonn-rheinstrecke
04-fahrrad-sportplatz
05-berfahrt-oberau-ettal
06-autobahn-kleeblatt
07-kleinlaster-ausrollversuch
08-messfehler
09-flug-köln-berlin-köln

Sie wurden mit einem preiswerten Auto-Navigationsgerät aufgezeichnet. Wer selbst experimentieren möchte, findet in der Datei *GPS-Tipps.doc* technische Hinweise – auch zu geeigneten Geräten und Links mit weitergehenden Informationen sowie aktuelle Dateien von Rennstrecken.

Sachthema: GPS – Dem Navi auf der Spur

GPS-Dateien
Station-1-lkw-bonn-köln.trk
735501-4061

Station 1:
Track-Dateien und ihre Darstellung in Google-Maps – Aufzeichnen, Umwandeln und Visualisieren von Fahrtprotokollen

Gängige Track-Formate sind .gpx, .nmea, .trk …

GPS-Navigationsgeräte speichern Fahrspuren in einer Vielzahl geräteabhängiger Formate. Alle Formate kann man so umwandeln, dass sie von Tabellenkalkulationsprogrammen gelesen werden (siehe dazu Erweiterungen zur Station 1 unter dem Online-Link). Fig. 1 zeigt den Ausschnitt einer solchen Datei. Es gibt Freeware-Programme und Webseiten, die nicht nur die Umwandlung kostenlos erledigen, sondern die Track-Dateien in beliebiger Vergrößerung auch als Spuren auf Landkarten (Google-Maps) darstellen. Fig. 2 zeigt eine Lkw-Fahrt von Bonn nach Köln mit einem gezoomten Ausschnitt an dem Autobahnkreuz Köln Süd (Fig. 3).

Seit 2005 stellt die Firma Google ihre Landkarten privaten Nutzern im Netz zur Verfügung.

	A	B	C	D	E	F	G	H
1	Index	Lat	Lon	Distance (km)	Speed (km/h)	Time	HDOP	Satellites
170	168	50.712035	7.031783	0.582289	40.540298	20.12.08 21:13	1.3	9
171	169	50.711995	7.031935	0.593892	42.151501	20.12.08 21:13	1.3	9
172	170	50.711955	7.032095	0.606017	43.633099	20.12.08 21:13	1.4	8
173	171	50.711917	7.032265	0.618725	45.096199	20.12.08 21:13	1.3	9
174	172	50.711882	7.032438	0.631527	46.151798	20.12.08 21:13	1.3	9
175	173	50.711848	7.03262	0.644903	47.7075	20.12.08 21:13	0.9	10

Fig. 1: Ergebnis der Formatumwandlung

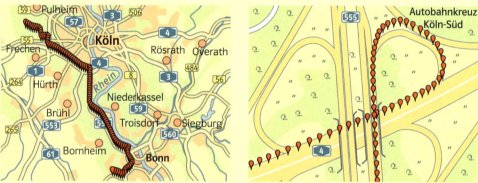

Fig. 2, 3: Von Bonn nach Köln mit Ausschnitt am Kreuz Köln Süd von der A 555 auf die A4 (Datei *Station-1-lkw-bonn-köln.trk*)

www.gpsvisualizer.com eignet sich hervorragend zur Formatumwandlung zum Zeichnen von Karten.
Weitere Hinweise finden sich in der Datei *GPS-Tipps.doc* unter dem Online-Link.

1 a) Wandeln Sie die Datei *Station-1-lkw-bonn-köln.trk* in eine Tabellenkalkulationsdatei um.
b) Stellen Sie die gesamte Fahrspur oder auch Teile davon als Landkarte dar.
c) Vergrößern Sie ein besonders interessant erscheinendes Wegstück.

2 a) Beschreiben Sie, was Sie der Fig. 4 (Kölner Hbf. Gleis 12) entnehmen können.
b) Bei „rasant genommenen Kurven" scheinen die Fahrspuren neben den sichtbaren Fahrbahnen zu liegen (Fig. 3). Spekulieren Sie über mögliche Hintergründe.
c) Zeichnen Sie eine Fahrt mit dem Navi auf. Erproben Sie die Formatumwandlung und Darstellung eines Details in einer Landkarte.
d) Wie verhält sich das Navigationsgerät bei fehlendem Satellitenkontakt, wenn Sie z. B. durch eine Unterführung fahren?

Fig. 4

Sachthema: GPS – Dem Navi auf der Spur

Station 2:
Koordinatenumwandlung: Von der Kugel in die Ebene – Grad in km

GPS-Dateien
Station-2-lkw-bonn-köln.xls
735501-4061

Jeder Punkt P auf der Erdoberfläche lässt sich durch seine geografische Länge (Longitude) λ und seine geografische Breite (Latitude) φ beschreiben. So muss man vom Äquator $\varphi = 50{,}7°$ nach Norden und vom Nullmeridian, auf dem der Londoner Vorort Greenwich liegt, 7,0° nach Osten gehen, um in die Nähe von Bonn zu gelangen.

Diese „Kugelkoordinaten" ($\varphi; \lambda$) speichern Navis im Sekundenabstand, woraus sich die Fahrspuren („Tracks") ergeben.

Lokal sieht die Erde aus wie eine Ebene, deren Punkte sich durch x-Koordinaten (Richtung Osten) und y-Koordinaten (Richtung Norden) beschreiben lassen. Wenn man sich von P aus um 1° nach Norden bewegt, entspricht das stets der Strecke $\Delta y = \frac{2\pi r}{360} = 111177\,m$.

Fig. 1: Modellvorstellung:
Erde als Kugel mit Radius $r = 6\,370\,000\,m$,
$r_0 = r \cdot \cos(\varphi)$

$\frac{1}{60}$ von 1° nach Norden entspricht einer Bogenminute und wird als Seemeile (1,85295 km) bezeichnet.

Wenn man sich um 1° nach Osten bewegt, entspricht das (abhängig vom Breitengrad φ) der Strecke $\Delta x = \frac{2\pi r_0}{360} = \cos(\varphi) \cdot 111177\,m$ ($\approx 71{,}369\,km$ bei Bonn).

Am Äquator entspricht 1° nach Osten 111177 m, am Nordpol 0 m.

Landkarten mit Excel zeichnen

Fig. 2 zeigt, wie die Umrechnung und das Karten-Zeichnen mit Excel gelingt. Man lädt die Datei (hier das Blatt *kreuz-köln-süd* aus der Datei *Station-2-lkw-bonn-köln.xls*) mit den gemessenen Kugelkoordinaten in den Spalten B und C. In die Zellen I3 und J3 werden die Länge und die Breite des ersten Messpunktes kopiert. Dort soll der Ursprung der Landkarte liegen. In Zelle I2 trägt man den Erdradius ein. In Zelle J2 berechnet man den Radius des aktuellen Breitenkreises =cos(bogenmass(J3))*I2.

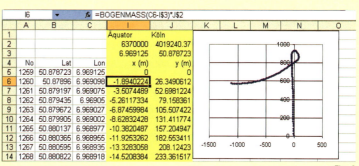

Fig. 2

Die x- und y-Koordinaten ergeben sich dann durch Kopieren der Formeln =bogenmass(C6-I$3)*J$2 (Zelle I6) und =bogenmass(B6-J$3)*I$2 (Zelle J6) „nach unten". Wie man sieht, werden die x-Koordinaten langsam kleiner (negativ), die y-Koordinaten rasch größer. Man fährt also mit hoher Geschwindigkeit nach Norden und ein wenig nach Westen. Das zeigt auch die Karte, die man nun als Punktdiagramm aus den Spalten I und J gewinnt.

Ambitionierte Excel-Freunde können Schieberegler zum „Zoomen" (vergrößern/verkleinern) und „Shiften" (verschieben) der Karten einbauen, genau wie bei den Karten im Internet. Im Netz gibt es viele Anleitungen, die beschreiben, wie man Schieberegler in Excel einbaut.

1 Zeichnen Sie entsprechende Excel-Landkarten für die Datei *Station-2-lkw-bonn-köln.xls*
a) zum Start (2 Minuten ab Messwert No=0),
b) zur Auffahrt Bonn Nord (2 Minuten ab Messwert 298).

2 Laden Sie die in Aufgabe 1 visualisierte .xls- oder .trk-Datei hoch auf www.gpsvisualizer.com/map_input. Vergleichen Sie Excel-Landkarte und Google-Map.

Alternative: Arbeiten Sie mit einer selbst aufgezeichneten Datei.

Sachthema: GPS – Dem Navi auf der Spur

GPS-Dateien
Station-3-s-bahn-weiden-köln.xls
735501-4061

Station 3:
Grafisch integrieren und differenzieren – Fahrtprotokolle

Die Datei *Station-3-s-bahn-weiden-köln.xls* enthält Daten einer S-Bahnfahrt von Köln Weiden nach Köln Hbf.

	A	B	C	D	E	F	G	H
1	Index	Lat	Lon	Distance (km)	Speed (km/h)	Time	HDOP	Satellites
60	58	50.940942	6.815568	0.021346	6.61164	7:37:35	0.9	9
61	59	50.940945	6.815603	0.023824	10.5008	7:37:36	0.9	9
62	60	50.940953	6.815658	0.027783	15.5012	7:37:37	0.9	9
63	61	50.940967	6.815728	0.032935	19.0756	7:37:38	0.9	9
64	62	50.940978	6.815812	0.038953	22.4648	7:37:39	0.9	9
65	63	50.940992	6.815907	0.045797	25.8354	7:37:40	0.9	9
66	64	50.94101	6.816013	0.053497	30.1506	7:37:41	0.9	9
67	65	50.941032	6.816157	0.063891	36.225101	7:37:42	0.9	9
68	66	50.94105	6.816312	0.074946	40.151402	7:37:43	0.9	9
69	67	50.941074	6.816482	0.087077	43.799801	7:37:44	1	8
70	68	50.941092	6.816663	0.100007	48.318699	7:37:45	1.2	7
71	69	50.941118	6.816877	0.115294	53.337601	7:37:46	1.1	8
72	70	50.941142	6.8171	0.131163	56.3008	7:37:47	0.9	9
73	71	50.941168	6.81734	0.148245	60.2826	7:37:48	0.9	9
74	72	50.941198	6.817598	0.166648	65.227402	7:37:49	0.9	9
75	73	50.941227	6.817867	0.185791	68.820297	7:37:50	1	8
76	74	50.941257	6.81815	0.20592	72.431702	7:37:51	1	8
77	75	50.941288	6.818447	0.227037	75.765297	7:37:52	1	8

Bahnhof/Haltestelle	Zeit
Köln Weiden West	ab 07:36
Lövenich	ab 07:38
Köln Müngersdorf Technologiepark	ab 07:41
Köln Ehrenfeld	ab 07:44
Köln Hansaring	ab 07:48
Köln Hbf.	ab 07:50

Fig. 1: Protokoll einer S-Bahnfahrt von Köln Weiden nach Köln Hbf.
... und der Fahrplan zum Vergleich

1 Fassen Sie möglichst viele Informationen in Worte, die Sie dem Ausschnitt des Protokolls aus Fig. 1 entnehmen können. Versuchen Sie, nur anhand dieser Tabelle eine Antwort auf die Frage: „Wie schnell beschleunigt die S-Bahn von 0 auf 100?" zu finden.

2 a) Fig. 3 zeigt den Weg s (in km) und die aufgezeichnete Geschwindigkeit v $\left(\text{in } \frac{km}{h}\right)$ in Abhängigkeit von der Fahrzeit t (in s) und die Geschwindigkeit in Abhängigkeit von der zurückgelegten Strecke. Erläutern Sie, wie die t → s-, t → v-Diagramme und wie die t → v- und s → v-Diagramme miteinander zusammenhängen.
b) Wie viel Prozent der Fahrzeit hätte man schätzungsweise sparen können, wenn der Zug ohne Zwischenhalte durchgefahren wäre?
c) Wieso passt die letzte Abbildung in Fig. 3 nicht zu dieser Fahrt? Wie müssten die richtigen Angaben lauten?
d) War die S-Bahn pünktlich? Vergleichen Sie die Fahrtprotokolle mit dem Fahrplan aus Fig. 1.

Fig. 2

TRIPINFO
Höchstgeschwindigkeit: 120 km/h
Durchschnittsgeschw.: 50 km/h
Gefahrene Strecke: 9,8 km
Fahrzeit: 0:11 h

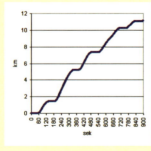 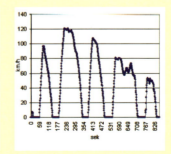 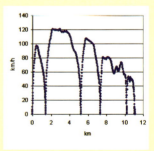

Fig. 3: S-Bahn mit den Stationen Weiden – Lövenich – Industriepark – Ehrenfeld – Hansaring – Hbf.

Sachthema: GPS – Dem Navi auf der Spur

3 Eine „klassische" Aufgabe wird an der Realität überprüft

Die folgende Aufgabe stammt aus einer Zeit, in der es noch kein GPS gab. Lösen Sie diese Aufgabe und beurteilen Sie unter Rückgriff auf Fig. 2, Seite 392, ob die Angaben zu den Funktionstermen realistisch sind.

Triebwagenzüge von U-Bahnen und S-Bahnen fahren besonders wirtschaftlich, wenn sie in einer Anfahrphase konstant beschleunigt werden, dann ausrollen und schließlich abgebremst werden. In diesem Fall kann die Geschwindigkeit v in Abhängigkeit von der Zeit t durch eine stückweise lineare Funktion beschrieben werden, z.B. mit

$$v(t) = \begin{cases} 3{,}6\,t & \text{für } 0 \leq t < 20 \quad \text{(Anfahrphase)} \\ -0{,}2\,(t-20) + 72 & \text{für } 20 \leq t < 30 \quad \text{(Ausrollphase)} \\ -4\,(t-30) + 70 & \text{für } 30 \leq t \quad \text{(Bremsphase)} \end{cases} \quad \text{mit t in Sekunden und v in } \tfrac{km}{h}.$$

a) Zeichnen Sie den Graphen der Funktion $t \mapsto v(t)$. Lesen Sie ab, nach wie vielen Sekunden der Zug wieder hält. Berechnen Sie den genauen Wert dieser Nullstelle.

b) Aufgrund einer Verspätung beschleunigt der Triebwagenführer 24,5 s lang und bremst dann sofort ab. Zeichnen Sie den Graphen der zugehörigen Zeit-Geschwindigkeits-Funktion. Lesen Sie ab, wie viele Sekunden der Zeitgewinn etwa beträgt. Versuchen Sie, den zugehörigen Energiemehraufwand abzuschätzen.

4 Sprint- und Brems-Parabeln

Es sieht so aus (Hypothese), als würde die Geschwindigkeit beim Anfahren linear mit der Zeit ansteigen und beim Bremsen linear abfallen. In beiden Fällen müsste der Weg dann quadratisch (parabelförmig, vgl. Fig. 1 und 2) von der Zeit abhängen.

a) Begründen Sie diesen theoretischen Zusammenhang mithilfe von Integralen.

b) Untersuchen Sie die Hypothese mit detaillierten Ausschnitten aus dem Fahrtprotokoll, z.B. an der Haltestelle Industriepark.

Der Bremsvorgang bei Köln-Lövenich ist in der Excel-Datei zwischen den Datensätzen in Zeile 88–145 protokolliert, der folgende Beschleunigungsvorgang im Bereich von Zeile 186–211.

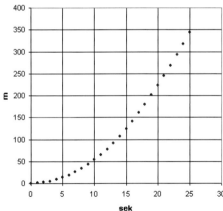

Fig. 1: Beschleunigen bei Ausfahrt aus Köln-Lövenich

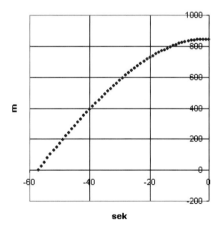

Fig. 2: Bremsen bei Einfahrt in Köln-Lövenich

Sachthema: GPS – Dem Navi auf der Spur

GPS-Dateien
Station-4-straßenbahn-linie-13.xls
735501-4061

Station 4:
Numerisch integrieren und differenzieren – Weg, Geschwindigkeit und Beschleunigung aus Positionsdaten selbst berechnen

Die Datei *Station-4-straßenbahn-linie-13.xls* enthält im Arbeitsblatt *neusser-amsterdamer* das Protokoll einer Straßenbahnfahrt zwischen den Haltestellen Neusser Straße und Amsterdamer Straße in Köln (Fig. 1). Dabei sind die Koordinaten der Messpunkte mit Ursprung in der ersten Haltestelle in den Spalten I und J verfügbar.

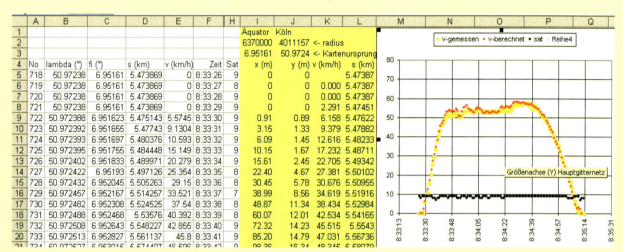

Fig. 1

Sie können die angegebenen xy-Landkartenkoordinaten (m) nutzen. Wie man sie aus gemessenen Kugelkoordinaten berechnen kann, ist Gegenstand von Station 2.

1 Integrieren, Differenzieren

a) **Numerisch integrieren:** Um 08:33:30 Uhr ist der Fahrgast schon 5,475 km gefahren (Fig. 1, Zeile 8 Spalte L). Berechnen Sie aus den Positionsangaben von Zeile 8 und 9, Spalten I, J, die Strecke, die in der nächsten Sekunde hinzukommt (Satz des Pythagoras), und die neue Fahrstrecke (Zelle L10). Ergänzen Sie Fahrstreckenangaben in Spalte L. Stellen Sie den zurückgelegten Weg in Abhängigkeit von der Zeit als Punktdiagramm dar und vergleichen Sie mit der direkt vom Navigationsgerät abgespeicherten Wegstrecke (Spalte D) und den Angaben aus Fig. 1.

b) **Numerisch differenzieren:** Berechnen Sie in Spalte K die Geschwindigkeiten als Differenzenquotient „zurückgelegter Weg/verstrichene Zeit". Stellen Sie den Geschwindigkeitsverlauf als Punktdiagramm wie in Fig. 1 dar und vergleichen Sie Ihre berechneten mit den vom Navigationsgerät abgespeicherten Geschwindigkeiten. Alternativ kann man die Geschwindigkeiten auch aus den Positionen eine Sekunde vorher und eine Sekunde nachher berechnen.

c) **Zweite Ableitung:** Berechnen Sie die momentanen Beschleunigungen als Differenzenquotient „Geschwindigkeitszunahme/verstrichene Zeit" und stellen Sie auch die Beschleunigungen als Punktdiagramm dar.

d) Erläutern Sie den Zusammenhang zwischen den Graphen aus den Teilaufgaben a) bis c) aus der Perspektive der Analysis.

Sachthema: GPS – Dem Navi auf der Spur

2 Fahrtrichtung

Berechnen Sie aus den xy-Koordinaten die Fahrtrichtung der Straßenbahn an der Neusser und an der Amsterdamer Straße, (0° = Osten, 90° = Norden).
Vergleichen Sie Ihr Ergebnis mit der Landkarte in Fig. 2.

Fig. 1

3 Ein komplettes Fahrtprotokoll

Öffnen Sie in *Station-4-straßenbahn-linie-13.xls* das Kalkulationsblatt *navidaten*, das zu der kompletten Straßenbahnfahrt gehört.
Erstellen Sie
a) ein komplettes Zeit → Weg-Diagramm,
b) ein komplettes Zeit → Geschwindigkeits-Diagramm und stellen Sie
c) die Verbindung zwischen den beiden Diagrammen her.
d) Wie viele Haltestellen hat die Straßenbahn angefahren? Wie lange hat sie insgesamt gehalten, wie groß war die Durchschnittsgeschwindigkeit?
e) Um wie viel Prozent hätte sich die Fahrzeit verkürzt, wenn die Bahn hätte durchfahren können ohne anzuhalten?
f) Untersuchen Sie, ob die Straßenbahn fahrplanmäßig fuhr.

Fig. 2

Aachener Str./Gürtel	5:01
Oskar-Jäger-Str./Gürtel	5:02
Weinsbergstr./Gürtel	5:03
Venloer Str./Gürtel	5:05
Subbelrather Str./Gürtel	5:07
Nußbaumerstr.	5:08
Escher Str.	5:10
Geldernstr./Parkgürtel	5:12
Neusser Str./Gürtel	5:14
Amsterdamer Str./Gürtel	5:16

… fährt alle 10 Minuten

4 … und wenn das Navi keinen Peil hat – Messfehler

Erläutern Sie, wie das Navigationsgerät reagiert,
a) wenn der Satellitenkontakt kurz unterbrochen wird (Unterfahren einer Gleisanlage am Bahnhof Ehrenfeld, Messpunkte 25–45),
b) wenn der Kontakt zu den Satelliten ganz abreißt (die Bahn in eine längere überdachte Haltestelle einfährt, Messpunkte 587–704).
c) Zeichnen Sie Google-Maps zu den „Tunneldaten" aus Zeile 25–45 und 587–704.

Sachthema: GPS – Dem Navi auf der Spur

GPS-Dateien
Station-5-kreisel-frechen.xls
735501-4061

Fig. 1

Eine Linksdrehung zählt positiv, eine Rechtsdrehung negativ.

Station 5:
Fahrtrichtung als Integral der Drehgeschwindigkeit beim Kurvenfahren – Das Vektorprodukt in Aktion

Die Datei *Station-5-kreisel-frechen.xls* stammt von einer Kreiselfahrt (Fig. 1). Sie enthält die xy-Track-Koordinaten mit Ursprung im Startpunkt (Fig. 2). Da man aus der Fahrtrichtungsangabe α (in °) nicht nur die Himmelsrichtung (O = 0°, N = 90°) ablesen möchte, sondern auch entnehmen möchte, wie oft man den Kreisel durchfahren hat, muss man die (orientierten) kleinen Richtungsänderungen von einem Messpunkt zum nächsten aufaddieren. Daraus resultieren Winkelangaben über 360°. Wenn man die Winkeländerung je Sekunde als Drehgeschwindigkeit – man spricht auch von der Winkelgeschwindigkeit ω (in $\frac{\circ}{s}$) – deutet, erhält man die momentane Fahrtrichtung $\alpha(t)$ aus der Startrichtung $\alpha(0)$ durch Integration: $\alpha(t) = \alpha(0) + \int_0^t \dot\alpha(\tau)\,d\tau$.

Diese Integration wird nun mit Excel durchgeführt, der zeitliche Richtungsverlauf visualisiert.

Referat
Vektorprodukt
735501-4141

	A	B	C	D	E	F	G	H	I	J	K	L	M	N	O
1									Äquator	Köln					
2									6370000	4016444.27	<- radius				
3									6.829772	50.911133	<- Kartenursprung		startrichtung ->	221.383	
4	No	Lat	Lon	s (km)	(km/h)	Zeit	HDOP	Sat	x (m)	y (m)	vx (m/s)	vy (m/s)	v (m/s)	d-alpha (°)	alpha (°)
5		50.91113	6.829772	0	0	19:40:04	1	10	0	0					
6	1	50.91113	6.829772	0	0	19:40:05	1	10	0	0	-0.315	-0.278	0.420		221.383
7	2	50.91113	6.829763	0.0008	7.686	19:40:06	1	10	-0.63090159	-0.55588737	-1.893	-0.556	1.973	-12.874	208.510
8	3	50.91112	6.829718	0.004	10.63	19:40:07	0.9	11	-3.78540955	-1.11177473	-2.979	-0.834	3.094	-8.184	200.326
9	4	50.91111	6.829678	0.0071	11.28	19:40:08	0.9	11	-6.58941662	-2.22354947	-3.715	0.000	3.715	-17.107	183.219
10	5	50.91112	6.829612	0.0118	19	19:40:09	0.9	11	-11.2160283	-1.11177473	-5.293	1.779	5.584	-10.333	172.886
11	6	50.91115	6.829527	0.0183	25.34	19:40:10	0.9	11	-17.1745433	1.33412968	-6.484	2.446	6.930	3.177	176.063
12	7	50.91117	6.829427	0.0257	26.41	19:40:11	0.9	11	-24.184561	3.78003409	-7.185	1.556	7.352	11.203	187.266

Zelle N7: `=ARCSIN((K6*L8-K8*L6)/(M6*M8))/PI()*180/2`

Fig. 2

Auch wenn Sie das Vektorprodukt nicht kennen, können Sie die Datei nutzen. Man kann nämlich aus den GPS-Daten der geschlossenen Spur den Inhalt der umfahrenen Fläche bestimmen, mit dem Kreisumfang vergleichen und sogar die Kreisflächenformel prüfen.
Dazu enthält die Excel-Datei ebenso eine Anleitung wie zur Berechnung des Krümmungsradius bei beliebigen Kurvenfahrten.

1 Fahrtrichtung im zeitlichen Verlauf

a) Startrichtung: Bestimmen Sie die Startrichtung $\alpha(0)$ zu Anfang der Fahrt aus den ersten Track-Punkten. Nach Fig. 2 muss der Wert über 180° liegen. Vergleichen Sie mit Zelle O3.

b) Richtungsvektor: Bestimmen Sie zu jedem Zeitpunkt t den Fahrtrichtungsvektor $\vec{v_t} = \begin{pmatrix} v_x \\ v_y \end{pmatrix} = \frac{1}{2}\overrightarrow{P_{t-1}P_{t+1}}$ aus den Positionen eine Sekunde vorher bzw. eine Sekunde später.
Vergleichen Sie Ihre Ergebnisse mit den Inhalten der Spalten K und L.

c) Geschwindigkeitsvektor: Begründen Sie: Der Betrag von $\vec{v_t}$ gibt die Geschwindigkeit (in $\frac{m}{s}$) an. (Deswegen wird $\vec{v_t}$ auch Geschwindigkeitsvektor genannt.)

d) Winkelgeschwindigkeit: Bestimmen Sie zu jedem Zeitpunkt t die Winkelgeschwindigkeit (Geschwindigkeit der Richtungsänderung (in $\frac{\circ}{s}$)), indem Sie den Winkel zwischen den Fahrtrichtungsvektoren eine Sekunde vorher und eine Sekunde nachher bestimmen und durch die verstrichene Zeit (2 s) teilen. Tipp: Den Winkel dα zwischen den Vektoren $\vec{v_1}$ und $\vec{v_3}$ nach der Formel $\sin(\alpha) = \frac{\vec{v_1} \times \vec{v_3}}{|\vec{v_1}| \cdot |\vec{v_3}|}$ berechnen. Vgl. die markierte Zelle N7 in Fig. 2.

e) Kursberechnung: Berechnen Sie zu jedem Zeitpunkt die Fahrtrichtung (in °), indem Sie die Richtungsänderung (Spalte N) zu der vorherigen Richtung (Spalte O) addieren. Visualisieren Sie die Winkelgeschwindigkeit und den Kurs. Kommentieren Sie den Zusammenhang aus dem Blickwinkel der Differenzial- und Integralrechnung.

2 Eigene Untersuchungen

Führen Sie Fahrtrichtungsuntersuchungen (nach dem Vorbild der Aufgabe 1) an einer selbst aufgezeichneten Datei durch. Bereiten Sie eine Präsentation der Forschungsergebnisse vor. Statt selbst zu messen, können Sie auch eine der folgenden Dateien auswerten: *04-fahrrad-sportplatz.xls, 05-bergfahrt-oberau-ettal.xls, 06-autobahn-kleeblatt.xls*.

GPS-Dateien
Weitere Aufgaben zu Station 5 finden Sie unter dem Online-Link 735501-4061. Bei den ersten beiden Dateien sind auch Flächenmessungen möglich.

Sachthema: GPS – Dem Navi auf der Spur

Station 6:
Brems- und Querbeschleunigung beim Kurvenfahren – Das Skalarprodukt in Aktion

GPS-Dateien
Station-6-lkw-köln-süd. xls
735501-4061

Bevor man mit dem Auto in eine (Rechts-) Kurve geht, drosselt man die Geschwindigkeit. Da die Bremsbeschleunigung entgegen der Fahrtrichtung wirkt, „fliegt" man wegen der Trägheit nach vorne. Gleichzeitig wirkt eine Querbeschleunigung nach rechts – durch die Trägheit wird man nach links gedrückt. Mithilfe von Vektoren lassen sich Brems- und Querbeschleunigung berechnen. Wie das geht, kann man am Beispiel einer Fahrt mit einem Kleinlaster durch das Kölner Südkreuz erschließen. In dem Kalkulationsblatt (Fig. 1, Seite 398) sind die Daten der Fahrt abgespeichert.
Im Info-Kasten wird erläutert, wie man einen Beschleunigungsvektor in die Komponenten der Tangential- und Querbeschleunigung (Normalbeschleunigung) zerlegen kann.

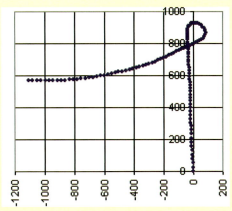

Fig. 1: Spur durch das Kreuz Köln Süd
… je langsamer, desto dichter liegen die Punkte beieinander …

Tangential- und Querbeschleunigung

Die Geschwindigkeit kann in der xy-Ebene als zweidimensionaler Vektor aufgefasst werden. Er hat bei der Fahrt in Fig. 1, Seite 398, um 21:32:45 Uhr (Zeile 50) den Wert

$$\vec{v} = \begin{pmatrix} v_x \\ v_y \end{pmatrix} = \begin{pmatrix} 1{,}4 \\ 9{,}78 \end{pmatrix}.$$

Das Auto fährt mit $1{,}4 \frac{m}{s}$ in x-Richtung (Osten) und mit $9{,}78 \frac{m}{s}$ in y-Richtung (Norden).
Der Betrag dieses Vektors

$$|\vec{v}| = \sqrt{v_x^2 + v_y^2} = 9{,}88 \left[\frac{m}{s}\right] = 36{,}688 \left[\frac{km}{h}\right]$$

ist die „Tachogeschwindigkeit" (Spalte E).
Der zugehörige Einheitsvektor $\vec{v_0} = \frac{\vec{v}}{|\vec{v}|} = \begin{pmatrix} 0{,}142 \\ 0{,}990 \end{pmatrix}$ gibt die Fahrtrichtung an.
Orthogonal „links" zur Fahrtrichtung steht der Normalen-Einheitsvektor $\vec{n_0} = \begin{pmatrix} -0{,}990 \\ 0{,}142 \end{pmatrix}$.

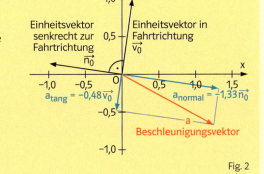

Fig. 2

Auch die **Beschleunigung** ist als „Geschwindigkeitsänderung/verstrichene Zeit" bei ebenen Bewegungen ein **Vektor**. In Zeile 50 ergibt sich, wenn man die Geschwindigkeitsvektoren eine Sekunde nachher und vorher voneinander subtrahiert und die Differenz (wegen der 2-s-Zeitdifferenz) halbiert, $\vec{a} = \frac{1}{2}(\vec{v_{51}} - \vec{v_{49}}) = \begin{pmatrix} a_x \\ a_y \end{pmatrix} = \begin{pmatrix} 1{,}25 \\ -0{,}67 \end{pmatrix}$.
Das Auto beschleunigt in x-Richtung mit $1{,}25 \frac{m}{s^2}$ und bremst in y-Richtung mit $-0{,}67 \frac{m}{s^2}$.

$$a_{tang} = \frac{\vec{a_{50}} \cdot \vec{v_{50}}}{|\vec{v_{50}}|} = -0{,}48 \left[\frac{m}{s^2}\right]$$

$$a_{normal} = \frac{\vec{a_{50}} \cdot \vec{n_{50}}}{|\vec{v_{50}}|} = -1{,}33 \left[\frac{m}{s^2}\right]$$

Sachthema: GPS – Dem Navi auf der Spur

Nach der Newton-Formel $\vec{F} = m\vec{a}$ wird ein 50 kg schwerer Fahrer mit $-50 \cdot 0{,}48 = -24\,[N]$ nach vorne und mit $50 \cdot 1{,}33 = 66{,}5\,[N]$ in Richtung Fahrertür gedrückt.

Tangential- und Normalbeschleunigung erhält man hieraus, indem man diesen Beschleunigungsvektor zerlegt in eine Komponente in Fahrtrichtung $\vec{v_0}$ und eine in Richtung $\vec{n_0}$ senkrecht dazu. Dazu projiziert man den Beschleunigungsvektor auf diese Einheitsvektoren.
Man erhält die Tangentialbeschleunigung $a_{tang} = \vec{a} \cdot \vec{v_0} = -0{,}48\,\left[\frac{m}{s^2}\right]$:
Das Auto reduziert seine Geschwindigkeit sekündlich um $0{,}48\,\frac{m}{s}$. Die Normalbeschleunigung ist mit $a_{normal} = \vec{a} \cdot \vec{n_0} = -1{,}3\,\left[\frac{m}{s^2}\right]$ mehr als doppelt so groß wie die Bremsbeschleunigung. Wegen des negativen Vorzeichens liegt eine Rechtskurve vor.

	I50		f_x =(G51-G49)/2											
	A	B	C	D	E	F	G	H	I	J	K	L	M	N	O
4	No	Lat	Lon	s (km)	v (km/h)	Zeit	x (m)	y (m)	vx (m/s)	vy (m/s)	v (m/s)	ax (m/s²)	ay (m/s²)	a-tang	a-normal
48	1302	50.886470	6.968543	28.658063	43.355301	21:32:43	-40.8267051	861.291886	-0.39	11.90	11.90	0.54	-1.08	-1.10	-0.51
49	1303	50.886572	6.968542	28.669418	38.7253	21:32:44	-40.8968541	872.631988	0.32	10.73	10.73	0.89	-1.06	-1.03	-0.93
50	1304	50.886663	6.968552	28.679573	36.688099	21:32:45	-40.1953643	882.749138	1.40	9.78	9.88	1.25	-0.67	-0.48	-1.33
51	1305	50.886748	6.968582	28.689267	35.780602	21:32:46	-38.090895	892.199224	2.81	9.39	9.80	1.49	-0.44	0.00	-1.56
52	1306	50.886832	6.968632	28.699255	36.595501	21:32:47	-34.5834461	901.538131	4.38	8.89	9.92	1.60	-0.64	0.13	-1.71
53	1307	50.886908	6.968707	28.709221	36.947399	21:32:48	-29.3222728	909.987619	6.00	8.12	10.09	1.51	-0.86	0.20	-1.73
54	1308	50.886978	6.968803	28.719525	37.243698	21:32:49	-22.5879709	917.770043	7.40	7.17	10.31	1.54	-1.45	0.10	-2.11

Fig. 1: Berechnung von Tangential- und Querbeschleunigung …

	I	J	K	L	M	N	O
4	vx (m/s)	vy (m/s)	v (m/s)	ax (m/s²)	ay (m/s²)	a-tang	a-normal
48	=(G49-G47)/2	=(H49-H47)/2	=WURZEL(I48^2+J48^2)	=(I49-I47)/2	=(J49-J47)/2	=(L48*I48+M48*J48)/K48	=(L48*(-J48)+M48*I48)/K48
49	=(G50-G48)/2	=(H50-H48)/2	=WURZEL(I49^2+J49^2)	=(I50-I48)/2	=(J50-J48)/2	=(L49*I49+M49*J49)/K49	=(L49*(-J49)+M49*I49)/K49
50	=(G51-G49)/2	=(H51-H49)/2	=WURZEL(I50^2+J50^2)	=(I51-I49)/2	=(J51-J49)/2	=(L50*I50+M50*J50)/K50	=(L50*(-J50)+M50*I50)/K50

Fig. 2: … und die dahinter stehenden Excel-Formeln

1 a) Begründen Sie, dass die in Fig. 2 sichtbaren Excel-Formeln die Komponenten der Geschwindigkeits- und Beschleunigungsvektoren korrekt berechnen.
b) Begründen Sie: Die Formeln in den Spalten N und O realisieren die im Text des Info-Kastens dargelegte Zerlegung des Beschleunigungsvektors in eine Tangential- und eine Normalkomponente.
c) Programmieren Sie das Kalkulationsblatt nach der Vorlage aus Fig. 1 und Fig. 2 und visualisieren Sie den zeitlichen Verlauf von Tangential- und Querbeschleunigung bei der Durchfahrt durch das Autobahnkreuz wie in Fig. 3.
d) Rainer bezweifelt, dass das Diagramm aus Fig. 3 mit den Tangential- und Normalbeschleunigungen zur Kurvenfahrt aus Fig. 1 gehören kann. Interpretieren Sie dieses Diagramm und nehmen Sie Stellung.

Alternative: Arbeiten Sie mit einer selbst aufgezeichneten Datei.

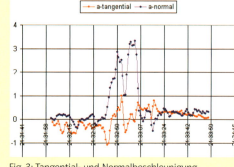

Fig. 3: Tangential- und Normalbeschleunigung

2 Eigene Untersuchungen
a) Führen Sie Beschleunigungs-Untersuchungen nach dem Vorbild aus den Aufgaben 1 und 2 an einer der folgenden Dateien durch.
– 01-nürburgring-nordschleife.xls   – 06-autobahn-kleeblatt.xls   – 03-fahrrad-sportplatz.xls
Untersuchen Sie dabei die Fahrten auch auf quietschende Reifen (ab ca. $4\,\frac{m}{s^2}$).
b) Bereiten Sie eine Präsentation Ihrer Arbeitsergebnisse vor.

GPS-Dateien
Station 7 finden Sie unter dem Online-Link 735501-4061.

Sachthema: GPS – Dem Navi auf der Spur

GPS-Dateien
Station-8-ruhendes-navi.xls
735501-4061

Station 8:
Wenn Gauß ein GPS gehabt hätte – Normal- und Exponentialverteilung

Man lässt ein Trekking-Navi an einem Ort liegen. Wegen der Messfehler streuen die Positionsangaben. Die Abweichungen vom Mittelwert (der angenommenen „wahren" geografischen Länge bzw. Breite) zeigt Fig. 1.

Auto-Navis „frieren die Positionsangaben ein", wenn sie sich nicht schnell bewegen.

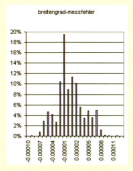 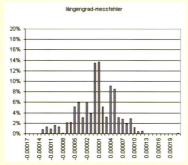 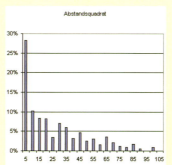

Fig. 1a: Abweichungen der gemessenen geografischen Breite vom „wahren" Wert 6,836 840 209°; δ = 0,000 049 7°; dabei gilt 0,000 01° ≙ 1,11 m.

Fig. 1b: Abweichungen der gemessenen geografischen Länge vom „wahren" Wert 50,933 659 1°; δ = 0,000 034 5°; dabei gilt 0,000 01° ≙ 0,7 m.

Fig. 1c: Verteilung der Abstandsquadrate d^2 (in m^2) der gemessenen von den wahren Positionen – Exponentialverteilung mit Mittelwert 27

1 Normalverteilung, Exponentialverteilung

a) Prüfen Sie mit den 1σ- und 2σ-Regeln, ob die Annahme einer Normalverteilung haltbar ist.
b) Das Navi zeigt während der Messung eine Messgenauigkeit von 8 m an. Wie beurteilen Sie diese Angabe unter Bezug auf Fig. 1?
c) Prüfen Sie (Fig. 1c), ob die Abstandsquadrate der Messpunkte von der „wahren Position" exponentialverteilt sind, indem Sie die Wahrscheinlichkeiten der Exponentialverteilung mit $\mu = 27$, $\lambda = \frac{1}{\mu}$ mit den relativen Häufigkeiten vergleichen.
d) Eigene Untersuchung: Stellen Sie die Messwerte der Datei *Station-8-ruhendes-navi.xls*, der Datei *08-messfehler.xls* oder einer selbst aufgezeichneten Datei wie in Fig. 1 dar. Untersuchen Sie analog zu Teilaufgabe a) und c), ob die Längen- und Breitenkreis-Messwerte in dieser Datei normalverteilt und die Abstandsquadrate der Messpunkte exponentialverteilt sein könnten.
e) Die Standardabweichung ist bei den Längengrad-Werten in Fig. 1 um den Faktor 0,69 kleiner als bei den Breitengrad-Messungen. Jan meint, das könnte damit zusammenhängen, dass die Breitenkreise zum Nordpol hin immer kleiner werden (und am Messort mit cos (50,93°) der Breitenkreis nur 0,63-mal so lang ist wie der Längenkreis). Nehmen Sie Stellung – auch unter Bezug auf Ihre eigene Datenerhebung.

Wandernde Satelliten, Einflüsse der Atmosphäre und Reflexionen der GPS-Signale an Gebäuden verursachen Messfehler. Präzisere Signale stellen die USA nur für militärische Zwecke zur Verfügung.

Fig. 2

2 Drift

Obwohl die Verteilung der Messfehler (Fig. 1a, b) glockenförmig ist, schwanken die einzelnen Messwerte bei dem in Fig. 1 untersuchten Navi nicht zufällig von Sekunde zu Sekunde. Sie steigen und fallen kontinuierlich, sie „driften", wie Fig. 3 zeigt. Das wird auch an der Spur aus Fig. 2 deutlich. Untersuchen Sie die Messwerte in *08-messfehler.xls* auf Drift.

Fig. 3

Abituraufgaben ohne Hilfsmittel

1 a) Leiten Sie ab.

$f(x) = 3e^{2x}$; $g(x) = \frac{x^2+1}{x^2}$; $h(x) = x \cdot \cos(x)$

b) Geben Sie jeweils eine Stammfunktion an.

$f(x) = 5x^2 - 8x$; $g(x) = (8x-2)^3$; $h(x) = \sin(8x)$; $i(x) = \frac{5}{(2+8x)^3}$; $k(x) = e^{8x}$

2 Gegeben sind die Funktionen f und g mit $f(x) = 3e^{2x+1}$ und $g(x) = 3\sin(0,5x - \pi) + 2$.
a) Leiten Sie f und g einmal ab.　　　　b) Geben Sie eine Stammfunktion von f und g an.

3 Lösen Sie die Gleichung.
a) $4e^x + 2 = 12e^{-x}$　　　b) $35e^x - 12e^{2x} + e^{3x} = 0$　　c) $(x^3 + 27)(e^{2x} - 5e^x + 6) = 0$

4 Gegeben ist die Funktion f mit $f(x) = 1,5x - 4$.
a) Berechnen Sie das Integral $\int_0^4 (1,5x - 4)\,dx$.
Veranschaulichen Sie es durch eine Skizze und interpretieren Sie Ihr errechnetes Ergebnis.
b) Geben Sie eine Stammfunktion der Funktion f an, deren Graph durch den Punkt $P(1|0,75)$ geht.

5 Geben Sie zwei verschiedene Funktionen an mit $\int_0^4 f(x)\,dx = 0$.

6 Eine Maus springt in einem Tunnel hin und her. Der Graph ihrer Geschwindigkeit ist in der Abbildung dargestellt. Dabei bedeutet positive Geschwindigkeit, dass sich die Maus auf das rechte Tunnelende zu bewegt. Die Maus startet zur Zeit $t = 0$ in der Mitte des Tunnels.
a) Wann ändert die Maus ihre Richtung?
b) Wo befindet sich die Maus nach 6 Sekunden?
c) Wann ist die Maus zum ersten Mal wieder in der Mitte des Tunnels?
Welchen Weg hat sie bis zu diesem Zeitpunkt zurückgelegt?
d) Welche anschauliche Bedeutung hat
$\int_2^4 v(t)\,dt$; $v'(4)$; $v(4)$; $\int_0^{10} v(t)\,dt$; $\int_0^{10} |v(t)|\,dt$?

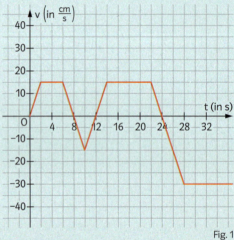

Fig. 1

7 Die Funktion f hat den nebenstehenden Graphen. Die Integralfunktion J_0 ist gegeben durch

$J_0(x) = \int_0^x f(t)\,dt$.

a) Entnehmen Sie der Zeichnung einen Näherungswert für $J_0(1)$.
b) Wie viele Nullstellen hat J_0 im Intervall $[0; 3,8]$? Geben Sie diese näherungsweise an.
c) Wie unterscheiden sich die Graphen von $J_0(x)$ und $J_1(x)$?

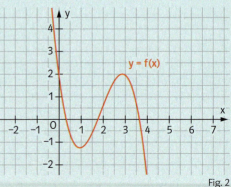

Fig. 2

Abituraufgaben ohne Hilfsmittel

8 In einer Formelsammlung findet man folgende Ableitungsregel:

> 7.2.1 Hat die Funktion f die Ableitung f′, so hat die Funktion g mit $g(x) = \frac{1}{f(x)}$ die Ableitung $g' = -\frac{f'}{f^2}$ für alle x mit $f(x) \neq 0$.

a) Bestimmen Sie damit die Ableitung der Funktion g mit $g(x) = \frac{1}{\sin(x)}$.
b) Begründen Sie die Ableitungsregel mithilfe der Kettenregel.

9 a) Wie entsteht der Graph der Funktion f mit $f(x) = 0{,}5\sin(2x+1)$ aus dem Graphen der Funktion h mit $h(x) = \sin(x)$?
b) Geben Sie zwei verschiedene Sinusfunktionen an, deren Amplitude 5 und deren Periode $\frac{\pi}{8}$ ist.

10 Gegeben sind die Funktionsterme der Funktionen f_1 bis f_6. Ordnen Sie jedem der unten abgebildeten Graphen eine der Funktionen f_1 bis f_6 zu. Begründen Sie Ihre Wahl.

$f_1(x) = x + 2 - \frac{3}{x+1}$ $f_2(x) = \frac{2}{3}x^4 - 2x^2 + 2$ $f_3(x) = 2\sin(2x) + 2$

$f_4(x) = \frac{2}{3}x^3 - 2x^2 - \frac{2}{3}x + 2$ $f_5(x) = 1{,}5\sin(\pi \cdot x) + 2$ $f_6(x) = x - 1 - \frac{3}{x-1}$

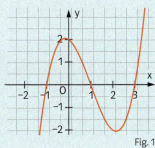
Fig. 1

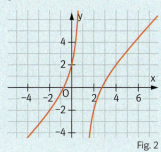
Fig. 2

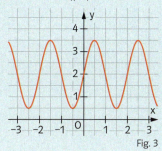
Fig. 3

11 Gegeben sind die Graphen einer Funktion f, ihrer Ableitung f′ und einer Stammfunktion F von f. Ordnen Sie jeweils einen Graphen einer der Funktionen f, f′ und F zu und begründen Sie Ihre Entscheidung.

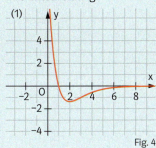
Fig. 4

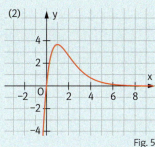
Fig. 5

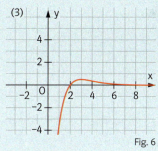
Fig. 6

12 Gegeben ist eine Funktion f mit den Eigenschaften:
(1) $f'(x) > 0$ für alle $x \in \mathbb{R}$,   (2) $f''(x) < 0$ für alle $x \in \mathbb{R}$,   (3) $f(1) = 5$; $f'(1) = 2$.
Ist es möglich, dass
a) $f(2) = 6$ ist?   b) $f'(2) = 2{,}5$ ist?   c) $f(2) = 8$ ist?
Begründen Sie Ihre Antwort.

13 In einer Formelsammlung findet man u.a. folgende trigonometrischen Beziehungen:

> 5.15 Funktionen für Winkelvielfache
> 5.15.1 $\sin(2x) = 2\sin(x)\cos(x)$

> 5.13 Beziehungen zwischen den Winkelfunktionen
> 5.13.1 $\sin^2(x) + \cos^2(x) = 1$

Für einen Winkel x sei $\sin(x) = \frac{5}{13}$. Berechnen Sie den exakten Wert für $\sin(2x)$.

Abituraufgaben ohne Hilfsmittel

14 Skizzieren Sie den Graphen einer Funktion f, der die folgenden Bedingungen erfüllt.
f(x) < 0 für alle x mit −2 ≤ x < 0   f(x) > 0 für alle x mit 0 < x ≤ 4
f'(x) > 0 für alle x mit −2 ≤ x ≤ 4   f''(x) < 0 für alle x mit −2 ≤ x < 1
f''(x) > 0 für alle x mit 1 < x ≤ 4

15 Der Graph einer ganzrationalen Funktion f dritten Grades schneidet die x-Achse in den Punkten A(−3|0), B(0|0), C(2|0) und geht durch den Punkt D(1|−2).
Bestimmen Sie den Term der Funktion f.

16 Geben Sie für die beiden Graphen die Terme der zugehörigen Funktionen an.

a)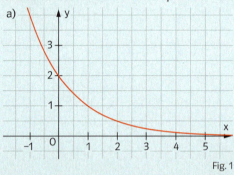
Fig. 1

b)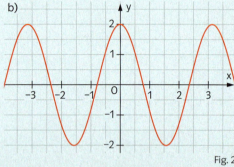
Fig. 2

Dieses Gesetz wurde von Isaac Newton entdeckt. Es gilt, wenn die Temperaturdifferenz nicht sehr groß ist.

17 Bringt man einen Körper mit der Anfangstemperatur T_0 in einen Raum mit der konstanten Temperatur T_R, so ist die momentane Änderungsrate seiner Temperatur T(t) zu jedem Zeitpunkt t proportional zur Differenz der Raumtemperatur T_R und der Temperatur T(t) des Körpers.
Dabei wird T(t) in °C und t in Minuten angegeben.
a) Beschreiben Sie dieses physikalische Gesetz mithilfe einer Differenzialgleichung.
b) Für $T_R = 20$ und $T_0 = 0$ gilt $T(t) = 20 \cdot (1 - e^{-k \cdot t})$ mit einer Konstanten k.
Skizzieren Sie für k = 1 den Graphen von T.
Diskutieren Sie, wie sich der Graph ändert, wenn k verkleinert wird.
Es gelte T(4) = 10. Bestimmen Sie k.
c) Weisen Sie nach, dass für die Funktion T mit der Gleichung $T(t) = 20 \cdot (1 - e^{-t})$ das Newton'sche Gesetzt gilt.
d) Wie ändert sich die Gleichung von Aufgabenteil b) für T, wenn $T_0 = 40$ ist?

18 Gegeben ist das LGS $5x_1 - x_2 - x_3 = -3$
                          $x_1 - x_2 + x_3 = -9$.
a) Bestimmen Sie die Lösungsmenge des LGS.
b) Geben Sie jeweils eine Lösung an, bei der x_1; x_2; x_3 nur positive bzw. nur negative Zahlen sind.

19 Wahr oder falsch? Geben Sie bei falschen Aussagen ein Gegenbeispiel an.
a) Zwei Vektoren im Raum sind immer linear unabhängig.
b) Drei Vektoren in der Ebene sind immer linear abhängig.
c) Wenn $f''(x_0) = 0$ ist, dann ist x_0 eine Wendestelle von f.
d) Wenn $f'(x_0) < 0$, dann liegt der Punkt $P(x_0|f(x_0))$ unterhalb der x-Achse.
e) Ein LGS mit mehr Gleichungen als Variablen hat immer genau eine Lösung.
f) Ein LGS mit mehr Variablen als Gleichungen kann unendlich viele Lösungen haben.

20 Welche der Geraden g: $\vec{x} = \begin{pmatrix} 0 \\ 1 \\ 0 \end{pmatrix} + t \cdot \begin{pmatrix} -5 \\ 0 \\ 5 \end{pmatrix}$ und h: $\vec{x} = s \cdot \begin{pmatrix} 0 \\ \sqrt{2} \\ 0 \end{pmatrix}$ sind
a) parallel zur x_2-Achse,
b) orthogonal zur x_2-Achse?

Abituraufgaben ohne Hilfsmittel

21 Veranschaulichen Sie zeichnerisch, dass für drei Vektoren $\vec{a}, \vec{b}, \vec{c}$ gilt:
$(\vec{a} + \vec{b}) + \vec{c} = \vec{a} + (\vec{b} + \vec{c})$.

22 Gegeben sind die Ebenen E und F mit

$E: \vec{x} = \begin{pmatrix} 0 \\ 0 \\ 1 \end{pmatrix} + s \cdot \begin{pmatrix} 2 \\ 1 \\ 0 \end{pmatrix} + t \cdot \begin{pmatrix} 1 \\ 0 \\ -2 \end{pmatrix}$; $s \in \mathbb{R}, t \in \mathbb{R}$ und $F: \vec{x} = \begin{pmatrix} 2 \\ 1 \\ 9 \end{pmatrix} + s \cdot \begin{pmatrix} 3 \\ 1 \\ 2 \end{pmatrix} + t \cdot \begin{pmatrix} 2 \\ -1 \\ 0 \end{pmatrix}$.

a) Bestimmen Sie den Schnittpunkt der Ebene E mit der x_2-Achse.
b) Bestimmen Sie die Schnittgerade der Ebene E mit der $x_1 x_3$-Ebene.
c) Zeigen Sie, dass E und F nicht parallel sind.

23 Ist folgende Aussage wahr? Begründen Sie.
Ersetzt man bei der Berechnung des Schnittwinkels zwischen zwei Geraden einen Richtungsvektor durch seinen Gegenvektor, so erhält man den Nebenwinkel des Schnittwinkels.

24 Gegeben sind eine Gerade g und eine Ebene E.
Die Gerade g wird an der Ebene E gespiegelt.
Beschreiben Sie, wie man eine Gleichung der gespiegelten Geraden ermitteln kann.

25 Die Seitenflächen eines Tetraeders sind mit den Zahlen 1; 2; 3; 4 beschriftet. Es gilt die Zahl als geworfen, auf der er liegen bleibt. Der Tetraeder wird zweimal geworfen.
a) Geben Sie die Wahrscheinlichkeit folgender Ereignisse an:
A: Im 1. Wurf wird die 4 geworfen.
B: Die Summe der beiden geworfenen Zahlen ist gerade.
C: Die Summe der beiden geworfenen Zahlen ist höchstens 7.
D: In keinem Wurf tritt die 3 auf.
b) Man zahlt einen Einsatz von 1€. Wenn der zweite Wurf eins mehr ergibt als der erste, erhält man 5€. Wie groß ist der Erwartungswert für den Gewinn pro Spiel? Interpretieren Sie die Bedeutung des Ergebnisses.

26 Bei einer Umfrage in einer Schule wurden 100 Schüler, die in der Mensa zu Mittag gegessen hatten, gefragt, ob sie mit dem heutigen Mensaessen zufrieden waren. Von den 46 befragten Jungen antworteten 33 mit „Ja". Von den befragten Mädchen antworteten 29 mit „Ja".
Bestimmen Sie die Wahrscheinlichkeit, dass
a) ein zufällig ausgewählter männlicher Mensabesucher nicht mit dem Essen zufrieden war,
b) ein zufällig ausgewählter weiblicher Mensabesucher nicht mit dem Essen zufrieden war,
c) ein zufällig ausgewählter Mensabesucher nicht mit dem Essen zufrieden war.

27 a) Eine Münze wird 200-mal geworfen.
Für die Wahrscheinlichkeit für genau r Treffer bei einer Bernoulli-Kette der Länge n und der Trefferwahrscheinlichkeit p schreibt man auch $B_{n;\,p}(r)$ statt $P(X = r)$.
Mit welchem Term kann berechnet werden, mit welcher Wahrscheinlichkeit genau 90-mal Wappen geworfen wird?
(1) $B_{90;\,0,5}(200)$ (2) $B_{290;\,0,5}(90)$ (3) $B_{110;\,0,5}(200)$
(4) $B_{200;\,0,5}(90)$ (5) $B_{110;\,0,5}(90)$ (6) $B_{200;\,0,5}(110)$
b) Skizzieren Sie den Graphen der in Teilaufgabe a) bestimmten zugehörigen Binomialverteilung mithilfe folgender Angaben: $P(X = 100) = 0,056$; $P(80 \leq X \leq 120) = 0,996$.

Abituraufgaben mit Hilfsmitteln

1 Für jedes $t \in \mathbb{R}$ sei eine Funktion f_t gegeben mit $f_t(x) = tx + (t+1) \cdot \frac{1}{x}$; $x \in \mathbb{R} \setminus \{0\}$; $t \in \mathbb{R} \setminus \{-1\}$.
a) Für welche Werte von t hat der Graph von f_t keinen Punkt mit waagerechter Tangente?
b) Wie viele Punkte mit waagerechter Tangente kann der Graph von f_t höchstens haben? Begründen Sie Ihre Antwort.

2 In einem Gezeitenkraftwerk strömt bei Flut das Wasser in einen Speicher und bei Ebbe wieder heraus. Die momentane Durchflussrate des Wassers in den Speicher kann gemessen werden.
a) An einer Messstelle ergaben sich folgende Messwerte:

Zeit t in h	0	0,5	1	1,5	2	2,5	3	3,5
Momentane Durchflussrate in $\frac{m^3}{h}$	300	290	260	212	150	77,6	0	-78

Führen Sie eine Funktionsanpassung für die Durchflussrate mithilfe einer Sinusfunktion durch.
b) Zu Beginn der Messung befanden sich 120 m³ Wasser im Speicher. Um wie viel m³ verändert sich das Wasservolumen im Speicher in den ersten beiden Stunden nach Beobachtungsbeginn? Wie viel Wasser befindet sich nach fünf Stunden im Speicher?

3 Für jedes $t \in \mathbb{R}$ ist eine Funktion f_t gegeben durch $f_t(x) = (t-x)e^x$; $x \in \mathbb{R}$.
a) Skizzieren Sie den Graphen von f_t für $t = 2$.
Welche reellen Zahlen können als Funktionswerte von f_2 vorkommen? Begründen Sie Ihre Antwort.
b) Bestimmen Sie die Koordinaten der Hochpunkte der Graphen von f_t.
Begründen Sie, dass alle Hochpunkte oberhalb der x-Achse liegen.

4 Für jedes $t \in \mathbb{R}^+$ ist eine Funktion f_t gegeben durch $f_t(x) = t - e^{t-x}$; $x \in \mathbb{R}$.
a) Skizzieren Sie die Graphen von f_t für $t = 1$ und $t = 2$ in ein gemeinsames Koordinatensystem.
b) Wie entsteht der Graph von f_1 aus dem Graphen der Funktion g mit $g(x) = e^{-x}$?
c) Weisen Sie nach, dass f_t streng monoton wachsend ist.
d) Bestimmen Sie die Achsenschnittpunkte des Graphen von f_t und die Asymptoten.
e) Bestimmen Sie die Gleichung der Tangente an den Graphen von f_1 in einem beliebigen Kurvenpunkt $P(u|f_1(u))$.
Wo schneidet die Tangente die Asymptote von f_1? Wie kann man mithilfe dieses Schnittpunktes die Tangente an den Graphen im Punkt P konstruieren?

5 Beim Bau einer neuen Umgehungsstraße ist die Überquerung einer Bahnstrecke notwendig. Die Länge der geplanten Brücke soll 50 m, die Länge der Rampen jeweils 800 m betragen. Die Höhe der Brücke ist 10 m.
a) Beschreiben Sie den Verlauf der Rampe durch eine Kosinusfunktion vom Typ $r(x) = a \cos(bx) + c$. Zeigen Sie, dass hierbei Krümmungssprünge auftreten.

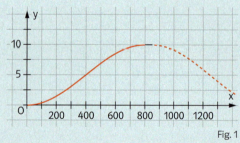

Fig. 1

b) Im Folgenden soll der Verlauf der Rampe durch eine ganzrationale Funktion beschrieben werden. Begründen Sie, dass die Funktion mindestens den Grad fünf haben muss und bestimmen Sie den Funktionsterm.

Abituraufgaben mit Hilfsmitteln

6 An einer Messstelle wird die Schadstoffbelastung der Luft in der Nähe einer Fabrik gemessen. Im Laufe der Jahre ergaben sich folgende Messwerte.

Jahr	1960	1965	1970	1975	1980	1985	1990	1995	2000	2005
Schadstoffkonzentration in ppm	3,1	4,0	5,5	7,1	9,3	11,9	15,9	21,1	27,2	35,4

a) Modellieren Sie den Verlauf der Schadstoffkonzentration unter der Annahme, dass exponentielles Wachstum vorliegt.
Zeigen Sie, wie Sie dabei vorgehen.
b) Wie groß wird laut Modellannahme in Teilaufgabe a) die Schadstoffkonzentration im Jahr 2020 bzw. 2040 sein?
Um bleibende Umweltschädigungen zu verhindern, wäre es akzeptabel, wenn sich die Schadstoffkonzentration langfristig gemäß der Funktion f mit

$f(t) = \dfrac{139,5}{3,1 + 41,09 \cdot e^{-0,084t}}$ (t in Jahren ab 1960; f(t) in ppm)

entwickeln würde.
c) Wie groß wird laut dieser Modellannahme die Schadstoffkonzentration im Jahr 2020 bzw. 2040 sein?
Bestimmen Sie den Grenzwert von f.
d) Ab welchem Zeitpunkt ist der Anstieg der Schadstoffkonzentration nach dem neuen Modell geringer als $0,1 \, \frac{ppm}{Jahr}$?

7 Gegeben sind die Punkte A(2|3|−1), B(4|0|5) und C(5|3|−2) sowie die Gerade g mit der

Gleichung g: $\vec{x} = \begin{pmatrix} 3 \\ 6 \\ -8 \end{pmatrix} + t \cdot \begin{pmatrix} 2 \\ -3 \\ 6 \end{pmatrix}$; $t \in \mathbb{R}$.

a) Weisen Sie nach, dass die Gerade g parallel zur Geraden durch A und B ist und durch den Punkt C geht.
b) Bestimmen Sie einen Punkt D so, dass das Viereck durch die Punkte A, B, C und D ein Parallelogramm ist.
c) Bestimmen Sie zwei Punkte C_1 und D_1 auf der Geraden g so, dass das Viereck ABC_1D_1 ein Rechteck ist.
d) Untersuchen Sie, ob es Punkte C_2 und D_2 auf der Geraden g gibt, sodass das Viereck ABC_2D_2 eine Raute ist.
e) C_t und D_t sind Punkte auf der Geraden g, die zusammen mit den Punkten A und B ein Parallelogramm bilden.
Begründen Sie, dass alle Parallelogramme ABC_tD_t ($t \in \mathbb{R}$) denselben Flächeninhalt haben.
Berechnen Sie diesen Flächeninhalt.

8 In einem Viereck ABCD sei $\vec{AD} = \vec{BC}$ und $|\vec{AC}| = |\vec{BD}|$.
Für dieses Viereck gilt:

$$\vec{AC}^2 = \vec{BD}^2$$
$$(\vec{AB} + \vec{BC})^2 = (-\vec{AB} + \ldots)^2$$
$$(\vec{AB} + \vec{AD})^2 = \ldots$$
$$\vec{AB}^2 + 2\vec{AB} \cdot \vec{AD} + \vec{AD}^2 = \ldots$$

usw.

a) Erstellen Sie eine geeignete Skizze und ergänzen Sie die obigen Überlegungen. Um was für ein spezielles Viereck handelt es sich?
b) Formulieren Sie den hergeleiteten Sachverhalt in Worten.

Abituraufgaben mit Hilfsmitteln

9 Gegeben sind die Punkte O(0|0|0), A(6|6|0), B(3|9|0), S(4|6|8) und die Gerade g mit der Gleichung g: $\vec{x} = \begin{pmatrix} 3 \\ 3{,}5 \\ 8 \end{pmatrix} + t \cdot \begin{pmatrix} 2 \\ 5 \\ 0 \end{pmatrix}$; $t \in \mathbb{R}$.

a) Das Dreieck OAB ist Grundfläche einer dreiseitigen Pyramide mit Spitze S. Zeichnen Sie die Pyramide in ein geeignetes Koordinatensystem ein.
Berechnen Sie die Innenwinkel des Dreiecks OAB.
b) Berechnen Sie das Volumen der Pyramide.
Zeigen Sie, dass die Spitze S auf der Geraden g liegt.
Begründen Sie folgende Aussage: Bewegt sich der Punkt S auf der Geraden g, so ändert sich das Volumen der Pyramide nicht.
Gibt es weitere Lagen der Pyramidenspitze, die das Volumen der Pyramide nicht verändern?
c) In Richtung des Vektors $\begin{pmatrix} 5 \\ -3 \\ -8 \end{pmatrix}$ fällt paralleles Licht ein. Dabei wirft die massive Pyramide einen Schatten auf die $x_1 x_2$-Ebene.
Berechnen Sie die Koordinaten des Schattenpunktes S* der Pyramidenspitze. Zeichnen Sie den Schatten in das vorhandene Koordinatensystem ein.
Aus welcher Richtung muss das Licht einfallen, damit der Schattenpunkt S** auf der x_1-Achse liegt und das Schattendreieck OS**A rechtwinklig mit einem rechten Winkel bei S** ist?

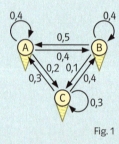

Fig. 1

10 In einer kleinen Stadt gibt es drei Eisdielen. An einem durchschnittlichen Sommertag werden in diesem Ort durchschnittlich 9000 Kugeln Eis verkauft. Zu Beginn des Sommers werden an allen Eisdielen gleichviele Kugeln verkauft. Das Wechselverhalten der Kunden bezogen auf die Anzahl der Eiskugeln wird durch Fig. 1 beschrieben.
a) Geben Sie eine Übergangsmatrix für den Prozess an. Bestimmen Sie die Anzahl der verkauften Kugeln der Eisdiele C für den dritten Tag.
b) Begründen Sie, dass Eisdiele C langfristig ca. 1600 Eiskugeln am Tag verkaufen wird.
c) Die Eisdiele C steht kurz vor der Insolvenz. Aus diesem Grund wird der Verkaufspreis von 80 Cent pro Kugel auf 70 Cent gesenkt. Tatsächlich wechseln anschließend nur noch je 25% zu A und B. Verdient C jetzt mehr Geld?

11 Die Lage der vier Städte A, B, C und D lässt sich folgendermaßen beschreiben:
A liegt direkt am Meer,
B liegt 240 km östlich und 70 km nördlich von A auf 500 m über der Meereshöhe,
C liegt 400 km östlich und 190 km nördlich von A auf 600 m über der Meereshöhe,
D liegt 360 km östlich und 200 km nördlich von A auf 1000 m über der Meereshöhe.
a) Ein Sportflugzeug überfliegt um 13:00 Uhr die Stadt A in 2000 m Höhe mit einer Geschwindigkeit von 200 $\frac{km}{h}$ in Richtung der Stadt B.
Bestimmen Sie den Zeitpunkt, an dem das Flugzeug die Stadt B überfliegt, wenn es seine Geschwindigkeit und seine Flughöhe nicht verändert.
b) Über der Stadt B ändert das Flugzeug bei gleichbleibender Höhe seine Richtung so, dass es direkt auf die Stadt C zufliegt.
Bestimmen Sie den Winkel zwischen der ursprünglichen und der neuen Flugrichtung.
c) Das Flugzeug fliegt weiterhin in 2000 m Höhe über dem Meeresspiegel mit der Geschwindigkeit 200 $\frac{km}{h}$.
Beschreiben Sie die Position, an der es sich um 14:45 Uhr befindet.
d) Bestimmen Sie die Uhrzeit und die Position des Flugzeugs, bei der es zu der Stadt D die kürzeste Entfernung hat.

Abituraufgaben mit Hilfsmitteln

12 Eine Firma produziert Energiesparlampen. Aus langer Erfahrung weiß man, dass 98 % der produzierten Lampen fehlerfrei sind.
a) Aus der laufenden Produktion wird eine Stichprobe von 100 Energiesparlampen getestet. Wie groß ist die Wahrscheinlichkeit, dass davon genau 98 Lampen fehlerfrei sind?
Wie groß ist die Wahrscheinlichkeit, dass davon höchstens 98 Lampen fehlerfrei sind?
b) Bestimmen Sie den Erwartungswert µ für die Anzahl fehlerfreier Lampen bei einer Lieferung von 1000 Lampen. Wieso sind $P(X \leq \mu - 10)$ und $P(X \geq \mu + 10)$ so klein?
c) Wie groß dürfte eine Stichprobe sein, wenn sie mit mindestens 90 % Wahrscheinlichkeit keine defekte Lampe enthalten soll?
d) Der Anteil p fehlerfreier Lampen soll erhöht werden. Es soll bei einer Stichprobe von 50 Lampen mit mindestens 90 % Wahrscheinlichkeit keine defekte Lampe dabei sein. Wie groß muss p dann mindestens sein?

13 Hängen die Bildungschancen der Kinder zu stark vom Einkommen der Eltern ab?
Die Forscher des Nürnberger Meinungsforschungsinstituts GfK befragten dazu im Juli 2009 eine repräsentative Gruppe von 2159 Personen ab 14 Jahren. In der Umfrage bejahten 85,6 Prozent die Frage.
a) Bestimmen Sie näherungsweise das 95 %-Vertrauensintervall zu dieser relativen Häufigkeit.
b) Diskutieren Sie, wie sich eine Änderung des Vertrauensniveaus bzw. des Stichprobenumfangs auf die Länge des Vertrauensintervalls auswirkt.

14 Beim Köln-Marathon nahmen 1464 Männer in der Altersklasse von 21 bis 30 teil. Fig. 1 legt die Annahme nahe, dass sich die Laufzeit X (min) in dieser Altersklasse gut durch die Normalverteilung $\varphi_{250;\,40}$ beschreiben lässt.
a) Mithilfe welcher Rechenschritte schätzen Sie µ und σ aus den Angaben des Diagramms?
b) Berechnen Sie aufgrund der Normalverteilungs-Annahme die Wahrscheinlichkeiten
$P(235 < X \leq 260)$; $P(X \leq 205)$; $P(X > 265)$, $P(245 < X < 255)$.
Vergleichen Sie mit den aus dem Diagramm erkennbaren relativen Häufigkeiten.

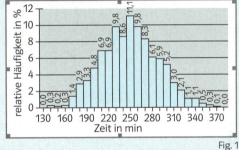

Fig. 1

c) Lesen Sie aus Fig. 1 näherungsweise das Intervall mit Mitte 250 (min) ab, in dem 60 % aller gelaufenen Zeiten liegen.
d) Berechnen Sie das um µ = 250 symmetrische Intervall, in dem bei einer $\varphi_{250;\,40}$-normalverteilten Zufallsgröße 60 % aller Werte liegen. Vergleichen Sie mit dem Ergebnis aus c).

15 Ein Glücksrad ist in zwei Sektoren mit den Zahlen 2 und 1 eingeteilt (vgl. Fig. 2).
a) Das Glücksrad wird dreimal gedreht. Wie groß ist die Wahrscheinlichkeit für die folgenden Ereignisse: A: Die Zahl 1 tritt genau zweimal auf. B: Es ergibt sich dreimal dieselbe Zahl.
C: Die Summe der Zahlen ist 5.
b) Das Glücksrad wird so oft gedreht, bis die Summe der Zahlen mindestens 4 beträgt. Wie oft muss man im Mittel drehen?
c) Bei einem Glücksspiel wird das Glücksrad zweimal gedreht. Erscheint dabei zweimal die Zahl 1, so erhält man 2 €, erscheint zweimal die Zahl 2, so erhält man 1 €. Der Einsatz pro Spiel beträgt 1 €. Wie hoch ist der Erwartungswert für den Gewinn?
Damit das Spiel fair ist, sollen die Sektoren neu eingeteilt werden. Mit welcher Wahrscheinlichkeit p muss dazu die Zahl 2 erscheinen?
Kommentieren Sie die beiden Lösungen.

Fig. 2

Abituraufgaben ohne Hilfsmittel, Seite 418

1
a) $f'(x) = 6e^{2x}$; $g'(x) = -\frac{2}{x^3}$; $h'(x) = \cos(x) - x \cdot \sin(x)$
b) $F(x) = \frac{5}{3}x^3 - 4x^2$; $G(x) = \frac{1}{32}(8x-2)^4$; $H(x) = -\frac{1}{8}\cos(8x)$;
$J(x) = -\frac{5}{16}\frac{1}{(2+8x)^2}$; $K(x) = \frac{1}{8}e^{8x}$

2
a) $f'(x) = 6 \cdot e^{2x+1}$; $g'(x) = \frac{3}{2}\cos\left(\frac{1}{2}x - \pi\right)$
b) $F(x) = \frac{3}{2} \cdot e^{2x+1}$; $G(x) = -6\cos\left(\frac{1}{2}x - \pi\right) + 2x$

3
a) $x = \ln(1{,}5)$
b) $x_1 = \ln(5)$; $x_2 = \ln(7)$
c) $x_1 = -3$; $x_2 = \ln(2)$; $x_3 = \ln(3)$

4
a) $\int_0^4 (1{,}5x - 4)\,dx = \left[\frac{3}{4}x^2 - 4x\right]_0^4 = -4$

Skizze:

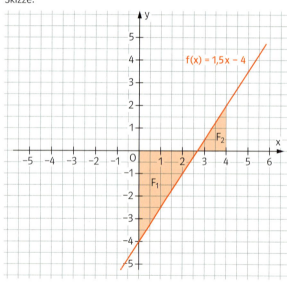

Der Inhalt der Fläche F_1 ist größer als der Inhalt der Fläche F_2, also ist das Integral negativ.
b) $F(x) = \frac{3}{4}x^2 - 4x + c$; $c \in \mathbb{R}$. $F(1) = 0{,}75$ liefert $c = 4$.

5
Zum Beispiel: $f(x) = (x-2)^3$; $g(x) = x - 2$

6
1 Kästchen entspricht 10 cm.
a) $t_1 = 8$; $t_2 = 12$; $t_3 = 24$ (in s)
b) 7,5 Kästchen: Sie befindet sich 75 cm rechts von der Tunnelmitte.
c) $t_4 = 33$ (in s)
48 Kästchen: Gesamtstrecke 480 cm

d) $\int_2^4 v(t)\,dt$: zurückgelegter Weg im Zeitraum $2 \le t \le 4$ (in s).
$v'(4)$: Geschwindigkeitsänderung zum Zeitpunkt $t = 4$ (s) (= Beschleunigung)
$v(4)$: Momentangeschwindigkeit zum Zeitpunkt $t = 4\,s$
$\int_0^{10} v(t)\,dt$: Entfernung von der Tunnelmitte zum Zeitpunkt $t = 10$ (s)
$\int_0^{10} |v(t)|\,dt$: zurückgelegter Weg nach 10 s seit Beginn der Messung

7
a) $J_0(1) \approx -0{,}4$
b) Zwei Nullstellen: $x_1 \approx 0{,}7$; $x_2 \approx 2{,}5$
c) $J_0(x) = J_0(1) + J_1(x)$
Der Graph von $J_0(x)$ entsteht aus dem Graphen von $J_1(x)$ durch eine Verschiebung in y-Richtung um $J_0(1)$.

8
a) $g'(x) = -\frac{\cos(x)}{(\sin(x))^2}$
b) $g(x) = (f(x))^{-1}$; $g'(x) = -1(f(x))^{-2} \cdot f'(x) = -\frac{f'(x)}{(f(x))^2}$

9
a) $f(x) = 0{,}5\sin\left(2\left(x + \frac{1}{2}\right)\right)$
Streckung Faktor $\frac{1}{2}$ in x-Richtung
Streckung Faktor $\frac{1}{2}$ in y-Richtung
Verschiebung um $-\frac{1}{2}$ in x-Richtung
b) z.B. $g(x) = 5\sin(16x)$; $h(x) = 5\sin(16x) + 2$

10
Fig. 1: Ganzrationale Funktion mit Grad 3: f_4
Fig. 2: Gebrochenrationale Funktion, $x_1 = 1$ ist Definitionslücke: f_6
Fig. 3: Trigonometische Funktion, $p = 2$: f_5

11
F: Graph (2): $F'(1) = 0$, Hochpunkt $H(1|F(1))$
f: Graph (1): $f(1) = 0 = F'(1)$; $f'(2) = 0$; $N(1|0)$, $(1|2)$
Tiefpunkt $T(2|f(2))$
$g = f'$: Graph (3): $g(2) = 0 = f'(2)$; $N(2|0)$

12
a) Ja, f ist streng monoton wachsend (1) und $f(1) = 5$ (3), also: $f(1) < f(2) = 6$ ist möglich.
b) Nein, $f''(x) = (f')'(x) < 0$ (2), d.h., die Steigung des Graphen nimmt ab, also $f'(1) > f'(2)$.
c) Nein, da $f''(x) < 0$ ist, ist der Graph rechtsgekrümmt, d.h., es ist $f(2) \le f(1) + 1 \cdot 2 = 7 \ne 8$.

Skizze:

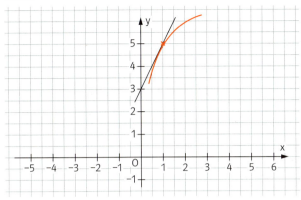

b) Siehe Fig.

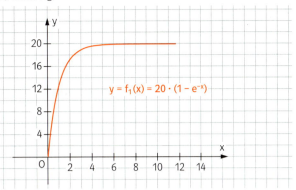

13
Es ist $\sin(2x) = 2\sin(x)\cdot\cos(x) = 2\cdot\sin(x)\cdot\sqrt{1-\sin^2(x)}$, also

$\sin(2x) = 2\cdot\frac{5}{13}\cdot\sqrt{1-\left(\frac{5}{13}\right)^2} = \frac{10}{13}\cdot\sqrt{\frac{144}{169}} \left(= \frac{120}{169}\right)$

14
Mögliche Lösung:

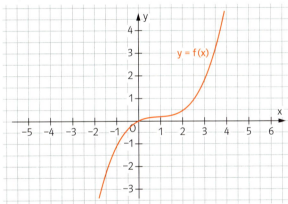

15
Ansatz: $f(x) = a\cdot(x+3)\cdot x\cdot(x-2)$
$f(1) = -2$ ergibt $a = 0{,}5$;
damit ist $f(x) = 0{,}5\cdot x\cdot(x+3)\cdot(x-2)$.

16
a) $f(x) = 2\cdot 0{,}5^{-x}$
b) $f(x) = 2\cdot\cos(2x)$

17
a) Das Gesetz kann durch die Differenzialgleichung $T' = k\cdot(T_R - T)$ beschrieben werden, welche beschränktes Wachstum beschreibt.

Wenn k kleiner wird, geht e^{-kx} langsamer gegen 0, also T langsamer gegen T_R. Bei $k = 1$ erfolgt die Annäherung an die Raumtemperatur relativ schnell. Es könnte z.B. sein, dass der Körper eine dünne Metallplatte ist, die in einem Wasserbad von Raumtemperatur bewegt wird.
$T(4) = 20\cdot(1 - e^{-k\cdot 4}) = 10$
$1 - e^{-k\cdot 4} = 0{,}5$
$e^{-k\cdot 4} = 0{,}5$
$-4k = \ln(0{,}5) = -\ln(2)$
$k = \frac{1}{4}\ln(2)$

c) Die momentane Änderungsrate der Temperatur, also die Ableitung, ergibt $T'(t) = 20\cdot e^{-t}$.
Die Differenz der Raumtemperatur T_R und der Temperatur $T(t)$ des Körpers ist $20 - 20\cdot(1 - e^{-t}) = 20e^{-t}$.
Beide Terme sind gleich (also proportional mit der Proportionalitätskonstanten 1).
d) Wenn $T_0 = 40$, ist die Gleichung $T(t) = 20\cdot(1 + e^{-k\cdot t})$.
T nähert sich „von oben" an T_R an.

18
a) $L = \{(t;\ 3t+6;\ 2t-3)\ |\ t\in\mathbb{R}\}$
b) z.B. $t = 2$: $(2;\ 12;\ 1)$; $t = -3$: $(-3;\ -3;\ -9)$

19
a) Falsch, z.B. $\vec{u} = \begin{pmatrix}1\\2\\3\end{pmatrix}$, $\vec{v} = \begin{pmatrix}2\\4\\6\end{pmatrix}$ sind linear abhängig.
b) Wahr.
c) Falsch, z.B. $f(x) = x^4$; $x_0 = 0$; $f''(0) = 0$, aber x_0 ist keine Wendestelle.
d) Falsch, z.B. $f(x) = x^2$; $x_0 = -1$; $f'(-1) = -2$; $f(-1) = 1$; $P(-1|1)$ liegt oberhalb der x-Achse.
e) Falsch, z.B. $\begin{cases} x_1 + x_2 = 1 \\ 2x_1 + 2x_2 = 2 \\ 4x_1 + 4x_2 = 4 \end{cases}$ hat unendlich viele Lösungen.
f) Wahr.

20
a) Die Gerade h ist parallel zur x_2-Achse. (Sie ist sogar identisch mit der x_2-Achse.)
b) Die Gerade g ist orthogonal zur x_2-Achse bzw. parallel zur x_1x_3-Ebene.

21
Zum Beispiel:

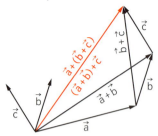

22
a) $x_1 = x_3 = 0$ liefert $s = -\frac{1}{4}$; $t = \frac{1}{2}$; $S\left(0\left|-\frac{1}{4}\right|0\right)$.

b) $x_2 = 0$ liefert $s = 0$; $g: \vec{x} = \begin{pmatrix} 0 \\ 0 \\ 1 \end{pmatrix} + t \cdot \begin{pmatrix} 1 \\ 0 \\ -2 \end{pmatrix}$, $t \in \mathbb{R}$.

c) Die Normalenvektoren $\vec{n_1} = \begin{pmatrix} 2 \\ -4 \\ 1 \end{pmatrix}$ und $\vec{n_2} = \begin{pmatrix} 2 \\ 4 \\ -5 \end{pmatrix}$ von E und F sind linear unabhängig, also schneiden sich die Ebenen.

23
Sind $\vec{u_g}$ bzw. $\vec{u_h}$ Richtungsvektoren der Geraden g bzw. h, so gilt für den Schnittwinkel α von g und h:

$\cos(\alpha) = \frac{|\vec{u_g} \cdot \vec{u_h}|}{|\vec{u_g}| \cdot |\vec{u_h}|}$; es ist $\cos(\beta) = \frac{|-\vec{u_g} \cdot (-\vec{u_h})|}{|-\vec{u_g}| \cdot |-\vec{u_h}|} = \frac{|\vec{u_g} \cdot \vec{u_h}|}{|\vec{u_g}| \cdot |\vec{u_h}|} = \cos(\alpha)$.

Man erhält ebenso den Schnittwinkel α.

24
Man spiegelt zwei Punkte P und Q der Geraden g an der Ebene E. Man erhält die Spiegelpunkte P* und Q*. Die gespiegelte Gerade geht durch P* und Q* und hat z.B. die Gleichung
$g^*: \vec{x} = \vec{p^*} + t \cdot (\vec{q^*} - \vec{p^*})$, $t \in \mathbb{R}$.

25
a) $P(A) = \frac{1}{4}$; $P(B) = \frac{1}{2}$; $P(C) = \frac{15}{16}$; $P(D) = \frac{9}{16}$

b) $P(12; 23; 34) = \frac{3}{16}$; $-1€ + \frac{3}{16} \cdot 5€ = -\frac{1}{16}€$.

Auf lange Sicht wird man durchschnittlich $\frac{1}{16}€$ verlieren.

26

	J	M	
Ja	33	29	62
Nein	13	25	38
	46	54	100

a) $P(J; N) = \frac{13}{46}$ b) $P(M; N) = \frac{25}{54}$ c) $P(N) = \frac{38}{100} = \frac{19}{50}$

27
a) Term (4)

b) Kontur des Graphen:

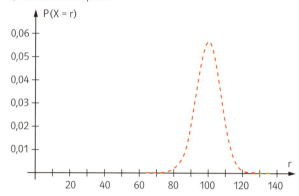

Abituraufgaben mit Hilfsmitteln, Seite 422

1
a) $f'_t(x) = t - (t+1) \cdot \frac{1}{x^2}$;
kein Punkt mit waagerechter Tangente für Graphen mit $-1 < t \leq 0$.

b) Maximal zwei Punkte, da die Bedingung $f'_t(x) = 0$ liefert
$x_{1,2} = \pm\sqrt{\frac{t+1}{t}}$.

2
a) $f(t) = 300{,}86 \cdot \sin(0{,}52t + 1{,}57) - 0{,}77$

b) Änderung: $\int_0^2 f(t)\,dt \approx 496{,}34$ (m³)

Nach 5h: $120 + \int_0^5 f(t)\,dt \approx 405{,}57$ (m³)

3
a) Skizze:

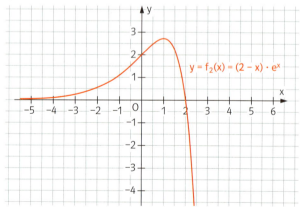

Hochpunkt $H(1|e)$, $N(2|0)$
$f'(x) = e^x(1-x)$
Für $x < 1$ ist f streng monoton wachsend;
für $x < 2$ ist $f(x) > 0$.
Für $x > 1$ ist f streng monoton fallend:
$H(1|e)$ ist absoluter Hochpunkt.
Für $x \to +\infty$ geht $f(x) \to -\infty$, also:
$W = (-\infty; e]$ oder $-\infty < f(x) \leq e$.

b) $H(t-1|e^{t-1})$; $e^{t-1} > 0$ für alle $t \in \mathbb{R}$

4
a) Skizze:

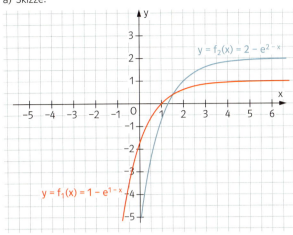

b) $f_1(x) = 1 - e^{-(x-1)}$
Spiegelung an der x-Achse,
Verschiebung um 1 in x-Richtung, Verschiebung um 1 in y-Richtung.
c) $f_t'(x) = e^{t-x} > 0$ für alle $x \in \mathbb{R}$, $t \in \mathbb{R}$, also ist f_t streng monoton wachsend.
d) $N(t - \ln(t) | 0)$; $y = t$; $S(0 | t - e^t)$
e) Tangente in $P(u | 1 - e^{1-u})$, $f_1'(u) = e^{1-u}$
t: $y = e^{1-u}(x - u) + 1 - e^{1-u}$
$S(1 + u | 1)$
Konstruktion der Tangente in P:
Zeichne $P(u | f(u))$ und $S(1 + u | 1)$; die Gerade durch P und S ist die Tangente in P.

5
a) Die maximale Höhe von 10 m entspricht der doppelten Amplitude der gesuchten Kosinusfunktion. Da die Rampe mit einem Minimum beginnt, entspricht der Graph einer an der x-Achse gespiegelten Kosinusfunktion. Daraus folgt $a = -5$. Der Graph ist um 5 Einheiten parallel zur y-Achse nach oben verschoben, also $c = 5$. Die halbe Periodenlänge entspricht 800 m. Deshalb muss in x-Richtung mit dem Faktor $\frac{1}{b} = \frac{800}{\pi}$ gestreckt werden.
Damit erhält man $r(x) = -5\cos\left(\frac{\pi}{800}x\right) + 5$.
Für die geraden waagerechten Anschlüsse ist die erste und die zweite Ableitung Null. Für die Funktion r gilt:
$r''(x) = \frac{\pi^2}{12\,800}\cos\left(\frac{\pi}{800}x\right)$ und damit $r''(0) = r''(800) = \frac{\pi^2}{12\,800} \neq 0$
b) Die folgenden sechs Bedingungen sind zu beachten:
$f(0) = 0$; $f'(0) = 0$; $f''(0) = 0$
$f(800) = 10$; $f'(800) = 0$; $f''(800) = 0$.
Das lässt sich nur mit einer ganzrationalen Funktion 5. Grades erreichen.
Ansatz: $f(x) = a_5 \cdot x^5 + a_4 \cdot x^4 + a_3 \cdot x^3 + a_2 \cdot x^2 + a_1 \cdot x + a_0$.
Aus den ersten drei Bedingungen folgt: $a_2 = a_1 = a_0 = 0$.
Es bleibt also: $f(x) = a_5 \cdot x^5 + a_4 \cdot x^4 + a_3 \cdot x^3$.
Aus den letzten drei Bedingungen erhält man das folgende lineare Gleichungssystem für die Koeffizienten a_5, a_4 und a_3:

$a_5 \cdot 800^5 + a_4 \cdot 800^4 + a_3 \cdot 800^3 = 10$
$5a_5 \cdot 800^4 + 4a_4 \cdot 800^3 + 3a_3 \cdot 800^2 = 0$
$20a_5 \cdot 800^3 + 12a_4 \cdot 800^2 + 6a_3 \cdot 800 = 0$

Als Lösung ergibt sich:
$a_5 = 1{,}83 \cdot 10^{-13}$, $a_4 = 3{,}66 \cdot 10^{-10}$, $a_3 = 1{,}95 \cdot 10^{-7}$
Damit erhält man für die Funktion f:
$f(x) = 1{,}83 \cdot 10^{-13} \cdot x^5 + 3{,}66 \cdot 10^{-10} \cdot x^4 + 1{,}95 \cdot 10^{-7} \cdot x^3$

6
a) $g(t) = 3{,}12 \cdot e^{0{,}0542t}$
b) 2020: $g(60) \approx 80{,}63$ (ppm); 2040: $g(80) \approx 238{,}37$ (ppm)
c) 2020: $f(60) \approx 41{,}44$ (ppm); 2040: $f(80) \approx 44{,}29$ (ppm)
$\lim_{t \to \infty} f(t) = 45$ (ppm)
d) $f'(t) < 0{,}1$ für $t > 73{,}35$; also im Laufe des Jahres 2033.

7
a) g_{AB}: $\vec{x} = \begin{pmatrix} 2 \\ 3 \\ -1 \end{pmatrix} + t \cdot \begin{pmatrix} 2 \\ -3 \\ 6 \end{pmatrix}$; $t \in \mathbb{R}$, die Richtungsvektoren sind linear abhängig, also ist $g \parallel g_{AB}$.
Punktprobe von C auf g liefert mit $t = 1$: $C \in g$.
b) $D(3 | 6 | -8)$
c) $D_1(5 | 3 | -2)$, $C_1(7 | 0 | 4)$
d) Die Gleichung $|\vec{AB}| = |\vec{AC_t}|$ hat 2 Lösungen, also gibt es 2 Punktepaare C_2, D_2 bzw. C_3, D_3.
e) Grundseite $|\vec{AB}| = 7$
Höhe: Abstand der parallelen Geraden, $h = \sqrt{10}$
$A = 7\sqrt{10}$ gilt für alle möglichen Parallelogramme.

8
a) Skizze:

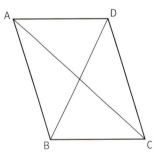

$\vec{AC}^2 = \vec{BD}^2$
$(\vec{AB} + \vec{BC})^2 = (-\vec{AB} + \vec{AD})^2$
$(\vec{AB} + \vec{AD})^2 = (\vec{AD} - \vec{AB})^2$
$\vec{AB}^2 + 2\vec{AB} \cdot \vec{AD} + \vec{AD}^2 - \vec{AB}^2 + 2\vec{AB} \cdot \vec{AD} - \vec{AD}^2 = 0$
$\vec{AB} \cdot \vec{AD} = 0$
Es handelt sich um ein Rechteck.
b) Wenn in einem Viereck ein Paar gegenüberliegender Seiten gleichlang und parallel ist und die Diagonalen gleich lang sind, dann ist das Viereck ein Rechteck. Oder: Ein Parallelogramm mit gleich langen Diagonalen ist ein Rechteck.

9

a) Zeichnung:

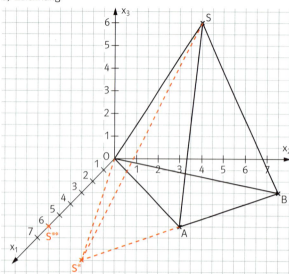

∢ BAO = 90°; ∢ AOB = 26,6°; ∢ OBA = 63,4°

b) A = 18; V = 48. Punktprobe für S auf g liefert: S ∈ g. g ist parallel zur x_1x_2-Ebene, in der die Grundfläche liegt. Bewegt sich S auf g, so bleibt die Höhe konstant. Da die Grundfläche unverändert ist, ist auch V konstant. S kann sich in der Ebene $x_3 = 8$ bzw. $x_3 = -8$ bewegen, ohne dass sich V ändert.

c) Lichtstrahl s: $\vec{x} = \begin{pmatrix} 4 \\ 6 \\ 8 \end{pmatrix} + t \cdot \begin{pmatrix} 5 \\ -3 \\ -8 \end{pmatrix}$; $t \in \mathbb{R}$

S*(9|3|0); S**(6|0|0); Richtung des Lichteinfalls: $\vec{v} = \begin{pmatrix} 2 \\ -6 \\ -8 \end{pmatrix}$
(siehe Abbildung bei Teilaufgabe a)

10

a) Übergangsmatrix:

```
[A]
    [[.4 .5 .3]
     [.4 .4 .4]
     [.2 .1 .3]]
```

Am dritten Tag verkauft die Eisdiele C nach diesem Modell 1602 Kugeln Eis.

b) Betrachtet man den Grenzvektor $\vec{g} = \begin{pmatrix} 19/45 \\ 2/5 \\ 8/45 \end{pmatrix}$ so kann man aus der Startverteilung die langfristig verkaufte Anzahl von $\frac{8}{45} \cdot 9000 = 1600$ Kugeln berechnen.

c) Bisher hat die Eisdiele einen Umsatz von 1600 · 0,80 € = 1280 € am Tag gehabt. Die neue Übergangsmatrix lautet: $\begin{pmatrix} 0,4 & 0,5 & 0,25 \\ 0,4 & 0,4 & 0,25 \\ 0,2 & 0,1 & 0,5 \end{pmatrix}$

Das ergibt langfristig einen Marktanteil von 24%, die Eisdiele verkauft also auf lange Sicht 2160 Eiskugeln, hat also einen Umsatz von 1512 € pro Tag. Da sich die Fixkosten nicht verändert haben, ist die Preissenkung für die Eisdiele lohnend.

11

a) 14:15 Uhr

b) φ ≈ 20,6°

c) 320 km östlich und 130 km nördlich von A, auf 2000 m Höhe

d) Ca. 15:07 Uhr: 379,2 km östlich von A, 174,4 km nördlich von A auf 2000 m Höhe

12

X: Anzahl fehlerfreier Lampen; p = 0,98.

a) P(X = 98) = 0,2734; P(X ≤ 98) = 0,5967

b) µ = n · p = 1000 · 0,98 = 980
P(X ≤ 970) = 0,0207; P(X ≥ 990) = 0,0102
Die Werte um den Erwartungswert haben die größte Wahrscheinlichkeit. Werte, die relativ weit von µ entfernt liegen, haben nur eine sehr geringe Wahrscheinlichkeit.
(Genauer: Die Standardabweichung $\sigma = \sqrt{n \cdot p \cdot (1-p)} = 4{,}43$ ist ein Maß für die Streuung der Werte um µ:
P(µ − σ ≤ X ≤ µ + σ) ≈ 70%; P(µ − 2σ ≤ X ≤ µ + 2σ) ≈ 95%.
Daher haben außerhalb des 2σ-Intervalls gelegene Werte weniger als 5% Wahrscheinlichkeit.)

c) Es muss gelten: $0{,}98^n \geq 0{,}9$ (n: Stichprobenumfang).
Das ist für $n \leq \frac{\log 0{,}9}{\log 0{,}98}$, also für n ≤ 5 der Fall.

d) Es muss gelten: $p^{50} \geq 0{,}9$; p ≥ 0,9979.

13

a) Die relative Häufigkeit ist h = 0,856, der Stichprobenumfang n = 2159.

Mit $\sqrt{\frac{h(1-h)}{n}} \approx 0{,}0075$ erhält man als Vertrauensintervall näherungsweise $\left[h - 1{,}96\sqrt{\frac{h(1-h)}{n}};\ h + 1{,}96\sqrt{\frac{h(1-h)}{n}}\right] = [0{,}841;\ 0{,}871]$.

b) Je höher das Vertrauensniveau, desto größer ist das Vertrauensintervall. Denn der Faktor vor der Wurzel (bei Teilaufgabe a) 1,96) steigt mit wachsendem Vertrauensniveau, daher wird auch die Intervalllänge größer. Je größer der Stichprobenumfang, desto kleiner ist das Vertrauensintervall. Denn der Wert des Wurzelterms wird mit wachsendem Stichprobenumfang n kleiner, weil n im Nenner steht. Daher wird auch die Intervalllänge kleiner.

14

a) Man berechnet den Mittelwert der Laufzeiten aus der relativen Häufigkeitsverteilung: Dazu multipliziert man die Klassenmitten m_i mit den relativen Häufigkeiten h_i und addiert die Summanden $\bar{x} \approx m_1 h_1 + m_2 h_2 + m_3 h_3 + \ldots + m_k h_k$. Ergebnis: 249,54

Man berechnet die empirische Standardabweichung s der Laufzeiten, indem man die Differenzen der Klassenmitten zum oben berechneten Mittelwert quadriert, die Quadrate mit den relativen Häufigkeiten multipliziert, aufaddiert und aus der Summe die Wurzel berechnet.

$s \approx \sqrt{(m_1 - \bar{x})^2 \cdot h_1 + (m_2 - \bar{x})^2 \cdot h_2 + \ldots + (m_k - \bar{x})^2 \cdot h_k}$

Ergebnis: 39,555

b) P(235 < X ≤ 265) = 29,23%   relative Häufigkeit: 29,5%
P(X ≤ 205) = 13,03%   relative Häufigkeit: 13,2%
P(X > 265) = 35,38%   relative Häufigkeit: 33,7%
P(245 < X < 255) = 9,95%   relative Häufigkeit: 11,1%

c) 60,5 % aller Laufzeiten liegen zwischen 215 und 285 Minuten (Klassenmitten von 220 bis 280)

220	230	240	250	260	270	280	Summe
6,9 %	9,8 %	8,6 %	11,1 %	9,8 %	8,3 %	6,1 %	60,6 %

d) In der 0,84 σ-Umgebung liegen 60 % aller Werte einer normalverteilten Zufallsgröße. Damit ergibt sich das 60 %-Intervall [250 − 8,54·40; 250 + 0,84·40] = [216; 283]. Das ist mit der Beobachtung aus Teilaufgabe c) sehr gut verträglich.

15

a) $P(A) = 3 \cdot \left(\frac{1}{3}\right)^2 \cdot \frac{2}{3} = \frac{2}{9}$; $P(B) = \left(\frac{1}{3}\right)^3 + \left(\frac{2}{3}\right)^3 = \frac{1}{3}$;

$P(C) = 3 \cdot \frac{1}{3} \cdot \left(\frac{2}{3}\right)^2 = \frac{4}{9}$

b) Bis die Augensumme mindestens 4 ist, sind 2, 3 oder 4 Drehungen möglich mit den Wahrscheinlichkeiten in der Tabelle:

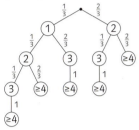

Die Kreise enthalten die erzielten Augensummen.

Drehungen	2	3	4
zugehörige Wahrscheinlichkeit	$\frac{4}{9}$	$\frac{14}{27}$	$\frac{1}{27}$

Erwartungswert für die Zahl der Drehungen (≙ mittlere Zahl der Drehungen): $2 \cdot \frac{4}{9} + 3 \cdot \frac{14}{27} + 4 \cdot \frac{1}{27} = \frac{70}{27} \approx 2{,}59$.

c) Erwartungswert für Gewinn: $\frac{1}{9} \cdot 1€ + \frac{4}{9} \cdot 0€ + \frac{4}{9} \cdot (-1€) = -\frac{1}{3}€$.

p sei die Wahrscheinlichkeit für die „2" bei Erwartungswert 0. Dann muss gelten: $(1-p)^2 \cdot 1€ + p^2 \cdot 0€ + (1 - p^2 - (1-p)^2) \cdot (-1€) = 0$.
$3p^2 - 4p + 1 = 0$; $p_1 = 1$; $p_2 = \frac{1}{3}$. Die erste Lösung ist nicht sinnvoll, weil sonst das Glücksrad nur den Sektor 2 hat. Das wäre kein Glücksrad mehr. Bei der Lösung $p = \frac{1}{3}$ wären die Sektoren mit der „1" und der „2" zu vertauschen in Fig. 2, Seite 425.

Kapitel I, Zeit zu überprüfen, Seite 17

7

a)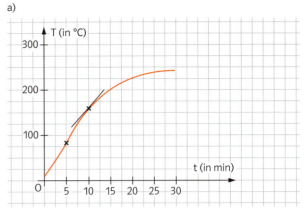

b) Da die Temperatur während des Vorheizens immer zunimmt, ist $T'(t) > 0$.

c) $T(5) = 80$ bedeutet: Fünf Minuten nach Beginn des Vorheizens beträgt die Temperatur im Herd 80 °C. $T'(10) = 2$ bedeutet: Zehn Minuten nach Beginn des Vorheizens beträgt die momentane Temperaturzunahme 2 °C pro Minute, d.h., bei gleichbleibender Temperaturzunahme würde die Temperatur in der nächsten Minute um 2 °C steigen.

8

a)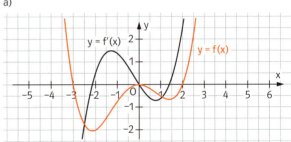

b)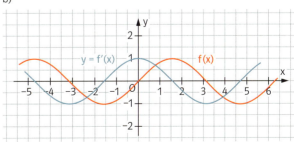

Kapitel I, Zeit zu überprüfen, Seite 19

5
a) $f'(x) = 3x^2 + 6x - 17$; $f''(x) = 6x + 6$
b) $f'_t(x) = 3tx^2 + 6tx - 17$; $f''_t(x) = 6tx + 6t$
c) $f'(x) = \frac{1}{4}x^{-\frac{3}{4}}$; $f''(x) = -\frac{3}{16}x^{-\frac{7}{4}}$
d) $f'(x) = -2x^{-2}$; $f''(x) = 4x^{-3}$
e) $f(x) = 1 + x^{-2}$; $f'(x) = -2x^{-3}$; $f''(x) = 6x^{-4}$
f) $f'(x) = \frac{1}{3}x^{-\frac{2}{3}} + 2\cos(x)$; $f''(x) = -\frac{2}{9}x^{-\frac{5}{3}} - 2\sin(x)$

6
a) $P_1(1|-2)$; $P_2(-1|0)$ b) $P\left(\frac{\pi}{2}\Big|0\right)$

Kapitel I, Zeit zu wiederholen, Seite 20

13
a) $(1|1)$, $(-1,5|0)$ und $(-4|-1)$
b) Es gibt beliebig viele Lösungen, z.B. $a = 0$, $b = 0$, $c = 0$.

14
Die Lösungen stellen Geraden dar. Um diese zu zeichnen, löst man am besten die Gleichungen nach y auf:
a) $y = 2x - 3$
b) $y = -\frac{3}{4}x$
c) $y = -\frac{2}{3}x + \frac{5}{3}$
d) $y = \frac{2}{3}x - \frac{4}{3}$

Dann zeichnet man erst den y-Achsenabschnitt (die Zahl ohne x) und erhält einen ersten Punkt. Von diesem geht man dann 1 nach rechts und die Steigung (die Vorzahl von x) nach oben bzw. unten (bei negativer Steigung). Ist die Steigung ein Bruch, geht man besser den Nenner nach rechts und den Zähler nach oben bzw. unten. So erhält man einen zweiten Punkt. Die gesuchte Gerade verläuft durch die beiden gezeichneten Punkte. Zur Kontrolle kann man die Geraden am GTR zeichnen (Einheiten sind jeweils 1):

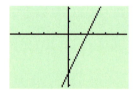

Fig. 1 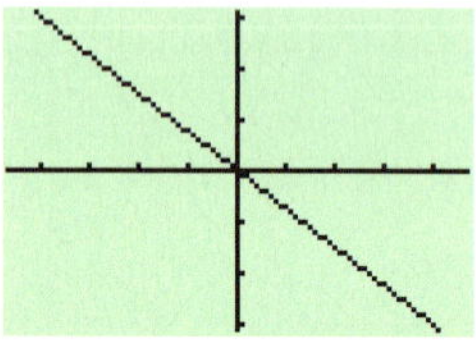 Fig. 2
Fig. 3 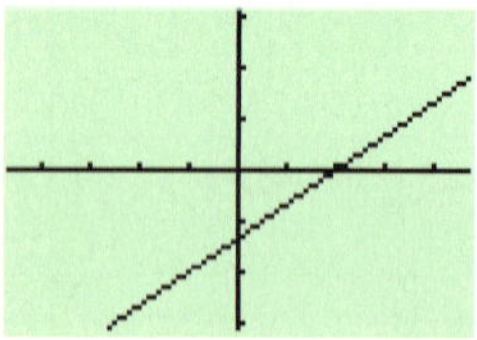 Fig. 4 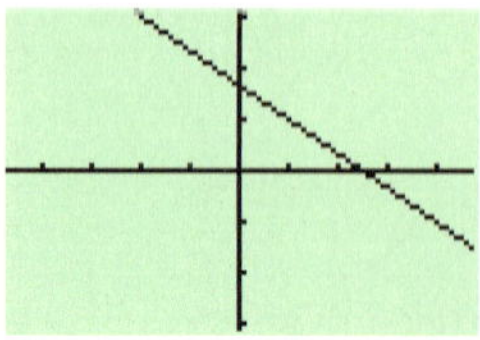

a) $A(0|-3)$, $B(-2|-7)$, $C(1,5|0)$, $D(2,5|2)$
b) $A(0|0)$, $B(-2|1,5)$, $C(0|0)$, $D\left(-\frac{8}{3}\Big|2\right)$
c) $A\left(0\Big|\frac{5}{3}\right)$, $B(-2|3)$, $C(2,5|0)$, $D(-0,5|2)$
d) $A\left(0\Big|-\frac{4}{3}\right)$, $B\left(-2\Big|-\frac{8}{3}\right)$, $C(2|0)$, $D(5|2)$

Kapitel I, Zeit zu überprüfen, Seite 23

8
a) Aus der Zeichnung entnimmt man:
Rechtskurve für $x < 1$; Linkskurve für $x > 1$.
b) $f''(x) = 2x - 2$. $f''(x) > 0$ für $x > 1$; der Graph von f ist eine Linkskurve; $f''(x) < 0$ für $x < 1$; der Graph von f ist eine Rechtskurve.

9
a) $f''(x) = 6x$; $f''(x) > 0$ für $x > 0$; der Graph von f ist eine Linkskurve; $f''(x) < 0$ für $x < 0$; der Graph von f ist eine Rechtskurve.
b) $f''(x) = 6(x - 2)$; $f''(x) > 0$ für $x > 2$; der Graph von f ist eine Linkskurve; $f''(x) < 0$ für $x < 2$; der Graph von f ist eine Rechtskurve.
c) $f''(x) = 12x^2 - 12$; $f''(x) > 0$ für $x < -1$ oder $x > 1$; der Graph von f ist eine Linkskurve; $f''(x) < 0$ für $-1 < x < 1$; der Graph von f ist eine Rechtskurve.

Kapitel I, Zeit zu überprüfen, Seite 27

7
a) $H(0|1)$; $T(1|0)$ b) $H(1|1)$; $T(2|0)$ c) $T(2|0)$

8
a) Für $x < -2$ und $x > 2$ ist f streng monoton wachsend; für $-2 < x < 0$ und $0 < x < 2$ ist f streng monoton fallend. An der Stelle $x = -2$ hat f ein lokales Maximum, an der Stelle $x = 2$ ein lokales Minimum und an der Stelle $x = 0$ ist $f'(0) = 0$ ohne VZW, hat also keine Extremstelle.
b)

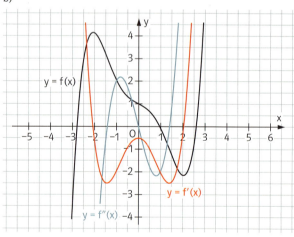

Kapitel I, Zeit zu überpüfen, Seite 30

6
a) $W(0|0)$; $t: y = 0$
b) $W_1(-0,8165|1,111)$; $t_1: y = -2,177x - 0,667$
$W_2(0,8165|1,111)$; $t_2: y = 2,177x - 0,667$

c) $W_1(-0{,}949 | 0{,}844)$; $t_1: y = -3{,}05x - 2{,}05$
$W_2(0{,}949 | -0{,}844)$; $t_2: y = -3{,}05x + 2{,}05$
$W_3(0|0)$; $t_3: y = x$

7

a) Bei $x \approx -1{,}4$ hat f ein lokales Maximum und bei $x \approx 1{,}4$ ein lokales Minimum. f hat eine Wendestelle bei $x = 0$.

b)

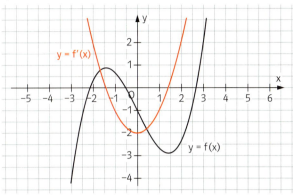

Kapitel I, Zeit zu überprüfen, Seite 33

5

a) $t: y = -5x - 4$; $n: y = \frac{1}{5}x + 6{,}4$
b) $t: y = -\frac{1}{4}x + 4$; $n: y = 4x - 13$

6

$t: y = 4ux - 2u^2 - 3$
a) $A(2|-3)$ ergibt $0 = 8u - 2u^2$ mit $u_1 = 0$ und $u_2 = 4$ und den Tangenten $t_1: y = -3$ und $t_2: y = 16x - 35$.
b) $A\left(2 \Big| -\frac{9}{8}\right)$ ergibt $0 = 2u^2 - 8u + 1{,}875$ mit $u_1 = 3{,}75$ und $u_2 = 0{,}25$ und den Tangenten $t_1: y = 15x - 31{,}125$ und $t_2: y = x - 3{,}125$.
c) $A(1|1)$ ergibt $2u^2 - 4u + 4 = 0$. Da diese Gleichung keine Lösungen besitzt, existiert die gesuchte Tangente nicht.

Kapitel I, Zeit zu überprüfen, Seite 37

5

a) $v(0) = 0$; $v(10) = 20$ mit $v'(t) > 0$ für $0 \leq t \leq 10$
b) $v'(t) < 0$ für $30 \leq t \leq 35$ (v' entspricht der Beschleunigung)
c) $v''(15) = 0$ und $v'(15) > 0$. Die Zunahme (bzw. Änderung) der Geschwindigkeit entspricht der Beschleunigung $\left(\text{Einheit } \frac{m}{s^2}\right)$.

6

a) Mit $O'(t) = -\frac{1}{100}(t^2 - 24t + 108)$ und $O''(t) = \frac{1}{50}(12 - t)$ erhält man $H(18|19)$ und $T(6|16{,}12)$.
b) Die Steigung gibt die Größe der Veränderung der Temperatur zu diesem Zeitpunkt an $(O'(12) = 0{,}36)$.

Kapitel I, Zeit zu überprüfen, Seite 41

10

Oberfläche: $O = x^2 + 4xy$ mit $x, y \geq 0$; Nebenbedingung: $V = x^2 \cdot y$; Zielfunktion: $O(x) = x^2 + \frac{160}{x}$. Globales Minimum für $x \approx 4{,}31$ und $y \approx 2{,}15$.

11

Durchmesser x (in dm), Höhe h (in dm);
Länge der Nahtlinie (in dm): $N = \pi x + h$.
Nebenbedingung:
Volumen $V = \frac{\pi}{4}x^2 \cdot h = 2$ liefert $h = \frac{8}{\pi x^2}$ mit $x > 0$.
Zielfunktion: $N(x) = \pi x + \frac{8}{\pi x^2}$
Lokales Minimum $x \approx 1{,}175$ (GTR)
$N'(x) = \pi - \frac{16}{\pi x^3} = 0$ liefert $x_1 = \left(\frac{16}{\pi^2}\right)^{\frac{1}{3}} \approx 1{,}175$.
Da $N'(x) < 0$ für $0 < x < x_1$ und $N'(x) > 0$ für $x > x_1$, ist aufgrund des Monotoniesatzes die Funktion N für $0 < x < x_1$ streng monoton fallend und für $x > x_1$ streng monoton wachsend. Damit besitzt N genau einen Extremwert. Bei absolut kürzester Schweißnaht muss der Durchmesser des Topfes etwa 11,8 cm, seine Höhe 18,5 cm sein.

Kapitel I, Zeit zu wiederholen, Seite 42

20

Es gilt: $\frac{\alpha}{360°} = \frac{b}{2\pi}$.
a) 180°, $\sin(180°) = 0$ b) 90°, $\sin(90°) = 1$
c) 60°, $\sin(60°) = \frac{1}{2}\sqrt{3} \approx 0{,}8660$ d) 45°, $\sin(45°) = \frac{1}{2}\sqrt{2} \approx 0{,}7071$

21

a) $\frac{\pi}{2}$; $\sin\left(\frac{\pi}{2}\right) = 1$; $\cos\left(\frac{\pi}{2}\right) = 0$
b) $\frac{\pi}{3}$; $\sin\left(\frac{\pi}{3}\right) = \frac{1}{2}\sqrt{3} \approx 0{,}8660$; $\cos\left(\frac{\pi}{3}\right) = \frac{1}{2}$
c) $\frac{4}{9}\pi$; $\sin\left(\frac{4}{9}\pi\right) \approx 0{,}9848$; $\cos\left(\frac{4}{9}\pi\right) \approx 0{,}1736$
d) $\frac{11}{9}\pi$; $\sin\left(\frac{11}{9}\pi\right) \approx -0{,}6428$; $\cos\left(\frac{11}{9}\pi\right) \approx -0{,}7660$

22

a) $y = \frac{5}{\sin(58°)} \approx 5{,}90$ (in cm), $x = y \cdot \cos(58°) \approx 3{,}12$ (in cm), also $\beta = 32°$
b) $b = \sqrt{20{,}5^2 - 12{,}3^2} = 16{,}4$ (in m), $\sin(\alpha) = \frac{12{,}3}{20{,}5}$, also $\alpha \approx 36{,}87°$, $\beta \approx 53{,}13°$
c) $c = \sqrt{3^2 + 4^2} = 5$, $\sin(\alpha) = \frac{4}{5}$, also $\alpha \approx 53{,}13°$, $\beta \approx 36{,}87°$

23

a) $\tan(\alpha) = 0{,}12$, also $\alpha \approx 6{,}84°$
b) $h = 2800 \cdot \sin(6{,}84°) \approx 333{,}6$ (in m)
c) 2,8 cm

Kapitel I, Zeit zu wiederholen, Seite 46

11

a) $x = 1$, $y = 3$ b) $x = 2$, $y = 2$

c) $x = 0$, $y = -2$ d) $x = -\frac{1}{2}$, $y = -\frac{5}{4}$

Zur Lösung mit dem GTR löst man zunächst beide Gleichungen nach y auf und gibt sie als Formeln ein. Als Graphen erhält man zwei Geraden. Man bestimmt deren Schnittpunkt. Seine Koordinaten sind die Lösung des Gleichungssystems.
Alternativ kann man die Koeffizienten im Matrix-Editor eingeben, wie an Beispiel c) gezeigt wird:

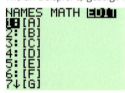
Fig. 1

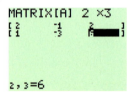
Fig. 2

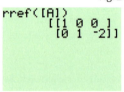
Fig. 3   Fig. 4

Mithilfe der Funktion rref wird die Matrix so umgeformt, dass man die Lösung in der letzten Spalte ablesen kann.

Kapitel I, Prüfungsvorbereitung ohne Hilfsmittel, Seite 52

1

a) $f(x) = x^2 - 1$

$f'(x) = 0$ liefert:

$f'(0) = 0$; $f''(0) = 2 > 0$.

Minimum bei $x_0 = 0$, $T(0|-1)$

$f''(x) = 2 \neq 0$, keine Wendestellen.

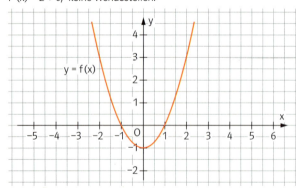

b) $f(x) = \frac{1}{x} = x^{-1}$; $x \neq 0$

$f'(x) = -x^{-2}$; $f''(x) = 2x^{-3}$

$f'(x) \neq 0$ für alle x, keine Extremstellen.

$f''(x) \neq 0$ für alle x, keine Wendestellen.

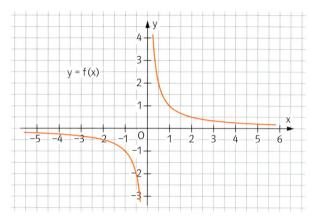

c) $f(x) = 0{,}5\,x^3$

$f'(x) = 1{,}5\,x^2$; $f''(x) = 3x$; $f'''(x) = 3$

$f'(x) = 0$ liefert:

$f'(0) = 0$; $f''(0) = 0$ und kein VZW an der Stelle $x_0 = 0$, keine Extremstelle.

$f''(0) = 0$; $f'''(0) = 3 \neq 0$, Wendestelle bei $x_0 = 0$, $W(0|0)$, W ist ein Sattelpunkt.

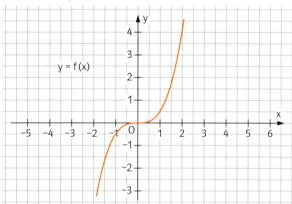

d) $f(x) = 2\sin(x)$

$f'(x) = 2\cos(x)$; $f''(x) = -2\sin(x)$; $f'''(x) = -2\cos(x)$

$f'(x) = 0$ liefert: $x_1 = \frac{\pi}{2}$; $x_2 = \frac{3\pi}{2}$.

$f''\left(\frac{\pi}{2}\right) = -2 < 0$, Maximum bei $x_1 = \frac{\pi}{2}$.

$f''\left(\frac{3\pi}{2}\right) = 2 > 0$, Minimum bei $x_2 = \frac{3\pi}{2}$.

$f''(x) = 0$ liefert $x_3 = 0$; $x_4 = \pi$; $x_5 = 2\pi$.

$f'''(0) = f'''(2\pi) = -2 \neq 0$; $f'''(\pi) = 2 \neq 0$.

$H\left(\frac{\pi}{2}\big|2\right)$; $T\left(\frac{3\pi}{2}\big|-2\right)$; $W_1(0|0)$; $W_2(\pi|0)$; $W_3(2\pi|0)$

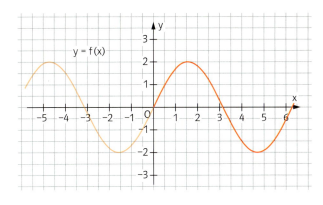

2
a) $f(x) = 3x^5 + 4\cos(x)$; $f'(x) = 15x^4 - 4\sin(x)$;
$f''(x) = 60x^3 - 4\cos(x)$
b) $f(x) = 2x^4 + \sqrt{x} + 1$; $f'(x) = 8x^3 + \frac{1}{2\sqrt{x}}$; $f''(x) = 24x^2 - \frac{1}{4x\sqrt{x}}$
c) $f(x) = \sqrt[3]{x} + 2x^{-1}$; $f'(x) = \frac{1}{3}x^{-\frac{2}{3}} - 2x^{-2}$; $f''(x) = -\frac{2}{9}x^{-\frac{5}{3}} + 4x^{-3}$

3
a) Falsch. $f'(-2) > 0$; f kann an der Stelle $x = -2$ kein Maximum haben (f hat eine Wendestelle).
b) Richtig. An den Stellen $x_1 = -2$ und $x_2 = 1$ hat f' Extrema und somit f genau an diesen Stellen zwei Wendepunkte.
c) Falsch. Für $0 < x < 4$ ist $f'(x) < 0$, also ist f monoton fallend, es gilt: $f(0) > f(4)$.
d) Richtig. Im sichtbaren Bereich ist $f'(x) > 0$ für $x > 4$.

4
$f(x) = \frac{3}{x} + 3$ $(x \neq 0)$, $f'(x) = -\frac{3}{x^2}$
a) $P(1|6)$; $f'(1) = -3$. t: $y = f'(u)(x - u) + f(u) = -3(x - 1) + 6$;
t: $y = -3x + 9$.
b) Schnitt mit der x-Achse $y = 0$: $-3x + 9 = 0$, somit $x = 1$. In $S(3|0)$ schneidet t die x-Achse.

5
a) $f(x) = x^4 - 4x^3$; $f'(x) = 4x^3 - 12x^2$; $f''(x) = 12x^2 - 24x$;
$f'''(x) = 24x - 24$.
$f'(x) = 0$ liefert: $4x^2(x - 3) = 0$ und somit $x_1 = 0$ und $x_2 = 3$.
An den Stellen $x_1 = 0$ mit $P_1(0|0)$ und $x_2 = 3$ hat der Graph f Punkte mit waagerechter Tangente, also insbesondere auch im Ursprung.
$f''(x) = 0$: $12x(x - 2) = 0$ liefert $x_1 = 0$ und $x_2 = 2$. Aus $f'''(0) = -12 \neq 0$ folgt, dass der Graph von f an der Stelle $x_1 = 0$ auch einen Wendepunkt hat.
b) $g(x) = x^4 - 4x^3 + 2x$; $g'(x) = 4x^3 - 12x^2 + 2$; $g''(x) = 12x^2 - 24x$;
$g'''(x) = 24x - 24$.
Es ist $g''(x) = f''(x)$, somit hat g die gleiche Wendestelle wie f. Die Wendetangente an den Graphen von g im Wendepunkt $W(0|0)$ hat die Steigung $g'(0) = 2$.

6
Es ist $A(x) = 2xy + \frac{1}{2}\pi x^2 \approx 2xy + 1{,}5x^2$ und $U(x) = 2y + 2x + \pi x$
$\approx 2y + 2x + 3x = 2y + 5x$. Da der Umfang 28 m beträgt, gilt (ohne Einheiten): $2y + 5x = 28$ bzw. $y = \frac{28 - 5x}{2} = 14 - 2{,}5x$.
Diese Gleichung in $A(x)$ eingesetzt liefert:
$A(x) = 2x(14 - 2{,}5x) + 1{,}5x^2 = -3{,}5x^2 + 28x$.
Suche nach Extremwerten: $A'(x) = -7x + 28$; $A''(x) = -7$.
$A'(x) = 0$ liefert $-7x + 28 = 0$ und $x = 4$. Da $A''(4) = -7 < 0$ ist, liegt an der Stelle $x = 4$ ein Maximum vor. Mit $y = 14 - 2{,}5x$ und $x = 4$ ergibt sich $y = 4$. Ein Lkw mit 4,1 m Höhe kann diesen Tunnel also nicht befahren.

7
$f(x) = -\frac{1}{2}x^4 + 3x^2$; $f'(x) = -2x^3 + 6x$; $f''(x) = -6x^2 + 6$;
$f'''(x) = -12x$
a) Nullstellen: $f(x) = 0$ liefert $x^2\left(-\frac{1}{2}x^2 + 3\right) = 0$ und $x_1 = 0$;
$x_2 = \sqrt{6}$; $x_3 = -\sqrt{6}$.
Lokale Extremstellen: $f'(x) = 0$ liefert: $x(-2x^2 + 6) = 0$ und
$x_1 = 0$; $x_4 = \sqrt{3}$ und $x_5 = -\sqrt{3}$.
Es ist $f''(0) = 6 > 0$; $f''(\sqrt{3}) = -12 < 0$ und $f''(-\sqrt{3}) = -12 < 0$.
Somit Minimum bei $f(0) = 0$, Maximum bei $f(\sqrt{3}) = 4{,}5$ und $f(-\sqrt{3}) = 4{,}5$.

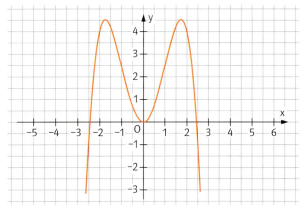

b) Bestimmung der beiden Wendestellen:
$f''(x) = 0$ liefert: $-6x^2 + 6 = 0$ und $x_6 = -1$; $x_7 = 1$. Da $f'''(-1) = 12 \neq 0$ und $f'''(1) = -12 \neq 0$ sind $f(-1) = 2{,}5$ und $f(1) = 2{,}5$ Wendestellen des Graphen. Mit $f'(-1) = -4$ und $f'(1) = 4$ ergeben sich t_1: $y = -4x - 1{,}5$ und t_2: $= 4x - 1{,}5$. Der Schnittpunkt S der Wendetangenten ist $S(0|-1{,}5)$.

8

a) Zum Beispiel:

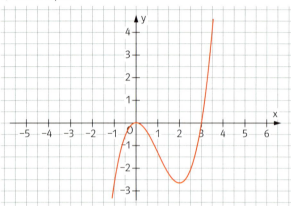

Weitere Eigenschaften: Maximum an der Stelle $x_1 = 0$; zwei Nullstellen: $x_1 = 0$ und $x_2 = 3$; eine Wendestelle ($x_3 = 1$).
b) Zum Beispiel: f Funktion vierten Grades, zwei Wendestellen und hier drei Nullstellen.

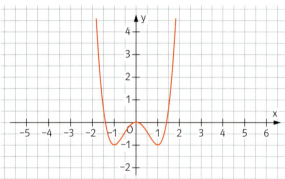

9

a) Falsch. Der Graph im Bild unten von f wächst streng monoton ($f'(x) > 0$), es ist aber $f''(x) < 0$ (Rechtskurve).
b) Richtig. $f'(x) = 0$ ist eine notwendige Bedingung für lokale Extremstellen.
c) Richtig. Ganzrationale Funktionen streben für $|x| \to \infty$ immer gegen $\pm \infty$, haben an den Rändern also keine Extremstellen. Wenn es globale Extremstellen gibt, so sind diese unter den lokalen Extremstellen zu finden.

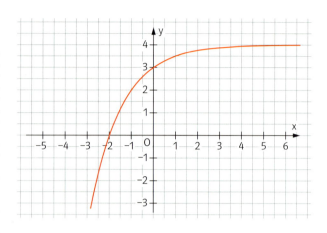

Kapitel I, Prüfungsvorbereitung mit Hilfsmitteln, Seite 53

1

a) $W(2|4)$; $t: y = -12x + 28$
b) $W_1(0|0{,}5)$; $t_1: y = 0{,}5$; $W_2(1|0)$; $t_2: y = -x + 1$
c) $W(0|1)$; $t: y = -x + 1$

2

Allgemeiner Punkt von f: $P_u(u|u^2 - 2u - 6)$.
Abstand Ursprung zu P_u: $d(O, P_u) = \sqrt{u^2 + (u^2 - 2u - 6)^2}$. Mit dem GTR ermittelt man das Minimum bei $u \approx -1{,}59$. Der Punkt $P_{-1{,}59}(-1{,}59|-0{,}29)$ hat den kleinsten Abstand zum Ursprung.

3

a) $f(x) = -x^3 + x^2 + cx$; $f'(x) = -3x^2 + 2x + c$.
Notwendige Bedingung: $f'(x) = 0$, d.h. $-3x^2 + 2x + c = 0$, also $x_{1,2} = \frac{-2 \pm \sqrt{4 + 12c}}{-6}$.
Genau eine mögliche Extremstelle für $4 + 12c = 0$, also für $c = -\frac{1}{3}$. Keine Lösung für $4 + 12c < 0$, also für $c < -\frac{1}{3}$.
Zwei mögliche Extremstellen für $4 + 12c > 0$, also für $c > -\frac{1}{3}$.
b) $f(x) = -x^3 + cx^2 + x$; $f'(x) = -3x^2 + 2cx + 1$.
Notwendige Bedingung: $f'(x) = 0$, d.h. $-3x^2 + 2cx + 1 = 0$, also $x_{1,2} = \frac{-2c \pm \sqrt{4c^2 + 12}}{-6}$.
Da $4c^2 + 12 > 0$ ist, hat die Funktion f für alle $c \in \mathbb{R}$ zwei mögliche Extremstellen.
c) $f(x) = cx^3 + x^2 + x$; $f'(x) = 3cx^2 + 2x + 1$.
Notwendige Bedingung: $f'(x) = 0$, d.h. $3cx^2 + 2x + 1 = 0$, also $x_{1,2} = \frac{-2 \pm \sqrt{4 - 12c}}{6c}$ für $c \neq 0$.
Genau eine mögliche Extremstelle für $4 - 12c = 0$, also für $c = \frac{1}{3}$.
Keine Lösung für $4 - 12c < 0$, somit $c > \frac{1}{3}$.
Zwei mögliche Extremstellen für $4 - 12c > 0$, also für $c < \frac{1}{3}$ und $c \neq 0$. (Für $c = 0$ ist $f(x) = x^2 + x$ und hat als quadratische Funktion genau eine Extremstelle.)
d) $f(x) = -x^3 + cx^2 + cx$; $f'(x) = -3x^2 + 2cx + c$.
Notwendige Bedingung: $f'(x) = 0$, d.h. $-3x^2 + 2cx + c = 0$, also $x_{1,2} = \frac{-2c \pm \sqrt{4c^2 + 12c}}{-6}$.
Genau eine mögliche Extremstelle für $4c^2 + 12c = 0$, also für $c = 0$ oder $c = -3$.

Keine Lösung für $4c^2 + 12c < 0$, also für $-3 < c < 0$.
Zwei mögliche Extremstellen für $4c^2 + 12c > 0$, also für $c > 0$ oder $c < -3$.

4

Man wählt einen Punkt auf dem Rand: $P(u\,|\,f(u) = 4 - u^2)$ mit $0 < u < 4$. Es ergibt sich für den Flächeninhalt des Rechtecks $A(u)$:
$A(u) = (4-u)(6-(4-u^2)) = (4-u)(2+u^2)$.
Mit dem GTR findet man ein Maximum für $u \approx 2{,}4$. Dieses u liegt aber außerhalb des Definitionsbereichs.
Die Untersuchung der Ränder ergibt für $u = 0$: $A(0) = 8$; für $u = 4$: $A(2) = 12$. Damit ist es am sinnvollsten, so zu schneiden, dass man einen Punkt auf dem Rand $P(2\,|\,0)$ wählt.

5

a)

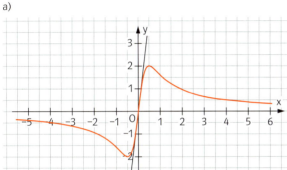

b) $f'(x) = \frac{-8(4x^2 - 1)}{(4x^2 + 1)^2}$

$f'(x) = 1: -8(4x^2 - 1) = (4x^2 + 1)^2$
$-32x^2 + 8 = 16x^4 + 8x^2 + 1$
$0 = 16x^4 + 40x^2 - 7$

Diese biquadratische Gleichung löst mit mithilfe einer Substitution: $u = x^2$: $16u^2 + 40u - 7 = 0$.
Lösungen $u_1 = -\frac{5}{4} + \sqrt{2}$; $u_2 = -\frac{5}{4} - \sqrt{2}$ (< 0).
Beim Rücksubstituieren liefert u_1 zwei Lösungen für x; u_2 keine, da $u_2 < 0$ ist. Es gibt genau zwei Lösungen der Gleichung $f'(x) = 1$ und somit genau zwei Tangenten mit der Steigung 1.
c) Die Tangenten in den beiden Extrempunkten haben die Steigung null. Da es sich um absolute Extremwerte handelt, schneiden sie den Graphen von f kein weiteres Mal. Die Tangente im Wendepunkt $O(0\,|\,0)$ durchsetzt den Graphen und schneidet kein weiteres Mal. Alle anderen Tangenten schneiden den Graphen von f mindestens ein weiteres Mal.

6

Da der Berührpunkt auf dem Graphen von K nicht bekannt ist, wird $B(u\,|\,f(u))$ als allgemeiner Punkt auf K gewählt. Mit diesem wird die allgemeine Tangentengleichung t_u an K bestimmt:
t_u: $y = f'(u)(x - u) + f(u)$. Mit $f'(u) = u^3$ und $f(u) = \frac{1}{4}u^4$ folgt
t_u: $y = u^3(x - u) + \frac{1}{4}u^4$. Der Punkt $A(1\,|\,0)$ soll auf dieser Geraden liegen, deshalb Punktprobe mit A: $0 = u^3(1-u) + \frac{1}{4}u^4$. Auflösen nach u liefert $u^3(1 - \frac{3}{4}u) = 0$ und die Lösungen $u_1 = 0$; $u_2 = \frac{4}{3}$.

Einsetzen in $B(u\,|\,f(u))$ und man erhält die Berührpunkte $B_1(0\,|\,0)$ und $B_2\left(\frac{4}{3}\,\middle|\,\frac{64}{81}\right)$.
Setzt man u_1 bzw. u_2 in t_u ein, so erhält man die Tangentengleichungen: t_1: $y = 0$ (die x-Achse) und t_2: $y = \frac{64}{27}x - \frac{64}{27}$.

7

a) Bei maximalem Pegel ist die Wasseroberfläche 10 Meter breit.
b) Die Tangente an den Graphen von f im Punkt $Q(u\,|\,1{,}6)$ mit $u > 0$ muss für $x = 10$ einen kleineren y-Wert als 5 besitzen:
Mit $f(u) = 1{,}6$ folgt: $u = 3{,}56$.
Gleichung der Tangente in $Q(3{,}56\,|\,1{,}6)$:
t: $y = 0{,}3125x + 0{,}4875$. Für $x = 10$ ist $y = 3{,}6 < 5$, somit ist die gesamte Breite einsehbar.
c) Steigung der Tangente: $m = \tan(180° - 165°) \approx 0{,}268$.
Es muss $f'(x) = 0{,}268$ sein: $\frac{1}{2} \cdot \frac{1}{\sqrt{x-1}} = 0{,}268$ liefert $x \approx 4{,}48$.
Ansatz für kritischen Pegel: $f(4{,}48) \approx 1{,}87$. Der kritischer Pegel liegt bei $h \approx 1{,}9\,\text{m}$.

8

a) $K'(x) = 6x^2 - 90x + 380$. Es handelt sich um eine nach oben geöffnete Parabel mit Scheitel in $P(7{,}5\,|\,42{,}5)$. K hat somit keine Extremstellen, dies ist zu erwarten, da die Kosten typischerweise pro produzierter Einheit steigen.
$U(x) = 150x$; mit $x \in [0;\,25]$; $U(x)$ in $1000\,€$.
b) Mit dem GTR wird das Intervall bestimmt, für das $G(x) > 0$ gilt: $8{,}52 < x < 14{,}27$. Die Gewinnzone liegt zwischen 9 und 14 hergestellten Mengeneinheiten.
c) Das Maximum der Funktion G liegt bei $x = 11{,}7$. Am sinnvollsten ist es also, 12 Mengeneinheiten herzustellen. Der Gewinn beträgt dann $194\,000\,€$.
d) Für einen Verkaufspreis von unter $120\,000\,€$ gilt $G_{neu}(x) < 0$ für alle $x > 0$. Die Einheiten können nur noch mit Verlust produziert werden.

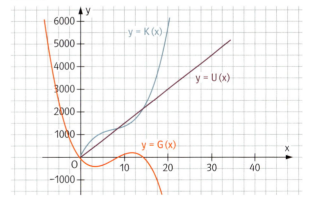

Kapitel II, Zeit zu überprüfen, Seite 58

7

a) $(-5; -1; -1)$ b) $\left(\frac{3}{7}; -\frac{6}{7}; -\frac{23}{7}\right)$ c) $(9{,}5; 10{,}5; 5{,}5)$

Kapitel II, Zeit zu wiederholen, Seite 59

13

Man würde bei Radhaus kaufen.

Kapitel II, Zeit zu überprüfen, Seite 62

6

a) $L = \{(4; -2; -2)\}$ b) $L = \{\}$ c) $L = \left\{\left(-\frac{3}{2} - \frac{1}{2}t; \frac{1}{2} + \frac{1}{2}t; t\right) \mid t \in \mathbb{R}\right\}$

7

a) $L = \{(-444{,}5; -570{,}5; 385)\}$ b) $L = \left\{\left(\frac{129}{23}; -\frac{359}{23}; \frac{4}{23}\right)\right\}$

c) $L = \{\}$

Kapitel II, Zeit zu überprüfen, Seite 64

7

$f(x) = -0{,}25x^3 + 0{,}75x^2 + 0{,}5x + 4$

8

Aus der Symmetrie zur y-Achse folgt, dass im Funktionsterm nur gerade Exponenten von x vorkommen.
Aus $H(1|-3)$ Hochpunkt folgt: $f(1) = -3$ und $f'(1) = 0$.
Schnittpunkt mit der y-Achse bei $y = -1$ liefert die Bedingung: $f(0) = -1$.
Die Lösung des LGS ergibt: $f(x) = 2x^4 - 4x^2 - 1$.
Der Graph dieser Funktion hat aber an der Stelle $x = 1$ einen Tiefpunkt. Es gibt somit keine ganzrationale Funktion vierten Grades mit den geforderten Eigenschaften.

Kapitel II, Zeit zu überprüfen, Seite 68

2

$f(x) = \begin{cases} -\frac{1}{2}x & \text{für } x \leq -3 \\ \frac{1}{2}x & \text{für } x \geq 3 \end{cases}$

a) Bedingungen für die gesuchte Funktion g:
$g(-3) = f(-3) = 2;\ g(3) = f(3) = 2$
$g'(-3) = f'(-3) = -\frac{1}{2};\ g'(3) = f'(3) = \frac{1}{2}$
$g''(-3) = f''(-3) = 0;\ g''(3) = f''(3) = 0$
Ansatz: $g(x) = a_5 x^5 + a_4 x^4 + a_3 x^3 + a_2 x^2 + a_1 x + a_0$
LGS: $-243a_5 + 81a_4 - 27a_3 + 9a_2 - 3a_1 + a_0 = 2$
$\quad\quad\ 243a_5 + 81a_4 + 27a_3 + 9a_2 + 3a_1 + a_0 = 2$
$\quad\quad\ 405a_5 - 108a_4 + 27a_3 - 6a_2 + 3a_1 = -\frac{1}{2}$
$\quad\quad\ 405a_5 + 108a_4 + 27a_3 + 6a_2 + 3a_1 = \frac{1}{2}$
$\quad\quad -540a_5 + 108a_4 - 18a_3 + 2 = 0$
$\quad\quad\ 540a_5 + 108a_4 + 18a_3 + 2 = 0$
Lösung des LGS: $a_0 = \frac{17}{16};\ a_1 = 0;\ a_2 = \frac{1}{8};\ a_3 = 0;\ a_4 = -\frac{1}{432};\ a_5 = 0$

b) $h(x) = \frac{1}{12}x^2 + \frac{15}{12};\ h'(x) = \frac{1}{6}x;\ h''(x) = \frac{1}{6}$
Man erhält: $h'(-3) = -\frac{1}{2}$ und $h'(3) = -\frac{1}{2}$
$\quad\quad\quad\quad\ \ h'(-3) = \frac{1}{6}$ und $h'(3) = \frac{1}{6}$
Also entsteht an den Anschlusspunkten ein Krümmungsruck.

c) Beim Graphen von f liegt der Scheitelpunkt bei einem niedrigeren y-Wert als beim Graphen von h. Während der Graph von h'' eine Parallele zur x-Achse darstellt, stellt der Graph von f'' eine Parabel mit Nullstellen in den Verbindungsstellen dar.

Kapitel II, Prüfungsvorbereitung ohne Hilfsmittel, Seite 74

1

a) $L = \{(11; 1; 3)\}$ b) $L = \{(0; 6; 2)\}$ c) $L = \{(-2; 3; 4)\}$

2

a) $L = \left\{\left(-\frac{14}{9} + t; \frac{43}{9} - t; t\right) \mid t \in \mathbb{R}\right\}$ b) $L = \{(1 - t; 2 + 2t; t)\}$

c) $L = \left\{\left(2 - \frac{5}{4}t; -1 - \frac{7}{4}t; t\right) \mid t \in \mathbb{R}\right\}$

3

a) $L = \{(-1; 2)\}$ b) $L = \{\}$ c) $L = \{(3 - 1{,}5t; t)\}$

4

a) $L = \left\{\left(\frac{18}{5} + \frac{14}{5}r; \frac{18}{5} + \frac{24}{5}r; 6 + 4r\right)\right\}$

b) $L = \{(5 - r; -6 + 4{,}5r; -16 + 12{,}5r)\}$

c) $L = \left\{\left(2 + r; -\frac{10}{7} - \frac{6}{7}r; -\frac{4}{7} - \frac{1}{7}r\right)\right\}$

5

a) LGS: $\alpha + \beta + \gamma + \delta = 360°$
$\quad\quad\quad\ \alpha\quad\quad - \gamma\quad\quad = 0°$
$\quad\quad\quad\ \alpha - 2\beta\quad\quad\quad\ \ = 0°$
$\quad\quad\quad\quad\quad\ \beta - 2\gamma + \delta = 0°$
Lösung: $\alpha = 90°;\ \beta = 45°;\ \gamma = 90°;\ \delta = 135°$

b) LGS: $\alpha + \beta + \gamma + \delta = 360°$
$\quad\quad\quad\ \alpha\quad\quad - \gamma\quad\quad = 0°$
$\quad\quad\quad\ \alpha - \beta\quad\quad\quad\ \ = -40°$
$\quad\quad\quad\quad\quad\ \beta - 4\gamma + \delta = 0°$
Lösung: $\alpha = 60°;\ \beta = 100°;\ \gamma = 60°;\ \delta = 140°$

6

$f(x) = 2x^2 + 8x - 3$; Scheitelpunkt: $S(-2|-11)$

7

Ansatz: $f(x) = a_2 x^2 + a_1 x + a_0$
LGS: $a_2 - a_1 + a_0 = 4$
$\quad\quad\ 16a_2 - 4a_1 + a_0 = 5$
$\quad\quad -2a_2 + a_1\quad\quad = 0$
Lösung: $a_2 = \frac{1}{9};\ a_1 = \frac{2}{9};\ a_0 = \frac{37}{9};\ f(x) = \frac{1}{9}x^2 + \frac{2}{9}x + \frac{37}{9}$
Der Graph dieser Funktion hat aber an der Stelle $x = -1$ einen Tiefpunkt, also gibt es keine solche Funktion.

8

a) Ansatz: $f(x) = a_3x^3 + a_2x^2 + a_1x + a_0$
LGS: $27a_3 + 9a_2 + 3a_1 + a_0 = -8$ (Punkt $(3|-8)$)
$\qquad\qquad\qquad\qquad\quad a_0 = 0$ (Punkt $(0|0)$)
$\qquad 27a_3 + 6a_2 + a_1 \quad = 0$ (Extremstelle, $f'(3) = 0$)
$\qquad\qquad\quad 2a_2 \qquad\qquad = 0$ (Wendestelle, $f''(0) = 0$)
Lösung: $a_3 = \frac{4}{27}$; $a_2 = 0$; $a_1 = -4$; $a_0 = 0$; $f(x) = \frac{4}{27}x^3 - 4$
Der Graph dieser Funktion hat an der Stelle $x = 3$ einen Tiefpunkt.

b) Ansatz: $f(x) = a_3x^3 + a_2x^2 + a_1x + a_0$
LGS: $8a_3 + 4a_2 + 2a_1 + a_0 = 23$ (Punkt $(2|23)$)
$\quad 64a_3 + 16a_2 + 4a_1 + a_0 = 19$ (Punkt $(4|19)$)
$\quad 12a_3 + 4a_2 + a_1 \quad = 0$ (Extremstelle, $f'(2) = 0$)
$\quad 48a_3 + 8a_2 + a_1 \quad = 0$ (Extremstelle, $f'(4) = 0$)
Lösung: $a_3 = 1$; $a_2 = -9$; $a_1 = 24$, $a_0 = 3$; $f(x) = x^3 - 9x^2 + 24x + 3$

9

Z.B.: $x_1 + x_2 + x_3 = 1$
$\quad\;\; x_1 + x_2 + x_3 = 2$

10

a) Die Aussage ist falsch. Zum Beispiel:
$x_1 + x_2 = 0$
$x_1 + x_2 = 1$
Das LGS hat keine Lösung.

b) Die Aussage ist falsch.
Zum Beispiel:
$\;\; x_1 + x_2 - x_3 = 1$
$2x_1 + 3x_2 - x_3 = 4$
$\;\; x_1 - x_2 + x_3 = 1$
$\;\; x_1 + x_2 + x_3 = 3$
Das LGS hat keine Lösung.

11

a) $L = \{(t; 3 - 2t) \mid t \in \mathbb{R}\}$, $x_1 = t$, $x_2 = 3 - 2t$
Ersetzt man den Parameter t, so erhält man: $x_2 = -2x_1 + 3$.
Der Graph ist eine Gerade mit der Steigung -2 und dem Achsenabschnitt 3.

b) Jede der beiden Gleichungen hat für sich eine Lösungsmenge, die sich als Graph einer Geraden veranschaulichen lässt. Da die Geraden unterschiedliche Steigungen haben (2 und -2), existiert ein Schnittpunkt. Dessen Koordinaten entsprechen der eindeutigen Lösung des LGS.
Ein Gleichungssystem mit zwei Variablen hat keine Lösung, wenn die zu zwei seiner Gleichungen gehörenden Geraden parallel sind (oder die Geraden bei mehr als zwei Gleichungen verschiedene Schnittpunkte haben).
Die Lösung ist eindeutig, wenn die zu den Gleichungen gehörenden Geraden alle durch einen gemeinsamen Punkt gehen.
Die Lösungsmenge ist unbegrenzt, wenn alle Gleichungen die gleiche Gerade darstellen.

Kapitel II, Prüfungsvorbereitung mit Hilfsmitteln, Seite 75

1

a) $f(x) = 2x^3 - 4x^2 - 2x + 4$ \qquad b) $f(x) = 4x^3 - 4x^2 - 36x - 4$

2

$f(-2) = 3$; $f'(-2) = 0$; $f(2) = 1$; $f'(2) = 0$
Man erhält: $f(x) = \frac{1}{16}x^3 - \frac{3}{4}x + 2$.

3

a) Ansatz: $f(x) = a_3x^3 + a_2x^2 + a_1x + a_0$
LGS: $\;\; -a_3 + a_2 - a_1 + a_0 = 0$ (Nullstelle $x = -1$)
$\qquad 6{,}75a_3 + 3a_2 + a_1 \quad = 0$ (Extremstelle, $f'(1{,}5) = 0$)
$\qquad \frac{8}{27}a_3 + \frac{4}{9}a_2 + \frac{2}{3}a_1 + a_0 = -\frac{11}{3}$ $\left(\text{Punkt}\left(\frac{2}{3}\Big|-\frac{11}{3}\right)\right)$
$\qquad 4a_3 + \frac{4}{3}a_2 \quad = 0$ $\left(\text{Wendestelle, } f''\left(\frac{2}{3}\right) = 0\right)$
$\qquad \frac{4}{3}a_3 + \frac{4}{3}a_2 + a_1 = -\frac{34}{3}$ $\left(\text{Steigung der Wendetangente, } f'\left(\frac{2}{3}\right) = -\frac{34}{3}\right)$
Lösung: $L = \{\}$
Eine Funktion mit den gegebenen Eigenschaften gibt es nicht.

b) Ansatz: $f(x) = a_3x^3 + a_2x^2 + a_1x + a_0$
LGS: $\;\; 8a_3 + 4a_2 + 2a_1 + a_0 = 4$ (Punkt $(2|4)$)
$\qquad -\frac{1}{8}a_3 + \frac{1}{4}a_2 - \frac{1}{2}a_1 + a_0 = 6{,}5$ (Punkt $(-0{,}5|6{,}5)$)
$\qquad 12a_3 - 4a_2 + a_1 \quad = 0$ (Hochpunkt, $f'(-2) = 0$)
$\qquad -3a_3 + 2a_2 \quad = 0$ (Wendepunkt, $f''(-0{,}5) = 0$)
Lösung: $L = \{(2; 3; -12; 0)\}$; $f(x) = 2x^3 + 3x^2 - 12x$
Der Graph der Funktion f hat an der Stelle $x = -2$ einen Hochpunkt.

4

$n = 7454$

5

Für f mit $f(t) = a \cdot t \cdot e^{-kt}$ erhält man mithilfe der Produkt- und Kettenregel: $f'(t) = a \cdot e^{-kt} - a \cdot k \cdot t \cdot e^{-kt} = (1 - kt) \cdot a \cdot e^{-kt}$.
Aus den Angaben folgt: $f(3) = 27$ und $f'(3) = 0$.
Damit ergibt sich: (I) $3 \cdot a \cdot e^{-3k} = 27$ und (II) $(1 - 3k) \cdot a \cdot e^{-3k} = 0$.
Da $a > 0$ und $e^{-3k} > 0$ folgt aus (II) $1 - 3k = 0$ und daraus $k = \frac{1}{3}$.
Aus (I) folgt damit $a = 9e$.
Damit ergibt sich $f(t) = 9 \cdot e \cdot t \cdot e^{-\frac{1}{3}t}$. Der Graph von f hat an der Stelle $t = 3$ das geforderte Maximum.

6

a) LGS: $\;\; a - 36b = 350$
$\qquad\quad 6a - 702b = 1160$
Lösung: $a \approx 419{,}63$; $b \approx 1{,}93$
Wähle $a = 420$ und $b = 2$. $f(x) = \frac{(420x - 10)}{(2x - 10)}$;
$f(15) = 157{,}75$; man würde für die 15. Woche etwa 157 verkaufte Stücke erwarten.

b) LGS: $3a - 237b = 780$
$4a - 376b = 930$
Lösung: $a \approx 404{,}83$; $b \approx 1{,}83$
Wähle $a = 405$ und $b = 2$. $f(x) = \frac{(405x - 10)}{(2x - 10)}$;
$f(15) = 152{,}13$; man würde für die 15. Woche etwa 152 verkaufte Stück erwarten. Dies entspricht etwa 96,81% des Wertes aus a).

7

An den Anschlusspunkten $P_1(-1|-1)$ und $P_2(1|1)$ müssen folgende Bedingungen erfüllt werden:
$f(-1) = -1$ und $f(1) = 1$ (keine Lücke),
$f'(-1) = 0$ und $f'(1) = 0$ (kein Knick),
$f''(-1) = 0$ und $f''(1) = 0$ (kein Krümmungssprung).
Sechs Bedingungen, deshalb Ansatz mit einer Funktion fünften Grades:
$f(x) = a_5x^5 + a_4x^4 + a_3x^3 + a_2x^2 + a_1x + a_0$.
LGS: $-a_5 + a_4 - a_3 + a_2 - a_1 + a_0 = -1$
$a_5 + a_4 + a_3 + a_2 + a_1 + a_0 = 1$
$5a_5 - 4a_4 + 3a_3 - 2a_2 + a_1 = 0$
$5a_5 + 4a_4 + 3a_3 + 2a_2 + a_1 = 0$
$-20a_5 + 12a_4 - 6a_3 + 2a_2 = 0$
$20a_5 + 12a_4 + 6a_3 + 2a_2 = 0$
$a_0 = 0$; $a_1 = \frac{15}{8}$; $a_2 = 0$; $a_3 = -\frac{5}{4}$; $a_4 = 0$; $a_5 = \frac{3}{8}$
Die gesuchte Funktion ist:
$f(x) = \frac{3}{8}x^5 - \frac{5}{4}x^3 + \frac{15}{8}x$.

Kapitel III, Zeit zu überprüfen, Seite 80

7

a) $u(v(x)) = (2x + 7)^3$; $v(u(x)) = 2(x + 7)^3$
$u(x) \cdot w(x) = (x + 7)^3 \cdot \sin(x^2 + 1)$
$u(w(x)) = (\sin(x^2 + 1) + 7)^3$
$w(v(x)) = \sin((2x)^2 + 1) = \sin(4x^2 + 1)$
b) Verkettung: $u(x) = f(g(x))$, z.B. $f(x) = x^3$, $g(x) = x + 7$
Produkt: $u(x) = f(x) \cdot g(x)$, z.B. $f(x) = (x + 7)^2$, $g(x) = x + 7$
Summe: $u(x) = f(x) + g(x)$, z.B. $f(x) = (x + 7)^2 \cdot x$, $g(x) = 7 \cdot (x + 7)^2$

Kapitel III, Zeit zu überprüfen, Seite 83

7

a) $f'(x) = \frac{1}{2}x + 5$ b) $f'(x) = \frac{-2}{(2x - 3)^2}$
c) $f'(x) = -6\sin(2x - 1)$ d) $f'(x) = -\frac{1}{\sqrt{1 - 2x}}$

8

a) $P(1|1)$, $f'(1) = 6$
b) $Q(2|1)$
c) Ja, im Punkt $R(0|1)$ ist $f'(0) = 0$.

Kapitel III, Zeit zu überprüfen, Seite 85

5

a) $f'(x) = 2 \cdot \cos(x) - (2x - 3) \cdot \sin(x)$
$g'(x) = (1 - x)^2 - 2x(1 - x) = (1 - x)(1 - 3x)$
$h'(x) = 18x \cdot (2x - 3)^2 + 3 \cdot (2x - 3)^3 = (2x - 3)^2(24x - 9)$
$i'(x) = -\frac{1}{x^2} \cdot \sin(x) + \frac{1}{x} \cdot \cos(x)$
b) $P(1|0)$, $Q\left(\frac{1}{3}\big|\frac{4}{27}\right)$
c) $R\left(\frac{3}{2}\big|0\right)$, $h'\left(\frac{3}{2}\right) = 0$, $S(0|0)$, $h'(0) = -81$

Kapitel III, Zeit zu überprüfen, Seite 87

7

$f'(x) = \frac{3}{(4x + 1)^2}$; $g'(x) = \frac{2}{(2 - x)^3}$; $h'(x) = \frac{2 \cdot \sin(x) - 2x\cos(x)}{(\sin(x))^2}$;
$k(x) = \frac{1}{x^2} - \frac{3}{2x^3}$; $k'(x) = -\frac{2}{x^3} + \frac{9}{2x^4}$

8

a) $f'(x) = \frac{x(0{,}5x + 1)}{(x + 1)^2}$
$f'(x) = 0$ für $x_1 = 0$, $x_2 = -2$, also $P(0|0)$, $Q(-2|-2)$
b) $g'(x) = \frac{-2}{(x - 1)^2}$; $P(2|4)$, $g'(2) = -2$
Tangente in P: $y = -2x + 8$
c) $h(x) = \frac{1}{x} - x$, $h'(x) = -\frac{1}{x^2} - 1$
$h'(x) = -5$ für $x_1 = \frac{1}{2}$, $x_2 = -\frac{1}{2}$

Kapitel III, Zeit zu überprüfen, Seite 90

7

a) $f'(x) = -6e^{3x}$ b) $f'(x) = 3 - 2e^{-2x}$
c) $f'(x) = e^{0{,}3x}(1 + 0{,}3x)$ d) $f'(x) = \frac{e^{4x}(4x - 5)}{(x - 1)^2}$

8

Tangentengleichung $y = e^2 x - e^2$, Schnittpunkt $S(1|0)$

Kapitel III, Zeit zu überprüfen, Seite 92

6

a) $\ln(e^2) = 2$ b) $e^{\ln(3)} = 3$
c) $3 \cdot \ln(e^{-1}) = -3$ d) $\ln(c^{4{,}5} \cdot c^2) = 6{,}5$

7

a) $x = \ln(12) \approx 2{,}485$ b) $x = 3$
c) $x = \frac{1}{2}\ln(4{,}5) \approx 0{,}752$ d) $x = 2 \cdot (\ln(4) + 3) \approx 8{,}773$

Kapitel III, Zeit zu wiederholen, Seite 93

14

a) 23,9   b) 50   c) 0,06
d) 0,36   e) 32   f) 25
g) 4,1   h) 0,8   i) 0,6
j) 0,4   k) 0,00123   l) 4,7

Kapitel III, Zeit zu überprüfen, Seite 96

5
a)

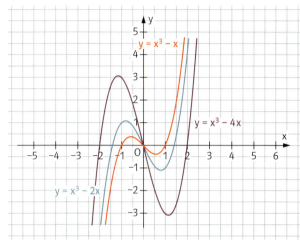

Erhöhung des Parameters t: Die Nullstellen rücken symmetrisch zum Ursprung weiter auseinander, der Hochpunkt liegt höher, der Tiefpunkt liegt tiefer, die Steigung im Ursprung wird betragsmäßig größer.
b) t = 4
c) Steigung im Ursprung $f'_t(0) = -t$
d) t = 4

Kapitel III, Zeit zu wiederholen, Seite 100

10
Fig. 3 zeigt die Ableitungsfunktion der Funktion, die in Fig. 2 dargestellt ist.
Fig. 1 zeigt die Ableitungsfunktion der Funktion, die in Fig. 4 dargestellt ist.
Begründung: Die vier Funktionen, die in Fig. 1, 2, 3, 4 dargestellt sind, seien mit f_1, f_2, f_3, f_4 bezeichnet.
Die Ableitung von f_1 hat bei ca. ±0,7 eine Nullstelle. Das hat keine der vier Funktionen. Also muss f_1 Ableitungsfunktion von einer der anderen drei Funktionen sein. Diese Funktion muss bei Null einen Extremwert haben. Das ist nur für f_4 der Fall.
Die Funktion f_2 hat die Nullstelle 3 mit Vorzeichenwechsel. Wäre sie die Ableitungsfunktion von f_3, so müsste f_3 bei 3 ein Minimum haben. Dies ist offensichtlich nicht der Fall. Also muss f_3 die Ableitungsfunktion von f_2 sein.

11
Der Hubschrauber fliegt zunächst mit ca. $500 \frac{m}{min}$ nach oben. Dann steigt er weiterhin, aber die Höhe nimmt immer langsamer zu, bis er sich einer Endhöhe nähert.

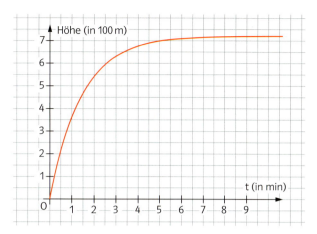

12
a)

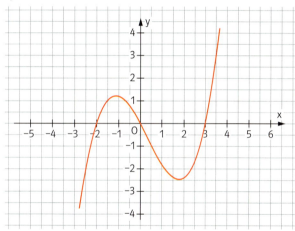

b)

	A	B	C	D	E	F
f(x)	0	–	–	–	–	–
f'(x)	–	0	0	–	0	+
f''(x)	+	+	–	0	+	+

c) $(-\infty; -1)$ Linkskurve;
   $(-1; +1,5)$ Rechtskurve;
   $(1; +\infty)$ Linkskurve

Kapitel III, Prüfungsvorbereitung ohne Hilfsmittel, Seite 106

1
a) $f'(x) = x \cdot e^{-3x} \cdot (2 - 3x)$
b) $f'(x) = 2x \cdot \sin(-3x) - 3x^2 \cos(-3x)$
c) $f'(x) = 2 \cdot (x + e^x) \cdot (1 + e^x)$ d) $f'(x) = -x \cdot e^{-x}$

2
$(u \cdot v)(x) = \sin(x) \cdot \frac{1}{x}$, $(u \cdot v)'(x) = \cos(x) \cdot \frac{1}{x} + \sin(x) \cdot \left(-\frac{1}{x^2}\right)$
$(v \cdot u)(x) = \frac{1}{x} \cdot \sin(x)$, $(v \cdot u)'(x) = \left(-\frac{1}{x^2}\right) \cdot \sin(x) + \frac{1}{x} \cdot \cos(x)$,

$(u \cdot w)(x) = 0{,}5 \cdot \sin(x)(4 - 7e^x)$,
$(u \cdot w)'(x) = 0{,}5 \cdot \cos(x) \cdot (4 - 7e^x) - 3{,}5 \cdot \sin(x) \cdot e^x$;
$\left(\frac{u}{w}\right)(x) = \frac{0{,}5 \cdot \sin(x)}{4 - 7e^x}$,
$\left(\frac{u}{w}\right)'(x) = \frac{0{,}5 \cdot \cos(x) \cdot (4 - 7e^x) + 3{,}5 \cdot \sin(x) \cdot e^x}{(4 - 7e^x)^2}$,
$\left(\frac{w}{u}\right)(x) = \frac{4 - 7e^x}{0{,}5 \cdot \sin(x)}$,
$\left(\frac{w}{u}\right)'(x) = \frac{-3{,}5 \cdot e^x \cdot \sin(x) - (4 - 7e^x) \cdot 0{,}5 \cdot \cos(x)}{0{,}25 \cdot (\sin(x))^2}$;
$(u \circ v)(x) = u(v(x)) = 0{,}5 \cdot \sin\left(\frac{2}{x}\right)$, $(u \circ v)'(x) = -\frac{1}{x^2} \cdot \cos\left(\frac{2}{x}\right)$,
$(v \circ w)(x) = v(w(x)) = \frac{2}{4 - 7e^x}$,
$(v \circ w)'(x) = v'(w(x)) = \frac{14e^x}{(4 - 7e^x)^2}$

3

a) $x_1 = 0$, $x_2 = \frac{3 + \sqrt{5}}{2}$, $x_3 = \frac{3 - \sqrt{5}}{2}$

b) $x = \frac{1}{2} \cdot \ln(5)$

c) $x = \ln(5)$

d) $x = -2$

4

a) $x = 3$ b) $x = 0$ c) $x = 1$ d) $x = \frac{1}{2}\ln(2)$

e) $x_1 = 0$; $x_2 = 4$; $x_3 = -3$ f) $x_1 = \frac{1}{3} \cdot \ln(2)$, $x_2 = -2$

5

a) f ist streng monoton fallend auf den Intervallen $(-\infty; -2)$, $(-2; +2)$ und $(+2; +\infty)$.

b) $f'(x) = -\frac{16 + 4x^2}{(x^2 - 4)^2}$; $f''(x) = \frac{8x(x^2 + 12)}{(x^2 - 4)^3}$; $f''(x) = 0$ hat nur 0 als Lösung. f'' hat bei 0 einen Vorzeichenwechsel von $-$ nach $+$. Also ist $W(0|0)$ Wendepunkt.

c) $y = -x$

6

a) $T(-1|-e^{-1})$ b) $y = -x$ c) $W(-2|-2 \cdot e^{-2})$

7

a) $y = -2x + 6$ b) $y = -x + 0{,}5$ c) $y = -4ex - 2e$

8

a) G gehört zu f, da $f(0) = 0$.

b) Zu C: $g(x) = 3 \cdot (x + 2) \cdot e^{-(x + 2)^2}$.
Zu K: $h(x) = 3 \cdot (x - 1) \cdot e^{-(x - 1)^2}$.

c)

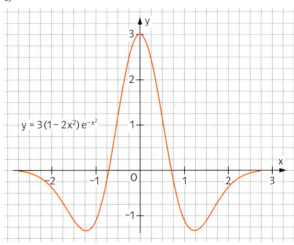

d) $g(x) = 3 \cdot (x + t) \cdot e^{-(x + t)^2}$

9

a) Wenn $u(x) = ax + b$, $v(x) = cx + d$ $(a, b, c, d \in \mathbb{R})$
$(u \circ v)(x) = u(v(x)) = a(cx + d) + b = (ac)x + (ad + b)$,
also ist $u \circ v$ linear.

b) $a = 0{,}5$

10

(A) ist falsch: f' hat an den beiden Extremstellen von f eine Nullstelle.

(B) ist falsch: f hat drei Wendestellen: ca. $-2{,}5$; 0 und ca. $+2{,}5$.

(C) ist richtig: Bei $x = 0$ geht der Graph von f von einer Linkskurve in eine Rechtskurve über. Also ist 0 eine Maximumstelle von f'.

(D) ist falsch: Der Graph von f' ist in diesem Bereich achsensymmetrisch zur y-Achse.

Kapitel III, Prüfungsvorbereitung mit Hilfsmitteln, Seite 107

1

a) $H(0|1)$

b)

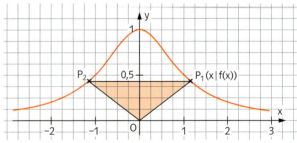

Flächeninhalt Dreieck: $A(x) = x \cdot f(x)$ ist maximal für $x = 1$, also $P_1(1|0{,}5)$. Es handelt sich dabei um ein globales Maximum.

2
a)

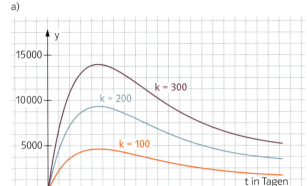

Bei k = 200 rechnet man langfristig mit 3000 Modellen pro Tag. Zunächst wächst der tägliche Verkauf (z. B. durch Werbung) stark an, nach 115 Tagen wird ein Maximum erreicht, danach sinkt die täglich verkaufte Anzahl, da es neuere Modelle am Markt gibt. Sie stabilisiert sich bei täglich k·15 verkauften Handys.
b) Ca. 366 Tage wird ein Gewinn erzielt.
Ein dauerhafter Gewinn wird erzielt, wenn k·15 ≥ 4500; k muss also mindestens 300 sein.
$f'_k(t) = k \cdot e^{-0,01t} \cdot (1,15 - 0,01t)$, f'_k wird nur 0 für t = 115. Bei t = 115 hat f'_k einen Vorzeichenwechsel von + zu –, also liegt immer bei 115 ein Maximum der Verkaufszahl vor.
c) Für t > 115 ist $f'_k(t) < 0$, also sinken die täglichen Verkaufszahlen. $f''_k(t) = k \cdot e^{-0,01t} \cdot 0,01 \cdot (0,01t - 2,15)$. f''_k wird nur 0 für t = 215. Bei t = 215 hat f''_k einen Vorzeichenwechsel von – zu +, also sinken die Verkaufszahlen bei 215 am stärksten. Die maximale tägliche Verkaufszahl ist $f_k(115) = k \cdot (100 \cdot e^{-1,15} + 15) \approx k \cdot 46,66$.
Somit ist $k \leq \frac{13\,000}{46,66} \approx 278,6$.
d) Gesamtzahl $g(x) = f_{100}(x) + f_{200}(x - 100)$ ist maximal für x ≈ 200 mit ca. 13 257 Handys täglich.

3
a) Nach 2,31 h ist die Konzentration maximal mit ca. $11{,}81\,\frac{mg}{l}$.
Das Medikament wirkt ca. 5,6 Stunden.
b) K' hat für t = 0 ein Randmaximum, also höchste Aufnahmerate für t = 0.
Die Ausscheidungsrate ist maximal für t = 4,62 Stunden.
Aufnahmerate für t = 0 ist K'(0) = ac, unabhängig von b.
c) Bei a ≠ b muss b die Bedingung $\frac{\ln(a) - \ln(b)}{a - b} = 1{,}5$ erfüllen.
Für a = 0,8 ist also b ≈ 0,549.

Kapitel IV, Zeit zu überprüfen, Seite 112

4
a) 1 Karo entspricht einer Höhe von 5 m. 1 FE entspricht einer Höhe von 1 m.

Zeitpunkt	10 s	20 s	30 s	40 s
Höhe	410 m	430 m	440 m	435 m

b) Nach insgesamt 90 s.

Kapitel IV, Zeit zu überprüfen, Seite 116

5
a) $\int_0^6 \frac{1}{2} x \, dx = 9$

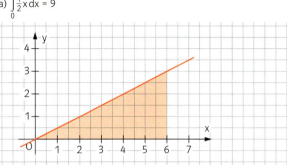

b) $\int_{-1}^{2} (2x - 1) \, dx = 0$

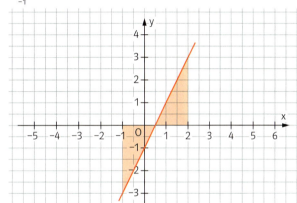

c) $\int_{-10}^{0} -0{,}5 \, dt = -5$

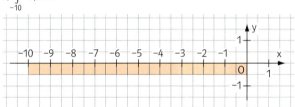

6
$A_1 = \int_{-1}^{0} 3x(x-1)(x+1) \, dx = 0{,}75$; $A_2 = -\int_{0}^{1} 3x(x-1)(x+1) \, dx = 0{,}75$;

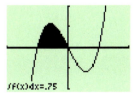
Fig. 1

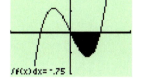
Fig. 2

$A_3 = \int_1^{1,2} 3x(x-1)(x+1)\,dx = 0{,}145$

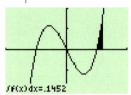

Fig. 3

Kapitel IV, Zeit zu überprüfen, Seite 120

8

$F'(x) = 0{,}4x^3 = \frac{2}{5}x^3 = h(x)$; F ist eine Stammfunktion von h.

$G'(x) = \frac{8}{20}x^3 = \frac{2}{5}x^3 = h(x)$; G ist eine Stammfunktion von h.

9

a) $\int_{-2}^{5} x^2\,dx = \left[\frac{1}{3}x^3\right]_{-2}^{5} = \frac{1}{3}5^3 - \left(\frac{1}{3}\cdot(-2)^3\right) = \frac{125}{3} + \frac{8}{3} = \frac{133}{3} = 44\frac{1}{3}$

b) $\int_{-2}^{-1} -\frac{1}{2}x^4\,dx = \left[-\frac{1}{10}x^5\right]_{-2}^{-1} = -\frac{1}{10}(-1)^5 - \left(-\frac{1}{10}\cdot(-2)^5\right) = \frac{1}{10} - \frac{32}{10}$

$= -\frac{31}{10} = -3{,}1$

Kapitel IV, Zeit zu wiederholen, Seite 120

15

a) $x_1 = 2$; $x_2 = -1$
b) $x = -\frac{3}{2}$
c) $x = -1$
d) $x_1 = 0$; $x_2 = \frac{1}{2}$
e) $x = \ln(3) \approx 1{,}099$
f) $x_1 = 2$; $x_2 = -2$; $x_3 = 3$; $x_4 = -3$
g) $x_1 = 0$; $x_2 = -1$; $x_3 = -9$
h) $x = \ln(1) = 0$

16

a) $x_1 = 2 - \frac{\sqrt{18}}{2} \approx -0{,}121$; $x_2 = 2 + \frac{\sqrt{18}}{2} \approx 4{,}121$
b) $x_1 = -3$; $x_2 = -1$
c) $x_1 = 0$; $x_2 = 3$; $x_3 = -3$
d) $x_1 = 1{,}5$; $x_2 = -0{,}5$
e) $x = 2$
f) $x = \frac{1}{2}\ln(5) \approx 0{,}805$

Kapitel IV, Zeit zu überprüfen, Seite 124

8

a) $F(x) = \frac{1}{30}x^3 + \frac{2}{x}$
b) $F(x) = \ln|x - 2|$
c) $F(x) = 8\sin\left(\frac{1}{2}x - 1\right)$

9

a) $\int_0^1 \frac{1}{2}e^{2x}\,dx = \left[\frac{1}{4}e^{2x}\right]_0^1 = \frac{1}{4}e^2 - \frac{1}{4} \approx 1{,}597$

b) $\int_{-1}^{0} \frac{1}{(2x-1)^2}\,dx = \left[\frac{-1}{2(2x-1)}\right]_{-1}^{0} = \frac{1}{2} - \frac{1}{6} = \frac{1}{3}$

c) $\int_0^{2\pi} 2\sin(0{,}5x)\,dx = [-4\cos(0{,}5x)]_0^{2\pi} = 8$

10

A ist wahr, da $F'(x) = f(x)$ für $0 < x < 2$ negativ ist.
B ist falsch.
C ist wahr, da $F'(-1) = f(-1) = 0$ ist und $F' = f$ an der Stelle $x = -1$ einen Vorzeichenwechsel von − nach + hat.
D ist falsch. (Es kann zwar eine Stammfunktion F geben, für die D zutrifft, aber für eine beliebige Stammfunktion ist D falsch.)
E ist wahr, da $F''(1{,}2) = f'(1{,}2) = 0$ ist und $F'' = f'$ an der Stelle $x = 1{,}2$ einen Vorzeichenwechsel hat.

Kapitel IV, Zeit zu überprüfen, Seite 127

5

$\int_1^x \frac{1}{t}\,dt = [\ln|t|]_1^x = \ln|x| = 2$; $x = e^2 \approx 7{,}389$

Mit GTR:

Fig. 1

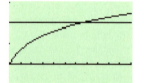

Fig. 2

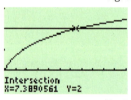

Fig. 3

6

Durch näherungsweise Bestimmung von orientierten Flächeninhalten unter dem Graphen von f erhält man eine Wertetabelle der Integralfunktion $J_{-4}(x)$.

x	−4	−3	−2	−1	0
$J_{-4}(x)$	0	0,5	0,75	1,1	0,7

7

Integralfunktion J_0 zur unteren Grenze 0:

$J_0(x) = \int_0^x (t^2 - 2t)\,dt = \left[\frac{1}{3}t^3 - t^2\right]_0^x = \frac{1}{3}x^3 - x^2$

Integralfunktion J_1 zur unteren Grenze 1:

$J_1(x) = \int_1^x (t^2 - 2t)dt = \left[\frac{1}{3}t^3 - t^2\right]_1^x = \frac{1}{3}x^3 - x^2 + \frac{2}{3}$

Integralfunktion J_{-1} zur unteren Grenze -1:

$J_{-1}(x) = \int_{-1}^x (t^2 - 2t)dt = \left[\frac{1}{3}t^3 - t^2\right]_{-1}^x = \frac{1}{3}x^3 - x^2 + \frac{4}{3}$

Kapitel IV, Zeit zu überprüfen, Seite 132

6

$A = \int_0^4 (-x^2 + 4x)dx = \left[-\frac{1}{3}x^3 + 2x^2\right]_0^4 = 10\frac{2}{3}$

7

a) $A = \int_0^2 (f(x) - g(x))dx = 1\frac{1}{3}$

b) $A = \int_2^4 f(x)dx - \int_2^3 g(x)dx = 5\frac{1}{3} - 2\frac{3}{4} \approx 2{,}58$

c) $A = 8 - \int_0^2 f(x)dx = 8 - 5\frac{1}{3} = 2\frac{2}{3}$

Kapitel IV, Zeit zu wiederholen, Seite 132

12

a) D muss der Graph von g sein, da g als einzige eine ganzrationale Funktion vierten Grades ist und somit drei Extremstellen haben kann. Die anderen Funktionen sind Funktionen dritten Grades und können höchstens zwei Extremstellen haben.
f hat die Nullstellen $x_1 = 0$; $x_2 = 1$; $x_3 = -1$.
h hat die Nullstellen $x_1 = 0$; $x_2 = 2$ und $h(x) \to +\infty$ für $x \to +\infty$.
i hat die Nullstellen $x_1 = 0$; $x_2 = 2$ und $i(x) \to -\infty$ für $x \to +\infty$.
Demnach gehört A zu f; C zu h; B zu i.
b) $j(0) = -2$; der Punkt $P(0|-2)$ gehört zu keinem der abgebildeten Graphen.

Kapitel IV, Zeit zu überprüfen, Seite 134

4

$A(z) = \int_{0,5}^z \frac{4}{x^3}dx = \left[-\frac{2}{x^2}\right]_{0,5}^z = \frac{-2}{z^2} + 8$

$A(z) \to 8$ für $z \to +\infty$.
Die Fläche hat den endlichen Inhalt $A = 8$.

Kapitel IV, Zeit zu überprüfen, Seite 137

8

a) $V = \pi \int_1^4 (g(x))^2 dx \approx 31{,}81\,cm^3$

b) $V = \pi \int_0^4 (f(x))^2 dx - \pi \int_1^4 (g(x))^2 dx \approx 54{,}454 - 31{,}808 \approx 22{,}646\,cm^3$

Kapitel IV, Zeit zu überprüfen, Seite 139

5

a) Man zeichnet eine Parallele zur x-Achse so, dass die gefärbten Flächen denselben Inhalt haben. $\bar{v} \approx 19\frac{m}{s}$

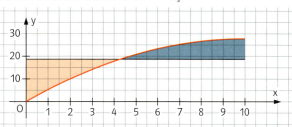

b) $\bar{v} = \frac{1}{10} \int_0^{10} v(t)dt \approx 18{,}52\frac{m}{s}$

c) $s = \int_0^{10} v(t)dt \approx 185{,}2\,m$; oder $s = 10 \cdot 18{,}52 = 185{,}2\,m$

Kapitel IV, Zeit zu wiederholen, Seite 144

19

a)

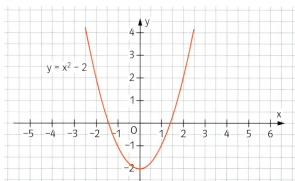

b)

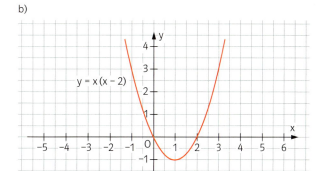

c)

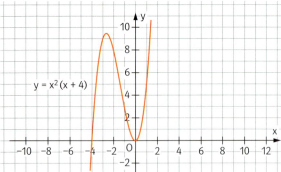

d)

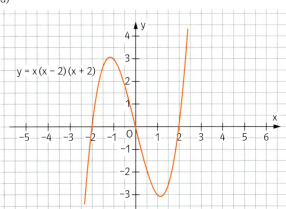

20
a) Richtig. Dieser Koeffizient der Potenz mit dem höchsten Exponenten 4 ist negativ, also gilt: $f(x) \to -\infty$ für $x \to +\infty$ und für $x \to -\infty$.
b) Richtig. Entweder gilt $f(x) \to +\infty$ für $x \to +\infty$ und $f(x) \to -\infty$ für $x \to -\infty$ oder $f(x) \to -\infty$ für $x \to +\infty$ und $f(x) \to +\infty$ für $x \to -\infty$. Wegen der Differenzierbarkeit von f muss f mindestens eine Nullstelle haben.
c) Falsch. Gegenbeispiel: f mit $f(x) = x^2 + 1$ hat den Grad $n = 2$ und keine Nullstelle.

21
a) 270　　b) 5 400 000　　c) 0,045　　d) 400
e) 0,030　　f) 20 000 000　　g) 132　　h) 700

Kapitel IV, Prüfungsvorbereitung ohne Hilfsmittel, Seite 148

1
a) $\int_{-2}^{2} x(x-1)\,dx = \int_{-2}^{2}(x^2 - x)\,dx = \left[\frac{1}{3}x^3 - \frac{1}{2}x^2\right]_{-2}^{2} = \frac{8}{3} - 2 - \left(-\frac{8}{3} + 2\right) = \frac{16}{3}$
$= 5\frac{1}{3}$

b) $\int_{1}^{10} x^{-1}\,dx = \int_{1}^{10} \frac{1}{x}\,dx = [\ln|x|]_{1}^{10} = \ln(10) - \ln(1) = \ln(10) \approx 2{,}30$

c) $\int_{0}^{\ln 4} e^{\frac{1}{2}x}\,dx = \left[2e^{\frac{1}{2}x}\right]_{0}^{\ln 4} = 2\cdot 2 - 2 = 2$

2
a) $f(x) = x^{-4} - \cos(4x)$; $F(x) = -\frac{1}{3}x^{-3} - \frac{1}{4}\sin(4x) = \frac{-1}{3x^3} - \frac{1}{4}\sin(4x)$

b) $f(x) = 2(5x-1)^{-2}$; $F(x) = -\frac{2}{5}(5x-1)^{-1} = \frac{-2}{5(5x-1)} = \frac{2}{5(1-5x)}$

3
a) $f(x) = x^2 - 1$; $F(x) = \frac{1}{3}x^3 - x + \frac{8}{3}$

b) $J_{-1}(x) = \int_{-1}^{x}(t^2 - 1)\,dt = \left[\frac{1}{3}t^3 - t\right]_{-1}^{x} = \frac{1}{3}x^3 - x - \frac{2}{3}$

4
Für $z \geq 1$ gilt: $A(z) = \int_{1}^{z}\frac{10}{x^4}\,dx = \left[-\frac{10}{3}x^{-3}\right]_{1}^{z} = -\frac{10}{3}z^{-3} + \frac{10}{3}$;
$\lim_{z \to \infty} A(z) = \frac{10}{3}$.
Die Fläche hat den endlichen Inhalt $A = \frac{10}{3}$.

5

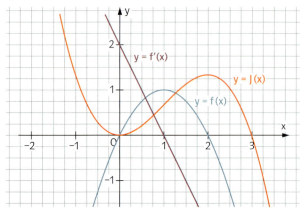

Die Integralfunktion zu c) ist mit J bezeichnet. J ist gleichzeitig eine Stammfunktion von f (Teilaufgabe b)).

6
a) g(2) entspricht der Steigung des Graphen von G an der Stelle 2; $g(2) \approx -0{,}5$.
b) Nach dem Hauptsatz gilt $\int_{1}^{4} g(x)\,dx = G(4) - G(1) = 1 - 3 = -2$.

7
A ist falsch. Es ist $f(x) \geq 0$ für $x \in [-1; 0]$, also ist F streng monoton steigend.
B ist richtig. Es ist $f(0) = F'(0) = 0$ und $f = F'$ an der Stelle 0 einen VZW von + nach −. An der Stelle 0 hat der Graph von F einen Hochpunkt.
C ist falsch. F kann an der Stelle 0 eine Nullstelle haben, muss aber nicht.
D ist richtig. Es ist $f'(1) = F''(1) = 0$ und $f' = F''$ hat an der Stelle 1 einen VZW von − nach +.

8
a) Die Ableitung der Funktion h nach der Zeit t ergibt die Vertikalgeschwindigkeit v.
Die Funktion h ist eine Stammfunktion der Funktion v.

Jede Integralfunktion $\int_u^x v(t)\,dt$ von v zur unteren Grenze u ist eine Stammfunktion von v.

Die Integralfunktion $\int_0^x v(t)\,dt$ gibt die Höhenveränderung zum Zeitpunkt x gegenüber dem Zeitpunkt 0 an.

b) Der Ballon fliegt nie unterhalb der Starthöhe.

c) Der orientierte Flächeninhalt unter jedem möglichen Graphen von v über dem Intervall [0; 30] ist 0.

9

f_a hat die Nullstellen $x_1 = -1$ und $x_2 = 1$. $f_a(x) \geq 0$ für $-1 \leq x \leq 1$, die gesuchte Fläche liegt also oberhalb der x-Achse.

$A = \int_{-1}^{1} f(x)\,dx = \left[-\frac{1}{3}ax^3 + ax\right]_{-1}^{1} = -\frac{1}{3}a + a - \left(\frac{1}{3}a - a\right) = \frac{4}{3}a$

Aus $\frac{4}{3}a = 4$ folgt $a = 3$.

10

a) Der Rotationskörper wird durch Rotation der Fläche unter dem Graphen von f mit $f(x) = e^{0,5x}$ über dem Intervall [0; 1] erzeugt.

b) $V = \pi \int_0^1 e^x\,dx = \pi [e^x]_0^1 = \pi(e - 1)$

Näherungslösung:
$V \approx 3 \cdot (3 - 1) \approx 6$ oder $V \approx 3{,}1 \cdot (2{,}7 - 1) \approx 3{,}1 \cdot 1{,}7 \approx 5{,}3$
(genauer Wert auf eine Dezimale gerundet: $V = 5{,}4$)

Kapitel IV, Prüfungsvorbereitung mit Hilfsmitteln, Seite 149

1

a) Mit dem GTR: Nullstellen von f: $x_1 = -2$; $x_2 = 2$; $x_3 = 0$

$A_1 = -\int_{-2}^{2} (0{,}5x^2(x^2 - 4))\,dx \approx 4{,}27$ (Berechnung mit dem GTR)

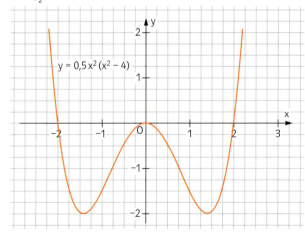

b) Die Tiefpunkte des Graphen von f sind $T_1(-\sqrt{2}\,|\,-2)$ und $T_2(\sqrt{2}\,|\,-2)$. Für den Inhalt A_2 gilt:

$A_2 = \int_{-\sqrt{2}}^{\sqrt{2}} (f(x) - (-2))\,dx \approx 3{,}02$ (GTR).

c) $V = \pi \int_{-2}^{2} (f(x))^2\,dx \approx 20{,}43$ (GTR)

2

a) J_0 ist die Stammfunktion von f mit $J_0(0) = 0$;
$J_0(x) = \frac{1}{3}(x-2)^3 + \frac{8}{3}$.

J_2 ist die Stammfunktion von f mit $J_2(2) = 0$; $J_2(x) = \frac{1}{3}(x-2)^3$.
Die nachfolgende Figur zeigt die Graphen von f, J_0 und J_2.

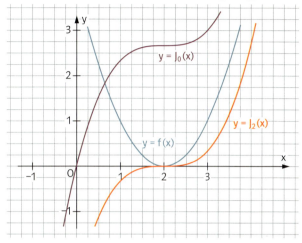

b) J_a ist eine Stammfunktion von f. Also gilt $J_a'(x) = f(x)$ und $J_a''(x) = f'(x)$.

Bedingungen für eine Extremstelle von J_a bei x_0:
$f(x_0) = 0$ und f hat einen Vorzeichenwechsel an der Stelle x_0. Es gilt aber $f(x) = (x-2)^2 \geq 0$ für $x \in \mathbb{R}$; also hat f keinen VZW. J_a hat keine Extremstellen.

Bedingungen für eine Wendestelle von J_a bei x_0:
$f'(x_0) = 0$ und f' hat einen VZW bei x_0. Mit $f'(x) = 2(x-2)$ gilt: Die notwendigen Bedingungen sind nur für die Stelle $x_0 = 2$ erfüllt.

3

a) Es gilt $f(t) = 0{,}1e^{-0{,}1t} > 0$ für $t > 0$, also ist die momentane Zuflussrate positiv, die Ölmenge nimmt zu.

b) Ölmenge $g(T)$ im Behälter zur Zeit T:

$g(T) = 2 + \int_0^T 0{,}1e^{-0{,}1t}\,dt = 2 + [-e^{-0{,}1t}]_0^T = 2 - e^{-0{,}1T} + 1 = 3 - e^{-0{,}1T}$.

Es gilt: $\lim_{T \to \infty} g(T) = 3$. Die Ölmenge kann maximal $3\,\text{cm}^3$ betragen.

c) $\overline{m} = \frac{1}{10} \int_0^{10} g(t)\,dt \approx 2{,}368\,\text{cm}^3$

4

a) Um 6 Uhr ist am meisten Wasser im Speicher. Um 18 Uhr ist am wenigsten Wasser im Speicher.

b) Schnellste Volumenveränderung um 0 Uhr und 12 Uhr. Langsamste Volumenveränderung um 6 Uhr und 18 Uhr.

c) Die Volumendifferenz ΔV ist z.B. zwischen 6 Uhr und 18 Uhr maximal.

$\Delta V = -\int_6^{18} g(t)\,dt \approx 152\,789\,\text{m}^3$

d) Es ist $G'(t) = \frac{240}{\pi} \cdot \left(-\sin\left(\frac{\pi}{12}(t-6)\right)\right) \cdot \frac{\pi}{12} = g(t)$.

Es ist $G(0) = \frac{240}{\pi}\cos\left(-\frac{1}{2}\pi\right) = 0$. Das Volumen des Sees wird durch die Funktion H mit

$H(t) = 500 + G(t) = 500 + \frac{240}{\pi}\cos\left(\frac{\pi}{12}(t-6)\right)$ beschrieben (t in h; H(t) in Tausend m³).

5

a) Der Querschnitt des Kanals lässt sich beschreiben durch f mit

$f(x) = \frac{1}{8}x^2$. Inhalt der Querschnittsfläche $A = 16 - \int_{-4}^{4}\frac{1}{8}x^2\,dx = 10\frac{2}{3}$.

b) $V = 10\frac{2}{3} \cdot 2000 = 21333\frac{1}{3} \approx 21333$

c) Querschnittsfläche zur halben Höhe

$A^* = 2\sqrt{8} - \int_{-\sqrt{8}}^{\sqrt{8}}\frac{1}{8}x^2\,dx = \frac{8}{3}\sqrt{2} \approx 3{,}771$

$V^* = \frac{8}{3}\sqrt{2} \cdot 2000 \approx 7542$.

Im bis zur halben Höhe gefüllten Kanal befinden sich etwa 35 % der Wassermenge des gefüllten Kanals.

Kapitel V, Zeit zu überprüfen, Seite 153

3

a) Der Graph von f ist punktsymmetrisch zum Ursprung.
b) Der Graph von f ist achsensymmetrisch zur y-Achse.
c) Der Graph von f ist punktsymmetrisch zum Ursprung.
d) Der Graph von f ist weder achsensymmetrisch zur y-Achse noch punktsymmetrisch zum Ursprung.

Kapitel V, Zeit zu überprüfen, Seite 156

5

a) Definitionslücke bei $x = 3$; $f(x) \to -\infty$ für $x \to 3$ und $x < 3$; $f(x) \to \infty$ für $x \to 3$ und $x > 3$; senkrechte Asymptote: $x = 3$.

b) Definitionslücke bei $x = 3$; da $3 - 2 = 1 \neq 0$ und $(3-3)^2 = 0$ ist, hat f bei $x = 3$ eine Polstelle und der Graph bei $x = 3$ eine senkrechte Asymptote. Für $x \to 3$ gilt $f(x) \to \infty$.

c) Definitionslücke bei $x = 0$; da $e^0 = 1 \neq 0$ und $e^0 - 1 = 0$ ist, hat f bei $x = 0$ eine Polstelle und der Graph bei $x = 0$ eine senkrechte Asymptote. Für $x \to 0$ und $x < 0$ gilt $f(x) \to -\infty$; für $x \to 0$ und $x > 0$ gilt $f(x) \to \infty$.

6

Mögliche Lösung: $f(x) = \frac{1}{x^2 - 4}$

Kapitel V, Zeit zu überprüfen, Seite 159

8

a) Senkrechte Asymptote: $x = 1$, waagerechte Asymptote: $y = \frac{1}{2}$; $\lim_{x \to \pm\infty} f(x) = \frac{1}{2}$

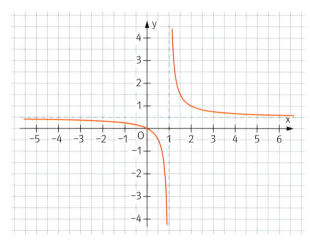

b) Senkrechte Asymptote: $x = 0$; waagerechte Asymptote: $y = 4$; $\lim_{x \to \pm\infty} f(x) = 4$

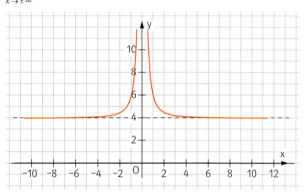

c) Keine senkrechte Asymptote, waagerechte Asymptote: $y = 0$; $\lim_{x \to -\infty} f(x) = 0$; $f(x) \to \infty$ für $x \to \infty$.

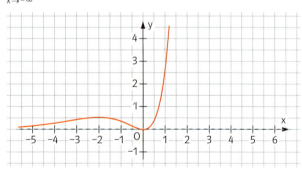

Kapitel V, Zeit zu überprüfen, Seite 163

6

a) Nullstellen: 0 und 1; Extremstelle: $\frac{1}{2}$

b) Nullstellen: 0 und 1; Extremstellen: $\frac{3+\sqrt{5}}{2}$ und $\frac{3-\sqrt{5}}{2}$

c) Nullstelle: $\ln(2)$; Extremstelle: $\frac{\ln\left(\frac{3}{2}\right)}{2}$

Kapitel V, Zeit zu überprüfen, Seite 167

8

a) Mögliche Vermutungen:
- $D_f = \mathbb{R} \setminus \{-1\}$
- Für $x \to -\infty$ gilt $f(x) \to 0$, für $x \to \infty$ gilt $f(x) \to \infty$.
- f hat keine Extremstellen.

b) Nachweis der Vermutungen:
Definitionsmenge: $x + 1 = 0$ für $x = -1$
Verhalten für $x \to \pm\infty$: $f(x) = e^x \cdot \frac{x}{x+1} = e^x \cdot \frac{1}{1+\frac{1}{x}}$
$f(x) \to \infty$ für $x \to +\infty$
$f(x) \to 0$ für $x \to -\infty$
Extremstelle: $f'(x) = e^x \cdot \frac{x}{x+1} + e^x \cdot \frac{1}{(x+1)^2}$
Der 2. Summand ist immer ungleich Null, d.h., es gibt kein x, für das gilt $f'(x) = 0$.

9

a)

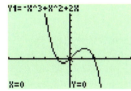

Vermutungen:
- f hat drei Nullstellen.
- f hat ein lokales Minimum.
- f hat ein lokales Maximum.
- f hat eine Wendestelle.
- Für $x \to -\infty$ gilt $f(x) \to \infty$, für $x \to \infty$ gilt $f(x) \to -\infty$.

Nachweis:
- Nullstellen: $f(x) = -x^3 + x^2 + 2x = 0$
$-x(x^2 - x - 2) = 0$
$x_1 = -1$; $x_2 = 0$ und $x_3 = 2$
- Extremstellen: $f'(x) = -3x^2 + 2x + 2 = 0$
$x_4 = \frac{1+\sqrt{7}}{3}$ und $x_5 = \frac{1-\sqrt{7}}{3}$
- Wendestellen: $f''(x) = -6x + 2 = 0$
$x_6 = \frac{1}{3}$
- Verhalten für $x \to \pm\infty$: Der Term $-x^3$ dominiert.

b)

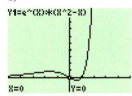

Vermutungen:
- f hat zwei Nullstellen.
- f hat ein lokales Maximum.
- f hat ein lokales Minimum.
- f hat zwei Wendepunkte.
- Für $x \to -\infty$ gilt $f(x) \to 0$, für $x \to \infty$ gilt $f(x) \to \infty$.

Nachweis:
- Nullstellen: $f(x) = e^x(x^2 - x) = 0$
$(x^2 - x) = 0$ ($e^x > 0$ für alle x)
$x_1 = 0$; $x_2 = 1$
- Extrempunkte: $f'(x) = e^x(x^2 + x - 1) = 0$
$(x^2 + x - 1) = 0$ ($e^x > 0$ für alle x)
$x_3 = \frac{-1-\sqrt{5}}{2}$ und $x_4 = \frac{-1+\sqrt{5}}{2}$
- Wendepunkte: $f''(x) = e^x(x^2 + 3x) = 0$
$(x^2 + 3x) = 0$ ($e^x > 0$ für alle x)
$x_5 = 0$; $x_6 = -3$
- Verhalten für $x \to \pm\infty$: Der Term e^x dominiert.

c)

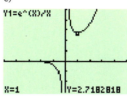

Vermutungen:
- f hat keine Nullstellen.
- f hat ein lokales Minimum.
- Für $x \to -\infty$ gilt $f(x) \to 0$, für $x \to \infty$ gilt $f(x) \to \infty$.

Nachweis:
- Nullstellen: $f(x) = \frac{e^x}{x} \neq 0$ (für alle x), da $e^x > 0$ für alle x.
- Extrempunkte: $f'(x) = \frac{e^x(x-1)}{x} = 0$
$e^x(x - 1) = 0$
$x_1 = 1$
- Verhalten für $x \to \pm\infty$:
Der Term e^x dominiert über x für $x \to \pm\infty$.

d)

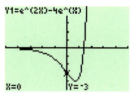

Vermutungen:
- f hat eine Nullstelle.
- f hat ein lokales Minimum.
- f hat eine Wendestelle bei $x = 0$.
- Für $x \to -\infty$ gilt $f(x) \to 0$, für $x \to \infty$ gilt $f(x) \to \infty$.

Nachweis:
- Nullstellen: $f(x) = e^{2x} - 4e^x = 0$
$x_1 = \ln(4)$
- Extrempunkte: $f'(x) = 2e^{2x} - 4e^x = 0$
$x_2 = \ln(2)$
- Wendepunkte: $f''(x) = 4e^{2x} - 4e^x = 0$
$x_3 = \ln(1) = 0$
- Verhalten für $x \to \pm\infty$:
$f(x) = e^{2x} - 4e^x = e^{2x}\left(1 - \frac{4}{e^x}\right)$ verhält sich für $x \to \pm\infty$ wie e^{2x}.

e)

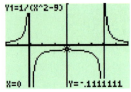

Vermutungen:
- f hat keine Nullstellen.
- f hat ein lokales Maximum.
- f ist symmetrische zur y-Achse.
- Für $x \to \pm\infty$ gilt $f(x) \to 0$.

Nachweis:
- Nullstellen: $f(x) = \frac{1}{(x^2 - 9)} \neq 0$ (für alle x)
- Extrempunkte: $f'(x) = \frac{-2x}{(x^2 - 9)^2} = 0$

$x_1 = 0$
- f ist symmetrisch zur y-Achse:
$f(-x) = \frac{1}{((-x)^2 - 9)} = \frac{1}{(x^2 - 9)} = f(x)$
- Verhalten für $x \to \pm\infty$: $\frac{1}{(x^2 - 9)} \to 0$ für $x \to \pm\infty$.

f)

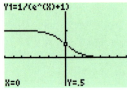

Vermutungen:
- f hat einen Wendepunkt.
- Für $x \to -\infty$ gilt $f(x) \to 1$, für $x \to \infty$ gilt $f(x) \to 0$.

Nachweis:
- Wendepunkt: $f''(x) = \frac{e^x(e^x - 1)}{(e^x + 1)^3} = 0$
  $(e^x - 1) = 0$ ($e^x > 0$ für alle x)

$x_1 = 0$
- Verhalten für $x \to \pm\infty$:

$\frac{1}{e^x + 1} \to 0$ für $x \to \infty$

$\frac{1}{e^x + 1} \to 1$ für $x \to -\infty$, da $e^x \to 0$ für $x \to -\infty$.

Kapitel V, Zeit zu überprüfen, Seite 170

8

a) $f_t(0) = \frac{-2 \cdot 0}{t} \cdot e^{t \cdot 0} = 0$

b)

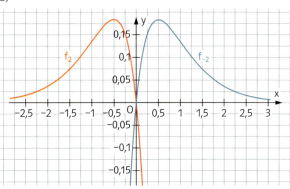

c) Hochpunkt: $H\left(-\frac{1}{t} \mid \frac{2}{e \cdot t^2}\right)$, Wendepunkt: $H\left(-\frac{2}{t} \mid \frac{4}{e^2 \cdot t^2}\right)$

d) Ortskurve der Wendepunkte: $y = \frac{x^2}{e^2}$

Kapitel V, Zeit zu wiederholen, Seite 171

15

a) Da die prozentuale Änderung bei jedem Zeitschritt gleich groß ist, liegt exponentielles Wachstum vor.

b) Nach zwei Wochen beträgt die Fläche der Bakterienkultur etwa 19 cm², drei Tage vor Beginn der Messung betrug die Fläche etwa 3,76 cm².

c) Da die absolute Änderung bei der zweiten Bakterienkultur bei jedem Zeitschritt gleich groß ist, liegt bei ihr lineares Wachstum vor. Nach etwa 19,6 Tagen sind die von den beiden Bakterienkulturen bedeckten Flächen etwa gleich groß.

Kapitel V, Zeit zu überprüfen, Seite 174

5

a) Amplitude: 3; Periode: 4π

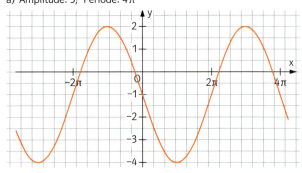

b) Amplitude: 1; Periode: π

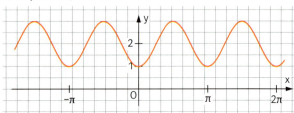

c) Amplitude: 2; Periode: $\frac{2\pi}{3}$

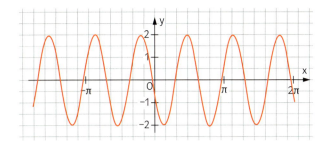

Kapitel V, Zeit zu wiederholen, Seite 177

5
a) Beschränktes Wachstum
b) Lineares Wachstum
c) Exponentielles Wachstum

6
a) Jährliche Senkung um 5800:

Jahr	0	1	2	3	4	5
Grundstückswert (in €)	190 000	184 200	178 400	172 600	166 800	161 000

Jahr	6	7	8	9	10
Grundstückswert (in €)	155 200	149 400	143 600	137 800	132 000

Jährliche Steigerung um 5,8 %:

Jahr	0	1	2	3	4	5
Grundstückswert (in €)	190 000,00	201 020,00	212 679,16	225 014,55	238 065,40	251 873,19

Jahr	6	7	8	9	10
Grundstückswert (in €)	266 481,83	281 937,78	298 290,17	315 591,00	333 895,28

b) Im ersten Fall liegt lineares Wachstum und im zweiten Fall exponentielles Wachstum vor.

7
a) Die Schranke des beschränkten Wachstums ist $S = 4800$.
b) $B(1) = 2325$; $B(2) = 2943,75$ und $B(3) = 3407,8125$.
c) Für $n = 5$ ist der Bestand mit $B(5) \approx 4017$ erstmals über 4000.

Kapitel V, Zeit zu wiederholen, Seite 182

15
a) $B(10) = 131$ b) $B(10) = 3 145 728$ c) $B(10) = 6125,8$

16
a) Geht man davon aus, dass jeder Schüler bzw. Schülerin und jeder Lehrer bzw. Lehrerin höchstens ein T-Shirt kaufen, so liegt die Schranke bei $S = 1035$. Wegen der Werbeaktion kann man davon ausgehen, dass die absolute Änderung der Verkaufszahlen proportional zur Differenz $S - B(n)$ ist.
b) Nach der achten Woche wird man mit den gemachten Annahmen etwa 698 T-Shirts verkauft haben.

Kapitel V, Prüfungsvorbereitung ohne Hilfsmittel, Seite 186

1
a) Nullstellen: $x_1 = 0$; $x_2 = -1$ b) Nullstelle: $x = 0$
c) Nullstelle: $x = 0$ d) Nullstellen: $x_1 = -3$; $x_2 = 2$

2
a)

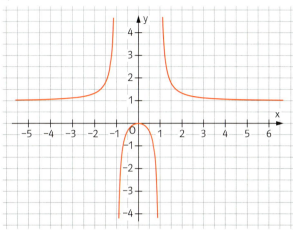

b)

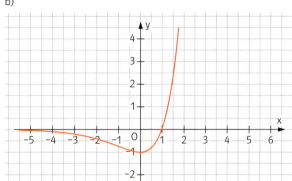

c)

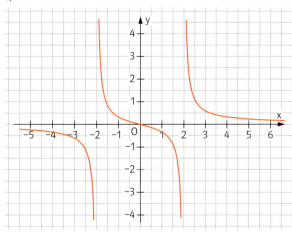

d)

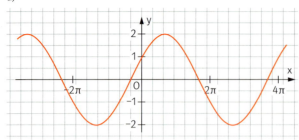

3
a) $f'(x) = -\frac{3}{(x+1)^2}$; $F(x) = 3 \cdot \ln|x+1|$
b) $f'(x) = 8e^{2x} + \frac{1}{x^2}$; $F(x) = 2e^{2x} - \ln|x|$
c) $f'(x) = 3\sin(2-x) + 1$; $F(x) = -3\sin(2-x) + \frac{x^2}{2}$

4
Mögliche Lösung:
Da die Funktionswerte von g und i nicht negativ werden können, gehören zu diesen beiden Funktionen die Graphen K_1 und K_2; die Graphen K_3 und K_4 müssen entsprechend zu den Funktionen f und h gehören. Da der Faktor x^4 im Funktionsterm von i für $x < -1$ größer als der Faktor x^2 von g ist, gehört K_1 zu i und K_2 zu g. In gleicher Weise erhält man, dass K_3 zu f und K_4 zu h gehören.

5
Mögliche Lösung:
a) Da f_t die Nullstelle t hat, gehört K_d zu f_0 und K_e zu f_2.
b) Mit $f'_t = e^{-x}(-x + t + 1)$ und $f''_t = -e^{-x}(-x + t + 2)$ erhält man den Extrempunkt $P(t+1 | e^{-t-1})$. Aus $x = t+1$ folgt $t = x-1$ und damit die Ortskurve $y = e^{-t-1} = e^{-(x-1)-1} = e^{-x}$.
c) Mit $e^{-x} \cdot (x - t_1) = e^{-x} \cdot (x - t_2)$ erhält man $x - t_1 = x - t_2$ bzw. $t_1 = t_2$. Wenn die Funktionswerte von zwei Funktionen der Funktionenschar f_t an einer Stelle gleich sind, dann müssen die beiden Funktionen identisch sein. Daher haben die Graphen der Funktionenschar keine gemeinsamen Punkte.

6
a) Zu Beginn beträgt die Abflussrate $38 \frac{l}{min}$.
b) Nach 76 Minuten fließt kein Wasser mehr aus dem Tank.
c) Es dauert zwei Minuten, bis sich die Abflussrate gegenüber dem Anfangswert halbiert hat.

7
Mögliche Gleichung von f: $f(x) = \frac{x^2 - 3x}{x^2 - 4}$.

8
a) $f(x) = 1{,}5 \cdot \sin\left(\frac{\pi}{2}(x-1)\right) + 1$
b) $f(x) = -6 \cdot \sin\left(\frac{\pi}{8}(x+4)\right) + 4$

Kapitel V, Prüfungsvorbereitung mit Hilfsmitteln, Seite 187

1
a) Schnittpunkt mit der x-Achse: $N(-1|0)$.
Waagerechte Asymptote: $y = 0$, senkrechte Asymptoten: $x = 1$ und $x = 4$.

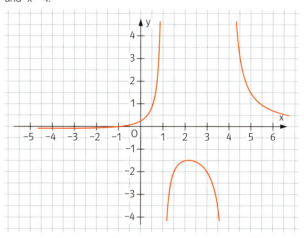

b) Gleichung der Tangente: $y = 0{,}1x + 0{,}1$. Weiterer Schnittpunkt der Tangente mit dem Graphen von f: $P(6 | 0{,}7)$.

2
a) Für a erhält man 200. Auf lange Sicht kann das Betriebsrestaurant mit 100 Besuchern rechnen.
b) Am zehnten Tag essen 109 Personen im Betriebsrestaurant. Am vierten Tag essen erstmals 90 Personen im Betriebsrestaurant.
c) In den ersten zwei Wochen konnte das Betriebsrestaurant 1276 Gäste bewirten.

3
a)

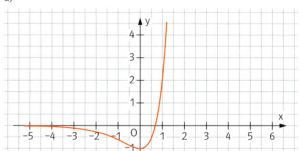

Waagerechte Asymptote: $y = 0$. Der Graph hat keine senkrechte Asymptote und ist nicht symmetrisch. Damit f eine Nullstelle hat, muss entweder $e^x = 0$ oder $e^x = 2$ sein. Da $e^x = 0$ für kein $x \in \mathbb{R}$ möglich ist, hat f nur die eine Nullstelle $x = \ln(2)$.
b) Eigenschaften, die sich übertragen:
– f hat nur eine Nullstelle bei $x = \ln(k)$.
– f hat eine Extrem- und eine Wendestelle.
– Für $x \to -\infty$ gilt $x \to 0$, für $x \to -\infty$ gilt $x \to \infty$;
Extrempunkt $P\left(\ln\frac{k}{2} \big| -\frac{k^2}{4}\right)$.
Gleichung der Ortskurve der Extrempunkte: $y = -e^{2x}$.

4

a) $a = 5$; $b = 8$

b) Schnittpunkte mit der x-Achse: $P(-1|0)$ und $Q(-0,6|0)$; Extrempunkt $T\left(-\frac{3}{4}\big|-\frac{1}{3}\right)$; Wendepunkt $W(-1,125|0,259)$; waagerechte Asymptote: $y = 5$; senkrechte Asymptote: $x = 0$

c) Schnittpunkte: $S_1(-1,5|1)$ und $S_2(-0,5|1)$

5

a) In der zweiten Woche wurden in der Bäckerei die meisten Brötchen verkauft.

b) Auf lange Sicht kann die Bäckerei mit 2500 verkauften Brötchen pro Woche rechnen.

c) In den ersten acht Wochen wurden näherungsweise 27267 Brötchen verkauft.

6

a) $a = 0,78125$; $b = \ln(25)$

b) Die halbe Grenzgeschwindigkeit wird nach etwa 0,215 Sekunden erreicht.

7

a) $p = 4\pi$

b) $f(-x) = 3 \cdot \sin(0,5(-x - \pi)) - 1 = 3 \cdot \sin(-0,5x - 0,5\pi) - 1$
$= 3 \cdot \cos(-0,5x) - 1 = 3 \cdot \cos(0,5x) - 1$
$= 3 \cdot \sin(0,5x - 0,5\pi) - 1 = 3 \cdot \sin(0,5(x - \pi)) - 1$
$= f(x)$

c) Der Flächeninhalt beträgt etwa 9,48 (LE)².

Kapitel VI, Zeit zu überprüfen, Seite 193

6

a) Ansatz für die Bevölkerungszahl $f(x)$ in Milliarden Einwohnern im Jahre x (1950 ≙ x = 0): $f(x) = f(0) \cdot e^{kx}$ mit $f(0) = 2,5$; $f(30) = 4,5$ ergibt $2,5e^{30k} = 4,5$ mit der Lösung $k = 0,01959$ (alle Werte gerundet). Damit erhält man: $f(x) = 2,5e^{0,01959x}$. Eine Regression mit dem GTR für die zwei Datenpunkte $(0|2,5)$ und $(30|4,5)$ liefert dasselbe Ergebnis.
Verdopplungszeit $T_V = \frac{\ln(2)}{k} \approx 35$ Jahre. Unter der Annahme exponentiellen Wachstums auf der Basis der Jahre 1950 und 1980 verdoppelt sich die Weltbevölkerung alle 35 Jahre. Auf Dauer ist allerdings eher zu erwarten, dass diese Zeit zunimmt (knappere Ressourcen etc.).

b) 2005 ≙ x = 55; $f(55) = 7,3$; der Wert ist etwas zu hoch im Vergleich zum wahren Wert; das Bevölkerungswachstum hat sich wohl etwas abgeschwächt.
1920 ≙ x = -30; $f(-30) = 1,4$; der Wert ist etwas zu gering im Vergleich zum wahren Wert; das Bevölkerungswachstum war wohl vor 1950 etwas geringer (z.B. wegen des Zweiten Weltkrieges).

c) 2050 ≙ x = 100; $f(100) = 17,7$; die Prognose auf der Basis der Entwicklung von 1950 bis 1980 ist also viel höher als die der Experten der Vereinten Nationen. Offenbar gehen die Experten von begrenzenden Effekten aus, z.B. stärkere Geburtenkontrolle.

d) Mit der Funktionsdarstellung $f(x) = 2,5e^{0,01959x}$ ergibt sich $f'(x) = 0,048975e^{0,01959x}$; $f'(50) = 0,130$. Im Jahr 2000 betrug nach dem Modell aus Teilaufgabe a) die Wachstumsgeschwindigkeit etwa 130 Millionen Einwohner pro Jahr.

Kapitel VI, Zeit zu wiederholen, Seite 193

9

$(1|1)$, $(-1,5|0)$ und $(-4|-1)$

10

a) $x = 1$, $y = 3$ \qquad b) $x = 2$, $y = 2$

c) $x = 0$, $y = -2$ \qquad d) $x = -\frac{1}{2}$, $y = -\frac{5}{4}$

Zur Lösung mit dem GTR löst man zunächst beide Gleichungen nach y auf und gibt sie als Formeln ein. Als Graphen erhält man zwei Geraden. Man bestimmt deren Schnittpunkt. Seine Koordinaten sind die Lösung des Gleichungssystems.
Alternativ kann man die Koeffizienten im Matrix-Editor eingeben, wie an Teilaufgabe c) gezeigt wird:

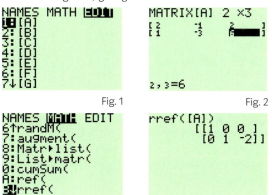

Fig. 1 \qquad Fig. 2

Fig. 3 \qquad Fig. 4

Mithilfe der Funktion rref wird die Matrix so umgeformt, dass man die Lösung in der letzten Spalte ablesen kann.

Kapitel VI, Zeit zu überprüfen, Seite 196

7

a) Die Quotienten der Restbestände $\frac{R(n)}{R(n-1)}$ sind immer (etwa) 0,6, also liegt angenähert beschränktes Wachstum vor.

b) Ansatz: $f(x) = S - ce^{-kx}$, wobei $S = 80$, $f(0) = 500$, $k = -\ln(0,6) = 0,5108$ (gerundet), also $f(x) = 80 + 420e^{-0,5108x}$.

c) $f(15) = 80,2$; also etwa 80; $f(x) = 200$ hat die Lösung $x = 2,45$ (gerundet). Also beträgt der Bestand nach etwa 2 Stunden und 27 Minuten 200.

8

Ansatz: $f(x) = S - (S - f(0))e^{-kx}$ (x in Monaten, $f(x)$ in Prozent) mit $S = 30$, $f(0) = 0$ und $f(1) = 10$. Eingesetzt: $f(x) = 30 - 30e^{-kx}$.
Die Bedingung $f(1) = 10$ ergibt die Gleichung $10 = 30 - 30e^{-k}$ mit der Lösung $k = -\ln\left(\frac{2}{3}\right)$, also $k \approx 0,4055$. Damit erhält man für f die Gleichung $f(x) = 30 - 30e^{-0,4055x}$.
Die Gleichung $f(x) = 25$ hat die Lösung $x = 4,41$. Also ist bereits nach 5 Monaten der Marktanteil auf über 25% gestiegen.
$f'(x) = -30 \cdot (-0,4055)e^{-0,4055x} = 12,165e^{-0,4055x}$; $f'(6) = 1,07$. Nach einem halben Jahr beträgt die Zunahmegeschwindigkeit etwa 1,1% pro Monat. Die Lösung kann man auch mit dem GTR bestimmen:

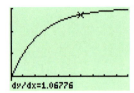

Kapitel VI, Zeit zu überprüfen, Seite 199

7

a) Das ist eine Differenzialgleichung für exponentielles Wachstum, also $f(x) = 1000\,e^{-0,25x}$.

b) Man erkennt eine Funktion, die begrenztes Wachstum mit der Schranke $S = 50$ und $k = 0,25$ beschreibt, und folgert daraus: $f'(x) = 0,25(50 - f(x))$. Die momentane Änderungsrate von f ist proportional zur Differenz von 50 und $f(x)$.

Alternative:
$f'(x) = 2,5\,e^{-0,25x}$; $0,25\,f(x) = 12,5 - 2,5\,e^{-0,25x} = 12,5 - f'(x)$; also:
$f'(x) = 12,5 - 0,25\,f(x)$ oder durch Ausklammern von 0,25:
$f'(x) = 0,25(50 - f(x))$.

8

a) Differenzialgleichung $f'(t) = 90 - 0,06\,f(t)$ mit $f(0) = 0$.
Man formt die Gleichung durch Ausklammern von 0,06 so um, dass man eine Differenzialgleichung für begrenztes Wachstum erhält: $f'(t) = 0,06(1500 - f(t))$.
Lösung der Differenzialgleichung: $f(t) = 1500 - 1500\,e^{-0,06t}$.
Da $S = 1500$, können sich höchstens (eigentlich weniger als) 1500 Liter Abwasser im Becken befinden.

b) Es muss gelten $f(t) = 1000$ und $f'(t) = 90 - 0,06\,f(t)$. Daraus ergibt sich $f'(t) = 30$. Da $f'(t) = 90\,e^{-0,06t}$, ist die Gleichung $90\,e^{-0,06t} = 30$ zu lösen; Lösung $t = 18,3$.
Wenn in dem Becken 1000 Liter Abwasser enthalten sind, sind etwa 18 Minuten vergangen und die momentane Zunahmerate des Abwassers beträgt dann 30 Liter pro Minute.

Kapitel VI, Zeit zu überprüfen, Seite 203

7

a) Anfangshöhe $f(0) = 5\,(\text{cm})$, Höhe nach langer Zeit etwa $S = 100\,(\text{cm})$.

b) Die Gleichung $\frac{100}{1 + 19 \cdot e^{-0,2x}} = 50$ hat die Lösung $x = 14,72$ (gerundet). Nach knapp 15 Wochen ist die Hecke 50 cm hoch.

c) $f'(x) = 380 \cdot \frac{e^{-0,25x}}{(1 + 4\,e^{-0,25x})^2}$ ist maximal bei $x = 14,72$ (GTR), $f'(14,72) = 5$. Die Wachstumsgeschwindigkeit ist mit 5 cm pro Woche am größten nach knapp 15 Wochen. Vergleich mit Teilaufgabe b) Bei halber Höhe ist die Wachstumsgeschwindigkeit am größten, denn dort hat der Graph den Wendepunkt.

8

a) Anfangs nimmt die Zahl der „Wissenden" immer stärker, etwa exponentiell zu, wenn man annimmt, dass die Zahl derjenigen, die das Gerücht erfahren, proportional ist zu der Zahl der Wissenden. Mit der Zeit kennen immer mehr das Gerücht. Daher ist die Zahl derjenigen, die das Gerücht erfahren, nur noch etwa proportional zur Zahl derer, die es noch nicht kennen. Die Zahl der Wissenden wächst dann nur noch begrenzt.

b) Die Anzahl der „Wissenden" nach x Tagen wird mit $f(x)$ bezeichnet. Man kennt: $S = 500$, $f(0) = 2$, also $a = \frac{S}{f(0)} - 1 = 249$. Damit ist $f(x) = \frac{500}{1 + 249 \cdot e^{-k \cdot x}}$. Wegen $f(1) = 4$ ergibt sich für k die Gleichung $4 = \frac{500}{1 + 249 \cdot e^{-k}}$ mit der Lösung $k = 0,6972$. Also ist $f(x) = \frac{500}{1 + 249 \cdot e^{-0,6972 \cdot x}}$.

Damit ergibt sich die Tabelle (auf ganze Zahlen gerundete Werte):

x	0	1	2	3	4	5	6	7	8	9	10
f(x)	2	4	8	16	31	58	104	173	257	340	405

Kapitel VI, Zeit zu überprüfen, Seite 208

5

Der Verlauf des Graphen (Fig. 1) und die angegebene Schranke $S = 35$ lässt eine Modellierung durch logistisches Wachstum sinnvoll erscheinen.

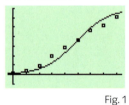

Fig. 1 Fig. 2

Ansatz: $f(x) = \frac{S}{1 + a \cdot e^{-kx}}$

(x: Jahre seit 1950, $f(x)$ Zahl der Autos in Mio.)

Dabei ist $f(0) = \frac{35}{1 + a} = 0,7$; also $a = 49$. Um k zu bestimmen, verwendet man ein geeignetes Wertepaar, z. B. $(25 | 18,2)$. Man erhält dafür die Gleichung $\frac{35}{1 + 49 \cdot e^{-k \cdot 25}} = 18,2$ mit der Lösung $k = 0,1589$ (gerundet). Das ergibt die Lösungsfunktion $f(x) = \frac{35}{1 + 49 \cdot e^{-0,1589x}}$.
Der Graph in Fig. 2 ist eine passable Annäherung an die Daten.

Kapitel VI, Zeit zu wiederholen, Seite 213

13

$y = -\frac{1}{2}x + 2$; $y = \frac{1}{3}x - 1$. Schnittpunkt $S(3,6 | 0,2)$.

14

a) Koordinatengleichung: $y = -\frac{3}{2}x + 4$ oder

Vektorgleichung: $\vec{x} = \begin{pmatrix} 2 \\ 1 \end{pmatrix} + t \cdot \begin{pmatrix} 2 \\ -3 \end{pmatrix}$

b) Koordinatengleichung: $y = 1$ oder

Vektorgleichung: $\vec{x} = \begin{pmatrix} 2 \\ 1 \end{pmatrix} + t \cdot \begin{pmatrix} 1 \\ 0 \end{pmatrix}$

c) Koordinatengleichung: $x = 2$ oder

Vektorgleichung: $\vec{x} = \begin{pmatrix} 2 \\ 1 \end{pmatrix} + t \cdot \begin{pmatrix} 0 \\ 1 \end{pmatrix}$

d) Koordinatengleichung nicht möglich;

Vektorgleichung: $\vec{x} = \begin{pmatrix} 2 \\ 1 \\ 3 \end{pmatrix} + t \cdot \begin{pmatrix} 2 \\ -3 \\ -3 \end{pmatrix}$

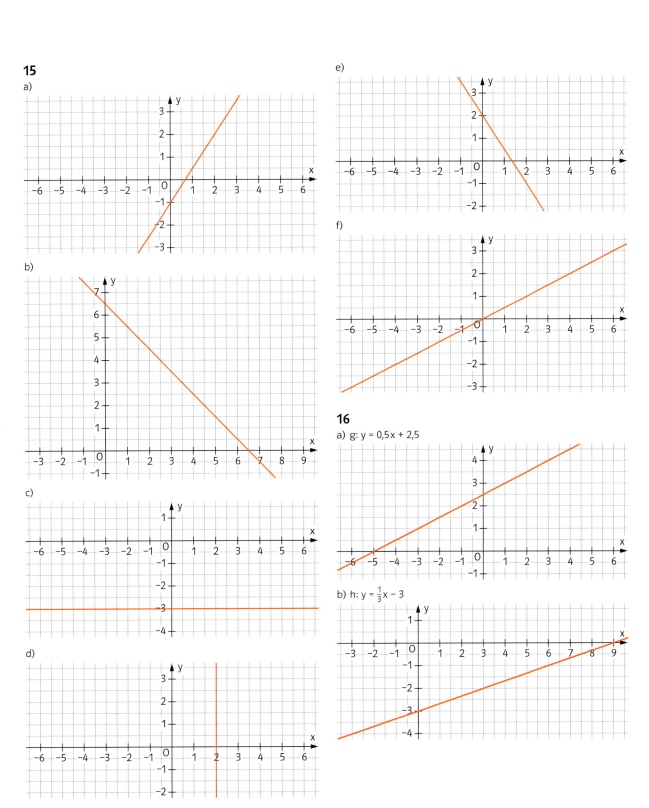

c) k: y = 0,5x

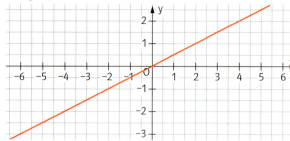

d) l: y = −0,5x + 2,5

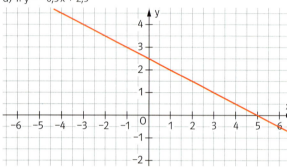

e) m: y = −$\frac{1}{3}$x + 3

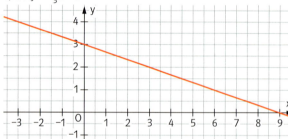

f) n: y = $\frac{1}{3}$x + $\frac{8}{3}$

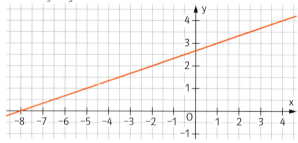

Kapitel VI, Prüfungsvorbereitung ohne Hilfsmittel, Seite 218

1
a) exponentielles Wachstum (bzw. Abnahme)

b) Da der Anfangswert 3 und der Wachstumsfaktor $\frac{1}{2}$ ist, ist
$f(x) = 3 \cdot \left(\frac{1}{2}\right)^x$.
Es gilt $3 \cdot \left(\frac{1}{2}\right)^x < 3 \cdot 2^{-10} = 3 \cdot \left(\frac{1}{2}\right)^{10}$, für $x > 10$.

2
Man erhält die Folge (in cm²): 256, 128, 64, 32, 16, ... Nach vier Halbwertszeiten, also nach acht Tagen nimmt die Fläche auf 16 cm² ab.

3
$B(n) - B(n-1) = (10 - 10 \cdot 2^{-n}) - (10 - 10 \cdot 2^{-(n-1)}) = 10(2^{-n+1} - 2^{-n})$
$= 10 \cdot 2^{-n} \cdot (2-1) = 10 \cdot 2^{-n}$
$10 - B(n-1) = 10 - (10 - 10 \cdot 2^{-(n-1)}) = 10 \cdot 2^{-n+1} = 20 \cdot 2^{-n}$, also
$B(n) - B(n-1) = \frac{1}{2}(10 - B(n-1))$, d.h.: Die Änderung von B ist zum Restbestand S − B proportional, es liegt begrenztes Wachstum mit der Schranke S = 10 vor.
Alternative: Man erkennt an der expliziten Darstellung die „Bauart" $B(n) = S - c \cdot a^n$ (mit S = 10, c = 10 und $a = 2^{-1} = \frac{1}{2}$) und erkennt daran, dass begrenztes Wachstum vorliegt. Daher gilt, dass die Änderung von B zum Restbestand S − B proportional ist, also dass B(n) − B(n − 1) zu 10 − B(n − 1) proportional ist. Die Differenz $S - B(n) = 10 \cdot 2^{-n}$ ergibt die Folge 10, 5, $\frac{5}{2}$, $\frac{5}{4}$, $\frac{5}{8}$, ... Also ist ab n = 4 der Abstand von B(n) zu S kleiner als 1 (Zählung beginnt bei Nummer 0).

4
Graph in Fig. 1: Gleichung II, weil logistisches Wachstum vorliegt.
Graph in Fig. 2: Gleichung IV, weil (monoton wachsendes) begrenztes Wachstum mit S = 5 vorliegt. Bei III liegt monoton fallendes begrenztes Wachstum mit S = 5 vor. Bei V liegt kein begrenztes Wachstum vor, weil e^x und damit auch $5 - 4e^x$ unbegrenzt ist.
Graph in Fig. 3: Gleichung VI, weil (monoton wachsendes) exponentielles Wachstum vorliegt, bei Gleichung I nimmt der zugehörige Graph monoton ab.

5
a) An der „Bauart" erkennt man, dass logistisches Wachstum mit Anfangswert f(0) = 40 vorliegt.

b) Auf lange Sicht nähert sich der Bestand der Schranke S = 160.

6
a) Man erkennt, dass die Differenzialgleichung exponentielles Wachstum beschreibt, da die momentane Änderungsrate zum Bestand f(x) proportional ist. Daher gilt $f(x) = 3e^{0,6x}$.

b) Nach a) gilt $f(1) = 3e^{0,6}$. Also ist $a = \frac{f(1)}{f(0)} = e^{0,6}$.

7
a) Da der Luftdruck beim Anstieg um 1000 m immer um den gleichen Faktor abnimmt, kann man den Luftdruck mit exponentiellem Wachstum modellieren.

Ansatz: $p(x) = p_0 a^x$ mit $p_0 = 1013$. Wenn x die Höhe in km angibt, ist $a = 0{,}88$ (= 100 % – 12 %), also $p(x) = 1013 \cdot 0{,}88^x$.
b) Es gilt bei exponentiellem Wachstum allgemein: $p'(x) = k\,p(x)$.
Hier speziell: $p(x) = p_0 a^x = p_0 e^{kx}$, also $k = \ln(a)$.
Bedeutung: Die momentane Änderungsrate von p ist zu p proportional.
c) Die Halbwertshöhe h ist die Höhe, bei der der Luftdruck am Boden auf die Hälfte abnimmt. Geht man aus einer beliebigen Höhe x um die Halbwertshöhe h nach oben, so sinkt der Luftdruck von p(x) ebenfalls um die Hälfte.
Formel: Bezeichnet h die Halbwertshöhe, so muss gelten:
$1013 \cdot 0{,}88^h = 1013 : 2$. Daraus folgt: $0{,}88^h = \frac{1}{2}$, also
$h \cdot \ln(0{,}88) = \ln\left(\frac{1}{2}\right)$, also $h = \frac{\ln\left(\frac{1}{2}\right)}{\ln(0{,}88)}$.

8
a) Die Grafik legt auf den ersten Blick die Modellierung durch exponentielles Wachstum nahe, aber Vorsicht: Die Werte nähern sich nicht 0, sondern eher einer positiven Sättigungsgrenze, vielleicht etwa 5 Millionen. Daher ist eine Modellierung durch begrenztes (abnehmendes) Wachstum sinnvoll.
Eine Modellierung kann für Prognosen verwendet werden. Eine Gewerkschaft kann dann z. B. abschätzen, wie viel Geld durch Mitgliedsbeiträge zu erwarten ist.
b) Wenn man die „y-Werte" unten nicht abschneidet, sieht man, dass die Abnahme nicht so groß ist, wie die Grafik suggeriert, und nicht gegen Null geht. Solche „falschen" Grafiken werden oft verwendet, um bestimmte Aspekte besonders drastisch erscheinen zu lassen.

Kapitel VI, Prüfungsvorbereitung mit Hilfsmitteln, Seite 219

1
Modellierung durch exponentielles Wachstum:
$f(x) = 45{,}022 \cdot 1{,}008^x$ (x in Jahren seit 2004, f(x) in Millionen Fahrzeugen).
Bestand im Jahre 2025: $f(21) = 53{,}2$.
Verdopplungszeit Die Gleichung $f(x) = 2 \cdot 45{,}022$ hat die Lösung $x = 87$ (gerundet).

2
Es sei f(x) der Anteil des nach x Jahren seit 1986 noch aktiven Caesiums (in Prozent). Dann gilt $f(24) = 100\,\% \cdot e^{-kx}$ mit $f(30) = 50\,\%$. Daher gilt die Gleichung $e^{-30k} = 0{,}5$ mit der Lösung $k = 0{,}0231$.
a) z. B. im Jahre 2010 ist $x = 24$, also $f(24) = 57{,}4\,\%$.
b) $f(x) = 1\,\%$ hat die Lösung $x = 199{,}3$. Also sinkt erst ab etwa 2186 die Aktivität unter 1 % des Anfangswertes.

3
a) Ansatz: $f(x) = 500\,a^x$ (x in Jahren seit Anlegen des Teichs, f(x) in Fischen). $f(3) = 900$ hat die Lösung $a = 1{,}216$ (gerundet), Wachstumskonstante $k = \ln(a) = 0{,}196$;
$f(x) = 500 \cdot 1{,}216^x = 500\,e^{0{,}196x}$. $f(7) = 1966$ (gerundet). Nach sieben Jahren beträgt der Fischbestand etwa 1966.

b) Nach vier Jahren beträgt der Bestand $f(4) = 500\,e^{0{,}196 \cdot 4} = 1095$. Schreibt man t für die Jahre ab $x = 4$ und g für die „neue" Wachstumsfunktion, so gilt für $t \geq 0$: $g(t) = f(4)\,e^{-0{,}15t}$.
Bestand nach sieben Jahren: $g(3) = 698$.
$g(t) = 500$ hat die Lösung $t = 5{,}2$ (gerundet). Also ist nach etwa 9,2 Jahren (gerechnet vom Einsetzen der Fische) der Bestand auf etwa 500 Fische abgesunken.

4
a) Anfangs ist die Zunahme der Infizierten nahezu proportional zur Zahl der Infizierten, weil die Infizierten fast nur auf Nichtinfizierte treffen und davon einen bestimmten Prozentsatz anstecken. Später sind schon viele infiziert und können auch bei Kontakt nicht nochmals infiziert werden. Die Zunahme der Infizierten ist dann etwa proportional zur Zahl der noch nicht Infizierten.
Ansatz: $f(x) = \frac{S}{1 + a \cdot e^{-k \cdot x}}$ (x: Tage seit Rückkehr der Reisegruppe, f(x): Anzahl der Infizierten); man kennt $S = 20\,000$ und $f(0) = 10$. Daraus ergibt sich $a = 1999$. Die Gleichung $f(15) = 10\,000$ hat die Lösung $k = 0{,}5067$ (gerundet). Damit ergibt sich die Modellfunktion: $f(x) = \frac{20\,000}{1 + 1999 \cdot e^{-0{,}5067 \cdot x}}$.
Die Zahl der nach zwei Wochen Infizierten beträgt $f(14) = 7520$, also 37,6 % der Bevölkerung. Die Gleichung $f(x) = 0{,}95 \cdot 20\,000$ ergibt $x = 20{,}8$. Nach drei Wochen sind etwa 95 % infiziert.
b) Die Zahl der nach 10 Tagen kranken Einwohner beträgt $f(10) - f(5) = 1350$ (gerundet). Die Gleichung $f(x) - f(x - 5) = 10$ gibt den Zeitpunkt an, nach dem weniger als 10 Einwohner krank sind. Lösung (mit GTR): $x = 34{,}8$ (gerundet). Ab etwa 35 Tagen seit Rückkehr der Reisegruppe sind weniger als 10 Personen krank.

5
a) Es gilt $g(t) < 0$ für alle t, d. h., dass der Kaffee abkühlt. Da $g'(t) = 1{,}008\,e^{-\frac{3}{25}t} > 0$, ist g streng monoton wachsend. Die Abkühlung geht daher immer langsamer vor sich, denn $g(t) < 0$.
b) $h(t) = 90 + \int_0^t g(x)\,dx = 20 + 70\,e^{-\frac{3}{25}t}$.
$h(t) = 45$ hat die Lösung $t = 8{,}58$. Nach gut 8,5 Minuten ist die Temperatur auf 45 °C gesunken.
c) $h'(t) = g(t)$; $20 - h(t) = -70\,e^{-\frac{3}{25}t}$.
$\frac{h'(t)}{20 - h(t)} = \frac{3}{25}$, also gilt $h'(t) = \frac{3}{25}(20 - h(t))$.
Anmerkung: Diese Differenzialgleichung zeigt, dass bei der Temperaturabnahme begrenztes Wachstum vorliegt.
d) $\int_0^z g(t)\,dt = h(z) - h(0) = 70\,e^{-\frac{3}{25}z} - 70$, da h eine Stammfunktion von g ist. Daher gilt: $\lim_{z \to \infty} \int_0^z g(t)\,dt = \lim_{z \to \infty}(h(z) - h(0)) = -70$.
Der Kaffee kühlt insgesamt um 70 °C ab.

Kapitel VII, Zeit zu überprüfen, Seite 224

5

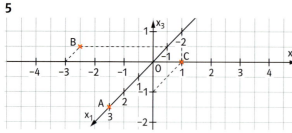

A liegt auf der x_1-Achse. B liegt in der x_1x_2-Ebene. C liegt in der x_1x_3-Ebene.

6

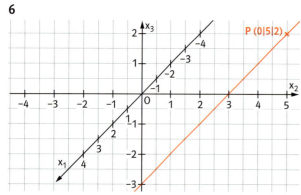

Alle Punkte des Raumes mit der x_2-Koordinate 5 und der x_3-Koordinate 2 liegen auf einer Geraden, die parallel zur x_1-Achse ist und durch den Punkt $P(0|5|2)$ geht.

Kapitel VII, Zeit zu überprüfen, Seite 227

8

$\overrightarrow{DE} = \begin{pmatrix} -2 \\ 2 \\ -1 \end{pmatrix}$; $\overrightarrow{ED} = \begin{pmatrix} 2 \\ -2 \\ 1 \end{pmatrix}$

9

$P(2|2|-2)$

Kapitel VII, Zeit zu überprüfen, Seite 232

9

a) $\begin{pmatrix} 1 \\ 1 \\ 1 \end{pmatrix}$ b) $\begin{pmatrix} 0,5 \\ 19,7 \\ 2 \end{pmatrix}$ c) $\begin{pmatrix} 0 \\ -16 \\ -16 \end{pmatrix}$

10

a) $M\left(-\frac{1}{2} \middle| \frac{7}{2} \middle| \frac{1}{2}\right)$ b) $B(6|-10|11)$ c) $A(2|-1|-1)$

Kapitel VII, Zeit zu überprüfen, Seite 235

4

a) $r \cdot \begin{pmatrix} -2 \\ 4 \\ 1 \end{pmatrix} = \begin{pmatrix} 4 \\ -8 \\ -3 \end{pmatrix}$

$-2r = 4 \qquad \Rightarrow r = -2$

$4r = -8 \qquad \Rightarrow r = -2$
$r = -3 \qquad \Rightarrow r = -3$

Somit sind die Vektoren linear unabhängig.

b) Linear unabhängig.

c) $a \cdot \begin{pmatrix} 1 \\ 1 \\ 1 \end{pmatrix} + b \cdot \begin{pmatrix} -4 \\ -2 \\ 2 \end{pmatrix} + c \cdot \begin{pmatrix} -7 \\ -2 \\ 8 \end{pmatrix} = \begin{pmatrix} 0 \\ 0 \\ 0 \end{pmatrix}$

$a - 4b - 7c = 0$
$a - 2b - 2c = 0$
$\underline{a + 2b + 8c = 0}$

$a = -3t;\ b = -\frac{5}{2}t;\ c = t;\ t \in \mathbb{R}$

Somit sind die Vektoren linear abhängig.

d) $a \cdot \begin{pmatrix} 4 \\ -1 \\ 2 \end{pmatrix} + b \cdot \begin{pmatrix} 1 \\ 4 \\ 1 \end{pmatrix} + c \cdot \begin{pmatrix} -2 \\ 3 \\ -1 \end{pmatrix} = \vec{0}$

$a = b = c = 0$. Somit sind die Vektoren linear unabhängig.

5

a) $\vec{a}, \vec{b}, \overrightarrow{AH}$ sind linear abhängig.
Die Vektoren liegen mit einem gemeinsamen Startpunkt (z.B.: A) in einer Ebene. $\overrightarrow{AH} = \vec{b} - 2\vec{a}$.

b) $\vec{a}, \vec{b}, \overrightarrow{DG}$ sind linear unabhängig.
Die Vektoren liegen mit einem gemeinsamen Startpunkt (z.B.: A) nicht in einer Ebene. Kein Vektor kann aus den beiden anderen Vektoren durch Linearkombination erzeugt werden.

Kapitel VII, Zeit zu überprüfen, Seite 239

10

a) $\vec{x} = \begin{pmatrix} 4 \\ 7 \end{pmatrix} + t \cdot \begin{pmatrix} 3 \\ -3 \end{pmatrix}$ b) $\vec{x} = \begin{pmatrix} 1 \\ 2 \\ 3 \end{pmatrix} + t \cdot \begin{pmatrix} 2 \\ 0 \\ -2 \end{pmatrix}$

11

a) z.B. $P(4|-3|5);\ Q(1|-1|-4)$

b) A liegt nicht auf der Geraden g. B liegt auf der Geraden g.

Kapitel VII, Zeit zu wiederholen, Seite 240

17

Formel (I): Prismen (d.h. auch Quader, Würfel), Zylinder
Formel (II): Kegel, Pyramide

18

$v_{Wasser} = \frac{2}{3} \cdot 10\,cm^2 \cdot 15\,cm = 100\,m^3$

Kapitel VII, Zeit zu überprüfen, Seite 244

5

Die Geraden g und h sind zueinander (echt) parallel.

6

$S(3|1|5)$

Kapitel VII, Zeit zu überprüfen, Seite 248

5
$|\vec{a}| = \sqrt{16 + 5 + 4} = 5$; $\vec{a_0} = \frac{1}{5} \cdot \begin{pmatrix} 4 \\ \sqrt{5} \\ 2 \end{pmatrix}$

6
$\overline{PQ} = \sqrt{(6,5-1)^2 + (2-1)^2 + (5-1)^2} = \sqrt{47,25} \approx 6,9$

7
Das Flugzeug ist ca. 16,6 km vom Punkt S entfernt und hat eine Höhe von 7,5 km erreicht.

Kapitel VII, Zeit zu wiederholen, Seite 249

17
Kreisteil: $A = r^2 \cdot (\pi - 0,5)$; $A \approx 5,9\,\text{cm}^2$
Parallelogrammteil: $A = 2\,\text{cm} \cdot \left(4\,\text{cm} - \frac{2,5\,\text{cm} + 1\,\text{cm}}{2}\right)$; $A = 4,5\,\text{cm}^2$

18
a) Parallelogramme (d.h. auch Rechtecke, Quadrate)
b) Dreiecke

Kapitel VII, Prüfungsvorbereitung ohne Hilfsmittel, Seite 256

1
a) $\begin{pmatrix} 1 \\ -1 \\ 8 \end{pmatrix}$ b) $\begin{pmatrix} 22 \\ -18 \\ -8 \end{pmatrix}$ c) $\begin{pmatrix} -9 \\ -14 \\ -2 \end{pmatrix}$

2
a) z.B. P(1|1|1) b) z.B. Q(0|0|1)
c) z.B. R(1|1|1) d) z.B. Q(0|0|1)

3
a) $\begin{pmatrix} -4 \\ -3 \\ -10 \end{pmatrix}$ b) $\begin{pmatrix} -6 \\ 0 \\ 6 \end{pmatrix}$ c) $\begin{pmatrix} 113 \\ 2,5 \\ 10\frac{3}{8} \end{pmatrix}$

4
a) $\vec{c} = -\vec{b}$; $\vec{d} = -\vec{a}$; $\vec{e} = \vec{b} - \vec{a}$
b) $\vec{a} = -\vec{d}$; $\vec{b} = \vec{e} - \vec{d}$; $\vec{c} = \vec{d} - \vec{e}$

5
a) $a = 3$ b) $a \in \mathbb{R}$ c) $a = 1$ d) $a = 0$

6
a) $g: \vec{x} = \begin{pmatrix} -1 \\ 2 \\ -3 \end{pmatrix} + t \cdot \begin{pmatrix} 3 \\ 3 \\ 5 \end{pmatrix}$. Der Punkt P liegt auf der Geraden.

b) $g: \vec{x} = \begin{pmatrix} -6 \\ 5 \\ 3 \end{pmatrix} + t \cdot \begin{pmatrix} 10 \\ -7 \\ 0 \end{pmatrix}$. Der Punkt P liegt nicht auf der Geraden.

7
a) $g: \vec{x} = \begin{pmatrix} 1 \\ 1 \\ 1 \end{pmatrix} + r \cdot \begin{pmatrix} 2 \\ 1 \\ 2 \end{pmatrix}$ und $h: \vec{x} = \begin{pmatrix} 1 \\ 1 \\ 1 \end{pmatrix} + s \cdot \begin{pmatrix} -2 \\ -1 \\ -2 \end{pmatrix}$

b) $g: \vec{x} = \begin{pmatrix} 1 \\ 1 \\ 1 \end{pmatrix} + r \cdot \begin{pmatrix} 2 \\ 1 \\ 2 \end{pmatrix}$ und $h: \vec{x} = \begin{pmatrix} 3 \\ 1 \\ 2 \end{pmatrix} + s \cdot \begin{pmatrix} 2 \\ 1 \\ 2 \end{pmatrix}$

c) $g: \vec{x} = r \cdot \begin{pmatrix} 2 \\ 1 \\ 2 \end{pmatrix}$ und $h: \vec{x} = \begin{pmatrix} 1 \\ 1 \\ 1 \end{pmatrix} + s \cdot \begin{pmatrix} -2 \\ -1 \\ -3 \end{pmatrix}$

8
a) Die Geraden schneiden sich im Punkt $S\left(-27\frac{4}{9} \mid 26\frac{5}{9}\right)$.

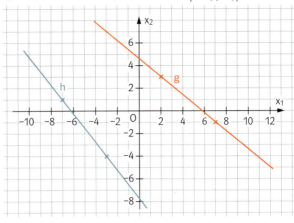

b) Die Geraden sind zueinander windschief.

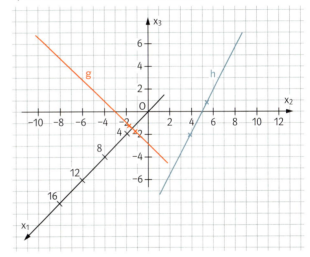

9
Die Raumdiagonalen schneiden sich im Punkt S(3|2|1).
Der Punkt S hat von den Kantenmitten die Abstände $\sqrt{5}$, $\sqrt{10}$ und $\sqrt{13}$.

10
Geradengleichung: $\vec{x} = \begin{pmatrix} 1 \\ 1 \\ 1 \end{pmatrix} + r \cdot \frac{1}{\sqrt{29}} \begin{pmatrix} -2 \\ 4 \\ -3 \end{pmatrix}$

a) $P\left(1 - \frac{10}{\sqrt{29}} \mid 1 + \frac{20}{\sqrt{29}} \mid 1 - \frac{15}{\sqrt{29}}\right)$; $Q\left(1 + \frac{10}{\sqrt{29}} \mid 1 - \frac{20}{\sqrt{29}} \mid 1 + \frac{15}{\sqrt{29}}\right)$

b) $P\left(1 - \frac{5}{\sqrt{29}} \mid 1 + \frac{10}{\sqrt{29}} \mid 1 - \frac{7,5}{\sqrt{29}}\right)$; $Q\left(1 + \frac{5}{\sqrt{29}} \mid 1 - \frac{10}{\sqrt{29}} \mid 1 + \frac{7,5}{\sqrt{29}}\right)$

c) $P\left(1 - \frac{40}{\sqrt{29}} \mid 1 + \frac{80}{\sqrt{29}} \mid 1 - \frac{60}{\sqrt{29}}\right)$; $Q\left(1 + \frac{40}{\sqrt{29}} \mid 1 - \frac{80}{\sqrt{29}} \mid 1 + \frac{60}{\sqrt{29}}\right)$

Kapitel VII, Prüfungsvorbereitung mit Hilfsmitteln, Seite 257

1

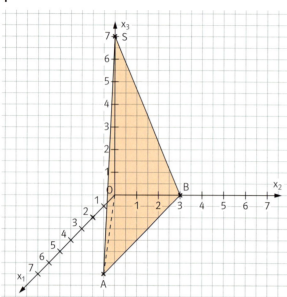

$V = (0{,}5 \cdot 7 \cdot 3) \cdot 7 = 73{,}5$

2

a) linear abhängig

$\begin{pmatrix} 3 \\ -2 \\ 1 \end{pmatrix} = 3 \cdot \begin{pmatrix} 1 \\ -1 \\ 1 \end{pmatrix} + 2 \cdot \begin{pmatrix} 0 \\ \frac{1}{2} \\ -1 \end{pmatrix}$

b) linear unabhängig

c) linear abhängig

$\begin{pmatrix} 4 \\ -8 \\ -4 \end{pmatrix} = 0 \cdot \begin{pmatrix} 4 \\ -1 \\ 2 \end{pmatrix} - \frac{4}{3} \begin{pmatrix} -3 \\ 6 \\ 3 \end{pmatrix}$

3

a) Die Geraden g und h sind zueinander windschief.
b) Die Geraden g und h sind identisch.
c) Die Geraden g und h schneiden sich im Punkt $S(3|3|9)$.
d) Die Geraden g und h sind zueinander parallel.

4

a) $|\overrightarrow{AB}| = |\overrightarrow{BC}| = 3$. Also besitzt das Dreieck mindestens zwei gleich lange Seiten.

$M(5{,}5|5|5{,}5)$. $\overrightarrow{OD} = \overrightarrow{OM} + \overrightarrow{BM} = \begin{pmatrix} 5{,}5 \\ 5 \\ 5{,}5 \end{pmatrix} + \begin{pmatrix} 0{,}5 \\ -1 \\ -0{,}5 \end{pmatrix} = \begin{pmatrix} 6 \\ 4 \\ 5 \end{pmatrix}$. $D(6|4|5)$.

b) $g: \vec{x} = \begin{pmatrix} 5{,}5 \\ 5 \\ 5{,}5 \end{pmatrix} + t \cdot \begin{pmatrix} 0 \\ 1 \\ -2 \end{pmatrix}$ Betrag des Richtungsvektors: $\left|\begin{pmatrix} 0 \\ 1 \\ -2 \end{pmatrix}\right| = \sqrt{5}$

$\overrightarrow{OS_1} = \begin{pmatrix} 5{,}5 \\ 5 \\ 5{,}5 \end{pmatrix} + 2\sqrt{5} \begin{pmatrix} 0 \\ 1 \\ -2 \end{pmatrix} = \begin{pmatrix} 5{,}5 \\ 5 + 2\sqrt{5} \\ 5{,}5 - 4\sqrt{5} \end{pmatrix}$; $S_1(5{,}5 | 5 + 2\sqrt{5} | 5{,}5 - 4\sqrt{5})$

$\overrightarrow{OS_2} = \begin{pmatrix} 5{,}5 \\ 5 \\ 5{,}5 \end{pmatrix} - 2\sqrt{5} \begin{pmatrix} 0 \\ 1 \\ -2 \end{pmatrix} = \begin{pmatrix} 5{,}5 \\ 5 - 2\sqrt{5} \\ 5{,}5 + 4\sqrt{5} \end{pmatrix}$; $S_1(5{,}5 | 5 - 2\sqrt{5} | 5{,}5 + 4\sqrt{5})$

5

$\overrightarrow{AB} = \begin{pmatrix} 2 \\ 2 \\ 1 \end{pmatrix}$; $|\overrightarrow{AB}| = 3$; $g: \vec{x} = \begin{pmatrix} 1 \\ 2 \\ 4 \end{pmatrix} + t \cdot \frac{10}{3} \cdot \begin{pmatrix} 3 \\ 4 \\ 5 \end{pmatrix}$. Die Position nach 30 Minuten erhält man, wenn man für $t = 0{,}5$ einsetzt.

$\overrightarrow{OP} = \begin{pmatrix} 1 \\ 2 \\ 4 \end{pmatrix} + 0{,}5 \cdot \frac{10}{3} \cdot \begin{pmatrix} 3 \\ 4 \\ 5 \end{pmatrix} = \begin{pmatrix} 6 \\ \frac{26}{3} \\ \frac{37}{3} \end{pmatrix}$.

Das Objekt befindet sich nach 30 Minuten im Punkt $P\left(6 \left| \frac{26}{3} \right| \frac{37}{3}\right)$

6

a)

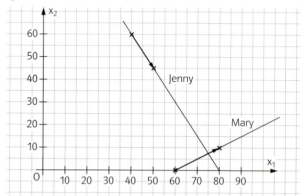

b) Die beiden Schiffe sind ca. $63{,}246\,\text{km}$ voneinander entfernt.
c) Ja.
d) Position der Mary: $M(160|50)$; Position der Jenny: $J(90|-15)$; Entfernung: ca. $95{,}525\,\text{km}$.

7

Die erste Kugel erreicht als erste ihren Zielpunkt. Die zweite Kugel befindet sich zu diesem Zeitpunkt im Punkt $U(3|3|4)$ und hat somit den Abstand $\sqrt{19}$ von der ersten Kugel.

Kapitel VIII, Zeit zu überprüfen, Seite 263

8

a) Zum Beispiel: $E: \vec{x} = \begin{pmatrix} 1 \\ 0 \\ 0 \end{pmatrix} + r \cdot \begin{pmatrix} -1 \\ 1 \\ 0 \end{pmatrix} + s \cdot \begin{pmatrix} -1 \\ 0 \\ 1 \end{pmatrix}$;

$E: \vec{x} = \begin{pmatrix} -1 \\ 1 \\ 1 \end{pmatrix} + r \cdot \begin{pmatrix} -2 \\ 2 \\ 0 \end{pmatrix} + s \cdot \begin{pmatrix} -3 \\ 0 \\ 3 \end{pmatrix}$

b) Die Punkte P und Q liegen nicht in der Ebene E.

Kapitel VIII, Zeit zu überprüfen, Seite 266

3

Die Ebene ist parallel zur $x_2 x_3$-Ebene.

$E: \vec{x} = \begin{pmatrix} -4 \\ 0 \\ 0 \end{pmatrix} + r \cdot \begin{pmatrix} 0 \\ 1 \\ 0 \end{pmatrix} + s \cdot \begin{pmatrix} 0 \\ 0 \\ 1 \end{pmatrix}$

4

$E: \vec{x} = \begin{pmatrix} -1 \\ 1 \\ 2 \end{pmatrix} + r \cdot \begin{pmatrix} 0 \\ 1 \\ -1 \end{pmatrix} + s \cdot \begin{pmatrix} 3 \\ 0 \\ -3 \end{pmatrix}$

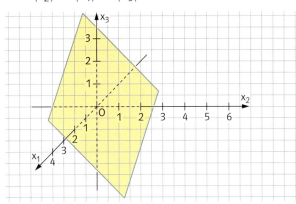

Kapitel VIII, Zeit zu überprüfen, Seite 269

11

$\vec{a}$ und $\vec{c}$ sind zueinander orthogonal.
$\vec{a}$ und $\vec{d}$ sind zueinander orthogonal.
$\vec{b}$ und $\vec{d}$ sind zueinander orthogonal.
$\vec{b}$ und $\vec{e}$ sind zueinander orthogonal.
$\vec{c}$ und $\vec{d}$ sind zueinander orthogonal.

12

a) Das Viereck ABCD ist ein Rechteck.
b) Das Viereck ABCD ist kein Rechteck.

13

$\vec{x} = t \cdot \begin{pmatrix} 1 \\ 3,5 \\ -0,25 \end{pmatrix}$

Kapitel VIII, Zeit zu wiederholen, Seite 270

20

a) H = 15 m
b) Rote Strecke: $l = 3\sqrt{3}$ m ≈ 5,2 m
c) $V_{Gesamt} = \frac{1}{3} \cdot 36 \cdot 15 \text{ m}^3 = 180 \text{ m}^3$
$V_{Spitze} = \frac{1}{3} \cdot 16 \cdot 10 \text{ m}^3 = \frac{160}{3} \text{ m}^3$; $V_{Stumpf} = \frac{380}{3} \text{ m}^3$; Anteil: 70,4 %

21

a) Man zeichnet einen Kreis k mit Radius r. Man wählt einen beliebigen Punkt P_1 auf dem Kreis k und zeichnet um P_1 einen Kreis mit Radius r. Die Schnittpunkte P_2 und P_3 des neuen Kreises mit dem Kreis k ergeben Mittelpunkte für weitere Kreise. Man fährt fort, bis man 6 Schnittpunkte auf dem Kreis k markiert hat. Diese Punkte sind die Eckpunkte des regelmäßigen Sechsecks.
b) Mit der Formel $w = 180° \cdot n - 360°$ kann man die Winkelsumme w für ein n-Eck berechnen.
Man erhält: Fünfeck: 540°; Sechseck: 720°; Achteck: 1080°.

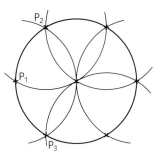

Kapitel VIII, Zeit zu überprüfen, Seite 273

4

Die Gerade g und die Ebene E haben keine gemeinsamen Punkte, sie sind zueinander parallel.

5

a) Die Gerade g schneidet die Ebene E, ist jedoch nicht orthogonal zu E.
b) Die Gerade g schneidet die Ebene E orthogonal.
c) Die Gerade g ist parallel zur Ebene E oder liegt in E.

Kapitel VIII, Zeit zu überprüfen, Seite 275

5

∢ ROP = 14,8°; ∢ OPQ = 137,5°; ∢ PQR = 54,8°; ∢ ORQ = 67,9°
$\overline{OP} = \sqrt{38}$; $\overline{PQ} = \sqrt{14}$; $\overline{QR} = \sqrt{26}$; $\overline{RO} = 7\sqrt{2}$

Kapitel VIII, Zeit zu überprüfen, Seite 278

4

a) 84,8°   b) 50,8°

Kapitel VIII, Zeit zu überprüfen, Seite 281

3

Die Ebenen schneiden sich.
Eine Gleichung der Schnittgeraden ist $\vec{x} = \begin{pmatrix} -17 \\ 0 \\ 7 \end{pmatrix} + t \cdot \begin{pmatrix} 1 \\ 1 \\ 0 \end{pmatrix}$

Kapitel VIII, Zeit zu überprüfen, Seite 285

7

a) P(1|1|0)   b) $P\left(\frac{8}{3} \Big| \frac{10}{3} \Big| \frac{5}{3}\right)$

8

$d = \frac{15}{\sqrt{35}} = \frac{3\sqrt{35}}{7}$

9

$P_1(2|8|-7)$, $P_2(-2|-4|11)$

Kapitel VIII, Zeit zu überprüfen, Seite 289

5

a) $\left[\vec{x} - \begin{pmatrix} 0 \\ 3 \\ 0 \end{pmatrix}\right] \cdot \begin{pmatrix} 2 \\ 3 \\ 1 \end{pmatrix} = 0$ b) $\left[\vec{x} - \begin{pmatrix} 4 \\ 0 \\ 0 \end{pmatrix}\right] \cdot \begin{pmatrix} 1 \\ 1 \\ 0 \end{pmatrix} = 0$ c) $\vec{x} \cdot \begin{pmatrix} 1 \\ -1 \\ 0 \end{pmatrix} = 0$

6

Zum Beispiel: $E: 10x_1 - 2x_2 + 5x_3 = 10$

Kapitel VIII, Zeit zu wiederholen, Seite 292

15

a) $\alpha_2 = \beta = 58°$; $\gamma_1 = 61°$; $\gamma_2 = \gamma_3 = 29°$
b) Ist S der Schnittpunkt der beiden Geraden, dann kann man den Winkel bei S über die Winkelsumme im Dreieck SBC berechnen: 93°. Somit sind die Geraden nicht senkrecht.
c) 120°

Kapitel VIII, Prüfungsvorbereitung ohne Hilfsmittel, Seite 300

1

a) $E: \vec{x} = \begin{pmatrix} 3 \\ 0 \\ 2 \end{pmatrix} + r \cdot \begin{pmatrix} 2 \\ -1 \\ 5 \end{pmatrix} + s \cdot \begin{pmatrix} -3 \\ -2 \\ -2 \end{pmatrix}$
Der Punkt D liegt nicht in der Ebene E.

b) $E: \vec{x} = \begin{pmatrix} 1 \\ 0 \\ 3 \end{pmatrix} + r \cdot \begin{pmatrix} 0 \\ 3 \\ -3 \end{pmatrix} + s \cdot \begin{pmatrix} 0 \\ -3 \\ -3 \end{pmatrix}$
Der Punkt D liegt in der Ebene E.

c) $E: \vec{x} = \begin{pmatrix} 2 \\ 1 \\ 7 \end{pmatrix} + r \cdot \begin{pmatrix} -9 \\ -2 \\ -5 \end{pmatrix} + s \cdot \begin{pmatrix} -1 \\ -2 \\ -6 \end{pmatrix}$
Der Punkt D liegt nicht in der Ebene E.

d) $E: \vec{x} = \begin{pmatrix} 2 \\ 1 \\ 3 \end{pmatrix} + r \cdot \begin{pmatrix} -7 \\ 6 \\ -1 \end{pmatrix} + s \cdot \begin{pmatrix} 4 \\ 1 \\ 0 \end{pmatrix}$
Der Punkt D liegt nicht in der Ebene E.

2

$\vec{a}$ und $\vec{c}$ sind zueinander orthogonal.
$\vec{b}$ und $\vec{c}$ sind zueinander orthogonal.
$\vec{d}$ und $\vec{e}$ sind zueinander orthogonal.

3

a) Die Gerade g ist zur Ebene E orthogonal.
b) Die Gerade g ist nicht zur Ebene E orthogonal.

4

a) E_1 und E_2 schneiden sich.
b) E_1 und E_2 sind zueinander parallel.

5

$E_1: \vec{x} = \begin{pmatrix} 3 \\ 0 \\ 0 \end{pmatrix} + s \cdot \begin{pmatrix} -3 \\ 5 \\ 0 \end{pmatrix} + t \cdot \begin{pmatrix} -3 \\ 0 \\ 4 \end{pmatrix}$ $E_2: \vec{x} = \begin{pmatrix} 4 \\ 0 \\ 0 \end{pmatrix} + s \cdot \begin{pmatrix} -4 \\ 6 \\ 0 \end{pmatrix} + t \cdot \begin{pmatrix} 0 \\ 0 \\ 1 \end{pmatrix}$

$E_3: \vec{x} = \begin{pmatrix} 0 \\ 3 \\ 0 \end{pmatrix} + s \cdot \begin{pmatrix} 1 \\ 0 \\ 0 \end{pmatrix} + t \cdot \begin{pmatrix} 0 \\ 0 \\ 1 \end{pmatrix}$ $E_4: \vec{x} = \begin{pmatrix} 3 \\ 0 \\ 0 \end{pmatrix} + s \cdot \begin{pmatrix} -3 \\ 0 \\ 1 \end{pmatrix} + t \cdot \begin{pmatrix} 0 \\ 1 \\ 0 \end{pmatrix}$

6

$A(3|2|0)$, $B(0|2|-3)$, $C(2|0|-2)$

a) und b) $\overrightarrow{AB} = \begin{pmatrix} -3 \\ 0 \\ -3 \end{pmatrix}$; $\overrightarrow{AC} = \begin{pmatrix} -1 \\ -2 \\ -2 \end{pmatrix}$; $\overrightarrow{BC} = \begin{pmatrix} 2 \\ -2 \\ 1 \end{pmatrix}$.

Es ist $|\overrightarrow{AC}| = |\overrightarrow{BC}|$, also ist das Dreieck gleichschenklig. Wegen $\overrightarrow{AC} \cdot \overrightarrow{BC} = 0$ besitzt das Dreieck einen rechten Winkel bei C. Die anderen beiden Winkel sind somit 45° groß.

c) $\overrightarrow{OD} = \overrightarrow{OB} + \overrightarrow{CA} = \begin{pmatrix} 0 \\ 2 \\ -3 \end{pmatrix} + \begin{pmatrix} 1 \\ 2 \\ 2 \end{pmatrix} = \begin{pmatrix} 1 \\ 4 \\ -1 \end{pmatrix}$. Somit $D(1|4|-1)$.

7

a) Unter dem Abstand eines Punktes R von einer Geraden g versteht man die kleinste Entfernung von R zu den Punkten der Geraden g.
b) Die Gerade g ist parallel zur x_2-Achse. Deshalb ist der gesuchte Abstand gleich dem Abstand des Punktes $P(3|4|4)$ der Geraden g von der x_2-Achse. Es gilt: $d(P; x_2\text{-Achse}) = 5$.

Kapitel VIII, Prüfungsvorbereitung mit Hilfsmitteln, Seite 301

1

Wählt man die hintere linke Ecke als Koordinatenursprung, so ergeben sich als mögliche Ebenengleichungen

$E_1: \vec{x} = \begin{pmatrix} 6 \\ 0 \\ 2 \end{pmatrix} + r \cdot \begin{pmatrix} -6 \\ 0 \\ 0 \end{pmatrix} + s \cdot \begin{pmatrix} -6 \\ 4 \\ 4 \end{pmatrix}$ und $E_2: \vec{x} = \begin{pmatrix} 6 \\ 6 \\ 2 \end{pmatrix} + u \cdot \begin{pmatrix} -6 \\ 0 \\ 0 \end{pmatrix} + v \cdot \begin{pmatrix} -6 \\ -4 \\ 4 \end{pmatrix}$.

Eine Gleichung der Schnittgeraden ist $g: \vec{x} = \begin{pmatrix} 1{,}5 \\ 3 \\ 5 \end{pmatrix} + t \cdot \begin{pmatrix} -6 \\ 0 \\ 0 \end{pmatrix}$.

2

Wählt man die hintere linke Ecke als Koordinatenursprung, so liegt das Dreieck BDE in der Ebene K mit der Gleichung

$\vec{x} = r \cdot \begin{pmatrix} 1 \\ 1 \\ 0 \end{pmatrix} + s \cdot \begin{pmatrix} 1 \\ 0 \\ 1 \end{pmatrix}$.

Ein Normalenvektor dieser Ebene ist $\begin{pmatrix} 1 \\ -1 \\ -1 \end{pmatrix}$.

Die Gerade g mit der Gleichung $\vec{x} = \begin{pmatrix} 0 \\ 1 \\ 1 \end{pmatrix} + t \cdot \begin{pmatrix} 1 \\ -1 \\ -1 \end{pmatrix}$ geht

durch den Punkt G und ist orthogonal zur Ebene K. Die Gerade g schneidet K im Punkt $S\left(\frac{2}{3}\big|\frac{1}{3}\big|\frac{1}{3}\right)$.

Der Abstand des Punktes G von der Ebene K beträgt $\frac{2}{3} \cdot \sqrt{3}$.
Der Flächeninhalt des Dreiecks BDE beträgt $\frac{1}{2} \cdot \sqrt{2} \cdot \sqrt{2} = 1$.
Das Volumen der Pyramide beträgt somit $\frac{1}{3} \cdot 1 \cdot \frac{2}{3} \cdot \sqrt{3} = \frac{2}{9} \cdot \sqrt{3}$.

3

a) $E: \vec{x} = \begin{pmatrix} 7 \\ 0 \\ 0 \end{pmatrix} + r \cdot \begin{pmatrix} 0 \\ 7 \\ 0 \end{pmatrix} + s \cdot \begin{pmatrix} 0 \\ 0 \\ 7 \end{pmatrix}$ b) $\overline{AB} = 7$ und $\overline{AD} = 7$

c) $C(7|7|7)$ d) $S(7|3{,}5|3{,}5)$

4
a)

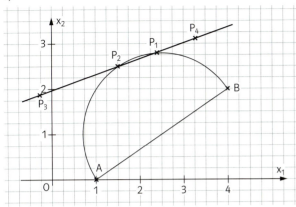

b) $P_1(2,4|2,8)$; $P_2(1,5|2,5)$; $P_3\left(-\frac{3}{11}\big|1\frac{10}{11}\right)$; $P_4\left(3\frac{3}{11}\big|3\frac{1}{11}\right)$

5
a) $A'(-1|-1|6)$, $B'(1|-1|6)$, $C'\left(\frac{5}{3}\big|\frac{5}{3}\big|4\right)$, $D'\left(-\frac{5}{3}\big|\frac{5}{3}\big|4\right)$
b) Die Schnittfläche ist ein Trapez.

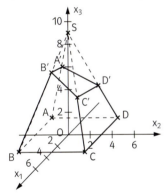

c) $A = \frac{80}{9}$
d) $d = 3$
e) Pyramide: $V = 108$; Spitze: $V = \frac{80}{9}$; Restkörper: $V = \frac{892}{9}$

6
a) Siehe Abbildung.
b) Die Länge des Stahlseils ist gleich dem Abstand des Punktes $P'(18|13|10)$ von der „Hangebene" E. $d(P'; E) = \frac{195}{11} \approx 17,73$.
Das Stahlseil ist etwa 17,73 m lang.
c) Der Schatten der Spitze des Maibaums $S(18|13|20)$ trifft die Ebene E im Punkt $S'(15|1|2)$ und den Boden (die x_1x_2-Ebene) „theoretisch" im Punkt $S''\left(\frac{44}{3}\big|-\frac{1}{3}\big|0\right)$.

Spurgerade der Ebene E in der x_1x_2-Ebene: $g_1: \vec{x} = \begin{pmatrix}27\\0\\0\end{pmatrix} + t \cdot \begin{pmatrix}-27\\9\\0\end{pmatrix}$.

Gerade durch die Punkte P und S'': $g_2: \vec{x} = \begin{pmatrix}18\\13\\0\end{pmatrix} + t \cdot \begin{pmatrix}\frac{10}{3}\\\frac{40}{3}\\0\end{pmatrix}$.

Schnittpunkt der beiden Geraden: $S'''\left(\frac{204}{13}\big|\frac{49}{13}\big|0\right)$

Der Schatten verläuft vom Fuß des Baums (Punkt P) solange entlang der Strecke $\overline{PS'''}$, bis diese Strecke die Spurgerade s_{12} der Ebene E mit der x_1x_2-Ebene schneidet (Punkt S'''). Von S''' verläuft der Schatten auf der Hangebene zum Punkt S'.
Länge: $|\overrightarrow{PS'''}| + |\overrightarrow{S'''S'}| = \sqrt{\frac{15300}{169}} + \sqrt{\frac{2053}{69}} \approx 13,00$
Der Schatten ist etwa 13 m lang.

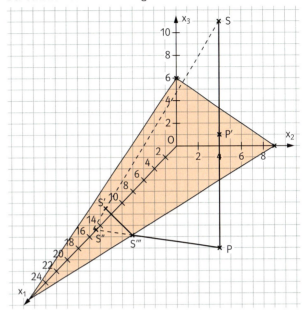

Kapitel IX, Zeit zu überprüfen, Seite 306

4
a) $A = \begin{pmatrix}3 & 1 & 4\\2 & 3 & 3\end{pmatrix}$

b) $\begin{pmatrix}3 & 1 & 4\\2 & 3 & 3\end{pmatrix} \cdot \begin{pmatrix}1\\1\\1\end{pmatrix} = \begin{pmatrix}8\\8\end{pmatrix}$. Es werden 8 Einheiten Fette bzw. Natronlauge benötigt.

Kapitel IX, Zeit zu überprüfen, Seite 309

4
$(A + B) + C = \begin{pmatrix}2 & 3 & 3\\0 & 4 & 0\end{pmatrix} + C = \begin{pmatrix}2 & 3 & 4\\1 & 4 & 0\end{pmatrix} = A + \begin{pmatrix}1 & 0 & 4\\-3 & 2 & 1\end{pmatrix} = A + (B + C)$

5
a) $M_1 = \begin{pmatrix}304 & 207 & 408 & 505\\630 & 412 & 508 & 660\end{pmatrix}$ $M_2 = \begin{pmatrix}444 & 287 & 438 & 495\\655 & 408 & 508 & 695\end{pmatrix}$
$M_3 = \begin{pmatrix}454 & 329 & 469 & 595\\730 & 480 & 508 & 660\end{pmatrix}$
b) $M_1 + M_2 + M_3 = \begin{pmatrix}1202 & 823 & 1315 & 1595\\2015 & 1300 & 1524 & 2015\end{pmatrix}$
c) $M_3 - M_2 = \begin{pmatrix}10 & 42 & 31 & 100\\75 & 72 & 0 & -35\end{pmatrix}$
A hat im Juni 10 Einheiten von P_1, 42 von P_2, 31 von P_3 und 100 von P_4 mehr produziert.
d) $1,05 \cdot M_3 = \begin{pmatrix}476,7 & 345,45 & 492,45 & 624,75\\766,5 & 504 & 533,4 & 693\end{pmatrix}$

Kapitel IX, Zeit zu überprüfen, Seite 312

6

Es sind möglich:

$A \cdot B = \begin{pmatrix} 5 & -6 \\ -3 & 4 \end{pmatrix}$; $B \cdot A = \begin{pmatrix} -1 & -4 \\ 3 & 10 \end{pmatrix}$; $A \cdot C = \begin{pmatrix} 5 & 11 & 17 \\ -2 & -4 & -6 \end{pmatrix}$ und

$B \cdot C = \begin{pmatrix} 3 & 5 & 7 \\ -5 & -7 & -9 \end{pmatrix}$

7

a) Bedarfsmatrix $A = \begin{pmatrix} 1 & 2 \\ 0 & 3 \end{pmatrix}$ und Bedarfsmatrix $B = \begin{pmatrix} 2 & 1 \\ 2 & 4 \end{pmatrix}$

Bedarfsmatrix für den Gesamtprozess $C = A \cdot B = \begin{pmatrix} 6 & 9 \\ 6 & 12 \end{pmatrix}$

b) $C \cdot \begin{pmatrix} 5000 \\ 7000 \end{pmatrix} = \begin{pmatrix} 93000 \\ 114000 \end{pmatrix}$. Es werden 93000 Einheiten B_1 und 114000 Einheiten B_2 benötigt.

Kapitel IX, Zeit zu überprüfen, Seite 315

4

$A^{-1} = A = \begin{pmatrix} -1 & 0 \\ 2 & 1 \end{pmatrix}$ und $B^{-1} = \begin{pmatrix} 0,3 & -0,4 & 0,5 \\ 0,9 & -0,2 & 0,5 \\ -0,7 & 0,6 & -0,5 \end{pmatrix}$

5

$A^{-1} = \begin{pmatrix} \frac{3}{14} & -\frac{1}{7} \\ -\frac{4}{7} & \frac{5}{7} \end{pmatrix}$. $A^{-1} \cdot \begin{pmatrix} 100 \\ 80 \end{pmatrix} = \begin{pmatrix} 10 \\ 0 \end{pmatrix}$

Es müssen also nur zehn Kuchen K_1 und keiner von K_2 hergestellt und verkauft werden.

Kapitel IX, Zeit zu wiederholen, Seite 315

9

a)

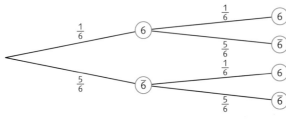

b) A: Beide Mal eine Sechs; B: Genau eine Sechs
$P(A) = \frac{1}{36}$; $P(B) = \frac{5}{36} + \frac{5}{36} = \frac{10}{36}$

10

a) $P(A) = \frac{2}{11} \cdot \frac{1}{10} = \frac{2}{110} = \frac{1}{55}$ b) $P(B) = \frac{9}{11} \cdot \frac{8}{10} = \frac{72}{110} = \frac{36}{55}$

c) $P(C) = \frac{2}{11} \cdot \frac{9}{10} = \frac{18}{110} = \frac{9}{55}$

11

A: Es wird eine Kreuzkarte gezogen. $P(A) = \frac{8}{32} = \frac{1}{4}$

B: Es wird eine Dame gezogen. $P(B) = \frac{4}{32} = \frac{1}{8}$

A ∪ B: Es wird eine Kreuzkarte oder eine Dame gezogen.

$P(A \cup B) = P(A) + P(B) - P(A \cap B) = \frac{1}{4} + \frac{1}{8} - \frac{1}{32} = \frac{11}{32}$

Kapitel IX, Zeit zu überprüfen, Seite 320

5

a) Übergangsmatrix $P = \begin{pmatrix} 0 & 0,3 & 0,5 \\ 0,6 & 0 & 0,5 \\ 0,4 & 0,7 & 0 \end{pmatrix}$.

Für $k \to \infty$ scheint P gegen $G \approx \begin{pmatrix} 0,286 & 0,286 & 0,286 \\ 0,352 & 0,352 & 0,352 \\ 0,361 & 0,361 & 0,361 \end{pmatrix}$

zu konvergieren. Die stabile Verteilung beträgt somit 28,6% bei ADent, 35,2% bei BDent und 36,1% bei CDent.

b) $A^{10} \cdot \begin{pmatrix} 0 & 0,3 & 0,5 \\ 0,6 & 0 & 0,5 \\ 0,4 & 0,7 & 0 \end{pmatrix} \cdot \begin{pmatrix} \frac{1}{3} \\ \frac{1}{3} \\ \frac{1}{3} \end{pmatrix} \approx \begin{pmatrix} 0,286 \\ 0,352 \\ 0,361 \end{pmatrix}$,

es wird also nahezu die stabile Verteilung erreicht. Verwenden anfangs alle Kunden ADent, so gilt: $A^{10} \cdot \begin{pmatrix} 0 & 0,3 & 0,5 \\ 0,6 & 0 & 0,5 \\ 0,4 & 0,7 & 0 \end{pmatrix} \cdot \begin{pmatrix} 1 \\ 0 \\ 0 \end{pmatrix} \approx \begin{pmatrix} 0,285 \\ 0,353 \\ 0,362 \end{pmatrix}$.

Auch hier wird fast die stabile Verteilung erreicht.

6

a) $P = \begin{pmatrix} 0,7 & 0,5 \\ 0,3 & 0,5 \end{pmatrix}$;

nach 1 Minute: $\vec{q} = P \cdot \begin{pmatrix} 1 \\ 0 \end{pmatrix} = \begin{pmatrix} 0,7 \\ 0,3 \end{pmatrix}$,

nach 2 Minuten: $\vec{q} = P \cdot \begin{pmatrix} 0,7 \\ 0,3 \end{pmatrix} = \begin{pmatrix} 0,64 \\ 0,36 \end{pmatrix}$,

nach 3 Minuten: $\vec{q} = P \cdot \begin{pmatrix} 0,64 \\ 0,36 \end{pmatrix} = \begin{pmatrix} 0,628 \\ 0,372 \end{pmatrix}$.

b) Gleichgewichtsverteilung: $\vec{g} = \begin{pmatrix} \frac{5}{8} \\ \frac{3}{8} \end{pmatrix}$.

c) $\frac{5}{8} \cdot 1000000 = 625000$ in (1) und $\frac{3}{8} \cdot 1000000 = 375000$ in (2).

Kapitel IX, Zeit zu wiederholen, Seite 321

1

a) $\int_0^1 2x^3 + x^2 \, dx = \left[0,5x^4 + \left(\frac{1}{3}\right)x^3 \right]_0^1 = 0,5 + \frac{1}{3} = \frac{5}{6}$

b) $\int_{-0,25}^0 e^{-4x} \, dx = \left[-\frac{1}{4} e^{-4x} \right]_{-0,25}^0 = -0,25 - (-0,25e) = 0,25(e - 1)$

2

$k = 4$

Kapitel IX, Zeit zu überprüfen, Seite 324

3

a) Übergangsdiagramm

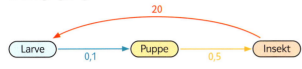

Übergangsmatrix: $U = \begin{pmatrix} 0 & 0 & 20 \\ 0{,}1 & 0 & 0 \\ 0 & 0{,}5 & 0 \end{pmatrix}$

$U^2 = \begin{pmatrix} 0 & 10 & 0 \\ 0 & 0 & 2 \\ 0{,}05 & 0 & 0 \end{pmatrix}$; $U^3 = \begin{pmatrix} 1 & 0 & 0 \\ 0 & 1 & 0 \\ 0 & 0 & 1 \end{pmatrix}$

Die Population entwickelt sich zyklisch.

b) Die Anzahl der Insekten schwankt zwischen 200, 100 und 20.

c) Mit $U = \begin{pmatrix} 0 & 0 & v \\ a & 0 & 0 \\ 0 & b & 0 \end{pmatrix}$ muss die Bedingung $a \cdot b \cdot v = 2$ erfüllt sein.

Dies ist z.B. für $a = 0{,}1$, $b = 0{,}5$ und $v = 40$ erfüllt.

Kapitel IX, Zeit zu wiederholen, Seite 332

12

a)

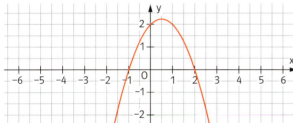

$\int_{-1}^{2} f(x)\,dx = \left[2x + \frac{1}{2}x^2 - \frac{1}{3}x^3\right]_{-1}^{2} = 4{,}5$

$f(x) = 2 + x - x^2$

b)

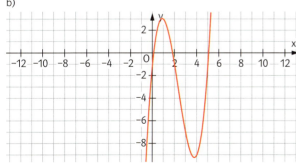

$\int_0^2 f(x)\,dx - \int_2^5 f(x)\,dx = \left[\frac{1}{4}x^4 - \frac{7}{3}x^3 + 5x^2\right]_0^2 - \left[\frac{1}{4}x^4 - \frac{7}{3}x^3 + 5x^2\right]_2^5$

$= 5\frac{1}{3} - \left(-15\frac{3}{4}\right) = 21\frac{1}{12}$

Kapitel IX, Prüfungsvorbereitung ohne Hilfsmittel, Seite 334

1

a) $A - B = \begin{pmatrix} 0 & 0 \\ 3 & 0 \end{pmatrix}$ b) $A \cdot B = \begin{pmatrix} 2 & -3 \\ 0 & 2 \end{pmatrix}$

c) $A^{-1} = \begin{pmatrix} 0{,}5 & 0{,}25 \\ -0{,}5 & 0{,}25 \end{pmatrix}$ d) $A \cdot \vec{x} = \begin{pmatrix} -3 \\ 2 \end{pmatrix}$

2

a) Falsch. Es gibt quadratische Matrizen, welche nicht invertierbar sind (diese heißen singulär).

b) Richtig. Die entstehende Matrix C hat genau so viele Ziele wie A: Da bei der Multiplikation immer „Zeile mal Spalte" gerechnet wird, hat die C immer so viele Zeilen wie A.

c) Falsch. Das funktioniert nur, wenn die Matrix des Produktionsprozesses invertierbar ist.

d) Falsch. Nicht zu jeder Matrix gibt es eine Grenzmatrix. Zu stochastischen Matrizen gibt es diese immer.

e) Falsch. Für stochastische Matrizen ist die Aussage richtig.

3

a) $A = \begin{pmatrix} 4 & 2 \\ 2 & 3 \\ 2 & 5 \end{pmatrix}$

b) $\begin{pmatrix} 4 & 2 \\ 2 & 3 \\ 2 & 5 \end{pmatrix} \cdot \begin{pmatrix} 20 \\ 10 \end{pmatrix} = \begin{pmatrix} 100 \\ 70 \\ 90 \end{pmatrix}$ Es werden 100 Marzipanfiguren M_1, 70 M_2 und 90 M_3 benötigt.

4

a) $A = \begin{pmatrix} 0{,}4 & 0{,}2 & 0{,}3 \\ 0{,}3 & 0{,}5 & 0{,}2 \\ 0{,}3 & 0{,}3 & 0{,}5 \end{pmatrix}$. Die Koeffizientensumme ist in jeder Spalte 1.

b) Partei A hat bei der zweiten Wahl 95 000 Wähler, B 85 000 und C 120 000.

Partei A hat bei der dritten Wahl 91 000 Wähler, B 95 000 und C 114 000.

c) $A \cdot \begin{pmatrix} 70\,000 \\ 80\,000 \\ 90\,000 \end{pmatrix} = \begin{pmatrix} 71\,000 \\ 79\,000 \\ 90\,000 \end{pmatrix}$, also liegt keine Gleichverteilung vor (aber fast).

d) Weg 1: Man berechnet wiederholt die Wählerzahlen für folgende Wahlen, bis sich die Zahlen nicht mehr ändern.

Weg 2: Man berechnet die Lösung der Gleichung $A \cdot \vec{x} = \vec{x}$, wobei $\vec{x} = \begin{pmatrix} x_1 \\ x_2 \\ x_3 \end{pmatrix}$ und $x_1 + x_2 + x_3 = 300\,000$, weil die Summe aller Wählerstimmen konstant ist.

5
a)

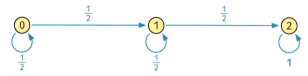

b) Zustandsverteilungen:

Zustand	0	1	2
Wahrscheinlichkeit bei Wurfanzahl 1	$\frac{1}{2}$	$\frac{1}{2}$	0
Wahrscheinlichkeit bei Wurfanzahl 2	$\frac{1}{4}$	$\frac{1}{2}$	$\frac{1}{4}$
Wahrscheinlichkeit bei Wurfanzahl 3	$\frac{1}{8}$	$\frac{3}{8}$	$\frac{1}{2}$
Wahrscheinlichkeit bei Wurfanzahl 4	$\frac{1}{16}$	$\frac{1}{4}$	$\frac{11}{16}$

c) Antwort: Die Wahrscheinlichkeit, höchstens vier Würfe zu benötigen, beträgt $\frac{11}{16}$.

6
a) Zyklisch: Aus $a \cdot b \cdot 3 = 1$ folgt z.B. $a = \frac{1}{2}$, $b = \frac{2}{3}$ oder $a = \frac{2}{5}$, $b = \frac{5}{6}$.
Halbierung: Aus $a \cdot b \cdot 3 = \frac{1}{2}$ folgt z.B. $a = \frac{1}{2}$, $b = \frac{1}{3}$.
Vervierfachung ist nicht möglich, da aus $a \cdot b \cdot 3 = 4$ folgt, dass $a \cdot b = \frac{4}{3}$. Damit müsste $a > 1$ oder $b > 1$ sein.
Rückgang auf ein Viertel: $a \cdot b \cdot 3 = \frac{1}{4}$, folgt z.B. $a = \frac{1}{4}$, $b = \frac{1}{3}$.

b) $\begin{pmatrix} 0 & 0 & 3 \\ 0{,}25 & 0 & 0 \\ 0 & 0{,}75 & 0 \end{pmatrix} \cdot \begin{pmatrix} 100 \\ 100 \\ 100 \end{pmatrix} = \begin{pmatrix} 300 \\ 25 \\ 75 \end{pmatrix}$, also (300, 25, 75).

Kapitel IX, Prüfungsvorbereitung mit Hilfsmitteln, Seite 335

1
a) $A + B = \begin{pmatrix} 3 & -1 & 0 \\ 0 & 2 & 0 \\ -1 & 3 & 2 \end{pmatrix}$

b) $A^{-1} \cdot B = \begin{pmatrix} 0 & -0{,}5 & -0{,}5 \\ -2 & 2 & 1 \\ 0 & 2{,}5 & 0{,}5 \end{pmatrix}$

c) $(B + E)^{-1} = \begin{pmatrix} 3 & 0 & -1 \\ -2 & 2 & 0 \\ 0 & 3 & 2 \end{pmatrix}^{-1} = \begin{pmatrix} \frac{2}{9} & -\frac{1}{6} & \frac{1}{9} \\ \frac{2}{9} & \frac{1}{3} & \frac{1}{9} \\ -\frac{1}{3} & -\frac{1}{2} & \frac{1}{3} \end{pmatrix}$

d) $(0\ 1\ 0) \cdot A = (2\ 1\ 0)$

2
a) $\vec{q}' = \begin{pmatrix} 0{,}6 & 0{,}1 & 0{,}1 \\ 0{,}2 & 0{,}7 & 0{,}1 \\ 0{,}2 & 0{,}2 & 0{,}8 \end{pmatrix} \cdot \vec{q}$

LGS für $\vec{s}$ (stabile Verteilung):

$0{,}6 s_1 + 0{,}1 s_2 + 0{,}1 s_3 = s_1$
$0{,}2 s_1 + 0{,}7 s_2 + 0{,}1 s_3 = s_2$
$0{,}2 s_1 + 0{,}2 s_2 + 0{,}8 s_3 = s_3$
$\phantom{0{,}2} s_1 + \phantom{0{,}2} s_2 + \phantom{0{,}2} s_3 = 1$

Lösung in Vektorschreibweise: $\vec{s} = \begin{pmatrix} 0{,}2 \\ 0{,}3 \\ 0{,}5 \end{pmatrix}$

b) Zu bestimmen sind $A^2 = A \cdot A$, $A^3 = A^2 \cdot A$ und $A^4 = A^3 \cdot A$.

$A^2 = \begin{pmatrix} 0{,}40 & 0{,}15 & 0{,}15 \\ 0{,}28 & 0{,}53 & 0{,}17 \\ 0{,}32 & 0{,}32 & 0{,}68 \end{pmatrix}$ $A^3 = \begin{pmatrix} 0{,}300 & 0{,}175 & 0{,}175 \\ 0{,}308 & 0{,}433 & 0{,}217 \\ 0{,}392 & 0{,}392 & 0{,}608 \end{pmatrix}$

$A^4 = \begin{pmatrix} 0{,}2500 & 0{,}1875 & 0{,}1875 \\ 0{,}3148 & 0{,}3773 & 0{,}2477 \\ 0{,}4352 & 0{,}4352 & 0{,}5648 \end{pmatrix}$

c) $G = \begin{pmatrix} 0{,}2 & 0{,}2 & 0{,}2 \\ 0{,}3 & 0{,}3 & 0{,}3 \\ 0{,}5 & 0{,}5 & 0{,}5 \end{pmatrix}$

3
a) $A = \begin{pmatrix} 2 & 3 \\ 3 & 4 \end{pmatrix}$; $C = \begin{pmatrix} 14 & 13 \\ 19 & 18 \end{pmatrix}$; $C \cdot \begin{pmatrix} 15 \\ 10 \end{pmatrix} = \begin{pmatrix} 340 \\ 465 \end{pmatrix}$
$B = A^{-1} \cdot C = \begin{pmatrix} 1 & 2 \\ 4 & 3 \end{pmatrix}$; $B \cdot \begin{pmatrix} 15 \\ 10 \end{pmatrix} = \begin{pmatrix} 35 \\ 90 \end{pmatrix}$

b) $(a\ b) \cdot A = (12\ 17)$
$(a\ b) = (12\ 17) \cdot A^{-1} = (3\ 2)$
Die Rohstoffkosten für R_1 betragen 3 €, die für R_2 2 €.

4
a) $B^2 = \begin{pmatrix} 1 & 2a & 2b \\ 0 & 1 & 0 \\ 0 & 0 & 1 \end{pmatrix} = \begin{pmatrix} 2 & 2a & 2b \\ 0 & 2 & 0 \\ 0 & 0 & 2 \end{pmatrix} - E = 2B - E$

b) $B^3 = \begin{pmatrix} 1 & 3a & 3b \\ 0 & 1 & 0 \\ 0 & 0 & 1 \end{pmatrix} = 3B - 2E$

5
a) Übergangsmatrix: $A = \begin{pmatrix} 0{,}4 & 0{,}2 & 0{,}5 \\ 0{,}3 & 0{,}5 & 0{,}2 \\ 0{,}3 & 0{,}3 & 0{,}3 \end{pmatrix}$

nach einer Woche: LADI 35 %, LUPS 35 %, POP 30 %
nach fünf Wochen: LADI 36,25 %, LUPS 33,75 %, POP 30 %
b) LADI: 5800 Kunden, LUPS: 5400 Kunden, POP: 4800 Kunden

c) Die Grenzmatrix ist $G = \begin{pmatrix} 0{,}3625 & 0{,}3625 & 0{,}3625 \\ 0{,}3375 & 0{,}3375 & 0{,}3375 \\ 0{,}3 & 0{,}3 & 0{,}3 \end{pmatrix}$

Jede ihrer Spalten gibt die Aufteilung der Kunden (anteilmäßig) bei b) an.

6
a) Übergangsmatrix: $U = \begin{pmatrix} 0 & 0 & 5 \\ 0{,}5 & 0 & 0 \\ 0 & \frac{1}{3} & 0 \end{pmatrix}$

Übergangsdiagramm:

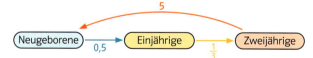

b) Aus $U \cdot \vec{x} = \vec{x}$ erhält man das LGS

$\begin{pmatrix} -1 & 0 & 5 & 0 \\ 0{,}5 & -1 & 0 & 0 \\ 0 & \frac{1}{3} & -1 & 0 \end{pmatrix}$ und aufgelöst $\begin{pmatrix} 1 & 0 & 0 & 0 \\ 0 & 1 & 0 & 0 \\ 0 & 0 & 1 & 0 \end{pmatrix}$.

Dieses LGS hat keine vom Nullvektor verschiedene Lösung, also existiert kein Fixvektor.

c) $U^{-1} = \begin{pmatrix} 0 & 2 & 0 \\ 0 & 0 & 3 \\ 0{,}2 & 0 & 0 \end{pmatrix}$

1. Zeitschritt zurück: $U^{-1} \cdot \begin{pmatrix} 110 \\ 250 \\ 50 \end{pmatrix} = \begin{pmatrix} 500 \\ 150 \\ 22 \end{pmatrix}$

2. Zeitschritt zurück: $U^{-1} \cdot \begin{pmatrix} 500 \\ 150 \\ 22 \end{pmatrix} = \begin{pmatrix} 300 \\ 66 \\ 100 \end{pmatrix}$, also 300 neugeborene, 66 einjährige und 100 zweijährige Fische.

Kapitel X, Zeit zu überprüfen, Seite 340

6

a) S = {TTT, TTN, TNT, NTT, TNN, NTN, NNT, NNN}

e	TTT	TTN	TNT	NTT	TNN	NTN	NNT	TTT
P(e)	0,729	0,081	0,081	0,081	0,009	0,009	0,009	0,001

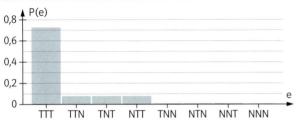

b) E = {TTT, TTN, TNT, NTT}
P(E) = $0{,}9^3 + 0{,}9 \cdot 0{,}9 \cdot 0{,}1 + 0{,}9 \cdot 0{,}1 \cdot 0{,}9 + 0{,}1 \cdot 0{,}9 \cdot 0{,}9 = 0{,}972$
$\overline{E}$: Dirk trifft höchstens einmal,
$P(\overline{E}) = 1 - 0{,}972 = 0{,}028$.
c) P(„Dirk trifft höchstens zweimal")
= 1 – P(„Dirk trifft dreimal")
= $1 - 0{,}9^3 = 0{,}271$

Kapitel X, Zeit zu überprüfen, Seite 344

5

Mittelwert und Standardabweichung der zehn Zahlen sind:
$\overline{x} = 3{,}3$; s = 1,792.

6

a) individuell
b) Man benutzt folgende Befehle:

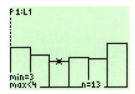

und erhält mit StatPlot einen Graphen der Form:

Kapitel X, Zeit zu überprüfen, Seite 348

7

$\mu = 4{,}35$; $\sigma = 2{,}59$

8

a) X sei die Zufallsvariable; Gewinn = Auszahlung – Einsatz.
Wahrscheinlichkeitsverteilung von X:

k	–0,5	0,5
P(X = k)	0,625	0,375

b) $\mu = -0{,}125$; $\sigma = 0{,}48$
c) Bei einem Einsatz von e € müsste die Gleichung
$-e \cdot 0{,}625 + (1 - e) \cdot 0{,}375 = 0$ gelten. Lösung e = 0,375.
Da es keine halben Cent gibt, ist es nicht möglich, den Einsatz entsprechend abzuändern.

Kapitel X, Zeit zu wiederholen, Seite 349

14

a) Die Quotienten $\frac{b}{a}$ haben immer denselben Wert 2,5.
b) zu a = 1,5 gehört b = 3,75, zu b = 20 gehört a = 8.
Der Proportionalitätsfaktor ist 2,5.
c) Lineare Funktion mit Gleichung b = 2,5a + 5.

15

a) $(3 + 2x) \cdot (1 - x) = -2x^2 - x + 3$
b) $(2x - 1)^2 = 4x^2 - 4x + 1$
c) $3 \cdot (a + 4b) - (4 + a) \cdot 3b = 3a - 3ab$
d) $(20 + u) \cdot (20 - u) = 400 - u^2$; u = 20

Kapitel X, Zeit zu überprüfen, Seite 352

6

Bei a) und c) liegt eine Bernoulli-Kette vor mit 1 = „grün erscheint", $p = \frac{3}{4}$; n = 6. X sei die Anzahl der Drehungen, bei denen grün erscheint.
Bei b) und d) liegt eine Bernoulli-Kette vor mit 1 = „rot erscheint", $p = \frac{1}{4}$; n = 6. Y sei die Anzahl der Drehungen, bei denen rot erscheint.
a) P(X = 2) = 0,0330
b) P(Y = 2) = 0,2966
c) P(X ≤ 2) = 0,0376
d) P(Y ≥ 2) = 0,4661

7

Bei a) liegt eine Bernoulli-Kette vor mit 1 = „Lea trifft", p = 0,8; n = 10. X sei die Anzahl von Leas Treffern.
Bei b) liegt eine Bernoulli-Kette vor mit 1 = „Richard trifft", p = 0,75; n = 7. Y sei die Anzahl von Richards Treffern.
a) P(X ≥ 8) = 0,6778
b) P(Y = 5) + P(Y = 6) = 0,6229
Also ist a) wahrscheinlicher, man würde eher auf a) wetten.

Kapitel X, Zeit zu überprüfen, Seite 356

6

a) P(X = 4) = 0,0078

P(X ≤ 10) = 0,9150
P(X < 8) = P(X ≤ 7) = 0,2763
b) Das Gegenereignis zu „X ≥ 10" ist „X ≤ 9", also gilt
P(X ≥ 10) = 1 − P(X ≤ 9) = 0,2528.
c) P(X ≥ 8) = 1 − P(X ≤ 7) = 0,7237
P(6 ≤ X ≤ 10) = P(X ≤ 10) − P(X ≤ 5) = 0,8764

7

X: Anzahl der erfolgreichen Operationen
X ist binomialverteilt mit den Parametern $n = 60$ und $p = 0,85$, weil man annehmen kann, dass die 60 Operationen in der Großstadt mit Erfolgswahrscheinlichkeit (= Trefferwahrscheinlichkeit) 85% unabhängig voneinander durchgeführt werden.
a) P(X ≥ 50) = 1 − P(X ≤ 49) = 0,7163
b) P(45 ≤ X ≤ 55) = P(X ≤ 55) − P(X ≤ 44) = 0,9440
c) P(X < 45 oder X > 55) = 1 − P(45 ≤ X ≤ 55) = 0,0560

Kapitel X, Zeit zu wiederholen, Seite 357

15

a) $(3 + 2x)\cdot(1 − x)$ wird Null für $x = −1,5$ oder $x = 1$
b) $(2x − 1)^2$ wird Null für $x = 0,5$

16

$\frac{n\cdot(n+1)}{2}$; für $n = 10$ ergibt sich 55.

17

a) $x = 7$; $x = −3$ b) $x = 0$; $x = −1$
c) $x = \frac{\log(22)}{\log(2)} \approx 4,459$ d) $x = \frac{1}{6}\pi$; $\frac{5}{6}\pi$
(+ jeweils beliebige Vielfache von 2π).

18

Sind a und b die Seiten des Rechtecks in Meter, so gilt $a + b = 20$ und $ab = 75$. Aus $a + b = 20$ folgt $b = 20 − a$. Setzt man das bei $ab = 75$ ein, so erhält man für a die Gleichung $a(20 − a) = 75$. Diese Gleichung hat die Lösungen $a = 15$ bzw. $a = 5$, woraus man $b = 5$ bzw. $b = 15$ erhält. Also hat das Rechteck die Seitenlängen 15 m und 5 m.

Kapitel X, Zeit zu überprüfen, Seite 360

6

Die Zahl J der Jungengeburten ist binomialverteilt mit den Parametern $n = 8000$ und $p = 0,51$.
a) P(J ≥ 4000) = 1 − P(J ≤ 3999) = 0,9641
P(4000 ≤ J ≤ 4200) = P(J ≤ 4200) − P(J ≤ 3999) = 0,9606
b) Es muss gelten P(J ≥ 15) ≥ 0,99 bzw. P(J ≤ 4) ≤ 0,01. Aus der Tabelle der Funktion y1=binomcdf(x,0.51,4) liest man ab, dass die Zahl n der Geburten mindestens 19 betragen muss.

7

X: Anzahl der falsch übertragenen Zeichen; X ist binomialverteilt mit $n = 100$ und unbekanntem p. Es muss gelten: P(X > 3) ≤ 0,01 bzw. P(X ≤ 3) ≥ 0,99. Man bestimmt den Schnittpunkt der Graphen der Funktionen y1=binomcdf(100,x,3) und y2=0,99. Man erhält $p ≤ 0,0083$ (siehe Fig. 2).

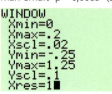
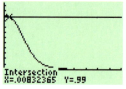

Fig. 1 Fig. 2

Kapitel X, Zeit zu überprüfen, Seite 364

5

$n = 10$: $\mu = 6$, $\sigma = 1,55$, $P([\mu − 2\sigma; \mu + 2\sigma]) = 0,982$
$n = 20$: $\mu = 12$, $\sigma = 2,19$, $P([\mu − 2\sigma; \mu + 2\sigma]) = 0,963$

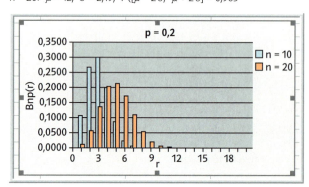

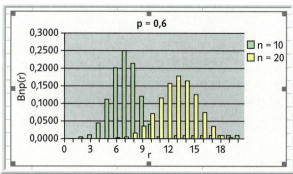

Oben sind genaue Graphen dargestellt. Für eine Skizze müssen zumindestest die Achsenbezeichnungen und die Form der Glocke – etwa durch eine gestrichelte Kurve – erkennbar sein, z. B. wie in unten stehender Skizze. Einige Werte sollten eingetragen werden. Zu den Eigenschaften siehe Kasten auf der Seite 361.

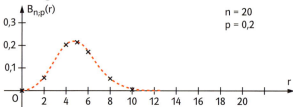

6

X: Anzahl der Sonntagskinder, n = 28; p = $\frac{1}{7}$. Die Annahme der Gleichverteilung der Geburtstage ist allerdings nicht gut erfüllt (am Wochenende weniger Geburten).

a) μ = 4. Die Wahrscheinlichkeit, dass sich vier Sonntagskinder in der Klasse 10c befinden, ist am größten.

b) 50% von 4 = 2; P(2 ≤ X ≤ 6) = P(X ≤ 6) − P(X ≤ 1) = 0,8301. Mit etwa 83% Wahrscheinlichkeit liegt die Zahl der Sonntagskinder im Bereich 2 bis 6.

c) μ = 100; 50% von 100 = 50;
P(50 ≤ x ≤ 150) = P(x ≤ 150) − P(x ≤ 49) = 0,99999987 ≈ 1
Praktisch sicher liegt die Zahl der Sonntagskinder zwischen 50 und 150.

Kapitel X, Zeit zu überprüfen, Seite 367

8
a) [0,464; 0,536]   b) [0,683; 0,758]

9
28% von 1075 = 301; 90%-Vertrauensintervall: [0,257; 0,303].
Der Wähleranteil liegt mit etwa 90% Wahrscheinlichkeit zwischen 25,7% und 30,3%.

Kapitel X, Prüfungsvorbereitung ohne Hilfsmittel, Seite 376

1
$E(X) = -10 \cdot \frac{1}{5} + 0 \cdot \frac{1}{6} + 1 \cdot \frac{1}{2} + 3 \cdot \frac{2}{15} = -\frac{11}{10}$.

Die Standardabweichung ist ein Maß für die Streuung der Verteilung, d.h. dafür wie weit die Werte der Verteilung durchschnittlich vom Erwartungswert abweichen.

2
„X = 2" = {WW, ZZ}, P(X = 2) = $\frac{1}{4} + \frac{1}{4} = \frac{1}{2}$,
„X = 3" = {WZW, WZZ, ZWW, ZWZ}, P(X = 2) = $\frac{1}{8} + \frac{1}{8} + \frac{1}{8} + \frac{1}{8} = \frac{1}{2}$,
$E(X) = 2 \cdot \frac{1}{2} + 3 \cdot \frac{1}{2} = 2,5$

3
a) μ = n·p = 18; σ = $\sqrt{n p (1-p)}$ = 3

b) Bei μ ist die Wahrscheinlichkeit am größten, im Bereich zwischen μ − σ = 15 und μ + σ = 21 beträgt nach der Sigma-Regel die Wahrscheinlichkeit etwa 70% (das entspricht dem Flächenanteil unter dem Graphen im Vergleich mit der gesamten Fläche unter dem Graphen). Der Wert bei μ beträgt 0,13, wie im Aufgabentext angegeben.

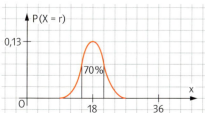

c) Wenn man n bei konstantem p vergrößert, wird der Graph flacher und breiter, sein Maximum wird nach rechts wandern.

d) Wenn man p bei konstantem n verkleinert, wird der Graph höher und schmaler, sein Maximum wird nach links wandern. Wenn man p bei konstantem n vergrößert, wird der Graph höher und schmaler, sein Maximum wird nach rechts wandern.

4
a) Falsch, z.B. ist μ = 3,5 für n = 7 und p = 0,5.
b) Richtig, denn μ = n·p.
c) Richtig, denn σ = $\sqrt{n p (1-p)}$ = c·$\sqrt{n}$, wobei c nur von p abhängt.
d) Richtig nach der Sigma-Regel (wenn σ genügend groß ist, mindestens etwa 3).
e) Falsch, das gilt nur angenähert.

5
a) Die Umfrage soll repräsentativ sein, d.h. ein Abbild der Bevölkerung. Das kann man durch geeignete zufällige Auswahl der Befragten erreichen.

b) Genau kann man das nicht vorhersagen, aber die relative Häufigkeit wird sich mit etwa 95% Wahrscheinlichkeit im 2-Sigma-Intervall von p = 0,6 befinden. Überschlag zum 2-Sigma-Intervall:

μ = 1200; $\frac{\sigma}{\sqrt{n}} = \sqrt{\frac{0,6 \cdot 0,4}{2000}} = \sqrt{\frac{0,3 \cdot 0,4}{1000}} = \sqrt{\frac{1,2}{10000}} \approx \frac{1,1}{100} = 0,011$.

Also: $\left[p - 2\frac{\sigma}{\sqrt{n}};\ p + 2\frac{\sigma}{\sqrt{n}} \right] = [0,589;\ 0,611]$.

c) Die bei der Umfrage ermittelte relative Häufigkeit (generell) beträgt h = $\frac{1}{8}$ = 0,125 für die Quote derjenigen, die finden, dass Lehrer ihren Beruf lieben. Zu diesem Wert würde man

$\frac{\sigma}{\sqrt{n}} = \sqrt{\frac{h \cdot (1-h)}{n}} = \sqrt{\frac{1 \cdot 7}{8 \cdot 8 \cdot 2000}} \approx \sqrt{\frac{7}{130000}} \approx \sqrt{\frac{1}{20000}} \approx \sqrt{\frac{1}{2 \cdot 10000}} \approx \frac{0,7}{1100}$

= 0,007 bestimmen.

Dann würde man $\left[h - 1,96 \frac{\sigma}{\sqrt{n}};\ h + 1,96 \frac{\sigma}{\sqrt{n}} \right] \approx [0,11;\ 0,14]$ als 95%-Vertrauensintervall angeben. Es reicht hier auch eine Beschreibung, wie man zur Bestimmung des Vertrauensintervalls vorgeht.

Kapitel X, Prüfungsvorbereitung mit Hilfsmitteln, Seite 377

1
a) Mittelwert = $0\cdot 0{,}1 + 1\cdot 0{,}42 + 2\cdot 0{,}35 + 3\cdot 0{,}13 = 1{,}51$,
empirische Standardabweichung =
$\sqrt{(0-1{,}5)^2\cdot 0{,}1 + (1-1{,}5)^2\cdot 0{,}42 + (2-1{,}5)^2\cdot 0{,}35 + (3-1{,}5)^2\cdot 0{,}13}$
$\approx 0{,}84$

b) X ist binomial verteilt mit den Parametern $n = 3$ und $p = 0{,}5$. Also ist $\mu = 1{,}5$ und $\sigma = \sqrt{3\cdot 0{,}5\cdot 0{,}5} \approx 0{,}87$.

2
a) Die Zufallsvariable X (Gewinn in Cent) hat die Wahrscheinlichkeitsverteilung

g	−20	−10	0	30
P(X = g)	0,38	0,39	0,08	0,15

b) $\mu = -20\cdot 0{,}38 - 10\cdot 0{,}39 + 0\cdot 0{,}08 + 30\cdot 0{,}15 = -7$
$\sigma = \sqrt{(-20-(-7))^2\cdot 0{,}38 + (-10-(-7))^2\cdot 0{,}39 + (0-(-7))^2\cdot 0{,}08 + (30-(-7))^2\cdot 0{,}15}$
$\approx 16{,}6$

c) Der Erwartungswert muss dazu 0 sein, also muss man 13 Cent Einsatz nehmen.

3
a) X lässt sich beschreiben als Bernoulli-Kette mit $n = 100$ Durchführungen, da die Reißzwecken unabhängig voneinander mit der Wahrscheinlichkeit von 60 % auf dem Kopf landen. Als Treffer kann man z. B. „Zwecke landet auf dem Kopf" definieren. Trefferwahrscheinlichkeit ist dann $p = 0{,}6$.

b) $\mu = n\cdot p = 60$; $\sigma = \sqrt{np(1-p)} = 4{,}90$

c) $P(X \leq 60) = 0{,}5379$;
$P(X > 50) = 1 - P(X \leq 50) = 0{,}9729$;
$P(50 \leq X \leq 60) = P(X \leq 60) - P(X \leq 49) = 0{,}5212$;
$P(\mu - 2\sigma \leq X \leq \mu + 2\sigma) = 0{,}9481$

d) Aus der Tabelle (siehe Fig. 1 und Fig. 2):
$P(\mu - a \leq X \leq \mu + a) = 0{,}7386$ für $a = 5$,
$P(\mu - a \leq X \leq \mu + a) = 0{,}8158$ für $a = 6$,
also ist $a = 6$ die Lösung.

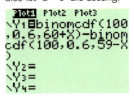
Fig. 1

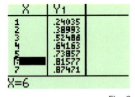
Fig. 2

e) relative Häufigkeit für „Kopf": $\frac{1439}{2400} = 0{,}5996$. Das 90 %-Vertrauensintervall ist näherungsweise
$\left[h - 1{,}64\sqrt{\frac{h(1-h)}{2400}};\ h + 1{,}64\sqrt{\frac{h(1-h)}{2400}}\right] = [0{,}583;\ 0{,}616]$

4
a) $P(X \geq 50) = 1 - P(X \leq 49) = 0{,}9658$

b) Man sucht in einer Tabelle für kumulierte Wahrscheinlichkeiten $P(X \geq 50)$ mit variablem p das kleinste p, sodass $P(X \geq 50) \geq 0{,}5$. Man liest ab: $p = 0{,}83$

c) Man sucht in einer Tabelle für kumulierte Wahrscheinlichkeiten $P(X \geq 50)$ mit variablem n das kleinste n, sodass $P(X \geq 50) \geq 0{,}99$. Man liest ab: $n = 62$.

d) $h = 0{,}7$. Das 99 %-Vertrauensintervall ist näherungsweise
$\left[h - 2{,}58\sqrt{\frac{h(1-h)}{n}};\ h + 2{,}58\sqrt{\frac{h(1-h)}{n}}\right] = [0{,}659;\ 0{,}741]$.

5
a) $h = 0{,}75$. Das 95 %-Vertrauensintervall ist näherungsweise
$\left[h - 1{,}96\sqrt{\frac{h(1-h)}{n}};\ h + 1{,}96\sqrt{\frac{h(1-h)}{n}}\right] = [0{,}69;\ 0{,}81]$.

b) X sei die binomialverteilte Zufallsgröße mit den Parametern $n = 200$ und $p = 0{,}82$. Gesucht ist die Wahrscheinlichkeit
$P(|X - \mu| \geq 14) = P(X \leq 150) + P(X \geq 178) = 0{,}00963$. Es ist also sehr unwahrscheinlich, dass man ein Stichprobenergebnis von 150 erhält, wenn $p = 0{,}82$.

6
X: Anzahl der unbrauchbarer Dichtungen, $n = 50$, $p = 0{,}013$
$P(X > 2) = 2{,}74\,\%$

Kapitel XI, Zeit zu überprüfen, Seite 384

8
a) $k = 4$ b) $P = 0{,}0585$
c) $\mu = 0{,}533$; $\sigma = 0{,}2211$

9
a) $P(0{,}15 \leq X < 0{,}25) = \int_{0{,}15}^{0{,}25} 1\,dx = 0{,}1$; analog
$P(0{,}195 \leq X < 0{,}205) = 0{,}01$ und $P(0{,}1995 \leq X < 0{,}205) = 0{,}001$

b) Die Wahrscheinlichkeiten halbieren sich bei Verwendung von 2*rand, sie verdoppeln sich bei Verwendung von 0,5*rand.

Kapitel XI, Zeit zu überprüfen, Seite 388

6
a), b), c)
Der Extrempunkt ist $M(15\,|\,0{,}265)$, die Wendepunkte sind $W(12 \pm 1{,}5\,|\,0{,}1613)$.
Den Graphen und den Wert des Integrals entnimmt man der folgenden Abbildung:

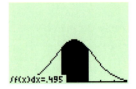

Kapitel XI, Zeit zu überprüfen, Seite 391

7
a)

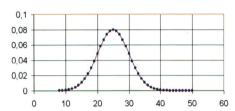

b), c)

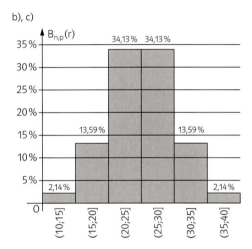

Kapitel XI, Zeit zu überprüfen, Seite 395

5

a) Die Grenzen a und b der 80%-Vertrauensintervalle sind
Für n = 10

a	b	
0,4974	0,8462	exakt
0,5143	0,8857	Näherung

Für n = 100

a	b	
0,6384	0,7551	exakt
0,6413	0,7587	Näherung

Für n = 1000

a	b	
0,6811	0,7182	exakt
0,6814	0,7186	Näherung

b) Wenn man als Ergebnis einer Umfrage die relative Häufigkeit ohne Stichprobenumfang angibt, kann man die Genauigkeit des Ergebnisses nicht abschätzen. Leser von Umfragen gehen unbewusst bei Statistischen Instituten von großen Stichprobenumfängen aus, die häufig gar nicht zugrunde liegen, weil auch bei Umfragen gespart wird.

6

a) Je höher das Vertrauensniveau gewählt wird, desto höher muss der Stichprobenumfang gewählt werden.
b) für den erforderlichen Stichprobenumfang gilt

Mark: $n > \frac{k^2}{d^2} = \frac{1{,}44^2}{0{,}01^2} = 20736$

Johanna: $n > \frac{k^2}{d^2} = \frac{2{,}576^2}{0{,}01^2} = 66357$

Kapitel XI, Zeit zu wiederholen, Seite 400

9

a) Gelb: f; rot: f; blau: f. An den Stellen, an denen der Graph von f ansteigt, ist f positiv. An den Stellen, an denen der Graph von f rechtsgekrümmt ist, ist f negativ.
b) An den Stellen, an denen f rechtsgekrümmt ist, ist f'' negativ.

$f(1) = 1{,}08; \quad f'(1) = 0{,}4; \quad \int_{2}^{4} f'(x)\,dx = 0{,}4$

10

Die Funktion verläuft an der Stelle 3 oberhalb der x-Achse, fällt dort und ist linksgekrümmt.

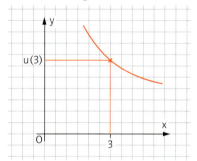

Kapitel XI, Prüfungsvorbereitung ohne Hilfsmittel, Seite 404

1

a) $\mu = 25$, $\sigma = 4{,}33$

b) Man nutzt, dass die Wendestellen bei $\mu \pm \sigma$ liegen.

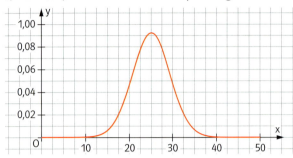

c) es gilt $P(a \leq X \leq b) = \int\limits_{a-0{,}5}^{b+0{,}5} \varphi_{\mu;\sigma}(x)\,dx$

und beispielsweise $P(24 \leq X \leq 26) \approx \int\limits_{23{,}5}^{26{,}5} \varphi_{25;\,4{,}33}(x)\,dx \approx 27{,}10\,\%$

(zum Vergleich: genauer Wert mit Binomialverteilung berechnet: 27,07%)

2

Graph I kann nicht zu einer Wahrscheinlichkeitsdichte gehören, da nicht für alle x $f(x) \geq 0$ gilt.
Graph II kann zu einer Wahrscheinlichkeitsdichte gehören, da $f(x) \geq 0$ für alle x gilt und der Flächeninhalt unter dem Graphen und damit das Integral zwischen den Nullstellen etwa 1 beträgt.
Graph III kann nicht zu einer Wahrscheinlichkeitsdichte gehören, da der Flächeninhalt unter dem Graphen und damit das Integral zwischen den Nullstellen größer als 1 ist.

3

a) Es gilt $\int\limits_{-2}^{2} a \cdot \left(1 - \tfrac{1}{4}x^2\right)dx = a \cdot \left[x - \tfrac{1}{12}x^3\right]_{-2}^{2} = \tfrac{8}{3}a$.

Das ergibt nur für $a = \tfrac{3}{8}$ den Wert 1.
Außerdem gilt für alle x in $[-2;\,2]$, dass $f(x) \geq 0$ gilt.

b) $P(X = 0) = 0$ (Eine isolierte Stelle hat bei einer stetigen Verteilung immer die Wahrscheinlichkeit 0.)

$P(X \leq 0) = 0{,}5$ (wegen der Symmetrie)

$P(-1 < X < 1) = \int\limits_{-1}^{1} \tfrac{3}{8} \cdot \left(1 - \tfrac{1}{4}x^2\right)dx = \tfrac{3}{8} \cdot \left[x - \tfrac{1}{12}x^3\right]_{-1}^{1} = \tfrac{11}{16}$

$P(X \geq 1) = \int\limits_{1}^{2} \tfrac{3}{8} \cdot \left(1 - \tfrac{1}{4}x^2\right)dx = \tfrac{3}{8} \cdot \left[x - \tfrac{1}{12}x^3\right]_{1}^{2} = \tfrac{5}{32}$

oder mit den vorhergehenden Ergebnissen:

$P(X \geq 1) = \tfrac{1}{2} \cdot \left(1 - \tfrac{11}{16}\right) = \tfrac{5}{32}$.

Erwartungswert von X ist 0, da die Funktion $x \rightarrow x \cdot \left(1 - \tfrac{1}{4}x^2\right)$ punktsymmetrisch zum Ursprung ist und sich damit beim Integrieren über das Intervall $[-2;\,2]$ der orientierte Inhalt 0 ergibt. Alternativ kann man den Erwartungswert auch berechnen:

$\mu = \int\limits_{-2}^{2} \tfrac{3}{8} \cdot x \cdot \left(1 - \tfrac{1}{4}x^2\right)dx = \left[-\tfrac{3}{128}x^4 + \tfrac{3}{16}x^2 - \tfrac{3}{8}\right]_{-2}^{2} = 0$.

c) F ist Integralfunktion von f im Intervall $[-2;\,2]$. Daher gilt z.B.:
$F(-2) = 0$; F ist eine Stammfunktion von f (aus Teilaufgabe b));
$F(x)$ gibt den orientierten Flächeninhalt unter dem Graphen von f im Intervall $[-2;\,x]$ an.
$F(2) = 1$; die Werte von F liegen zwischen 0 und 1; F ist streng monoton wachsend.

4

In den insgesamt 300 Würfen erhielten sie 255 Sechser.
Die relative Häufigkeit ist also 0,85. Daraus ergibt sich z.B. das 95%-Vertrauensintervall $[0{,}81;\,0{,}89]$ oder das 99%-Vertrauensintervall $[0{,}79;\,0{,}90]$

5

$n = 165$; $h = \tfrac{28}{165}$; $[0{,}1207;\,0{,}2338]$;
Näherungslösung: $[0{,}1124;\,0{,}2270]$

6

a) Mit $d = 0{,}01$ folgt aus $n \geq \tfrac{c^2}{d^2}$: $n \geq 38\,416$.

b) Für die Intervalllänge gilt $1 \leq 2 \cdot 1{,}96 \sqrt{\tfrac{p(1-p)}{n}}$.
Der Term $p \cdot (1-p)$ lässt sich auf dem Intervall $[0{,}3;\,0{,}4]$ durch $0{,}4 \cdot (1 - 0{,}4) = 0{,}24$ nach oben abschätzen. Damit folgt:
$2 \cdot 1{,}96 \sqrt{\tfrac{0{,}24}{n}} \leq 0{,}01$. Hieraus ergibt sich $n \geq 36\,880$.

7

a) $n = 929$; $h = \tfrac{49}{929}$; $[0{,}0402;\,0{,}0690]$;
Näherungslösung: $[0{,}0384;\,0{,}0671]$

b) Die Intervalllänge muss dann $d = 0{,}02$ betragen; aus $n \geq \tfrac{c^2}{d^2}$ erhält man $n \geq 0{,}9604$.

Kapitel XI, Prüfungsvorbereitung mit Hilfsmitteln, Seite 405

1

a) exakt mit Binomialverteilung
$n = 10$: $P(6 \leq X \leq 10) = 0{,}633\,103\,26$
$n = 100$: $P(51 \leq X \leq 100) = 0{,}972\,900\,802$

b) näherungsweise mit Normalverteilung
$n = 10$: $P(6 \leq X \leq 10) = 1 - \Phi\left(\tfrac{5{,}5 - 6}{\sqrt{10 \cdot 0{,}6 \cdot 0{,}4}}\right) \approx 0{,}626\,557\,18$

$n = 100$: $P(51 \leq X \leq 100) = 1 - \Phi\left(\tfrac{50{,}5 - 60}{\sqrt{100 \cdot 0{,}6 \cdot 0{,}4}}\right) \approx 0{,}973\,760\,25$

2

Man bestimmt zunächst $\mu = 25$ und $\sigma = 4{,}08$.

a) $P(X \leq 20) = 0{,}1344 \approx \int\limits_{-0{,}5}^{20{,}5} \varphi_{\mu,\sigma}(x)\,dx = 0{,}1350$

b) $P(X < 20) = P(X \leq 19) = 0{,}0868 \approx \int\limits_{-0{,}5}^{19{,}5} \varphi_{\mu,\sigma}(x)\,dx = 0{,}0888$

c) $P(X = 25) = 0{,}0973 \approx \int\limits_{24{,}5}^{25{,}5} \varphi_{\mu,\sigma}(x)\,dx = 0{,}0975$

d) $P(X > 20) = 1 - P(X \leq 20) = 0{,}8656 \approx \int\limits_{20{,}5}^{75{,}5} \varphi_{\mu,\sigma}(x)\,dx = 0{,}8650$

e) $P(X \geq 20) = 1 - P(X \leq 19) = 0{,}9132 \approx \int\limits_{19{,}5}^{75{,}5} \varphi_{\mu,\sigma}(x)\,dx = 0{,}9112$

3
X sei das Gewicht einer Kartoffel in Gramm.

a) $P(190 \leq X \leq 230) = \int_{190}^{230} \varphi_{\mu,\sigma}(x)\,dx = 0{,}6827$ (σ-Intervall);

$P(209 \leq X \leq 211) = \int_{209}^{211} \varphi_{\mu,\sigma}(x)\,dx = 0{,}0399$; $P(X = 210) = 0$

b) $P(190 \leq X \leq 230) = \int_{190}^{230} \varphi_{\mu,\sigma}(x)\,dx = 0{,}9545$ (2σ-Intervall);

$P(209 \leq X \leq 211) = \int_{209}^{211} \varphi_{\mu,\sigma}(x)\,dx = 0{,}0797$; $P(X = 210) = 0$

4
a) individuell, das Intervall zum 95%-Niveau muss etwas größer sein

b) die exakten Vertrauensintervalle sind [0,793; 0,908] bzw. [0,779; 0,915]

c) die exakten Vertrauensintervalle verkleinern sich zu [0,839; 0,886] bzw. [0,823; 0,891]

5
a) vereinbar

b) vereinbar

c) nicht vereinbar, die Untergrenze des 95%-Vertrauensintervalls ist 0,500 200 2, damit liegt 0,5 nicht mehr in diesem Intervall.

d) Das 95%-Intervall zu $p = 0{,}5$ darf 0,501 nicht mehr enthalten, den gesuchten Wert für n erhält man aus der Gleichung

$1{,}96 \cdot \frac{\sqrt{0{,}5 \cdot 0{,}5}}{\sqrt{n}} = 0{,}001$ zu $n = 960{,}401$.

Wenn man also Wahrscheinlichkeiten sehr genau bestimmen möchte, braucht man praktisch kaum noch realisierbar hohe Stichprobenzahlen.

6
a) Die Fläche $\frac{c}{2} + \frac{d}{2} = c$ der beiden Dreiecke muss 1 sein, also $c = d = 1$.

Es gilt $f(x) = \begin{cases} 1 - x, & x \leq 1 \\ x - 1, & x > 1 \end{cases}$.

Erwartungswert $\mu = \int_0^2 x \cdot f(x)\,dx = 1$.

Standardabweichung $\sigma = \sqrt{\int_0^2 (x-1)^2 \cdot f(x)\,dx} = \sqrt{\frac{1}{2}} \approx 0{,}71$.

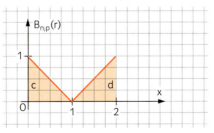

b) Die Fläche $\frac{c}{2} + \frac{d}{2} = \frac{1}{4} + \frac{d}{2}$ der beiden Dreiecke muss 1 sein, also $d = \frac{3}{2}$. Es gilt $f(x) = \begin{cases} \frac{1}{2} - \frac{1}{2}x, & x \leq 1 \\ \frac{3}{2}x - \frac{3}{2}, & x > 1 \end{cases}$.

Erwartungswert $\mu = \int_0^2 x \cdot f(x)\,dx = \frac{4}{3}$.

Standardabweichung $\sigma = \sqrt{\int_0^2 \left(x - \frac{4}{3}\right)^2 \cdot f(x)\,dx} = \sqrt{\frac{7}{18}} \approx 0{,}62$.

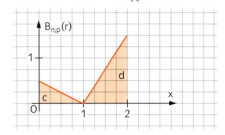

Register

A
Ablehnungsbereich 369
Ableitung 14, 18
Ableitungsfunktion 14
Abnahme, exponentielle 190
Abstand eines Punktes
– von einer Ebene 283
– von einer Geraden 282
Abstand windschiefer
Geraden 293
Achsensymmetrie 152, 178
Alternative 369
Amplitude 172
Analysis 183
Änderungsrate, mittlere 14
Änderungsrate, momentane 14
Anfangswert 197, 214
Annahmebereich 369
Äquivalenzumformungen 56
Archimedes 183
Arkussinusfunktion 104
Assoziativgesetz 230
Asymptote, senkrechte 154
Asymptote, waagrechte 157
äußere Funktion 78
Austauschprozess 316, 317

B
Baumdiagramm 338
Bedarfsmatrix 305
Bedingung, hinreichende 24
Bedingung, notwendige 24
Begrenztes Wachstum 194
Bernoulli, Jakob 350
Bernoulli-Experiment 350
Bernoulli-Kette 350
Betrag eines Vektors 245, 246, 255
Binomialkoeffizient 350, 353
Binomialverteilung 354, 358
Bogenlänge 140
Brechungsgesetz 47, 48

C
Cavalieri, Francesco Bonaventura 183

D
Definitionslücke 154
Determinante 314
Dichtefunktion 381
Differenzenquotient 14, 81, 84, 214
Differenziale 214
Differenzialgleichung 197, 214
Differenzialquotient 214
Differenzierbarkeit 14, 44
Dirichlet, Gustave Lejeune 146
Distributivgesetz 230, 268
Drehkörper 135
Durchstoßpunkt 271

E
e (Euler'sche Zahl) 88
Ebenen
– , sich schneidende 279
– , zueinander parallele 279
Einheitsmatrix 313
Einheitsvektor 245, 246, 255
Ereignis 338
Ergebnismenge 338
Erhebung, statistische 341
Erwartungswert 346, 361, 381
Euler, Leonhard 70
Euler'sche Zahl e 88
Exponentialfunktion,
natürliche 88, 103
Exponentialgleichung 91
Exponentialverteilung 397, 401
exponentielles Wachstum 190
Extremstelle 24, 50, 161
Extremwert 24
Extremwertprobleme 39

F
Faktorregel 18
Fermat, Pierre de 48
Fermat'sches Prinzip 48
Fixvektor 317, 318
Fläche, unbegrenzte 133
Flächeninhalt 110, 129
Folge 209
Funktion 43
– , äußere 78
– , ganzrationale 18, 63
– , gebrochenrationale 157
– , innere 78
– , trigonometrische 172

Funktionenschar 94
Funktionsanpassung 175

G
Galilei, Galileo 183
Gauß'sche Glockenfunktion 386
Gauß-Verfahren 56, 73
Gegenereignis 338
Gegenvektor 229
Geraden
– , identische 241
– , sich schneidende 241
– , zueinander parallele 241
– , zueinander windschiefe 241
Geradengleichung 236
Gleichgewichtsverteilung 317
Gleichung einer Geraden 236
Gleichungssystem
– , lineares 56, 73
– mit genau einer
Lösung 60, 73
– mit keiner Lösung 60, 73
– mit unendlich vielen
Lösungen 60, 73
Glockenform 361
Glockenfunktion 386
Gozintograph 310
Grad einer ganzrationalen
Funktion 18, 157
Grenzmatrix 318
Grenzverteilung 317
Grenzwert 133, 157
Grundgesamtheit 341
Guldin'sche Regel 144

H
Halbwertszeit 191, 340
Hauptsatz der Differenzial-
und Integralrechnung 118
Histogramm 341
Hochpunkt 24
Hypothese 369

I
Input-Matrix 326
Input-Output-Analyse 325
Input-Output-Tabelle 326
Integral 114

Integral, uneigentliches   133
Integralfunktion   125, 386
Integrand   114
Integrationsgrenze   114
Integrationsvariable   114
Intervalladditivität   124
inverse Matrix   313
Irrtumswahrscheinlichkeit   369

K

Kettenlinie   141
Kettenregel   81
Kommutativgesetz   230, 268
Konfidenzintervall   366
Konfidenzniveau   366
Koeffizienten   230
Koordinatenebenen   223
Koordinatengleichung
 der Ebene   287
Koordinatensystem,
 kartesisches   222
Krümmungsverhalten   21
Kurve   101
Kurvenanpassung   206

L

Lage von Ebenen und
 Geraden   271
Leibniz, Gottfried-Wilhelm   118, 184
Leontief, Wassily   325
Leontief-Inverse   326
Leontief-Koeffizienten   326
LGS   56
 – mit Parameter   58
linear abhängig   233, 255
linear unabhängig   233, 255
lineares Gleichungssystem   56
Linearkombination   230
Limes   14
Linearität des Integrals   122
Linkskurve   21
Lissajous-Kurve   101
Lösungsmenge   60, 73
Logarithmengesetze   91
Logarithmus, natürlicher   91
Logarithmusfunktion,
 natürliche   103
logistisches Wachstum   201

lokales Maximum   24
lokales Minimum   24
Lot   283
Lotfußpunkt   283
Lotgerade   283

M

Markoff'sche Kette   317
Matrix   304
 –, inverse   313
 –, m × n   305
 –, quadratische   304
 –, stochastische   317
 –, zyklische   322
Matrizenaddition   307
Matrizenmultiplikation   310
Matrizenprodukt   311
Maximum, lokales   24
Minimum, lokales   24
Mittelwert (einer Funktion)   138
Mittelwert (Stochastik)   342, 381
Modellieren   205
Monotonie,   49

N

n-Tupel   56, 73
natürliche Exponential-
 funktion   88, 103
natürliche Logarithmus-
 funktion   103
natürlicher Logarithmus   91
Nebenbedingung   39
Newton, Isaac   118, 184
Normale   31
Normalengleichung
 der Ebene   287
Normalenvektor   271, 287
Normalverteilung   389
Nullhypothese   369
Nullmatrix   307
Nullstelle   161
Nullvektor   230

O

Obersumme   113, 145
orthogonale Vektoren   267

Orthogonalität von Geraden
 und Ebenen   279
Ortskurve   168
Ortslinie   168
Ortsvektor   226

P

Parameter   59, 168
Parameterdarstellung von
 Kurven   101
Parametergleichung   236
 – der Gerade   236
 – der Ebene   260, 299
Pascal'sches Dreieck   353
Periode   172
Pfadregel   338
Polstelle   154
Populationsentwicklung   323
Potenzregel   18
Produktregel   84
Prozess, einstufiger   304
Prozess, mehrstufiger   310
Prozess, zweistufiger   310
Prozessmatrix   305
Punktschätzung   365
Punktsymmetrie   152, 178

Q

Quotientenregel   86

R

Radioaktiver Zerfall   193
Radiokarbonmethode   193
Rechtskurve   21
Reflexionsgesetz   47
Regression   206
Restbestand   194
Richtungsvektor   236, 255
Riemann, Bernhard   145, 184
Riemann-Summe   145
Rotationskörper   135

S

Sattelpunkt   25, 28
Sättigungsgrenze   204
Säulendiagramm   341
Schätzen   366

Register

Schnittwinkel
 – einer Geraden und einer Ebene 276, 299
 – zweier Ebenen 279, 299
 – zweier Geraden 279, 299
Schranke 194, 204
Schwingung, harmonische 216
Sigma-Regeln 362, 389
Signifikanzniveau 369
Signifikanztest 369
Skalarmultiplikation 307
Skalarprodukt 267
 – in Koordinatenform 267
s-Multiplikation 307
Snellius, Willebrordus 47
Spannvektoren 260, 299
Spline 71
 – kubischer 71
Spurgeraden 264, 265
Spurpunkte 265
Stammfunktion 117, 122
Standardabweichung 342, 346, 361, 381
Standard-Glockenfunktion 386
Statistische Erhebung 341
Stetigkeit einer Funktion 43, 44
Stetigkeitskorrektur 390
Stichprobe 341, 369
Stichprobenumfang 341, 368, 394
Stochastische Matrix 317
Streuung 342
Stufenform 56
Stützvektor 236, 255
Summenformel 113
Summenregel 18, 338
Symmetrie 152, 178

T
Tabelle 304
Tangente 14
Tangentengleichung 31
Technologiekoeffizienten 326
Technologie-Matrix 326
Tiefpunkt 24
Trassierung 66
Trigonometrische Funktion 172

U
Übergangsmatrix 316
Umkehrfunktion 104
unbegrenzte Flächen 133
uneigentliches Integral 133
Untersumme 113, 145
Urliste 341
Ursprung 222

V
van der Waals, Johannes Diderik 182
Vektoren 225
 – addieren 229
 – mit einer Zahl multiplizieren 229
 – subtrahieren 229
Vektoris3D 310
Verdoppelungszeit 191
Verflechtungsdiagramm 325
Verkettung 78, 121
Verteilung, stabile 317
Vertrauensintervall 365, 393
Vertrauensniveau 366
Volumen 136
Vorzeichenwechsel 24, 155

W
Wachstum;
 –, begrenztes 194, 197
 –, beschränktes 194, 197
 –, exponentielles 190, 197
 –, logistisches 201
Wachstumsfaktor 190
Wachstumsgeschwindigkeit 197
Wachstumskonstante 190, 197
Wahrscheinlichkeit 338
Wahrscheinlichkeit, kumulierte 354
Wahrscheinlichkeitsdichte 381
Wahrscheinlichkeits- verteilung 338, 346
Wendepunkt 28
Wendestelle 28, 50, 161
Wendetangente 28
Winkel zwischen Vektoren 274, 299

Z
Zielfunktion 39
Zufallsexperiment, mehrstufiges 338
Zufallsgröße, reellwertige 380
Zufallsgröße, ganzzahlige 380

Mathematische Bezeichnungen

f	Funktion
$f(x)$	Funktionsterm
$y = f(x)$	Gleichung des Graphen der Funktion f
D	Definitionsmenge der Funktion f
$f'(x_0)$	Ableitung der Funktion f an der Stelle x_0
$f'(x)$	Ableitungsfunktion der Funktion f
$\int_a^b f(x)\,dx$	Integral der Funktion f über $[a;\ b]$
$[F(x)]_a^b$	Kurzform der Differenz $F(b) - F(a)$
$\int_a^x f(t)\,dt$	Integralfunktion von f zur unteren Grenze a
$\mathbb{N}$	Menge der natürlichen Zahlen
$\mathbb{Z}$	Menge der ganzen Zahlen
$\mathbb{Q}$	Menge der rationalen Zahlen
$\mathbb{R}$	Menge der reellen Zahlen
O	Koordinatenursprung
LGS	Lineares Gleichungssystem
$(u_1;\ \ldots;\ u_n)$	n-Tupel reeller Zahlen, z. B. Lösung eines LGS
$P(p_1 \mid p_2)$	Punkt in der Ebene mit den Koordinaten p_1, p_2
$P(p_1 \mid p_2 \mid p_3)$	Punkt im Raum mit den Koordinaten p_1, p_2, p_3
$\overline{PQ}$	Strecke mit den Endpunkten P und Q
$\overline{PQ}$	Länge der Strecke PQ
$\overrightarrow{AB}$	Vektor
$\vec{a}, \vec{b}, \ldots, \vec{x}, \vec{y}$	Variable für Vektoren
$\vec{a} + \vec{b}$	Summe der Vektoren $\vec{a}$ und $\vec{b}$
$r \cdot \vec{a}$	r-Faches des Vektors $\vec{a}$
$-\vec{a}$	Gegenvektor von $\vec{a}$
$\vec{o}$	Nullvektor
$\vec{a}_0$	Einheitsvektor (Vektor der Länge 1)
$|\vec{a}|$	Betrag (Länge) des Vektors $\vec{a}$
$\vec{a} \cdot \vec{b}$	Skalarprodukt der Vektoren $\vec{a}$ und $\vec{b}$
$\vec{a} \times \vec{b}$	Vektorprodukt von $\vec{a}, \vec{b} \in \mathbb{R}^3$
$\perp$	Orthogonalität von Vektoren, Geraden, Ebenen
$\parallel$	Parallelität von Vektoren, Geraden, Ebenen
$\begin{pmatrix} a_1 \\ a_2 \end{pmatrix}, \begin{pmatrix} a_1 \\ a_2 \\ a_3 \end{pmatrix}, \ldots, \begin{pmatrix} a_1 \\ \vdots \\ a_n \end{pmatrix}$	Vektor aus $\mathbb{R}^2, \mathbb{R}^3, \ldots, \mathbb{R}^n$
$\begin{pmatrix} a_1 & b_1 & c_1 \\ a_2 & b_2 & c_2 \\ a_3 & b_3 & c_3 \end{pmatrix}$	Matrix
$d(P, E)$	Abstand des Punktes P von der Ebene
$d(P, g)$	Abstand des Punktes P von der Geraden g
$d(g, h)$	Abstand der Geraden g und h
$\sphericalangle (g, h)$	Schnittwinkel der Geraden g und h
$\sphericalangle (g, E)$	Schnittwinkel der Geraden g und der Ebene E
$\sphericalangle (E_1, E_2)$	Schnittwinkel der Ebenen E_1 und E_2

Textquellen

27: „Die Population P einer Wildtierherde …" nach: D. Hughes-Hallet, A. Gleason u. a.: Calculus, Single Variable. John Wiley & Sons Inc., 1998, S. 112, A. 32; **35.1:** „Der Begriff Nullwachstum …" aus: www.wikipedia.de, Stichwort: Nullwachstum, 04.01.2009; **35.2:** „Euphemismus bezeichnet Wörter …" aus: www.wikipedia.de, Stichwort: Euphemismus, 01.03.2009; **38.1:** „Klimakollaps – Trendwende muss geschafft werden" aus: Weltklimarat der UNO, 2008 - **S. 38.2:** „Musikindustrie sieht Trendwende" aus: Financial Times Deutschland, Autor unbekannt, 13.03.2008; **38.3:** „In April 1991, the Economist carried …" aus: D. Hughes-Hallet, A. Gleason u. a.: Calculus, Single Variable. John Wiley & Sons Inc., 1998, S. 121, A. 11; **44:** „Der Nullstellensatz sagt doch aus, dass …" aus: www.matheboard.de, Forum: Schulmathematik – Analysis – Stetigkeit von Funktionen, 22.03.2005; **142:** „The Quabbin Reservoir in the western part of …" aus: D. Hughes-Hallet, A. Gleason u. a.: Calculus, Single Variable. John Wiley & Sons Inc., 1998, S. 298, A. 18; **198:** „Wachstum ist das …" aus: www.wikipedia.de, Stichwort: Wachstum, 02.03.2009; **391:** „Wie schlau sind die Deutschen …" nach: Express, Autor unbekannt, 03.09.2001; **372:** „An den Kölner Theken …" nach: Express, Autor unbekannt, 07.06.2001

Bildquellen

Umschlag.1 Getty Images (Takeshi Daigo), München; **Umschlag.2** Getty Images (Joao Paulo), München; **12.1** Alamy Images, Abingdon, Oxon; **12.2** VISUM Foto GmbH (Thies Raetzke), Hamburg; **12.3** Getty Images (Alexander Hassenstein), München; **13.1** Alamy Images, Abingdon, Oxon; **14.1** ESA - CNES - ARIANESPACE/Photo Service Optique Vidéo CSG; **28.1** Tack, Jochen, Essen; **28.2** Corbis (David LeBon), Düsseldorf; **33.1** VISUM Foto GmbH (Aufwind-Luftbilder), Hamburg; **35.1** laif, Köln; **36.1** Bilderberg (JOHN GRESS), Hamburg; **37.1** Bildzitat; **37.2** Das Luftbild-Archiv, Wenningsen; **38.1** Statistisches Bundesamt, Wiesbaden; **39.1** Jens Schicke, Berlin; **40.1** Corbis (Gregor Schuster/zefa), Düsseldorf; **47.1** Picture-Alliance (maxppp), Frankfurt; **48.1** Deutsches Museum, München; **54.1** vario images GmbH & Co.KG (Hans-Guenther Oed - vario images), Bonn; **54.2** Corbis (Xie Guang Hui/Redlink/Corbis), Düsseldorf; **55.1** Corbis (Adam Woolfitt/CORBIS), Düsseldorf; **55.2** FOCUS, Hamburg; **65.1** Hochtief AG, Essen; **70.1** Stadt Köln, Amt f. Liegenschaften, Vermessung u. Kataster, Köln; **70.2** AKG, Berlin; **71.1** Wikimedia Foundation Inc. (Wikimedia Creative Commons-Ansgar Walk), St. Petersburg FL; **71.2** Wikimedia Foundation Inc. (Uwehag), St. Petersburg FL; **76.1** Andreas Staiger Büro für Gestaltung B2 (Andreas Staiger), Stuttgart; **76.2** Andreas Staiger Büro für Gestaltung B2, Stuttgart; **77.1** Fotolia LLC (Jean-Marc Angelini), New York; **77.2** Alamy Images (David R.), Abingdon, Oxon; **77.3** VISUM Foto GmbH (A. Vossberg), Hamburg; **78.1** Picture-Alliance, Frankfurt; **78.2** Getty Images, München; **90.1** Mauritius Images (Rossenbach), Mittenwald; **91.1** Picture-Alliance, Frankfurt; **93.1** blickwinkel (allover), Witten; **93.2** Wikimedia Foundation Inc., St. Petersburg FL; **94.1** Harald Lange Naturbild, Bad Lausick; **94.2** Fotolia LLC (Bronwyn), New York; **94.3** Klett-Archiv (Max Huber), Stuttgart; **96.1** GOODSHOOT (Goodshoot), Annecy-Le-Vieux; **97.1** creativ collection Verlag GmbH, Freiburg; **97.2** A1PIX, Taufkirchen; **99.1** Thomson Reuters Deutschland GmbH (Stringer), Frankfurt; **99.2** iStockphoto (Steve Maehl), Calgary, Alberta; **102.1** Fotolia LLC (Ewe Degiampietro), New York; **108.1** Corbis (Matthias Kulka), Düsseldorf; **109.1** Corbis (W. Cody), Düsseldorf; **109.2** arturimages (Paul Raftery), Essen; **112.1** Picture-Alliance, Frankfurt; **118.1** Corbis (Bettmann), Düsseldorf; **118.2** BPK (RMN/Popvitch), Berlin; **141.1** Fotolia LLC (indochine), New York; **141.2** PantherMedia GmbH (Matthias Krüttgen), München; **141.3** shutterstock (Jerome Scholler), New York, NY; **141.4** f1 online digitale Bildagentur (RFJohnér), Frankfurt; **145.1** Picture-Alliance, Frankfurt; **146.1** Interfoto, München; **150.1** Biosphoto (Gunther Michel), Berlin; **150.2** Biosphoto (Gunther Michel), Berlin; **151.1** Corbis (Stephen Frink), Düsseldorf; **151.2** Corbis (Andy Rouse), Düsseldorf; **154.1** Picture-Alliance, Frankfurt; **167.1** PantherMedia GmbH (Jasper Grahl), München; **171.1** Reinhard-Tierfoto, Heiligkreuzsteinach; **171.2** PantherMedia GmbH (Günter Fischer), München; **172.1** HAMEG Instruments GmbH, Mainhausen; **177.1** Action Press GmbH (HONK-PRESS), Hamburg; **179.1** Alamy Images (FLPA), Abingdon, Oxon; **182.1** Picture-Alliance, Frankfurt; **183.1** AKG, Berlin; **183.2** Bildzitat; **183.3** Deutsches Museum, München; **184.1** BPK (RMN/Popvitch), Berlin; **184.2** Corbis (Bettmann), Düsseldorf; **184.3** Picture-Alliance, Frankfurt; **187.1** f1 online digitale Bildagentur, Frankfurt; **188.1** Getty Images (Natphotos), München; **188.2** The tables first appeared in the Global Environment Outlook 4, published by the United Nations Environment Programme in 2007; **189.1** UNEP (Andreas Staiger), Nairobi; **189.3** The tables first appeared in the Global Environment Outlook 4, published by the United Nations Environment Programme in 2007; **190.1** Keystone, Hamburg; **191.1** Fotosearch Stock Photography, Waukesha, WI; **192.1** Statistisches Bundesamt, Wiesbaden; **193.2** Klett-Archiv, Stuttgart; **204.1** Jupiterimages GmbH (BCI, Norman Owen Tomalin), Ottobrunn/München; **205.1** Badischer Verlag GmbH & Co. KG (Zeitung), Freiburg; **208.1** Institut für Demoskopie, Allensbach; **212.1** Fotolia LLC (Martina Berg), New York; **212.2** Fotolia LLC (Artem Solovev), New York; **212.3** www.blikk.it/angebote/primarmathe/medio.htm, Bozen; **218.1** DGB, Berlin; **219.1** Mauritius Images, Mittenwald; **220.1** Getty Images RF (PhotoDisc), München; **221.1** iStockphoto (Hole In My Sock), Calgary, Alberta; **221.2** VISUM Foto GmbH (Aufwind-Luftbilder/VISUM), Hamburg; **258.1** Corbis (Matthias Kulka/Corbis), Düsseldorf; **258.2** Peter Arnold images.de (Malcolm S. Kirk/Peter Arnold), Berlin; **259.1** plainpicture GmbH & Co. KG (Pat Meise), Hamburg; **259.2** FOCUS (Steve Allen), Hamburg; **260.1** Interfoto, München; **264.1** Klett-Archiv (Simianer & Blühdorn, Stuttgart), Stuttgart; **287.1** Olaf Döring (Simianer & Blühdorn, Stuttgart), Düsseldorf; **302.1** Olaf Döring (Olaf Döring), Düsseldorf; **302.2** Die Bildstelle, Hamburg; **303.1** VISUM Foto GmbH (Wolfgang Steche - VISUM), Hamburg; **303.2** Biosphoto (Biosphoto/Rigel H), Berlin; **304.1** Klett-Archiv (Edouard Hannoteaux), Stuttgart; **307.1** Keystone (Volkmar Schulz/Keystone), Hamburg; **307.2** JupiterImages photos.com (RF/photos.com), Tucson, AZ; **309.1** Mauritius Images, Mittenwald; **310.1** iStockphoto (RF/Rjabow), Calgary, Alberta; **310.2** iStockphoto (Macniak), Calgary, Alberta; **315.1** iStockphoto (Matjaz Boncina), Calgary, Alberta; **324.1** MEV Verlag GmbH, Augsburg; **324.2** Helga Lade (NiB), Frankfurt; **325.1** Corel Corporation Deutschland, Unterschleissheim; **325.2** Corbis (Bettmann), Düsseldorf; **329.1** Klett-Archiv (Fabian H. Silberzahn), Stuttgart; **331.1** Getty Images (BananaStock), München; **332.1** Mauritius Images, Mittenwald; **336.1** Flora Press (Gaby Jacob), Hamburg; **337.1** VISUM Foto GmbH (Philip Quirk/Wildlight), Hamburg; **337.2** Das Fotoarchiv, Essen; **338.1** Klett-Archiv (Simianer & Blühdorn), Stuttgart; **340.1** Action Press GmbH, Hamburg; **350.1** Deutsches Museum, München; **352.1** Imago Stock & People (Baptista), Berlin; **356.1** Osvaldo Baratucci, Stuttgart; **357.1** Okapia (Roland Günter), Frankfurt; **358.1** Interfoto (Science Museum/SSPL), München; **376.1** Klett-Archiv (Studio Leupold), Stuttgart; **378.1** Okapia (Ake Lindau/OKAPIA), Frankfurt; **378.2** Bildagentur-online, Burgkunstadt; **379.1** Corbis, Düsseldorf; **379.2** VISUM Foto GmbH, Hamburg; **380.1** Klett-Archiv (Wolfgang Riemer),

Stuttgart; **383.1** Klett-Archiv (Wolfgang Riemer), Stuttgart; **386.1** Ullstein Bild GmbH, Berlin; **401.1** Klett-Archiv (Wolfgang Riemer), Stuttgart; **406.1** Klett-Archiv (Wolfgang Riemer), Stuttgart; **406.2** Klett-Archiv (Wolfgang Riemer), Stuttgart; **407.1** Klett-Archiv (Wolfgang Riemer), Stuttgart; **407.2** Klett-Archiv (Wolfgang Riemer), Stuttgart; **413.1** Klett-Archiv (Wolfgang Riemer), Stuttgart; **Online-Link 1.1** Corbis, Düsseldorf; **Online-Link 1.2** Fotosearch Stock Photography (Corbis/RF), Waukesha, WI; **Online-Link 2** Cira Moro, Stuttgart; **Online-Link 3** Wikimedia Foundation Inc., St. Petersburg FL; **Online-Link 4** Universitätsbibliothek Basel

Nicht in allen Fällen war es uns möglich, den Rechteinhaber der Abbildungen ausfindig zu machen. Berechtigte Ansprüche werden selbstverständlich im Rahmen der üblichen Vereinbarungen abgegolten.